ENCYCLOPEDIA OF PHYSICS

EDITED BY

S. FLÜGGE

VOLUME XXXVI

ATOMS II

WITH 152 FIGURES

SPRINGER-VERLAG BERLIN HEIDELBERG GMBH
1956

HANDBUCH DER PHYSIK

HERAUSGEGEBEN VON

S. FLÜGGE

BAND XXXVI

ATOME II

MIT 152 FIGUREN

SPRINGER-VERLAG BERLIN HEIDELBERG GMBH
1956

ALLE RECHTE,
INSBESONDERE DAS DER ÜBERSETZUNG IN FREMDE SPRACHEN,
VORBEHALTEN

OHNE AUSDRÜCKLICHE GENEHMIGUNG DES VERLAGES
IST ES AUCH NICHT GESTATTET, DIESES BUCH ODER TEILE DARAUS
AUF PHOTOMECHANISCHEM WEGE (PHOTOKOPIE, MIKROKOPIE) ZU VERVIELFÄLTIGEN

ISBN 978-3-642-85688-4   ISBN 978-3-642-85687-7 (eBook)
DOI 10.1007/978-3-642-85687-7

© BY SPRINGER-VERLAG BERLIN HEIDELBERG 1956

URSPRÜNGLICH ERSCHIENEN BEI **SPRINGER-VERLAG OHG. BERLIN · GÖTTINGEN · HEIDELBERG 1956**

SOFTCOVER REPRINT OF THE HARDCOVER 1ST EDITION 1956

Inhaltsverzeichnis.

Seite

Quantenmechanik der Atome. Von Dr. Friedrich Hund, ord. Professor an der Universität Frankfurt a. M. (Deutschland). (Mit 37 Figuren) 1

    I. Theorie und Modell. 1
    II. Eindimensionales Modell 11
    III. Elektronen im Zentralfeld des Atoms 21
    IV. Symmetrie eines Einteilchensystems 42
    V. Elektronenspin. 54
    VI. Atom mit zwei Elektronen 62
    VII. Mehrelektronenatom 80

Literatur 108

Statistische Behandlung des Atoms. Von Dr. Paul Gombás, Direktor des Physikalischen Institutes und ord. öff. Professor an der Universität für Technische Wissenschaften, Budapest (Ungarn). (Mit 26 Figuren) 109

    I. Grundlagen der statistischen Behandlungsweise des Atoms 110
    II. Das statistische Modell von Thomas und Fermi 120
    III. Erweiterungen des statistischen Modells 139
    IV. Störungsrechnung 164
    V. Weiterentwicklung der statistischen Theorie 168
    VI. Anwendungen der statistischen Theorie des Atoms 179

        a) Atome 179
        b) Moleküle 198
        c) Kristalle 206
        d) Materie unter hohem Druck 214

Bibliographie 229

Theory of Atomic Collisions. By Harrie Stewart Wilson Massey, F.R.S., Quain Professor of Physics, University of London at University College, London (Great Britain). (With 12 Figures) 232

    Introduction 232
    A. Scattering by a centre of force 233
    B. Generalized theory including inelastic collisions 276

        I. General considerations 276
        II. Born's approximation 278
        III. Improved approximations 285
        IV. Further generalized theory and methods 302

    General references 306

Excitation and Ionization of Atoms by Electron Impact. By HARRIE STEWART WILSON MASSEY, F.R.S., Quain Professor of Physics, University of London at University College, London (Great Britain). (With 77 Figures) 307

   A. Experimental study of cross sections 308
      I. Measurement of ionization cross sections 309
      II. Measurement of excitation cross sections 320
   B. Theory of inelastic collisions of electrons with atoms 350
      I. Application to atomic hydrogen 352
      II. Application of BORN's approximation to complex atoms 360
      III. Comparison with experiment. 364
      IV. Improved methods of calculation of cross sections for excitation by slow electrons 371
      V. Some applications of excitation and ionization cross-sections 396
   General references 408

Sachverzeichnis (Deutsch-Englisch) 409

Subject Index (English-German) 417

Quantenmechanik der Atome.

Von

F. Hund.

Mit 37 Figuren.

I. Theorie und Modell.

1. Atom und Wirkungsquantum. Das Atom ist für die klassische Physik unverständlich; erst die Quantentheorie hat es in das physikalische Gedankensystem eingliedern können, und sein Platz ist gerade jenseits der Grenze der anschaulichen Beschreibbarkeit.

Die *Unverständlichkeit des Atoms* zeigte sich historisch darin, daß die Bilder vom Atom, die die verschiedenen Zweige der Physik und die Chemie gegen Ende des 19. und am Beginn des 20. Jahrhunderts entwarfen, miteinander nicht verträglich waren. Die kinetische Gastheorie arbeitete mit der Vorstellung, daß die Molekeln ziemlich undurchdringliche Gebilde wären, insbesondere die Atome der einatomigen Gase so etwas wie harte Kugeln. Für die atomistische Deutung der spezifischen Wärmen waren die Gasmolekeln starre Gerüste aus Massenpunkten, die Kristalle Systeme aus gegeneinander schwingenden Massenpunkten; die Massenpunkte entsprachen dabei den Atomen. Aus den spezifischen Wärmen war also nichts über einen inneren Bau der Atome zu entnehmen. Für die organische Chemie waren die Atome Gebilde, an deren Oberfläche Kräfte mit bestimmten gegenseitigen Richtungen wirksam waren (entsprechend den Valenzregeln). Die Spektren der Atome zeigten innere Bewegungen in den Atomen mit scharf definierten Frequenzen an; aber die empirischen Gesetze dieser Spektren paßten weder zu den Bewegungen von Elektronen im Atom noch zu Schwingungen eines Kontinuums. Die Beschießung von Atomen durch Korpuskularstrahlen hingegen führte zum RUTHERFORDschen Atommodell mit Kern und umlaufenden Elektronen. Beschränkte man sich auf die experimentell besonders gut belegten Eigenschaften der Atome, so stand das RUTHERFORDsche Modell in krassem Widerspruch zu der von der Chemie gezeigten Stabilität und Gleichförmigkeit der Atome (eines bestimmten Elements) und zu den Angaben, die die Atomspektren über die Bewegung der elektrischen Ladungen im Atom machten.

Zur Illustration mag der bekannte *Widerspruch zwischen dem RUTHERFORDschen Modell und der Existenz eines bestimmten Atomradius* dienen.

Für den Radius des einfachsten Atoms, des Wasserstoffatoms, läßt sich innerhalb des RUTHERFORDschen Modells und der klassischen Physik nur die Aussage (des dritten KEPLERschen Gesetzes) über die Beziehung zwischen Umlaufsfrequenz ω und Halbachse der Bahnellipse machen:

$$m\,\omega^2\,a^3 = e^2$$

(m ist Elektronenmasse, e Elementarladung, $-e$ Elektronenladung). Ein Atomradius a ist so wenig festgelegt wie der Radius einer Planetenbahn in der

Himmelsmechanik. Zur Festlegung eines Atomradius ist vielmehr eine zweite der klassischen Physik völlig unverständliche Gleichung nötig, etwa für den Drehimpuls einer Kreisbahn
$$m \omega a^2 = \hbar.$$
Mit der klassisch unverständlichen Konstante $\hbar$ folgt dann der Radius
$$a = \frac{\hbar^2}{m e^2}.$$

Die Klärung des Sachverhaltes, d.h. einmal der Nachweis der Unaufhebbarkeit der Widersprüche in der klassischen Physik, zum anderen die Ausarbeitung neuer Begriffe und Sätze für die Mechanik im atomaren Bereich, geschah durch die *Quantentheorie*.

Die Quantentheorie ist an anderer Stelle dieses Handbuchs dargestellt[1]. Die historische Entwicklung dieser Quantentheorie geschah aber weitgehend im Zusammenhang mit dem Verständnis des Atombaues. Manche ihrer Gesichtspunkte sind ganz eng mit Erfahrungen am Atom, insbesondere an den Atomspektren verknüpft. Darum ist ein kurzes Eingehen auf diese Gesichtspunkte hier nötig.

Zwei Gruppen von Erfahrungstatsachen geben besonders deutliche Hinweise darauf, in welcher Weise die Begriffe und Sätze der klassischen Physik abzuändern sind.

Die eine Gruppe dieser Erfahrungen ist im Kombinationsprinzip von RYDBERG und RITZ für die Linienspektren der Atome zusammengefaßt. Die Frequenzen der Spektrallinien lassen sich als Differenzen von „Termen" schreiben
$$\nu = T_1 - T_2, \tag{1.1}$$
und für die Terme erkennt man einfache Ordnungsprinzipien. Das Kombinationsprinzip (1.1) findet seine Deutung in der Quantentheorie durch die BOHRsche Gleichung
$$h \nu = \hbar \omega = E_1 - E_2 \tag{1.2}$$
($\omega = 2\pi\nu$, $\hbar = h/2\pi = 1{,}05 \cdot 10^{-27}$ erg sec), die in anschaulich nicht verständlicher Weise die Frequenzen mit den Energien der stationären Zustände des Atoms verknüpft. Frequenzen und Amplituden der Strahlung und der Bewegung im Atom gehören zu je zwei Energiezuständen, bilden also eine Art „Matrix".

Die andere Gruppe von Erfahrungen betrifft die Wellennatur der Materie in einem Kathodenstrahl und in der Hülle eines Atoms. Die stationären Zustände der Atome werden verstanden als Eigenschwingungen des Materiefeldes in der Atomhülle — der als Feld betrachteten Materie, aus der die Atomhülle besteht. Daß diese Materie gleichzeitig aus einer Anzahl von Elektronen besteht, ist nur nach einer unanschaulichen Abänderung der Feldvorstellung faßbar.

Die geschichtliche Entwicklung der Quantenmechanik der Atomhülle hat zunächst den ersten der beiden Wege gewählt. BOHRS Grundlegung (1913) knüpfte an die spektroskopischen Gesetze an und gab eine Deutung des Wasserstoffspektrums und die Zurückführung der RYDBERG-Zahl auf atomare Konstanten. SOMMERFELD und seine Schüler bildeten in den folgenden Jahren diese Quantentheorie des Atoms fort zu einer Systematik der Linienspektren, und BOHR gelang durch Betrachtung des Zusammenhangs von Atombau und Spektrum eine großzügige Schau über das periodische System der Elemente. Derselbe Zusammenhang führte PAULI zu seinem Ausschließungsprinzip (1924), das den Weg zu einer Deutung der verwickelten Spektren frei machte. HEISENBERGS Fassung der strengen Quantenmechanik (1925) war ein folgerichtiger Schritt auf dem von BOHR ausgehenden Wege.

---

[1] Vgl. besonders Bd. V.

Die Hypothese DE BROGLIES von der Wellennatur der Materie (1924) legte SCHRÖDINGERS Fassung der strengen Quantenmechanik (1926) nahe. Diese war ein bequemes Werkzeug und half in kurzer Zeit alle Fragen des Baus der Atomhülle im Prinzip zu klären. Wichtig war dabei der von WIGNER (1927) gesehene und untersuchte Zusammenhang von Symmetrieeigenschaften des quantenmechanischen Systems und von Eigenschaften der Zustände. Die an der Atomhülle erarbeiteten Gesichtspunkte und Verfahren der Quantentheorie wurden sogleich auch auf Fragen des Molekelbaues, der chemischen Bindung und des Baues fester Körper angewandt (1926 bis 1931), bald auch auf die Theorie des Atomkernes.

2. Teilchenbild und Korrespondenzprinzip. Wenn wir sagen, daß die Atomhülle aus Elektronen besteht, benutzen wir das Teilchenbild der Materie. An dem klassischen Teilchenbild muß aber bei Anwendung auf das Atom diejenige unanschauliche Abänderung angebracht werden, die dem Kombinationsprinzip der spektralen Frequenzen entspricht. Beschränken wir uns zunächst auf Bewegungen mit einem Freiheitsgrad, so sind in der klassischen Mechanik die Frequenzen ($\omega = 2\pi\nu$) einer periodischen Bewegung ganzzahlige Vielfache einer Grundfrequenz, die für jeden Mechanismus in bestimmter Weise von der Energie abhängt:

$$\omega = \tau \omega_1(E), \qquad \nu = \tau \nu_1(E). \tag{2.1}$$

In der Quantentheorie sind die Frequenzen Differenzen zweier Terme, die mit den Energien zweier der diskreten Energiestufen zusammenhängen:

$$\omega = \frac{1}{\hbar}[E(n) - E(n-\tau)], \qquad \nu = \frac{1}{h}[E(n) - E(n-\tau)]. \tag{2.2}$$

Eine Frequenz gehört zu zwei Energiezuständen (hier mit den Nummern n und $n-\tau$). Die Energie $E(n)$ ist beteiligt an den Emissionsfrequenzen $\tau = 1, 2, 3\ldots$ und an den Absorptionsfrequenzen $\tau = -1, -2, -3\ldots$. Sie entsprechen den klassischen Frequenzen $\tau = \pm 1, \pm 2, \pm 3$ (wenn wir auch in der klassischen Beschreibung die Emissionsfrequenzen positiv, die Absorptionsfrequenzen negativ zählen). Das *Korrespondenzprinzip von* BOHR fordert nun auf, die Energie $E(n)$ so zu wählen, daß die klassischen Frequenzen (2.1) möglichst gut mit den quantentheoretischen Frequenzen (2.2) übereinstimmen.

Beim harmonischen Oszillator ist in der klassischen Mechanik ω_1 von E unabhängig und $\tau = \pm 1$. Das Korrespondenzprinzip kann daher mit $E = \hbar\omega(n + \alpha)$ bei unbestimmter Konstante α erfüllt werden, wo bei Ein- und Ausstrahlung n sich nur um ± 1 ändert.

Bei einem Massenpunkt, der sich kräftefrei zwischen zwei reflektierenden Wänden im Abstande a hin- und herbewegt, hängen in der klassischen Mechanik die Grundfrequenz und die Energie gemäß

$$E = \frac{m}{2}(2a\nu_1)^2 = 2ma^2\nu_1^2$$

zusammen. Setzt man in der Quantentheorie

$$E(n) = \frac{h^2}{8ma^2}n^2,$$

so sind die Grundfrequenzen für Emission und Absorption

$$\nu_{\text{em}} = \frac{h}{4ma^2}\left(n - \frac{1}{2}\right)$$

$$|\nu_{\text{ab}}| = \frac{h}{4ma^2}\left(n + \frac{1}{2}\right);$$

es ist also mit

$$E = 2ma^2\left(\frac{\nu_{\text{em}} + |\nu_{\text{ab}}|}{2}\right)^2$$

das Korrespondenzprinzip erfüllt. Statt n könnte auch $n+\alpha$ stehen.

Beim kräftefreien Rotator kann der im wesentlichen gleiche Zusammenhang unter Zuziehung des Drehimpulses P auch folgendermaßen geschrieben werden. Klassisch ist (A ist das Trägheitsmoment):

$$E = \frac{P^2}{2A}, \qquad P = \omega A, \qquad \omega = \frac{dE}{dP}.$$

Quantentheoretisch entspricht dem

$$\omega = \frac{\Delta E}{\hbar},$$

wenn $P = n\hbar$ oder $P = (n+\alpha)\hbar$ gesetzt wird. Der Drehimpuls hat in der Quantentheorie diskrete Werte, die sich um ganzzahlige Vielfache von $\hbar$ unterscheiden. Wegen der Gleichwertigkeit der beiden Drehsinne kann es nur $P = n\hbar$ oder $P = (n+\frac{1}{2})\hbar$ heißen.

Die enge Beziehung, die hier zwischen einem Differentialquotienten und einem Differenzenquotienten hergestellt wurde, legt ein *einfaches Rezept* zur Erfüllung des Korrespondenzprinzips nahe. Man suche in der klassischen Mechanik eine Variable Φ, so daß die Grundfrequenz

$$\nu_1 = \frac{dE}{d\Phi} \tag{2.3}$$

ist; die Übertragung geschieht dann mit Hilfe der Setzung

$$\Phi = (n + \alpha)h. \tag{2.4}$$

Eine solche „Wirkungsvariable" gibt es bei periodischen Bewegungen mit einem Freiheitsgrad immer. Bilden wir bei einer hin- und hergehenden Bewegung das „Phasenintegral"

$$\Phi = \oint p\, dx$$

(Integral des Impulses über den bei Hin- und Hergang zurückgelegten Weg), so folgt mit

$$E = \frac{p^2}{2m} + V(x)$$

der Differentialquotient

$$\frac{d\Phi}{dE} = \oint \frac{dp}{dE}\, dx = \oint \frac{m\, dx}{p};$$

dies ist aber auch die reziproke Grundfrequenz

$$\frac{1}{\nu} = \oint dt = \oint \frac{m\, dx}{p},$$

so daß (2.3) erfüllt ist. Das Korrespondenzprinzip kann also mit

$$\oint p\, dx = (n + \alpha)h \tag{2.5}$$

erfüllt werden (Methode des Phasenintegrals von EPSTEIN und SCHWARZSCHILD im Anschluß an äquivalente Ansätze von BOHR, PLANCK und SOMMERFELD).

Die hier gegebene Übertragung klassischer Beziehungen in die Quantentheorie ist nur eine Näherung. Daß Gl. (2.5) nicht in Strenge richtig sein kann, erhellt schon daraus, daß hier nur das Verhalten der potentiellen Energie V für die Werte $V \leq E$ in Betracht kommt, während die wirkliche Verkettung (2.2) der Frequenzen und Zustände erwarten läßt, daß für die Eigenschaften bei einer Energie E auch das Verhalten von V oberhalb von E von Einfluß ist.

Die Verschärfung dieser Gedankengänge zu einer strengen Quantentheorie geschah durch HEISENBERG in der Aufstellung der Matrizenform der Quantenmechanik (die wir hier nicht benutzen).

Das Korrespondenzprinzip war also ein wichtiges Durchgangsstadium in der Erkenntnis der Quantentheorie. Es ist aber auch, sowohl in seiner mehr qualitativen allgemeinen Form, als auch in der spezielleren Form (2.5) ein heute noch benutztes Hilfsmittel, das oft einfacher zu handhaben ist, als die strenge Quantentheorie.

3. Feldbild und SCHRÖDINGER-Gleichung. Die Quantentheorie kann auch als unanschauliche Abänderung des Feldbildes angesehen werden.

Ein anschauliches Feldbild der Materie kann an die Erfahrung anknüpfen, daß eine gleichförmige Strömung einheitlicher Materie eine Wellenzahl k hat, die der Strömungsgeschwindigkeit proportional ist. Diese Strömungsgeschwindigkeit ist als Gruppengeschwindigkeit eines Wellenzuges anzusehen:

$$v = \frac{d\omega}{dk} = \frac{k}{\lambda} \qquad (3.1)$$

(eine aus verschiedenen Wellenzahlen zusammengesetzte Welle hat in dem Maße eine definierte „Gruppengeschwindigkeit" v, in dem $d\omega/dk$ einen definierten Wert hat — dabei ist k die Zahl der Wellen auf 2π Längeneinheiten). Der Proportionalitätsfaktor λ (er ist nicht die Wellenlänge) ist von der Art der Materie abhängig. Aus (3.1) folgt

$$\omega - \omega_0 = \frac{k^2}{2\lambda}$$

als Beziehung von Frequenz und (jetzt vektorieller) Wellenzahl $\boldsymbol{k}$. Bewegt sich die Materie in einem elektrischen Feld, so zeigt die Erfahrung, daß bei fester Frequenz die Größe $\boldsymbol{k}$ vom elektrischen Potential U abhängt. Anhäufungen von Materie verhalten sich ja gemäß der Gleichung

$$\frac{m}{2} v^2 + q U = \text{const}$$

(q Ladung). Wenn U sich örtlich so langsam ändert, daß man noch von Wellenzahlen $\boldsymbol{k}$ sprechen kann, bedeutet das eine Beziehung

$$\omega = \frac{k^2}{2\lambda} + \zeta U \qquad (3.2)$$

für Materiewellen. Bei positiv geladener Materie ist $\zeta > 0$, bei negativ geladener Materie $\zeta < 0$.

Die Beziehung (3.2) für eine Welle

$$\psi \sim e^{-i\omega t + i\boldsymbol{k}\boldsymbol{r}}$$

folgt (immer bei langsam veränderlichem U) aus der „Wellengleichung"

$$-\frac{1}{2\lambda} \Delta \psi + \zeta U \psi - i \dot{\psi} = 0 \qquad (3.3)$$

für eine „Feldgröße" ψ. Diese Gl. (3.3) können wir als Grundlage für die einfachste Form einer anschaulichen Theorie des Materiefeldes ansehen. Aus ihr folgt die „Kontinuitätsgleichung" oder der Satz von der Erhaltung der Materiemenge:

$$\frac{d}{dt}(\psi^* \psi) + \operatorname{div} \frac{1}{2i\lambda}(\psi^* \operatorname{grad} \psi - \psi \operatorname{grad} \psi^*) = 0 \qquad (3.4)$$

(der Stern bezeichnet die konjugiert komplexe Größe). Die Gl. (3.4) zeigt, daß die Dichte der Materie bis auf einen Faktor durch $\psi^*\psi$, die Stromdichte bis auf den gleichen Faktor durch $(\psi^* \operatorname{grad} \psi - \psi \operatorname{grad} \psi^*)/2i\lambda$ angegeben wird. Dichte der elektrischen Ladung ϱ und Dichte des elektrischen Stromes $\mathbf{s}$ sind dann bis auf einen positiven Faktor

$$\begin{aligned}\varrho &\sim \zeta\, \psi^* \psi, \\ \mathbf{s} &\sim \frac{\zeta}{2i\lambda}(\psi^* \operatorname{grad}\psi - \psi \operatorname{grad}\psi^*).\end{aligned} \quad (3.5)$$

Räumlich eng begrenzte Anhäufungen von Materie verhalten sich in dieser anschaulichen Feldtheorie genähert wie Teilchen in der klassischen Punktmechanik. Von Elementarteilchen gibt diese anschauliche Feldtheorie keine Rechenschaft. Dafür ist eine unanschauliche Abänderung nötig, eben der Übergang zur Quantentheorie. Für den Fall eines einzigen Elementarteilchens, also beim „Einteilchensystem" besteht die Abänderung darin, daß man unter U nur das Potential des angelegten Feldes versteht (also ohne den Einfluß der Materie selbst),

$$\int \psi^* \psi\, d\tau = 1 \quad (3.6)$$

setzt, $\psi^*\psi\, d\tau$ als Wahrscheinlichkeit deutet, das eine Teilchen in $d\tau$ zu finden und Gl. (3.3) beibehält; so erhält man die SCHRÖDINGER-*Gleichung für ein Teilchen*

$$-\frac{\hbar^2}{2m}\Delta \psi + V\psi - i\hbar\dot\psi = 0, \quad (3.7)$$

wobei $\hbar\lambda = m$, $\hbar\zeta = \pm e$ (Ladung) gesetzt und $\pm eU$ als potentielle Energie V eingeführt ist.

Die SCHRÖDINGER-Gleichung (3.7) für ein Teilchen erhält man auch durch formale Umbildung der klassischen Energiegleichung

$$\frac{\mathbf{p}^2}{2m} + V - E = 0,$$

indem man E durch den „Operator" $i\hbar\partial/\partial t$ und die Komponenten des Impulses $\mathbf{p}$ durch die Operatoren $\hbar\partial/i\partial x$, $\hbar\partial/i\partial y$, $\hbar\partial/i\partial z$ ersetzt und den so entstehenden Operator auf eine Funktion $\psi(x, y, z, t)$ anwendet.

Bei einem System aus mehreren Teilchen ist die „Quantisierung" des Feldes viel komplizierter. Man erhält das gleiche Ergebnis durch formale Umbildung der klassischen Energiegleichung

$$H(q_1, q_2 \ldots p_1, p_2 \ldots t) - E = 0,$$

wo die HAMILTON-Funktion H die Eigenschaften des Mechanismus beschreibt und die $q_1, q_2 \ldots p_1, p_2 \ldots$ kanonische Variable sind. Wir ersetzen $p_1, p_2 \ldots$ durch $\hbar\partial/i\partial q_1$, $\hbar\partial/i\partial q_2 \ldots$, E durch $i\hbar\partial/\partial t$ und wenden den entstehenden Operator auf eine Funktion $\psi(q_1, q_2 \ldots t)$ an. So entsteht die SCHRÖDINGER-*Gleichung des Mehrteilchensystems:*

$$\left\{H\left(q_1, q_2 \ldots \frac{\hbar}{i}\frac{\partial}{\partial q_1}, \frac{\hbar}{i}\frac{\partial}{\partial q_2} \ldots t\right) - i\hbar \frac{\partial}{\partial t}\right\}\psi = 0; \quad (3.8)$$

wir werden sie hauptsächlich in der speziellen Form

$$-\frac{\hbar^2}{2}\sum_l \frac{1}{m_l}\Delta_l \psi + V\psi - i\hbar\dot\psi = 0 \quad (3.9)$$

benutzen, wo Δ_l der mit den Koordinaten des l-ten Teilchens gebildete Δ-Operator ist.

Die Benutzung der Operatoren $\hbar\partial/i\partial q_1$, $\hbar\partial/i\partial q_2$ ... neben q_1, q_2 ... und des Operators $i\hbar\partial/\partial t$ neben t bringt zum Ausdruck, daß Koordinate und zugehörige Impulskomponente sowie Zeit und Energie nicht gleichzeitig genau angebbar sind. Danach sind nicht alle Fragen, die man in der klassischen Theorie stellen kann, in der Quantentheorie noch sinnvoll.

Von den *sinnvollen Fragen* betrachten wir die wichtigsten, die uns in der Theorie der Atome begegnen.

Die möglichen Energiewerte eines (durch seine HAMILTON-Funktion H) gegebenen (konservativen) Mechanismus gewinnen wir mit dem Ansatz

$$\psi = u(q_1, q_2 \ldots) e^{-\frac{i}{\hbar}Et},$$

der die SCHRÖDINGER-Gleichung in die zeitfreie Form

$$\left\{ H\left(q_1, q_2 \ldots \frac{\hbar}{i}\frac{\partial}{\partial q_1}, \frac{\hbar}{i}\frac{\partial}{\partial q_2} \ldots\right) - E \right\} u = 0 \qquad (3.10)$$

überführt. Lösungen u dieser Gleichung, die gewisse Forderungen der Eindeutigkeit und Endlichkeit erfüllen, heißen Eigenfunktionen des Operators H; die Werte von E, für die solche Lösungen existieren, heißen Eigenwerte des Operators H; sie sind in den vorkommenden Fällen reelle Zahlen. Wenn sie diskrete Zahlen sind, numerieren wir sie steigend $E_0, E_1, E_2 \ldots$. Eigenfunktionen u_n und u_m, die zu verschiedenen Eigenwerten gehören, sind orthogonal:

$$\int u_n^* u_m \, d\tau = 0$$

(Integration über den ganzen Koordinatenraum erstreckt).

Die Wahrscheinlichkeit, daß die Koordinaten des Mechanismus zur Zeit t in einem Gebiet der Größe $d\tau$ bei $q_1, q_2 \ldots$ liegen, wird durch $\psi^*\psi\, d\tau$ gegeben, bei fester Energie also auch durch $u^*u\, d\tau$.

Einen Zustand mit nicht festgelegter Energie kann man durch die Entwicklung

$$\psi = \sum_n c_n u_n e^{-\frac{i}{\hbar}E_n t} \qquad (3.11)$$

wiedergeben. Die Wahrscheinlichkeit, daß die Energie gerade E_n ist, beträgt $c_n^* c_n$ (wenn die u_n normiert sind, $\int u_n^* u_n \, d\tau = 1$). In $\psi^*\psi$ treten die Frequenzen

$$\omega = \frac{1}{\hbar}(E_n - E_m) \qquad (3.12)$$

auf. Der „Erwartungswert" etwa der Koordinate x wird

$$\int \psi^* x \psi \, d\tau = \sum_{n,m} c_n^* c_m \cdot \int u_n^* x u_m \, d\tau \cdot e^{\frac{i}{\hbar}(E_n - E_m)t}. \qquad (3.13)$$

Er setzt sich aus Beiträgen der einzelnen Frequenzen (3.12) zusammen; die Größen $\int u_n^* x u_m \, d\tau$ bilden eine Matrix; es ist die Matrix, die in der HEISENBERGschen Verschärfung des Korrespondenzprinzips (Ziff. 2) an die Stelle der klassischen Größe x tritt. Wenn die Ausstrahlung des atomaren Systems durch das Verhalten der Koordinate x bestimmt wird, indem etwa $-ex$ das elektrische Moment ist, so gibt $\int u_n^* x u_m \, d\tau$ die mit der Frequenz (3.12) verbundene Amplitude der Strahlung an.

Ein Zustand hat einen festen Wert p_1 des zur Koordinate q_1 gehörigen Impulses, wenn ψ von q_1 in der speziellen Form

$$\psi = e^{\frac{i}{\hbar}p_1 q_1} \cdot v(q_2 \ldots t)$$

abhängt oder wenn der Operator $\hbar \partial/i \partial q_1$, auf ψ angewandt, den Faktor p_1 liefert:

$$\frac{\hbar}{i} \frac{\partial \psi}{\partial q_1} = p_1 \psi,$$

d.h. ψ Eigenfunktion dieses Operators zum Eigenwert p_1 ist. Dem Gesamtimpuls in der x-Richtung entspricht der Operator

$$\frac{\hbar}{i}\left(\frac{\partial}{\partial x_1} + \frac{\partial}{\partial x_2} + \cdots\right); \quad (3.14)$$

er hat den festen Wert p_x, wenn

$$\frac{\hbar}{i} \sum_l \frac{\partial \psi}{\partial x_l} = p_x \psi$$

ist. Der Erwartungswert über einen Zustand u_n, der in (3.11) enthalten ist, ist

$$\int u_n^* \cdot \frac{\hbar}{i} \sum_l \frac{\partial u_n}{\partial x_l} d\tau;$$

zur Frequenz (3.12) gehört das „Matrixelement"

$$\int u_n^* \cdot \frac{\hbar}{i} \sum_l \frac{\partial u_m}{\partial x_l} d\tau.$$

Da in der klassischen Mechanik

$$y p_z - z p_y, \quad z p_x - x p_z, \quad x p_y - y p_x$$

die Komponenten des Drehimpulses eines Teilchens sind, führen wir in der Quantenmechanik die Drehimpulsoperatoren

$$P_x = \frac{\hbar}{i}\left(y \frac{\partial}{\partial z} - z \frac{\partial}{\partial y}\right), \quad P_y = \frac{\hbar}{i}\left(z \frac{\partial}{\partial x} - x \frac{\partial}{\partial z}\right), \quad P_z = \frac{\hbar}{i}\left(x \frac{\partial}{\partial y} - y \frac{\partial}{\partial x}\right) \quad (3.15)$$

ein. Um den Gesamtdrehimpuls zu bilden, haben wir über alle Teilchen zu summieren. Aus den Vertauschungsregeln

$$i(p_x x - x p_x) = \hbar \ldots$$

für Impulskomponenten und Koordinaten ($p_x \ldots$ sind jetzt Operatoren) errechnen sich die Vertauschungsregeln

$$P_x P_y - P_y P_x = i \hbar P_z \text{ u. zykl.}; \quad (3.16)$$

sie bringen zum Ausdruck, daß nicht gleichzeitig zwei der Drehimpulskomponenten feste Werte haben können (abgesehen von $P_x = P_y = P_z = 0$).

Das wesentliche am Formalismus der Quantentheorie ist, daß Observable, die nicht genau meßbar sind, durch mathematische Gebilde wiedergegeben werden, bei deren Produkten es auf die Reihenfolge der Faktoren ankommt. Die SCHRÖDINGER-Gleichung ist nur eine spezielle Form, die richtigen Vertauschungsregeln für solche Produkte zu erfüllen. Da sie aber die Fassung der Quantenmechanik ist, die man bei Fragen des Atombaues gewöhnlich benutzt, legen wir sie im folgenden (neben dem Korrespondenzprinzip) zugrunde.

4. Bewegung und Strahlung. Da das wichtigste Hilfsmittel zur Erforschung der Vorgänge in Atomen die Untersuchung der von ihnen ausgesandten Strahlung ist, müssen wir den Zusammenhang dieser Strahlung mit der Bewegung genauer betrachten.

Die Bewegung im Atom ist nicht anschaulich beschreibbar, der Strahlungsvorgang selbst (wie die Dualität: Lichtwelle—Lichtteilchen zeigt) auch nicht. Doch ist im Sinne des Korrespondenzprinzips die klassische Theorie nur schonend abzuändern.

Da der Atomkern praktisch in Ruhe bleibt, hängt die Strahlung der Atome mit der Bewegung der Elektronen zusammen. Ein periodisch bewegtes Elektron sendet gemäß der klassischen Theorie eine Kugelwelle aus. Eine harmonische Schwingung kleiner Amplitude wirkt wie ein harmonisch schwingender elektrischer Dipol und führt zu der bekannten einfachen Kugelwelle. Bei größerer Amplitude treten die Wirkungen höherer Pole — elektrische Quadrupole usw. auf.

Für die *Atomspektren* spielt fast nur die Dipolstrahlung eine Rolle. Ein Dipol vom elektrischen Moment ex gibt in der Zeiteinheit durch Strahlung die Energie

$$I = \frac{2}{3} \frac{e^2}{c^3} \ddot{x}^2$$

ab, mit der Frequenz $\omega (=2\pi\nu)$ und der Amplitude a also im Mittel

$$\bar{I} = \frac{e^2 a^2 \omega^4}{3 c^3}.$$

Die atomaren Frequenzen sind größenordnungsmäßig durch $\hbar$ dividierte Energien, die Größenordnung dieser ist e^2/a; so wird die während einer Schwingung gestrahlte Energie bis auf Faktoren der Größenordnung 1:

$$\frac{\bar{I}}{\omega} \sim \left(\frac{e^2}{\hbar c}\right)^3 \cdot \frac{e^2}{a} = \alpha^3 \frac{e^2}{a}. \tag{4.1}$$

Die relative Energieänderung durch Dipolstrahlung ist durch die dritte Potenz der „Feinstrukturkonstante" $\alpha = e^2/\hbar c = 1/137$ bestimmt.

Bei einem Quadrupol atomarer Dimensionen tritt die fünfte Potenz von α auf. Darum können wir von der Quadrupolstrahlung im allgemeinen absehen.

Das *Korrespondenzprinzip* verknüpfte die beobachteten (quantentheoretischen) Strahlungsfrequenzen mit den nach der klassischen Theorie erwarteten — im einfachsten Falle (Ziff. 2) $\tau\omega_1(E)$. Daß man in der klassischen Theorie überhaupt von solchen Frequenzen reden kann, liegt an der Kleinheit von α^3. Sie hat zur Folge, daß eine periodische Bewegung während einer großen Zahl von Schwingungen ziemlich unverändert andauern kann.

Das Korrespondenzprinzip kann auch auf die Intensitäten ausgedehnt werden. Für die Intensität null ist das schon in Ziff. 2 geschehen, indem etwa beim harmonischen Oszillator von der klassischen Eigenschaft $\tau = \pm 1$ auf die „Auswahlregel" $\Delta n = \pm 1$ geschlossen wurde. Da wo quantentheoretische Frequenzen und klassische Frequenzen sich wenig unterscheiden, wird man auch die klassischen Intensitäten genähert als richtig ansehen können. Aus der Intensität aller Frequenzen, die von einem Quantenzustand ausgehen, kann man so auf die Energieabgabe, also auf die Wahrscheinlichkeit eines Überganges in einen tieferen Zustand schließen. Als „normale Lebensdauer" eines Zustandes hat man nach Gl. (4.1) die Zeit von etwa 10^6 Schwingungen anzusehen.

In der *strengen Quantentheorie* tritt an die Stelle des Wertes des elektrischen Dipolmomentes sein Mittelwert über den betrachteten Zustand, im einfachsten

Falle etwa

$$\int \psi^* x \psi \, d\tau.$$

So werden nach Gl. (3.13) die Matrixelemente

$$\int u_n^* x u_m \, d\tau$$

für die Dipolstrahlung maßgebend. Für die Quadrupolstrahlung kommen Bildungen wie $\int u_n^* x^2 u_m \, d\tau$ in Betracht.

5. Atommodelle. Das klassische Teilchenbild des Atoms ist das RUTHERFORDsche *Atommodell:* Das Atom enthält einen Kern der Ladung $+Ze$ (Z ganzzahlig); er trägt im wesentlichen die Masse des Atoms, diese wird in unsere Überlegungen kaum eingehen. Das Atom enthält weiter Elektronen der Ladung $-e$ und der Masse m. Für die Wechselwirkung der Teilchen gilt das COULOMBsche Gesetz bis zu Abständen, die klein sind gegen die Atomdimensionen; wir nehmen darum die Teilchen punktförmig an, den Kern meist als ruhendes Zentrum eines elektrischen Feldes, in dem ein Elektron die potentielle Energie

$$V = -eU = -\frac{Ze^2}{r} \tag{5.1}$$

hat; die gegenseitige potentielle Energie zweier um r_{12} voneinander entfernter Elektronen ist e^2/r_{12}.

Auf dieses Modell wird die Quantentheorie angewandt, in der Form des Korrespondenzprinzips oder mittels der SCHRÖDINGER-Gleichung.

Quantitative Modelleigenschaften sind $\hbar, e, m$, gerade so viel, wie man unabhängige Einheiten bei einem Mechanismus braucht[1]. Es gibt also „atomare Einheiten", m für die Masse, $a = \hbar^2/me^2$ für die Länge, $\hbar^3/me^4$ für die Zeit, $e^2/a = me^4/\hbar^2$ für die Energie, $\hbar$ für Wirkung und Drehimpuls. Eine Abänderung der Naturkonstanten $\hbar, e, m$ wäre ohne Einfluß auf die Eigenschaften unseres Atommodells.

Bei feinerem Untersuchen muß die Mitbewegung des Atomkernes beachtet werden, dann kommt die reine Zahl m/M (Massenverhältnis von Elektron und Kern) in die Theorie. Ihr geringer Einfluß rührt daher, daß sie so klein ist. Bei anderen feineren Untersuchungen muß man beachten, daß die Elektronen einen *Eigendrehimpuls* $\hbar/2$ und ein *magnetisches Moment* $e\hbar/2mc$ haben, wo Drehimpuls und Moment einander entgegengesetzten Sinn haben (c ist die Lichtgeschwindigkeit im Vakuum). Dadurch kommt wieder eine reine Zahl

$$e^2/\hbar c = \alpha = 1/137$$

in die Theorie. Ihr verhältnismäßig geringer Einfluß rührt wieder daher, daß sie ziemlich klein ist. Ihre Kleinheit bedeutet auch, daß die Geschwindigkeit der Elektronen im Atom im allgemeinen noch als klein gegen die Lichtgeschwindigkeit angesehen werden kann, daß wir also in nichtrelativistischer Näherung rechnen können. Die Eigenschaften des Atoms und damit das Aussehen der Naturkörper wären andere und viel schwerer zu begreifen, wenn die beiden genannten dimensionslosen Zahlen nicht so kleine Werte hätten.

Das genannte Atommodell ist für uns nicht eine hypothetische Konstruktion, die versuchsweise zur Erklärung der Erfahrung herangezogen wird. Die Quantentheorie ist ja eine gesicherte Theorie und die Modelleigenschaften vielfältig experimentell bestätigt.

---

[1] Über die genauen Zahlenwerte dieser Konstanten vgl. den Beitrag von J. DuMond und COHEN in Bd. XXXV dieses Handbuches.

Wir werden das Wort Atommodell noch in einer etwas anderen Bedeutung gebrauchen, nämlich für *Vereinfachungen*, die wir an die Stelle der vielleicht umständlichen vollständigen Beschreibung des Atoms setzen. So können wir manche Eigenschaften des Atoms schon am eindimensionalen Modell eines Teilchens mit einer potentiellen Energie $V(x)$ verstehen (Teil II). Die nächste Stufe ist dann ein dreidimensionales kugelsymmetrisches Kraftfeld mit einem darin beweglichen Elektron, wobei das Kraftfeld den Kern und die übrigen Elektronen ersetzt (Teil III). Weiter berücksichtigen wir, daß das Elektron außer seiner Ladung noch einen Eigendrehimpuls und ein magnetisches Moment hat (Teil V). Schließlich betrachten wir Modelle, die mehrere Elektronen enthalten (Teil VI und VII).

II. Eindimensionales Modell.

6. Korrespondenz. Ein einfaches mechanisches System ist die Bewegung eines Massenpunktes mit einer ortsabhängigen potentiellen Energie $V(x)$. Wenn die klassische Bewegung periodisch ist, so gibt es wegen der Korrespondenz der klassischen Frequenzen

$$\omega = \tau\,\omega_1(E)$$

mit den quantentheoretischen Frequenzen

$$\omega = \frac{1}{\hbar}\,[E(n) - E(n-\tau)]$$

diskrete Energiezustände $E(n)$. Von den drei in Fig. 1 dargestellten Verläufen der potentiellen Energie soll der mittlere $V \sim x^2$ sein, die Frequenzen der klassischen Bewegung sind dann von E unabhängig und es kommt nur $\tau = 1$ vor. Das Korrespondenzprinzip ist mit $\Delta n = \pm 1$ und $E(n) = \hbar\omega(n+\alpha)$ erfüllt (Quantentheorie des harmonischen Oszillators). Für das linke Potential der Fig. 1 nimmt die klassische Frequenz mit E zu, in der Quantentheorie wird $E(n) - E(n-1)$ mit steigendem n

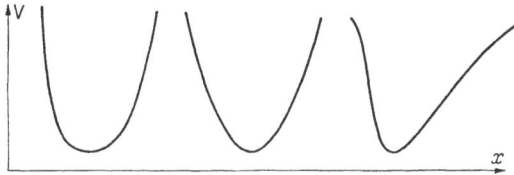

Fig. 1. Potentielle Energie eindimensionaler Systeme.

zunehmen. Beim rechten Potential der Fig. 1 wird entsprechend in der Quantentheorie $E(n) - E(n-1)$ mit steigendem n abnehmen. Bei beiden kommt auch $\Delta n \neq \pm 1$ vor.

Für bestimmte spezielle Potentialverläufe läßt sich das Korrespondenzprinzip rechnerisch leicht erfüllen.

Mit der potentiellen Energie

$$V = -\frac{c}{x} \tag{6.1}$$

für $x > 0$ und elastischer Reflexion bei $x = 0$ besteht zwischen klassischer Grundfrequenz und Energie die Beziehung (für $E < 0$):

$$\omega \sim |E|^{\frac{3}{2}}.$$

Das Korrespondenzprinzip ist also mit

$$|E| \sim n^{-2}$$

$$\frac{dE}{dn} \sim n^{-3} \sim |E|^{\frac{3}{2}}$$

zu erfüllen. Mit der Methode des Phasenintegrals wird

$$n\hbar = \frac{1}{2\pi}\oint p\,dx = \frac{1}{2\pi}\oint\sqrt{2m(E-V)}\,dx = \frac{1}{2\pi}\oint\sqrt{-2m|E| + 2\frac{mc}{x}}\,dx.$$

Wegen
$$\frac{1}{2\pi}\oint\sqrt{-A+2\frac{B}{x}}\,dx = \frac{B}{\sqrt{A}}$$
folgt daraus die Energieformel
$$E = -\frac{mc^2}{2\hbar^2 n^2}. \tag{6.2}$$

Auch für den Potentialverlauf
$$V = \eta\left(-\frac{a}{x}+\frac{b^2}{x^2}\right) \tag{6.3}$$

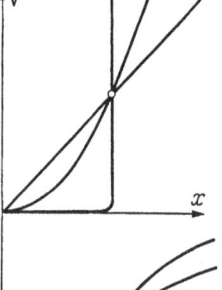

Fig. 2. Potenzpotentiale.

läßt sich die Methode des Phasenintegrals durchführen. Wegen
$$\frac{1}{2\pi}\oint\sqrt{-A+2\frac{B}{x}-\frac{C}{x^2}}\,dx = \frac{B}{\sqrt{A}}-\sqrt{C}$$
folgt die Energieformel:
$$E = -\frac{m\eta^2 a^2}{2\hbar^2(n+\alpha)^2}, \qquad \alpha = \frac{b}{\hbar}\sqrt{2m\eta}. \tag{6.4}$$

Bei Funktionen
$$V = \eta\left[-\frac{a}{x}+\frac{b^2}{x^2}+\left(\frac{c}{x}\right)^n\right] \tag{6.5}$$
muß bei der Ausrechnung des Integrals eine Entwicklung nach dem neu zugeführten Glied gemacht werden. Für kleine c/b ergibt sich mit $n=3$:
$$E = -\frac{m\eta^2 a^2}{2\hbar^2(n+\alpha)^2}, \qquad \alpha = \frac{b}{\hbar}\sqrt{2m\eta}\left(1+\frac{ac^3}{4b^4}\right), \tag{6.6}$$

mit $n=4$ (in impliziter Form):
$$\left.\begin{array}{l} E = -\dfrac{m\eta^2 a^2}{2\hbar^2\left(n+\alpha+\beta\,\dfrac{|E|}{\eta}\right)^2}, \\[1em] \alpha = \dfrac{b}{\hbar}\sqrt{2m\eta}\left(1+\dfrac{3}{16}\dfrac{a^2c^4}{b^6}\right), \qquad \beta = \dfrac{b}{\hbar}\sqrt{2m\eta}\cdot\dfrac{c^4}{4b^4}. \end{array}\right\} \tag{6.7}$$

Der Wert dieser Formeln ist aber durch die Bedingung $c\ll b$ eingeschränkt.

Leicht übersehen lassen sich auch die quantentheoretischen Energiestufen für Potentialverläufe $V(x)$, die Potenzen sind:
$$V(x) = \eta\left(\frac{x}{a}\right)^r. \tag{6.8}$$

Um alle Werte von r zuzulassen, beschränken wir uns auf $x>0$, bei $x=0$ möge elastische Reflexion stattfinden (V ist also für $x<0$ unendlich hoch). Einige Potentiale (6.8) sind in Fig. 2 wiedergegeben. Mit $r=\infty$ haben wir den „Kasten" ($0<x<a$), mit $r=2$ den „halben" harmonischen Oszillator, mit $r=-1$ das „COULOMBsche" Potential (5.1). Beim harmonischen Oszillator selbst ($x\gtrless 0$) sind die klassischen Frequenzen einfach halb so groß. Bei den Fällen $r>2$ nimmt die klassische Frequenz mit E zu, für $r<2$ nimmt sie ab. Nach dem Korrespondenzprinzip rücken also die Energiestufen für $r>2$ nach oben auseinander, für $r<2$ nach oben zusammen. Die Rechnung mit dem Phasenintegral liefert:
$$n\hbar = \frac{1}{2\pi}\oint\sqrt{2m\left[E-\eta\left(\frac{x}{a}\right)^r\right]}\,dx,$$
$$n \sim E^{\frac{2+r}{2r}}\oint\sqrt{1-\frac{\eta}{E}\left(\frac{x}{a}\right)^r}\,d\left(\frac{\eta}{E}\right)^{\frac{1}{r}}\frac{x}{a}.$$

Da jetzt das Integral nicht mehr von E abhängt, folgt

$$E(n) \sim n^s, \quad s = \frac{2r}{2+r}. \tag{6.9}$$

Tabelle 1 gibt einige zusammengehörige Werte von r und s an.

Wir wollen jetzt einen Verlauf $V(x)$ betrachten, den wir als vereinfachtes Atommodell benutzen können.

Die potentielle Energie $V(r)$ eines Elektrons in einem dreidimensionalen Atommodell hat eine Singularität bei $r=0$. Da aber (bei der klassischen Bewegung) das Elektron nur in Ausnahmefällen die Singularität erreicht, ist es zweckmäßiger, dem eindimensionalen Modell keine Singularität an der tiefsten Stelle der potentiellen Energie zu geben, vielmehr einen Verlauf der potentiellen Energie $V(x)$ anzunehmen, der etwa der Fig. 3 entspricht. Die Bewegung nach links entspricht dann der Annäherung des Elektrons an den Atomkern, die Bewegung nach rechts der Ablösung des Elektrons vom Atom.

Die klassische Mechanik ergibt für Energien $E < V(\infty)$ periodische, für $E > V(\infty)$ unperiodische Bewegungen. Das Korrespondenzprinzip gibt somit für $E < V(\infty)$ diskrete Energiestufen $E(n)$, für $E > V(\infty)$ sind alle Energiewerte möglich. Bei Annäherung der Energie an $V(\infty)$ nimmt bei den klassischen periodischen Bewegungen $\omega(E)$ ab bis zum Wert null. Die Energiestufen der Quantentheorie werden also bei Annäherung an $E = V(\infty)$ einander immer näher rücken. Ob es dabei endlich viele oder unendlich viele diskrete Energiewerte gibt, hängt von der Art der Annäherung von V an $V(\infty)$ ab. Mit der Methode des Phasenintegrals folgen unendlich viele n, wenn

$$\int \sqrt{V_\infty - V}\, dx$$

Tabelle 1.
Potenzpotential (6.8)

r	s
∞	2
6	$\frac{3}{2}$
2	1
1	$\frac{2}{3}$
$\frac{2}{5}$	$\frac{1}{3}$
$-\frac{1}{3}$	$-\frac{2}{5}$
$-\frac{2}{3}$	-1
-1	-2
$-\frac{3}{2}$	-6
-2	∞

unendlich ist. Das ist der Fall wenn $V_\infty - V$ wie $1/x^2$ oder schwächer gegen null geht. Wenn $V_\infty - V$ stärker als $1/x^2$ gegen null geht, gibt es nur endlich viele diskrete Energien (bei Atomkernmodellen wichtig).

7. SCHRÖDINGER-Gleichung. Im eindimensionalen anschaulichen Feldbild gilt für die Feldgröße ψ die Gleichung

$$-\frac{1}{2\lambda} \frac{\partial^2 \psi}{\partial x^2} + \zeta U \psi - i\dot\psi = 0, \tag{7.1}$$

dabei ist in U nicht nur das elektrische Potential des äußeren Kraftfeldes enthalten, sondern auch das vom (elektrisch geladenen) Materiefeld selbst erzeugte Potential. Wegen der Abstoßung gleichnamiger Ladungen bedeutet das eine Erhöhung von ζU, die mit der Menge der Materie

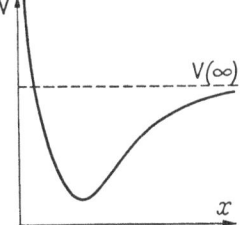

Fig. 3. Eindimensionales Atommodell.

wächst. Im Grenzfall dünner Materie können wir U als Potential des äußeren Feldes ansehen, es ist dann eine gegebene Funktion von x, und für ζU nehmen wir den Verlauf der Fig. 3 an.

Wir suchen periodische Lösungen

$$\psi = e^{-i\omega t} u(x) \tag{7.2}$$

der Gl. (7.1) und finden für u die zeitfreie Gleichung

$$\frac{1}{2\lambda} u'' = (\zeta U - \omega) u. \qquad (7.3)$$

In den Gebieten, wo $\zeta U - \omega > 0$ ist, muß u gegen null gehen. Für $\omega < \zeta U_\infty$ sind also zwei Randbedingungen zu erfüllen, und es gibt nur Vorgänge mit ganz bestimmten diskreten Frequenzen. Wir erhalten *schon auf der anschaulichen Stufe des Modells diskrete Eigenschwingungen des Materiefeldes in der Potentialmulde*. Für $\omega > \zeta U_\infty$ ist nur eine Randbedingung zu erfüllen, und jeder Wert von ω ist möglich.

In der Quantentheorie des Einteilchensystems gilt dieselbe Gl. (7.1) mit $m = \hbar \lambda$, $V = \hbar \zeta U$, die SCHRÖDINGER-Gleichung:

$$-\frac{\hbar^2}{2m} \frac{\partial^2 \psi}{\partial x^2} + V\psi - i\hbar \dot\psi = 0. \qquad (7.1')$$

Der periodische Ansatz

$$\psi = e^{-\frac{i}{\hbar} E t} u(x) \qquad (7.2')$$

führt auf die zeitfreie SCHRÖDINGER-Gleichung:

$$\frac{\hbar^2}{2m} u'' = (V - E) u. \qquad (7.3')$$

Für $E < V_\infty$ erhalten wir diskrete Energien, für $E > V_\infty$ ein Energiekontinuum

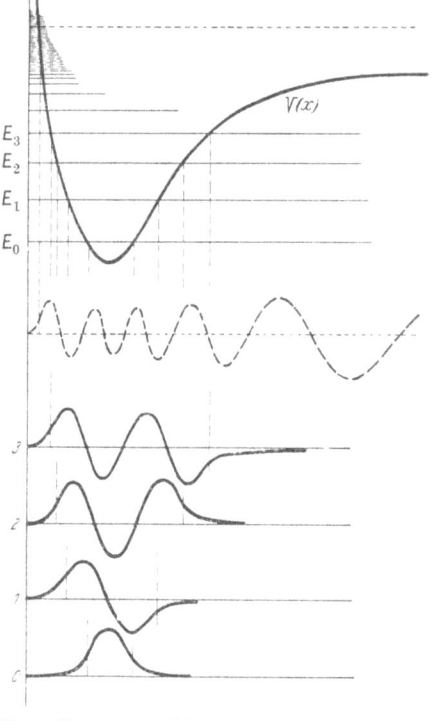

Fig. 5. Eigenwerte und Eigenfunktionen zum Fall der Fig. 3.

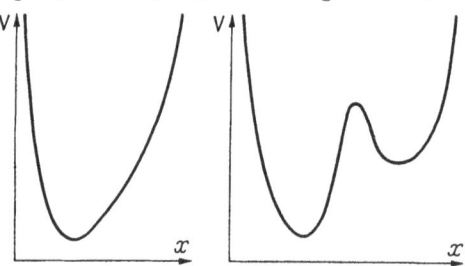

Fig. 4. Beispiele von eindimensionalen Fällen.

(wie beim Korrespondenzprinzip). Bei Eigenwertaufgaben der betrachteten Art gilt für die diskreten Eigenwerte der folgende nützliche Satz („Knotensatz"): *Zu jedem Eigenwert gehört nur eine Eigenfunktion. Numeriert man die Eigenwerte mit dem tiefsten beginnend mit 0, 1, 2 ..., so hat der n-te Eigenwert eine Eigenfunktion mit genau n Nullstellen (Knoten) im Inneren des Gebietes.* Im Falle der Fig. 4 gibt es unendlich viele Eigenwerte. Im Falle der Fig. 3 kann es unendlich viele oder endlich viele diskrete Eigenwerte geben (auch gar keinen). Für eine potentielle Energie wie in Fig. 3 sind in Fig. 5 einige diskrete Eigenwerte und zugehörige Eigenfunktionen gezeichnet, ferner auch (gestrichelt) die Eigenfunktion zu einem Eigenwert im Kontinuum.

Auf Grund des erwähnten „Knotensatzes" kann man in der Quantentheorie eindimensionaler Systeme (im diskreten Energiebereich) die *Knotenzahl* als „*Quantenzahl*" einführen.

Bei einigen speziellen Verläufen der potentiellen Energie $V(x)$ läßt sich die SCHRÖDINGER-Gleichung leicht lösen. Man mache den Ansatz

$$u = v(x) \sum_\nu a_\nu x^\nu,$$

wo $v(x)$ das Verhalten für große $|x|$ richtig wiedergibt. Wenn die dann aus der SCHRÖDINGER-Gleichung folgende Rekursionsformel für die a_ν nur zweigliedrig ist, kann man durch geeignete Wahl von E erreichen, daß die Summe endlich, also ein Polynom ist. So erhält man beim harmonischen Oszillator mit $V = (m\omega^2/2) \cdot x^2$ die Eigenwerte $E = \hbar\omega (n + \frac{1}{2})$ mit $v \sim e^{-m\omega x^2/2\hbar}$. Mit dem Potentialverlauf (6.3) erhält man (6.4), aber mit der geringen Abänderung

$$\alpha(\alpha - 1) = \frac{2m\eta b^2}{\hbar^2}.$$

8. Rechtfertigung der Methode des Phasenintegrals.

Der erwähnte Knotensatz, zusammen mit anderen ohne Rechnung festzustellenden Eigenschaften der Eigenwerte erlaubt eine qualitative Übersicht über die quantentheoretischen Eigenschaften eines Mechanismus mit einem Freiheitsgrad. Aber auch die quantitative Behandlung ist nicht zu schwierig, da die SCHRÖDINGER-Gleichung hier eine gewöhnliche (keine partielle) Differentialgleichung ist. Ein für manche Betrachtungen geeignetes Näherungsverfahren ist von BRILLOUIN, WENTZEL und KRAMERS[1] in die Quantentheorie eingeführt worden; es ist auch deshalb interessant, weil es die Methode des Phasenintegrals als Näherung einer Lösung der SCHRÖDINGER-Gleichung zeigt.

In Gebieten, in denen $V(x)$ konstant ist, wird die SCHRÖDINGER-Gleichung

$$\frac{\hbar^2}{2m} u'' = (V - E) u \qquad (8.1)$$

durch

$$u \sim \sin\left(\frac{1}{\hbar} \sqrt{2m(E - V)}\, x + \alpha\right), \quad u \sim e^{\pm \frac{1}{\hbar} \sqrt{2m(V - E)}\, x}$$

streng gelöst. Für Gebiete, in denen $V(x)$ sich nur langsam ändert, wird dadurch der Ansatz

$$u = f(x) \cdot \sin g(x) \qquad u = f(x) \cdot e^{\pm g(x)} \qquad (8.2)$$

nahegelegt, wo g monoton von x abhängen und f und g' sich nur langsam mit x ändern sollen. In Gebieten $E - V > 0$ machen wir den linken der Ansätze (8.2). Mit ihm wird aus Gl. (8.1):

$$\left[\frac{\hbar^2}{2m}(f'' - f g'^2) + (E - V) f\right] \sin g = \frac{\hbar^2}{2m} (2 f' g' + f g'') \cos g,$$

worin wir im Sinne unserer Näherung f'' vernachlässigen. Die Gleichung wird gelöst mit

$$2 f' g' + f g'' = 0, \quad \text{d.h.} \quad f^2 g' = \text{const}$$

und

$$g'^2 = \frac{2m}{\hbar^2} (E - V).$$

Wir erhalten so:

$$u \sim \frac{1}{\sqrt[4]{2m(E - V)}} \sin \frac{1}{\hbar} \int \sqrt{2m(E - V)}\, dx. \qquad (8.3)$$

---

[1] L. BRILLOUIN: J. Phys. Radium **7**, 353 (1926). — G. WENTZEL: Z. Physik **38**, 518 (1926). — H. A. KRAMERS: Z. Physik **39**, 828 (1926). — Das Verfahren findet sich aber schon bei H. JEFFREYS: Proc. Lond. Math. Soc. (2) **23**, 428 (1924), ähnlich auch bei W. HEISENBERG: Ann. Physik **74**, 577 (1924).

Die Lösung enthält zwei Integrationskonstanten, nämlich einen Faktor und die willkürliche Konstante im (unbestimmten) Integral. Das Argument des sin wollen wir die Phase der Lösungsfunktion nennen. Mit dem anderen Ansatz (8.2) erhalten wir:

$$u \sim \frac{1}{\sqrt[4]{2m(V-E)}} e^{\pm \frac{1}{\hbar} \int \sqrt{2m(V-E)}\, dx}. \tag{8.4}$$

Die noch unbestimmten Integrationskonstanten sind nun so festzusetzen, daß beiderseits einer Nullstelle von $V-E$ die Funktionen (8.3) und (8.4) zueinander passen. Die Festsetzung wird dadurch erschwert, daß die Näherungen (8.3) und (8.4) an der Nullstelle von $V-E$ unendlich werden, die wirkliche Lösung aber nicht; in Fig. 6 sind Näherungen (ausgezogen) und strenge Lösung (gestrichelt) angegeben, mit Randbedingung $u=0$ rechts und links. Als Phase bei der Nullstelle x_1 möchte man nach Augenmaß etwa $+\pi/4$, bei der Nullstelle x_2 den Wert $-\pi/4$ schätzen; das gäbe für das Gebiet $E-V>0$ $(x_1<x<x_2)$:

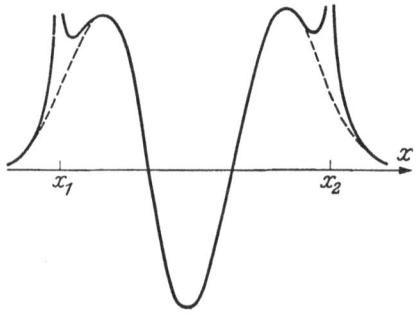

Fig. 6. Zur BWK-Methode.

$$u \sim \frac{1}{\sqrt[4]{2m(E-V)}} \sin\left[\frac{1}{\hbar} \int_{x_1}^{x} \sqrt{2m(E-V)}\, dx + \frac{\pi}{4}\right],$$

$$u \sim \frac{1}{\sqrt[4]{2m(E-V)}} \sin\left[\frac{1}{\hbar} \int_{x_2}^{x} \sqrt{2m(E-V)}\, dx - \frac{\pi}{4}\right].$$

Für die Eigenwerte $E(n)$ liefert das die Bedingung

$$\oint p\, dx = 2\int_{x_1}^{x_2} \sqrt{2m(E-V)}\, dx = 2\pi(n+\tfrac{1}{2})\hbar$$

also die frühere Bedingung der Methode des Phasenintegrals

$$\oint p\, dx = (n+\alpha)h$$

mit $\alpha = \tfrac{1}{2}$.

Eine genauere, mit Hilfe funktionentheoretischer Methoden durchgeführte Untersuchung[1] zeigt, daß die Phasenwerte $+\pi/4$ und $-\pi/4$ um so genauer eintreten, je besser $V-E$ in der Nachbarschaft der Nullstelle eine lineare Funktion von x ist. Bei anderem Verlauf von $V-E$ erhält man andere Anschlußphasen. Wenn z.B. $V-E$ bei x_1 plötzlich von einem sehr hohen positiven Wert aus zu einem negativen Wert sinkt, so muß ja u bei x_1 eine Nullstelle haben, die Anschlußphase ist also 0. Für eine Bewegung zwischen hohen Wänden bei x_1 und x_2 folgt so

$$\oint p\, dx = (n+1)h.$$

Springt V bei x_1 von einem konstanten Wert $>E$ zu einem konstanten Wert $<E$, so ist $u \sim e^{lx}$ an $u \sim \cos(kx+\alpha)$ anzuschließen mit $\tan(kx_1+\alpha) = -l/k$. Die Phase wird damit von E abhängig und der Zusammenhang des Phasenintegrals mit der wirklichen Lösung wird lockerer.

---

[1] H. JEFFREYS: Proc. Lond. Math. Soc. (2) **23**, 428 (1924). — Phil. Mag. **33**, 451 (1942). — H. A. KRAMERS: Z. Physik **39**, 828 (1926). — Siehe auch A. ZWAAN: Intensitäten in Ca-Funkenspektren. Diss. Utrecht 1929. — E. C. KEMBLE: Phys. Rev. **48**, 549 (1935).

Wenn $V - E$ bei x_1 genähert linear von positiven zu negativen Werten übergeht, ist allgemein

$$\frac{1}{\sqrt[4]{2m(V-E)}} e^{-\frac{1}{\hbar}\int_x^{x_1}\sqrt{2m(V-E)}\,dx},$$

an

$$\frac{2}{\sqrt[4]{2m(E-V)}}\sin\left[\frac{1}{\hbar}\int_{x_1}^{x}\sqrt{2m(E-V)}\,dx + \frac{\pi}{4}\right],$$

und

$$\frac{1}{\sqrt[4]{2m(V-E)}} e^{+\frac{1}{\hbar}\int_x^{x_1}\sqrt{2m(V-E)}\,dx},$$

an

$$\frac{1}{\sqrt[4]{2m(E-V)}}\cos\left[\frac{1}{\hbar}\int_{x_1}^{x}\sqrt{2m(E-V)}\,dx + \frac{\pi}{4}\right]$$

anzuschließen (H. JEFFREYS).

9. Serienformeln. Bei der Beschreibung der Linienspektren der Atome benutzte man Formeln für die Linienserien, die für Energiezustände umgeschrieben die Form haben

$$E(n) = -\frac{A}{(n-\alpha)^2} \qquad (9.1)$$

(RYDBERGsche Formel), während beim Wasserstoffatom

$$E(n) = -\frac{A}{n^2}$$

ist. Eine bessere Näherung als Gl. (9.1) stellt häufig die (RYDBERG-RITZsche) Formel

$$E(n) = -\frac{A}{(n-\alpha+\beta|E|)^2} \qquad (9.2)$$

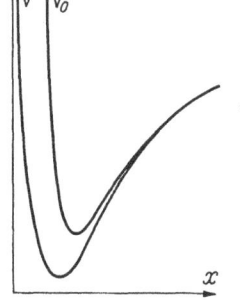

Fig. 7. Modell für Serienformeln.

dar. Die Ähnlichkeit des Verlaufes der Energieserie bei irgendeinem Atom mit der beim Wasserstoffatom beruht darauf, daß das Elektron, wenn es einen größeren Abstand vom Atomrest hat, in beiden Fällen in fast dem gleichen Kraftfeld läuft.

Wir übersehen das schon am eindimensionalen Modell. Für eine potentielle Energie $V_0(x)$ seien die E-Werte bekannt

$$E_0(n) = f(n),$$

und wir fragen nach den E-Werten für eine potentielle Energie V, die für größere x mit V_0 praktisch übereinstimmt, für kleinere x aber abweicht, etwa so wie in Fig. 7. Wir beantworten die Frage mit Hilfe des Korrespondenzprinzips und mit Hilfe der SCHRÖDINGER-Gleichung.

Für die *Anwendung des Korrespondenzprinzips* schreiben wir die Energien zum Falle V, die ebenfalls von einem ganzzahligen n abhängen, in der Form

$$E = E(n) = f(n^*) \qquad (9.3)$$

mit der Funktion f, die mit ganzzahligem n die Energiestufen des Falles V_0 gibt. Für die klassischen Bewegungen sind n und n^* stetige Variable, und für jeden Wert E ist ein n^* gemäß Gl. (9.3) definiert, aber auch ein n, das in der Grundfrequenz

$$\omega(E) = \frac{dE}{\hbar\,dn}$$

des Falles V vorkommt. Ganzzahlige n geben nach dem Korrespondenzprinzip die Quantenzustände des Falles V, ganzzahlige n^* nach (9.3) die Quantenzustände des Falles V_0. Die zur stetigen Variabeln E gehörige Grundfrequenz des Falles V_0 ist

$$\omega^*(E) = \frac{dE}{\hbar\,dn^*}.$$

In dem Gebiet, in dem V und V_0 verschieden sind, hält sich das Teilchen nur kurze Zeit auf, und wir können den Unterschied der (durch 2π dividierten) Schwingungsperioden $1/\omega(E)$ und $1/\omega^*(E)$ in V und V_0 genähert als von E unabhängig ansehen. Mit

$$\frac{1}{\omega^*} = \frac{1}{\omega} - c \qquad (9.4)$$

folgt aber

$$\left.\begin{array}{l} dn^* = dn - \beta\,dE,\\ n^* = n - \alpha + \beta\,|E|, \end{array}\right\} \qquad (9.5)$$

d.h. man kann *im Falle V genähert die Serienformel des Falles V_0 übernehmen, wenn man n durch n^* gemäß (9.5) ersetzt*. Setzt man [statt Gl. (9.4)] die Differenz der Schwingungsperioden als eine analytische Funktion der Energie an, so erhält man n^* als eine Entwicklung nach Potenzen von E.

Mit Hilfe der SCHRÖDINGER-*Gleichung* schließen wir folgendermaßen. Die Zahl der halben Wellen (von Nullstelle zu Nullstelle) der Lösungsfunktion u des Falles V zu einer Energie $E(n)$ ist $n+1$; das hat auch für nicht ganzzahlige n einen genäherten Sinn. Die Zahl der halben Wellen der Lösungsfunktion u des Falles V_0 zur gleichen Energie sei n^*+1. Der Unterschied von n und n^* entsteht in dem Gebiet der Variablen x, in dem V und V_0 merklich verschieden sind, und man kann $n - n^*$ als analytische Funktion von E ansetzen

$$n - n^* = \alpha + \beta E + \cdots$$

(die Stelle $E = 0$ ist nämlich in dem Gebiet $V \neq V_0$ nicht ausgezeichnet). Aus der als bekannt vorausgesetzten Funktion $E = f(n^*)$ des Falles V_0 folgt dann die Serienformel für den Fall V mit der Beziehung (9.5) oder einer weitergehenden Entwicklung nach Potenzen von E.

10. Näherungsverfahren. Da beim eindimensionalen Modell die SCHRÖDINGER-Gleichung eine gewöhnliche Differentialgleichung ist, sind numerische oder graphische Lösungen nach gängigen Verfahren verhältnismäßig leicht zu erhalten. Daneben gibt es noch andere Verfahren der genäherten Lösung der SCHRÖDINGER-Gleichung.

Verfahren, die sich auf die SCHRÖDINGER-Gleichung mit mehreren Variablen (also auf eine partielle Differentialgleichung) ausdehnen lassen, bestehen darin, die Lösung durch einfache bekannte Funktionen mit unbestimmten Parametern anzunähern und diese Parameter so zu bestimmen, daß die SCHRÖDINGER-Gleichung möglichst gut erfüllt wird. Man wählt also einen Ausdruck, der qualitativ den Verlauf der erwarteten Lösung hat und von dem man hoffen kann, daß er wegen der Parameter elastisch genug ist, um eine Näherung für die wirkliche Lösung zu sein. So kann man bei einem Potentialverlauf, wie ihn Fig. 3 wiedergibt, für den tiefsten Zustand etwa

$$u \sim x^\varrho\,e^{-\alpha x}$$

mit den unbestimmten Parametern ϱ und α ansetzen, um den Typus der Funktion u einigermaßen zu treffen. Für den nächsten Zustand kann man

$$u \sim x^\sigma (1 - \gamma\,x)\,e^{-\beta x}$$

ansetzen.

„Möglichst gute Erfüllung" der SCHRÖDINGER-Gleichung läßt sich erreichen, indem man diese Differentialgleichung durch die äquivalente Variationsaufgabe ersetzt, das Integral

$$I = \int \left(\frac{\hbar^2}{2m} u'^2 + V u^2\right) dx \tag{10.1}$$

zum Extremum zu machen unter der Nebenbedingung

$$\int u^2 dx = 1. \tag{10.2}$$

Die Extremwerte des Integrals sind gerade die Eigenwerte der SCHRÖDINGER-Gleichung; der Minimalwert gibt die Energie des Grundzustandes. Statt nun alle möglichen Funktionen u zuzulassen, nimmt man nur die genannten Ansätze mit Parametern und berechnet die Parameter so, daß das Integral I unter Wahrung der Nebenbedingungen stationär wird. Der so gefundene Minimalwert des Integrals ist sicher eine obere Grenze für die Energie des Grundzustandes, und wenn er geschickt gewählt ist, auch eine Näherung für ihn. Auch die Energien höherer Zustände kann man als Minima (nicht bloß als stationäre Werte) des Integrals bekommen, wenn die zur Variation zugelassenen Ansätze zu den Eigenfunktionen aller tieferen Zustände orthogonal sind. Manchmal kann man die Ansätze so wählen, daß die auftretenden Integrale leicht berechenbar sind.

So kann man etwa den Grundzustand für ein Potential

$$V = -\eta \frac{\hbar^2}{2m a^2} e^{-x^2/a^2}$$

mit einem Ansatz

$$u = \sqrt[4]{\frac{2}{\pi}} \sqrt{\frac{\beta}{a}} e^{-\beta^2 x^2/a^2}$$

annähern. Alle Integrale lassen sich leicht berechnen, und man erhält die Näherung

$$E = -\frac{\hbar^2}{2m a^2} \beta^2 (1 + 4\beta^2), \qquad \eta = \sqrt{2\beta^2 (1 + 2\beta^2)^3},$$

die wohl nur für größere η gut ist.

Eine wichtige Abart der Ansätze mit unbestimmten Parametern ist die Form

$$u = \sum_n a_n u_n, \tag{10.3}$$

wo die u_n ein System bekannter Funktionen sind, die wir als normiert und orthogonal voraussetzen wollen:

$$\int u_m^* u_n dx = \delta_{mn} \qquad (0 \text{ oder } 1).$$

Mit Rücksicht auf spätere Verallgemeinerungen haben wir u_n als komplex angenommen. Wir lassen dabei zunächst offen, ob die u_n ein vollständiges Funktionensystem bilden [also eine willkürliche Funktion in der Form (10.3) entwickelt werden kann] oder ob vielleicht nur eine geringe Anzahl Funktionen u_n vorgegeben sind. Wir lassen zunächst auch offen, ob die u_n Lösungen einer anderen SCHRÖDINGER-Gleichung $[H^{(0)} - E] u = 0$ sind, von der die vorgegebene SCHRÖDINGER-Gleichung, die wir kurz

$$(H - E) u = 0$$

schreiben wollen, nur wenig abweicht[1].

---

[1] Die Entwicklungsverfahren der Quantentheorie sind den „Störungsverfahren" der klassischen Mechanik nachgebildet, die Lord RAYLEIGH für Schwingungsaufgaben (Theory of sound, 1894) benutzte und die in der Himmelsmechanik entwickelt wurden (vgl. etwa H. POINCARÉ, Méthodes nouvelles de la mécanique céleste, 3 Bände, Paris 1892—1899). Für die SCHRÖDINGER-Gleichung faßte sie E. SCHRÖDINGER, Ann Physik **80**, 437 (1926), etwas allgemeiner J. E. LENNARD-JONES, Proc. Roy. Soc. Lond., Ser. A **129**, 598 (1930) und J. C. SLATER, Phys. Rev. **38**, 1109 (1931).

Wir suchen also die Koeffizienten a_n in Gl. (10.3) so zu bestimmen, daß die SCHRÖDINGER-Gleichung möglichst gut gelöst wird. Wäre (10.3) genau eine Lösung, so folgten aus

$$\sum_n a_n (H - E) u_n = 0$$

durch Multiplikation mit u_m^* und Integration die linearen Gleichungen

$$\sum_n a_n H_{mn} - E a_m = 0, \qquad (10.4)$$

wo

$$H_{mn} = \int u_m^* H u_n dx \qquad (10.5)$$

ist. E muß also die „Säkulargleichung"

$$\begin{vmatrix} H_{11} - E & H_{12} & H_{13} & \dots \\ H_{21} & H_{22} - E & H_{23} & \dots \\ H_{31} & H_{32} & H_{33} - E & \dots \\ \dots & \dots & \dots & \dots \end{vmatrix} = 0 \qquad (10.6)$$

erfüllen. Dies gilt noch genähert, wenn (10.3) nicht genau eine Lösung, sondern nur eine Annäherung ist. Bei l Funktionen u_n hat die Gl. (10.6) l reelle Lösungen, zu jeder gehört eine genäherte Lösung (10.3) der SCHRÖDINGER-Gleichung.

Das gleiche Ergebnis liefert das Variationsverfahren. Äquivalent mit der SCHRÖDINGER-Gleichung ist die Aufgabe

$$I = \int u^* H u \, dx = \text{Extr.}, \qquad N = \int u^* u \, dx = 1.$$

Der Ansatz (10.3) ergibt

$$I = \sum_{m,n} a_m^* a_n H_{mn}, \qquad N = \sum a_n^* a_n$$

und die Bedingung für das Extremum

$$\frac{\partial I}{\partial a_m^*} - E \frac{\partial N}{\partial a_m^*} = 0$$

ist Gl. (10.4). Man kann so tun, als seien a_n^* und a_n unabhängige Variable; Ableitung nach a_n gibt, weil $H_{mn} = H_{nm}^*$ ist, das gleiche.

Ein wichtiger Fall ist, daß die Nichtdiagonal-Elemente H_{mn} für $m \neq n$ in (10.6) klein sind. Dies gilt z.B., wenn $H = H^{(0)} + H^{(1)}$ mit kleinem $H^{(1)}$ ist und die u_n die Eigenfunktionen von $H^{(0)}$ sind: $H^{(0)} u_n = E_n u_n$. Die Größe $H^{(1)}$ heißt dann „Störung" und das Verfahren ist eine „Störungsrechnung". Aber auch in anderen Fällen können die Nichtdiagonal-Elemente klein sein.

Sind die Nichtdiagonal-Elemente genau null, hat man also von vornherein die „richtige" Linearkombination (10.3) zugrunde gelegt, so lautet die Säkulargleichung

$$(H_{11} - E)(H_{22} - E) \cdots = 0,$$

d.h., $H_{11}, H_{22} \ldots$ sind die Eigenwerte. Wenn die Nichtdiagonal-Elemente nicht alle null, aber klein sind, so liegen die Eigenwerte noch in der Nachbarschaft der H_{nm}. Wir wollen einen davon annähern, sagen wir den bei H_{11}. Wenn die anderen H_{nn} alle stark von H_{11} abweichen (verglichen mit der Größe der Nichtdiagonal-Elemente), so ist von den Diagonalgliedern $H_{nn} - E$ nur $H_{11} - E$ klein, die anderen groß. Bei der Ausrechnung der Determinante wird $(H_{11} - E)(H_{22} - E) (H_{33} - E) \ldots$ das größte Glied, so daß wir zunächst wieder $E \approx H_{11}$ erhalten. Die nächst kleineren Glieder sind die Produkte, in denen $H_{11} - E$ und noch ein anderes $H_{nn} - E$ durch Nichtdiagonal-Elemente ersetzt sind; sie geben zusammen

$$- \sum_n \frac{H_{1n} H_{n1}}{H_{nn} - E} (H_{22} - E) (H_{33} - E) \ldots$$

Berücksichtigen wir keine weiteren Glieder der Determinante, so haben wir

$$\left(H_{11} - E - \sum_n \frac{H_{1n} H_{n1}}{H_{nn} - E}\right)(H_{22} - E)(H_{33} - E) \ldots = 0,$$

und wir erhalten:

$$E = H_{11} + \sum_n \frac{H_{1n} H_{n1}}{H_{11} - H_{nn}}, \tag{10.7}$$

wenn wir E, da wo es nicht von H_{11} abgezogen wird, durch H_{11} ersetzen. Der Einfluß der Nichtdiagonal-Elemente führt zu einer „Abstoßung" des bei H_{11} liegenden Eigenwertes durch die anderen H_{nn}.

Das System (10.4) der linearen Gleichungen läßt sich unter Berücksichtigung der größten Glieder leicht lösen. Man erhält für $n \neq 0$ (mit $a_1 = 1$):

$$a_n = \frac{H_{n1}}{H_{11} - H_{nn}}. \tag{10.8}$$

Wenn in der Nähe von H_{11} noch andere H_{nn} liegen, z.B. H_{22} (bei mehr benachbarten sind die Schlüsse analog), so sind von den Diagonalelementen der Determinante (10.6) die beiden $H_{11} - E$ und $H_{22} - E$ klein, und der größte Anteil der Determinante ist

$$\begin{vmatrix} H_{11} - E & H_{12} \\ H_{21} & H_{22} - E \end{vmatrix} \cdot (H_{33} - E)(H_{44} - E) \ldots$$

Wir erhalten für die in der Nähe von H_{11} und H_{22} liegenden Eigenwerte die Gleichung

$$\begin{vmatrix} H_{11} - E & H_{12} \\ H_{21} & H_{22} - E \end{vmatrix} = 0. \tag{10.9}$$

Wenn in der Säkulardeterminante die Nichtdiagonal-Elemente klein sind, bekommt man Näherungen der Eigenwerte durch Lösen von Gleichungen mit Unterdeterminanten, die jeweils untereinander benachbarten oder zusammenfallenden H_{nn} entsprechen.

Die Summe der Lösungen E der Gln. (10.6) oder (10.9) ist $\sum H_{nn}$.

Es kommt häufig vor, daß Matrixelemente (10.5) schon aus Gründen der Symmetrie von H und der Symmetrie der u_n null werden. Besonders wird uns der Fall beschäftigen (z.B. in Ziff. 20), wo die u_n so in Klassen zerfallen, daß Funktionen u_n aus verschiedenen Klassen immer verschwindende Matrixelemente ergeben.

III. Elektronen im Zentralfeld des Atoms.

11. Klassische Bewegung im Zentralfeld. Die Bewegung von mehreren Massenpunkten in einem kugelsymmetrischen Kraftfeld (beim Atom dem des Kerns) ist recht kompliziert; wir nehmen darum zunächst eine Vereinfachung vor. Wenn ein Elektron des Atoms verhältnismäßig weit außen läuft, verglichen mit den übrigen, so bewegt es sich verhältnismäßig langsam, und der Einfluß der übrigen kann durch ein statisches Kraftfeld ersetzt werden. Bei jeder Lage des äußeren Elektrons kann man die Lagen der übrigen Elektronen über ihre

Bahnen mitteln und erhält so eine potentielle Energie $V(r)$ für das äußere Elektron. Wenn das betrachtete Elektron weiter innen läuft, gibt dieses Verfahren nur eine mäßige Näherung. Seine Rolle als systematische Näherung werden wir später erkennen (Ziff. 19).

Wir betrachten zunächst die Bewegung eines Massenpunktes mit einer solchen potentiellen Energie nach der klassischen Mechanik. Sie ist eine Bewegung mit drei Freiheitsgraden. Diese ist aber hier besonders einfach; erstens erfolgt die Bewegung in einer Ebene, zweitens ist sie (wenn das Teilchen nicht ins Unendliche sich entfernen kann) aus zwei periodischen Bewegungen zusammengesetzt. Dies letztere liegt an der Separierbarkeit der Bewegungsgleichungen, die wir etwa als Energiesatz und Drehimpulssatz (in ebenen Polarkoordinaten r, φ) schreiben können:

$$\left. \begin{array}{r} \dfrac{m}{2}(\dot r^2 + r^2 \dot\varphi^2) + V(r) = E, \\ m r^2 \dot\varphi = P. \end{array} \right\} \quad (11.1)$$

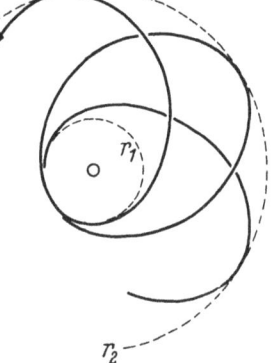

Fig. 8. Rosettenbewegung.

Für die r-Bewegung folgt daraus:

$$\frac{m}{2}\dot r^2 + \left[V(r) + \frac{P^2}{2mr^2}\right] = E, \quad (11.2)$$

d. h. *die r-Bewegung läuft ab wie die eindimensionale Bewegung mit der potentiellen Energie $V + (P^2/2mr^2)$.* Diese Funktion hat beim Atom qualitativ (für $P \neq 0$) den in Ziff. 6 und 7 angenommenen Verlauf. Für $E < V_\infty$, wir schreiben jetzt $E < 0$, ist die Bewegung ein Hin- und Hergang zwischen einem Perizentrum und einem Apozentrum ($r_1 \leq r \leq r_2$); sie hat eine Grundfrequenz $\omega_r(E, P)$ und enthält allgemein die Frequenzen $\omega = \tau_r \omega_r (\tau_r = \pm 1, \pm 2 \ldots)$; ω_r nimmt mit zunehmender Energie E ab bis null (für $E = 0$). Zu dieser r-Bewegung kommt die φ-Bewegung mit einer Grundfrequenz $\omega_\varphi(E, P)$. Die Bahn ist eine Rosette zwischen den Kreisen $r = r_1$ und $r = r_2$ (Fig. 8). Die Differenz $\omega_\varphi - \omega_r$ kann als Winkelgeschwindigkeit der Drehung des Perizentrums angesehen werden.

Eine Koordinate des bewegten Massenpunktes läßt sich in eine FOURIER-Reihe entwickeln mit Gliedern

$$\sim \cos[\tau_1 \omega_r \pm (\omega_\varphi - \omega_r) + \alpha] = \cos(\tau_1 \omega_1 \pm \omega_2 + \alpha)$$

(wir haben $\omega_1 = \omega_r$, $\omega_2 = \omega_\varphi - \omega_r$ gesetzt); Vielfache der Frequenz ω_2 fehlen wegen des gleichförmigen Umlaufs des Perizentrums. Die Koordinaten und damit die für eine Lichtemission oder Absorption maßgebenden elektrischen Dipolmomente enthalten also Frequenzen, die wir

$$\omega = \tau_1 \omega_1 + \tau_2 \omega_2 = \tau_r \omega_r + \tau_\varphi \omega_\varphi, \quad \tau_2 = \tau_\varphi = \pm 1 \quad (11.3)$$

schreiben. Eine *Bewegung* dieser Art nennt man *mehrfach periodisch* — in (11.3) zweifach periodisch. Der mehrfach periodische Charakter ist eine *Folge der Separierbarkeit* der Bewegungsgleichungen (11.1).

Bei dem besonderen Kraftfeld, dem „COULOMB-Feld"

$$V = -\frac{Ze^2}{r}, \quad (11.4)$$

herrührend von einem Atomkern der Ladung Ze und einem Elektron, ist $\omega_2 = \omega_\varphi - \omega_r = 0$, und die Bahn ist nach einem Hin- und Hergang von r

geschlossen (KEPLER-Ellipse). Weiter besteht ein eindeutiger Zusammenhang von E, ω_1 und der großen Halbachse a der Bahnellipse unabhängig von P:

$$\left.\begin{aligned} a &= \frac{Z e^2}{2|E|}, \\ \omega_1 &= \frac{1}{Z e^2} \sqrt{\frac{8|E|^3}{m}}. \end{aligned}\right\} \quad (11.5)$$

Bei fester Energie E und damit fester Halbachse a hat die Kreisbahn den größten Drehimpuls P:

$$P = Z e^2 \sqrt{\frac{m}{2|E|}}.$$

Für die Kreisbahn ist also:

$$E = -\frac{Z^2 e^4 m}{2 P^2}, \qquad \omega_1 = \frac{dE}{dP} \quad (11.6)$$

(letzteres wie beim Rotator, Ziff. 2). Wir können unsere Überlegungen auf positive P beschränken.

In unserem Atommodell können wir außen das Kraftfeld (11.4) in guter Näherung annehmen ($Z=1$ beim neutralen Atom, $Z=p+1$ beim p-fach ionisierten Atom), während weiter innen das Zentrum stärker anziehend wirkt, als es (11.4) entspricht. Wir erwarten also bei außen verlaufenden Elektronenbahnen $\omega_2 \approx 0$. Bei fester Energie E erwarten wir für die größeren Drehimpulse P auch $\omega_2 \approx 0$, für kleinere P aber $\omega_2 > 0$.

12. Korrespondenz. Die Ergebnisse, die wir für die klassische Bewegung eines Massenpunktes im kugelsymmetrischen Kraftfeld erhielten, können wir mit Hilfe des Korrespondenzprinzips qualitativ in die Quantentheorie übertragen.

Beim COULOMB-Feld ist die Übertragung besonders einfach. Wir haben nur eine Grundfrequenz ω_1. Da die Beziehung $\omega_1(E)$ schon durch die Kreisbahn gegeben ist, genügt es, die Beziehungen (11.6) zu übertragen. Mit $P=n\hbar$ folgt

$$E = -\frac{Z^2 e^4 m}{2 \hbar^2 n^2}, \qquad n = 1, 2, 3 \ldots, \quad (12.1)$$

eine Formel, die durch die Erfahrung beim Wasserstoffatom und Heliumion bestätigt ist.

Nach dem Übergang zur Quantentheorie hat der Begriff der Bahn keine scharfe Bedeutung mehr. Der Radius a der Kreisbahn oder die Halbachse a der Ellipsenbahn haben nur genähert anschauliche Bedeutung. Nach Gl. (11.5) folgt

$$a = \frac{\hbar^2 n^2}{Z e^2 m}. \quad (12.2)$$

Der allgemeine Fall des Zentralfeldes zeigt für nicht ins Unendliche gehende Bewegungen zwei Grundfrequenzen ω_1 und ω_2 oder ω_r und ω_φ. Wir haben also $E(n_1, n_2)$ oder $E(n_r, n_\varphi)$ so zu wählen, daß möglichst gut

$$\tau_1 \omega_1(E, P) + \tau_2 \omega_2(E, P) \approx \frac{1}{\hbar}[E(n_1, n_2) - E(n_1 - \tau_1, n_2 - \tau_2)] \quad (12.3)$$

oder

$$\tau_r \omega_r(E, P) + \tau_\varphi \omega_\varphi(E, P) \approx \frac{1}{\hbar}[E(n_r, n_\varphi) - E(n_r - \tau_r, n_\varphi - \tau_\varphi)] \quad (12.4)$$

erfüllt ist. Beim COULOMB-Feld ist $\omega_2 = 0$, E nur von $n_1 = n$ abhängig und n_2 unbestimmt. Wir können die Korrespondenz (12.4) erfüllen, wenn wir in der klassischen Bewegung Wirkungsvariable Φ_r und Φ_φ haben, so daß

$$\omega_r = 2\pi \frac{\partial E}{\partial \Phi_r}, \qquad \omega_\varphi = 2\pi \frac{\partial E}{\partial \Phi_\varphi}$$

also

$$\omega = 2\pi \left(\tau_r \frac{\partial E}{\partial \Phi_r} + \tau_\varphi \frac{\partial E}{\partial \Phi_\varphi} \right)$$

ist. Wir brauchen dann nur

$$\frac{1}{2\pi} \Phi_r = n_r \hbar, \qquad \frac{1}{2\pi} \Phi_\varphi = n_\varphi \hbar$$

zu setzen.

Die Bemerkung, daß die r-Bewegung wie eine eindimensionale Bewegung im Kraftfeld mit der potentiellen Energie $V + (P^2/2mr^2)$ abläuft, liefert uns für

$$\Phi_r = \oint p_r \, dr, \qquad p_r = \sqrt{2m(E-V) - \frac{P^2}{r^2}}$$

die Beziehung $\omega_r = 2\pi \, \partial E/\partial \Phi_r$ bei festem P. Daß $2\pi P$ die andere Wirkungsvariable ist, bestätigen wir durch Nachrechnen. Es ist

$$\frac{\partial E}{\partial P} = -\frac{\partial \Phi_r/\partial P}{\partial \Phi_r/\partial E} = \frac{\omega_r}{2\pi} \oint \frac{P \, dr}{p_r r^2};$$

mit

$$m r^2 \dot\varphi = P, \qquad m \dot r = p_r$$

folgt daraus

$$\frac{\partial E}{\partial P} = \frac{\omega_r}{2\pi} \oint d\varphi = \omega_\varphi,$$

weil ja das Integral über einen Hin- und Hergang der r-Bewegung zu erstrecken war. Das Korrespondenzprinzip ist also erfüllt mit

$$\left. \begin{array}{l} \dfrac{1}{2\pi} \Phi_r = \dfrac{1}{2\pi} \oint p_r \, dr = n_r \hbar, \\[6pt] \dfrac{1}{2\pi} \Phi_\varphi = P = l \hbar, \end{array} \right\} \qquad (12.5)$$

wo wir jetzt $n_\varphi = l$ gesetzt haben.

Beim COULOMB-Feld ist $\omega_\varphi = \omega_r$, die partiellen Ableitungen von E nach Φ_r und Φ_φ sind also gleich, d.h. in $E(n_r, n_\varphi)$ kommen die Quantenzahlen in der Kombination

$$n = n_r + l$$

vor. Empirisch ist $n = 1, 2, 3 \ldots$.

Die zu ω_1 und ω_2 in (12.3) gehörigen Wirkungsvariablen sind

$$\Phi_1 = \Phi_r + 2\pi P, \qquad \Phi_2 = 2\pi P,$$

da

$$\omega_1 = \omega_r = 2\pi \frac{\partial E}{\partial \Phi_1}, \qquad \omega_2 = \omega_\varphi - \omega_r = 2\pi \frac{\partial E}{\partial \Phi_2}$$

ist. Die Korrespondenz wird erfüllt mit

$$\Phi_1 = n \hbar, \qquad \Phi_2 = l \hbar,$$

wo $n = n_r + n_\varphi$, $l = n_\varphi$ ist. Um den Vergleich mit dem COULOMB-Feld leicht ziehen zu können, benutzt man für die Elektronen im Atom die Quantenzahlen n und l (statt n_r und l). Man erhält also *für die Energie einen Ausdruck $E(n, l)$,* *der beim Übergang zum* COULOMB-*Feld in (12.1) übergeht*. Statt der Zahlen $l = 0, 1, 2, 3, \ldots$ benutzt man auch die spektroskopischen Symbole s, p, d, f ....

13. SCHRÖDINGER-Gleichung. Die SCHRÖDINGER-Gleichung verschärft die Aussagen des Korrespondenzprinzips. Die zeitfreie Gleichung

$$-\frac{\hbar^2}{2m}\Delta u + [V(r) - E] u = 0$$

ist für jedes $E > 0$ lösbar. Für $E < 0$ gibt es diskrete Eigenwerte. Mit räumlichen Polarkoordinaten r, ϑ, φ hat die Gleichung die Gestalt

$$-\frac{\hbar^2}{2m}\left(\frac{1}{r}\frac{\partial^2}{\partial r^2}(r u) + \frac{1}{r^2}\Lambda u\right) + (V - E) u = 0, \tag{13.1}$$

wo Λ ein Differentialoperator ist, der nur Funktionen von ϑ und φ enthält und nur nach diesen Variablen differenziert. Unter Benutzung der Kugelflächenfunktionen[1] $Y_l(\vartheta, \varphi)$ mit der Eigenschaft

$$\Lambda Y_l = -l(l+1) Y_l, \qquad l = 0, 1, 2, \ldots \tag{13.2}$$

läßt sich Gl. (13.1) mit dem Ansatz

$$u = f(r) Y_l(\vartheta, \varphi) \tag{13.3}$$

auf die gewöhnliche Differentialgleichung

$$-\frac{\hbar^2}{2m}(r f)'' + \left(V + \frac{\hbar^2 l(l+1)}{2m r^2} - E\right) r f = 0 \tag{13.4}$$

zurückführen. Sie stimmt überein mit der SCHRÖDINGER-Gleichung einer eindimensionalen Bewegung mit der potentiellen Energie

$$V + \frac{\hbar^2 l(l+1)}{2m r^2}. \tag{13.5}$$

Im Gebiet $E < 0$ können wir für $l > 0$ ohne weiteres den Knotensatz (Ziff. 6) anwenden, für $l = 0$ gilt er (da für $r = 0$ die Funktion rf verschwindet) auch; wir erhalten also Funktionen $f(r)$ mit $n_r = 0, 1, 2, \ldots$ Nullstellen, zu Eigenwerten, die von n_r und l abhängen:

$$E = E(n_r, l). \tag{13.6}$$

Daß wir auf diesem Wege alle Eigenfunktionen erhalten, liegt daran, daß man jede Funktion von r, ϑ, φ nach Kugelfunktionen in der Form

$$u = \sum_{l, m} f_{l,m}(r) Y_l^m(\vartheta, \varphi)$$

entwickeln kann und für $f_{l,m}(r)$ Gl. (13.4) gelten muß.

Die Quantenzahlen n der eindimensionalen Mechanismen (Ziff. 7) waren Knotenzahlen. Hier erhalten wir mit l einen neuen Typus, die „Symmetrie-Quantenzahl". Die besondere Symmetrie unseres Mechanismus — die Kugelsymmetrie — führt zur Form (13.3) der Eigenfunktionen, also zur *Einteilung der Eigenfunktionen in einzelne „Symmetrie-Charaktere", die mit* $l = 0, 1, 2 \ldots$ *oder den Symbolen* s, p, d ... *beschrieben werden*. Es gibt $(2l+1)$ Kugelfunktionen Y_l

---

[1] Vgl. den Beitrag von H. A. BETHE und E. E. SALPETER in Bd. XXXV dieses Handbuches. Zu den mathematischen Eigenschaften der Kugelfunktionen vgl. J. MEIXNER in Bd. I.

von l-ter Ordnung, sie lassen sich in der Form

$$Y = P_l^\lambda e^{\pm i \lambda \varphi}, \qquad \lambda = 0, 1, 2 \ldots l \tag{13.7}$$

oder

$$Y = P_l^\lambda {\cos \atop \sin} \lambda \varphi \tag{13.8}$$

schreiben, wo die P_l^λ bis auf einen höchstens für $\vartheta = 0$ und $\vartheta = \pi$ verschwindenden Faktor Polynome $(l-\lambda)$-ten Grades von $\cos \vartheta$ mit $l-\lambda$ Nullstellen sind. Bei den reellen Funktionen (13.8) ist also l die Zahl der Knotenlinien auf der ϑ, φ-Kugel. Fig. 9 gibt den Verlauf der Funktionen (13.8) mittels der Knotenlinien an; für $\lambda > 0$ gibt es jeweils zwei gegeneinander verdrehte, davon ist jeweils nur eine gezeichnet.

λ und l sind auch Drehimpuls-Quantenzahlen. Auf (13.7) angewandt, gibt nämlich der Operator

$$L_z = \frac{\hbar}{i} \left(x \frac{\partial}{\partial y} - y \frac{\partial}{\partial x} \right) = \frac{\hbar}{i} \frac{\partial}{\partial \varphi}$$

der z-Komponente des Drehimpulses den Faktor $\pm \lambda \hbar$. Eigenfunktionen $u = f(r) Y_l(\vartheta, \varphi)$ mit der Form (13.7) für Y_l bezeichnen also Zustände mit dem festen Wert $\pm \lambda \hbar$ der z-Komponente des Drehimpulses. Dem Quadrat des Gesamt-Drehimpulses entspricht der Operator

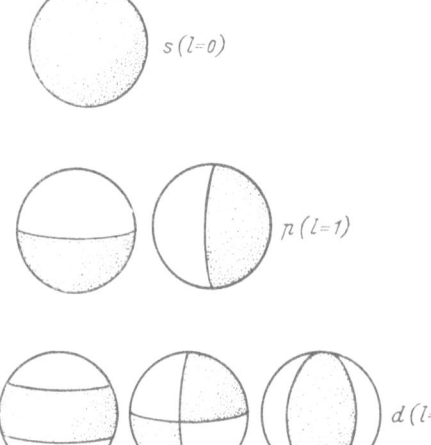

Fig. 9. Symmetriecharaktere für ein Teilchen im kugelsymmetrischen Kraftfeld.

$$L_x^2 + L_y^2 + L_z^2 = -\hbar^2 \left[\left(y \frac{\partial}{\partial z} - z \frac{\partial}{\partial y} \right)^2 + \left(z \frac{\partial}{\partial x} - x \frac{\partial}{\partial z} \right)^2 + \left(x \frac{\partial}{\partial y} - y \frac{\partial}{\partial x} \right)^2 \right];$$

er ist $-\hbar^2 \Lambda$, wo Λ dieselbe Bedeutung wie in (13.1) hat. Man bestätigt dies, indem man

$$\Lambda = r^2 \Delta - r \frac{\partial^2}{\partial r^2} r$$

mittels

$$r \frac{\partial}{\partial r} = x \frac{\partial}{\partial x} + y \frac{\partial}{\partial y} + z \frac{\partial}{\partial z},$$

$$\frac{\partial}{\partial r} r = 1 + x \frac{\partial}{\partial x} + y \frac{\partial}{\partial y} + z \frac{\partial}{\partial z}$$

durch x, y, z ausdrückt. Eine Funktion

$$u = f(r) Y_l(\vartheta, \varphi) \tag{13.3}$$

bezeichnet einen *Zustand mit festem Wert* $\hbar^2 l(l+1)$ *des Quadrates des Gesamt-Drehimpulses*.

Auf Grund der Eigenschaften der Kugelfunktionen folgt, daß

$$\int Y_{l_1}^* x Y_{l_2} d\tau,$$

wo $d\tau$ jetzt das Flächenelement auf der Kugel $r = 1$ sei, nur dann nicht null ist, wenn $|l_1 - l_2| = 1$ ist. Die für die Dipolstrahlung maßgebenden Größen

$$\int u_1^* x u_2 d\tau$$

lassen also nur die Übergänge $l_1 - l_2 = \pm 1$ zu („Auswahlregel").

Für das spezielle COULOMBsche Kraftfeld (11.4) läßt sich die SCHRÖDINGER-Gleichung (13.4) streng lösen; man erhält die Eigenwerte

$$E = -\frac{Z^2 e^4 m}{2\hbar^2 n^2} \quad (13.9)$$

in Übereinstimmung mit (12.1). Dabei ist jetzt $n = n_r + l + 1$, also um 1 größer als die Gesamtzahl der Knotenflächen. Um den Vergleich mit dem COULOMB-Feld zu erleichtern, schreibt man beim allgemeinen kugelsymmetrischen Feld statt (13.6) häufig

$$E = E(n, l);$$

die zugehörige Eigenfunktion u hat $n - l - 1 = n_r$ Knotenflächen $r = $ const und l Knotenflächen $\vartheta = $ const, $\varphi = $ const. Fig. 10 gibt eine zweidimensionale Vereinfachung.

Die Funktion $E(n, l)$ ist einfach angebbar für drei besondere

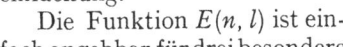

Fig. 10. Eigenfunktionen eines Teilchens im kugelsymmetrischen Feld.

Verläufe $V(r)$. Wenn das Teilchen auf einen schmalen Bereich $r \approx a$ des Abstandes vom Kraftzentrum beschränkt ist, haben wir einen „Rotator" und

$$E = E^{\text{osc}}(n_r) + \frac{\hbar^2}{2ma^2} l(l+1).$$

Beim harmonischen Oszillator $V = m\omega^2 r^2/2$ ist

$$E = \hbar\omega(n_x + n_y + n_z + \tfrac{3}{2})$$
$$= \hbar\omega(2n_r + l + \tfrac{3}{2}),$$

und beim COULOMBschen Kraftfeld gilt (13.9). Auch für das für $r < a$ konstante und dann mit einer Wand begrenzte Potential ist E mit Hilfe von Eigenschaften von Zylinderfunktionen angebbar. Die Interpolation der Fig. 11 zwischen diesen drei Fällen läßt ein qualitatives Urteil darüber zu, wie die Reihenfolge der (hier mit $n = n_r + l + 1$ und l bezeichneten) Zustände vom Verlauf der potentiellen Energie abhängt. Für die Nukleonen im Atomkern gilt etwa die

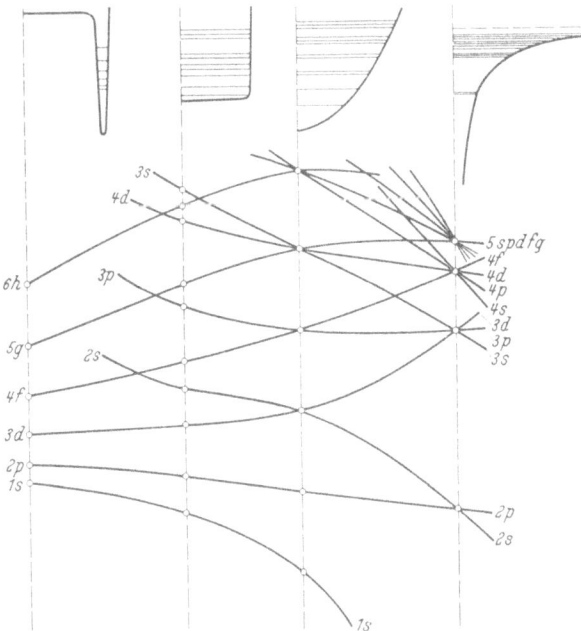

Fig. 11. Vergleich einiger kugelsymmetrischer Kraftfelder.
(Aus HUND: Theoretische Physik, Bd. 3.)

Anordnung dicht links vom harmonischen Oszillator, für die Elektronen in der Atomhülle die Anordnung rechts vom COULOMB-Potential: 1s, 2s, 2p, 3s, 3p, 3d, 4s ....

14. Serienspektren. Die quantentheoretischen Frequenzen der Bewegung eines Elektrons im kugelsymmetrischen Kraftfeld $V(r)$ (das Kern und übrige Elektronen ersetzt) zeigen sich in den Linienspektren vieler Atome. Viele Züge dieser Linienspektren sind nämlich so beschaffen, daß sie auf die Bewegung eines einzelnen Elektrons zurückgeführt werden können.

Das Wasserstoffatom, das einfach ionisierte Heliumatom (He$^+$) und das zweifach ionisierte Lithiumatom (Li^{++}) haben nur ein Elektron, und ihre Spektren lassen sich gemäß

$$\omega = \frac{1}{\hbar}(E_1 - E_2)$$

exakt auf die Energieformel

$$E = -\frac{Z^2 e^4 m}{2\hbar^2 n^2} \tag{14.1}$$

zurückführen.

Die Linienspektren der Alkaliatome Li, Na, K, Rb, Cs und die ihnen ähnlichen der Erdalkali-Ionen Be$^+$, Mg$^+$, Ca$^+$, Sr$^+$, Ba$^+$ lassen sich auf Energieserien zurückführen, für die genähert eine „RYDBERG-Formel"

$$E(n, l) = -\frac{Z^2 e^4 m}{2\hbar^2 [n - \alpha(l)]^2} \tag{14.2}$$

gilt. Dabei lassen sich die Serien so den Zahlen $l = 0, 1, 2 \ldots$ zuordnen, daß nur die Frequenzen $|l_1 - l_2| = 1$ auftreten. Es ist üblich, den Zuständen $l = 0, 1, 2, 3 \ldots$ auch die Symbole s, p, d, f $\ldots$ zuzuordnen.

Für die Energien unseres Modells mit einem Elektron erwarten wir gerade eine Formel (14.2), da das Kraftfeld im Außengebiet mit dem COULOMB-Feld $V = -Z^2 e^2/r$ übereinstimmt (vgl. Ziff. 9).

Zur kurzen Kennzeichnung eines empirischen Spektrums empfiehlt es sich, die Energien in der Form

$$E = -\frac{Z^2 e^4 m}{2\hbar^2 n^{*2}} \tag{14.3}$$

zu schreiben und die so berechneten n^*-Werte anzugeben. Für die tieferen Energien des Na-Atoms $(Z=1)$ und Mg$^+$-Ions $(Z=2)$ erhalten wir die Werte der Tabelle 2.

Tabelle 2. n^*-Werte für Na und Mg$^+$.

Na				Mg$^+$			
s	p	d	f	s	p	d	f
3,65	4,14	3,99	4,00	3,93	4,29	3,96	4,00
2,64	3,13	2,99		2,92	3,29	2,97	
1,63	2,12			1,90	2,27		

Die n^*-Werte der f- und d-Bahnen weichen nur wenig von den ganzen Zahlen ab, die im COULOMB-Feld auftreten müßten ($n = 4, 5 \ldots$ bei f, $n = 3, 4 \ldots$ bei d). Diese Bahnen verlaufen also so weit außen, daß sie von dem abweichenden Kraftfeld innen nicht merklich beeinflußt werden. Die geringe Abweichung von n kann als Folge davon verstanden werden, daß unter dem Einfluß des äußeren Elektrons die Elektronen des Atomrestes (die inneren Elektronen) im Mittel etwas verschoben werden, so daß im Atomrest ein elektrischer Dipol induziert wird, dessen Richtung mit dem äußeren Elektron umläuft und der zu einer etwas verstärkten Anziehung und damit zu einer Senkung von n^* unter n führt.

Die Ausmaße der betrachteten äußeren Bahnen sind gemäß (12.2) bei Mg$^+$ halb so groß wie bei Na. Der Atomrest ist nicht im gleichen Maße bei Mg$^+$ klein. Durch den relativ größeren Atomrest bei Mg$^+$ erklären sich die gegenüber Na vergrößerten Differenzen $n - n^*$ der d-Bahnen und (in Tabelle 2 nicht ersichtlich) der f-Bahnen.

Bei den p- und s-Bahnen sehen wir stärkere Abweichungen von den ganzen Zahlen. Wir verstehen das so, daß diese Bahnen in das Atominnere eintauchen. Dabei erwarten wir, daß n^* unter n liegt. Der tiefste p-Zustand kann also nicht die Nummer $n = 2$ führen, sondern mindestens $n = 3$. Bei den s-Zuständen muß $n - n^*$ größer sein als bei den p-Zuständen, also muß auch der tiefste s-Zustand mindestens die Nummer $n = 3$ haben. Es fehlen also im Na-Spektrum die Zustände 1s, 2s und 2p. Dies werden wir nachher als Folge des Ausschließungsprinzips verstehen (Ziff. 16).

Daß $n - n^*$ jetzt bei Mg$^+$ kleiner ist als bei Na erklärt sich dadurch, daß im Atominneren das Kraftfeld bei Mg$^+$ gegenüber Na nicht auf das Doppelte verstärkt ist, während n^* mit dem doppelten Z berechnet ist.

Die Zustände p, d, f ... sind, genau genommen, enge Dubletts. Wir sehen zunächst (bis Ziff. 27) darüber hinweg.

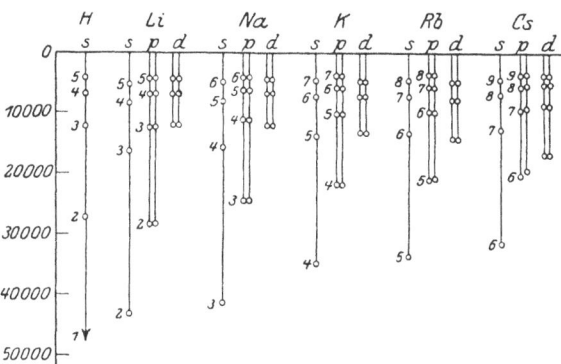

Fig. 12. Zustände der Alkaliatome.

15. Alkali- und Erdalkaliatome. Wir haben eben das Fehlen der niedrigsten Quantenzahlen bei den s- und p-Zuständen des äußeren Elektrons im Na- und Mg$^+$-Atom als auffälliges Merkmal kennengelernt. Sehr lehrreich ist es, die Alkalispektren untereinander im Hinblick auf die darin vorkommenden tiefen Energiezustände zu vergleichen.

Die *Alkalispektren* sind untereinander sehr ähnlich, ein Schema der Energiewerte gibt Fig. 12. Die Energiewerte lassen sich qualitativ als Quantenzustände eines einzelnen Elektrons in einem kugelsymmetrischen Kraftfeld verstehen. Schreiben wir die Energien zur besseren Übersicht in der Form $E = -Rhc/n^{*2}$, so gibt Tabelle 3 die n^*-Werte des jeweils tiefsten s-, p-, d-, f-Zustandes; Wasserstoff ist zum Vergleich zugefügt.

Tabelle 3.
n^*-Werte der tiefsten Alkalizustände.

	s	p	d	f
H	1,00	2,00	3,00	4,00
Li	1,59	1,96	3,00	4,00
Na	1,63	2,12	2,99	4,00
K	1,77	2,23	2,85	3,99
Rb	1,80	2,28	2,77	3,99
Cs	1,87	2,33	2,55	3,98

Die f-Bahnen sind sehr wasserstoffähnlich; n^* nimmt in der Reihe der Alkalien etwas ab, dem wachsenden Einfluß des Atominnern bei größer werdendem Atomrest entsprechend. Die f-Bahnen sind als „äußere Bahnen" anzusehen. Dies gilt weitgehend auch von den d-Bahnen. Wie zu erwarten, ist aber der Einfluß des Atominnern stärker, die Zunahme des Einflusses in der Reihe der Alkalien ist deutlich ausgeprägt. Die p-Bahn kann bei Li noch als wasserstoffähnlich mit $n = 2$ angesehen werden, bei den folgenden Alkalien weicht sie vom Fall des COULOMB-Feldes stark ab. Bei den auf Li folgenden Alkalien nimmt n^* zu, während doch der steigende Einfluß des Atomrestes zu einer monotonen

Abnahme von n^* führen müßte. Wir können die angegebenen n^*-Werte des jeweils tiefsten p-Zustandes nur so verstehen, daß wir sie den Quantenzahlen $n=2$ (Li), 3(Na), 4(K), 5(Rb) und 6(Cs) entsprechen lassen. Die n^*-Werte der s-Bahn deuten auch auf starke Abweichungen vom COULOMB-Feld; der n^*-Wert des tiefsten Zustandes — hier des Grundzustandes des Atoms — nimmt wieder von Alkali zu Alkali zu; er ist nur verständlich, wenn wir die Quantenzahlen $n=1$ (H), 2(Li), 3(Na), 4(K), 5(Rb) und 6(Cs) annehmen. *Der Grundzustand und der tiefste p-Zustand hat also bei jedem Alkaliatom eine um 1 höhere Quantenzahl als beim vorangehenden Alkali.*

Die Spektren der einfachsten Erdalkali-Ionen Be^+, Mg^+, Ca^+, Sr^+, Ba^+ sind den Alkalispektren ähnlich; mit $E = -4Rhc/n^{*2}$ ergeben sich ähnliche n^*-Werte und die gleichen Quantenzahlen n wie bei den benachbarten Alkaliatomen.

Die Spektren der Erdalkaliatome Be, Mg, Ca, Sr, Ba zeigen einen doppelten Satz von Energiezuständen, nämlich das Singulett- und das Triplettsystem. Den Zuständen des Singulettsystems lassen sich dieselben n zuordnen wie bei den benachbarten Alkaliatomen; im Triplettsystem beginnt die s-Serie mit einem um 1 höheren n.

Im Röntgenspektrum sind jedoch die Zustände mit $n=1$ (s), $n=2$ (s, p), $n=3$ (s, p, d) alle vertreten. Man muß annehmen, daß Elektronen auf solchen Bahnen laufen (vgl. Ziff. 18).

16. Schalenabschluß und Chemie. Hinter dem Fehlen der tiefsten Quantenzahlen n in den optischen Spektren steckt ein wichtiges Prinzip, das gegenüber den früher genannten Prinzipien der Quantentheorie neu ist und sie ergänzt.

Um es deutlich zu erkennen, gehen wir die Atome in der Reihenfolge der Atomnummern durch. Den Übergang vom Atom eines Elements zum Atom des folgenden Elements vollziehen wir in Gedanken so, daß wir zunächst die Kernladung um 1 erhöhen und die Elektronenhülle beibehalten. Dabei werden die Elektronen dem Kern etwas näher rücken, die Zustände äußerer Elektronen werden mit $E = -4Rhc/n^{*2}$ statt $-Rhc/n^{*2}$ beschrieben und die n^* vermutlich nicht sehr sich verändern. Diesem Ion (als Atomrest) fügen wir dann ein weiteres Elektron zu.

Der Grundzustand des H-Atoms ist mit $n=1$ zu bezeichnen. Beim Übergang zu He^+ bleibt er $n=1$. Der Grundzustand des He-Atoms ist ein s-Zustand mit $n^* = 0{,}74$; auch das neue Elektron wird anscheinend in eine 1s-Bahn gebunden. Die tiefsten p-, d-, f-Zustände haben n^*-Werte sehr nahe bei den ganzen Zahlen 2, 3, 4. Das Ion Li^+ zeigt qualitativ das gleiche Verhalten. Wir benutzen es als Atomrest des Li-Atoms und wiederholen die frühere Feststellung, daß im Grundzustand das neue Elektron im Zustand 2s (nicht 1s) ist, so daß wir den Grundzustand mit dem Symbol $(1s)^2 2s$ [nicht $(1s)^3$] beschreiben können. Für Be^+ gilt das gleiche, und das Spektrum des Be-Atoms paßt zu der Anordnung $(1s)^2 (2s)^2$. Der Grundzustand des B-Atoms ist wie der von Al, Ga, In, Tl ein p-Zustand (die sog. Nebenserien $p-ns$, $p-nd$ treten in Absorption auf), beim B-Atom ist 2p plausibel, so daß wir für den Grundzustand $(1s)^2 (2s)^2 2p$ zu schreiben haben. Für das Ion C^+ gilt das gleiche.

Die Elemente C, N, O, F, Ne haben komplizierte Spektren, die wir mit dem einfachen Modell eines Elektrons im kugelsymmetrischen Kraftfeld nicht verstehen können. Das nächste einfach gebaute Spektrum ist das des Na mit 3s im Grundzustand. Nehmen wir an, daß die komplizierten Spektren von C bis Ne auf der Zufügung weiterer 2p-Elektronen beruhen — die ungefähr gleiche Ionisierungsarbeit spricht dafür — so haben wir beim Grundzustand des Ne das Symbol $(1s)^2 (2s)^2 (2p)^6$ und beim Grundzustand des Na $(1s)^2 (2s)^2 (2p)^6 3s$

zu schreiben. Bei Mg wird das zweite 3s-Elektron zugefügt, bei Al ein 3p-Elektron. Die folgenden komplizierten Spektren entsprechen der Vervollständigung der 3p-Schale. Beim K haben wir dann $(1s)^2 (2s)^2 (2p)^6 (3s)^2 (3p)^6$ 4s zu schreiben.

Wir schließen: s-*Bahnen sind mit zwei Elektronen, p-Bahnen mit sechs Elektronen aufgefüllt.* Die Elektronenhülle eines Atoms gliedert sich in „Elektronenschalen", für die wir die Symbole 1s, 2s, 2p, 3s ... verwenden. *Bei den Edelgasatomen ist eine s- und eine p-Schale mit gleicher Quantenzahl n abgeschlossen.*

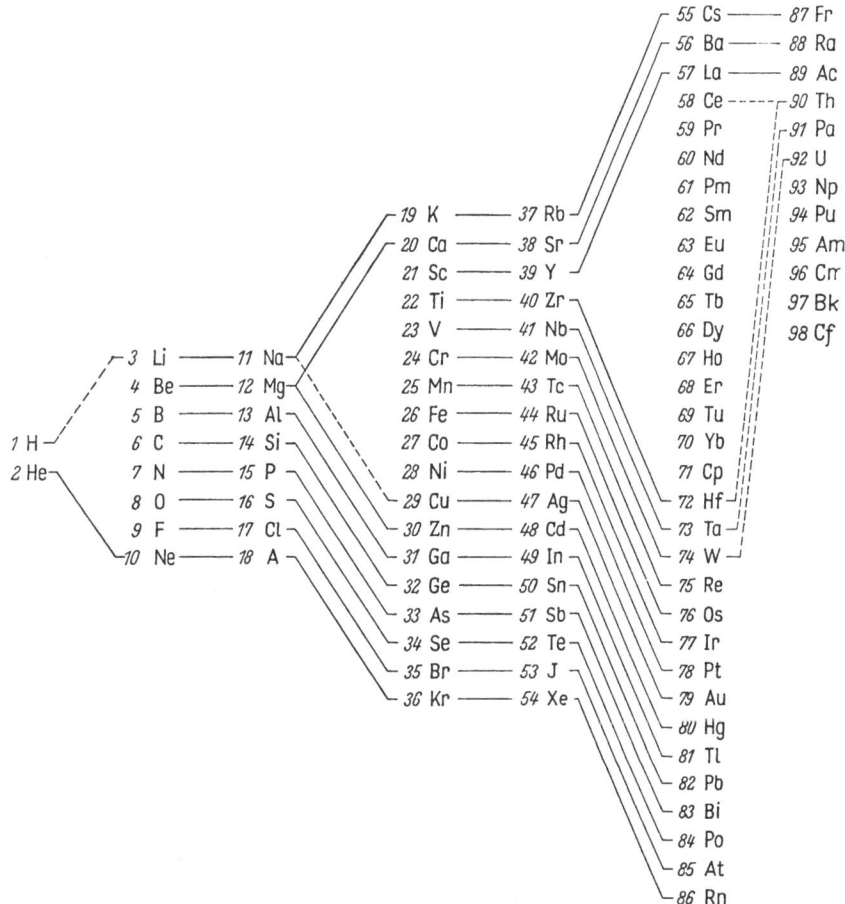

Fig. 13. Periodisches System der Elemente.

Chemisch sind die Edelgase besonders ausgezeichnet. Die Valenzzahl, die das chemische Verhalten eines Atoms kennzeichnet, richtet sich nach dem Abstand des Atoms vom Edelgas. Daß der Abschluß einer np-Bahn und der Übergang zum Anbau eines $(n+1)$s-Elektrons so viel stärker in Erscheinung tritt als der Abschluß einer ns-Bahn und der Anbau eines np-Elektrons ist energetisch ohne weiteres verständlich, da ja im COULOMB-Feld ns und np dieselbe Energie haben.

17. Periodisches System der Elemente. Die chemische Erfahrung über das Verhalten der Atome wird in der Anordnung des periodischen Systems der Elemente ausgedrückt. Entsprechend angeordnete Elemente sind einander chemisch ähnlich. Auch ihre Spektren folgen dieser Regel. Zur Erinnerung daran sei in Fig. 13 eine Darstellung des periodischen Systems wiedergegeben, die BOHR selbst gerne benutzte (und die auf J. THOMSEN zurückgeht). Atome, deren chemisches Verhalten und deren Spektren sehr ähnlich sind, sind durch einen Strich verbunden, bei geringerer Ähnlichkeit ist eine gestrichelte Linie gezeichnet.

Mit unserem einfachen Modell — ein Elektron im Kraftfeld des Atomrestes — können wir den Aufbau des periodischen Systems weitgehend verstehen. Es spielt dabei keine wesentliche Rolle, ob wir die Quantentheorie in der Form des Korrespondenzprinzips benutzen oder ob wir qualitativ Lösungen der SCHRÖDINGER-Gleichung verwenden. Natürlich brauchen wir das Prinzip vom Schalenabschluß, das wir (in einer noch unvollständigen Form) im vorigen Abschnitt kennengelernt haben.

Die *kurze Periode*, H, He, hat Grundzustände, in denen sich nur 1s-Elektronen finden. Die 1s-Schale ist in der Anordnung $(1s)^2$ des He-Grundzustandes abgeschlossen.

In der ersten *Achterperiode* wird in den Grundzuständen von Li und Be die 2s-Schale aufgefüllt, in den Grundzuständen der Elemente B, C, N, O, F, Ne die 2p-Schale. Das Edelgas Ne hat im Grundzustand $(1s)^2 (2s)^2 (2p)^6$. Die nächste Achterperiode ist entsprechend gebaut, nur werden 3s- und 3p-Bahnen zugefügt bis zum Grundzustand $(1s)^2 (2s)^2 (2p)^6 (3s)^2 (3p)^6$ des A-Atoms.

Tabelle 4. n^* bei K, Ca$^+$, Ca (*Singulettsystem*).

	s	p	d
K	1,77	2,23	2,85
Ca$^+$	2,14	2,49	2,31
Ca	1,49	2,07	2,00

Wir untersuchen jetzt die Verhältnisse in der *ersten großen Periode* von K bis Kr. Die n^*-Werte der tiefsten s-, p-, d-Zustände des K-Atoms (Tabelle 4) zeigen, daß die 3 d-Bahn noch wesentlich lockerer gebunden ist, als die tiefen s- und p-Bahnen, die hier als 4s und 4p anzusprechen sind. Bei Ca$^+$ und Ca ist die 3d-Bahn fester gebunden als die 4p-Bahn, aber noch lockerer als die 4s-Bahn, so daß der Grundzustand des Ca-Atoms mit $(1s)^2 (2s)^2 (2p)^6 (3s)^2 (3p)^6 (4s)^2$ anzusetzen ist. Die Spektren von Sc^{++}, Sc$^+$ und Sc sind komplizierter gebaut als die Spektren von Al^{++}, Al$^+$ und Al; es sieht also nicht so aus, als hätten die Grundzustände von Sc^{++} und Sc$^+$ einen Bau, der den Grundzuständen von Ca$^+$ und Ca ähnlich wäre und als würde bei Sc einfach ein 4p-Elektron zugefügt. Die in der Tabelle 4 angegebenen n^*-Werte lassen vielmehr die Möglichkeit zu, daß bei Sc^{++} die 3d-Bahn schon fester gebunden ist als die 4s-Bahn. Die Elemente Sc, Ti, V, Cr, Mn ... sind auch chemisch den Elementen Al, Si, P, S, Cl nicht homolog, sie zeigen keine einheitlichen Wertigkeiten, sie bilden farbige und paramagnetische Ionen. Schon R. LADENBURG hat das der Ausbildung einer ,,Zwischenschale" zugeschrieben, die im Innern des Atoms eingelagert wird[1]. BOHR hat diesen Gedanken präzisiert, indem er annahm, daß bei Sc^{++} dem edelgasähnlichen Rest ($\sim$A) ein 3d-Elektron zugefügt wird und daß bei Sc$^+$, Sc, Ti ... 3d- und 4s-Elektronen ungefähr gleich stark gebunden sind. Die Analyse der verwickelten Spektren dieser Elemente im Rahmen des Mehrelektronenmodells (Ziff. 33 und 42) hat das dann bestätigt.

Daß in der Reihe der Atome und Ionen mit 19 Elektronen K, Ca$^+$, Sc^{++}, Ti^{+++} ... die Energie der 3d-Bahn einmal unter die der 4s-Bahn rücken muß, ist leicht einzusehen. Das Kraftfeld für ein äußeres Elektron weicht bei K stark vom COULOMB-Feld ab, der Durchgang durch die Oberfläche des Atomrestes K$^+$ bedeutet den Übergang von einem Kraftfeld, das genähert $V = -e^2/r$ hat, zu einem, in dem das Elektron stärker angezogen wird; wir finden noch einen deutlichen Unterschied zwischen ,,äußeren" Bahnen und ,,Tauchbahnen". Bei den folgenden Ionen wird wegen der größeren Kernladung bei gleicher Zahl der

---
[1] R. LADENBURG: Z. Elektrochem. 26, 262 (1920).

"abschirmenden" Elektronen das Feld im ganzen COULOMB-ähnlicher, so daß der energetische Unterschied zwischen 3d und 3p und 3s geringer wird, 3d also unter 4s rücken muß (vgl. Fig. 11).

Während die Elemente bis einschließlich Ni ein kompliziertes Spektrum haben, hat Cu (neben Linien, die zu einem komplizierten Spektrum gehören) ein Spektrum, das den Alkalispektren ähnlich ist. Das Zn^+-Spektrum zeigt gleichartigen Bau, das Zn-Spektrum ähnelt den Erdalkalispektren, das Ga-Spektrum dem von Al. Chemisch bestehen die entsprechenden Verwandtschaften. Es liegt nahe, im Grundzustand des Cu die Anordnung: Argonschale + 3d-Schale + 4s anzunehmen, bei Zn außen $(4s)^2$ und bei Ga $(4s)^2 4p$. Da Cu an elfter Stelle hinter A steht, müssen wir zehn 3d-Elektronen annehmen. Die 3d-Schale ist also mit zehn Elektronen abgeschlossen.

Dem Edelgas Krypton schreiben wir im Grundzustand die Anordnung $(1s)^2 (2s)^2 (2p)^6 (3s)^2 (3p)^6 (3d)^{10} (4s)^2 (4p)^6$ zu, da die Elemente Zn bis Kr den Elementen Mg bis A der vorangehenden Achterperiode homolog sind.

Das ganze Verhalten der *zweiten großen Periode* von Rb bis Xe ist dem der ersten großen Periode so ähnlich, daß wir darin zunächst die Anlagerung der 5s-Bahnen (bis Sr), dann den Einbau der 4d-Bahnen (bis Pd) annehmen. Die strenge Einwertigkeit von Ag läßt den Schluß auf eine gut abgeschlossene 4d-Schale bei Ag^+ zu, der dann bei den folgenden Elementen die 5s- (bis Cd) und die 5p-Bahnen zugefügt werden. Zum Edelgas Xe gehört $(1s)^2 \ldots (4d)^{10} (5s)^2 (5p)^6$.

Die *ganz große Periode* mit den 32 Elementen von Cs bis Rn beginnt mit den drei Elementen Cs, Ba, La, die den Elementen K, Ca, Sc und Rb, Sr, Y chemisch und spektroskopisch homolog sind; den Grundzuständen von Cs und Ba wird man also die Anordnungen 6s und $(6s)^2$ zuschreiben und bei La die Beteiligung mindestens eines 5d-Elektrons annehmen. Die folgenden Elemente Ce, Pr... sind nicht den Elementen Ti, V... und Zr, Nb... homolog, sondern bilden mit La die Gruppe der „seltenen Erden", sie sind chemisch ziemlich einheitlich. Erst die Elemente am Ende der ganz großen Periode Ta, W (Re ist noch nicht lange bekannt) Os, Ir, Pt, Au... sind immer als den Elementen Nb, Mo (Tc kommt in der Natur nicht vor) Ru, Rh, Pd, Ag... und den Elementen V, Cr (Mn) Fe, Co, Ni, Cu... homolog angesehen worden. Man wird also die Beteiligung der 5d-Elektronen und von Au ab die Anordnungen 6s, $(6s)^2$, $(6s)^2 6p\ldots$ im Grundzustand annehmen. Dem Edelgas Rn wird dann $\ldots (5d)^{10} (6s)^2 (6p)^6$ zugeschrieben.

Unter den 32 in der ganz großen Periode beim Grundzustand der Atome neu hinzugekommenen Elektronen müssen außer den 18 in 5d-, 6s- und 6p-Bahnen untergebrachten noch 14 andere Elektronen sein. Es liegt nahe, dafür die 4f-Elektronen anzunehmen. Die chemische Gleichförmigkeit der seltenen Erden La, Ce, Pr... (der Lanthaniden, wie man auch sagt) spricht dafür, daß sie im Grundzustand die aus 6s- und 5d-Elektronen bestehende Anordnung des La haben und dazu noch bei Ce ein, bei Pr zwei usw. 4f-Elektronen. Die seltene Erde 71 Cp hätte dann 14 Elektronen in der 4f-Schale.

Eine Frucht dieser BOHRschen Überlegungen war die Entdeckung des Elementes 72. Es war 1921 noch nicht gefunden. Man hielt es für eine (eben ganz seltene) seltene Erde und suchte es in Mineralien, die seltene Erden enthielten. Nach BOHR aber mußte es ganz andere Eigenschaften haben, nämlich dem Zr homolog sein. COSTER und v. HEVESY suchten es darum in zirkonhaltigen Mineralien, fanden es da und nannten es (nach Kopenhagen) Hafnium.

Die Regel vom Schalenabschluß lautet jetzt: *eine s-Bahn ist mit zwei, eine p-Bahn mit sechs, eine d-Bahn mit zehn und eine f-Bahn mit vierzehn Elektronen abgeschlossen.* Durch die Quantenzahl l ausgedrückt, ist $2(2l+1)$ die Höchstbesetzungszahl. Nach der Herleitung der diskreten Zustände eines Elektrons in unserem Atommodell gehören zu einem Zustand der Quantenzahl l die $(2l+1)$ Kugelfunktionen l-ter Ordnung, also $(2l+1)$ unabhängige Eigenfunktionen. *Die höchste Besetzungszahl einer Elektronenschale ist also doppelt so groß wie die Anzahl der unabhängigen Eigenfunktionen, die zu dieser Schale gehören.* In der Beschreibung der Zustände mittels der Eigenfunktionen einer SCHRÖDINGER-Gleichung kommt also jede Funktion (13.3) höchstens bei zwei Elektronen vor.

Die Elemente der mit $Z=87$ (Fr) beginnenden unvollständigen Periode zeigen Homologie zu den Elementen von $Z=55$ (Cs) ab, die Elemente 90, 91 ... (Th, Pa ...) aber auch mit den Elementen 72, 73 ... (Hf, Ta ...). Es sieht so aus, als seien die Bahnen 7s, 6d, 5f ungefähr gleichstark gebunden. Da bei diesen schweren Elementen die Quantenzahl l überhaupt keine so scharfe Bedeutung hat (Ziff. 28), ist die Frage nach der energetischen Reihenfolge der „Schalen" keine präzise Frage mehr[1].

Man kann versuchen, die ja so folgenschweren Gesetzmäßigkeiten des periodischen Systems völlig deduktiv abzuleiten. Außer der Voraussetzung des Prinzips vom Schalenabschluß (mit zwei s-, sechs p-, zehn d-, vierzehn f-Elektronen) braucht man dazu Abschätzungen der Energie der einzelnen Bahnen in Kraftfeldern, die selbst durch die Bahnen der übrigen Elektronen bestimmt sind. Neben dem Näherungsverfahren von Ziff. 19 hat vor allem die statistische Methode[2] Erfolge errungen.

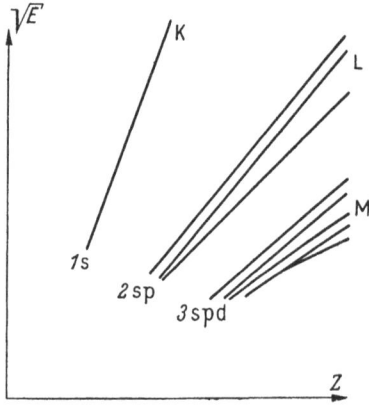

Fig. 14. Röntgenterme.

18. Röntgenspektren. Das in diesem Kapitel zugrunde gelegte Atommodell, bei dem wir jeweils ein Elektron im Kraftfeld des Atomrestes laufend denken, kann die Wechselwirkung zwischen den Elektronen nicht exakt erfassen. In zwei bestimmten Fällen macht das aber nicht viel aus. Beim einen gehört das betrachtete Elektron einer anderen Schale an als die Elektronen des Restes, das gilt für das äußere Elektron der Alkaliatome. Beim anderen Fall ist die Wechselwirkung der benachbarten Elektronen klein gegen die Wirkung des Atomkernes, das gilt für die inneren Elektronen eines Atoms.

Über die Bewegungen der inneren Elektronen geben die Röntgenspektren Auskunft. Eine heftige Einwirkung auf das Atom (etwa die eines Kathodenstrahles hoher Energie) kann ein oder mehrere Elektronen aus vollbesetzten inneren Schalen herauswerfen. Dann können Elektronen aus loser gebundenen Schalen nachrücken. So entstehen (nach KOSSEL[3]) die charakteristischen Frequenzen der Röntgenspektren der Atome. Aus den Frequenzen lassen sich Energien von Zuständen der inneren Elektronen ablesen. Wenn ein Elektron herausgeworfen wird, sind es Zustände des Atoms, bei denen jeweils eine der Schalen ein Elektron weniger hat, als zum Abschluß der Schale nötig ist. Wegen der Analogie solcher Zustände mit Zuständen, an denen außer abgeschlossenen Schalen gerade noch ein Elektron beteiligt ist (Ziff. 42), geht die Analogie der

---
[1] Über diese in den Bereich jenseits des letzten natürlichen Elements im Periodischen System hinausreichende Periode vgl. den Beitrag von E. K. HYDE und G. T. SEABORG über Transurane in Bd. XXXIX dieses Handbuches.
[2] Vgl. den folgenden Artikel von P. GOMBÁS in diesem Bande.
[3] W. KOSSEL: Verh. dtsch. phys. Ges. **16**, 899, 953 (1914); **18**, 339 (1916).

Röntgenterme mit den Alkalitermen sogar noch etwas weiter, als in unserem jetzigen Modell verständlich ist.

Nähern wir das Kraftfeld durch ein COULOMB-Feld an, in dem die Kernladung Ze durch die Wirkung der inneren Elektronen etwas abgeschirmt sei — bis auf $(Z-\zeta)e$ — so erwarten wir die Energien

$$E \approx -\frac{(Z-\zeta)^2 e^4 m}{2\hbar^2 n^2} \qquad n = 1, 2, 3 \ldots.$$

Bei Atomen höherer Nummer Z ist auch entsprechend ein K-Zustand ($n=1$), eine L-Gruppe ($n=2$), eine M-Gruppe ($n=3$) usw. von Energiewerten gefunden;

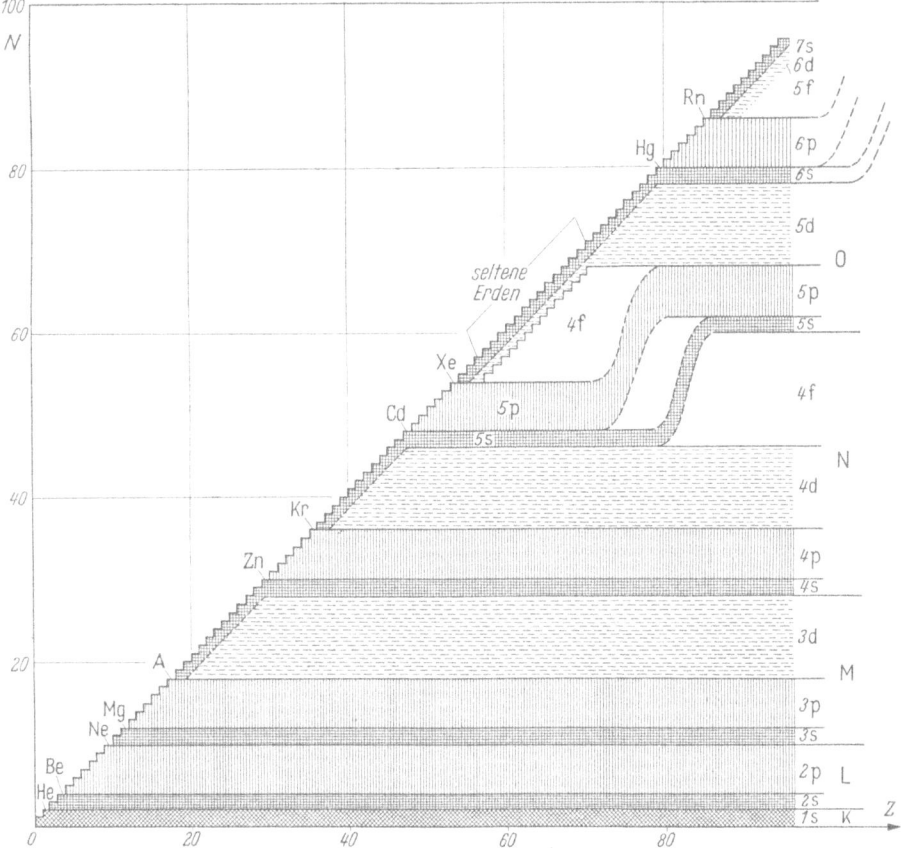

Fig. 15. Aufbau aller Atome und Ionen.

auch die lineare Abhängigkeit der Größe $\sqrt{E}$ von Z stimmt genähert. Wegen der Abweichung vom genannten COULOMB-Feld erwarten wir in der L-Gruppe die Zustände 2s und 2p, in der M-Gruppe die Zustände 3s, 3p, 3d usw. Beobachtet sind drei L-Zustände, fünf M-Zustände. Die Abhängigkeit der Energie von Z zeigt, daß zu der erwarteten Aufspaltung noch eine weitere hinzukommt, die mit Z rasch zunimmt und alle Zustände mit $l > 0$ verdoppelt (in Fig. 14 schematisch dargestellt). Diese Dublettaufspaltung entspricht der bei den Alkalien gefundenen Dublettaufspaltung und rührt vom Elektronenspin her. Genau genommen ist bei der quantitativen Durchführung die relativistische Abänderung der

Quantentheorie eines Teilchens als von gleicher Größenordnung wie der Spineinfluß zu berücksichtigen. Das wesentliche ist beim Einelektronensystem im Beitrag von H. A. BETHE und E. E. SALPETER in Bd. XXXV gesagt. Bei Atomen mit mehr als einem Elektron hat die Relativitätskorrektur keinen Einfluß auf die qualitative Struktur des Termschemas.

Zur Verdeutlichung der halbdeduktiven Ableitung der Struktur der Elektronenhülle bei den verschiedenen Atomen mag Fig. 15 dienen. Als Abszisse ist die Kernladungszahl Z (von 1 bis 96) eingetragen, als Ordinate die Zahl der Elektronen N. Jedem Platz entspricht also ein bestimmtes Ion (der Ladung $Z-N$) oder Atom (für $N=Z$). Man kann auch (was nicht genau, aber genähert dasselbe ist) jedem Platz das in der Reihenfolge der Bindungsfestigkeit N-te Elektron des Atoms der Nummer Z entsprechen lassen. Auf jedem Platz ist eingetragen, zu welcher Schale das zuletzt gebundene Elektron des Grundzustandes des Ions gehört (bzw. das N-te Elektron des Atoms). In nicht ganz sicheren Fällen ist die Grenzlinie unscharf angegeben; beim Durchgang der 5s- und 5p-Bahnen durch die 4f-Bahnen sind die Röntgenspektren herangezogen worden. Rechts ist die COULOMB-Feld-Reihenfolge $n = 1, 2, 3, 4 \ldots$, links die Reihenfolge s, p, s, p, s ... maßgebend.

19. HARTREEs Näherungsverfahren. Eine quantitative Fassung des hier benutzten Modells, bei dem jeweils ein Elektron in einem festen Kraftfeld laufend gedacht wird, gelang D. R. HARTREE[1]. Er schrieb für jedes Elektron eine SCHRÖDINGER-Gleichung

$$-\frac{\hbar^2}{2m} \Delta u_i + [V_i(\mathbf{r}) - E_i] u_i = 0 \qquad (19.1)$$

mit der effektiven potentiellen Energie

$$V_i(\mathbf{r}) = -\frac{Ze^2}{|\mathbf{r}|} + \sum_{j \neq i} \int \frac{e^2}{|\mathbf{r} - \mathbf{r}'|} u_j^2(\mathbf{r}') \, d\tau', \qquad (19.2)$$

die sich aus dem Einfluß des Kerns (bei $\mathbf{r} = 0$) und dem Einfluß der anderen Elektronen zusammensetzt. Das System der Integro-Differentialgleichung (19.1) läßt sich nur durch ein mühsames Näherungsverfahren lösen: man schätze etwa $V_i(\mathbf{r})$ (im ersten Schritt vielleicht für alle i gemeinsam), rechne damit gemäß Gl. (19.1) Eigenfunktionen u_i aus, wähle eine Kombination, die mit dem Prinzip vom Schalenabschluß verträglich ist (höchstens jeweils zwei der u_i sind gleich), rechne für diese Kombination die V_i nach (19.2) aus, löse mit diesen neuen V_i wieder die Gl. (19.1) und fahre so lange fort, bis sich die Ergebnisse nicht mehr merklich ändern.

Man kann nach J. C. SLATER und V. FOCK[2] das HARTREEsche Verfahren als folgerichtiges Variationsverfahren begründen. Ist $v(\mathbf{r}_1, \mathbf{r}_2 \ldots)$ die Zustandsfunktion des Systems aller Elektronen des Atoms, so ist die SCHRÖDINGER-Gleichung des ganzen Systems

$$(H - E) v = 0 \qquad (19.3)$$

äquivalent der Variationsaufgabe

$$\int v H v \, d\tau_1 d\tau_2 \cdots = \text{Extr.}, \qquad \int v^2 d\tau_1 d\tau_2 \cdots = 1, \qquad (19.4)$$

die wir auch in der Form

$$\int \delta v (H - E) v \, d\tau_1 d\tau_2 \cdots = 0 \qquad (19.5)$$

fassen können unter Benutzung der Selbstadjungiertheit von H

$$\int \delta v \, H v \, d\tau = \int v H \, \delta v \, d\tau.$$

---

[1] D. R. HARTREE: Proc. Cambridge Phil. Soc. **24**, 89, 111 (1928).
[2] J. C. SLATER: Phys. Rev. **35**, 210 (1930). — V. FOCK: Z. Physik **61**, 126 (1930).

Die Voraussetzung unseres Modells, wonach jedes Elektron einzeln in einem Kraftfeld laufend gedacht wird, fassen wir, indem wir v als Produkt von Funktionen für einzelne Elektronen schreiben:

$$v = u_1(\mathbf{r}_1) u_2(\mathbf{r}_2) \ldots \quad (19.6)$$

Wenn wir uns beim Aufsuchen der Extrema von (19.4) auf solche Produkte beschränken, so suchen wir die „beste" Lösung, die die spezielle Form (19.6) hat. Wenn wir zunächst nur u_1 variieren, so erhalten wir nach Gl. (19.5)

$$\int \delta u_1(\mathbf{r}_1) u_2(\mathbf{r}_2) u_3(\mathbf{r}_3) \cdots (H-E) u_1(\mathbf{r}_1) u_2(\mathbf{r}_2) u_3(\mathbf{r}_3) \cdots d\tau_1 d\tau_2 d\tau_3 \cdots = 0,$$

also die Bedingung

$$\int u_2(\mathbf{r}_2) u_3(\mathbf{r}_3) \cdots (H-E) u_1(\mathbf{r}_1) u_2(\mathbf{r}_2) u_3(\mathbf{r}_3) \cdots d\tau_2 d\tau_3 \cdots = 0.$$

Berücksichtigen wir, daß

$$H = -\frac{\hbar^2}{2m}(\Delta_1 + \Delta_2 + \cdots) - Ze^2\left(\frac{1}{|\mathbf{r}_1|} + \frac{1}{|\mathbf{r}_2|} + \cdots\right) + e^2\left(\frac{1}{|\mathbf{r}_1 - \mathbf{r}_2|} + \frac{1}{|\mathbf{r}_2 - \mathbf{r}_3|} + \cdots\right)$$

ist, so ergibt sich die Gleichung

$$\left\{-\frac{\hbar^2}{2m}\Delta_1 - \frac{Ze^2}{|\mathbf{r}_1|} + \sum_{j\neq 1} G_j(\mathbf{r}_1) + \sum_{j\neq 1} H_j + \sum_{j>l\neq 1} H_{jl} - E\right\} u_1(\mathbf{r}_1) = 0$$

mit

$$H_j = \int u_j(\mathbf{r}')\left(-\frac{\hbar^2}{2m}\Delta - \frac{Ze^2}{|\mathbf{r}'|}\right) u_j(\mathbf{r}') d\tau',$$

$$H_{jl} = \int\int u_j(\mathbf{r}') u_l(\mathbf{r}'') \frac{e^2}{|\mathbf{r}' - \mathbf{r}''|} u_j(\mathbf{r}') u_l(\mathbf{r}'') d\tau' d\tau'',$$

$$G_j(\mathbf{r}) = \int u_j(\mathbf{r}') \frac{e}{|\mathbf{r} - \mathbf{r}'|} u_j(\mathbf{r}') d\tau',$$

$$H_{jl} = \int u_j(\mathbf{r}') G_l(\mathbf{r}') u_j(\mathbf{r}') d\tau'.$$

Entsprechend erhalten wir durch Variation von $u_2, u_3 \ldots$ Gleichungen für diese Funktionen, im ganzen:

$$\left\{-\frac{\hbar^2}{2m}\Delta - \frac{Ze^2}{|\mathbf{r}|} + \sum_{j\neq i} G_j(\mathbf{r}) + \sum_{j\neq i} H_j + \frac{1}{2}\sum_{j,l\neq i} H_{jl} - E\right\} u_i(\mathbf{r}) = 0 \quad (19.7)$$

in Übereinstimmung mit (19.1).

Aus (19.7) folgt durch Multiplikation mit $u_i(\mathbf{r})$ und Integration

$$E = \sum_i H_i + \sum_{i>j} H_{ij}.$$

20. STARK-Effekt. Ein wichtiges Mittel, Eigenschaften von Atomzuständen zu erfahren, ist die Untersuchung in elektrischen und magnetischen Feldern. Die Veränderung der Spektren — und dann auch die Veränderung der Zustände — in einem von außen angelegten elektrischen Feld heißt STARK-Effekt.

Da unser Modell nur beschränkt gültig ist, z.B. nur wenn die Dublettaufspaltung, also der Einfluß des Spins, unbeträchtlich ist, haben die Betrachtungen über den STARK-Effekt, die wir jetzt anstellen, nur begrenzte Bedeutung. Sie sind aber ein einfaches Beispiel für eine viel allgemeinere Erscheinung, nämlich das Verhalten eines Atoms in irgend einem elektrischen Felde, z.B. in einem Kristall, auch für gewisse Eigenschaften der Elektronen in Molekeln.

Die Zufügung eines homogenen elektrischen Feldes verringert die Symmetrie des Kraftfeldes für das Elektron, das wir in unserem Modell betrachten; statt der Kugelsymmetrie haben wir *Rotationssymmetrie* um eine feste Achse. In der klassischen Mechanik ist der Drehimpulsvektor kein konstanter Vektor mehr, nur noch die Komponente des Drehimpulses in der Richtung des äußeren Feldes ist zeitunabhängig. Das Korrespondenzprinzip schließt daraus, daß diese Komponente den Wert $\hbar m$ $(m=0, \pm 1, \pm 2 \ldots)$ hat; für Dipolstrahlung gilt die Auswahlregel $\Delta m = 0, \pm 1$. Der Übergang vom Drehimpuls $\hbar \lambda$ zu $-\hbar \lambda$ ändert die physikalische Situation nicht (der Drehimpuls ist ein axialer, das elektrische Feld ein polarer Vektor); beide Werte gehören zur gleichen Energie. Die SCHRÖDINGER-Gleichung

$$\left\{ -\frac{\hbar^2}{2\mu} \Delta + V(z, r) - E \right\} u(z, r, \varphi) = 0 \qquad (20.1)$$

(in Zylinderkoordinaten z, r, φ geschrieben) führt mit dem Ansatz

$$u = f(z, r) e^{\pm i \lambda \varphi}, \qquad u = f(z, r) \genfrac{}{}{0pt}{}{\cos}{\sin} \lambda \varphi \qquad (20.2)$$

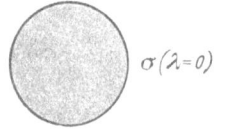

$\sigma(\lambda=0)$

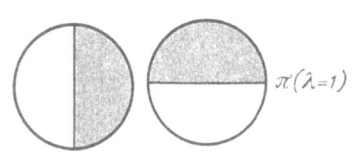

$\pi(\lambda=1)$

auf eine Gleichung, die φ nicht mehr enthält. Jede Lösung von (20.1) läßt sich aus Funktionen (20.2) zusammensetzen und hat, von zufälligem Zusammenfallen von Eigenwerten abgesehen, die Form (20.2), dargestellt in Fig. 16; λ erscheint hier als *Symmetrie-Quantenzahl*. Zustände mit $\lambda=0$, 1, 2 ... werden auch als $\sigma, \pi, \delta \ldots$-Zustände bezeichnet (das wichtigste Beispiel sind die $\sigma, \pi, \delta \ldots$-Zustände in linearen Molekeln). Für die Dipolstrahlung sind Integrale

$$\int u_1^* z \, u_2 \, d\tau \sim \int_0^{2\pi} e^{-i m_1 \varphi} e^{i m_2 \varphi} d\varphi,$$

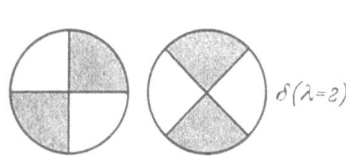

$\delta(\lambda=2)$

$$\int u_1^* (x \pm i y) u_2 \, d\tau \sim \int_0^{2\pi} e^{-i m_1 \varphi} e^{\pm i \varphi} e^{i m_2 \varphi} d\varphi$$

Fig. 16. Symmetriecharaktere für ein Teilchen im rotationssymmetrischen Kraftfeld.

maßgebend, die zur Auswahlregel $m_1 = m_2$ für Licht, das in der durch die z-Achse gehenden Ebene schwingt, und zu $m_1 = m_2 \pm 1$ für Licht, das senkrecht dazu schwingt, führen. Ein Zustand $u \sim e^{i m \varphi}$ hat (wegen $\hbar \partial u / i \partial \varphi = \hbar m u$) den Drehimpuls $\hbar m$ um die Symmetrieachse.

Beim STARK-Effekt können wir das äußere elektrische Feld $\mathbf{E}$, also die Störung der Kugelsymmetrie, als schwach ansehen. Genähert bleiben also die Verhältnisse des feldfreien Falles erhalten. Wenn die Elektronenbahn — wie es im COULOMB-Feld möglich ist — ein mittleres elektrisches Moment hat, so bewirkt das äußere Feld eine Energieänderung, die diesem Feld proportional ist — „linearer STARK-Effekt" von H, He$^+$ .... Ist aber — klassisch gesprochen — die Elektronenbewegung eine Rosettenbewegung, so bewirkt ein schwaches elektrisches Feld eine langsame Präzession der Bahnebene und damit des Drehimpulsvektors um die Feldrichtung, eine dritte Grundfrequenz tritt auf (ohne Oberfrequenzen). Nach dem Korrespondenzprinzip ergibt das eine Quantenzahl m mit den Werten $l, l-1 \cdots -l$ und der Auswahlregel $\Delta m = 0, \pm 1$. Da $m = \pm \lambda$ zur gleichen Energie führen muß, folgt für schwache Felder eine Zusatzenergie

$$E = \mathbf{E}^2 (A + B \lambda^2) \qquad (20.3)$$

— „quadratischer STARK-Effekt". Die Eigenfunktionen der SCHRÖDINGER-

Gleichung der Form (20.2) schließen sich bei wachsendem E^2 stetig an diejenigen Eigenfunktionen des kugelsymmetrischen Feldes an, deren Bestandteil $Y_l(\vartheta, \varphi)$ die Abhängigkeit (20.2) von φ hat. Aus einem s-Zustand entsteht ein σ-Zustand, aus einem p-Zustand ein σ- und ein π-Zustand, aus einem d-Zustand entstehen Zustände σ, π, δ usw.

l gibt jetzt nur noch genähert den Betrag des Drehimpulses an, λ jedoch genau den der Komponente in der Feldrichtung. Wir sagen: λ ist eine „gute Quantenzahl" und l ist es nur in dem Maße, in dem die Abweichung von der Kugelsymmetrie gering ist.

Anordnung und Größe der Aufspaltung sind aus einer Störungsrechnung (Ziff. 10) zu ersehen. In der SCHRÖDINGER-Gleichung

$$(H - E)u = 0$$

kann H in der Form $H^{(0)} + H^{(1)}$ mit $H^{(1)} = Fez$ $(F = |\boldsymbol{E}|)$ geschrieben werden, und für die Entwicklung

$$u = \sum_i a_i u_i \qquad (20.4)$$

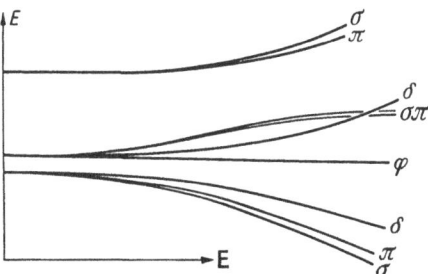

Fig. 17. STARK-Effekt einer He-Termgruppe (etwas vergröbert dargestellt).

können die Eigenfunktionen u_i des feldfreien Falles genommen werden. Wenn diese die Form $u_i \sim Y(\vartheta, \varphi)$ haben, so sind in der Säkulardeterminante die Diagonalelemente $H^{(1)}_{ii}$ alle null, und die übrigen Elemente $H^{(1)}_{ij}$ nur ungleich null, wenn λ gleich ist und l um 1 verschieden. Wenn wir in (20.4) nur ungestörte Eigenfunktionen u_i mit gleicher Energie berücksichtigen, also solche, die zu gleichen Werten n, l gehören — hier schließen wir den linearen STARK-Effekt des H-Atoms aus — so ergibt sich keine Änderung der Energie durch das äußere Feld. Berücksichtigen wir auch andere Funktionen u_i, so folgt als Energieänderung eines Zustandes j durch das äußere Feld:

$$\Delta E_j = \sum_i \frac{H^{(1)2}_{ji}}{E^{(0)}_j - E^{(0)}_i},$$

wo in der Summe nur Zustände mit gleichem λ vorkommen. Wir haben eine „abstoßende Wechselwirkung" der Zustände mit gleichem Symmetriecharakter. Die Abhängigkeit (20.3) kommt jetzt daher, daß in $H^{(1)}_{ji}$ Integrale

$$\int Y_l Y_{l-1} \cos\vartheta \, d\omega = \sqrt{\frac{l^2 - \lambda^2}{4l^2 - 1}}$$

vorkommen, die zu Verschiebungen $l^2 - \lambda^2$ führen: Ein Zustand mit l erhält durch Nachbarzustände $l-1$ eine Verschiebung proportional $l^2 - \lambda^2$, durch Nachbarzustände $l+1$ eine Verschiebung proportional $(l+1)^2 - \lambda^2$; beidemal kann λ von 0 bis l gezählt werden.

Ein eindringliches Beispiel für den Effekt der Störung, den wir *abstoßende Wechselwirkung von Zuständen gleichen Symmetriecharakters* nannten, ist FOSTERS Rechnung des STARK-Effektes für eine Gruppe von He-Zuständen $(n=4)$[1]. Ein d- und f-Zustand liegen dicht beieinander, in etwas größerem Abstand ein p-Zustand (Fig. 17). Mit wachsendem elektrischen Feld drücken sich zunächst die von d und f ausgehenden Zustände auseinander, bei stärkerem Feld drücken dann

---

[1] J. S. FOSTER: Proc. Roy. Soc. Lond., Ser. A **117**, 137 (1928).

aber die p-Terme auf die f-Terme (l ist keine gute Quantenzahl mehr, also sind auch Übergänge $\Delta l \neq 1$ in der Störungsrechnung zu berücksichtigen).

Der STARK-Effekt eines Terms ist dann beträchtlich, wenn in naher Nachbarschaft Terme liegen, deren l um 1 verschieden ist. Die Störungsrechnung braucht dann nur diese Nachbarterme zu berücksichtigen.

In anderen Fällen sind die STARK-Effekte sehr klein und die Störungsrechnung ist sehr mühsam, weil alle Terme mit um 1 verschiedenem l, auch die im kontinuierlichen Spektrum liegenden, berücksichtigt werden müssen.

Günstiger liegen die Verhältnisse beim Grundzustand, wenn der nächst höhere Zustand genügend hoch liegt, so daß man in grober Näherung alle Differenzen $E_i - E_0$ gleichsetzen kann. Die Berechnung der Polarisierbarkeit des Grundzustandes in Ziff. 48 nutzt diesen Umstand aus.

21. ZEEMAN-Effekt. Beim Einfluß eines äußeren Magnetfeldes auf die Atomzustände — dem ZEEMAN-Effekt — ist unser Modell noch vorläufiger als beim STARK-Effekt, da die magnetischen Wirkungen des vernachlässigten Elektronenspins (Ziff. 28) fast immer Bedeutung haben.

Die Zufügung eines homogenen Magnetfeldes $\boldsymbol{B}$ führt die Kugelsymmetrie in eine Achsensymmetrie über, bei der aber — im Gegensatz zum elektrischen Felde — eine Spiegelung an einer Ebene durch die Symmetrieachse die physikalische Situation verändert ($\boldsymbol{B}$ ist ein axialer Vektor). Das Korrespondenzprinzip führt zu einer Quantenzahl m mit der Auswahlregel $\Delta m = 0, \pm 1$, wobei wieder $\hbar m$ den Drehimpuls um die Symmetrieachse angibt. Aber positiver Drehsinn ($m>0$) und negativer Drehsinn ($m<0$) führen jetzt zu verschiedener Energie.

Bei schwachem Magnetfeld ist auch l noch gute Quantenzahl, und ein Zustand spaltet mit einsetzendem Magnetfeld in Zustände mit $m = l, l-1 \cdots -l$ auf. Die Zusatzenergie ist durch das magnetische Moment $\boldsymbol{m}$ des Umlaufes des Elektrons gemäß

$$E = -\boldsymbol{m}\boldsymbol{B}$$

bestimmt. Aus Stromstärke $-ev$ und umlaufener Fläche $|\boldsymbol{r}\times\dot{\boldsymbol{r}}|/2v$ errechnet sich

$$\boldsymbol{m} = -\frac{e\hbar \boldsymbol{l}}{2\mu c}$$

und

$$E = \frac{e\hbar B}{2\mu c} m, \tag{21.1}$$

wo die Elektronenmasse jetzt mit μ bezeichnet ist. Wegen der Auswahlregel $\Delta m = 0, \pm 1$ treten statt einer atomaren Frequenz ω_0 drei Frequenzen ω_0 und $\omega_0 \pm eB/2\mu c$ auf. Dieser „normale ZEEMAN-Effekt" ist aber bei Alkalien nicht beobachtet; die beobachteten „anomalen ZEEMAN-Effekte" hängen mit dem Spin zusammen (Ziff. 28).

Wir wollen jetzt die SCHRÖDINGER-Gleichung durch den Einfluß des Magnetfeldes ergänzen.

In der klassischen Mechanik wirkt auf ein Teilchen mit der elektrischen Ladung $-e$ im elektromagnetischen Felde die Kraft

$$\boldsymbol{K} = -e\boldsymbol{E} - \frac{e}{c}\boldsymbol{v}\times\boldsymbol{B}. \tag{21.2}$$

Im Schema der LAGRANGEschen Bewegungsgleichungen

$$\frac{d}{dt}\frac{\partial L}{\partial \dot{x}} - \frac{\partial L}{\partial x} = 0 \cdots$$

muß man

$$L = T - V - \frac{e}{c}\boldsymbol{v}\boldsymbol{A} \tag{21.3}$$

setzen, wo T die kinetische Energie $\mu v^2/2$, V die potentielle Energie ($-e\boldsymbol{E} =$

$-\operatorname{grad} V$) und $\boldsymbol{A}$ das Vektorpotential ($\boldsymbol{B} = \operatorname{rot} \boldsymbol{A}$) ist, um die Kraft (21.2) zu erfassen. Zu den Koordinaten x, y, z gehören die „Impulse" $\partial L/\partial \dot{x} = \mu \dot{x} - (e/c) A_x \ldots$, die wir zu

$$\boldsymbol{p} = \mu \boldsymbol{v} - \frac{e}{c} \boldsymbol{A} \tag{21.4}$$

zusammenfassen. Beim Übergang zur HAMILTON-Funktion wird

$$H = \boldsymbol{v}\boldsymbol{p} - L = \frac{\mu}{2} \boldsymbol{v}^2 + V.$$

H ist die aus kinetischer und potentieller Energie zusammengesetzte Gesamtenergie (die magnetischen Kräfte tragen nichts bei). Als Funktion der Koordinaten und Impulse

$$H = \frac{1}{2\mu} \left(\boldsymbol{p} + \frac{e}{c} \boldsymbol{A}\right)^2 + V \tag{21.5}$$

ist H geändert gegenüber dem Fall ohne Magnetfeld, in den kanonischen Bewegungsgleichungen tritt der Einfluß des Magnetfeldes auf. Bei schwachen Magnetfeldern können wir das Glied mit $\boldsymbol{A}^2$ vernachlässigen und mit

$$H = \frac{\boldsymbol{p}^2}{2\mu} + \frac{e}{\mu c} \boldsymbol{p}\boldsymbol{A} + V \tag{21.6}$$

auskommen. Bei einem homogenen Magnetfeld $\boldsymbol{B}$ können wir

$$\boldsymbol{A} = \tfrac{1}{2} \boldsymbol{B} \times \boldsymbol{r}$$

setzen, weil $\operatorname{rot}(\boldsymbol{B} \times \boldsymbol{r}) = 2\boldsymbol{B}$ ist; daraus folgt

$$\boldsymbol{p}\boldsymbol{A} = \tfrac{1}{2} (\boldsymbol{B} \times \boldsymbol{r}) \boldsymbol{p} = \tfrac{1}{2} (\boldsymbol{r} \times \boldsymbol{p}) \boldsymbol{B} = \tfrac{1}{2} \boldsymbol{P}\boldsymbol{B},$$

und H bekommt das magnetische Zusatzglied

$$H_{\text{mag}} = \frac{e\boldsymbol{P}\boldsymbol{B}}{2\mu c}, \tag{21.7}$$

das den Drehimpuls $\boldsymbol{P}$ der Elektronenbahn enthält.

Übertragen wir die klassische Beziehung $H - E = 0$ in die Quantentheorie, so erhalten wir mit (21.5) die SCHRÖDINGER-Gleichung

$$\left\{\frac{1}{2\mu}\left(\frac{\hbar}{i}\operatorname{div} + \frac{e}{c}\boldsymbol{A}\right)\left(\frac{\hbar}{i}\operatorname{grad} + \frac{e}{c}\boldsymbol{A}\right) + V - i\hbar\frac{\partial}{\partial t}\right\}\psi = 0, \tag{21.8}$$

mit (21.6) die SCHRÖDINGER-Gleichung für schwache Felder

$$\left(-\frac{\hbar^2}{2\mu}\Delta - i\frac{\hbar e}{\mu c}\boldsymbol{A}\operatorname{grad} + V - i\hbar\frac{\partial}{\partial t}\right)\psi = 0. \tag{21.9}$$

Mit der üblichen Setzung $\operatorname{div}\boldsymbol{A} = 0$ ist es gleichgültig, welche Reihenfolge von $\boldsymbol{p}$ und $\boldsymbol{A}$ wir aus Gl. (21.6) entnehmen. Für ein homogenes Magnetfeld wird nach (21.7) die zeitfreie SCHRÖDINGER-Gleichung

$$\left(-\frac{\hbar^2}{2\mu}\Delta + V\right)u - \left(E - \frac{e\hbar B}{2\mu c}\frac{\partial}{i\partial\varphi}\right)u = 0, \tag{21.10}$$

wo φ das Azimut um die Richtung des Magnetfeldes ist. Mit dem Ansatz

$$u \sim e^{im\varphi}, \qquad m = 0, \pm 1, \pm 2 \ldots,$$

der durch die Rotationssymmetrie nahegelegt ist, wird

$$\left(-\frac{\hbar^2}{2\mu}\Delta + V\right)u - \left(E - \frac{e\hbar B}{2\mu c}m\right)u = 0,$$

also

$$E = E_0 + \frac{e\hbar B}{2\mu c}m \qquad (21.11)$$

mit der Auswahlregel $\Delta m = 0, \pm 1$.

IV. Symmetrie eines Einteilchensystems.

22. Symmetriecharakter, Gruppentheorie. Die Bewegung eines Teilchens auf einer Linie ist sowohl in der klassischen Mechanik wie in der Quantentheorie verhältnismäßig einfach zu behandeln. Die Bewegung eines Teilchens im dreidimensionalen Raum ist nur dann einfach angreifbar, wenn ganz besondere Verhältnisse vorliegen, z.B. wenn die Unabhängigkeit der physikalischen Situation von gewissen Winkeln die Erhaltung des Drehimpulses gewährleistet.

Ein achsensymmetrisches Kraftfeld führt in der klassischen Mechanik zur Erhaltung der zur Achse gehörigen Komponente des Drehimpulses und zu einer Umlaufsfrequenz, zu der Oberfrequenzen $(\tau\nu)$ nicht auftreten, nach dem Korrespondenzprinzip zu einer Quantenzahl m mit der Auswahlregel $\Delta m = 0, \pm 1$. Die Eigenfunktionen der SCHRÖDINGER-Gleichung haben die Form

$$u = f(z, r)\, e^{im\varphi}, \qquad m = 0, \pm 1, \pm 2\ldots. \qquad (22.1)$$

Wenn die Achsensymmetrie die des elektrischen Feldes ist, wo auch die Spiegelung an einer durch die Achse gehenden Ebene die Situation nicht ändert, können die Funktionen in der Form

$$u = f(z, r)\, {\cos\atop\sin}\lambda\varphi, \qquad \lambda = 0, 1, 2\ldots \qquad (22.2)$$

geschrieben werden. Ein kugelsymmetrisches Kraftfeld führt in der klassischen Mechanik zu einer Bewegung in einer Ebene und zur Erhaltung des Drehimpulsvektors, in der Quantentheorie zu einer Quantenzahl l mit der Auswahlregel $\Delta l = \pm 1$ und zu Zuständen mit der Vielfachheit $2l+1$. Die Eigenfunktionen der SCHRÖDINGER-Gleichung sind

$$u = f(r)\, Y_l(\vartheta, \varphi), \qquad l = 0, 1, 2\ldots. \qquad (22.3)$$

Das besondere, durch die Funktionen (22.1), (22.2), (22.3) bezeichnete Verhalten der Eigenfunktionen u gegenüber den Symmetrieoperationen des physikalischen Systems nennen wir den *Symmetriecharakter* der Eigenfunktion oder des Zustandes. Rotationssymmetrie von der Art des Magnetfeldes führt zu Symmetriecharakteren $m = 0, \pm 1, \pm 2\ldots$; Rotationssymmetrie der elektrischen Art führt zu Symmetriecharakteren $\sigma, \pi, \delta\ldots$, die außer σ die Vielfachheit 2 haben; Kugelsymmetrie führt zu Symmetriecharakteren s, p, d ... mit den Vielfachheiten 1, 3, 5 ....

Auch andere Symmetrien werden zu wesentlichen Eigenschaften der Eigenfunktionen führen, und wir *fragen* darum allgemein *nach den Symmetriecharakteren, die aus einer gegebenen Symmetrie des physikalischen Systems folgen*.

In den Beispielen ist der Symmetriecharakter durch die Abhängigkeit von einer oder mehreren Koordinaten in Form einer einem vollständigen Orthogonalsystem angehörigen Funktion angegeben. Diese Angabe ist in anderen Fällen nicht immer zweckmäßig. Auch in den genannten Beispielen können wir die

Symmetriecharaktere durch die Angabe beschreiben, wie die Eigenfunktionen sich transformieren, wenn man die Koordinatentransformationen ausführt, die das System invariant lassen. Im Beispiel (22.1) ist

$$u(\varphi + \alpha) = e^{im\alpha} u(\varphi). \tag{22.4}$$

Im Beispiel (22.2) ist mit $u_1 \sim \cos \lambda \varphi$, $u_2 \sim \sin \lambda \varphi$:

$$u_1(\varphi + \alpha) = \cos \lambda \alpha \cdot u_1 - \sin \lambda \alpha \cdot u_2, \qquad u_1(-\varphi) = u_1(\varphi),$$
$$u_2(\varphi + \alpha) = \sin \lambda \alpha \cdot u_1 + \cos \lambda \alpha \cdot u_2, \qquad u_2(-\varphi) = -u_2(\varphi);$$

die Eigenfunktionen transformieren sich also gemäß den Koeffizientenschemata oder „Transformationsmatrizen":

$$\begin{pmatrix} \cos \lambda \alpha & -\sin \lambda \alpha \\ \sin \lambda \alpha & \cos \lambda \alpha \end{pmatrix}, \quad \begin{pmatrix} 1 & 0 \\ 0 & -1 \end{pmatrix}. \tag{22.5}$$

Legen wir statt der Form (22.2) die Form $u = f(z, r) e^{\pm i \lambda \varphi}$ zugrunde, so werden die Koeffizientenschemata:

$$\begin{pmatrix} e^{i\lambda\alpha} & 0 \\ 0 & e^{-i\lambda\alpha} \end{pmatrix}, \quad \begin{pmatrix} 0 & 1 \\ 1 & 0 \end{pmatrix}. \tag{22.6}$$

Im Falle (22.3) sind die Schemata kompliziert; man kann etwa die Drehungen durch die drei EULERschen Winkel α, β, γ kennzeichnen und erhält dann für $l = 1$ ein dreireihiges Schema, für $l = 2$ ein fünfreihiges Schema.

Wichtige in diesem Zusammenhang auftretende Fragen sind: *Welche Symmetriecharaktere haben die Zustände eines quantenmechanischen Systems gegebener Symmetrie?* Welche Auswahlregeln folgen daraus für die Übergänge? Wie sind die Verhältnisse, wenn mehrere Symmetriearten nebeneinander bestehen? *Wie spalten die Symmetriecharaktere und damit die Zustände auf, wenn die Symmetrie verringert wird* (etwa durch Zufügen eines äußeren Feldes)? Die Beantwortung der letzten Frage ist z.B. wichtig für die Behandlung von Atomen in Kristallgittern oder in Komplexionen.

Die Symmetriecharaktere lassen sich in manchen Fällen durch einfache Überlegungen finden. Aber nicht immer. Die Mathematik hat in der *Gruppentheorie*[1] schon wesentliche Methoden und Ergebnisse bereitgestellt. Ihre Nutzbarmachung in der Quantentheorie verdankt man in erster Linie E. WIGNER[2]. Die Koordinatentransformationen, die die SCHRÖDINGER-Gleichung invariant lassen, bilden eine Gruppe, die Symmetriegruppe des Systems. Wenn R eine solche Koordinatentransformation ist, so ist mit $u(x\ldots)$ auch $u(Rx\ldots)$, kurz $u(R)$, eine Eigenfunktion zum gleichen Eigenwert; wenn $u_1, u_2 \ldots u_l$ alle linear unabhängigen Eigenfunktionen zu einem Eigenwert sind, so muß

$$u_i(R) = \sum_j a_{ij}^R u_j \tag{22.7}$$

sein. Die Transformationsmatrizen a_{ij}^R bilden eine Untergruppe der Symmetriegruppe. Man nennt die Gruppe der Transformationsmatrizen a_{ij}^R eine *Darstellung der Symmetriegruppe*. Bei einfachen Eigenwerten ist sie einreihig (eine Zahl), bei mehrfachen (entarteten) Eigenwerten ist sie mehrreihig. Bei anderer Wahl der unabhängigen Funktionen u_i, die zu einem mehrfachen Eigenwert gehören, erhält man eine „äquivalente" Darstellung. Es gibt gewisse Invarianten der

---
[1] Vgl. den Artikel „Algebra" von G. FALK in Bd. II dieses Handbuches.
[2] E. WIGNER: Z. Physik **40**, 492, 883 (1927); **43**, 624 (1927).

Darstellung, die bei äquivalenten Darstellungen gleich sind (die „Charaktere"); sie dienen bei den gruppentheoretischen Überlegungen zur abstrakten Bezeichnung der Darstellung. Wenn zu einem Eigenwert nur so viele linear unabhängige Eigenfunktionen u_i gehören, wie durch die Symmetrie gefordert wird, also keine „zufällige" Entartung vorliegt, so heißt die Darstellung irreduzibel.

Die irreduzibeln Darstellungen beschreiben offenbar das, was wir die Symmetriecharaktere nannten. Bei reduzibeln Darstellungen kann man solche Linearkombinationen der Funktionen u_i wählen, daß diese in Untersysteme zerfallen, deren Funktionen jetzt bei Anwendung der Symmetrieoperationen gemäß (22.7) jeweils unter sich transformiert werden.

23. Spiegelungs- und Drehsymmetrien mit einreihigen Darstellungen. Wir betrachten jetzt einige für die Atome wichtige Symmetrien, zunächst solche, bei denen es nur endlich viele Koordinaten-Transformationen gibt, die die SCHRÖDINGER-Gleichung invariant lassen (die Zahl der Elemente, die „Ordnung" der Gruppe dieser Transformationen ist endlich).

Die einfachste Symmetrieart ist die *Spiegelungssymmetrie*, etwa die durch

$$V(x, y, z) = V(-x, y, z)$$

bezeichnete Invarianz gegen Spiegelung an der y, z-Ebene. Mit einer Eigenfunktion $v(x, y, z)$ ist auch $v(-x, y, z)$ Eigenfunktion zum gleichen Eigenwert, ebenso $v(x \ldots) \pm v(-x \ldots)$. Wenn die letztgenannten beide von null verschieden wären, wäre das ein zufälliges, nicht durch die Symmetrie gefordertes, energetisches Zusammenfallen zweier Zustände. Es gibt also *zwei Symmetriecharaktere, der eine enthält gerade, der andere ungerade Funktionen von x*; wir bezeichnen sie mit g und u. Für Dipolstrahlung, die in der x-Richtung schwingt, kommen nur Kombinationen g↔u vor; für Dipolstrahlung, die senkrecht zur x-Richtung schwingt, nur g→g und u→u.

Abstrakter: Die Gruppe mit den Elementen E, S, wo $S^2 = E$ und E das Einheitselement ist, hat zwei irreduzible Darstellungen mit den zu S gehörigen Transformationskoeffizienten 1 und -1. Bei Fehlen einer zufälligen Entartung transformiert sich die Eigenfunktion nach einer solchen irreduziblen Darstellung. Bei zufälliger Entartung kann die Transformation einer reduziblen Darstellung entsprechen.

Hier sind die Symmetriecharaktere durch die Transformationen beschrieben, die die Eigenfunktionen erfahren, wenn die Spiegelung ausgeführt wird. Wir können (hier etwas künstlich) sie auch durch Funktionen eines Orthogonalsystems angeben, wenn wir eine Variable einführen, die eng mit der Spiegelung zusammenhängt. Mit den neuen Variablen (y, z wollen wir jetzt weglassen) $|x|$ und $\sigma = x/|x|$ (1 oder -1) ist V von σ unabhängig und die SCHRÖDINGER-Gleichung

$$-\tfrac{1}{2} v'' + [V(|x|, \sigma) - E] v = 0$$

kann durch Separation der Variablen

$$v = f(|x|) \cdot h(\sigma), \qquad h(\sigma) \sim \begin{cases} 1 \\ \sigma \end{cases}$$

gelöst werden. Der stetige Anschluß von v und v' bei $x = 0$ erfordert, daß $h = 1$ mit $f'(0) = 0$ und $h = \sigma$ mit $f(0) = 0$ zusammengeht. Die beiden Funktionen

$$h(\sigma) = \begin{cases} 1/\sqrt{2} \\ \sigma/\sqrt{2} \end{cases} \tag{23.1}$$

der zweiwertigen Variabeln σ bilden ein normiertes vollständiges Orthogonalsystem für alle Funktionen von σ und geben die beiden Symmetriecharaktere an.

Auch die Funktionen $\delta_+(\sigma)$ mit $\delta_+(1)=1$, $\delta_+(-1)=0$ und $\delta_-(\sigma)$ mit $\delta_-(1)=0$, $\delta_-(-1)=1$ bilden ein normiertes vollständiges Orthogonalsystem. Bei Spiegelung $\sigma \to -\sigma$ transformieren sie sich nach einer reduzibeln Darstellung

$$\begin{pmatrix} 0 & 1 \\ 1 & 0 \end{pmatrix},$$

die „Reduktion" erfolgt durch Übergang zu $(\delta_+ \pm \delta_-)/\sqrt{2}$.

Mit der Spiegelungssymmetrie eng verwandt sind zwei andere Symmetriearten. Die eine hat als Symmetrieoperation (außer der identischen) eine zweizählige Drehung um eine feste Achse; die andere die Inversion an einem Punkt $(x, y, z \to -x, -y, -z)$. Die drei Symmetriegruppen sind „isomorph", und die Symmetriecharaktere zeigen das gleiche Verhalten (Multiplikation der Funktion mit $+1$ oder -1) bei Ausführung der Symmetrieoperationen.

Die Symmetriecharaktere der Eigenfunktionen folgen allein aus der qualitativen Eigenschaft der Symmetrie, etwa $V(x) = V(-x)$, unabhängig vom speziellen Verlauf von $V(x)$. In einer Näherungsrechnung, die etwa bei einem

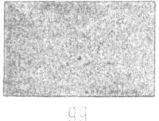 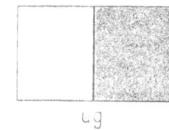 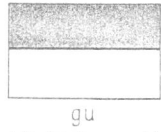 

Fig. 18. Symmetriecharaktere bei Rechtecksymmetrie.

anharmonischen symmetrischen Oszillator $[V(x) = V(-x)]$ die Eigenfunktionen durch Kombinationen der Eigenfunktionen des harmonischen Oszillators annähert, braucht man nur die geraden Eigenfunktionen unter sich und die ungeraden unter sich zu kombinieren. Elemente der Säkularmatrix (Ziff. 10) zwischen geraden und ungeraden Funktionen sind null. Allgemein wird gelten

$$\int u^* H v \, d\tau = 0,$$

wenn u und v verschiedenen Symmetriecharakter haben.

Wenn *Spiegelung an zwei aufeinander senkrechten Ebenen* die physikalische Situation nicht ändert, z.B. wenn die Symmetrie des Rechtecks $V(x, y) = V(-x, y) = V(x, -y) = V(-x, -y)$ besteht (von z mag V irgendwie abhängen), so gibt es vier Symmetriecharaktere, die wir gg, gu, ug, uu nennen können, je nachdem ob die Eigenfunktion gerade oder ungerade in den beiden betroffenen Koordinaten ist. Fig. 18 gibt sie in leicht verständlicher Weise wieder.

Das Beispiel enthält zwei Symmetriearten; es ist so beschaffen, daß es bei Ausführung einer Symmetrieoperation der einen Art und einer Symmetrieoperation der anderen Art auf die Reihenfolge nicht ankommt. Die Gruppe der Symmetrieoperationen heißt dann *direktes Produkt* der beiden Gruppen der einzelnen Symmetriearten. Allgemein gilt: *wenn verschiedene Symmetriearten bestehen und die Symmetrieoperationen, die verschiedenen Symmetriearten entsprechen, vertauschbar sind, so kann man die Symmetriearten einzeln behandeln und die Symmetriecharaktere einfach kombinieren.*

Wenn ein Atom in ein Kristallgitter oder in einen symmetrischen Komplex eingebaut wird, so steht es in einem Kraftfeld, das nicht mehr kugelsymmetrisch ist. Die eben hier beschriebenen Symmetriearten heißen in der Kristallographie[1] C_s, C_2, C_i (isomorph) und C_{2v} (damit isomorph C_{2h}, D_2); ein direktes Produkt aus drei Faktoren ist D_{2h}.

---
[1] Vgl. Ziff. 9 des Beitrages von H. JAGODZINSKI in Bd. VII, Teil 1, dieses Handbuches.

Wenn eine *dreizählige Drehung* die physikalische Situation nicht ändert (Kristallklasse C_3), wenn also z.B. (unter Weglassung der anderen Zylinderkoordinaten z, r) $V(\varphi) = V(\varphi + 2\pi/3) = V(\varphi + 4\pi/3)$ ist, können wir auch die beiden bei der einfachen Spiegelsymmetrie erprobten Gesichtspunkte (Linearkombination von Eigenfunktionen, die durch Symmetrieoperation entstehen; Orthogonalsystem) anwenden.

Mit $u(\varphi)$ sind auch $v = u(\varphi + 2\pi/3)$ und $w = u(\varphi + 4\pi/3)$ Eigenfunktionen zum gleichen Eigenwert. Man kann drei orthogonale Kombinationen von u, v, w finden, die bei Drehung um $2\pi/3$ oder $4\pi/3$ mit einem Faktor multipliziert werden; diese sind

$$u + v + w,$$
$$u + \varepsilon v + \varepsilon^2 w,$$
$$u + \varepsilon^2 v + \varepsilon w,$$

wo ε die dritte Einheitswurzel $e^{2\pi i/3}$ bedeutet. Bei Drehung um $2\pi/3$ werden diese Funktionen der Reihe nach mit

$$1, \quad e^{2\pi i/3}, \quad e^{4\pi i/3} \tag{23.2}$$

multipliziert. Wir haben so drei Symmetriecharaktere; wir nennen sie $p = 0, 1, 2$. Das Schema (23.2) gibt sie durch ihre Transformationskoeffizienten (irreduzible Darstellungen) an.

Die Angabe durch ein vollständiges Orthogonalsystem erhalten wir, wenn wir statt φ die Variabeln χ und σ gemäß

$$\varphi = \chi + \frac{2\pi}{3}\sigma, \qquad 0 \leq \chi < \frac{2\pi}{3}, \qquad \sigma = 0, 1, 2$$

einführen. Die SCHRÖDINGER-Gleichung führt mit dem Ansatz $u = f(z, r, \chi) \cdot g(\sigma)$ auf eine Gleichung mit den Variablen z, r, χ und auf Übergangsbedingungen bei $\chi = 0$ und $2\pi/3$. Aus letzteren kann man leicht schließen

$$g(\sigma + 1) = g(\sigma) \cdot \varepsilon^\lambda,$$

wo $\varepsilon^3 = 1$ und λ ganzzahlig ist. So erhält man für g das System von drei Orthogonalfunktionen g_0, g_1, g_2 mit den Werten

$$g_0 = 1, \ 1, \ 1,$$
$$g_1 = 1, \ \varepsilon, \ \varepsilon^2,$$
$$g_2 = 1, \ \varepsilon^2, \ \varepsilon$$

für die Variabelnwerte $\sigma = 0, 1, 2$. Zur Normierung ist der Faktor $1/\sqrt{3}$ zuzufügen.

Wenn das Kraftfeld ein rein elektrisches ist, also zu dem Potential $V(\ldots\varphi) = V(\ldots\varphi + 2\pi/3) = V(\ldots\varphi + 4\pi/3)$ kein magnetisches Feld hinzukommt, so liegt noch eine weitere Symmetrieart vor, die nicht durch eine Koordinatentransformation ausdrückbar ist. Die SCHRÖDINGER-Gleichung ist dann nämlich eine reelle Gleichung, und alle Eigenfunktionen lassen sich als Linearkombinationen von reellen Eigenfunktionen schreiben. Mit einer Eigenfunktion, die sich bei Drehung gemäß $e^{2\pi i/3}$ transformiert, gehört zum gleichen Eigenwert eine Eigenfunktion, die sich gemäß $e^{-2\pi i/3} = e^{4\pi i/3}$ transformiert. Die beiden nicht reellen Symmetriecharaktere $p = 1$ und $p = 2$ sind also zu einem zusammenzuschließen. Für $p \neq 0$ tritt eine notwendige, durch die Symmetrie geforderte Entartung auf.

Wir können analog für die *n-zählige Drehsymmetrie* — Symmetrie C_n der Kristallographen — die n Symmetriecharaktere durch die Koeffizienten $e^{2\pi i p/n}$ mit $p = 0, 1, 2, \ldots n-1$ angeben. Bei elektrischem Kraftfeld schließen sich p

und $n-p$ zu einem Symmetriecharakter zusammen; $p=0$ und (bei geradzahligem n) $p=n/2$ bleiben einfach.

Wenn zu der n-zähligen Drehsymmetrie noch die Symmetrie der Spiegelung an einer zur Drehachse senkrechten Ebene tritt (C_{nh}), so können die Symmetriecharaktere für Drehung ($p=0, 1, 2, \ldots n-1$) und Spiegelung (g, u) einfach kombiniert werden.

24. Spiegelungs- und Drehsymmetrien mit mehrreihigen Darstellungen. Bei den bisher betrachteten Symmetrien war bei hintereinander ausgeführten Symmetrieoperationen die Reihenfolge gleichgültig (die Gruppen der Symmetrieoperationen waren „kommutative Gruppen"). Bei solchen Symmetrien lassen sich die Eigenfunktionen auf solche zurückführen, die bei jeder der Symmetrieoperationen nur mit einer Zahl (vom Betrage 1) multipliziert werden [die Darstellungen sind „einreihig", im Gegensatz etwa zu der zweireihigen Darstellung (22.5)].

Die *Symmetrie des gleichseitigen Dreiecks*, d.h. Invarianz gegen dreizählige Drehung und gegen Spiegelung an drei durch die Drehachse gehenden Ebenen, stellt einen anderen Typus dar. In Zylinderkoordinaten z, r, φ ist (wenn wir z, r weglassen)

$$V(\varphi) = V\left(\varphi + \frac{2\pi}{3}\right) = V\left(\varphi + \frac{4\pi}{3}\right) = V(-\varphi) = V\left(-\varphi + \frac{2\pi}{3}\right) = V\left(-\varphi + \frac{4\pi}{3}\right);$$

die sechs Symmetrieoperationen können wir in leicht verständlicher Weise mit

$$\begin{array}{ccc} E & D & D^2 \\ S & DS & D^2S \end{array}$$

bezeichnen; DS soll heißen, daß zuerst die Spiegelung S ($\varphi \to -\varphi$), dann die Drehung D ($\varphi \to \varphi + 2\pi/3$) auszuführen ist. Man sieht, daß es jetzt auf die Reihenfolge ankommt, indem $DS = SD^2$, $D^2S = SD$ ist. Die Gruppe der sechs Symmetrieoperationen ist nicht das direkte Produkt aus der Gruppe der Drehungen E, D, D^2 und der Spiegelgruppe E, S. Wir werden auch andersartige Symmetriecharaktere bekommen als etwa bei Invarianz gegen dreizählige Drehung und Spiegelung an einer Ebene senkrecht zur Drehachse.

Mit der Nichtvertauschbarkeit hängt zusammen, daß mehrere Symmetrieoperationen eine „Klasse" bilden können, d.h. selbst wieder durch Symmetrieoperationen auseinander hervorgehen. So bilden hier die Drehungen D und D^2 eine Klasse ($S^{-1}DS = D^2$), ebenso die drei Spiegelungen S, DS, D^2S ($D^{-1}SD = DS$).

Tabelle 5.
Darstellungen der Dreiecksgruppe.

	D	S	
0_+	(1)	(1)	$\widetilde{1\,2\,3}$
0_-	(1)	(-1)	$\widetilde{1\,2\,3}$
1	$\begin{pmatrix} e^{2\pi i/3} & 0 \\ 0 & e^{-2\pi i/3} \end{pmatrix}$	$\begin{pmatrix} 0 & 1 \\ 1 & 0 \end{pmatrix}$	$\widetilde{1\,2\,3}$

Bei der Symmetrie des gleichseitigen Dreiecks können wir die Aufstellung der Symmetriecharaktere an die der dreizähligen Drehsymmetrie anschließen. Funktionen, die bei der Drehung D ungeändert bleiben, werden — wenn zufällige Entartungen nicht vorliegen — bei der Spiegelung S mit $+1$ oder -1 multipliziert. Funktionen, die bei der Drehung D mit $e^{2\pi i/3}$ multipliziert werden, gehören zum gleichen Eigenwert wie die mit $e^{4\pi i/3}$ multiplizierten; bei der Spiegelung geht die eine Funktion in die andere über. Hier folgt aus der Symmetrie des Systems eine notwendige Entartung. Die Transformationsmatrizen der Darstellung sind notwendig zweireihig. Wir finden so im ganzen drei Symmetriecharaktere, zwei mit einfachen Eigenwerten (einreihigen Darstellungen), einen mit zweifachen Eigenwerten (zweireihigen Darstellungen). Tabelle 5 gibt die Transformationsmatrizen wieder (die letzte Spalte wird nachher erklärt).

Mehrreihige Darstellungen finden sich immer, wenn die Symmetriegruppe nicht kommutativ ist. Es gilt allgemein der Satz: die Anzahl der irreduziblen Darstellungen ist gleich der Zahl der Klassen der Symmetriegruppe.

Wir stellen die Symmetriecharaktere der Dreieckssymmetrie noch auf einem anderen Wege auf, indem wir ausnutzen, daß bei dieser besonderen Gruppe alle Symmetrieoperationen sich aus den Spiegelungen S, DS, D^2S zusammensetzen lassen (z.B. ist $D = DS \cdot S$). Es genügt, das Verhalten der Eigenfunktionen gegenüber den drei Spiegelungen zu untersuchen. Dabei ist es bequem, jede der drei Spiegelungen als eine Vertauschung von zwei der drei im gleichseitigen Dreieck angeordnet gedachten Stellen 1, 2, 3 oder einfach von zwei der drei Ziffern 1, 2, 3 anzusehen. Die drei Spiegelungen sind also $(1\,2\,3) \to (2\,1\,3)$, $(1\,2\,3) \to (1\,3\,2)$ und $(1\,2\,3) \to (3\,2\,1)$. Ist $u(1\,2\,3)$ eine Eigenfunktion, so ist auch

$$u(1\,2\,3) + u(2\,3\,1) + u(3\,1\,2) \qquad\qquad u(1\,2\,3) + u(2\,3\,1) + u(3\,1\,2)$$
$$+ u(2\,1\,3) + u(1\,3\,2) + u(3\,2\,1) \qquad\qquad - u(2\,1\,3) - u(1\,3\,2) - u(3\,2\,1)$$

eine, falls der Ausdruck nicht null wird. Ist er von null verschieden, so ist er

in (1 2 3) symmetrisch, d.h. er ändert sich bei keiner der Symmetrieoperationen. | in (1 2 3) antimetrisch, d.h. bei Vertauschung zweier Ziffern wird er mit -1 multipliziert.

Mit Hilfe der Symmetrieoperationen lassen sich daraus keine (wesentlich) anderen Eigenfunktionen bilden. Bei Wegfall zufälliger Entartung ist also schon die Ausgangsfunktion $u(1\,2\,3)$

symmetrisch, | antimetrisch,

und wir haben einen nichtentarteten Symmetriecharakter (einen mit einreihiger Darstellung)

$$\overline{1\,2\,3} \qquad\qquad \overparen{1\,2\,3}$$

gefunden. Ist die oben genannte Summe null, so bilden wir

$$\left.\begin{array}{l} u(1\,2\,3) + u(2\,1\,3) \\ u(1\,2\,3) + u(1\,3\,2) \\ u(1\,2\,3) + u(3\,2\,1) \end{array}\right\} \quad (24.1) \qquad \left.\begin{array}{l} u(1\,2\,3) - u(2\,1\,3) \\ u(1\,2\,3) - u(1\,3\,2) \\ u(1\,2\,3) - u(3\,2\,1) \end{array}\right\} \quad (24.2)$$

Ist eine davon von null verschieden, so gehört die Funktion zu einem mehrfachen Eigenwert. Man kann, wie man leicht sieht, durch Vertauschen von Ziffern und lineares Kombinieren zwei linear unabhängige Funktionen herstellen, die zum gleichen Eigenwert gehören, von denen etwa eine in 1 2 antimetrisch, die andere in 1 2 symmetrisch ist. Wir haben so einen zweiten Symmetriecharakter

$$\overline{1\,2\,3} \quad = \quad \overparen{1\,2\,3}$$

mit zweireihiger Darstellung gefunden. Sind alle drei Summen (24.1) null, so ist $u(1\,2\,3)$ in 1 2 3

antimetrisch, | symmetrisch,

und es liegt ein nichtentarteter Symmetriecharakter

$$\overparen{1\,2\,3} \qquad\qquad \overline{1\,2\,3}$$

vor. Es gibt drei Symmetriecharaktere $\overline{1\,2\,3}$, $\overline{1\,2\,3}\!\!=$, $\overparen{1\,2\,3}$. In Fig. 19 sind die notwendig vorhandenen Nullstellen der Funktionen der drei Charaktere gezeichnet, beim entarteten Charakter in der antimetrischen Form.

Ziff. 24.   Spiegelungs- und Drehsymmetrien mit mehrreihigen Darstellungen.   49

Die Schreibweise $\widetilde{1\,2}\,3$ oder $\overline{1\,2}\,3$ des entarteten Symmetriecharakters entspricht einer anderen Wahl der beiden Funktionen als der Tabelle 5 entspricht.

Für die drei Symmetriecharaktere bieten sich verschiedene Möglichkeiten der Bezeichnung an. Die zuletzt gewählte schließt sich eng an das Verfahren an, mit dem wir die Charaktere aufgestellt haben. Es wird bei einer anderen Symmetrie (Ziff. 39), die sich auf die Dreieckssymmetrie eindeutig abbilden läßt, vorteilhaft sein. Bei der Dreieckssymmetrie könnte man kurz s, e, a (für symmetrisch, entartet, antimetrisch) schreiben, oder in Anlehnung an die Bezeichnungen bei der dreizähligen Drehsymmetrie (wie oben) 0_+, 1, 0_- schreiben (wir kommen in Ziff. 49 darauf zurück).

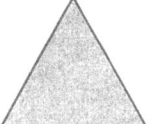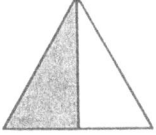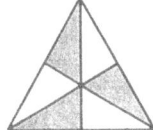

Fig. 19. Symmetriecharaktere bei Dreieckssymmetrie.

Bei *Invarianz gegen eine n-zählige Drehung und Spiegelung an n Ebenen durch die Drehachse* — in der Kristallographie wird diese Symmetrie mit C_{nv} bezeichnet — treten Symmetriecharaktere auf, deren Darstellungen (bei geeigneter Wahl der Eigenfunktionen) der Tabelle 6 entsprechen; die beiden letzten treten nur auf, wenn n geradzahlig ist.

Fig. 20 gibt die Symmetriecharaktere für $n=4$ und $n=6$ an (reelle Eigenfunktionen durch den Verlauf der notwendigen Knotenlinien gekennzeichnet). Für andere n (z. B. 5 und 8) ist eine solche zeichnerische Darstellung nicht möglich.

Tabelle 6. *Darstellungen bei der Symmetrie des regelmäßigen n-Ecks.*

	D	S
0_+	(1)	(1)
0_-	(1)	(−1)
p	$\begin{pmatrix} e^{2\pi i p/n} & \\ & e^{-2\pi i p/n} \end{pmatrix}$	$\begin{pmatrix} & 1 \\ 1 & \end{pmatrix}$
$\left(\dfrac{n}{2}\right)_+$	(−1)	(1)
$\left(\dfrac{n}{2}\right)_-$	(−1)	(−1)

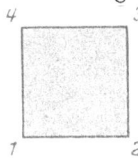 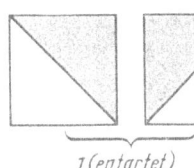 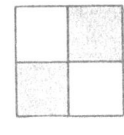 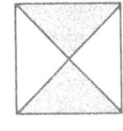 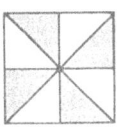

0_+ 1 (entartet) 2_+ 2_- 0_-

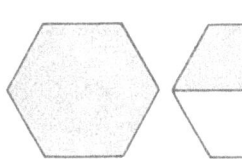 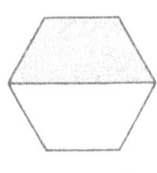 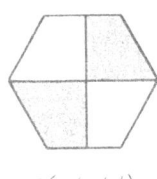 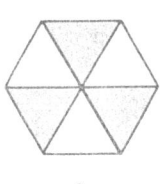 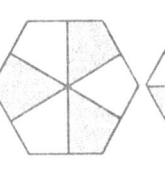 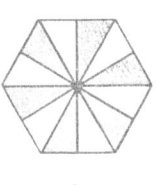

0_+ 1 (entartet)   2 (entartet) 3_- 3_+ 0_-

Fig. 20. Symmetriecharaktere bei der Symmetrie des Quadrats und des regelmäßigen Sechsecks.

Die Gruppe der kontinuierlichen Drehungen mit dem Winkel α um eine feste Achse ist der Grenzfall C_∞ der n-zähligen Drehgruppe C_n. Sie hat (wie wir schon wissen) die Darstellungen

$$m = 0, \quad \pm 1, \quad \pm 2 \ldots$$

mit den Transformationskoeffizienten $e^{im\alpha}$. Die Gruppe der Rotationssymmetrie, der Drehungen α um eine feste Achse und der Spiegelungen an jeder durch die Achse gehenden Ebene, ist der Grenzfall $C_{\infty v}$ der Gruppen C_{nv}. Wir kennen die Darstellungen $\lambda = 0, 1, 2, \ldots,$

$$\lambda = 0: \quad (1) \quad (1)$$
$$\lambda > 0: \begin{pmatrix} e^{i\lambda\alpha} & \\ & e^{-i\lambda\alpha} \end{pmatrix} \begin{pmatrix} & 1 \\ 1 & \end{pmatrix};$$

die Darstellung 0_- mit (1), (-1) kommt bei Einteilchensystemen nicht vor.

Die Symmetrien, die den 27 Kristallklassen der nichtregulären Kristallsysteme entsprechen, sind entweder C_n, C_{nv} oder eineindeutig auf solche abbildbar, oder die Gruppen sind direkte Produkte der Gruppen C_n, C_{nv} mit der einfachen Spiegelgruppe. So sind ihre Symmetriecharaktere leicht angebbar.

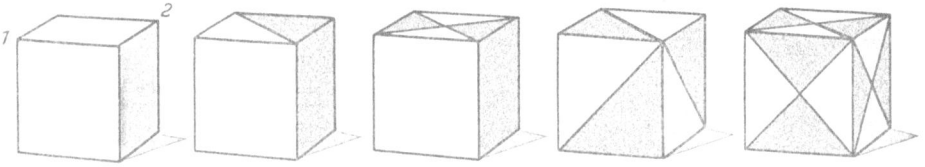

Fig. 21. Symmetriecharaktere bei der Symmetrie des regulären Tetraeders.

Von den Symmetrien, die den fünf Kristallklassen des regulären Kristallsystems entsprechen, seien die beiden näher betrachtet, die die Kristallographen T_d und O_h nennen. Die *Symmetrie des regulären Tetraeders* T_d hat fünf Symmetriecharaktere, die Fig. 21 angibt (da uns die Gestalt des Würfels geläufiger ist als die des Tetraeders, sind die Funktionen in Würfeln dargestellt). Da alle 24 Symmetrieoperationen sich aus Vertauschungen von jeweils zwei der Tetraederecken (1 2 3 4) zusammensetzen lassen, können die Symmetriecharaktere auf einem Wege abgeleitet werden, der dem bei der Dreieckssymmetrie begangenen entspricht. Wir bilden aus einer Eigenfunktion $u(1\,2\,3\,4)$ durch

| Symmetrisieren | Antimetrisieren |

eine Funktion des Charakters

$$\overline{1\,2\,3\,4} \quad | \quad \widetilde{1\,2\,3\,4}.$$

Wenn das nicht geht, bilden wir Funktionen des Charakters

$$\overline{1\,2\,3}\,4 \quad | \quad \widetilde{1\,2\,3}\,4;$$

es gibt (wenn nicht null herauskommt) drei unabhängige Funktionen zum gleichen Eigenwert. Wenn sie sich nicht bilden lassen, stellen wir

$$\overline{1\,2}\,\overline{3\,4} \quad | \quad \widetilde{1\,2}\,\widetilde{3\,4}$$

her (zwei unabhängige). Wenn diese sich nicht bilden lassen:

$$\overline{1\,2}\,\widetilde{3\,4} \quad | \quad \widetilde{1\,2}\,\overline{3\,4}$$

(drei unabhängige); wenn auch dieses nicht möglich ist, so hat die Funktion das Verhalten

$$\widetilde{1\,2\,3}\,4 \quad | \quad \overline{1\,2\,3\,4}.$$

Es läßt sich zeigen, daß die Formen $\overline{1\,2\,3}\,4$ und $\widetilde{1\,2\,3\,4}$, weiter $\overline{1\,2\,3\,4}$ und $\widetilde{1\,2\,3}\,4$, schließlich $\overline{1\,2}\,\widetilde{3\,4}$ und $\widetilde{1\,2}\,\overline{3}\,4$ äquivalent sind.

Ziff. 24.   Spiegelungs- und Drehsymmetrien mit mehrreihigen Darstellungen.

Die zehn Symmetriecharaktere der Symmetrie O_h des Würfels oder des regulären Oktaeders gibt Fig. 22 an. Unter den 48 Symmetrieoperationen ist die Inversion, der Übergang von x, y, z zu $-x, -y, -z$. Die Funktionen der fünf oben gezeichneten Charaktere ändern sich bei Inversion nicht, die der fünf unten gezeichneten werden bei Inversion mit -1 multipliziert. Die Symmetriecharaktere können wir auch dadurch bezeichnen, daß wir einfache Funktionen von x, y, z angeben, die sich bei allen Symmetrieoperationen so transformieren, wie die Funktionen der Symmetriecharaktere. Durch systematisches Untersuchen der homogenen, ganzen rationalen Funktionen von x, y, z des nullten,

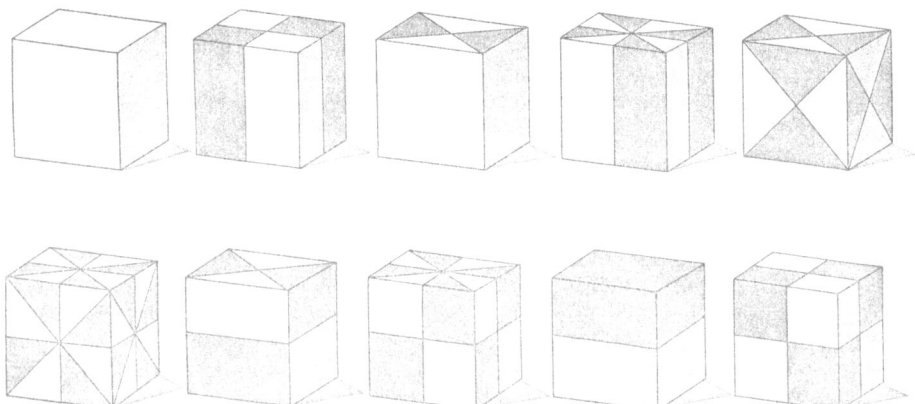

Fig. 22. Symmetriecharaktere bei Würfelsymmetrie.

ersten, zweiten usw. Grades und Berücksichtigung der Invarianten (wie $(x^2+y^2+z^2, \; x^2y^2+y^2z^2+z^2x^2, \; x^4+y^4+z^4)$ oder äquivalenten Transformationen (x^3, y^3, z^3 wie x, y, z usw.) kann man sie erhalten:

Tabelle 7. *Symmetriecharaktere für* O_h.

$l = 0$	1	s (1)
$l = 1$	x, y, z	p (3)
$l = 2$	$x^2 - y^2, \; y^2 - z^2$	d_1 (2)
	$xy, \; yz, \; zx$	d_2 (3)
$l = 3$	xyz	f_1 (1)
	$z(x^2 - y^2) \quad x(y^2 - z^2) \quad y(z^2 - x^2)$	f_2 (3)
$l = 4$	$xy(x^2 - y^2) \quad yz(y^2 - z^2) \quad zx(z^2 - x^2)$	g (3)
$l = 5$	$xyz(x^2 - y^2) \quad xyz(y^2 - z^2)$	h (2)
$l = 6$	$(x^2 - y^2)(y^2 - z^2)(z^2 - x^2)$	i (1)
$l = 9$	$xyz(x^2 - y^2)(y^2 - z^2)(z^2 - x^2)$	m (1)

Die entsprechende Bezeichnung der Symmetriecharaktere der Symmetrie T_d des Tetraeders (Fig. 21) sieht so aus:

Tabelle 8. *Symmetriecharaktere für* T_d.

$l = 0$	1	s (1)
$l = 1$	x, y, z	p (3)
$l = 2$	$x^2 - y^2 \ldots$	d (2)
$l = 3$	$x(y^2 - z^2) \ldots$	f (3)
$l = 6$	$(x^2 - y^2)(y^2 - z^2)(z^2 - x^2)$	i (1)

Die hier angegebenen Zeichen s, p, d_1 ... (in Klammern ist die Vielfachheit zugefügt) geben den Grad der einfachsten Funktionen von x, y, z an, die den Charakter beschreiben.

Die Gruppe O_h ist direktes Produkt aus der Gruppe O der Drehungen, die den Würfel in sich überführen, und der Inversion. Die Gruppe O hat also fünf Darstellungen, deren Verhalten zum gewissen Grade auch aus der Fig. 22 entnommen werden kann.

Die Deckoperationen der *Kugelsymmetrie* bilden eine Gruppe, die direktes Produkt der Gruppe der Drehungen um einen Punkt und der Gruppe der Inversion ist. Nach unserem allgemeinen Satz über direkte Produkte gibt es also eine Darstellung, die sich bei Drehung wie eine s-, p-, d- usw. Funktion verhält, bei Inversion mit ± 1 multipliziert wird. Die Funktionen $Y_l(\vartheta, \varphi)$, die bei einem Teilchen im kugelsymmetrischen Kraftfeld vorkommen, bleiben aber für geradzahlige l bei Inversion ungeändert, für ungeradzahlige l werden sie mit -1 multipliziert. Es tritt also hier nur ein Teil der möglichen Darstellungen auf; die hier noch fehlenden werden uns bei Systemen aus mehreren Teilchen begegnen (Ziff. 41).

25. Nichtseparierbare Systeme. Wenn die SCHRÖDINGER-Gleichung durch Separation der Variablen (z. B. r, ϑ, φ in Ziff. 13) in gewöhnliche Differentialgleichungen zerfällt, kann sie verhältnismäßig leicht gelöst werden. In nichtseparierbaren Fällen ist man auf Näherungsverfahren (Ziff. 10) angewiesen; quantitative Ergebnisse liefern diese im allgemeinen nur, wenn das System von einem separierbaren wenig abweicht oder wenn wenigstens eine einfache Form der Eigenfunktion erwartet werden kann.

In anderen Fällen kann man sich wenigstens eine qualitative Übersicht über die Lage der Eigenwerte dadurch verschaffen, daß man das System durch Ändern eines Parameters in ein einfacheres überführt. Insbesondere, wenn ein System für zwei Werte eines Parameters α leicht lösbar ist, wird man versuchen, für die dazwischen liegenden Werte von α durch eine Art *Interpolation* etwas auszusagen. Man hat schon etwas, wenn man weiß, wie die Eigenwerte der beiden Grenzfälle einander zuzuordnen sind, d.h. welcher Eigenwert des einen Grenzfalles in einen bestimmten Eigenwert des anderen Grenzfalles übergeht, wenn man den Parameter α stetig vom einen zum anderen Grenzfall ändert. An Hand der Fig. 11 haben wir eine solche Interpolation ausgeführt; bei der Behandlung von Elektronenzuständen in Molekeln spielen solche Interpolationen eine große Rolle, auch bei der Behandlung von Atomen in äußeren Feldern.

Die Zuordnung ist eindeutig, wenn das System nur einen Freiheitsgrad hat, da (außer in singulären Fällen) der Zusammenhang zwischen Reihenfolge und Knotenzahl bestehen bleibt, also Überschneidungen von Eigenwerten nicht vorkommen. Bei separierbaren Systemen ist die Zuordnung ebenfalls ohne weiteres gegeben, wenn das System während des Übergangs in den gleichen Koordinaten separierbar bleibt (so war es bei Fig. 11). Überschneidungen von Eigenwerten kommen vor; jedem Eigenwert kann ein festes System von Quantenzahlen zugeordnet werden. Eigenwerte, die sich nur in einer der Quantenzahlen unterscheiden, bleiben in der Reihenfolge, die diese Quantenzahl angibt.

Bei Systemen, die nicht während des Übergangs in den gleichen Variablen vollständig separierbar bleiben, achte man auf die Symmetrieeigenschaften. Bleibt eine bestimmte Symmetrie erhalten, so behalten die Zustände den entsprechenden Symmetriecharakter bei der Zuordnung. Es kommen Überschneidungen vor, die durch den Symmetriecharakter gefordert werden. *Überschneidungen, die nicht durch Separation oder Symmetrie gefordert werden, kommen nicht vor*[1]. Das hängt damit zusammen, daß bei Annäherung zweier Eigenwerte

---
[1] F. HUND: Z. Physik **42**, 93 (1927); **52**, 601 (1928). — J. v. NEUMANN u. E. WIGNER: Phys. Z. **30**, 467 (1929).

der Einfluß der entsprechenden Matrixelemente in der Störungsrechnung, also bei der Berechnung der Wirkung einer Änderung des Parameters α, besonders groß wird und die Eigenwerte auseinander treibt (Ziff. 10).

Zur qualitativen Beschreibung von nichtseparierbaren Systemen gehört oft auch die Angabe von *Quantenzahlen* der Eigenwerte. Bei Systemen mit einem Freiheitsgrad nimmt man die Knotenzahlen n der Eigenfunktionen als Quantenzahlen. Bei separierbaren Systemen nimmt man die den einzelnen Separationsvariabeln entsprechenden Knotenzahlen oder Zahlen, die damit eng zusammenhängen. So waren die Quantenzahlen n, l im kugelsymmetrischen Feld definiert. Bei Systemen mit Symmetrie hat man Symmetriequantenzahlen, wie (außer dem genannten l) m, λ oder Symmetrieindices, wie g, u oder $+, -$ oder $p = 0, 1, 2 \ldots n-1$ (bei n-zähliger Drehachse). Im Falle genähert erfüllter Symmetrieeigenschaften kann man als Quantenzahlen die einführen, die bei strenger Erfüllung der Symmetrie gelten, so n, l, m beim ZEEMAN-Effekt, n, l, λ beim STARK-Effekt. Schließlich kann man noch die Überführung in ein geeignetes System durch stetige Änderung eines Parameters α heranziehen.

26. Atom im äußeren Feld. Wenn ein Atom in ein Kristallgitter oder in einen Atomkomplex eingebaut wird, so wird die Symmetrie des Kraftfeldes erniedrigt, ebenso wenn das Atom in ein äußeres elektrisches oder magnetisches Feld eingebracht wird.

Die Zustände eines Elektrons in einem solchen Atom gehören dann den Symmetriecharakteren der neuen niedrigeren Symmetrie an. Für viele Betrachtungen ist es zweckmäßig, das Kraftfeld, das die Symmetrie erniedrigt, stetig von null anwachsend zu denken. Die Eigenfunktionen müssen sich dann stetig an Eigenfunktionen des kugelsymmetrischen Falles (s-, p-, d-, ... Funktionen) anschließen. Da die Vielfachheit der Eigenwerte bei der niedrigeren Symmetrie häufig geringer ist, spalten die Eigenwerte des kugelsymmetrischen Falles im zusätzlichen Kraftfeld auf. Aus der Kenntnis der Symmetriecharaktere kann man die Zahl der Aufspaltungen und die qualitativen Eigenschaften der neuen Eigenfunktionen entnehmen.

Für die Übergänge zur Rotationssymmetrie haben wir das Verhalten beim STARK-Effekt und beim ZEEMAN-Effekt schon besprochen.

Als Beispiel für eine verhältnismäßig niedrige Symmetrie sei ein zusätzliches Kraftfeld von der Symmetrie (D_{2h}) eines Quaders gewählt, dessen Symmetriecharaktere durch $+++, ++- \cdots$ bezeichnet werden können (direktes Produkt dreier Spiegelgruppen). Durch Aufschreiben einfacher Funktionen von x, y, z und Beachten der Invarianten, die schon bei der Kugelsymmetrie auftreten ($x^2 + y^2 + z^2$) und die bei der Quadersymmetrie neu auftreten ($x^2 \ldots$), kann man die Zuordnung der Symmetriecharaktere der Kugelsymmetrie zu denen der Quadersymmetrie leicht herstellen. Da die Zustände bei Quadersymmetrie alle einfach sind, spaltet jeder Zustand des Atoms (von einem Elektron) in $2l+1$ Zustände auf. Aus p wird $++-, +-+, -++$; aus d wird $+--, -+-, --+$ und zweimal $+++$; aus f wird zweimal $++-, +-+, -++$ und einmal $---$.

Wenn das zusätzliche Feld eine mehrzählige Drehachse hat, so gehe man zunächst zur Rotationssymmetrie über, von dieser zur speziellen Symmetrie des Feldes. Die Zuordnung bei n-zähliger Drehsymmetrie mit den Symmetriecharakteren $p = 0, 1, 2, 3 \ldots n-1$ ist, wie man sofort sieht, durch

$$p = m \pmod{n}$$

gegeben. Beim Übergang zur Symmetrie mit n-zähliger Drehung und Spiegelung an n Ebenen durch die Achse haben wir die Zuordnung

$$\begin{aligned}\lambda = 0 \quad & (\sigma) \to 0_+ \\ 1 \quad & (\pi) \quad 1 \\ 2 \quad & (\delta) \quad 2 \\ \cdots & \\ n-1 \quad & \to 1 \\ n \quad & \to 0_+\, 0_-,\end{aligned}$$

bei geradzahligem n:

$$\frac{n}{2} \to \left(\frac{n}{2}\right)_+ \left(\frac{n}{2}\right)_-.$$

Beim Übergang zu dreizähliger Symmetrie spalten φ-Zustände auf, beim Übergang zu vierzähliger Symmetrie δ- und γ-Zustände.

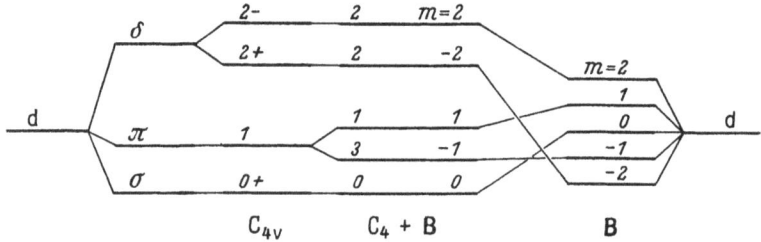

Fig. 23. Termaufspaltungen in einem Kraftfeld tetragonaler Symmetrie.

Als Beispiel ist in Fig. 23 ein Atom mit einem d-Elektron angenommen, das in ein Kraftfeld der Symmetrie C_{4v} gesetzt wird. Von links nach rechts ist die Kugelsymmetrie zur Rotationssymmetrie verringert, dann zur Symmetrie C_{4v} (ohne Magnetfeld gibt das nur bei δ eine neue Aufspaltung), dann wird ein Magnetfeld angelegt. Von rechts her wird die Kugelsymmetrie zunächst durch ein Magnetfeld gestört, dann kommt die Symmetrie C_4 dazu. Überschneidungen treten nur soweit auf, wie sie durch die Symmetrie gefordert werden (Ziff. 25).

Für die Anwendungen auf anorganische Komplex-Ionen, etwa $[\text{Ti}(\text{H}_2\text{O})_6]^{3+}$ und ähnliche ist die Betrachtung der Aufspaltungen bei Zufügung eines Kraftfeldes regulärer Symmetrie wichtig. Aus der Beschreibung der Symmetriecharaktere durch Funktionen von x, y, z läßt sich die Zuordnung der Kugelsymmetrie zu den Symmetrien des regulären Kristallsystems leicht angeben. In Tabelle 9 ist dies für die Symmetrien O_h und T_d gemacht.

Tabelle 9. *Termaufspaltungen beim Übergang zur Symmetrie O_h und T_d.*

	O_h	T_d
s	s (1)	s
p	p (3)	p
d	d_1 (2) d_2 (3)	d p
f	p (3) f_1 (1) f_2 (3)	p s f
g	s (1) d_1 (2) d_2 (3) g (3)	s d p f

V. Elektronenspin.

27. Spindrehimpulse. Unser Modell des eine Ladung $(-e)$ tragenden Elektrons in einem kugelsymmetrischen Kraftfeld $V(r)$, das den Einfluß des Kernes und der übrigen Elektronen erfassen soll, versagt natürlich, wenn die Wechselwirkung der Elektronen starken Einfluß hat. Bei den optischen Spektren der Alkaliatome und bei den Röntgenspektren der Atome höherer Nummer brauchen wir jedoch diesen Einfluß nicht zu befürchten. Aber auch da entspricht die Erfahrung nicht ganz unserem Modell.

Das Modell erklärte in korrespondenzmäßiger Übertragung der Rosettenbewegung des Elektrons (Hin- und Hergang zwischen Perizentrum und Apozentrum, Drehung des Perizentrums) die Ordnung der Energiestufen mit den beiden Quantenzahlen n und l ($l=0, 1, 2 \ldots$; auch mit s, p, d ... bezeichnet). Aber bei den Alkalispektren fanden wir die p-, d-, f-... Zustände doppelt. Die „Dublett"-Aufspaltung ist bei Li sehr gering und nimmt dann in der Reihe Na, K, Rb, Cs monoton und rasch zu. Auch die Röntgenterme entsprechen höchstens bei den leichten Atomen dem Schema K:1s, L:2s, 2p, M:3s, 3p, 3d, N:4s.... Bei den schwereren Atomen tritt eine Aufspaltung der p-, d-... Terme in zwei auf, so daß drei L-, fünf M-Terme usw. entstehen (Fig. 14).

Die Dublettaufspaltung kann formal durch eine dritte Quantenzahl j (neben n und l) beschrieben werden[1]. Diese zeigt nun empirisch eine bemerkenswerte Auswahlregel. Von den vier Linien, die etwa zwischen einem d- und einem p-Dublett möglich wären, treten nur drei auf (Fig. 24); das läßt sich am einfachsten so ausdrücken, daß man die in der Tabelle 10 angegebenen

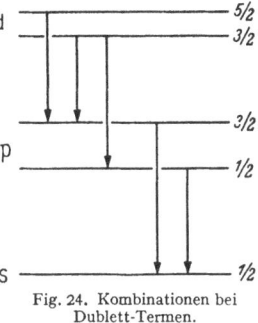

Fig. 24. Kombinationen bei Dublett-Termen.

j-Werte $j = l \pm \frac{1}{2}$ einführt; dann treten nämlich gerade die Übergänge mit $\Delta j = 0, \pm 1$ (neben $\Delta l = \pm 1$) auf. Das deutet darauf hin, daß die der Zahl j entsprechende Bewegung in den für die Ausstrahlung (Dipolstrahlung) maßgebenden Koordinaten manchmal ($\Delta j = 0$) gar nicht, manchmal ($\Delta j = \pm 1$) mit ihrer Grundfrequenz, nie aber mit Oberfrequenzen vorkommt. Dies erklärt sich am einfachsten mit der Annahme, daß die Bahnebene der Rosettenbewegung langsam und gleichförmig um eine raumfeste Achse präzessiert. Das elektrische Moment des Atoms in der Richtung dieser Achse enthält dann die Präzessionsfrequenz nicht, das elektrische Moment senkrecht dazu enthält die Präzessionsfrequenz, aber nicht ihre Vielfachen. Die Präzessionsgeschwindigkeit ist bei den leichten Atomen sehr langsam und nimmt dann mit der Atomnummer zu.

Tabelle 10.
j-Werte für ein Elektron.

	l	j	
s	0	$\frac{1}{2}$	
p	1	$\frac{1}{2}$	$\frac{3}{2}$
d	2	$\frac{3}{2}$	$\frac{5}{2}$
f	3	$\frac{5}{2}$	$\frac{7}{2}$
...	...	...	...

Eine solche Präzession der Bahnebene kommt nach der klassischen Mechanik zustande, wenn das Kraftfeld nicht genau kugelsymmetrisch ist, sondern eine Abweichung mit bloßer Rotationssymmetrie hat. Die Annahme jedoch, daß der Atomrest eines Alkali, der Edelgascharakter haben sollte, nicht kugelsymmetrisch wäre, erschien sehr unwahrscheinlich. Die Hypothese von GOUDSMIT und UHLENBECK[2], daß die Abweichung von der Kugelsymmetrie nicht dem Atomrest, sondern dem Elektron zukäme, daß nämlich das Elektron einen *Eigendrehimpuls* und ein *magnetisches Moment* hätte, erklärte die Erscheinungen einfacher.

Das von STERN und GERLACH beim Silberatom gemessene magnetische Moment $\hbar e/2mc$ mußte danach dem Elektron selbst zugeschrieben werden.

Legen wir dieses Modell zugrunde, so hat nach der klassischen Mechanik das Atom einen unveränderlichen Gesamtdrehimpuls, nach dem Korrespondenzprinzip

---

[1] A. LANDÉ: Verh. dtsch. phys. Ges. **21**, 585 (1919). — A. SOMMERFELD: Ann. Physik **63**, 221 (1920).
[2] S. GOUDSMIT u. G. E. UHLENBECK: Naturwiss. **13**, 953 (1925). — Nature, Lond. **117**, 264 (1926). Vorbereitet schon durch W. PAULI, Z. Physik **31**, 373 (1925).

einen Gesamtdrehimpuls vom Betrage $j\hbar$. Bei geringem Einfluß des Eigendrehimpulses des Elektrons auf die Bewegung des Elektrons hat nach der klassischen Mechanik auch diese Bahn einen konstanten Drehimpuls, nach dem Korrespondenzprinzip vom Betrage $l\hbar$. Die Tabelle 10 zeigt, wie der Drehimpuls der Bahn, $l\hbar$, durch einen Eigendrehimpuls oder „Spindrehimpuls" $\hbar/2$ zu einem Gesamtdrehimpuls $j\hbar$ mit $j=l\pm\frac{1}{2}$ ergänzt wird (LANDÉsches Vektormodell).

Die Hypothese des Eigendrehimpulses $\hbar/2$ erlaubt eine sehr einfache Fassung des Prinzips vom Schalenabschluß (Ziff. 16), das das periodische System der Elemente erklärte. Eine Schale mit der Nebenquantenzahl l mit $2l+1$ Einstellungsmöglichkeiten in einem äußeren Felde (bzw. $2l+1$ Kugelfunktionen Y_l) war mit $2(2l+1)$ Elektronen voll besetzt. Jeder durch ein äußeres Feld einfach gewordene Zustand konnte bis zu zwei Elektronen enthalten. Jetzt haben wir für l die beiden Zustände $j=l\pm\frac{1}{2}$, die wegen des Drehimpulscharakters von $j\hbar$ in einem äußeren Feld in $2j+1$ aufspalten können; wir haben also im Ganzen

$$[2(l+\tfrac{1}{2})+1]+[2(l-\tfrac{1}{2})+1]=2(2l+1)$$

einfache Zustände. *Jeder Zustand des Modells der einzelnen Elektronen im Kraftfeld $V(r)$ kann höchstens soviel Elektronen fassen, wie die Zahl der einfachen Zustände beträgt, in die er aufspalten kann.*

Dieses PAULIsche Ausschließungsprinzip[1] ist die tiefere Fassung des Prinzips vom Schalenabschluß in der Atomhülle.

28. Magnetisches Moment, Dublettaufspaltung und ZEEMAN-Effekt[2]. Der energetische Abstand der beiden Komponenten eines Dubletts ($j=l\pm\frac{1}{2}$) muß auf einer Wechselwirkung des Spins mit den übrigen Eigenschaften der Bewegung beruhen. Wir können ihn verstehen durch die Energie, die ein mit dem Spin verbundenes magnetisches Moment $\boldsymbol{m}$ in dem magnetischen Felde $\boldsymbol{B}$ hat, das vom Umlauf des Elektrons herrührt. Denken wir uns mit dem Elektron laufend, so führt die Relativbewegung des Kernes zu einem Felde $\boldsymbol{B}$ am Ort des Elektrons, das die gleiche Richtung wie der Drehimpulsvektor der Bahn hat. Da empirisch der Zustand $j=l-\frac{1}{2}$ energetisch tiefer liegt als der Zustand $j=l+\frac{1}{2}$, entspricht die Parallelstellung von $\boldsymbol{m}$ und $\boldsymbol{B}$ der antiparallelen Stellung von Spin- und Bahndrehimpuls. *Das magnetische Moment des Spins ist dem Spindrehimpuls entgegengerichtet* (wie bei einer rotierenden negativ elektrischen Ladung).

Die Größe des magnetischen Momentes kann aus dem Versuch von STERN und GERLACH entnommen werden oder aus einer der anderen sehr genauen Abwandlungen dieses Versuches[3]. Es ist $-e\hbar/2\mu c$ in der Richtung des Spindrehimpulses. Die Elektronenmasse ist jetzt wieder mit μ bezeichnet (um m für die magnetische Quantenzahl frei zu haben). Die Größe des magnetischen Moments kann auch aus dem ZEEMAN-Effekt der Alkaliatome entnommen werden. Dieser ist ein „anomaler ZEEMAN-Effekt". Statt der magnetischen Energie

$$E_m=\frac{e\hbar B}{2\mu c}m, \tag{28.1}$$

die dem magnetischen Moment der Bahn

$$\boldsymbol{m}=-\frac{e\hbar}{2\mu c}\boldsymbol{l} \tag{28.2}$$

entspricht (Ziff. 21), findet man Energiewerte

$$E_m=\frac{e\hbar B}{2\mu c}mg \tag{28.3}$$

---
[1] W. PAULI: Z. Physik **31**, 765 (1925).
[2] E. BACK u. A. LANDÉ: ZEEMAN-Effekt. Berlin 1925.
[3] Vgl. den Beitrag von P. KUSCH und V. W. HUGHES in Bd. XXXVII.

mit dem „g-Faktor"[1]

$$g = \frac{j + \frac{1}{2}}{l + \frac{1}{2}};\qquad (28.4)$$

so findet man bei s-Zuständen ($l=0$, $j=\frac{1}{2}$) $g=2$. Die Abweichung vom normalen Effekt muß vom Spin herrühren; bei s-Zuständen muß die magnetische Energie die des Spins allein sein. Für diese Zustände folgt also das magnetische Moment des Spins

$$\boldsymbol{m} = -\frac{e\hbar}{\mu c}\boldsymbol{s},\qquad |\boldsymbol{s}| = \frac{1}{2}.\qquad (28.5)$$

Das Verhältnis von magnetischem Moment zu Drehimpuls ist also [vgl. (28.2)] *beim Spin doppelt so groß wie beim Bahnumlauf des Elektrons.*

Das magnetische Moment (28.5) des Elektrons führt zu einer Wechselwirkung zwischen Spin und Bahn des Elektrons, mit der die Dublettaufspaltung in den Alkalispektren und die analoge Aufspaltung in den Röntgenspektren zu erklären ist. Sie führt auch zu einer Wechselwirkung mit einem äußeren Magnetfeld, die den anomalen ZEEMAN-Effekt der Alkalien erzeugt.

Wir geben für beide Erscheinungen zunächst eine korrespondenzmäßige Erklärung — weil diese sehr viel einfacher ist als die strenge Theorie —, d.h. wir behandeln Drehimpulse wie anschauliche Vektoren und berücksichtigen die Quantentheorie nur in der Auswahl der diskreten Werte für l, s, j, m.

Die empirische *Dublettaufspaltung* läßt sich bei den Röntgenspektren gut durch eine Formel von SOMMERFELD

$$\Delta E = \alpha^2 |E_H| \frac{Z_i^4}{n^3 l(l+1)}\qquad (28.6)$$

darstellen, wo $\alpha = e^2/\hbar c = 1/137$ die „Feinstrukturkonstante", $|E_H| = \mu e^4/2\hbar^2$ der Betrag der Energie des Wasserstoff-Grundzustandes und Z_i eine für die betrachtete Elektronenbahn wirksame Kernladungszahl ist. Für die empirischen Dubletts der Alkalien und Erdkali-Ionen gilt gut eine Formel von LANDÉ[2]

$$\Delta E = \alpha^2 |E_H| \frac{Z_i^2 Z_a^2}{n^{*3} l(l+1)},\qquad (28.7)$$

wobei Z_i und Z_a wirksame Kernladungszahlen für den inneren und den äußeren Teil der Elektronenbahn sind und n^* die in Ziff. 14 eingeführte effektive Quantenzahl ist.

Die Relativbewegung des Kernes mit der Ladung Ze (wobei eine Abschirmung durch die inneren Elektronen berücksichtigt sein mag) gibt am Orte des ruhend gedachten Elektrons ein Magnetfeld

$$\boldsymbol{B} = \frac{Ze\,\boldsymbol{r}\times\dot{\boldsymbol{r}}}{c r^3} = \frac{e\hbar}{\mu c}\frac{Z}{r^3}\boldsymbol{l},$$

das magnetische Moment des Spins (28.5) führt also zu einer Energie

$$E = \left(\frac{e\hbar}{\mu c}\right)^2 \frac{\overline{Z}}{r^3}\,\boldsymbol{l}\boldsymbol{s},$$

wo der Strich über Z/r^3 den zeitlichen Mittelwert bedeuten soll. Die Transformation vom Inertialsystem, in dem der Kern ruht, zum Bezugssystem, in

---
[1] A. LANDÉ: Z. Physik **5**, 231 (1921); **7**, 398 (1921), dort noch in anderer Bezeichnung.
[2] A. LANDÉ: Z. Physik **25**, 46 (1924).

dem das Elektron ruht, haben wir nicht sauber durchgeführt; die saubere Durchführung liefert[1]

$$E = \frac{1}{2}\left(\frac{e\hbar}{\mu c}\right)^2 \frac{\overline{Z}}{r^3} \boldsymbol{l}\,\boldsymbol{s}. \tag{28.8}$$

Mit dem korrespondenzmäßigen Radius des Wasserstoffgrundzustandes $a = \hbar^2/\mu e^2$, mit E_H und α wird

$$E = \alpha^2 |E_H| \frac{\overline{Z}}{r^3} a^3 \boldsymbol{l}\,\boldsymbol{s};$$

die Dublettaufspaltung wird also mit $\boldsymbol{l}\,\boldsymbol{s} = \pm l/2$:

$$\Delta E = \alpha^2 |E_H| \frac{\overline{Z}}{r^3} a^3 l. \tag{28.9}$$

Im korrespondenzmäßigen Sinne wird $\overline{a^3/r^3} = Z^3/n^3 l^3$, also

$$\Delta E = \alpha^2 |E_H| \frac{Z^4}{n^3 l^2}; \tag{28.10}$$

die strenge Rechnung[2] liefert (28.6); eine Aufteilung der Bahn in einen Teil unter dem Einfluß von Z_i und einen Teil unter dem Einfluß von Z_a liefert (28.7).

Beim ZEEMAN-Effekt gibt es zwei einfache Grenzfälle. Bei starkem Magnetfeld können wir die Spin-Bahn-Wechselwirkung als klein gegen die Wechselwirkung von Bahn und Spin mit dem Magnetfeld ansehen, bei schwachem Magnetfeld umgekehrt.

Wenn wir bei starkem Magnetfeld die Spin-Bahn-Wechselwirkung außer acht lassen, so hat die Komponente m_l des Bahnvektors l in der Feldrichtung einen der Werte $l, l-1 \ldots -l$ und die Komponente m_s des Spinvektors $\boldsymbol{s}$ einen der Werte $\pm\frac{1}{2}$. Das gibt für den magnetischen Anteil der Energie

$$E = \frac{e\hbar B}{2\mu c}(m_l + 2m_s) = \frac{e\hbar B}{2\mu c}(m + m_s). \tag{28.11}$$

Für die zeitliche Veränderung des Dipols, den das bewegte Elektron darstellt, ist nur die Bahnbewegung wichtig; so ergibt sich die Auswahlregel $\Delta m_l = 0, \pm 1$, und aus der Energie (28.11) folgt ein normaler ZEEMAN-Effekt.

Bei schwachem Magnetfeld führt das magnetische Moment

$$\boldsymbol{m} = -\frac{e\hbar}{2\mu c}(\boldsymbol{l} + 2\boldsymbol{s}),$$

wo $\boldsymbol{l}$ und $\boldsymbol{s}$ entweder parallel oder antiparallel sind, also $\boldsymbol{l} + 2\boldsymbol{s}$ in der Feldrichtung die Komponente $(l \pm 1)m/j$ hat, in der korrespondenzmäßigen Betrachtung zur magnetischen Energie

$$E = \frac{e\hbar B}{2\mu c} \frac{m(l \pm 1)}{j},$$

also zum g-Faktor

$$g = \frac{l \pm 1}{j} \tag{28.12}$$

statt des empirischen

$$g = \frac{j + \frac{1}{2}}{l + \frac{1}{2}} = \begin{cases} \dfrac{l+1}{j} \\ \dfrac{l}{j+1} \end{cases}. \tag{28.13}$$

---
[1] L. H. THOMAS: Nature, Lond. **117**, 514 (1926).
[2] W. HEISENBERG u. P. JORDAN: Z. Physik **37**, 263 (1926).

29. Spinoperatoren.

Die korrespondenzmäßigen Betrachtungen geben uns einiges Zutrauen, daß das GOUDSMIT-UHLENBECKsche Modell des Elektronenspins der Wirklichkeit entspricht. Wir müssen jetzt den Übergang zur strengen Theorie finden; das Auftreten halbzahliger Drehimpulse deutet schon an, daß wir dabei das bisherige Schema der SCHRÖDINGER-Gleichung etwas überschreiten müssen.

Hinweise geben die *drei Erfahrungstatsachen*: 1. die zwei Einstellungsmöglichkeiten eines durch eine Zustandsfunktion $\psi(x, y, z)$ beschriebenen Zustandes, 2. der Drehimpuls $\hbar/2$, 3. das magnetische Moment $e\hbar/2\mu c$.

Die erstgenannte Erfahrung können wir fassen, indem wir neben den drei Ortskoordinaten x, y, z unter Auszeichnung einer Vorzugsrichtung (wir wählen die z-Richtung) eine vierte Koordinate m_s einführen, die nur zwei Werte haben kann, $+\frac{1}{2}$ und $-\frac{1}{2}$, auch kurz $+$ und $-$ genannt, die der Stellung in der ausgezeichneten Richtung und entgegen der ausgezeichneten Richtung entsprechen sollen. Die Funktion $\psi(x, y, z, m_s)$ soll (in der Form $\psi^*\psi$) die Wahrscheinlichkeit für jede der Stellungen angeben. Wir können

$$\psi = \psi_+(x, y, z)\,\alpha(m_s) + \psi_-(x, y, z)\,\beta(m_s) \qquad (29.1)$$

schreiben, wo α einen Zustand mit $+$-Stellung, β einen Zustand mit $-$-Stellung bedeutet. Die Funktionen α und β bilden ein vollständiges Orthogonalsystem von Funktionen der Variablen m_s. Statt der Funktion (29.1) schreiben wir auch die Symbole

$$\psi = \begin{pmatrix} \psi_+ \\ \psi_- \end{pmatrix}, \quad \alpha = \begin{pmatrix} 1 \\ 0 \end{pmatrix}, \quad \beta = \begin{pmatrix} 0 \\ 1 \end{pmatrix}. \qquad (29.2)$$

Die bisher eingeführten Operatoren (Ziff. 3) wirken nur auf die Variablen x, y, z, also auf die Funktionen ψ_+ und ψ_- einzeln, z.B.

$$\frac{\hbar}{i}\frac{\partial \psi}{\partial x} = \begin{pmatrix} \frac{\hbar}{i}\frac{\partial \psi_+}{\partial x} \\ \frac{\hbar}{i}\frac{\partial \psi_-}{\partial x} \end{pmatrix}.$$

Wir erwarten aber jetzt auch Operatoren, die auf m_s wirken. Ein solcher Operator kann $\begin{pmatrix} \psi_+ \\ \psi_- \end{pmatrix}$ in $\begin{pmatrix} a\psi_+ + b\psi_- \\ c\psi_+ + d\psi_- \end{pmatrix}$ überführen, er ist also eine zweireihige Matrix.

Bei Auszeichnung einer anderen Richtung als Vorzugsrichtung wird derselbe Zustand durch andere Funktionen ψ_+ und ψ_- ausgedrückt, und es entsteht die Frage: wie transformieren sich die „Spinorkomponenten" ψ_+ und ψ_- bei einer Drehung?

Bei verschwindendem Einfluß des Spins auf die Bahn stellen ψ_+ und ψ_- in (29.1) denselben Bahnzustand dar; der Zustand mit Spin läßt sich dann in der Form

$$\psi = \varphi(x, y, z)(a_+\alpha + a_-\beta) = \varphi(x, y, z)\begin{pmatrix} a_+ \\ a_- \end{pmatrix}$$

wiedergeben.

Mit der zweitgenannten Erfahrung wird die Frage gestellt: wie lautet der Operator des Spindrehimpulses, der zum Operator des Bahndrehimpulses $\hbar\partial/i\partial\varphi$ hinzukommt, um ihn zum Operator des Gesamtdrehimpulses zu ergänzen? Mit der drittgenannten Erfahrung wird die Frage gestellt: welcher Zusatz ist in der SCHRÖDINGER-Gleichung anzubringen, damit sie die ZEEMAN-Effekte und die Spin-Bahn-Wechselwirkung richtig wiedergibt?

Wir beginnen mit dem *Drehimpulsoperator*[1]. Da die Zustände α und β bei Auszeichnung der z-Richtung die Drehimpulse $\hbar/2$ und $-\hbar/2$ in der z-Richtung haben sollen, muß der Operator der z-Komponente des Spindrehimpulses, P_z, die durch

$$P_z\begin{pmatrix}\psi_+\\ \psi_-\end{pmatrix} = \frac{\hbar}{2}\begin{pmatrix}\psi_+\\ -\psi_-\end{pmatrix}$$

angegebene Eigenschaft haben (ψ_+ und ψ_- sind Eigenfunktionen mit den Eigenwerten $\hbar/2$ und $-\hbar/2$). Schreiben wir

$$P_z = \frac{\hbar}{2}\sigma_z,$$

so liest man ab

$$\sigma_z = \begin{pmatrix}1 & 0\\ 0 & -1\end{pmatrix}.$$

Wir setzen auch

$$P_x = \frac{\hbar}{2}\sigma_x, \qquad P_y = \frac{\hbar}{2}\sigma_y$$

und suchen die Operatoren σ_x und σ_y auf. Eine wesentliche Eigenschaft des Drehimpulses in der Quantentheorie ist, daß seine Komponenten in verschiedenen Richtungen (außer beim Drehimpuls null) nicht gleichzeitig scharfe Werte haben können, ausgedrückt durch die Vertauschungsregeln (3.16)

$$P_x P_y - P_y P_x = i\hbar P_z,$$

vektoriell geschrieben

$$\mathbf{P}\times\mathbf{P} = i\hbar\mathbf{P}.$$

Die Übertragung dieser Vertauschungsregel auch auf den Spindrehimpuls:

$$\sigma_x\sigma_y - \sigma_y\sigma_x = 2i\sigma_z$$

(dazu die durch cyclische Vertauschung von x, y, z entstehenden Gleichungen) mit der Forderung, daß σ_x und σ_y die Eigenwerte 1 und -1 haben sollen, führt (bis auf unwesentliche Faktoren eindeutig) auf die „PAULIschen Spinoperatoren":

$$\sigma_x = \begin{pmatrix}0 & 1\\ 1 & 0\end{pmatrix}, \quad \sigma_y = \begin{pmatrix}0 & -i\\ i & 0\end{pmatrix}, \quad \sigma_z = \begin{pmatrix}1 & 0\\ 0 & -1\end{pmatrix}. \tag{29.3}$$

Der Operator des aus Bahn und Spin zusammengesetzten Drehimpulses um die z-Richtung ist jetzt

$$P_z = \frac{\hbar}{i}\frac{\partial}{\partial\varphi} + \frac{\hbar}{2}\sigma_z. \tag{29.4}$$

Ein Zustand

$$\psi = f(r,\vartheta)\begin{pmatrix}e^{im_l\varphi}\\ 0\end{pmatrix} \tag{29.5}$$

hat wegen

$$\left(\frac{\hbar}{i}\frac{\partial}{\partial\varphi} + \frac{\hbar}{2}\sigma_z\right)\psi = \hbar\left(m_l + \frac{1}{2}\right)\psi$$

$\hbar m_l$ als z-Komponente des Bahndrehimpulses und $\hbar/2$ als z-Komponente des Spindrehimpulses. Ein Zustand

$$\psi = f(r,\vartheta)\begin{pmatrix}0\\ e^{im_l\varphi}\end{pmatrix} \tag{29.6}$$

---

[1] W. PAULI: Z. Physik **43**, 601 (1927).

hat entsprechend $\hbar m_l$ und $-\hbar/2$. Die Funktionen (29.5) und (29.6) sind beide gleichzeitig Eigenfunktionen der Operatoren des Bahndrehimpulses und des Spindrehimpulses. Sie bezeichnen Zustände, für die m_l und $m_s = \pm \frac{1}{2}$ beide „gute Quantenzahlen" sind. Ein Zustand

$$\psi = \begin{pmatrix} \ldots e^{i(m-\frac{1}{2})\varphi} \\ \ldots e^{i(m+\frac{1}{2})\varphi} \end{pmatrix} \tag{29.7}$$

wo die ... beliebige, in beiden Zeilen im allgemeinen verschiedene Abhängigkeiten von den übrigen Variablen andeuten, und wo m wegen der Eindeutigkeit einen der Werte $\frac{1}{2}$, $\frac{3}{2}$, $\frac{5}{2}$ ... haben soll, hat keine festen Werte der z-Komponenten von Bahn- und Spindrehimpuls; aber es ist

$$\left(\frac{\hbar}{i}\frac{\partial}{\partial \varphi} + \frac{\hbar}{2}\sigma_z\right)\psi = \hbar m \psi,$$

d.h. die z-Komponente des gesamten Drehimpulses hat den Wert $\hbar m$. Nur m ist eine gute Quantenzahl, nicht auch m_l und m_s; (29.7) ist nur Eigenfunktion des Drehimpulsoperators (29.4).

30. Einfluß des Spins. Der Einfluß des Spins auf die Bewegungen und Energiezustände eines Elektrons im Atom beruht auf seinem magnetischen Moment. Wir haben jetzt die SCHRÖDINGER-Gleichung durch diesen Einfluß zu ergänzen[1].

Die Wechselwirkung des Bahnumlaufes mit einem homogenen äußeren Magnetfeld $\boldsymbol{B}$ gab in der klassischen HAMILTON-Funktion den Zusatz (21.7); in der Quantentheorie ist $\boldsymbol{P}$ durch den entsprechenden Operator zu ersetzen. Für die *Wechselwirkung zwischen Spin und Magnetfeld* erwarten wir

$$H_{\text{mag}} = \frac{e\boldsymbol{S}\boldsymbol{B}}{\mu c}, \tag{30.1}$$

wo $\boldsymbol{S}$ der dem Spindrehimpuls entsprechende Operator ist. Der gegenüber (21.7) veränderte Faktor (1 statt $\frac{1}{2}$) zeigt an, daß das Verhältnis des magnetischen Moments zum Drehimpuls jetzt doppelt so groß ist.

Die Operatoren der Komponenten des Spindrehimpulses haben wir in Ziff. 29 kennengelernt. Fassen wir sie in

$$\boldsymbol{S} = \frac{\hbar}{2}\vec{\sigma}$$

zusammen, so erhalten wir durch Ergänzung von (21.8) die SCHRÖDINGER-Gleichung

$$\left\{\frac{1}{2\mu}\left(\frac{\hbar}{i}\text{div} + \frac{e}{c}\boldsymbol{A}\right)\left(\frac{\hbar}{i}\text{grad} + \frac{e}{c}\boldsymbol{A}\right) + \frac{e\hbar}{2\mu c}\vec{\sigma}\boldsymbol{B} + V - i\hbar\frac{\partial}{\partial t}\right\}\psi = 0. \tag{30.2}$$

Ist $\boldsymbol{B}$ ein schwaches homogenes äußeres Feld in der z-Richtung, so können wir (jetzt für feste Energie)

$$\left\{-\frac{\hbar^2}{2\mu}\Delta + V + \frac{e\hbar B}{2\mu c}\left(\frac{\partial}{i\partial \varphi} + \sigma_z\right) - E\right\}u = 0 \tag{30.3}$$

schreiben. Der Operator in der runden Klammer ist von dem im Drehimpuls vorkommenden Operator

$$\frac{\partial}{i\partial \varphi} + \frac{1}{2}\sigma_z$$

verschieden.

---
[1] W. PAULI: Z. Physik **43**, 601 (1927).

Bei s-Zuständen ist kein inneres Magnetfeld vorhanden. Aus Gl. (30.3) kann man also den Einfluß eines äußeren Magnetfeldes ablesen. Mit dem Ansatz

$$u = f(r)\begin{pmatrix}1\\0\end{pmatrix}$$

erhalten wir

$$E = E_0 + \frac{e\hbar B}{2\mu c},$$

mit

$$u = f(r)\begin{pmatrix}0\\1\end{pmatrix}$$

wird

$$E = E_0 - \frac{e\hbar B}{2\mu c}.$$

Es ist also

$$E = E_0 + \frac{e\hbar B}{2\mu c} \cdot 2m \qquad (30.4)$$

der g-Faktor (Ziff. 28) ist

$$g = 2.$$

Bei Zuständen mit $l > 0$ können wir, wenn wir **B** als äußeres Feld ansehen, aus (30.3) nur das Verhalten in Magnetfeldern entnehmen, die so stark sind, daß man das innere Feld vernachlässigen kann (aber nicht so stark, daß die Näherung schlecht wird). Es folgt mit

$$u \sim \begin{pmatrix}e^{im_l\varphi}\\0\end{pmatrix}$$

die Energie

$$E = E_0 + \frac{e\hbar B}{2\mu c}(m_l + 1),$$

mit

$$u \sim \begin{pmatrix}0\\e^{im_l\varphi}\end{pmatrix}$$

die Energie

$$E = E_0 + \frac{e\hbar B}{2\mu c}(m_l - 1),$$

also

$$E = E_0 + \frac{e\hbar B}{2\mu c}(m_l + 2m_s), \qquad (30.5)$$

wo m_l und m_s jetzt gute Quantenzahlen sind.

Die Behandlung der Spin-Bahn-Wechselwirkung und der anomalen ZEEMAN-Effekte ist bei mehr Elektronen fast dieselbe wie bei einem Elektron, wir nehmen sie darum erst in Ziff. 45 vor. Sie setzt die Begründung des Vektormodells in der Quantentheorie voraus, die wir in Ziff. 37 andeuten werden. Auch auf das Verhalten eines Elektrons mit Spin in anderen äußeren Feldern kommen wir später (Ziff. 48) zurück.

VI. Atom mit zwei Elektronen.

31. Eindimensionales Modell. Bisher haben wir ein vereinfachtes Atommodell angenommen. Jedes Elektron bewegte sich in einem festen Kraftfelde $V(r)$, das den Einfluß des Kerns und der übrigen Elektronen wiedergeben sollte. Wir haben also nur Quantenmechanik eines einzigen Teilchens getrieben. Wenn wir

Ziff. 31.   Eindimensionales Modell.   63

jetzt zu einem besseren Atommodell übergehen, einem System von mehreren Elektronen mit Wechselwirkung zwischen diesen und einem gemeinsamen Kraftfeld, das jetzt dem Kern und vielleicht „inneren" Elektronen entspricht, so treten qualitativ im wesentlichen *zwei neue Erscheinungen* auf: eine *Symmetrie*, die aus der Gleichheit der Elektronen folgt und (wie andere Symmetrien in Ziff. 22) zur Unterscheidung von Symmetriecharakteren der Zustände führt, zweitens das *Vektormodell* als Folge der Isotropie des Atoms und als Folge genäherter Isotropie von Teilen des Atoms. Wir behandeln beide Erscheinungen nacheinander und zuerst für zwei Elektronen. Die Symmetrie kann schon weitgehend am eindimensionalen Modell erläutert werden.

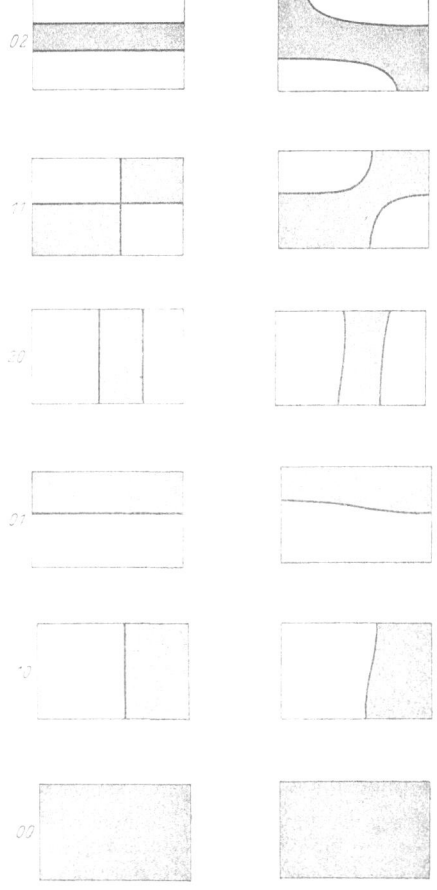

Wir betrachten *zwei zunächst verschiedene Massenpunkte, die sich auf einer Geraden* (Koordinaten x_1 und x_2) *bewegen können*. Die potentielle Energie dieses Systems ist

$$V(x_1, x_2) = V_1(x_1) + V_2(x_2) + W(x_1, x_2), \quad (31.1)$$

wo W einer Wechselwirkung zwischen den Teilchen entspricht. Man kann W verkleinern, indem man den Mittelwert über die Koordinaten x_2 (bei irgendeiner plausiblen Annahme über die Häufigkeit der x_2-Werte) für festen Wert von x_1 zu $V_1(x_1)$ schlägt, und den Mittelwert über x_1 für festes x_2 zu $V_2(x_2)$. Die klassische Mechanik kann keine einfachen allgemeinen Aussagen über die Bewegung eines solchen Systems machen, das Korrespondenzprinzip also auch nicht.

Die SCHRÖDINGER-Gleichung sagt für schwache Wechselwirkung W schon etwas mehr aus. Für $W=0$ sind die Eigenfunktionen Produkte der Eigenfunktionen der ungekoppelten Systeme $V_1(x_1)$ und $V_2(x_2)$ und die Eigenwerte die

Fig. 25. Eigenfunktionen bei zwei Teilchen.

Summen der Eigenwerte der ungekoppelten Systeme. Wenn V_1 und V_2 je ein Minimum haben (anharmonische Oszillatoren), so können die Eigenfunktionen des Systems für $W=0$ etwa dem linken Teil der Fig. 25 entsprechen, sie werden durch die zwei Quantenzahlen n_1 und n_2 bezeichnet. Weicht W von null ab, so werden diese Eigenfunktionen verändert, diese Änderung erfolgt stetig, wenn W sich stetig von null aus ändert. Für schwache Wechselwirkung, die bei $x_1 \approx x_2$ positivem, mit steigender Differenz $|x_1 - x_2|$ abnehmendem W, also einer „Abstoßung" der Teilchen entsprechen soll, mag der rechte Teil der Fig. 25 gelten.

Sehr viel mehr läßt sich qualitativ aussagen, wenn *die beiden Teilchen gleich* sind:

$$V(x_1, x_2) = V(x_1) + V(x_2) + W(x_1, x_2), \quad (31.2)$$

wobei x_1 und x_2 in W symmetrisch vorkommen (z. B. indem W nur von $|x_1 - x_2|$ abhängt). Für kleine Auslenkungen von der Gleichgewichtslage $x_1 = x_2 = 0$ sind $x_1 + x_2$ und $x_1 - x_2$ Normalkoordinaten; ihnen entsprechen in der klassischen Mechanik Normalfrequenzen ω_+ und ω_-; für kleine W liegen sie nahe beieinander und fließen für $W = 0$ zusammen. Nach dem Korrespondenzprinzip gibt das, solange die Näherung kleiner Auslenkungen gilt, die Energiestufen

$$E = E_+ + E_-, \quad E_+ = \hbar \omega_+ n_+, \quad E_- = \hbar \omega_- n_-.$$

Fig. 26 gibt die Stufen an, links für $W = 0$ unter Angabe der Quantenzahlen n_1, n_2, rechts für kleines W unter Angabe der Quantenzahlen n_+, n_-; dabei ist $\omega_+ > \omega_-$ angenommen, was einer Abstoßung der Teilchen entspricht. *Die Kopplung zweier gleicher Teilchen führt zu einer Aufspaltung der ohne Kopplung vorhandenen Energien.*

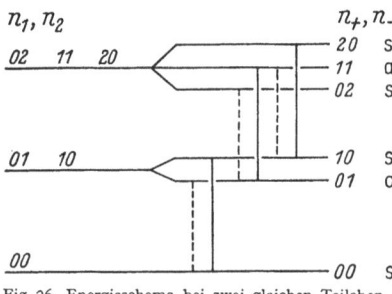

Fig. 26. Energieschema bei zwei gleichen Teilchen (Grenzfall kleiner Auslenkung).

In die Fig. 26 sind auch die Übergänge gemäß den Auswahlregeln $\Delta n_+ = \pm 1$ bei $\Delta n_- = 0$ und $\Delta n_- = \pm 1$ bei $\Delta n_+ = 0$ eingetragen. Bei gleichen geladenen Teilchen geben aber die Schwingungen der Frequenz ω_- (der Koordinaten $x_1 - x_2$) kein elektrisches Dipolmoment, diese Übergänge (gestrichelt gezeichnet) fallen also weg.

Mit der SCHRÖDINGER-Gleichung erhalten wir (in der Näherung kleiner Auslenkungen) genau dasselbe Energieschema. Die Eigenfunktionen sind Produkte von Oszillator-Eigenfunktionen mit den Variablen $x_1 + x_2$ und $x_1 - x_2$. Die Funktionen mit geradzahligem n_- sind in den beiden Teilchen symmetrisch $[u(1, 2) = u(2, 1)]$, die mit ungeradem n_- sind in den beiden Teilchen antimetrisch $[u(1, 2) = -u(2, 1)]$; die entsprechenden Zustände sind in der Fig. 26 mit s und a bezeichnet. Es kommen nur Übergänge zwischen s und s und zwischen a und a vor.

Die Einteilung der Eigenfunktionen in zwei Symmetriecharaktere, den symmetrischen und den antisymmetrischen gilt bei zwei gleichen Teilchen allgemein (und nicht nur für kleine Auslenkungen)[1]. Mit einer Eigenfunktion $u(x_1, x_2)$ gehören auch $u(x_2, x_1)$ sowie $u(x_1, x_2) \pm u(x_2, x_1)$ zum gleichen Eigenwert. Die Summe oder die Differenz kann null sein, und, wenn nicht zufällig ein mehrfacher Eigenwert vorliegt, ist auch eine von beiden null, d. h. u ist von vorneherein symmetrisch oder antimetrisch. Ein Übergang zwischen zwei Zuständen mit den Eigenfunktionen $u(x_1, x_2)$ und $v(x_1, x_2)$ tritt nur auf, wenn das Integral

$$\iint u(x_1, x_2) \cdot f(x_1, x_2) \cdot v(x_1, x_2) dx_1 dx_2$$

nicht null ist, wo f die Größe ist, die den Übergang bedingt (elektrisches Dipolmoment, Quadrupolmoment u. dgl.). Wegen der Gleichheit der Teilchen ist f eine in x_1 und x_2 symmetrische Funktion. Das Integral ist also nur dann von null verschieden, wenn u und v zum gleichen Symmetriecharakter gehören. *Übergänge zwischen symmetrischen und antimetrischen Zuständen von zwei gleichen Teilchen treten nicht auf.* Auch die entsprechenden Matrixelemente in einer Störungsrechnung (Ziff. 10) sind stets null.

---

[1] W. HEISENBERG: Z. Physik **38**, 411 (1926). — P. A. M. DIRAC: Proc. Roy. Soc. Lond., Ser. A **112**, 661 (1926).

Ziff. 31.   Eindimensionales Modell.   65

Die SCHRÖDINGERschen Eigenfunktionen lassen sich für schwache Kopplung qualitativ leicht angeben. Für $W=0$ fallen die Zustände energetisch zusammen, deren Quantenzahlen n_1, n_2 durch Vertauschen auseinander hervorgehen, $u(x_1)\,v(x_2)$ und $v(x_1)\,u(x_2)$; die Eigenfunktionen sind links in Fig. 27 gezeichnet. Statt dieser Eigenfunktionen können irgendwelche linearen Kombinationen der zum

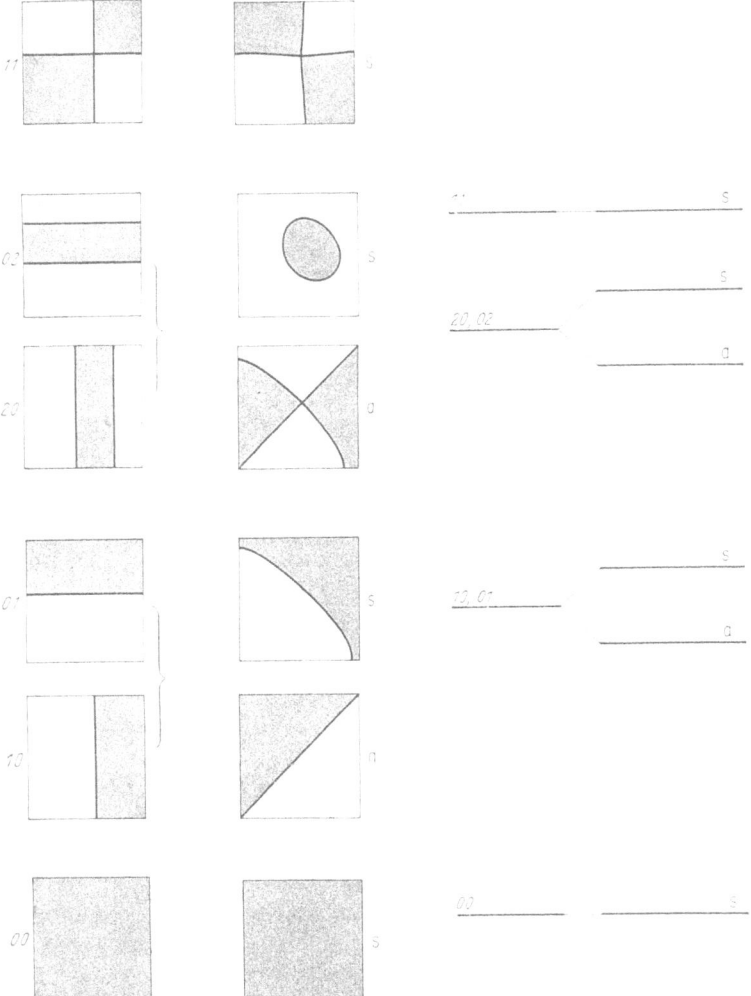

Fig. 27. Eigenfunktionen bei zwei gleichen Teilchen.

gleichen Eigenwert gehörigen gewählt werden. In der zweiten Spalte von Fig. 27 sind diejenigen Kombinationen gezeichnet, die in den beiden Teilchen symmetrisch oder antimetrisch sind. Die Eigenfunktionen für $W\neq 0$ schließen sich an diese stetig an. Im Falle der Abstoßung der beiden Teilchen geben diejenigen einen tieferen Energiewert, bei denen die Wahrscheinlichkeit für $x_1 \approx x_2$ gering ist, das sind die antimetrischen. *Bei einer Aufspaltung infolge der Kopplung zweier gleicher Teilchen durch eine Abstoßungskraft rückt der antimetrische Zustand energetisch tiefer.*

Für kleine Kopplung W sind die Funktionen

$$u = \frac{1}{\sqrt{2}} \left[a(x_1) b(x_2) \pm b(x_1) a(x_2) \right], \tag{31.3}$$

wo a und b Eigenfunktionen der einzelnen Teilchen sind, noch gute Näherungen der Eigenfunktionen des Zweiteilchensystems. In dieser Näherung liefert die Kopplung W zur Energie den Beitrag

$$\left. \begin{aligned} \iint u^* W u \, dx_1 dx_2 = &\iint a^*(x_1) b^*(x_2) W(x_1, x_2) a(x_1) b(x_2) \, dx_1 dx_2 \\ &\pm \iint a^*(x_1) b^*(x_2) W(x_1, x_2) b(x_1) a(x_2) \, dx_1 dx_2. \end{aligned} \right\} \tag{31.4}$$

Das erste Integral, das man gern mit $(ab|W|ab)$ abkürzt, entspricht der potentiellen Energie zweier Verteilungen a^*a und b^*b aufeinander mit der Wechselwirkung W. Das zweite Integral, das man gern mit $(ab|W|ba)$ abkürzt und auch *Austauschintegral* nennt, ist bei Abstoßung positiv und rückt den antimetrischen Zustand unter den symmetrischen.

In Fig. 27 sind auch die Energiewerte für $W=0$ und für Abstoßung eingetragen. Dabei ist angenommen, daß für $W=0$ der Zustand 11 über 02, 20 liegt und soweit entfernt ist, daß in der Störungsrechnung eine Kombination der drei Eigenfunktionen 11, 02, 20 nicht nötig ist. Sonst gäbe es (wie beim harmonischen Fall der Fig. 26) andere symmetrische Eigenfunktionen.

32. Zwei Elektronen im s-Zustand. Die Verhältnisse, die wir eben am eindimensionalen Modell untersuchten, lassen sich leicht auf das Modell zweier Elektronen übertragen, wenn wir uns auf solche Zustände beschränken, die bei Wegfall der Kopplung zwischen den Elektronen nur einfache Eigenfunktionen haben, also s-Zustände sind. Zunächst sehen wir vom Spin ab.

Die Eigenfunktionen mit Kopplung schließen sich stetig an solche Kombinationen der Eigenfunktionen ohne Kopplung an, die in den beiden Elektronen symmetrisch oder antimetrisch sind. Bei gleichen s-Zuständen lauten sie in erster Näherung

$$a(1) a(2),$$

wo die Ziffern die Elektronenkoordinaten ersetzen, bei ungleichen s-Zuständen

$$\frac{1}{\sqrt{2}} \left[a(1) b(2) \pm b(1) a(2) \right].$$

Das Energieschema entspricht der Fig. 28. Die empirischen Energieschemata der Atome mit zwei äußeren Elektronen (He, Mg ...) zeigen an Stelle der symmetrischen Zustände solche, die dem Singulettsystem angehören und im ZEEMAN-Effekt nicht aufspalten, an Stelle der antimetrischen Zustände solche, die dem Triplettsystem angehören und im ZEEMAN-Effekt in drei Komponenten aufspalten.

Fügen wir jetzt den Elektronenspin hinzu, so haben wir bei verschwindendem Einfluß des Spins auf die Bahn eine Eigenfunktion

$$u = v(\boldsymbol{r}_1, \boldsymbol{r}_2) \chi(1, 2), \tag{32.1}$$

wo $\boldsymbol{r}_1, \boldsymbol{r}_2$ die Ortskoordinaten und 1, 2 die Spinkoordinaten (m_s der Ziff. 29) bedeuten. Jeder der beiden Faktoren ist (außer bei mehrfachen Eigenfunktionen) in den beiden Elektronen symmetrisch oder antimetrisch. Wenn wir, ohne Kopplung zwischen den Teilchen, gleiche s-Zustände haben, so gibt es die vier Möglichkeiten (unter Weglassung der Normierungsfaktoren $1/\sqrt{2}$):

$$a(1)\,a(2) \cdot \alpha(1)\,\alpha(2),$$
$$a(1)\,a(2) \cdot [\alpha(1)\,\beta(2) + \beta(1)\,\alpha(2)],$$
$$a(1)\,a(2) \cdot \beta(1)\,\beta(2),$$
$$a(1)\,a(2) \cdot [\alpha(1)\,\beta(2) - \beta(1)\,\alpha(2)]$$

für Eigenfunktionen richtigen Symmetriecharakters. Die ersten drei gehören dem symmetrischen, die letzte dem antimetrischen Charakter an. An diese vier Funktionen schließen sich die Eigenfunktionen mit Kopplung an; es gibt also mit äquivalenten s-Elektronen drei symmetrische und einen antimetrischen Zustand. Wenn wir ohne Kopplung ungleiche s-Zustände haben, so gibt es acht Kombinationen, die vier symmetrischen

$$[a(1)\,b(2) + b(1)\,a(2)] \cdot \begin{cases} \alpha(1)\,\alpha(2) \\ \beta(1)\,\beta(2) \\ [\alpha(1)\,\beta(2) + \beta(1)\,\alpha(2)] \end{cases}$$

$$[a(1)\,b(2) - b(1)\,a(2)] \cdot [\alpha(1)\,\beta(2) - \beta(1)\,\alpha(2)]$$

und die vier antimetrischen

$$[a(1)\,b(2) + b(1)\,a(2)] \cdot [\alpha(1)\,\beta(2) - \beta(1)\,\alpha(2)]$$

$$[a(1)\,b(2) - b(1)\,a(2)] \cdot \begin{cases} \alpha(1)\,\alpha(2) \\ \beta(1)\,\beta(2) \\ [\alpha(1)\,\beta(2) + \beta(1)\,\alpha(2)]. \end{cases}$$

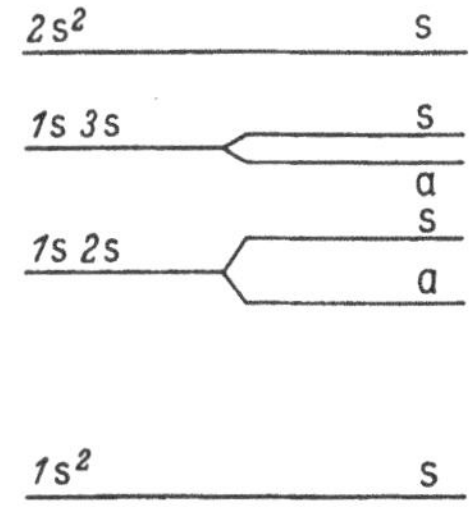

Fig. 28. Zustände mit s-Elektronen.

An diese schließen sich die Eigenfunktionen mit Kopplung an. Diese führt schon ohne energetischen Einfluß des Spins auf die energetische Aufspaltung zwischen $a(1)\,b(2) + b(1)\,a(2)$ und $a(1)\,b(2) - b(1)\,a(2)$.

Die Erfahrung der Spektren zeigt diese Aufspaltung. Der höher liegende, ohne Spin symmetrische Zustand, ist empirisch einfach; der tiefer liegende, ohne Spin antimetrische Zustand, ist empirisch dreifach. Bei äquivalenten s-Elektronen (ohne Spin symmetrisch) ist nur ein einfacher Zustand da. *In der Erfahrung treten genau die Zustände auf, die* (mit Spin) *in den beiden Elektronen antimetrisch sind.* Die im Bahnanteil der Eigenfunktionen symmetrischen können nur auf eine Weise durch den Spinanteil zu antimetrischen ergänzt werden; die im Bahnanteil antimetrischen können auf drei Weisen durch den Spinanteil zu antimetrischen ergänzt werden.

Zwischen Zuständen verschiedenen Symmetriecharakters gibt es in Strenge keine Übergänge. Die Erfahrung zeigt ja sogar, daß nur der antimetrische Charakter auftritt. Entsprechende Überlegungen für den Bahnanteil allein gelten jedoch nur genähert. Die Produktform (32.1) gilt in Strenge nur bei verschwindendem Einfluß des Spins auf die Bahn, bei schwacher Spin-Bahn-Wechselwirkung ist (32.1) noch eine genähert gültige Form der Eigenfunktion; *die bahnsymmetrischen Zustände kombinieren nur schwach mit den bahnantimetrischen Zuständen*. Mit steigender Atomnummer (also in der Reihe Be, Mg, Ca, Sr, Ba) nimmt die Spin-Bahn-Wechselwirkung und damit die Intensität der Triplett-Singulett-Kombinationen zu.

Die Ordnung der Zustände eines Zwei-Elektronenatoms in Singuletts und Tripletts läßt sich auch mit einem *Vektormodell* des Spins aussprechen. Zwei Vektoren vom Betrag $s = \frac{1}{2}$ (in Einheiten $\hbar$) setzen sich zu einer Resultierenden vom Betrage $S = 0$ oder 1 zusammen. Denken wir uns, um mehrfache Zustände zu vermeiden, ein Magnetfeld in der z-Richtung eingeführt, so lassen sich die

Spinzustände an Hand der Quantenzahlen m_s (Komponenten von s in der z-Richtung) und M_S (Komponenten von S) gemäß Tabelle 11 abzählen. Die drei Werte 1, 0, −1 von M_S werden zu $S=1$ zusammengefügt; der übrig bleibende Wert 0 von M_S gibt $S=0$. Bei äquivalenten s-Elektronen müssen nach dem PAULI-Prinzip die Quantenzahlen m_s verschieden sein; von den Zeilen der Tabelle 11 kommt nur einmal $+ -$, also $M_S=0$, $S=0$ vor ($+ -$ und $- +$ sind nicht verschieden).

Die Termmannigfaltigkeit läßt sich also aus dem Vektormodell ableiten. *Der energetische Abstand der Zustände* mit $S=0$ und $S=1$ hat aber nichts mit dem Spin zu tun, sondern *ist eine Folge der COULOMBschen Abstoßung der beiden Elektronen und hängt mit der durch S bezeichneten Symmetrie des Bahnanteils der Eigenfunktionen zusammen*. Daß Zustände verschiedener Symmetrie der Bahnfunktionen (genähert) nicht kombinieren, läßt sich durch die Auswahlregel $\Delta S=0$ ausdrücken.

Tabelle 11.
Vektormodell des Spins.

m_s	M_S	S
$+ +$	1	1
$+ -$	0	
$- +$	0	0
$- -$	-1	

33. Vektormodell und Abzählschema. Die Angabe der Zustände eines Atoms und der qualitativen Merkmale dieser Zustände ist weitgehend unter Benutzung des Korrespondenzprinzips möglich. Wesentliche Bestandteile der Überlegung sind dabei das „*Vektormodell*", d. h. die Zusammensetzung von Drehimpulsvektoren, weiter das PAULIsche *Ausschließungsprinzip*. Auf Grund der SCHRÖDINGER-Gleichung (oder einer anderen Fassung der Quantenmechanik) lassen sich die Vorschriften des Vektormodells beweisen. Doch sind die Beweise nicht einfach (wir werden sie in Ziff. 37 andeuten). Man wird darum auch heute noch bei Aufstellung des Zustandsschemas eines Atoms oder bei der Deutung seines Spektrums sich der korrespondenzmäßigen Überlegung bedienen.

Die Verwendung der Drehimpulse hängt mit der Invarianz unseres Atommodells gegenüber beliebigen Verdrehungen um den Atommittelpunkt zusammen.

Nehmen wir zunächst eine geringere Symmetrie an, die Invarianz gegenüber Drehungen um eine feste Achse (die z-Achse), so ist nach der klassischen Mechanik bei einem System von Massenpunkten, auf die außer gegenseitigen Kräften nur ein äußeres Kraftfeld mit Rotationssymmetrie wirkt, die Komponente P_z des Drehimpulses um die ausgezeichnete Achse zeitunabhängig, und es gibt eine zu dieser Größe kanonisch konjugierte Winkelvariable, die gleichförmig um die Achse umläuft. Das Korrespondenzprinzip schließt daraus auf die Existenz einer Quantenzahl M mit der Auswahlregel $\Delta M=0, \pm 1$. Bei Systemen mit einem Elektron ist dies unser bisheriges m mit den Werten $m=\pm\frac{1}{2}, \pm\frac{3}{2}\ldots$; es wird sich zeigen, daß bei gerader Zahl von Elektronen die Werte $M=0, \pm 1, \pm 2\ldots$, bei ungerader Anzahl von Elektronen die Werte $M=\pm\frac{1}{2}, \pm\frac{3}{2}\ldots$ vorkommen.

Wenn in dem System von Massenpunkten außer den gegenseitigen Kräften höchstens ein kugelsymmetrisches Kraftfeld wirkt, ist in der klassischen Mechanik der Drehimpulsvektor zeitunabhängig, auch gibt es eine gleichförmig umlaufende, zum Drehimpuls kanonisch konjugierte Winkelvariable. Nach dem Korrespondenzprinzip gibt es eine Quantenzahl J, die den Drehimpuls $\hbar J$ angibt und für die die Auswahlregel $\Delta J=0, \pm 1$ gilt. Bei Systemen mit einem Elektron ist diese Quantenzahl unser j mit den Werten $j=\frac{1}{2}, \frac{3}{2}\ldots$; bei gerader Anzahl von Elektronen wird J die Werte $0, 1, 2\ldots$ bekommen, bei ungerader Anzahl von Elektronen die Werte $\frac{1}{2}, \frac{3}{2}\ldots$.

Ein Zustand mit der Quantenzahl J kann beim Übergang von der Kugelsymmetrie zur Achsensymmetrie (z. B. im ZEEMAN-Effekt oder STARK-Effekt) in Zustände mit

$$M = J, \ J-1 \cdots -J$$

aufspalten; er zählt darum als $(2J+1)$-facher Zustand. Im STARK-Effekt oder bei einem anderen äußeren rotationssymmetrischen elektrischen Feld bekommen die Zustände mit gleichem $|M|$ dieselbe Energie, man führt darum auch gern die Quantenzahl $|M|=\Omega$ ein. Zustände mit $\Omega \neq 0$ zählen zweifach.

Bei schwacher Spin-Bahn-Wechselwirkung kann man zunächst den Spineinfluß weglassen. Bei Kugelsymmetrie erhält man so eine Quantenzahl L des Bahndrehimpulses mit der Auswahlregel $\Delta L = 0, \pm 1$. Die Zahl L kann nur ganzzahlige Werte haben, da die Möglichkeit der Quantenzahlen $\frac{1}{2}, \frac{3}{2} \ldots$ erst durch den Spin gefordert wurde. Zustände mit $L = 0, 1, 2 \ldots$ nennen wir auch S-, P-, D-... Zustände, bei nur einem Elektron auch s-, p-, d-... Zustände. Bei Rotationssymmetrie erhält man eine Quantenzahl $M_L (= 0, 1, 2 \ldots)$, bei einem elektrischen Feld mit Rotationssymmetrie $|M_L| = \Lambda$. Zustände mit $\Lambda = 0, 1, 2, \ldots$ nennt man (besonders in rotationssymmetrischen Molekeln) auch Σ-, Π-, Δ-... Zustände.

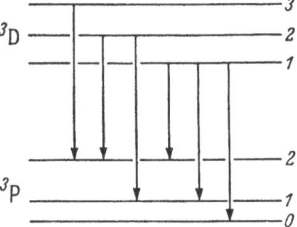

Fig. 29. ³D-³P-Kombinationen.

Wenn wir für den Spin eine Drehimpulsquantenzahl S annehmen, so ist das nur eine Analogie, da wir den Spin korrespondenzmäßig nicht verstehen. Aber die Überlegungen des vorigen Abschnitts haben uns gezeigt, daß die Kombinationen der Spinfunktionen sich bei zwei Elektronen mit den Quantenzahlen $S = 0$ und $S = 1$ beschreiben lassen, bei einem Elektron haben wir $S = \frac{1}{2}$. Es gilt genähert die Auswahlregel $\Delta S = 0$. Benutzen wir diese Auffassung des Spindrehimpulses S, so setzen sich die Vektoren S (für einen Augenblick sei auch $S > 1$ zugelassen) und L zu J mit den Werten

$$J = L + S, \quad L + S - 1, \quad L + S - 2 \ldots |L - S|$$

zusammen. Die zu einem Wertepaar L und S gehörigen Zustände bilden ein Multiplett (vorläufig Singulett, Dublett, Triplett), die Zustände unterscheiden sich energetisch nur in dem Maße, in dem eine Spin-Bahn-Wechselwirkung besteht. Die Zahl der „Komponenten" eines Multipletts ist die kleinere der Zahlen $2S+1$ und $2L+1$. Wir nennen aber immer $2S+1$ die Multiplizität und schreiben etwa ³S für einen Zustand mit $L = 0, S = 1$, weiter z. B. ³P für ein Multiplett mit $L = 1, S = 1$; ¹D für $L = 2, S = 0$ und ²F für einen Einelektronenzustand $L = l = 3$. Fig. 29 gibt die Kombinationslinien zwischen einem D- und einem P-Triplett an.

Wir haben bisher nur vorausgesetzt, daß die Spin-Bahn-Wechselwirkung schwach ist. Wenn wir jetzt auch noch voraussetzen, daß die einzelnen Elektronen in erster Näherung unabhängig voneinander in einem kugelsymmetrischen Kraftfeld laufen, so gibt es die Drehimpulsquantenzahlen l_1, l_2 der einzelnen Elektronen (ganzzahlig), die sich zur Resultierenden L zusammensetzen

$$L = l_1 + l_2, \quad l_1 + l_2 - 1, \quad l_1 + l_2 - 2 \ldots |l_1 - l_2|.$$

Es gelten genähert die Auswahlregeln $\Delta l_1 = \pm 1$ bei $\Delta l_2 = 0$ und $\Delta l_2 = \pm 1$ bei $\Delta l_1 = 0$. Entsprechend denken wir S aus $s_1 = \frac{1}{2}$ und $s_2 = \frac{1}{2}$ zusammengesetzt. Der energetische Unterschied der Zustände $S = 0$ und $S = 1$ (bei gegebenem l_1 und l_2) beruht aber nicht auf einer Spin-Spin-Wechselwirkung, sondern (vgl. Ziff. 31 und 32) auf der verschiedenen Symmetrie, die die Bahneigenfunktionen nach dem PAULI-Prinzip haben.

Nach diesem Vektormodell geben z. B. ein Elektron in einem p-Zustand ($l_1 = 1$) und ein Elektron in einem d-Zustand ($l_2 = 2$) die Multipletts: ¹P ¹D ¹F ³P ³D ³F. Dieses Vektormodell stammt von H. N. RUSSELL und F. A. SAUNDERS (1925)[1].

---
[1] H. N. RUSSELL u. F. A. SAUNDERS: Astrophys. J. **61**, 38 (1925).

Für den Fall zweier äquivalenter Elektronen, d. h. solcher, die in den Quantenzahlen n und l übereinstimmen, erfüllen die mit dem Vektormodell abgeleiteten Multipletts nicht alle das PAULI-Prinzip. So haben wir in Ziff. 32 bei zwei äquivalenten s-Elektronen nur $m_s = \frac{1}{2}, -\frac{1}{2}, M_s = 0, S = 0$ zugelassen, während bei verschiedenen s-Elektronen vier Kombinationen von $\frac{1}{2}$ und $-\frac{1}{2}$ und $S = 0$ und 1 auftraten.

Um das PAULI-Prinzip anwenden zu können, müssen wir durch Einführung einer ausgezeichneten Richtung alle mehrfachen Zustände in einfache zerlegen, z. B. einen Einelektronenzustand mit $l = 1$ in die einfachen Zustände $m_l = 1, 0, -1$ (ohne Spin), einen Zweielektronenzustand mit $L = 1$ in die einfachen Zustände $M_L = 1, 0, -1$, und dann dafür sorgen, daß beide Elektronen nicht in allen Quantenzahlen übereinstimmen. Ehe wir dieses „Abzählschema" (von GOUDSMIT und HUND, 1925)[1] zur Erfüllung des PAULI-Prinzips heranziehen, wollen wir es auch für nichtäquivalente Elektronen aufstellen. Da können wir Spin und Bahn getrennt behandeln. Für den Spin ist das Schema in Tabelle 11 angegeben. Für den Bahnanteil gibt Tabelle 12 das Schema für zwei (nichtäquivalente) p-Elektronen ($l_1 = l_2 = 1$). Die zweite Spalte zählt die Möglichkeiten für die Quantenzahlen m_l auf, die dritte fügt diese Werte zu einer Resultierenden M_L zusammen. Dieses M_L muß nun Komponente eines L sein; $M_L = 2$, 1, 0, -1, -2 ergeben $L = 2$; $M_L = 1, 0, -1$ ergeben $L = 1$; das übrig bleibende $M_L = 0$ ergibt $L = 0$ (Spalte 4). Mit Zufügung des Spins nach Tabelle 11 ergibt das die in der vierten Spalte angegebenen Multipletts (im Einklang mit dem Vektormodell).

Die Berücksichtigung des PAULI-Prinzips bei äquivalenten Elektronen zeigen wir in Tabelle 13 mit zwei p-Elektronen. Da müssen wir die möglichen m_l und m_s aufschreiben, die mit dem PAULI-Prinzip verträglich sind (zweite und dritte Spalte); wir fügen sie (in der vierten und fünften Spalte) zu M_L und M_S zusammen. Bei der weiteren Zusammenfügung zu L und S (sechste und siebente Spalte) kann man etwa mit dem größten M_L beginnen, wegen $M_L = 2$, $M_S = 0$ folgt das Vorkommen eines $L = 2$, $S = 0$. Streicht man alle dazugehörigen M_L, M_S fort, so bleibt $M_L = 1$, $M_S = 1$ als Zustand mit größtem M_L, es folgt ein $L = 1$, $S = 1$. Streicht man auch alle hierzu gehörigen M_L, M_S, so bleibt noch $M_L = 0$, $M_S = 0$, also $L = 0$, $S = 0$. In Tabelle 13 sind Zustände, die aus den angeschriebenen nur durch Vorzeichenwechsel von m_l hervorgehen, weggelassen.

Solche Abzählschemata liefern für zwei äquivalente Elektronen die in Tabelle 14 angegebenen Multipletts.

Tabelle 12. *Schema für zwei nichtäquivalente p-Elektronen.*

l	m_l	M_L	L	
1 1	1 1	2	2	
	1 0	1		
	0 1	1	1	
	1 -1	0		
	0 0	0		
	-1 1	0	0	$^1S \, {}^1P \, {}^1D$
	0 -1	-1		$^3S \, {}^3P \, {}^3D$
	-1 0	-1		
	-1 -1	-2		

Tabelle 13. *Schema für zwei äquivalente p-Elektronen.*

l	m_l	m_s	M_L	M_S	L	S	
1 1	1 1	$+ \; -$	2	0	2	0	
	1 0	$+ \; +$	1	1	1	1	
		$+ \; -$		0			
		$- \; +$		0			
		$- \; -$		-1			
	1 -1	$+ \; +$	0	1			
		$+ \; -$		0			
		$- \; +$		0			
		$- \; -$		-1			$^1S \, {}^1D \, {}^3P$
	0 0	$+ \; -$	0	0	0	0	
	...	...	...				

---

[1] S. GOUDSMIT: Z. Physik **32**, 794 (1925). — F. HUND: Z. Physik **33**, 345 (1925).

34. Eigenfunktionen und deren Symmetrie. Wenn wir die SCHRÖDINGER-Gleichung auf ein Atom mit zwei Elektronen anwenden, so können wir nur genäherte Lösungen berechnen. Ein naheliegender Weg der Näherung ist, die Spin-Bahn-Wechselwirkung zu vernachlässigen und die Kopplung der Elektronen als klein anzusehen. Für verschwindende Kopplung haben wir Eigenfunktionen

$$u = f_1(r_1) Y_{l_1}(\vartheta_1, \varphi_1) \cdot f_2(r_2) Y_{l_2}(\vartheta_2, \varphi_2),$$

die Produkte von Eigenfunktionen der einzelnen Elektronen sind. Zu einem Eigenwert (ohne Kopplung) erhalten wir viele solche Produkte, und man kann die Angabe von m_{l_1}, m_{l_2} (Tabelle 12) als Aufzählung der Möglichkeiten ansehen. Aus diesen Produkten hat man nun Linearkombinationen zu bilden, die die richtige Symmetrie in bezug auf die beiden Teilchen und gegenüber den Drehungen haben. Wenn zu jeder Symmetriemöglichkeit nur so viele Kombinationen auftreten wie aus Symmetriegründen zum gleichen Eigenwert gehören müssen (weil sie mit Symmetrieoperationen auseinander hervorgehen), so schließen sich die Eigenfunktionen mit Kopplung an diese Kombinationen stetig an. Diese Kombinationen geben dann als erste Näherungen schon wesentliche Züge des Verhaltens an. SLATER hat (1929) gezeigt, wie dieses Vorhaben durchzuführen ist[1]. Hier sei nur (Tabelle 15) ein einfaches Beispiel gegeben, nämlich das zweier

Tabelle 14. *Multipletts für zwei äquivalente Elektronen.*

s^2	^1S		
p^2	^1S ^1D	^3P	
d^2	^1S ^1D ^1G	^3P ^3F	
f^2	^1S ^1D ^1G ^1I	^3P ^3F ^3H	

p-Elektronen, wo wir wegen der Beziehung der Kugelfunktionen Y_1 zu den drei Koordinaten x, y, z das Programm leicht durchführen können. Die Funktionen (nicht normiert) in der vierten Spalte entsprechen genau den in der zweiten Spalte angegebenen Quantenzahlen m_l; in der fünften Spalte sind aus diesen

Tabelle 15. *Eigenfunktionen für zwei p-Elektronen.*

l	m_l	M			
1 1	1 1	2	$\}(x_1 \pm iy_1)(x_2 \pm iy_2)$	$x_1 x_2 - y_1 y_2$	D
	$-1\ -1$	-2		$x_1 y_2 + y_1 x_2$	D
	1 0	1	$\}(x_1 \pm iy_1)z_2$	$x_1 z_2 + z_1 x_2$	D
	-1 0	-1		$y_1 z_2 + z_1 y_2$	D
	0 1	1	$\}z_1(x_2 \pm iy_2)$	$z_1 x_2 - x_1 z_2$	P
	0 -1	-1		$y_1 z_2 - z_1 y_2$	P
	1 -1	0	$\}(x_1 \pm iy_1)(x_2 \mp iy_2)$	$x_1 x_2 + y_1 y_2 + z_1 z_2$	S
	-1 1	0		$x_1 x_2 + y_1 y_2 - 2z_1 z_2$	D
	0 0	0	$z_1 z_2$	$x_1 y_2 - y_1 x_2$	P

Funktionen Kombinationen gebildet, die der geforderten Symmetrie näherkommen; Faktoren, die nur von r_1 und r_2 abhängen, sind fortgelassen.

Betrachten wir zunächst die mit S bezeichnete Kombination. Bei einer Drehung des Koordinatensystems bleibt sie ungeändert. Sie teilt diese Eigenschaft mit der Kugelfunktion Y_0 oder der Eigenfunktion eines s-Zustandes eines Einelektronensystems. Darum ist die Bezeichnung S für diesen Zustand gewählt. Auch bei einer Inversion der Koordinaten $(x_1 \ldots z_2 \to -x_1 \ldots -z_2)$ ändert sich die Funktion nicht. Wir bezeichnen darum ihren Symmetriecharakter mit S_g.

Betrachten wir die drei mit P bezeichneten Kombinationen, so sind sie aus $x_1, y_1 \ldots z_2$ gebildet wie die Komponenten des vektoriellen Produktes $\mathbf{r}_1 \times \mathbf{r}_2$.

---
[1] J. C. SLATER: Phys. Rev. **34**, 1293 (1929).

Bei einer Drehung transformieren sich also die drei Funktionen wie Vektorkomponenten oder wie drei unabhängige Kugelfunktionen Y_1 oder wie die Eigenfunktionen eines p-Zustandes. Sie gehören darum auch bei nichtverschwindender Kopplung zur gleichen Energie, bilden also einen dreifachen Energiezustand (immer noch ohne Spin); wir nennen wegen der Transformation der Eigenfunktionen diesen Zustand P-Zustand. Bei Inversion ändern sich die Funktionen nicht (zum Unterschied von einer Einelektronen-p-Funktion), wir bezeichnen darum ihren Symmetriecharakter mit P_g (während eine p-Funktion den Charakter P_u hat).

Die fünf mit D bezeichneten Kombinationen transformieren sich bei Drehung wie die Kugelfunktionen Y_2: x^2-y^2, xy, xz, yz, $x^2+y^2-2z^2$. Bei Inversion bleiben sie ungeändert. Ihren Symmetriecharakter nennen wir darum D_g. Diese fünf Eigenfunktionen müssen auch bei nicht verschwindender Kopplung zur gleichen Energie gehören.

Nach Tabelle 15 erhalten wir also ohne Spin die Zustände S_g, P_g, D_g. Bei nicht äquivalenten Elektronen ist $f_1 \neq f_2$, und wir können immer einen der Faktoren $f_1(1) f_2(2) \pm f_2(1) f_1(2)$ zufügen. Da der in der Tabelle aufgeschriebene winkelabhängige Anteil der Eigenfunktion gegenüber Vertauschung der beiden Elektronen entweder symmetrisch oder antimetrisch ist, entsteht zu jeder Zeile eine symmetrische und eine antimetrische Funktion, bei Zufügung des Spins also ein Singulett und ein Triplett, im ganzen also $^1S_g, ^1P_g, ^1D_g, ^3S_g, ^3P_g, ^3D_g$. Bei äquivalenten Elektronen ist $f_1 = f_2$, wir können also nur einen in den beiden Elektronen symmetrischen Faktor $f(1) f(2)$ zufügen. Da die S_g- und D_g-Funktionen der Tabelle 15 in den beiden Elektronen symmetrisch sind, ergeben sie mit Spin Singuletts; da die P_g-Funktionen antimetrisch sind, ergeben sie ein Triplett. Für äquivalente Elektronen bekommen wir also $^1S_g, ^1D_g, ^3P_g$.

Beim Einelektronensystem gab es die Symmetriecharaktere s, p, d, f ..., die in den jetzigen Bezeichnungen auch $S_g, P_u, D_g, F_u ...$ heißen. Beim Zweielektronensystem pp begegnete uns ein neuer Symmetriecharakter P_g.

Die Symmetriegruppe des frei um seinen Kern drehbaren Atoms ist das direkte Produkt (Ziff. 23) aus der Gruppe der Drehungen und der durch die Inversion am Kern $(x, y, z \to -x, -y, -z)$ erzeugten Gruppe. Nach einem Satz der Gruppentheorie können die Symmetriecharaktere einfach kombiniert werden. Die Symbole S, P, D ... bezeichnen das Verhalten gegenüber den Drehungen, die Indices g, u das Verhalten gegenüber der Inversion. Das letztere heißt die *Parität* der Zustände. Zustände $S_u, D_u ...$ treten erst bei drei Teilchen auf.

Daß nicht nur in unserem Beispiel, sondern allgemein die genäherte Berechnung auf Grund der SCHRÖDINGER-Gleichung die gleichen Ergebnisse liefert wie das (bisher nur korrespondenzmäßig begründete) Vektormodell, sieht man, wenn man auf die Eigenschaften der Drehimpulsoperatoren tiefer eingeht. Ehe wir das tun (in Ziff. 36 und 37), wollen wir noch die genäherte Rechnung ein Stück weiterführen.

35. Berechnung der Wechselwirkungsaufspaltung. Infolge der Wechselwirkung der beiden Elektronen (in unserem gegenwärtigen Modell) treten, wenn wir von der als klein angenommenen Spin-Bahn-Wechselwirkung absehen, statt eines durch die Quantenzahlen n_1, l_1, n_2, l_2 der beiden einzelnen Elektronen bezeichneten Zustandes im allgemeinen deren mehrere auf. Wir wollen jetzt die Berechnung dieser Aufspaltung kennenlernen.

Dabei benutzen wir die in Ziff. 10 skizzierte Näherungsrechnung, bei der die Eigenfunktion durch eine Kombination von vorgegebenen Funktionen dargestellt wird. Als vorgegebene Funktionen wählen wir die Produkte $a(1)b(2)$ aus Eigenfunktionen a und b der einzelnen Elektronen in einem geeigneten kugelsymmetrischen Kraftfeld. Wir schreiben also die HAMILTON-Funktion

$$H = H^0 + H^1,$$

nehmen in H^0 nicht nur die potentielle Energie zwischen jedem der Elektronen und dem Atomrest mit, sondern auch einen irgendwie gemittelten Einfluß des anderen Elektrons, so daß H^1 das Glied e^2/r_{12} der Abstoßung der beiden Elektronen vermindert um den schon in H^0 mitgeführten Anteil darstellt. Die benutzten Produkte beschränken wir auf solche, die zu vorgegebenen Quantenzahlen n_1, l_1, n_2, l_2 gehören.

Die Aufzählung der möglichen m_l-Werte (z.B. Tabelle 12 für $l_1 = l_2 = 1$) gibt zugleich die benutzten Produkte $a(1)b(2)$ an. Aus ihnen bilden wir für $a \neq b$ zunächst die Kombinationen $[a(1)b(2) \pm b(1)a(2)]/\sqrt{2}$ und erst später weitergehende Kombinationen. Mit diesen ersten Kombinationen bilden wir Näherungswerte der Energie (Diagonalelemente der späteren Säkularmatrix)

$$J \pm K = (ab|H^1|ab) \pm (ab|H^1|ba); \tag{35.1}$$

die Bezeichnungen sind gemäß (31.4) gewählt. Der Wert des ersten Integrals J hängt natürlich davon ab, wieviel von der Wechselwirkung der Elektronen man in dem Bestandteil $V(r_1) + V(r_2)$ von H^0 unterbringt; im zweiten Integral K kann wegen der Orthogonalität von a und b den Ausdruck H^1 auch e^2/r_{12} ersetzen. Für $a = b$ tritt an die Stelle von (35.1)

$$J = (aa|H^1|aa).$$

Die so gebildeten Näherungswerte der Energie gibt Tabelle 16 für das Beispiel zweier äquivalenter p-Elektronen in der fünften Spalte an. Dabei sind die verschiedenen Integrale J und K durch die Werte von m_l in der Form $J(m_{l_1}, m_{l_2})$, $K(m_{l_1}, m_{l_2})$ unterschieden.

Tabelle 16. *Energieberechnung für p^2.*

l		m_l	m_s	M_L M_S	$J \pm K$	
1	1	1	1	+ −	2 0	$J(1, 1)$	$J(1, 1) = {}^1D$
		1	0	+ +	1 1	$J(1, 0) - K(1, 0)$	$J(1, 0) - K(1, 0) = {}^3P$
				± ∓	1 0	$J(1, 0) \pm K(1, 0)$	$2J(1, 0) = {}^1D + {}^3P$
		1	−1	+ +	0 1	$J(1, -1) - K(1, -1)$	$J(1, -1) - K(1, -1) = {}^3P$
				± ∓	0 0	$J(1, -1) \pm K(1, -1)$	$2J(1, -1) + J(0, 0) = {}^1D + {}^3P + {}^1S$
		0	0	− +	0 0	$J(0, 0)$	

Wir lassen jetzt weitere Linearkombinationen von $a(1)b(2)$ zu, indem wir die bisherigen Kombinationen $[a(1)b(2) \pm b(1)a(2)]/\sqrt{2}$ als Ausgangsfunktionen für die Störungsrechnung benutzen. Die Lösung der Säkulargleichung, in der jetzt auch Nicht-Diagonalglieder auftreten, ist (im Falle zweier Elektronen) sehr einfach. In unserem Beispiel gehört zu $M_L = 2$, $M_S = 0$ eine einzige Funktion. Sie kombiniert in der Näherungsrechnung mit keiner anderen und die Energie $J(1,1)$ wird (solange wir nicht andere n_1, l_1, n_2, l_2 heranziehen) nicht mehr verändert. Die Funktion gehört zum ${}^1D$-Zustand; wir haben also dessen Energie durch $J(1,1)$ ausgedrückt. Ebenso kombiniert $M_L = 1$, $M_S = 1$ mit keiner anderen Funktion; wir haben damit die Energie des ${}^3P$-Zustandes als $J(1,0) - K(1,0)$

gewonnen. Mit $M_L = 1$, $M_S = 0$ gibt es zwei Funktionen, aus denen eine Kombination zu bilden ist. Dabei bleibt aber die Summe der beiden Energien erhalten (die Summe der Diagonalelemente der Säkularmatrix, Ziff. 10, ist ja gleich der Summe der Eigenwerte), so daß $2J(1,0)$ die Summe der Energien des ^{1}D- und ^{3}P-Zustandes wird. Entsprechend kommen die übrigen in der letzten Spalte der Tabelle 16 stehenden Beziehungen zustande. Aus ihnen kann man die gesuchten Energien als Ausdrücke mit den J und den K entnehmen. *Man sieht, daß man allgemein die Energien linear durch die J und K darstellen kann*, wenn jede L, S-Kombination nur einmal im Zustandsschema auftritt, und das ist (bei zwei Elektronen) wegen

$$L = l_1 + l_2, \; l_1 + l_2 - 1 \ldots |l_1 - l_2|,$$
$$S = 0, 1$$

stets der Fall. Wenn $l_1 \neq l_2$, oder $l_1 = l_2$ und $n_1 \neq n_2$ ist, sind natürlich $J(1, 0)$ und $J(0, 1)$ usw. verschiedene Integrale.

Zwischen den Integralen J und K bestehen noch Beziehungen. Zwei Beziehungen, mit denen man die beiden K-Integrale durch die vier J-Integrale ausdrücken kann, entnimmt man — in unserem Beispiel — schon der letzten Spalte der Tabelle 16 (da ^{1}D und ^{3}P je in zweifacher Weise ausgedrückt sind). Weitere Beziehungen kann man in dem Beispiel der äquivalenten p-Elektronen leicht folgendermaßen finden. Statt der mit bestimmtem $m_l (= 0, \pm 1)$ bezeichneten Funktionen $\sim e^{i m_l \varphi}$ hätten wir auch Funktionen mit den Faktoren x, y, z zugrunde legen können. Dann wären Integrale aufgetreten, die wir mit

$$(x\,x | H^1 | x\,x), \quad (x\,y | H^1 | x\,y), \quad (x\,y | H^1 | y\,x)$$

abkürzen könnten. Wegen der Äquivalenz von $2xy$ und $x^2 - y^2$ folgt noch eine Beziehung zwischen den Integralen. Die Integrale $J(m_{l_1}, m_{l_2})$ lassen sich leicht umrechnen und (für $l = 1$) durch zwei Integrale $A = (x\,x | H^1 | x\,x)$ und $B = (x\,y | H^1 | y\,x) = (x\,x | H^1 | y\,y)$ ausdrücken. So findet man die Energiewerte:

$$^1S = A + 2B,$$
$$^1D = A - B,$$
$$^3P = A - 3B.$$

Da $B > 0$ ist, liegt der ^{3}P-Zustand am tiefsten. Das Intervallverhältnis ist 2:3.

Bei d^2 erhält man drei unabhängige Integrale, bei nichtäquivalenten Elektronen noch mehr. Bei größerem l ist die Benutzung der Funktionen von x, y, z nicht mehr handlich. Die Ergebnisse folgen dann aus ziemlich komplizierten Beziehungen zwischen Integralen über Produkte von Kugelfunktionen.

Die Zurückführung der auftretenden J- und K-Integrale auf einige wenige Integrale ist von SLATER angegeben worden und z.B. in dem Buch von CONDON und SHORTLEY[1] in Tabellenform niedergelegt. Bei zwei äquivalenten Elektronen treten $l + 1$ Integrale auf, die dort $F_0, F_2, F_4 \ldots F_{2l}$ heißen (für unser A und B gilt $A = F_0 + 4F_2$, $B = 3F_2$) und von den Quantenzahlen n und l abhängen. Bei nichtäquivalenten Elektronen treten außer den jetzt von n_1, l_1, n_2, l_2 abhängigen Integralen $F_0, F_2, F_4 \ldots$ noch andere Integrale $G_0, G_1, G_2 \ldots$ auf, und zwar

für $l_1 \leq l_2$: $F_0 F_2 F_4 \ldots F_{2l_1}$,
für $l_1 + l_2$ gerade: $G_0 G_2 G_4 \ldots G_{l_1 + l_2}$,
für $l_1 + l_2$ ungerade: $G_1 G_3 G_5 \ldots G_{l_1 + l_2}$,

für eine df-Konfiguration z.B.: $F_0, F_2, F_4, G_1, G_3, G_5$.

---
[1] E. U. CONDON u. G. H. SHORTLEY: Theory of atomic spectra, 3. Aufl., S. 176f. u. Tabellen 1^6 u. 2^6. Cambridge 1953.

36. Symmetriecharakter und Drehimpuls. Unser Atommodell mit zwei Elektronen zeigt neben der Gleichheit der beiden Elektronen, die (wenn wir vom Spin zunächst wieder absehen) zu der Einteilung der Zustände in symmetrische und antimetrische führt, noch die Kugelsymmetrie. Eine beliebige Drehung um das Zentrum des Kraftfeldes ändert die Bewegungsgleichung nicht und führt einen möglichen Zustand in einen anderen möglichen Zustand über. In der klassischen Mechanik führt das zur Existenz eines zeitunabhängigen Vektors des Gesamtdrehimpulses. Mit Hilfe der SCHRÖDINGER-Gleichung fanden wir bei einem Teilchen als Form der Eigenfunktion

$$u = f(r)\, Y_l(\vartheta, \varphi),$$

wo $\hbar l(l+1)$ dem Quadrat des Drehimpulses entsprach. Wir erwarten danach auch bei einem System mit zwei Teilchen und Kugelsymmetrie ein Äquivalent des Drehimpulssatzes.

Zur Vorbereitung studieren wir zunächst die Verhältnisse in einem System mit zwei Teilchen in einem Kraftfeld, das nur Rotationssymmetrie um eine Achse (die z-Achse) hat. Dabei wollen wir die beiden Teilchen noch als verschieden ansehen. In Zylinderkoordinaten z, r, φ mit den Indices 1 und 2 für die beiden Teilchen lautet die SCHRÖDINGER-Gleichung

$$\left\{ -\frac{\hbar^2}{2m_1}\left(\cdots + \frac{\partial^2}{r_1^2 \partial \varphi_1^2}\right) - \frac{\hbar^2}{2m_2}\left(\cdots + \frac{\partial^2}{r_2^2 \partial \varphi_2^2}\right) + \right. \\ \left. + i B_1 \frac{\partial}{\partial \varphi_1} + i B_2 \frac{\partial}{\partial \varphi_2} + V(\ldots|\varphi_2 - \varphi_1|) - E \right\} u = 0, \quad (36.1)$$

wobei Glieder, die mit φ_1 und φ_2 nichts zu tun haben, weggelassen sind und die Glieder mit B_1 und B_2 einem homogenen Magnetfeld entsprechen können. Wir sehen die Invarianz gegen die Drehung $\varphi_1 \to \varphi_1 + \alpha$, $\varphi_2 \to \varphi_2 + \alpha$ und, wenn die Glieder mit B_1 und B_2 wegfallen, auch die Invarianz gegen Spiegelung an einer beliebigen durch die Drehachse gehenden Ebene (z. B. $\varphi_1 \to -\varphi_1$, $\varphi_2 \to -\varphi_2$). Wenn wir statt φ_1 und φ_2 einen ,,Absolutwinkel'' $\varphi = \varphi_1$ und einen ,,Relativwinkel'' $\vartheta = \varphi_2 - \varphi_1$ einführen, erscheint (36.1) in der Form

$$\left\{ \cdots + A_1\left(\frac{\partial^2}{\partial \varphi^2} - \frac{2\partial^2}{\partial \vartheta\, \partial \varphi}\right) + A_2 \frac{\partial^2}{\partial \vartheta^2} + i B_1 \frac{\partial}{\partial \varphi} + \right. \\ \left. + i(B_2 - B_1)\frac{\partial}{\partial \vartheta} + V(\ldots|\vartheta|) - E \right\} u = 0. \quad (36.2)$$

Der Ansatz

$$u = f(z_1, z_2, r_1, r_2, \vartheta)\, e^{iM\varphi} \qquad M = 0, \pm 1, \pm 2 \ldots \quad (36.3)$$

schafft die Variable φ aus der SCHRÖDINGER-Gleichung weg, gibt also (wenn keine zufällige Entartung besteht) die Abhängigkeit von φ wieder. *M bezeichnet also den Symmetriecharakter*, und er ist hier durch die explizite Abhängigkeit von einer Variablen beschrieben.

Für eine Funktion (36.3) ist

$$\frac{\hbar}{i}\left(\frac{\partial}{\partial \varphi_1} + \frac{\partial}{\partial \varphi_2}\right) u = \frac{\hbar}{i}\frac{\partial u}{\partial \varphi} = \hbar M u; \quad (36.4)$$

sie bezeichnet einen Zustand, der einen festen Wert der z-Komponente des Drehimpulses hat. *M ist Drehimpuls-Quantenzahl*.

Die Drehsymmetrie führt auch zu einer Auswahlregel. Für Dipolstrahlung, die in der z-Richtung schwingt, ist

$$\int u'^*(e_1 z_1 + e_2 z_2)\, u''\, d\tau = \int f'^* f''\, (e_1 z_1 + e_2 z_2)\, e^{i(M'' - M')\varphi}\, d\tau$$

maßgebend, was nur für $M'' = M'$ nicht null ist; für Dipolstrahlung, die senkrecht zur z-Richtung schwingt,

$$\int u'^* (e_1 r_1 e^{\pm i\varphi_1} + e_2 r_2 e^{\pm i\varphi_2}) u'' d\tau$$
$$= \int f'^* f'' (e_1 r_1 + e_2 r_2 e^{\pm i\vartheta}) e^{i(M'' - M' \pm 1)\varphi} d\tau$$

was zu $\Delta M = \pm 1$ führt. Wir haben also die *Auswahlregel* $\Delta M = 0, \pm 1$.

Bei rein elektrischem Feld ($B_1 = B_2 = 0$) gilt für f die Gleichung

$$\left\{ \cdots + A_1 \left(-M^2 - 2iM \frac{\partial}{\partial \vartheta} \right) + A_2 \frac{\partial^2}{\partial \vartheta^2} + V(\ldots |\vartheta|) - E \right\} f(\ldots \vartheta) = 0. \qquad (36.5)$$

Die Gleichungen für $M = \pm \Lambda$ haben gleiche Eigenwerte und einander konjugierte Lösungen, so daß $f e^{i\Lambda\varphi}$ und $f^* e^{-i\Lambda\varphi}$ Lösungen zum gleichen Eigenwert sind. Wir können (für $\Lambda \neq 0$) daraus die reellen Eigenfunktionen

$$\left. \begin{array}{l} f e^{i\Lambda\varphi} + f^* e^{-i\Lambda\varphi} = g_+ \cos\Lambda\varphi + g_- \sin\Lambda\varphi, \\ -i(f e^{i\Lambda\varphi} - f^* e^{-i\Lambda\varphi}) = -g_- \cos\Lambda\varphi + g_+ \sin\Lambda\varphi \end{array} \right\} \qquad (36.6)$$

bilden. Der Übergang $i \to -i$ in (36.5) ist äquivalent der Spiegelung $\vartheta \to -\vartheta$, so daß bei Wegfall zufälliger Entartung

$$f(\vartheta) = \pm f^*(-\vartheta)$$

ist und g_+ eine gerade und g_- eine ungerade Funktion von ϑ oder umgekehrt. Mit einer bloßen Umbenennung können wir den zweiten Fall auf den ersten zurückführen. Die Symmetriecharaktere $\Lambda > 0$ sind also durch (36.6) beschrieben, wo g_+ eine gerade, g_- eine ungerade Funktion von ϑ ist. Für $\Lambda = 0$ gibt es (ohne zufällige Entartung) nur eine Eigenfunktion zum Eigenwert, die dann in ϑ gerade oder ungerade ist.

Die Funktionen (36.6) werden bei Drehung um den Winkel α nach dem Schema

$$\begin{pmatrix} \cos\Lambda\alpha & -\sin\Lambda\alpha \\ \sin\Lambda\alpha & \cos\Lambda\alpha \end{pmatrix}$$

transformiert, bei der Spiegelung $\varphi_1 \to -\varphi_1$, $\varphi_2 \to -\varphi_2$ oder $\varphi \to -\varphi$, $\vartheta \to -\vartheta$ nach dem Schema

$$\begin{pmatrix} 1 & \\ & -1 \end{pmatrix}.$$

Die Transformationsmatrizen sind also die gleichen wie bei den Symmetriecharakteren λ für ein Teilchen. Für $\Lambda = 0$ bekommen wir bei Drehung den Faktor 1, bei Spiegelung den Faktor ± 1. Diese letzte Transformation (mit -1) kam bei einem Teilchen nicht vor.

Dreh- und Spiegelsymmetrie führen hier zu *zwei Symmetriecharakteren* $\Lambda = 0$, die wir auch Σ_+ und Σ_- nennen, *mit einfachen Eigenwerten und zu Symmetriecharakteren* $\Lambda = 1, 2, \ldots$, die wir auch $\Pi, \Delta \ldots$ nennen, *mit zweifachen Eigenwerten*.

Die abstrakte gruppentheoretische Betrachtung zeigt, daß es nur die Darstellungen gibt, die die angegebenen Transformationsmatrizen enthalten.

Bei schwacher Kopplung der beiden Teilchen ist die Eigenfunktion genähert

$$u = f(1) g(2) e^{i(m_1 \varphi_1 + m_2 \varphi_2)} = f(1) g(2) e^{im_2 \vartheta} e^{iM\varphi}$$

mit

$$M = m_1 + m_2;$$

die Drehimpulse addieren sich. Aus einem Zustand, der ohne Kopplung durch die zwei Quantenzahlen λ_1, λ_2 beschrieben wird, werden die Zustände $M = \pm(\lambda_1 \pm \lambda_2)$, die sich zu $\Lambda = \lambda_1 + \lambda_2$ und $\Lambda = |\lambda_1 - \lambda_2|$ zusammenfassen. Für $\lambda_1 = \lambda_2$ tritt $\Lambda = \lambda_1 + \lambda_2$ und zwei Zustände $\Lambda = 0$, ein Σ_+ und ein Σ_-, auf. Aus $\pi\delta$ wird also Π und Φ, aus $\sigma\pi$ wird Π, aus $\pi\pi$ wird Σ_+, Σ_-, Δ.

Für den Fall $\pi\pi$ schreiben wir uns die Funktionen auf. Ohne Kopplung sind es

$$f(1)\,g(2)\,{\cos\atop\sin}\varphi_1\,{\cos\atop\sin}\varphi_2 = f(1)\,g(2)\,{\cos\atop\sin}\varphi\,{\cos\atop\sin}(\vartheta+\varphi),$$

die auch durch die vier Funktionen

$$f(1)\,g(2)\begin{cases}{\cos\atop\sin}(\vartheta+2\,\varphi)\\[4pt]{\cos\atop\sin}\vartheta\end{cases}$$

ersetzt werden können. Bei Einführung einer Kopplung schließen sich die Eigenfunktionen des Δ-Zustandes stetig an die ersten beiden an, die Eigenfunktionen von Σ_+ an die dritte und die von Σ_- an die vierte.

Bei Invarianz gegen irgendeine Drehung um einen Punkt läßt sich das Verhalten nicht in einfacher Weise durch die Abhängigkeit von bestimmten Winkeln angeben. Auch die Transformationsmatrizen (Darstellungen) lassen sich nicht einfach angeben. Es läßt sich aber zeigen (Ziff. 37), daß sich die Eigenfunktionen bei Drehung nach dem gleichen Schema transformieren, wie die Kugelfunktionen. Deren Ordnung, jetzt L genannt, kann also zur Kennzeichnung des Verhaltens bei Drehung dienen. Dazu kommt noch die Parität.

Man übersieht die Zusammenhänge am besten, wenn man die Drehimpulsoperatoren näher untersucht.

37. Begründung des Vektormodells. Um den Zusammenhang zwischen Symmetriecharakter und Drehimpuls genau zu übersehen, untersuchen wir systematisch die Drehimpulssätze unter Berücksichtigung der quantentheoretischen Unbestimmtheit. Diese findet ihren Ausdruck in Vertauschungsregeln für die Drehimpulsoperatoren; aus ihnen folgen Aussagen über Eigenwerte und Eigenfunktionen, zunächst des Operators P_z einer Komponente des Drehimpulses, dann auch des Operators $\mathbf{P}^2$ des Drehimpulsquadrates. Mit ihnen haben wir Aussagen über die Eigenfunktionen der SCHRÖDINGER-Gleichung für den Fall, daß die physikalische Situation invariant ist gegen eine beliebige Drehung um einen Punkt, also für ein Mehrteilchensystem, in dem nur Kräfte zwischen den Teilchen wirken, oder für ein Mehrteilchensystem, dessen Teilchen außerdem einer Zentralkraft unterliegen.

Daß die Vertauschungsregeln für die Drehimpulskomponenten als Grundlage gewählt werden, sichert die Anwendbarkeit der Sätze unabhängig davon, ob es sich um Bahn- oder um Spindrehimpulse handelt[1].

Die quantentheoretische Unbestimmtheit findet ihren Ausdruck in den Vertauschungsregeln

$$i(p_x x - x p_x) = \hbar \ldots, \quad i(p_x y - y p_x) = 0 \ldots$$

(entsprechend mit y, z) für die Koordinaten und Impulskomponenten desselben Teilchens, während Größen, die sich auf verschiedene Teilchen beziehen, stets vertauschbar sind. Mit den Definitionen

$$P_z = x p_y - y p_x \ldots$$

---

[1] Diesen Weg schlugen schon M. BORN und P. JORDAN, Elementare Quantenmechanik, Berlin 1930, ein.

der Operatoren der Drehimpulskomponenten eines Teilchens und der additiven Zusammensetzung zu Operatoren der Komponenten des Gesamtdrehimpulses errechnet sich für diese

$$P_x P_y - P_y P_x = i\hbar P_z \ldots \tag{37.1}$$

Da die Operatoren des Spindrehimpulses so definiert sind, daß (37.1) für sie auch gilt, bleibt (37.1) bestehen, wenn der Spin zum Drehimpuls beiträgt.

Aus (37.1) berechnet sich weiter, daß $P_x^2 + P_y^2 + P_z^2 = \mathbf{P}^2$ mit P_z (oder P_x oder P_y) vertauschbar ist.

Verschiedene Komponenten eines Drehimpulses können nicht zugleich feste Werte haben (außer den Werten null); *für die Operatoren der Drehimpulskomponenten gilt die Vertauschungsregel* (37.1). *Das Drehimpulsquadrat kann zugleich mit einer Komponente, z.B. P_z, einen festen Wert haben.*

Im Falle der Drehinvarianz der SCHRÖDINGER-Gleichung (H mit P_x, P_y, P_z vertauschbar) sind die Eigenfunktionen der SCHRÖDINGER-Gleichung zugleich Eigenfunktionen von $\mathbf{P}^2$ und P_z, oder sie lassen sich aus solchen zusammensetzen.

Wir untersuchen jetzt Eigenfunktionen des Operators P_z. Da die Gleichung $P_z u = E u$ gegen Drehung um die z-Achse invariant ist, entsteht aus einer Eigenfunktion u durch Ausführen dieser Symmetrieoperation an den Variablen wieder eine Eigenfunktion von P_z zum gleichen Eigenwert. Dies ist mit einer einzigen Eigenfunktion möglich, wenn sie sich bei Drehung um α mit dem Faktor $e^{iM\alpha}$ ($M = 0, \pm 1, \pm 2 \ldots$) multipliziert. Bei Fehlen einer zufälligen Entartung transformiert sich also die Eigenfunktion mit diesem Faktor (wir haben eine einreihige Darstellung der Drehgruppe). Der Spin läßt sich nur eingliedern, wenn wir Zweideutigkeit der Eigenfunktionen zulassen, wenn also erst Drehung um 4π dieselbe Eigenfunktion ergibt. Damit sind außer $M = 0, \pm 1, \pm 2 \ldots$ auch $M = \pm \frac{1}{2}, \pm \frac{3}{2} \ldots$ zugelassen.

Die Transformation

$$u(\varphi + \alpha) = e^{iM\alpha} u(\varphi) \tag{37.2}$$

führt bei infinitesimaler Drehung um $\delta\alpha$ zu der Änderung

$$\delta u = i M \delta\alpha \cdot u$$

der Eigenfunktion. Ohne Spin kann diese Änderung (mit den Winkelkoordinaten $\varphi_1, \varphi_2 \ldots$ der Teilchen) als

$$\delta u = \left(\frac{\partial}{\partial \varphi_1} + \frac{\partial}{\partial \varphi_2} + \cdots\right) \delta\alpha \cdot u$$

geschrieben werden; der Transformationsoperator ist bis auf einen Faktor der Drehimpulsoperator P_z, und es folgt

$$P_z u = \hbar M u. \tag{37.3}$$

Mit Spin führt die Zufügung der Spinoperatoren zum gleichen Ergebnis.

Die Eigenfunktionen von P_z haben die durch (37.2) *beschriebenen Symmetriecharaktere; eine solche Funktion beschreibt einen Zustand mit dem Wert $\hbar M$ der z-Komponente des Drehimpulses.*

Wenn die SCHRÖDINGER-Gleichung gegen Drehung um die z-Achse invariant ist und zufällige Entartung nicht vorliegt, müssen sich auch deren Eigenfunktionen gemäß (37.2) transformieren.

Es gibt ein einfaches Rezept, aus Eigenfunktionen des Operators P_z neue Eigenfunktionen dieses Operators zu anderen Eigenwerten herzustellen. Aus der mit (37.1) zu begründenden Beziehung

$$P_z (P_x \pm i P_y) = (P_x \pm i P_y)(P_z \pm \hbar)$$

folgt, daß die Anwendung des Operators $P_x \pm i P_y$ auf eine Eigenfunktion von P_z mit dem Eigenwert $\hbar M$ wieder eine Eigenfunktion von P_z, aber mit dem Eigenwert $\hbar(M \pm 1)$ liefert, wenn nicht gerade null herauskommt ($P_x \pm i P_y$ wirkt als „Erzeugungs"- bzw. „Vernichtungsoperator" für Drehimpulsquanten).

Jetzt betrachten wir Funktionen, die gleichzeitig Eigenfunktionen der Operatoren $\mathbf{P}^2$ und P_z sind. Die aus einer solchen Funktion mittels $P_x \pm i P_y$ hergestellten neuen Funktionen sind (wenn nicht null) wegen der Vertauschbarkeit von P_x und P_y mit $\mathbf{P}^2$ auch Eigenfunktionen von $\mathbf{P}^2$ zum gleichen Eigenwert, während ihr Eigenwert bezüglich P_z um $\pm \hbar$ verändert ist. Ist $\hbar J$ der größte Eigenwert von P_z, der so aus einer bestimmten Funktion gebildet werden kann, so muß $P_x + i P_y$ null geben, wenn man es auf die zugehörige Funktion anwendet. Mit

$$P_x^2 + P_y^2 + P_z^2 = (P_x - i P_y)(P_x + i P_y) + \hbar P_z + P_z^2$$

folgt dann der Faktor $\hbar^2 J(J+1)$. Der kleinste Eigenwert von P_z, der so gebildet werden kann, ist dann $-\hbar J$.

Der Operator $\mathbf{P}^2$ hat die Eigenwerte $\hbar^2 J(J+1)$; zu ihm gehören $2J+1$ Eigenfunktionen von P_z mit den Eigenwerten

$$M = J, J-1 \ldots -J.$$

Wir betrachten jetzt Eigenfunktionen der SCHRÖDINGER-Gleichung für den Fall der Kugelsymmetrie. Mit dem eben geschilderten Verfahren kann man zu jeder Eigenfunktion neue Eigenfunktionen zum gleichen Eigenwert bilden. Ohne zufällige Entartung gibt es auch keine anderen zum gleichen Eigenwert. *J kennzeichnet den Symmetriecharakter, und $\hbar^2 J(J+1)$ ist der Wert des Drehimpulsquadrates.*

Wenn J ganzzahlig ist (z.B. bei zwei Elektronen) bewirken die Operatoren P_x, P_y, P_z angewandt auf die Eigenfunktionen zum Eigenwert J die gleichen Transformationen wie bei Anwendung auf die Kugelfunktionen der Ordnung J. Bei einer Drehung transformieren sich die Eigenfunktionen der SCHRÖDINGER-Gleichung wie die Kugelfunktionen. *Man kann für ganzzahlige J die Symmetriecharaktere durch die Kugelfunktion Y_J beschreiben.* Wenn vom Spin abgesehen wird, benutzen wir L zur Kennzeichnung und lassen S, P, D ... den Werten $L = 0, 1, 2 \ldots$ entsprechen.

Bei Kugelsymmetrie haben wir nicht nur Invarianz gegen eine Drehung um das Zentrum, sondern auch Invarianz gegen die Inversion am Zentrum ($x_k, y_k, z_k \rightarrow -x_k, -y_k, -z_k$ für alle Teilchen $k = 1, 2 \ldots$), und zwar ist die Symmetriegruppe einfach das direkte Produkt aus der Gruppe der Drehungen und der Gruppe aus zwei Elementen, die die Inversion enthält. So können die *Symmetriecharaktere durch J und durch die Angabe g oder u (Multiplikation mit ± 1 bei Inversion) bezeichnet* werden; g und u gibt die „Parität" der Eigenfunktion an. Ohne Spin haben wir die Symmetriecharaktere S_g, S_u, P_g, P_u, D_g ....

Die Benutzung des Vektormodells bei einem Atom mit zwei Elektronen (Ziff. 33) läßt sich als Sonderfall der folgenden Aufgabe ansehen: Zwei Teilsysteme seien zunächst ungekoppelt und jedes sei für sich invariant gegen Drehung um einen Punkt. Nach der Kopplung zeige nur das ganze System diese Invarianz. Die Kopplung bewirkt also eine Verringerung der Symmetrieeigenschaften; man erwartet eine Aufspaltung der ohne Kopplung möglichen Energien. Welche Aufspaltungen treten auf und an welche Kombinationen der Eigenfunktionen ohne Kopplung schließen sich die Eigenfunktionen mit Kopplung stetig an?

Gruppentheoretisch gesprochen handelt es sich um die Ausreduktion der Darstellungen der Gruppe der unabhängigen Drehungen der beiden Teilsysteme (des direkten Produktes zweier Drehgruppen) in bezug auf die Gruppe der Drehungen des Gesamtsystems.

Eine einfache Überlegung zeigt, daß auch unser jetziger strenger Standpunkt genau zum Vektormodell und zum Abzählschema von Ziff. 33 führt. Zunächst sehen wir von einer Symmetrie infolge Gleichheit der Teilchen ab.

Stellt man die einzelnen Funktionen der beiden Teilsysteme so auf, daß sie bestimmte Werte M_1 und M_2 bezüglich des Verhaltens bei Drehung um die z-Achse haben, so erhält man für das Gesamtsystem eine Produktfunktion mit $M = M_1 + M_2$. Die Funktionen des Gesamtsystems schließen sich an solche Linearkombinationen dieser Produktfunktionen an, die einen bestimmten Symmetriecharakter J haben, wobei immer Werte $M = J, J-1 \ldots -J$ zu einem Eigenwert gehören. Dies entspricht aber genau dem Abzählschema.

Bei gleichen Teilchen kommt eine weitere Symmetrie dazu. Sind die zwei Teilsysteme einzelne Elektronen, so ist aus den Funktionen mit M_1 und M_2 (hier m_{l_1} und m_{l_2} genannt) die symmetrische und antimetrische Kombination zu bilden. Wenn alle Quantenzahlen dieser Funktionen (m_s eingeschlossen) übereinstimmen, so gibt es nur die symmetrische Kombination, in anderen Fällen beide Kombinationen. Genau das berücksichtigt das Abzählschema.

VII. Mehrelektronenatom.

38. Gesichtspunkte. Die Berechnung von Eigenschaften eines Atoms mit mehr Elektronen ist sehr schwierig und nur in mehr oder weniger grober Näherung möglich. Um so wichtiger sind *qualitative Aussagen auf Grund von Symmetrieeigenschaften*.

Bei Systemen, die *gleiche Teilchen* enthalten, ist die Invarianz gegen Umbenennung dieser Teilchen eine streng gültige Symmetrieeigenschaft. Im Atom sind die Elektronen solche gleichen Teilchen, in mehratomigen Molekeln können gleiche Atomkerne vorkommen (H_2O, NH_3, $CH_4 \ldots$), in den Kernen sind die Protonen unter sich gleich und die Neutronen unter sich gleich. Bei zwei gleichen Teilchen führte diese Symmetrie zu zwei Symmetriecharakteren, dem symmetrischen und dem antimetrischen, die nicht miteinander kombinieren (Ziff. 31); bei zwei Elektronen kam in der Natur nur der antimetrische Charakter vor. Wir werden (Ziff. 39 und 40) finden, daß N gleiche Teilchen zu einer Anzahl von Symmetriecharakteren bezüglich der Umbenennung der Teilchen führen, und daß diese nicht miteinander kombinieren. Daß nur einer davon, der in allen Teilchen antimetrische, in der Natur vorkommt, zeigt sich am Vergleich mit der Erfahrung. (Für Protonen und Neutronen gilt das gleiche; bei Kernen hängt es von der Anzahl der Nukleonen darin ab, ob bezüglich der Umbenennung gleicher Kerne der antimetrische oder der symmetrische Charakter in der Wirklichkeit vorkommt.)

Andere Symmetrieeigenschaften sind die Invarianzen gegen *Deckoperationen im Raum*, wie Drehungen, Spiegelungen oder Translationen (diese in Kristallgittern). Bei zwei Teilchen führten sie zu Symmetriequantenzahlen wie J (mit $\Delta J = 0, \pm 1$) oder M oder Ω und zu Symmetrieindices wie g, u. Bei N Teilchen wird nichts wesentlich Neues hinzukommen (Ziff. 41).

Wichtig sind weiter die *qualitativen Aussagen auf Grund genähert erfüllter Symmetrieeigenschaften*. Bei geeigneter Abstufung der Größe der Kräfte kann ein Teilsystem nur schwach mit dem übrigen System gekoppelt sein. Die Symmetrieeigenschaften, die dieses Teilsystem hätte, wenn es ungekoppelt wäre, sind dann genähert erfüllt, und es gelten genähert die Folgerungen aus diesen Symmetrien.

Bei schwacher Kopplung des Spins (bei leichteren Atomen) hat man genähert ein System gleicher Teilchen ohne Spin. Die Zustände gehören genähert zu

Symmetriecharakteren bezüglich der Umbenennung der Teilchen, verschiedene Charaktere kombinieren nicht miteinander. Der Spin ist aber wichtig, weil er die Ergänzung der Eigenfunktionen zum antimetrischen Charakter ermöglichen kann. In der Natur kommen diejenigen Symmetriecharaktere (ohne Spin) vor, die durch Zufügung des Spins antimetrisch gemacht werden können. *Diese Ergänzungsmöglichkeit läßt sich durch eine Quantenzahl S (mit Vektoreigenschaften) ausdrücken* (Ziff. 39 und 40). Bei zwei Elektronen fanden wir den symmetrischen und den antimetrischen Charakter entsprechend $S=0$ und $S=1$. Die Zustände gehören genähert auch zu Symmetriecharakteren bezüglich der Drehungen und Spiegelungen, die durch Quantenzahlen L ($\Delta L = 0, \pm 1$), M_L, Λ oder Indices wie g, u bezeichnet werden. Die Zufügung des Spins läßt sich dann durch ein Vektormodell beschreiben; beim Atom entstehen dabei aus einem Zustand mit bestimmtem L Zustände mit $J = L+S, L+S-1 \ldots |L-S|$; bei Molekeln gilt entsprechendes (etwa $\Omega = \Lambda + S, \Lambda + S - 1 \ldots$).

Die Wechselwirkung zwischen den Teilchen, soweit sie nicht für jedes Teilchen durch ein Kraftfeld im Raum beschrieben werden kann, kann häufig als verhältnismäßig schwach angesehen werden. Dann gelten für die Teilchen einzeln genähert gewisse Symmetrieeigenschaften, wie etwa Kugelsymmetrie. In dieser Näherung können den einzelnen Elektronen eines Atoms Quantenzahlen n, l, bei stärkerer Spinbahn-Wechselwirkung auch j zugeschrieben werden, deren Bedeutung genähert die gleiche ist wie im Einelektronensystem.

Eine *wichtige Aufgabe ist die Aufzählung der Zustände eines Atoms mit ihren qualitativen Merkmalen für gegebene Quantenzahlen der einzelnen Elektronen*. Sie geschieht mit Hilfe des Vektormodells und (zur Erfüllung des PAULI-Prinzips) des Abzählschemas (Ziff. 42).

Eine *Berechnung* der Eigenschaften eines Atoms geht gewöhnlich von der Näherung aus, in der die Kopplung der Teilchen miteinander und die Kräfte, die vom Spin ausgehen, als klein angesehen werden. Der Fortgang hängt dann davon ab, ob in der Abstufung der Kräfte weiter zunächst die Kopplung der Teilchen oder der Spineinfluß zu berücksichtigen ist. Der erstgenannte Fall schließt sich dem Vektormodell mit den Quantenzahlen L, S und J an. Bei leichteren Atomen und nicht zu starker Anregung der Elektronen ist das eine brauchbare Näherung.

39. Drei gleiche Teilchen. Eine Methode zur Aufstellung der Symmetriecharaktere bezüglich gleicher Teilchen und zur Einsicht in ihre Eigenschaften und in die Rolle, die der Spin bei der Ergänzung zum antimetrischen Charakter spielt, können wir uns leicht am Falle dreier gleicher Teilchen klarmachen.

Die Symmetriegruppe, die ein System dreier gleicher Teilchen (1, 2, 3) hat, enthält alle Permutationen der drei Ziffern 1, 2, 3; sie ist eineindeutig abbildbar auf die Symmetriegruppe des gleichseitigen Dreiecks (Ziff. 24). Alle Permutationen lassen sich aufbauen aus Vertauschungen von zwei der drei Ziffern. Mit der früheren Überlegung erhalten wir auf dem Wege der Symmetrisierung einen Symmetriecharakter $\overline{1\,2\,3}$, dessen Funktionen bei Vertauschung zweier beliebiger Teilchen sich nicht ändern, weiter einen Symmetriecharakter $\overline{1\,2}\,3$ mit zwei unabhängigen Funktionen, die sich durch Kombination von Funktionen aufbauen lassen, die in je zwei Teilchen, aber nicht in drei Teilchen symmetrisch gebaut sind, schließlich einen Symmetriecharakter $\widetilde{1\,2\,3}$, dessen Funktionen bei Vertauschung zweier beliebiger Teilchen mit -1 multipliziert werden. Auf dem Wege der Antimetrisierung erhalten wir die gleichen Charaktere in der Reihenfolge $\widetilde{1\,2\,3}$, $\widetilde{1\,2}\,3$ ($=\overline{1\,2}\,3$), $\overline{1\,2\,3}$.

Drei gleiche Teilchen führen zu drei Symmetriecharakteren, einem symmetrischen $\overline{1\,2\,3}$ *und einem antimetrischen* $\widetilde{1\,2\,3}$ *mit einfachen Zuständen* (einreihigen Darstellungen in der Sprache der Gruppentheorie) *und einem Charakter* $\overline{1\,2}\,3$ *oder* $\overline{1}\,\widetilde{2\,3}$ *mit zweifachen Zuständen* (zweireihigen Darstellungen).

In der Bezeichnungsweise (die für die Verallgemeinerung auf N Teilchen wichtig sein wird)

$$\left.\begin{aligned}\overline{1\,2\,3} &= \mathrm{Sy}\,(3) &&= \mathrm{An}\,(1+1+1) \\ \overline{1\,2}\,3 &= \overline{1}\,\widetilde{2\,3} = \mathrm{Sy}\,(2+1) &&= \mathrm{An}\,(2+1) \\ \widetilde{1\,2\,3} &= \mathrm{Sy}\,(1+1+1) &&= \mathrm{An}\,(3)\end{aligned}\right\} \qquad (39.1)$$

entsprechen die Symmetriecharaktere den Zerlegungen der Zahl 3 in Summanden.

Im Falle dreier gleicher Partikel, die sich auf einer Geraden bewegen können, sind die Eigenfunktionen Funktionen im dreidimensionalen Raum (x_1, x_2, x_3). Schneidet man diesen Raum durch eine Ebene $x_1 + x_2 + x_3 = \text{const}$, so schneidet sie die Koordinatenachsen in den Ecken eines gleichseitigen Dreiecks. So kann die Fig. 19 auch das Verhalten der Symmetriecharaktere bezüglich der drei gleichen Teilchen in anschaulicher Weise durch die notwendig geforderten Knotenlinien (Nullstellen) der Eigenfunktionen beschreiben.

Funktionen u und u', die verschiedenen Symmetriecharakter haben, sind orthogonal

$$\int u^* u'\, d\tau = 0$$

(in diesem Falle sieht man es sofort dem Verhalten der Funktionen an). Da das Produkt aus einer symmetrischen Funktion $f(\overline{1, 2, 3})$ und u' den gleichen Charakter hat wie u', folgt, daß

$$\int u^* f(\overline{1, 2, 3})\, u'\, d\tau$$

nur dann nicht verschwindet, wenn u und u' dem gleichen Symmetriecharakter angehören. *Zustände verschiedenen Symmetriecharakters kombinieren nicht miteinander;* es treten weder Übergänge infolge Strahlung oder anderer Einwirkung auf, noch kommen in einer Störungsrechnung Matrixelemente vor, die zu Zuständen verschiedenen Charakters gehören.

Die Erfahrung sagt: *Nur der antimetrische Symmetriecharakter kommt bei Elektronen vor.*

Wir nehmen jetzt drei Elektronen und kleine Spinkräfte an. Bei verschwindenden Spinkräften kann die Eigenfunktion in der Form

$$u = a\,(\boldsymbol{r}_1, \boldsymbol{r}_2, \boldsymbol{r}_3)\,\chi\,(1, 2, 3) \qquad (39.2)$$

oder mit Kombinationen solcher Funktionen geschrieben werden, wo χ nur von den Spinvariabeln der drei Elektronen abhängt. χ muß dabei eine Kombination der acht Funktionen $\alpha(1)\,\alpha(2)\,\alpha(3)$, $\alpha(1)\,\alpha(2)\,\beta(3) \ldots \beta(1)\,\beta(2)\,\beta(3)$, abgekürzt $\alpha\alpha\alpha, \alpha\alpha\beta \ldots \beta\beta\beta$, sein, wo α und β den beiden unabhängigen Zuständen eines Spins entsprechen, die wir auch $+$ und $-$ oder $m_s = +\tfrac{1}{2}$ und $m_s = -\tfrac{1}{2}$ nennen.

Den Symmetriecharakter $\mathrm{Sy}\,(1+1+1) = \widetilde{1\,2\,3}$ von χ kann man nicht herstellen, da in den Produkten $\alpha\alpha\alpha, \alpha\alpha\beta \ldots$ immer mindestens zwei Faktoren gleich sind und durch Permutation der Teilchen keine in allen Teilchen antimetrische Funktion hergestellt werden kann. Den Symmetriecharakter $\mathrm{Sy}\,(2+1) = \overline{1\,2}\,3$ kann man aus den Produkten $\alpha\alpha\alpha(+++)$ und $\beta\beta\beta(---)$ nicht herstellen, wohl aber aus $\alpha\alpha\beta, \alpha\beta\alpha, \beta\alpha\alpha\,(++-\cdots)$ und aus $\alpha\beta\beta, \beta\beta\alpha, \beta\alpha\beta\,(+--\cdots)$, und zwar gibt es in jedem der beiden Fälle zwei unabhängige Eigenfunktionen, wie es zum Charakter $\widetilde{1\,2}\,3$ gehört. Addition der m_s führt zu $M_S = \pm \frac{1}{2}$; in einem äußeren Magnetfeld gibt $M_S = +\frac{1}{2}$ eine andere Energie als $M_S = -\frac{1}{2}$; wir sprechen von einem Dublett. Den Symmetriecharakter $\mathrm{Sy}(3) = \overline{1\,2\,3}$ kann man auf je eine Weise aus $\alpha\alpha\alpha$ ($M_S = \frac{3}{2}$), aus $\alpha\alpha\beta \ldots$ ($M_S = \frac{1}{2}$), aus $\alpha\beta\beta \ldots$ ($M_S = -\frac{1}{2}$) und aus $\beta\beta\beta$ ($M_S = -\frac{3}{2}$) herstellen; wir haben ein Quartett.

Dem Symmetriecharakter $\mathrm{Sy}(2+1)$ *des Spinanteils können die Komponenten* $M_S = \pm \frac{1}{2}$ *eines Vektors* $S = \frac{1}{2}$, *dem Symmetriecharakter* $\mathrm{Sy}(3)$ *des Spinanteils können die Komponenten* $M_S = \pm \frac{3}{2}, \pm \frac{1}{2}$ *eines Vektors* $S = \frac{3}{2}$ *zugeordnet werden.* $S = \frac{1}{2}$ *gibt ein Dublett,* $S = \frac{3}{2}$ *ein Quartett.*

Wir betrachten jetzt die Möglichkeit, eine Eigenfunktion a, die ohne Spin gebildet ist und einen bestimmten Symmetriecharakter hat, durch Zufügen eines Spinanteils zu einer in allen drei Teilchen antimetrischen Funktion zu ergänzen. Eine Funktion $a(\overline{1, 2, 3})$, die in den drei Elektronen symmetrisch ist, ist nicht ergänzbar. Eine Funktion $a(\widetilde{1, 2, 3})$, die in den drei Elektronen antimetrisch ist, ist nur durch eine symmetrische Spinfunktion $\chi(\overline{1, 2, 3})$, die $S = \frac{3}{2}$ entspricht, ergänzbar. Eine Funktion $a(\widetilde{1, 2}, 3)$, die dem Charakter $\widetilde{1\,2}\,3 = \widetilde{1\,2\,3}$ angehört, kann man zusammen mit den durch Permutation der Elektronen aus ihr hervorgehenden und damit zum gleichen Eigenwert gehörigen in der Form

$$a(\widetilde{1, 2}, 3)\,\chi(\widetilde{1, 2}, 3) + a(\widetilde{2, 3}, 1)\,\chi(\widetilde{2, 3}, 1) + a(\widetilde{3, 1}, 2)\,\chi(\widetilde{3, 1}, 2) \qquad (39.3)$$

antimetrisch machen. Bildet man aus den Funktionen $a(\widetilde{1, 2}, 3)$ durch Permutationen und Linearkombinationen Funktionen der Form $a(\overline{1, 2}, 3)$, so ist (wie man leicht nachrechnet)

$$a(\overline{1, 2}, 3)\,\chi(\overline{1, 2}, 3) + a(\overline{2, 3}, 1)\,\chi(\overline{2, 3}, 1) + a(\overline{3, 1}, 2)\,\chi(\overline{3, 1}, 2)$$

von (39.3) höchstens um einen Zahlenfaktor verschieden.

Die Symmetriecharaktere $\mathrm{Sy}(1+1+1) = \mathrm{An}(3)$ *und* $\mathrm{Sy}(2+1) = \mathrm{An}(2+1)$ *der Eigenfunktionen ohne Spin sind durch Zufügung des Spinanteils in antimetrische überführbar, und zwar führt* $\mathrm{An}(3)$ *mit* $S = \frac{3}{2}$ *zu einem Quartettzustand und* $\mathrm{An}(2+1)$ *mit* $S = \frac{1}{2}$ *zu einem Dublettzustand.*

Quartettzustände kombinieren genähert nicht mit Dublettzuständen (Auswahlregel $\Delta S = 0$).

Wir nehmen jetzt an, die *Kopplung der drei Elektronen* könne als *schwach* angesehen werden, so daß die Eigenfunktion genähert als Linearkombination von Produkten $a(1)\,b(2)\,c(3)$ aus Funktionen für einzelne Teilchen geschrieben werden kann. Eine Funktion $a(1)\,a(2)\,a(3)$, bei der alle drei Teilchen (ohne Spin) im gleichen Zustand wären, und die den Symmetriecharakter $\overline{1\,2\,3}$ hätte, stellt keinen wirklichen Zustand dar. Ein Zustand s^3 kommt im Atom nicht vor. Aus einer Funktion $a(1)\,a(2)\,b(3)$ kann man durch Permutationen der Teilchen und Linearkombination eine Funktion des Charakters $\overline{1\,2\,3}$ und zwei Funktionen des Charakters $\widetilde{1\,2}\,3$ herstellen. Bei Einführung der Kopplung schließen sich die Eigenfunktionen stetig an die so gebildeten Funktionen an, wobei die Funktionen des Charakters $\widetilde{1\,2}\,3$ stets zum gleichen Eigenwert gehören. Nur die Funktionen des zweiten Charakters bezeichnen einen wirklichen Zustand, und zwar nach Zufügung des Spins ein Dublett. Aus einer Funktion $a(1)\,b(2)\,c(3)$ kann man sechs linear unabhängige Funktionen herstellen, je eine vom Charakter $\overline{1\,2\,3}$ und $\widetilde{1\,2\,3}$ und zwei Paare vom Charakter $\widetilde{1\,2}\,3$. Einen wirklichen Zustand bezeichnet die Funktion des Charakters $\widetilde{1\,2\,3}$, die nach Zufügung des Spins ein Quartett ergibt.

Wirkliche Zustände geben auch die beiden Funktionenpaare des Charakters $\widetilde{1\,2\,3}$, nach Zufügung des Spins geben sie zwei Dubletts. Sie haben im allgemeinen nach Einführung der Kopplung verschiedene Energie und die Kombination, an die die Eigenfunktionen sich stetig anschließen, folgt nicht aus Symmetrieeigenschaften; sie ist vielmehr aus der Störungsrechnung zu entnehmen.

Wir sehen das *Ergebnis im Einklang mit dem* PAULI-*Prinzip:* Nur die Zustände kommen vor, bei denen keine zwei Elektronen (mit Spin) bei Wegfall der Kopplung im gleichen Zustand sind. Man kann den Fall aab z.B. auch mit dem Abzählschema der Tabelle 17 behandeln.

Die Betrachtungen gelten unabhängig von etwaigen anderen Symmetrieeigenschaften des Systems, also für die Elektronen in einem Atom (mit Kugelsymmetrie) oder in einer Molekel irgendwelcher Symmetrie. Sie gelten auch entsprechend für Systeme mit gleichen Protonen (NH_3-Molekel) oder mit gleichen Kernen ungerader Massenzahl.

Tabelle 17. *Abzählschema für drei Elektronen, von denen zwei äquivalent sind.*

	m_s	M_S	S
aab	$+-+$	$\frac{1}{2}$	$\frac{1}{2}$
	$+--$	$-\frac{1}{2}$	

Daß die Forderung der Antimetrie der Eigenfunktion die ältere Fassung des PAULI-Prinzips (keine zwei Elektronen im gleichen Zustand) ersetzt, kann auch leicht folgendermaßen eingesehen werden. Die Zustände (mit Spin) der drei Elektronen seien einzeln durch u, v, w beschrieben; der Zustand des Systems schließt sich dann bei einsetzender Kopplung stetig an eine Linearkombination

$$u(1)\,v(2)\,w(3) + \cdots$$

an, in der Permutationen der Ziffern 1, 2, 3 vorkommen. Die Forderung, daß diese Kombination in den drei Ziffern antimetrisch sein soll, läßt nur die Determinante

$$\begin{vmatrix} u(1) & u(2) & u(3) \\ v(1) & v(2) & v(3) \\ w(1) & w(2) & w(3) \end{vmatrix} \tag{39.4}$$

zu. Diese ist aber null, wenn zwei der Funktionen u, v, w gleich sind. Bei kleinen Spinkräften, wo wir $u = a\alpha$, $v = b\beta$, $w = c\gamma$ schreiben können, wo α, β, γ irgendwelche der bisher mit α, β bezeichneten Spinfunktionen seien, müssen bei zwei gleichen Bahnfunktionen (etwa $a = b$) die Spinfunktionen verschieden sein ($\alpha \neq \beta$), damit die Determinante von null verschieden ist.

40. N gleiche Teilchen. Die Symmetriecharaktere, die der Umnumerierung von N Teilchen entsprechen[1] (in der Sprache der Gruppentheorie die irreduziblen Darstellungen der Gruppe der $N!$ Permutationen von N Elementen) lassen sich durch eine Weiterbildung des Verfahrens finden, das wir bei $N = 3$ angewandt haben. Für die Eigenfunktionen des Atoms brauchen wir aber nicht alle, zum Glück sogar nur solche, deren Eigenschaften verhältnismäßig einfach sind. Die Gesamteigenfunktion muß nämlich in allen Elektronen antimetrisch sein, um das PAULI-Prinzip zu erfüllen. Im Falle schwacher Spinkräfte kommen dann für die Bahn-Eigenfunktion nur diejenigen Symmetriecharaktere in Betracht, deren Funktionen durch Zufügung des Spins antimetrisch gemacht werden können.

Der *Zusammenhang der Antimetrie mit dem Auftreten von höchstens einem Elektron je Zustand* (eines Elektrons) läßt sich wie im Falle $N = 3$ sehen. Wir

---

[1] Sie sind zuerst von E. WIGNER, Z. Physik **40**, 492 (1926); 883 (1927); **43**, 624 (1927) angegeben worden. Die folgende Darstellung schließt sich zum Teil an J. C. SLATER, Phys. Rev. **34**, 1293 (1929), zum Teil an F. HUND, Z. Physik **43**, 788 (1927) an.

haben eine Aussage für den Fall schwacher Kopplung zwischen den Elektronen, wo die Eigenfunktion genähert durch eine Kombination von $u(1)\,v(2)\,w(3)\ldots$ und den durch Permutation der Ziffern daraus entstehenden Produkten angegeben werden kann. Es gibt nur eine in allen Ziffern antimetrische Kombination, nämlich die Determinante

$$\begin{vmatrix} u(1) & u(2) & u(3) & \ldots \\ v(1) & v(2) & v(3) & \ldots \\ w(1) & w(2) & w(3) & \ldots \\ \ldots & \ldots & \ldots & \ldots \end{vmatrix}. \tag{40.1}$$

Diese ist in der Tat nur dann von null verschieden, wenn alle Funktionen $u, v, w \ldots$ verschieden sind. Wenn außerdem noch die Spinkräfte schwach sind, so können $u, v, w \ldots$ in der Form $a\alpha, b\beta, c\gamma \ldots$ geschrieben werden, wo $a, b, c \ldots$ nur von den Ortskoordinaten abhängen und $\alpha, \beta, \gamma \ldots$ irgendwelche der beiden Spinfunktionen sind. Wenn zwei der vorkommenden Bahnfunktionen gleich sind, müssen die zugehörigen Spinfunktionen verschieden sein, damit die Determinante nicht null wird.

Uns interessiert vor allem der Fall, daß die Spinkräfte schwach sind, ohne daß wir eine Voraussetzung über die Kopplung zwischen den Elektronen machen wollen. Bei verschwindenden Spinkräften haben wir Eigenfunktionen

$$a(1, 2, 3 \ldots)\,\chi(1, 2, 3 \ldots), \tag{40.2}$$

wo a von den Ortskoordinaten, χ von den Spinkoordinaten abhängt. Zu gleicher Energie gehören noch Eigenfunktionen, die aus (40.2) durch Permutation von Ziffern hervorgehen. Bei Einsetzen der Spinkräfte schließen sich die Eigenfunktionen an Linearkombinationen aus diesen Produkten stetig an.

Wir untersuchen jetzt die Symmetriecharaktere, die die Funktionen χ haben können. Diese Funktionen müssen sich aus Funktionen $\alpha(1)\,\alpha(2)\ldots\beta(\nu)\ldots$ aufbauen lassen, wo α und β die beiden Spinfunktionen für ein Elektron sind. Da es nur zwei Spinfunktionen α und β gibt, sind die Möglichkeiten für die Symmetrie von χ beschränkt.

Eine symmetrische Funktion $\chi(\overline{1, 2, 3}\ldots)$ läßt sich für jede Verteilung der N Spinfunktionen auf die beiden Fälle α und β herstellen. Eine Funktion $\chi(\widetilde{1, 2}, 3\ldots)$, die in zwei Elektronen antimetrisch ist, läßt sich aus einem Produkt $\alpha\alpha\ldots\alpha$ oder $\beta\beta\ldots\beta$ aus nur gleichen Faktoren nicht herstellen; es muß mindestens eine abweichende Spinfunktion vorkommen. Eine Funktion $\chi(\widetilde{1, 2, 3}, 4\ldots)$, die in drei Elektronen antimetrisch ist, läßt sich nicht bilden. Eine Funktion $\chi(\widetilde{1, 2}, \widetilde{3, 4}, 5\ldots)$, die in zwei Paaren von Elektronen antimetrisch ist, läßt sich nur herstellen, wenn mindestens zwei abweichende Spinfunktionen da sind. Eine in allen Ziffern symmetrische Funktion $\chi(\overline{1, 2, 3}\ldots)$ entspricht einem Symmetriecharakter, wir nennen ihn An$(1+1+\cdots+1)$. Eine Funktion χ, die in zwei Elektronen antimetrisch ist, die (wie beim Spin immer) sich in drei Elektronen nicht antimetrisieren läßt und die auch in keinem zweiten Elektronenpaar gleichzeitig antimetrisiert werden kann, hat die Form $\chi(\widetilde{1, 2}, \overline{3, 4}\ldots)$; sie entspricht einem Symmetriecharakter, den wir An$(2+1+\cdots+1)$ nennen. Entsprechend gibt es einen Symmetriecharakter An$(2+2+\cdots+1)$ und zugehörige Funktionen $\chi(\widetilde{1, 2}, \widetilde{3, 4}, 5\ldots)$.

Beim Spinanteil χ kommen die Symmetriecharaktere An$(2+2+\cdots+1)$ *vor, die Zerlegungen der Zahl N in Summanden 2 und 1 entsprechen.*

Wir nehmen jetzt die Anzahl Spins mit $m_s = \frac{1}{2}$ und $m_s = -\frac{1}{2}$ (der α- und β-Faktoren) als gegeben an und führen die Quantenzahl $M_S = \sum m_s$ ein. Wir haben dann $(N/2) + |M_S|$ Spins der einen Richtung und $(N/2) - |M_S|$ Spins der anderen Richtung. Aus einem entsprechenden Produkt $\alpha(1)\,\alpha(2)\ldots\beta(\nu)\ldots$ lassen sich durch Permutation und Linearkombination Funktionen aller Symmetriecharaktere

$$\text{An}(1+1+\cdots+1), \quad \text{An}(2+1+\cdots+1)\cdots$$

bis zu

$$\text{An}(2+2+\cdots+1+1+\cdots)$$

$(N/2) - |M_S|$ Zweien, $2|M_S|$ Einsen

herstellen. Umgekehrt, am Symmetriecharakter

$$\text{An}(2+2+\cdots+1+1+\cdots)$$

$(N/2) - S$ Zweien, $2S$ Einsen

sind gerade die Spinstellungen beteiligt, die zu den Quantenzahlen

$$M_S = S, S-1 \cdots -S$$

gehören. *Die an einem Symmetriecharakter beteiligten Spinstellungen lassen sich durch einen „Vektor" vom Betrage S ($N/2, N/2 - 1 \ldots 0$ oder $\frac{1}{2}$) bezeichnen.*

Wir suchen jetzt die Symmetriecharaktere der Bahnfunktionen auf, die durch Zufügung des Spinanteils zu einer antimetrischen Funktion ergänzt werden können. Bei einer Funktion $a(\overline{1,2,3}, 4 \ldots)$, die von drei Ziffern symmetrisch abhängt, ist dies nicht möglich. Bei Funktionen der Form

$$a(\overline{1,2}, \overline{3,4}, \overline{5,6,7}\ldots)$$

geschieht es durch Ergänzung einer Funktion $\chi(\overline{1,2}, \overline{3,4}, \overline{5,6,7}\ldots)$ und Addition aller durch Permutation entstehenden. Funktionen, die sich in die Form $a(\overline{1,2}, \overline{3,4}, 5, 6, 7 \ldots)$ bringen lassen, dabei sich nicht in mehr als drei Ziffern symmetrisieren lassen und auch in nicht mehr als zwei Paaren symmetrisieren lassen, hängen von den übrigen Ziffern antimetrisch ab. Sie entsprechen einem Symmetriecharakter, den wir Sy$(2+2+1+1+\cdots)$ nennen. Bahnfunktionen eines solchen Charakters lassen sich auf eine einzige Weise durch Spinfunktionen des Charakters An$(2+2+1+1+\cdots)$ zu einer antimetrischen Funktion ergänzen.

Eine Bahnfunktion des Symmetriecharakters

$$\text{Sy}(2+2+\cdots+1+1+\cdots)$$

$(N/2) - S$ Zweien, $2S$ Einsen

läßt sich durch Spinfunktionen, die den Spinstellungen

$$M_S = S, S-1 \cdots -S$$

entsprechen, zu einer antimetrischen Funktion ergänzen, und zwar durch jede Wahl dieser M_S auf eine Weise. Es entstehen $2S+1$ antimetrische Funktionen, die ein *Multiplett* bilden. Wir bezeichnen solche Multipletts durch das Symbol ^{2S+1}T, wo T die durch andere Symmetrieeigenschaften gegebene Bezeichnung ist; Beispiele sind ^2P, $^3D \ldots$.

Für manche Zwecke ist es nützlich, alle Symmetriecharaktere, die der Umnumerierung von N Teilchen entsprechen, kennen zu lernen, nicht nur die bei den Bahnfunktionen der Atome vorkommenden Sy$(2+2+\cdots+1)$ und die bei den Spinanteilen vorkommenden An $(2+2+\cdots+1)$. Zum Beispiel kommen in Atomkernen wegen der Mitwirkung von Protonen und Neutronen, wenn man dort schwache „Ladungskräfte" (durch den Unterschied Proton—Neutron bedingte Kräfte) neben schwachen „Spinkräften" annimmt, mehr Symmetriecharaktere vor.

Wir finden die Symmetriecharaktere durch dasselbe Verfahren, das wir bei $N=3$ und teilweise auch eben angewandt haben. Man bilde aus einer Eigenfunktion durch Permutieren und Linearkombinieren eine in allen Teilchen symmetrische Funktion. Wenn dies null ergibt, bilde man eine in $N-1$ Teilchen symmetrische. Wenn auch dies null ergibt, eine in $N-2$ Teilchen und in zwei anderen Teilchen symmetrische oder eine in $N-2$ Teilchen symmetrische und in zwei anderen Teilchen antimetrische Funktion. Geben diese null, so bildet man eine in $N-3$ und drei Teilchen symmetrische, oder eine in $N-3$ und zwei Teilchen symmetrische oder eine in $N-3$ Teilchen symmetrische und in drei Teilchen antimetrische Funktion. Dies setzt man bis zu der in allen Teilchen antimetrischen Funktion fort. Dual entsprechend diesem Weg, die Symmetriecharaktere durch „Symmetrisierung" zu finden, gibt es den anderen Weg der „Antimetrisierung".
Das Ergebnis läßt sich so aussprechen:

Es gibt die Symmetriecharaktere:

$$\overline{12\ldots N_1}\;\overline{(N_1+1)\ldots(N_1+N_2)}\ldots \quad\Big|\quad \overbrace{12\ldots N_1}\;\overbrace{(N_1+1)\ldots(N_1+N_2)}\ldots$$
$$\overline{(N_1+\cdots+N_{S-1}+1)\ldots(N_1+\cdots N_S)},\;\Big|\;\overbrace{(N_1+\cdots+N_{S-1}+1)\ldots(N_1+\cdots+N_S)},$$

die den Zerlegungen der Anzahl N der Teilchen in

$$N = N_1 + N_2 + \cdots + N_S$$

entsprechen *und die wir auch*

$$\mathrm{Sy}(N_1+N_2+\cdots+N_S),\qquad \mathrm{An}(N_1+N_2+\cdots+N_S)$$

nennen.

Zu dem angegebenen Charakter gehören die Eigenfunktionen, die durch Permutieren und Linearkombinieren in solche übergeführt werden können, die in N_1 Teilchen symmetrisch (antimetrisch) sind, und nicht in solche, die in mehr Teilchen symmetrisch (antimetrisch) sind, weiter durch Vertauschen der übrigen $N-N_1$ Teilchen und Linearkombinieren in solche, die in N_2 dieser Teilchen symmetrisch (antimetrisch) sind, und nicht in solche, die in mehr Teilchen symmetrisch (antimetrisch) sind, usw. Es ist also $N_1 \geq N_2 \geq \cdots \geq N_S$. Wenn N_i für $i \geq k$ gleich 1 ist, so ist die Eigenfunktion in den Teilchen mit den Nummern $\sum_1^i N_\nu (i \geq k)$ antimetrisch (symmetrisch).

Jeder der Symmetriecharaktere $\mathrm{Sy}(N_1+N_2+\cdots)$ *ist mit einem der Symmetriecharaktere* $\mathrm{An}(N_1+N_2+\cdots)$ *identisch*; es entsprechen sich z.B. für $N=5$

$$\begin{array}{ll}
\mathrm{Sy}(5) & \mathrm{An}(1+1+1+1+1) \\
\mathrm{Sy}(4+1) & \mathrm{An}(2+1+1+1) \\
\mathrm{Sy}(3+2) & \mathrm{An}(2+2+1) \\
\mathrm{Sy}(3+1+1) & \mathrm{An}(3+1+1) \\
\mathrm{Sy}(2+2+1) & \mathrm{An}(3+2) \\
\mathrm{Sy}(2+1+1+1) & \mathrm{An}(4+1) \\
\mathrm{Sy}(1+1+1+1+1) & \mathrm{An}(5)\,.
\end{array}$$

Die Fig. 30 gibt die Zerlegungen von N und damit die Symmetriecharaktere, ferner (in Klammern) die Vielfachheit der Eigenwerte für $N = 1, 2 \ldots 6$ an. Die Zerlegungen können sowohl als $\mathrm{Sy}(N_1 + N_2 + \cdots)$ als auch als $\mathrm{An}(N_1 + N_2 + \cdots)$ gelesen werden. Beim Übergang von Sy zu An ist das Schema an der Mittelachse zu spiegeln. (Für größere N, zum ersten Mal für $N=8$, gibt es mehr als eine Zerlegung, die dabei in sich selbst übergeht.) Die Vielfachheiten sind die Summen der Vielfachheiten der mit Strichen verbundenen Zerlegungen für $N-1$; mit Strichen verbunden sind die, aus denen die Zerlegung durch Erhöhung eines der Summanden hervorgeht.

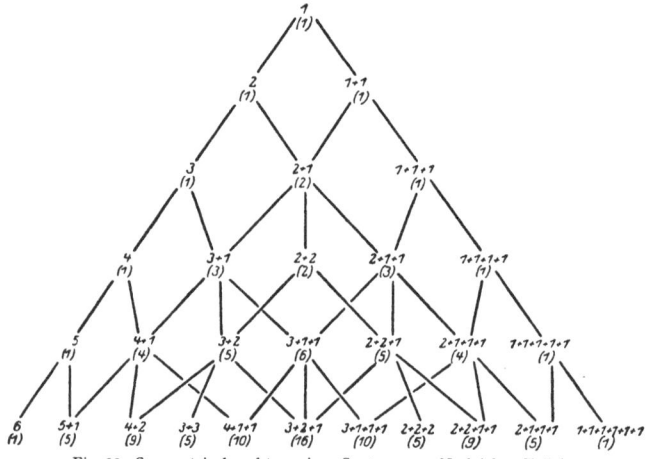

Fig. 30. Symmetriecharaktere eines Systems aus N gleichen Teilchen.

Die Gruppe der Permutationen von vier Elementen ist eindeutig abbildbar auf die Symmetriegruppe T_d des regulären Tetraeders. Die Symmetriecharaktere

$\mathrm{Sy}(4)$	$\overline{1234}$	$=$ $\mathrm{An}(1+1+1+1)$	$\overline{1234}$
$\mathrm{Sy}(3+1)$	$\overline{1234}$	$=$ $\mathrm{An}(2+1+1)$	$\overline{12}\overline{3}4$
$\mathrm{Sy}(2+2)$	$\overline{12}\overline{34}$	$=$ $\mathrm{An}(2+2)$	$\overline{12}\overline{34}$
$\mathrm{Sy}(2+1+1)$	$\overline{12}\overline{3}\overline{4}$	$=$ $\mathrm{An}(3+1)$	$\overline{123}4$
$\mathrm{Sy}(1+1+1+1)$	$\overline{1234}$	$=$ $\mathrm{An}(4)$	$\overline{1234}$

sind zugleich die der Tetraedersymmetrie. Nehmen wir an, die vier Teilchen bewegen sich auf einer Geraden. Den vierdimensionalen Koordinatenraum (x_1, x_2, x_3, x_4) denken wir uns durch den dreidimensionalen Raum $x_1 + x_2 + x_3 + x_4 = \mathrm{const}$ geschnitten. Die vier Koordinatenachsen erscheinen darin als Eckpunkte eines regulären Tetraeders. In diesem dreidimensionalen Raum stellen wir die antimetrische Form An der Symmetriecharaktere durch Funktionen dieser Symmetrie dar. Fig. 21 (S. 50) gibt so die Symmetriecharaktere anschaulich wieder.

Funktionen verschiedenen Symmetriecharakters sind orthogonal und *Zustände verschiedenen Charakters kombinieren nicht miteinander*:

$$\int u^* f(\overline{1, 2, 3 \ldots}) u' d\tau$$

ist nur von null verschieden, wenn u und u' gleichen Charakter haben.

Bei Atomen oder Molekeln mit N Elektronen kommt (wenn wir den Spin bei der Beschreibung berücksichtigen) *nur der in den Elektronen antimetrische Charakter*

An$(N) = $ Sy$(1+1+1\cdots)$ *in der Wirklichkeit vor.* Bei Kernen kommt nur der Symmetriecharakter vor, der in den Protonen antimetrisch und in den Neutronen antimetrisch ist, bei Molekeln mit gleichen Kernen gerader Nucleonenzahl (z. B. N_2) nur der in den Kernen symmetrische Charakter.

Wenn das System aus zwei schwachgekoppelten Teilsystemen besteht, so haben die Zustände der Teilsysteme genähert einen bestimmten Symmetriecharakter. Wenn der Charakter des Gesamtsystems antimetrisch sein muß, so sind die Symmetriecharaktere der Teilsysteme zueinander „reziprok", d.h. sie verhalten sich wie Sy$(N_1+N_2+\cdots)$ zu An$(N_1+N_2+\cdots)$. Für die Zusammensetzung von Bahnanteil und Spinanteil haben wir das oben schon gesehen.

Bei schwachen Spinkräften kommen bei den Bahnfunktionen von Atomen oder Molekeln die Symmetriecharaktere

$$\text{Sy}\underbrace{(2+2+\cdots+1+1)}_{2S \text{ Einsen}} = \text{An}\left(\left(\frac{N}{2}+S\right)+\left(\frac{N}{2}-S\right)\right)$$

vor. Ein Zustand solchen Charakters ist mit den Spinmöglichkeiten

$$M_S = S, S-1 \cdots -S$$

verbunden und bildet ein durch S bezeichnetes Multiplett ($S \leq N/2$; $2S+1 \leq N+1$).

Wir betrachten noch den Fall, daß die N Elektronen schwach gekoppelt sind (die Spinkräfte sollen klein bleiben), so daß also die Bahnfunktionen durch Linearkombinationen von $a(1) b(2) c(3) \ldots$ angenähert werden können. Wenn es, unter irgendwelchen Nebenbedingungen, nur r verschiedene Funktionen eines Elektrons gibt ($r=2$ für den Spin, $r=3$ für p-Funktionen gegebener Hauptquantenzahl, $r=5$ für d-Funktionen), so kommen bei den Bahnfunktionen nur die Symmetriecharaktere An(N_1+N_2) vor, bei denen $N_1 \leq r$ ist. Das gibt für die verschiedenen Anzahlen von Elektronen folgende Möglichkeiten:

Tabelle 18. *Multipletts bei beschränkter Term-Mannigfaltigkeit.*

N	N_1+N_2			S			Multipletts		
1	1			$\frac{1}{2}$			^2T		
2	2	$1+1$		1	0		^3T	^1T	
3	3	$2+1$		$\frac{3}{2}$	$\frac{1}{2}$		^4T	^2T	
4	4	$3+1$	$2+2$	2	1	0	^5T	^3T	^1T
...									
r	r	$(r-1)+1\ldots$		$r/2$	$(r/2)-1\ldots$		^{r+1}T	$^{r-1}T\ldots$	
$r+1$	$r+1$	$(r-1)+2\ldots$		$(r-1)/2$	$(r-3)/2\ldots$		^rT	$^{r-2}T\ldots$	
...									
$2r-2$	$r+(r-2)$	$(r-1)+(r-1)$		1	0		^3T	^1T	
$2r-1$	$r+(r-1)$			$\frac{1}{2}$			^2T		
$2r$	$r+r$			0			^1T		

Dabei kann ein bestimmtes S mehrfach auftreten. Man sieht das *Entsprechen der Mannigfaltigkeiten beim Atom mit N Elektronen und beim Atom mit $2r-N$ Elektronen oder N „Lücken" in der vollen Besetzung („Lückensatz").*

41. Räumliche Symmetrien. Außer der Symmetrie wegen der Gleichheit der Elektronen treten in Atomen und Molekeln noch andere Symmetrien auf, sofern Deckoperationen des gewöhnlichen dreidimensionalen Raumes die physikalische Situation nicht ändern. So hat ein freies Atom Kugelsymmetrie, ein Atom im homogenen Magnetfeld oder im homogenen elektrischen Feld hat Rotationssymmetrie, eine lineare Molekel hat auch Rotationssymmetrie. Diese Symmetrien können ganz unabhängig davon betrachtet werden, ob Teilchen gleich oder nicht gleich sind.

Nach der klassischen Mechanik gibt es bei Achsensymmetrie einen zeitunabhängigen Wert P_z der Komponente des Drehimpulses um die Achse und eine kanonisch konjugierte Winkelvariable, die gleichfömig mit der Zeit umläuft. Bei Kugelsymmetrie ist der Drehimpulsvektor $\boldsymbol{P}$ zeitunabhängig und eine dazu kanonisch konjugierte Winkelvariable läuft gleichförmig um. Das Korrespondenzprinzip schließt bei Achsensymmetrie auf eine Quantenzahl M mit der Auswahlregel $\Delta M = 0, \pm 1$ für Dipolstrahlung; die Drehimpulskomponente ist $\hbar M$. Bei Kugelsymmetrie läßt es auf eine Quantenzahl $J \geq 0$ schließen mit der Auswahlregel $\Delta J = 0, \pm 1$ für Dipolstrahlung. Beim Übergang von der Kugelsymmetrie zur Achsensymmetrie geht ein Zustand mit J in Zustände mit $M = J, J-1 \cdots -J$ über. Da am Drehimpuls der Spin beteiligt ist, sind die M- und J-Werte bei gerader Elektronenanzahl ganzzahlig, bei ungerader Elektronenanzahl halbzahlig (ungerade Vielfache von $\frac{1}{2}$).

In der (strengen) Quantentheorie gibt es *bei Achsensymmetrie die Symmetriequantenzahl M*: Ohne zufällige Entartung sind die Eigenfunktionen der SCHRÖDINGER-Gleichung zugleich Eigenfunktionen des Drehimpulsoperators P_z zu Eigenwerten $\hbar M$; bei Drehung um den Winkel α werden die Eigenfunktionen mit $e^{iM\alpha}$ multipliziert; bei Zulassung zweideutiger Eigenfunktionen (wegen des Spins) kann M die Werte $0, \pm 1, \pm 2 \ldots$ oder $\pm\frac{1}{2}, \pm\frac{3}{2} \cdots$ haben. Funktionen verschiedenen M-Wertes sind zueinander orthogonal. Ein Produkt aus einer Funktion, die sich bei Drehung gemäß M_1 transformiert, und aus einer Funktion, die sich gemäß M_2 transformiert, transformiert sich gemäß $M_1 + M_2$. Daraus folgt die *Auswahlregel für Dipolstrahlung* $\Delta M = 0, \pm 1$ (wie in Ziff. 36).

Bei Kugelsymmetrie folgt eine Symmetriequantenzahl J und ein Symmetrieindex g oder u. Ohne zufällige Entartungen sind die Eigenfunktionen der SCHRÖDINGER-Gleichung, die zu einem Eigenwert gehören, wegen der Drehsymmetrie Kombinationen von $2J+1$ Eigenfunktionen des Operators $\boldsymbol{P}^2$ zum Eigenwert $\hbar^2 J(J+1)$, von denen jede als Eigenfunktion des Operators P_z mit einem Eigenwert $\hbar M$ bei $M = J, J-1 \cdots -J$ gewählt werden kann. Mit M ist J ganzzahlig oder halbzahlig, je nachdem die Anzahl der Elektronen gerade oder ungerade ist. Die Eigenfunktionen für ganzzahlige J transformieren sich bei einer beliebigen Drehung wie die Kugelfunktionen Y_J. Wegen der Invarianz gegen Inversion haben alle Eigenfunktionen die Parität g oder u. Da die Kugelgruppe direktes Produkt aus Drehgruppe und der Gruppe aus zwei Elementen ist, die die Inversion enthält, können die Merkmale J und g, u der Symmetriecharaktere einfach zusammengehängt werden. Es gibt also die Symmetriecharaktere $0_g, 0_u, 1_g, 1_u, 2_g \ldots$ bei gerader, $(\frac{1}{2})_g, (\frac{1}{2})_u, (\frac{3}{2})_g, (\frac{3}{2})_u, (\frac{5}{2})_g \ldots$ bei ungerader Anzahl von Elektronen.

Produkte aus einem Faktor, der sich bei irgendeiner Drehung gemäß J_1 transformiert und aus einem Faktor, der sich gemäß J_2 transformiert, lassen sich additiv aufbauen aus Funktionen, die sich gemäß $J = J_1 + J_2, J_1 + J_2 - 1 \ldots |J_1 - J_2|$ transformieren (Vektorsatz der Ziff. 37). Daraus folgt die *Auswahlregel für Dipolstrahlung* $\Delta J = 0, \pm 1$, wobei $0 \to 0$ noch ausgeschlossen ist (für Quadrupolstrahlung $\Delta J = 0, \pm 1, \pm 2$). Es ist

$$\int u^* (x_1 + x_2 + \cdots) u' d\tau \neq 0, \tag{41.1}$$

wenn $\Delta J = 0, \pm 1$ ist. Die Auswahlregel für Dipolstrahlung, $g \leftrightarrow u$, die dem Integral (41.1) sofort anzusehen ist, hat zur Folge, daß man bei der Analyse eines empirischen Spektrums (der Zurückführung der Spektrallinien auf Spektralterme) meist leicht die Einteilung der Terme in g- und u-Terme vornehmen kann.

Bei anderen Symmetrien, etwa bei Atomen in einem Molekelkomplex oder in einem Kristallgitter und gerader Elektronenanzahl treten die in den Ziff. 23

und 24 gefundenen Symmetriecharaktere auf. So spaltet etwa beim Übergang von Kugelsymmetrie zu kubischer Symmetrie ein Zustand mit $J=1$ nicht auf, ein Zustand mit $J=2$ spaltet in zwei, ein Zustand mit $J=3$ in drei Zustände auf. Bei ungerader Elektronenzahl müssen die Symmetriecharaktere neu aufgesucht werden.

Bei schwachen Spinkräften gelten die Folgerungen aus der Symmetrie genähert für den Bahnanteil der Eigenfunktion. Bei Rotationssymmetrie haben wir die ganzzahlige Quantenzahl M_L (genähert $\Delta M_L = 0, \pm 1$), bei Kugelsymmetrie die ganzzahlige Quantenzahl L (genähert $\Delta L = 0, \pm 1$) mit g oder u (g↔u), also Zustände S_g, S_u, P_g, P_u, D_g .... Daß die Quantenzahl S, die durch Vektorzusammensetzung L zu J ergänzt ($J = L+S, L+S-1 \ldots |L-S|$), eine so wichtige Rolle spielt, hängt mit der Gleichheit der Teilchen zusammen.

Wenn das System in Teilsysteme zerfällt, die schwach miteinander gekoppelt sind, so kann man den Teilsystemen genähert die Quantenzahlen zuschreiben, die sie auf Grund der Symmetrie im ungekoppelten Fall hätten. Bei Kugelsymmetrie und schwachen Spinkräften gibt es also Quantenzahlen L_1 und L_2, und bei Kopplung schließen sich die Eigenfunktionen stetig an solche mit bestimmtem L an, und zwar treten je einmal $L = L_1 + L_2, L_1 + L_2 - 1 \ldots |L_1 - L_2|$ auf (Beweis in Ziff. 37). *Die möglichen L-Werte ergeben sich durch Vektorzusammensetzung.*

Wenn die einzelnen Elektronen des Atoms schwach gekoppelt sind, so können jedem Elektron Quantenzahlen n und l zugeschrieben werden, $\hbar^2 l(l+1)$ ist genähert der Wert des Drehimpulsquadrates des Elektrons. Bei schwachen Spinkräften setzen sich die einzelnen l vektoriell zu L zusammen. Wegen der Gleichheit der Elektronen wird dieses L durch S zu J vektoriell ergänzt. Bei dieser Abstufung der Kräfte: Spinkräfte klein gegen Bahnkopplung, diese klein gegen Wirkung des Zentralfeldes, können wir von einer *LS-Kopplung* sprechen, sie heißt auch RUSSELL-SAUNDERSsche Kopplung. Bei stärkeren Spinkräften kann der Einfluß dieser Kräfte größer sein als die Kopplung, besonders bei höher angeregten Elektronen, wir haben dann eine andere Kopplung (etwa Jj-Kopplung).

Eine wichtige Aufgabe ist, bei gegebenen Quantenzahlen der einzelnen Elektronen (n_i, l_i) die möglichen Quantenzahlen des Atoms anzugeben, bei LS-Kopplung also die möglichen L- und S-Werte. Die Lösung wird in Ziff. 42 angegeben.

42. Vektormodell und Abzählschema. Die Mannigfaltigkeit der Zustände eines Atoms, die zu einer gegebenen „Konfiguration", d.h. zu gegebenen Quantenzahlen n, l der einzelnen Elektronen gehören, können wir für den Fall schwacher Spinkräfte jetzt leicht angeben. Haben keine zwei der Elektronen gleiche Quantenzahlen n und l, so brauchen wir nur die Vektorzusammensetzung anzuwenden: die l zu L zusammenzufügen und L durch S $\left(\text{mit den Werten } \frac{N}{2}, \frac{N}{2}-1, \ldots\right)$ zu J zu ergänzen. Es gelten die Auswahlregeln $\Delta J = 0, \pm 1$ und genähert $\Delta L = 0, \pm 1$ und $\Delta S = 0$.

So geben drei nichtäquivalente s-Elektronen die Multipletts:

$$\text{sss:} \quad {}^2S\,{}^2S\,{}^4S;$$

zwei nichtäquivalente s-Elektronen und ein p-Elektron geben

$$\text{ssp:} \quad {}^2P\,{}^2P\,{}^4P$$

und zwei nichtäquivalente p-Elektronen und ein s-Elektron

$$\text{pps:} \quad {}^2SSPPDD \quad {}^4SPD.$$

Wenn äquivalente Elektronen auftreten, so benutzt man wieder das Abzählschema (Ziff. 33), das durch die Symmetriebetrachtungen der vorigen Ziffern begründet ist. Für drei äquivalente p-Elektronen ist es in Tabelle 19 angegeben (Zustände, die durch Vorzeichenwechsel aus den angegebenen hervorgehen, sind weggelassen). In dem Beispiel treten keine zwei Multipletts mit gleichem S und L, also gleicher Symmetrie auf. Es sei noch das Schema für d^3 in etwas gekürzter Form in Tabelle 20 angegeben. In diesem Beispiel treten zwei ^2D-Zustände auf.

Wenn an einer Konfiguration Elektronen mit verschiedenen l-Werten beteiligt sind, so ist für die äquivalenten das Abzählschema, im übrigen das Vektormodell anzuwenden. So gibt etwa s^2s den Zustand ^2S, p^2s die Multipletts $^2SPD\ ^4P$, p^3s die Multipletts $^1PD\ ^3SPD\ ^5S$, s^2p^3 gibt die gleichen Multipletts wie p^3, und p^3d^2 gibt $^2SSPPPPPP$ PDDD DDDDDFFFFFFFF GGGGGHHHJ $^4SSPPPPD$ DDDDFFFFGGGH ^6PF.

Die *Parität* ist dadurch gegeben, daß bei Inversion am Nullpunkt s-, d-, g- ⋯ Funktionen mit $+1$, p-, f- ⋯ Funktionen mit -1 multipliziert werden, die Gesamtfunktion also mit $(-1)^{\Sigma l_i}$. Die Parität ist u bei ungerader Anzahl von p-, f- ⋯ Elektronen, sonst g.

Das PAULI-Prinzip oder die FERMI-Statistik für Elektronen zeigt eine Art Symmetrie zwischen der Besetzungszahl 1 eines Zustandes (Präsenz eines Elektrons) und der Besetzungszahl 0 (Absenz eines Elektrons). Das führt zu dem Satz: *Wenn an einer abgeschlossenen Schale (z.B. s^2, p^6, d^{10}) einige Elektronen fehlen, so ergeben sich dieselben Zustände, als wenn diese Elektronen allein da wären (Lückensatz).*

Wir zeigen den Satz für vier äquivalente p-Elektronen, indem wir im Abzählschema der Tabelle 21 zu den vorhandenen Elektronen immer die an einer vollen Schale fehlenden zwei Elektronen in Klammern [ ] zufügen. Man sieht dann sofort die Äquivalenz des Abzählschemas für die vorhandenen Elektronen mit dem Schema für die fehlenden Elektronen.

Tabelle 19. *Schema für* p^3.

l	m_l	m_s	$M_L\ M_S$	$L\ S$	
1 1 1	1 1 0	$+ - +$	2 $\frac{1}{2}$	2 $\frac{1}{2}$	
	1 1 −1	$+ - +$	1 $\frac{1}{2}$		
	1 0 0	$+ + -$	1 $\frac{1}{2}$	1 $\frac{1}{2}$	
	1 0 −1	$+ + +$	0 $\frac{3}{2}$	0 $\frac{3}{2}$	
		$+ + -$	$\frac{1}{2}$		
		$+ - +$	$\frac{1}{2}$		
		$- + +$	$\frac{1}{2}$	$^2P\ ^2D\ ^4S$	

Tabelle 20. *Schema für* d^3.

l	m_l	$M_L\ M_S$	$L\ S$	
2 2 2	2 2 1	5 $\frac{1}{2}$	5 $\frac{1}{2}$	^2H
	2 2 0 2 1 1	4 $(\frac{1}{2})^2$	4 $\frac{1}{2}$	^2G
	2 2 −1 2 1 0	3 $\frac{3}{2}$ $(\frac{1}{2})^4$	3 $\frac{3}{2}$ $\frac{1}{2}$	$^4F\ ^2F$
	2 2 −2 2 1 −1 2 0 0 1 1 0	2 $\frac{3}{2}$ $(\frac{1}{2})^6$	2 $\frac{1}{2}$ $\frac{1}{2}$	$^2D\ ^2D$
	2 1 −2 2 0 −1 1 1 −1 1 0 0	1 $(\frac{3}{2})^2$ $(\frac{1}{2})^8$	1 $\frac{3}{2}$ $\frac{1}{2}$	$^4P\ ^2P$
	2 0 −2 2 −1 −1 1 1 −2 1 0 −1	0 $(\frac{3}{2})^2$ $(\frac{1}{2})^8$		

Tabelle 21. *Schema für* p^4.

l	m_l	m_s	$M_L\ M_S$	$L\ S$	
1111 [11]	1 1 0 0 [−1 −1]	$+ - + -\ [+ -]$	2 [−2] 0	2 0	
	1 1 0 −1 [0 −1]	$+ - {+ + \atop - -} [{- - \atop + +}]$	1 [−1] 1 0 0 −1	1 1	$^1S\ ^1D\ ^3P$
	1 1 −1 −1 [0 0]	$+ - + -\ [+ -]$	0 [0] 0		
	1 0 0 −1 [1 −1]	${+ \atop -} + - {+ \atop -} [{- - \atop + +}]$	0 [0] 1 0 0 −1	0 0	

Auf der Ähnlichkeit zwischen den Zuständen eines Atoms mit einem einzelnen Elektron außerhalb abgeschlossener Schalen mit den Zuständen eines Atoms, bei dem in einer Schale ein Elektron weniger sitzt als zum Abschluß nötig ist, beruht die Übereinstimmung der Term-Mannigfaltigkeit bei den Röntgenspektren mit der Term-Mannigfaltigkeit des Einelektronsystems (n, l, j-Ordnung).

Mit Abzählverfahren wie den an Beispielen erläuterten sind die Multipletts für äquivalente p- und d-Elektronen hergeleitet, die Tabelle 22 zusammenstellt.

Für äquivalente f-Elektronen wird die Zahl der Multipletts schon sehr groß; eine Tabelle steht bei CONDON und SHORTLEY.

Tabelle 22. *Multipletts für äquivalente Elektronen.*

p^2 p^4	^{1}SD $\quad$ ^{3}P
p^3	^{2}PD $\quad$ ^{4}S
d^2 d^8	^{1}SDG $\quad\quad\quad$ ^{3}PF
d^3 d^7	^{2}PDDFGH $\quad\quad\quad$ ^{4}PF
d^4 d^6	^{1}SSDDFGGJ $\quad$ ^{3}PPDFFGH $\quad$ ^{5}D
d^5	^{2}SPDDDFFGGHJ $\quad$ ^{4}PDFG $\quad$ ^{6}S

43. Berechnung der Wechselwirkungs-Aufspaltung[1]. Ohne die Wechselwirkung der Elektronen entspricht jeder Konfiguration (n_i, l_i) von Ein-Elektronen-Zuständen eine Energie. Sie spaltet auf, wenn die Kopplung der Elektronen berücksichtigt wird. Ist r eine (normierte) Näherung der Eigenfunktion, so ist

$$E = \int r^* H r \, d\tau \tag{43.1}$$

eine Näherung für die Energie, $d\tau$ ist das Element des gesamten Koordinatenraumes, Spinkoordinaten eingeschlossen.

Beim schrittweisen Aufbau immer besserer Näherungen für r gehen wir wie früher bei zwei Elektronen vor. Zunächst sei r ein Produkt aus normierten Funktionen der einzelnen Elektronen:

$$r = u(1) v(2) w(3) \ldots; \tag{43.2}$$

die Faktoren seien etwa mit einem HARTREE-Verfahren (Ziff. 19) gewonnen oder auch nur geschätzt. Im nächsten Schritt bilden wir aus diesem Produkt und den durch Permutation der Elektronen entstehenden eine Kombination richtigen Symmetriecharakters in bezug auf die Umnumerierung der Elektronen. Im allgemeinen Fall ist es am bequemsten, zu den Eigenfunktionen $u, v \ldots$ der einzelnen Elektronen den Spinanteil hinzuzunehmen ($u = a\alpha$, $v = b\beta \ldots$), dann brauchen wir bloß die antimetrische Kombination, die Determinante

$$r = \frac{1}{\sqrt{N!}} \sum_P (-1)^P u(1) v(2) w(3) \ldots \tag{43.3}$$

zu berücksichtigen; die Summe ist über alle Permutationen der Ziffern 1, 2, 3 ... erstreckt; $(-1)^P$ sei 1 für gerade, -1 für ungerade Permutationen (d.h. Permutationen, die aus einer geraden oder ungeraden Anzahl von Vertauschungen bestehen). Durch den Faktor $1/\sqrt{N!}$ ist sie normiert (die $u, v \ldots$ sind ja orthogonal und normiert). Im letzten Schritt nehmen wir dann, soweit nötig, noch andere Kombinationen vor, indem wir $u, v, w \ldots$ durch Funktionen ersetzen, die wegen der Kugelsymmetrie zum gleichen Eigenwert gehören. Wir beschränken uns aber auf Funktionen, die zu einer einzigen Konfiguration (n_i, l_i) gehören.

---
[1] J. C. SLATER: Phys. Rev. **34**, 1293 (1929).

Die beim zweiten Schritt auftretende Näherungsenergie

$$E = \frac{1}{N!} \int \left[\sum_P (-1)^P u^*(1) v^*(2) w^*(3) \ldots \right] H \left[\sum_P (-1)^P u(1) v(2) w(3) \ldots \right] d\tau$$

läßt sich durch

$$E = \int u^*(1) v^*(2) w^*(3) \ldots H \sum (-1)^P u(1) v(2) w(3) \ldots d\tau \qquad (43.4)$$

ersetzen. Darin hat H die Form

$$H = H(1) + H(2) + \cdots + W(1,2) + W(1,3) + \cdots, \qquad (43.5)$$

wo die ersten Glieder jeweils nur Variable eines Elektrons, die übrigen jeweils Variable von zwei Elektronen enthalten. Dabei kann in $H(1), H(2) \ldots$ die Wirkung der übrigen Elektronen durch ein kugelsymmetrisches Kraftfeld angenähert sein, die entsprechenden Ausdrücke sind dann bei den W-Gliedern wieder abzuziehen [so daß etwa $W(1,2)$ außer e^2/r_{12} noch Anteile $f(1)$ und $g(2)$ enthält]. Das Integral (43.4) erhält dann die Form

$$E = E^0 + \int u^* v^* w^* \ldots [W(1,2) + W(1,3) + \cdots] \sum u v w \ldots d\tau.$$

Von den vielen bei Auflösung der Klammer [ ] und der Summe $\sum$ entstehenden Integralen werden nur diejenigen nicht null, bei denen in der Permutation höchstens die zwei Ziffern vertauscht sind, von denen der Faktor W abhängt. So bleiben nur Integrale der Form

$$\int u^*(1) v^*(2) W(1,2) u(1) v(2) d\tau_1 d\tau_2 = (uv|W|uv) = J(u,v),$$
$$-\int u^*(1) v^*(2) W(1,2) v(1) u(2) d\tau_1 d\tau_2 = -(uv|W|vu) = -K(u,v)$$

übrig; in den K-Integralen ist von W auch nur das Glied e^2/r_{12} von Bedeutung. Da die Integration über den Koordinatenraum auch die Spinvariablen mit umfaßt, treten die K-Integrale nur auf, wenn u und v gleiche Spinstellung haben, und zwar immer mit dem Minuszeichen.

So ist es leicht, für die verschiedenen Möglichkeiten der Funktionen $u, v, w \ldots$, die zu einer Konfiguration (n_i, l_i) gehören, die Energie in dieser Näherung in Form einer Tabelle aufzuschreiben. Die Funktionen $u, v, w \ldots$ können wir durch die Werte von n, l, m_l, m_s (soweit nötig) bezeichnen. Im Falle äquivalenter Elektronen brauchen zur Unterscheidung nur m_l und m_s angegeben zu werden. Tabelle 23 stellt die Energien für die Konfiguration p³ auf.

Tabelle 23. *Schema für* p³.

l	m_l	m_s	M_L	M_S		
111	1 1 0	+ − +	2	$\frac{1}{2}$	$J(1,1) + 2J(1,0) - K(1,0)$	²D
	1 1 −1	+ − +	1	$\frac{1}{2}$	$J(1,1) + 2J(1,-1) - K(1,-1)$	
	1 0 0	+ + −	1	$\frac{1}{2}$	$2J(1,0) + J(0,0) - K(1,0)$	} ²D + ²P
	1 0 −1	+ + +	0	$\frac{3}{2}$	$2J(0,1) + J(1,-1) - 2K(1,0) - K(1,-1)$	⁴S
		+ + −		$\frac{1}{2}$	$\cdots - K(1,0)$	
		+ − +		$\frac{1}{2}$	$\cdots - K(1,-1)$	} ²D + ²P + ⁴S
		− + +		$\frac{1}{2}$	$\cdots - K(1,0)$	

Zwischen den Integralen J und K bestehen noch die Beziehungen, die wir schon in Ziff. 35 gefunden haben. Bei nichtäquivalenten Elektronen hängen die Integrale auch von anderen Quantenzahlen als m_l ab.

Aus den bisher betrachteten antimetrischen Kombinationen (43.3) sind jetzt neue Kombinationen zu bilden, und zwar sind solche Funktionen zu kombinieren, die zu gleichen Quantenzahlen M_L und M_S gehören. Andere brauchen nicht kombiniert zu werden, da es genügt, Energien der mit M_L und M_S bezeichneten Komponenten eines mit L und S bezeichneten Multipletts zu berechnen. Das Multiplett spaltet ja in unserer Näherung nicht auf und Eigenfunktionen verschiedener M_L und M_S kombinieren in der Störungsrechnung nicht miteinander. Im Beispiel der Tabelle 23 liefert die Energie der Kombination $M_L = 2$, $M_S = \frac{1}{2}$ bereits die Energie des Multipletts $L = 2$, $S = \frac{1}{2}$, also von ^{2}D. Linearkombinationen der beiden Kombinationen $M_L = 1$, $M_S = \frac{1}{2}$ geben Funktionen für je eine Komponente von ^{2}D und von ^{2}P. Die Summe der Eigenwerte der Säkulargleichung ist aber die Summe der Diagonalelemente der Matrix der Energie, also gleich der Summe der im zweiten Schritt errechneten Energien. Da wir die Energie von ^{2}D bereits haben, ist die Energie von ^{2}P ohne Lösung der Säkulargleichung zu bekommen. Die Kombination $M_L = 0$, $M_S = \frac{3}{2}$ gibt die Energie von ^{4}S.

Immer dann, wenn jede Multiplettart höchstens einmal vorkommt, können die Energien linear durch die Integrale J und K ausgedrückt werden. Dies ist bei Konfigurationen aus äquivalenten p-Elektronen immer der Fall (Tabelle 22); aber bei drei bis sieben äquivalenten d-Elektronen nicht. Auch bei mehr als zwei nichtäquivalenten Elektronen müssen Säkulargleichungen gelöst werden.

Nach Zurückführung der J- und K-Integrale unseres Beispiels auf die in Ziff. 35 eingeführten Integrale A und B erhalten wir endgültig die Energien

$$^2\text{P}: \quad 3A - 4B$$
$$^2\text{D}: \quad 3A - 6B$$
$$^4\text{S}: \quad 3A - 9B.$$

Für die Aufspaltung der Konfiguration kommt nur das Integral B in Betracht; es ist positiv, so daß die energetische Reihenfolge von unten nach oben ^{4}S, ^{2}D, ^{2}P lautet; das Intervallverhältnis ist $3:2$.

Im allgemeinen Falle sind die J- und K-Integrale und damit die Termwerte auf die in Ziff. 35 genannten Integrale $F_0, F_2, F_4 \ldots G_0, G_1, G_2, G_3 \ldots$ zurückführbar. Terme höherer Multiplizität liegen im Durchschnitt (keineswegs immer) tiefer als solche niedrigerer Multiplizität. Bei den erstgenannten liegen (wegen der stärkeren Antimetrie der Bahnfunktion) die Nullstellen mehr an den Stellen des Koordinatenraumes, die Zusammentreffen von Elektronen bedeuten, und da die Elektronen einander abstoßen, ist die dadurch bedingte Hebung der Energie bei diesen Termen im Durchschnitt geringer als bei den Termen niedrigerer Multiplizität.

Für die Konfigurationen aus äquivalenten Elektronen gilt anscheinend die Regel, daß der tiefste Term ein Term der höchsten vorkommenden Multiplizität ist und unter diesen der mit dem größten L. So ergeben sich für die Konfigurationen p^n, d^n, f^n die in Tabelle 24 angegebenen tiefsten Terme (Grundzustände).

Tabelle 24. *Tiefste Terme für* p^n, d^n, f^n.

p	p^5	^{2}P
p^2	p^4	^{3}P
p^3		^{4}S

d	d^9	^{2}D
d^2	d^8	^{3}F
d^3	d^7	^{4}F
d^4	d^6	^{5}D
d^5		^{6}S

f	f^{13}	^{2}F
f^2	f^{12}	^{3}H
f^3	f^{11}	^{4}J
f^4	f^{10}	^{5}J
f^5	f^9	^{6}H
f^6	f^8	^{7}F
f^7		^{8}S

Aus den qualitativen Betrachtungen über den Aufbau des periodischen Systems der Elemente (Ziff. 17) folgt nicht immer mit Sicherheit, welche Konfiguration die tiefste Energie hat. In der zweiten und dritten Periode ist es sicher die Konfiguration $s^2\,p^n$, und die Grundterme sind die in Tabelle 24 angegebenen. Bei den Elementen Sc bis Cu und den homologen ist die Bindung des d- und s-Elektrons ungefähr gleich stark und bei den seltenen Erden die Bindung des f-, d- und s-Elektrons. Aber bei den zwei- und mehrfach ionisierten Elementen Sc^{++}, Ti^{++}, Ti^{+++} ... und den homologen können wir sicher sein, daß außerhalb von abgeschlossenen Schalen nur d-Elektronen vorkommen; ebenso brauchen wir bei den drei- und mehrfach ionisierten Ionen der seltenen Erden nur mit f-Elektronen zu rechnen; so ergeben sich auch dort die in Tabelle 24 angegebenen Grundzustände. Die Grundzustände der Ionen der seltenen Erden konnten gleich nach Aufstellung des Abzählschemas durch Vergleich mit dem magnetischen Verhalten bestätigt werden[1].

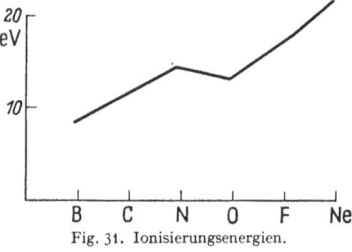
Fig. 31. Ionisierungsenergien.

44. Beispiele. Eine wichtige Folgerung aus dem Vektormodell und dem Abzählschema war, daß die Termmannigfaltigkeit, die zu einer Konfiguration aus äquivalenten Elektronen (wie p^n, d^n, f^n) gehörte, mit zunehmender Elektronenzahl erst zunahm und dann wieder abnahm; dadurch entstand eine Auszeichnung der halbbesetzten Elektronenschale. Die zugehörigen tiefsten Terme der Konfiguration waren $p^3\,{}^4S$, $d^5\,{}^6S$, $f^7\,{}^8S$.

Mit diesem Sachverhalt hängen qualitative grobe Eigenschaften der Atome zusammen.

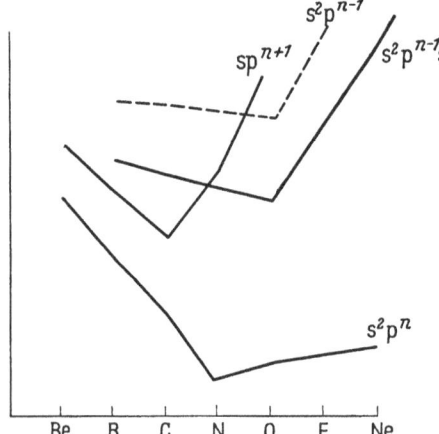
Fig. 32. Wichtige Termwerte der Reihe Be, B ... Ne.

In der Reihe der Atome B, C, N, O, F, Ne und entsprechend in der homologen Reihe Al ... A (auch C^+, N^+ ... Na^+; Si^+, P^+ ... K^+ usw.) zeigt die Ionisierungsenergie den in Fig. 31 angegebenen charakteristischen Verlauf. Die allgemeine Zunahme mit Z ist mit der Verstärkung der Bindung erklärt. Die Knicke bei N und O rühren davon her, daß die Ionisierungsenergie die Termdifferenz $2s^2\,2p^n - 2s^2\,2p^{n-1}$ darstellt. Der Minuend hat ein Maximum bei $n=3$ (N), der Subtrahend bei $n=4$ (O^+). Fig. 32 gibt für die Reihe Be, B ... Ne die relativen Termwerte der jeweils tiefsten Terme der Konfigurationen $2s^2\,2p^n$ (Grundterm), $2s^2\,2p^{n-1}\,3s$ (Hauptanregung), $2s\,2p^{n+1}$ und $2s^2\,2p^{n-1}$ (Ionisierung) an; die absolute Höhe des Ordinatenwertes ist willkürlich gewählt. Man sieht die starke Auszeichnung von p^3.

In der Reihe Sc, Ti ... Cu und den homologen zeigt sich entsprechende Auszeichnung der Konfigurationen d^5, $s d^5$, $s^2 d^5$. Daß neben den Grundtermen $s^2 d$, $s^2 d^2$, $s^2 d^3$ bei Sc, Ti, V der (abweichende) Grundterm $s d^5$ bei Cr auftritt, hängt damit zusammen.

In Fig. 33 (linke Seite) sei noch ein Schema der wichtigsten Terme eines ganzen Spektrums mit LS-Kopplung gegeben. Die Atome mit ein, zwei, drei äußeren Elektronen zeigen (außer Sc, Y, La) noch verhältnismäßig einfache Spektren[2].

---
[1] F. HUND: Z. Physik **33**, 855 (1925).
[2] Vgl. W. GROTRIAN: Graphische Darstellung der Spektren von Atomen und Ionen mit ein, zwei und drei Valenzelektronen, 2 Bde. Berlin 1928.

Ziff. 45. Multiplettaufspaltung. 97

Die Kompliziertheit fängt mit C, Si, Ge ... gerade an, die leichten unter diesen zeigen LS-Kopplung. Wir wählen darum Si aus.

Eine allgemeine Verabredung über die Anordnung in einem solchen Termschema gibt es wohl nicht. Früher hat man oft die Termserien in der Reihenfolge der S- und L-Werte angeordnet. In Fig. 33 sind Termserien gleicher Konfigurationen nebeneinander gestellt, also $3s^2 3p\,ns$, $3s^2 3p\,np$, $3s^2 3p\,nd$ und $3s\,3p^3$.

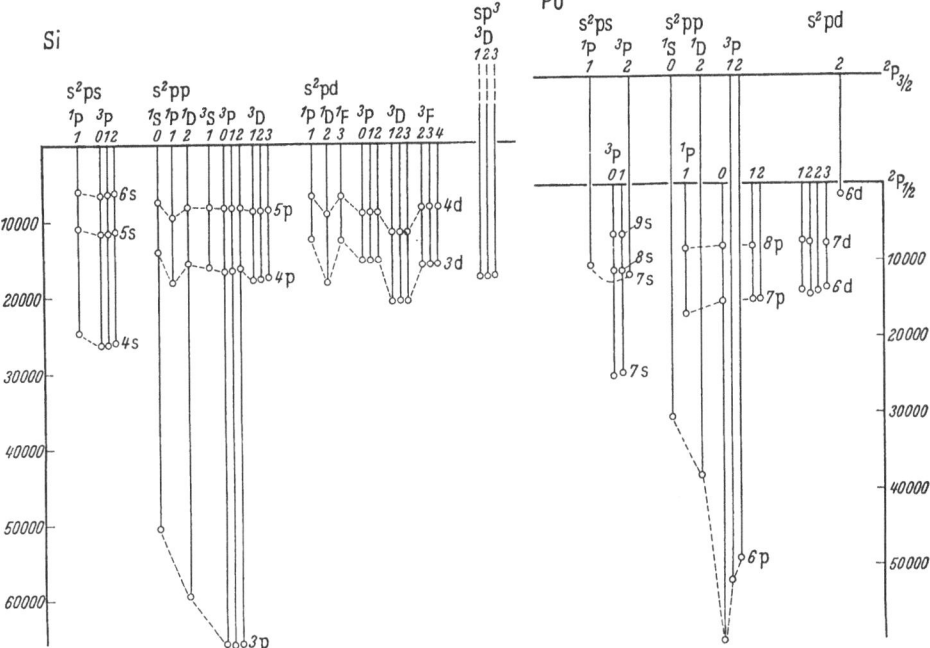

Fig. 33. Termschemata von Si und Pb.

45. Multiplettaufspaltung. Wir haben bisher die Spinkräfte vernachlässigt; die Existenz des Spins war aber wichtig für die Erfüllung des PAULI-Prinzips oder die Antimetrisierung der Eigenfunktion. Ein Zustand des Elektronensystems eines (freien) Atoms hatte in dieser Näherung eine Symmetriequantenzahl L und einen Symmetriecharakter der Bahneigenfunktion in bezug auf die Permutation der Elektronen, der mit $S\left(\dfrac{N}{2},\ \dfrac{N}{2}-1,\ldots\right)$ bezeichnet werden konnte. L bestimmt den Drehimpuls der Bahnen, S den Drehimpuls des Spins. Nach Einführung von Spinkräften besteht nur noch Invarianz gegen Drehung des aus Bahnen und Spins bestehenden Systems; es gibt eine Symmetriequantenzahl J. Wenn die Spinkräfte jedoch klein sind, bleiben die früheren Invarianzen noch genähert bestehen, d. h. L und S sind genähert Symmetriequantenzahlen in der bisherigen Bedeutung, und wegen der Beziehungen zum Drehimpuls kann der Vektor $\mathbf{J}$ als aus dem Vektor $\mathbf{S}$ und $\mathbf{L}$ zusammengesetzt angesehen werden. *Ein Multiplett (S, L) spaltet* also infolge der Spinkräfte *in die Zustände* $J = S+L, S+L-1 \ldots |S-L|$ *auf*.

Die Spinkräfte rühren vom magnetischen Moment $e\hbar/2\mu c$ der Elektronen her; sie treten auf durch Wechselwirkung dieser Momente mit den magnetischen Feldern der umlaufenden Elektronen und mit den Momenten der übrigen Elektronen. Die letztgenannte Wirkung, die „Spin-Spin-Wechselwirkung", ist äußerst

Handbuch der Physik, Bd. XXXVI. 7

klein und in den Spektren nur beim He-Atom festzustellen; wir beschränken uns daher auf die „*Spin-Bahn-Wechselwirkung*".

Für ein Elektron im Zentralfeld kann diese Spin-Bahn-Wechselwirkung durch den Ansatz
$$H^1 = \xi(r)\, \mathbf{l}\, \mathbf{s}$$
in der HAMILTON-Funktion oder im Energieoperator gefaßt werden; für das ganze Atom können wir
$$H^1 = \sum_i \xi(r_i)\, \mathbf{l}_i\, \mathbf{s}_i \qquad (45.1)$$
schreiben.

In der korrespondenzmäßigen Behandlung kann diese Energie für ein spezielles Multiplett (L, S) nur noch von der gegenseitigen Stellung der Vektoren $\mathbf{L}$ und $\mathbf{S}$ abhängen, wegen der linearen Abhängigkeit (45.1) sogar nur von der Invarianten $\mathbf{L}\,\mathbf{S}$:
$$E = \xi_{LS}\, \mathbf{L}\, \mathbf{S}, \qquad (45.2)$$
wofür wir wegen $\mathbf{J} = \mathbf{L} + \mathbf{S}$ auch
$$E = \tfrac{1}{2}\xi_{LS}(\mathbf{J}^2 - \mathbf{L}^2 - \mathbf{S}^2) = C_1 + C_2 \mathbf{J}^2$$
schreiben können. Man erhält Übereinstimmung mit der Erfahrung, wenn man dafür
$$E = C_1 + C_2 J(J+1) \qquad (45.3)$$
schreibt. Die Abstände benachbarter Energien werden dann
$$E_J - E_{J-1} \sim J. \qquad (45.4)$$

Diese LANDÉsche *Intervallregel*[1] ist ein wichtiges Hilfsmittel, die Natur eines empirischen Termmultipletts festzustellen. Hat man etwa drei Komponenten und das Abstandsverhältnis 2:1, so schließt man auf $J = 2, 1, 0$, also auf ein ³P-Multiplett; drei Komponenten mit dem Abstandsverhältnis 3:2 gibt $J = 3, 2, 1$, was ³D und ⁵P entsprechen kann.

Bei der strengen quantentheoretischen Rechnung ist zu prüfen, wieweit die quantentheoretische Unbestimmtheit, ausgedrückt in den Vertauschungsregeln, eine Abänderung bewirkt. $\mathbf{l}_i\, \mathbf{s}_i$ bleibt eine Drehinvariante ($\mathbf{l}_i\, \mathbf{s}_i$ ist mit jeder Komponente von $\mathbf{j}_i = \mathbf{l}_i + \mathbf{s}_i$ vertauschbar, wie man mit Hilfe der Vertauschungsregeln für Drehimpulskomponenten nachrechnet). Der Satz $(\mathbf{L}+\mathbf{S})^2 = \mathbf{L}^2 + \mathbf{S}^2 + 2\mathbf{L}\mathbf{S}$ bleibt (wegen $\mathbf{S}\mathbf{L} = \mathbf{L}\mathbf{S}$) ebenfalls bestehen. Eine sorgfältige Untersuchung der Diagonalelemente
$$\int u^* H^1 u \, d\tau$$
für gegebene L, S, J zeigt, daß sie die Form (45.2) haben.

Für die Größe der Spin-Bahn-Wechselwirkung ist, wie wir schon bei den Alkalien (Ziff. 28) gesehen haben, wesentlich die Kernladung wichtig. *Mit steigender Atomnummer werden die Multiplettaufspaltungen größer und die Näherung der LS-Kopplung immer schlechter.*

Bei einem einzigen Elektron liegt der Zustand $j = l - \tfrac{1}{2}$ energetisch tiefer als $j = l + \tfrac{1}{2}$, d.h. in
$$E = \xi\, \mathbf{l}\, \mathbf{s}$$
ist $\xi > 0$. Bei wenig Elektronen außerhalb abgeschlossener Schalen zeigt die Erfahrung ebenfalls ein positives ξ in Gl. (45.2); die Energie steigt innerhalb des

---
[1] A. LANDÉ: Z. Physik **15**, 189 (1923).

Multipletts mit J; man spricht von „normalen Multipletts". Wenn wenig Elektronen an einer abgeschlossenen Schale fehlen, ist $\xi < 0$, da ja durch Zufügung weniger Elektronen das Multiplett zu einem einzigen Term ^{1}S ergänzt werden kann; man spricht von „verkehrten Multipletts", die Energie fällt innerhalb der Multipletts mit steigendem J. Für die Grundzustände in der Reihe p, p^2, p^3, p^4, p^5, p^6 ergibt sich so: $^2P_{\frac{1}{2}}$ $^3P_0$ $^4S_{\frac{3}{2}}$ $^3P_2$ $^2P_{\frac{3}{2}}$ $^1S_0$. Bei p^3 ist die Multiplettaufspaltung der Zustände ^2D und ^2P sehr klein.

46. ZEEMAN-Effekt. Dafür, wie ein Atomzustand in einem äußeren Magnetfeld aufspaltet, ist es wichtig, daß das Verhältnis des magnetischen Moments zum Drehimpuls beim Spin doppelt so groß ist wie bei der Bahn. Die magnetische Energie in einem homogenen Magnetfelde in der z-Richtung von der Stärke B wird so:

$$H^1 = \frac{e\hbar B}{2\mu c} \sum_i (m_{l_i} + 2 m_{s_i})$$
$$= \frac{e\hbar B}{2\mu c} \sum_i (m_i + m_{s_i}) = \frac{e\hbar B}{2\mu c} (M + M_S),$$

wo $m_{l_i}, m_{s_i}, m_i, M, M_S$ jetzt Komponenten in der z-Richtung, in der quantentheoretischen Beschreibung also Operatoren, nicht notwendig Quantenzahlen, sein sollen.

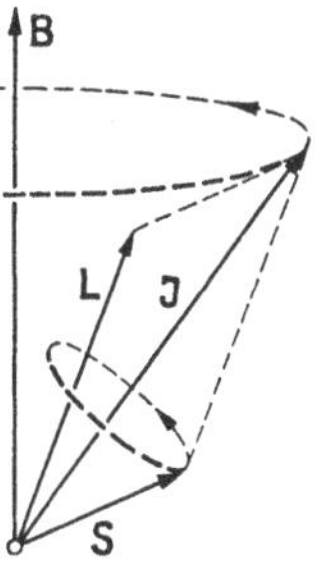

Fig. 34. Vektormodell für den ZEEMAN-Effekt.

Wenn bei LS-Kopplung das äußere Magnetfeld sehr stark ist, so daß die Multiplettaufspaltung gegenüber der Wirkung des äußeren Magnetfeldes vernachlässigt werden kann, so ist außer M auch M_S eine gute Quantenzahl, und die magnetische Energie kann in der Form

$$E = \frac{e\hbar B}{2\mu c} (M + M_S) \tag{46.1}$$

durch Quantenzahlen $M(J, J-1 \cdots -J)$ und $M_S(S, S-1 \cdots -S)$ ausgedrückt werden. Bahn und Spin bewegen sich (genähert) unabhängig im Magnetfeld; das elektrische Dipolmoment hängt nur von der Bahnbewegung ab, so folgt für Dipolstrahlung die Auswahlregel $\Delta M_S = 0, \Delta M = 0, \pm 1$. Im Grenzfall starken äußeren Magnetfeldes haben wir also normalen ZEEMAN-Effekt.

Wenn bei LS-Kopplung das äußere Magnetfeld sehr schwach ist, so daß die ZEEMAN-Effekt-Aufspaltung klein gegen die Multiplettaufspaltung ist, so sind l, S, J, M gute Quantenzahlen, aber nicht M_S. Die Störungsrechnung liefert die magnetische Energie

$$E = \frac{e\hbar B}{2\mu c} (M + \overline{M_S}),$$

wo $\overline{M_S}$ der Mittelwert von M_S ist, in quantentheoretischer Beschreibung das Diagonalelement der Matrix M_S zu einem mit L, S, J, M bezeichneten Zustand. Die korrespondenzmäßige Beschreibung beachtet, daß unter den gegebenen Verhältnissen zunächst die Vektoren $\boldsymbol{L}$ und $\boldsymbol{S}$ um die Richtung von $\boldsymbol{J}$ rotieren, so daß $\boldsymbol{L}, \boldsymbol{S}, \boldsymbol{J}$ ein festes Dreieck bilden, und daß dann noch $\boldsymbol{J}$ langsam um die Achse des Magnetfeldes präzessiert (Fig. 34). Der Mittelwert von $\boldsymbol{S}$ bei der Rotation um $\boldsymbol{J}$ ist ein Vektor in der $\boldsymbol{J}$-Richtung vom Betrage $S \cos(\boldsymbol{S}, \boldsymbol{J}) = \boldsymbol{SJ}/J$; der Mittelwert von $S_z = M_S$ wird danach

$$\overline{M_S} = \frac{M\boldsymbol{SJ}}{\boldsymbol{J}^2} = \frac{M(\boldsymbol{J}^2 + \boldsymbol{S}^2 - \boldsymbol{L}^2)}{2\boldsymbol{J}^2}$$

und die magnetische Energie

$$E = \frac{e\hbar B}{2\mu c} M g \qquad (46.2)$$

mit dem „g-Faktor"

$$g = 1 + \frac{\boldsymbol{J}^2 + \boldsymbol{S}^2 - \boldsymbol{L}^2}{2\boldsymbol{J}^2}.$$

Man erhält Übereinstimmung mit der Erfahrung, wenn man $\boldsymbol{J}^2$ durch $J(J+1)$ und $\boldsymbol{S}^2$ und $\boldsymbol{L}^2$ entsprechend ersetzt:

$$g = 1 + \frac{J(J+1) + S(S+1) - L(L+1)}{2J(J+1)}. \qquad (46.3)$$

Einen äquivalenten Ausdruck hat A. LANDÉ angegeben[1].

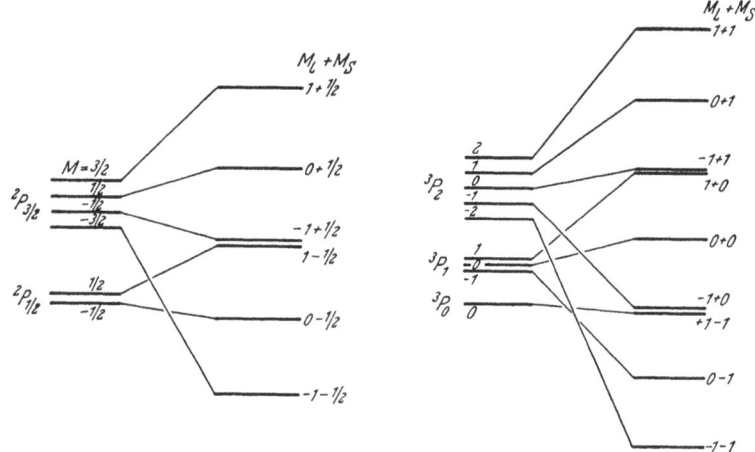

Fig. 35. Zuordnung der Terme in schwachen und starken Magnetfeldern.

Die streng quantentheoretische Beschreibung kann die Beziehung

$$S_z(J_x^2 + J_y^2 + J_z^2) = J_z(J_x S_x + J_y S_y + J_z S_z)$$

wenigstens für die Diagonalglieder (für feste L, S, J, M) rechtfertigen und führt so zur LANDÉschen g-Formel (46.3).

Für $S = 0$ gibt die Formel natürlich $g = 1$ (normaler ZEEMAN-Effekt), für $S = \frac{1}{2}$ (Dublett-Terme) ist

$$g = \frac{J + \frac{1}{2}}{L + \frac{1}{2}}.$$

Für Magnetfelder, die zwischen den behandelten Grenzfällen liegen, ist die Rechnung kompliziert. Häufig ist aber schon eine einfache Interpolation aufschlußreich. Dabei ist auf dem gesamten Interpolationswege M eine gute Quantenzahl, Überschneidungen von Termen mit gleichem M treten also nicht auf. Beispiele einer ^{2}P- und einer ^{3}P-Gruppe gibt Fig. 35.

47. Andere Kopplungen. Wir haben bisher das Mehrelektronen-System im Grenzfall der LS-Kopplung betrachtet. Der Energiewert eines Atomzustandes war im groben durch die „Konfiguration", d.h. die Quantenzahlen n_i, l_i der einzelnen Elektronen bestimmt. Als „Störung" wirkte die Wechselwirkung der Elektronen (soweit sie nicht durch ein statisches Feld erfaßt werden konnte) und

---

[1] A. LANDÉ: Z. Physik **15**, 189 (1923).

als noch schwächere Störung die Spin-Bahn-Wechselwirkung. Die Eigenfunktionen wurden als Kombinationen von Produkten aus Einelektronen-Funktionen jeweils einer einzigen Konfiguration angenähert.

Diese Näherung wird in vielen Fällen zu verbessern oder durch eine andere zu ersetzen sein. Wenn mehrere Konfigurationen nahe beieinander liegende Energien (nullter Näherung) haben, so wird man die bisherige Näherung durch einen weiteren Schritt, die *Berücksichtigung der „Konfigurationswechselwirkung"*, ergänzen, indem man Linearkombinationen von Produkten aus Einelektronen-Funktionen mehrerer Konfigurationen zuläßt. Bei diesem Schritt treten Elemente der Säkularmatrix neu auf, die zu gleichen Werten von S und L und zu verschiedenen Konfigurationen gehören. Ihre Wirkung wird ein Auseinanderdrücken der Energien von Zuständen der gleichen Werte von S und L sein.

In vielen Fällen kann die Spin-Bahn-Wechselwirkung nicht mehr als klein angesehen werden. So wird die LS-Kopplung schlechter, wenn mit zunehmender Atomnummer die Wechselwirkung von Spin und Bahn immer größer wird und wenn mit zunehmender Anregung eines Elektrons, also nach den höheren Gliedern einer Termserie hin, die Kopplung dieses Elektrons an den Atomrest immer schwächer wird. Abweichungen von der LS-Kopplung sind empirisch erkennbar an mäßiger Gültigkeit der LANDÉschen Intervallregel und an Abweichungen der g-Werte des ZEEMAN-Effekts von den theoretischen Werten.

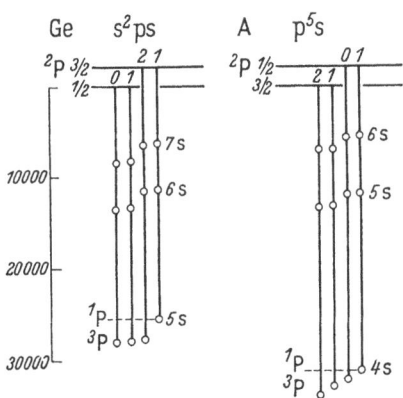

Fig. 36. s^2ps-Serie des Ge und p^5s-Serie des A.

Im allgemeinen liegt ein unübersichtlicher Kopplungsfall vor. Es gibt aber einfache Grenzfälle, und durch Interpolation zwischen einfachen Grenzfällen kann man viele Erscheinungen qualitativ verstehen. Auch eine Näherungsrechnung hat sich im allgemeinen an eine solche Interpolation anzuschließen.

Es kommt vor, daß innerhalb einer Serie von Konfigurationen die tiefste Termgruppe (die mit niedrigster Hauptquantenzahl) noch LS-Kopplung zeigt, also in normale Multipletts zerfällt. Bei den höchsten Termgruppen ist der Zustand des Atomrestes maßgebend, sie können als Zufügung eines (s- oder p- oder d-...) Elektrons an ein Multiplett (L', S') des Ions beschrieben werden. Als Beispiel wählen wir die s^2ps-Serie des Ge (Fig. 36). Die tiefste Termgruppe wird von einem ^1P und einem ^3P gebildet ($J=1$ und $J=0, 1, 2$). Die Seriengrenzen sind durch die tiefen Terme $^2P_{\frac{1}{2}}$ und $^2P_{\frac{3}{2}}$ des Ions gegeben. Zufügung eines p-Elektrons mit $j=\frac{1}{2}, \frac{3}{2}$ an ein Ion mit $J'=\frac{1}{2}$ gibt nach dem Vektormodell Zustände mit $J=0,1$; Zufügung zu $J'=\frac{3}{2}$ gibt $J=1,2$. So kommt es für die höheren Hauptquantenzahlen jeweils zu zwei höheren beieinanderliegenden Zuständen $J=1, 2$ und zu zwei niedrigeren $J=0, 1$. Im zweiten Beispiel, der p^5s-Serie des A sehen wir ähnliches (Fig. 36). Die Unterschiede rühren davon her, daß die Tripletts und Dubletts hier „verkehrte" sind (Schluß von Ziff. 45).

Welche Multiplettkomponenten (J) zu bestimmten Seriengrenzen (J', Komponenten eines Multipletts des Ions) gehören, hängt von Besonderheiten des Einzelfalles ab. Man kann die Zunahme der Hauptquantenzahl durch die stetige Änderung eines Parameters ersetzen, der die Kopplung des Elektrons an den Rest bestimmt. Bei dieser Änderung bleiben die J-Werte erhalten (J ist gute Quantenzahl), die Terme verschieben sich so, daß Terme mit gleichem J sich nicht überschneiden (Ziff. 25). Fig. 37 erläutert dies für eine bestimmte Reihenfolge (der empirischen bei Si) der zu pp gehörigen Multipletts ¹S¹P¹D³S³P³D ($J' = \frac{3}{2}$ und $j = \frac{1}{2}, \frac{3}{2}$ gibt $J = 0, 1, 1, 2, 2, 3$; $J' = \frac{1}{2}$ und $j = \frac{1}{2}, \frac{3}{2}$ gibt $J = 0, 1, 1, 2$).

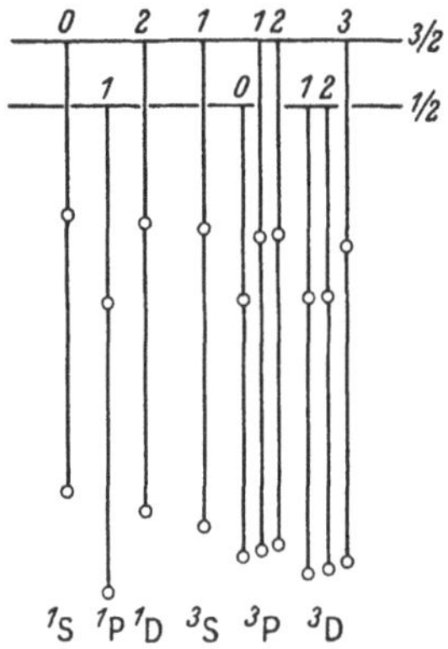

Um allgemeine Fälle übersehen zu können, empfiehlt es sich, neben der LS-Kopplung, in der eine HAMILTON-Funktion

$$H = H^{(0)} + \sum_{i>k} \frac{e^2}{r_{ik}}$$

zugrunde gelegt und dann noch eine schwache Spinbahn-Kopplung ξLS zugefügt wird (wo ξ außer von der Konfiguration auch von L und S abhängt), auch den Grenzfall der „jj-Kopplung" zu betrachten. Bei dieser sieht man die Wechselwirkung der Elektronen als schwach an, schreibt also unter Berücksichtigung der Spin-Bahn-Wechselwirkung

$$H = H^{0)} + \sum_j \xi_j \, \mathbf{l}_j \, \mathbf{s}_j$$

Fig. 37. Zuordnung von Multiplettkomponenten zu Seriengrenzen.

und fügt dann noch eine schwache Wechselwirkung $\sum e^2/r_{ik}$ hinzu. Jedes Elektron wird also durch Quantenzahlen l_i und j_i bezeichnet, und die j_i fügen sich nach dem Vektormodell zu J zusammen. Wenn die j-Werte verschieden sind oder wenn bei gleichen j-Werten die Elektronen sich durch andere Quantenzahlen unterscheiden, kommt man bei der Aufstellung der Termmannigfaltigkeit mit dem Vektormodell aus (z. B. $J = j_1 + j_2, j_1 + j_2 - 1, j_1 + j_2 - 2 \ldots |j_1 - j_2|$). Bei äquivalenten Elektronen und gleichen j muß man ein Abzählschema anwenden, das eine Erweiterung des in den Ziff. 33 und 42 beschriebenen ist und für den Fall $(\frac{3}{2})^2$ in Tabelle 25 angegeben ist. Entsprechend findet man für äquivalente Elektronen mit $j = \frac{5}{2}$ die J-Werte der Tabelle 26.

Ein Beispiel einer jj-Kopplung bieten die beiden höheren Glieder der in Fig. 36 dargestellten Ge-Serie; bei der A-Serie können wir von einer $J'j$-Kopplung sprechen.

In Fig. 33 ist zum Vergleich neben das Termschema des Si, das weitgehend gute LS-Kopplung zeigt, das Termschema des Pb gezeichnet, in dem höchstens bei den tiefsten Termen noch Andeutungen der LS-Kopplung zu sehen sind; aber auch bei diesen ist in der Hebung von ¹S, ¹D, ³P₁, ³P₂ (verglichen mit den Intervallregeln) die Zugehörigkeit zum Atomrest ³P$_{\frac{3}{2}}$ schon zu sehen.

Tabelle 25.
Abzählschema für $(\frac{3}{2})^2$.

j	m	M	J
$\frac{3}{2}\ \frac{3}{2}$	$\frac{3}{2}\ \frac{1}{2}$	2	2
	$-\frac{1}{2}$	1	
	$-\frac{3}{2}$	0	
	$\frac{1}{2}\ -\frac{1}{2}$	0	0

Tabelle 26. *Äquivalente Elektronen mit $j = \frac{5}{2}$.*

j	J
$\frac{5}{2}\ (\frac{5}{2})^5$	$\frac{5}{2}$
$(\frac{5}{2})^2\ (\frac{5}{2})^4$	0 2 4
$(\frac{5}{2})^3$	$\frac{3}{2}\ \frac{5}{2}\ \frac{9}{2}$

Wenn man im Rahmen einer Störungsrechnung den Einfluß einer schwachen Wechselwirkung $\sum e^2/r_{ik}$ neben einer reinen jj-Kopplung erfaßt, so läßt sich dieser durch die in den Ziff. 35 und 43 erwähnten Integrale F_k, G_k ausdrücken. Eine „intermediäre Kopplung" zwischen der LS- und der jj-Kopplung läßt sich von beiden Seiten her annähern. Auf jedem Wege treten durch Zufügung der neuen Glieder in der HAMILTON-Funktion (hier Spinbahn-Wirkung, dort statische Wechselwirkung) neue Elemente der Säkularmatrix auf zwischen Zuständen, die gleiche Quantenzahlen J haben.

48. Elektrische und magnetische Eigenschaften der Atome. Das elektrische *Dipolmoment* eines Atoms

$$-e \int u^* X u \, d\tau, \quad X = x_1 + x_2 + \cdots$$

wird null, wenn u einem durch J (oder ohne Spin S und L) bezeichneten Symmetriecharakter angehört. Ein von null verschiedener Dipol kann nur auftreten, wenn noch andere Entartungen vorliegen als die, die durch die Kugelsymmetrie gefordert werden. So können die Zustände $n = 2, 3 \ldots$ eines einzigen Elektrons im COULOMB-Feld (bei H, He$^+$, Li^{++}) infolge der l-Entartung (wie die Ellipsenbahnen der klassischen Theorie) einen von null verschiedenen Dipol haben. Ein langsam veränderlicher Dipol kann auftreten, wenn eine genäherte l-Entartung besteht, also bei hoch angeregten Atomzuständen, die durch eine Hauptquantenzahl n und eine nicht scharf definierte Nebenquantenzahl l des angeregten Elektrons beschrieben werden. Solche Zustände verhalten sich im elektrischen Feld wesentlich anders als der normale Fall und geben „linearen" STARK-Effekt und wesentlich größere STARK-Effektaufspaltungen.

Die *Polarisierbarkeit* α eines Atoms gibt den Dipol an, der durch ein äußeres homogenes elektrisches Feld im Atom induziert wird (Dipol $\alpha \boldsymbol{E}$ im Feld $\boldsymbol{E}$). Einen praktisch brauchbaren Näherungsausdruck für α können wir leicht berechnen. Wird ein Atom im Zustand $u_0(\boldsymbol{r}_1, \boldsymbol{r}_2, \ldots)$ in ein äußeres Feld $\boldsymbol{E}$ der x-Richtung gebracht, so wird die Zustandsfunktion verändert. Drücken wir sie in der Form

$$u = \sum_n a_n u_n$$

durch die Eigenfunktionen u_n des feldfreien Falles aus, so wird entsprechend dem Zusatz $e\boldsymbol{E}X (X = x_1 + x_2 + \cdots)$ in der potentiellen Energie nach (10.8):

$$u = u_0 - e\boldsymbol{E} \sum_n \frac{u_n X_{n0}}{E_n - E_0}, \quad X_{n0} = \int u_n^* X u_0 d\tau,$$

wo E_n die zu u_n gehörige Energie ist. Der Mittelwert des elektrischen Moments wird

$$-e \int u^* X u \, d\tau = -e \int u_0^* X u_0 \, d\tau + 2e^2 \boldsymbol{E} \sum_n \frac{|X_{n0}|^2}{E_n - E_0} + \cdots,$$

es wird also

$$\alpha = 2e^2 \sum_n \frac{|X_{n0}|^2}{E_n - E_0} \tag{48.1}$$

In vielen Fällen liegt die erste Anregungsstufe des Atoms schon recht hoch; dann sind die einzelnen $E_n - E_0$ nicht sehr verschieden, und wir können sie gleich E (etwa der Ionisierungsarbeit) setzen. Wir erhalten so

$$\alpha = \frac{2e^2}{E} \int u_0^* X \left[\sum u_n \int u_0^* X u_n \, d\tau \right] d\tau = \frac{2e^2}{E} \int u_0^* X^2 u_0 \, d\tau$$

($\sum u_n \int u_0^* X u_n \, d\tau = X u_0$ als Entwicklung nach u_n). Die Polarisierbarkeit α ist also durch die Eigenfunktion u_0 des Grundzustandes ausgedrückt. Bei hinreichender Symmetrie von u_0 kann

$$\alpha = \frac{2e^2 N}{E} \overline{x^2} \tag{48.2}$$

geschrieben werden, wo N die Zahl der Elektronen im Atom und $\overline{x^2}$ der Mittelwert von x^2 ist.

Wir gehen nun zu den *magnetischen Eigenschaften* über.

Atomzustände ohne resultierenden Drehimpuls, also solche mit $J = 0$, geben keinen Beitrag zum Paramagnetismus. Zur diamagnetischen Suszeptibilität gibt das einzelne Atom den Beitrag[1]

$$\chi = -\frac{e^2 N}{2mc^2} \overline{x^2}. \tag{48.3}$$

---

[1] J. H. VAN VLECK: Phys. Rev. **31**, 581 (1928).

Atome mit Drehimpuls sind paramagnetisch. Dabei sind zwei Grenzfälle leicht zu behandeln. Wenn kT klein gegen den Abstand des zweiten Terms vom Grundterm ist, ist der Paramagnetismus eine Eigenschaft des Grundterms und hängt vom J-Wert und vom LANDÉschen g-Faktor ab. Auf das einzelne Atom kommt

$$\chi = \frac{1}{3kT}\left(\frac{e\hbar}{2mc}\right)^2 g^2 J(J+1). \tag{48.4}$$

Wenn der Grundterm einem Multiplett (S, L) angehört, dessen Aufspaltung klein gegen kT ist und der Abstand zu höheren Termen groß gegen kT ist, so ist der Paramagnetismus eine Eigenschaft des Multipletts. Auf das einzelne Atom kommt[1]

$$\chi = \frac{1}{3kT}\left(\frac{e\hbar}{2mc}\right)^2 [4S(S+1) + L(L+1)]. \tag{48.5}$$

Typische Beispiele für den ersten Fall paramagnetischer Atome sind die Ionen der seltenen Erden[1]. Übergänge zwischen beiden Grenzfällen sind die Ionen der Elemente Sc bis Cu.

49. Atome in äußeren Feldern. Wenn ein Atom in ein äußeres Feld (elektrisches oder magnetisches Feld) gebracht wird, z.B. auch in den Verband eines Kristalls, so verringert sich die Symmetrie. Im allgemeinen werden dann die Energiezustände des freien Atoms aufspalten. Durch Betrachtung der Symmetriecharaktere kann man über diese Aufspaltungen etwas aussagen.

Die Kugelsymmetrie des Kraftfeldes in der Elektronenhülle eines freien Atoms führt zu Symmetriecharakteren, die in bezug auf das Verhalten bei Drehungen durch die Zahl J (Ziff. 37), ohne Spin durch die Zahl L, in bezug auf das Verhalten bei Inversion durch einen Index g oder u (Ziff. 34) bezeichnet werden. Neu gegenüber dem Falle nur eines Elektrons ohne Spin ist das Auftreten auch halbzahliger J und bei ganzzahligen J (oder L) das Auftreten der Symmetriecharaktere 0_u, 1_g, 2_u ... (S_u, P_g, D_u ...), während bei einem Teilchen nur $s = S_g$, $p = P_u$, $d = D_g$ ... vorkommt.

Wird die Kugelsymmetrie durch ein äußeres Magnetfeld zur *Achsensymmetrie* (Invarianz gegen Drehung $\varphi \to \varphi + \alpha$) erniedrigt, so treten die mit M (ohne Spin M_L) bezeichneten Symmetriecharaktere auf. Ein Zustand mit $J(L)$ spaltet dabei in Zustände mit $M = J, J-1, J-2 \cdots -J$ ($M_L = L, L-1 \cdots -L$) auf. Wird die Kugelsymmetrie durch ein äußeres elektrisches Feld zur Achsensymmetrie (Invarianz gegen Drehung $\varphi \to \varphi + \alpha$ und Spiegelung $\varphi \to -\varphi$) erniedrigt, so entstehen Symmetriecharaktere Ω (ohne Spin Λ). Ein Zustand mit $J(L)$ spaltet in Zustände mit $\Omega = J, J-1 \ldots$ ($\Lambda = L, L-1 \ldots 0$) auf. Für $\Omega = 0$ ($\Lambda = 0$) gibt es aber zwei Charaktere, die wir 0_+ und 0_- (Σ_+ und Σ_-) nennen wollen. Bei Drehung ($\varphi \to \varphi + \alpha$) ändern sich die Funktionen nicht; bei Spiegelung ($\varphi \to -\varphi$) werden die Funktionen von 0_+ oder Σ_+ mit $+1$, die von 0_- oder Σ_- mit -1 multipliziert. Bei einem Teilchen kommt nur $\sigma = \Sigma_+$ vor. Daß bei zwei Teilchen Σ_- vorkommt, sieht man, wenn man im achsensymmetrischen Feld zwei nicht gekoppelte π-Elektronen betrachtet. Ihnen entsprechen Eigenfunktionen, deren wesentlicher Teil durch

$$\genfrac{}{}{0pt}{}{\cos}{\sin}\varphi_1 \cdot \genfrac{}{}{0pt}{}{\cos}{\sin}\varphi_2$$

wiedergegeben wird. Bei Einsetzen einer Kopplung schließen sich die Eigenfunktionen stetig an die vier Kombinationen

$$\begin{array}{ll}
\cos\varphi_1 \cos\varphi_2 - \sin\varphi_1 \sin\varphi_2 = \cos(\varphi_1 + \varphi_2) & \left.\vphantom{\begin{array}{c}1\\1\end{array}}\right\} \Delta, \\
\sin\varphi_1 \cos\varphi_2 + \cos\varphi_1 \sin\varphi_2 = \sin(\varphi_1 + \varphi_2) & \\
\cos\varphi_1 \cos\varphi_2 + \sin\varphi_1 \sin\varphi_2 = \cos(\varphi_1 - \varphi_2) & \Sigma_+, \\
\sin\varphi_1 \cos\varphi_2 - \cos\varphi_1 \sin\varphi_2 = \sin(\varphi_1 - \varphi_2) & \Sigma_-
\end{array}$$

---
[1] F. HUND: Z. Physik **33**, 855 (1925).

an, deren Symmetriecharakter rechts angegeben ist. Bei Übergang von Kugelsymmetrie zu Achsensymmetrie (mit Invarianz gegen $\varphi \to -\varphi$) entsteht 0_+ (Σ_+) aus 0_g, 1_u, 2_g ... (S_g, P_u, D_g ...), 0_- (Σ_-) aus 0_u, 1_g, 2_u ... (S_u, P_g, D_u ...).

Bei *Dieder-Symmetrie*[1] (den Kristallklassen C_{nv}, S_{nv}, D_n entsprechend) und Weglassen des Spins treten die gleichen Symmetriecharaktere auf wie bei einem Elektron. Für die wichtigen Symmetrien C_{3v}, C_{4v}, C_{6v} gibt Tabelle 27 die Symmetriecharaktere an, in der zweiten Spalte mit einer den Überlegungen von Ziff. 24 entsprechenden Bezeichnung, in der dritten Spalte mit der von MULLIKEN[2] vorgeschlagenen Bezeichnung (in der bei einreihigen Darstellungen die Buchstaben A und B, bei zweireihigen Darstellungen der Buchstabe E gebraucht wird).

Beim Übergang von Achsensymmetrie zur Symmetrie C_{nv} geht ein Zustand Λ in einen Zustand über, der in Tabelle 27 durch eine Zahl $\equiv \Lambda \pmod{n}$ bezeichnet ist; $\Lambda \equiv n/2$ spaltet auf, Σ_+ wird 0_+, und Σ_- wird 0_-.

Wenn wir den Spin mitnehmen, treten bei gerader Elektronenzahl die gleichen Symmetriecharaktere auf. Bei ungerader Elektronenzahl treten Symmetriecharaktere auf, die mit $\frac{1}{2}$, $\frac{3}{2}$ ... $n/2$ bezeichnet werden können.

Tabelle 27. *Symmetriecharaktere bei Dieder-Symmetrie.*

C_{3v}	0_+	A_1	C_{6v}	0_+	A_1
	0_-	A_2		0_-	A_2
	1	E		1	E*
C_{4v}	0_+	A_1		2	B_1
	0_-	A_2		3_+	E**
	1	E		3_-	B_2
	2_+	B_1			
	2_-	B_2			

Von den *Symmetrien des regulären Kristallsystems*[1] beschränken wir uns (wie in Ziff. 24) auf die Symmetrie des regulären Tetraeders, T_d, und die Würfelsymmetrie O_h. Bei Weglassen des Spins treten gegenüber dem Fall eines Teilchens keine neuen Symmetriecharaktere auf. Sie sind in Tabelle 28 angegeben; in der zweiten Spalte steht die Bezeichnung, die sich an die der Ziff. 24 anschließt (in Klammer die Vielfachheit), bei O_h in der dritten Spalte eine Bezeichnung, deren Buchstaben S, P, D ... das Verhalten bei Drehung und deren Index g, u das Verhalten bei Inversion angibt (die Symmetriegruppe ist ja direktes Produkt aus der Gruppe O der Drehungen und der Gruppe, die aus identischer Abbildung und Inversion besteht); in der letzten Spalte die sich an MULLIKEN anschließende Bezeichnung.

Tabelle 28. *Symmetriecharaktere für T_d und O_h.*

T_d	S	(1)	A_1	O_h	S	(1)	S_g	A_{1g}
	P	(3)	T_2		P	(3)	P_u	T_{1u}
	D	(2)	E		D_1	(2)	D_{1g}	E_g
	F	(3)	T_1		D_2	(3)	D_{2g}	T_{2g}
	I	(1)	A_2		F_1	(1)	F_u	A_{2u}
					F_2	(3)	D_{2u}	T_{2u}
					G	(3)	P_g	T_{1g}
					H	(2)	D_{1u}	E_u
					I	(1)	F_g	A_{2g}
					M	(1)	S_u	A_{1u}

Die Aufspaltung beim Übergang von der Kugelsymmetrie zu den Symmetrien T_d und O_h gibt Tabelle 29 an.

Bei Mitführung des Spins und gerader Elektronenzahl bleiben diese Sachverhalte noch gültig, man hat nur J statt L zu schreiben. Bei ungerader Elektronenzahl treten andere Symmetriecharaktere auf.

50. Näherungsrechnungen. Die Berechnungen von Atomeigenschaften lassen sich im wesentlichen in folgende zwei Gruppen teilen. In der ersten Gruppe wird die SCHRÖDINGER-Gleichung jeweils für ein Elektron mit einem irgendwie

---
[1] H. BETHE: Ann. Physik **3**, 133 (1929).
[2] R. S. MULLIKEN: Phys. Rev. **43**, 279 (1933).

Tabelle 29. *Übergang von Kugelsymmetrie zu T_d und O_h.*

	O_h	T_d		O_h	T_d
S_g	S (A_{1g})	S (A_1)	S_u	M (A_{1u})	I (A_2)
P_g	G (T_{1g})	F (T_1)	P_u	P (T_{1u})	P (T_2)
D_g	D_1 (E_g)	D (E)	D_u	H (E_u)	D (E)
	D_2 (T_{2g})	P (T_2)		F_2 (T_{2u})	F (T_1)
F_g	G (T_{1g})	F (T_1)	F_u	P (T_{1u})	P (T_2)
	I (A_{2g})	I (A_2)		F_1 (A_{2u})	S (A_1)
	D_2 (T_{2g})	P (T_2)		F_2 (T_{2u})	F (T_1)
G_g	S (A_{1g})	S (A_1)	G_u	M (A_{1u})	I (A_2)
	D_1 (E_g)	D (E)		H (E_u)	D (E)
	D_2 (T_{2g})	P (T_2)		F_2 (T_{2u})	F (T_1)
	G (T_{1g})	F (T_1)		P (T_{1u})	P (T_2)

angenommenen kugelsymmetrischen Kraftfeld $V(r)$ gelöst. In der zweiten Gruppe wird eine Näherungslösung der SCHRÖDINGER-Gleichung für ein Mehr-Elektronensystem im Kraftfeld des Atomkerns angestrebt.

Bequem, aber nicht sehr genau, ist die Annäherung des Zentralfeldes für die einzelnen Elektronen durch ein COULOMBsches Feld mit potentiellen Energien $-(Z-s)e^2/r$, wobei man die Abschirmungskonstante s (vielleicht für die verschiedenen Elektronen verschieden) irgendwelchen empirischen Werten anpassen kann. Je nachdem ob die berechneten Eigenschaften mehr von den inneren oder äußeren Teilen der Elektronenbahnen abhängen, wird die Abschirmungszahl s verschieden anzunehmen sein. So stellt PAULING[1] Größen zusammen, aus denen für alle Atome und Ionen, für alle Elektronen darin und für viele Eigenschaften die Abschirmungskonstanten entnommen werden können. Er berechnet damit Ionisierungsarbeiten, Röntgenterme und Streufaktoren für Röntgenstrahlen.

Zur genäherten Berechnung des Zentralfeldes $V(r)$ für die einzelnen Elektronen kann auch die statistische Methode von THOMAS und FERMI (vgl. den folgenden Beitrag von GOMBÁS in diesem Bande) benutzt werden.

Von den *Lösungen des Mehr-Elektronensystems* sind die, die sich auf zwei Elektronen beziehen (He, Li$^+$, Be^{++} ... und H$^-$), im Beitrag von BETHE und SALPETER des Bandes XXXV behandelt. Bei den Rechnungen der Atome mit mehr Elektronen werden die Eigenfunktionen im allgemeinen als Produkte oder als Linearkombinationen von Produkten aus Funktionen einzelner Elektronen angesetzt. Diese letzteren werden im Rahmen eines Variationsverfahrens mit geeigneten unbestimmten Parametern oder als unbestimmte Funktionen eingeführt.

So berechnen GUILLEMIN und ZENER[2] die Grundzustände von Li$^+$, Be$^+$, B^{++} ... und von Be, B, C... mit Hilfe der Ansätze

$$1s: \quad e^{-\alpha r},$$
$$2s: \quad (r-\beta)r^{n^*-2}e^{-\gamma r},$$
$$2p: \quad r^{n^*-1}e^{-\gamma r}Y_1(\vartheta, \varphi).$$

Sie bilden daraus Linearkombinationen von Produkten mit der richtigen Symmetrie, schätzen α und variieren β, γ, n^*. Etwas andere Funktionen nehmen MORSE, YOUNG und HAURWITZ sowie DUNCANSON und COULSON[3].

---

[1] L. PAULING: Z. Physik **40**, 344 (1926). — Proc. Roy. Soc. Lond. Ser. A **114**, 181 (1927). — L. PAULING u. J. SHERMAN: Z. Kristallogr. A **81**, 1 (1932).

[2] V. GUILLEMIN u. CL. ZENER: Z. Physik **61**, 199 (1930). — CL. ZENER: Phys. Rev. **36**, 51 (1930).

[3] P. M. MORSE, L. A. YOUNG u. E. S. HAURWITZ: Phys. Rev. **48**, 948 (1935). — W. E. DUNCANSON u. C. A. COULSON: Proc. Roy. Soc. Edinburgh **62**, 37 (1944).

Von den Variationsverfahren, die mit unbestimmten Funktionen einzelner Elektronen arbeiten, ist das HARTREEsche Verfahren in Ziff. 19 behandelt. Die Eigenfunktion des Mehrteilchensystems war als Produkt

$$u = a(1)\, b(2)\, c(3) \ldots$$

angesetzt und die Funktionen $a, b, c \ldots$ wurden so bestimmt, daß das Integral

$$\int u^* H u\, d\tau \tag{50.1}$$

ein Extremum wurde unter Wahrung der Normierungsbedingung. FOCK[1] hat das Verfahren weitergebildet, indem er auch Linearkombinationen von Produkten zuließ. Ein solcher Ansatz muß die Form haben:

$$u = \frac{1}{\sqrt{N!}} \begin{vmatrix} v_1(1) & v_1(2) & v_1(3) & \ldots \\ v_2(1) & v_2(2) & v_2(3) & \ldots \\ v_3(1) & v_3(2) & v_3(3) & \ldots \\ \ldots & \ldots & \ldots & \ldots \end{vmatrix} = \frac{1}{\sqrt{N!}} \sum_P (-1)^P v_1(1)\, v_2(2)\, v_3(3) \ldots \tag{50.2}$$

Darin bedeuten (1), (2), (3) ... die Abhängigkeit von den Orts- und Spinvariabeln des ersten, zweiten, dritten ... Elektrons; die einzelnen Funktionen sollen Produkte von Bahn- und Spinanteilen sein:

$$v_i = a_i \chi_i$$

mit zwei Möglichkeiten (früher α und β genannt) für χ_i; die a_i sollen orthogonal sein. Die Summe auf der rechten Seite von (50.2) ist über alle Permutationen der Teilchennummer zu erstrecken und das Vorzeichen $(-1)^P$ ist für gerade Permutationen positiv, für ungerade Permutationen negativ. Die unbestimmten Funktionen v_i oder a_i des Ansatzes (50.2) werden nun so berechnet, daß das Variationsintegral (50.1) ein Extremum wird und die Nebenbedingungen

$$\int v_i^* v_j\, d\tau = \delta_{ij} \tag{50.3}$$

eingehalten werden. Da die beiden Spinfunktionen α und β orthogonal sind, brauchen die Bedingungen (50.3) nur beachtet zu werden, wenn v_i und v_j gleichen Spinanteil haben.

Der in (50.1) auftretende HAMILTON-Operator hat die Form

$$H = \sum_i H(i) + \sum_{i<j} W(i,j)$$

mit

$$H(i) = -\frac{\hbar^2}{2m} \Delta_i + \frac{Z e^2}{|\boldsymbol{r}_i|}$$

$$W(i,j) = \frac{e^2}{|\boldsymbol{r}_i - \boldsymbol{r}_j|}.$$

Das Integral (50.1) läßt sich durch Umbenennung von Elektronennummern (vgl. Ziff. 43) in die Form bringen:

$$\int u^* H u\, d\tau = \int v_1^*(1)\, v_2^*(2) \ldots H \sum_P (-1)^P v_1(1)\, v_2(2) \ldots d\tau_1 d\tau_2 \ldots$$

Darin liefert das Glied $H(1)$ den Anteil

$$\int v_1^*(\boldsymbol{r})\, H(\boldsymbol{r})\, v_1(\boldsymbol{r})\, d\tau$$

und das Glied $W(1,2)$ den Anteil

$$\int v_1^*(\boldsymbol{r})\, v_2^*(\boldsymbol{r}')\, W(\boldsymbol{r},\boldsymbol{r}')\, v_1(\boldsymbol{r})\, v_2(\boldsymbol{r}')\, d\tau d\tau' - \int v_1^*(\boldsymbol{r})\, v_2^*(\boldsymbol{r}')\, W(\boldsymbol{r},\boldsymbol{r}')\, v_2(\boldsymbol{r})\, v_1(\boldsymbol{r}')\, d\tau d\tau',$$

---

[1] V. FOCK: Z. Physik **61**, 126 (1930).

wobei das zweite Integral nur auftritt, wenn v_1 und v_2 gleichen Spinanteil haben. Im ganzen erhalten wir

$$\int u^* H u \, d\tau = \sum_i \int v_i^*(\mathbf{r}) H(\mathbf{r}) v_i(\mathbf{r}) \, d\tau + \sum_{i<j} \int v_i^*(\mathbf{r}) v_j^*(\mathbf{r}') W(\mathbf{r}, \mathbf{r}') v_i(\mathbf{r}) v_j(\mathbf{r}') \, d\tau \, d\tau' -$$
$$- \sum_{i<j} \int v_i^*(\mathbf{r}) v_j^*(\mathbf{r}') W(\mathbf{r}, \mathbf{r}') v_j(\mathbf{r}) v_i(\mathbf{r}') \, d\tau \, d\tau',$$

wobei in der letzten Summe nur die Paare i, j mit gleichem Spinanteil auftreten. Variieren wir in u die einzelnen Faktoren, so erhält δv_1^* den Faktor

$$H(\mathbf{r}) + \sum_{j \neq 1} \left[\int v_j^*(\mathbf{r}') W(\mathbf{r}, \mathbf{r}') v_j(\mathbf{r}') \, d\tau'\right] v_1(\mathbf{r}) - \sum_{j \neq 1} \left[\int v_j^*(\mathbf{r}') W(\mathbf{r}, \mathbf{r}') v_1(\mathbf{r}') \, d\tau'\right] v_j(\mathbf{r}).$$

Da δv_1^* wegen der Nebenbedingungen (50.3) nicht frei gewählt werden kann, wird dieser Ausdruck nicht null. Vielmehr erhalten wir mit LAGRANGEschen Multiplikatoren E_{ij} das „FOCKsche Gleichungssystem":

$$\left.\begin{aligned}&[H(\mathbf{r}) + \sum_{j \neq 1} \int v_j^*(\mathbf{r}') W(\mathbf{r}, \mathbf{r}') v_j(\mathbf{r}') \, d\tau' - E_{ii}] v_i(\mathbf{r}) - \\ &- \sum_{j \neq i} [\int v_j^*(\mathbf{r}') W(\mathbf{r}, \mathbf{r}') v_i(\mathbf{r}') \, d\tau - E_{ij}] v_j(\mathbf{r}) = 0.\end{aligned}\right\} \quad (50.4)$$

Es ist ähnlich dem HARTREEschen Gleichungssystem durch sukzessive Annäherung zu lösen. Mit der gewonnenen Näherung für u ist dann die Energie aus (50.1) zu berechnen.

Eine bis 1948 reichende Übersicht über Rechnungen nach den Verfahren von HARTREE und von FOCK findet man in LANDOLT-BÖRNSTEIN, 6. Aufl., Bd. I/1, S. 277ff. Dort auch Angaben über vorhandene Tabellen und Genauigkeitsgrad. S. 284ff. bringen graphische Darstellungen der Elektronenverteilung in den gerechneten Atomen. HARTREE selbst gab in Reports on progress in Physics **11**, 113 (1948) eine Übersicht über die Methode und die berechneten Atome.

Literatur.

Darstellungen des Gesamtgebiets oder größerer Teile davon.

BLOCHINZEW, D. I.: Grundlagen der Quantenmechanik (deutsche Übersetzung). Berlin 1953.
CONDON, E. U., and G. H. SHORTLEY: Theory of Atomic Spectra, 3. Aufl. Cambridge 1953.
DÖRING, W.: Einführung in die Quantenmechanik. Göttingen 1955.
MOTT, N. F., and I. N. SNEDDON: Wave Mechanics and its Applications. Oxford 1948.
SLATER, J. C.: Quantum Theory of Matter. New York-Toronto-London 1951.
SOMMERFELD, A.: Atombau und Spektrallinien, 2 Bde., 7. u. 2. Aufl. Braunschweig 1951.

Ältere Darstellungen auf Grund des Korrespondenzprinzips.

BACK, E., u. A. LANDÉ: ZEEMAN-Effekt und Multiplettstruktur der Spektrallinien. Berlin 1925.
BOHR, N.: On the Quantum Theory of Line Spectra, d. Kgl. danske Vid. Selsk. Skr., naturvid. math. Afd., 8. Raekke IV, 1. Über die Quantentheorie der Linienspektren (deutsche Übersetzung davon). Braunschweig 1923.
BORN, M.: Atommechanik I. Berlin 1925.
HUND, F.: Linienspektren und periodisches System der Elemente. Berlin 1927.

Anwendungen der Gruppentheorie.

WAERDEN, B. L. VAN DER: Die gruppentheoretische Methode in der Quantenmechanik. Berlin 1932.
WEYL, H.: Gruppentheorie und Quantenmechanik, 2. Aufl. Leipzig 1931.
WIGNER, E.: Gruppentheorie und ihre Anwendungen auf die Quantenmechanik der Atomspektren. Braunschweig 1931.

Statistische Behandlung des Atoms.

Von

P. GOMBÁS.

Mit 26 Figuren.

1. Einleitung. Eine konsequente und erfolgreiche Theorie des Mehrteilchenproblems konnte erst auf Grund der modernen Quantentheorie entwickelt werden; die ältere, BOHRsche Quantentheorie erwies sich hierzu als gänzlich ungeeignet. Im Rahmen der Quantenmechanik war es nicht nur gelungen eine in sich geschlossene allgemeine Theorie des Mehrteilchenproblems auszuarbeiten, sondern es konnten Näherungsverfahren entwickelt werden, die sich zur Lösung konkreter Mehrteilchenprobleme, so insbesondere zur Lösung des Vielelektronenproblems des Atoms als sehr erfolgreich erwiesen. Von diesen Verfahren ist in erster Linie das Variationsverfahren und das Verfahren des "self-consistent field" zu nennen.

Parallel zu diesen Verfahren wurde die statistische Methode zur Behandlung schwerer Atome entwickelt. Das Wesentliche dieser Methode besteht darin, daß die Elektronen eines Atoms als ein entartetes Elektronengas am absoluten Nullpunkt der Temperatur betrachtet und statistisch behandelt werden, wodurch natürlich die feineren Züge der Elektronenverteilung, z.B. der Schalenaufbau der Elektronenhülle sowie einige weitere individuelle Elektroneneigenschaften verlorengehen.

Die statistische Methode entstand aus den grundlegenden Arbeiten von THOMAS (1926) und FERMI (1927). Das THOMAS-FERMIsche Atommodell, das in seiner ursprünglichen Fassung mit einigen Mängeln behaftet war, erhielt in rascher Folge durch die Arbeit mehrerer Forscher eine wichtige Vervollkommnung, die im wesentlichen darin besteht, daß die elektrostatische Selbstwechselwirkung der Elektronen ausgeschaltet, weiterhin die Austauschenergie des Elektronengases, sowie die Wechselbeziehung der Elektronen mit antiparallelem Spin und schließlich die kinetische Inhomogenitätskorrektion in das Modell eingebaut wurden. Außerdem ist die statistische Theorie auch in anderer Richtung hin ausgebaut worden. Einerseits war es nämlich gelungen, die Valenzelektronen in die Theorie aufzunehmen und anderseits konnte das Modell auch auf komplizierte Systeme sowie Moleküle, Ionenkristalle, Metalle, weiterhin auf Materie, die sich unter beliebigem Druck und auf beliebiger Temperatur befindet, erweitert werden. Die statistische Methode wurde auch auf den Atomkern erfolgreich ausgedehnt.

An Genauigkeit bleibt natürlich die statistische Methode hinter den wellenmechanischen Verfahren zurück, außerdem liegt es im Wesen der statistischen Behandlungsweise, daß die individuellen Atomeigenschaften verwischt werden. Außer diesen Nachteilen besitzt aber die statistische Methode im Verhältnis zu den wellenmechanischen Verfahren den großen Vorteil, daß erstens der gedankliche Aufbau des statistischen Modells des Atoms und der zusammenhängenden Materie äußerst einfach ist und daß zweitens dementsprechend die statistische

Theorie mit einem weitaus einfacheren mathematischen Apparat auskommt als die Wellenmechanik.

Unser Ziel ist hier in erster Linie die Theorie der Methode zusammenfassend darzustellen. Auf die außerordentlich vielseitigen Anwendungen der Methode soll nur kurz eingegangen werden, da diese an den entsprechenden Stellen des Handbuches wiederkehren. Die Literatur ist jedoch auch für die Anwendungen der Theorie vollzählig angeführt.

I. Grundlagen der statistischen Behandlungsweise des Atoms.

2. Elektronengas freier Elektronen. Im statistischen Atommodell werden die Elektronen des Atoms als ein Elektronengas am absoluten Nullpunkt der Temperatur betrachtet und statistisch behandelt. Die statistische Theorie des Elektronengases gründet sich auf die Statistik von FERMI [*10*] und DIRAC [*11*], die auf der Nichtunterscheidbarkeit der Elektronen und auf dem PAULI-Prinzip beruht[1]. Das PAULI-Prinzip sagt bekanntlich aus, daß in einem vollständig gequantelten System jeder Quantenzustand höchstens von einem Elektron besetzt werden kann, wobei der Quantenzustand durch den Zustand der Bahnbewegung des Elektrons und durch das Vorzeichen des Spins definiert ist. Die Brücke zwischen Quantentheorie und Statistik wird durch den bekannten Satz gegeben, daß auf das Volumen h^3 des Phasenraumes bei Berücksichtigung des Elektronenspins 2 Quantenzustände entfallen, die sich nur durch die entgegengesetzte Spinrichtung unterscheiden, wobei wir mit h die PLANCKsche Konstante bezeichneten. Es kann also im Phasenraum eine Elementarzelle vom Volumen h^3 höchstens von den Bildpunkten zweier Elektronen, oder kürzer ausgedrückt, von zwei Elektronen besetzt werden.

Wir befassen uns im folgenden mit einem Elektronengas von N freien Elektronen, das sich im Volumen Ω befindet, von dessen Wänden wir annehmen, daß sie für Elektronen undurchlässig sind. Die Elektronen betrachten wir als frei, wir nehmen also an, daß in Ω ein konstantes elektrisches Potential herrscht, das wir gleich 0 setzen können.

α) Sehr tiefe Temperaturen. Im Fall sehr tiefer Temperaturen, auf den wir uns zunächst beschränken, kommt die FERMI-DIRACsche Statistik nur durch die Bedingung zur Anwendung, daß sich in einer Elementarzelle vom Volumen h^3 höchstens zwei Elektronen befinden können. Bei sehr tiefen Temperaturen kann man annehmen, daß die Elektronen die energetisch möglichst tiefsten Quantenzustände besetzen, die man folgendermaßen beschreiben kann. Voraussetzungsgemäß ist in dem Raum, in dem sich die Elektronen befinden, das Potential Null, die Energie u eines Elektrons enthält also nur den kinetischen Anteil und es wird

$$u = \frac{1}{2} m v^2 = \frac{p^2}{2m}, \qquad (2.1)$$

wo m die Masse des Elektrons, v den Betrag der Geschwindigkeit und p den Betrag des Impulses bezeichnet. u ist also eine Funktion von v bzw. p allein und hängt vom Ort nicht ab. Man kann sich daher bei der Bestimmung der Verteilung der Elektronen im Phasenraum auf den Impulsraum beschränken. Wegen der Kräftefreiheit des Raumes sind alle Bewegungsrichtungen der Elektronen gleichberechtigt; da außerdem die Energie des Elektrons nur vom Betrag p des Impulses abhängt, von der Impulsrichtung aber unabhängig ist, sind die

---

[1] Auf die FERMI-DIRACsche Statistik kommen wir hier nur ganz kurz zu sprechen, da diese in Bd. III dieses Handbuches ausführlich dargestellt ist.

energetisch tiefsten Quantenzustände in einer Kugel des Impulsraumes enthalten, deren Zentrum der Koordinatenursprung des Impulsraumes ist und deren Radius p_μ den Betrag des maximalen Impulses der Elektronen darstellt. Jeder dieser energetisch tiefsten Quantenzustände ist am absoluten Nullpunkt der Temperatur maximal mit einem Elektron besetzt, alle Quantenzustände außerhalb der Kugel sind leer.

Die Bestimmung von p_μ kann folgendermaßen geschehen. Den N Elektronen im Volumen Ω entspricht das Phasenraumvolumen $\Omega\, 4\pi p_\mu^3/3$. Durch Division mit $h^3/2$ erhält man hieraus die Anzahl der Quantenzustände, die mit der Anzahl der Elektronen N gleich ist. Aus diesem Zusammenhang ergibt sich für p_μ

$$p_\mu = \frac{1}{2}\left(\frac{3}{\pi}\right)^{\frac{1}{3}} h\, \varrho^{\frac{1}{3}}, \tag{2.2}$$

wo $\varrho = N/\Omega$ die Dichte des Elektronengases bedeutet.

Mit p_μ folgt für die maximale Energie eines Elektrons

$$u_\mu = \frac{p_\mu^2}{2m} = \frac{1}{8}\left(\frac{3}{\pi}\right)^{\frac{2}{3}}\frac{h^2}{m}\varrho^{\frac{2}{3}} = \frac{1}{2}(3\pi^2)^{\frac{2}{3}} e^2 a_0\, \varrho^{\frac{2}{3}}. \tag{2.3}$$

Hier bezeichnet e die positive Elementarladung und a_0 den kleinsten BOHRschen Wasserstoffradius. Alle Quantenzustände mit einer Energie $\leq u_\mu$ sind voll besetzt und alle übrigen Quantenzustände sind leer.

Mit Rücksicht auf diese äußerst einfache Verteilung der Elektronen und mit Rücksicht auf die Definitionsgleichung der Dichte $\varrho = N/\Omega$ sowie auf die Beziehung (2.3) ergibt sich für die mittlere Energie u_m der Elektronen

$$u_m = \frac{1}{N} \int\limits_{u \leq u_\mu} u\, dQ = \frac{3}{5} u_\mu, \tag{2.4}$$

wo $dQ = [4\pi\Omega(2m)^{\frac{3}{2}}/h^3] u^{\frac{1}{2}}\, du$ die Anzahl der Quantenzustände bezeichnet, denen eine Energie zwischen u und $u+du$ entspricht und die Integration auf alle vollbesetzten Quantenzustände, d.h. von $u=0$ bis u_μ auszudehnen ist.

Für die kinetische Energie des Elektronengases pro Volumeneinheit, die wir mit U_D bezeichnen, erhält man mit diesem Resultat

$$U_D = \varrho\, u_m = \varkappa_k \varrho^{\frac{5}{3}}, \tag{2.5}$$

$$\varkappa_k = \frac{3}{10}(3\pi^2)^{\frac{2}{3}}\frac{h^2}{4\pi^2 m} = \frac{3}{10}(3\pi^2)^{\frac{2}{3}} e^2 a_0 = 2{,}871\, e^2 a_0. \tag{2.6}$$

Man nennt U_D auch die Nullpunktsenergie des Elektronengases pro Volumeneinheit, da diese Energie auch noch am absoluten Nullpunkt der Temperatur vorhanden ist[1].

Für die Gesamtenergie U des Elektronengases ergibt sich also $U = U_D\, \Omega = \varkappa_k N^{\frac{5}{3}}/\Omega^{\frac{2}{3}}$. Mit Hilfe von U läßt sich der Druck P des Elektronengases berechnen. Für eine adiabatische Zustandsänderung besteht nämlich zwischen der Volumenänderung $d\Omega$ und der Energieänderung am absoluten Nullpunkt der Temperatur der Zusammenhang $dU = -P\, d\Omega$, woraus

$$P = -\frac{\partial U}{\partial \Omega} = \frac{2}{3}\varkappa_k\left(\frac{N}{\Omega}\right)^{\frac{5}{3}} = \frac{2}{3} U_D \tag{2.7}$$

folgt.

---

[1] HELLMANN konnte zeigen, daß dieser Energieausdruck auch noch im Grenzfall eines einzelnen Elektrons sinnvoll bleibt. Vgl. H. HELLMANN: Acta physicochim. U.R.S.S. **1**, 913 (1935).

In dem bisher betrachteten Fall sehr tiefer Temperaturen hatten wir es mit einer sehr einfachen Verteilungsfunktion zu tun. Wenn wir die Verteilungsfunktion f durch den Zusammenhang

$$dN = f\, dQ \tag{2.8}$$

definieren, wo dN die Anzahl der Elektronen bedeutet, die in den dQ Quantenzuständen gebunden sind, so ist

$$\begin{aligned} \text{für} \quad & u \leq u_\mu, \quad f = 1, \\ \text{und für} \quad & u > u_\mu, \quad f = 0. \end{aligned} \tag{2.9}$$

β) *Beliebige Temperaturen.* Bei höheren Temperaturen wird diese Verteilung abgeändert und zwar gilt dann die Verteilungsfunktion

$$f = \frac{1}{e^{\frac{u-\zeta}{kT}} + 1}, \tag{2.10}$$

wo k die BOLTZMANNsche Konstante, T die absolute Temperatur und die im allgemeinen FERMIsche Energie genannte Konstante ζ das GIBBSsche thermodynamische Potential bezogen auf das Elektron als Masseneinheit bedeutet. Wie zu sehen ist, geht für $T=0$ die Verteilungsfunktion f in die weiter oben für sehr tiefe Temperaturen gefundene Verteilungsfunktion und zugleich ζ in u_μ über.

Die Elektronenzahl und die Gesamtenergie der Elektronen U werden durch die folgenden Integrale dargestellt

$$N = \int f\, dQ, \quad U = \int f u\, dQ, \tag{2.11}$$

wobei zu bemerken ist, daß die erste der beiden Gleichungen zugleich die Bestimmungsgleichung von ζ ist.

Die Integrale (2.11) wurden von SOMMERFELD[1] ausführlich untersucht. Für den Fall, daß $kT \ll u_\mu$ ist, erhält SOMMERFELD durch eine Umformung der Ausdrücke und eine Reihenentwicklung der Integranden in zweiter Näherung

$$\varrho = \frac{N}{\Omega} = \left(\frac{3}{5\varkappa_k}\right)^{\frac{3}{2}} \zeta^{\frac{3}{2}} \left[1 + \frac{\pi^2}{8}\left(\frac{kT}{\zeta}\right)^2\right], \tag{2.12}$$

$$U_{DT} = \frac{U}{\Omega} = U_D \left[1 + \frac{5\pi^2}{12}\left(\frac{kT}{u_\mu}\right)^2\right]. \tag{2.13}$$

Aus der Bedingung, daß die Anzahl der Elektronen für alle Werte von T gleich sein muß, folgt

$$\zeta = u_\mu \left[1 - \frac{\pi^2}{12}\left(\frac{kT}{u_\mu}\right)^2\right]. \tag{2.14}$$

γ) *Einfluß der Elektronenwechselwirkung.* All dies gilt nur für den Fall, daß die Elektronen gänzlich frei sind. Wenn zwischen den Elektronen eine Wechselwirkung herrscht, wird die Verteilungsfunktion abgeändert[2]. Für den Fall, daß zwischen den Elektronen eine in Ziff. 3 näher zu besprechende Austauschwechselwirkung besteht, wurde die Verteilungsfunktion von LIDIARD bestimmt[3]. Nach seinen Resultaten ändert sich in diesem Fall die Verteilungsfunktion nur

---

[1] A. SOMMERFELD: Z. Physik **47**, 1 (1928).
[2] Vgl. hierzu W. ZIMMERMANN: Z. Physik **132**, 1 (1952).
[3] A. B. LIDIARD: Phil. Mag. (7) **42**, 1325 (1951); vgl. weiterhin auch E. P. WOHLFARTH, Phil. Mag. (7) **41**, 534 (1950).

insofern, als in f an Stelle von T der Parameter τ tritt, der aus der Minimumsforderung der freien Energie F des Elektronengases

$$F = N u_\mu \left\{ \frac{3}{5}\left(1 + \frac{5\eta^2}{12}\right) + \frac{3}{4}\frac{\varepsilon_\mu}{u_\mu}\left[1 + \frac{\eta^2}{6}\left(\log \eta - \log \pi - 1 + \frac{\gamma}{2}\right)\right] - \pi \frac{kT}{u_\mu} \cdot \frac{\eta}{2} \right\} \quad (2.15)$$

festgelegt wird, woraus sich für τ folgende Bestimmungsgleichung

$$\pi \frac{kT}{u_\mu} = \eta + \frac{u_\mu}{2\varepsilon_\mu}\eta\left(\log \eta - \log \pi - \frac{1}{2} + \frac{\gamma}{2}\right), \quad \eta \ll 1 \quad (2.16)$$

ergibt, wo

$$\eta = \pi \frac{k\tau}{u_\mu} \quad \text{und} \quad \varepsilon_\mu = -\left(\frac{3}{\pi}\right)^{\frac{1}{3}} e^2 \varrho^{\frac{1}{3}} \quad (2.17)$$

ist und γ die numerische Konstante $\gamma = 0{,}648$ bezeichnet. Wie aus den Ausführungen von Ziff. 3 [insbesondere Formel (3.17)] hervorgeht, bedeutet ε_μ die Austauschenergie eines freien Elektrons mit der höchstmöglichen Energie mit allen übrigen Elektronen des Gases (und sich selbst) von gleicher Spinrichtung.

Der Druck des Elektronengases ergibt sich jetzt aus der Beziehung

$$P = -\left(\frac{\partial F}{\partial \Omega}\right)_T. \quad (2.18)$$

δ) *Relativistische Behandlung des Elektronengases.* Wir kehren nochmals zu dem Fall sehr tiefer Temperaturen zurück und besprechen noch kurz die Grundzüge der relativistischen Behandlung des Elektronengases am absoluten Nullpunkt der Temperatur[1]. Wir gehen hierzu vom relativistischen Ausdruck der kinetischen Energie u eines Elektrons aus, der folgendermaßen lautet

$$u = mc^2\left\{\left[1 + \left(\frac{p}{mc}\right)^2\right]^{\frac{1}{2}} - 1\right\} \quad (2.19)$$

und aus dem

$$p = \frac{1}{c}(u^2 + 2mc^2 u)^{\frac{1}{2}} \quad (2.20)$$

folgt, wo c die Lichtgeschwindigkeit bedeutet. Mit Hilfe dieses Zusammenhanges erhält man für die Anzahl der Quantenzustände, denen eine Energie zwischen u und $u + du$ zukommt

$$dQ = \frac{8\pi\Omega}{h^3 c^3}(u^2 + 2mc^2 u)^{\frac{1}{2}}(u + mc^2)\,du. \quad (2.21)$$

Da am absoluten Nullpunkt der Temperatur alle energetisch tiefsten Zustände bis zur Grenzenergie u_μ voll besetzt sind, erhält man zwischen der Elektronendichte und u_μ den Zusammenhang

$$\varrho = \frac{1}{\Omega}\int_{u \leq u_\mu} dQ = \frac{8\pi}{h^3 c^3}\int_0^{u_\mu}(u^2 + 2mc^2 u)^{\frac{1}{2}}(u + mc^2)\,du = \frac{8\pi}{3h^3 c^3}(u_\mu^2 + 2mc^2 u_\mu)^{\frac{3}{2}}, \quad (2.22)$$

woraus

$$u_\mu = mc^2\left\{\left[1 + \frac{1}{4}\left(\frac{3}{\pi}\right)^{\frac{2}{3}}\left(\frac{h}{mc}\right)^2 \varrho^{\frac{2}{3}}\right]^{\frac{1}{2}} - 1\right\} \quad (2.23)$$

folgt.

---

[1] Bezüglich einer ausführlichen relativistischen Behandlung des Elektronengases vgl. z.B. D. S. KOTHARI u. B. N. SINGH, Proc. Roy. Soc. Lond., Ser. A **180**, 414 (1942), weiterhin B. S. CHANDRASEKHAR, An Introduction to the Study of Stellar Structure, Astrophysical Monographs, Vol. 2. Chicago: University Press 1939.

Für die kinetische Energie der Elektronen ergibt sich pro Volumeneinheit

$$U_D = \frac{1}{\Omega} \int\limits_{u \leq u_\mu} u \, dQ = \frac{8\pi}{h^3 c^3} \int\limits_0^{u_\mu} u(u^2 + 2mc^2 u)^{\frac{1}{2}} (u + mc^2) \, du. \qquad (2.24)$$

Hiermit ist der Zusammenhang zwischen U_D und u_μ festgelegt. Wenn man in diesem u_μ mit Hilfe von (2.23) ausdrückt, so erhält man U_D als Funktion von ϱ.

Diese auf Grund der relativistischen Behandlungsweise eines freien Elektronengases gewonnenen Resultate, die sich auf den absoluten Nullpunkt der Temperatur beziehen, wurden von RUDKJØBING für den Fall, daß sich das Elektronengas in einem Potentialfeld mit Kugelsymmetrie befindet, durch die Berücksichtigung der Spin-Bahn-Wechselwirkung der Elektronen erweitert und außerdem auch auf beliebige Temperaturen ausgedehnt. Da sich diese Erweiterung mehr an die statistische Behandlungsweise des Elektronengases im Atom anschließt, bringen wir sie dort (Ziff. 16).

3. Wechselwirkung freier Elektronen. α) *Allgemeines.* Die Berechnung der Wechselwirkung von Elektronen kann auf Grund der Störungsrechnung durchgeführt werden, indem man die Wechselwirkung als Störung betrachtet. Hierbei ergibt sich aus der Störungsenergie erster Ordnung (erste Näherung) die gewöhnliche elektrostatische Wechselwirkungsenergie und die Austauschenergie und aus der Störungsenergie zweiter Ordnung (zweite Näherung) die Korrelationsenergie.

Zur Berechnung dieser Energien ziehen wir wieder ein System von N Elektronen in Betracht, die sich im Volumen Ω befinden und nehmen an, daß die Elektronen n Quantenzustände, die wir durch die Eigenfunktionen

$$\psi_1, \psi_2, \ldots, \psi_n \qquad (3.1)$$

beschreiben, doppelt besetzen. Es befinden sich demnach in jedem der ohne Rücksicht auf den Spin definierten Quantenzustände ψ_i zwei Elektronen, deren Spins zueinander antiparallel stehen. Das N-Elektronensystem zerfällt also in zwei Schwärme von je $n = N/2$ Elektronen, von denen der eine Schwarm die Elektronen mit „aufwärts" gerichtetem Spin und der andere die Elektronen mit „abwärts" gerichtetem Spin enthält.

Die Eigenfunktion ψ des N-Elektronensystems kann man in nullter Näherung aus den Eigenfunktionen ψ_i aufbauen, die aufeinander orthogonal sind und von denen wir annehmen, daß sie auf 1 normiert sind. Die Gesamteigenfunktion ψ hat zufolge des PAULI-Prinzips hinsichtlich der Vertauschung der Orte von zwei Elektronen desselben Schwarmes antisymmetrisch zu sein und kann nach FOCK[1] als Produkt zweier Determinanteneigenfunktionen dargestellt werden, welche die Eigenfunktionen der einzelnen Elektronenschwärme repräsentieren. Wenn wir die Elektronen des einen Schwarmes von 1 bis n und die des anderen Schwarmes von $n+1$ bis $2n$ numerieren und im Argument der ψ_i die Raumkoordinaten des k-ten Elektrons kurz mit k bezeichnen, so ist die auf 1 normierte Eigenfunktion des N-Elektronensystems

$$\psi = \frac{1}{\sqrt{n!}} \begin{vmatrix} \psi_1(1) & \psi_1(2) & \ldots & \psi_1(n) \\ \psi_2(1) & \psi_2(2) & \ldots & \psi_2(n) \\ \cdot & \cdot & & \cdot \\ \psi_n(1) & \psi_n(2) & \ldots & \psi_n(n) \end{vmatrix} \cdot \frac{1}{\sqrt{n!}} \begin{vmatrix} \psi_1(n+1) & \psi_1(n+2) & \ldots & \psi_1(2n) \\ \psi_2(n+1) & \psi_2(n+2) & \ldots & \psi_2(2n) \\ \cdot & \cdot & & \cdot \\ \psi_n(n+1) & \psi_n(n+2) & \ldots & \psi_n(2n) \end{vmatrix} . \qquad (3.2)$$

Dadurch, daß ψ als einfaches Produkt der Eigenfunktionen der einzelnen Schwärme dargestellt werden kann, kommt zum Ausdruck, daß die beiden Schwärme in nullter Näherung von einander unabhängig sind.

---
[1] V. FOCK: Z. Physik **61**, 126 (1930).

Die aus der Wechselwirkung der Elektronen resultierende Störungsfunktion χ hat folgende Form

$$\chi = \frac{1}{2} \sum_{i,k=1}^{N}{}' \frac{e^2}{r_{ik}}, \qquad (3.3)$$

wo r_{ik} die gegenseitige Entfernung des i-ten und k-ten Elektrons bezeichnet und der Strich am Summenzeichen bedeuten soll, daß die Glieder mit $i=k$ auszuschließen sind.

β) *Erste Näherung. Elektrostatische* COULOMB*sche und Austauschwechselwirkung.* Die Störungsenergie erster Ordnung erhält man durch die Mittelung der Störungsfunktion χ nach $\psi\psi^*$, wobei ψ^* die zu ψ konjugiert komplexe Funktion bezeichnet. Es ergibt sich

$$\eta = \tfrac{1}{2}\sum_{j,l=1}^{n}{}' \uparrow\uparrow C_{jl} - \tfrac{1}{2}\sum_{j,l=1}^{n}{}' \uparrow\uparrow A_{jl} + \tfrac{1}{2}\sum_{j,l=1}^{n}{}' \downarrow\downarrow C_{jl} - \tfrac{1}{2}\sum_{j,l=1}^{n}{}' \downarrow\downarrow A_{jl} + \sum_{j,l=1}^{n} \uparrow\downarrow C_{jl}, \qquad (3.4)$$

wobei C_{jl} und A_{jl} folgende Bedeutung haben

$$C_{jl} = e^2 \iint \frac{\varrho_j(\mathfrak{r})\,\varrho_l(\mathfrak{r}')}{|\mathfrak{r}-\mathfrak{r}'|}\,dv\,dv', \qquad A_{jl} = e^2 \iint \frac{\varrho_{jl}(\mathfrak{r})\,\varrho_{jl}^*(\mathfrak{r}')}{|\mathfrak{r}-\mathfrak{r}'|}\,dv\,dv', \qquad (3.5)$$

$$\varrho_j(\mathfrak{r}) = |\psi_j(\mathfrak{r})|^2, \qquad \varrho_l(\mathfrak{r}) = |\psi_l(\mathfrak{r})|^2, \qquad \varrho_{jl}(\mathfrak{r}) = \psi_j(\mathfrak{r})\,\psi_l^*(\mathfrak{r}). \qquad (3.6)$$

$\mathfrak{r}$ und $\mathfrak{r}'$ sind die Ortsvektoren, dv und dv' die Volumenelemente, ϱ_{jl}^* bezeichnet die zu ϱ_{jl} konjugiert komplexe Größe. Wie aus (3.5) zu sehen ist, bedeutet C_{jl} die elektrostatische Wechselwirkungsenergie und $-A_{jl}$ die Austauschenergie zweier Elektronen, die sich im Zustand ψ_j und ψ_l befinden. Die Pfeile nach den Summenzeichen in (3.4) weisen auf die Spinrichtung der wechselwirkenden Elektronenpaare hin.

Im Ausdruck (3.4) der Störungsenergie auf der rechten Seite haben die fünf Summenausdrücke mit ihren Koeffizienten und Vorzeichen folgende Bedeutung: der erste Ausdruck bedeutet die elektrostatische Wechselwirkungsenergie der Elektronen des Schwarmes mit "aufwärts" Spin, der zweite die Austauschenergie desselben Schwarmes, der dritte und vierte Ausdruck hat eine ganz analoge Bedeutung für den Elektronenschwarm mit „abwärts" Spin und schließlich der fünfte Ausdruck ist die elektrostatische Wechselwirkungsenergie der beiden Elektronenschwärme. Eine Austauschwechselwirkung zwischen Elektronen verschiedener Schwärme kommt nicht zustande, wie dies aus der FOCKschen Form der Eigenfunktion unmittelbar folgt. Es sei noch bemerkt, daß auf der rechten Seite von (3.4) das erste Glied mit dem dritten und das zweite mit dem vierten gleich ist.

Der Strich nach den ersten vier Summen auf der rechten Seite von (3.4) bedeutet, daß die Glieder mit $l=j$ wegzulassen sind. In diesen Summen ist nämlich das Glied C_{jj} die elektrostatische Selbstenergie und $-A_{jj}$ die Energie des „Selbstaustausches" des Elektrons im j-ten Zustand, denen natürlich keine physikalische Bedeutung zukommt. Man kann jedoch diese Glieder in diese Summen trotzdem aufnehmen, denn für $l=j$ wird

$$\varrho_{jl} = \varrho_{jj} = \varrho_j, \qquad (3.7)$$

es ist also nach (3.5) und (3.6)

$$C_{jj} = A_{jj}. \qquad (3.8)$$

Die elektrostatische Selbstenergie des Elektrons wird also durch die Energie des Selbstaustausches aufgehoben[1].

---
[1] Es sei noch bemerkt, daß in der fünften Summe auf der rechten Seite in (3.4) C_{jj} nicht die elektrostatische Selbstenergie eines Elektrons im Zustand ψ_j sondern die elektrostatische Wechselwirkungsenergie zweier Elektronen mit antiparallelen Spins im Zustand ψ_j bedeutet.

Die hier gewonnenen Resultate von allgemeiner Gültigkeit wollen wir nun auf den Fall anwenden, daß die in Betracht gezogenen N Elektronen im Volumen Ω frei sind. Da die Berechnung der elektrostatischen Wechselwirkungsenergie in diesem Fall unmittelbar das bekannte klassische Resultat liefert, brauchen wir uns hierbei nur mit der Berechnung der Austauschenergie zu befassen, die zuerst von BLOCH [12] und später von BETHE[1] in einer sehr einfachen Weise — der wir uns im folgenden anschließen — durchgeführt wurde.

Im Fall freier Elektronen beschreiben wir den j-ten Bewegungszustand eines Elektrons durch die ebene Welle

$$\psi_j(\mathfrak{r}) = \frac{1}{\sqrt{\Omega}} e^{\frac{2\pi i}{h}(\mathfrak{p}_j, \mathfrak{r})}, \qquad (j = 1, 2, \ldots, n), \tag{3.9}$$

wo $\mathfrak{p}_j$ den Impulsvektor im j-ten Zustand bezeichnet. Diese Eigenfunktion erfüllt die Randbedingung, nach welcher ψ_j an den Randflächen des Volumens Ω verschwinden muß, nicht. Jedoch wenn wir annehmen, daß Ω sehr groß ist, so kann man diese Randbedingung praktisch schon durch eine kleine Modifikation von ψ_j erfüllen, die darin besteht, daß man ψ_j über einen infinitesimalen Bereich des Impulsvektors $\mathfrak{p}_j$ integriert, wodurch erreicht werden kann, daß ψ_j im Unendlichen verschwindet.

Der Zusammenhang der wellenmechanischen Betrachtungsweise mit der statistischen wird dadurch hergestellt, daß beim absoluten Nullpunkt der Temperatur, auf den wir uns hier beschränken, die Endpunkte der Impulsvektoren $\mathfrak{p}_1, \mathfrak{p}_2, \ldots, \mathfrak{p}_n$ der Elektronen in die verschiedenen Impulsraumzellen der in Ziff. 2 besprochenen Impulskugel fallen. Gerade dadurch, daß die Endpunkte der Impulsvektoren in verschiedenen Impulszellen liegen, kommt die Orthogonalität der zu verschiedenen Zuständen, d.h. Impulsvektoren gehörenden Eigenfunktionen zum Ausdruck.

Für zwei Elektronen desselben Schwarmes, die sich im Zustand ψ_j und ψ_l befinden, ist der Betrag der Austauschenergie durch den Ausdruck A_{jl} in (3.5) gegeben, den man auch in der Form

$$A_{jl} = e^2 \int \varrho_{jl}(\mathfrak{r}) V_{jl}(\mathfrak{r}) \, dv \tag{3.10}$$

schreiben kann, wo V_{jl} folgende Bedeutung hat

$$V_{jl}(\mathfrak{r}) = \int \frac{\varrho_{jl}^*(\mathfrak{r}')}{|\mathfrak{r} - \mathfrak{r}'|} \, dv'. \tag{3.11}$$

Hieraus ist zu sehen, daß man V_{jl} als das Potential der Verteilung ϱ_{jl}^* betrachten kann. Es besteht also die POISSONsche Gleichung

$$\Delta V_{jl}(\mathfrak{r}) = -4\pi \varrho_{jl}^*(\mathfrak{r}). \tag{3.12}$$

Für ϱ_{jl} gilt in unserem Fall der Ausdruck

$$\varrho_{jl}(\mathfrak{r}) = \frac{1}{\Omega} e^{\frac{2\pi i}{h}(\mathfrak{p}_j - \mathfrak{p}_l, \mathfrak{r})}, \tag{3.13}$$

mit dem man aus Gl. (3.12)

$$V_{jl}(\mathfrak{r}) = \frac{h^2}{\pi |\mathfrak{p}_j - \mathfrak{p}_l|^2} \varrho_{jl}^*(\mathfrak{r}) \tag{3.14}$$

erhält. Nach Einsetzen dieses Ausdruckes in (3.10) ergibt sich sofort

$$A_{jl} = \frac{h^2 e^2}{\Omega \pi |\mathfrak{p}_j - \mathfrak{p}_l|^2}. \tag{3.15}$$

Die gesamte Austauschenergie des einen Schwarmes erhält man, wenn man $-A_{jl}$ über alle möglichen Kombinationen jl summiert. Die Summation führen wir auf Grund der statistischen Betrachtungsweise durch, indem wir die Summation über j und l durch zwei Integrationen ersetzen, das folgendermaßen geschehen kann. Wenn man den Betrag von $\mathfrak{p}_j$ und $\mathfrak{p}_l$ mit p_j bzw. p_l und den Winkel zwischen $\mathfrak{p}_j$ und $\mathfrak{p}_l$ mit ϑ bezeichnet, dann ist $|\mathfrak{p}_j - \mathfrak{p}_l|^2 = p_j^2 + p_l^2 - 2 p_j p_l \cos \vartheta$. Wir führen nun im Impulsraum ein Polarkoordinatensystem ein, als

---

[1] H. BETHE in: GEIGER-SCHEELS Handbuch der Physik, 2. Aufl., Bd. 24/2, S. 484 u. 485. Berlin: Springer 1933.

dessen Achse wir $\mathfrak{p}_j$ wählen. Die Anzahl der Quantenzustände, die von den Elektronen des ersten Schwarmes besetzt werden, deren Impulsrichtung zwischen ϑ und $\vartheta + d\vartheta$ und deren Impulsbetrag zwischen p_l und $p_l + dp_l$ fällt, ist

$$dQ = \frac{2\pi\Omega}{h^3} p_l^2 \sin\vartheta\, dp_l\, d\vartheta, \tag{3.16}$$

wobei man zu beachten hat, daß sich im Phasenraum in den vollbesetzten Elementarzellen vom Volumen h^3 nur je ein Elektron des betreffenden Schwarmes befindet, daß also den Quantenzuständen der Elektronen in einem Schwarm das Phasenraumvolumen h^3 entspricht. Die Summierung von $-A_{jl}$ über l, d.h. die Integration über die durch die Elektronen des betreffenden Schwarmes besetzten Quantenzustände ergibt

$$\left.\begin{aligned}\varepsilon_j = -\sum_{l=1}^{n} A_{jl} &= -\frac{2e^2}{h}\int_0^{p_\mu} dp_l\, p_l^2 \int_0^{\pi} \frac{\sin\vartheta\, d\vartheta}{p_j^2 + p_l^2 - 2p_j p_l \cos\vartheta} \\ &= -\frac{e^2}{h}\left(\frac{p_\mu^2 - p_j^2}{p_j}\log\frac{p_\mu + p_j}{p_\mu - p_j} + 2p_\mu\right),\end{aligned}\right\} \tag{3.17}$$

wo p_μ den Betrag des maximalen Impulses bezeichnet. ε_j ist die Austauschenergie, die aus der Austauschwechselwirkung eines Elektrons mit dem Impulsbetrag p_j mit allen übrigen Elektronen des Schwarmes (und sich selbst) resultiert. Die gesamte Austauschenergie des Schwarmes erhält man, wenn man diesen Ausdruck noch über j summiert und zur Vermeidung der doppelten Zählung der Elektronenpaare durch 2 dividiert. Die Summation führen wir wieder auf Grund der statistischen Behandlungsweise durch, indem wir ε_j mit $(4\pi\Omega/h^3)\, p_j^2\, dp_j$ multiplizieren und über p_j von 0 bis p_μ integrieren. Auf diese Weise erhält man für die Austauschenergie des einen Schwarmes nach einfacher Rechnung

$$\frac{1}{2}\sum_{j=1}^{n}\varepsilon_j = -\frac{1}{2}\sum_{j,l=1}^{n} A_{jl} = -\frac{2\pi e^2 \Omega}{h^4} p_\mu^4. \tag{3.18}$$

Gerade so groß ist in unserem Fall die Austauschenergie des anderen Schwarmes.

Für die Austauschenergie A_D aller N Elektronen pro Volumeneinheit folgt also mit Rücksicht auf den Zusammenhang (2.2)

$$A_D = -\frac{4\pi e^2}{h^4} p_\mu^4 = -\varkappa_a \varrho^{\frac{4}{3}}, \tag{3.19}$$

$$\varkappa_a = \frac{3}{4}\left(\frac{3}{\pi}\right)^{\frac{1}{3}} e^2 = 0{,}7386\, e^2. \tag{3.20}$$

Hierbei sei bemerkt, daß in diesem Ausdruck auch die aus dem Selbstaustausch der Elektronen resultierende Energie enthalten ist.

Für die Gesamtenergie des Elektronengases erhält man mit Berücksichtigung des Austausches $U = U_D \Omega + A_D \Omega$, woraus ganz ähnlich zu (2.7) jetzt für den Nullpunktsdruck des Elektronengases der Ausdruck

$$P = -\frac{\partial U}{\partial\Omega} = \frac{2}{3} U_D + \frac{1}{3} A_D \tag{3.21}$$

folgt, wo das zweite Glied auf der rechten Seite die Austauschkorrektion bedeutet.

Man kann den Ausdruck der Austauschenergie freier Elektronen nach WIGNER und SEITZ [13], [14] auch auf einem anderen, sehr anschaulichen Weg herleiten. Aus (3.2) ist zu sehen, daß die Eigenfunktion eines Elektronenschwarmes und somit auch die Eigenfunktion des in Betracht gezogenen N-Elektronensystems verschwindet, wenn zwei Elektronen desselben Schwarmes sich am gleichen Ort befinden, denn es werden dann zwei Kolonnen der betreffenden Determinanteneigenfunktion gleich. Dies bedeutet, daß die Wahrscheinlichkeit zwei Elektronen mit parallelem Spin am gleichen Ort anzutreffen, Null ist. Die Elektronen mit parallelem Spin werden also von einander abgedrängt. Diese Abdrängung ist nicht mit der elektrostatischen Abstoßung der Elektronen zu verwechseln; sie ist eine Folge der wellenmechanisch-statistischen Beziehungen, die schon in nullter Näherung, also schon bei Vernachlässigung der elektrostatischen Wechselwirkung der Elektronen auftreten[1]. Zufolge dieser wellenmechanisch-statistischen Beziehungen hängt also die Aufenthaltswahrscheinlichkeit eines Elektrons in einem Volumenelement davon ab, ob sich in diesem schon ein Elektron mit derselben Spinrichtung befindet. Bei Elektronen mit antiparallelem Spin existieren solche wellenmechanisch-statistische Beziehungen in nullter Näherung nicht, diese kann man in nullter Näherung als von einander unabhängig betrachten.

WIGNER und SEITZ konnten für den Fall freier Elektronen zeigen, daß die Wahrscheinlichkeit in der Entfernung r vom herausgegriffenen Elektron im Raumelement dv ein anderes mit gleicher Spinrichtung vorzufinden, die folgende ist

$$\Phi(r)\,dv = \varrho_p \left\{ 1 - 9 \left[\frac{\sin\frac{r}{a} - \frac{r}{a}\cos\frac{r}{a}}{\left(\frac{r}{a}\right)^3} \right]^2 \right\} dv \qquad (3.22)$$

mit

$$a = \frac{1}{(6\pi^2 \varrho_p)^{\frac{1}{3}}}. \qquad (3.23)$$

ϱ_p bezeichnet die Dichte der Elektronen, deren Spins die gleiche Richtung haben wie das herausgegriffene Elektron. In unserem Fall ist $\varrho_p = \frac{1}{2}\varrho$. In Fig. 1 haben wir Φ/ϱ_p als Funktion von r/a dargestellt. Aus dem Verlauf dieser Funktion sieht man, daß die Verteilung der Elektronen mit gleichgerichtetem Spin nicht konstant ist, sondern daß die mittlere Dichte dieser Elektronen für $r = 0$ verschwindet, mit wachsendem r ansteigt und erst in größerer Entfernung vom herausgegriffenen Elektron einen praktisch konstanten Wert erreicht.

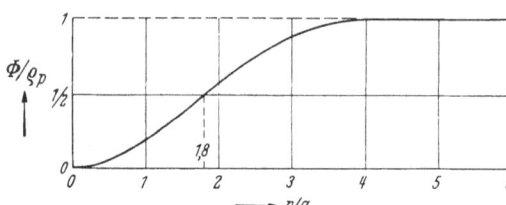

Fig. 1. Φ/ϱ_p als Funktion von r/a.

In der Umgebung jedes Elektrons ist also die Dichte der Elektronen mit gleicher Spinrichtung wie die des hervorgehobenen Elektrons wesentlich kleiner als im Fall einer konstanten Verteilung, es entsteht also in der Dichteverteilung der Elektronen mit gleichgerichtetem Spin in der Umgebung jedes Elektrons ein „Loch". Dies führt zu einer Verminderung der elektrostatischen potentiellen Energie der Elektronen gegenüber demjenigen Wert dieser Energie, den man für einen durchweg konstanten Wert von ϱ_p erhält, da man vom Potential, mit dem die übrigen Elektronen auf ein herausgegriffenes Elektron wirken, den aus dem „Loch" resultierenden Potentialanteil in Abzug zu bringen hat. Diese Verminderung der elektrostatischen Wechselwirkungsenergie der Elektronen ist mit der Austauschenergie identisch. Mit Rücksicht auf (3.22) erhält man für den Betrag der elektrostatischen Energieverminderung $-A_D$ des gesamten Elektronengases

---

[1] Eine elektrostatische Abdrängung ist zwischen Elektronen mit parallelem Spin natürlich ebenfalls vorhanden, durch diese wird aber — da sie nur in der zweiten Näherung auftritt — die aus den wellenmechanisch-statistischen Beziehungen resultierende Abdrängung nur unbedeutend beeinflußt. Die elektrostatische Abdrängung der Elektronen ist jedoch für Elektronen mit antiparallelem Spin von Bedeutung (vgl. S. 119f.).

pro Volumeneinheit

$$-A_D = \frac{1}{2} \frac{Ne^2}{\Omega} 9\varrho_p \int_0^\infty \frac{1}{r} \left[\frac{\sin\frac{r}{a} - \frac{r}{a}\cos\frac{r}{a}}{\left(\frac{r}{a}\right)^3} \right]^2 4\pi r^2 dr = \frac{3}{4}\left(\frac{3}{\pi}\right)^{\frac{1}{3}} e^2 \frac{N}{\Omega}(2\varrho_p)^{\frac{1}{3}}. \quad (3.24)$$

Den Faktor $\frac{1}{2}$ vor dem Integral hat man zu berücksichtigen um die doppelte Zählung der Elektronenpaare zu vermeiden. Mit Rücksicht auf die Zusammenhänge $N = \varrho\Omega$ und $2\varrho_p = \varrho$ folgt für A_D aus (3.24) der Ausdruck (3.19).

γ) *Zweite Näherung. Korrelation.* In der ersten Näherung mit welcher wir uns bisher befaßten, weichen sich die Elektronen mit antiparallelem Spin nicht aus, da zwischen diesen keinerlei wellenmechanisch-statistische Beziehungen bestehen. In der zweiten Näherung, die hier kurz geschildert werden soll, besteht jedoch auch zwischen diesen Elektronen zufolge ihrer elektrostatischen Abstoßung eine Abdrängung. In zweiter Näherung bewegen sich also auch die Elektronen mit antiparallelem Spin nicht unabhängig voneinander, sondern trachten sich in möglichst großer Entfernung voneinander aufzuhalten. Man kann dies im erweiterten Sinne des Wortes als einen Polarisationseffekt der Elektronen mit antiparallelem Spin betrachten, den wir kurz als Korrelation bezeichnen[1]. Die Korrelation, die man mit Hilfe einer Störungsrechnung zweiter Ordnung behandeln kann, führt also ebenfalls zu einer Energieverminderung des Elektronengases.

Das schwierige Problem der Berechnung der Korrelationsenergie wurde für freie Elektronen angenähert zuerst von WIGNER [*15*] gelöst[2] und später sehr eingehend von MACKE [*16*] behandelt, wobei unter anderem auch die Resultate von WIGNER auf eine andere Weise hergeleitet wurden. Bei Zugrundelegung des im Vorangehenden behandelten Elektronensystems läßt sich nach WIGNER die Korrelationsenergie mit Hilfe eines Variationsverfahrens näherungsweise folgendermaßen ermitteln. Man geht jetzt statt von dem Ansatz (3.2) der Eigenfunktion des N-Elektronensystems von folgendem erweiterten Ansatz aus

$$\psi = \frac{1}{\sqrt{n!}} \begin{vmatrix} \psi_1(1;n+1,\ldots,2n) \ldots \psi_1(n;n+1,\ldots,2n) \\ \psi_2(1;n+1,\ldots,2n) \ldots \psi_2(n;n+1,\ldots,2n) \\ \cdot \cdot \cdot \cdot \cdot \cdot \cdot \cdot \cdot \cdot \cdot \cdot \cdot \\ \psi_n(1;n+1,\ldots,2n) \ldots \psi_n(n;n+1,\ldots,2n) \end{vmatrix} \cdot \frac{1}{\sqrt{n!}} \begin{vmatrix} \psi_1(n+1) \ldots \psi_1(2n) \\ \psi_2(n+1) \ldots \psi_2(2n) \\ \cdot \cdot \cdot \cdot \cdot \cdot \cdot \\ \psi_n(n+1) \ldots \psi_n(2n) \end{vmatrix}. \quad (3.25)$$

Es wird also für den einen Schwarm angenommen, daß die Eigenfunktionen der einzelnen Elektronen dieses Schwarmes auch von den Ortskoordinaten der Elektronen des anderen Schwarmes abhängen, während die Eigenfunktion dieses anderen Schwarmes unverändert bleibt; die Elektronen dieses letzteren Schwarmes spielen also hinsichtlich der Elektronen des ersteren die Rolle einer Störung. Die Eigenfunktionen der einzelnen Elektronen $\psi_k(i;n+1,\ldots,2n)$ werden mittels eines Variationsverfahrens bestimmt. Mit diesen Eigenfunktionen ψ_k wird dann eine neue Eigenfunktion des N-Elektronensystems aufgebaut, die die wirkliche Eigenfunktion besser approximiert als die Eigenfunktion (3.2) und mit der man eine neue Gesamtenergie berechnet, die tiefer liegt als die Energie, welche der Eigenfunktion (3.2) entspricht. Die so gewonnene Energieverminderung ist die Korrelationsenergie.

---

[1] Dieser Effekt besteht auch bei Elektronen mit parallelem Spin, ist aber dort von wesentlich geringerer Bedeutung (vgl. hierzu Fußnote 1 auf S. 118).

[2] Vgl. auch E. P. WIGNER: Trans. Faraday Soc. **34**, 678 (1938) sowie F. SEITZ, The Modern Theory of Solids, S. 342—344. New-York u. London: McGraw-Hill Book Company 1940.

Die Rechnungen wurden von WIGNER auf die geschilderte Weise nur für große Elektronendichten[1] durchgeführt und dann auf sehr kleine Elektronendichten extrapoliert. Die auf ein Elektron entfallende mittlere Korrelationsenergie w_m kann man nach WIGNER durch folgende Näherungsformel darstellen[2]

$$w_m = -g(\varrho^{\frac{1}{3}}) = -\frac{\alpha_1}{\varrho^{\frac{1}{3}} + \alpha_2} \varrho^{\frac{1}{3}}, \qquad (3.26)$$

wo α_1 und α_2 die Konstanten

$$\alpha_1 = 0{,}05647 \frac{e^2}{a_0} \quad \text{und} \quad \alpha_2 = 0{,}1216 \frac{1}{a_0} \qquad (3.27)$$

bezeichnen[3]. Der Fehler dieser Näherungsformel beträgt nach WIGNER weniger als 20%. Mit (3.26) erhält man für die Korrelationsenergie pro Volumeneinheit

$$W_D = -g(\varrho^{\frac{1}{3}}) \varrho. \qquad (3.28)$$

Die gesamte Wechselwirkungsenergie des Elektronengases in erster und zweiter Näherung setzt sich also aus der elektrostatischen Wechselwirkungsenergie, der Austauschenergie und der Korrelationsenergie zusammen. Da der Betrag der Korrelationsenergie im Verhältnis zum Betrag der Austauschenergie klein ist, reicht die von WIGNER erzielte Genauigkeit der Näherungsfunktion $g(\varrho^{\frac{1}{3}})$ praktisch in allen Fällen aus.

Die Korrelationskorrektion des Nullpunktsdruckes des Elektronengases kann man an Hand des Ausdruckes (3.28) ganz ähnlich ermitteln wie die auf S. 117 berechnete Austauschkorrektion des Nullpunktsdruckes.

II. Das statistische Modell von THOMAS und FERMI.

4. Begründung des THOMAS-FERMIschen Modells. Die statistische Theorie atomarer Systeme gründet sich auf die Annahme, daß man die Elektronen des Systems als ein entartetes Elektronengas am absoluten Nullpunkt der Temperatur betrachten kann. Es wird angenommen, daß in diesem Elektronengas die Ladung der Elektronen kontinuierlich verteilt ist, man betrachtet also die Elektronen als „pulverisiert". Diese kontinuierlich verteilte Elektronenladung bildet im statistischen Modell eine Art negativer Atmosphäre um die Kerne, die durch die Anziehung der Kerne und die gegenseitige Abstoßung der negativen Ladungselemente im Gleichgewicht gehalten wird. Aus diesen Grundannahmen folgt, daß im statistischen Modell die individuellen Eigenschaften der Elektronen verwischt werden und weiterhin, daß man die Theorie nur auf solche Systeme anwenden kann, in welchen die Anzahl der Elektronen groß, also die statistische Behandlungsweise gerechtfertigt ist.

Die statistische Theorie entstand aus den voneinander unabhängigen, grundlegenden Arbeiten von THOMAS [17] und FERMI [18], [19]. Im statistischen Modell von THOMAS und FERMI wird zwischen den Elektronen nur die elektrostatische Wechselwirkung in Betracht gezogen, alle weiteren Wechselwirkungen zwischen den Elektronen, sowie der Elektronenaustausch und die Korrelation der Elektronen mit antiparallelem Spin werden durchweg vernachlässigt; weiterhin bleibt

---

[1] Für Elektronendichten von der Größenordnung der Dichten der Metallelektronen in Alkalimetallen.

[2] Ursprünglich wurde w_m von WIGNER als Funktion des Radius r_s der ein Elektron enthaltenden Elementarkugel angegeben. Zwischen ϱ und r_s besteht der Zusammenhang $\varrho = 3/(4\pi r_s^3)$.

[3] Die Funktion $g(\varrho^{\frac{1}{3}})$ ist in Fig. 7 auf S. 145 dargestellt.

auch die sehr wesentliche Inhomogenitätskorrektion der kinetischen Energie (Ziff. 14) unberücksichtigt. Das THOMAS-FERMIsche Modell kann man also nur als eine erste Näherung der statistischen Theorie betrachten.

Das Grundproblem der statistischen Theorie eines atomaren Systems bildet die Bestimmung der Potential- bzw. der Dichteverteilung der Elektronen. Durch eine dieser Verteilungsfunktionen ist das statistische Modell eindeutig festgelegt. In der statistischen Theorie von THOMAS und FERMI werden diese Verteilungsfunktionen durch die THOMAS-FERMIsche Gleichung determiniert. Analog zur Wellenmechanik, wo man die SCHRÖDINGERsche Gleichung, welche die Eigenfunktion und somit die mittlere Aufenthaltswahrscheinlichkeit der Elektronen bestimmt, aus einem Variationsprinzip gewinnen kann, läßt sich in der statistischen Theorie die THOMAS-FERMIsche Gleichung ebenfalls aus einem Variationsprinzip herleiten.

Zu diesem Variationsprinzip gelangt man nach FRENKEL[1] und LENZ [46] durch die Minimumforderung der Gesamtenergie des Systems[2]. Im Anschluß an LENZ berechnen wir zunächst die Energie des Elektronengases in einem elektronenreichen System, in welchem sich die Elektronen in einem zunächst beliebig vorausgesetzten Potential V_k befinden, das sich aus dem Potential von beliebig vielen Kernen und einem beliebigen äußeren Potential zusammensetzen kann. Zur Herleitung des Energieausdruckes führen wir ein System von Scheidewänden ein, mit denen wir das Elektronengas in Teilvolumina unterteilen, und zwar in der Weise, daß jedes räumliche Volumenelement dv noch viele Elektronen enthalte und das Potential in diesen Zellen praktisch konstant sei. Wir sehen im folgenden zunächst davon ab, daß diese Bedingungen in Gebieten geringer Elektronendichte, also z.B. im Fall eines Atoms in großer Entfernung vom Kern wegen der kleinen Elektronenzahl und in unmittelbarer Nähe der Kerne wegen der sehr starken Änderung des Kernpotentials mit der Entfernung von den Kernen nicht erfüllbar sind.

Da sich die kinetische Energie eines FERMI-Gases bei einer Unterteilung in Teilvolumina, in welchen sich noch viele Elektronen befinden, nur unbedeutend ändert, kann man die kinetische Energie des Systems als Summe der Energien der einzelnen Teilvolumina auffassen. Bei der von uns vorgenommenen Zelleneinteilung kann man die Elektronen in jeder Zelle als ein freies Elektronengas am absoluten Nullpunkt der Temperatur betrachten. Mit (2.5) wird also die kinetische Energie eines Elektronengases in einer Zelle $\varkappa_k \varrho^{\frac{5}{3}} dv$, wo ϱ die Elektronendichte in dv bezeichnet. Für die gesamte kinetische Energie des Systems folgt also

$$E_k = \varkappa_k \int \varrho^{\frac{5}{3}} dv. \qquad (4.1)$$

Zur Berechnung der potentiellen Energie des Elektronengases ist es zweckmäßig das Potential in zwei Teile aufzuspalten, und zwar in das Potential V_k und in das Potential V_e, das die Elektronenwolke erzeugt und das man folgendermaßen darstellen kann

$$V_e(\mathfrak{r}) = -e \int \frac{\varrho(\mathfrak{r}')}{|\mathfrak{r}-\mathfrak{r}'|} dv'. \qquad (4.2)$$

Wenn $\mathfrak{r}$ den Ortsvektor des Volumenelementes dv bezeichnet, so setzt sich die potentielle Energie des Elektronengases in dv aus $-V_k(\mathfrak{r}) \varrho(\mathfrak{r}) e\, dv$ und $-V_e(\mathfrak{r}) \varrho(\mathfrak{r}) e\, dv$ zusammen. Die gesamte potentielle Energie des Elektronengases

---
[1] J. FRENKEL: Z. Physik **50**, 234 (1928).
[2] Vgl. auch G. ALLARD: J. de Phys. Radium **9**, 225 (1948).

erhält man also als Summe der folgenden beiden Energieterme

$$E_p^k = -\int V_k \varrho \, e \, dv, \tag{4.3}$$

$$E_p^e = -\frac{1}{2}\int V_e \varrho \, e \, dv = \frac{1}{2} e^2 \iint \frac{\varrho(\mathfrak{r})\,\varrho(\mathfrak{r}')}{|\mathfrak{r}-\mathfrak{r}'|} \, dv \, dv'. \tag{4.4}$$

Es bedeutet also E_p^k die potentielle Energie des Elektronengases im Potentialfeld V_k und E_p^e die aus der elektrostatischen Wechselwirkung der Elektronen resultierende potentielle Energie. Der Faktor $\frac{1}{2}$ im Ausdruck von E_p^e steht zur Vermeidung der doppelten Zählung der Elektronenpaare.

Die gesamte Energie E des Elektronengases wird also

$$E = E_k + E_p^k + E_p^e = \int \left[\varkappa_k \varrho^{\frac{5}{3}} - (V_k + \tfrac{1}{2}V_e)\,\varrho\, e\right] dv. \tag{4.5}$$

Hierbei ist zu bemerken, daß für ϱ die Bedingungsgleichung

$$\int \varrho \, e \, dv = N e \tag{4.6}$$

besteht, wo N die Anzahl der Elektronen des Systems bedeutet.

Wenn man mit V_0 einen LAGRANGEschen Multiplikator bezeichnet, so läßt sich das Variationsprinzip zur Bestimmung von ϱ in folgender Form schreiben

$$\delta(E + V_0 N e) = \delta E + V_0 e \, \delta N = 0, \tag{4.7}$$

wo die Variation hinsichtlich ϱ bei festgehaltenen Kernen und äußeren Bedingungen (z.B. Verschwinden der variierten Dichte im Unendlichen) zu erfolgen hat. Hieraus ergibt sich die grundlegende Beziehung

$$\varrho = \sigma_0 (V - V_0)^{\frac{3}{2}}, \tag{4.8}$$

wo

$$V = V_k + V_e \tag{4.9}$$

das Gesamtpotential und σ_0 die Konstante

$$\sigma_0 = \left(\frac{3e}{5\varkappa_k}\right)^{\frac{3}{2}} = \frac{1}{3\pi^2}\left(\frac{2}{e\,a_0}\right)^{\frac{3}{2}} = 0{,}09553 \, \frac{1}{(e\,a_0)^{\frac{3}{2}}} \tag{4.10}$$

bezeichnet[1].

Zwischen V und ϱ besteht die POISSONsche Gleichung, die man mit Rücksicht darauf, daß V_0 eine Konstante ist, in der Form

$$\Delta(V - V_0) = 4\pi \varrho \, e \tag{4.11}$$

schreiben kann. Wenn man hier für ϱ den Ausdruck (4.8) einsetzt, so erhält man die THOMAS-FERMIsche Gleichung

$$\Delta(V - V_0) = 4\pi\sigma_0 e (V - V_0)^{\frac{3}{2}}, \tag{4.12}$$

die den Potentialverlauf und mit Rücksicht auf (4.8) den Dichteverlauf des Elektronengases bestimmt.

Die Gln. (4.8) und (4.12) haben natürlich nur in den Gebieten Gültigkeit, in denen ϱ nicht verschwindet. In den Gebieten, in denen $\varrho \equiv 0$ ist, besteht die Gleichung $\Delta(V - V_0) = \Delta V = 0$. Dies bzw. das Dementsprechende hat man auch in den weiteren Ausführungen insbesondere in Kap. III bei den Erweiterungen des statistischen Modells zu beachten, ohne daß hierauf ständig hingewiesen wird.

---

[1] Wie COULSON in der Arbeit C. R. Acad. Sci. Paris **239**, 868 (1954) gezeigt hat, ist die Beziehung (4.8) nach einer Mittelung über die einzelnen Elektronenschalen eines Atoms praktisch mit einer von ODIOT und DAUDEL auf wellenmechanischem Wege hergeleiteten Beziehung identisch.

Die Grundgleichung (4.8) kann man auch auf elementarem Wege folgendermaßen herleiten. Die Gesamtenergie $\frac{p^2}{2m} - Ve$ eines Elektrons, das im Verband des atomaren Systems verbleibt, d.h. an das System gebunden ist, kann höchstens gleich werden mit der höchstmöglichen potentiellen Energie eines Elektrons im System. Wenn wir das höchste Potential im System mit V_0 bezeichnen, so folgt also

$$\frac{p^2}{2m} - Ve \leq -V_0 e. \tag{4.13}$$

Im Verband des Systems gebundene Elektronen können also alle Zustände besetzen, für welche

$$p \leq [2me(V - V_0)]^{\frac{1}{2}} \tag{4.14}$$

ist. Wenn wir annehmen, daß alle diese Zustände vollbesetzt sind, und berücksichtigen, daß für den Betrag des maximalen Impulses der Ausdruck (2.2) gilt, so folgt die mit (4.8) identische Gleichung

$$p_\mu = \frac{1}{2}\left(\frac{3}{\pi}\right)^{\frac{1}{3}} h \varrho^{\frac{1}{3}} = [2me(V - V_0)]^{\frac{1}{2}}. \tag{4.15}$$

Aus dieser Herleitung ist zu sehen, daß der LAGRANGEsche Multiplikator V_0 in (4.8) das höchstmögliche Potential und $-V_0 e$ die höchstmögliche Energie eines Elektrons im atomaren System bedeutet.

5. Das THOMAS-FERMIsche Atommodell. Die bisherigen Ausführungen gelten für beliebige atomare Systeme. Im folgenden beschränken wir uns auf ein Atom mit der Ordnungszahl Z und der Elektronenzahl N. Im statistischen Atommodell betrachtet man ϱ als eine Funktion der Entfernung vom Kern, r, allein, indem man ϱ als eine mittlere Dichte auffaßt, die sich ergibt wenn man über die verschiedenen Richtungen mittelt, d.h. über die Winkel integriert. Hieraus folgt, daß auch V eine Funktion von r allein ist, demzufolge man für Atome die THOMAS-FERMIsche Gleichung in der Form

$$\frac{d^2[r(V-V_0)]}{dr^2} = 4\pi\sigma_0 e \frac{1}{r^{\frac{1}{2}}}[r(V-V_0)]^{\frac{3}{2}} \tag{5.1}$$

schreiben kann.

Wir nehmen an, daß die Elektronendichte des Atoms bis zu einem Grenzradius r_0 ausläuft und von dort an gleich Null ist. Unser nächstes Ziel ist r_0 und die Elektronendichte am Atomrand $\varrho(r_0)$ zu bestimmen, da die Lösung der Gleichung nur dann eindeutig festgelegt ist, wenn der Grenzradius und die Randdichte vorgegeben sind. Die Lösungen von (5.1) hängen von r_0 ab, es wird also ϱ und somit die Energie E des Atoms eine Funktion von r_0. Man kann daher r_0 bzw. die Randdichte $\varrho(r_0)$, die wir mit ϱ_0 bezeichnen, nach JENSEN [25] aus der Minimumforderung der Energie, d.h. aus der Gleichung

$$\frac{dE}{dr_0} = 0 \tag{5.2}$$

bestimmen[1]. Bei der Berechnung von dE/dr_0 ist zu beachten, daß alle in E vorkommenden Integrale nur auf eine Kugel vom Radius r_0 auszudehnen sind, denn außerhalb dieser Kugel ist $\varrho \equiv 0$. Im Ausdruck von dE/dr_0 kommen die Ableitungen $\partial V_e/\partial r_0$ und $\partial \varrho/\partial r_0$ vor; die erste kann man mit Hilfe der Definitionsgleichung (4.2) von V_e und die zweite mit Hilfe der Gl. (4.6) eliminieren, wodurch

---

[1] Vgl. auch [2], S. 36ff.

sich nach einfacher Rechnung

$$\frac{dE}{dr_0} = -\frac{8\pi}{3}\varkappa_k r_0^2 \varrho_0^{\frac{5}{3}} \tag{5.3}$$

ergibt. Durch Einsetzen dieses Ausdruckes in (5.2) folgt

$$\varrho_0 = 0. \tag{5.4}$$

Am Rand des THOMAS-FERMIschen Atoms verschwindet also die Elektronendichte. Durch dieses Resultat ist zugleich der Grenzradius r_0 des Atoms bestimmt (vgl. hierzu Ziff. 6).

Am absoluten Nullpunkt der Temperatur besteht die Beziehung $dE = -Pdv$, wo P den Druck bezeichnet. Wenn man hier $dv = 4\pi r_0^2 dr_0$ setzt, so ist zu sehen, daß die Forderung (5.2) die sehr anschauliche Bedeutung hat, daß der Nullpunktsdruck des Elektronengases am Atomrand, $P(r_0) = \frac{2}{3}\varkappa_k \varrho_0^{\frac{5}{3}}$, verschwinde.

Mit dem Resultat (5.4) erhält man für den LAGRANGEschen Multiplikator V_0 aus (4.8)

$$V_0 = V(r_0) = \frac{(Z-N)e}{r_0}. \tag{5.5}$$

Für neutrale Atome ist also $V_0 = 0$.

Die Grenzbedingungen, denen die Lösungen der THOMAS-FERMIschen Gleichung für Atome zu genügen haben, sind die folgenden. Die Grenzbedingung bei $r = 0$ fordert, daß das Potential V für $r = 0$ in das Kernpotential übergehe, d.h. daß

$$[r(V-V_0)]_{r=0} = Ze \tag{5.6}$$

sei. Die Grenzbedingungen am Atomrand fordern, daß das Potential V und die elektrische Feldstärke $-\frac{dV}{dr}$ stetig in das Potential bzw. in die Feldstärke für $r \geq r_0$, d.h. in die Ausdrücke $(Z-N)e/r_0$ bzw. $(Z-N)e/r_0^2$ übergehen sollen. Am Atomrand müssen also die Gleichungen

$$V(r_0) = \frac{(Z-N)e}{r_0}, \quad -\left(\frac{dV}{dr}\right)_{r=r_0} = \frac{(Z-N)e}{r_0^2} \tag{5.7}$$

bestehen. Die zweite dieser Gleichungen enthält die Aussage, daß die Gesamtladung des Atoms $(Z-N)e$ ist; diese Gleichung ist also mit (4.6) äquivalent.

Die THOMAS-FERMIsche Gl. (5.1) und die Grenzbedingungen lassen sich durch Einführung der neuen Variable

$$x = \frac{r}{\mu} \tag{5.8}$$

mit der von Z abhängigen Längeneinheit

$$\mu = \frac{1}{(4\pi\sigma_0)^{\frac{2}{3}}e} \cdot \frac{1}{Z^{\frac{1}{3}}} = \frac{1}{4}\left(\frac{9\pi^2}{2}\right)^{\frac{1}{3}} \frac{a_0}{Z^{\frac{1}{3}}} = \frac{0,8853\, a_0}{Z^{\frac{1}{3}}} \tag{5.9}$$

und der Funktion

$$\varphi(x) = \frac{r}{Ze}(V-V_0) \tag{5.10}$$

in einer sehr einfachen Form schreiben. Für die THOMAS-FERMIsche Gleichung ergibt sich[1]

$$\varphi'' = \frac{\varphi^{\frac{3}{2}}}{x^{\frac{1}{2}}} \tag{5.11}$$

---
[1] Diese Gleichung hat eine große Ähnlichkeit mit der EMDENschen Differentialgleichung der polytropen Gaskugeln $\varphi'' = -\varphi^n/x^{n-1}$, die abgesehen vom Vorzeichen der rechten Seite für $n = \frac{3}{2}$ in die THOMAS-FERMIsche Gl. (5.11) übergeht.

und für die Grenzbedingungen erhält man

$$\varphi(0) = 1, \quad \varphi(x_0) = 0, \quad x_0 \varphi'(x_0) = -\frac{Z-N}{Z}, \tag{5.12}$$

wo φ' und φ'' die erste bzw. zweite Ableitung von φ nach x bedeuten und $x_0 = r_0/\mu$ ist. Explizite kommen Z und N nurmehr in der dritten Grenzbedingung vor, implizite geht aber Z durch die von Z abhängige Längeneinheit μ in (5.11) und (5.12) ein.

Das Potential und die Elektronendichte kann man mit φ und x in folgender Form darstellen

$$V = \frac{Ze}{r}\varphi + V_0, \quad \varrho = \frac{Z}{4\pi\mu^3}\left(\frac{\varphi}{x}\right)^{\frac{3}{2}} = \frac{Z}{4\pi\mu^3}\cdot\frac{\varphi''}{x}. \tag{5.13}$$

Diese Ausdrücke gelten nur für $r \leq r_0$, d.h. $x \leq x_0$; für $r \geq r_0$ also $x \geq x_0$ ist $V = (Z-N)e/r$ und $\varrho \equiv 0$.

Unsere bisherigen Ausführungen gelten in erster Linie für freie Atome; sie bleiben aber zum großen Teil auch für Atome, die unter Wahrung der Kugelsymmetrie durch einen äußeren Zwang (Druck) zusammengedrängt sind, bestehen. Diese zusammengedrängten Atome bilden die Bausteine der Materie unter hohem Druck, die wir ausführlich im Abschnitt VI d behandeln; die Unterschiede gegenüber den freien Atomen seien aber kurz schon hier angegeben. Bei den durch äußeren Zwang zusammengedrängten Atomen verschwindet der Nullpunktsdruck des Elektronengases am Atomrand — der dem äußeren Druck das Gleichgewicht hält — nicht. Demzufolge verschwindet auch die Elektronendichte am Atomrand nicht. Dies hat weiterhin zur Folge, daß $\varphi(x_0)$ nicht Null ist, sondern beliebige positive Werte annehmen kann, womit die zweite Grenzbedingung (5.12) wegfällt und die dritte durch die Gleichung

$$x_0\varphi'(x_0) - \varphi(x_0) = -\frac{Z-N}{Z} \tag{5.14}$$

zu ersetzen ist. Eine weitere Folge ist, daß für V_0 der Ausdruck (5.5) seine Gültigkeit verliert.

6. Lösung der THOMAS-FERMIschen Gleichung für Atome. Mit der Grenzbedingung $\varphi(0) = 1$ hat die Gl. (5.11) eine einparametrige Lösungsschar, die in Fig. 2 dargestellt ist. Unter den Lösungen gibt es eine, φ_0, die die x-Achse im Unendlichen berührt; diese entspricht dem neutralen Atom. Die Kurven, die unterhalb dieser verlaufen, sind die Lösungen für freie positive Ionen[1]. Die Kurven oberhalb der Lösung φ_0 entsprechen Atomen, die durch einen äußeren Zwang zusammengedrängt sind. Für freie negative Ionen existieren keine strenge Lösungen.

α) *Freie neutrale Atome.* Für freie neutrale Atome bezeichnen wir die Lösung der Gl. (5.11) mit φ_0. Mit Rücksicht darauf, daß jetzt $N = Z$ ist, hat φ_0 den folgenden Grenzbedingungen zu genügen

$$\varphi_0(0) = 1, \quad \varphi_0(x_0) = 0, \quad \varphi_0'(x_0) = 0. \tag{6.1}$$

Da Z weder in die Grundgleichung noch in die Grenzbedingungen eingeht, folgt, daß φ_0 eine von Z unabhängige, universelle Funktion von x ist.

---

[1] E. GUTH u. R. PEIERLS: Phys. Rev. **37**, 217 (1931). Es sei darauf hingewiesen, daß die BAKERsche Definition [E. BAKER: Phys. Rev. **36**, 630 (1930)] positiver statistischer Ionen falsch ist. Die Lösungen der Gl. (5.11) von BAKER für verschiedene Anstiege der Anfangstangente und die weiter unten zitierten Resultate von BAKER bleiben jedoch von diesem Einwand unberührt.

Mit den Grenzbedingungen bei x_0 folgt aus (5.11), daß mit φ_0 und φ_0' auch alle höheren Ableitungen von φ_0 nach x bei $x = x_0$ verschwinden. Da die triviale Lösung $\varphi_0 \equiv 0$ nicht in Frage kommt, muß man hieraus auf $x_0 = \infty$, d.h. $r_0 = \infty$ schließen [7]. Der Grenzradius des neutralen THOMAS-FERMIschen Atoms ist also unendlich groß.

Die THOMAS-FERMIsche Gleichung kann man mit den Grenzbedingungen (6.1) auf analytischem Weg exakt nicht lösen. Die exakte Lösung wurde von FERMI, BAKER und später von MIRANDA auf numerischem Weg, weiterhin von BUSH und CALDWELL mit Hilfe einer Integriermaschine bestimmt[1]. Neuestens wurde φ_0 und φ_0' auf numerischem Wege mit einer sehr großen Genauigkeit von

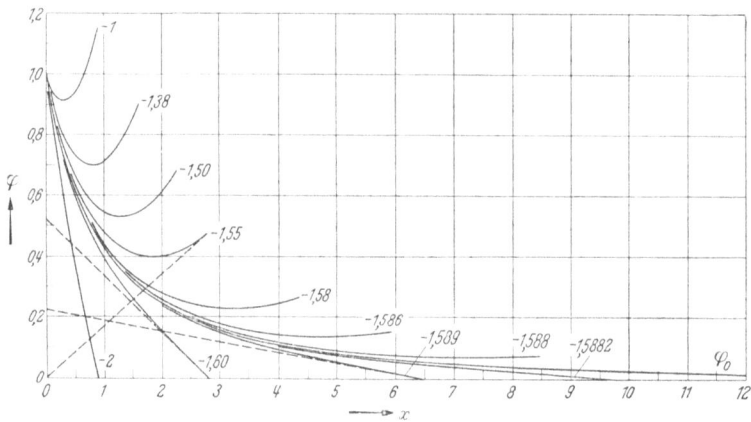

Fig. 2. Lösungen der THOMAS-FERMIschen Gleichung als Funktionen von x. Die neben den Kurven stehenden Zahlen sind die Werte von $\varphi'(0)$. Bei einigen Kurven sind die Tangenten bei $x = x_0$ (gestrichelt) eingezeichnet. Nach [2], S. 42.

KOBAYASHI, MATSUKUMA, NAGAI und UMEDA berechnet[2]; eine tabellarische Zusammenstellung der von ihnen berechneten Werte[3] bringen wir in Tabelle 1. Für kleine bzw. große x-Werte läßt sich φ_0 durch Reihenentwicklungen darstellen. Für kleine x wurde eine Reihenentwicklung zuerst von BAKER angegeben[4] und später von FEYNMAN, METROPOLIS und TELLER [53] sowie von KOBAYASHI[5] erweitert; für große x haben COULSON und MARCH[6] eine Reihenentwicklung gegeben, die von KOBAYASHI, MATSUKUMA, NAGAI und UMEDA[2] erweitert wurde.

Der Anstieg der Anfangstangente beträgt nach KOBAYASHI, MATSUKUMA, NAGAI und UMEDA[2]

$$\varphi_0'(0) = -1{,}588070972. \tag{6.2}$$

---

[1] E. FERMI: [19] und [3]. — E. BAKER: Phys. Rev. **36**, 630 (1930). — C. MIRANDA: Mem. Accad. Italia **5**, 283 (1934). — V. BUSH u. S. H. CALDWELL: Phys. Rev. **38**, 1898 (1931). — Eine Zusammenstellung der Lösungen und ausführliche Besprechung der damit zusammenhängenden Fragen findet man in [2].

[2] S. KOBAYASHI, T. MATSUKUMA, S. NAGAI u. K. UMEDA: J. Phys. Soc. Japan **10**, 759 (1955).

[3] Ergänzt mit einigen Werten, die von S. KOBAYASHI berechnet und mir freundlichst zur Verfügung gestellt wurden.

[4] E. BAKER: Phys. Rev. **36**, 630 (1930). In der Reihenentwicklung von BAKER ist das letzte Glied unrichtig.

[5] S. KOBAYASHI: J. Phys. Soc. Japan **10**, 824 (1955).

[6] C. A. COULSON u. N. H. MARCH: Proc. Phys. Soc. Lond. A **63**, 367 (1950); Berichtigung bei N. H. MARCH, Proc. Cambridge Phil. Soc. **48**, 665 (1952).

Ziff. 6.   Lösung der Thomas-Fermischen Gleichung für Atome.   127

Tabelle 1. *Die Funktionen φ_0, φ_0', η_0 und η_0'.*

x	φ_0	$-\varphi_0'$	η_0	η_0'	x	φ_0	$-\varphi_0'$	η_0	η_0'
0,00	1,00000	1,588071	0,00000	1,00000	8,5	0,032833	0,0²69642	123,52	43,293
0,01	0,98545	1,38956	0,01000	1,00100	9,0	0,029591	0,0²60331	146,66	49,322
0,02	0,97198	1,30930	0,02002	1,00281	9,5	0,026774	0,0²52559	172,94	55,916
0,03	0,95920	1,24897	0,03006	1,00514	10,0	0,024314	0,0²46029	202,67	63,105
0,04	0,94696	1,19910	0,04013	1,00788	10,5	0,022155	0,0²40502	236,15	70,918
0,05	0,93519	1,15600	0,05022	1,01098	11,0	0,020250	0,0²35798	273,69	79,39
0,06	0,92383	1,11774	0,06035	1,01438	11,5	0,018564	0,0²31771	315,65	88,54
0,07	0,91282	1,08319	0,07051	1,01807	12,0	0,017064	0,0²28305	362,35	98,42
0,08	0,90215	1,05161	0,08071	1,02202	12,5	0,015725	0,0²25309	414,20	109,05
0,09	0,89178	1,02246	0,09095	1,02620	13,0	0,014526	0,0²22705	471,53	120,47
0,10	0,88170	0,99535	0,10123	1,03060	13,5	0,013449	0,0²20434	534,80	132,71
					14,0	0,012478	0,0²18445	604,40	145,80
0,2	0,79306	0,79423	0,20686	1,08460	14,5	0,011601	0,0²16696	680,74	159,79
0,3	0,72064	0,66180	0,31862	1,15277	15,0	0,010805	0,0²15153	764,33	174,69
0,4	0,65954	0,56464	0,43778	1,23208	15,5	0,010083	0,0²13787	855,59	190,57
0,5	0,60699	0,48941	0,56536	1,32103	16,0	0,0²94241	0,0²12574	955,04	207,44
0,6	0,56116	0,42917	0,70228	1,41873	16,5	0,0²88229	0,0²11494	1063,2	225,43
0,7	0,52079	0,37979	0,84938	1,52464	17,0	0,0²82728	0,0²10529	1180,6	244,34
0,8	0,48493	0,33861	1,00747	1,63843	17,5	0,0²77683	0,0³96645	1307,7	264,43
0,9	0,45286	0,30378	1,17731	1,75991	18,0	0,0²73048	0,0³88883	1445,2	285,67
1,0	0,42401	0,27399	1,35969	1,88895	18,5	0,0²68782	0,0³81896	1593,6	308,11
					19,0	0,0²64847	0,0³75592	1753,5	331,78
1,2	0,37424	0,22591	1,76504	2,1696	19,5	0,0²61213	0,0³69891	1925,6	356,72
1,4	0,33290	0,18904	2,2296	2,4805	20,0	0,0²57849	0,0³64725	2110,4	382,97
1,6	0,29810	0,16011	2,7593	2,8222					
1,8	0,26847	0,13700	3,3605	3,1954	21	0,0²51839	0,0³55766	2521,2	439,57
2,0	0,24301	0,11824	4,0396	3,6012	22	0,0²46646	0,0³48323	2991,5	501,92
2,2	0,22095	0,10283	4,8032	4,0406	23	0,0²42134	0,0³42094	3527,1	570,4
2,4	0,20170	0,090026	5,6582	4,5149	24	0,0²38194	0,0³36849	4134,4	645,2
2,6	0,18480	0,079286	6,6116	5,0253	25	0,0²34738	0,0³32404	4819,9	727,0
2,8	0,16988	0,070200	7,6708	5,5730	26	0,0²31691	0,0³28617	5590,7	815,8
3,0	0,15663	0,062457	8,8434	6,1594					
3,2	0,14482	0,055813	10,137	6,7858	28	0,0²26602	0,0³22580	7417,9	1016,6
3,4	0,13425	0,050077	11,561	7,4538	30	0,0²22558	0,0³18067	9679,0	1250,7
3,6	0,12474	0,045098	13,122	8,1646					
3,8	0,11617	0,040753	14,829	8,9198	35	0,0²15509	0,0³10891	17707	2003
4,0	0,10840	0,036944	16,693	9,7208	40	0,0²11136	0,0⁴69668	30179	3037
					45	0,0³82754	0,0⁴46694	48650	4412
4,5	0,091948	0,029271	22,094	11,933	50	0,0³63226	0,0⁴32499	74960	6188
5,0	0,078808	0,023560	28,679	14,466					
5,5	0,068160	0,019221	36,618	17,342	60	0,0³39391	0,0⁴17198	16024·10	11220
6,0	0,059423	0,015868	46,084	20,589	70	0,0³26227	0,0⁵99566	30752·10	18710
6,5	0,052173	0,013236	57,273	24,230	80	0,0³18355	0,0⁵61662	54470·10	29300
7,0	0,046098	0,011143	70,385	28,294	90	0,0³13355	0,0⁵40245	90620·10	43700
7,5	0,040962	0,0²94583	85,641	32,807	100	0,0³10024	0,0⁵27393	14340·10²	62670
8,0	0,036587	0,0²80886	103,27	37,797	∞	0	0	∞	∞

Die genaue Bestimmung von $\varphi_0'(0)$ ist ein schwieriges Problem, da $\varphi_0'(0)$ durch die Reihenentwicklung beim Nullpunkt nicht ermittelt werden kann, sondern durch die Randbedingung bei $x_0 = \infty$ festgelegt wird.

Die Thomas-Fermische Gleichung wurde sehr ausführlich von Miranda[1] untersucht. Die von ihm angegebenen numerischen Werte (Lösung und Anstieg der Anfangstangente) sind jedoch weniger genau als die weiter oben angegebenen.

---

[1] C. Miranda: Mem. Accad. Italia **5**, 285 (1934); Atti Soc. Ital. **21** II, 121 (1933); man vgl. weiterhin A. Mambriani, Rend. Accad. Lincei (6) **9**, 142, 620 (1929) und G. Scorza-Dragoni, Rend. Accad. Lincei (6) **8**, 361 (1928); (6) **9**, 623 (1929).

Eine analytische Näherungslösung der THOMAS-FERMIschen Gleichung hat SOMMERFELD hergeleitet[1]. Zu dieser gelangt man mit Hilfe des Ausdruckes

$$\varphi = \frac{144}{x^3}, \qquad (6.3)$$

der ein partikuläres Integral der Gl. (5.11) darstellt, das der zweiten und dritten Grenzbedingung (6.1) genügt, aber bei $x=0$ singulär wird, d.h. die erste Grenzbedingung (6.1) nicht erfüllt. Es läßt sich zeigen, daß alle Lösungen, die im Unendlichen verschwinden, sich dort wie (6.3) verhalten[2]. Unter diesen gibt es eine, die der Grenzbedingung $\varphi(0) = 1$ genügt und deren Bestimmung das Ziel ist. Das asymptotische Verhalten dieser Lösung wird also durch (6.3) dargestellt. Zu einer brauchbaren Näherungslösung gelangt man nach SOMMERFELD, indem man eine asymptotische Lösung, die in der Form

$$\varphi = \frac{144}{x^3}\left(1 + \frac{a}{x^\lambda}\right)^n \qquad (6.4)$$

angesetzt wird, zwingt durch den Punkt $x=0$, $\varphi(0)=1$ zu gehen. Die Konstanten a, λ und n werden aus den Forderungen bestimmt, daß erstens Gl. (5.11) durch den Ausdruck (6.4) asymptotisch erfüllt sei und daß zweitens $\varphi(0) = 1$ sei. Hieraus erhält man für die Konstanten die Werte

$$\lambda = \frac{1}{2}(73^{\frac{1}{2}} - 7) = 0{,}772, \quad n = -\frac{3}{\lambda}, \quad a = 144^{\lambda/3}, \qquad (6.5)$$

mit denen man φ in der Form

$$\varphi = \frac{1}{\left[1 + \left(\frac{x^3}{144}\right)^{\lambda/3}\right]^{3/\lambda}} \qquad (6.6)$$

schreiben kann.

Diese Näherungslösung von SOMMERFELD gibt für $x>10$ eine sehr gute Näherung der exakten Lösung und geht für sehr große x in (6.3) über. Für $x<10$ ist die Näherung weniger gut, hier ergeben sich Abweichungen bis zu 10%. Die wesentlichste Abweichung der SOMMERFELDschen Näherungslösung von der exakten besteht darin, daß für die Näherungslösung $\varphi'(0) = -\infty$ wird.

Die SOMMERFELDsche Näherungslösung wurde von MARCH[3] korrigiert, indem für den Parameterwert λ eine entsprechende Wahl getroffen wurde. MARCH bestimmt λ in der Weise, daß er den Ausdruck (6.6) in die THOMAS-FERMIsche Gleichung (5.11) einsetzt und fordert, daß das über den ganzen Raum erstreckte Integral der beiden Seiten gleich sei. Auf diese Weise ergibt sich $\lambda = 0{,}8034$ und der maximale Fehler der Näherungslösung verringert sich auf 3%.

Eine von UMEDA[4] vorgenommene Bestimmung von λ mit dem RITZschen Variationsverfahren, woraus $\lambda = 0{,}8371$ folgt, gibt nur in der unmittelbaren Umgebung des Kernes ($x<0{,}5$) eine Verbesserung der SOMMERFELDschen Näherungslösung, für größere x-Werte wird die so gewonnene Näherung schlechter als die SOMMERFELDsche; es ergeben sich Fehler bis zu 15%.

---

[1] A. SOMMERFELD: Rend. Accad. Lincei (6) **15**, 788 (1932). SOMMERFELD hat diese Näherungslösung auch auf einem vom hier geschilderten verschiedenen Weg hergeleitet. Vgl. hierzu [*21*].

[2] Vgl. hierzu die in Fußnote 6 auf S. 126 zitierte Reihenentwicklung von COULSON und MARCH.

[3] N. H. MARCH: Proc. Cambridge Phil. Soc. **46**, 356 (1950).

[4] K. UMEDA: Progress Report of the Research Group for the Study of Atomic and Molecular Structure, Nr. 1, S. 4. Japan 1952. — J. Phys. Soc. Japan **9**, 290 (1954).

Ziff. 6. Lösung der THOMAS-FERMIschen Gleichung für Atome.

Durch eine näherungsweise Linearisierung der THOMAS-FERMIschen Gleichung im Gebiet $0,5 \lesssim x \lesssim 10$ hat BRINKMAN[1] eine in diesem Gebiet gültige analytische Näherungslösung der THOMAS-FERMIschen Gleichung hergeleitet. Im Anschluß hieran haben TIETZ[2] sowie UMEDA und KOBAYASHI[3] weitere Näherungslösungen bestimmt.

Schließlich sei erwähnt, daß ROZENTAL[4], sowie MOLIÈRE[5] die tabelliert vorliegende Funktion φ_0 durch einen analytischen Näherungsausdruck approximierten.

β) *Freie positive Ionen.* Für freie positive Ionen hat die Lösung φ der THOMAS-FERMIschen Gleichung (5.11) den Grenzbedingungen

$$\varphi(0) = 1, \quad \varphi(x_0) = 0, \quad x_0 \varphi'(x_0) = -(Z-N)/Z \qquad (6.7)$$

zu genügen; φ hängt also vom Ionisationsgrad $(Z-N)/Z$ ab. Lösungen für positive Ionen sind in Fig. 2 dargestellt, sie sind dadurch gekennzeichnet, daß sie die x-Achse bei $x = x_0$ schneiden, wobei sich für x_0 ein endlicher Wert ergibt. Aus der letzten Grenzbedingung folgt nämlich, daß $(Z-N)/Z$ die Strecke der Ordinatenachse bedeutet, die die zum Schnittpunkt $(x_0, 0)$ gezogene und nach rückwärts verlängerte Tangente der φ-Kurve von der Ordinatenachse abschneidet. An Hand dieser geometrischen Betrachtungen sieht man aus Fig. 2, daß x_0 endlich ist und um so kleiner wird, je größer der Ionisationsgrad ist. Dies findet seine Erklärung darin, daß im Fall eines größeren Ionisationsgrades, d.h. größeren positiven Ladungsüberschusses die Elektronenwolke stärker zusammengedrängt wird. Für neutrale Atome, also für den Ionisationsgrad Null, wird $x_0 = \infty$, denn es geht dann die Tangente in die x-Achse über.

Die Bestimmung von φ kann nach FERMI [20] folgendermaßen erfolgen[6]. Man setzt

$$\varphi(x) = \varphi_0(x) + k \eta_0(x), \qquad (6.8)$$

wo $\varphi_0(x)$ die Lösung für das neutrale Atom und $k \eta_0(x)$ für x-Werte, die relativ zu x_0 genügend klein sind, eine kleine Korrektur von φ_0 darstellt, in welcher k eine vom Ionisationsgrad abhängige Konstante bezeichnet. Wegen $\varphi(0) = 1$ und $\varphi_0(0) = 1$ muß $\eta_0(0) = 0$ sein.

Wenn man (6.8) in die THOMAS-FERMIsche Gleichung (5.11) einsetzt und die rechte Seite nach $k \eta_0/\varphi_0$ in eine Reihe entwickelt, die man nach dem zweiten Glied abbricht, so folgt für η_0 die lineare Differentialgleichung

$$\eta_0'' = \frac{3}{2} \left(\frac{\varphi_0}{x} \right)^{\frac{1}{2}} \eta_0, \qquad (6.9)$$

aus der η_0 mit den Anfangsbedingungen

$$\eta_0(0) = 0, \quad \eta_0'(0) = 1 \qquad (6.10)$$

zu bestimmen ist. In dieser, wie sich zeigt, vollkommen ausreichenden Näherung ist also $\eta_0(x)$ eine vom Ionisationsgrad unabhängige universelle Funktion. Der Abhängigkeit vom Ionisationsgrad wird durch die Konstante k Rechnung

---

[1] H. C. BRINKMAN: Physica, Haag **20**, 44 (1954). — J. Chem. Physics **23**, 1560 (1955).
[2] T. TIETZ: J. Chem. Physics **22**, 2094 (1954); **23**, 1167, 1560 (1955). — Ann. Physik (6) **15**, 186 (1955). — Nuovo Cim. **1**, 955 (1955).
[3] K. UMEDA u. S. KOBAYASHI: J. Phys. Soc. Japan **9**, 749 (1955). In dieser Arbeit wird weiterhin eine systematische Darstellung der Näherungslösungen gegeben.
[4] S. ROZENTAL: Z. Physik **98**, 742 (1936).
[5] G. MOLIÈRE: Z. Naturforsch. **2a**, 133 (1947).
[6] Man kann φ auch aus den Tabellen von BAKER [Phys. Rev. **36**, 630 (1930)] berechnen, wobei aber das in der Fußnote 1 auf S. 125 Gesagte im Auge zu behalten ist.

getragen, die mit dem vom Ionisationsgrad abhängigen Anstieg der Anfangstangente von φ durch die Gleichung $\varphi'(0) = \varphi_0'(0) + k$ zusammenhängt.

Die Funktion $\eta_0(x)$ wurde von FERMI [20] sowie von FERMI und AMALDI [22], weiterhin von MIRANDA[1] und schließlich von KOBAYASHI auf numerischem Weg berechnet[2]. Eine tabellarische Darstellung der Funktionen $\eta_0(x)$ und $\eta_0'(x)$ nach KOBAYASHI[3] bringen wir in der Tabelle 1.

Die Konstante k wird folgendermaßen bestimmt. Man setzt für k einen beliebigen Wert ein und berechnet mit diesem mit Hilfe der Tabelle 1 die Funktion φ nach (6.8) bis zu solchen x-Werten, für die $k\eta_0$ im Verhältnis zu φ_0 klein ist. Für größere x-Werte, für die $k\eta_0$ von der gleichen Größenordnung wird wie φ_0, bei denen also die Gl. (6.9) nur eine grobe Näherung gibt, wird die Berechnung von φ durch direkte numerische Integration der exakten Gleichung $\varphi'' = \varphi^{3/2}/x^{\frac{1}{2}}$ fortgesetzt und zwar bis zu demjenigen x_0-Wert, für den $\varphi(x_0) = 0$ ist. Hiermit ist die Funktion φ von $x = 0$ bis $x = x_0$ eindeutig bestimmt. Die Zuordnung von k zum Ionisationsgrad $(Z-N)/Z$ erfolgt nun dadurch, daß man mit diesem φ den Wert von $-x_0\varphi'(x_0)$ berechnet, der nach der dritten Grenzbedingung mit dem Ionisationsgrad gleich ist, wodurch die Zuordnung eindeutig festgelegt wird. Die von FERMI auf diese Weise bestimmten x_0-Werte[4] sind in der zweiten Zeile der Tabelle 2 angegeben.

Wenn man sich mit einer etwas kleineren Genauigkeit begnügt, so kann man von $x = 0$ bis $x = x_0$ durchweg $\varphi = \varphi_0 + k\eta_0$ setzen und für k die von FERMI und AMALDI [22] angegebene Interpolationsformel

$$k = -0{,}083\left(\frac{Z-N}{Z}\right)^3 \tag{6.11}$$

benutzen. Es entsteht hierdurch nur am Rand des Ions eine kleine Ungenauigkeit, so werden z.B. die auf diese Weise bestimmten x_0-Werte nur um weniger als 4% kleiner als die genauen.

Eine auch am Rand des Ions sehr gute Näherungslösung erhält man, wenn man den Näherungsausdruck $\varphi = \varphi_0 + k\eta_0$ wieder im ganzen Ion als gültig betrachtet und k aus der Gleichung $\varphi(x_0) = \varphi_0(x_0) + k\eta_0(x_0) = 0$ mit den genauen FERMIschen x_0-Werten der Tabelle 2 (oder mit Hilfe dieser Daten interpolierten x_0-Werten) bestimmt.

Von SOMMERFELD [21] wurde auch für positive Ionen eine Näherungslösung hergeleitet. SOMMERFELD verfährt in der Weise, daß er Gl. (6.9) näherungsweise löst, die Lösung in (6.8) einsetzt und den so gewonnenen Ausdruck für φ von $x = 0$ bis $x = x_0$ als gültig betrachtet. Bei der näherungsweisen Lösung der Gl. (6.9) werden die FERMIschen Anfangsbedingungen (6.10) fallen gelassen, indem für η_0 der Ansatz

$$\eta_0 = (1+z)^n \quad \text{mit} \quad z = \left(\frac{x^3}{144}\right)^{\lambda/3} \tag{6.12}$$

gemacht wird, in welchem der Exponent n so zu bestimmen ist, daß Gl. (6.9) asymptotisch erfüllt sei. Die Konstante k ergibt sich aus der zweiten Grenz-

---
[1] C. MIRANDA: Mem. Accad. Italia 5, 283 (1934).
[2] Ein analytischer Näherungsausdruck für η_0 wurde von T. TIETZ [Nuovo Cim. 1, 968 (1955)] hergeleitet.
[3] Die in der Tabelle 1 angegebenen, bisher nicht veröffentlichten, sehr genauen Werte für η_0 und η_0' wurden von S. KOBAYASHI berechnet und mir freundlicherweise zur Verfügung gestellt.
[4] Diese wurden von SOMMERFELD in der Arbeit [21] bekannt gegeben. Die entsprechenden k-Werte bzw. die Zuordnung dieser zum Ionisationsgrad wurden von FERMI [20] angegeben, jedoch mit einer unzureichenden Genauigkeit.

bedingung (6.7). Auf diese Weise erhält man für φ

$$\varphi = \varphi_0 \left[1 - \left(\frac{1+z}{1+z_0} \right)^{6/\lambda^2} \right] = \frac{1}{(1+z)^{3/\lambda}} \left[1 - \left(\frac{1+z}{1+z_0} \right)^{6/\lambda^2} \right]. \qquad (6.13)$$

Die Konstante $z_0 = (x_0^3/144)^{\lambda/3}$ und somit x_0 wird aus der dritten Grenzbedingung (6.7) bestimmt. Die hieraus von SOMMERFELD berechneten x_0-Werte, die wir in der dritten Zeile der Tabelle 2 angeführt haben, sind nur um wenige Prozent kleiner als die von FERMI auf dem exakten Weg erhaltenen.

Tabelle 2. x_0 für verschiedene Ionisationsgrade.

$(Z-N)/Z$	0,01	0,02	0,03	0,05	0,08	0,10
x_0 nach FERMI	35,5	25,4	21,1	16,2	12,9	11,2
x_0 nach SOMMERFELD	34,23	24,95	20,54	15,81	12,18	10,64

Für $x < 10$ beträgt der Fehler der SOMMERFELDschen Näherungslösung etwa 10%; dieser ist darauf zurückzuführen, daß SOMMERFELD in (6.13) für φ_0 den Näherungsausdruck (6.6) setzt. Am Atomrand und in dessen Nähe entsteht ein kleiner Fehler der Näherungslösung daraus, daß die SOMMERFELDschen x_0-Werte mit den exakten nicht gänzlich übereinstimmen. Beide Fehler kann man praktisch eliminieren, indem man in (6.13) für φ_0 die in der Tabelle 1 dargestellte exakte φ_0-Funktion und für z_0 die mit den exakten x_0-Werten berechneten z_0-Werte setzt. Schließlich sei noch bemerkt, daß der Anstieg der Anfangstangente $\varphi'(0)$ aus der SOMMERFELDschen Näherungslösung nicht berechnet werden kann.

γ) *Durch äußeren Zwang zusammengedrängte Atome.* Aus dem am Ende von Ziff. 5 Gesagten geht hervor, daß die Grenzbedingungen für neutrale Atome, die durch äußeren Zwang zusammengedrängt sind, folgendermaßen lauten

$$\varphi(0) = 1, \qquad \varphi'(x_0) = \frac{\varphi(x_0)}{x_0}. \qquad (6.14)$$

Die zweite dieser Bedingungsgleichungen hat die anschauliche Bedeutung, daß die bei x_0 zu φ gezogene Tangente durch den Koordinatenursprung gehen muß.

SLATER und KRUTTER, weiterhin MARCH sowie FEYNMAN, METROPOLIS und TELLER haben für mehrere Werte von $\varphi'(0)$ die Lösung numerisch berechnet[1]. Die von SLATER und KRUTTER bestimmten Lösungen sind graphisch in Fig. 2 dargestellt; die zusammengehörenden Werte von $\varphi'(0)$ und x_0 haben wir in der Tabelle 3 zusammengestellt. Eine Reihenentwicklung von φ bei $x = x_0$ wurde von MARCH[2] gegeben.

Tabelle 3. *Zusammengehörige Werte von $\varphi'(0)$ und x_0 nach SLATER und KRUTTER.*

$-\varphi'(0)$	1,00	1,38	1,50	1,55	1,58	1,586	1,588	1,58803
x_0	1,19	1,69	2,20	2,80	4,23	5,85	8,59	11,3

SAUVENIER[3], und später unabhängig von ihm UMEDA[4] haben mit demselben Näherungsverfahren, das SOMMERFELD für positive Ionen benutzte, für

---
[1] J. C. SLATER u. H. M. KRUTTER [*51*]. — N. H. MARCH: Proc. Cambridge Phil. Soc. **48**, 665 (1952). — R. P. FEYNMAN, N. METROPOLIS u. E. TELLER [*53*]. Die von FEYNMAN, METROPOLIS und TELLER angegebenen $\varphi'(0)$-Werte sind unrichtig.
[2] N. H. MARCH: Proc. Phys. Soc. Lond. A **68**, 726 (1955).
[3] H. SAUVENIER: Bull. Soc. Roy. Sci. Liège **8**, 313 (1939).
[4] K. UMEDA: Phys. Rev. **83**, 651 (1951). — J. Phys. Soc. Japan **9**, 291 (1954).

zusammengedrängte neutrale Atome eine Näherungslösung hergeleitet. Der einzige Unterschied gegenüber positiven Ionen besteht darin, daß jetzt die Konstante k aus der zweiten Grenzbedingung (6.14) bestimmt wird. Auf diese Weise ergibt sich für φ der überraschend gute Näherungsausdruck

$$\varphi = \varphi_0 \left[1 - \frac{\lambda + 4\lambda z_0}{\lambda + 4\lambda z_0 - 6z_0} \cdot \left(\frac{1+z}{1+z_0} \right)^{6/\lambda^2} \right], \qquad (6.15)$$

wo z mit x bzw. z_0 mit x_0 im selben Zusammenhang steht wie im Falle positiver Ionen[1].

Der Näherungsausdruck (6.15) versagt für sehr kleine x_0-Werte ($x_0 \lesssim 4$), da für $x_0 = 0{,}9389$ $\varphi(x_0) = \infty$ wird, weiterhin wird der Näherungsausdruck (6.15) auch für sehr große x_0-Werte ($x_0 \gtrsim 25$) unbrauchbar[2]. Zur Berechnung von $\varphi'(0)$ kann der Näherungsausdruck (6.15) ebenfalls nicht herangezogen werden[3].

Schließlich sei erwähnt, daß Gl. (5.11) außer den hier diskutierten und in Fig. 2 dargestellten Lösungstypen noch eine andere Art von Lösungen besitzt, die für die statistische Theorie gewisser Moleküle von Wichtigkeit ist und auf die wir im Abschnitt VI b noch zu sprechen kommen. Diese Lösungen, die von MARCH[4] bestimmt wurden, verhalten sich im Unendlichen wie (6.3) und werden bei einem endlichen Wert von x unendlich.

7. Dichteverteilung des Elektronengases im THOMAS-FERMIschen Atom. Mit Hilfe der Lösungen der THOMAS-FERMIschen Gleichung läßt sich der Verlauf der radialen Elektronendichte

$$D = 4\pi \varrho r^2 = \frac{Z}{\mu} \varphi^{\frac{3}{2}} x^{\frac{1}{2}} \qquad (7.1)$$

einfach berechnen. Bei $x=0$ verschwindet D für alle Atome und Ionen wegen $\varphi(0) = 1$ wie $x^{\frac{1}{2}}$. Außerdem verschwindet D für alle Atome und Ionen bei $x = x_0$. Für neutrale Atome ist $x_0 = \infty$ und es verschwindet dort D wie $1/x^4$, wie dies aus der asymptotischen Lösung (6.6) von SOMMERFELD zu sehen ist.

Da die statistische Behandlungsweise den individuellen Eigenschaften der einzelnen Elektronen nicht Rechnung trägt, wird im statistischen Ausdruck der radialen Elektronendichte der Schalenaufbau der Elektronenstruktur im Atom verwischt. Die statistische Elektronendichte kann daher nur einen Mittelwert der wahren Elektronendichte geben. Infolgedessen wird durch die statistische Verteilung der Elektronen am Atom- bzw. Ionenrand die Elektronenverteilung solcher Atome und Ionen am besten approximiert, bei denen die Elektronen in abgeschlossenen edelgasähnlichen Elektronenschalen angeordnet sind. Bei Atomen und Ionen, die keine abgeschlossenen Elektronenschalen besitzen, ist nämlich für die Elektronendichte in großer Entfernung vom Kern die Verteilung der relativ locker gebundenen Valenzelektronen ausschlaggebend, deren individuelle Eigenschaften das statistische Modell meistens nur mangelhaft beschreiben kann.

In den Fig. 3 und 4 haben wir die statistische Elektronenverteilung des Argonatoms bzw. des Hg-Atoms dargestellt und zum Vergleich auch die nach

---

[1] Von UMEDA sowie von TIETZ wurden außerdem noch weitere Näherungslösungen angegeben; vgl. hierzu K. UMEDA: J. Phys. Soc. Japan **9**, 291 (1954) bzw. T. TIETZ: Nuovo Cim. **2**, 327 (1955).
[2] K. UMEDA: J. Phys. Soc. Japan **9**, 291 (1954).
[3] Vgl. z.B. [2], S. 53.
[4] N. H. MARCH: Proc. Cambridge Phil. Soc. **48**, 665 (1952).

Ziff. 7.   Dichteverteilung des Elektronengases im Thomas-Fermischen Atom.

der Methode des „self-consistent field" von D. R. HARTREE und W. HARTREE[1] berechneten Elektronenverteilungen zusammen mit einer weiteren statistischen Verteilung (vgl. Ziff. 10) eingezeichnet[2]. In beiden Fällen ist aus einem Vergleich der THOMAS-FERMISCHEN statistischen Verteilung mit der HARTREESCHEN

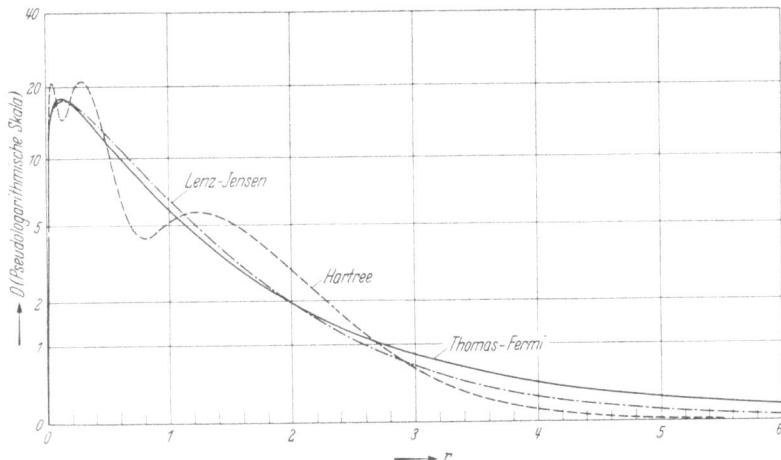

Fig. 3. Vergleich der THOMAS-FERMISCHEN, der LENZ-JENSENSCHEN (Ziff. 10) statistischen und der HARTREESCHEN wellenmechanischen radialen Dichteverteilung der Elektronen im A-Atom. r in a_0-Einheiten, $D = 4\pi r^2 \varrho$ in $1/a_0$-Einheiten. Nach [2], S. 54.

wellenmechanischen zu sehen, daß im Inneren des Atoms die statistische Verteilung einen sehr guten Mittelwert der wellenmechanischen liefert; in den äußeren Gebieten des Atoms ist jedoch die statistische Elektronendichte zu groß.

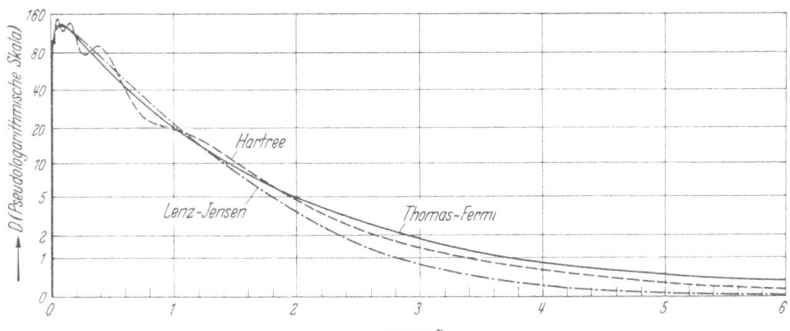

Fig. 4. Vergleich der THOMAS-FERMISCHEN, der LENZ-JENSENSCHEN (Ziff. 10) statistischen und der HARTREESCHEN wellenmechanischen radialen Dichteverteilung der Elektronen im Hg-Atom. r in a_0-Einheiten, $D = 4\pi r^2 \varrho$ in $1/a_0$-Einheiten. Nach [2], S. 55.

Ein Vergleich der statistischen und wellenmechanischen Elektronendichten für positive Ionen führt im wesentlichen zum selben Resultat, obwohl sich dort für die statistische Verteilung die Verhältnisse insofern günstiger gestalten, als

---

[1] Bezüglich Argon vgl. D. R. HARTREE u. W. HARTREE, Proc. Roy. Soc. Lond., Ser. A **166**, 450 (1938); bezüglich Hg vgl. D. R. HARTREE u. W. HARTREE, Proc. Roy. Soc. Lond., Ser. A **149**, 210 (1935).

[2] Um den gesamten Dichteverlauf gut übersichtlich darstellen zu können, haben wir für die Ordinate eine pseudologarithmische Skala gewählt, die auch in allen folgenden analogen Figuren beibehalten wurde. Als Ordinate haben wir $\text{Log}(1+Da_0)$ aufgetragen, die Darstellung wird also für große D logarithmisch und für kleine D linear. An der Ordinatenachse sind direkt die Werte von Da_0 angegeben.

die statistische Elektronendichte positiver Ionen bei einem endlichen r-Wert verschwindet und von dort an Null bleibt. Man vergleiche hierzu Fig. 5, wo für das Rb$^+$-Ion der statistische Verlauf der Elektronendichte zum Vergleich mit dem HARTREEschen Dichteverlauf[1] des „self-consistent field" und einem weiteren statistischen Dichteverlauf (Ziff. 10) dargestellt ist.

Daß im THOMAS-FERMIschen Modell die Elektronendichte in großer Entfernung vom Kern zu langsam auf Null abfällt, ist für neutrale Atome mit Hilfe der SOMMERFELDschen Näherungslösung (6.6) aus (5.13) sofort zu sehen; denn hiernach verschwindet ϱ für $r = \infty$ wie $1/r^6$, während die wellenmechanische mittlere Dichte im Unendlichen bekanntlich exponentiell auf Null abfällt. Dieser

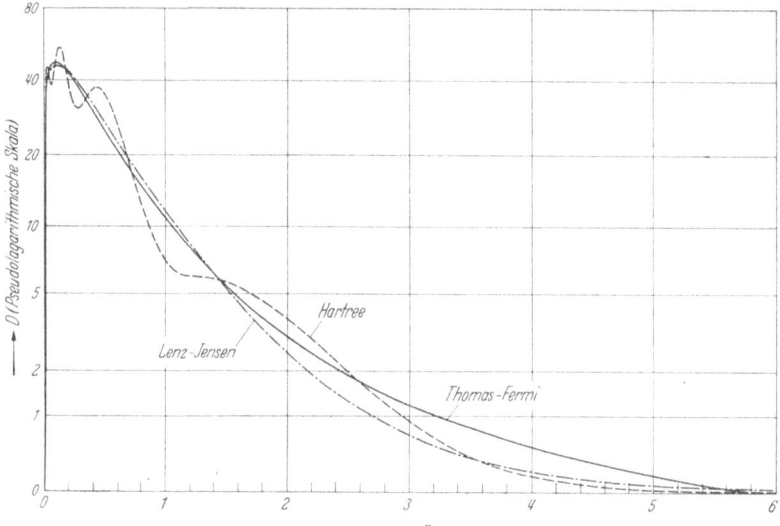

Fig. 5. Vergleich der THOMAS-FERMIschen, der LENZ-JENSENschen (Ziff. 10) statistischen und der HARTREEschen wellenmechanischen radialen Dichteverteilung der Elektronen im Rb$^+$-Ion. r in a_0-Einheiten, $D = 4\pi r^2 \varrho$ in $1/a_0$-Einheiten. Nach [2], S. 57.

Mangel sowie die Nichtexistenz exakter Lösungen der THOMAS-FERMIschen Gleichung für negative Ionen ist darauf zurückzuführen, daß im THOMAS-FERMIschen Modell die elektrostatische Selbstwechselwirkung der Elektronen inbegriffen ist. Der hierdurch verursachte Fehler kann durch die Berücksichtigung der Austauschwechselwirkung der Elektronen (Ziff. 11) und durch eine elementare Korrektion von FERMI und AMALDI (Ziff. 9) einfach behoben werden.

Ein weiterer Mangel des THOMAS-FERMIschen Dichteverlaufes ist das Verhalten von ϱ bei $r = 0$. Während nämlich die wellenmechanische Dichte bei $r = 0$ in eine Konstante übergeht, wird die THOMAS-FERMIsche Dichte dort wie $1/r^{3/2}$ unendlich[2]. Dieser Mangel, der durch die kinetische Inhomogenitätskorrektion (Ziff. 14) behoben werden kann, wirkt sich aber nur in den Gebieten der unmittelbarsten Umgebung des Kerns, d.h. auf die K-Elektronenschale und für schwere Atome einigermaßen noch auf die L-Elektronenschale aus und läßt die übrigen Gebiete unbeeinflußt.

Zusammenfassend läßt sich also feststellen, daß das THOMAS-FERMIsche Modell nur zur Berechnung solcher Atomeigenschaften mit Erfolg herangezogen

---

[1] D. R. HARTREE: Proc. Roy. Soc. Lond., Ser. A **151**, 96 (1935).
[2] Diese Singularität wurde näher von R. GÁSPÁR [Acta Phys. Hung. **3**, 339 (1954)] untersucht.

werden kann, bei welchen es — unter Ausschluß der unmittelbarsten Umgebung des Kerns — auf die *inneren* Elektronen des Atoms ankommt (z.B. Röntgenterme, Streuung von Röntgenstrahlen), zur Berechnung solcher Eigenschaften aber, bei welchen die *äußeren* Elektronen stark ins Gewicht fallen (z.B. diamagnetische Suszeptibilitäten und Polarisierbarkeiten) ist das THOMAS-FERMIsche Modell unbrauchbar.

8. Energie des THOMAS-FERMIschen Atoms und Energiebeziehungen. α) *Das GIBBSsche chemische Potential.* Die Berechnung der Energie des THOMAS-FERMIschen Atoms gestaltet sich mit Hilfe des chemischen Potentials besonders einfach. Dieses kann man nach HULTHÉN [41] folgendermaßen ermitteln. In der statistischen Theorie wird die Elektronendichte und die Berandung des Systems mit Berücksichtigung der Nebenbedingung (4.6) aus dem Variationsprinzip (4.7) in der Weise bestimmt, daß die Energie des Systems zum Minimum wird. Bei dem auf diese Weise bestimmten Minimum der Energie, das noch eine Funktion der Ordnungszahl der Kerne und der Elektronenzahl N ist, kann man eine Variation der Energie noch durch eine Änderung der Elektronenzahl N bewirken, wodurch sich $\delta E = \frac{\partial E}{\partial N} \delta N$ ergibt. Aus einem Vergleich dieser Beziehung mit (4.7) folgt für beliebige Systeme der wichtige Zusammenhang

$$\frac{\partial E}{\partial N} = -V_0 e, \tag{8.1}$$

der besagt, daß $-V_0 e$ das GIBBSsche chemische Potential am absoluten Nullpunkt der Temperatur ist.

β) *Energie des THOMAS-FERMIschen Atoms und Ions.* Mit Hilfe der Beziehung (8.1) kann man die Energie E eines THOMAS-FERMIschen Atoms mit der Ordnungszahl Z und der Elektronenzahl N nach HULTHÉN [41] folgendermaßen sehr einfach berechnen. Man bildet den Ausdruck dE/dZ unter Konstanthaltung von N/Z, für den sich

$$\left(\frac{dE}{dZ}\right)_{N/Z} = \frac{\partial E}{\partial N}\frac{dN}{dZ} + \frac{\partial E}{\partial Z} = \frac{\partial E}{\partial N}\frac{N}{Z} - e^2 \int \frac{\varrho}{r} dv \tag{8.2}$$

ergibt. Hier hat man auf der rechten Seite für $\partial E/\partial N$ den Ausdruck (8.1) und im Integral für ϱ den zweiten Ausdruck (5.13) einzusetzen, mit dem sich das Integral sofort auswerten läßt. Wenn man den so gewonnenen Ausdruck für $(dE/dZ)_{N/Z}$ bei Konstanthaltung von N/Z integriert, so erhält man

$$E = \frac{12}{7}\left(\frac{2}{9\pi^2}\right)^{\frac{1}{3}}\left[\varphi'(0) + \frac{1}{x_0}\left(\frac{Z-N}{Z}\right)^2\right] Z^{\frac{7}{3}} \frac{e^2}{a_0}. \tag{8.3}$$

Für neutrale Atome ($N=Z$) ergibt sich hieraus mit (6.2)

$$E = \frac{12}{7}\left(\frac{2}{9\pi^2}\right)^{\frac{1}{3}} \varphi_0'(0) Z^{\frac{7}{3}} \frac{e^2}{a_0} = -0{,}7687 Z^{\frac{7}{3}} \frac{e^2}{a_0} = -20{,}93 Z^{\frac{7}{3}} \text{ eV}. \tag{8.4}$$

Der Energieausdruck (8.2) wurde auch von SOMMERFELD im Anschluß an eine Arbeit von MILNE durch direkte Durchführung der Integrationen in (4.5) und für neutrale Atome auch von SCOTT auf einem ähnlichen Wege wie der oben geschilderte hergeleitet[1]. Die auf Grund der Formel (8.4) berechneten Energien

---

[1] A. SOMMERFELD [37]. — E. A. MILNE: Proc. Cambridge Phil. Soc. **23**, 794 (1927). — J. M. C. SCOTT: Phil. Mag. (7) **43**, 859 (1952). Bezüglich des Energieausdruckes für neutrale Atome vgl. auch E. FERMI, Rend. Accad. Lincei (6) **6**, 602 (1927) sowie E. BAKER, Phys. Rev. **36**, 630 (1930).

liegen für schwere Atome um etwa 17% und für leichte bis 50% zu tief; vgl. hierzu Ziff. 24.

γ) *Virialsatz.* Für THOMAS-FERMISche Atome und Ionen besteht der Virialsatz, der für diese zuerst von FOCK[1] und später von DUFFIN[2] hergeleitet wurde und nach welchem für freie Atome und Ionen

$$2E_k + E_p = 0 \tag{8.5}$$

ist, wo E_k die kinetische und $E_p = E_p^k + E_p^e$ die gesamte potentielle Energie des Atoms bezeichnet und die einzelnen Energieanteile durch (4.1), (4.3) und (4.4) definiert sind.

Das FOCKsche Verfahren beruht auf einer Variation der Elektronendichte und gestaltet sich folgendermaßen. Mit Hilfe des Streckungsparameters λ führt man die variierte Dichte

$$\varrho_\lambda = \lambda^3 \varrho(\lambda \mathfrak{r}) \tag{8.6}$$

ein, in welcher der Faktor λ^3 aus der Normierungsbedingung (4.6) folgt und die für $\lambda = 1$ in die Extremale $\varrho(\mathfrak{r})$ übergeht. Nach Einsetzen von ϱ_λ in die Energieanteile (4.1), (4.3) und (4.4) läßt sich leicht zeigen, daß sich die Gesamtenergie als Funktion von λ folgendermaßen gestaltet

$$E(\lambda) = \lambda^2 E_k + \lambda E_p. \tag{8.7}$$

Da die Gesamtenergie für $\lambda = 1$ ein Minimum besitzt, ist

$$\lim_{\lambda=1} \frac{dE(\lambda)}{d\lambda} = 0, \tag{8.8}$$

woraus nach Einsetzen des Ausdruckes (8.7) unmittelbar der Virialsatz (8.5) folgt.

Mit den Ausführungen von DUFFIN[2] läßt sich leicht zeigen, daß für THOMAS-FERMISche Atome und Ionen auch zwischen den beiden Anteilen der potentiellen Energie eine Beziehung besteht und zwar ist

$$E_p^e = -\tfrac{1}{7} E_p^k. \tag{8.9}$$

Für Systeme mit mehreren Kernen gilt ebenfalls eine Beziehung zwischen der kinetischen und potentiellen Energie, die als Verallgemeinerung des Virialsatzes (8.5) zu betrachten ist. Diese läßt sich nach DUFFIN[2] durch eine einfache Umformung des kinetischen Energieanteils herleiten. Wenn wir annehmen, daß das System aus einem Elektronengas besteht, das sich im Feld n fester Kerne befindet und wenn wir weiterhin die Ladung und den Ortsvektor des i-ten Kerns mit $Z_i e$ bzw. mit $\mathfrak{r}_i$ bezeichnen, so ist für den Fall eines verschwindenden äußeren Druckes

$$2E_k + E_p = \lim_{a=0} \sum_{i=1}^{n} Z_i e \, \mathfrak{r}_i \cdot \mathfrak{E}_a(\mathfrak{r}_i). \tag{8.10}$$

Hier bedeutet a den Radius von Kugeln, die die einzelnen Kerne umgeben und $\mathfrak{E}$ die elektrische Feldstärke, die aus der Elektronenladung außerhalb der Kugeln vom Radius a resultiert.

Eine von FOCK[1] mit seinem Variationsverfahren gegebene Herleitung dieser Beziehung kann, wie dies JENSEN[3] gezeigt hat, nicht aufrecht erhalten werden, da der dem FOCKschen

---

[1] V. FOCK: Phys. Z. Sowjet. **1**, 747 (1932).
[2] R. J. DUFFIN: Phys. Rev. **47**, 421 (1935).
[3] H. JENSEN: Z. Physik **81**, 611 (1933).

Grenzübergang $\lambda \to 1$ entsprechende Grenzwert in diesem Fall nicht existiert. Eine von JENSEN[1] durch die Modifikation des FOCKschen Verfahrens hergeleitete von (8.10) verschiedene Beziehung ist unrichtig, was darauf zurückzuführen ist, daß JENSEN die Variation der Elektronendichte zur Vermeidung von Singularitäten auf eine zu spezielle Weise durchgeführt hat.

Die Erweiterungen des Virialsatzes durch Berücksichtigung des Elektronenaustausches (Ziff. 11), der kinetischen Inhomogenitätskorrektur (Ziff. 14) sowie die Erweiterung auf hohe Temperaturen und auf Atome, die durch äußeren Zwang zusammengedrängt sind, d.h. auf Materie unter Druck (Ziff. 42) bringen wir in den entsprechenden Abschnitten.

9. Die Korrektion von FERMI und AMALDI. Im ursprünglichen THOMAS-FERMIschen Modell sind negative Ionen nicht stabil und zwar aus folgendem Grund. Im THOMAS-FERMIschen Modell ist die elektrostatische Selbstwechselwirkung der Elektronen mit einbezogen, es wird also angenommen, daß auf jedes hervorgehobene Elektron außer dem Kernpotential das Potential der aus allen N Elektronen bestehenden Elektronenwolke wirkt, in die somit auch das hervorgehobene Elektron miteingerechnet ist. Das Potential der N Elektronen konvergiert mit zunehmender Entfernung vom Kern zum Ausdruck $-Ne/r$. Es würde also bei einem einfach geladenen negativen Ion in großer Entfernung vom Kern das Gesamtpotential $Ze/r - (Z+1)e/r = -e/r$ herrschen, woraus zu sehen ist, daß schon das einfach geladene negative Ion nicht existenzfähig ist.

Zur Ausschaltung der elektrostatischen Selbstwechselwirkung der Elektronen sind FERMI und AMALDI [22] in der Weise vorgegangen, daß sie im Energieausdruck (4.5) von V_e das auf ein Elektron entfallende mittlere Potential V_e/N in Abzug brachten. Man erhält dann aus dem Variationsprinzip statt (4.8) den Zusammenhang

$$\varrho = \sigma_0 \left(V - \frac{1}{N} V_e - V_0 \right)^{\frac{3}{2}}. \tag{9.1}$$

Die Elektronendichte am Atomrand verschwindet, woraus für V_0 der Ausdruck $V_0 = (Z - N + 1)e/r_0$ folgt. Durch Einführen der Variablen

$$x = \frac{r}{\mu^*} \quad \text{mit} \quad \mu^* = \mu \left(\frac{N}{N-1} \right)^{\frac{1}{3}} \tag{9.2}$$

und der Funktion

$$\varphi(x) = \frac{r}{Ze} \left(V - \frac{1}{N} V_e - V_0 \right) \tag{9.3}$$

erhält man wieder die THOMAS-FERMIsche Gl. (5.11). Es hat aber jetzt φ statt der dritten Grenzbedingung (5.12) der folgenden Bedingung

$$x_0 \varphi'(x_0) = -\frac{Z - N + 1}{Z} \tag{9.4}$$

zu genügen, wo $x_0 = r_0/\mu^*$ ist und r_0 den Grenzradius bezeichnet.

Die FERMI-AMALDIsche Korrektion bewirkt also, daß neutrale Atome ganz ähnlich wie positive Ionen einen endlichen Radius besitzen und daß auch einfache negative Ionen stabil werden, deren Elektronendichte ganz ähnlich wie beim ursprünglichen neutralen THOMAS-FERMIschen Atom bis ins Unendliche ausläuft; für positive Ionen ergibt sich durch die Korrektion ein kleinerer Radius als für die ursprünglichen THOMAS-FERMIschen Ionen. Während in den Randgebieten neutraler Atome und positiver Ionen der Verlauf der Elektronendichte sehr befriedigend korrigiert wird, ist der Verlauf der Elektronendichte in den äußeren Gebieten negativer Ionen mit demselben Mangel wie im Falle ursprünglicher neutraler THOMAS-FERMIscher Atome behaftet: die Elektronendichte ist

---
[1] H. JENSEN: Z. Physik **81**, 611 (1933).

in den Randgebieten zu groß und fällt viel zu langsam auf Null ab[1]. Außer dieser Unzulänglichkeit ist die FERMI-AMALDIsche Korrektion auch in anderer Hinsicht nicht restlos befriedigend. Das FERMI-AMALDIsche Korrektionsglied $-V_e/N$ kann nämlich nur in den äußeren Gebieten der Atome und Ionen begründet werden, im Inneren jedoch nicht und gibt dort nur eine sehr rohe Näherung. Allerdings wirkt sich dieser Fehler auf die Elektronenverteilung nur unbedeutend aus, da diese im Inneren der Atome und Ionen durch die Korrektion nur unbedeutend beeinflußt wird. Eine weitere Unzulänglichkeit der FERMI-AMALDIschen Korrektion besteht darin, daß man bei Systemen, die aus mehreren Atomen oder Ionen aufgebaut sind, die Korrektion, wegen der Willkür in N, nicht gänzlich willkürfrei definieren kann.

10. Das RITZsche Verfahren zur Bestimmung der Potential- und Elektronenverteilung. Statt der Bestimmung der Potential- und Elektronenverteilung durch Lösung der THOMAS-FERMIschen Gleichung kann man diese Verteilungsfunktionen auch direkt aus dem Variationsprinzip (4.7) mit Hilfe des RITZschen Verfahrens ermitteln [46], [47]. Dieses kommt hier in der vereinfachten Weise zur Anwendung, daß man die unbekannte Funktion — in unserem Fall die Elektronendichte — mit zunächst unbestimmten Parametern in einer Form ansetzt, die den Grenzbedingungen genügt. Mit diesem Ansatz berechnet man dann die Energie als Funktion dieser Parameter und bestimmt die Parameter aus der Minimumforderung der Energie, womit sich das ganze Verfahren auf ein gewöhnliches Minimumproblem reduziert.

Zur exakten Bestimmung der gesuchten Dichteverteilung hätte man unendlich viele zunächst unbestimmte Parameter einzuführen, indem man z.B. ϱ nach zweckmäßig gewählten Funktionen f_i mit unbestimmten Koeffizienten c_i in eine Reihe entwickelt, also $\varrho = \sum_i c_i f_i$
setzt. Die Funktionen f_i müssen die gleichen Grenzbedingungen erfüllen wie die gesuchte Funktion ϱ, können aber sonst beliebig gewählt werden. Da man jedoch im allgemeinen den Verlauf der gesuchten Funktion in großen Zügen kennt, geht man praktisch in der Weise vor, daß man die gesuchte Funktion in einer Form ansetzt, die der exakten möglichst nahe kommt und kann so meistens schon mit Berücksichtigung weniger Parameter die unbekannte Funktion gut annähern.

Durch Verzicht auf eine strenge Lösung des Variationsproblems besteht die Möglichkeit, daß sich mit dem RITZschen Verfahren sogar eine Verbesserung des Dichteverlaufes gegenüber der mathematisch exakten Lösung erzielen läßt, denn man kann den Ansatz unter Gesichtspunkten wählen, die den wellenmechanischen Resultaten Rechnung tragen. Auf diese Weise läßt sich ein Dichteverlauf erzwingen, der den wellenmechanischen besser approximiert als der THOMAS-FERMIsche.

Das RITZsche Verfahren gelangte zur Bestimmung der Elektronen- und Potentialverteilung in der statistischen Theorie von LENZ [46] und JENSEN [47] zur Anwendung, wobei es wesentlich ist, daß sich auch negative Ionen als stabil erweisen. Für ϱ hat JENSEN den Ansatz

$$\varrho = \frac{N}{A} \frac{e^{-x}}{x^3} \left(\sum_{i=0}^{n} c_i x^i \right)^3 \quad \text{mit} \quad x = \left(\frac{r \lambda}{a_0} \right)^{\frac{1}{2}} Z^{\frac{1}{3}} \qquad (10.1)$$

gemacht, wo A eine Normierungskonstante bezeichnet und die Parameter λ und c_i aus der Minimumsforderung der Energie bestimmt werden (c_0 wird gleich 1 gesetzt). Die Rechnungen wurden von JENSEN bis zur zweiten Näherung ($n=2$) durchgeführt.

---
[1] Vgl. hierzu [2], S. 70.

Die Dichteverteilung, die man so erhält, gibt sowohl für neutrale Atome als für positive und negative Ionen nicht nur in den inneren Gebieten der Atome und Ionen einen guten Mittelwert der wellenmechanischen Dichteverteilung, sondern, im Gegensatz zur THOMAS-FERMIschen, auch in den äußeren Gebieten eine gute Näherung der wellenmechanischen Dichteverteilung; man vergleiche hierzu[1] die Fig. 3, 4 und 5 (S. 133 und 134). Daß die in Fig. 4 dargestellte LENZ-JENSENsche Elektronendichte des Hg-Atoms bedeutend rascher auf Null abfällt als die HARTREEsche, ist eine Folge davon, daß die statistische Theorie dem Umstand nicht Rechnung tragen kann, daß die beiden $6s$-Valenzelektronen des Hg-Atoms relativ locker gebunden sind, also zum wellenmechanischen Dichteverlauf einen weit auslaufenden Beitrag liefern.

Man hat jedoch bei der Beurteilung der Güte der LENZ-JENSENschen Näherungslösung folgendes zu berücksichtigen. In einer späteren Arbeit von JENSEN [27] wurde gezeigt, daß die Energie des Atoms gegen eine Dichteänderung in den äußeren Gebieten des Atoms außerordentlich unempfindlich ist. In den äußeren Gebieten des Atoms folgt also die von JENSEN bis zur zweiten Näherung berechnete Dichteverteilung nicht zwangsläufig aus der Minimumforderung der Energie, und man wird sie auch dementsprechend zu bewerten haben. Tatsächlich gibt aber die LENZ-JENSENsche Dichteverteilung zufolge einer glücklichen Wahl des Ansatzes auch in den äußeren Gebieten der Atome und Ionen eine sehr gute Näherung der wellenmechanischen, und man kann daher dem LENZ-JENSENschen Dichteverlauf eine analoge Bedeutung beimessen, wie etwa den SLATERschen halbempirischen Eigenfunktionen[2] der Elektronen eines Atoms.

Schließlich sei erwähnt, daß man das Variationsproblem auch so formulieren kann, daß man als die zu variierende Funktion die durch (5.10) definierte Funktion φ betrachtet. Auf diese Weise wurde das Problem in erster Näherung mit dem sehr einfachen Ansatz $\varphi = e^{-\alpha r}$, wo α einen Variationsparameter bezeichnet, von WESSELOW gelöst[3].

III. Erweiterungen des statistischen Modells.

11. Die Austauschkorrektion. α) *Das* THOMAS-FERMI-DIRAC*sche Modell*. Die aus der Austauschwechselwirkung der Elektronen resultierende Korrektion wurde zuerst von DIRAC [23] und später auf eine sehr anschauliche Weise von JENSEN [24], [25] in das statistische Modell eingebaut, die auf denselben Grundlagen beruht wie die in Ziff. 4 gegebene Herleitung des THOMAS-FERMIschen Modells und der wir hier kurz folgen wollen[4]. Hierzu ergänzen wir den Energieausdruck (4.5) des THOMAS-FERMIschen Modells durch die Austauschenergie E_a, die man auf Grund der in Ziff. 4 besprochenen Voraussetzungen mit Hilfe von (3.19) in der Form

$$E_a = -\varkappa_a \int \varrho^{\frac{4}{3}} dv \qquad (11.1)$$

schreiben kann. Mit dieser Zusatzenergie folgt nun aus dem Variationsprinzip (4.7) zwischen der Elektronendichte und dem Gesamtpotential der grundlegende Zusammenhang

$$\varrho = \sigma_0 \left[(V - V_0 + \tau_0^2)^{\frac{1}{2}} + \tau_0 \right]^3 \quad \text{mit} \quad \tau_0 = \left(\frac{4 \varkappa_a^2}{15 \varkappa_k e} \right)^{\frac{1}{2}}, \qquad (11.2)$$

---

[1] Weitere Vergleiche von Dichteverteilungen sind in [2], S. 56 u. 70 zu finden.
[2] J. C. SLATER: Phys. Rev. **36**, 57 (1930).
[3] M. G. WESSELOW: J. exp. theoret. Phys. **7**, 829 (1937). Vgl. auch S. FLÜGGE, Rechenmethoden der Quantentheorie I, Die Grundlehren der mathematischen Wissenschaften, Bd. 53, 2. Aufl., S. 259ff. Berlin-Göttingen-Heidelberg: Springer 1952.
[4] Vgl. auch L. GOLDSTEIN: C. R. Acad. Sci., Paris **191**, 766, 1306 (1930); J. Phys. Radium **7**, 141 (1936) sowie G. ALLARD, J. Phys. Radium **9**, 225 (1948).

wo die Konstante σ_0 durch (4.10) definiert ist. Wenn man ϱ in die POISSONsche Gleichung einsetzt, so ergibt sich die durch den Austausch erweiterte THOMAS-FERMIsche Gleichung, die sog. THOMAS-FERMI-DIRACsche Gleichung

$$\Delta (V - V_0 + \tau_0^2) = 4\pi \sigma_0 e \left[(V - V_0 + \tau_0^2)^{\frac{1}{2}} + \tau_0 \right]^3, \quad (11.3)$$

in der die Konstante τ_0 die durch den Austausch bedingte Korrektur repräsentiert.

Wir beschränken uns nun auf ein Atom mit der Ordnungszahl Z und der Elektronenzahl N mit kugelsymmetrischer Elektronen- und Potentialverteilung, wobei alles Weitere weitgehend analog zu den Ausführungen von Ziff. 4 verläuft.

Die Elektronendichte am Atomrand ϱ_0 bzw. der Grenzradius des Atoms r_0 wird wieder aus Gl. (5.2) bestimmt, die jetzt nach einigem Rechnen zu folgendem Endresultat führt

$$\frac{dE}{dr_0} = -4\pi r_0^2 \left(\frac{2}{3} \varkappa_k \varrho_0^{\frac{5}{3}} - \frac{1}{3} \varkappa_a \varrho_0^{\frac{4}{3}} \right) = -4\pi r_0^2 P(r_0) = 0, \quad (11.4)$$

wo $P(r_0) = \frac{2}{3} \varkappa_k \varrho_0^{\frac{5}{3}} - \frac{1}{3} \varkappa_a \varrho_0^{\frac{4}{3}}$ den Druck des Elektronengases am Atomrand ($r = r_0$) mit Berücksichtigung der Austauschkorrektion bezeichnet. Aus dieser Gleichung ergibt sich für die Elektronendichte am Atomrand der von Z und N unabhängige Wert

$$\varrho_0 = \left(\frac{\varkappa_a}{2\varkappa_k} \right)^3 = 0{,}002127 \frac{1}{a_0^3}, \quad (11.5)$$

der anschaulich auch hier aus dem Verschwinden des Druckes am Atomrand folgt.

Mit diesem Ausdruck der Randdichte erhält man für V_0

$$V_0 = \frac{(Z - N) e}{r_0} + \frac{15}{16} \tau_0^2. \quad (11.6)$$

Für Atome läßt sich die THOMAS-FERMI-DIRACsche Gleichung auf eine ähnliche Normalform transformieren wie die THOMAS-FERMIsche. Hierzu führen wir die Variablen

$$x = \frac{r}{\mu}, \quad \psi(x) = \frac{r}{Z e}(V - V_0 + \tau_0^2) \quad (11.7)$$

und die Konstante

$$\beta_0 = \tau_0 \left(\frac{\mu}{Z e} \right)^{\frac{1}{2}} = \frac{2\varkappa_a}{3(4\pi)^{\frac{1}{3}} e^2 Z^{\frac{2}{3}}} = \frac{0{,}2118}{Z^{\frac{2}{3}}} \quad (11.8)$$

ein, wo μ durch (5.9) definiert ist. Mit diesen kann man die THOMAS-FERMI-DIRACsche Gleichung für Atome in folgender Form schreiben

$$\psi'' = x \left[\left(\frac{\psi}{x} \right)^{\frac{1}{2}} + \beta_0 \right]^3, \quad (11.9)$$

wo ψ'' die zweite Ableitung von ψ nach x bezeichnet.

Die Grenzbedingungen ergeben sich aus denselben Forderungen wie im Falle des THOMAS-FERMIschen Modells und lauten jetzt folgendermaßen

$$\psi(0) = 1, \quad \psi(x_0) = \frac{\beta_0^2}{16} x_0, \quad x_0 \psi'(x_0) - \psi(x_0) = -\frac{Z - N}{Z} \quad (11.10)$$

mit $x_0 = r_0/\mu$.

Das Potential und die Elektronendichte kann man mit ψ und x durch die Ausdrücke

$$V = \frac{Z e}{r} \psi + V_0 - \tau_0^2, \quad \varrho = \frac{Z}{4\pi \mu^3} \left[\left(\frac{\psi}{x} \right)^{\frac{1}{2}} + \beta_0 \right]^3 = \frac{Z}{4\pi \mu^3} \frac{\psi''}{x} \quad (11.11)$$

darstellen[1], die nur für $r \leq r_0$, d. h. $x \leq x_0$ Gültigkeit haben; für $r > r_0$ also $x > x_0$ ist $V = (Z - N)\, e/r$ und $\varrho \equiv 0$.

BRILLOUIN[2] hat mit der Annahme, daß die Energie eines hervorgehobenen Elektrons im statistischen Atom möglichst klein sei — was mit dem Verschwinden der Wurzel im Ausdruck (11.2) am Atomrand, d. h. mit $\psi(x_0) = 0$ gleichbedeutend ist — für die Randdichte des Elektronengases den Wert

$$\varrho_0^B = \sigma_0\, \tau_0^3 = \left(\frac{2\varkappa_a}{5\varkappa_k}\right)^3 = 0{,}001089\, \frac{1}{a_0^3} \tag{11.12}$$

hergeleitet. Dieser kann jedoch nicht aufrecht erhalten werden, denn bei diesem rund um die Hälfte kleineren Dichtewert als (11.5) entstünde am Atomrand ein nach innen gerichteter Druck, zufolge dessen sich die Elektronenwolke kontrahieren würde, bis am Rand der Dichtewert (11.5) erreicht wäre. Bezüglich weiterer Einwände vgl. man [2], S. 81.

Für Atome, die durch äußeren Zwang zusammengedrängt sind, kann die Elektronendichte am Atomrand beliebige Werte annehmen, es fällt also die Bedingung (11.5) weg. Dies hat zur Folge, daß die zweite Grenzbedingung (11.10) ebenfalls ausfällt und $\psi(x_0)$ beliebige Werte annehmen kann. Eine weitere Folge ist, daß für V_0 der Ausdruck (11.6) seine Gültigkeit verliert.

Für verschwindende Austauschkorrektion, d. h. für $\varkappa_a = 0$, $\tau_0 = 0$ sowie $\beta_0 = 0$ gehen alle Ausdrücke und Beziehungen in die entsprechenden für das THOMAS-FERMIsche Modell hergeleiteten über.

β) *Lösung der* THOMAS-FERMI-DIRAC*schen Gleichung.* Die Lösung der THOMAS-FERMI-DIRACschen Gleichung für neutrale Atome ist — im Gegensatz zur entsprechenden Lösung der THOMAS-FERMIschen Gleichung — wegen der von Z abhängigen Konstante β_0 keine von Z unabhängige universelle Funktion von x, sondern hängt von Z ab, muß also für jedes Atom und im Falle von Ionen außerdem noch für jeden Ionisationsgrad eigens bestimmt werden, was nur auf numerischem Weg oder mit entsprechenden Apparaturen geschehen kann. Lösungen der THOMAS-FERMI-DIRACschen Gleichung wurden für die Atome $Z = 3$, 11 und 29 von SLATER und KRUTTER [51], für die Atome $Z = 18$, 36 und 54 für verschiedene Ionisationsgrade von JENSEN, MEYER-GOSSLER und ROHDE [42][3] für die Atome $Z = 6$ und 92 von FEYNMAN, METROPOLIS und TELLER [53] und schließlich für die Atome $Z = 6$, 10, 14, 16, 18, 22, 26, 29, 33, 37, 41, 45, 49, 53, 57, 61, 65, 69, 73, 77, 81, 84, 88 und 92 von METROPOLIS und REITZ[4] berechnet. Mit der mit (11.12) äquivalenten BRILLOUINschen Grenzbedingung $\psi(x_0) = 0$, die jedoch nicht aufrechterhalten werden kann, hat UMEDA[5] für alle 92 Atome von $Z = 1$ bis 92 die Lösung der THOMAS-FERMI-DIRACschen Gleichung bestimmt. Aus diesen Lösungen haben GOMBÁS und GÁSPÁR für die Atome $Z = 10$, 18, 36, 54 und 86 die Lösung der THOMAS-FERMI-DIRACschen Gleichung mit den Grenzbedingungen (11.10) durch ein Störungsverfahren ermittelt[6].

---

[1] Ein einfacher Näherungsausdruck für V wurde von R. LATTER [Phys. Rev. **99**, 510 (1955)] angegeben.

[2] L. BRILLOUIN: J. Phys. Radium **5**, 185 (1934).

[3] Die tabellierten Lösungen wurden in [2] veröffentlicht; dort sind auch weitere Daten bezüglich der Lösungen zu finden.

[4] N. METROPOLIS u. J. R. REITZ: J. Chem. Phys. **19**, 555 (1951). Die von diesen Autoren berechneten Werte von $\psi'(0)$ stimmen mit denen von JENSEN, MEYER-GOSSLER und ROHDE [42] berechneten für $Z = 18$, wo eine Vergleichsmöglichkeit vorliegt, nicht überein. Weiterhin ist die von METROPOLIS und REITZ gegebene Interpretation von freien Atomen und positiven Ionen, die auf der unhaltbaren BRILLOUINschen Grenzbedingung (11.12) beruht, unrichtig.

[5] K. UMEDA: Phys. Rev. **58**, 92 (1940). — J. Fac. Sci. Hokkaido Univ. (2) **3**, 171 (1942). Ergänzung und Berichtigung zur vorangehenden Arbeit: J. Fac. Sci. Hokkaido Univ. **3**, 245 (1949).

[6] P. GOMBÁS u. R. GÁSPÁR: Nature, London **168**, 122 (1951). — Acta phys. Hung. **1**, 66 (1951). Bezüglich eines Existenzbeweises im Zusammenhang mit diesen Lösungen vgl. man A. RÉNYI, A Magy. Tud. Akad. Alkalmazott Matematikai Int. Közl. **1**, 393 (1953).

In neuester Zeit wurden von THOMAS Lösungen mit den Grenzbedingungen (11.10) für verschiedene Ionisationsgrade berechnet[1] und für äquidistante Werte eines von r_0 abhängigen Parameters tabellarisch dargestellt, woraus man die Lösung für jede beliebige Ordnungszahl einfach feststellen kann. Grobe Näherungslösungen wurden auf Grund des Variationsverfahrens von JENSEN, weiterhin von MARCH und auf einem anderen Weg von HORVÁTH hergeleitet[2]. Eine Reihenentwicklung von ψ für kleine x haben FEYNMAN, METROPOLIS und TELLER [53] gegeben[3], die von KOBAYASHI[4] erweitert wurde. Eine Reihenentwicklung von ψ bei $x = x_0$ hat MARCH[5] durchgeführt.

Zur Orientierung seien hier die von JENSEN, MEYER-GOSSLER und ROHDE [42] für das neutrale A-, Kr- und X-Atom berechneten Grenzradien r_0 angegeben, die der Reihe nach die folgenden sind: $4,29\ a_0$, $4,50\ a_0$ und $4,71\ a_0$.

Für freie negative Ionen existieren keine strengen Lösungen der THOMAS-FERMI-DIRACschen Gleichung und zwar als Folge des Umstandes, daß die Austauschkorrektion in den Randgebieten des Atoms die elektrostatische Selbstwechselwirkung der Elektronen nur unzureichend kompensiert.

γ) *Dichteverteilung der Elektronen.* Mit den Lösungen der THOMAS-FERMI-DIRACschen Gleichung läßt sich an Hand von (11.11) der Dichteverlauf berechnen; für das neutrale A-Atom ist dieser in Fig. 8 (S. 147) dargestellt. Der wesentliche Unterschied gegenüber dem THOMAS-FERMIschen Atommodell besteht darin, daß im THOMAS-FERMI-DIRACschen Modell die Randdichte endlich ist und zufolge dessen, wegen der Normierungsbedingungen (4.6) auch neutrale Atome einen endlichen Radius besitzen. Wie dies aus verschiedenen Anwendungen (z.B. in Ziff. 24 und 29) hervorgeht, wird sowohl für neutrale Atome als für positive Ionen durch das Abbrechen des Dichteverlaufes bei einem endlichen Radius der mittlere Verlauf der Elektronendichte im Verhältnis zum THOMAS-FERMIschen wesentlich verbessert. Im Inneren des Atoms wird der Dichteverlauf durch die Austauschkorrektion nur unwesentlich beeinflußt; bei $r = 0$ wird die Dichte auch hier wie $1/r^{3/2}$ unendlich.

Mehrere Autoren, in neuester Zeit insbesondere MARCH[6], akzeptieren das hier hergeleitete Modell der freien Atome und positiven Ionen nicht, da in diesem die Dichte am Atomrand von einem endlichen Wert plötzlich auf Null abfällt[7]. Dies ist unstreitbar ein Mangel des Modells, den man jedoch unserer Meinung nach keinesfalls als derart wesentlich betrachten kann, daß dadurch die Existenzberechtigung des Modells selbst in Frage gestellt wird. Man hat sich bei der Beurteilung dieser Sachlage vor Augen zu halten, daß es sich hier nicht um ein Elektronengas handelt, das auf Grund der Quantenmechanik behandelt wird und bei dem ein diskontinuierlicher Verlauf der Dichte tatsächlich nicht in Frage käme, sondern es handelt sich hier um ein halbklassisches Elektronengas, bei dem ein diskontinuierlicher Dichteverlauf keinesfalls absurd und ab ovo abzulehnen ist. Die Ursache dieser Diskontinuität ist in der Vernachlässigung der WEIZSÄCKERschen Korrektion (Ziff. 14) zu suchen; sobald man diese in das Modell einbaut, verschwindet die Diskontinuität im Dichteverlauf und es stimmt dann auch das Verhalten der Dichte am Ort des Kerns mit dem wellenmechanischen Verhalten überein (vgl. hierzu Ziff. 14).

In neuester Zeit wurde von MARCH[6] vorgeschlagen, die Elektronendichte im freien THOMAS-FERMI-DIRACschen Atommodell bis ins Unendliche auslaufen zu lassen und diese aus dem Energieminimumprinzip mit dem RITZschen Verfahren zu bestimmen. Die auf diese Weise bestimmte Dichteverteilung ist jedoch in den äußeren Gebieten des Atoms immer mit

---

[1] L. H. THOMAS: J. Chem. Physics **22**, 1758 (1954).
[2] H. JENSEN [24]. — N. H. MARCH: Phil. Mag. (7) **44**, 1193 (1953). — J. HORVÁTH: Nature, Lond. **161**, 26 (1948).
[3] Berichtigung und Erweiterung bei N. METROPOLIS u. J. R. REITZ: J. Chem. Physics **19**, 555 (1951).
[4] S. KOBAYASHI: J. Phys. Soc. Japan **10**, 824 (1955).
[5] N. H. MARCH: Proc. Phys. Soc. Lond. A **68**, 726 (1955).
[6] N. H. MARCH: Phil. Mag. (7) **44**, 1193 (1953); **45**, 325 (1954).
[7] In diesem Zusammenhang vgl. man auch W. G. MCMILLAN, Phys. Rev. **99**, 661 (1955).

einer gewissen Willkür behaftet und konvergiert mit wachsender Näherung zu dem hier zu Grunde gelegten diskontinuierlichen Dichteverlauf. Abgesehen hiervon ist außerdem dieses von MARCH vorgeschlagene Atommodell instabil, da in diesem der Druck am Atomrand nicht verschwindet und sich damzufolge die Elektronendichte auf die von uns zugrunde gelegte Dichteverteilung zusammenziehen würde. Zufolge dieses Mangels, der unserer Ansicht nach ganz wesentlich stärker ins Gewicht fällt als die durch das Wesen der THOMAS-FERMI-DIRAC-schen Näherung bedingte Diskontinuität im Dichteverlauf am Atomrand, kann der von MARCH vorgeschlagene Dichteverlauf nicht aufrechterhalten werden.

Weiterhin wurde das THOMAS-FERMI-DIRACsche Modell auch von PLASKETT[1] angezweifelt. PLASKETT behauptet, daß die THOMAS-FERMI-DIRACsche Gleichung keine eindeutige Lösung besitze. Nach PLASKETT ergeben sich für den Dichteverlauf drei Lösungstypen, die am Rand das in Fig. 6 dargestellte Verhalten zeigen. Die erste Type weist am Atomrand dasselbe Verhalten auf wie die von uns zugrunde gelegte Lösung, nur ist bei PLASKETT der Wert der Randdichte, wegen Außerachtlassung der Grenzbedingung (11.5) unbestimmt. In der zweiten Type gibt es am Rand des Atoms eine Kugelschale mit Elektronen, die vom übrigen Teil des Atoms durch eine elektronenleere Kugelschale getrennt ist. In der dritten Type existiert am Rand eine Kugelschale, in der die Elektronendichte nach außen hin wächst. Nach PLAS-KETT sind diese Lösungen gleichwertig und somit ist die Lösung der THOMAS-FERMI-DIRACschen Gleichung nicht eindeutig. Hierzu ist folgendes zu sagen. Die Differentialgleichung (11.9) hat rein mathematisch gesehen unendlich viele Lösungen, die zu den verschiedensten Dichteverteilungen führen können. Die physikalische Seite des Problems besteht eben

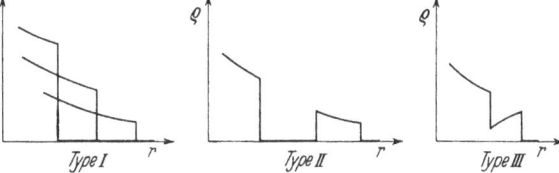

Fig. 6. Lösungstypen der Dichteverteilung am Atomrand nach PLASKETT, Proc. Phys. Soc. Lond. A **66**, 178 (1953).

darin, von diesen Lösungen diejenige auszuwählen, die dem physikalischen Problem, d.h. den Grenzbedingungen entspricht. Nun wird aber bei PLASKETT gerade diejenige Grenzbedingung, die die Dichte am Atomrand und somit den Grenzradius festlegt — nämlich (11.5) — vollkommen außer acht gelassen. Weiterhin bleibt bei PLASKETT auch das zur Auswahl wesentliche Energieminimumprinzip unberücksichtigt, wonach im Grundzustand das Atom die kleinstmögliche Energie besitzen muß. Mit diesem Prinzip läßt sich zeigen, daß im Grundzustand des Atoms für die Dichte nur die PLASKETTschen ersten Lösungstypen in Frage kommen, von denen durch die Grenzbedingung (11.5) eine einzige — und zwar die von uns zugrunde gelegte — ausgewählt wird, die allen physikalischen Forderungen (Grenzbedingungen) genügt, womit die Behauptung von PLASKETT hinfällig wird. Die beiden anderen Lösungstypen können eventuell angeregten Atomen entsprechen.

δ) *Austauschenergie und Energiebeziehungen.* Die Austauschenergie läßt sich mit Hilfe der Formel (11.1) berechnen. Einen guten Näherungswert erhält man, wenn man für ϱ die THOMAS-FERMIsche Dichtefunktion (5.13) einsetzt, die in den für die Energie maßgebenden inneren Gebieten des Atoms mit der THOMAS-FERMI-DIRACschen Dichtefunktion praktisch übereinstimmt. Es ergibt sich so für neutrale Atome[2]

$$E_a = -\varkappa_a \int \varrho^{\frac{4}{3}} dv = -\frac{3 e^2}{(6\pi^4)^{\frac{1}{3}} a_0} Z^{\frac{5}{3}} \int_0^\infty \varphi_0^2 dx = -0{,}221 Z^{\frac{5}{3}} \frac{e^2}{a_0} = -6{,}02 Z^{\frac{5}{3}} \text{eV}. \quad (11.13)$$

Ein Vergleich dieses Ausdruckes mit (8.4) zeigt, daß der Betrag der Austauschenergie im Verhältnis zum Betrag der Gesamtenergie des Atoms für schwere und mittelschwere Atome sehr klein ist[3]. Die einzelnen Energieanteile E_k, E_p und E_a wurden von THOMAS mit seinen exakten Lösungen (S. 142) für $Z = 5$ bis 105 berechnet[4].

Bezüglich der Energiebeziehungen sei erwähnt, daß der wichtige Zusammenhang (8.1) auch hier gültig ist.

---

[1] J. S. PLASKETT: Proc. Phys. Soc. Lond. A **66**, 178 (1953).
[2] Bezüglich des nachstehenden Integrals über φ_0^2 vgl. man J. M. C. SCOTT, Phil. Mag. (7) **43**, 859 (1952).
[3] Für die Ionisierungsenergien ist jedoch die Austauschkorrektion wesentlich, vgl. Ziff. 24.
[4] L. H. THOMAS: J. Chem. Physics **22**, 1758 (1954).

Der Virialsatz für das THOMAS-FERMI-DIRACsche Atommodell wurde zuerst von JENSEN [24] hergeleitet, und zwar mit dem sehr einfachen FOCKschen Variationsverfahren; es ergibt sich für den Fall eines verschwindenden äußeren Druckes

$$2E_k + E_p + E_a = 0. \tag{11.14}$$

Für Systeme mit mehreren Kernen wurde die Erweiterung des Virialsatzes durch den Austausch von MARCH[1] untersucht. Nach seinen Resultaten wird der entsprechende Satz der THOMAS-FERMIschen Theorie (8.10) ganz ähnlich zum Fall des Atoms in der Weise abgeändert, daß an Stelle von E_p jetzt $E_p + E_a$ tritt. Bezüglich der Erweiterungen des Virialsatzes vergleiche man das am Ende von Ziff. 8γ Gesagte.

ε) *Modifikation des* THOMAS-FERMI-DIRAC*schen Modells.* Die Austauschkorrektion ist insofern nicht vollauf befriedigend, als im Rahmen des THOMAS-FERMI-DIRACschen Modells negative Ionen nicht stabil sind. Durch eine Verschmelzung der FERMI-AMALDIschen und der Austauschkorrektion hat JENSEN [27] das THOMAS-FERMI-DIRACsche Modell in einer Weise modifiziert, daß die Vorteile beider Korrektionen erhalten bleiben, insbesondere daß auch einfache negative Ionen stabil werden und einen endlichen Radius besitzen. Hierzu hat JENSEN im Integranden des Energieausdruckes (4.5) ein Korrektionsglied $-\omega_a(\varrho, r)$ eingeführt, das im Inneren des Modells mit der Austauschkorrektion identisch ist, und am Rand des Modells in die FERMI-AMALDIsche Korrektion übergeht. Wesentlich ist, daß am Rand die durch den Austausch bedingte endliche Randdichte (11.5) beibehalten wird, wodurch sich auch für negative Ionen ein endlicher Radius ergibt[2]. Sowohl die FERMI-AMALDIsche Korrektion wie die Austauschkorrektion sind in bezug auf die Verteilung der Elektronen im Inneren des Modells unwesentlich und fallen nur am Rand stark ins Gewicht. Da in den Randgebieten die FERMI-AMALDIsche Korrektion beibehalten wird, kann man daher zur Bestimmung der Elektronendichte im ganzen modifizierten Modell die Grundgleichung des nach FERMI und AMALDI korrigierten Modells (Ziff. 9), d.h. Gl. (5.11) zugrunde legen. In dieser Gleichung ist jetzt x durch (9.2) und φ durch (9.3) definiert, wobei aber zu beachten ist, daß man jetzt wegen der Bedingung (11.5)

$$V_0 = \frac{(Z - N + 1)e}{r_0} - \frac{5\varkappa_a^2}{12\varkappa_k e} \tag{11.15}$$

zu setzen hat. Die Grenzbedingungen lauten

$$\varphi(0) = 1, \quad \varphi(x_0) = \frac{5\varkappa_a^2 \mu^*}{12\varkappa_k e^2 Z} x_0, \quad x_0 \varphi'(x_0) - \varphi(x_0) = -\frac{Z - N + 1}{Z}, \tag{11.16}$$

wo $x_0 = r_0/\mu^*$ ist.

Wie JENSEN durch einige Kontrollrechnungen gezeigt hat, läßt sich Gl. (5.11) mit den Grenzbedingungen (11.16) durch den Ansatz $\varphi = \varphi_0 + k\eta_0$ näherungsweise lösen; der maximale Fehler beträgt 2%. Hier sind φ_0 und η_0 die in der Tabelle 1 (S. 127) dargestellten Funktionen; die Konstante k sowie x_0 sind durch die beiden Grenzbedingungen am Atomrand bestimmt und wurden von JENSEN [27] für mehrere Atome und Ionen berechnet[3].

---

[1] N. H. MARCH: Phil. Mag. (7) **43**, 1042 (1952). Vgl. hierzu auch J. W. SHELDON, Phys. Rev. **99**, 1291 (1955).
[2] Bezüglich einer anderen von C. J. NISTERUK und J. J. JURETSCHKE durchgeführten Modifikation vgl. Fußnote 1 auf S. 176.
[3] Bezüglich einiger Korrektionen der von JENSEN berechneten Konstanten k und x_0 vgl. [2], S. 95.

Die Korrelationskorrektion.

Die Dichteverteilung der Elektronen, die man mit diesen Lösungen erhält, sind für das A-Atom sowie für die Ionen Rb$^+$ und Cl$^-$ zusammen mit einigen anderen Dichteverteilungen in den Fig. 8, 9 und 10 (S. 147 und 148) dargestellt.

Es sei betont, daß im modifizierten Modell Gl. (5.11) nur zur Bestimmung des Verlaufes der Elektronendichte herangezogen werden kann. Bei der Berechnung weiterer Atomeigenschaften, insbesondere bei Energieberechnungen hat man im Energieausdruck die weiter oben beschriebene Korrektion zugrunde zu legen. Wegen der unvollständigen Definition von ω_a entsteht z.B. in der Energie eine Unsicherheit, die jedoch klein ist.

12. Die Korrelationskorrektion. α) *Erweiterung des statistischen Atommodells durch die Korrelation.* Die aus der Korrelation der Elektronen mit antiparallelem Spin resultierende Korrektion wurde von GOMBÁS [28], [2] in das statistische Modell eingebaut, wobei man ganz analog wie im Falle der Austauschkorrektion verfahren kann. Auf Grund der in Ziff. 4 entwickelten Annahmen ergibt sich mit (3.28) für die Korrelationsenergie

$$E_w = -\int g(\varrho^{\frac{1}{3}}) \varrho \, dv, \quad (12.1)$$

und man hat den Energieausdruck (4.5) außer durch die Austauschenergie (11.1) noch durch diese Energie zu ergänzen.

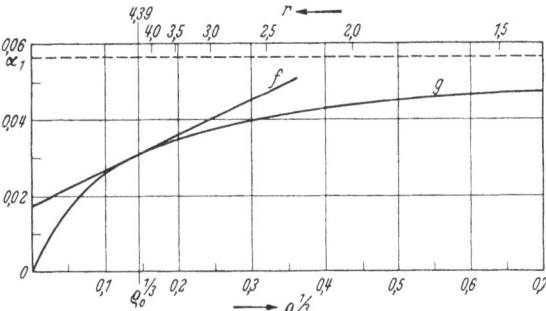

Fig. 7. g als Funktion von $\varrho^{\frac{1}{3}}$, f ist die Tangente von g bei $\varrho^{\frac{1}{3}} = \varrho_0^{\frac{1}{3}}$. Untere Abszisse: $\varrho^{\frac{1}{3}}$ in $1/a_0$-Einheiten. Obere Abszisse: Abstand vom Kern in einem Xenon-Atom in a_0-Einheiten. Ordinate g in e^2/a_0-Einheiten. Nach [2], S. 97.

Wir beschränken uns im folgenden auf Atome und können die Elektronendichte am Atomrand in ganz ähnlicher Weise wie für das THOMAS-FERMISCHE und THOMAS-FERMI-DIRACSCHE Modell bestimmen. Es ergibt sich

$$\varrho_0 = \left(\frac{\varkappa'_a}{2\varkappa_k}\right)^3 = 0{,}003074 \, \frac{1}{a_0^3}, \quad (12.2)$$

mit der für das Folgende wichtigen Konstante

$$\varkappa'_a = \varkappa_a + \lambda_0 = 0{,}8349 \, e^2, \quad (12.3)$$

wo

$$\lambda_0 = \left[\frac{dg}{d(\varrho^{\frac{1}{3}})}\right]_{\varrho = \varrho_0} = \frac{\alpha_1 \alpha_2}{(\varrho_0^{\frac{1}{3}} + \alpha_2)^2} = 0{,}0963 \, e^2 \quad (12.4)$$

ist und die Konstanten α_1 und α_2 durch (3.27) definiert sind. Durch die Korrelationskorrektion wird also die Randdichte im Verhältnis zu der des THOMAS-FERMI-DIRACSCHEN Modells um rund 45% erhöht. Formal äußert sich die Korrelationskorrektion darin, daß im Ausdruck der Randdichte statt der Konstante $\varkappa_a$ die Konstante $\varkappa'_a$ steht.

Die Korrelationskorrektion ist in bezug auf die Bestimmung der Elektronenverteilung nur in den äußeren Gebieten des Atoms von Bedeutung, im Inneren des Atoms ist sie unwesentlich. Man kann daher $g(\varrho^{\frac{1}{3}})$ durch die Tangente von g am Atomrand, d.h. bei $\varrho = \varrho_0$ ersetzen; vgl. hierzu Fig. 7. Diese Tangente f läßt sich folgendermaßen darstellen:

$$f = \lambda_0 \varrho^{\frac{1}{3}} + f_0, \quad (12.5)$$

wo f_0 die Konstante $f_0 = g(\varrho_0^{\frac{1}{3}}) - \lambda_0 \varrho_0^{\frac{1}{3}}$ bedeutet. Aus Fig. 7 ist zu sehen, daß die Approximation von g durch f bis zu $\varrho^{\frac{1}{3}} \approx 2 \varrho_0^{\frac{1}{3}}$, also bis zu rund achtmal größeren Elektronendichten als ϱ_0 gerechtfertigt ist. Dies bedeutet z. B. beim Xenonatom (vgl. die obere Abszisse in Fig. 7), daß die Approximation von $r = r_0 = 4,39 a_0$ bis $r \approx 2,5 a_0$, also im ganzen äußeren Gebiet des Atoms gut ist.

Mit der Vereinfachung (12.5) ergibt sich für die Dichte der Korrelationsenergie $-f \varrho = -\lambda_0 \varrho^{\frac{4}{3}} - f_0 \varrho$. Das erste Glied hat dieselbe Gestalt wie die Dichte der Austauschenergie, und man kann es mit dieser im Energieausdruck des zur Bestimmung der Dichteverteilung dienenden Variationsprinzipes in das Glied $-(\varkappa_a + \lambda_0) \varrho^{\frac{4}{3}} = -\varkappa_a' \varrho^{\frac{4}{3}}$ zusammenfassen. Das Glied $-f_0 \varrho$ hat in bezug auf die Bestimmung der Elektronenverteilung keinerlei Bedeutung, da man es so auffassen kann, als ob es von dem im ganzen Raum konstanten Potential f_0/e herrührte, das die Elektronenverteilung nicht beeinflußt. Hieraus ergibt sich, daß die zur Bestimmung der Elektronenverteilung in Ziff. 11 entwickelte THOMAS-FERMI-DIRACsche Theorie wortwörtlich auch hier gilt, wenn man überall — d. h. auch in τ_0 und β_0 — die Konstante $\varkappa_a$ durch $\varkappa_a'$ ersetzt.

Es sei betont, daß man bei Energieberechnungen und zur Herleitung von Energiebeziehungen vom Ausdruck (3.26) für g auszugehen hat[1]. Die Korrelationsenergie eines Atoms mit der Elektronenzahl N kann man aus (12.1) berechnen. Den wesentlichen Beitrag zu E_w liefern diejenigen Gebiete im Atom, in denen ϱ groß ist. Für große ϱ ist $g \approx \alpha_1$, womit man für E_w den Näherungsausdruck

$$E_w = -\alpha_1 \int \varrho \, dv = -\alpha_1 N = -0,056 N \frac{e^2}{a_0} = -1,5 N \text{ eV} \qquad (12.6)$$

erhält. Der Betrag der Korrelationsenergie ist also im Verhältnis zum gesamten Energiebetrag des Atoms sehr klein[2]. Es sei noch erwähnt, daß der Virialsatz durch die Korrelationskorrektur praktisch unbeeinflußt bleibt.

Tabelle 4. *Werte von k, x_0 und r_0 mit Austausch- und Korrelationskorrektion berechnet. r_0 in a_0-Einheiten.*

	F⁻	Cl⁻	Br⁻	J⁻
k	$+1,35 \cdot 10^{-4}$	$+2,88 \cdot 10^{-5}$	$+5,01 \cdot 10^{-6}$	$+1,82 \cdot 10^{-6}$
x_0	10,45	13,85	18,80	22,30
r_0	4,77	4,95	5,19	5,32
	Ne	A	Kr	X
k	$-6,60 \cdot 10^{-6}$	$+6,06 \cdot 10^{-6}$	$+1,95 \cdot 10^{-6}$	$+8,50 \cdot 10^{-7}$
x_0	8,00	11,05	15,45	18,50
r_0	3,53	3,88	4,22	4,39
	Na⁺	K⁺	Rb⁺	Cs⁺
k	$-4,43 \cdot 10^{-4}$	$-7,80 \cdot 10^{-5}$	$-9,80 \cdot 10^{-6}$	$-2,81 \cdot 10^{-6}$
x_0	6,55	9,15	13,10	15,95
r_0	2,80	3,15	3,55	3,76
	Mg⁺⁺	Ca⁺⁺	Sr⁺⁺	Ba⁺⁺
k	$-1,34 \cdot 10^{-3}$	$-2,57 \cdot 10^{-4}$	$-3,33 \cdot 10^{-5}$	$-1,07 \cdot 10^{-5}$
x_0	5,50	7,80	11,50	14,05
r_0	2,28	2,64	3,09	3,29

---

[1] Näheres hierüber in [28] und in [2].
[2] Woraus man jedoch nicht schließen darf, daß die Korrelationskorrektur auch z. B. für Ionisierungsenergien unbedeutend ist; sie liefert nämlich für die erste Ionisierungsenergie einen Beitrag von etwa 20%. Vgl. hierzu Ziff. 24.

β) *Modifikation des erweiterten Modells.* Da negative Ionen auch im Rahmen dieses Modells nicht stabil sind, ist es zweckmäßig auch hier eine analoge Modifikation durchzuführen wie beim THOMAS-FERMI-DIRACschen Modell, indem man

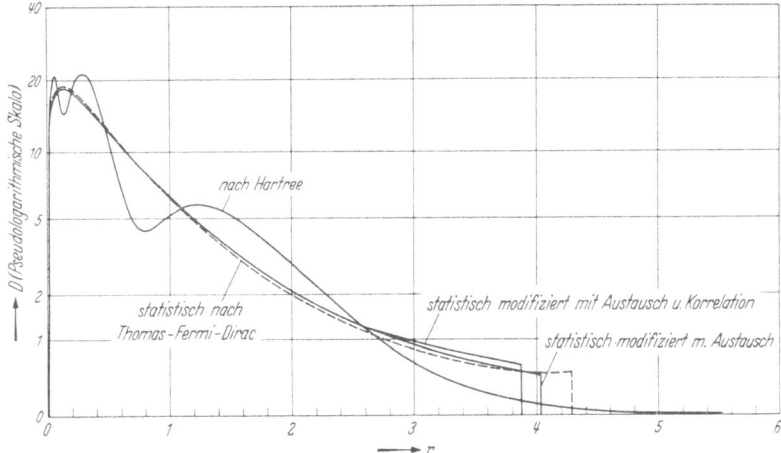

Fig. 8. Vergleich der mit Austausch bzw. der mit Austausch und Korrelation modifizierten statistischen, der THOMAS-FERMI-DIRACschen statistischen und der HARTREEschen wellenmechanischen radialen Dichteverteilung der Elektronen im A-Atom. r in a_0-Einheiten, $D = 4\pi r^2 \varrho$ in $1/a_0$-Einheiten. Nach [2], S. 108.

jetzt im Integranden des Energieausdruckes (4.5) statt Austausch + Korrelationskorrektion ein zu $-\omega_a(\varrho, r)$ analoges Korrektionsglied $-\omega_c(\varrho, r)$ einführt, das im Inneren des Modells in die Summe des Austausch- und Korrelationsgliedes

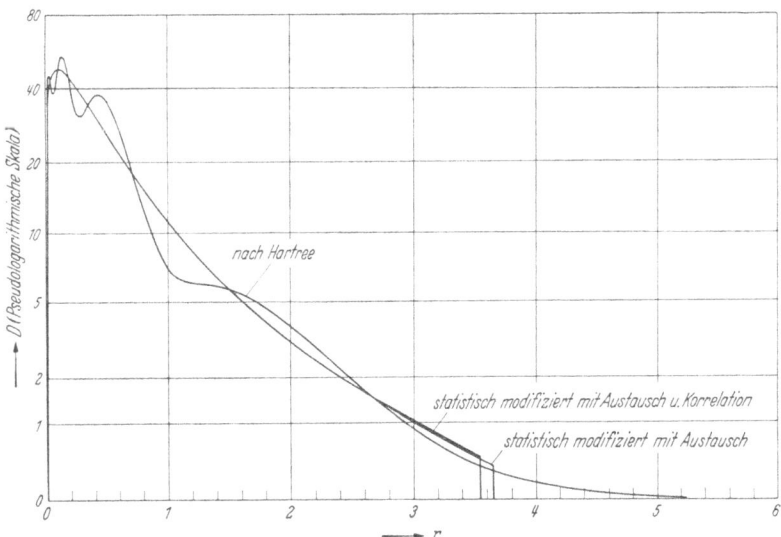

Fig. 9. Vergleich der mit Austausch bzw. der mit Austausch und Korrelation modifizierten statistischen und der HARTREEschen wellenmechanischen radialen Dichteverteilung der Elektronen im Rb$^+$-Ion. r in a_0-Einheiten, $D = 4\pi r^2 \varrho$ in $1/a_0$-Einheiten. Nach [2], S. 108.

und am Rand in die FERMI-AMALDIsche Korrektion übergeht. Sonst gestaltet sich alles genau so wie im Falle des modifizierten THOMAS-FERMI-DIRACschen Modells mit dem einzigen Unterschied, daß $\varkappa_a$ überall durch $\varkappa_a'$ zu ersetzen ist.

Die durch den Ansatz $\varphi = \varphi_0 + k\eta_0$ dargestellten Lösungen der Grundgleichung haben wir für mehrere freie Atome und Ionen ermittelt und die Parameterwerte k, sowie die Werte der Grenzradien x_0 bzw. r_0 in der Tabelle 4 zusammengestellt. Es wurden auch Lösungen für mehrere durch äußeren Zwang zusammengedrängte Atome und Ionen berechnet[1].

Zum Vergleich ist in den Fig. 8, 9 und 10 der auf Grund der eben geschilderten Modifikation berechnete statistische Dichteverlauf der Elektronen zusammen mit dem HARTREEschen wellenmechanischen[2] für das A-Atom sowie für die Ionen Rb$^+$ und Cl$^-$ dargestellt[3], woraus man sieht, daß der korrigierte Dichteverlauf nicht nur wie im ursprünglichen THOMAS-FERMI-DIRACschen Modell im Inneren des Atoms und Ions, sondern — gerade durch das Abbrechen des Dichteverlaufes —

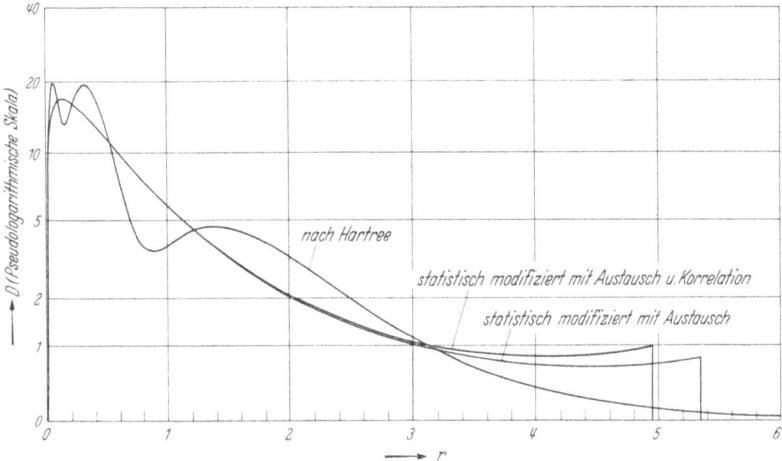

Fig. 10. Vergleich der mit Austausch bzw. der mit Austausch und Korrelation modifizierten statistischen und der HARTREEschen wellenmechanischen radialen Dichteverteilung der Elektronen im Cl$^-$-Ion. r in a_0-Einheiten, $D = 4\pi r^2 \varrho$ in $1/a_0$-Einheiten. Nach [2], S. 109.

auch in den äußeren Gebieten durchweg einen guten Mittelwert des wellenmechanischen darstellt. Zum weiteren Vergleich ist in den Figuren auch die aus dem modifizierten THOMAS-FERMI-DIRACschen Modell ohne Korrelationskorrektion berechnete statistische Verteilung (Ziff. 11 ε) und in Fig. 8 auch die nicht modifizierte THOMAS-FERMI-DIRACsche Verteilung (Ziff. 11 γ) eingezeichnet. Wie zu sehen ist, führt die Korrelationskorrektion zu einer verhältnismäßig kleinen Kontraktion des Modells, die sich jedoch für einige Atomeigenschaften [z.B. Polarisierbarkeit (Ziff. 30)] sowie Eigenschaften der zusammenhängenden Materie [z.B. Kompressibilität von Ionenkristallen (Ziff. 39)] als wesentlich erweist.

13. Gruppierung der Elektronen eines Atoms nach der Nebenquantenzahl. Eine Erweiterung des statistischen Atommodells, die besonders in Ziff. 20 eine wichtige Rolle spielt, erhält man, wenn man der Ganzzahligkeit der Nebenquantenzahl l Rechnung trägt und die Elektronenwolke in Gruppen von Elektronen mit gleicher Nebenquantenzahl unterteilt. Dies wurde zuerst von HELLMANN und später von FÉNYES auf wellenmechanischem, sowie von GOMBÁS auf statisti-

---

[1] P. GOMBÁS: Acta phys. Hung. **5**, 123 (1955).
[2] Bezüglich Argon vgl. D. R. HARTREE u. W. HARTREE, Proc. Roy. Soc. Lond., Ser. A **166**, 450 (1938); bezüglich Rb$^+$ vgl. D. R. HARTREE, Proc. Roy. Soc. Lond., Ser. A **151**, 96 (1935); bezüglich Cl$^-$ vgl. D. R. HARTREE u. W. HARTREE, Proc. Roy. Soc. Lond., Ser. A **156**, 45 (1936).
[3] Bezüglich der Ordinatenskala vgl. Fußnote 2 auf S. 133.

schem Weg durchgeführt[1]. Wir wollen hier kurz dem letzteren Weg folgen, da dieser der Natur des Problems besser angepaßt scheint und zu Resultaten führt, die, im Gegensatz zu den Resultaten von HELLMANN und FÉNYES, keinerlei Singularitäten aufweisen.

Wir ziehen wieder die Elektronen in einem Volumenelement dv des Atoms in Betracht und gehen von dem grundlegenden Zusammenhang aus, der den Betrag M des Drehimpulses eines Elektrons quantisiert. Hiernach ist

$$M = r\,p_k = k\,\frac{h}{2\pi}, \qquad (13.1)$$

wo p_k die azimutale Impulskomponente und k die azimutale Quantenzahl bezeichnet, für die man gemäß dem Kompromiß zwischen der halbklassischen statistischen Betrachtungsweise und der Wellenmechanik die halbzahligen Werte $k = l + \tfrac{1}{2}$ zu setzen pflegt. Wir wollen jedoch die Wahl von k einstweilen noch frei lassen und k aus einer weiter unten vorgenommenen statistischen Mittelbildung bestimmen, wodurch sich das Resultat der statistischen Betrachtungsweise besser anpaßt, was für eine später zu besprechende Anwendung (Ziff. 20) wichtig ist.

Zunächst nehmen wir auf Grund der Beziehung (13.1) — ganz ähnlich wie dies FERMI [19] bei der Bestimmung der Anzahl der s-, p-, d-, ... Elektronen eines statistischen Atoms getan hat[2] — eine Einteilung des Impulsraumes durch ein System von koaxialen Kreiszylinderflächen vor, dessen Achse mit dem auf den Kern als Koordinatenursprung bezogenen Ortsvektor $\mathbf{r}$ des Raumelementes dv zusammenfällt.

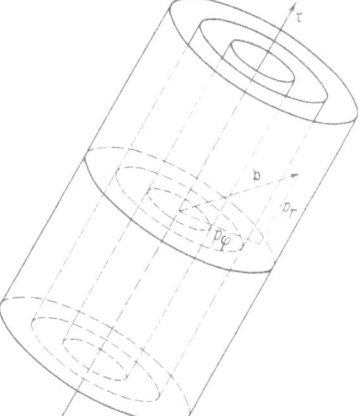

Fig. 11. Zur Aufteilung des Impulsraumes.

Für die Radien der Zylinderquerschnitte setzen wir gemäß (13.1) mit FERMI

$$p_l = l\,\frac{h}{2\pi}\cdot\frac{1}{r}, \qquad (l = 0, 1, 2, \ldots). \qquad (13.2)$$

Es enthalten so beginnend von innen die aufeinanderfolgenden Zylinderschalen (vgl. Fig. 11) jeweils die Bildpunkte der s-, p-, d-, ... Elektronen.

Wenn wir die Anzahl der in dv befindlichen Elektronen mit der Nebenquantenzahl l mit dN_l und das von diesen beanspruchte Impulsraumvolumen, d.h. das von den Elektronen besetzte Volumen der l-ten Zylinderschale mit ω_l bezeichnen, so ist

$$\omega_l\,dv = \frac{h^3}{2}\,dN_l. \qquad (13.3)$$

Wenn wir weiterhin die maximale radiale Impulskomponente der Elektronen in der l-ten Zylinderschale mit p_{rl} bezeichnen (vgl. Fig. 11), so hat man

$$\omega_l = 2(p_{l+1}^2 - p_l^2)\,\pi\,p_{rl} = (2l+1)\,h^2\,p_{rl}/(2\pi r^2).$$

---

[1] H. HELLMANN: Acta physicochim. U.R.S.S. **4**, 225 (1936) sowie [5]. — I. FÉNYES: Csillagászati Lapok (Budapest) **7**, 57 (1944); Muzeumi Füzetek (Kolozsvár) **3**, 3 (1945); **3**, 25 (1945); Z. Physik **125**, 336 (1948). — P. GOMBÁS [33] sowie Acta phys. Hung. **1**, 295 (1952).

[2] Vgl. auch Ziff. 23.

Durch Einsetzen dieses Ausdruckes in (13.3) folgt

$$p_{rl} = \frac{h\pi}{2l+1} r^2 \varrho_l = \frac{h}{4(2l+1)} D_l, \qquad (13.4)$$

wo $\varrho_l = dN_l/dv$ die Dichte der Elektronen mit der Nebenquantenzahl l und $D_l = 4\pi r^2 \varrho_l$ die radiale Dichte dieser Elektronen bedeutet.

Für die kinetische Energiedichte U_D^l der Elektronen mit der Nebenquantenzahl l ergibt sich

$$U_D^l = \int \frac{p^2}{2m} dQ = \int \frac{1}{2m} (p_r^2 + p_\varphi^2) dQ, \qquad (13.5)$$

wo p_r die radiale und p_φ die azimutale Impulskomponente bezeichnen und $dQ = \frac{2}{h^3} 2\pi p_\varphi dp_\varphi dp_r$, die Anzahl der Quantenzustände pro Volumeneinheit bedeutet, denen ein azimutaler Impuls zwischen p_φ und $p_\varphi + dp_\varphi$ und ein radialer Impuls zwischen p_r und $p_r + dp_r$ zukommt; die Integration nach p_φ ist von p_l bis p_{l+1} und nach p_r von $-p_{rl}$ bis $+p_{rl}$ auszudehnen. Nach Durchführung der Integration erhält man

$$U_D^l = \frac{1}{2m}\left[\frac{1}{3} p_{rl}^2 + \frac{1}{2}(p_l^2 + p_{l+1}^2)\right]\varrho_l = \frac{1}{2m}\left(\frac{1}{3} p_{rl}^2 + p_k^2\right)\varrho_l, \qquad (13.6)$$

wo wir p_k^2 dem statistischen Mittelwert $\frac{1}{2}(p_l^2 + p_{l+1}^2)$ gleichsetzten, d.h. $k^2 = l(l+1) + \frac{1}{2}$ setzten. Für große l geht also k in den wellenmechanischen Wert $\sqrt{l(l+1)}$ über, für $l = 0$ ergibt sich jedoch, im Gegensatz zum wellenmechanischen Wert $k = 0$ hier der Wert $k = 1/\sqrt{2}$, was sich im folgenden als wesentlich erweist.

Nach Einsetzen des Ausdruckes (13.4) für p_{rl} und des Ausdruckes $p_k = kh/(2\pi r)$ aus (13.1) in (13.6) folgt — wenn man von der Austausch- und Korrelationskorrektion der Einfachheit halber absieht — für die Energie des Atoms

$$E = \sum_l \int \left\{\frac{2\pi^4}{3(2l+1)^2} e^2 a_0 \varrho_l^3 r^4 + \frac{1}{2} e^2 a_0 \left[l(l+1)+\frac{1}{2}\right] \frac{\varrho_l}{r^2} - \left(\frac{Ze}{r} + \frac{1}{2}V_e\right)e\varrho_l\right\}dv. \quad (13.7)$$

Für die Dichtefunktionen ϱ_l bestehen die Nebenbedingungen

$$\int \varrho_l e\, dv = N_l e, \qquad (l = 0, 1, 2, \ldots), \qquad (13.8)$$

wo N_l die Anzahl der Elektronen des Atoms mit der Nebenquantenzahl l bezeichnet.

Aus dem Variationsprinzip, in dem jetzt die Variation hinsichtlich der Dichtefunktionen ϱ_l zu erfolgen hat, ergeben sich jetzt mit Rücksicht auf die Nebenbedingungen (13.8) die folgenden Beziehungen

$$\varrho_l = \frac{2l+1}{2^{\frac{1}{2}}\pi^2 e\, a_0^{\frac{1}{2}}} \frac{1}{r^{\frac{1}{2}}}\left\{(V-V_l)er - \frac{1}{2} e^2 a_0 \left[l(l+1) + \frac{1}{2}\right]\frac{1}{r}\right\}^{\frac{1}{2}}, \quad (l=0,1,2,\ldots), \quad (13.9)$$

wo $V = \frac{Ze}{r} + V_e$ das Gesamtpotential bezeichnet und die V_l LAGRANGEsche Multiplikatoren sind.

Mit den Beziehungen (13.9) erhält man zur Bestimmung des Potentialverlaufes die folgende erweiterte THOMAS-FERMIsche Gleichung

$$\frac{d^2(rV)}{dr^2} = \frac{2^{\frac{3}{2}}}{\pi a_0^{\frac{1}{2}}} \frac{1}{r^{\frac{1}{2}}} \sum_l (2l+1)\left\{(V-V_l)er - \frac{1}{2} e^2 a_0 \left[l(l+1)+\frac{1}{2}\right]\frac{1}{r}\right\}^{\frac{1}{2}}, \quad (13.10)$$

die mit den in Ziff. 4 besprochenen Grenzbedingungen zu lösen ist; die Konstanten V_l werden durch die Nebenbedingungen (13.8) festgelegt.

Aus (13.9) ist zu sehen, daß für kleine r das zu $1/r$ proportionale zweite Glied in der Wurzel überwiegt, denn das erste Glied in der Wurzel geht für $r=0$ in eine Konstante über. Da einer imaginären Dichte natürlich keinerlei physikalische Bedeutung zukommt, ist ϱ_l von $r=0$ bis $r=r_l$ gleich Null zu setzen, wo r_l den kleinsten Abstand vom Kern bezeichnet, für welchen die Wurzel in (13.9) verschwindet. Es ist weiterhin zu sehen, daß r_l um so größer wird, je größer l ist, was gewissermaßen dem Verhalten der wellenmechanischen Dichten entspricht, die bei $r=0$ wie r^l, d.h. in einem um so höheren Grade verschwinden, je größer l ist.

Bei den wellenmechanischen Herleitungen von ϱ_l durch HELLMANN und FÉNYES[1] fehlt im zweiten Glied in der Wurzel in (13.9) neben $l(l+1)$ das Glied $\frac{1}{4}$, wodurch bei $r=0$ die Dichte ϱ_l für $l=0$ wie $1/r^{\frac{3}{2}}$ unendlich wird, demzufolge das Integral im Energieausdruck (13.7) divergiert. Dies weist darauf hin, daß man wellenmechanische Resultate nicht immer ohne weiteres in die statistische Betrachtungsweise übernehmen darf.

14. Die kinetische Inhomogenitätskorrektion. Bisher haben wir das Potential in den Teilvolumina dv als konstant, d.h. die Elektronen in den Teilvolumina als frei betrachtet und dementsprechend ihre kinetische Energiedichte durch den Ausdruck

$$U_D^k = \varkappa_k \varrho^{\frac{5}{3}} \tag{14.1}$$

dargestellt. Die Voraussetzung eines konstanten Potentials in dv kann aber nur als eine Näherung betrachtet werden, die in unmittelbarer Nähe eines Kerns nicht gerechtfertigt werden kann. Im folgenden soll nun dem Umstand, daß das Potential in dv nicht konstant ist, Rechnung getragen werden, woraus ein Korrektionsglied im Ausdruck der kinetischen Energie, die sog. kinetische Inhomogenitätskorrektion resultiert, die zuerst von WEIZSÄCKER [26] hergeleitet wurde[2].

Zur WEIZSÄCKERschen Inhomogenitätskorrektion gelangt man am einfachsten auf folgendem sehr anschaulichem Weg. Ohne das PAULI-Prinzip, also im Falle der BOSE-Statistik, würden die Elektronen am absoluten Nullpunkt der Temperatur alle den energetisch möglichst tiefsten Quantenzustand besetzen. Wenn wir die als reell vorausgesetzte Eigenfunktion[3] dieses Zustandes mit ψ und die Anzahl der Elektronen pro Volumeneinheit mit n bezeichnen, so ergibt sich für die Elektronendichte und die wellenmechanische kinetische Energie der Elektronen pro Volumeneinheit

$$\varrho = n \psi^2, \quad U_D^i = n \frac{h^2}{8\pi^2 m} (\operatorname{grad} \psi)^2. \tag{14.2}$$

Wenn wir ψ in U_D^i mit Hilfe von ϱ ausdrücken, so folgt

$$U_D^i = \varkappa_i \frac{(\operatorname{grad} \varrho)^2}{\varrho} \quad \text{mit} \quad \varkappa_i = \frac{1}{8} e^2 a_0, \tag{14.3}$$

wobei angenommen wird, daß $\operatorname{grad} \varrho$ vom Quantenzustand, d.h. vom Impulsvektor unabhängig ist. Dem PAULI-Prinzip, d.h. dem Umstand, daß die Elektronen nicht alle den energetisch tiefsten Quantenzustand besetzen, wird dadurch Rechnung getragen, daß man zu U_D^i die im wesentlichen aus dem PAULI-Prinzip

---

[1] Vgl. die Fußnote 1 auf S. 149 zitierten Arbeiten von HELLMANN und FÉNYES.
[2] Vgl. auch H. HELLMANN, Acta physicochim. U.R.S.S. **4**, 225 (1936) sowie I. FÉNYES, Csillagászati Lapok (Budapest) **7**, 57 (1944); Muzeumi Füzetek (Kolozsvár) **3**, 3 (1945); **3**, 20 (1945); Z. Physik **125**, 336 (1948). Die dritte Arbeit von FÉNYES enthält jedoch einen Irrtum, demzufolge das Resultat unrichtig ist.
[3] Daß man ψ — mit Ausnahme des idealisierten Falles gänzlich freier Elektronen im unendlichen Raum — tatsächlich als reell voraussetzen kann, wurde in der Arbeit P. GOMBÁS, Acta phys. Hung. **3**, 105 (1953) gezeigt.

resultierende Energie U_D^k hinzunimmt, also für die gesamte kinetische Energiedichte

$$U_D = U_D^k + U_D^i = \varkappa_k \varrho^{\frac{5}{3}} + \varkappa_i \frac{(\text{grad } \varrho)^2}{\varrho} \qquad (14.4)$$

setzt. U_D^i ist das WEIZSÄCKERsche Korrektionsglied, das aus der Inhomogenität der Dichteverteilung resultiert und für eine gänzlich konstante Verteilung, d. h. für grad $\varrho = 0$ verschwindet.

Für die gesamte kinetische Energiekorrektion des in Betracht gezogenen atomaren Systems ergibt sich also

$$E_i = \varkappa_i \int \frac{1}{\varrho} (\text{grad } \varrho)^2 dv. \qquad (14.5)$$

Wenn wir die Gesamtenergie des Systems mit dieser Energie ergänzen und von der verhältnismäßig kleinen Korrelationsenergie der Einfachheit halber hier absehen, so ergibt sich aus dem Variationsprinzip (4.7) mit der Bezeichnung $\psi = \varrho^{\frac{1}{2}}$ die Gleichung

$$4\varkappa_i \Delta\psi - \tfrac{5}{3}\varkappa_k \psi^{\frac{7}{3}} + \tfrac{4}{3}\varkappa_a \psi^{\frac{5}{3}} + (V - V_0) e \psi = 0, \qquad (14.6)$$

wo V_0 wieder die Rolle eines LAGRANGEschen Multiplikators spielt. Zu dieser Gleichung kommt noch die POISSONsche Gleichung

$$\Delta V = 4\pi e \psi^2. \qquad (14.7)$$

Man hat also ψ aus dem Gleichungssystem (14.6), (14.7) mit den Nebenbedingungen zu bestimmen, daß ψ eine überall endliche, eindeutige Funktion des Ortes sei, die im Unendlichen verschwindet; V_0 wird aus der Nebenbedingung (4.6) festgelegt.

Für den Dichteverlauf von Atomen, auf die wir uns im folgenden beschränken, ist die WEIZSÄCKERsche Korrektion in der unmittelbaren Umgebung des Kerns und in großer Entfernung vom Kern wesentlich. Bei $r = 0$ läßt sich ψ nach Potenzen von r in eine Reihe entwickeln und es zeigt sich, daß ψ — in bester Übereinstimmung mit den wellenmechanischen Resultaten — für $r = 0$ in eine Konstante übergeht. In großer Entfernung vom Kern ergibt sich aus der asymptotischen Gleichung $4\varkappa_i \Delta\psi - V_0 e \psi = 0$, daß ψ — ebenfalls in vollkommener Übereinstimmung mit den wellenmechanischen Ergebnissen — exponentiell gegen Null geht. Bezüglich des Dichteverlaufes für das A-Atom vgl. man Fig. 12 auf S. 155.

Für die Energie der Atome führt jedoch die WEIZSÄCKERsche Korrektion zu unbefriedigenden Resultaten; denn wie SOKOLOW[1] mit Hilfe des RITZschen Verfahrens gezeigt hat, liegt die Energie des Rb^+-Ions um rund 20% zu hoch. Nach BERG und WILETS[2] ergibt sich für den harmonischen Oszillator und für den Fall einer Potentialstufe ein ähnlicher Sachverhalt.

Diese Abweichung ist darauf zurückzuführen, daß die kinetische Energie des Atoms, die aus dem FERMIschen Anteil und dem WEIZSÄCKERschen Anteil additiv zusammengesetzt wurde, zu groß ist. Daß sich die auf diese Weise berechnete kinetische Energie zu groß ergibt, läßt sich folgendermaßen einsehen[3]. Die FERMIsche kinetische Energie der Elektronen besteht aus zwei Anteilen. Der eine resultiert aus dem PAULI-Prinzip, demzufolge sich nicht alle Elektronen im Quantenzustand (Phasenraumzelle) mit der tiefsten Energie aufhalten können,

---
[1] N. SOKOLOW: J. exp. theoret. Phys. **8**, 365 (1938).
[2] R. BERG u. L. WILETS: Proc. Phys. Soc. Lond. A **68**, 229 (1955).
[3] Vgl. hierzu P. GOMBÁS, Acta phys. Hung. **3**, 105, 127 (1953), wo dies nicht nur auf qualitativem, sondern auch auf analytischem Weg gezeigt wurde. Erweiterung und Berichtigung bei P. GOMBÁS, Acta phys. Hung. **5**, 483 (1956) und [*29*].

sondern die Teilchen werden ausgehend vom tiefsten Energiezustand sukzessive die Zustände mit höherer Energie besetzen, und zwar immer so, daß in einem Quantenzustand, d.h. in einer Phasenraumzelle vom Volumen h^3 höchstens zwei Teilchen untergebracht werden. Hieraus resultiert für jeden Quantenzustand ein Mindestimpuls, über den das Elektron verfügen muß, um im betreffenden Quantenzustand untergebracht werden zu können. Der andere Anteil, den wir kurz die kinetische Selbstenergie der freien Elektronen nennen wollen, resultiert aus der Quantisierung, d.h. daraus, daß in der Quantenstatistik ein Quantenzustand durch eine Phasenraumzelle vom endlichen Volumen h^3 repräsentiert wird, wodurch einem Teilchen eine endliche Impulsbreite zukommt. Außerdem zerfällt die kinetische Energie, also auch die kinetische Selbstenergie der freien Elektronen in zwei Teile, in einen radialen und in einen azimutalen Teil, von denen im Mittel — da keine Impulsrichtung ausgezeichnet ist — der azimutale doppelt so groß ist wie der radiale[1].

Die WEIZSÄCKERsche kinetische Energie ist für Atome mit kugelsymmetrischer Elektronenverteilung, auf die wir uns ausschließlich beschränken, nichts anderes als die radiale kinetische Selbstenergie der Elektronen im Zustand mit der Eigenfunktion $\psi = \varrho^{\frac{1}{2}}$ und ist naturgemäß immer größer als die im FERMIschen Energieanteil enthaltene radiale kinetische Selbstenergie der freien Elektronen. Letztere ist also sowohl im FERMIschen wie im WEIZSÄCKERschen Energieanteil inbegriffen, wird also doppelt gezählt, wodurch ein Fehler entsteht und die kinetische Energie des Atoms sich als zu groß ergibt. Zur Korrektur dieses Fehlers hat man die radiale kinetische Selbstenergie der freien Elektronen von der Energie des Atoms in Abzug zu bringen.

Zu dieser Korrektion gelangt man nach GOMBÁS[2] folgendermaßen. Da die kinetische Energie eines freien Elektrons nur vom Impulsbetrag p abhängt, kann man eine Einteilung des Impulsraumes in Kugelschalen von der Breite p_ε vornehmen, in denen die Elektronen angenähert die gleiche Energie besitzen. In Anbetracht der von FERMI [19] vorgenommenen und in Ziff. 13 schon besprochenen Einteilung des Impulsraumes zur Bestimmung der Anzahl der s-, p-, d-, ... Elektronen ist es naheliegend für die Radien p_n der Impulskugelflächen, die die Impulskugelschalen beranden, gemäß (13.2)

$$p_n = n p_\varepsilon, \qquad (n = 0, 1, 2, 3, \ldots) \tag{14.8}$$

mit

$$p_\varepsilon = \frac{h}{2\pi} \cdot \frac{1}{r} \tag{14.9}$$

zu setzen[3]. Der Betrag des mittleren Impulses eines Teilchens in der $(n+1)$-ten Kugelschale ist also

$$p = p_n + \tfrac{1}{2} p_\varepsilon. \tag{14.10}$$

Der Betrag des Mindestimpulses, den das Teilchen zufolge des PAULI-Prinzips in der $(n+1)$-ten Kugelschale besitzen muß, wird demnach $p_n = p - \tfrac{1}{2} p_\varepsilon$. Wenn wir also den radialen Anteil der FERMIschen kinetischen Energie mit dem reduzierten Impulsbetrag $p - \tfrac{1}{2} p_\varepsilon$ berechnen, so ist die radiale kinetische Selbstenergie der Elektronen ausgeschaltet. Da für freie Elektronen im Mittel der

---

[1] In den Arbeiten P. GOMBÁS, Acta phys. Hung. **3**, 105 (1953) und Acta phys. Hung. **3**, 127 (1953) wurde fälschlicherweise der radiale und azimutale Anteil der kinetischen Energie als gleich groß vorausgesetzt. Berichtigung bei P. GOMBÁS, Acta phys. Hung. **5**, 483 (1956) und [29].

[2] P. GOMBÁS [29] und Acta phys. Hung. **5**, 483 (1956); **3**, 127 (1953). Eine Berichtigung der letztgenannten Arbeit ist in den beiden erstgenannten zu finden.

[3] Bezüglich einer weiteren kräftigen Unterstützung dieser Annahme vgl. man P. GOMBÁS: Acta phys. Hung. **5**, 503 (1956).

azimutale Energieanteil doppelt so groß ist wie der radiale[1], so hat man für die reduzierte kinetische Energie eines Elektrons

$$u = \frac{2}{3} \cdot \frac{p^2}{2m} + \frac{1}{3} \cdot \frac{(p - \tfrac{1}{2}p_\varepsilon)^2}{2m}, \tag{14.11}$$

wo das erste Glied auf der rechten Seite den azimutalen und das zweite den radialen Anteil darstellt. Man hat nun die FERMIsche kinetische Energie des Atoms statt mit (2.1) mit diesem Ausdruck zu berechnen, wobei zu beachten ist, daß der radiale Anteil nur für solche Impulse Gültigkeit hat, deren Betrag größer ist als $\tfrac{1}{2}p_\varepsilon$; für $p \leq \tfrac{1}{2}p_\varepsilon$ hat man den radialen kinetischen Energieanteil gleich Null zu setzen.

Wenn man im Energieausdruck des Atoms die FERMIsche kinetische Energie durch diesen korrigierten Ausdruck ersetzt, so läßt sich die Grundgleichung des korrigierten Modells ganz ähnlich zu den bisherigen Fällen aus dem Variationsprinzip (4.7) herleiten. Es ergibt sich

$$4\varkappa_i \Delta \psi - \tfrac{10}{9}\varkappa_k \psi^{\tfrac{7}{3}} - f(\psi, r) + \tfrac{4}{3}\varkappa_a \psi^{\tfrac{5}{3}} + (V - V_0)e\psi = 0, \tag{14.12}$$

wo die aus dem FERMIschen radialen Energieanteil resultierende Funktion $f(\psi, r)$ folgendermaßen definiert ist

$$\left. \begin{array}{l} \text{für } r_i \leq r \leq r_a \text{ ist } f(\psi, r) = \tfrac{5}{9}\varkappa_k \psi^{\tfrac{7}{3}} - \lambda_1 \psi^{\tfrac{5}{3}}\tfrac{1}{r} + \lambda_2 \psi \tfrac{1}{r^2}, \\ \text{für } 0 \leq r \leq r_i \text{ sowie für } r \geq r_a \text{ ist } f(\psi, r) \equiv 0. \end{array} \right\} \tag{14.13}$$

r_i bezeichnet von den beiden Nullstellen von f die zum Kern näher liegende und r_a die vom Kern entferntere Nullstelle, λ_1 und λ_2 sind die folgenden Konstanten

$$\lambda_1 = \frac{5}{12\pi}\left(\frac{\pi}{3}\right)^{\tfrac{1}{3}}\varkappa_k, \quad \lambda_2 = \frac{5}{36\pi^2}\left(\frac{\pi}{3}\right)^{\tfrac{2}{3}}\varkappa_k. \tag{14.14}$$

Für verschwindende Korrektion, d.h. $p_\varepsilon = 0$ und somit $\lambda_1 = 0$ und $\lambda_2 = 0$ geht $f(\psi, r)$ in das Glied $\tfrac{5}{9}\varkappa_k \psi^{\tfrac{7}{3}}$ und Gl. (14.12) in Gl. (14.6) über.

Das Gleichungssystem bestehend aus Gl. (14.12) und der POISSONschen Gleichung (14.7) wurde für die Atome Ne, A, Kr und X auf numerischem Wege gelöst[2]. Der Verlauf der mit dieser Lösung berechneten radialen Elektronendichte für das A-Atom ist zusammen mit dem HARTREEschen wellenmechanischen Dichteverlauf[3] in Fig. 12a und b dargestellt. Wie zu sehen ist, gibt der neue statistische Dichteverlauf nicht nur im Inneren des Atoms sondern auch in den äußeren Gebieten einen guten Mittelwert des wellenmechanischen und approximiert für größere r-Werte den letzteren gut. Für $r \to \infty$ fällt die Dichte — in Übereinstimmung mit den wellenmechanischen Resultaten — exponentiell auf Null ab. Dies bedeutet eine ganz wesentliche Verbesserung gegenüber den bisher hergeleiteten statistischen Dichteverteilungen. Als eine weitere wesentliche Verbesserung ist es zu betrachten, daß — im Gegensatz zu den bisherigen Dichteverteilungen — die Elektronendichte bei $r = 0$, ebenfalls in Übereinstimmung mit der Wellenmechanik, in eine Konstante übergeht. In Fig. 12a und b ist weiterhin auch noch diejenige Dichteverteilung eingezeichnet, die man durch Berücksichtigung der vollen WEIZSÄCKERschen Energie, d.h. ohne Ausschaltung der radialen kinetischen Selbstenergie der Elektronen aus der numerischen Lösung des Gleichungssystems (14.6), (14.7) erhält. Für $r = 0$ und $r \to \infty$ weist sie dieselben Vorzüge auf wie die eben besprochene, im übrigen ist sie aber im Ver-

---
[1] Vgl. Fußnote 1 auf S. 153.
[2] P. GOMBÁS: Acta phys. Hung. **5**, 438 (1956) und [29].
[3] D. R. HARTREE u. W. HARTREE: Proc. Roy. Soc. Lond., Ser. A **166**, 450 (1938).

gleich zu dieser weniger befriedigend, denn sie gibt einen schlechteren Mittelwert der wellenmechanischen Verteilung, indem sie im Inneren des Atoms zu tief und in großer Entfernung vom Kern etwas zu hoch verläuft.

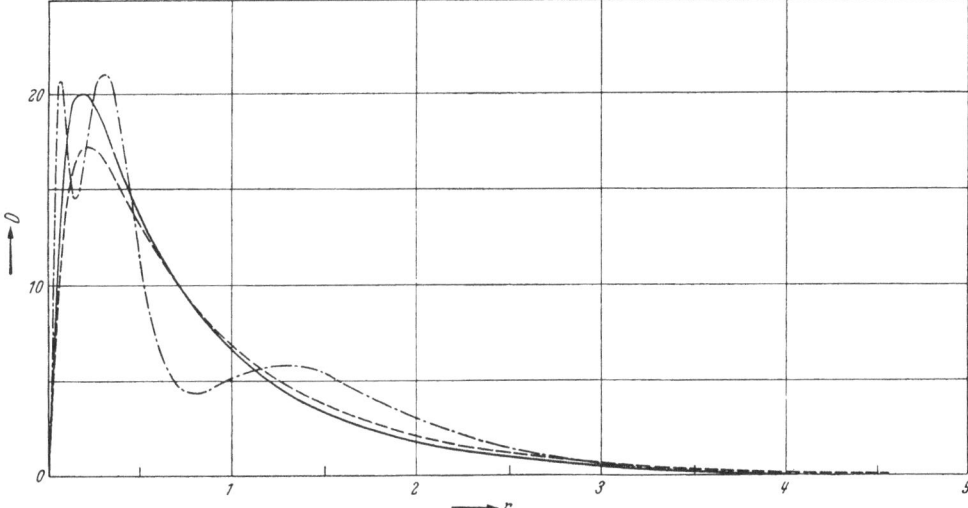

Fig. 12 a. Vergleich der durch die Ausschaltung der radialen kinetischen Selbstenergie korrigierten statistischen (———), der mit der vollständigen WEIZSÄCKERschen Korrektur berechneten statistischen (— — —) und der HARTREESCHEN wellenmechanischen (—·—·—) radialen Dichteverteilung der Elektronen im A-Atom. r in a_0-Einheiten, $D = 4\pi r^2 \varrho$ in $1/a_0$-Einheiten.

Dies macht sich besonders bei den diamagnetischen Suszeptibilitäten sehr stark bemerkbar. Es ergibt sich z. B. für Argon für die diamagnetische Suszeptibilität auf Grund der Elektronenverteilung, die mit der vollen WEIZSÄCKERschen Korrektur bestimmt wurde, der Wert $-23,8 \cdot 10^{-6}$ cm³ und auf Grund der Verteilung, die man durch Ausschaltung der radialen kinetischen Selbstenergie erhält, der Wert $-18,2 \cdot 10^{-6}$ cm³ (vgl. Ziff. 29), der mit dem experimentellen Wert $-19,5 \cdot 10^{-6}$ cm³ bedeutend besser übereinstimmt als der erstere.

Für mehrere Atome wurde die Energie auf Grund des durch Ausschaltung der radialen kinetischen Selbstenergie der Elektronen korrigierten Modells mit Hilfe des RITZSCHEN Verfahrens berechnet[1], wobei sich eine ausgezeichnete Übereinstimmung mit den empirischen, halbempirischen und

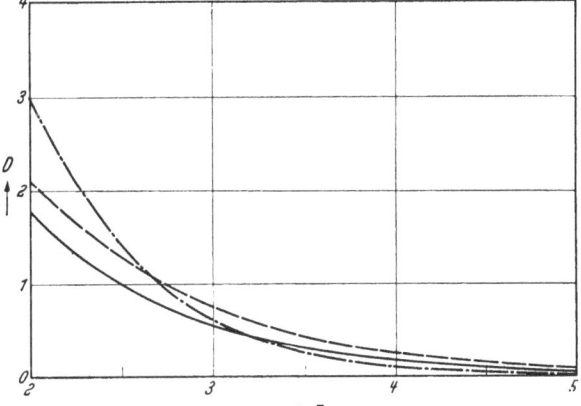

Fig. 12b. Vergleich der durch die Ausschaltung der radialen kinetischen Selbstenergie korrigierten statistischen (———), der mit der vollständigen WEIZSÄCKERschen Korrektion berechneten statistischen (— — —) und der HARTREESCHEN wellenmechanischen (—·—·—) radialen Dichteverteilung der Elektronen in den äußeren Gebieten des A-Atoms. r in a_0-Einheiten, $D = 4\pi r^2 \varrho$ in $1/a_0$-Einheiten.

wellenmechanischen Energien ergibt. Die maximale Abweichung beträgt von den schwersten Atomen bis zu den ganz leichten weniger als 2,5% (vgl. Ziff. 24).

---

[1] Vgl. Fußnote 2 auf S. 153.

Bei der eben genannten Energieberechnung wurde noch berücksichtigt, daß man genau genommen den für die mittlere kinetische Energie maßgebenden Impulsbetrag p nicht aus (14.10) sondern aus dem auf eine Impulskugelschale erstreckten statistischen Mittelwert der kinetischen Energie, d.h. aus dem quadratischen Mittel zu berechnen hat, woraus sich zwischen p und p_n der Zusammenhang $p = (p_n^2 + p_\varepsilon\, p_n + \tfrac{3}{5} p_\varepsilon^2)^{\frac{1}{2}}$ ergibt. Mit diesem erhält man für die reduzierte radiale kinetische Energie, d.h. statt des zweiten Gliedes auf der rechten Seite in (14.11) den Ausdruck $\frac{1}{3}\frac{1}{2m}\left[p^2 - \frac{1}{6}p_\varepsilon^2 - p_\varepsilon\left(p^2 - \frac{5}{12}p_\varepsilon^2\right)^{\frac{1}{2}}\right]$. Der geringfügige Unterschied dieses Ausdruckes vom zweiten Glied auf der rechten Seite in (14.11) — der sich bei der erzielten Genauigkeit der Energieberechnung schon bemerkbar macht — kann als Störung berücksichtigt werden.

Es sei noch bemerkt, daß — wie man mit dem in Ziff. 8 besprochenen FOCKschen Variationsverfahren leicht zeigen kann — der Virialsatz durch die WEIZSÄCKERsche Korrektur in der Weise abgeändert wird, daß im Virialsatz statt E_k jetzt $E_k + E_i$ tritt.

Einen weiteren Ansatz zur Herleitung der kinetischen Inhomogenitätskorrektion hat MACKE[1] gegeben; weiterhin hat SWIATECKI[2] eine mit der Inhomogenitätskorrektur äquivalente Korrektur hergeleitet, die den Gradienten des Potentials enthält.

Schließlich sei erwähnt, daß von PLASKETT[3] durch eine Weiterentwicklung der WENTZEL-KRAMERS-BRILLOUINschen Methode für den eindimensionalen Fall eine von der WEIZSÄCKERschen verschiedene kinetische Inhomogenitätskorrektur hergeleitet wurde, mit der sich zur Bestimmung von ϱ ebenfalls eine erweiterte statistische Gleichung herleiten läßt. Die von BALLINGER und MARCH[4] durchgeführte Anwendung dieser Gleichung auf den Fall von linearen Oszillatoren führt jedoch zu Schwierigkeiten, indem unendlich viele gleichwertige Lösungen existieren.

15. Korrektion für sehr hohe Temperaturen. Das Entartungskriterium des Elektronengases besagt, daß man das Elektronengas bis zu einer Temperatur, für die kT im Verhältnis zur maximalen kinetischen Energie eines Elektrons klein ist, als vollkommen entartet betrachten kann, wo k die BOLTZMANNsche Konstante und T die absolute Temperatur bezeichnen. Man kann sich daher bei der Behandlung des Elektronengases in einem Atom bis zu dieser Temperatur, die von der Größenordnung einiger 1000° C ist, auf den absoluten Nullpunkt der Temperatur beschränken, wie wir dies in unseren bisherigen Betrachtungen getan haben. Bei sehr hohen Temperaturen, z.B. in Fixsternen, wird jedoch die Entartung aufgehoben, d.h. es gilt dann statt der Verteilungsfunktion (2.9) die Verteilungsfunktion (2.10), dementsprechend man dann am statistischen Modell eine Temperaturkorrektur vorzunehmen hat, die von mehreren Autoren ausgearbeitet wurde und die z.B. für die innere Struktur der Fixsterne von Bedeutung ist. Da sich bei diesen hohen Temperaturen die Materie fast immer unter hohem Druck befindet (vgl. hierzu auch Abschnitt VI d), können wir uns im folgenden auf den Fall zusammengedrängter neutraler Atome beschränken.

α) *Temperaturkorrektur des* THOMAS-FERMIschen *Modells.* Bei Temperaturen, für die kT im Verhältnis zur maximalen kinetischen Energie u_μ eines Elektrons an der Atomgrenze klein ist, läßt sich die Temperaturkorrektur des ursprünglichen THOMAS-FERMIschen Atommodells nach MARSHAK und BETHE[5] als eine kleine Störung behandeln. Zur Herleitung dieser Störung geht man statt von den exakten Gln. (2.11) von der Gl. (2.12) aus, die gerade für $kT \ll u_\mu$ gültig ist und verallgemeinert diese für den Fall, daß das Potential V nicht ver-

---

[1] W. MACKE: Ann. Physik (6) **17**, 1 (1955). — Phys. Rev. **100**, 992 (1955).
[2] W. J. SWIATECKI: Proc. Phys. Soc. Lond. A **68**, 285 (1955).
[3] J. S. PLASKETT: Proc. Phys. Soc. Lond. A **66**, , 178 (1953).
[4] R. A. BALLINGER u. N. H. MARCH: Proc. Phys. Soc. Lond. A **67**, 378 (1954).
[5] R. E. MARSHAK u. H. A. BETHE: Astrophys. J. **91**, 239 (1940).

schwindet. Man hat dann

$$\varrho = \sigma_0 \left(V + \frac{1}{e}\zeta\right)^{\frac{3}{2}} \left[1 + \frac{\pi^2 k^2 T^2}{8e^2\left(V + \frac{1}{e}\zeta\right)^2}\right], \tag{15.1}$$

wo σ_0 durch (4.10) definiert ist und ζ die in Ziff. 2 definierte FERMIsche Energie für den Fall eines nichtverschwindenden Potentials V bezeichnet. Für $T=0$ geht ζ in unsere bisherige Konstante $-V_0 e$ und der Zusammenhang (15.1) in (4.8) über.

Durch das Einsetzen des Ausdrucks (15.1) für die Elektronendichte in die POISSONsche Gleichung ergibt sich die erweiterte THOMAS-FERMIsche Gleichung, die man mit den Bezeichnungen

$$x = \frac{r}{\mu}, \quad \varphi_T(x) = \frac{r}{Ze^2}(Ve + \zeta), \quad \Theta = \frac{2^{\frac{2}{3}} e^2 Z}{\pi k \mu} \tag{15.2}$$

in der Form

$$\varphi_T'' = \frac{\varphi_T^{\frac{3}{2}}}{x^{\frac{1}{2}}}\left[1 + \left(\frac{T}{\Theta}\right)^2 \left(\frac{x}{\varphi_T}\right)^2\right] \tag{15.3}$$

schreiben kann, wo φ_T'' die zweite Ableitung von φ_T nach x bezeichnet und μ durch (5.9) definiert ist. Die Funktion φ_T hat denselben Grenzbedingungen zu genügen wie die entsprechende Funktion φ im Falle des in Ziff. 5 entwickelten ursprünglichen THOMAS-FERMIschen Modells. Die Gl. (15.3) wurde für verschiedene Temperaturen und Drucke von MARSHAK, MORSE und YORK[1] auf numerischem Wege gelöst.

Da im vorliegenden Fall die Temperaturkorrektion voraussetzungsgemäß klein ist, kann man nach MARSHAK und BETHE zur Lösung der Gleichung auch in der Weise vorgehen, daß man

$$\varphi_T(x) = \varphi(x) + \left(\frac{T}{\Theta}\right)^2 \vartheta(x) \tag{15.4}$$

setzt, wo φ die Lösung der Gl. (15.3) für $T=0$, d.h. der ursprünglichen THOMAS-FERMIschen Gleichung bedeutet und $(T/\Theta)^2 \vartheta$ die im Verhältnis zu φ als klein vorausgesetzte Temperaturkorrektur bezeichnet. Wenn man diesen Ausdruck für φ_T in Gl. (15.3) einsetzt und die rechte Seite nach ϑ/φ in eine Reihe entwickelt, die man nach dem zweiten Glied abbricht, so erhält man zur Bestimmung von ϑ folgende Gleichung

$$\vartheta'' = \frac{3}{2}\left(\frac{\varphi}{x}\right)^{\frac{1}{2}} \vartheta + \frac{x^{\frac{3}{2}}}{\varphi^{\frac{1}{2}}}. \tag{15.5}$$

Diese Gleichung wurde von FEYNMAN, METROPOLIS und TELLER [53] für mehrere Fälle, d.h. für mehrere φ-Funktionen mit den Anfangsbedingungen $\vartheta(0) = 0$ und $\vartheta'(0) = 0$ gelöst[2]; eine analytische Lösung wurde von GILVARRY[3] hergeleitet. Der Grenzradius $r_0 = \mu x_0$ ist aus der Grenzbedingung $x_0 \varphi_T'(x_0) - \varphi_T(x_0) = 0$ mit dem Ausdruck (15.4) für φ_T zu bestimmen.

---

[1] R. E. MARSHAK, P. M. MORSE u. H. YORK: Astrophys. J. **111**, 214 (1950).

[2] Die von diesen Autoren bestimmten Anstiege der Anfangstangenten der in Gl. (15.5) eingehenden φ-Funktionen sind jedoch unrichtig. Weiterhin ist auch die von den Autoren vorgenommene Reihenentwicklung von ϑ (bei ihnen mit Φ_1 bezeichnet) bei $x=0$ fehlerhaft; vgl. hierzu [54].

[3] J. J. GILVARRY: Phys. Rev. **96**, 934, 944 (1954). Im Anschluß hieran vgl. man auch die Arbeiten von J. J. GILVARRY u. G. H. PEEBLES [Phys. Rev. **99**, 550 (1955)] sowie von N. H. MARCH [Proc. Phys. Soc. Lond. A **68**, 1145 (1955)], die während der Drucklegung des vorliegenden Bandes erschienen sind.

Für die Elektronendichte erhält man mit x und φ_T den Ausdruck

$$\varrho(x) = \frac{Z}{4\pi\mu^3}\left(\frac{\varphi_T}{x}\right)^{\frac{3}{2}}\left[1 + \left(\frac{T}{\Theta}\right)^2\left(\frac{x}{\varphi_T}\right)^2\right]. \tag{15.6}$$

Wie man sich an Hand der weiter unten gegebenen verallgemeinerten Betrachtungen von FEYNMAN, METROPOLIS und TELLER leicht überzeugt und wie dies auch auf Grund thermodynamischer Betrachtungen von BRACHMAN[1] gezeigt wurde, besteht auch hier zwischen dem Druck am Atomrand $P(r_0)$ und der kinetischen Energiedichte am Atomrand $U_D(r_0)$ der in der THOMAS-FERMIschen Näherung allgemein gültige Zusammenhang $P(r_0) = \frac{2}{3} U_D(r_0)$, aus dem man mit Rücksicht auf die Resultate von Ziff. 2β

$$P(x_0) = \frac{32 e^2}{15\pi^2 a_0^4}\left(\frac{4Z^2}{3\pi}\right)^{\frac{5}{3}} \frac{[\varphi_T(x_0)]^{\frac{5}{2}}}{x_0^{\frac{5}{2}}}\left\{1 + 5\left(\frac{T}{\Theta}\right)^2\left[\frac{x_0}{\varphi_T(x_0)}\right]^2\right\} \tag{15.7}$$

erhält.

Die vollständige, d.h. keine Vernachlässigungen enthaltende Erweiterung des THOMAS-FERMIschen Modells für beliebig hohe Temperaturen wurde von SAKAI[2] sowie von FEYNMAN, METROPOLIS und TELLER [53] durchgeführt. Hierzu gehen wir von der exakt gültigen ersten Gl. (2.11) aus, die wir für den Fall erweitern, daß sich die Elektronen in dem nichtverschwindenden Potential V befinden. Es ergibt sich dann, wenn wir uns auf die Volumeneinheit beziehen

$$\varrho = \frac{8\pi}{h^3}\int\frac{p^2\,dp}{\exp\left(\dfrac{(p^2/2m) - Ve - \zeta}{kT}\right) + 1}, \tag{15.8}$$

wo die Konstante ζ aus der Forderung bestimmt wird, daß das auf das ganze Volumen des Atoms erstreckte Integral von ϱ mit der Gesamtzahl der Elektronen N gleich sein muß.

Durch Einsetzen dieses Ausdruckes in die POISSONsche Gleichung erhält man die erweiterte THOMAS-FERMIsche Gleichung

$$\frac{1}{r}\frac{d^2(rV)}{dr^2} = \frac{16\pi^2 e}{h^3}(2mkT)^{\frac{3}{2}} I_{\frac{1}{2}}((Ve + \zeta)/(kT)), \tag{15.9}$$

wo wir zur Abkürzung folgende Bezeichnung einführten

$$I_n(x) = \int_0^\infty \frac{s^n\,ds}{1 + \exp(s - x)}, \tag{15.10}$$

in der in unserem Fall $n = \frac{1}{2}$, $s = p^2/(2mkT)$ und $x = (Ve + \zeta)/(kT)$ zu setzen ist. Die Gl. (15.9) läßt sich durch Einführen der neuen Variable

$$u = \frac{r}{\lambda} \quad \text{mit} \quad \lambda = \frac{1}{4\pi e}\left(\frac{h^6}{8m^3 kT}\right)^{\frac{1}{4}} \tag{15.11}$$

und der Funktion

$$\omega(u) = \frac{u}{kT}(Ve + \zeta) \tag{15.12}$$

auf die einfache Form

$$\omega'' = u\,I_{\frac{1}{2}}\left(\frac{\omega}{u}\right) \tag{15.13}$$

---

[1] M. K. BRACHMAN: Phys. Rev. **84**, 1263 (1951).
[2] T. SAKAI: Proc. Phys. Math. Soc. Japan **24**, 254 (1942).

transformieren, die mit den Grenzbedingungen

$$\omega(0) = \frac{Z e^2}{kT\lambda} \quad \text{und} \quad u_0 \omega'(u_0) = \omega(u_0) \tag{15.14}$$

zu lösen ist, wo ω' und ω'' die erste bzw. zweite Ableitung von ω nach u bezeichnen und u_0 mit dem Grenzradius r_0 durch die Beziehung $u_0 = r_0/\lambda$ zusammenhängt. Die Lösungen wurden von FEYNMAN, METROPOLIS und TELLER für eine Reihe von Fällen auf numerischem Wege bestimmt[1].

Mit den Lösungen läßt sich die Energie des Atoms berechnen. Der Ausdruck der potentiellen Energie ist auch hier durch die Summe von (4.3) und (4.4) gegeben, wo jetzt für ϱ der Ausdruck (15.8) einzusetzen ist. Für die kinetische Energie ergibt sich jetzt

$$\left. \begin{array}{l} E_k = \displaystyle\int_0^{r_0} 4\pi r^2 dr \frac{8\pi}{2mh^3} \int_0^\infty \frac{p^4 dp}{\exp\left(\dfrac{p^2/(2m) - Ve - \zeta}{kT}\right) + 1} \\[2ex] = \dfrac{4\pi(2m)^{\frac{3}{2}}}{h^3} (kT)^{\frac{5}{2}} \displaystyle\int_0^{r_0} 4\pi r^2 I_{\frac{3}{2}}((Ve+\zeta)/(kT))\, dr. \end{array} \right\} \tag{15.15}$$

Die Berechnung des Druckes am Atomrand gestaltet sich besonders einfach, da dort das Elektronengas als frei zu betrachten ist und der Druck einfach mit dem Druck dieses freien Elektronengases, d.h. mit dem Impulstransport pro Sekunde und pro Flächeneinheit an der Atomoberfläche identisch ist. Mit der durch (2.10) definierten FERMI-DIRACschen Verteilungsfunktion f ergibt sich für die Anzahl der Elektronen, denen ein Impulsbetrag zwischen p und $p+dp$ zukommt, je Volumeneinheit $d\varrho_p = g(p)\, dp = (8\pi/h^3) f p^2 dp$, womit man für den Druck am Atomrand

$$P(r_0) = \frac{1}{3} \int_0^\infty p\, v_p\, g(p)\, dp = \frac{8\pi(2m)^{\frac{3}{2}}}{3h^3} (kT)^{\frac{5}{2}} [I_{\frac{3}{2}}((Ve+\zeta)/(kT))]_{r=r_0} \tag{15.16}$$

erhält, wo $v_p = p/m$ der dem Impulsbetrag p entsprechende Betrag der Geschwindigkeit ist. Dasselbe Resultat ergibt sich auf Grund des weiter oben (S. 158) erwähnten Resultates von BRACHMAN, wie dies aus einem Vergleich von (15.16) mit (15.15) unmittelbar zu sehen ist.

Im Zusammenhang mit der Temperaturkorrektur des THOMAS-FERMIschen Modells hat GILVARRY[2] die wichtigsten thermodynamischen Funktionen für das statistische Atom in der THOMAS-FERMIschen Näherung hergeleitet.

β) Temperaturkorrektur des THOMAS-FERMI-DIRAC*schen Modells.* Die Temperaturkorrektion für das neutrale THOMAS-FERMI-DIRACsche Atommodell wurde von YOKOTA[3], weiterhin von UMEDA und TOMISHIMA[4] durchgeführt. Während YOKOTA von der FERMI-DIRACschen Verteilungsfunktion (2.10) ausgeht, die im

---
[1] Im Zusammenhang hiermit vgl. man auch J. J. GILVARRY, Phys. Rev. **96**, 934, 944 (1954). Weiteres hierzu findet man in den Arbeiten J. J. GILVARRY u. G. H PEEBLES, Phys. Rev. **99**, 550 (1955) und R. LATTER, Phys. Rev. **99**, 1854 (1955), die während der Drucklegung des vorliegenden Bandes erschienen sind.
[2] J. J. GILVARRY: Phys. Rev. **96**, 934, 944 (1954).
[3] I. YOKOTA: J. Phys. Soc. Japan **4**, 82 (1949).
[4] K. UMEDA u. Y. TOMISHIMA [*54*]; K. UMEDA, Progress Report No. 2, Research Group of the Study of Atomic and Molecular Structure (Japan), S. 3 (1953). Die tabellierten Lösungen sind in der Arbeit Y. TOMISHIMA u. K. UMEDA, Research Notes of Dept. of Phys. Faculty of Science, Okayama Univ., Japan, Nr. 6 (1953) zu finden.

Falle einer Austauschwechselwirkung nicht exakt gültig ist (vgl. Ziff. 2γ), wird bei UMEDA und TOMISHIMA konsequenterweise die von LIDIARD durch Berücksichtigung der Austauschwechselwirkung modifizierte Verteilungsfunktion (S. 112f.) zugrunde gelegt, die sich von der FERMI-DIRACschen Verteilungsfunktion dadurch unterscheidet, daß an Stelle der absoluten Temperatur T der Parameter τ tritt, der durch (2.16) definiert ist. Nach UMEDA und TOMISHIMA geht man nun in der Weise vor, daß man die freie Energie F des Atoms bildet, indem man den von LIDIARD (S. 113) für freie Elektronen hergeleiteten Ausdruck der freien Energie mit der potentiellen Energie der Elektronen erweitert. Es ergibt sich also

$$F = \int \left\{ \varrho\, u_\mu \left[\frac{3}{5}\left(1 + \frac{5}{12}\eta^2\right) + \frac{3}{4}\frac{\varepsilon_\mu}{u_\mu}\left(1 + \frac{1}{6}\eta^2 \log \eta + \frac{\gamma}{12}\eta^2 - \right.\right.\right.$$
$$\left.\left.\left. - \frac{1}{6}\eta^2 \log \pi - \frac{1}{6}\eta^2 - \frac{\pi}{2} \cdot \frac{kT}{u_\mu}\eta\right)\right] - \left(\frac{Ze}{r} + \frac{1}{2}V_e\right)\varrho\, e\right\} dv, \qquad (15.17)$$

wo die von ϱ abhängigen Größen u_μ, ε_μ und η durch (2.3) bzw. (2.17) definiert sind. Aus der Minimumforderung von F folgt mit Rücksicht auf die Bedingung, daß das auf den ganzen Raum erstreckte Integral von ϱ mit der Anzahl der Elektronen gleich sei, die Gleichung

$$\left(1 + \frac{1}{12}\eta^2\right) u_\mu + \left(1 - \frac{1}{12}\eta^2\right) \varepsilon_\mu - \frac{\pi}{6} kT\eta - (Ve + \zeta) = 0, \qquad (15.18)$$

die durch die von ϱ abhängigen Größen u_μ, ε_μ und η den grundlegenden Zusammenhang zwischen ϱ und dem Gesamtpotential $V = \frac{Ze}{r} + V_e$ darstellt und in dem ζ einen LAGRANGEschen Multiplikator bezeichnet. Zu dieser Gleichung kommt noch die zwischen dem Potential V und ϱ bestehende POISSONsche Gleichung $\Delta V = 4\pi e\varrho$ sowie die Definitionsgleichung (2.16) für τ hinzu. Diese drei Gleichungen sind simultan zu lösen.

UMEDA und TOMISHIMA gehen nun weiter in der Weise vor, daß sie die zu (11.7) analoge Funktion $\psi_T(x) = \frac{r}{Ze^2}\left(Ve + \zeta + \frac{2me^4}{\hbar^2}\right)$ einführen, wo x durch (5.8) definiert ist und mit der man aus der POISSONschen Gleichung $\varrho = \frac{Z}{4\pi\mu^3} \cdot \frac{\psi''}{x}$ erhält. Durch Einsetzen dieses Ausdruckes von ϱ in die Gln. (15.18) und (2.16) ergeben sich zwei nichtlineare Differentialgleichungen zweiter Ordnung, die mit den Grenzbedingungen $\psi(0) = 1$ und $x_0 \psi'(x_0) = \psi(x_0)$ mit $x_0 = r_0/\mu$ simultan zu lösen sind. Für den Fall, daß kT im Verhältnis zur maximalen kinetischen Energie eines Elektrons am Atomrand klein ist, läßt sich der Temperatureffekt auch hier als kleine Störung behandeln, und man kann ψ_T in der zu (15.4) analogen Form $\psi_T(x) = \psi(x) + (T/\Theta)^2 \chi(x)$ darstellen, wo das zweite Glied auf der rechten Seite eine im Verhältnis zum ersten relativ kleine Störung darstellt und $\psi(x)$ die Lösung der THOMAS-FERMI-DIRACschen Gl. (11.9) bedeutet. Für χ läßt sich in analoger Weise wie (15.5) eine lineare Differentialgleichung erster Ordnung herleiten, die mit denselben Grenzbedingungen wie (15.5) zu lösen ist. In der Bestimmungsgleichung (2.16) für τ kann die Störung χ vernachlässigt werden. Die Funktion χ wurde von TOMISHIMA und UMEDA im Falle von Fe ($Z=26$) bei $T = 20000°$ K für mehrere Drucke bestimmt[1].

Der Druck am Atomrand ergibt sich, mit Rücksicht auf die Beziehung $dv = 4\pi r_0^2 dr_0$ folgendermaßen

$$P = -\left(\frac{\partial F}{\partial v}\right)_T = -\frac{1}{4\pi r_0^2}\left(\frac{\partial F}{\partial r_0}\right)_T, \qquad (15.19)$$

wo der Index T andeuten soll, daß bei der Differentiation T konstant zu halten ist. Nach Einsetzen der entsprechenden Ausdrücke und einigen Umformungen

---
[1] Y. TOMISHIMA u. K. UMEDA: Research Notes of Dept. of Phys. Faculty of Science, Okayama Univ., Japan, Nr. 6 (1953).

konnten UMEDA und TOMISHIMA [54] den Druck am Atomrand mit ψ_T'' in der Form

$$P(x_0) = \frac{Z^2 e^2}{4\pi \mu^4} \left[\frac{2}{5} \left(\frac{\psi_T''}{x}\right)^{\frac{5}{3}} - \frac{\beta}{2} \left(\frac{\psi_T''}{x}\right)^{\frac{4}{3}} + \frac{2}{3} \frac{\tau(\tau+T)}{\Theta^2} \left(\frac{\psi_T''}{x}\right)^{\frac{4}{3}} + \frac{\beta}{3} \left(\frac{\tau}{\Theta}\right)^2 \right]_{x=x_0} \quad (15.20)$$

darstellen.

Auf die Erweiterungen des Virialsatzes für beliebige Temperaturen und Drucke sowie auf die Anwendungen der für beliebige Temperaturen erweiterten statistischen Modelle auf Materie im Falle hoher Temperaturen und hoher Drucke kommen wir in Abschnitt VI d zu sprechen.

16. Die relativistische Korrektion. Die Grundgleichung des statistischen Modells mit relativistischer Korrektion kann man ebenfalls aus dem Variationsprinzip herleiten. Der Einfachheit halber sehen wir auch hier von den in den vorangehenden Ziffern besprochenen Erweiterungen ab und untersuchen zunächst die relativistische Korrektion des ursprünglichen THOMAS-FERMISchen Modells für $T=0$. Mit (2.24) erhält man aus dem Variationsprinzip (4.7) die Gleichung

$$\frac{dU_D}{d\varrho} - (V - V_0)e = 0. \quad (16.1)$$

Mit Rücksicht auf die Beziehungen (2.24) und (2.22) ergibt sich

$$\frac{dU_D}{d\varrho} = \frac{\frac{dU_D}{du_\mu}}{\frac{d\varrho}{du_\mu}} = u_\mu,$$

womit aus (16.1) mit Hilfe des Ausdruckes (2.23) der Zusammenhang

$$\varrho = \sigma_0 (V - V_0)^{\frac{3}{2}} \left[1 + \frac{(V - V_0)e}{2mc^2} \right]^{\frac{3}{2}} \quad (16.2)$$

folgt, wo die Konstante σ_0 durch (4.10) definiert ist. Durch Einsetzen dieses Ausdruckes in die POISSONsche Gleichung erhält man die relativistische THOMAS-FERMIsche Gleichung:

$$\Delta(V - V_0) = 4\pi \sigma_0 e (V - V_0)^{\frac{3}{2}} \left[1 + \frac{(V - V_0)e}{2mc^2} \right]^{\frac{3}{2}}, \quad (16.3)$$

die sich von der nichtrelativistischen auf der rechten Seite durch den Faktor $[1 + \cdots]^{\frac{3}{2}}$ unterscheidet.

Wie aus (16.2) zu sehen ist, wird ϱ bei $r=0$ wie $1/r^3$ unendlich, demzufolge das Integral auf der linken Seite von (4.6) divergiert. Diese Konvergenzschwierigkeit ist auf die Vernachlässigung der WEIZSÄCKERschen Korrektion zurückzuführen und kann durch Berücksichtigung dieser behoben werden. Es wurden jedoch auch Versuche unternommen — die wir im folgenden besprechen — diese Singularität auch auf andere Weise auszuschalten.

Gl. (16.3) wurde auf einem etwas anderen Weg wie hier zuerst von VALLARTA und ROSEN[1] und später von JENSEN[2] hergeleitet. JENSEN hat auf Grund dieser Gleichung die relativistische Korrektion der Elektronenverteilung neutraler Atome untersucht, wobei die Singularität von ϱ bei $r=0$ durch die von seiten der Kernphysik her bestätigte Annahme ausgeschaltet wurde, daß sich das COULOMBsche Potential des Kerns nicht bis $r=0$ erstreckt, sondern bei einem Radius von der Größenordnung $r \sim 10^{-13}$ cm in das Kernpotential umbiegt.

---
[1] M. S. VALLARTA u. N. ROSEN: Phys. Rev. **41**, 708 (1932). Bei VALLARTA und ROSEN blieb die weiter oben erwähnte Konvergenzschwierigkeit unberücksichtigt.
[2] H. JENSEN: Z. Physik **82**, 794 (1933).

Handbuch der Physik, Bd. XXXVI.

Nach den Resultaten von JENSEN ergibt sich durch die Relativitätskorrektion im Verlauf der Elektronendichte nur in den Gebieten $r < Ze^2/(mc^2) \approx 3Z\,10^{-13}$ cm eine wesentliche Abweichung vom nichtrelativistischen Dichteverlauf, und zwar wächst die Abweichung in Richtung schwerer Atome. Aber selbst für schwere Atome wird durch diese Dichteänderung die Anzahl der Elektronen in der Umgebung des Kerns nur um den Bruchteil eines Elektrons geändert, und zwar erhöht.

In neuester Zeit hat GILVARRY[1] auf Grund der Resultate von RUDKJØBING[2] eine Erweiterung der statistischen Grundgleichungen hergeleitet, die auch der Spin-Bahn-Wechselwirkung Rechnung trägt und von der oben erwähnten Singularität auch ohne Berücksichtigung der WEIZSÄCKERschen Korrektion frei ist. Ausgehend von der wellenmechanischen DIRACschen Gleichung eines Elektrons hat RUDKJØBING in einem Atom in der Entfernung r vom Kern im Fall eines Potentials $V(r)$ für die Anzahl der Elektronenzustände, denen eine Gesamtenergie zwischen ε und $\varepsilon + d\varepsilon$ zukommt, pro Volumeneinheit den Ausdruck

$$dQ = \frac{8\pi}{h^3 c^3}\left[(\varepsilon + Ve)^2 - m^2 c^4 - \left(re\frac{dV}{dr}\right)^2\right]^{\frac{1}{2}} (\varepsilon + Ve)\, d\varepsilon \qquad (16.4)$$

hergeleitet, in welchem der Spin-Bahn-Kopplung durch das Glied $\left(re\dfrac{dV}{dr}\right)^2$ unter der Wurzel Rechnung getragen wird. Mit dem Ausdruck (16.4) ergibt sich für die Elektronendichte bei beliebigen Temperaturen

$$\varrho = \frac{8\pi}{h^3 c^3} \int_{\varepsilon_0}^{\infty} \frac{\left[(\varepsilon + Ve)^2 - m^2 c^4 - \left(re\frac{dV}{dr}\right)^2\right]^{\frac{1}{2}}(\varepsilon + Ve)}{\exp[(\varepsilon - \zeta)/(kT)] + 1}\, d\varepsilon, \qquad (16.5)$$

wo ε_0 denjenigen Energiewert bezeichnet, für den die Wurzel in (16.4) verschwindet. Durch Einsetzen dieses Ausdruckes in die POISSONsche Gleichung (4.11) erhält man die mit der Spin-Bahn-Wechselwirkung erweiterte relativistische statistische Grundgleichung für beliebige Temperaturen. Die Konstante ζ wird wieder aus der Forderung bestimmt, daß das über den ganzen Raum erstreckte Integral von ϱ gleich der Anzahl aller Elektronen, N, sei.

Die Elektronendichte in diesem erweiterten Modell, in dem auch der Fall $T = 0$ enthalten ist, besitzt bei $r = 0$ keine Singularität mehr, da diese durch das aus der Spin-Bahn-Wechselwirkung resultierende Glied aufgehoben wird, wie dies unmittelbar ersichtlich ist.

Die hier geschilderten Betrachtungen von GILVARRY wurden von ihm auch noch durch Berücksichtigung des Elektronenaustausches erweitert[1].

Von PLASKETT[3] wurde ebenfalls eine relativistische Erweiterung des statistischen Modells hergeleitet, in dem die Elektronendichte für $Z \gtrsim 137/2$ bei $r = 0$ keine Singularität aufweist. Für $Z \gtrsim 137/2$, also für die schwersten Atome, für die die relativistische Korrektion am stärksten ins Gewicht fällt, bleibt jedoch die Singularität bestehen[4].

17. Das statistische Atommodell mit nicht-verschwindendem Drehimpuls. In allen bisher entwickelten statistischen Atommodellen wurde vorausgesetzt, daß der Drehimpuls des Atoms verschwindet. Von SESSLER und FOLEY wurde das

---
[1] J. J. GILVARRY: Phys. Rev. **95**, 71 (1954).
[2] M. RUDKJØBING: Kgl. danske Vid. Selsk. Mat.-fys. Medd. **27**, Nr. 5 (1952).
[3] J. S. PLASKETT: Proc. Phys. Soc. Lond. A **66**, 178 (1953).
[4] Bezüglich einiger Fragen im Zusammenhang mit der relativistischen Korrektion vgl. auch J. SOLOMON, C. R. Acad. Sci. Paris **198**, 1023 (1934).

Atommodell auf den Fall eines nicht-verschwindenden Drehimpulses erweitert[1]. Hierzu hat man vorauszusetzen, daß die statistisch behandelten Elektronen in den einzelnen Volumenelementen dv des Atoms einen als Summe der einzelnen Elektronenimpulse resultierenden nicht-verschwindenden Gesamtimpuls besitzen, d.h. daß statt der kugelsymmetrischen Impulsverteilung um den Ursprung des Impulsraumes eine nicht-symmetrische Verteilung besteht. SESSLER und FOLEY haben die spezielle Annahme gemacht, daß das Zentrum der Impulskugel um den Impuls $\mathfrak{p}_0$ gegen den Ursprung des Impulsraumes verschoben sei (vgl. hierzu Fig. 13) und $\mathfrak{p}_0$ in einer Ebene liegt, die zu der durch den Atommittelpunkt gehenden vorgegebenen Achse — die wir mit der z-Achse des Koordinatensystems identifizieren wollen — senkrecht ist und weiterhin, daß $\mathfrak{p}_0$ auf dem Entfernungsvektor von dieser Achse senkrecht steht. Dies bedeutet, daß der gesamte Drehimpuls mit der z-Komponente des Drehimpulses gleich ist.

Mit diesen Annahmen erhält man für die kinetische Energie des Atoms statt (4.1) den Ausdruck

$$E_k = \int \left(\varkappa_k \varrho^{\frac{5}{3}} + \frac{1}{2m} p_0^2 \varrho \right) dv, \qquad (17.1)$$

wo m die Elektronenmasse bezeichnet und $p_0 = |\mathfrak{p}_0|$ eine Funktion des Ortes ist. Der Ausdruck der potentiellen Energie bleibt unverändert.

Für den Betrag des Drehimpulses L des Atoms ergibt sich mit den obigen Voraussetzungen

$$L = L_z = \int \varrho \, r \, p_0 \sin \vartheta \, dv, \qquad (17.2)$$

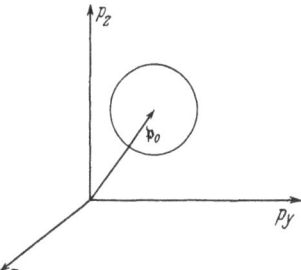

Fig. 13. Die Impulskugel im Modell von SESSLER und FOLEY [Phys. Rev. **96**, 366 (1954)].

wo ϑ die in üblicher Weise von der z-Koordinatenachse gemessene Polarkoordinate bezeichnet.

Die Elektronendichte ist aus der Minimumforderung der Gesamtenergie mit Rücksicht auf die Nebenbedingungen (4.6) und (17.2) zu bestimmen. Man gelangt so zu folgendem Variationsprinzip

$$\delta (E + V_0 N e - \omega L) = 0, \qquad (17.3)$$

wo $-\omega$ neben V_0 einen weiteren LAGRANGEschen Multiplikator bezeichnet[2]; diese sind jetzt aus (4.6) und (17.2) zu bestimmen.

Die Variation hinsichtlich p_0 liefert den Zusammenhang

$$p_0 = m \omega r \sin \vartheta. \qquad (17.4)$$

Die Variation hinsichtlich ϱ führt mit Rücksicht auf diesen Zusammenhang auf die grundlegende Beziehung

$$\varrho = \sigma_0 \left(V - V_0 + \frac{1}{2e} m \omega^2 r^2 \sin^2 \vartheta \right)^{\frac{3}{2}}, \qquad (17.5)$$

mit der aus der POISSONschen Gleichung die erweiterte THOMAS-FERMIsche Gleichung

$$\Delta (V - V_0) = 4\pi \sigma_0 e \left(V - V_0 + \frac{1}{2e} m \omega^2 r^2 \sin^2 \vartheta \right)^{\frac{3}{2}} \qquad (17.6)$$

folgt, wo σ_0 wieder durch (4.10) definiert ist.

---
[1] A. M. SESSLER u. H. M. FOLEY: Phys. Rev. **96**, 366 (1954).
[2] Das negative Vorzeichen wurde nur aus Zweckmäßigkeitsgründen gewählt, die aus dem Folgenden ersichtlich sind.

Das Resultat (17.4) besagt, daß die Elektronenwolke des Atoms als ein starrer Körper um die z-Achse des Koordinatensystems mit der Winkelgeschwindigkeit ω rotiert.

Der Unterschied der Resultate (17.5) und (17.6) von den in Ziff. 4 für das ursprüngliche THOMAS-FERMISCHE Atom gewonnenen entsprechenden Resultaten (4.8) bzw. (4.12) besteht darin, daß im erweiterten Modell zum elektrostatischen Potential V noch das aus der Rotation der Elektronenwolke resultierende „Zentrifugalpotential" $\frac{1}{2e} m\omega^2 r^2 \sin^2\vartheta$ hinzutritt.

Wie aus (17.5) zu sehen ist, wird ϱ, durch das Unendlichwerden dieses Potentials im Unendlichen, dort ebenfalls unendlich, demzufolge ϱ nicht bis ins Unendliche auslaufen kann. Das Atom ist also auf einen endlichen Raum beschränkt und zwar mit einer von ϑ abhängigen Berandungsfläche.

Die Lösung der neben r auch von ϑ abhängigen Grundgleichung (17.6) ist ein schwieriges Problem. Von SESSLER und FOLEY[1] wurde eine grobe Näherungslösung ermittelt und zur Berechnung der aus der Elektronenbewegung resultierenden magnetischen Feldstärke am Ort des Kerns sowie zur Berechnung von Quadrupol-Kopplungskonstanten herangezogen.

IV. Störungsrechnung.

18. Störung einfacher statistischer Systeme. Bisher haben wir uns vorwiegend mit Atomen befaßt, die eine kugelsymmetrische Elektronenverteilung besitzen. Die statistischen Grundgleichungen gelten zwar auch für Atome mit nichtkugelsymmetrischer Elektronenverteilung und auch für kompliziertere Systeme, exakte Lösungen konnten jedoch für diese nicht hergeleitet werden. Im folgenden soll gezeigt werden, daß man in den praktisch wichtigen Fällen die Lösung meistens durch eine Störungsrechnung ermitteln kann. Wir befassen uns zunächst mit der Störung eines Atoms durch ein schwaches äußeres elektrisches Feld und behandeln dann die Wechselwirkung von Atomen und Ionen auf Grund eines Störungsverfahrens.

Das Grundproblem der statistischen Störungsrechnung besteht in der Bestimmung der Elektronenverteilung und der Energie eines statistischen Atoms, das sich in einem schwachen äußeren Störungsfeld mit dem Potential w befindet. Dieses Problem läßt sich nach GOMBÁS für das durch Austausch und Korrelation erweiterte und modifizierte statistische Modell (Ziff. 12β) in dem auch negative Ionen stabil sind, mit Hilfe des Variationsverfahrens sowohl für neutrale Atome als für positive und negative Ionen folgendermaßen lösen[2]. Für die Energie E' des gestörten Atoms gilt der Ausdruck

$$E' = \int \left[\varkappa_k \varrho'^{\frac{5}{3}} - (V_k + \tfrac{1}{2} V_e' + w) e\varrho' - \omega_c' \right] dv, \qquad (18.1)$$

wo ϱ' die gestörte Elektronendichte, V_e' das mit dieser berechnete Potential der gestörten Elektronenwolke und ω_c' die auf S. 147 beschriebene Funktion ω_c für das gestörte Atom bedeutet. Wenn man die Elektronendichte des ungestörten Atoms mit ϱ bezeichnet, so kann man

$$\varrho' = \varrho + \delta\varrho \qquad (18.2)$$

setzen, wo für die Dichteänderung $\delta\varrho$ die Bedingung

$$\int \delta\varrho \, dv = 0 \qquad (18.3)$$

---

[1] A. M. SESSLER u. H. M. FOLEY: Phys. Rev. **96**, 366 (1954).
[2] P. GOMBÁS [*30*] sowie [*2*], S. 133 ff. Vgl. weiterhin auch die Arbeiten P. GOMBÁS, Z. Physik **97**, 633 (1935); **98**, 417 (1936), die als Vorläufer der erstgenannten anzusehen sind.

besteht, wodurch zum Ausdruck gebracht wird, daß sich die Anzahl der Elektronen durch die Störung nicht ändert. Für $\delta\varrho$ machen wir den naheliegenden Ansatz

$$\delta\varrho = \lambda s(\mathfrak{r}), \quad s = \frac{w - w_0}{V^* - V_0}\varrho = \frac{3e}{5\varkappa_k}(w - w_0)\varrho^{\frac{1}{3}}. \tag{18.4}$$

Hier bezeichnet λ einen Variationsparameter, der aus der Minimumforderung der Energie bestimmt wird, V^* ist das in dem zugrunde gelegten Modell für die Bestimmung der Elektronendichte maßgebende Potential $V^* = \frac{Ze}{r} + V_e - \frac{1}{N}V_e$, für V_0 ist der Ausdruck (11.15) mit $\varkappa_a'$ statt $\varkappa_a$ einzusetzen, die Konstante w_0 hat man aus der Forderung (18.3) zu bestimmen, aus der

$$w_0 = \frac{\int w \varrho^{\frac{1}{3}} dv}{\int \varrho^{\frac{1}{3}} dv} \tag{18.5}$$

folgt.

Die Störungsenergien verschiedener Ordnung kann man aus (18.1) durch Entwicklung nach $\delta\varrho$ bestimmen. Für die Störungsenergie erster Ordnung ε ergibt sich unmittelbar der von $\delta\varrho$ unabhängige Ausdruck

$$\varepsilon = -e \int w \varrho \, dv. \tag{18.6}$$

Für die Störungsenergie zweiter Ordnung η und den Variationsparameter λ erhält man aus der Minimumforderung der Energie

$$\eta = -\frac{W_s^2}{4(W_p + W_k - W_a)}, \quad \lambda_0 = \frac{W_s}{2(W_p + W_k - W_a)}, \tag{18.7}$$

wo W_s, W_p, W_k und W_a die folgenden Ausdrücke sind

$$\left.\begin{array}{ll} W_s = e \int w s \, dv, & W_p = \frac{1}{2} e^2 \iint \frac{s(\mathfrak{r}) s(\mathfrak{r}')}{|\mathfrak{r} - \mathfrak{r}'|} dv \, dv', \\ W_k = \frac{5}{9}\varkappa_k \int \frac{1}{\varrho^{\frac{1}{3}}} s^2 \, dv, & W_a = \frac{1}{2}\int \frac{\partial^2 \omega_c}{\partial \varrho^2} s^2 \, dv. \end{array}\right\} \tag{18.8}$$

Durch die Unsicherheit in ω_c entsteht eine Unsicherheit in W_a; es läßt sich aber leicht zeigen, daß W_a im Verhältnis zu $W_p + W_k$ klein ist und neben $W_p + W_k$ vernachlässigt werden kann[1]. Durch Einsetzen von λ_0 in den ersten Ausdruck (18.4) erhält man die Störung erster Ordnung der Elektronendichte.

19. Wechselwirkung von Atomen und Ionen mit abgeschlossenen Elektronenschalen in erster Näherung. Im folgenden befassen wir uns auf Grund der von LENZ [46] und JENSEN [47], [48] entwickelten Störungsrechnung mit der Wechselwirkung von Atomen und Ionen mit edelgasähnlichen abgeschlossenen Elektronenschalen in erster Näherung, d.h. ohne Berücksichtigung der Deformation der Elektronenwolken der Atome oder Ionen. Die LENZ-JENSENsche Störungsrechnung kann man also z. B. zur Berechnung der Wechselwirkung von Edelgasatomen oder Alkali- und Halogenionen in erster Näherung heranziehen (vgl. die Ziff. 36 und 39). Die Wechselwirkung von Atomen oder Ionen mit nichtabgeschlossenen Elektronenschalen läßt sich auf Grund dieser Störungsrechnung nicht berechnen, da in diesem Fall die Wechselwirkung durch die Betätigung der Valenzelektronen zustande kommt, die man mit diesem Verfahren nicht erfassen kann.

Die Berechnung der Störungsenergie, d.h. der Wechselwirkungsenergie erster Ordnung geschieht auf Grund des Satzes, daß man die Störungsenergie erster Ordnung schon mit der Elektronendichte nullter Näherung bestimmen kann.

---
[1] Vgl. hierzu [30] sowie [2], S. 139f.

Dieser Umstand wird dadurch nutzbar gemacht, daß man die Elektronendichte des Gesamtsystems in nullter Näherung als eine einfache Superposition der Dichten der einzelnen freien Atome und Ionen ansetzt.

Da man in den meisten praktisch wichtigen Fällen die Wechselwirkungsenergie eines atomaren Systems aus der Wechselwirkungsenergie je zweier Atome oder Ionen zusammensetzen kann, genügt es, wenn wir uns auf die Wechselwirkung von nur zwei Atomen oder Ionen beschränken. Wir führen unsere Betrachtungen wieder in der Weise durch, daß sie sowohl für neutrale Atome als für Ionen gelten. Die zwei Atome bzw. die Größen, welche sich auf diese beziehen, unterscheiden wir durch die Indices 1 und 2. Die Entfernung vom Kern 1 bezeichnen wir mit r_1, die vom Kern 2 mit r_2, die gegenseitige Entfernung der beiden Kerne sei δ (vgl. Fig. 14). Mit diesen Bezeichnungen ergibt sich in der THOMAS-FERMI-DIRACschen Näherung für die Energie des Gesamtsystems bestehend aus zwei Atomen

$$E = \frac{Z_1 Z_2 e^2}{\delta} - \int \left(\frac{Z_1 e^2}{r_1} + \frac{Z_2 e^2}{r_2} + \frac{1}{2} V_e e \right) \varrho\, dv + \varkappa_k \int \varrho^{\frac{5}{3}} dv - \varkappa_a \int \varrho^{\frac{4}{3}} dv. \quad (19.1)$$

Für die Elektronendichte ϱ des Gesamtsystems hat man $\varrho = \varrho_1 + \varrho_2$ zu setzen, wo ϱ_1 und ϱ_2 die Elektronendichten der beiden freien Atome sind. Mit dieser Voraussetzung erhält man für das Potential der Elektronenwolke des Gesamtsystems $V_e = V_{e1} + V_{e2}$. Hier bezeichnen V_{e1} und V_{e2} die Potentiale der Elektronenwolken der freien Atome, die man in der Form

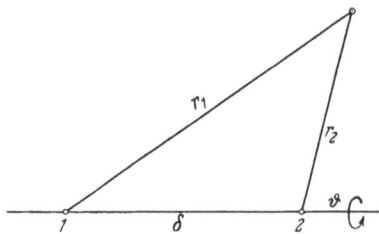

Fig. 14. Zweizentrenkoordinaten.

$$V_{ei} = -\frac{N_i e}{r_i} + \gamma_i(r_i) \quad (i = 1, 2) \quad (19.2)$$

darstellen kann, wo $\gamma_i(r_i)\, r_i$ die mit der Ionenladung reduzierte, in der Entfernung r_i vom i-ten Kern wirksame Kernladung des i-ten Kerns bedeutet. Für Elektronenverteilungen, die bei einem endlichen Radius r_{i0} abbrechen, ist für $r_i \geq r_{i0}$, $\gamma_i \equiv 0$.

Die Wechselwirkungsenergie erster Ordnung u der beiden Atome erhält man, wenn man aus der Energie des Gesamtsystems (19.1) die Energie der beiden freien Atome in Abzug bringt. Die Integrale vom Typ $\int \frac{1}{r_1} \varrho_2\, dv$ in der Wechselwirkungsenergie kann man mit Hilfe des GREENschen Satzes einfach auswerten. Es ist z.B.

$$\int \frac{e}{r_1} \varrho_2\, dv = \frac{1}{4\pi e} \int \frac{e}{r_1} \Delta V_{e2}\, dv = -V_{e2}(\delta). \quad (19.3)$$

Mit Rücksicht hierauf ergibt sich für die Wechselwirkungsenergie erster Ordnung der beiden Atome

$$u = u_c + u_n + u_e + u_k + u_a \quad (19.4)$$

mit

$$u_c = (Z_1 - N_1)(Z_2 - N_2)\frac{e^2}{\delta}, \quad (19.5)$$

$$u_n = [Z_2 \gamma_1(\delta) + Z_1 \gamma_2(\delta)]\, e, \quad (19.6)$$

$$u_e = -\tfrac{1}{2} e \left[N_2 \gamma_1(\delta) + N_1 \gamma_2(\delta) + \int \gamma_1 \varrho_2\, dv + \int \gamma_2 \varrho_1\, dv \right], \quad (19.7)$$

$$u_k = \varkappa_k \int \left[(\varrho_1 + \varrho_2)^{\frac{5}{3}} - \varrho_1^{\frac{5}{3}} - \varrho_2^{\frac{5}{3}} \right] dv, \quad (19.8)$$

$$u_a = -\varkappa_a \int \left[(\varrho_1 + \varrho_2)^{\frac{4}{3}} - \varrho_1^{\frac{4}{3}} - \varrho_2^{\frac{4}{3}} \right] dv. \quad (19.9)$$

Die Bedeutung der einzelnen Energieanteile ist die folgende:

u_c ist die elektrostatische COULOMBsche Wechselwirkungsenergie der punktförmigen Ionenladungen. Für neutrale Atome ist $u_c = 0$.

Alle weiteren Energieterme haben ihren Ursprung in der räumlichen Ausdehnung der Elektronenwolken, die sich bei der gegenseitigen Annäherung der Atome überdecken.

Bei der gegenseitigen Annäherung der Atome dringt jeder Kern in die Elektronenwolke des anderen Atoms ein und kommt dort unter die Wirkung eines nicht-COULOMBschen Potentials von der effektiven mit der Ionenladung reduzierten Kernladung $\gamma_i(r_i) r_i$. Hieraus resultiert die Energie u_n.

Der Energieanteil u_e entsteht dadurch, daß bei dem Überdecken der Elektronenwolken die Abstoßungsenergie der Elektronenwolken nicht mehr $N_1 N_2 e^2/\delta$ ist, sondern vermindert wird; diese elektrostatische Energieminderung ist u_e.

Die Energie u_k gibt die kinetische Energieänderung der Elektronenwolken, die aus der Überdeckung der Elektronenwolken resultiert. In dem Gebiet, wo sich die Elektronenwolken überdecken, entsteht eine Vergrößerung der Elektronendichte. Um also dem PAULI-Prinzip Rechnung zu tragen, hat man Elektronen in Phasenraumzellen von höherer Energie zu heben, wozu man dem System die nichtklassische Energie u_k zuführen muß.

u_a ist die aus der Überdeckung der Elektronenwolken resultierende Änderung der Austauschenergie. Diese ist im allgemeinen relativ klein und wurde in einigen Fällen in erster Näherung vernachlässigt. Konsequent kann man diese Energie nur dann berechnen, wenn man für die Atome und Ionen die durch den Austausch oder durch den Austausch und die Korrelation erweiterten Dichteverteilungen zugrunde legt, die bei einem endlichen Radius bzw. bei einer endlichen Dichte abbrechen. Die Gebiete, in welchen die Dichte kleiner ist als die Randdichte, würden nämlich zu u_a einen relativ zu großen Beitrag geben, dem keine physikalische Realität zukommt.

Außer diesen Energieanteilen entsteht bei der Überdeckung der Elektronenwolken auch noch eine Änderung der Korrelationsenergie, die man einfach ermitteln kann [28], [2]. Da sich nämlich bei der Wechselwirkung von Atomen immer nur die Randgebiete der Elektronenwolken überdecken, läßt sich im Ausdruck der Korrelationsenergie (12.1) g durch (12.5) ersetzen. Hieraus ergibt sich, daß die Änderung der Korrelationsenergie durch einen zu u_a völlig ähnlichen Ausdruck dargestellt wird, mit dem einzigen Unterschied, daß statt der Konstante $\varkappa_a$ die durch (12.4) definierte Konstante λ_0 steht. Die Änderung der Korrelationsenergie kann man also in der Wechselwirkungsenergie u einfach dadurch in Betracht ziehen, daß man in u_a statt $\varkappa_a$ die Konstante $\varkappa_a' = \varkappa_a + \lambda_0$ setzt.

Es sei erwähnt, daß sich zwischen den Energieanteilen in gewissen Fällen einfache Zusammenhänge herleiten lassen, die einen Einblick in das Größenverhältnis der Anteile der Wechselwirkungsenergie geben[1] und auch bei der numerischen Auswertung der Wechselwirkungsenergie von Nutzen sein können. Bezüglich der numerischen Berechnung der Wechselwirkungsenergie verweisen wir in erster Linie auf die Originalarbeiten von JENSEN [47], [48]. In gewissen Fällen kann man den Ausdruck der Wechselwirkungsenergie sehr stark vereinfachen[2] und numerische Integrationen vermeiden.

Die Störungsrechnung von LENZ und JENSEN gibt für die Wechselwirkungsenergie eine erste Näherung, da wir die Elektronendichte des Gesamtsystems als eine einfache Superposition der Elektronendichten der freien Atome bzw.

---

[1] H. HELLMANN: Z. Physik **85**, 180 (1933); P. GOMBÁS, Math. u. Naturwiss. Anz. ung. Akad. Wiss. **55**, 512 (1937) sowie [2], S. 148ff., wo gezeigt wird, daß der Widerspruch zwischen den von HELLMANN und GOMBÁS hergeleiteten Zusammenhängen nur ein scheinbarer ist.
[2] P. GOMBÁS: Z. Physik **93**, 378 (1935); vgl. auch [2], S. 378ff.

Ionen dargestellt haben. Zur Berechnung der Wechselwirkungsenergie in zweiter Näherung hätte man die Deformation der Elektronenwolken zu berücksichtigen, woraus die elektrostatische Polarisationsenergie und die VAN DER WAALSsche Energie resultieren.

V. Weiterentwicklung der statistischen Theorie.

20. Statistische Formulierung des Besetzungsverbotes von vollbesetzten Elektronenzuständen. Die Besetzungsvorschrift von Elektronenzuständen ergibt sich aus dem PAULI-Prinzip und besagt, daß ein vollständig, d.h. durch den Bahn- und Spinzustand definierter Quantenzustand eines Elektrons im Atom höchstens durch ein Elektron besetzt werden kann. Hieraus folgt in bezug auf die Valenzelektronen eines Atoms einerseits das Besetzungsverbot der vollbesetzten Quantenzustände, wonach die Valenzelektronen nicht in die von den Rumpfelektronen vollständig besetzten energetisch tieferen Quantenzustände hinabstürzen können und andererseits die Einschränkung, daß ein leerer Quantenzustand höchstens von einem Valenzelektron besetzt werden kann. Das Besetzungsverbot der von den Rumpfelektronen vollbesetzten Quantenzustände läßt sich statistisch formulieren und durch ein vom Quantenzustand des Valenzelektrons abhängiges nicht-klassisches Abstoßungspotential ersetzen, das z.B. bei der Berechnung der Energien und Eigenfunktionen von Valenzelektronen in schweren Atomen zu sehr großen Vereinfachungen führt. Das nicht-klassische Abstoßungspotential — kurz Zusatzpotential — kann man in zwei verschiedenen Formen darstellen, die wir gesondert behandeln.

α) *Erste Form des Zusatzpotentials.* Zur Herleitung der ersten Form des nicht-klassischen Abstoßungspotentials gehen wir nach GOMBÁS von einem elektronenreichen Atom mit z Valenzelektronen aus, bei dem die Rumpfelektronen in edelgasähnlichen, abgeschlossenen Elektronenschalen angeordnet sind[1]. Den Atomrumpf, den wir statistisch behandeln, unterteilen wir gerade so wie bei der Herleitung des statistischen Modells in Ziff. 4 mit einem System von Scheidewänden in Volumenelemente von der Größe dv, in denen sich noch viele Elektronen befinden und in denen das Potential praktisch konstant ist. Die unmittelbare Umgebung des Kerns und die vom Kern weit entfernten Gebiete, in denen diese beiden Bedingungen nicht zugleich erfüllt werden können, sind für die folgenden Betrachtungen nicht von Bedeutung. Unter diesen Voraussetzungen kann man die Elektronen in einem Elementarvolumen dv als ein freies Elektronengas am absoluten Nullpunkt der Temperatur betrachten. Wenn wir von der potentiellen Energie der Elektronen zunächst absehen, so besetzen die Elektronen alle Energiezustände von der kleinsten Energie an bis zur maximalen Energie u_μ, die mit der Elektronendichte ϱ nach Ziff. 2α folgendermaßen zusammenhängt:

$$u_\mu = \tfrac{1}{2} (3\pi^2)^{\frac{2}{3}} e^2 a_0 \varrho^{\frac{2}{3}}.$$

Um also ein Valenzelektron mit der Energie Null im Volumenelement dv unterzubringen, muß man diesem mindestens die Energie u_μ zuführen. Wenn aber

---

[1] P. GOMBÁS [*32*] sowie Math. u. Naturwiss. Anz. ung. Akad. Wiss. **60**, 373 (1941). Für s-Zustände der Valenzelektronen wurde dieses Abstoßungspotential schon früher von HELLMANN und GOMBÁS voneinander unabhängig hergeleitet, vgl. hierzu H. HELLMANN, J. Chem. Physics **3**, 61 (1935) und Acta physicochim. U.R.S.S. **1**, 913 (1935) sowie P. GOMBÁS, Z. Physik **94**, 473 (1935) insbesondere S. 479—481. — Später haben FÉNYES und SZÉPFALUSY das Abstoßungspotential auch auf einem wellenmechanischen Weg hergeleitet, I. FÉNYES, Csillagászati Lapok (Budapest) **6**, 49 (1943); Muzeumi Füzetek (Kolozsvár) **3**, 14 (1945); P. SZÉPFALUSY: Acta phys. Hung. **5**, 325 (1955).

das Valenzelektron schon ab ovo die Energie u_i besitzt, so erhält man für die Mindestenergie, die man dem Valenzelektron zuführen muß, um es in dv unterzubringen,

$$w_i = \gamma_0 e(\varrho^{\frac{2}{3}} - \varrho_i^{\frac{2}{3}}) \tag{20.1}$$

mit

$$\gamma_0 = \frac{5\varkappa_k}{3e} = \frac{1}{2}(3\pi^2)^{\frac{2}{3}} e\, a_0, \tag{20.2}$$

wo ϱ_i die Dichte derjenigen Elektronen in dv bezeichnet, deren Energie kleiner ist[1] als u_i.

Die Valenzelektronen behandeln wir wellenmechanisch. Wenn man die z Valenzelektronen in einem Zustand mit der Eigenfunktion ψ im Atomverband unterbringen will, so hat man den Valenzelektronen die Energie

$$E_f = \int \psi^* \sum_{i=1}^{z} w_i \psi\, d\tau = \gamma_0 e \int \psi^* \sum_{i=1}^{z} \{[\varrho(\mathfrak{r}_i)]^{\frac{2}{3}} - [\varrho_i(\mathfrak{r}_i)]^{\frac{2}{3}}\} \psi\, d\tau \tag{20.3}$$

zuzuführen, wo $d\tau$ das Volumenelement des Konfigurationsraumes und $\mathfrak{r}_i$ den Ortsvektor des i-ten Elektrons bezeichnen und die Integration auf den ganzen Konfigurationsraum auszudehnen ist.

Aus der Gestalt des Ausdruckes (20.2) ist zu sehen, daß auf das i-te Valenzelektron zufolge des PAULI-Prinzips das nicht-klassische Abstoßungspotential

$$F_i = -\gamma_0(\varrho^{\frac{2}{3}} - \varrho_i^{\frac{2}{3}}) \tag{20.4}$$

wirkt, das durch ϱ_i vom Quantenzustand des i-ten Valenzelektrons abhängt.

Die Hinzunahme der bisher vernachlässigten potentiellen Energie bedeutet, daß man diese sowohl in der Energie u_μ als u_i zu berücksichtigen hat, was nur zu einer Verschiebung dieser Energien um den gleichen Energiebetrag führt, also an unserem Resultat (20.4) nichts ändert.

Wenn wir all dies auf ein Atom übertragen, das wir auf Grund der Wellenmechanik mit der aus Einelektroneigenfunktionen aufgebauten Näherung des „self-consistent field" behandeln, so erhält man den richtigen Anschluß an die wellenmechanische Behandlungsweise, wenn man u_i mit der kleinsten Energie identifiziert, die bei vorgegebener Nebenquantenzahl l_i möglich ist. Es wird also für $l_i = 0, 1, 2, \ldots$ die Mindestenergie u_i bzw. die Energie des s-, p-, d-, ... Quantenzustandes und dementsprechend ϱ_i die wellenmechanische Dichte der Elektronen, deren Energie jeweils kleiner ist als die eines $1s$-, $2p$-, $3d$-, ... Elektrons. Zum Beispiel wird für den Fall des $4p$-Zustandes des Valenzelektrons im K-Atom ϱ_i die Summe der wellenmechanischen Elektronendichten der beiden $1s$- und der beiden $2s$-Elektronen des K^+-Rumpfes; für einen d-, f-, g- ... Zustand wird $\varrho_i = \varrho$ und $F_i \equiv 0$, wo ϱ die gesamte wellenmechanische Elektronendichte des K^+-Rumpfes bezeichnet.

β) *Zweite Form des Zusatzpotentials.* Ein bedeutend engerer Anschluß an die Wellenmechanik ergibt sich, wenn wir nach GOMBÁS [33] das aus dem PAULI-Prinzip resultierende nicht-klassische Abstoßungspotential — für ein elektronenreiches Atom von derselben Beschaffenheit wie das im Abschnitt α beschriebene — auf Grund des in Ziff. 13 behandelten statistischen Modells herleiten, in dem die Elektronen nach der Nebenquantenzahl gruppiert sind. Mit den dort eingeführten Bezeichnungen erhält man für die maximale Energie eines Elektrons in einem

---

[1] Vgl. hierzu P. GOMBÁS u. A. KÓNYA, Math. u. Naturwiss. Anz. ung. Akad. Wiss. **61**, 677 (1942) sowie [2], S. 156 u. 157.

Quantenzustand mit der Nebenquantenzahl l

$$u_{\mu l} = \frac{1}{2m}(p_{rl}^2 + p_k^2) = \frac{\pi^2}{8(2l+1)^2} e^2 a_0 D_l^2 + \frac{1}{2} e^2 a_0 \frac{l(l+1)}{r^2} + \frac{1}{4} e^2 a_0 \frac{1}{r^2}, \quad (20.5)$$

wo $D_l = 4\pi r^2 \varrho_l$ die radiale Dichte der Elektronen mit der Nebenquantenzahl l bedeutet.

Die Valenzelektronen behandeln wir wieder auf Grund der Wellenmechanik. Der wellenmechanische Ausdruck des azimutalen Anteils der kinetischen Energie eines Elektrons, d.h. die wellenmechanische Mindestenergie, die ein Elektron in einem Quantenzustand mit der Nebenquantenzahl l in der Entfernung r vom Atomkern besitzt, ist $l(l+1)e^2 a_0/(2r^2)$. Wenn man diese Energie vom statistischen Energieausdruck (20.5) abzieht, so erhält man für die Mindestenergie $w_l(r)$, die man einem Valenzelektron mit der Nebenquantenzahl l zuführen muß um es im Atom in der Entfernung r vom Atomkern unterbringen zu können,

$$w_l(r) = \frac{\pi^2}{8(2l+1)^2} e^2 a_0 [D_l(r)]^2 + \frac{1}{4} e^2 a_0 \frac{1}{r^2}. \quad (20.6)$$

Hieraus folgt, daß auf ein Valenzelektron in einem Quantenzustand mit der Nebenquantenzahl l zufolge des PAULI-Prinzips das nichtklassische Abstoßungspotential

$$G_l = -\frac{\pi^2}{8(2l+1)^2} e\, a_0 D_l^2 - \frac{1}{4} e\, a_0 \frac{1}{r^2} \quad (20.7)$$

wirkt, das wir zur Unterscheidung vom Zusatzpotential (20.4) mit G_l bezeichnen. Das zweite Glied auf der rechten Seite in (20.7) ergibt sich aus der in Ziff. 13 konsequent durchgeführten statistischen Berechnung des azimutalen Anteils der kinetischen Energie eines Elektrons. Dieses Glied, das im Falle $l=0$ ziemlich stark ins Gewicht fällt, ist keinesfalls zu vernachlässigen[1].

Dieses Resultat läßt sich unmittelbar auf ein Atom übertragen, das wir auf Grund der Wellenmechanik mit der Näherung des „self-consistent field" behandeln; man hat dann für D_l die entsprechenden wellenmechanischen radialen Dichten einzusetzen. Es ist z.B. im Falle des $4p$-Zustandes des Valenzelektrons im K-Atom D_l die Summe der wellenmechanischen radialen Elektronendichten der sechs $2p$- und sechs $3p$-Elektronen des K^+-Rumpfes, im Falle eines d-, f-, g-, ... Zustandes ist $D_l \equiv 0$ und man hat in diesem Fall $G_l \equiv 0$ zu setzen. Für Valenzelektronenzustände, für die $D_l \equiv 0$ ist, hat man ganz allgemein immer $G_l \equiv 0$ zu setzen.

γ) *Valenzelektronen im modifizierten Potentialfeld.* Wir gelangen also zu dem Schluß, daß man dem Besetzungsverbot der vollbesetzten Quantenzustände eines Atomrumpfes in bezug auf ein Valenzelektron durch das Zusatzpotential F_i oder G_l Rechnung tragen kann. Zur Bestimmung der Energie und der Eigenfunktionen der Valenzelektronen eines elektronenreichen Atoms, dessen Atomrumpf edelgasähnliche abgeschlossene Elektronenschalen besitzt, kann man also so vorgehen, daß man in der SCHRÖDINGER-Gleichung statt des elektrostatischen Potentials V eines der modifizierten Potentiale

$$\Phi_i = V + F_i, \quad \Phi_l = V + G_l \quad (20.8)$$

einführt, wodurch man vom Besetzungsverbot der vollbesetzten Elektronenzustände des Rumpfes frei wird. Dies bedeutet, daß die Eigenfunktionen der

---
[1] Näheres hierüber findet man in [33] und [50]. — Der Ausdruck für G_l wurde auch von HELLMANN auf einem anderen Weg hergeleitet, vgl. H. HELLMANN, Acta physicochim. U.R.S.S. **4**, 225 (1936). Im HELLMANNschen Ausdruck fehlt jedoch das zweite Glied auf der rechten Seite von (20.7), das in einer konsequenten statistischen Betrachtungsweise in Erscheinung tritt.

Valenzelektronen in bezug auf die Eigenfunktionen der Rumpfelektronen keinerlei Orthogonalitätsrelationen zu genügen haben, was zu großen Vereinfachungen führt. Bei Zugrundelegung der modifizierten Potentiale kann man also so vorgehen, als ob die Rumpfelektronen gar nicht existierten, und man hat z.B. zur Berechnung des Grundzustandes der Valenzelektronen den Zustand mit der absolut tiefsten Energie der Valenzelektronen im Potentialfeld Φ_i oder Φ_l zu ermitteln. Es sei noch betont, daß die modifizierten Potentiale Φ_i und Φ_l nur dem Teil der Besetzungsvorschrift Rechnung tragen, nach welchem die Valenzelektronen die von den Rumpfelektronen vollbesetzten Quantenzustände nicht besetzen können; den anderen Teil der Besetzungsvorschrift, nach welchem ein leerer Quantenzustand höchstens von einem Valenzelektron besetzt werden kann, hat man in üblicher Weise durch die Antisymmetrisierung der Eigenfunktion der Valenzelektronen eigens zu berücksichtigen.

Zufolge des Ausfallens der Orthogonalitätsrelationen der Eigenfunktion ψ der Valenzelektronen in bezug auf die Eigenfunktionen der Rumpfelektronen ist die Knotenzahl von ψ reduziert, und es kann demzufolge im Inneren des Rumpfes $\psi^*\psi$ nur einen Mittelwert der exakten Aufenthaltswahrscheinlichkeit der Valenzelektronen geben.

Wie aus einem Vergleich des Zusatzpotentials G_l mit dem Zusatzpotential F_i zu sehen ist, sind diese verschiedene Funktionen von r. Daß man trotz dieser Verschiedenheit mit beiden Zusatzpotentialen für Alkalimetalle praktisch dieselbe Gitterenergie und Gitterkonstante erhält (vgl. hierzu Ziff. 40) besagt natürlich nur, daß verschiedene Potentiale natürlicherweise zum selben Energieeigenwert führen *können*. Das Wesentliche an der Sache ist aber, daß sich G_l gerade als solch eine Funktion von r ergibt, die für Alkalimetalle tatsächlich praktisch zum selben mit der Erfahrung übereinstimmenden Eigenwert führt wie das Zusatzpotential F_i.

Es sei noch bemerkt, daß sich für Valenzelektronenzustände mit $l \geq 2$ das modifizierte Potential Φ_l gegenüber Φ_i als überlegen erweist, da man besonders für diese Zustände im Falle von Φ_l einen bedeutend engeren Anschluß an die Wellenmechanik erhält als im Falle von F_i; weiterhin kann man das modifizierte Potential G_l auch auf Elektronen anwenden, die sich zwar außerhalb eines Rumpfes mit abgeschlossenen jedoch nicht unbedingt edelgasähnlichen Elektronenschalen (z.B. Cu, Ag, Zn) befinden[1].

Während der Drucklegung des vorliegenden Bandes haben GOMBÁS und LADÁNYI[2] auf Grund des modifizierten Potentials Φ_l durch Gruppierung der Elektronen nach der Hauptquantenzahl ein statistisches Atommodell entwickelt, in welchem der Verlauf der Elektronendichte ganz ähnlich zu dem des „self-consistent field" am Ort der Elektronenschalen charakteristische Maxima aufweist. Die Resultate sind in guter Übereinstimmung mit denen des „self-consistent field".

21. Beziehungen zwischen der statistischen Methode und der Wellenmechanik.
α) *Herleitung der statistischen Grundgleichungen aus den Grundgleichungen der Methode des „self-consistent field"*. Der Zusammenhang der statistischen Methode mit der Wellenmechanik wurde in erster Linie von DIRAC [23] und BRILLOUIN [1] geklärt. DIRAC hat die statistischen Grundgleichungen mit und ohne Austausch aus der wellenmechanischen Näherungsmethode des „self-consistent field" hergeleitet, woraus die tieferen Zusammenhänge mit der statistischen Methode klar ersichtlich sind[3].

---
[1] Vgl. hierzu [50].
[2] P. GOMBÁS u. K. LADÁNYI: Acta phys. Hung. **5**, 313 (1955).
[3] Vgl. auch die Arbeit von K. HUSIMI, Proc. Phys.-Math. Soc. Japan (3) **22**, 264 (1940), wo im Rahmen einer ausführlichen Untersuchung der Eigenschaften der Dichtematrix die statistischen Grundgleichungen ebenfalls hergeleitet wurden. — Neuestens wurde das von DIRAC entwickelte Verfahren von W. R. THEIS [Z. Physik **142**, 503 (1955)] erweitert; von J. W. SHELDON [Phys. Rev. **99**, 1291 (1955)] wurde das DIRACsche Verfahren auf Moleküle übertragen.

Die Methode des „self-consistent field" ist ein sukzessives Näherungsverfahren[1], in dem die Eigenfunktion des Atoms aus Einelektroneigenfunktionen aufgebaut wird, die aus den Grundgleichungen der Methode, den sog. HARTREEschen bzw. FOCKschen Gleichungen bestimmt werden. Der Unterschied zwischen diesen Gleichungen besteht darin, daß die FOCKschen Gleichungen im Gegensatz zu den HARTREEschen auch dem Elektronenaustausch Rechnung tragen.

Die Herleitung der statistischen Grundgleichungen von DIRAC, der wir hier kurz folgen wollen, geht von den Grundgleichungen der Methode des „self-consistent field" aus. Aus den FOCKschen Gleichungen läßt sich für die DIRACsche Matrix der Elektronendichte des Atoms eine quantenmechanische Bewegungsgleichung herleiten, die sich folgendermaßen gestaltet

$$-\frac{h}{2\pi i}\frac{d\varrho}{dt} = (\boldsymbol{H}_0 + \boldsymbol{B} - \boldsymbol{A})\varrho - \varrho(\boldsymbol{H}_0 + \boldsymbol{B} - \boldsymbol{A}), \qquad (21.1)$$

wo die Dichtematrix ϱ sowie die Operatoren $\boldsymbol{H}_0$, $\boldsymbol{B}$ und $\boldsymbol{A}$ die im folgenden erklärte Bedeutung haben. Wenn wir DIRACsche Symbole einführen und mit q die Koordinaten samt der Spinvariable und mit $\varphi_k(q)$ die Eigenfunktion des k-ten Elektrons bezeichnen, so kann man die DIRACsche Dichtematrix folgendermaßen darstellen

$$(q'|\varrho|q'') = \sum_k \varphi_k^*(q')\varphi_k(q''). \qquad (21.2)$$

$\boldsymbol{H}_0$ ist der HAMILTON-Operator eines Elektrons, das unter der alleinigen Wirkung des Kernfeldes steht. Die Operatoren $\boldsymbol{B}$ und $\boldsymbol{A}$ lassen sich folgendermaßen darstellen:

$$(q'|\boldsymbol{B}|q'') = \delta(q'-q'')e^2 \int \frac{(q'''|\varrho|q''')}{r(q',q''')} dq''', \quad (q'|\boldsymbol{A}|q'') = e^2 \frac{(q'|\varrho|q'')}{r(q',q'')}, \qquad (21.3)$$

wo δ die DIRACsche δ-Funktion bezeichnet und unter der Integration über q''' nicht nur eine Integration über die räumlichen Koordinaten, sondern auch eine Summation über die beiden Werte der Spinvariable zu verstehen ist. Die Matrix $-\frac{1}{e}\boldsymbol{B}$ entspricht dem Gesamtpotential der Elektronenwolke und $\boldsymbol{A}$ ist die aus der Austauschwechselwirkung der Elektronen resultierende Matrix.

Durch Einführen des HAMILTON-Operators $\boldsymbol{H} = \boldsymbol{H}_0 + \boldsymbol{B} - \boldsymbol{A}$ erhält Gl. (21.1) die übliche Form der quantenmechanischen Bewegungsgleichungen mit dem Unterschied, daß $\boldsymbol{H}$ von der unbekannten Größe ϱ nicht unabhängig ist. Wenn die Dichtematrix ϱ für einen Zeitpunkt t gegeben ist, so ist ϱ durch Gl. (21.1) für jeden späteren Zeitpunkt ebenfalls festgelegt. Man kann also den Zustand des Atoms durch diese Dichtematrix beschreiben und das Atom als Vielelektronensystem mit Hilfe der Dichtematrixfunktion behandeln[2].

Im Falle eines Systems mit einer großen Anzahl von Elektronen, bei dem sich die Elektronendichte im Phasenraum nur in solchen Gebieten merklich ändert, die im Verhältnis zu h^3 groß sind, kann man eine Vereinfachung vornehmen, indem man die Vertauschungsrelationen der Ortskoordinaten mit den entsprechenden Impulskomponenten vernachlässigt, wodurch sich das Problem auf ein halbklassisches reduziert. Man hat dann nur noch der Bedingung Rechnung zu tragen, daß die Anzahl der Elektronen je Phasenraumzelle vom Volumen h^3 nicht größer als zwei sein kann.

---

[1] Bezüglich der Methode des „self-consistent field" vgl. den vorstehenden Beitrag von F. HUND.

[2] Die Dichtematrix wurde für das Rb^+-Ion auf wellenmechanischem und statistischem Weg von PER OLOF FRÖMAN [Ark. Fysik 5, 135 (1952)] berechnet, wobei sich zwischen den Resultaten der beiden Berechnungsweisen große Unterschiede ergaben. Dies ist auch nicht anders zu erwarten, da die Dichtematrix als spezifisch wellenmechanische Größe durch die halbklassische, statistische Theorie naturgemäß nur äußerst grob erfaßt werden kann. Als Vergleichsbasis dient deshalb nicht die Dichtematrix sondern die Dichtefunktion.

Mit diesen Vereinfachungen wird aus der Dichtematrix die gewöhnliche Funktion der Elektronendichte, und die Operatoren H_0, B und A gehen in die Funktionen

$$H_0(\mathfrak{r}, \mathfrak{p}) = -\frac{Ze^2}{r} + \frac{p^2}{2m}, \quad B(\mathfrak{r}) = \frac{e^2}{h^3} \int \frac{dv'}{|\mathfrak{r}-\mathfrak{r}'|} \int \varrho(\mathfrak{r}', \mathfrak{p}') d\omega',$$
$$A(\mathfrak{r}, \mathfrak{p}) = \frac{e^2}{2\pi h} \int \frac{\varrho(\mathfrak{r}, \mathfrak{p}')}{|\mathfrak{p}-\mathfrak{p}'|^2} d\omega' \qquad (21.4)$$

über[1], wo $d\omega'$ das Impulsraumelement bezeichnet. Wenn man die Ausdrücke (21.4) in den Ausdruck $H = H_0 + B - A$ einsetzt, so erhält man für den HAMILTON-Operator in der Bewegungsgleichung der Dichtematrix den entsprechenden halbklassischen Ausdruck.

Wenn wir uns auf den Grundzustand des Atoms beschränken, so kann man den so gewonnenen Ausdruck des HAMILTON-Operators noch vereinfachen. Im Grundzustand des Atoms besetzten nämlich die N-Elektronen des Atoms die $N/2$ Phasenraumzellen tiefster Energie. Es ist also dann für einen bestimmten Wert von $\mathfrak{r}$ der Phasenraum bis zu einem maximalen Impuls, dessen Betrag wir mit p_μ bezeichnen, voll besetzt, d.h. es ist

$$\varrho(\mathfrak{r}, \mathfrak{p}) = \begin{cases} 2 & \text{für } |\mathfrak{p}| \leq p_\mu, \\ 0 & \text{für } |\mathfrak{p}| > p_\mu. \end{cases} \qquad (21.5)$$

Mit Rücksicht hierauf und auf den Zusammenhang (2.2) ist unmittelbar zu sehen, daß $-\frac{1}{e}B(\mathfrak{r})$ mit dem elektrostatischen Potential der Elektronenwolke V_e identisch ist, weiterhin folgt, daß $-A(\mathfrak{r}, \mathfrak{p})$ mit dem Ausdruck (3.17) gleich ist, also die Austauschenergie eines am Ort $\mathfrak{r}$ befindlichen Elektrons mit allen übrigen Elektronen (und sich selbst) darstellt.

Für einen stationären Zustand des Atoms muß ϱ konstant sein, es muß also die POISSONsche Klammer von ϱ und H verschwinden. Mit Rücksicht auf (21.5) folgt hieraus, daß $H(\mathfrak{r}, \mathfrak{p})$ im Phasenraum entlang der Grenze zwischen dem vollbesetzten und leeren Gebiet, also

$$H(\mathfrak{r}, p_\mu) = H_0(\mathfrak{r}, p_\mu) + B(\mathfrak{r}) - \frac{2e^2 p_\mu}{h} \qquad (21.6)$$

konstant sein muß.

Mit unseren früher durchweg gebrauchten Bezeichnungen ergibt sich also die Gleichung

$$-\frac{Ze^2}{r} - V_e e + \frac{p_\mu^2}{2m} - \frac{2e^2 p_\mu}{h} = -V_0 e. \qquad (21.7)$$

Wenn man in dieser Gleichung p_μ mit Hilfe des Zusammenhanges (2.2) durch ϱ ausdrückt, so erhält man hieraus nach einigen elementaren Umformungen den grundlegenden Zusammenhang (11.2) für das THOMAS-FERMI-DIRACsche Modell. Bei Vernachlässigung des Elektronenaustausches, d.h. des letzten Gliedes auf der linken Seite von (21.7) ergibt sich der grundlegende Zusammenhang (4.8) für das THOMAS-FERMIsche Modell.

FÉNYES hat die statistischen Grundgleichungen aus den Grundgleichungen der Methode des „self-consistent field" mit Hilfe der WENTZEL-KRAMERS-BRILLOUINschen Methode hergeleitet[2]. Weiterhin wurden die statistischen Grundgleichungen von KINOSHITA und NAMBU als spezielle Fälle einer von

---

[1] Bei DIRAC [23] ist $A(\mathfrak{r}, \mathfrak{p})$ versehentlich um den Faktor 2 zu groß angegeben.
[2] I. FÉNYES: Csillagászati Lapok (Budapest) **6**, 49 (1943); **7**, 57 (1944). — Muzeumi Füzetek (Kolozsvár) **3**, 3, 25 (1945). — Z. Physik **125**, 336 (1948).

diesen Autoren verallgemeinerten Theorie des „self-consistent field" ebenfalls hergeleitet [1].

β) *Analogie zwischen den statistischen Grundgleichungen und der* SCHRÖDINGER-*Gleichung.* Auf einen direkten Zusammenhang der statistischen Grundgleichungen mit der SCHRÖDINGERschen Gleichung wurde von GOMBÁS hingewiesen [2]. Hierzu gehen wir von der korrigierten statistischen Grundgleichung (14.12) aus und schreiben diese in der Form

$$4\varkappa_i \Delta\psi + (\varepsilon + \Phi e)\psi = 0, \tag{21.8}$$

wo wir die Bezeichnungen

$$\varepsilon = -V_0 e \quad \text{und} \quad \Phi = V - \frac{10\varkappa_k}{9e}\psi^{\frac{4}{3}} - \frac{1}{\psi e}f(\psi, r) + \frac{4\varkappa_a}{3e}\psi^{\frac{2}{3}} \tag{21.9}$$

einführten. Dies ist die SCHRÖDINGERsche Gleichung eines Elektrons, das sich im modifizierten Potentialfeld Φ befindet. Dieses enthält außer dem elektrostatischen Potential V noch das aus dem PAULI-Prinzip resultierende und in Ziff. 20 hergeleitete Zusatzpotential F_i in einer etwas abgeänderten Form und das aus der Austauschwechselwirkung resultierende Potential $\frac{4\varkappa_a}{3e}\psi^{\frac{2}{3}}$. Die Änderung im Abstoßungspotential gegenüber F_i ist eine Folge dessen, daß man vom ursprünglichen Abstoßungspotential F_i den der kinetischen Selbstenergie des Elektrons entsprechenden Anteil in Abzug zu bringen hat, da dieser schon in dem — mit dem WEIZSÄCKERschen identischen — SCHRÖDINGERschen kinetischen Energieanteil $-4\varkappa_i\Delta\psi/\psi$ enthalten ist. Aus der Gestalt des aus dem PAULI-Prinzip resultierenden Abstoßungspotentials im modifizierten Potential Φ ist zu sehen, daß sich dieses auf ein Elektron in einem Quantenzustand mit der höchstmöglichen Energie bezieht, was übrigens auch für das in Φ nur korrektiv eingehende Austauschglied zutrifft. Die SCHRÖDINGER-Gleichung (21.8) bezieht sich also auf ein Elektron mit der höchstmöglichen Energie ε im Atom.

Die Lösung der SCHRÖDINGER-Gleichung (21.8) hat mit den für Atomprobleme üblichen Grenzbedingungen zu geschehen. Da im vorliegenden Fall das Potential von der zu bestimmenden Funktion ψ abhängt, kann die Lösung mit Hilfe eines zur Methode des „self-consistent field" analogen sukzessiven Näherungsverfahrens bestimmt werden. Hierbei ist zu beachten, daß $\psi = \varrho^{\frac{1}{2}}$ der Bedingung (4.6) zu genügen hat, die zugleich zur Bestimmung von ε dient.

Das Grundproblem der statistischen Theorie des Atoms zeigt also bei Zugrundelegung des modifizierten Potentials eine weitgehende Analogie mit dem der Wellenmechanik. Es ist auf den ersten Blick hin einigermaßen überraschend, daß die mittlere Elektronendichte im Atom $\psi^2 = \varrho$ aus derjenigen SCHRÖDINGER-Gleichung bestimmt wird, die sich auf das Elektron im Atom mit der höchstmöglichen Energie bezieht. Dies ist jedoch nur eine Folge dessen, daß man bei der statistischen Behandlung des Atoms jedem Elektron dieselbe Eigenfunktion, nämlich $\psi/N^{\frac{1}{2}}$ zuordnet und die SCHRÖDINGER-Gleichung am einfachsten für das Elektron mit der höchstmöglichen Energie angegeben werden kann.

Es ergibt sich weiterhin noch ein interessanter Einblick in den Näherungscharakter der statistischen Methode. Aus der SCHRÖDINGER-Gleichung (21.8) kann man nämlich die Grundgleichung (11.2) des THOMAS-FERMI-DIRACschen Modells folgendermaßen gewinnen. Man ersetzt in (21.8) das dem SCHRÖDINGERschen kinetischen Anteil entsprechende Glied $4\varkappa_i\Delta\psi$ durch ein Glied, das dem FERMIschen Anteil der kinetischen Selbstenergie entspricht, indem man in Φ statt $f(\psi, r)/(\psi e)$ das Glied $(5\varkappa_k/9e)\psi^{\frac{4}{3}}$ setzt. Aus Gl. (21.8) wird dann die Gleichung

$$-Ve + \tfrac{5}{3}\varkappa_k\psi^{\frac{4}{3}} - \tfrac{4}{3}\varkappa_a\psi^{\frac{2}{3}} = \varepsilon, \tag{21.10}$$

---
[1] T. KINOSHITA u. Y. NAMBU: Phys. Rev. **94**, 598 (1954).
[2] P. GOMBÁS: Acta phys. Hung. **5**, 483 (1956) und [*29*].

die mit (11.2) bzw. (21.7) identisch ist und bei Vernachlässigung des Austauschgliedes in die Grundgleichung (4.8) des THOMAS-FERMIschen Modells übergeht. Die THOMAS-FERMI-DIRACsche und THOMAS-FERMIsche Näherung besteht also darin, daß man die Differentialgleichung (21.8) durch Gl. (21.10) bzw. (4.8) ersetzt.

γ) *Auf Grund der statistischen Theorie hergeleitete wellenmechanische Näherungen.* Für die Tragfähigkeit der statistischen Theorie des Atoms ist es bezeichnend, daß diese Theorie, die letzten Endes eine sehr anschauliche Approximation des wellenmechanischen Atommodells darstellt, ihrerseits Resultate zu liefern imstande war, die sich im Rahmen der rein wellenmechanischen Näherungsverfahren zur Behandlung des Mehrelektronenproblems als sehr nützlich erwiesen und diese Verfahren in gewissem Maße förderten. Hierüber sei im folgenden kurz berichtet.

Aus dem Ausdruck (5.13) für das Potential des Atoms ist zu sehen, daß die effektive Kernladungszahl $Z_p = Z\varphi(x)$ abgesehen vom Faktor Z eine universelle Funktion von x ist. Hiervon ausgehend hat GÁSPÁR gezeigt[1], daß dies auch für die mit der HARTREEschen Näherung des „self-consistent field" bestimmten effektiven Kernladungszahlen für alle neutralen Atome von Be bis Hg — für die HARTREEsche „self-consistent field"-Berechnungen vorliegen — also in einem sehr großen Intervall von Z, in guter Näherung erfüllt ist und die HARTREEschen effektiven Kernladungszahlen neutraler Atome näherungsweise folgendermaßen dargestellt werden können:

$$Z_p = Z \cdot \frac{e^{-0{,}1837\, x}}{1 + 1{,}05\, x}. \tag{21.11}$$

Das durch diese effektive Kernladungszahl bestimmte universelle Atompotential $V = Z_p e/r$ kann einerseits zum Ausgangspotential von HARTREEschen „self-consistent field"-Berechnungen für solche Atome dienen, für welche „self-consistent field"-Berechnungen noch ausstehen; andererseits läßt sich das universelle Potential zur Berechnung verschiedener Atomeigenschaften und Atomkonstanten heranziehen.

GÁSPÁR hat auch für die HARTREE-FOCKsche Näherung des „self-consistent field" einen Potentialausdruck angegeben[2], indem er den durch (21.11) festgelegten HARTREEschen Potentialausdruck durch das aus der Austauschwechselwirkung des hervorgehobenen Elektrons mit den übrigen Elektronen resultierende Austauschpotential ergänzte. Für dieses setzt GÁSPÁR das auch in den Ausdruck Φ in (21.9) eingehende Austauschpotential $\dfrac{4\varkappa_a}{3e}\varrho^{\frac{1}{3}}$, das sich auf ein Elektron in einem Quantenzustand mit der höchstmöglichen Energie bezieht. Dieses Potential ist also für solche Elektronen des Atoms zutreffend, die sich in Quantenzuständen mit der höchsten Energie befinden, dies sind in einem nach der Wellenmechanik behandelten Atom die äußersten Elektronen, also die Valenzelektronen, für die gerade der Austausch relativ am stärksten ins Gewicht fällt[3]. Für die inneren Elektronen des Atoms, die sich in energetisch tieferen Quantenzuständen befinden, gibt dieses Austauschpotential nur eine grobe Näherung, was jedoch ziemlich bedeutungslos ist, da für diese Elektronen der Austausch nur eine verhältnismäßig geringe Rolle spielt[4].

---

[1] R. GÁSPÁR: J. Chem. Physics **20**, 1863 (1952); Acta phys. Hung. **2**, 151 (1952). — Vgl. auch E. H. KERNER, Phys. Rev. **83**, 71 (1951).

[2] R. GÁSPÁR: Acta phys. Hung. **3**, 263 (1954).

[3] Für Valenzelektronen wurde dieses Austauschpotential schon früher herangezogen, vgl. [*43*].

[4] Mit diesem Austauschpotential haben C. J. NISTERUK und J. JURETSCHKE [J. Chem. Physics **22**, 2087 (1954), vorläufige Mitteilung] den Versuch unternommen eine Verbesserung des statistischen Atoms mit Austauschkorrektion zu erzielen. Ausführlichere Resultate liegen zur Zeit nicht vor.

Die Ersetzung der ziemlich komplizierten wellenmechanischen Behandlungsweise des Austauscheffektes in den HARTREE-FOCKschen Gleichungen durch die sehr einfache statistische wurde schon früher von SLATER vorgenommen[1]. SLATER geht hierzu vom statistischen Austauschpotential aus, das sich auf ein Elektron in einem beliebigen Quantenzustand, d.h. auf ein Elektron mit beliebigem Impuls bezieht und das man aus (3.17) durch Division mit der Elektronenladung $-e$ erhält. Durch eine Mittelung über alle möglichen Quantenzustände gelangt SLATER zu dem mittleren Austauschpotential $\frac{2\varkappa_a}{e}\varrho^{\frac{1}{3}}$, mit dem er den Austausch in den HARTREE-FOCKschen Gleichungen ersetzt. Dieses mittlere Austauschpotential, das sich von dem von GÁSPÁR herangezogenen nur um den Faktor $\frac{3}{2}$ unterscheidet, trifft für die Elektronen mittlerer Energie des

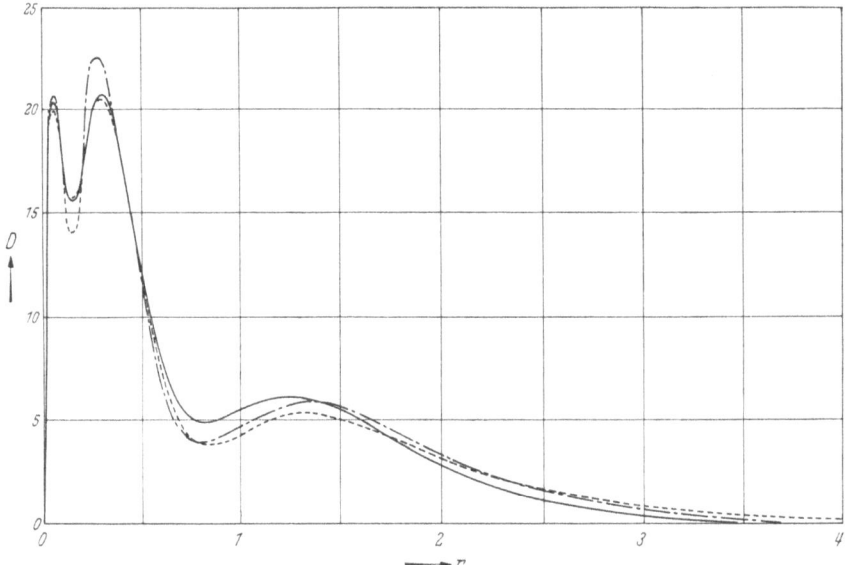

Fig. 15. Vergleich der nach GOMBÁS und GÁSPÁR, der nach SLATER und der nach HARTREE berechneten radialen Elektronendichte im Argon-Atom. ——— nach GOMBÁS-GÁSPÁR, —·—·— nach SLATER, ------- nach HARTREE. r in a_0-Einheiten, $D = 4\pi r^2 \varrho$ in $1/a_0$-Einheiten.

Atoms zu, ist also für die innersten Elektronen des Atoms zu klein und für die äußeren zu groß[2].

Das Austauschpotential haben HERMAN, CALLAWAY und ACTON[3] verbessert, indem sie die Elektronen in Gruppen mit der gleichen Nebenquantenzahl unterteilten und für jede dieser Gruppen eigens ein Austauschpotential definierten.

Zufolge der statistischen Behandlungsweise versagen die Austauschpotentiale für kleine Elektronendichten[4].

Eine Verbesserung der HARTREE-FOCKschen Näherung läßt sich nach GOMBÁS erzielen[5], wenn man in die ursprünglichen HARTREE-FOCKschen Gleichungen

---

[1] J. C. SLATER: Phys. Rev. **81**, 385 (1951).
[2] Dies wird durch die Berechnungen von GÁSPÁR für Cu [Acta phys. Hung. **3**, 263 (1954)] sehr gut bestätigt. Aus den Berechnungen von G. W. PRATT für das Ion Cu⁺ [Phys. Rev. **88**, 1217 (1952)] ergibt sich jedoch entgegen allen Erwartungen, daß das SLATERsche mittlere Austauschpotential bzw. die mit diesem berechnete Austauschenergie durchweg für alle Elektronen (ihrem Betrag nach) zu klein ist.
[3] F. HERMAN, J. CALLAWAY u. F. S. ACTON: Phys. Rev. **95**, 371 (1954).
[4] Vgl. hierzu H. J. JURETSCHKE: Phys. Rev. **92**, 1140 (1953) sowie [2], S. 213.
[5] P. GOMBÁS: Acta phys. Hung. **4**, 187 (1954).

das Korrelationspotential einbaut, das sich aus (3.28) für das Elektron mit der höchstmöglichen Energie im Atom ganz ähnlich zum Austauschpotential herleiten läßt[1]. Unabhängig hiervon wurde dieses Potential auch von CALLAWAY hergeleitet[2] und auf den Ferromagnetismus angewendet.

Mit Hilfe des modifizierten Potentials Φ_l [vgl. (20.7)] haben GOMBÁS und GÁSPÁR ein vereinfachtes wellenmechanisches Atommodell entwickelt[3], in welchem die Orthogonalität der Eigenfunktion eines Elektronenzustandes auf

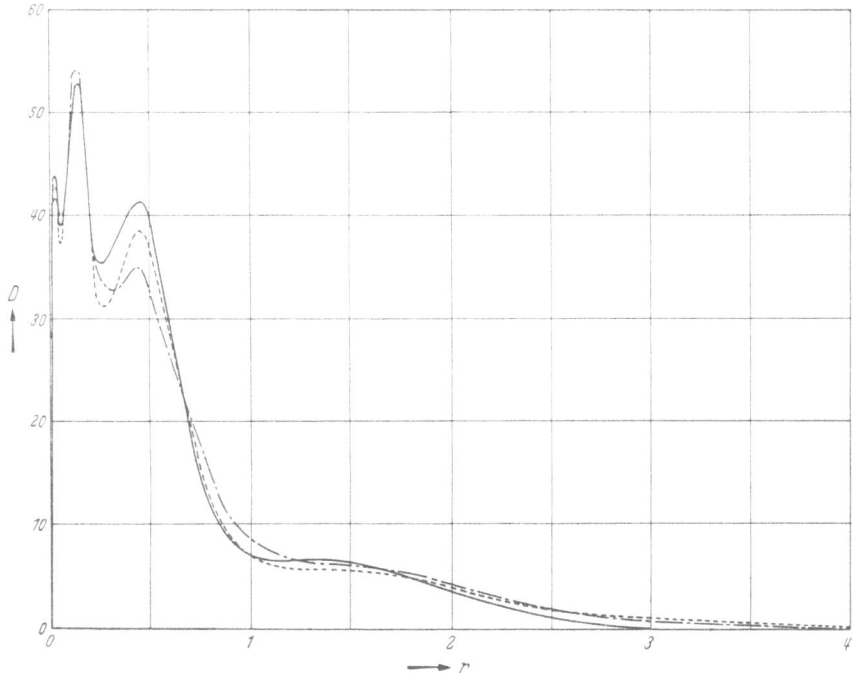

Fig. 16. Vergleich der nach GOMBÁS und GÁSPÁR, der nach SLATER und der nach HARTREE berechneten radialen Elektronendichte im Rb$^+$-Ion. ——— nach GOMBÁS-GÁSPÁR, —·—·— nach SLATER, ------- nach HARTREE. r in a_0-Einheiten, $D = 4\pi r^2 \varrho$ in $1/a_0$-Einheiten.

die Eigenfunktion der zur selben Nebenquantenzahl gehörenden energetisch tiefer liegenden Zustände durch das modifizierte Potential Φ_l in Betracht gezogen wurde. Man gelangt hierdurch zu einer Begründung der halbempirischen SLATERschen Eigenfunktionen[4]. Für die Verteilung der Elektronendichte ergeben sich Resultate, die mit den mit Hilfe der Methode des „self-consistent field" berechneten sehr gut übereinstimmen und die den einzelnen Elektronenschalen entsprechenden Dichtemaxima gut wiedergeben. Zum Vergleich haben wir in den Fig. 15 und 16 für das Argon-Atom bzw. Rb$^+$-Ion die von GOMBÁS und GÁSPÁR berechneten radialen Dichteverteilungen zusammen mit den

---

[1] Das Korrelationspotential wurde von H. MITLER [Phys. Rev. 99, 1835 (1955)] zur Berechnung der Korrelationsenergie des He-Atoms herangezogen, wobei sich eine gute Übereinstimmung mit dem exakten wellenmechanischen Wert ergab.

[2] J. CALLAWAY: Phys. Rev. 95, 656 (1954).

[3] P. GOMBÁS u. R. GÁSPÁR: Acta phys. Hung. 1, 317 (1952).

[4] J. C. SLATER: Phys. Rev. 36, 57 (1930). — Bezüglich einer weiteren Begründung der SLATERschen Eigenfunktionen vgl. man P. GOMBÁS, Acta phys. Hung. 5, 503 (1956) sowie P. GOMBÁS u. P. SZÉPFALUSY, Acta phys. Hung. 5, 259 (1955).

„self-consistent field"-Verteilungen[1] und den mit Hilfe der SLATERschen halbempirischen Eigenfunktionen berechneten Verteilungen dargestellt.

22. Nicht-statische Behandlung des Elektronengases. Die Grundlagen der nicht-statischen Theorie eines Elektronengases wurden von BLOCH[2] entwickelt und von JENSEN [31] weiter ausgebaut. Nach BLOCH kann man die Strömungsgleichungen eines Elektronengases aus dem folgenden Wirkungsprinzip herleiten

$$\delta \int_{t_1}^{t_2} L\, dt = 0 \quad \text{mit} \quad L = m \int \varrho \frac{\partial w}{\partial t}\, dv - H. \tag{22.1}$$

Hier bezeichnet m die Elektronenmasse, t die Zeit und w das Strömungspotential, das mit der Strömungsgeschwindigkeit $\mathfrak{v}$ durch die Gleichung $\mathfrak{v} = -\operatorname{grad} w$ zusammenhängt. H ist die Energie des strömenden Gases. In der THOMAS-FERMI-DIRACschen Näherung, auf die wir uns hier beschränken, erhält man

$$H = \tfrac{1}{2} m \int \varrho\, (\operatorname{grad} w)^2\, dv + \varkappa_k \int \varrho^{\frac{5}{3}}\, dv - \varkappa_a \int \varrho^{\frac{4}{3}}\, dv - \int (V_k + \tfrac{1}{2} V_e + v_s)\, e\, \varrho\, dv, \tag{22.2}$$

wo V_k das Potential der Kerne und v_s das von der Zeit abhängige äußere Potential bezeichnet, bezüglich der weiteren Bezeichnungen vgl. man die Ziff. 2 bis 4.

Aus dem Variationsprinzip (22.1) erhält man bei einer für t_1 und t_2 verschwindenden und voneinander unabhängigen Variation von ϱ und w die Gleichungen

$$m \frac{\partial w}{\partial t} = \frac{1}{2} m\, (\operatorname{grad} w)^2 + \frac{5}{3} \varkappa_k \varrho^{\frac{2}{3}} - \frac{4}{3} \varkappa_a \varrho^{\frac{1}{3}} - (V_k + V_e + v_s)\, e, \tag{22.3}$$

$$\frac{\partial \varrho}{\partial t} = \operatorname{div} (\varrho \operatorname{grad} w), \tag{22.4}$$

von denen die erste die Bewegungsgleichung des Elektronengases und die zweite die Kontinuitätsgleichung darstellt.

Die Randbedingung, der w genügen muß, ist die folgende. Im allgemeinen Fall muß das über die begrenzende Oberfläche f des Elektronengases erstreckte Integral der normalen Komponente des Geschwindigkeitsvektors gegen Null konvergieren, wenn man die begrenzende Oberfläche ins Unendliche rücken läßt, es muß also

$$\lim_{f \to \infty} \oint_f \frac{\partial w}{\partial n}\, df = 0 \tag{22.5}$$

sein, wo die Differentiation nach n Differentiation in Richtung der Flächennormale bedeutet. Für den Fall, daß sich das Elektronengas in einem Volumen befindet, das durch eine zeitlich konstante Fläche begrenzt ist, lautet die Randbedingung

$$\frac{\partial w}{\partial n} = 0. \tag{22.6}$$

Von JENSEN [31] wurden auf diesen Grundlagen die Eigenschwingungen des Elektronengases behandelt, wobei $v_s = 0$ zu setzen ist. Wir beschränken uns mit

---
[1] Für Argon vgl. D. R. HARTREE u. W. HARTREE, Proc. Roy. Soc. Lond., Ser. A **166**, 450 (1938); für Rb⁺ vgl. D. R. HARTREE, Proc. Cambridge Phil. Soc. **24**, 111 (1928).
[2] F. BLOCH: Z. Physik **81**, 363 (1933).

JENSEN auf den Fall, daß man die Schwingungen als eine kleine Störung der Dichte ϱ_0 behandeln kann. Dementsprechend betrachten wir w als klein und setzen für die Elektronendichte des Systems $\varrho = \varrho_0 + \varrho_w$, wo ϱ_w die im Verhältnis zur ungestörten Dichte ϱ_0 kleine Dichtestörung bezeichnet.

Wenn man diesen Ausdruck von ϱ in H einsetzt und H nach ϱ_w in eine Reihe entwickelt, die man nach den quadratischen Gliedern abbricht, so ergeben sich aus dem Variationsprinzip (22.1) bei einer für t_1 und t_2 verschwindenden voneinander unabhängigen Variation von ϱ_w und w die Gleichungen

$$m \frac{\partial w}{\partial t} = -v_e e + Q(\varrho_0) \varrho_w, \qquad \frac{\partial \varrho_w}{\partial t} = \mathrm{div}\,(\varrho_0 \,\mathrm{grad}\, w), \qquad (22.7)$$

wo v_e das durch die Dichtestörung ϱ_w erzeugte Potential bezeichnet und der Kürze halber $(10\varkappa_k \varrho_0^{\frac{2}{3}} - 4\varkappa_a \varrho_0^{\frac{1}{3}})/(9\varrho_0) = Q(\varrho_0)$ gesetzt wurde. Die Randbedingungen sind wieder (22.5) bzw. (22.6).

Für den Fall, daß ϱ_0 konstant ist, läßt sich aus den Gln. (22.7) für ϱ_w die folgende Gleichung herleiten

$$\lambda^2 \omega_0^2 \Delta \varrho_w - \frac{\partial^2 \varrho_w}{\partial t^2} = \omega_0^2 \varrho_w, \qquad (22.8)$$

wo wir zur Abkürzung die Bezeichnungen $\omega_0^2 = 4\pi e^2 \varrho_0/m$ und $\lambda^2 = Q(\varrho_0)/(4\pi e^2)$ einführten. Mit dem Ansatz $\varrho_w = \nu(\mathfrak{r})\sin\omega t$ ergibt sich aus dieser Gleichung zur Bestimmung der Eigenfrequenzen die Eigenwertgleichung

$$\lambda^2 \Delta \nu + \frac{\omega^2 - \omega_0^2}{\omega_0^2} \nu = 0, \qquad (22.9)$$

wo $(\omega^2 - \omega_0^2)/\omega_0^2$ der zu bestimmende Eigenwert ist.

Von JENSEN [31] wurde der Fall untersucht, bei welchem das konstant verteilte Elektronengas auf eine Kugel beschränkt ist, und es wurden von ihm diejenigen Eigenschwingungen des Elektronengases behandelt, bei denen sich das Gas in großer Entfernung wie ein oszillierender Dipol verhält. Auf diesen Grundlagen hat JENSEN die Eigenfrequenzen eines sehr vereinfachten statistischen Atoms berechnet, in welchem die Elektronendichte innerhalb einer Kugel gleichmäßig verteilt ist.

VI. Anwendungen der statistischen Theorie des Atoms.

a) Atome.

23. Elektronengruppen im periodischen System der Elemente. Mittleres Bahndrehimpulsquadrat der Atome. Eine der schönsten Anwendungen des statistischen Atommodells ist die von FERMI[1] gegebene Erklärung der Anomalien in der Bildung von Elektronengruppen im periodischen System der Elemente. Hierzu berechnet FERMI die Anzahl der s-, p-, d-, ... Elektronen in einem statistischen Atom, was an Hand der Feststellungen von Ziff. 13 einfach geschehen kann. Hiernach wird von den Elektronen des Atoms mit der azimutalen Quantenzahl $k = l + \frac{1}{2}$ am Ort $\mathfrak{r}$ im Volumenelement dv in der Impulskugel eine mit $\mathfrak{r}$ koaxiale Zylinderschale vom inneren Radius $p_l = lh/(2\pi r)$ und vom äußeren Radius $p_{l+1} = (l+1)h/(2\pi r)$ besetzt. Für die Anzahl der Elektronen pro Volumeneinheit

---
[1] E. FERMI [19] sowie Nature, Lond. **121**, 502 (1928). — Rend. Accad. Lincei (6) **7**, 342 (1928).

mit der azimutalen Quantenzahl k ergibt sich demnach

$$\varrho_k = \frac{2}{h^3} \, 2 \, (p_\mu^2 - p_k^2)^{\frac{1}{2}} \, 2\pi \, p_k \, (p_{l+1} - p_l). \tag{23.1}$$

Die Gesamtzahl dieser Elektronen im Atom, N_k, erhält man hieraus durch eine Integration über den Raum

$$N_k = \frac{8}{h} k \int \left[p_\mu^2 - \left(\frac{h}{2\pi r}\right)^2 k^2 \right]^{\frac{1}{2}} dr = 2 \left(\frac{6Z}{\pi^2}\right)^{\frac{1}{3}} k \int \left[x \, \varphi_0(x) - \left(\frac{4}{3\pi Z}\right)^{\frac{2}{3}} k^2 \right]^{\frac{1}{2}} \frac{dx}{x}, \tag{23.2}$$

wo man für die s-, p-, d-, ... Elektronen bzw. $k = \frac{1}{2}, \frac{3}{2}, \frac{5}{2}, \ldots$ zu setzen hat und die Integration auf alle positiven Werte von r bzw. x zu erstrecken ist, für die der Ausdruck unter der Wurzel positiv ist.

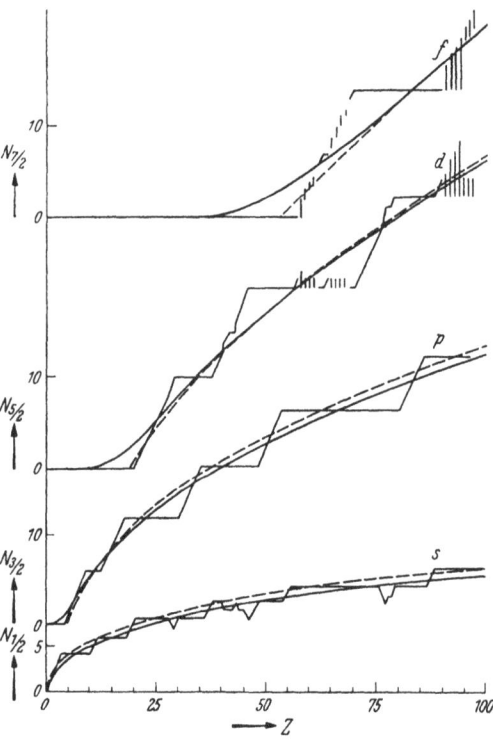

Fig. 17. Bahndrehimpulsverteilung der Elektronen im Atom; N_k als Funktion von Z. ——— N_k theoretisch nach Theis, - - - N_k theoretisch nach Fermi. Treppenkurven: empirische Besetzungszahlen der Bahndrehimpulseigenwerte (senkrechte Striche verbinden empirisch mögliche Werte).
Nach W. R. Theis, Z. Physik 140, 1 (1955).

Die Resultate von Fermi sind in der Fig. 17 durch die glatt verlaufenden gestrichelten Kurven dargestellt. Wie zu sehen ist, geben diese gute Mittelwerte der empirischen Resultate, die durch die mehrfach gebrochenen Kurvenzüge wiedergegeben werden. Für die Ordnungszahlen, bei welchen mit dem Einbau der s-, p-, d-, f-Elektronengruppen begonnen wird, d.h. bei welchen die theoretischen Kurven den Wert $N_k = 1$ erreichen, erhält Fermi bzw. $Z_l = 1, 5, 21, 55$, die mit den empirischen Ordnungszahlen $Z_l = 1, 5, 21, 58$ gut übereinstimmen. Hierdurch findet die Anomalie eine Erklärung, daß an einigen Stellen des periodischen Systems von den Elektronen s- oder p-Quantenzustände mit größerer Hauptquantenzahl bevorzugt werden, obwohl in den Elektronenschalen mit kleineren Hauptquantenzahlen noch freie d- oder f-Quantenzustände vorhanden sind.

Neuerdings wurden die Resultate von Fermi, insbesondere die Bestimmungsweise der Ordnungszahlen, bei welchen die s-, p-, d-, ... Elektronen erstmalig in Erscheinung treten, durch Jensen und Luttinger[1] angezweifelt und zwar aus dem Grunde, daß in Anbetracht der kontinuierlichen Drehimpulsverteilung im statistischen Atom diese Ordnungszahlen nur mit einer gewissen Willkür berechnet werden können. Eine dem statistischen Charakter angepaßte und willkürfrei definierbare Größe ist nach Jensen und Luttinger das mittlere Bahndrehimpulsquadrat, das

---

[1] J. H. D. Jensen u. J. M. Luttinger: Phys. Rev. **86**, 907 (1952).

— wie diese Autoren zeigen konnten — einen sehr guten Mittelwert der stark schwankenden empirischen Werte darstellt; vgl. hierzu Fig. 18.

In neuester Zeit hat THEIS[1] gezeigt, daß im Gegensatz zur Anschauung von JENSEN und LUTTINGER eine willkürfreie Einteilung des Impulsraumes nach Eigenwerten des Bahndrehimpulses möglich ist und auf Grund einer von ihm vorgenommenen Einteilung N_k für die s-, p-, d- und f-Elektronen als Funktion von Z ebenfalls bestimmt; diese Funktionen verlaufen durchweg in unmittelbarer Nähe der FERMIschen und geben überall einen etwas besseren Mittelwert der empirischen als die FERMIschen (vgl. Fig. 17). Obwohl auch nach THEIS die FERMIsche Bestimmungsweise der Ordnungszahlen, bei welchen die s-, p-, d-, ... Elektronen erstmalig in Erscheinung treten, nicht aufrecht erhalten werden kann, folgt aus seinen Rechnungen, daß die statistische Behandlungsweise trotzdem eine recht befriedigende Erklärung der Anomalien des periodischen Systems gibt, indem seine in Fig. 17 dargestellten theoretischen $N_k(Z)$-Kurven die mit den Anomalien behafteten empirischen bedeutend besser approximieren als die Treppenkurven, die einem vollständig regelmäßigen Aufbau entsprechen[2].

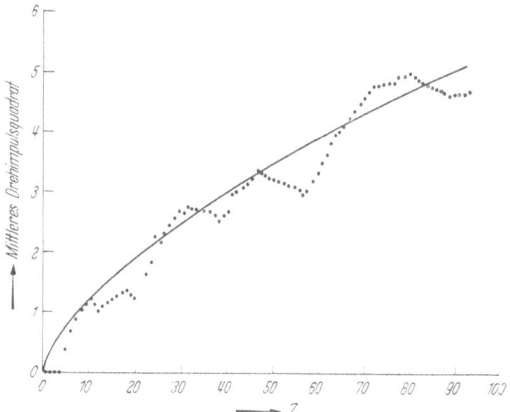

Fig. 18. Mittleres Bahndrehimpulsquadrat der Atome. Nach J. H. D. JENSEN und J. M. LUTTINGER, Phys. Rev. **86**, 907 (1952). ——— berechnet für das THOMAS-FERMIsche Modell, ········ empirische Werte. Einheit der Ordinatenskala: $h^2/4\pi^2$.

Wie IWANENKO und LARIN[3] gezeigt haben, kann man die Ordnungszahlen, bei denen die s-, p-, d- ... Elektronen erstmalig in Erscheinung treten auch auf eine von der weiter oben gegebenen verschiedene Weise bestimmen, die von jeglicher Impulsraumeinteilung und somit von den mit dieser zusammenhängenden Einwänden (JENSEN und LUTTINGER) frei ist. Hierzu zieht man die effektive potentielle Energie

$$W_{\text{eff}} = -Ve + \frac{1}{2} e^2 a_0 \frac{(l + \frac{1}{2})^2}{r^2} \qquad (23.3)$$

in Betracht, die für den Energieeigenwert eines Elektrons mit der Nebenquantenzahl l maßgebend ist. Damit das Elektron an das Atom gebunden sei, muß es einen Bereich geben, in dem W_{eff} negativ ist, oder mit anderen Worten das Maximum der Funktion r^2V muß die Größe $\frac{1}{2} e a_0 (l + \frac{1}{2})^2$ überwiegen. Das erstmalige In-Erscheinung-Treten eines Elektrons mit der Nebenquantenzahl l ist also bei einer Ordnungszahl zu erwarten, für die

$$(r^2 V)_{\text{max}} = \tfrac{1}{2} e a_0 (l + \tfrac{1}{2})^2 \qquad (23.4)$$

ist. Mit dem THOMAS-FERMI-DIRACschen Ausdruck für V erhalten hieraus IWANENKO und LARIN für das erstmalige Auftreten der s-, p-, d-, f-Elektronen $Z_l = 1, 5, 22, 58$ in sehr guter Übereinstimmung mit den entsprechenden empirischen Ordnungszahlen. Mit dem THOMAS-FERMIschen Potential V ergibt sich für Z_l der universelle Ausdruck

$$Z_l = 0{,}155 (2l + 1)^3, \qquad (23.5)$$

---

[1] W. R. THEIS: Z. Physik **140**, 1 (1955).
[2] Man vgl. hierzu die Originalarbeit von W. R. THEIS [Z. Physik **140**, 1 (1955)].
[3] D. IWANENKO u. S. LARIN: Dokl. Akad. Nauk SSSR. **88**, 45 (1953).

der schon früher von SOMMERFELD [7] ausgehend von der weiter oben entwickelten FERMISCHEN Betrachtungsweise hergeleitet wurde. Hieraus ergeben sich für Z_l unganze Werte, statt denen man die zu diesen nächst höher liegenden ganzen Zahlen zu setzen hat. Für $l = 0, 1, 2, 3$ erhält man so für Z_l der Reihe nach die Zahlen 1, 5, 20, 54. die mit den von FERMI berechneten gut übereinstimmen.

24. Ionisierungsenergien. Mit Hilfe der Beziehung (8.1) oder mit dem Energieausdruck (8.3) des statistischen Atoms, läßt sich die Arbeit berechnen, die nötig ist um ein Elektron oder mehrere Elektronen vom Atomverband abzutrennen. Bei der Betrachtungsweise, die den Ausführungen dieses Abschnittes zugrunde liegt, werden alle Elektronen des Atoms statistisch behandelt, demzufolge man für die von Element zu Element stark schwankenden Ionisierungsarbeiten nur einen Mittelwert erwarten kann[1].

In der THOMAS-FERMISCHEN Näherung ergibt sich nach (8.3) für die Energie eines $Z - N = n$-fachen positiven Ions

$$E_n = \frac{12}{7} \left(\frac{2}{9\pi^2}\right)^{\frac{1}{3}} Z^{\frac{7}{3}} \left[\frac{n^2}{Z^2 x_0} + \varphi'(0)\right] \frac{e^2}{a_0}. \tag{24.1}$$

Wenn man hiervon die Energie des neutralen Atoms ($n = 0$) abzieht, erhält man die stufenweise Ionisierungsenergie Q_n, d.h. die Arbeit die man aufzuwenden hat, um das neutrale Atom in das n-fache Ion überzuführen

$$Q_n = E_n - E_0 = \frac{12}{7} \left(\frac{2}{9\pi^2}\right)^{\frac{1}{3}} Z^{\frac{7}{3}} \left\{\frac{n^2}{Z^2 x_0} + [\varphi'(0) - \varphi'_0(0)]\right\} \frac{e^2}{a_0}. \tag{24.2}$$

Da Q_n die Summe der ersten n Ionisierungsenergien darstellt, ergibt sich die n-te Ionisierungsenergie I_n folgendermaßen

$$I_n = Q_n - Q_{n-1}. \tag{24.3}$$

Q_0 hat den Wert Null, es ist daher $I_1 = Q_1$.

Für die erweiterten und korrigierten statistischen Atommodelle, für die sich die Energie nicht explizite als Funktion von Z und n angeben läßt, kann die Berechnung von Q_n und I_n auf Grund des Zusammenhanges (8.1) mit Hilfe der Formeln

$$Q_n = -\int_{N-n}^{N} \frac{\partial E}{\partial N} dN = \int_{N-n}^{N} V_0 e\, dN, \tag{24.4}$$

$$I_n = -\int_{N-n}^{N-n+1} \frac{\partial E}{\partial N} dN = \int_{N-n}^{N-n+1} V_0 e\, dN \tag{24.5}$$

erfolgen.

Berechnungen von Ionisierungsenergien wurden für das THOMAS-FERMISCHE Modell von SOMMERFELD [37], für das durch den Austausch erweiterte Modell von HULTHÉN [41] sowie von JENSEN, MEYER-GOSSLER und ROHDE [42] und für das mit der Korrelation erweiterte Modell von GOMBÁS [28], [2] durchgeführt. Während die Ionisierungsenergien, besonders I_1 und auch noch I_2 ohne Austauschkorrektion viel zu klein ausfallen, ergeben sich mit der Austauschkorrektion und besonders mit der Austausch- und Korrelationskorrektion gute Mittelwerte der von Element zu Element stark schwankenden empirischen Werte[2].

---
[1] Mit dem in Ziff. 26 geschilderten teils statistischen, teils wellenmechanischen Verfahren zur Bestimmung von Atomtermen lassen sich die Ionisierungsenergien bedeutend genauer berechnen.
[2] Vgl. hierzu [2], S. 171 ff.

Von JENSEN [27] wurden weiterhin auf Grund des durch den Austausch erweiterten und modifizierten statistischen Modells, im Rahmen dessen auch negative Ionen stabil sind, die Elektronenaffinitäten der Halogene berechnet. Es ergeben sich Werte von der Größenordnung von 1 eV.

Die totale Ionisierungsenergie $Q_Z = -E_0$, d.h. der Betrag der Gesamtenergie des Atoms ist für das THOMAS-FERMISCHE Modell für einige Atome zusammen mit den empirischen bzw. SLATERSCHEN halbempirischen Werten in der Tabelle 5 angegeben. Während die Ionisierungsenergien des THOMAS-FERMISCHEN Modells zu klein sind, ergibt sich Q_Z, wie aus Tabelle 5 zu sehen ist, als bedeutend zu groß, was darauf zurückzuführen ist, daß im THOMAS-FERMISCHEN Modell die Elektronendichte am Ort des Kerns nicht endlich bleibt, sondern wie $1/r^{\frac{3}{2}}$ unendlich wird. In der vorletzten Kolonne der Tabelle sind auch die Q_Z-Werte angegeben, die man aus dem mit der WEIZSÄCKERSCHEN Korrektion und der durch GOMBÁS gegebenen Ausschaltung der doppelten Zählung der kinetischen Selbstenergie der Elektronen erweiterten statistischen Modell (vgl. Ziff. 14) erhält [29]. Wie zu sehen ist, stimmen diese Energien, die mit dem RITZSCHEN Verfahren bestimmt wurden, mit den empirischen sehr gut überein. Die auffallend gute Übereinstimmung für die leichtesten Atome wurde durch einige nur für diese

Tabelle 5. *Totale Ionisierungsenergie für das statistische Atommodell in e^2/a_0-Einheiten.*

		Q_Z theoretisch		Q_Z empirisch
	Z	THOMAS-FERMI	GOMBÁS	
H	1	0,769	0,5	0,5
He	2	3,875	2,859	2,904
Be	4	19,53	14,78	14,68
C	6	50,30	38,16	37,86
Ne	10	165,7	126,9	129,5
A	18	653,0	513,2	525,4
Fe	26	1540	1236	1249
Kr	36	3291	2701	2704
X	54	8476	7129	7079
Hg	80	21210	18310	18680
U	92	29380	25540	25520

Atome wichtige elementare Korrektionen erreicht, mit denen das statistische Modell für He und H in das wellenmechanische Modell übergeht.

Außerdem wurde von mehreren Autoren der Versuch unternommen durch theoretische oder empirische Korrektionen die Formel (24.1) an den empirischen Befund anzupassen[1].

25. Mittlere Anregungsenergien. Zur Berechnung der mittleren Anregungsenergie gehen wir von dem mittleren Anregungspotential V_M aus, das man nach SOMMERFELD [21] und BETHE[2] als das geometrische Mittel der Potentiale V_i der einzelnen Quantenzustände folgendermaßen definieren kann

$$N \log V_M = \sum_i N_i \log V_i, \tag{25.1}$$

wo N_i die Besetzungszahl des i-ten Quantenzustandes bedeutet. Für das statistische Atom wird aus dieser Definitionsgleichung

$$N \log V_M = \int \varrho \log V \, dv. \tag{25.2}$$

Für das THOMAS-FERMISCHE Modell ergibt sich[3] hieraus

$$V_M = 0{,}122 \, Z^{\frac{4}{3}} \, e/a_0.$$

---
[1] L. A. YOUNG: Phys. Rev. **34**, 1226 (1929). — E. U. CONDON u. G. H. SHORTLEY: The Theory of Atomic Spectra, S. 338f. Cambridge: Cambridge Univ. Press 1935. — P. LAL u. K. LAL: Indian J. Phys. **10**, 1 (1936). — G. ALLARD: J. de Phys. Radium **9**, 225 (1948). — L. L. FOLDY: Phys. Rev. **83**, 397 (1951). — J. M. C. SCOTT: Phil. Mag. (7) **43**, 859 (1952). — R. A. BALLINGER u. N. H. MARCH: Phil. Mag. (7) **46**, 246 (1955).
[2] H. BETHE: Z. Physik **76**, 293 (1932).
[3] Vgl. hierzu [2], S. 181f.

Zur Bestimmung der mittleren Anregungsenergie des Atoms, berechnen wir zunächst die mittlere Energie eines Elektrons im THOMAS-FERMIschen Atom. Die THOMAS-FERMIsche Beziehung (4.8) kann man für neutrale Atome in der Form $\varkappa_k \varrho^{\frac{2}{3}} = \frac{3}{5} V e$ schreiben. Da die linke Seite dieser Gleichung nach (2.4) und (2.5) die mittlere kinetische Energie eines Elektrons darstellt, besagt diese Beziehung, daß im THOMAS-FERMIschen Atom die mittlere kinetische Energie eines Elektrons gleich $\frac{3}{5}$ des Betrages der mittleren potentiellen Energie des Elektrons ist. Man bekommt also für die mittlere Energie eines Elektrons im THOMAS-FERMIschen Atom $-Ve + \frac{3}{5} Ve = -\frac{2}{5} Ve$.

Dementsprechend erhält man die mittlere Anregungsenergie E_M eines THOMAS-FERMIschen Atoms durch Multiplikation von $V_M e$ mit $\frac{2}{5}$. Es ergibt sich also[1]

$$E_M = \frac{2}{5} V_M e = 0{,}0488 \, Z^{\frac{4}{3}} \frac{e^2}{a_0} = 1{,}33 \, Z^{\frac{4}{3}} \text{ eV}. \tag{25.3}$$

Diese Formel gibt für Fe, Ag und Pb der Reihe nach die Werte 102, 226 und 474 eV, die mit den entsprechenden empirischen Werten 104, 224 und 402 eV befriedigend übereinstimmen[2].

Von UMEDA wurde E_M für das THOMAS-FERMI-DIRACsche Modell mit seinen Lösungen berechnet[3], die mit der mit der zweiten Grenzbedingung (11.10) nicht konsistenten BRILLOUINschen Grenzbedingung (11.12) bestimmt wurden. Es ergeben sich so etwas größere Werte als aus (25.3).

26. Berechnung von Atomspektren. Das statistische Modell kann man zur Berechnung von Atomspektren heranziehen, indem man die in Frage kommenden z Elektronen, deren Quantenzustände zu bestimmen sind, im statistischen Potentialfeld der übrigen Elektronen wellenmechanisch behandelt[4]. Auf dieser Grundlage wurden sehr vielseitige Berechnungen durchgeführt. So wurden Röntgenterme in erster Linie von RASETTI[5], außerdem von GENTILE und MAJORANA [34], weiterhin von ROESS und KENNARD[6] sowie von RICHTMYER[7] in ausgezeichneter Übereinstimmung mit der Erfahrung berechnet. Optische Terme wurden von GENTILE und MAJORANA [34] für das Cs-Atom, von SEGRÈ[8] für das V^{4+}-Ion, von TA-YOU WU[9] für die Atome von Gold bis Uran sowie für Cs weiterhin für die Ionen Ra^+ und Ce^{3+}, von TA-YOU WU und GOUDSMIT[10] für das U-Atom und für die ein- bis fünffachen U-Ionen, von FANO[11] für die Atome

---

[1] Vgl. hierzu [2], S. 181 ff. SOMMERFELD hat mit seiner Näherungslösung (6.6) E_M ebenfalls berechnet, wobei sich wegen der Ungenauigkeit der Näherungslösung in den kernnahen Gebieten statt dem numerischen Faktor 1,33 auf der rechten Seite in (25.3) der Faktor 1,78 ergab. Vgl. hierzu [21] sowie [2], S. 183.

[2] Auf anderen Grundlagen wurden Anregungsenergien von S. TITEICA, Z. Physik **101**, 378 (1936) berechnet.

[3] K. UMEDA: J. Fac. Sci. Hokkaido Univ., Ser. 2, **6**, 60 (1951). Von UMEDA wurde E_M auch für das THOMAS-FERMIsche Modell berechnet, wobei sich zufolge eines Versehens statt des Faktors 1,33 auf der rechten Seite in (25.3) der Faktor 1,62 ergab.

[4] Eine sehr ausführliche Zusammenfassung dieses Gebietes ist in [2] zu finden.

[5] F. RASETTI: Rend. Accad. Lincei (6) **7**, 915 (1928). — Z. Physik **49**, 546 (1928).

[6] L. C. ROESS u. E. H. KENNARD: Phys. Rev. **38**, 1263 (1931). Von ROESS und KENNARD wurde außerdem auch der Massenabsorptionskoeffizient der Röntgenstrahlen für die K-Elektronenschale des Zinns ebenfalls in guter Übereinstimmung mit dem experimentellen Befund bestimmt.

[7] R. D. RICHTMYER: Phys. Rev. **40**, 1057 (1932).

[8] E. SEGRÈ: Rend. Accad. Lincei (6) **11**, 670 (1930); vgl. weiterhin Nuovo Cim. N.S. **7**, 326 (1930).

[9] TA-YOU WU: Phys. Rev. **44**, 727 (1933).

[10] TA-YOU WU u. S. GOUDSMIT: Phys. Rev. **43**, 496 (1933).

[11] U. FANO: Rend. Accad. Lincei (6) **20**, 35 (1934); vgl. auch Nuovo Cim., N.S. **11**, 550 (1934).

Ca, Zn und für das Sb^{3+}-Ion, von WILLIAMS[1] für das Tl^+-Ion und schließlich von FRIEDEL[2] für das Ion Na^+ berechnet. Aus den Berechnungen von TA-YOU WU und GOUDSMIT[3] für das U-Atom und für die U-Ionen konnten auf die Anordnung der Elektronen in den Atomen von Ac an aufwärts Schlüsse gezogen werden. Weiterhin hat FERMI [3] auf denselben Grundlagen, auf denen die optischen Termberechnungen durchgeführt wurden, die Elektronenaffinität des J-Atoms in bedeutend besserer Übereinstimmung mit der Erfahrung berechnet als die aus einer rein statistischen Berechnungsweise erhaltenen und in Ziff. 24 geschilderten Resultate von JENSEN [27].

Neuerdings hat LATTER[4] die $1s$-, $2s$-, ..., $7s$-; $2p$-, $3p$-, ..., $7p$-; $3d$-, $4d$-, ..., $7d$-; $4f$-, $5f$-, $6f$-; $5g$-, $6g$- und $6h$-Energieniveaus der Atome fast aller Elemente des periodischen Systems berechnet und zwar sowohl mit dem THOMAS-FERMIschen als mit dem THOMAS-FERMI-DIRACschen Potential der Atomrümpfe. Die Übereinstimmung der berechneten Energien mit den empirischen und den auf Grund wellenmechanischer Potentialverteilungen bestimmten ist sehr befriedigend.

Von FERMI[5] und im Anschluß an ihn von SEGRÈ[6], FANO[7] und HELLMIG [40] wurde zur Berechnung der RYDBERG-Korrektion ein Verfahren entwickelt. Dieses beruht auf der Bestimmung des Termes mit dem Energieeigenwert Null, d.h. mit der Hauptquantenzahl $n = \infty$. Die RYDBERG-Korrektion ergibt sich als die Differenz der Nullstellen der radialen Eigenfunktion dieses Zustandes für das in Betracht gezogene Atom und der Nullstellen der entsprechenden radialen Wasserstoffeigenfunktion. Auf diesen Grundlagen hat insbesondere HELLMIG [40] sehr ausführliche Berechnungen von RYDBERG-Korrektionen durchgeführt. Von FERMI und AMALDI [22] wurden die nicht-relativistischen Berechnungen der RYDBERG-Korrektion der s-Terme durch eine relativistische Behandlungsweise verbessert.

Die Energieniveaus von Valenzelektronen, die sich im Feld eines Atomrumpfes mit abgeschlossenen Elektronenschalen bewegen, können auch mit Hilfe der in Ziff. 20 hergeleiteten modifizierten potentiale Φ_i oder Φ_l bestimmt werden. Auf die Valenzelektronen, die wir auch weiterhin auf Grund der Wellenmechanik behandeln, wirkt dann statt des elektrostatischen Potentials das modifizierte Potential, wodurch man — wie dies in Ziff. 20 gezeigt wurde — von den Orthogonalitätsbedingungen der Valenzelektron-Eigenfunktionen in bezug auf die Rumpfelektron-Eigenfunktionen frei wird. Mit Hilfe des modifizierten Potentials Φ_i wurden optische Terme für die Atome Na, K und Ca sowie für die Ionen Al^+, Al^{++} und Ca^+ von GOMBÁS, KÓNYA, KOZMA und PÉTER durchgeführt[8]. Die berechneten Termwerte stimmen sehr gut mit den empirischen überein; die größte

---

[1] T. E. WILLIAMS: J. Chem. Physics **19**, 457 (1951).
[2] J. FRIEDEL: Diss. Paris, Ser. A, Nr. 2580, Nr. d'ordre 3452. Paris: Masson & Cie 1954. — Ann. Phys., Paris, Ser. 12, **9**, 158 (1954).
[3] TA-YOU WU u. S. GOUDSMIT: Phys. Rev. **43**, 496 (1933).
[4] R. LATTER: Phys. Rev. **99**, 510 (1955).
[5] E. FERMI: Rend. Accad. Lincei (6) **7**, 726 (1928). — Z. Physik **49**, 550 (1928). — Mem. Accad. Italia **1**, 1 (1930). — Nuovo Cim., N.S. **8**, 7 (1931).
[6] E. SEGRÈ: Rend. Accad. Lincei (6) **11**, 670 (1930).
[7] U. FANO: Rend. Accad. Lincei (6) **20**, 35 (1934).
[8] P. GOMBÁS [43]. — B. KOZMA u. A. KÓNYA: Z. Physik **118**, 153 (1941). — A. KÓNYA: Math. u. Naturwiss. Anz. ung. Akad. Wiss. **60**, 390 (1941). — GY. PÉTER: Z. Physik **119**, 713 (1942). Vgl. weiterhin die Arbeiten von P. GOMBÁS, Ann. Physik (5) **35**, 65 (1939); (5) **36**, 680 (1939) (Berichtigung); Z. Physik **116**, 184 (1940); B. KOZMA, Mat. Fiz. Lapok (Budapest) **48**, 351 (1941), die als Vorläufer der schon oben zitierten Arbeiten zu betrachten sind; diesbezüglich sei auf [32], insbesondere auf den letzten Absatz von S. 179 und auf S. 180 hingewiesen.

Abweichung beträgt 5%. Mit demselben Verfahren haben neuerdings GÁSPÁR und MOLNÁR[1] die Elektronenaffinität des Na- und K-Atoms berechnet.

Mit der statistischen Methode lassen sich auch die feineren Züge der Spektren, so insbesondere Dublettintervalle berechnen, wobei man von der bekannten DIRACschen Formel[2] für das Intervall der beiden Dublettkomponenten ausgehen kann. GENTILE und MAJORANA [34] haben mit dieser Formel das Intervall der M_{32}-M_{33}-Röntgendubletts für das Gd- und U-Atom in guter Übereinstimmung mit der Erfahrung berechnet. Optische Dublettintervalle wurden von GENTILE und MAJORANA [34] für die $6p$- und $7p$-Dublett-Terme des Cs-Atoms, von TA-YOU WU[3] ebenfalls für den $6p$-Dublett-Term des Cs-Atoms und schließlich von SEGRÈ[4] für den $4p$-Dublett-Term des V^{4+}-Ions berechnet.

Das statistische Potentialfeld wurde von PINCHERLE[5] auch zur Berechnung der Multiplettniveaus des $(3s, 3d)$-Zustandes des Mg-Atoms und weiterhin von FERMI und SEGRÈ[6] zur Berechnung der Hyperfeinstruktur der Spektren einiger Elemente mit Erfolg herangezogen.

Mit den im statistischen Potentialfeld der Atomrümpfe bestimmten Eigenfunktionen kann man weitere Berechnungen durchführen. So haben z. B. GENTILE und MAJORANA [34] das Intensitätsverhältnis der beiden ersten Linien der Hauptserie des Cs-Atoms, die den Übergängen $6s-6p$ und $6s-7p$ entsprechen, in guter Übereinstimmung mit der Erfahrung berechnet und damit eine befriedigende Erklärung für das experimentell als sehr groß gefundene Intensitätsverhältnis gegeben.

27. Theorie der Gruppe der seltenen Erden. Die Gruppe der seltenen Erden umfaßt die 14 Elemente von Ce ($Z=58$) bis Cp ($Z=71$). Diese Gruppe entsteht bekanntlich durch eine sukzessive Besetzung der vierzehn $4f$-Quantenzustände und ist durch eine große chemische Ähnlichkeit der Elemente ausgezeichnet. Da für die chemischen Eigenschaften eines Elementes die Elektronenstruktur in den äußeren Gebieten des Atoms maßgebend ist, muß man annehmen, daß die $4f$-Bahnen der seltenen Erden im Inneren des Atoms verlaufen.

Diese Annahme bedarf jedoch einer weiteren Begründung. Bei den Elementen nämlich, die im periodischen System vor den seltenen Erden stehen, also bei Cs ($Z=55$), Ba ($Z=56$) und La ($Z=57$) sind die $4f$-Bahnen optische Bahnen, die in den äußeren Gebieten des Atoms verlaufen und in denen das Elektron eine relativ kleine Bindungsenergie besitzt. Man sollte also zunächst erwarten, daß sich diese Verhältnisse beim Übergang von La ($Z=57$) zu Ce ($Z=58$) und bei einem weiteren Anwachsen der Ordnungszahl nur allmählich ändern, daß also die $4f$-Bahnen der seltenen Erden im Verhältnis zu denen der Elemente Cs, Ba und La nur relativ wenig zusammengezogen sind und noch in den äußeren Gebieten des Atoms verlaufen. Dies stünde aber im Widerspruch mit dem sehr ähnlichen chemischen Verhalten der seltenen Erden.

Zur Klärung dieser Schwierigkeit hat FERMI [3] die $4f$-Eigenfunktionen der Elemente zwischen Cs ($Z=55$) und Nd ($Z=60$) untersucht. Hierbei zeigte sich, daß sich die $4f$-Eigenfunktion zwischen den Werten 55 und 60 von Z mit Z sehr rasch ändert und zwar befindet sich das Hauptmaximum der Aufenthaltswahr-

---

[1] R. GÁSPÁR u. B. MOLNÁR: Acta phys. Hung. **5**, 75 (1955).
[2] P. A. M. DIRAC: Proc. Roy. Soc. Lond., Ser. A **117**, 610 (1928); **118**, 351 (1928).
[3] TA-YOU WU: Phys. Rev. **44**, 727 (1933).
[4] E. SEGRÈ: Rend. Accad. Lincei (6) **11**, 670 (1930).
[5] L. PINCHERLE: Phys. Rev. **58**, 251 (1940).
[6] E. FERMI u. E. SEGRÈ: Mem. Accad. Italia **4**, 131 (1933); Z. Physik **82**, 729 (1933). — Vgl. auch R. STERNHEIMER, Phys. Rev. **86**, 316 (1952); **95**, 736 (1954) und weiterhin A. M. SESSLER u. H. M. FOLEY, Phys. Rev. **96**, 366 (1954).

scheinlichkeit des Elektrons im $4f$-Zustand im Falle $Z=55$ in den äußeren Gebieten des Atoms und im Falle $Z=60$ im Inneren des Atoms. Zwischen den Werten 55 und 60 von Z erfolgt also eine Verlagerung der $4f$-Bahnen von den äußeren in die inneren Gebiete des Atoms, im besten Einklang mit dem empirischen Befund.

Von GOEPPERT MAYER wurde veranschaulicht wie die Verlagerung der $4f$-Bahnen zustande kommt[1]. Hierzu wurde gezeigt, daß die effektive potentielle Energie des Elektrons

$$W_{\text{eff}} = -Ve + \frac{1}{2}e^2 a_0 \frac{l(l+1)}{r^2}, \qquad (27.1)$$

die in der SCHRÖDINGER-Gleichung die Eigenfunktion und den Energieeigenwert determiniert, für f-Zustände ($l=3$) zwei negative Minima, d.h. zwei negative Mulden und zwar eine innere, tiefe und schmale und eine äußere, flache Mulde besitzt, die durch einen positiven Bereich von W_{eff} voneinander getrennt sind. Die innere Mulde zeigt eine starke Abhängigkeit von Z und zwar weist sie mit wachsendem Z eine starke Vertiefung auf, während die äußere Mulde von Z weitgehend unabhängig ist. Die Verlagerung der $4f$-Bahnen von den äußeren Gebieten des Atoms ins Atominnere kommt dadurch zustande, daß von einem gewissen Z-Wert an die innere Mulde im Verhältnis zur äußeren in dem Maße überwiegt, daß sich das Hauptmaximum der $4f$-Eigenfunktion von der äußeren Mulde auf die innere verschiebt. Aus genaueren quantitativen Untersuchungen von GOEPPERT MAYER geht hervor, daß dieser Z-Wert 60 oder 61 beträgt, also in unmittelbarer Nähe des von FERMI gefundenen Z-Wertes liegt.

Nach GOEPPERT MAYER[1] zeigen die $5f$-Bahnen ein ganz ähnliches Verhalten, d.h. es existiert auch für diese ein bestimmter Z-Wert, bei dem sich diese Bahnen von den äußeren Bereichen des Atoms in die inneren verlagern. Dies geschieht bei $Z=91$ oder 92. Man konnte also in Übereinstimmung mit dem neuen experimentellen Befund beginnend von der unmittelbaren Nähe des Urans eine weitere Gruppe von seltenen Erden erwarten.

GOEPPERT MAYER konnte weiterhin im besten Einklang mit dem empirischen Befund zeigen, daß die bei den f-Bahnen gefundene plötzliche Umlagerung der Bahnen ins Atominnere bei den p- und d-Bahnen *nicht* auftritt, da bei diesen W_{eff} nur *ein* Minimum besitzt.

28. Atom- und Ionenradien. Mit der Annahme, daß die Kristalle aus starren, sich berührenden Atom- bzw. Ionenkugeln aufgebaut sind, wurden mehrererseits für die Atome und Ionen Radien abgeleitet. Die Verhältnisse wurden besonders eingehend von GOLDSCHMIDT[2] untersucht. GOLDSCHMIDT hat unter Benutzung einiger Resultate von WASASTJERNA[3] aus einem großen empirischen Material Atom- und Ionenradien abgeleitet, mit denen man unabhängig vom Bindungspartner die Gitterkonstanten mit gewissen Einschränkungen additiv darstellen kann. Eine teilweise Zusammenstellung dieser Radien bringen wir in der Tabelle 6.

Der empirische Befund, nach welchem sich die Gitterkonstanten aus den von den Bindungspartnern weitgehend unabhängigen Radien der Gitterbausteine additiv zusammensetzen, ist vom Standpunkt der modernen Atomtheorie ziemlich überraschend, da in den Kristallen die Wechselwirkungskräfte zwischen den

---

[1] M. GOEPPERT MAYER: Phys. Rev. **60**, 184 (1941).
[2] V. M. GOLDSCHMIDT: Skr. Norske Vid. Akad. Mat.-Nat. Kl., Oslo (1926). — Ber. dtsch. chem. Ges. **60**, 1263 (1927).
[3] J. A. WASASTJERNA: Soc. Sci. Fenn. Comm. Phys. Math. **38**, 1 (1923).

Tabelle 6. GOLDSCHMIDTsche Atom- und Ionenradien in a_0-Einheiten. Die Atomradien der Edelgase sind aus den Atomgittern der kondensierten Edelgase, die Ionenradien sind aus den Ionengittern berechnet.

Ion	Radius	Atom	Radius	Ion	Radius	Ion	Radius
F^-	2,51	Ne	2,88	Na^+	1,85	Mg^{++}	1,47
Cl^-	3,42	A	3,64	K^+	2,51	Ca^{++}	2,00
Br^-	3,71	Kr	3,98	Rb^+	2,82	Sr^{++}	2,40
J^-	4,16	X	4,35	Cs^+	3,12	Ba^{++}	2,70

Bausteinen zum großen Teil gerade durch die Überdeckung der Elektronenwolken der Bindungspartner bedingt sind und es demzufolge zunächst nicht klar ist, wie man den einzelnen Bausteinen einen vom Bindungspartner unabhängigen Radius zuschreiben kann. Auf Grund der statistischen Theorie der Atome und Ionen läßt sich jedoch eine sehr befriedigende Erklärung dieses Sachverhaltes geben.

Wir befassen uns zunächst mit den neutralen Edelgasatomen. In den kondensierten Edelgasen überdecken sich die Elektronenwolken der Atome nur in geringem Maße, weil hier die Kohäsion durch die relativ kleinen VAN DER WAALSschen Kräfte zustande kommt. Da weiterhin das statistische Modell der neutralen Atome am besten die Edelgasatome approximiert, kann man erwarten, daß die Grenzradien der korrigierten statistischen Modelle für die Edelgase annähernd mit den GOLDSCHMIDTschen Radien übereinstimmen. Wie aus einem Vergleich der entsprechenden Daten der Tabellen 4 und 6 hervorgeht, ist dies tatsächlich der Fall.

Bei Ionen liegen die Verhältnisse nicht so einfach. In den Ionengittern entsteht nämlich zufolge der starken elektrostatischen Anziehung eine relativ starke Durchdringung der Elektronenwolken, demzufolge man nicht erwarten kann, daß die Grenzradien der statistischen Ionenmodelle mit den GOLDSCHMIDTschen annähernd übereinstimmen; tatsächlich erweisen sich die ersteren immer größer, wie dies auch sein soll.

JENSEN, MEYER-GOSSLER und ROHDE [42] haben ein dem stark schematisierten Begriff des Ionenradius' adäquates sehr vereinfachtes Modell der Ionengitter entwickelt, das gestattet den Ionen im Gitter Radien zuzuschreiben. In diesem Modell, das auf die Alkalihalogenidgitter angewendet wurde und dem das THOMAS-FERMI-DIRACsche Ionenmodell zugrunde liegt, sind die positiven und negativen Ionen als durch die Kohäsionskräfte zusammengedrängte, statistische Ionenkugeln mit zunächst unbestimmten Radien a_1 bzw. a_2 gepackt. Man hat dann für die Energie der Ionen pro Ionenpaar ohne der Wechselwirkungsenergie der COULOMBschen Ionenladungen $E = E_1(a_1) + E_2(a_2)$, wo $E_1(a_1)$ und $E_2(a_2)$ die Energie des Ions 1 mit dem Grenzradius a_1 bzw. die Energie des Ions 2 mit dem Grenzradius a_2 bedeutet. Die Grenzradien a_1 und a_2 haben der Bedingung $a_1 + a_2 = d$ zu genügen, wo d im Falle von Alkalihalogenidkristallen die gegenseitige Entfernung benachbarter Alkali- und Halogenionen bezeichnet. Da die Energie der COULOMBschen Ionenladungen nur von d abhängt, ist bei festgehaltenem d der von den Ionenradien abhängige Teil der Energie der Ionen E. Es werden sich daher bei festgehaltenem d diejenigen Radienwerte einstellen, die bei Erfüllen der Nebenbedingung $a_1 + a_2 = d$ die Energie E zum Minimum machen. Hieraus folgt die Gleichung

$$\frac{dE_1}{da_1} = \frac{dE_2}{da_2}. \tag{28.1}$$

Da $\frac{dE_i}{da_i}$ nach (11.4) bekannt ist, kann man — indem man für d die empirischen Werte einsetzt — die Ionenradien aus (28.1) berechnen.

Die so bestimmten Ionenradien sind innerhalb desselben Gittertyps bis auf wenige Prozent konstant, also unabhängig vom Bindungspartner und stimmen außerdem sehr gut mit den GOLDSCHMIDTschen Radien überein. Dieser letztere Umstand ist besonders bemerkenswert, da der empirischen Bestimmung der Ionenradien noch eine Willkür anhaftet. Alle Gitterkonstanten bleiben nämlich unverändert, wenn man z.B. die Radien aller Kationen um irgendeinen Betrag verkleinert und die Radien aller Halogenionen um denselben Betrag vergrößert. Die empirischen Ionenradien werden also erst durch die willkürliche Wahl *eines* Ionenradius' festgelegt. Die Resultate von JENSEN, MEYER-GOSSLER und ROHDE zeigen, daß die von GOLDSCHMIDT getroffene Wahl des Anfangsradius' sehr glücklich war.

Von den freien Atomen und Ionen ausgehend wurden Atom- und Ionenradien mit der statistischen Methode auf halbempirischem Wege von BRAUNBEK berechnet[1]. BRAUNBEK definiert die Atom- und Ionenradien als Radien von Kugeln, außerhalb welcher sich eine konstante, von der Ordnungszahl unabhängige Elektronenladung $-\Delta e$ befindet.

29. Diamagnetische Suszeptibilitäten. Für die diamagnetische Suszeptibilität von Atomen und Ionen pro Gramm-Atom gilt bekanntlich folgender Ausdruck[2]

$$\chi = - L \frac{e^2}{6 m c^2} \overline{r^2}, \qquad (29.1)$$

wo L die LOSCHMIDTsche Zahl, c die Lichtgeschwindigkeit und $\overline{r^2}$ das atomare Mittel von r^2 bezeichnet, das wir im Fall einer kugelsymmetrischen Elektronenverteilung folgendermaßen definieren

$$\overline{r^2} = \int \varrho\, r^2 dv = 4\pi \int_0^{r_0} \varrho\, r^4 dr. \qquad (29.2)$$

Die Berechnung von $\overline{r^2}$ und somit von χ kann man mit Hilfe des statistischen Atom- und Ionmodells einfach durchführen, womit man zu einer weiteren Anwendung und zugleich zu einer Prüfung des statistischen Dichteverlaufes in den für $\overline{r^2}$ wesentlichen äußeren Gebieten des Atoms gelangt.

Berechnungen dieser Art wurden für freie Atome und Ionen von mehreren Autoren durchgeführt. So haben SOMMERFELD[3] und HIRONE[4] mit der SOMMERFELDschen Näherungslösung (6.6) der THOMAS-FERMIschen Gleichung, JENSEN [27] mit der modifizierten THOMAS-FERMI-DIRACschen Dichteverteilung (Ziff. 11ε), UMEDA[5] mit den von ihm mit der BRILLOUINschen Randbedingung bestimmten Lösungen der THOMAS-FERMI-DIRACschen Gleichung (S. 141) und GOMBÁS[6] mit der LENZ-JENSENschen Dichteverteilung (Ziff. 10) und der mit der Austausch- und Korrelationskorrektion erweiterten und modifizierten Dichteverteilung (Ziff. 12β) diamagnetische Suszeptibilitäten berechnet[7]. Unter diesen stimmen mit den empirischen bzw. halbempirischen Werten am besten die mit

---

[1] W. BRAUNBEK: Z. Physik **79**, 701 (1932). Atomradien, definiert als die Radien für die die radiale Elektronendichte maximal ist, wurden von K. UMEDA, J. Fac. Sci. Hokkaido Univ., Japan (2) **3**, 255 (1949) berechnet. Eine sehr grobe Schätzung von Atomradien ist bei P. LAL u. K. LAL, Indian J. Phys. **10**, 1 (1936) zu finden.
[2] Vgl. die Artikel von H. BETHE und E. E. SALPETER in Bd. XXXV sowie von F. HUND in diesem Bande. Vgl. auch Bd. XVIII dieses Handbuches.
[3] A. SOMMERFELD [21]. Bezüglich einer Korrektur der von SOMMERFELD berechneten Suszeptibilitäten positiver Ionen vgl. T. HIRONE, Science Reports of the Tôhoku Imp. Univ. (1) **24**, 264 (1935) sowie P. GOMBÁS [2], S. 230.
[4] T. HIRONE: Science Reports of the Tôhoku Imp. Univ. (1) **24**, 264 (1935).
[5] K. UMEDA: J. Fac. Sci., Hokkaido Univ., Japan (2) **3**, 246 (1949).
[6] P. GOMBÁS: Z. Physik **87**, 57 (1933); [2], S. 230—234.
[7] Diamagnetische Suszeptibilitäten wurden weiterhin von M. G. WESSELOW, J. exp. theoret. Phys. **7**, 829 (1937) mit einer sehr groben Dichteverteilung berechnet.

der Austausch- und Korrelationskorrektion erweiterten und modifizierten Dichteverteilung berechneten Suszeptibilitäten überein. Einen Vergleich der letzteren für die freien Edelgasatome und für die freien Alkali- und Halogenionen mit den empirischen bzw. halbempirischen Werten[1] bringen wir in der Tabelle 7.

Die diamagnetische Suszeptibilität der freien Edelgasatome wurde neuerdings weiterhin mit der durch die WEIZSÄCKERsche Korrektion erweiterten und durch die Ausschaltung der kinetischen Selbstenergie korrigierten Dichteverteilung (Ziff. 14) von GOMBÁS berechnet[2], wobei sich für $-\chi$ in 10^{-6} cm^3 Einheiten für Ne, A und Kr der Reihe nach die Werte 12,8, 18,2, 28,3 ergaben.

Aus der guten Übereinstimmung dieser Werte sowie der in der Tabelle 7 angeführten theoretischen Werte mit den empirischen bzw. halbempirischen kann man folgern, daß der Verlauf der Elektronendichte in den äußeren Gebieten des mit der Austausch- und Korrelationskorrektion erweiterten statistischen Modells sowie des mit der WEIZSÄCKERschen Korrektion erweiterten und durch die Ausschaltung der kinetischen Selbstenergie korrigierten Modells den tatsächlichen Dichteverlauf befriedigend approximiert.

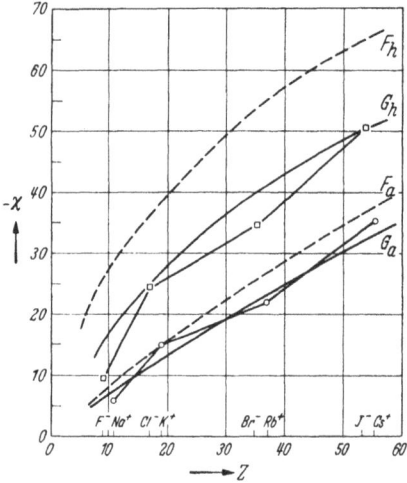

Fig. 19. Gang der diamagnetischen Suszeptibilität von Ionen im Gitter und im freien Zustand mit der Ordnungszahl nach JENSEN, MEYER-GOSSLER und ROHDE [42]. $-\chi$ in 10^{-6} cm^3-Einheiten. Kurve G_a: Alkali-Ionen im Gitter, theoretisch; $-\circ-\circ-$ Alkali-Ionen im Gitter, empirisch. Kurve F_a: freie Alkali-Ionen, theoretisch. Kurve G_h, $-\square-\square-$ und Kurve F_h entsprechend für Halogen-Ionen.

Die Suszeptibilitäten der Ionen Na$^+$, K$^+$, Rb$^+$, Cs$^+$, Cl$^-$, Br$^-$ und J$^-$ im Kristallverband haben JENSEN, MEYER-GOSSLER und ROHDE [42] auf Grund des von diesen Autoren entwickelten und in Ziff. 28 besprochenen vereinfachten Gittermodells, in dem die Ionen als Kugeln gepackt sind, berechnet, wobei für den Gitterabstand die empirischen Werte herangezogen wurden. Die Resultate ihrer Berechnungen, die sie bei Zugrundelegung der THOMAS-FERMI-DIRACschen Näherung erhielten, sind zusammen mit den theoretischen Werten für freie Ionen, die JENSEN [27] mit der modifizierten THOMAS-FERMI-DIRACschen Näherung (Ziff. 11ε) berechnete sowie mit den empirischen Werten von BRINDLEY und HOARE[3] in der Fig. 19 dargestellt, woraus die gute Über-

Tabelle 7. *Diamagnetische Suszeptibilitäten von freien Edelgasatomen und freien Ionen pro Gramm-Atom in 10^{-6} cm^3 Einheiten. Die theoretischen Werte sind mit dem durch die Austausch- und Korrelationskorrektion erweiterten und modifizierten statistischen Modell berechnet.*

	$-\chi$			$-\chi$			$-\chi$	
	theoretisch	empirisch		theoretisch	halbempirisch		theoretisch	halbempirisch
Ne	12,9	6,8	Na$^+$	7,3	5,7	F$^-$	24,4	—
A	21,1	19,5	K$^+$	14,4	15,6	Cl$^-$	34,6	25,4
Kr	35,8	28,0	Rb$^+$	26,8	27,0	Br$^-$	51,2	36,7
X	47,3	42,4	Cs$^+$	37,2	36,1	J$^-$	63,7	54,3

[1] Bezüglich dieser Werte und der entsprechenden Literaturangaben vgl. [2], S. 229ff.
[2] P. GOMBÁS: Acta phys. Hung. **5**, 483 (1956).
[3] G. W. BRINDLEY u. F. E. HOARE: Proc. Roy. Soc. Lond., Ser. A **152**, 342 (1935); **159**, 395 (1937).

einstimmung der theoretischen Werte mit den empirischen, sowie die Verminderung der Suszeptibilitäten durch die Packung im Kristallverband ersichtlich ist[1].

In diesem Zusammenhang sei erwähnt, daß LAMB das in einem Atom durch ein äußeres magnetisches Feld induzierte innere magnetische Feld am Ort des Kerns auf Grund des statistischen Atommodells berechnete[2]. Für dieses induzierte magnetische Feld am Ort des Kerns ist das Potential der Elektronen des Atoms am Ort des Kerns maßgebend, das man für das statistische Atommodell mit Hilfe von (5.13) einfach angeben kann. Das aus der Elektronenbewegung resultierende magnetische Feld am Ort des Kerns wurde von SESSLER und FOLEY berechnet[3].

30. Polarisierbarkeiten. Im Rahmen der statistischen Theorie des Atoms läßt sich mit Hilfe der in Ziff. 18 entwickelten statistischen Störungsrechnung, d.h. ohne Zuhilfenahme wellenmechanischer Formeln die Polarisierbarkeit von Atomen und Ionen berechnen[4], wodurch man zu einer Prüfungsmöglichkeit der Ansätze der statistischen Störungsrechnung gelangt.

Die Polarisierbarkeit kann man im Zusammenhang mit dem STARK-Effekt zweiter Ordnung definieren. Wenn man ein Atom oder Ion in ein homogenes elektrisches Feld von der Feldstärke $\mathfrak{E}$ bringt, so gilt für die dem STARK-Effekt zweiter Ordnung entsprechende Energieänderung der bekannte Ausdruck

$$\Delta E = -\tfrac{1}{2}\alpha\,\mathfrak{E}^2, \tag{30.1}$$

wo die von $\mathfrak{E}$ unabhängige Konstante α die Polarisierbarkeit bezeichnet.

Zur statistischen Berechnung von α hat man also auf Grund der statistischen Störungsrechnung die statistische Störungsenergie zweiter Ordnung für ein Atom oder Ion in einem homogenen elektrischen Feld zu bestimmen. Wir legen hierzu das mit der Korrelationskorrektion erweiterte und modifizierte statistische Atom- und Ionmodell (Ziff. 12β) zugrunde, in welchem in den vom Kern weit entfernten Gebieten die Austausch- und Korrelationskorrektion durch die FERMI-AMALDISCHE Korrektion ersetzt wird und gehen vom ersten Ausdruck (18.7) der Störungsrechnung aus, in welchem wir für das Störungspotential w das Potential des homogenen elektrischen Feldes zu setzen haben. Mit Rücksicht darauf, daß für dieses Potential im Ausdruck (18.4) für $\delta\varrho$ die Konstante $w_0=0$ ist, und im Ausdruck (18.7) für η das Glied W_a vernachlässigt werden kann, ergibt sich

$$\alpha = \frac{K^2(r_0)}{2\int\limits_0^{r_0} K(r)\,[\varrho(r)]^{\frac{1}{3}} r\,dr + \dfrac{5\varkappa_k}{6\pi e^2}K(r_0)} \quad \text{mit} \quad K(r) = \int\limits_0^r [\varrho(r')]^{\frac{1}{3}} r'^4\,dr'. \tag{30.2}$$

Die numerischen Resultate, die man aus dieser Formel für einige Edelgasatome und Ionen mit edelgasähnlicher Elektronenstruktur erhält, sind in der Tabelle 8 zusammengestellt. Die Berechnungen wurden mit der mit Austausch- und Korrelationskorrektion erweiterten und modifizierten Verteilung (vgl. die Daten der

---

[1] Von T. TAKEUCHI wurde mit groben Annahmen ein näherungsweiser Zusammenhang zwischen der diamagnetischen Suszeptibilität der Atome im Kristallverband, dem Atomvolumen und der Ordnungszahl hergeleitet; vgl. T. TAKEUCHI, Proc. Phys.-Mat. Soc. Japan (3) **12**, 300 (1930).
[2] W. E. LAMB: Phys. Rev. **60**, 817 (1941). Vgl. auch W. C. DICKINSON, Phys. Rev. **80**, 563 (1950), wo ein Vergleich der Resultate dieser Berechnungen mit den Resultaten durchgeführt ist, die man auf Grund des Potentialverlaufes des „self-consistent field" erhält. Weiteres bezüglich der Resultate von LAMB findet man bei J. E. MACK, Rev. Mod. Phys. **22**, 64 (1950).
[3] A. M. SESSLER u. H. M. FOLEY: Phys. Rev. **96**, 366 (1954).
[4] P. GOMBÁS [*30*] sowie [*2*], S. 238ff. Grobe Ansätze zur Berechnung von Polarisierbarkeiten sind in der früheren Arbeit von P. GOMBÁS, Math. u. Naturwiss. Anz. ung. Akad. Wiss. **57**, 155 (1938) zu finden.

Tabelle 4, S. 146) durchgeführt. Zum Vergleich sind die empirischen α-Werte von FAJANS und JOOS angegeben[1], die sich geradeso wie die theoretischen auf den Gaszustand beziehen.

Wie aus der Tabelle 8 zu sehen ist, stimmen die aus (30.2) berechneten Polarisierbarkeiten für schwere Atome und Ionen mit den empirischen Werten befriedigend überein. Bei den leichten Atomen und Ionen ergeben sich aber große Abweichungen von den experimentellen Werten. Bemerkenswert ist jedoch, daß auch bei den leichten Atomen und Ionen das Größenverhältnis der theoretischen Werte in einer Reihe der Tabelle 8 ziemlich gut mit dem Größenverhältnis der experimentellen übereinstimmt. Der Grund für die große Abweichung der theoretischen Polarisierbarkeiten der leichten Atome und Ionen von den experimentellen Werten ist darin zu suchen, daß im Ausdruck (30.2) für α die Randgebiete des Atoms und Ions — in welchen die statistische Elektronenverteilung besonders bei den leichten Atomen und Ionen nur eine grobe

Tabelle 8. *Polarisierbarkeiten freier Edelgasatome und freier Ionen in 10^{-24} cm³-Einheiten.*

	α			α			α			α	
	theoretisch	empirisch		theoretisch	empirisch		theoretisch	empirisch		theoretisch	empirisch
Ne	2,01	0,392	Na^+	0,850	0,196	Mg^{++}	0,400	0,12	F^-	6,20	0,98
A	2,88	1,65	K^+	1,36	0,88	Ca^{++}	0,721	0,51	Cl^-	7,10	3,53
Kr	4,00	2,50	Rb^+	2,14	1,56	Sr^{++}	1,30	0,86	Br^-	8,41	4,97
X	4,61	4,10	Cs^+	2,66	2,56	Ba^{++}	1,70	1,68	J^-	9,21	7,55

Näherung der exakten darstellt — äußerst stark, viel stärker als bei der diamagnetischen Suszeptibilität betont werden. Im Ausdruck (30.2) für α geht nämlich das Integral $K(r_0)$ im Quadrat ein, zu welchem wegen der vierten Potenz von r und besonders auch wegen der dritten Wurzel von ϱ im Integranden den wesentlichen Beitrag die äußersten Gebiete des Atoms oder Ions liefern. Deswegen kann man für die leichteren Atome und Ionen auch keine bessere Übereinstimmung mit der Erfahrung erwarten.

Ausgehend von der Formel (30.2) haben TEN SELDAM sowie TEN SELDAM und DE GROOT die Polarisierbarkeit für ein Argon-Atom berechnet[2], das durch einen äußeren Druck (kugelsymmetrisch) zusammengedrängt ist. Die Änderung der Polarisierbarkeit mit dem Druck wird für höhere Drucke ($P \geq 100$ atm) durch die Theorie befriedigend wiedergegeben. für kleinere Drucke ergeben sich jedoch große Abweichungen vom experimentellen Befund.

Hier sei erwähnt, daß von STERNHEIMER[3] das durch das Kernquadrupolmoment in den Atomrumpf induzierte Quadrupolmoment berechnet wurde. Außerdem hat STERNHEIMER[4] auch das durch ein äußeres elektrisches Feld in einem Atom zufolge der Deformation der Elektronenwolke entstehende elektrische Feld am Ort des Kerns auf Grund des statistischen Modells bestimmt.

31. Streuvermögen von Atomen und Ionen für Röntgen- und Elektronenstrahlen. Für die Streuintensität der kohärent gestreuten Röntgen- und raschen[5] Elek-

---

[1] K. FAJANS u. G. JOOS: Z. Physik **23**, 1 (1924); vgl. auch GEIGER-SCHEEL, Handbuch der Physik, Bd. 24/2, 2. Aufl., S. 942. Berlin: Springer 1933.
[2] C. A. TEN SELDAM u. S. R. DE GROOT: Physica, Haag **18**, 910 (1952). — C. A. TEN SELDAM: Energies and Polarizabilities of Compressed Atoms, S. 39ff., Diss. Amsterdam und Utrecht 1953.
[3] R. STERNHEIMER: Phys. Rev. **80**, 102 (1950); **84**, 244 (1951); vgl. weiterhin R. STERNHEIMER, Phys. Rev. **86**, 316 (1952); **95**, 736 (1954).
[4] R. STERNHEIMER: Phys. Rev. **96**, 951 (1954).
[5] Unter rasch versteht man hier rasch im Verhältnis zu den schnellsten Elektronen innerhalb des streuenden Atoms. Diese Bedingung ist hinreichend erfüllt, wenn die Voltgeschwindigkeit der Elektronen größer ist als etwa $50Z^2$.

tronenstrahlen ist der Atomformfaktor F maßgebend, der für Atome mit kugelsymmetrischer Elektronenverteilung folgendermaßen definiert ist

$$F(\varkappa) = 4\pi \int_0^\infty \frac{\sin \varkappa r}{\varkappa r} \varrho \, r^2 \, dr \quad \text{mit} \quad \varkappa = \frac{4\pi}{\lambda} \sin \frac{\vartheta}{2}, \qquad (31.1)$$

wo ϑ den Streuwinkel und λ die Wellenlänge des Röntgenstrahles bzw. der Materiewelle der Elektronenstrahlen bezeichnet. Mit Hilfe der statistischen Elektronendichte ϱ läßt sich F aus diesem Ausdruck berechnen.

Für freie Atome haben F mit der ursprünglichen THOMAS-FERMIschen Elektronenverteilung DEBYE, BEWILOGUA, weiterhin BRAGG und WEST sowie JAMES und BRINDLEY und schließlich UMEDA sowie mit großer Genauigkeit UMEDA und TOMISHIMA berechnet[1]; für die freien Ionen Na^+, K^+, Rb^+ und Sr^{++} hat F ebenfalls mit der Verteilungsfunktion des ursprünglichen THOMAS-FERMIschen Modells DERENZINI bestimmt[2]; von Sz. NAGY sowie von DASCOLA wurde F mit Hilfe der LENZ-JENSENschen Dichteverteilung für mehrere freie Atome und Ionen berechnet[3].

UMEDA und TOMISHIMA sowie UMEDA haben neuerdings auf Grund des THOMAS-FERMIschen Modells zusammengedrängter neutraler Atome den Atomformfaktor der im Gitter als Kugeln gepackten Atome (vgl. Ziff. 28) für verschiedene Grenzradien der Atome berechnet[4], wobei sich gegenüber den Atomformfaktoren freier Atome ein merklicher Unterschied ergab, der erwartungsgemäß um so größer wird, je kleiner die Grenzradien der Atome, d.h. je enger die Packung der Atome im Gitter ist.

Auf Grund des statistischen Modells läßt sich auch die inkohärente Streuung von Röntgen- und raschen[5] Elektronenstrahlen berechnen. Im Anschluß an die WALLERsche Streuformel konnte HEISENBERG [36] zeigen, daß für die Intensität inkohärent gestreuter Röntgenstrahlen statt der Elektronendichte ϱ die durch (21.2) definierte Dichtematrix maßgebend ist. Die von HEISENBERG für die inkohärente Streuintensität von Röntgenstrahlen hergeleitete Formel enthält einen von der Potential- und Elektronenverteilung des streuenden Atoms abhängigen Faktor S^2, der auch für die inkohärente Streuung rascher Elektronenstrahlen bestimmend ist[6]. Bei Zugrundelegung der THOMAS-FERMIschen Näherung

---

[1] P. DEBYE [35]. — L. BEWILOGUA: Phys. Z. **32**, 740 (1931). — W. L. BRAGG u. J. WEST: Z. Kristallographie **69**, 118 (1929). — R. W. JAMES u. G. W. BRINDLEY: Phil. Mag. (7) **12**, 81 (1931). — Z. Kristallogr., Abt. A **78**, 470 (1931). — K. UMEDA: J. Fac. Sci., Hokkaido Univ. (2) **4**, 57 (1951). — K. UMEDA u. Y. TOMISHIMA: J. Phys. Soc. Japan **10**, 753 (1955).

[2] T. DERENZINI: Nuovo Cim. N.S. **13**, 341 (1936).

[3] B. v. Sz. NAGY: Z. Physik **91**, 105 (1934); **94**, 229 (1935) (Berichtigung). — G. D. DASCOLA: Z. Kristallogr., Abt. A **100**, 537 (1939). Weitere Berechnungen von Atomformfaktoren bzw. Resultate solcher Berechnungen sind in den folgenden Arbeiten zu finden: N. F. MOTT, Nature, Lond. **124**, 986 (1929); G. P. THOMSON, Proc. Roy. Soc. Lond., Ser. A **125**, 352 1929); H. BETHE, Ann. Physik (5) **5**, 325 (1930); H. MARK u. R. WIERL, Z. Physik **60**, 741 (1930); R. GLOCKER u. K. SCHÄFER, Z. Physik **73**, 289 (1932); K. SCHÄFER, Z. Physik **86**, 738 (1933); M. G. WESSELOW, J. exp. theoret. Phys. **7**, 829 (1933); E. KERNER, Phys. Rev. **83**, 71 (1951); H. EISENLOHR u. G. L. J. MÜLLER, Z. Physik **136**, 491 (1954); **136**, 511 (1936); T. TIETZ, J. Chem. Physics **23**, 1565 (1955).

[4] K. UMEDA u. Y. TOMISHIMA: J. Chem. Physics **21**, 2085 (1953). — J. Phys. Soc. Japan **10**, 753 (1955). — Research Notes of Department of Physics, Faculty of Sci., Okayama Univ., Japan Nr. 12 (1955). — K. UMEDA: Progress Report Nr. 3, Research Group for the Study of Molecular Structure, Univ. Tokyo, Japan, S. 1. 1954.

[5] Vgl. die Fußnote 5 auf S. 192.

[6] Vgl. z. B. [2], S. 243 ff.

hat S^2 folgende Gestalt[1]

$$S^2(w) = Z - Z \int_0^{\xi_0} \left\{ \left[\frac{\varphi_0(\xi)}{\xi}\right]^{\frac{1}{2}} - w \right\}^2 \left\{ \left[\frac{\varphi_0(\xi)}{\xi}\right]^{\frac{1}{2}} + \frac{1}{2} w \right\} \xi^2 d\xi, \qquad (31.2)$$

wo φ_0 die in der Tabelle 1 dargestellte Funktion bedeutet und $w = \mu\varkappa/(6\pi Z)^{\frac{1}{3}}$ ist; μ ist durch (5.9) definiert. ξ_0 bezeichnet die Wurzel der Gleichung $[\varphi_0(\xi)/\xi]^{\frac{1}{2}} = w$. Die Funktion S^2 wurde von BEWILOGUA[2] und LENZ[3] berechnet.

Die auf Grund des statistischen Atommodells berechneten Streuintensitäten von Röntgen- und raschen Elektronenstrahlen stimmen mit den empirischen und auf Grund der Wellenmechanik bestimmten gut überein. Zum Vergleich ist in Fig. 20 die zur totalen Streuintensität von Röntgenstrahlen proportionale Funktion $F^2 + S^2$ mit der von WALLER und HARTREE[4] auf wellenmechanischem Wege berechneten entsprechenden Funktion für Argon dargestellt. Zum weiteren Vergleich ist auch die zur inkohärenten Streuintensität von Röntgenstrahlen proportionale Funktion S^2 für Argon eingezeichnet.

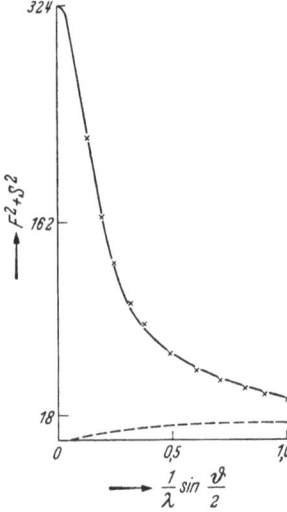

Fig. 20. Zur Streuintensität von Röntgenstrahlen für Argon; × × × $F^2 + S^2$ statistisch berechnet, ——— $F^2 + S^2$ wellenmechanisch berechnet, – – – S^2 statistisch berechnet. Nach L. BEWILOGUA, Phys. Z. **32**, 740 (1931).

Die elastische Streuung von langsamen[5] Elektronen an Atomen zeigt ein gänzlich anderes Bild als die von raschen Elektronen. Während nämlich die Streuintensität rascher Elektronen mit wachsendem ϑ monoton gegen Null geht, weist die Winkelverteilung der Intensität der an Atomen gestreuten langsamen Elektronenstrahlen Maxima und Minima auf. Diese sind im Gegensatz zur Elektronenbeugung an Kristallen nicht durch die periodische Struktur der Materie hervorgerufen, sondern werden in der Umgebung des Atoms durch Veränderung des „Brechungsindex" als Folge des ortsabhängigen Potentials V des streuenden Atoms verursacht.

Eine sehr befriedigende theoretische Erklärung dieser Erscheinung konnte mit Hilfe eines von FAXÉN und HOLTSMARK[6] entwickelten Verfahrens HENNEBERG[7] geben, indem er das streuende Atom statistisch behandelte und für V das ursprüngliche THOMAS-FERMIsche Atompotential benutzte. Das Problem läßt sich auf ein Ein-Elektronenproblem reduzieren, da es genügt nur ein einfallendes Elektron in Betracht zu ziehen, das man als eine ebene Welle ψ_0 darstellen kann; das streuende Atom geht dann nur durch sein Potential in die SCHRÖDINGERsche Gleichung ein. Das Problem besteht darin, eine Lösung ψ der SCHRÖDINGER-Gleichung für dieses Potential zu finden, die sich in großer Entfernung vom Kern aus der Primärwelle ψ_0 und einer winkelabhängigen Streukugelwelle ψ_k zusammensetzt. Die gesuchte Lösung und somit auch die hier interessierende Intensitätsverteilung läßt sich durch eine Entwicklung von ψ nach zonalen Kugelfunktionen ermitteln.

---

[1] Vgl. hierzu auch H. KOPPE: Z. Physik **124**, 658 (1948).

[2] L. BEWILOGUA: Phys. Z. **32**, 740 (1931).

[3] F. LENZ: Z. Physik **135**, 248 (1953).

[4] I. WALLER u. D. R. HARTREE: Proc. Roy. Soc. Lond., Ser. A **124**, 119 (1929). Zahlenwerte sind bei G. HERZOG, Z. Physik **69**, 207 (1931) angegeben.

[5] Unter langsam verstehen wir hier eine Voltgeschwindigkeit von etwa 10^2 bis 10^3.

[6] H. FAXÉN u. J. HOLTSMARK: Z. Physik **45**, 307 (1928).

[7] W. HENNEBERG [39]; Naturwiss. **20**, 561 (1932).

Die von HENNEBERG auf diese Weise erhaltenen Resultate für die Intensitätsverteilung an A-, Kr- und Hg- Atomen gestreuten langsamen Elektronenstrahlen zeigen eine gute Übereinstimmung mit der Erfahrung[1].

32. Impulsverteilung im statistischen Atom mit einer Anwendung zur Berechnung der Intensitätsverteilung der COMPTON-Linie. Die Impulsverteilung der Elektronen im statistischen Atom wurde von BURKHARDT, KÓNYA und besonders von COULSON und MARCH untersucht[2]. Die Verteilungsfunktion läßt sich folgendermaßen herleiten. Da die Elektronendichte ϱ im statistischen Atom eine mit wachsendem r monoton fallende Funktion ist, gilt nach (2.2) dasselbe auch vom maximalen Impulsbetrag p_μ. Elektronen mit einem vorgegebenen Impulsbetrag p können sich daher nur innerhalb einer Kugel vom Radius $r(p)$ aufhalten, der durch die zu (2.2) analoge Gleichung $p = \frac{1}{2}\left(\frac{3}{\pi}\right)^{\frac{1}{3}} h \varrho^{\frac{1}{3}}$ festgelegt wird. Man erhält somit für die Anzahl der Elektronen, deren Impulsbetrag zwischen p und $p+dp$ liegt

$$\begin{aligned}\Phi(p)\,dp &= \frac{2}{h^3}\frac{4\pi}{3}[r(p)]^3 4\pi p^2\,dp \\ &= \frac{32\pi^2}{3h^3}[r(p)]^3 p^2\,dp.\end{aligned} \quad (32.1)$$

Mit der Verteilungsfunktion $\Phi(p)$ haben COULSON und MARCH für das neutrale THOMAS-FERMISCHE Atom $(N=Z)$ den mittleren Impulsbetrag

$$p_m = \frac{1}{N}\int_0^\infty \Phi(p)\,p\,dp = 0{,}688\,Z^{\frac{2}{3}}\frac{2\pi m e^2}{h} \quad (32.2)$$

berechnet. p_m als Funktion von Z zusammen mit dem auf wellenmechanischem Wege berechneten mittleren Impulsbetrag ist in Fig. 21 dargestellt, woraus zu sehen ist, daß sich die Übereinstimmung mit der Wellenmechanik als sehr befriedigend gestaltet.

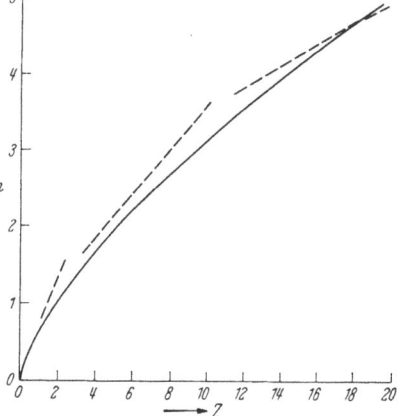

Fig. 21. Mittlerer Impulsbetrag p_m (in $2\pi m e^2/h$-Einheiten) als Funktion der Ordnungszahl Z. —— statistisch berechnet, ----- wellenmechanisch berechnet. Nach COULSON und MARCH, Proc. Phys. Soc. Lond. A **63**, 367 (1950).

Mit Hilfe der Verteilungsfunktion $\Phi(p)$ läßt sich die Intensitätsverteilung der COMPTON-Linie auf Grund einer von DU MOND ausgearbeiteten Theorie berechnen[3]. In dieser ergibt sich die Verbreiterung der COMPTON-Linie aus einem DOPPLER-Effekt, der bei der Streuung der Strahlung an den sich bewegenden Elektronen des Atoms entsteht. Für die Verbreiterung der COMPTON-Linie ist daher die

---

[1] Weiteres über die Verwendung des statistischen Modells zur Berechnung der Streuung von Röntgen- und Elektronenstrahlen ist in den folgenden Arbeiten zu finden: A. C. G. MITCHELL, Proc. Nat. Acad. Sci. of U.S.A. **15**, 520 (1929); Phys. Rev. **33**, 1068 (1929); E. C. BULLARD u. H. S. W. MASSEY, Proc. Cambridge Phil. Soc. **26**, 556 (1930); A. A. RUSTERHOLZ, Z. Physik **65**, 226 (1930); L. BEWILOGUA, Phys. Z. **32**, 114, 232, 265 (1931); H. MENKE, Phys. Z. **33**, 593 (1932); E. C. CHILDS u. H. S. W. MASSEY, Proc. Roy. Soc. Lond., Ser. A **142**, 509 (1933); J. H. MCMILLEN, Phys. Rev. **46**, 983 (1934); E. J. WILLIAMS, Proc. Roy. Soc. Lond., Ser. A **169**, 531 (1939); Phys. Rev. **58**, 292 (1940); L. MARTON u. L. J. SCHIFF, J. Appl. Phys. **12**, 759 (1941); G. MOLIÈRE, Z. Naturforsch. **2a**, 133 (1947); H. EISENLOHR u. G. L. J. MÜLLER, Z. Physik **136**, 491 (1954); **136**, 511 (1954); U. FANO, Phys. Rev. **93**, 117 (1954); W. LENZ, Z. Naturforsch. **9a**, 185 (1954); C. B. O. MOHR u. L. J. TASSIE, Proc. Phys. Soc. Lond. A **67**, 711 (1954).

[2] G. BURKHARDT: Ann. Phys. (5) **26**, 567 (1936). — A. KÓNYA: Hung. Acta phys. **1**, Nr. 5, 12 (1949). — C. A. COULSON u. N. H. MARCH: Proc. Phys. Soc. Lond. A **63**, 367 (1950).

[3] J. W. M. DU MOND: Rev. Mod. Phys. **5**, 1 (1933).

Impulsverteilung der Atomelektronen maßgebend. Für die Intensitätsverteilung der COMPTON-Linie ergibt sich

$$I(p_l) = A \int_{p_l}^{\infty} \frac{\Phi(p)}{p} dp \qquad (32.3)$$

mit

$$p_l = \frac{1}{2} m c \frac{l}{\lambda'}, \qquad \lambda' = \frac{1}{2}(\lambda_c^2 + \lambda^2 - 2\lambda_c \lambda \cos\vartheta)^{\frac{1}{2}}. \qquad (32.4)$$

Hier bezeichnet A einen Proportionalitätsfaktor, c die Lichtgeschwindigkeit, λ die Wellenlänge der einfallenden homogenen Strahlung und ϑ den Streuwinkel; l ist der auf der Wellenlängenskala gemessene Abstand von $\lambda_c = \lambda + 2\frac{h}{mc}\sin^2\frac{\vartheta}{2}$, d.h. von der Wellenlänge der scharfen COMPTON-Linie, die bei der Streuung an einem freien Elektron entsteht.

Die Intensitätsverteilung und die Halbwertsbreite der COMPTON-Linie haben auf Grund des ursprünglichen THOMAS-FERMISCHEN Modells BURKHARDT weiterhin COULSON und MARCH und für die erweiterten Modelle KÓNYA sowie COULSON und MARCH im Falle der Streuung an den Edelgasatomen Ne, A und Kr berechnet[1]. Obwohl die berechneten Halbwertsbreiten bedeutend zu klein sind, kann man die auf Grund der erweiterten Modelle erhaltenen Resultate als befriedigend betrachten, wenn man in Betracht zieht, daß die statistische Berechnungsweise nur einen Mittelwert der mit der Ordnungszahl stark schwankenden Halbwertsbreiten liefern kann und die empirischen Werte bei den Edelgasen Maxima aufweisen.

Weiterhin wurde von MARCH[2] die Impulsverteilung der Elektronen in Atomen berechnet, die durch einen äußeren Zwang zusammengedrängt sind und auf Grund dieser die Intensitätsverteilung der COMPTON-Linien bestimmt, die bei einer Streuung an solchen Atomen entstehen. Die für die Streuung an zusammengedrängten Atomen berechneten Halbwertsbreiten der COMPTON-Linien vergleicht MARCH mit den empirischen Halbwertsbreiten von COMPTON-Linien, die bei einer Streuung an Metallen entstehen und erhält eine wesentlich bessere Übereinstimmung als bei den freien Atomen. Darüber jedoch, ob das von MARCH zugrunde gelegte Modell als ein Metallmodell betrachtet werden kann, bestehen beträchtliche Einwände (vgl. hierzu Ziff. 40).

33. Bremsvermögen von Atomen[3]. Außer der quantenmechanischen Theorie der Bremsung, deren Grundlagen von BETHE, MØLLER und BLOCH entwickelt wurden[4], gab BLOCH auch eine statistische Behandlung des Problems [38], indem er für die bremsenden Atome die statistische Elektronenverteilung zugrunde legte. Bei der Bremsung rascher elektrischer Teilchen durch statistische Atome kommt es auf das in Ziff. 22 entwickelte dynamische Verhalten, insbesondere auf die Eigenschwingungen des statistischen Atoms an.

Die wesentlichsten Annahmen die der BLOCHschen Theorie zugrunde liegen, sind die folgenden: die Geschwindigkeit des stoßenden Teilchens soll im Verhältnis zur mittleren Geschwindigkeit der schnellsten Atomelektronen groß sein, weiterhin soll die durch den Stoß bedingte Impulsänderung des Teilchens im Verhältnis zu seinem ursprünglichen Impuls klein sein. Letzteres trifft z.B. für den Stoß von α-Teilchen mit Atomelektronen immer zu, für den Stoß von

---
[1] G. BURKHARDT: Ann. Physik (5) **26**, 567 (1936) (Ne). — A. KÓNYA: Hung. Acta phys. **1**, Nr. 5, 12 (1949) (Ne). — C. A. COULSON u. N. H. MARCH: Proc. Phys. Soc. Lond. A **63**, 367 (1950) (A, Kr).
[2] N. H. MARCH: Proc. Phys. Soc. Lond. A **67**, 9 (1954).
[3] Diese Fragen wurden in größerem Zusammenhange eingehend in Bd. XXXIV dieses Handbuches behandelt.
[4] H. BETHE: Ann. Physik (5) **5**, 325 (1930). — CHR. MØLLER: Ann. Physik (5) **14**, 531 (1932). — F. BLOCH: Ann. Physik (5) **16**, 285 (1933).

Elektronen aber nur dann, wenn diese durch den Stoß keine große Winkelablenkung erfahren. Ferner wird der Austausch des stoßenden Teilchens mit den Atomelektronen, weiterhin der Spin des stoßenden Teilchens vernachlässigt; beides ist für α-Teilchen gestattet, für Elektronen nur dann, wenn man von großen Winkelablenkungen absieht.

Mit diesen Annahmen konnte BLOCH zeigen, daß man die Berechnung der Bremsung — ganz ähnlich wie bei der klassischen Berechnungsweise — je nach dem Abstand b der Bahn des stoßenden Teilchens vom Atomkern in zwei ihrer Behandlung nach gänzlich verschiedene Teile zerlegen kann. Durch Einführung eines passend gewählten Stoßabstandes b_0 vom Kern läßt sich erreichen, daß für $b < b_0$ das Bremsvermögen des Atoms so berechnet werden kann, als ob sich seine Elektronen während der Stoßzeit (b/Teilchengeschwindigkeit) kräftefrei bewegen würden und daß für $b > b_0$ das vom Teilchen herrührende elektrische Feld am Ort des Atoms praktisch homogen und so klein ist, daß es sich in diesem Falle um ein reines Dispersionsproblem handelt.

Für den Fall $b < b_0$, bei dem die charakteristischen Eigenschaften im Atombau keine Rolle spielen und der uns hier deshalb wenig interessiert, läßt sich das Bremsvermögen streng berechnen. Die Einzelheiten im Atombau machen sich nur im Fall $b > b_0$ bemerkbar. In diesem Fall legt BLOCH für das bremsende Atom das ursprüngliche THOMAS-FERMIsche Atommodell zugrunde und geht von den in Ziff. 22 entwickelten Grundlagen zur Behandlung des dynamischen Verhaltens des Elektronengases aus. Das Atom befindet sich in diesem Fall in dem durch die Anwesenheit des Teilchens bedingten, zeitabhängigen äußeren Potential, das man als Störungspotential betrachten kann. Die Aufgabe besteht darin die Störungsenergie, d.h. die vom Teilchen auf das Atom übertragene Energie bis auf Glieder von zweiter Ordnung zu berechnen.

Das Resultat dieser Berechnungen ist, daß das Atom für den Fall $b > b_0$ so bremst wie eine Anzahl klassischer Oszillatoren. Man kann daher in diesem Fall für das Bremsvermögen des Atoms die Resultate der klassischen Bremstheorie von BOHR[1] übernehmen.

Da die exakte Bestimmung der Eigenfrequenzen der Oszillatoren und der Oszillatorenstärken zu Schwierigkeiten führt, begnügte sich BLOCH mit der Bestimmung der Abhängigkeit des Bremsvermögens von der Ordnungszahl und erhielt eine sehr gute Übereinstimmung mit der Erfahrung.

JENSEN [31] hat die Eigenfrequenzen und die Oszillatorenstärken für ein sehr vereinfachtes statistisches Atommodell, in welchem die Elektronenladung innerhalb einer Kugel gleichmäßig verteilt ist (vgl. Ziff. 22), bestimmt und mit den so bestimmten Eigenfrequenzen und Oszillatorenstärken orientierungshalber aus der BLOCHschen Bremsformel das Bremsvermögen von Atomen berechnet, wobei sich eine sehr befriedigende Übereinstimmung mit dem empirischen Befund ergab.

Von NEUFELD[2] wurde das Bremsvermögen von Atomen für elektrische Teilchen mittlerer Energie, d.h. mit einer kleineren Geschwindigkeit als die schnellsten Atomelektronen untersucht. Für solche Teilchengeschwindigkeiten fallen diejenigen inneren Elektronen des Atoms, deren Bindungsenergien ihrem Betrag nach oberhalb einer durch die Energie des einfallenden Teilchens determinierten Grenzenergie liegen, weg, da diese Elektronen durch das einfallende Teilchen nicht angeregt werden können. Hinsichtlich der Bremsung sind also nur die Atomelektronen wirksam, deren Bindungsenergien ihrem Betrag nach unterhalb dieser Grenzenergie liegen; diese Atomelektronen, deren Anzahl

---
[1] N. BOHR: Phil. Mag. (7) **25**, 10 (1913); **30**, 581 (1915).
[2] J. NEUFELD: Proc. Phys. Soc. Lond. A **66**, 590 (1953).

auf Grund des THOMAS-FERMIschen Atommodells bestimmt wird, werden beim Stoß als frei betrachtet. Die Übereinstimmung des auf diesen Grundlagen berechneten Bremsvermögens mit der Erfahrung erweist sich als gut[1].

b) Moleküle.

34. Potential- und Elektronenverteilung in Molekülen mit Anwendungen. Die statistische Theorie der Moleküle ist bei weitem nicht in dem Maße entwickelt wie die der Atome und Kristalle. Dies ist darauf zurückzuführen, daß bei den Molekülen die Kugelsymmetrie verlorengeht und im günstigsten Falle nur mehr eine axiale Symmetrie vorhanden ist, wodurch die mathematische Behandlung des Problems außerordentlich erschwert wird und nur in Spezialfällen mit Erfolg in Angriff genommen werden kann.

α) *Zweiatomige Moleküle.* Das Grundproblem bei den Molekülen besteht gerade so wie bei den Atomen in der Bestimmung der Potential- und Elektronenverteilung, also in der Lösung der statistischen Grundgleichung. Wegen der Kompliziertheit des Problems begnügen wir uns mit der THOMAS-FERMIschen Näherung und legen im folgenden die THOMAS-FERMIsche Gleichung zugrunde. Diese Gleichung für ein Molekül exakt zu lösen würde zu unüberwindlichen mathematischen Schwierigkeiten führen. HUND [44] hat im einfachsten Fall, für ein Molekül mit zwei gleichen Kernen gezeigt, wie man die Lösung der THOMAS-FERMIschen Gleichung näherungsweise bestimmen kann[2]. Die Ordnungszahl der Kerne sei Z und der Kernabstand in der Gleichgewichtslage $\delta_0 = 2a$. In diesem Spezialfall braucht man nur einen einzigen vom besonderen Fall abhängigen Parameter einzuführen.

Zur Lösung der Grundgleichung (4.12) setzt HUND $V - V_0 = Ze\Theta/a$ und führt statt den Koordinaten x, y, z und der Entfernung vom Kern 1, r_1 und vom Kern 2, r_2 die durch a dividierten entsprechenden Größen x', y', z', r_1' und r_2' ein. Wenn wir den LAPLACEschen Operator in diesen Koordinaten mit Δ' bezeichnen, so folgt aus (4.12) für Θ die Gleichung

$$\Delta'\Theta = \varkappa \Theta^{\frac{3}{2}} \quad \text{mit} \quad \varkappa = 4\pi\sigma_0 (Ze^3 a^3)^{\frac{1}{2}}, \tag{34.1}$$

wo σ_0 durch (4.10) definiert ist.

Da am Ort der Kerne V wie Ze/r_1 bzw. wie Ze/r_2 unendlich wird, muß Θ am Ort der Kerne wie $1/r_1'$ bzw. wie $1/r_2'$ unendlich werden. Unter den Lösungen von (34.1) gibt es eine, die bis ins Unendliche reicht und dort in genügend hohem Grade verschwindet, diese entspricht dem neutralen Molekül. Für neutrale Moleküle ist $V_0 = 0$.

Zur Lösung der Gl. (34.1) mit diesen Grenzbedingungen kann man nach HUND in der Weise vorgehen, daß man zum Teil durch Probieren eine Funktion $\vartheta(r_1') + \vartheta(r_2')$ ermittelt, die die Differentialgleichung möglichst gut erfüllt, so daß man $\Theta = \vartheta(r_1') + \vartheta(r_2') + \zeta$ setzen kann, wo ζ eine kleine Korrekturgröße darstellt. Für diese gilt dann die Gleichung

$$\Delta'\zeta - A\zeta - B = 0 \tag{34.2}$$

---

[1] Näheres über die Verwendung des statistischen Modells zur Berechnung des Streuvermögens von Atomen ist in den folgenden Arbeiten zu finden: H. BETHE, Proc. Cambridge Phil. Soc. **30**, 524 (1930); H. BETHE u. W. HEITLER, Proc. Roy. Soc. Lond., Ser. A **146**, 83 (1934); W. E. LAMB, Phys. Rev. **58**, 698 (1940); J. KNIPP u. E. TELLER, Phys. Rev. **59**, 659 (1941); N. BOHR, Phys. Rev. **59**, 270 (1941); Det Kgl. danske Vid. Selsk., Math.-fys. Medd. **18**, Nr. 8 (1948); J. LINDHARD u. M. SCHARFF, Det Kgl. danske Vid. Selsk., Math.-fys. Medd. **27**, Nr. 15 (1953).

[2] Vgl. auch L. GOLDSTEIN: C. R. Acad. Sci. Paris **190**, 1502 (1930); **191**, 521, 606 (1930); **191**, 972 (1930) (Berichtigung).

mit

$$A = \tfrac{3}{2}\varkappa\left[\vartheta(r_1') + \vartheta(r_2')\right]^{\tfrac{1}{2}} \quad \text{und} \quad B = \varkappa\left[\vartheta(r_1') + \vartheta(r_2')\right]^{\tfrac{3}{2}} - \Delta'\vartheta(r_1') - \Delta'\vartheta(r_2'). \quad (34.3)$$

Die erste Näherung $\vartheta(r_1') + \vartheta(r_2')$ findet HUND folgendermaßen. In der Umgebung jedes Kerns ist die Dichte- und Potentialverteilung kugelsymmetrisch und unterscheidet sich nur in geringem Maße von der Verteilung im freien Atom. In der Nähe eines Kerns kann man daher für ϑ die Lösung für das freie Atom ansetzen, die sich mit den hier gebrauchten Bezeichnungen in der Form $\varphi_0(\varkappa^{\tfrac{1}{3}} r_1')/r_1'$ bzw. $\varphi_0(\varkappa^{\tfrac{1}{3}} r_2')/r_2'$ schreiben läßt, wo φ_0 die in der Tabelle 1 angegebene Funktion für das neutrale Atom bezeichnet. In der Nähe eines Kerns gibt auch die Summe $\varphi_0(\varkappa^{\tfrac{1}{3}} r_1')/r_1' + \varphi_0(\varkappa^{\tfrac{1}{3}} r_2')/r_2'$ eine brauchbare Näherung. In sehr großer Entfernung von den beiden Kernen muß sich die Potential- und Elektronenverteilung wie die eines Atoms mit doppelter Kernladung verhalten, man kann also dort für $\vartheta(r_1') + \vartheta(r_2')$ den Ausdruck $2\varphi_0(2^{\tfrac{1}{3}}\varkappa^{\tfrac{1}{3}} r')/r'$ oder $\varphi_0(2^{\tfrac{1}{3}}\varkappa^{\tfrac{1}{3}} r_1')/r_1' + \varphi_0(2^{\tfrac{1}{3}}\varkappa^{\tfrac{1}{3}} r_2')/r_2'$ setzen. Dementsprechend setzt HUND die erste Näherung für den ganzen Raum in folgender Form an

$$\vartheta(r_1') + \vartheta(r_2') = \frac{1}{r_1'}\varphi_0\left(\varkappa^{\tfrac{1}{3}} r_1' f(r_1')\right) + \frac{1}{r_2'}\varphi_0\left(\varkappa^{\tfrac{1}{3}} r_2' f(r_2')\right), \quad (34.4)$$

wo $f(r_i')$ eine Interpolations-Funktion bezeichnet, die für $r_i' = 0$ den Wert 1 hat und deren Ableitung dort verschwindet, weiterhin für $r_i' = \infty$ den Wert $2^{\tfrac{1}{3}}$ annimmt und dazwischen möglichst glatt verläuft. Für f eignet sich der Ausdruck

$$f(r_i') = \frac{\lambda^2 + 2^{\tfrac{1}{3}} r_i'^{\,2}}{\lambda^2 + r_i'^{\,2}}, \quad (34.5)$$

in welchem λ so zu bestimmen ist, daß durch den Ausdruck (34.4) die Gl. (34.1) in möglichst guter Näherung gelöst wird, d.h., daß der Betrag von B im ganzen Raum möglichst klein wird.

Wenn man, meist durch Probieren, eine gute Näherungslösung gefunden hat, so kann man die höheren Näherungen durch die Berechnung von ζ aus der Differentialgleichung (34.2) bestimmen, die man mit den Grenzbedingungen zu lösen hat, daß ζ am Ort der Kerne endlich bleibe oder schwächer als $1/r_i'$ unendlich werde und daß ζ im Unendlichen verschwinde. Mit den Methoden zur Berechnung von ζ, die bei HUND ausführlich diskutiert sind, befassen wir uns hier nicht, da, wie sich aus den Resultaten zeigt, schon die erste Näherung eine sehr gute Näherungslösung darstellt.

Die Berechnung von ϑ bzw. λ und der Korrektion ζ hat HUND für die Werte $\varkappa = 3{,}36$ und $5{,}60$ durchgeführt. Der erste $\varkappa$-Wert entspricht dem N_2-Molekül und der zweite ungefähr dem F_2-Molekül. Aus der Forderung, daß der Betrag von B im ganzen Raum möglichst klein sein soll, ergibt sich in beiden Fällen $\lambda^2 = 3$ und es zeigt sich, daß schon die erste Näherung (34.4) eine sehr gute Näherungslösung darstellt und ζ vernachlässigt werden kann. Da dies um so mehr zutrifft, je größer $\varkappa$ ist und das N_2-Molekül in dieser Hinsicht den praktisch ungünstigen Fall darstellt, folgt aus den HUNDschen Resultaten, daß sich das Potential in einem zweiatomigen Molekül mit gleichen Kernen ganz allgemein in guter Näherung in der Form (34.4) darstellen läßt.

Ein vom HUNDschen verschiedenes Verfahren zur Bestimmung der Potential- und Elektronenverteilung von Molekülen mit axialer Symmetrie wurde von ŁOPUSZAŃSKI ausgearbeitet[1]. Dieses besteht darin, daß die THOMAS-FERMISche Gleichung für sehr kleine und sehr große Entfernungen von den Kernen auf

---

[1] J. ŁOPUSZAŃSKI: Acta phys. Polon. **10**, 213 (1950).

analytischem Wege gelöst wird und im Übergangsgebiet die beiden Lösungen mit Hilfe eines Interpolationsverfahrens kombiniert werden.

Eine weitere sehr einfache analytische Näherungslösung der THOMAS-FERMIschen Gleichung für Moleküle wurde von BRINKMAN durch eine gebietsweise angenäherte Linearisierung der THOMAS-FERMIschen Gleichung hergeleitet[1].

Ein weiteres Verfahren zur Bestimmung der Elektronenverteilung in Molekülen, in denen man die Wirkung eines Kerns oder mehrerer Kerne als Störung betrachten kann, liefert die statistische Störungsrechnung (Ziff. 18). Mit Hilfe dieser haben GÁSPÁR und KÓNYA die Elektronenverteilung im HJ-Molekül berechnet[2], indem sie das Molekül aus einem J^--Ion und einem H^+-Ion aufbauten und das H^+-Ion als Störung betrachteten.

Von SHELDON[3] wurde die THOMAS-FERMI-DIRACsche Grundgleichung für das N_2-Molekül numerisch näherungsweise gelöst. Aus seinen Resultaten ergibt sich, daß in der THOMAS-FERMI-DIRACschen Näherung zwischen den Atomen noch keine Bindung zustande kommt, daß also das Molekül instabil ist. Resultate von KOŁOS[4] weisen jedoch darauf hin, daß sich diese Sachlage bei Heranziehung der WEIZSÄCKERschen Korrektion möglicherweise ändern kann.

REISS und SALTSBURG[5] haben mit Hilfe des THOMAS-FERMIschen Modells für die homonuclearen Moleküle Na_2, Cl_2, K_2, Br_2, J_2 und Cs_2 untersucht, in welchem Maße die Elektronenverteilung der freien Atome durch die Bindung beeinflußt wird. Aus ihren Resultaten geht hervor, daß die durch die Bindung hervorgerufene Störung der Elektronenverteilung nur bis in die zur Valenzelektronenschale benachbarte innere Elektronenschale der Atome reicht.

Nachdem man die Potential- und somit die Elektronenverteilung im Molekül bestimmt hat, kann man diese zur Berechnung verschiedener Moleküleigenschaften und Molekülkonstanten heranziehen. Man kann z.B. Elektronenterme in ganz analoger Weise wie bei Atomen berechnen, indem man annimmt, daß sich die Elektronen, deren Energie zu bestimmen ist, im statistischen Potentialfeld des Molekülrestes befinden. Dies wurde für das N_2-Molekül mit der im Vorangehenden hergeleiteten Elektronenverteilung von RECKNAGEL durchgeführt[6], wobei sich eine gute Übereinstimmung mit der Erfahrung ergab. Wenn sich der Molekülrest aus Atomrümpfen mit abgeschlossenen Elektronenschalen zusammensetzt, wie dies z.B. beim K_2-Molekül der Fall ist, so kann man zur Termberechnung auch hier das in Ziff. 20 definierte modifizierte Potentialfeld heranziehen (vgl. hierzu Ziff. 37 und auch Ziff. 26). Allerdings sind diese Berechnungen ganz bedeutend komplizierter als bei Atomen.

BONET und BUSHKOVITCH haben die diamagnetische Suszeptibilität des N_2-Moleküls berechnet[7], wobei sie die mit dem Austausch und der Korrelation korrigierte HUNDsche Verteilung [44] zugrunde legten. Der Betrag der so berechneten magnetischen Suszeptibilität ist fast um den Faktor 2 größer als der des experimentellen Wertes.

---

[1] H. C. BRINKMAN: Physica, Haag **20**, 44 (1954); vgl. weiterhin auch H. C. BRINKMAN u. B. PEPERZAK, Physica, Haag **21**, 48 (1955).

[2] R. GÁSPÁR u. A. KÓNYA: Acta phys. Hung. **3**, 31 (1953). Näheres hierüber findet man in Ziff. 36. Vgl. auch P. GOMBÁS, Math. u. Naturwiss. Anz. ung. Akad. Wiss. **57**, 166 (1938), wo die Elektronenverteilung des HCl-Moleküls auf Grund einer vereinfachten Form der statistischen Störungsrechnung bestimmt wurde.

[3] J. W. SHELDON: Phys. Rev. **99**, 1291 (1955). Vgl. auch J. D. ALEXANDER u. W. A. BOWERS: Phys. Rev. **99**, 1627 (1955).

[4] W. KOŁOS: Acta phys. Hung. **6**, 133 (1956).

[5] H. REISS u. H. SALTSBURG: J. Chem. Physics **18**, 1461 (1950).

[6] A. RECKNAGEL: Z. Physik **87**, 375 (1934).

[7] J. V. BONET u. A. V. BUSHKOVITCH: J. Chem. Physics **21**, 2199 (1953); vgl. auch Phys. Rev. **85**, 707 (1952).

Von GLAZER und REISS wurde die Elektronenverteilung des JCl-Moleküls durch direkte Lösung der THOMAS-FERMIschen Gleichung (34.1) bestimmt[1] und die so erhaltene Dichteverteilung zur Berechnung des Dipolmomentes des JCl-Moleküls herangezogen. Das Dipolmoment hat zwar das richtige Vorzeichen, ergibt sich aber als fast um die Hälfte zu klein. Von denselben Autoren wurde weiterhin auch im Methanmolekül das Dipolmoment der C—H-Bindung berechnet[2].

β) Mehratomige Moleküle. Das HUNDsche Verfahren zur Bestimmung der Potential- und Elektronenverteilung zweiatomiger homonuclearer Moleküle wurde von MARCH auf kompliziertere Moleküle erweitert und zur Berechnung der Elektronenverteilung des Benzolmoleküls herangezogen[3]. Die gewonnene Dichteverteilung ist in annehmbarer Übereinstimmung mit der, die man auf wellenmechanischem Weg erhält.

Das von BRINKMAN ausgearbeitete Verfahren zur Lösung der THOMAS-FERMIschen Gleichung für Moleküle (S. 200) wurde von BRINKMAN und PEPERZAK[4] auf das H_2O-Molekül angewendet.

Von MARCH [45] wurde weiterhin die statistische Potential- und Elektronenverteilung sowie die Energie einiger Moleküle mit Tetraeder- und Octaedersymmetrie auf Grund eines schon von anderen Autoren gebrauchten sehr vereinfachten Molekülmodells bestimmt, in welchem die positive Kernladung der äußeren Atome, die das zentrale Atom im Abstand δ symmetrisch umgeben, auf eine Kugelfläche vom Radius δ gleichmäßig verschmiert wird. Die Lösung der THOMAS-FERMIschen Gleichung (5.11) setzt sich für dieses System aus zwei Teilen zusammen. Im Inneren der Kugel wird sie durch die Lösung für ein zusammengedrängtes Atom dargestellt, außerhalb der Kugel ist sie diejenige Lösung der THOMAS-FERMIschen Gleichung, die bei einem endlichen Argumentwert, der kleiner ist als der Kugelradius, unendlich wird und im Unendlichen verschwindet (vgl. hierzu den letzten Absatz in Ziff. 6γ). Die Berechnungen wurden von MARCH für die Moleküle CH_4, CF_4, CCl_4, SiH_4, SiF_4 und SF_6 durchgeführt. Die Resultate für CH_4 können mit den wellenmechanischen Resultaten für dieses Molekül verglichen werden, die auf Grund desselben vereinfachten Modells mit der Methode des „self-consistent field" erzielt wurden[5]. Für die Potentialverteilung ergibt sich eine gute Übereinstimmung, für die Verteilung der Elektronendichte ist jedoch die Übereinstimmung schlecht. Im Falle des CCl_4-Moleküls wurde eine Verbesserung der Resultate erzielt, wenn die K- und L-Elektronenschalen der Cl-Atome in die Cl-Kerne zusammengezogen wurden.

In neuester Zeit haben BALLINGER und MARCH[6] diese Berechnungen für die Moleküle CH_4 und SiH_4 insbesondere durch weitere Energieberechnungen sowie durch die Berechnung von Molekülkonstanten erweitert und auf das Molekül GeH_4 ausgedehnt. Die Methode selbst wurde von COULSON und MARCH[7] weiterentwickelt.

35. Energiebeziehungen. Zwischen der kinetischen Energie und der potentiellen Energie des Elektronengases im Molekül — in der die aus der gegenseitigen

---

[1] H. GLAZER u. H. REISS: J. Chem. Physics **21**, 903 (1953).
[2] H. GLAZER u. H. REISS: Phys. Rev. **96**, 838 (1954). — J. Chem. Physics **23**, 937 (1955).
[3] N. H. MARCH: Acta crystallogr. **5**, 187 (1952). Vgl. weiterhin auch C. A. COULSON, P. W. HIGGS u. N. H. MARCH, Nature, Lond. **168**, 1039 (1951) sowie C. A. COULSON, N. H. MARCH u. S. ALTMANN, Proc. Nat. Acad. Sci. **38**, 372 (1952).
[4] H. C. BRINKMAN u. B. PEPERZAK: Physica, Haag **21**, 48 (1955).
[5] R. A. BUCKINGHAM, H. S. W. MASSEY u. S. R. TIBBS: Proc. Roy. Soc. Lond., Ser. A **178**, 119 (1941).
[6] R. A. BALLINGER u. N. H. MARCH: Proc. Cambridge Phil. Soc. **51**, 504, 517 (1955). Vgl. auch J. D. ALEXANDER u. W. A. BOWERS, Phys. Rev. **99**, 1627 (1955).
[7] C. A. COULSON u. N. H. MARCH: Proc. Cambridge Phil. Soc. **52**, 114 (1956).

Wechselwirkung der Kerne resultierende potentielle Energie nicht inbegriffen ist — besteht in der THOMAS-FERMIschen Näherung der für den Fall mehrerer Kerne gültige Virialsatz[1] (8.10).

Für homonucleare, zweiatomige Moleküle läßt sich dieser Satz in folgender Form schreiben[2]

$$2E_k + E_p = -\delta \frac{dE}{d\delta}, \tag{35.1}$$

wo $E = E_k + E_p$ die Gesamtenergie des Moleküls und δ den Kernabstand bezeichnet. Für diese Beziehung ist es belanglos ob E_p und E die aus der gegenseitigen Wechselwirkung der beiden Kerne resultierende potentielle Energie enthält.

Es läßt sich weiterhin zeigen[2], daß für die kinetische und potentielle Energie eines homonuclearen zweiatomigen Moleküls die folgenden Beziehungen bestehen

$$E_k = -\frac{6}{7} Z e V_e(0) - \frac{6}{7} \delta \frac{dE}{d\delta} - \frac{6}{7} \frac{e^2}{\delta}, \tag{35.2}$$

$$E_p = \frac{12}{7} Z e V_e(0) + \frac{5}{7} \delta \frac{dE}{d\delta} + \frac{12}{7} \frac{e^2}{\delta}, \tag{35.3}$$

wo $V_e(0)$ das aus der Elektronenwolke resultierende Potential am Ort eines der beiden Kerne bezeichnet und E_p sowie E auch die aus der gegenseitigen Wechselwirkung der beiden Kerne resultierende potentielle Energie enthält.

Schließlich sei erwähnt, daß OCHIAI und MIZUNO[3] zweiatomige, homonucleare Moleküle mit Hilfe des RITZschen Verfahrens nach LENZ und JENSEN (Ziff. 10) behandelten und die Aufteilung der Energie in den kinetischen und potentiellen Anteil im Rahmen dieses Verfahrens untersuchten.

36. Heteropolare Moleküle. Bei den typisch heteropolaren Molekülen, also in erster Linie bei den Alkalihalogenid-Molekülen, kann man von der Annahme ausgehen, daß diese aus Ionen mit edelgasähnlichen abgeschlossenen Elektronenschalen aufgebaut sind; hierher gehört also z.B. das NaCl-Molekül bestehend aus einem Na$^+$- und einem Cl$^-$-Ion. Die Anziehungskräfte in diesen Molekülen sind also elektrostatischen Ursprungs, bei den Abstoßungskräften ist dies jedoch — wie wir sehen werden — nicht der Fall und die Klärung dieser Kräfte ist eben eines der wichtigsten Ergebnisse der statistischen Theorie dieser Moleküle.

Einen brauchbaren Ansatz zur Behandlung der Bindung von heteropolaren Molekülen erhält man nach JENSEN, wenn man die Elektronendichte des Moleküls in erster Näherung als eine einfache Superposition der Elektronendichten der freien Ionen betrachtet, also die Deformation der Elektronenwolken in erster Näherung vernachlässigt[4]. Das Problem besteht dann in der Berechnung der Wechselwirkungsenergie, d.h. der Energieänderung, die aus dem Ineinanderdringen der ungestörten Elektronenwolken der freien Ionen resultiert. Für den Fall von zwei Ionen haben wir diese Energie im Rahmen der Störungsrechnung in Ziff. 19 berechnet. Die dort erhaltenen Resultate kann man auch für kompliziertere (aus mehr als zwei Ionen aufgebaute) Moleküle verwenden, da man in diesen Fällen die gesamte Wechselwirkungsenergie immer aus der Wechselwirkungsenergie von Ionenpaaren aufbauen kann. Die Wechselwirkungsenergie u für ein Ionenpaar, d.h. für ein zweiatomiges heteropolares Molekül wird in erster Näherung durch den Ausdruck (19.4) dargestellt. Die Gleichgewichtslage der beiden Ionen wird, gemäß dem Minimumprinzip der Energie, aus der Minimumforderung

---

[1] Vgl. hierzu auch J. W. SHELDON: Phys. Rev. **99**, 1291 (1955).
[2] N. H. MARCH: Phil. Mag. (7) **43**, 1042 (1952).
[3] K. OCHIAI u. Y. MIZUNO: Proc. Phys.-Math. Soc. Japan (3) **16**, 167 (1934).
[4] H. JENSEN [47]. Eine sehr anschauliche qualitative Behandlung des Problems findet man bei H. HELLMANN u. W. JOST, Z. Elektrochem. **40**, 806 (1934).

von u festgelegt. Zur Bestimmung der Gleichgewichtslage eines zweiatomigen, heteropolaren Moleküls in erster Näherung hat man also das Minimum von u als Funktion von δ aufzusuchen.

In zweiter Näherung ist die in erster Näherung berechnete Wechselwirkungsenergie noch mit der elektrostatischen Polarisationsenergie und der VAN DER WAALSschen Energie zu ergänzen. Die erstere resultiert daraus, daß die Elektronenwolke jedes Ions durch die Wirkung des elektrostatischen Potentials der übrigen Ionen deformiert wird. Diese Energie entsteht also aus einem Effekt zweiter Ordnung, d.h. aus einem quadratischen STARK-Effekt und man kann sie mit Hilfe der statistischen Störungstheorie (Ziff. 18) als Störungsenergie zweiter Ordnung berechnen. Die VAN DER WAALSsche Energie resultiert ebenfalls aus einem Effekt zweiter Ordnung, und zwar zum wesentlichen Teil daraus, daß die Elektronenbewegung in den wechselwirkenden Atomen oder Ionen — die mit Rücksicht auf die positive Kernladung mit rotierenden elektrischen Dipolen gleichbedeutend ist — wechselseitig elektrische Dipole induziert. Die quantenmechanische Theorie dieser Energie wurde von EISENSCHITZ und LONDON entwickelt[1]; der von ihnen für die VAN DER WAALSsche Energie hergeleitete Ausdruck kann aber auf konkrete Fälle wegen seiner Kompliziertheit nur nach Durchführung großer Vereinfachungen angewendet werden. Sowohl die elektrostatische Polarisationsenergie als die VAN DER WAALSsche Energie sind negativ und führen zu einer zusätzlichen Attraktion, d.h. zu einer Vergrößerung der Bindungsenergie.

Auf Grund der ersten Näherung hat JENSEN [47] das RbBr-Molekül mit einigen Vereinfachungen behandelt. Erstens wurde außer der Polarisationsenergie und der VAN DER WAALSschen Energie auch die Austauschenergie u_a [vgl. (19.9)] und die Korrelationsenergie vernachlässigt; es diente also zur Berechnung der Wechselwirkungsenergie der vereinfachte Ausdruck

$$u = u_c + u_n + u_e + u_k, \qquad (36.1)$$

in welchem die einzelnen Energieanteile die auf S. 166 und 167 angegebene Bedeutung haben. Zweitens wurde für die Elektronenverteilung des Rb^+- und Br^--Ions die LENZ-JENSENsche Dichteverteilung (Ziff. 10) zugrunde gelegt, die in größerer Entfernung vom Kern nicht gänzlich willkürfrei ist. Für den Kernabstand und für die Bindungsenergie des Moleküls ergeben sich mit der Erfahrung überraschend gut übereinstimmende Resultate, die jedoch eben wegen der großen Vereinfachungen kein allzu großes Vertrauen verdienen.

Die Bedeutung dieser Berechnung ist nicht so sehr in den numerischen Resultaten als vielmehr darin zu suchen, daß sie einen Aufschluß über den Mechanismus der Wechselwirkung gibt und die Natur der Abstoßungskräfte auf sehr anschaulichen Grundlagen zu erklären imstande ist. Im Ausdruck (36.1) sind die ersten drei Glieder elektrostatischen Ursprungs, während das letzte Glied, u_k, das die Änderung der FERMIschen kinetischen Energie des Elektronengases repräsentiert und ausschließlich als Folge des PAULI-Prinzips in Erscheinung tritt, von nicht-klassischer Natur ist (vgl. S. 167). Die Berechnungen von JENSEN zeigen nun, daß im Molekül der wesentliche Anteil der Abstoßungskräfte aus der Abstoßungsenergie u_k resultiert; ohne diese Energie würde das Molekül auf einen sehr kleinen Kernabstand zusammenstürzen. Die zwischen Ionen mit abgeschlossenen Elektronenschalen wirkenden Abstoßungskräfte sind also nicht klassischen Ursprungs[2].

---
[1] R. EISENSCHITZ u. F. LONDON: Z. Physik **60**, 491 (1930). — F. LONDON: Z. Physik **63**, 245 (1930). — Z. phys. Chem. Abt B **11**, 222 (1930).
[2] Im Zusammenhang mit der Streuung von Atomen an Atomen wurde die Wechselwirkung zweier Atome auf Grund des statistischen Modells von W. HORNING, W. O'CONNELL u. J. WEINBERG [Phys. Rev. **68**, 106 (1945)] behandelt.

Mit ganz ähnlichen Annahmen wie die, die der weiter oben geschilderten Berechnung des RbBr-Moleküls zugrunde liegen, hat GOMBÁS Berechnungen für das LiBr-Molekül durchgeführt[1], wobei für die Elektronenverteilung des Li$^+$-Ions die wellenmechanische Verteilung herangezogen wurde. Die Resultate für den Kernabstand und die Bindungsenergie, für die dieselben Einwände bestehen wie die, die wir im Zusammenhang mit dem RbBr-Molekül besprochen haben, stimmen mit der Erfahrung gut überein.

Zum weiteren Ausbau der quantitativen Berechnungen hat man in erster Linie die Berechnungen mit den korrigierten Verteilungen für die Ionen durchzuführen, wie dies z.B. bei den Ionenkristallen in Ziff. 39 geschieht, außerdem sind auch die vernachlässigten Energieterme zu berücksichtigen.

Auf diese Weise haben GÁSPÁR und KÓNYA das HJ-Molekül behandelt[2], indem sie es aus einem J$^-$-Ion und einem H$^+$-Ion aufbauten und die Wirkung des H$^+$-Ions als Störung betrachteten. Die Berechnungen wurden mit Hilfe der statistischen Störungstheorie durchgeführt und für die Elektronenverteilung des ungestörten J$^-$-Ions, die durch die Korrelation erweiterte und modifizierte Verteilung (Ziff. 12β) zugrunde gelegt. Es zeigt sich, daß man das HJ-Molekül — obwohl dieses kein typisch heteropolares Molekül ist, da es in neutrale Atome dissoziiert — auf diesen Grundlagen behandeln kann; die Resultate für den Kernabstand, die Dissoziationsenergie und das durch das H$^+$-Ion im J$^-$-Ion induzierte elektrische Dipolmoment stimmen mit der Erfahrung befriedigend überein. Der Anteil der Polarisationsenergie an der Bindungsenergie erweist sich als wesentlich.

GÁSPÁR und CSAVINSZKY[3] haben die LENZ-JENSENsche Störungsrechnung (Ziff. 19) zur Berechnung des Kernabstandes und der Bindungsenergie des MgO-Moleküls herangezogen, das sie aus einem Mg^{++}- und einem O^{--}-Ion aufbauten. Für die Elektronenverteilung dieser Ionen wurden wellenmechanische Verteilungen zugrunde gelegt.

37. Homöopolare Moleküle. Bei den homöopolaren Molekülen, z.B. beim N_2- oder Na_2-Molekül, entsteht die Bindung durch die quantenmechanische Wechselwirkung der Valenzelektronen, also auf eine ganz andere Weise wie bei den heteropolaren Molekülen. Das in Ziff. 36 entwickelte Verfahren zur Berechnung der Bindung, bei welchem alle Elektronen statistisch behandelt werden, wird also hier unbrauchbar. Die statistische Methode findet aber auch hier eine wichtige Anwendung; durch eine Kombination des statistischen Verfahrens mit der Wellenmechanik wird es nämlich ermöglicht auch die Bindung elektronenreicher homöopolarer Moleküle quantitativ zu behandeln. Dies geschieht in der Weise, daß man den Molekülrumpf durch eine statistische Elektronen- und Potentialverteilung beschreibt und die Valenzelektronen in diesem Potentialfeld wellenmechanisch behandelt. Man kann dann z.B. im Falle des Na_2-Moleküls in der Weise vorgehen, daß man den Molekülrumpf in erster Näherung durch zwei freie statistische Na$^+$-Ionen mit kugelsymmetrischer Elektronenverteilung approximiert, wodurch sich das Problem auf ein erweitertes H_2-Problem reduziert, bei welchem das COULOMBsche Potential jedes Kerns durch einen nicht-COULOMBschen Anteil zu ergänzen ist. In erster Näherung gestalten sich dann die Rechnungen ganz analog zu denen von HEITLER und LONDON[4] für das H_2-Molekül; für die höheren Näherungen können die Arbeiten von JAMES und COOLIDGE[5] als Vorbild dienen.

---

[1] P. GOMBÁS: Mat. Fiz. Lapok (Budapest) **41**, 55 (1934).
[2] R. GÁSPÁR u. A. KÓNYA: Acta phys. Hung. **3**, 31 (1953).
[3] R. GÁSPÁR u. P. CSAVINSZKY: Acta phys. Hung. **5**, 65 (1955).
[4] W. HEITLER u. F. LONDON: Z. Physik **44**, 455 (1927).
[5] H. M. JAMES u. A. S. COOLIDGE: J. Chem. Physics **1**, 825 (1933); **3**, 129 (1935) (Berichtigung).

Berechnungen dieser Art wurden von WESSELOW für das Li_2-Molekül durchgeführt[1], für das sich allerdings die statistische Methode wegen der geringen Elektronenzahl sehr wenig eignet. Während sich für den Kernabstand ein ganz befriedigender Wert ergab, erhielt WESSELOW für die Bindungsenergie einen viel zu kleinen Wert, nämlich 9,9 kcal/Mol statt des experimentellen Wertes 26,25 kcal/Mol. Diese große Diskrepanz ist hauptsächlich darauf zurückzuführen, daß WESSELOW seine Berechnungen mit der HEITLER-LONDONschen Näherung durchführte, in der die Korrelation der beiden Valenzelektronen unberücksichtigt bleibt.

Ein Mangel des geschilderten Verfahrens besteht darin, daß diejenigen Rumpfeinflüsse, zufolge deren die Eigenfunktionen der Valenzelektronen auf die Eigenfunktionen der Rumpfelektronen orthogonal sein müssen, wegen der statistischen Behandlung der Rumpfelektronen nicht genügend erfaßt werden. Dieser Mangel läßt sich dadurch beheben, daß man statt des statistischen elektrostatischen Rumpfpotentials das modifizierte Potential des Rumpfes (Ziff. 20) einführt, das der Orthogonalisierung der Eigenfunktion der Valenzelektronen auf die der Rumpfelektronen Rechnung trägt.

Auf diese Weise hat HELLMANN[2] die Bindung des K_2- und KH-Moleküls behandelt. Für das modifizierte Potential [vgl. (20.8)] wählte HELLMANN einen vereinfachten Ausdruck und bestimmte den nicht-COULOMBschen Anteil dieses Potentials, d.h. $\Phi - \frac{e}{r}$ auf halbempirischem Wege, indem er Φ in der Form

$$\Phi = \frac{e}{r} - A e \frac{e^{-\lambda r}}{r} \qquad (37.1)$$

ansetzte und die Konstanten A und λ mit Hilfe des empirisch bekannten Grundtermes des freien K-Atoms festlegte. Die Berechnungen wurden von HELLMANN für das K_2-Molekül in der HEITLER-LONDONschen Näherung durchgeführt; im Falle des KH-Moleküls mußte zur HEITLER-LONDONschen Eigenfunktion des homöopolaren Zustandes noch die Eigenfunktion des Ionenzustandes hinzugenommen werden. Für den Kernabstand ergeben sich so mit der Erfahrung gut übereinstimmende Werte, die Bindungsenergie ist jedoch in beiden Fällen etwa im gleichen Maße zu klein wie bei dem Resultat von WESSELOW für das Li_2-Molekül, was auch hier auf die Vernachlässigung der Korrelation der beiden Valenzelektronen zurückzuführen ist. Obwohl die Resultate für die Bindungsenergie in dieser Näherung noch unbefriedigend sind, zeigen diese Berechnungen ganz deutlich die Brauchbarkeit der geschilderten statistischen Ansätze zur Behandlung dieser Bindungsprobleme[3].

Von MARCH [45] wurde mit dem am Ende von Ziff. 34 geschilderten Verfahren zur Behandlung von Molekülen mit Tetraeder- und Oktaedersymmetrie, bei dem die positive Kernladung der Atome, die das zentrale Atom symmetrisch umgeben, auf eine Kugelfläche gleichmäßig verschmiert wird, die Bindung des CH_4-Moleküls behandelt. Das Molekül erweist sich bei Zugrundelegung dieses Modells als nicht stabil, was darauf zurückzuführen ist, daß in den freien THOMAS-FERMIschen H-Atomen — in die nebst dem C-Atom das CH_4-Molekül bei einer gedanklichen Dissoziation zerlegt wird — die Elektronendichte am Ort der Kerne wie $1/r^{\frac{3}{2}}$ unendlich wird, was zu einer viel zu tiefen Energie führt, während im zugrunde gelegten Molekülmodell von MARCH die Elektronendichte am Ort der auf eine

---

[1] M. WESSELOW: J. exp. theoret. Phys. **7**, 829 (1937); **8**, 139 (1938).
[2] H. HELLMANN: Acta physicochim. U.R.S.S. **1**, 913 (1935); vgl. auch [5].
[3] Eine ausführlichere Anwendung dieses Verfahrens auf Alkalimolekülionen wurde während der Drucklegung des vorliegenden Bandes von H. PREUSS [Z. Naturforsch. **10**a, 365 (1955)] veröffentlicht; vgl. auch H. PREUSS, Z. Naturforsch. **10**a, 165 (1955).

Kugelfläche verschmierten H-Kerne endlich bleibt, woraus eine bedeutend höhere Energie resultiert als die der vier freien THOMAS-FERMIschen H-Atome[1].

Auf Grund desselben Modells hat BOWERS die Konstante der Direktionskraft der vollkommen symmetrischen Schwingung der Moleküle CCl_4, $SiCl_4$, $GeCl_4$, $SnCl_4$ und $PbCl_4$ berechnet[2]. Eine einigermaßen befriedigende Übereinstimmung mit der Erfahrung ergab sich nur dann, wenn man die Elektronenladung etwa der K- und L-Elektronenschalen der Cl-Atome in den Cl-Kern zusammenzieht.

Einige Konstanten der Moleküle NH_4 und NH_4^+ hat HORVÁTH mit Hilfe des modifizierten Potentials Φ_i [vgl. (20.8)] berechnet[3], wobei die — das N-Atom symmetrisch umgebenden — vier Protonen ebenfalls auf eine Kugelfläche gleichmäßig verschmiert wurden.

Weiterhin sei erwähnt, daß HULTHÉN[4] für das AgH-Molekül mit Hilfe der statistischen Elektronenverteilung durch die Berechnung des Elektronenanteils des Trägheitsmomentes gezeigt hat, daß die Annahme, nach welcher die äußersten Elektronen des Elektronensystems an der Rotation und Schwingung des Moleküls teilnehmen, gerechtfertigt ist. Die Elektronenverteilung des AgH-Moleküls wurde hierbei durch die LENZ-JENSENsche Verteilung des Ag^--Ions approximiert, was eine sehr grobe Näherung bedeutet, aber für diese Untersuchung zur ersten Orientierung ausreicht.

Schließlich sei bemerkt, daß das statistische Modell auch bei der Berechnung der Kern-Quadrupolkopplung von polaren Molekülen Verwendung gefunden hat[5].

c) Kristalle.

38. Allgemeine Übersicht. Im folgenden soll gezeigt werden, wie man die statistische Theorie der Atome und Ionen auf Kristalle, und zwar hauptsächlich auf Ionenkristalle und Metalle anwenden kann. Für die Ionenkristalle und Metalle, die theoretisch am einfachsten zu erfassen sind, führte die statistische Theorie zu bemerkenswerten Resultaten, indem man auf Grund dieser Theorie die Bindung dieser Kristalle erklären und die wichtigsten Konstanten in guter Übereinstimmung mit der Erfahrung bestimmen kann, wobei besonders hervorzuheben ist, daß in die Theorie keinerlei empirische oder halbempirische Konstanten einbezogen werden. Relativ einfach könnte man die statistische Theorie auf VAN DER WAALSsche Kristalle anwenden, sofern man für die VAN DER WAALSschen Kräfte für kleine Atomabstände genauere Ansätze hätte. Da jedoch dies nicht der Fall ist, kann man den diesbezüglichen Rechnungen nur einen qualitativen Wert beimessen[6]. Auf Valenzkristalle, und Halbleiter konnte die statistische Theorie des Atoms hauptsächlich wegen mathematischer Schwierigkeiten bis jetzt noch nicht angewendet werden; die Berechnung der Bindung und der Konstanten dieser Kristalle könnte natürlich — wenn überhaupt — nur in der Weise geschehen, daß man ganz analog wie bei den homöopolaren Molekülen, nur die Atomrümpfe statistisch behandelt, die Valenzelektronen aber wellenmechanisch in Betracht zieht.

39. Ionenkristalle. Die Ionenkristalle sind aus Ionen mit abgeschlossenen Elektronenschalen aufgebaut; man kann also zur Berechnung der Bindung und der wichtigsten Konstanten dieser Kristalle die in Ziff. 19 entwickelte Störungsrechnung heranziehen, die auch bei heteropolaren Molekülen zur Anwendung gelangte. Zur Erzielung von einwandfreien quantitativen Resultaten hat man die Elektronenverteilung der Ionen im Gitter durch die gut begründeten korrigierten statistischen Verteilungen zu approximieren. Auf diesen Grundlagen hat

---

[1] Weiteres über die Energieberechnung der Moleküle CH_4, SiH_4 und GeH_4 findet man bei R. A. BALLINGER u. N. H. MARCH, Proc. Cambridge Phil. Soc. **51**, 504, 517 (1955) sowie bei J. D. ALEXANDER u. W. A. BOWERS, Phys. Rev. **99**, 1627 (1955).
[2] W. A. BOWERS: J. Chem. Physics **21**, 1117 (1953).
[3] J. HORVÁTH: J. Chem. Physics **16**, 851, 857 (1948).
[4] L. HULTHÉN: Nature, Lond. **135**, 543 (1935).
[5] H. M. FOLEY, R. M. STERNHEIMER u. D. TYCKO: Phys. Rev. **93**, 734 (1954).
[6] Eine näherungsweise Berechnung der Bindung des festen Kryptons wurde von P. GOMBÁS [Math. u. Naturwiss. Anz. ung. Akad. Wiss. **55**, 498 (1937)] durchgeführt.

JENSEN [48] die statistische Theorie der Alkalihalogenidgitter, mit Ausnahme der Li-Halogeniden, entwickelt[1].

Die Berechnung der Gitterkonstante und der Gitterenergie in der stabilen Gleichgewichtslage erfolgt aus dem Energie-Minimumprinzip, nach welchem die Gitterenergie am absoluten Nullpunkt der Temperatur in der stabilen Gleichgewichtslage ein Minimum aufweist. Zur Berechnung der Gitterkonstante und der Gitterenergie in der Gleichgewichtslage hat man also zunächst die Gitterenergie als Funktion der Gitterkonstante zu ermitteln, was sich in erster Näherung einfach gestaltet. In erster Näherung kann man nämlich die Elektronendichte im Kristall als eine einfache Superposition der Elektronendichten der freien Ionen betrachten, man kann also die Gitterenergie in erster Näherung als die Wechselwirkungsenergie der Ionen mit undeformierten Elektronenwolken berechnen. Für die Ionen hat JENSEN das modifizierte THOMAS-FERMI-DIRACsche Modell (Ziff. 11 ε) zugrunde gelegt, in dem die Elektronenwolke bei einem endlichen Radius r_0 abbricht und im Rahmen dessen auch negative Ionen stabil sind. Da die wechselwirkenden Ionen abgeschlossene Elektronenschalen besitzen und da sich weiterhin die Gitterenergie mit ausreichender Genauigkeit in der Weise darstellen läßt, als ob die Ionen unabhängig voneinander paarweise in Wechselwirkung träten, kann man zur Berechnung der Gitterenergie den in Ziff. 19 für die Wechselwirkungsenergie eines Ionenpaares hergeleiteten Ausdruck (19.4) direkt anwenden. Hiernach erhält man für die Wechselwirkungsenergie eines Ionenpaares mit Berücksichtigung des Austausches und Vernachlässigung der Korrelation

$$u = u_c + u_n + u_e + u_k + u_a; \qquad (39.1)$$

die Bedeutung der einzelnen Energieanteile ist in Ziff. 19 ausführlich besprochen.

Zur Berechnung der Gitterenergie hat man diese Wechselwirkungsenergie über alle Ionenpaare des Gitters zu summieren. Für den COULOMBschen Anteil u_c kann die Summation z.B. nach MADELUNG und EWALD durchgeführt werden[2]. Die übrigen Anteile in (39.1) resultieren aus der Überdeckung der Elektronenwolken der wechselwirkenden Ionen. Bei den Alkalihalogeniden überdecken sich in der Umgebung der Gleichgewichtslage nur die unmittelbar benachbarten ungleichartigen Ionen, weiterhin von den zweitnächsten gleichartigen Nachbarn nur die negativen Ionen, wodurch die Summation dieser Anteile der Wechselwirkungsenergie sehr vereinfacht wird.

Wie die ausführlichen Berechnungen von JENSEN zeigen, resultieren die Abstoßungskräfte, ganz ähnlich wie bei den heteropolaren Molekülen, aus der durch die Überdeckung der Elektronenwolken entstehenden FERMIschen kinetischen Energieänderung u_k des Elektronengases, die einen quantentheoretischen Ursprung besitzt. Ohne diesen Energieanteil würde das Gitter auf sehr kleine Dimensionen zusammenstürzen. Hieraus folgt, daß die Abstoßungskräfte in Ionengittern nicht elektrostatischen Ursprungs sind.

Die in dieser Näherung berechneten Gitterkonstanten der Alkalihalogenide sind durchweg größer als die empirischen; die Abweichungen betragen von den Cs-Halogeniden bis zu den Na-Halogeniden im Mittel 10 bis 25%. Daß sich die berechneten Gitterkonstanten in dieser Näherung als zu groß ergeben, ist sehr befriedigend, denn die nächste Näherung, in der man auch die Korrelationsenergie, die elektrostatische Polarisationsenergie und die VAN DER WAALSsche Energie zu berücksichtigen hat, führt zu einer Verkleinerung der Gitterkonstanten, da aus

---

[1] Bezüglich einiger interessanter Feststellungen über die verschiedenen Möglichkeiten der statistischen Berechnung von Ionengittern vgl. man PER OLOF FRÖMAN, Ark. Fysik 9, 93 (1954).
[2] Vgl. den Artikel von G. LEIBFRIED in Bd. VII, Teil 1 dieses Handbuches.

allen diesen Energien eine zusätzliche Anziehung resultiert[1]. Die Berechnung der Korrelationsenergie kann gemäß dem in Ziff. 19 Gesagten einfach durchgeführt werden; die genaue Berechnung der elektrostatischen Polarisationsenergie und der VAN DER WAALSschen Energie führt jedoch zu Schwierigkeiten, so daß man sich für diese Energien mit einer Schätzung begnügen muß. Es zeigt sich, daß man bei Berücksichtigung der zweiten Näherung für die Gitterkonstanten Werte erwarten kann, die die empirischen gut annähern[2].

Da zur Gitterenergie die zum reziproken Gitterabstand proportionale COULOMBsche Wechselwirkungsenergie der Ionenladungen den ausschlaggebenden Anteil liefert, ergibt sich die prozentuale Abweichung der theoretischen Gitterenergien von den empirischen als etwa ebenso groß wie die prozentuale Abweichung der theoretischen Gitterkonstanten von den empirischen. In der ersten Näherung erhält man demnach für den Betrag der Gitterenergie von den Cs-Halogeniden bis zu den Na-Halogeniden im Mittel um 10 bis 25% zu kleine Werte, in der zweiten Näherung kann man aber auch hier mit der Erfahrung eine gute Übereinstimmung erwarten.

Für die Kompressibilitäten und die ultraroten Eigenwellenlängen der Alkalihalogenidkristalle ergeben sich in der JENSENschen ersten Näherung durchweg zu große, zum Teil bis zweifach zu große Werte. Die zweite Näherung würde auch hier zu einer Verbesserung führen.

Die theoretische Begründung des Gittertypes ist auf Grund der ersten Näherung nicht möglich und könnte nur durch eine genaue Berechnung der zweiten Näherung geschehen, deren Durchführung auf Schwierigkeiten stößt[3].

Von HOFFMANN[4] wurden Berechnungen für das RbJ-Gitter statt mit dem von JENSEN benutzten Ionenmodell mit dem durch die Korrelationskorrektion erweiterten und modifizierten Ionenmodell (Ziff. 12β) durchgeführt, wobei die Korrelationskorrektion auch in der Gitterenergie, d.h. in der Wechselwirkungsenergie der Ionenpaare gemäß dem in Ziff. 19 Gesagten berücksichtigt wurde. Die Resultate für die Gitterkonstante, Gitterenergie, Kompressibilität und ultrarote Eigenwellenlänge werden hierdurch ganz bedeutend verbessert; so erhält man z.B. für die Gitterkonstante nur mehr einen um 3,5% größeren Wert als den empirischen. Bei Berücksichtigung der in dieser Näherung vernachlässigten elektrostatischen Polarisationsenergie und der VAN DER WAALSschen Energie kann man erwarten, daß sich für die weiter oben berechneten Konstanten Werte ergeben, die in unmittelbarer Nähe der empirischen liegen.

Schließlich sei erwähnt, daß in der Zeit als die korrigierten statistischen Verteilungen noch nicht vorlagen, auf Grund der LENZ-JENSENschen Elektronenverteilung der Ionen JENSEN [47] das RbBr-Gitter in erster Näherung, weiterhin NEUGEBAUER und GOMBÁS[5] das KCl-Gitter sowie GOMBÁS[6] das LiBr-Gitter in zweiter Näherung durch eine Schätzung der elektrostatischen Polarisationsenergie und der VAN DER WAALSschen Energie berechneten. Wegen der Einwände gegen die LENZ-JENSENsche Dichteverteilung (vgl. S. 139) wird man aber den Resultaten dieser Berechnungen nur einen qualitativen Wert beilegen.

40. Metalle. α) *Das ideale Metallgitter von unendlicher Ausdehnung.* Auf Grund der statistischen Theorie des Atoms und insbesondere der in Ziff. 20 gegebenen

---

[1] Bezüglich der Polarisationsenergie und der VAN DER WAALSschen Energie vgl. das auf S. 203 im Zusammenhang mit den Molekülen Gesagte.
[2] H. JENSEN [48]; vgl. auch [2], S. 280ff.
[3] Ein von G. STEENSHOLT [Z. Physik 91, 765 (1934)] unternommener Versuch zur Begründung des Gittertypes von Ionengittern beruht auf unrichtigen Annahmen; vgl. hierzu H. JENSEN, Z. Physik 93, 236 (1935).
[4] T. A. HOFFMANN: Phys. Rev. 70, 981 (1946). — Hung. Acta phys. 1, Nr. 2, 34 (1947).
[5] TH. NEUGEBAUER u. P. GOMBÁS: Z. Physik 89, 480 (1934).
[6] P. GOMBÁS: Z. Physik 92, 796 (1934); bezüglich der ersten Näherung vgl. man auch P. GOMBÁS, Mat. Fiz. Lapok (Budapest) 41, 55 (1934).

Weiterentwicklung der Theorie läßt sich nach GOMBÁS ohne Zuhilfenahme empirischer oder halbempirischer Parameter ein Metallmodell entwickeln[1], das die Bindung der einfacheren Metalle — Alkalimetalle, Erdalkalimetalle und Edelmetalle — zu erklären imstande ist, weiterhin die Herleitung wichtiger Beziehungen und die Berechnung der wichtigsten strukturunempfindlichen Metallkonstanten ermöglicht. Das Metallmodell wird aus dem Gitter der positiven Metallionen und aus dem Gas der Metallelektronen (Valenzelektronen) aufgebaut. Das Wesentliche bei diesem Modell ist, daß die Metallelektronen von den statistisch behandelten Rumpfelektronen gesondert in Betracht gezogen werden und ihr Verhalten im modifizierten Potentialfeld (20.8) der Metallionen auf wellenmechanischem Wege bestimmt wird.

Ganz ähnlich wie bei den Ionenkristallen wird zunächst die Gitterenergie U des Metalls am absoluten Nullpunkt der Temperatur als Funktion des Gitterabstandes ermittelt. Aus dieser Funktion folgt dann alles Weitere sehr einfach; so entspricht z.B. der stabilen Gleichgewichtslage das Minimum von U. Der Betrag des Minimums von U gibt die Energie, die man aufzuwenden hat, um das Metall in freie Ionen und freie Metallelektronen zu zerlegen.

Die Berechnungen können sehr vereinfacht werden, wenn man nach dem Vorbild von WIGNER und SEITZ[2] die ein Metallatom enthaltende Elementarzelle durch die Kugel vom gleichen Volumen, die sog. Elementarkugel ersetzt, deren Radius wir mit R bezeichnen. Da die Elementarkugeln nach außen hin elektrisch neutral sind, können wir uns bei der Berechnung der Gitterenergie als Funktion des Gitterabstandes, d.h. als Funktion von R auf die Berechnung der Energie einer Elementarkugel beschränken, die mit der auf ein Metallatom bzw. auf eine Elementarkugel entfallenden Gitterenergie identisch ist.

Die Gitterenergie pro Elementarkugel setzt sich einerseits aus der Selbstenergie des Metallelektronengases in der Elementarkugel und anderseits aus der Energie zusammen, welche aus der Wechselwirkung des Metallelektronengases mit dem Metallion in der Elementarkugel resultiert. Die Selbstenergie des Metallelektronengases besteht aus der COULOMBschen Wechselwirkungsenergie, der kinetischen Nullpunktsenergie, der gegenseitigen Austauschenergie und aus der Korrelationsenergie der Metallelektronen. Die Wechselwirkung des Metallelektronengases mit dem Metallion wird auf Grund der modifizierten Potentiale (20.8) berechnet, woraus für die Wechselwirkungsenergie ein dem elektrostatischen Potential V entsprechender elektrostatischer und ein dem Zusatzpotential F_i bzw. G_l entsprechender nicht-elektrostatischer Anteil entsteht. Außer diesen Anteilen der Wechselwirkungsenergie hat man noch den aus der Austauschwechselwirkung der Metallelektronen mit den Rumpfelektronen resultierenden Energieanteil zu berücksichtigen. Die aus der Korrelation der Metallelektronen mit den Rumpfelektronen resultierende Energie sowie die VAN DER WAALSsche Wechselwirkungsenergie der Metallionen ist klein und kann vernachlässigt werden. Bei den Alkali- und Erdalkalimetallen überdecken sich die Elektronenwolken der benachbarten Metallionen in der Umgebung der Gleichgewichtslage zufolge der relativ großen Gitterkonstanten nicht, bei den Edelmetallen jedoch, die bedeutend kleinere Gitterkonstanten besitzen als die Alkalimetalle, findet eine

---

[1] P. GOMBÁS [2], S. 299ff. sowie [49]. Weiterhin vgl. man P. GOMBÁS, Z. Physik **94**, 473 (1935); **95**, 687 (1935); **99**, 729 (1936); **100**, 599 (1936); **104**, 81 (1936); **104**, 592 (1937); **108**, 509 (1938); **111**, 195 (1938); **113**, 150 (1939); **117**, 322 (1941); Nature, Lond. **137**, 950 (1936); **157**, 668 (1946); Math. u. Naturwiss. Anz. ung. Akad. Wiss. **56**, 417, 910 (1937); **59**, 125 (1940); Acta phys. Hung. **1**, 301 (1952); P. GOMBÁS u. GY. PÉTER, Z. Physik **107**, 656 (1937).

[2] E. WIGNER u. F. SEITZ: Phys. Rev. **43**, 804 (1933).

Überdeckung der Elektronenwolken benachbarter Metallionen statt, woraus bei diesen Metallen ein weiterer Anteil zur Gitterenergie entsteht.

Auf diesen Grundlagen konnte die Bindung der Alkali-, Erdalkali- und Edelmetalle erklärt werden[1], wobei sich zeigt, daß zur Bindungsenergie neben der elektrostatischen Wechselwirkungsenergie des Metallelektronengases mit dem Metallion die Austauschenergie des Metallelektronengases einen wesentlichen Beitrag liefert; einen bedeutend kleineren, aber keineswegs zu vernachlässigenden Beitrag zur Bindung gibt die Korrelationsenergie des Metallelektronengases. Der wesentliche Teil der Abstoßungsenergie resultiert aus den Zusatzpotentialen F_i bzw. G_l [vgl. (20.8)], die einen nicht-klassischen Ursprung besitzen; bei den Edelmetallen entsteht außer dieser Abstoßungsenergie auch aus dem Überdecken der Elektronenwolken benachbarter Ionen eine bedeutende Abstoßungsenergie, die im wesentlichen auf denselben nicht-klassischen Ursprung zurückzuführen ist wie der erstgenannte Abstoßungsanteil. Die Erklärung der metallischen Bindung kann also nur auf quantenmechanischen Grundlagen geschehen, die klassischen reichen dazu nicht aus.

Für die wichtigsten strukturunempfindlichen Metallkonstanten sowie die Gitterkonstante, Gitterenergie, Sublimationswärme, Kompressibilität ergeben sich für die Alkali- und Edelmetalle mit der Erfahrung sehr gut übereinstimmende Werte, besonders wenn man für die Ionen die HARTREEsche oder HARTREE-FOCKsche Elektronenverteilung zugrunde legt; bei den Erdalkalimetallen, für welche die Voraussetzungen des Metallmodells weniger gut zutreffen, ist die Übereinstimmung dementsprechend etwas schlechter[2].

Hierbei ist zu bemerken, daß man bei den Alkali- und Erdalkalimetallen sowohl mit dem Zusatzpotential F_i als G_l mit der Erfahrung gut übereinstimmende Werte der erwähnten Metallkonstanten erhält, während bei den Edelmetallen dies nur mit dem Zusatzpotential G_l der Fall ist. Dies ist darauf zurückzuführen, daß das Zusatzpotential F_i nur dann eine gute Näherung gibt, wenn die für dieses Zusatzpotential ausschlaggebende äußerste abgeschlossene Elektronenschale der Rümpfe eine edelgasähnliche (s, p)-Elektronenschale ist, wie dies bei den Alkali- und Erdalkalimetallen der Fall ist; bei den Edelmetallen, bei denen die äußerste abgeschlossene Elektronenschale der Rümpfe eine d-Schale ist, d.h. Elektronen mit höherer Nebenquantenzahl enthält, führt das Zusatzpotential F_i zu weniger guten Resultaten. Demgegenüber gibt das Zusatzpotential G_l, da es unter Berücksichtigung der Gruppierung der Elektronen nach der Nebenquantenzahl hergeleitet wurde, unabhängig von der Nebenquantenzahl der Elektronen in der äußersten abgeschlossenen Elektronenschale durchweg eine gute Näherung [50].

Mit dem Ausdruck der Gitterenergie, der für die Alkali- und Erdalkalimetalle ein Polynom vierten Grades von $1/R$ ist, läßt sich für den absoluten Nullpunkt der Temperatur aus der für diese Temperatur gültigen Zustandsgleichung

$$P = -\frac{dU}{d\Omega} = -\frac{1}{4\pi R^2}\frac{dU}{dR}, \qquad (40.1)$$

in welcher P den Druck, U die Gitterenergie pro Elementarkugel und Ω das Volumen der Elementarkugel bezeichnet, sofort die Beziehung zwischen dem Metallvolumen bzw. der Massendichte und dem Druck herleiten[3]. Diese Beziehung wurde für die Alkalimetalle mit den empirischen Resultaten von BRIDGMAN[4]

---

[1] Die Metalle Li und Be sind auszuschließen, da für die Ionen dieser Metalle die statistische Behandlungsweise — wegen der kleinen Elektronenzahl — versagt.

[2] Ein Vergleich der berechneten Konstanten mit den empirischen befindet sich für Alkali- und Erdalkalimetalle in [2], S. 317 ff. und für die Edelmetalle in [50]; für Ag vgl. R. GÁSPÁR u. B. MOLNÁR, Acta phys. Hung. **6**, 119 (1956). — Bezüglich der GRÜNEISENschen Konstante der Alkali- und Erdalkalimetalle vgl. A. KÓNYA, J. Chem. Physics **17**, 837 (1949) sowie P. GOMBÁS, Ann. Physik (6) **9**, 70 (1951).

[3] P. GOMBÁS: Phys. Rev. **72**, 1123 (1947). — Ann. Physik (6) **9**, 70 (1951).

[4] P. W. BRIDGMAN: Proc. Amer. Acad. **72**, 207 (1938). — Phys. Rev. **60**, 351 (1941).

verglichen, wobei sich bis zu Drucken von 10^{11} dyn/cm², bis zu denen empirische Vergleichsdaten vorliegen, eine gute Übereinstimmung mit der Erfahrung ergab.

Aus der Definitionsgleichung der Kompressibilität $\varkappa$

$$\frac{1}{\varkappa} = -\Omega \frac{dP}{d\Omega} \tag{40.2}$$

kann man mit Hilfe der Beziehung (40.1) sehr einfach die Druckabhängigkeit der Kompressibilität herleiten, was für die Alkali- und Erdalkalimetalle durchgeführt wurde[1].

Für Alkali- und Erdalkalimetalle läßt sich in erster Näherung der Ausdruck der Gitterenergie zu einem zweigliedrigen Ausdruck vereinfachen, in welchem die Anziehungsenergie durch ein zu $1/R$ proportionales und die Abstoßungsenergie durch ein zu $1/R^3$ proportionales Glied dargestellt wird. Mit diesem Ausdruck kann man für Alkalimetalle die Beziehungen

$$U_0 = -\frac{e^2}{R_0}, \quad \varkappa_0 = \frac{4\pi}{e^2} R_0^4 \tag{40.3}$$

herleiten[2], aus denen unmittelbar die erste GRÜNEISENsche Beziehung

$$U_0 \varkappa_0 = -3\Omega_0 \tag{40.4}$$

folgt, wo sich der Index 0 auf die Gleichgewichtslage bezieht. Alle drei Beziehungen werden für Alkalimetalle durch den empirischen Befund gut bestätigt[2]. Weiterhin ergibt sich aus diesem vereinfachten Ausdruck der Gitterenergie, daß das relative Metallvolumen Ω/Ω_0 eine universelle, d.h. vom einzelnen Alkalimetall unabhängige Funktion von $\varkappa_0 P$ ist, was durch die experimentellen Daten ebenfalls gut bestätigt wird[3]. Zwischen der relativen Kompressibilität $\varkappa/\varkappa_0$ und $\varkappa_0 P$ läßt sich ein ähnlicher universeller Zusammenhang herleiten[3]. Weiterhin kann man auf Grund dieses vereinfachten Ausdruckes der Gitterenergie den Druckkoeffizienten der Kompressibilität und die Druckabhängigkeit der GRÜNEISENschen Konstante für die Alkalimetalle einfach bestimmen.

Durch Einsetzen des Ausdruckes für die Gitterenergie in die DEBYEsche Zustandsgleichung läßt sich die hier für den absoluten Nullpunkt der Temperatur entwickelte Theorie der Metalle auch auf höhere Temperaturen ausdehnen[3].

Die im vorangehenden für ein- und zweiwertige Metalle entwickelte Theorie wurde von GÁSPÁR[4] und unabhängig von ihm von ANTONČIK[5] auf mehr als zweiwertige Metalle erweitert und auf das metallische Al angewendet. Während bei ANTONČIK angenommen wird, daß im Metall die Anzahl der Metallelektronen (Valenzelektronen) pro Metallatom in den Zuständen mit verschiedener Nebenquantenzahl dieselbe ist wie im freien Atom, wird bei GÁSPÁR dies nicht vorausgesetzt, sondern diese Anzahl der Metallelektronen genauer aus den Gewichtsfaktoren einer Reihenentwicklung nach Kugelfunktionen der Eigenfunktionen der als frei vorausgesetzten Metallelektronen festgestellt. Die Druck-Dichte-Beziehung für Al wurde neuerdings von THEIS[6] hergeleitet.

---

[1] P. GOMBÁS: Phys. Rev. **72**, 1123 (1947); **82**, 287 (1951) (Berichtigung zur vorangehenden Arbeit). — Ann. Physik (6) **9**, 70 (1951).
[2] P. GOMBÁS: Z. Physik **104**, 81 (1936); **104**, 592 (1937). — Ann. Physik (6) **9**, 70 (1951).
[3] P. GOMBÁS: Ann. Physik (6) **9**, 70 (1951).
[4] R. GÁSPÁR: Acta phys. Hung. **2**, 31 (1952).
[5] E. ANTONČIK: Českoslov. Časopis Fysiku **2**, 49, 163 (1952); Czechoslov. J. Phys. **2**, 31 (1953). Vgl. auch Z. MATYÁŠ, Czechoslov. J. Phys. **1**, 3 (1952).
[6] W. R. THEIS: Z. Physik **142**, 511 (1955).

Man kann natürlich das statistische Metallmodell auch in der Weise aufbauen, daß man das modifizierte Potential in der Form

$$\Phi = \frac{z\,e}{r} - A\,e\,\frac{e^{-\lambda r}}{r} \tag{40.5}$$

ansetzt, wo z die Anzahl der Metallelektronen pro Atom bezeichnet und die Konstanten A und λ mit Hilfe der empirisch bestimmten tiefsten Terme der freien Atome festgelegt werden[1]. Auf diese Weise haben HELLMANN und KASSATOTSCHKIN die wichtigsten Konstanten der Alkalimetalle und einiger Erdalkalimetalle bestimmt[2]. Allerdings geht durch dieses halbempirische Verfahren die rein theoretische Basis verloren, die gerade bei einer willkürfreien Erklärung der Bindung wesentlich ist. Die HELLMANNsche Form des modifizierten Potentials leistet aber zufolge ihrer Einfachheit in vielen Fällen recht gute Dienste[3].

Außer dem hier entwickelten Metallmodell, in welchem die Metallelektronen (Valenzelektronen) von den statistisch behandelten Rumpfelektronen gesondert und zwar auf Grund der Wellenmechanik behandelt werden, wurde für den dreidimensionalen Fall von SLATER und KRUTTER [51] und für den zweidimensionalen von LENNARD-JONES und WOODS[4] ein anderes Modell entwickelt, in dem die Metallelektronen *nicht gesondert* in Betracht gezogen sind, sondern *alle* Elektronen — wie in einem statistischen Atom — auf die *gleiche* Weise statistisch behandelt werden. Dieses Modell kann natürlich nur eine grobe Näherung geben und kann nur auf einige spezielle Metallprobleme angewendet werden. Auf mehrere Metallprobleme läßt sich aber dieses Modell überhaupt nicht anwenden, so kann z.B. dieses Modell — im Gegensatz zu den Erwartungen von SLATER und KRUTTER [51] — eine der wesentlichsten Metalleigenschaften, die metallische Bindung, nicht erklären. Dieses negative Resultat ist jedoch nicht überraschend, sondern ist geradezu zu erwarten. Da nämlich das statistische Atommodell am besten die Edelgasatome beschreibt, und es absurd wäre, die durch das Valenzelektron bedingten chemischen Eigenschaften eines Alkaliatoms aus dem rein statistischen Atommodell gewinnen zu wollen, besagt dieses Resultat nur, daß ein Gitter aus Edelgasatomen ohne Berücksichtigung der VAN DER WAALSschen Kräfte — die bei den Metallen praktisch keine Rolle spielen und vernachlässigt werden — instabil wäre, wie dies ja auch zu erwarten ist[5]. Das eigentliche Anwendungsgebiet dieses von SLATER und KRUTTER entwickelten Modells ist nicht das Gebiet der Metalle, sondern das der Materie unter hohem Druck, wo der Unterschied zwischen den Rumpfelektronen und den Valenzelektronen — zufolge der Zusammendrängung der Atome auf sehr kleinen Raum — verwischt wird und eine globale Behandlung aller Elektronen gerechtfertigt ist. Deswegen befassen wir uns mit diesem Modell nicht hier sondern in Ziff. 42, wo wir die statistische Theorie der unter hohem Druck stehenden Materie entwickeln.

β) *Mit dem Metallrand zusammenhängende Probleme.* Die bisher entwickelte statistische Theorie der Metalle gilt für ein ungestörtes Metallgitter von unendlicher Ausdehnung. Die statistische Behandlungsweise kann man jedoch auch auf den Metallrand mit Erfolg anwenden.

Eine zum Teil von den Verhältnissen im Metallinneren und zum Teil von den Verhältnissen am Metallrand abhängige Größe ist die Austrittsarbeit der Elektronen aus einem Metall. TAMM und BLOCHINZEV[6] haben auf Grund eines sehr

---

[1] Hierbei verfahren HELLMANN und KASSATOTSCHKIN (vgl. Fußnote 2) und im Anschluß an ihnen auch andere Autoren nicht ganz richtig, da sie bei der Berechnung des tiefsten s- und p-Termes dasselbe modifizierte Potential zugrunde legen, während dies, wie aus Ziff. 20 hervorgeht, für Zustände mit verschiedener Nebenquantenzahl verschieden ist.

[2] H. HELLMANN u. W. KASSATOTSCHKIN: J. Chem. Physics **4**, 324 (1936). — Acta physicochim. U.R.S.S. **5**, 23 (1936) sowie [5], S. 40.

[3] M. TRLIFAJ: Czechoslov. J. Phys. **1**, 110 (1952). — E. ANTONČIK: Českoslov. Časopis Fysiku **4**, 395 (1954); CZECHOSLOV. J. Phys. **4**, 439 (1954). — K. LADÁNYI: Acta phys. Hung. **5**, 361 (1956).

[4] J. E. LENNARD-JONES u. H. J. WOODS: Proc. Roy. Soc. Lond., Ser. A **120**, 727 (1928).

[5] Die Resultate eines von N. H. MARCH [Phil. Mag. (7) **45**, 325 (1954)] unternommenen Versuches, durch welchen für das THOMAS-FERMI-DIRACsche Modell scheinbar eine Bindung erzwungen wurde, lassen sich nicht aufrechterhalten (vgl. hierzu S. 219).

[6] IG. TAMM u. D. BLOCHINZEV: Z. Physik **77**, 774 (1932). — Phys. Z. Sowjet. **3**, 170 (1933).

vereinfachten Metallmodells, bei dem alle Elektronen wie in einem THOMAS-FERMISCHEN Atom global statistisch behandelt werden, die Austrittsarbeit durch Vernachlässigung der Doppelschicht auf der Metalloberfläche in der Weise berechnet, als ob die alleinige Ursache der Austrittsarbeit darin zu suchen wäre, daß das abzutrennende Elektron mit den Metallionen und den übrigen Metallelektronen in Wechselwirkung steht. Für Alkalimetalle ergibt sich so eine gute Übereinstimmung mit der Erfahrung, was den Schluß zuläßt, daß bei diesen Metallen die Doppelschicht nur eine geringe Rolle spielt. Dieses Verfahren wurde von WIGNER und BARDEEN[1] ebenfalls durch Vernachlässigung der Doppelschicht für das wellenmechanische Metallmodell verfeinert und kann in dieser Form auf das hier entwickelte statistisch-wellenmechanische Modell übertragen werden. Hiernach ergibt sich für die Austrittsarbeit

$$w = -\left(\frac{\partial U}{\partial z}\right)_{R=R_0}, \qquad (40.6)$$

wo z die Anzahl der Metallelektronen pro Metallatom bezeichnet. Mit dieser Formel haben einerseits GOMBÁS[2] ohne Zuhilfenahme empirischer Parameter, andererseits HELLMANN und KASSATOTSCHKIN[3] auf halbempirischem Wege die Austrittsarbeit in guter Übereinstimmung mit der Erfahrung berechnet. Weitere Resultate für die Austrittsarbeit wurden auf Grund statistischer Vorstellungen von BRILLOUIN, von BARTELINK, weiterhin durch eine Weiterentwicklung und Verbesserung der BARTELINKSchen Berechnungsweise von MROWKA und RECKNAGEL und schließlich — durch Heranziehen der Resultate von TAMM und BLOCHINZEV, sowie von FRENKEL — von BETHE hergeleitet[4]. In neuester Zeit haben OLDEKOP und SAUTER[5] den aus der polarisierenden Wirkung des abzutrennenden Elektrons herrührenden Anteil der Austrittsarbeit berechnet, der sich — wie aus ihren Resultaten hervorgeht — als sehr bedeutend erweist.

Die Berechnung der Potential- und Elektronenverteilung am Metallrand wurde auf Grund eines sehr vereinfachten Metallmodells von FRENKEL und im Anschluß an ihn von MROWKA und RECKNAGEL durchgeführt[6]. In diesem Modell wird von der atomistischen Struktur des Metalls gänzlich abgesehen und die sehr grobe Annahme gemacht, daß im Metall die positive Ladung der Metallionen gleichmäßig verteilt sei.

Auf Grund desselben vereinfachten Metallmodells haben SAMOILOVICH sowie HUANG und WYLLIE mit Hilfe statistischer Vorstellungen die Elektronentheorie der Oberflächenenergie der Metalle entwickelt[7] und mit der Erfahrung gut übereinstimmende Resultate erhalten.

---

[1] E. WIGNER u. J. BARDEEN: Phys. Rev. **48**, 84 (1935). — J. BARDEEN: Phys. Rev. **49**, 653 (1936).
[2] Vgl. [2], S. 329ff.
[3] H. HELLMANN u. W. KASSATOTSCHKIN: J. Chem. Physics **4**, 324 (1936). — Acta physicochim. U.R.S.S. **5**, 23 (1936).
[4] L. BRILLOUIN [1] sowie J. de Phys. Radium **5**, 185 (1934). — E. H. B. BARTELINK: Physica, Haag **3**, 103 (1936). — B. MROWKA u. A. RECKNAGEL: Phys. Z. **38**, 758 (1937). — IG. TAMM u. D. BLOCHINZEV: Z. Physik **77**, 774 (1932). — Phys. Z. Sowjet. **3**, 170 (1933). — J. FRENKEL: Z. Physik **29**, 214 (1924); **49**, 31 (1928). — H. BETHE: GEIGER-SCHEELS Handbuch der Physik, 2. Aufl., Bd. 24/2, S. 427. Berlin: Springer 1933.
[5] W. OLDEKOP u. F. SAUTER: Z. Physik **136**, 534 (1954).
[6] J. FRENKEL: Z. Physik **51**, 232 (1928). — D. MROWKA u. A. RECKNAGEL: Phys. Z. **38**, 758 (1937). Vgl. weiterhin auch R. H. FOWLER, Proc. Roy. Soc. Lond., Ser. A **141**, 61 (1933).
[7] A. SAMOILOVICH: Dokladi SSSR **46**, 403 (1945). — Acta physicochim. U.R.S.S. **20**, 97 (1945). — J. exp. theoret. Phys. **16**, 135 (1946). — J. Phys. Chem. **21**, 161 (1947). — K. HUANG u. G. WYLLIE: Proc. Phys. Soc. A **62**, 180 (1949). — Vgl. weiterhin auch den Artikel von P. P. EWALD u. H. JURETSCHKE in Structure and Properties of Solid Surfaces. Chicago: Univ. Chicago Press 1953 sowie R. STRATTON, Phil. Mag. (7) **44**, 1236 (1953).

γ) *Störatome.* Das Potential eines in ein Metall eingebauten Störatoms wurde von Mott[1] mit Hilfe der statistischen Methode auf Grund sehr vereinfachter Annahmen für den Fall bestimmt, daß das ungestörte Metall pro Atom ein Metallelektron enthält, d.h. aus einvalentigen Atomen aufgebaut ist und das Störatom $(1+z)$ Valenzelektronen besitzt. Die positive Ladung der einfach geladenen positiven Ionen des ungestörten Gitters wird auch hier im Metall gleichmäßig verteilt; das Störatom wird als punktförmige Ladung von der Größe ze behandelt. Für das Potential in der Entfernung r vom Störatom ergibt sich

$$V = \frac{ze}{r} e^{-qr} \quad \text{mit} \quad q = \left(\frac{192}{\pi a_0^3} \varrho\right)^{\frac{1}{6}}, \tag{40.7}$$

wo ϱ die Anzahl der Metallatome pro Volumeneinheit bezeichnet, die in diesem Spezialfall mit der Metallelektronendichte identisch ist. Dieses Potential wurde von Mott zur Berechnung der durch die Störatome verursachten Verminderung der elektrischen Leitfähigkeit des Metalls[2] und zur Ermittlung der Energie von Legierungen[3] herangezogen.

Neuerdings wurde das Potential eines Störatoms von Alfred und March[4] auf Grund derselben Annahmen mit einer größeren Genauigkeit als von Mott berechnet und gezeigt, daß der Ausdruck (40.7) nur eine grobe Näherung darstellt. Weiterhin wurden von Friedel[5] sowie ebenfalls von Alfred und March[4] die Berechnungen auch auf eine endliche Konzentration der Störatome ausgedehnt[6].

d) Materie unter hohem Druck.

41. Einleitung. In einer Materie, die sich unter hohem Druck befindet, werden der Schalenaufbau in der Elektronenstruktur und insbesondere die Unterschiede zwischen den Valenzelektronen und den Rumpfelektronen der Atome verwischt, da die Atome auf relativ sehr kleinen Raum zusammengedrängt sind. Mit zunehmendem Druck beteiligen sich also auch die inneren Elektronen der Atome in zunehmendem Maße an der Wechselwirkung, demgemäß mit wachsendem Druck das Verhalten der Elemente immer ähnlicher wird[7].

Bei der theoretischen Behandlung des Zustandes der Materie unter hohem Druck braucht man daher die Valenzelektronen nicht mehr wie bei den Metallen unter Normaldruck gesondert in Betracht zu ziehen, sondern es ist gerechtfertigt, die Valenzelektronen mit den Rumpfelektronen gemeinsam, also auf dieselbe Weise wie die Rumpfelektronen statistisch zu behandeln. Da in diesem Zustand der Materie die Feinheiten des Schalenaufbaues der Atome am wenigsten zutage treten und die Elektronendichte zufolge der starken Kompression überall verhältnismäßig groß ist, muß man gerade diesen Zustand der Materie als das sinnvollste Anwendungsgebiet des statistischen Modells betrachten. Hier treten z.B. die Schwierigkeiten, die wegen der geringen Elektronendichte in den Randgebieten der freien statistischen Atome entstehen, nicht auf.

---

[1] N. F. Mott: Proc. Cambridge Phil. Soc. **32**, 281 (1936). — N. F. Mott u. H. Jones: The theory of the properties of metals and alloys, S. 86. Oxford: Clarendon Press 1936.
[2] N. F. Mott: Proc. Cambridge Phil. Soc. **32**, 281 (1936). Vgl. auch H. Fujiwara, J. Phys. Soc. Japan **10**, 339 (1955); **10**, 727 (1955) (Berichtigung).
[3] N. F. Mott: Proc. Phys. Soc. **49**, 258 (1937).
[4] L. C. R. Alfred u. N. H. March: Phil. Mag. (7) **46**, 759 (1955).
[5] J. Friedel: Ann. Phys., Paris, Ser. 12, **9**, 158 (1954). — Adv. Physics **3**, 446 (1954).
[6] Im Zusammenhang mit diesen Fragen vgl. auch D. L. Dexter, Phys. Rev. **87**, 768 (1952) und D. Lazarus, Phys. Rev. **93**, 973 (1954).
[7] Bezüglich der Eigenschaften der Materie unter hohem Druck verweisen wir auf den zusammenfassenden Bericht von F. Hund, Ergebn. exakt. Naturw. **15**, 189 (1936).

Es wurde mehrfach versucht auf diesen Grundlagen auch die Metalle unter Normaldruck zu behandeln[1], dies ist aber, wie aus den Ausführungen und Resultaten von Ziff. 40 hervorgeht, nicht gerechtfertigt, da es ja bei den Metallen gerade auf das Verhalten der Valenzelektronen (Metallelektronen) ankommt, die sich bei den Verhältnissen unter Normaldruck wesentlich anders betätigen als die Rumpfelektronen. Die im folgenden für die Materie unter hohem Druck herzuleitenden Resultate z. B. über die Potential- und Elektronenverteilung können für Metalle unter Normaldruck nur eine sehr grobe erste Näherung geben (vgl. hierzu auch S. 212 und 219); die metallische Bindung läßt sich auf diesen Grundlagen — wie wir sehen werden — überhaupt nicht erklären.

42. Das statistische Modell der Materie unter hohem Druck. Bei hohen Drucken können wir uns die Atome in einem Gitter angeordnet denken, so daß jedes Atom symmetrisch von seinen Nachbarn umgeben ist. Dies gilt bei genügend hohen Drucken nicht nur für den festen, sondern auch für den flüssigen Zustand. Wenn man nun ganz analog wie bei den Metallen (vgl. Ziff. 40) zwischen einem Atom und allen seinen Nachbarn die Symmetrieebenen zieht, so erhält man für die ein Atom enthaltende Elementarzelle wieder ein Polyeder von hoher Symmetrie, das man wieder durch die Kugel vom gleichen Volumen — die Elementarkugel — ersetzen kann. Das Volumen dieser Kugel, d.h. das auf ein Atom entfallende Volumen, bezeichnen wir wieder mit Ω, ihren Radius wieder mit R. Aus denselben Gründen wie bei den Metallen unter Normaldruck können wir uns auch hier bei der Behandlung des Problems auf eine einzelne Elementarkugel beschränken.

Wir befassen uns im folgenden mit neutralen Gebilden, wir nehmen also an, daß sich in einer Elementarkugel $N = Z$ Elektronen befinden, wo Z die Ordnungszahl des Atoms bezeichnet. Das Problem besteht nun ganz analog wie beim freien Atom darin, die Potential- und Elektronenverteilung in der Elementarkugel aus den statistischen Grundgleichungen [z.B. (5.1) bzw. (5.11)] zu bestimmen. Die Randbedingungen dieses Problems lauten: 1. daß das Gesamtpotential V am Ort des Kerns in das Kernpotential Ze/r übergehe und 2. daß sich das Potential und die Elektronendichte mit ihren Ableitungen beim Übergang von einer Elementarkugel (genauer Elementarzelle) in die andere stetig verhalten. Aus der zweiten Bedingung folgt wegen der Symmetrie, daß bei $r = R$ die Ableitungen des Potentials bzw. der Elektronendichte nach r verschwinden müssen. Da weiterhin zwischen der statistischen Elektronendichte ϱ und dem statistischen Potential V die allgemeine Beziehung (4.8) oder (11.2) gilt, reduzieren sich diese Bedingungen auf das Verschwinden der Ableitung des Potentials bei $r = R$. Die Randbedingungen lauten also

$$\lim_{r=0} (rV) = Ze \quad \text{und} \quad \left(\frac{dV}{dr}\right)_{r=R} = 0. \tag{42.1}$$

Die zweite Bedingung ist mit der Forderung identisch, daß die Elementarkugel nach außen hin elektrisch neutral sei, d.h. daß sie Z Elektronen enthalte.

Das Problem ist also weitgehend analog zum freien Atom mit dem Unterschied, daß jetzt der Grenzradius r_0 des Atoms, dem hier der Radius R der Elementarkugel entspricht, vorgegeben ist und nicht wie bei den freien Atomen aus der Minimumforderung der Energie bestimmt wird. Dementsprechend fehlt hier die Randbedingung, die den Wert von ϱ am Rand des Atoms festlegt [vgl. z.B. (5.4) oder (11.5) oder (12.2)]. Es kann also jetzt die Elektronendichte am Rand ($r = R$) beliebige höhere Werte annehmen als beim freien Atom. Wir haben es demnach mit einem Atom zu tun, das unter Wahrung der Kugelsymmetrie

---

[1] J. C. SLATER u. H. M. KRUTTER [51]; J. E. LENNARD-JONES u. H. J. WOODS: Proc. Roy. Soc. Lond., Ser. A **120**, 727 (1928).

komprimiert ist und gelangen somit zu dem „durch äußeren Zwang zusammengedrängten statistischen Atom" das in den Ziff. 5, 6, 11 und 12 schon kurz und in Ziff. 15 ausführlicher behandelt wurde.

α) *Sehr tiefe Temperaturen.* Für den absoluten Nullpunkt der Temperatur wurde das Modell der Materie unter hohem Druck von SLATER und KRUTTER[1], weiterhin von JENSEN [52] sowohl in der ursprünglichen THOMAS-FERMIschen Näherung als auch in der THOMAS-FERMI-DIRACschen Näherung sowie von JENSEN, MEYER-GOSSLER und ROHDE [42] in der THOMAS-FERMI-DIRACschen Näherung entwickelt[2].

Wir behandeln das Modell zunächst in der ursprünglichen THOMAS-FERMIschen Näherung, also auf den im Abschnitt II entwickelten Grundlagen, d.h. wir sehen von den Korrektionen (Austauschkorrektion usw.) ab. Die Lösungen der THOMAS-FERMIschen Gleichung für diesen Fall sind in Fig. 2 graphisch dargestellt[3]. Die zusammengehörenden Werte des Anstieges $\varphi'(0)$ der Anfangstangente und $x_0 = r_0/\mu \equiv R/\mu$ sind in der Tabelle 3 angegeben [bezüglich μ vgl. (5.9)]. Mit diesen Lösungen, die von SLATER und KRUTTER berechnet wurden, konnten SLATER und KRUTTER die Dichteverteilung ϱ der Elektronen in der Elementarkugel nach (5.13) berechnen. Zur näherungsweisen Berechnung von ϱ kann man auch die Näherungslösung (6.15) von SAUVENIER heranziehen.

Zur Berechnung des Potentials V in der Elementarkugel aus (5.13) hat man zunächst die additive Konstante V_0 zu bestimmen. Man kann diese ganz ähnlich wie beim freien Atom aus dem Zusammenhang (4.8) für $r = r_0 \equiv R$ festlegen, woraus man jetzt, mit Rücksicht darauf, daß für neutrale Atome $V(R) = 0$ ist,

$$V_0 = -\left(\frac{\varrho_0}{\sigma_0}\right)^{\frac{2}{3}} = -\frac{5}{3e}\varkappa_k \varrho_0^{\frac{2}{3}} \qquad (42.2)$$

erhält, wo ϱ_0 die Randdichte, d.h. $\varrho(R)$ bezeichnet.

Man kann aber auch anders verfahren. SLATER und KRUTTER [51] bestimmen V_0 aus der Forderung, daß das Potential V in unmittelbarer Kernnähe von x_0 bzw. R möglichst unabhängig sei. Diese Wahl von V_0 ist physikalisch sehr plausibel, denn sie ist damit gleichbedeutend, daß die Röntgen-Energieniveaus von x_0 bzw. R praktisch unabhängig werden, wie dies für schwere Atome auch sein soll. Mathematisch gestaltet sich dann die Bestimmung von V_0 folgendermaßen. Man entwickelt V in der Umgebung des Kerns in eine Reihe, die man nach dem von x unabhängigen zweiten Glied abbricht, wodurch man für V den für kleine x gültigen Ausdruck

$$V = \frac{Ze}{\mu}\frac{1}{x} + V_0 + \frac{Ze}{\mu}\varphi'(0) \qquad (42.3)$$

erhält, wo $\varphi'(0)$ die Ableitung der Funktion φ nach x an der Stelle $x = 0$ bezeichnet. Für freie Atome, d.h. $R = \infty$ verschwindet V_0 und der entsprechende Ausdruck lautet

$$V = \frac{Ze}{\mu}\frac{1}{x} + \frac{Ze}{\mu}\varphi_0'(0), \qquad (42.4)$$

wo φ_0 die in der Tabelle 1 (S. 127) dargestellte Lösung für das freie Atom und $\varphi_0'(0)$ der durch (6.2) gegebene Anstieg der Anfangstangente von φ_0 ist. Die

---

[1] J. C. SLATER u. H. M. KRUTTER [51]; vgl. auch J. C. SLATER, Rev. Mod. Phys. 6, 209 (1934).
[2] Vgl. auch E. FEINBERG: Phys. Z. Sowjet. 8, 416 (1935).
[3] Eine tabellarische Zusammenstellung der Lösungen befindet sich in [2], S. 357 und 358.

Bestimmung von V erfolgt durch Gleichsetzen der beiden Potentialausdrücke, woraus sich

$$V_0 = [\varphi_0'(0) - \varphi'(0)] \frac{Ze}{\mu} \qquad (42.5)$$

ergibt[1].

Man kann sich jedoch leicht überzeugen, daß mit dem unserer Ansicht nach konsequenter bestimmten Ausdruck (42.2) für V_0 die Unabhängigkeit von R ebenfalls in genügendem Maße gewährleistet wird. Wenn man nämlich den Ausdruck (42.2) in (42.3) einsetzt, so läßt sich an Hand der in Fig. 2 angeführten Daten leicht abschätzen, daß die durch die Änderung von R bedingte Änderung von V in den für die Röntgenniveaus maßgebenden Gebieten $r \equiv \mu x \gtrsim 0.1\,a_0$ unbedeutend ist, da in diesen Gebieten das von R unabhängige erste Glied auf der rechten Seite von (42.3) um etwa zwei Größenordnungen überwiegt. Für sehr hohe Drucke trifft dies — besonders für leichtere Atome — nicht zu, es werden also dann die Röntgenniveaus durch den Druck beeinflußt und zwar für leichtere Atome in steigendem Maße, wie dies auch sein soll.

Mit dem Ausdruck (42.5) für V_0 haben SLATER und KRUTTER den Verlauf des Potentials V in der Elementarkugel für verschiedene Werte von R berechnet. Ihre Resultate sind in Fig. 22 dargestellt, aus der alles Weitere ersichtlich ist. Da in dieser Figur auf die Abszisse x bzw. x_0 und auf die Ordinate alle Größen in der Einheit Ze/μ aufgetragen sind und weiterhin die Ordnungszahl nur in x, x_0 sowie in die Einheit Ze/μ eingeht, sind die in der Fig. 22 dargestellten Kurven von Z unabhängig.

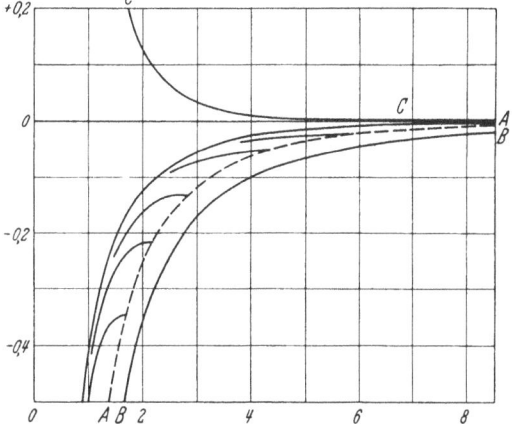

Fig. 22. $-V$ als Funktion von x, das Maximum und der Mittelwert von $-V$ in der Elementarkugel sowie $-V_0$ als Funktionen von x_0 nach SLATER und KRUTTER [51]. Die Kurven, die in der gestrichelten Kurve AA enden, zeigen den Verlauf von $-V$ in einer Elementarkugel als Funktion von x. Durch die gestrichelte Kurve AA wird das Maximum von $-V$ in der Elementarkugel, durch die Kurve BB der über die Elementarkugel genommene Mittelwert von $-V$ und durch die Kurve CC die Größe $-V_0$ als Funktion von x_0 dargestellt. An der Abszisse ist x bzw. x_0 aufgetragen, an der Ordinate sind die genannten Potentiale in der Einheit Ze/μ angegeben.

Weiterhin haben SLATER und KRUTTER [51] die kinetische, die potentielle und die gesamte Energie des Elektronengases in der Elementarkugel berechnet. Ausgehend aus den Formeln (4.1) bis (4.5) finden sie durch partielle Integrationen

$$E_k = -\frac{3}{7}\frac{Z^2 e^2}{\mu}\left\{\varphi'(0) - \frac{4}{5} x_0^{\frac{1}{2}}[\varphi(x_0)]^{\frac{5}{2}}\right\} \qquad (42.6)$$

und

$$E_p = E_p^k + E_p^e = \frac{6}{7}\frac{Z^2 e^2}{\mu}\left\{\varphi'(0) - \frac{1}{3} x_0^{\frac{1}{2}}[\varphi(x_0)]^{\frac{5}{2}}\right\}, \qquad (42.7)$$

also

$$E = E_k + E_p = \frac{3}{7}\frac{Z^2 e^2}{\mu}\left\{\varphi'(0) + \frac{2}{15} x_0^{\frac{1}{2}}[\varphi(x_0)]^{\frac{5}{2}}\right\}. \qquad (42.8)$$

Für freie Atome ist $\varphi(x_0) = 0$, es verschwinden also dann in der Klammer $\{\}$ die zweiten Glieder und an die Stelle des ersten Gliedes tritt $\varphi_0'(0)$. Man erhält dann aus (42.8) nach Einsetzen des Wertes (5.9) für μ den Ausdruck (8.4). Die Energien E_k, E_p und E sind nach Abzug der entsprechenden Energien für das

---

[1] Bei SLATER und KRUTTER [51] sind auch noch weitere Bestimmungsmöglichkeiten für V_0 zu finden.

freie Atom in Einheiten von $3Z^2e^2/(7\mu)$ als Funktionen von x_0 in Fig. 23 dargestellt[1]. Wie man sieht, ist die Gesamtenergie der Elementarkugel nach Abzug der Gesamtenergie des freien Atoms positiv und fällt mit wachsendem x_0 bzw. R ohne ein Minimum aufzuweisen monoton auf Null ab. Die bei der Kompression entstehende kinetische Energieerhöhung überwiegt also durchweg den Betrag der potentiellen Energieverminderung.

Aus dem Fehlen eines negativen Energieminimums folgt, daß dieses Modell keine Bindung gibt und — sofern man es auf Metalle anwendet, wie es SLATER und KRUTTER getan haben — die metallische Bindung nicht zu erklären vermag (vgl. Ziff. 40). Man kann dies sehr einfach auch auf eine andere Weise einsehen. Nach (5.3) ist nämlich die Ableitung der Gesamtenergie nach dem Grenzradius zur $\tfrac{5}{3}$-ten Potenz der Elektronendichte am Rand der Elementarkugel, d. h. zum Druck am Atomrand proportional, der nur für $R = \infty$ verschwindet. Der stabilen Gleichgewichtslage entspricht somit $R = \infty$ also der Zustand, in welchem sich die Atome voneinander unendlich weit entfernt befinden, d. h. der freie Zustand der Atome.

Im Zusammenhang mit der Energie bzw. mit der Energieaufteilung ist noch der Virialsatz von Interesse, den man sehr einfach mit der FOCKschen Methode der Variation der Elektronendichte ϱ (vgl. S. 136) herleiten kann[2]. Es ergibt sich

$$2E_k + E_p = 3\Omega P, \qquad (42.9)$$

wo P den Druck bezeichnet. Dies ist die Zustandsgleichung der Materie für den absoluten Nullpunkt der Temperatur[3]. Für verschwindenden Druck geht Gl. (42.9) in (8.5) über.

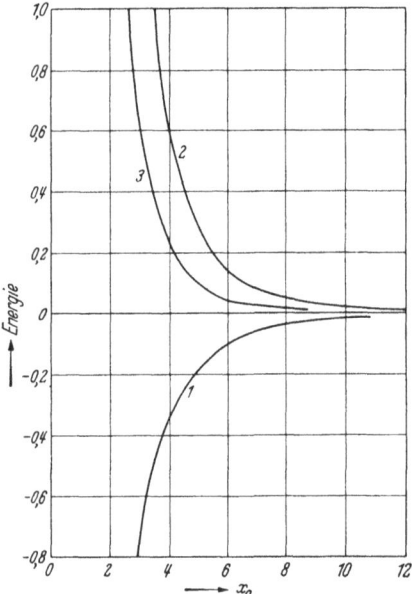

Fig. 23. Die potentielle (1), die kinetische (2) und die totale Energie (3) der Elementarkugel nach Abzug der entsprechenden Energien für das freie Atom als Funktionen von x_0 nach SLATER und KRUTTER [51]. Alle Energien sind in $\dfrac{3Z^2e^2}{7\mu}$-Einheiten angegeben.

Das im vorangehenden für die THOMAS-FERMIsche Näherung begründete statistische Modell der unter hohem Druck stehenden Materie kann man mit Berücksichtigung der im Abschnitt III beschriebenen Korrektionen in ganz entsprechender Weise erweitern wie das Modell des freien Atoms. Für die THOMAS-FERMI-DIRACsche Näherung, d. h. durch Berücksichtigung des Elektronenaustausches wurde diese Erweiterung von SLATER und KRUTTER[4], von JENSEN, MEYER-GOSSLER und ROHDE [42] sowie von JENSEN [52] durchgeführt. Die von SLATER und KRUTTER berechnete Energie der Elementarkugel weist nach

---

[1] Die aus einer Kompression resultierende Erhöhung der kinetischen Elektronenenergie des Argons wurde für das mit dem Austausch und Korrelation erweiterte und modifizierte Modell von TEN SELDAM und DE GROOT berechnet; vgl. hierzu C. A. TEN SELDAM u. S. R. DE GROOT, Physica, Haag 18, 910 (1952) sowie C. A. TEN SELDAM, Energies and Polarizabilities of Compressed Atoms, S. 39ff. Diss. Amsterdam u. Utrecht 1952.

[2] Vgl. H. JENSEN [52] und N. H. MARCH, Phil. Mag. (7) 43, 1042 (1952).

[3] Für sehr hohe Drucke vgl. auch N. H. MARCH, Proc. Phys. Soc. A 68, 726 (1955).

[4] J. C. SLATER u. H. M. KRUTTER [51]. Der von SLATER und KRUTTER für diesen Fall vorgenommenen Bestimmung von V_0, die auf der Annahme beruht, daß freie THOMAS-FERMI-DIRACsche Atome nicht existenzfähig sind, können wir jedoch nicht beistimmen.

Abzug der Energie des freien Atoms auch in dieser Näherung — aus denselben Gründen wie in der THOMAS-FERMISCHEN Näherung — kein negatives Energieminimum auf, ist also zur Erklärung der metallischen Bindung ebenfalls ungeeignet, wie dies auch zu erwarten ist. Hieran würde auch die Hinzunahme der in Ziff. 12 durchgeführten Korrelationskorrektion des Modells nichts ändern.

In neuester Zeit hat MARCH[1] dies für die THOMAS-FERMI-DIRACsche Näherung unter Zweifel gestellt und den Versuch unternommen die metallische Bindung auf Grund der THOMAS-FERMI-DIRACSCHEN Näherung des Modells zusammengedrängter Atome zu erklären. MARCH berechnet die Energie der Elementarkugel, die natürlich, wie aus (11.4) zu sehen ist, ein Energieminimum aufweist, das gerade dem freien Atom, d.h. dem Verschwinden des Druckes am Atomrand entspricht. Das Minimum der Energie ist gerade die Energie des freien Atoms; nach Abzug der letzteren ergibt sich demnach für das Energieminimum der Wert Null, was besagt, daß keine Bindung entsteht. MARCH umgeht diese Schwierigkeit in der Weise, daß er für die freien Atome nicht das von uns in Ziff. 11 zugrunde gelegte Modell heranzieht, sondern für die THOMAS-FERMI-DIRACSCHEN freien Atome ein Modell gebraucht, bei dem die Elektronendichte bis ins Unendliche ausläuft. Hierdurch entstehen zwei ganz wesentliche Schwierigkeiten. Erstens ist nämlich solch ein Atom instabil, da der Druck am Atomrand keineswegs verschwindet; solch ein Atom würde sich kontrahieren und den von uns zugrunde gelegten Dichteverlauf — der bei einem endlichen Atomradius abbricht — annehmen. Zweitens ist die von MARCH vorgenommene Berechnung der Sublimationsenergie mit einer Unbestimmtheit behaftet, die die von ihm vorgenommene Bestimmung der Sublimationsenergie illusorisch macht und zwar aus folgendem Grunde. Da MARCH für das freie Atom statt dem exakten Dichteverlauf eine Näherung benutzt, ergibt sich für die Energie des MARCHSCHEN freien Atoms ein von der Näherung abhängiger höherer Wert als der exakte, demzufolge man für die Sublimationsenergie zwar einen von Null verschiedenen, jedoch ebenfalls von der Näherung abhängigen Wert erhält, der sich um so mehr dem Wert Null nähert, je besser der von MARCH zugrunde gelegte bis ins Unendliche auslaufende Dichteverlauf den von uns für das freie THOMAS-FERMI-DIRACsche Atom hergeleiteten exakten Dichteverlauf annähert, der bei einem endlichen Radius plötzlich auf Null abfällt. Die von MARCH auf diesen Grundlagen gegebene Erklärung der metallischen Bindung kann also nicht aufrechterhalten werden.

Der Virialsatz in der THOMAS-FERMI-DIRACschen Näherung wird in der Weise erweitert, daß auf der linken Seite von (42.9) die gemäß (11.1) berechnete Austauschenergie hinzutritt[2].

Neuerdings wurde das statistische Modell der Materie unter hohem Druck auch mit der Korrelationskorrektion erweitert und die erweiterte Grundgleichung für $Z = 10$, 18, 36 und 54 für verschiedene Drucke gelöst[3].

Noch vor dem Entstehen des hier entwickelten dreidimensionalen statistischen Modells der Materie unter hohem Druck haben LENNARD-JONES und WOODS ein zweidimensionales Modell in der THOMAS-FERMISCHEN Näherung entwickelt[4], in welchem ebenfalls alle Elektronen auf die gleiche Weise statistisch behandelt werden. LENNARD-JONES und WOODS betrachteten dieses Modell als ein zweidimensionales Metallmodell, für dessen Anwendung auf Metalle unter Normaldruck aber dasselbe zutrifft, wie für das im vorangehenden entwickelte dreidimensionale.

β) *Beliebige Temperaturen.* In der THOMAS-FERMISCHEN Näherung wurde das statistische Modell der Materie unter hohem Druck für Temperaturen, für die kT im Verhältnis zur maximalen kinetischen Energie eines Elektrons am Atomrand klein ist, von MARSHAK und BETHE[5] und für beliebige Temperaturen sehr

---

[1] N. H. MARCH: Phil. Mag. (7) **45**, 325 (1954). In diesem Zusammenhang vgl. auch W. G. MCMILLAN, Phys. Rev. **99**, 661 (1955).

[2] H. JENSEN [52] und N. H. MARCH, Phil. Mag. (7) **43**, 1042 (1952). Für sehr hohe Drucke vgl. auch N. H. MARCH, Proc. Phys. Soc. A **68**, 726 (1955).

[3] P. GOMBÁS: Acta phys. Hung. **5**, 123 (1955).

[4] J. E. LENNARD-JONES u. H. WOODS: Proc. Roy. Soc. Lond., Ser. A **120**, 727 (1928); außer der in dieser Arbeit durchgeführten Anwendung dieses Modells wurde das Modell von H. SAUVENIER [Bull. Soc. Roy. Sci. Liège **8**, 313 (1939)] auf Na, Al und Ag angewendet. Bezüglich einiger Einwände gegen dieses Modell vgl. H. BETHE, GEIGER-SCHEELS Handbuch der Physik, 2. Aufl., Bd. 24/2, S. 420 u. 421. Berlin: Springer 1933.

[5] R. E. MARSHAK u. H. A. BETHE: Astrophys. J. **91**, 239 (1940). Vgl. auch J. J. GILVARRY, Phys. Rev. **96**, 944 (1954).

Tabelle 9. *Numerische Resultate von* Feynman, Metropolis *und* Teller [53], $kT/Z^{4/3}$ in Kilo-Elektronvolt-, ΩZ in 10^{-24} cm^3-

Fall	u_0	$-\omega(u_0)$	$\omega(0)$	$\dfrac{kT}{Z^{4/3}}$	ΩZ	$\dfrac{P}{Z^{10/3}}$
1	5,4000	13,5000	7,2070	2,8946	217,10	1,1163
2	6,6612	22,8914	3,9875$_5$	6,3726	225,46	3,1742
3	11,5200	51,6200	9,8610	1,9056	2884,0	0,054816
4	13,5200	68,9520	6,8650	3,0884	3245,5	0,098789
5	15,6800	92,5120	3,7701$_5$	6,8672	2780,4	0,32745
6	4,2050	7,4536	6,9668	3,0284	99,094	2,5496
7	9,2450	61,2944	0,31770	190,67	47,115	641,21
8	8,2012	31,0828	5,9099	3,7712	623,63	0,60151
9	17,7012	117,3593	2,3598	12,826	2503,8	0,75248
10	20,4800	131,0720	5,4786	4,1722	9002,8	0,057152
11	9,4612	33,4928	30,757	0,41815	4983,1	0,0031584

ausführlich von Feynman, Metropolis und Teller [53] entwickelt[1]. Mit den für die allgemeine Theorie des statistischen Atoms wichtigen Resultaten dieser Arbeiten haben wir uns schon in Ziff. 15 ausführlich befaßt, die somit die Grundlage der folgenden Ausführungen bildet.

Wir behandeln hier den von Feynman, Metropolis und Teller [53] ausgearbeiteten allgemeinen Fall beliebiger Temperaturen, der auch die Resultate von Marshak und Bethe als Spezialfall enthält. Die Grundgleichung (15.13) wurde von Feynman, Metropolis und Teller für mehrere Grenzradien gelöst. Mit diesen Lösungen ergibt sich die Elektronendichte mit Rücksicht auf (15.12) aus (15.8). Im Mittelpunkt des Interesses steht auch hier die Energie. Die potentielle Energie E_p pro Elementarkugel läßt sich mit dem Ausdruck (15.8) der Elektronendichte als Summe der Energien (4.3) und (4.4) berechnen, die kinetische Energie pro Elementarkugel E_k ist durch (15.15) gegeben. Die Gesamtenergie der Elementarkugel wird in der Thomas-Fermischen Näherung durch den Ausdruck $E = E_k + E_p$ dargestellt. Von besonderem Interesse ist der durch das Anwachsen des Druckes und der Temperatur bedingte Energiezuwachs $\Delta E = E - E_0$, wo E_0 die Energie des Thomas-Fermischen Atoms für $P=0$ und $T=0$, d.h. die durch (8.4) gegebene Energie des neutralen, ursprünglichen Thomas-Fermischen Atoms bezeichnet.

Der Druck ist durch (15.16) gegeben, woraus man durch Multiplikation beider Seiten mit dem Volumen $\Omega = 4\pi r_0^3/3$ den auch in der Tabelle 9 dargestellten Zusammenhang

$$\Omega P = \frac{32\pi^2 (2m)^{3/2}}{9 h^3} r_0^3 (kT)^{5/2} \left[I_{3/2}((Ve+\zeta)/(kT)) \right]_{r=r_0} = \frac{2}{9} Z kT \frac{u_0^3}{\omega(0)} I_{3/2}\left(\frac{\omega(u_0)}{u_0}\right) \quad (42.10)$$

erhält, wo ζ, u_0, ω und $I_{3/2}$ in Ziff. 15 definiert sind und $r_0 \equiv R$ ist. Diese Gleichung bzw. die Gl. (15.16) ist die Zustandsgleichung der Materie für beliebige Drucke und Temperaturen.

Die für verschiedene Fälle berechneten und von Latter[2] korrigierten Resultate von Feynman, Metropolis und Teller [53] sind in der Tabelle 9 dargestellt.

---
[1] Man vgl. hierzu auch die Arbeiten: J. J. Gilvarry u. G. H. Peebles, Phys. Rev. **99**, 550 (1955); N. H. March, Proc. Phys. Soc. A **68**, 1145 (1955) und besonders R. Latter, Phys. Rev. **99**, 1854 (1955), die während der Drucklegung des vorliegenden Bandes erschienen sind.

[2] R. Latter: Phys. Rev. **99**, 1854 (1955).

korrigiert nach R. LATTER, Phys. Rev. **99**, 1854 (1955).
und $P/Z^{\frac{10}{3}}$ in 10^{10} dyn/cm²-Einheiten.

$\dfrac{E_k}{kTZ}$	$-\dfrac{E_p}{kTZ}$	$-\dfrac{E}{kTZ}$	$\dfrac{\Delta E}{kTZ}$	$\dfrac{\Omega P}{kTZ}$	$\dfrac{\Delta E}{\Omega P}$	Fall
7,5716	13,575	6,0035	1,2268	0,52295	2,3459	1
3,7872	5,4713	1,6841	1,6002	0,70145	2,2813	2
10,940	20,327	9,3868	1,5963	0,51818	3,0806	3
6,8033	11,663	4,8592	1,9176	0,64843	2,9572₅	4
3,3625	4,2423	0,87978	2,1679₅	0,82810	2,6180	5
7,3780	13,194	5,8156	1,0954	0,52109	2,1022	6
1,5143	0,061584	1,4528	1,5626	0,98966	1,5789	7
5,8090	9,7552	3,9462	1,6036	0,62130	2,5810	8
2,2546	1,7583	0,49627	2,1281	0,91752	2,3194	9
5,0197	7,7300	2,7103	2,3061	0,77029	2,9938	10
49,899	99,093	49,194	0,85863	0,23509₅	3,6523	11

Alle Größen in der Tabelle sind so angegeben, daß die Daten von Z unabhängig werden[1].

Durch Umformungen der Ausdrücke für E_k und E_p läßt sich zeigen[2], daß auch hier der Zusammenhang

$$2E_k + E_p = 3\Omega P \qquad (42.11)$$

besteht. Von FEYNMAN, METROPOLIS und TELLER sowie von BRACHMAN wurden zwischen den Energieanteilen und thermodynamischen Größen weitere Zusammenhänge hergeleitet[3], die man als eine Verallgemeinerung des Zusammenhanges (42.11) betrachten kann.

Von BRACHMAN wurden weiterhin verschiedene thermodynamische Funktionen und Zusammenhänge zwischen diesen für die statistische Theorie des Atoms für beliebige Temperaturen und Drucke hergeleitet[4]. Im Anschluß hieran hat GILVARRY die Thermodynamik des statistischen Atoms in der THOMAS-FERMIschen Näherung entwickelt[5].

Schließlich sei erwähnt, daß in den vorangehenden Betrachtungen die aus der Wärmebewegung resultierende kinetische Energie der Kerne, die $3kT/2$ beträgt, vernachlässigt wurde. Man hat also zur Vervollständigung der weiter oben gegebenen Ausführungen die kinetische Energie durch die Energie $3kT/2$ zu ergänzen und — um dem aus der Wärmebewegung der Kerne resultierenden zusätzlichen Druck Rechnung zu tragen — in dem Ausdruck (42.10) für ΩP auf der rechten Seite die Energie kT hinzuzufügen.

Das im vorangehenden entwickelte statistische Modell der Materie unter hohem Druck und auf beliebigen Temperaturen wurde für die THOMAS-FERMI-DIRACsche Näherung, d.h. mit Berücksichtigung des Elektronenaustausches zuerst von YOKOTA[6] und später in einer verbesserten Form von UMEDA und TOMISHIMA[7] erweitert. Die für die allgemeine Theorie des statistischen Atoms

---

[1] Einige weitere numerische Resultate, die aus den Daten der Tabelle 9 für Fe berechnet wurden, befinden sich in der Tabelle 10 in Ziff. 43 β.

[2] R. E. FEYNMAN, N. METROPOLIS u. E. TELLER [*53*] sowie N. H. MARCH: Phil. Mag. (7) **44**, 346 (1953).

[3] R. E. FEYNMAN, N. METROPOLIS u. E. TELLER [*53*]; M. K. BRACHMAN: Phys. Rev. **84**, 1263 (1951); **93**, 636 (1954).

[4] M. K. BRACHMAN: Phys. Rev. **84**, 1263 (1951). — J. Chem. Physics **22**, 1152 (1954).

[5] J. J. GILVARRY: Phys. Rev. **96**, 934 (1954); **96**, 944 (1954).

[6] I. YOKOTA: J. Phys. Soc. Japan **4**, 82 (1949).

[7] K. UMEDA u. Y. TOMISHIMA: J. Phys. Soc. Japan **8**, 360 (1953). — K. UMEDA: Progress Report Nr. 2, Research Group for the Study of Atomic and Molecular Structure, Japan, S. 3. (1953). — Y. TOMISHIMA u. K. UMEDA: Research Notes of Dept. of Phys., Faculty of Science, Okayama Univ., Okayama, Japan, Nr. 6. 1953.

wichtigen Grundlagen dieser Arbeiten sind — gerade so wie im Fall der Thomas-Fermischen Näherung — in Ziff. 15 dargestellt. Das grundlegende Gleichungssystem der Thomas-Fermi-Diracschen Näherung wurde von Tomishima und Umeda[1] für Fe für $T = 20000°$ K in mehreren Fällen gelöst. Auf die mit diesen Lösungen bestimmten zusammengehörenden Druck-Dichte-Werte kommen wir im nächsten Abschnitt zu sprechen.

Die Zustandsgleichung in der Thomas-Fermi-Diracschen Näherung wird durch Gl. (15.20) dargestellt.

Der Virialsatz in der Thomas-Fermi-Diracschen Näherung, der zugleich eine Form der Zustandsgleichung darstellt, hat nach March[2] folgende Gestalt:

$$2E_k + E_p + E_a = 3\Omega P. \tag{42.12}$$

Die Austauschkorrektion äußert sich auch hier ganz ähnlich wie beim freien Atom darin, daß die potentielle Energie durch die Austauschenergie ergänzt wird.

43. Druck-Dichte-Beziehung der Elemente bei hohen Drucken. Das im vorangehenden Abschnitt entwickelte statistische Modell der Materie unter hohem Druck kann zur Berechnung der Druck-Dichte-Beziehung der Elemente bei hohen Drucken herangezogen werden und zwar sowohl für den absoluten Nullpunkt der Temperatur als für beliebige höhere Temperaturen[3].

α) *Sehr tiefe Temperaturen.* Für den absoluten Nullpunkt der Temperatur wurde die Druck-Dichte-Beziehung der Elemente bei hohen Drucken sowohl in der Thomas-Fermischen als in der Thomas-Fermi-Diracschen Näherung von Jensen hergeleitet[4]. Wir legen im folgenden die Thomas-Fermi-Diracsche Näherung zugrunde und erhalten aus dieser durch Nullsetzen der Austauschkorrektion sofort die Thomas-Fermische Näherung.

Wie wir in Ziff. 42 gesehen haben, können wir uns bei der Behandlung der Materie unter hohem Druck auf die ein Atom enthaltende Elementarkugel beschränken; der Druck am absoluten Nullpunkt der Temperatur wird also aus der Gleichung

$$P = -\frac{dE}{d\Omega} = -\frac{1}{4\pi R^2}\frac{dE}{dR} \tag{43.1}$$

bestimmt, wo E auch weiterhin die Energie des Systems pro Elementarkugel und Ω das Volumen der Elementarkugel bezeichnet. Mit Rücksicht darauf, daß in (11.4) dem Grenzradius r_0 des Atoms der Radius R der Elementarkugel entspricht, können wir in (43.1) die Ableitung von E nach R aus (11.4) einsetzen und erhalten

$$P = \frac{2}{3}\varkappa_k \varrho_R^{\frac{5}{3}}\left(1 - \frac{\varkappa_a}{2\varkappa_k}\frac{1}{\varrho_R^{\frac{1}{3}}}\right) = \frac{2}{3}\varkappa_k \varrho_R^{\frac{5}{3}}\left(1 - \frac{0{,}129}{a_0 \varrho_R^{\frac{1}{3}}}\right), \tag{43.2}$$

wo ϱ_R zur Abkürzung statt $\varrho(R)$ steht. Das Glied mit $\varkappa_a$ gibt die Austauschkorrektion, die, wie man sieht, nur für kleine Werte von ϱ_R von Bedeutung ist. Für $\varkappa_a = 0$ erhält man die Thomas-Fermische Näherung. Für diese ergibt sich der Druck ebenso groß wie in einem homogenen Elektronengas von der Dichte ϱ_R, also von einer Dichte wie sie am Rand der Elementarkugel, d.h. in der Mitte zwischen zwei benachbarten Atomen herrscht.

---

[1] Y. Tomishima u. K. Umeda: Research Notes of Dept. of Phys., Faculty of Science, Okayama Univ., Okayama, Japan, Nr. 6. 1953.
[2] N. H. March: Phil. Mag. (7) **44**, 346 (1953).
[3] Bezüglich der Druck-Dichte-Beziehung für Alkalimetalle bei niedrigen Drucken am absoluten Nullpunkt der Temperatur vgl. Ziff. 40α.
[4] H. Jensen [*52*]; Z. techn. Phys. **19**, 563 (1938).

Die zur Berechnung des Druckes notwendige Dichte ϱ_R kann man aus den Lösungen der THOMAS-FERMI-DIRACschen bzw. der THOMAS-FERMIschen Gleichung für verschiedene Werte von R berechnen und nach Einsetzen in (43.2) P als Funktion von R und somit die Massendichte als Funktion von P bestimmen. Nach JENSEN [52] verfährt man hierzu zweckmäßigerweise folgendermaßen.

An Stelle von R ist es zweckmäßig, die mittlere Elektronendichte ϱ_m einzuführen, die durch die Gleichung

$$\varrho_m \Omega = \varrho_m \frac{4\pi R^3}{3} = Z \qquad (43.3)$$

definiert ist. Wie man unmittelbar einsieht, hängt ϱ_m mit der Massendichte n durch die Beziehung

$$n = \varrho_m \frac{A}{LZ} \qquad (43.4)$$

zusammen, wo A das Atomgewicht und L die LOSCHMIDTsche Zahl bezeichnet. Da A/Z für alle Elemente — mit Ausnahme von Wasserstoff, für das die Überlegungen sowieso nicht zutreffen — ziemlich denselben Wert hat, ist n praktisch proportional zu ϱ_m.

Durch die Einführung von ϱ_m bekommen wir sogleich den Anschluß an das in der Astrophysik häufig verwendete FOWLERsche Modell des völlig zerquetschten Atoms, in dem für die Elektronendichte eine homogene Verteilung angenommen wird[1]. Für dieses Modell ist der Druck in der THOMAS-FERMIschen Näherung

$$P_m = \tfrac{2}{3}\varkappa_k \varrho_m^{\frac{5}{3}}. \qquad (43.5)$$

Ein Vergleich dieses Ausdruckes mit dem Ausdruck (43.2) zeigt, daß sich der letztere in der Form

$$P = f^{\frac{5}{3}} P_m \qquad (43.6)$$

schreiben läßt, wo f die folgende Funktion bedeutet

$$f = \frac{\varrho_R}{\varrho_m}\left(1 - \frac{\varkappa_a}{2\varkappa_k}\frac{1}{\varrho_R^{\frac{1}{3}}}\right)^{\frac{3}{5}}. \qquad (43.7)$$

Die Funktion f gibt also direkt ein Maß dafür, wie weit P von P_m abweicht. Diese Abweichung wird in erster Linie dadurch bedingt, daß — wegen der Anhäufung der Elektronen in der Umgebung der Kerne — die Randdichte ϱ_R immer kleiner ist als ϱ_m; die Austauschkorrektion fällt bei den für astrophysikalische Fragen in Betracht kommenden sehr hohen Drucken nur in zweiter Linie ins Gewicht. Bei Vernachlässigung der Austauschkorrektion gibt f das Verhältnis von ϱ_R zu ϱ_m.

Die Austauschkorrektion macht sich in f in doppelter Weise bemerkbar. Einerseits wird f durch den Ausdruck in der Klammer in (43.7) verkleinert und andererseits fällt ϱ im zusammengedrängten statistischen Atom bei Berücksichtigung der Austauschkorrektion mit wachsender Entfernung vom Kern rascher ab als ohne dieser Korrektion, so daß sich bei vorgegebenem R die Randdichte ϱ_R mit den Lösungen der THOMAS-FERMI-DIRACschen Gleichung kleiner ergibt als mit den der THOMAS-FERMIschen.

JENSEN hat f als Funktion der Variable

$$\xi = \frac{\varrho_m^{\frac{1}{3}} a_0}{Z^{\frac{2}{3}}} = \left(\frac{3}{4\pi Z}\right)^{\frac{1}{3}}\frac{a_0}{R} = \frac{4}{6^{\frac{1}{3}}\pi}\frac{\mu}{R} = \frac{4}{6^{\frac{1}{3}}\pi}\frac{1}{x_0} \qquad (43.8)$$

---
[1] Vgl. hierzu z.B. F. HUND: Ergebn. exakt. Naturw. 15, 189 (1936).

berechnet [52]. Diese Form der Variable erweist sich als zweckmäßig, weil bei Vernachlässigung der Austauschkorrektur f eine universelle Funktion von ξ wird, d.h. von Z explizite nicht abhängt. Für große Werte von ξ ($\xi > 3$), d.h. für sehr große Dichten nähert sich f dem Wert $f = 1$, mit abnehmender Dichte sinkt aber f weit unter den Wert 1 ab. Dementsprechend folgt aus (43.6), daß, abgesehen von sehr hohen Dichten, P bedeutend kleiner ist als P_m.

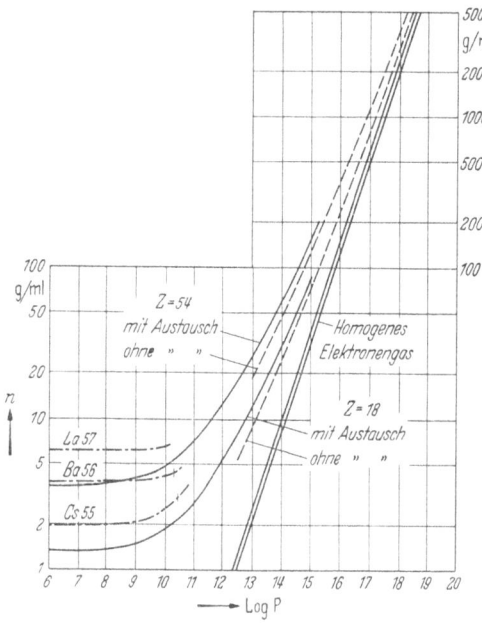

Fig. 24. Druck-Dichte-Diagramm nach JENSEN [52]. Abszisse: Log $P(P$ in dyn/cm²-Einheiten). Ordinate: Massendichte n in g/cm³-Einheiten, logarithmische Skala. Von den beiden Geraden für das homogene Elektronengas bezieht sich die linke auf $Z = 54$, die rechte auf $Z = 18$. Die empirischen Druck-Dichte-Kurven für Cs, Ba und La sind strichpunktiert eingezeichnet.

Für extrem hohe Dichten von etwa $\varrho^{\frac{1}{3}} \sim 137/(\pi a_0)$ an (für Eisen von $\xi \sim 4$ an) gilt für die THOMAS-FERMISCHE Näherung zwischen Druck und Dichte statt der unrelativistischen Beziehung (2.7) die relativistische Beziehung[1]

$$P = \frac{1}{8}\left(\frac{3}{\pi}\right)^{\frac{1}{3}} h c \varrho^{\frac{4}{3}}, \qquad (43.9)$$

wo h die PLANCKsche Konstante und c die Lichtgeschwindigkeit bezeichnet. In diesem Dichtegebiet hat man also ϱ_R aus der relativistischen statistischen Gleichung (vgl. Ziff. 16) zu bestimmen. Es läßt sich dann ganz analog wie weiter oben zeigen, daß — bei Vernachlässigung der in diesem Gebiet belanglosen Austauschkorrektur — statt (43.2) der Zusammenhang

$$P = \frac{1}{8}\left(\frac{3}{\pi}\right)^{\frac{1}{3}} h c \varrho_m^{\frac{4}{3}} \left(\frac{\varrho_R}{\varrho_m}\right)^{\frac{4}{3}} \qquad (43.10)$$

gilt. JENSEN hat aus der relativistischen THOMAS-FERMISCHEN Gleichung (16.3) mit der zusätzlichen Annahme, daß ϱ innerhalb des Kernradius' Null sei, den Verlauf von ϱ bestimmt und ϱ_R berechnet. Für Eisen ergab sich bei $\xi = 5$: $\varrho_R/\varrho_m = 0.96 \pm 0.02$ und bei $\xi = 10$: $\varrho_R/\varrho_m = 0.98 \pm 0.02$. Der Einfluß der Kerne ist also bei diesen Dichten auch in der relativistischen Behandlungsweise praktisch zu vernachlässigen.

Mit Hilfe der Funktion f sowie der Beziehungen (43.5) und (43.4) kann man aus (43.6) den Zusammenhang zwischen der Massendichte n und dem Druck P ermitteln. Dies hat JENSEN für $Z = 18$ und 54 durchgeführt[2]. Seine Resultate sind zusammen mit einigen empirischen Daten in Fig. 24 dargestellt. Man sieht, daß der Austausch bis zu ziemlich hohen Drucken hinauf einen Einfluß hat. Die Druck-Dichte-Beziehung, die sich aus dem FOWLERschen Modell des homogenen Elektronengases ergibt, zeigt das ausgezogene Geradenpaar[3] und zwar bezieht sich die linke Gerade auf $Z = 54$ und die rechte auf $Z = 18$. Wie man sieht, ist die Abweichung von diesem Modell bis zu sehr hohen Dichten beträchtlich, sogar bei einer Dichte von ~ 5000 g/cm³ ist der Druck noch um einen Faktor 2 bis 3 kleiner als beim Modell des homogenen Elektronengases.

---

[1] Vgl. z.B. S. CHANDRASEKHAR: An Introduction to the Study of Stellar Structure, Astrophysical Monographs, Bd. 2, S. 362. Chicago: University Press 1939.

[2] Bei der Berechnung von f wurde die relativistische Korrektur der Elektronendichte berücksichtigt.

[3] Die geringfügige Abhängigkeit von der Ordnungszahl rührt hier lediglich vom Faktor A/Z im Zusammenhang (43.4) her.

Die empirischen Druck-Dichte-Kurven[1], die man aus den empirischen Daten von BRIDGMAN[2] erhält, sind in Fig. 24 für die zu $Z=54$ benachbarten Elemente Cs ($Z=55$), Ba ($Z=56$) und La ($Z=57$) durch strichpunktierte Linien dargestellt. Der Druck erreicht bei diesen einen Maximalwert von einigen 10^{10} dyn je cm². Bei diesen relativ geringen Drucken kann man natürlich mit den JENSENschen theoretischen Kurven keine gute Übereinstimmung erwarten, da ja die JENSENschen Rechnungen auf Grund eines Modells durchgeführt wurden, in dem der Schalenaufbau der Atome vollkommen verwischt ist und das dementsprechend nur für hohe Drucke Gültigkeit hat. Bei geringem Druck ändert sich die Druck-Dichte-Beziehung von Element zu Element sehr stark, da für die interatomaren Wechselwirkungskräfte in erster Linie die Elektronenstruktur in den äußeren Gebieten der Atome maßgebend ist, die in einer Horizontalreihe des periodischen Systems von Element zu Element ebenfalls eine starke Änderung aufweist. Bei zunehmendem Druck werden die für die einzelnen Elemente charakteristischen Eigenschaften der Elektronenstruktur mehr und mehr verwischt, demgemäß sich bei wachsendem Druck das Verhalten der Elemente immer ähnlicher gestaltet. Die empirischen Druck-Dichte-Beziehungen der Elemente sollten also für hohe Drucke asymptotisch in die von JENSEN berechneten Druck-Dichte-Beziehungen übergehen, die in Fig. 24 eingezeichneten empirischen Kurven für $Z=55$, 56 und 57 sollten sich also bei hohen Drucken an die theoretische Kurve für $Z=54$ anschmiegen[3]. Wie man aus Fig. 24 sieht, ist diese Tendenz tatsächlich vorhanden.

Für niedrige Drucke, bei welchen der Schalenaufbau in der Elektronenstruktur der Atome noch voll ausgeprägt ist, konnte man für die Alkali- und Erdalkalimetalle eine mit dem empirischen Befund gut übereinstimmende Druck-Dichte-Beziehung herleiten[4], die auf den speziell für diese Metalle gültigen Eigenschaften des Elektronenbaues beruht (vgl. hierzu Ziff. 40α). Neuerdings wurde für niedrige Drucke die Druck-Dichte-Beziehung auch für die Edelgase Ne, A, Kr und X hergeleitet[5], und zwar mit Berücksichtigung der Korrelationskorrektion. Es zeigt sich, daß der aus dieser Korrektion resultierende Druck — im Fall niedriger Drucke — im Verhältnis zum Gesamtdruck bedeutend ist.

Theoretisch kann man also das Gebiet hoher Drucke, und für die Alkali- und Erdalkalimetalle sowie für die Edelgase das Gebiet niedriger Drucke, einfach erfassen. Exakte theoretische Aussagen für das Übergangsgebiet, in welchem die von Element zu Element stark schwankenden Unterschiede im Bau der Randgebiete der Elektronenhülle sukzessive verwischt werden, würden zu sehr komplizierten Rechnungen führen.

Die Druck-Dichte-Beziehung hat JENSEN auf geophysikalische Fragen angewendet. Nach übereinstimmender Ansicht der Geophysiker[6] besteht der Erdkern von einer Tiefe von etwa 3000 km an aus metallischem Eisen. Die Temperatur beträgt nach allen geophysikalischen Schätzungen[7] weniger als 10000° C.

---

[1] Bei Cs und Ba ist bei etwa $P=2\cdot 10^{10}$ dyn/cm² je ein Umwandlungspunkt markiert.
[2] P. W. BRIDGMAN: The Physics of High Pressure. London: McMillan 1931. — High Pressure Phenomena. Rev. Mod. Phys. **7**, 1 (1935). — Proc. Amer. Acad. Art a. Sci. **72**, 205 (1938).
[3] Die theoretischen Kurven für $Z=55$ bis 57 fallen innerhalb der Zeichengenauigkeit mit der Kurve $Z=54$ zusammen.
[4] P. GOMBÁS: Phys. Rev. **72**, 1123 (1947); **82**, 287 (1951) (Berichtigung). — Ann. Physik (6) **9**, 70 (1951).
[5] P. GOMBÁS u. O. KUNVÁRI: Acta phys. Hung. **5**, 339 (1955).
[6] E. WIECHERT: Göttinger Nachr. 280 (1924); weiterhin Handbuch der Geophysik, Bd. 2, Kap. 3 u. 14. Berlin: Bornträger 1935.
[7] E. TAMS: Grundzüge der physikalischen Verhältnisse der festen Erde, Teil 1. Berlin: Bornträger 1932.

Wenn man den thermischen Ausdehnungskoeffizient nach den Messungen von BRIDGMAN[1] bis zu den Drucken im Erdinneren extrapoliert, überzeugt man sich leicht, daß man sich bei den in Frage kommenden Drucken auf den absoluten Nullpunkt der Temperatur beziehen kann. Die Resultate der vorangehenden Berechnungen können also unmittelbar verwendet werden. Da die theoretische JENSENsche Druck-Dichte-Kurve bei den relativ geringen Drucken bis zu welchen Messungen vorliegen, nur ein mittleres Verhalten der Elemente wiedergeben kann, schließt sich die theoretische Druck-Dichte-Kurve des Eisens an die empirische nicht an. JENSEN[2] hat nun diese Lücke überbrückt, indem er mit Hilfe empirischer Daten durch Interpolation eine Druck-Dichte-Kurve des Eisens konstruierte, die den folgenden Bedingungen genügt:

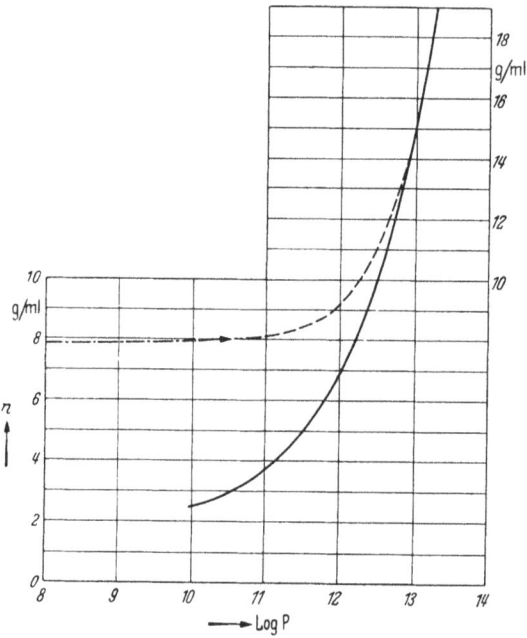

Fig. 25. Theoretische, empirische und interpolierte Druck-Dichte-Kurven für Eisen nach JENSEN [52]. Abszisse: $\log P$ (P in dyn/cm²-Einheiten). Ordinate: n in g/cm³-Einheiten. Ausgezogen: theoretisch. Strichpunktiert: empirisch. Gestrichelt: interpoliert.

1. Die Interpolationskurve soll sich an die empirische Druck-Dichte-Kurve anschließen. An der Anschlußstelle an das experimentelle Gebiet ($P = 1,2 \times 10^{10}$ dyn/cm²) sollen sich die empirischen Werte von n und dn/dP ergeben.

2. Für sehr hohe Drucke soll ein asymptotisches Übergehen in die theoretische Druck-Dichte-Kurve bestehen.

3. Die Geschwindigkeit der Longitudinalwellen[3], die durch den Ausdruck $w = (dn/dP)^{\frac{1}{2}}$ dargestellt wird, soll bei $P = 2,8 \cdot 10^{12}$ dyn/cm² (4500 km Tiefe)[4] 10 km/sec betragen.

Eine möglichst einfache Interpolationsformel, die diesen Bedingungen genügt, ist

$$n = n_0 + B(1 + b n_0) e^{-\beta n_0}, \qquad (43.11)$$

wo die Konstanten B, b und β folgende Werte haben

$$B = 7{,}25 \text{ g/cm}^3, \quad b = 0{,}235 \text{ cm}^3/\text{g}, \quad \beta = 0{,}30 \text{ cm}^3/\text{g} \qquad (43.12)$$

und $n_0 = n_0(P)$ den theoretischen Dichteverlauf bezeichnet. Die Unsicherheit der Interpolationsformel beträgt nach JENSEN etwa 10%.

---

[1] P. W. BRIDGMAN: Proc. Amer. Acad. Art a. Sci. **70**, 69 (1935).
[2] H. JENSEN [52]; Z. techn. Phys. **19**, 563 (1938).
[3] Die Geschwindigkeit der Longitudinalwellen im Erdinnern kann aus den Laufzeitkurven der Erdbebenwellen berechnet werden. Vgl. hierzu B. GUTENBERG u. C. RICHTER, Gerlands Beitr. Geophysik **45**, 280 (1935).
[4] Diese Tiefe wurde gewählt weil hier die Unsicherheit von P und w verhältnismäßig am geringsten ist; vgl. Handbuch der Geophysik, Bd. 2, Fig. 157. Berlin: Bornträger 1935.

Der Verlauf der empirischen Druck-Dichte-Kurve nach den experimentellen Daten von BRIDGMAN[1], weiterhin der Verlauf der rein theoretischen mit Berücksichtigung der Austauschkorrektion berechneten Kurve und der Interpolationskurve ist für Eisen in Fig. 25 dargestellt.

Tabelle 10. *Zusammengehörende Werte von R, Ω, n, kT und P für Eisen für die* THOMAS-FERMI*sche Näherung nach* FEYNMAN, METROPOLIS *und* TELLER [53], *korrigiert nach* R. LATTER, Phys. Rev. **99**, 1854 (1955).
R in Å-, Ω in 10^{-24} cm³-, n in g/cm³-, kT in Kilo-Elektronvolt- und P in 10^{12} dyn/cm²-Einheiten.

Fall	R	Ω	n	kT	P
1	1,2585	8,3500	11,135	0,22296	581,24
2	1,2745	8,6715	10,722	0,49085	1652,8
3	2,9806₅	110,92	0,83821	0,14678	28,542
4	3,1003	124,83	0,74485	0,23788₅	51,438
5	2,9445	106,94	0,86945	0,52895	170,50
6	0,96901	3,8113	24,395	0,23326	1327,5₅
7	0,75631	1,8121	51,309	14,686	333870
8	1,7890	23,986	3,8763	0,29048	313,20
9	2,8434₅	96,300	0,96549	0,98793	391,81
10	4,3562	346,26	0,26852	0,32136₅	29,758
11	3,5767	191,66	0,48512	0,032208	1,6445

Aus der halbempirischen, interpolierten Druck-Dichte-Kurve läßt sich nun z. B. die Dichte im Erdmittelpunkt ($P = 3,5 \cdot 10^{12}$ dyn/cm²) ablesen. Es ergibt sich $n = 11,5$ g/cm³, also ein relativ hoher Wert, der aber mit neueren geophysikalischen Ansätzen über die Massenverteilung der Erde[2] in gutem Einklang steht. Man kann diesen Wert als physikalische Begründung für die in der Geophysik zum Teil noch willkürlichen Annahmen über die Massenverteilung der Erde betrachten.

β) *Beliebige Temperaturen.* Auf Grund des von FEYNMAN, METROPOLIS und TELLER für beliebige Temperaturen ausgearbeiteten THOMAS-FERMIschen Modells der Materie unter hohem Druck, das wir in Ziff. 42β behandelten, haben

Tabelle 11. *Zusammengehörende Werte von R, Ω, n, $\tau(R)$ und P bei der Temperatur $T = 20\,000°$ K ($kT = 0,00172$ Kilo-Elektronvolt) für Eisen für die* THOMAS-FERMI-DIRAC*sche Näherung nach* UMEDA *und* TOMISHIMA [54].
R in Å-, Ω in 10^{-24} cm³-, n in g/cm³-, τ in °K und P in 10^{12} dyn/cm²-Einheiten.

R	Ω	n	τ	P
1,2786	8,7549	10,592	12475	5,2293
0,71745	1,5469	59,947	14121	402,34
0,69044	1,3787	67,261	14227	523,63

dieselben Autoren für Eisen mehrere zusammengehörende Werte der Massendichte, des Druckes und der Temperatur mit Hilfe der Daten der Tabelle 9 berechnet [53]. Ihre Resultate, korrigiert nach LATTER[3], sind in der Tabelle 10 zusammengestellt, wobei zu bemerken ist, daß die in der ersten Kolonne der Tabelle 10 angegebenen Fälle dieselben sind wie die in der Tabelle 9.

In der THOMAS-FERMI-DIRACschen Näherung haben UMEDA und TOMISHIMA [54] auf Grund des von ihnen entwickelten THOMAS-FERMI-DIRACschen Modells der Materie unter hohem Druck (vgl. Ziff. 42β) für Eisen für die

---

[1] P. W. BRIDGMAN: The Physics of High Pressure. London: McMillan 1931. — High Pressure Phenomena. Rev. Mod. Phys. **7**, 1 (1935). — Proc. Amer. Acad. Art a. Sci. **72**, 205 (1938).

[2] K. E. BULLEN: Month. Notices, Geophys. Suppl. **3**, 395 (1936). — Trans. Roy. Soc. New Zealand **67**, 122 (1937). — Neuere seismische Erfahrungen ergeben etwas höhere Dichten, vgl. den Artikel von K. E. BULLEN in Bd. XLVII dieses Handbuches, insbesondere Ziff. 36.

[3] R. LATTER: Phys. Rev. **99**, 1854 (1955).

Temperatur $T = 20000°$ K ähnliche Berechnungen durchgeführt, deren Resultate wir in der Tabelle 11 dargestellt haben. Der Parameter τ ist durch Gl. (2.16) definiert, wobei die Vereinfachung gemacht wurde, daß in dieser Gleichung für ϱ die durch (43.3) definierte mittlere Elektronendichte ϱ_m gesetzt wurde.

Aus einem Vergleich der in der Tabelle 11 angegebenen zusammengehörenden n, P-Werte für Eisen für die Temperatur $T = 20000°$ K mit der in Fig. 25 dargestellten von JENSEN für $T = 0$ berechneten Druck-Dichte-Kurve des Eisens ist zu sehen, daß erwartungsgemäß zu einem vorgegebenen Wert von n bei $T = 20000°$ K ein größerer Wert von P gehört als bei $T = 0$. Vgl. [54].

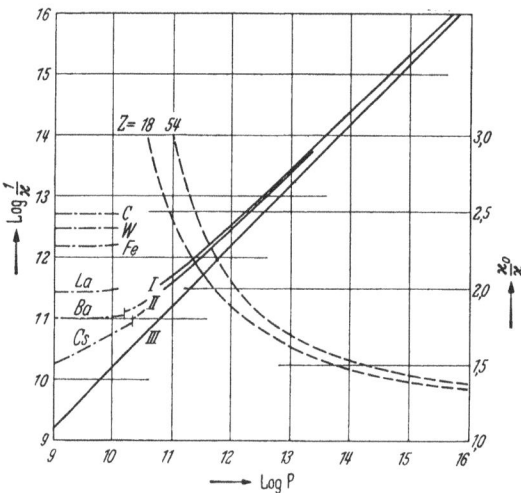

Fig. 26. Druckabhängigkeit der Kompressibilität nach JENSEN [52]. Abszisse: $\log P$ (P in dyn/cm²-Einheiten). Linke Ordinatenachse: $\log \frac{1}{\varkappa}$ ($\varkappa$ in c.g.s.-Einheiten). Ausgezogene Kurven: I $\log \frac{1}{\varkappa}$ theoretisch für $Z = 54$ mit Austauschkorrektion, II $\log \frac{1}{\varkappa}$ theoretisch für $Z = 18$ mit Austauschkorrektion, III $\log \frac{1}{\varkappa}$ theoretisch für das homogene Elektronengas ohne Austauschkorrektion. Strichpunktierte Kurven: empirisch für C, Fe, Cs, Ba, La und W. Rechte Ordinatenachse: $\varkappa_0/\varkappa$. Gestrichelte Kurven: $\varkappa_0/\varkappa$ für $Z = 18$ und 54.

Das in dieser Ziffer ausgearbeitete Modell der Materie unter hohem Druck wurde — außer der weiter oben und in Ziffer 44 besprochenen Anwendung — auch auf einige astrophysikalische Fragen mit Erfolg angewendet[1].

44. Druck-Kompressibilitäts-Beziehung der Elemente bei hohen Drucken am absoluten Nullpunkt der Temperatur. Die Druckabhängigkeit der Kompressibilität wurde von JENSEN [52] für den absoluten Nullpunkt der Temperatur auf Grund des THOMAS-FERMI-DIRACschen Modells der Materie unter hohem Druck berechnet, woraus man durch Nullsetzen der Austauschkorrektion sofort die THOMAS-FERMIsche Näherung erhält. Mit Rücksicht darauf, daß Ω zu $1/n$ und daß nach den Gln. (43.4) und (43.8) n zu ξ^3 proportional ist, folgt aus der Definitionsgleichung der Kompressibilität

$$\frac{1}{\varkappa} = -\Omega \frac{dP}{d\Omega} = n \frac{dP}{dn} = \frac{1}{3} \xi \frac{dP}{d\xi}. \qquad (44.1)$$

Da weiterhin nach (43.6) mit Rücksicht auf (43.5) und (43.8) zwischen P und ξ der Zusammenhang $P = \text{const } \xi^5 [f(\xi)]^{\S}$ besteht, erhält man für $1/\varkappa$ den Ausdruck

$$\frac{1}{\varkappa} = \frac{5}{3} P \left(1 + \frac{1}{3} \frac{\xi}{f} \frac{df}{d\xi}\right). \qquad (44.2)$$

Im Grenzfall des homogenen Elektronengases — für den wir $\varkappa$ mit $\varkappa_0$ bezeichnen — ist, bei Vernachlässigung des Elektronenaustausches, $f = 1$ und es ergibt sich aus (44.2)

$$\frac{1}{\varkappa_0} = \frac{5}{3} P. \qquad (44.3)$$

---

[1] P. M. MORSE: Astrophys. J. **92**, 27 (1940). — R. E. MARSHAK, P. M. MORSE u. H. YORK: Astrophys. J. **111**, 214 (1950). — M. K. BRACHMAN u. R. E. MEYEROTT: Phys. Rev. **91**, 437 (1953).

Ein Maß der Abweichung von diesem Grenzfall gibt der Ausdruck

$$\frac{\varkappa_0}{\varkappa} = 1 + \frac{1}{3} \frac{\xi}{f} \frac{df}{d\xi}. \qquad (44.4)$$

JENSEN hat $1/\varkappa$ aus (44.2) und $\varkappa_0/\varkappa$ aus (44.4) als Funktion von P für $Z=18$ und 54 mit Berücksichtigung der Austauschkorrektion berechnet. Seine Resultate sind zusammen mit einigen empirischen Daten in Fig. 26 dargestellt. Für die ausgezogenen Kurven I und II, die der Beziehung (44.2) entsprechen, gilt die linke Ordinatenskala, auf der $\text{Log}\frac{1}{\varkappa}$ aufgetragen ist. Wie man sieht, ist die Abhängigkeit der Druck-Kompressibilitäts-Beziehung von der Ordnungszahl relativ gering. Die Kurve III, für die ebenfalls die linke Ordinatenskala gilt, zeigt den Zusammenhang $\frac{1}{\varkappa_0} = \frac{5}{3} P$, der dem Grenzfall des homogenen Elektronengases entspricht. Durch die gestrichelten Kurven wird der Zusammenhang (44.4) dargestellt; für diese Kurve gilt die rechte Ordinate, auf der $\varkappa_0/\varkappa$ aufgetragen ist. Wie zu sehen ist, erweist sich die Abweichung der Werte $\varkappa_0/\varkappa$ von 1, d.h. die Abweichung vom Grenzfall des homogenen Elektronengases, mit Ausnahme sehr hoher Drucke, als beträchtlich.

Den Verlauf der experimentellen Daten[1] von $1/\varkappa$ zeigen die strichpunktierten Linien. Bei Drucken von $P \approx 10^9$ dyn/cm² sind die experimentellen Daten auf ein Intervall von fast drei Zehnerpotenzen verstreut, dementsprechend werden die empirischen Kurven zum Teil erst bei sehr hohen Drucken asymptotisch in den theoretischen Verlauf übergehen. Für die leichteren und mittelschweren Elemente ist aber diese Tendenz im Einklang mit Fig. 24 schon wahrzunehmen.

Bibliographie.

In die Bibliographie sind die für die statistische Theorie des Atoms und deren Anwendungen wesentlichsten und in diesem Artikel am häufigsten zitierten Arbeiten sowie zusammenfassende Darstellungen und kürzere zusammenfassende Berichte aufgenommen. Die in der Bibliographie und in den Fußnoten des Artikels zusammen angegebene Literatur ist die meines Wissens nach vollständige Literatur der statistischen Theorie des Atoms und ihrer Anwendungen bis Ende 1955.

Ausführliche zusammenfassende Darstellungen.

[1] BRILLOUIN, L.: L'atome de THOMAS-FERMI. Actualités scientifiques et industrielles, Bd. 160. Paris: Hermann & Cie 1934.
[2] GOMBÁS, P.: Die statistische Theorie des Atoms und ihre Anwendungen. Wien: Springer 1949.

Kürzere zusammenfassende Berichte.

[3] FERMI, E.: Artikel in Leipziger Vorträge 1928, Quantentheorie und Chemie, herausgeg. von H. FALKENHAGEN, S. 95—111. Leipzig: S. Hirzel 1928.
[4] BRILLOUIN, L.: Die Quantenstatistik, Struktur und Eigenschaften der Materie in Einzeldarstellungen, Bd. XIII, S. 416—436. Berlin: Springer 1931.
[5] HELLMANN, H.: Einführung in die Quantenchemie, insbesondere S. 7—47, 111—115 u. 221—222. Leipzig u. Wien: Franz Deuticke 1937.
[6] GOMBÁS, P.: Theorie und Lösungsmethoden des Mehrteilchenproblems der Wellenmechanik, S. 232—246. Basel: Birkhäuser 1950.
[7] SOMMERFELD, A.: Atombau und Spektrallinien, 2. Aufl., Bd. II, S. 690—703. Braunschweig: F. Vieweg & Sohn 1951.

---

[1] Die auf der Fig. 26 markierten Diskontinuitäten der Kurven für Cs und Ba bei etwa $P = 2 \cdot 10^{10}$ dyn/cm² entsprechen je einem Umwandlungspunkt. Der jenseits dieser Punkte liegende Verlauf der Kurven wurde von JENSEN aus den Daten von BRIDGMAN [P. W. BRIDGMAN, The Physics of High Pressure. London: McMillan 1931; High Pressure Phenomena, Rev. Mod. Phys. **7**, 1 (1935); Proc. Amer. Acad. Art a. Sci. **72**, 205 (1938)] roh geschätzt.

[8] BAUER, H. A.: Grundlagen der Atomphysik, 4. Aufl., S. 579—588 u. 593—597. Wien: Springer 1951.
[9] CORSON, E. M.: Perturbation methods in the quantum mechanics of n-electron systems. S. 157—176. London u. Glasgow: Blackie 1951.

I. Grundlagen der statistischen Behandlungsweise des Atoms.

[10] FERMI, E.: Zur Quantelung des idealen einatomigen Gases. Z. Physik **36**, 902 (1926).
[11] DIRAC, P. A. M.: On the theory of quantum mechanics. Proc. Roy. Soc. Lond., Ser. A **112**, 661 (1926). (FERMI-DIRACsche Statistik.)
[12] BLOCH, F.: Bemerkung zur Elektronentheorie des Ferromagnetismus und der elektrischen Leitfähigkeit. Z. Physik **57**, 545 (1929). (Austauschwechselwirkung freier Elektronen.)
[13] WIGNER, E., and F. SEITZ: On the constitution of metallic sodium. Phys. Rev. **43**, 804 (1933). (Austauschwechselwirkung freier Elektronen.)
[14] WIGNER, E., and F. SEITZ: On the constitution of metallic sodium II. Phys. Rev. **46**, 509 (1934). (Austauschwechselwirkung freier Elektronen.)
[15] WIGNER, E. P. On the interaction of electrons in metals. Phys. Rev. **46**, 1002 (1934). (Korrelationskorrektion.)
[16] MACKE, W.: Über die Wechselwirkungen im FERMI-Gas. Polarisationserscheinungen, Korrelationsenergie, Elektronenkondensation. Z. Naturforsch. **5a**, 192 (1950).

II. Das statistische Modell von THOMAS und FERMI.

[17] THOMAS, L. H.: The calculation of atomic fields. Proc. Cambridge Phil. Soc. **23**, 542 (1926).
[18] FERMI, E.: Un metodo statistico per la determinazione di alcune proprietà dell' atomo. Rend. Accad. Lincei (6) **6**, 602 (1927).
[19] FERMI, E.: Eine statistische Methode zur Bestimmung einiger Eigenschaften des Atoms und ihre Anwendung auf die Theorie des periodischen Systems der Elemente. Z. Physik **48**, 73 (1928).
[20] FERMI, E.: Sul calcolo degli spettri degli ioni. Mem. Accad. Italia **1**, 1 (1930). (Statistische positive Ionen.)
[21] SOMMERFELD, A.: Asymptotische Integration der Differentialgleichung des THOMAS-FERMIschen Atoms. Z. Physik **78**, 283 (1932).
[22] FERMI, E., e E. AMALDI: Le orbite ∞s degli elementi. Mem. Accad. Italia **6**, 117 (1934). (FERMI-AMALDIsche Korrektion.)

Für die Energieberechnung des THOMAS-FERMIschen Atoms sind die Arbeiten [37] und [47] und für das RITZsche Verfahren zur Bestimmung der Elektronen- und Potentialverteilung des statistischen Atoms die Arbeiten [46] und [47] wesentlich. Die Grundlagen des statistischen Modells zusammengedrängter Atome sind in der Arbeit [51] zu finden.

III. Erweiterungen des statistischen Modells.

[23] DIRAC, P. A. M.: Note on exchange phenomena in the THOMAS-atom. Proc. Cambridge Phil. Soc. **26**, 376 (1930).
[24] JENSEN, H.: Über den Austausch im THOMAS-FERMI-Atom. Z. Physik **89**, 713 (1934).
[25] JENSEN, H.: Ergänzung zur Arbeit: Über den Austausch im THOMAS-FERMI-Atom. Z. Physik **93**, 232 (1935).
[26] WEIZSÄCKER, C. F. v.: Zur Theorie der Kernmassen. Z. Physik **96**, 431 (1935). (Kinetische Inhomogenitätskorrektion des statistischen Modells.)
[27] JENSEN, H.: Über die Existenz negativer Ionen im Rahmen des statistischen Modells. Z. Physik **101**, 141 (1936).
[28] GOMBÁS, P.: Erweiterung der statistischen Theorie des Atoms. Z. Physik **121**, 523 (1943). (Korrelationskorrektion.)
[29] GOMBÁS, P.: Über eine Modifikation der WEIZSÄCKERschen Korrektion im statistischen Atommodell. Ann. Phys. (6) **18**, 1 (1956).

Die Grundlagen der Erweiterung des statistischen Modells für hohe Temperaturen beinden sich in den Arbeiten [53] und [54].

IV. Störungsrechnung.

[30] GOMBÁS, P.: Störungsrechnung in der erweiterten statistischen Theorie des Atoms und ihre Anwendung zur Berechnung von Polarisierbarkeiten. Z. Physik **122**, 497 (1944).

Die Grundlagen der Störungsrechnung zur Berechnung der Wechselwirkung von Atomen und Ionen mit edelgasähnlichen abgeschlossenen Elektronenschalen enthalten die Arbeiten [47] und [48].

V. Weiterentwicklung der statistischen Theorie.

[31] JENSEN, H.: Eigenschwingungen eines FERMI-Gases und Anwendung auf die BLOCHsche Bremsformel für schnelle Teilchen. Z. Physik **106**, 620 (1937).
[32] GOMBÁS, P.: Über eine vereinfachte Formulierung der Besetzungsvorschrift der Quantenzustände von Atomen und deren Anwendung zur Bestimmung der Atomterme. Z. Physik **118**, 164 (1941).
[33] GOMBÁS, P.: Über eine Erweiterung der statistischen Formulierung des Besetzungsverbotes vollbesetzter Elektronenzustände in Atomen. Acta phys. Hung. **1**, 285 (1952).

Für den in diesem Kapitel behandelten Zusammenhang der statistischen Theorie mit der Wellenmechanik ist besonders die Arbeit [23] von Wichtigkeit.

VI. Anwendungen der statistischen Theorie.

a) Atome.

[34] GENTILE, G., e E. MAJORANA: Sullo sdoppiamento dei termini Roentgen e ottici a causa dell' elettrone rotante e sulle intensità delle righe del cesio. Rend. Accad. Lincei (6) **8**, 229 (1928).
[35] DEBYE, P.: Röntgeninterferenzen und Atomgröße. Phys. Z. **31**, 419 (1930).
[36] HEISENBERG, W.: Über die inkohärente Streuung von Röntgenstrahlen. Phys. Z. **32**, 737 (1931).
[37] SOMMERFELD, A.: Über die höheren Ionisierungsspannungen der Atome im THOMAS-FERMIschen Modell. Z. Physik **80**, 415 (1933).
[38] BLOCH, F.: Bremsvermögen von Atomen mit mehreren Elektronen. Z. Physik **81**, 363 (1933).
[39] HENNEBERG, W.: Zur Streuung von Elektronen an schweren Atomen. Z. Physik **83**, 555 (1933).
[40] HELLMIG, E.: Berechnung optischer Terme mit Hilfe des statistischen Potentials von FERMI. Z. Physik **94**, 361 (1935).
[41] HULTHÉN, L.: Berechnung von Ionisierungsspannungen aus der THOMAS-FERMI-Gleichung mit DIRACS Austauschkorrektion. Z. Physik **95**, 789 (1935).
[42] JENSEN, H., G. MEYER-GOSSLER u. H. ROHDE: Zur physikalischen Deutung der kristallographischen Ionenradien. Z. Physik **110**, 277 (1938).
[43] GOMBÁS, P.: Zur Berechnung von Atomtermen. Z. Physik **119**, 318 (1942).

Anwendungen der statistischen Theorie auf Atome sind auch in den Arbeiten [3], [19], [20], [21], [22], [27] und [30] zu finden; eine sehr ausführliche Darstellung der Anwendungen befindet sich in [2].

b) Moleküle.

[44] HUND, F.: Berechnung der Elektronenverteilung in einer zweiatomigen Molekel nach der Methode von THOMAS und FERMI. Z. Physik **77**, 12 (1932).
[45] MARCH, N. H.: THOMAS-FERMI-fields for molecules with tetrahedral and octahedral symmetry. Proc. Cambridge Phil. Soc. **48**, 665 (1952).

Die Grundlagen der statistischen Behandlung der Bindung heteropolarer Moleküle sind in [47] und die der homöopolaren Moleküle in [5] zu finden.

c) Kristalle.

[46] LENZ, W.: Über die Anwendbarkeit der statistischen Methode auf Ionengitter. Z. Physik **77**, 713 (1932).
[47] JENSEN, H.: Die Ladungsverteilung in Ionen und die Gitterkonstante des Rubidiumbromids nach der statistischen Methode. Z. Physik **77**, 722 (1932).
[48] JENSEN, H.: Quantentheoretische Berechnung der Alkalihalogenidgitter. Z. Physik **101**, 164 (1936).
[49] GOMBÁS, P.: Zur Theorie der Metalle. Hung. Acta phys. **1**, Nr. 2, 1 (1947).
[50] GOMBÁS, P.: Zur Theorie der Edelmetalle und Alkalimetalle. Acta phys. Hung. **1**, 301 (1952).

Eine sehr ausführliche Darstellung der statistischen Theorie der Metalle befindet sich in [2].

d) Materie unter hohem Druck.

[51] SLATER, J. C., and H. M. KRUTTER: The THOMAS-FERMI method for metals. Phys. Rev. **47**, 559 (1935). (Diese Arbeit ist für die Materie unter hohem Druck grundlegend und hat im Gegensatz zum Titel für Metalle eine wesentlich geringere Bedeutung.)
[52] JENSEN, H.: Das Druck-Dichte-Diagramm der Elemente bei höheren Drucken am Temperaturnullpunkt. Z. Physik **111**, 373 (1939).
[53] FEYNMAN, R. P., N. METROPOLIS and E. TELLER: Equation of state of elements based on the generalized FERMI-THOMAS theory. Phys. Rev. **75**, 1561 (1949).
[54] UMEDA, K., and Y. TOMISHIMA: TFDfunctions for non-zero temperatures and equation of state based on them. J. Phys. Soc. Japan **8**, 360 (1953).

Theory of Atomic Collisions.

By

H. S. W. MASSEY.

With 12 Figures.

Introduction.

In this article we shall discuss the methods available for the calculation of the rates of atomic collision processes. We shall exclude from consideration any methods which are of specific application to nuclear or high energy collisions as these are discussed in Vols. XXXIX, XL, XLI and XLIII of this Encyclopedia though some of the methods which will be discussed are applicable to such collisions. No mention will be made of the rates of chemical reactions as these are adequately dealt with in chemical textbooks.

The methods which will be discussed refer to the following types of collisions.

(a) Elastic and inelastic collisions of electrons with gas atoms. The inelastic collisions may involve excitation or ionization.

(b) Elastic and inelastic collisions of electrons with gas molecules. Here inelastic collisions may involve excitation of molecular rotation and/or vibration.

(c) Elastic and inelastic collisions between atoms. If the atoms are both in their ground states the inelastic collisions will involve excitation or ionization of either or both atoms. If one of the atoms is excited an inelastic collision may involve transfer of excitation from one atom to the other.

(d) Elastic and inelastic collisions between ions and atoms. In these cases there is the new possibility of inelastic collisions involving transfer of charge.

(e) Elastic and inelastic collisions between molecules. Here we have, in addition to the possibilities under (c), the additional possibility of transfer or excitation of rotational and/or vibrational energy on collision.

(f) Elastic and inelastic collisions of slow positrons with gas atoms and molecules. In these cases it is possible for a positron to capture an electron to form positronium in a normal or excited state.

(g) Elastic and inelastic collisions of positronium with gas atoms and molecules. This includes the possibility of "ionization" of the positronium or of the conversion of ortho to para positronium or vice versa.

(h) Elastic and inelastic collisions of slow mesons with gas atoms and molecules. These processes are of particular importance for negative mesons.

For fast collisions, which may be defined as those in which the relative velocity of the colliding system is great compared with the velocities involved in the internal motions within each system, there is no difficulty in setting up an adequate general formalism, the well known BORN approximation. On the other hand, for collisions which are not fast in this sense, no general methods of treatment are available and resort must be had to different techniques for different situations. These are usually more difficult to apply and are often of uncertain validity. Considerable progress has nevertheless been made in these directions, particularly for collisions involving light particles and for elastic collisions in general. In fact it is possible, in many circumstances, to treat the elastic scattering as a one-body problem, involving the scattering of a beam of particles by a structureless centre of force. For this reason we shall begin by discussing in some detail the theory of this one-body problem. When this has been dealt with we shall turn to the more general problem in which the possibility of inelastic as well as elastic collisions must be allowed for explicitly.

A. Scattering by a centre of force.

1. Formulation of the problem. It will be convenient to refer to the scattering centre as the "atom" and the incident particles as electrons. We suppose that a stream of electrons of homogeneous energy E is incident in the z-direction on an atom. The current density in the stream is such that A electrons pass per second through unit area normal to the beam. Some of these electrons are scattered by the atom. To measure the intensity of scattering in a given direction ϑ relative to the incident beam we can imagine a small area δS placed at a great distance r from the centre so that it subtends a solid angle $\delta\omega$ at the centre, about the direction ϑ (see Fig. 1). The number of electrons falling on δS will be proportional to $\delta\omega$ and to the flux density A in the incident beam. It may therefore be written $AI(\vartheta)\delta\omega$ where $I(\vartheta)\delta\omega$, which has the dimensions of area, is called the *differential cross section* for scattering through an angle ϑ into the solid angle element $\delta\omega$. $I(\vartheta)$ will be a function in general of the energy E of the incident particles as well as of the angle of scattering ϑ. The problem is to calculate $I(\vartheta)$ for all ϑ and E.

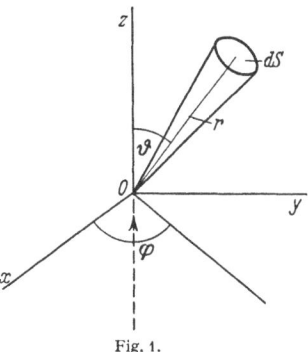

Fig. 1.

The *total cross section* Q for the collision is obtained by integrating the differential cross section over all solid angles so that

$$Q = \int_0^\pi \int_0^{2\pi} I(\vartheta)\,d\omega,$$
$$= 2\pi \int_0^\pi I(\vartheta) \sin\vartheta\,d\vartheta. \qquad (1.1)$$

The total flux of scattered particles, with incident energy E, is just that which would be obtained if the atom behaved as a rigid sphere of cross section Q but it must be remembered that Q will depend on E and that the differential cross section, considered as a function of ϑ, will not in general have any resemblance to that expected for scattering by a rigid sphere.

If the interaction energy $V(r)$ between the atom and the electron does not vanish for r exceeding some finite value, the total cross section defined by (1.1) would be unbounded according to the classical theory but this is not so in general when allowance is made for the uncertainty principle[1].

Thus for a collision to be described adequately by the classical theory the orbit of the incident particle must be well defined as well as the angle of deflection. Consider an electron wave packet travelling in the z direction so that, if undeflected, it would pass the scattering centre at a distance y. The breadth

---
[1] N. F. MOTT: Proc. Roy. Soc. Lond., Ser. A **127**, 658 (1930).

Δy of the packet will be associated with an uncertainty in electron velocity Δv_y in the transverse direction where, according to the uncertainty principle,

$$\Delta y \Delta v_y \approx h/m \tag{1.2}$$

where m is the electron mass. Hence, since the classical orbit will only be well defined if

$$y \gg \Delta y$$

we must have

$$y \gg \frac{h}{m \Delta v_y}. \tag{1.3}$$

Furthermore, because of the uncertainty Δv_y, the wave packet has a spreading angle of order $\Delta v_y/v$ where v is the incident velocity. It will only be possible to distinguish a deflection ϑ if

$$\vartheta \gg \Delta v_y/v. \tag{1.4}$$

Eliminating Δv_y by means of (1.3) we have, as the condition for the particular collision involving a deflection ϑ to be discernible classically,

$$\vartheta y \gg \frac{h}{m v}. \tag{1.5}$$

It may easily be shown from classical orbit theory that, provided $V(r)$ falls off faster than r^{-2} at large r, ϑy tends to zero with ϑ. In such cases the classical treatment must break down for sufficiently small ϑ and it is in these cases that the quantum theory gives finite values for Q as defined by (1.1), (see Sect. 8 β).

The quantum treatment of the problem regards the incident beam as an incident plane wave, with wave function $C e^{ikz}$ where $k = 2\pi/\lambda = 2\pi m v/h = (\hbar^2 E/2m)^{\frac{1}{2}}$. The flux density corresponding to this wave function is given by the usual formula

$$\boldsymbol{j} = \frac{\hbar}{2mi} (\psi \operatorname{grad} \psi^* - \psi^* \operatorname{grad} \psi) \tag{1.6}$$

and is $v|C|^2$. Thus to represent a beam of flux density A we have

$$C = (A/v)^{\frac{1}{2}}. \tag{1.7}$$

The scattered electrons are represented by an outgoing spherical wave which, at great distances from the scattering centre, has the form

$$r^{-1} C f(\vartheta) e^{ikr}. \tag{1.8}$$

Applying the formula (1.6) we see that this represents a radial flux density

$$v|C|^2 |f(\vartheta)|^2 r^{-2} \tag{1.9}$$

so that the number of scattered electrons incident per second on the small area δS normal to $\boldsymbol{r}$ is

$$v|C|^2 |f(\vartheta)|^2 \delta S/r^2,$$
$$= v|C|^2 |f(\vartheta)|^2 \delta \omega,$$
$$= A|f(\vartheta)|^2 \delta \omega,$$

so that

$$I(\vartheta) = |f(\vartheta)|^2. \tag{1.10}$$

Hence to determine $I(\vartheta)$ we must obtain a solution of Schrödinger's equation for the motion of electrons of energy $E (>0)$ in the field of potential energy

Sect. 2. Determination of the differential cross section — the phase shifts.

$V(r)$, which has the asymptotic form

$$e^{ikz} + \frac{e^{ikr}}{r} f(\vartheta), \qquad (1.11)$$

where $k^2 = 2mE/\hbar^2$.

2. Determination of the differential cross section—the phase shifts. The SCHRÖDINGER equation is

$$\nabla^2 \psi + \frac{8\pi^2 m}{h^2}(E - V(r))\psi = 0. \qquad (2.1)$$

For convenience we write

$$\frac{8\pi^2 m V}{h^2} = U(r), \qquad (2.2)$$

so that

$$\nabla^2 \psi + [k^2 - U(r)]\psi = 0. \qquad (2.3)$$

We require a solution of this equation which is bounded, continuous and single valued everywhere, and satisfies the asymptotic condition (1.11). If we choose the z-axis along the direction of incidence it is clear that the required solution is symmetrical about this axis. We may therefore expand ψ in a series of LEGENDRE polynomials:

$$\psi = r^{-1} \sum_{l=0}^{\infty} \varphi_l(r) P_l(\cos\vartheta). \qquad (2.4)$$

On substitution in (2.3), using the fact that

$$\nabla^2 \equiv \frac{1}{r^2} \frac{d}{dr}\left(r^2 \frac{d}{dr}\right) + \frac{L^2}{r^2} \quad \text{where} \quad L^2 P_l(\cos\vartheta) = -l(l+1) P_l(\cos\vartheta),$$

we obtain the equation for φ_l

$$\frac{d^2 \varphi_l}{dr^2} + \left[k^2 - V(r) - \frac{l(l+1)}{r^2}\right]\varphi_l = 0. \qquad (2.5)$$

We must now obtain a solution of this equation which vanishes as $r \to 0$ and which is such that (2.4) satisfies the asymptotic conditions (1.11). Now

$$e^{ikr\cos\vartheta} = \sum_l i^l (2l+1) j_l(kr) P_l(\cos\vartheta), \qquad (2.6)$$

where the $j_l(kr)$ are the spherical BESSEL functions[1]

$$j_l(x) = (\pi/2x)^{\frac{1}{2}} J_{l+\frac{1}{2}}(x). \qquad (2.7)$$

For large r

$$j_l(x) \sim x^{-1} \sin(x - \tfrac{1}{2}l\pi) \qquad (2.8)$$

so that (2.4) will have the correct asymptotic form if

$$\varphi_l \sim i^l (2l+1) k^{-1} \sin(kr - \tfrac{1}{2}l\pi) + c_l e^{ikr}. \qquad (2.9)$$

We then have

$$f(\vartheta) = \sum_l c_l P_l(\cos\vartheta). \qquad (2.10)$$

To determine c_l we note that, if $U(r)$ falls off for large r faster than r^{-2}, the solution of (2.5) for large r can be written

$$\varphi_l \sim r\{\alpha j_l(kr) + \beta j_{-l}(kr)\}, \qquad (2.11)$$

---
[1] For details on the special functions occurring, see J. MEIXNER's article in vol. I of this Encyclopedia.

where
$$\hat{j}_{-l}(x) = \left(\frac{\pi}{2x}\right)^{\frac{1}{2}} J_{-l-\frac{1}{2}}(x) \sim x^{-1}(-1)^l \cos\left(x - \frac{1}{2}l\pi\right). \tag{2.12}$$

Hence we may write
$$\varphi_l \sim a_l \sin(kr - \tfrac{1}{2}l\pi + \eta_l) \tag{2.13}$$
where
$$\tan \eta_l = (-1)^l \beta/\alpha. \tag{2.14}$$

Comparing (2.13) with (2.9) we see that, for ψ as given by (2.4) to have the correct asymptotic form,
$$a_l e^{-i\eta_l} = \frac{i^l(2l+1)}{k},$$

$$a_l e^{i\eta_l - \frac{1}{2}l\pi i} = 2i c_l + \frac{i^l(2l+1)}{k} e^{-\frac{1}{2}l\pi i},$$

so that
$$c_l = (e^{2i\eta_l} - 1)(2l+1)/2ik \tag{2.15}$$
$$a_l = i^l e^{i\eta_l}(2l+1)/k. \tag{2.16}$$

Substitution in (2.10) now gives the required expression for $f(\vartheta)$. We have
$$I(\vartheta) = \left|\frac{1}{2ik} \sum_{l=0}^{\infty} (e^{2i\eta_l} - 1)(2l+1) P_l(\cos\vartheta)\right|^2, \tag{2.17}$$

and the total cross section
$$Q = 2\pi \int_0^\pi I(\vartheta) \sin\vartheta\, d\vartheta = \sum_l Q_l$$
where
$$Q_l = \frac{4\pi}{k^2}(2l+1) \sin^2 \eta_l. \tag{2.18}$$

The above method which was first used for the problem under consideration by Faxén and Holtsmark[1] is essentially the same as that first introduced by Rayleigh[2] and applied by him to the scattering of sound waves by spherical obstacles.

3. Relation to impact parameter method in classical theory. In the classical theory of collisions the impact parameter p is defined as the perpendicular from the scattering centre to the initial line of motion of the incident particle. A definite angle of scattering ϑ is associated with each value of p as well as a definite angular momentum $J = mvp$ about the scattering centre. In the quantum theory the angular momentum is quantized so that
$$J = \sqrt{l(l+1)}\,\hbar, \quad l = 0, 1, 2, \ldots \tag{3.1}$$

but there is no definite ϑ or definite p corresponding to each allowed J. However the most probable value of p is close to the classical value $J/mv = \sqrt{l(l+1)}\,\hbar/mv$.

This may be seen by considering the form of the radial wave function $\hat{j}_l(kr)$ for free motion. Reference to Fig. 2 shows that the radial probability density for this function has its first maximum when $kr \approx l$.

We should therefore expect that the effect of the scattering potential will be small for electrons of angular momentum quantum number l if $V(r)$ is much

---
[1] H. Faxén and J. Holtsmark: Z. Physik **45**, 307 (1927).
[2] Lord Rayleigh: Theory of Sound, vol. ii, p. 272 (1896).

Sect. 4. Relation of the phase shift formulation to the conservation of particles. 237

less than the initial kinetic energy E of the electrons when $r=l/k$. Thus we expect that the phase shift η_l will be small under these conditions. This expectation will be verified in Sect. 8 below. The conditions for convergence of the series (2.18) will also be examined in Sect. 8β.

The relation of the formula (2.18) to the impact parameter approach may be seen as follows. Classically, if a particle with impact parameter between p and $p+\delta p$ suffers a deviation, the contribution to the scattering cross section is given by

$$\delta Q = 2\pi p \, \delta p = \frac{2\pi J \, \delta J}{m^2 v^2}. \tag{3.2}$$

When the angular momentum is quantized we expect to replace $J \delta J$ by $(2l+1)\,\hbar^2\,\delta l = (2l+1)\,\hbar^2$. The corresponding partial cross sections would then be $2\pi(2l+1)\,\hbar^2/m^2v^2 = 2\pi(2l+1)/k^2$. Comparing this with the actual formula (2.18) we see that, apart from a factor of 2, $\sin^2\eta_l$ can be interpreted as the probability that a particle of angular momentum $\sqrt{l(l+1)}\,\hbar$ will be scattered. On the classical theory there will always be scattering of a particle of angular momentum J if $V\left(\dfrac{J}{mv}\right)\neq 0$, but this is not so in the quantum theory. Thus if $\eta_l = s\pi$ where s is a positive or negative integer, the partial cross section Q_l vanishes. This is because the only observed effect of the scattering on the incident waves of a particular angular momentum is the phase change at infinity — the wavelength is unchanged because there is no inelastic scattering, the amplitude is unchanged because there is no absorption. A phase change of $s\pi$ cannot be distinguished from a zero phase change as the number of half wavelengths between the scatterer and infinity cannot be counted.

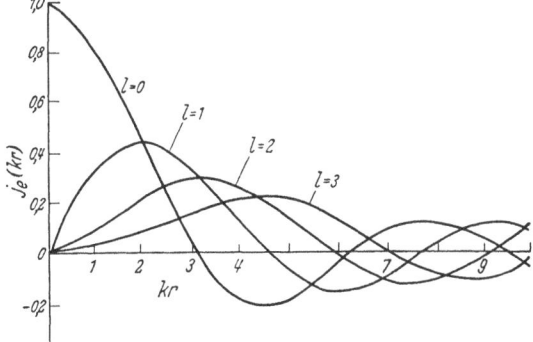

Fig. 2. Radial wave functions $j_l(kr)$ for free motion of a particle of wave number k.

It is also true that, as far as the formulae (2.13), (2.17) and (2.18) are concerned, the phase shift η_l is ambiguous in the same way. In order to remove this we shall impose the further requirement that

$$\lim_{k\to\infty}\eta_l = 0. \tag{3.3}$$

The additional factor of 2 which appears in the quantum formula (2.18) arises from an entirely non-classical effect—edge diffraction, about which more will be said in Sect. 23.

4. Relation of the phase shift formulation to the conservation of particles. At a great distance from the scatterer the wave function describing the incident and elastically scattered wave, with angular momentum quantum number l, takes the form

$$\psi_l \sim (kr)^{-1} i^l (2l+1) \sin(kr - \tfrac{1}{2}l\pi) + r^{-1} c_l e^{ikr}. \tag{4.1}$$

This is perfectly general no matter what the scattering process and whether or not absorption or inelastic scattering is occuring at the same time.

The net inward radial flux j_r of particles with the initial energy is obtained, at large distances, by calculating the radial component of the flux density vector $\boldsymbol{j}$ from (1.6) using (4.1) for ψ. We find

$$j_r = -\frac{\hbar}{m\,r^2}\left[-\frac{1}{2}i(2l+1)(c_l^* - c_l) + k|c_l|^2\right]. \tag{4.2}$$

If the only process which can occur is elastic scattering, j_r must vanish so that

$$\frac{|c_l|^2}{(c_l^* - c_l)} = -\frac{2l+1}{2ik}. \tag{4.3}$$

Hence, if we write

$$c_l = (d_l - 1)\frac{2l+1}{2ik},$$

$$|d_l - 1|^2 = -d_l - d_l^* + 2,$$

so that if $d_l = \varrho_l e^{i\Phi_l}$, $|\varrho_l| = 1$. It follows that, when only elastic scattering can occur, we may always write

$$c_l = \frac{2l+1}{2ik}(e^{2i\eta_l} - 1) \tag{4.4}$$

quite irrespective of the nature of the interaction which produces the scattering—it need not even be a potential interaction at all. The generality of the formula (2.17) is therefore much greater than would be expected at first sight. In Sect. 2 we have shown how the phases η_l may be related to the asymptotic form of the solution of a certain differential equation, but in more general cases the determination of the η_l may be more difficult.

5. Relation of forward scattering amplitude to total cross section. We have seen from (4.3) that

$$4\pi \sum_l \frac{|c_l|^2}{2l+1} = \frac{2\pi}{ik}\sum_l (c_l - c_l^*). \tag{5.1}$$

The left-hand side is the total cross section and the right-hand side is $(4\pi/k) \times$ imaginary part of the forward scattering amplitude $\sum c_l P_l(\cos\vartheta)$. This relation is sometimes useful to facilitate calculation of one or other of these quantities. It may be generalized to the form given in Sect. 22 when inelastic collisions can occur.

6. Born's approximation[1]. We now seek an approximate closed expression for the differential cross section which is valid when the effect of the scattering potential can be assumed to be small. This can be presumed so if $V(r) \ll E$ for all r but, while a sufficient condition, it is not a necessary one and we shall defer further examination of this matter until we have derived the approximate formula and examined the conditions for its validity.

We may write the Eq. (2.3) for the wave function describing the scattering in the form

$$\nabla^2\psi + k^2\psi = U\psi, \tag{6.1}$$

and derive an integral equation for ψ by treating the right-hand side as a known function. Using the method of the Green's function[2] we have

$$\psi(\boldsymbol{r}) = \psi_0(\boldsymbol{r}) - \frac{1}{4\pi}\int U(\boldsymbol{r}')\psi(\boldsymbol{r}')\frac{e^{\pm ik|\boldsymbol{r}-\boldsymbol{r}'|}}{|\boldsymbol{r}-\boldsymbol{r}'|}d\boldsymbol{r}', \tag{6.2}$$

---
[1] M. Born: Z. Physik **37**, 863 (1926); **38**, 803 (1926).
[2] N. F. Mott and H. S. W. Massey: Theory of Atomic Collisions, 2nd ed., p. 114. 1949.

where ψ_0 is a solution of the equation (6.1) with the right-hand side zero. A solution with the required asymptotic form will then be obtained by taking $\psi_0 = e^{ikz}$ and the positive sign in the exponent within the integral.

We may now use (6.2) as a basis for an iterative series of approximations in which U is regarded as small. The first such approximation is obtained by substituting for ψ on the right-hand side of (6.2) the function which would be correct if U were zero, namely e^{ikz}. This gives

$$\psi(r, \vartheta) = e^{ikz} - \frac{1}{4\pi} \int e^{ikz'} U(r') \frac{e^{ik|r-r'|}}{|r-r'|} dr'. \tag{6.3}$$

For large values of r we may write

$$\frac{e^{ik|r-r'|}}{|r-r'|} \sim \frac{e^{ikr}}{r} e^{-ikn\cdot r'} \tag{6.4}$$

where n is a unit vector in the direction ϑ. Hence

$$\psi \sim e^{ikz} + r^{-1} e^{ikr} f_{1B}(\vartheta), \tag{6.5}$$

where

$$f_{1B}(\vartheta) = -\frac{1}{4\pi} \int e^{ik(n_0-n)\cdot r'} U(r') dr', \tag{6.6}$$

n_0 being a unit vector in the direction of incidence so that $n_0 \cdot n = \cos\vartheta$.

The formula (6.6) is known as BORN's first approximation to the elastic scattered amplitude or, more often, as just BORN's approximation, since it is only rarely that the second approximation is examined.

The formula (6.6) may be derived from the more general quantum mechanical formula[1]

$$\frac{4\pi^2}{h} |H_{if}|^2 \frac{dN}{dE} \tag{6.7}$$

for the number of transitions per second from an initial state i of a system to a final state f of equal energy, due to a perturbation H, dN/dE being the number of final states per unit energy range about the final state. H_{if} is the transition matrix element

$$\int \Psi_i^* H \Psi_f d\tau$$

of the perturbation, Ψ_i and Ψ_f being the initial and final wave functions for the system in the absence of the perturbation, normalized to unity.

If we consider an electron within a volume Ω we have in the same notation as above

$$\Psi_i = \frac{1}{\sqrt{\Omega}} e^{ikn_0 \cdot r},$$

$$\Psi_f = \frac{1}{\sqrt{\Omega}} e^{ikn \cdot r}.$$

Also

$$\frac{dN}{dE} = \frac{\Omega p^2 d\omega}{h^3} \frac{dp}{dE},$$

where p is the magnitude of the electron momentum and $d\omega$ is the element of solid angle about the final direction n of the scattered electron.

The number of transitions per second is given by $NvI(\vartheta)d\omega$ where $N = 1/\Omega$, is the number of scatterers per cm.³ and v is the electron velocity. Hence, from (6.7),

$$\frac{v}{\Omega} I(\vartheta) d\omega = \frac{4\pi^2 m^2}{\Omega h^4} v \left| \int V(r') e^{ik(n_0-n_1)\cdot r'} dr' \right|^2,$$

---

[1] P. A. M. DIRAC: The Principles of Quantum Mechanics, 3rd ed., p. 180. 1947.

giving

$$|f(\vartheta)| = \frac{1}{4\pi} \int U(r') e^{ik(\mathbf{n_0}-\mathbf{n_1})\cdot \mathbf{r'}} d\mathbf{r'}$$

as above.

For central potentials $V(r)$ we may carry out the angular integrations in (6.6) very easily. Since $|\mathbf{n_0}-\mathbf{n}| = 2\sin\frac{1}{2}\vartheta$ we have, by taking the polar axis along $\mathbf{n_0}-\mathbf{n}$,

$$\begin{aligned}f_{1B}(\vartheta) &= -\frac{1}{2}\int_0^\infty \int_0^\pi \exp\left(2ikr'\sin\frac{1}{2}\vartheta\cos\vartheta'\right) U(r')\, r'^2\, dr'\sin\vartheta'\, d\vartheta',\\ &= -\frac{1}{2k\sin\frac{1}{2}\vartheta}\int_0^\infty U(r')\sin\left(2kr'\sin\frac{1}{2}\vartheta\right) r'\, dr'.\end{aligned} \quad (6.8)$$

Thus, according to this approximation, the differential cross section is a function of $k\sin\frac{1}{2}\vartheta$ or of $v\sin\frac{1}{2}\vartheta$ where v is the velocity of the incident electrons.

For comparison with the exact formula (2.17) we must expand (6.8) in a series of Legendre polynomials. We have

$$f_{1B}(\vartheta) = \sum_l b_l P_l(\cos\vartheta), \quad (6.9)$$

where

$$b_l = -\frac{(2l+1)}{2}\int_0^\infty\int_0^\pi U(r')\,\frac{\sin(2kr'\sin\frac{1}{2}\vartheta)}{2kr'\sin\frac{1}{2}\vartheta}\, P_l(\cos\vartheta)\, r'^2 dr'\sin\vartheta\, d\vartheta, \quad (6.10)$$

it being assumed that the order of integration is immaterial. Now

$$\frac{\sin k|\mathbf{r}-\mathbf{r'}|}{|\mathbf{r}-\mathbf{r'}|} = k\sum_n (2n+1) j_n(kr) j_n(kr') P_n(\cos\vartheta) \quad (6.11)$$

where ϑ is the angle between $\mathbf{r}$ and $\mathbf{r'}$. Putting $r=r'$ in (6.11) and substituting the resulting expression for $\frac{\sin(2kr'\sin\frac{1}{2}\vartheta)}{2kr'\sin\frac{1}{2}\vartheta}$ in (6.10) we find

$$b_l = -(2l+1)\int_0^\infty U(r')\{j_l(kr')\}^2\, r'^2\, dr'. \quad (6.12)$$

Comparing with (2.17) we would expect that, when η_l is small, corresponding to a weak scattering potential,

$$e^{2i\eta_l} - 1 \approx 2i\eta_l = \frac{2ik}{2l+1} b_l,$$

so that

$$\eta_l = -k\int_0^\infty U(r)\{j_l(kr)\}^2 r^2\, dr, \quad (6.13)$$

when it is small. This will be proved in Sect. 7 below. Meanwhile it may be seen that, if the effective range of $V(r)$ is a, η_l will be small if $l \gg ka$. For[1]

$$J_{l+\frac{1}{2}}(x) \approx \frac{1}{\sqrt{2\pi l}}\left(\frac{xl}{2l+1}\right)^{l+\frac{1}{2}}, \quad l \gg x$$

so that

$$j_l(kr) \approx \frac{1}{2\sqrt{lkr}}\left(\frac{krl}{2l+1}\right)^{l+\frac{1}{2}}, \quad l \gg kr$$

---

[1] H. and B. S. Jeffreys: Mathematical Physics p. 555. 1946.

and
$$\eta_l \approx -\frac{1}{4l}\left(\frac{kl}{2l+1}\right)^{2l+1} \int_0^a r^{2l+2} U(r)\, dr, \quad l \gg ka.$$

If $r^2|U(r)| \leq C$ for $0 < r < a$
$$|\eta_l| < \left(\frac{kal}{2l+1}\right)^{2l+1} \frac{c}{8l^2}.$$

This shows that η_l will decrease rapidly with l under these conditions. For an actual potential with no clearly defined range it is more difficult to discuss the variation of η_l with l in quantitative terms. For a potential which falls rapidly with r for large r similar behaviour of η_l with l for large l would, however, be expected. A much weaker result, sufficient for the purposes required, is given in Sect. 8β. Illustrations from actual cases of the variation of η_l with l are given in Sect. 19.

7. Integral equations for the phases. The solution of the equation
$$\frac{d^2\psi}{dr^2} + [k^2 - U(r)]\psi = G(r), \quad k^2 > 0, \tag{7.1}$$

may be expressed in terms of the solutions of the corresponding homogeneous equation in which $G(r) = 0$, as follows. If ψ_1 and ψ_2 are two independent solutions of this homogeneous equation which satisfy
$$\frac{d\psi_1}{dr}\psi_2 - \frac{d\psi_2}{dr}\psi_1 = 1 \quad \text{(all } r\text{)} \tag{7.2}$$

then
$$\psi_1(r)\int_a^r \psi_2 G\, dr' + \psi_2(r)\int_r^b \psi_1 G\, dr', \tag{7.3}$$

is a solution of (7.1), a and b being arbitrary constants.

We may apply this immediately to the equation for s-wave scattering
$$\frac{d^2\varphi_0}{dr^2} + k^2\varphi_0 = U(r)\varphi_0. \tag{7.4}$$

To obtain a solution which vanishes at $r = 0$ and has the asymptotic form
$$\varphi_0 \sim \sin kr + \tan\eta_0 \cos kr \tag{7.5}$$

we take in (7.3)
$$\psi_1 = \sin kr, \quad \psi_2 = k^{-1}\cos kr, \quad b = 0 \text{ and } a \to \infty$$

so that φ_0 satisfies the integral equation
$$\varphi_0 = \sin kr + \int_0^\infty K_0(r, r')\, U(r')\, \varphi_0(r')\, dr', \tag{7.6}$$

where
$$\begin{aligned} K_0 &= -k^{-1}\sin kr \cos kr', & r \leq r', \\ &= -k^{-1}\cos kr \sin kr', & r \geq r'. \end{aligned} \tag{7.7}$$

Further, by comparison with (7.5),
$$\tan\eta_0 = -k^{-1}\int_0^\infty \sin kr'\, U(r')\, \varphi_0(r')\, dr'. \tag{7.8}$$

When φ_0 differs by only a small amount from the unperturbed plane wave function $\sin kr$, η_0 will be small and hence given by

$$\eta_0 = -k^{-1}\int_0^\infty \sin^2 kr'\, U(r')\,dr'. \tag{7.9}$$

This agrees with (6.13) when $l=0$.

There is no difficulty about generalisation to cases in which $l\neq 0$. It is only necessary to replace $\sin kx$ by $kx j_l(kx)$ and $\cos kx$ by $(-1)^{l+1} kx j_{-l}(kx)$ where j_l and j_{-l} have been defined in (2.7) and (2.12) respectively, x standing for both r and r', so that, when small

$$\eta_l = -k\int_0^\infty U(r')\, j_l^2(kr')\, r'^2\, dr' \tag{7.10}$$

in agreement with (6.13).

We can see now how a series of approximations may be built up by iterating the integral equations

$$\varphi_l = kr j_l(kr) + \int_0^\infty K_l(r,r')\, U(r')\, \varphi_l(r')\, dr'. \tag{7.11}$$

The convergence of this procedure will be discussed in more detail in Sect. 8.

An alternative procedure which gives a slightly different series of higher approximations is to obtain the integral equation for the solution of (7.4) which has the asymptotic form

$$\chi_0 \sim e^{i\eta_0}\sin(kr+\eta_0). \tag{7.12}$$

This is given by taking $\psi_1 = \sin kr$, $\psi_2 = k^{-1}e^{ikr}$, $b=0$, $a\to\infty$ in (7.3), so that

$$\chi_0 = \sin kr + \int_0^\infty G_0(r,r')\, U(r')\, \chi_0(r')\, dr' \tag{7.13}$$

where

$$\begin{aligned} G_0(r,r') &= -k^{-1}\sin kr\, e^{ikr'}, & r\leq r', \\ &= -k^{-1}e^{ikr}\sin kr', & r\geq r', \end{aligned} \tag{7.14}$$

and

$$e^{2i\eta_0} = 1 + \frac{2}{ik}\int_0^\infty \sin kr'\, U(r')\, \chi_0(r')\, dr'. \tag{7.15}$$

When η_0 is small this agrees with (7.8).

The generalisation again follows as before. The first approximation in the series of iterations based on (7.13) is the same as that from (7.6) but higher approximations are different. It might be noted that $\chi_l = \varphi_l\, e^{i\eta_l}\cos\eta_l$.

8. Convergence of Born expansions.
Successive approximations using Born's method should be based on iteration of the three-dimensional integral equation (6.2). Little work has so far been done towards determining the radii of convergence of such expansions. Jost and Pais[1] have, however, considered the convergence of the successive approximations obtained by iteration of integral equations of the form (7.11) which describe the scattering for a given angular momentum. Kohn[2] has extended this work by obtaining useful upper and lower bounds for the radii of convergence both for iteration of (7.11) and the

---
[1] R. Jost and A. Pais: Phys. Rev. **82**, 840 (1951).
[2] W. Kohn: Phys. Rev. **87**, 538 (1952). — Rev. Mod. Phys. **26**, 292 (1954).

generalisation of (7.13) for arbitrary angular momentum and has also considered the truncation error which arises when the series of approximations is cut off at some stage.

We shall illustrate the general arguments by discussing the case $l=0$ but will give results for the general case. It is convenient to write $U(r)=\lambda u(r)$ so that λ may be treated as an expansion parameter. The function $u(r)$ will be supposed to satisfy the following conditions:

$$\begin{aligned}&\text{(a) } u(r) \quad \text{sectionally continuous,}\\ &\text{(b) } \lim_{r\to 0} r^{1+\varepsilon} u(r) = 0,\\ &\text{(c) } \lim_{r\to\infty} r^{2+\varepsilon} u(r) = 0,\end{aligned} \qquad (8.1)$$

where ε is a positive number as small as we please. We introduce the solutions $f_0(\lambda; \pm k, r)$ of the Schrödinger equation

$$\frac{d^2 \psi_0}{dr^2} + [k^2 - \lambda u(r)]\psi_0 = 0 \qquad (8.2)$$

which behave asymptotically as $e^{\mp ikr}$. Since these solutions are defined by initial values independent of λ and the Eq. (8.2) may be solved with these initial conditions for any complex value of λ, the solutions $f_0(\lambda; \pm k, r)$ are entire functions of λ. Expansions for these functions as power series in λ are always possible, whereas the functions φ_0, χ_0 of (7.6) and (7.13) will possess singularities as functions of λ. Thus, dropping the suffix 0 in f,

$$\varphi_0(\lambda; k, r) = \frac{i}{f(\lambda; k, 0) + f(\lambda; -k, 0)} [f(\lambda; -k, 0) f(\lambda; k, r) -\\ - f(\lambda; k, 0) f(\lambda; -k, r)], \qquad (8.3)$$

$$\chi_0(\lambda; k, r) = \frac{i}{2f(\lambda; -k, 0)} [f(\lambda; -k, 0) f(\lambda; k, r) - f(\lambda; k, 0) f(\lambda; -k, r)]$$

so that φ_0 possesses poles at the zeros $\lambda_1, \lambda_2, \ldots$ of $f(\lambda; k, 0)+f(\lambda; -k, 0)$ and χ_0 at the zeros $\lambda_1', \lambda_2', \ldots$ of $f(\lambda; -k, 0)$. It follows that the series expansions of φ_0, χ_0 in powers of λ will converge for $|\lambda| < |\lambda_1|$ and $|\lambda| < |\lambda_1'|$ respectively. Lower bounds for $|\lambda_1|$ and $|\lambda_1'|$ may be obtained by direct reference to the integral equations (7.6) and (7.13) to be iterated. Thus, referring to (7.6) we have

$$\begin{aligned}\varphi_0(r) &= \sin kr + \lambda \int_0^\infty K_0(r, r') u(r') \sin k r' dr' +\\ &+ \lambda^2 \int_0^\infty K_0(r, r') u(r') \left[\int_0^\infty K_0(r', r'') u(r'') \sin k r'' dr''\right] dr' + \lambda^3 \int_0^\infty \ldots,\\ &= (kr)^{\frac{1}{2}} \left[\frac{\sin kr}{(kr)^{\frac{1}{2}}} + \lambda \int_0^\infty \frac{K_0(r, r')}{(rr')^{\frac{1}{2}}} r' u(r') \frac{\sin kr'}{(kr')^{\frac{1}{2}}} dr' +\right.\\ &+ \lambda^2 \int_0^\infty \frac{K_0(r, r')}{(rr')^{\frac{1}{2}}} r' u(r') \left[\int_0^\infty \frac{K_0(r', r'')}{(r'r'')^{\frac{1}{2}}} r'' u(r'') \frac{\sin kr''}{(kr'')^{\frac{1}{2}}} dr''\right] dr' +\\ &+ \left.\lambda^3 \int_0^\infty \ldots\right],\end{aligned} \qquad (8.4)$$

$\sin kr/(kr)^{\frac{1}{2}}$ and $|K_0(r, r')/(rr')^{\frac{1}{2}}|$ are bounded for all r, r' and k. We write then

$$m_0 = |\sin kr/(kr)^{\frac{1}{2}}|_{\max}, \tag{8.5}$$

$$\frac{1}{t_0} = |K_0(r, r')/(rr')^{\frac{1}{2}}|_{\max}, \tag{8.6}$$

so that the series (8.4) is dominated by

$$(kr)^{\frac{1}{2}} m_0 \left[1 + \frac{|\lambda|}{t_0} \int_0^\infty r |u(r)| \, dr + \frac{|\lambda|^2}{t_0^2} \left\{ \int_0^\infty r |u(r)| \, dr \right\}^2 + \cdots \right] \tag{8.7}$$

giving as a lower bound λ_{L2} for λ_1,

$$\lambda_{L0} = \frac{t_0}{\int_0^\infty r |u(r)| \, dr}. \tag{8.8}$$

In a similar way we find a lower bound λ'_{L2} for λ'_1,

$$\lambda'_{L0} = \frac{s_0}{\int_0^\infty r |u(r)| \, dr}, \tag{8.9}$$

where

$$\frac{1}{s_0} = |G_0(r, r')/(rr')^{\frac{1}{2}}|_{\max}. \tag{8.10}$$

Actually $s_0 = t_0 = 1$, so the lower bounds are the same. This does not hold for $l \neq 0$. In such cases the same general arguments apply with K_l and G_l respectively in place of K_0 and G_0. The values of t_l and s_l are tabulated in Table 1.

Table 1. *Values of t_l and s_l occurring in expressions for lower bounds of λ_l and λ'_l which are valid at all energies.*

l	0	1	2	3	large
t_l	1.000	2.344	3.339	4.198	$1.036 (2l+1)^{\frac{2}{3}}$
s_l	1.000	2.047	2.783	3.416	$0.850 (2l+1)^{\frac{2}{3}}$

Better estimates, as well as upper bounds, may be obtained by considering less general conditions. These may be summarized in Table 2. For brevity we write

$$\int_r^\infty r'^s |u(r')| \, dr' = w_s(r).$$

α) *Truncation errors*. These may be estimated in much the same way. Thus, referring to (7.6) and (7.8) we see that

$$\left. \begin{array}{l} \tan \eta_0 = -\dfrac{\lambda}{k} \displaystyle\int_0^\infty \sin^2 kr' \, u(r') \, dr' - \\[1em] \qquad -\dfrac{\lambda^2}{k} \displaystyle\int_0^\infty \sin kr' \, u(r') \left[\displaystyle\int_0^\infty K_0(r', r'') u(r'') \sin kr'' \, dr'' \right] dr' - \cdots . \end{array} \right\} \tag{8.11}$$

The n-th approximation $(\tan \eta_0)_{(n)}$ to $\tan \eta_0$ will be the sum of the first n terms of the right hand series. In terms of the quatities m_0, t_0 defined in (8.5) and (8.6)

Sect. 8.   Convergence of Born expansions.   245

Table 2. *Upper and lower bounds for radii of convergence of* Born *series of approximations.*

Condition		Iteration of φ_l	Iteration of χ_l
General		$\lambda_{L,l} = t_l/w_1(0)$	$s_l/w_1(0)$
Vanishing energy		$\lambda_{L,l} = (2l+1)/w_1(0)$	as for φ_l
		$\lambda_{U,l} = \dfrac{(l+\frac{1}{2}) w_{2l+2}(0)}{\int_0^\infty r^{2l+2} u(r) \left[\int_r^\infty u(r') r' dr'\right] dr}$	as for φ_l
High energy	Regular potential $\left(\int_0^1 \|u(r)\| dr < \infty, \text{ all } l\right)$	$\lambda = \dfrac{\pi k}{\int_0^\infty u(r) dr} + O(k)$,	$\lim\limits_{k\to\infty} \lambda'/k = \infty$
	Singular potential $\lim\limits_{r\to 0} r u(r) = 1$	$\lambda = \dfrac{\pi k}{\log k a} + O\left(\dfrac{k}{\log k a}\right)$, where a is some range	$\lim\limits_{k\to\infty} \dfrac{\lambda'}{(k/\log k)} = \infty$
High angular momenta		$\lambda = \dfrac{1}{r_0^2 |u(r_0)|}\Big[l(l+1) + $ $+ \left(3 - \dfrac{r_0^2 u_0''(r_0)}{2 u(r_0)}\right)\{l(l+1)\}^{\frac{1}{2}} + $ $+ O\{\sqrt{l(l+1)}\}\Big]$, $\lfloor u(r_0)$ is the maximum value of $u(r)\rfloor$. This is certainly valid if $u(r)$ is of one sign and smooth at $r=r_0$. It is probably true even if $u(r)$ changes sign.	as for φ_l

we have

$$|\tan \eta_0 - (\tan \eta_0)_{(n)}| \leq \frac{|\lambda|^{n+1} m_0^2}{t_0^n} \int_0^\infty r_1 |u(r_1)| dr_1 \ldots \times \\ \times \int_0^\infty r_{n+1} |u(r_{n+1})| dr_{n+1} + \cdots = \frac{|\lambda|^{n+1} [w_1(0)]^{n+1} m_0^2 t_0^n}{1 - |\lambda| w_1(0)/t_0}, \qquad (8.12)$$

provided the denominator is > 0. This result may be immediately generalized to all l by replacing m_0, t_0 by m_l, t_l respectively. Values of m_l are given in Table 3.

Table 3. *Values of m_l^2 which occur in expressions for the truncation error in $(\tan \eta_l)_{(n)}$.*

l	0	1	2	3	large
m_l^2	0.725	0.434	0.320	0.271	1.136 $(2l+1)^{\frac{2}{3}}$

Further estimates of truncation errors in the iteration for $\tan \eta_l$ and for $e^{2i\eta_l}$ are summarized in Table 4.

It will be noted that the leading term in the asymptotic expansion of the truncation error for $\tan \eta_l$ at high energies vanishes when n is odd. If $u(r)$ and $u'(r)$ are bounded it may be shown that

$$\tan \eta_l - (\tan \eta_l)_{(1)} = \frac{1}{8k^3}\left[-\lambda^2 \int_{l/k}^{\infty} u^2(r)\,dr - \frac{\lambda^3}{3}\left(\int_{l/k}^{\infty} u(r)\,dr\right)^2\right] + O(k^{-3}). \quad (8.13)$$

β) *Some summarizing remarks and conclusions—convergence of series of partial cross sections.* Provided the scattering potential satisfies the conditions (8.1) the phase shift η_{lB} given by the first BORN approximation will be small for sufficiently small l. Thus, as in (7.10),

$$\tan \eta_{lB} = -k \int_0^{\infty} U(r)\,j_l^2(kr)\,r^2\,dr.$$

For a sufficiently large value a of r we may suppose that

$$|U(r)| < \frac{A}{r^{2+\varepsilon}}, \qquad \varepsilon > 0, \quad (8.14)$$

so that

$$|\tan \eta_{lB}| < \frac{C_0}{k}\int_0^a j_l^2(kr)\,dr + \frac{A}{k}\int_a^{\infty} j_l^2(kr)\,r^{-\varepsilon}\,dr,$$

where C_0 is the maximum value of $r^2|U(r)|$. Since

$$\int_0^{\infty} \frac{dt}{t}\{J_{l+\frac{1}{2}}(t)\}^2 = \frac{1}{2l+1}$$

and

$$\frac{A}{k}\int_a^{\infty} j_l^2(kr)\,r^{-\varepsilon}\,dr \leq \frac{A\pi}{2k^2}\int_a^{\infty} J_{l+\frac{1}{2}}^2(kr)\,\frac{dr}{r} \leq \frac{A\pi}{2k^2}\int_0^{\infty} J_{l+\frac{1}{2}}^2(kr)\,\frac{dr}{r},$$

$$|\tan \eta_{lB}| \leq \frac{(C_0+A)\pi}{2k^2}\cdot\frac{1}{2l+1}.$$

It follows that, for large l, $|\tan \eta_{lB}|$ and hence $|\eta_{lB}|$ falls off at least as rapidly as l^{-1}. Reference to Tables 4, 3 and 1 shows that the difference between $|\tan \eta_l|$ and $|\tan \eta_{lB}|$ falls for large l at least as rapidly as $l^{-\frac{3}{2}}$. Hence $(2l+1)\{\sin^2\eta_l - \eta_{lB}^2\}$ falls off faster than $l^{-\frac{3}{2}}$ for large l so that, if the first BORN approximation to Q is finite so must be the exact value of Q as given by the series of partial cross sections (2.18).

If the scattering potential satisfies the conditions (8.14) the first BORN approximation for $I(\vartheta)$ behaves like $\vartheta^{\varepsilon-1}$ as $\vartheta \to 0$ so that $\int_0^{\pi} \sin \vartheta\, I(\vartheta)\, d\vartheta$ exists and the series of partial cross sections (2.18) converges. On the other hand it may be shown that if $U(r)$ falls off for large r as r^{-2}, or even more slowly, the cross section Q does not exist.

The BORN expansion of $\tan \eta_l$ converges until $|\eta_l|$ becomes equal to $\pi/2$ but it is unwise to assume that when l is so large that η_l is small compared with $\pi/2$ the BORN expansion will converge rapidly (see Sect. 19, Table 10).

Sect. 9. Causality conditions — the rate of change of phase shift with wave number. 247

When one or more bound states exist for a given l the BORN series will diverge at the zero energy limit for, under these circumstances, the limit of η_l will be an integral multiple of π (see Sect. 11). The converse is also true. A further point of importance is that, even when no bound states exist, it is possible for the BORN series to diverge at some finite energy.

For large values of l both λ_t and λ_s increase as l^2 but, for a fixed l, they first decrease as the energy increases before eventually increasing.

It has also been pointed out by KOHN[1] that, at high energies η_l remains almost proportional to λ so that it may be considerably more effective to expand η_l directly in powers of λ instead of working with the expansion of $\tan \eta_l$ or $e^{2i\eta_l}$.

9. Causality conditions — the rate of change of phase shift with wave number.
It has been pointed out by WIGNER[2] that the value of $d\eta_l/dk$ is limited by causality conditions which require that the scattered wave (with given angular momentum) cannot leave the scatterer before the incident wave has reached it. This of course assumes that the range

---
[1] W. KOHN: Rev. Mod. Phys. **26**, 292 (1954).
[2] E. WIGNER: Phys. Rev. **98**, 145 (1955).

Table 4. *Truncation errors in determinations of $\tan \eta_l$ and $e^{2i\eta_l}$ by a finite number of iterations.*

Conditions	Iteration for $\tan \eta_l$	Iteration for $e^{2i\eta_l}$
General	$\|\tan \eta_l - (\tan \eta_l)_{(n)}\| \leq \dfrac{\|\lambda\|^{n+1} m_l^2 t_l^{-n} \{w_1(0)\}^{n+1}}{1 - \|\lambda\| w_1(0)/t_l}$	$\|e^{2i\eta_l} - (e^{2i\eta_l})_{(n)}\| \leq \dfrac{\|\lambda\|^{n+1} m_l^2 s_l^{-n} \{w_1(0)\}^{n+1}}{1 - \|\lambda\| w_1(0)/s_l}$
Low energy limit	If $T_l = \lim\limits_{k \to 0} \dfrac{\tan \eta_l}{k^{2l+1}}$ $\|T_l - (T_l)_{(n)}\| \leq (2l+1)^{-n} 2^{2l+2} \left\{\dfrac{(l+1)!}{2l+2}\right\} \|\lambda\|^{n+1} \{w_1(0)\}^n w_{2l+2}(0) \times$ $\times \dfrac{1}{1 - \|\lambda\| w_1(0)/(2l+1)}$	As for $\tan \eta_l$
High energies	$\tan \eta_l - (\tan \eta_l)_{(n)} = \lambda^{n+1} \left[-c_{r+1} \left\{ \dfrac{1}{2k} \int\limits_{\bar l/k}^{\infty} u(r)\,dr \right\}^{n+1} \right.$ $\left. + O\left(\left\{\dfrac{1}{2k} \int\limits_{\bar l/k}^{\infty} u(r)\,dr\right\}^{n+1}\right)\right\}$	$e^{2i\eta_l} - (e^{2i\eta_l})_{(n)} = -\dfrac{1}{n!}\left\{-\dfrac{i\lambda}{k} \int\limits_{\bar l/k}^{\infty} u(r)\,dr \right\}^n +$ $+ O\left(\left\{\dfrac{1}{k} \int\limits_{\bar l/k}^{\infty} u(r)\,dr\right\}^n\right),$

where $\bar l = l$ except for $l = 0$ when the potential is singular (see Table 2), in which case $\bar l = 1$
c_n is the n-th coefficient in the series expansion of $\tan x$.

of the scattering potential is definite and equal to a, say. Under these conditions it is possible to obtain lower limits to $d\eta_l/dk$. In practice no definite range of scattering potential can be assigned and it is difficult to use effectively the limit given by WIGNER. It is nevertheless of interest and importance to see how $d\eta/dk$ is related to causality conditions and to note the qualitative results which follow.

We consider the scattering of a wave packet with prescribed angular momentum and of velocity v. To simplify the argument we suppose the packet to be made up by superposing two homogeneous beams of nearly equal energies $h(\nu+\delta\nu)$ and $h(\nu-\delta\nu)$ respectively. If $k+\delta k, k-\delta k$ are the corresponding wave numbers, the wave function describing the incident packet will be

$$\psi_{\text{inc}} = r^{-1}\left[\exp-i\{(k+\delta k)r + (\nu+\delta\nu)t\} + \exp i\{(k-\delta k)r + (\nu-\delta\nu)t\}\right].$$

The centre of the packet will be located at the point where the two waves are in phase i.e. where

$$2r\,\delta k + 2t\,\delta\nu = 0.$$

This expresses the fact that the incident packet moves with velocity $v = d\nu/dk$ towards the scatterer.

The effect of the scattering will be to introduce phase shifts $\eta+\delta\eta, \eta-\delta\eta$ in the outgoing waves of frequency $\nu+\delta\nu, \nu-\delta\nu$ respectively so that, at a great distance from the scatterer, the wave function for the outgoing wave will be

$$\psi_{\text{sc}} = r^{-1}\left[\exp-i\{-(k+\delta k)r + (\nu+\delta\nu)t - 2(\eta+\delta\eta)\} + \right.$$
$$\left. + \exp-i\{-(k-\delta k)r + (\nu-\delta\nu)t - 2(\eta-\delta\eta)\}\right].$$

The centre of the scattered packet is now located where

$$2r\,\delta k - 2t\,\delta\nu + 4\delta\eta = 0$$

so that

$$r = \frac{d\nu}{dk}t - 2\frac{d\eta}{dk}.$$

This means that the scattered particle is retarded so that, at the time at which it would have arrived at the point r in the absence of any scattering, it actually only reaches the point $r - 2v\dfrac{d\eta}{dk}$.

It is clear that in general no upper limit can be assigned to this retardation. The incident particle may spend an arbitrarily long time in the neighbourhood of the scattering centre before returning to infinity. On the other hand it is equally clear that for a scattering potential of finite range a, the retardation, on classical theory, can never be less than $-2a$ i.e. it can not assume arbitrarily large negative values. A modified form of this result remains true in quantum theory. For a definite scattering range a lower limit may be obtained for $d\eta/dk$ which in the limit of large k is $-a$. Thus WIGNER shows that[1]

$$\frac{d\eta_0}{dk} > -a + (2k)^{-1}\sin 2(\eta_0 + ka),$$

$$\frac{d\eta_1}{dk} > -a + (k^2 a)^{-1}[1 - \cos 2(\eta_1 + ka)] - (2k)^{-1}\sin 2(\eta_1 + ka).$$

As pointed out above the usefulness of these results is much restricted because of the difficulty in practice of assigning a value to a.

---

[1] E. WIGNER: Phys. Rev. **98**, 145 (1955).

10. The scattering (S) matrix.

The further implications of causality requirements for scattering cross sections have been examined by van Kampen[1] and by Gell-Mann, Goldberger and Thirring[2]. It appears that these requirements impose a relation between the real part of the forward scattered amplitude and a certain integral over the total cross section considered as a function of energy.

10. The scattering (S) matrix. We have been concerned [see (7.5) and (7.11)] with the solution of the equation

$$\frac{d^2\varphi_l}{dr^2} + \left\{k^2 - \frac{l(l+1)}{r^2} - U(r)\right\}\varphi_l = 0, \qquad (10.1)$$

which vanishes at the origin and has the asymptotic form

$$\varphi_l \sim A \sin\{kr - \tfrac{1}{2}l\pi + \eta_l(k)\}, \qquad (10.2)$$

where A is a function of k. In Sect. 8 it was found convenient to introduce the solutions $f_l(\pm k, r)$ which have the asymptotic forms

$$f_l(\pm k, r) \sim \exp\{\mp ikr \pm \tfrac{1}{2}il\pi\}. \qquad (10.3)$$

φ_l may be expressed in terms of these solutions in the form

$$\varphi_l = C\,[f_l(k, r) - S_l f_l(-k, r)] \qquad (10.4)$$

where

$$S_l = \exp 2i\eta_l = f_l(k)/f_l(-k),$$

$$f_l(k) = \lim_{r\to 0} r^l f_l(k, r),$$

and C is a function of k. The aggregate of values of S_l for different k can be regarded as comprising a matrix operator which provides the transformation from the coefficient of $f_l(k, r)$ to that of $f_l(-k, r)$ in the function which describes the scattering of particles of angular momentum $\sqrt{l(l+1)}\,\hbar$.

S_l is usually referred to as the scattering matrix. Once specified for all l the elastic scattering cross sections are given for all energies of relative motion. It is clearly a unitary matrix and this important property, which expresses the conservation of particles in the collision, remains valid for more general collisions in which this conservation persists (see Sect. 33).

The relation of the S-matrix to the bound states of the particles in the field of potential energy $V(r)$ may be examined as follows. We begin by extending the definition of $f_l(k, r)$ to complex values of k with negative imaginary parts. Thus $f_0(k, r)$ satisfies the integral equation

$$f_0(k, r) = e^{-ikr} + \int_r^\infty \sin\{k(r' - r)\}\,U(r')\,f_0(k, r')\,dr'. \qquad (10.5)$$

This equation may be solved by iteration and it can be proved that the series of iterations always converges if k has a negative imaginary part. To show this[3] we write

$$g(k, r) = e^{ikr} f_0(k, r), \qquad (10.6)$$

so that

$$\frac{d^2 g}{dr^2} - 2ik\frac{dg}{dr} = U(r)\,g \qquad (10.7)$$

---

[1] N. G. van Kampen: Phys. Rev. **91**, 459 (1953).
[2] M. Gell-Mann, M. L. Goldberger and W. E. Thirring: Phys. Rev. **95**, 1612 (1954).
[3] V. Bargmann: Rev. Mod. Phys. **21**, 488 (1949).

and
$$\lim_{r \to \infty} g(k, r) = 1.$$

g satisfies the integral equation

$$g(k, r) = 1 + \int_r^\infty D(r' - r) U(r') g(k, r') dr', \tag{10.8}$$

where

$$D(z) = (1 - e^{-2ikz})/2ik = \int_0^z e^{-2ik\xi} d\xi. \tag{10.9}$$

We assume that $\int_0^\infty r |U(r)| dr$ is finite and write $W_1(r) = \int_r^\infty r' |U(r')| dr'$. If $\operatorname{Im}(k) < 0$ then $|D(r' - r)| \leq r' - r \leq r'$. Hence, in the series of iterations,

$$g(k, r) = \sum g_n(k, r) \tag{10.10}$$

where

$$g_{n+1}(k, r) = \int_r^\infty D(r' - r) U(r') g_n(k, r') dr', \tag{10.11}$$

we have

$$|g_1| \leq W_1(r),$$
$$|g_2| \leq [W_1(r)]^2 / 1.2,$$

and in general

$$|g_n| \leq [W_1(r)]^n / n!$$

as may be proved by induction. Since $W_1(r) \leq W_1(0)$ we see that

$$g(k, r) \leq \sum_n \frac{\{W_1(0)\}^n}{n!}$$

and so the series of iterations (10.10) converges. This shows that $f(k, r)$ is an analytic function of k for all complex values of k with negative imaginary parts.

The definition of $f_0(k, r)$ can be extended to complex values of k with positive imaginary parts but in the upper half k-plane $f_0(k, r)$ will, in general, have singularities. $f_0(-k, r)$, on the other hand, can be expected to have singularities in the lower half k-plane.

Especial interest attaches to the zeros of $f_0(k)$ on the negative imaginary axis. If $k_1 = -i\varkappa\,(\varkappa > 0)$, is such a zero then $f_0(-i\varkappa) = 0$ and φ_l defined by (9.4) is a bound state function. Since $S_0 = f_0(k)/f_0(-k)$ it follows that the zeros of $f_0(k)$ are also zeros of S_0. Since $f_0(-k)$ will in general have poles in the lower half k-plane other zeros of S_0 will occur at these poles. Those which occur in the negative imaginary axis are often referred to as *spurious zeros*[1] since they are not associated with bound states.

Similar conclusions are obtained for $l \neq 0$.

11. Relation of the low energy limit of the phase shift to the number of bound states[2]. We consider the integral

$$I_l = \oint \frac{f_l'(k)}{f_l(k)} dk$$

---

[1] R. JOST: Helv. phys. Acta **20**, 256 (1947).
[2] P. WEISS: Phys. Rev. **87**, 226 (A) (1952). — P. SWAN: Proc. Roy. Soc. Lond., Ser. A **228**, 10 (1954).

taken round the contour shown in Fig. 3, the semi-circle being of radius K. Now

$$I_l = -\log[f_l(0+)/f_l(0-)] + \log[f_l(K)/f_l(-K)]$$
$$+ \int_0^{-\pi} \{f'_{l\vartheta}(K e^{i\vartheta})/f_l(K e^{i\vartheta})\} d\vartheta.$$

It has been shown by LEVINSON[1] by a complicated analysis too lengthy to reproduce here that in the limit when $K \to \infty$ the angular integral vanishes provided $\int_0^\infty r|U(r)|dr$ exists.

Under these conditions we have

$$\lim_{K \to \infty} I_l = 2i\eta_l(0) - 2i\eta_l(\infty) = 2i\eta_l(0),$$

since the phase shift has already been made single-valued by requiring it to vanish at infinite energy.

Also, I_l is equal to $2\pi i$ times the difference between the number of poles and the number of zeros of f_l within the contour, provided there is no pole of the integrand at $k=0$.

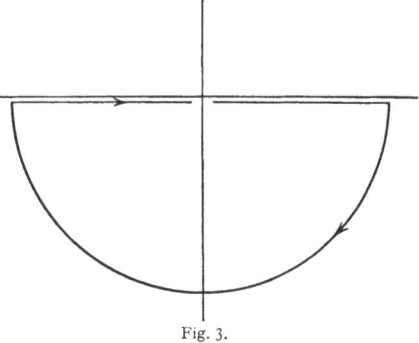

Fig. 3.

It has been shown that $f(kr)$ and hence $f(k)$ is analytic in the negative complex k-plane so that the number of poles is zero. If there are n bound states there will be n zeros of $f(k)$ so that

$$2i\eta_l(0) = 2in\pi. \tag{11.1'}$$

If, however, there exists a bound state with zero energy so that $f(k)$ has a zero at $k=0$, $I_l = 2i(n+\tfrac{1}{2})\pi$.

We thus have the important result that $\eta(0) = n\pi$ or $(n+\tfrac{1}{2})\pi$ according as a bound state of zero energy is or is not absent, n being the total number of bound states.

12. Determination of the scattering potential from the phase shifts. It is possible to derive sets of phase shifts from experimental data on differential cross sections for elastic scattering. This cannot usually be done unambiguously. More than one set of phase shifts can be found at each energy which when substituted in the formula for the differential cross section reproduce the observed data within the experimental error. However, from qualitative knowledge of the likely behaviour of the phases as functions of k and l it is often possible to eliminate all but a very few sets. This naturally raises the question as to whether, given a particular phase shift $\eta_l(k)$ say, as a function of k, it is possible to derive a scattering potential which would give rise to these phase shifts and if so whether the determination is unambiguous.

This problem was first examined by FRÖBERG[2] and by HYLLERAAS[3] but the possibility of ambiguity was not at first realized. BARGMANN[4] showed by an explicit example that a central field of force is not determined uniquely by the s-phase shifts. Two such potentials which give rise to the same s-phases are

---

[1] N. LEVINSON: Kgl. Danske Vid. Sels., Mat.-fys. Medd. **25**, No. 9 (1949).
[2] C. E. FRÖBERG: Phys. Rev. **72**, 519 (1947).
[3] E. A. HYLLERAAS: Phys. Rev. **74**, 48 (1948).
[4] V. BARGMANN: Phys. Rev. **75**, 301 (1949).

referred to as *phase equivalent*. In a succeeding paper BARGMANN[1] showed that whole series of phase equivalent potentials could be constructed and that they may give rise to quite different bound states. This is connected with the existence of the spurious or redundant zeros of $S_0(k)$ (see Sect. 10), so that, in general, knowledge of $S_0(k)$ alone is insufficient to determine the bound states. Further light on this matter has been provided by the work of GEL-FAND and LEVITAN[2].

It has been shown by LEVINSON[3] that the potential is uniquely determined by $\eta_l(k)$ provided there are no bound states with angular momentum quantum number l and provided the potential is of such short range that $\int_0^\infty r|V(r)|dr$ and $\int_0^\infty r^2|V(r)|dr$ both exist. He has also shown that the potential is uniquely determined if the $\eta_l(k)$ are given for all l, whether or not bound states exist, provided again the potential is of short range in the same sense as above.

The problem of actually deriving a potential which gives a specified phase function $\eta_l(k)$ of k, has been discussed by FRÖBERG[4] and by JOST and KOHN[5]. By way of illustration we discuss here one method given by the latter authors which is based on the iteration [see (8.11)] of $\tan \eta_l$. It is valid only when no bound states for the particular value of l exist. As usual, to avoid unnecessary complication we confine the detailed discussion to the case $l=0$.

Referring to (8.11) we see that

$$-k \tan \eta_0(k) = \int_0^\infty U(r) \sin^2 kr\, dr + \\ + \sum_{n=1}^\infty \int_0^\infty \int_0^\infty \cdots \int_0^\infty \sin kr\, U(r)\, K_0(r, r_1)\, U(r_1) \cdots \\ K_0(r_{n-1}, r_n)\, U(r_n) \sin kr_n\, dr_1 \cdots dr_n. \qquad (12.1)$$

To solve this, considered as an equation for $U(r)$, by iteration it is convenient to write

$$-k \tan \eta_0 = \mu\, T(k), \\ U(r) = \sum_1^\infty \mu^m U_m(r), \qquad (12.2)$$

substitute in (12.1), equate to zero the coefficients of $\mu, \mu^2, \ldots$ and then put $\mu = 1$. We then find

$$-k \tan \eta_0(k) = \int_0^\infty \sin^2 kr\, U_1(r)\, dr, \\ 0 = \int_0^\infty \sin^2 kr\, U_m(r)\, dr + \sum_{s=2}^\infty \sum_{\Sigma v_k = m} \times \\ \times \int_0^\infty \cdots \int_0^\infty \sin kr_1\, U_{v_1}(r_1)\, K_0(r_1, r_2)\, U_{v_2}(r_2) \cdots \\ K_0(r_{s-1}, r_s)\, U_{v_s}(r_s) \sin kr_s\, dr_1 \cdots dr_s, \\ m = 2, 3, \ldots, \qquad (12.3)$$

which may be solved successively for $U_1, U_2, \ldots$.

---
[1] V. BARGMANN: Rev. Mod. Phys. **21**, 488 (1949).
[2] GEL-FAND and LEVITAN: Doklady Akad. Nauk. S.S.S.R. **77**, 557 (1951) and Isvestija Akad. Nauk S.S.S.R. **15**, 309 (1951). — R. JOST and W. KOHN: Phys. Rev. **87**, 977 (1952).
[3] N. LEVINSON: Kgl. Danske Vid. Sels., Mat.-fys Medd. **25**, No. 9 (1949).
[4] C. E. FRÖBERG: Ark. Mat. Astronom. Fysik, Ser. A **34**, No. 28 (1948); **46**, No. 11 (1949): Ark. Fys. **3**, No. 1 (1951).
[5] R. JOST and W. KOHN: Phys. Rev. **87**, 977 (1952).

To obtain U_1 it is only necessary to differentiate both sides with respect to k after which Fourier inversion may be applied to give

$$r\,U_1(r) = -\frac{4}{\pi} \int_0^\infty \frac{d}{dk} \{k \tan \eta_0(k)\} \sin 2kr\, dr. \tag{12.4}$$

To obtain $U_m\,(m \geq 2)$ we write

$$\int_0^\infty \sin^2 kr\, U_m(r)\, dr = \tfrac{1}{2} \int_0^\infty (1 - \cos 2kr)\, U_m(r)\, dr. \tag{12.5}$$

If we assume that

$$\int_0^\infty U_m(r)\, dr = 0, \qquad m \neq 2 \tag{12.6}$$

as may readily be verified *a posteriori*, U_m may now be obtained by Fourier inversion as

$$U_m(r) = \sum_{s=2}^{\infty} \sum_{\Sigma \nu_k = m} \int_0^\infty \cdots \int_0^\infty K_0(r, r_1, \ldots, r_s)\, U_{\nu_1}(r_1) \ldots U_{\nu_s}(r_s)\, dr_1 \ldots dr_s, \tag{12.7}$$

where

$$K(r, r_1, \ldots, r_s) = \frac{4}{\pi} \int_{-\infty}^\infty \cos 2kr \sin kr_1\, K_0(r_1, r_2) \ldots K_0(r_{s-1}, r_s) \sin kr_s\, dk. \tag{12.8}$$

As $\int_0^\infty \overline{K}\, dr = 0$ the assumption (12.6) is justified.

Jost and Kohn[1] have given a second more general procedure which can be applied even when bound states exist. In such cases, however, the potential obtained is only one of the family of phase equivalent potentials.

Fig. 4 illustrates the potential derived by Jost and Kohn by applying their method to the phase function

$$k \cot \eta_0(k) = -\alpha + \tfrac{1}{2} r_0 k^2 \tag{12.9}$$

with $\alpha = 0.186 \times 10^{13}\,\mathrm{cm.}^{-1}$ and $r_0 = 1.56 \times 10^{-13}\,\mathrm{cm}$. This corresponds closely to the behaviour of the η_0 phase in collisions between neutrons and protons in the ^3S state at not too high energies.

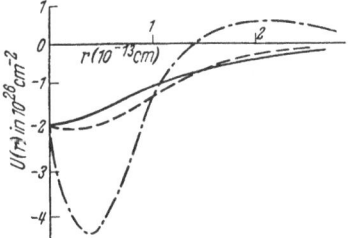

Fig. 4. Phase equivalent potentials, the phase function $\eta_0(k)$ being as given by (12.9).

In this case there is one bound state and two phase equivalent potentials are also illustrated in the Fig. 4 showing how different in form such potentials may be.

13. Classical scattering approximation. Consider a stream of particles whose velocity is v and flux density is A. The number of particles which would pass the centre per second at a distance between p and $p + dp$ is then

$$2\pi A p\, dp.$$

Since each particle with impact parameter p will suffer a deflection through a particular angle ϑ the number scattered per second between ϑ and $\vartheta + d\vartheta$ is

$$2\pi A p\, \frac{dp}{d\vartheta}\, d\vartheta, \tag{13.1}$$

---

[1] R. Jost and W. Kohn: Phys. Rev. **87**, 977 (1952).

but this number is $2\pi A I(\vartheta)\sin\vartheta d\vartheta$ so that

$$I(\vartheta) = p\frac{dp}{d\vartheta}\frac{1}{\sin\vartheta}. \tag{13.2}$$

The relation between p and ϑ may be obtained as follows.

We choose plane polar coordinates r, φ in the plane of motion with origin at the scattering centre (Fig. 5). If $u = 1/r$ we then have the well known differential equation for the orbit in the form

$$\frac{d^2u}{d\varphi^2} + u = \frac{F(r)}{h^2 m u^2}, \tag{13.3}$$

where $F(r) = \dfrac{dV}{dr} = -u^2\dfrac{dV}{du}$ is the force acting on the incident particle and h is the angular momentum mvp about the scattering centre. As a first integral of this equation we have

$$\left(\frac{du}{d\varphi}\right)^2 + u^2 + \frac{2V(u)}{m h^2} = \text{const}. \tag{13.4}$$

We choose the polar axis so that the asymptotes of the orbit are given by $\varphi = \pm\alpha$. The boundary conditions to be satisfied are now

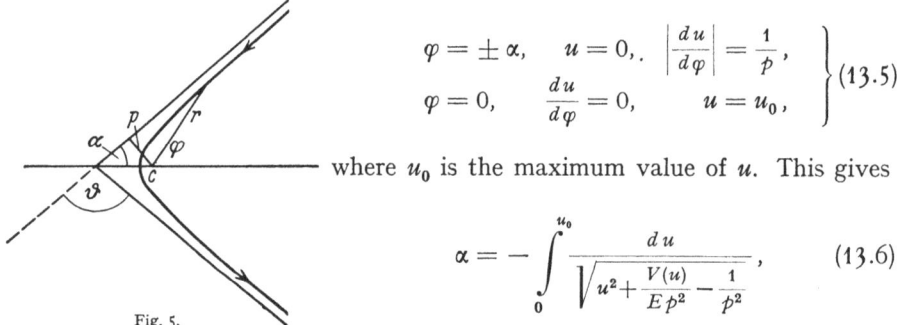

$$\left.\begin{array}{ll} \varphi = \pm\alpha, & u = 0, \quad \left|\dfrac{du}{d\varphi}\right| = \dfrac{1}{p}, \\[6pt] \varphi = 0, & \dfrac{du}{d\varphi} = 0, \quad u = u_0, \end{array}\right\} \tag{13.5}$$

where u_0 is the maximum value of u. This gives

$$\alpha = -\int_0^{u_0}\frac{du}{\sqrt{u^2 + \dfrac{V(u)}{E p^2} - \dfrac{1}{p^2}}}, \tag{13.6}$$

Fig. 5.

where u_0 is the largest root of the radicand. The angle of scattering $\vartheta = \pi - 2\alpha$, so the required relation between ϑ and p is obtained.

In terms of the angular momentum $J = mvp$ we have

$$I(\vartheta) = J\frac{dJ}{d\vartheta}\frac{1}{m^2 v^2 \sin\vartheta}, \tag{13.7}$$

and the relation (13.6) may be written

$$\frac{\pi}{2} - \frac{1}{2}\vartheta = \alpha = -\int_{r_0}^{\infty}\frac{\partial}{\partial J}\left[2m(E-V) - \frac{J^2}{r^2}\right]^{\frac{1}{2}} dr, \tag{13.8}$$

a form which is more convenient when relating the classical expression for $I(\vartheta)$ to the exact quantum formula (2.17).

The relation of the formula (13.7), with the relation between J and ϑ defined by (13.8), to the quantum formula (2.17) may be examined by employing a method of approximation to the solution of a differential equation such as (2.5) which is valid when the proportional change of wavelength within a local wavelength $\hbar\{2m(E-V)\}^{-\frac{1}{2}}$ is small. It is somewhat uncertain who first suggested this method but it dates back to well before the beginnings of quantum theory.

Classical scattering approximation.

However, it is of special importance in approximate quantization and is often designated as the W-K-B approximation because of its rediscovery and extension by Wentzel, Kramers and Brillouin. We shall refer to it as the Jeffreys approximation as it was discussed in some detail by Jeffreys[1] several years earlier.

We write $\varphi_l = A e^{i\chi}$ so that, on substitution in (2.5), we have

$$\frac{d^2 A}{dr^2} + 2i \frac{dA}{dr}\frac{d\chi}{dr} + i \frac{d^2\chi}{dr^2} - \left(\frac{d\chi}{dr}\right)^2 A + HA = 0, \tag{13.9}$$

where

$$H = k^2 - U(r) - \frac{l(l+1)}{r^2}. \tag{13.10}$$

We may now choose χ so that the last two terms vanish i.e. we take

$$\left(\frac{d\chi}{dr}\right)^2 = H,$$

so that

$$\chi = \pm \int^r H^{\frac{1}{2}} dr. \tag{13.11}$$

If H were constant this would agree with the exact form $\pm kr$ and if H changes very little in a change of r long compared with the local wavelength we may take

$$\chi \sim H^{\frac{1}{2}} r + \text{const}, \tag{13.12}$$

within this range. It follows from the form assumed for φ_l that A is nearly constant in such a range so that

$$\frac{d^2 A}{dr^2} \ll H^{\frac{1}{2}} \frac{dA}{dr} \ll AH, \tag{13.13}$$

and we may neglect the first term in (13.9) in comparison with the remaining two. We now have

$$2 \frac{dA}{dr}\frac{d\chi}{dr} + \frac{d^2\chi}{dr^2} = 0, \tag{13.14}$$

giving, in view of (13.11),

$$A = \text{const } H^{-\frac{1}{4}}. \tag{13.15}$$

Thus we have obtained as approximate solutions

$$\varphi_l = H^{-\frac{1}{4}} \exp\left(\pm i \int^r H^{\frac{1}{2}} dr\right). \tag{13.16}$$

In general H will have a single zero r_0 at some value of r. For $r > r_0$, $H > 0$ and the solutions are both oscillatory while, for $r < r_0$, $H < 0$ and one solution decreases, and the other increases, exponentially as r decreases. To obtain solutions which satisfy given boundary conditions for $r < r_0$ the connection between the solutions for $H > 0$ and those for $H < 0$ must be examined. This may be done by using an approximate solution, valid at and near $H = 0$, obtained by substituting

$$H \approx \left(\frac{dH}{dr}\right)_{r=r_0} (r - r_0),$$

in (2.5) so that the resulting equation may be solved in terms of Bessel functions of order $\frac{1}{3}$. It is found that the combination of solutions for $r > r_0$ which connects

---

[1] H. Jeffreys: Proc. Lond. Math. Soc. **23**, 428 (1924).

with the solution which decreases exponentially as r decreases below r_0 is

$$H^{-\frac{1}{4}} \sin\left(\frac{\pi}{4} + \int_{r_0}^{r} H^{\frac{1}{2}} dr\right). \tag{13.17}$$

At first sight this might seem to be the correct approximation to take for $r > r_0$ but it must be remembered that the solution we seek should vanish at $r=0$ not as $r \to -\infty$. LANGER[1] has shown how this solution may be obtained. The substitution $\varrho = \log r$, $r^{-\frac{1}{2}} \varphi_l = g_l$ in (2.5) gives for g_l the equation

$$\frac{d^2 g_l}{d\varrho^2} + H_1 e^{2\varrho} g_l = 0 \tag{13.18}$$

where H_1 differs from H only in the substitution of $(l+\frac{1}{2})^2$ for $l(l+1)$. The required solution for g_l is the one which vanishes as $\varrho \to -\infty$ i.e.

$$e^{-\frac{1}{2}\varrho} H_1^{-\frac{1}{4}} \sin\left(\frac{\pi}{4} + \int_{\varrho_0}^{\varrho} e^{\varrho} H_1^{\frac{1}{2}} d\varrho\right), \tag{13.19}$$

giving as the required solution for φ_l,

$$\varphi_l \approx H_1^{-\frac{1}{4}} \sin\left(\frac{\pi}{4} + \int_{r_0}^{r} H_1^{\frac{1}{2}} dr\right), \tag{13.20}$$

which differs from (13.7) only in the replacement of $l(l+1)$ by $(l+\frac{1}{2})^2$.

For large r

$$\varphi_l \sim \text{const} \times \sin\left\{\frac{\pi}{4} + \int_{r_0}^{\infty} (H_1^{\frac{1}{2}} - k) \, dr + k(r - r_0)\right\},$$

giving as the approximation to η_l,

$$\begin{aligned}\eta_l &= (l+\tfrac{1}{2})\pi - k r_0 + \int_{r_0}^{\infty} (H_1^{\frac{1}{2}} - k) \, dr, \\ &= \int_{r_0}^{\infty} (H_1^{\frac{1}{2}} - H_0^{\frac{1}{2}}) \, dr,\end{aligned} \tag{13.21}$$

where

$$H_0 = k^2 - \frac{(l+\tfrac{1}{2})^2}{r^2}.$$

This approximation for η_l will be valid when there are a great number of local wavelengths within the range of the interaction U, for it has been assumed that the change of U in a local wavelength is small. This means that η_l will be large (see Table 9 in Sect. 19).

To obtain the classical approximation we substitute (13.21) for η_l in the series (2.10) for the scattered amplitude $f(\vartheta)$ and suppose further that the major contribution to the series comes from such large values of l that we may replace the zonal harmonics by their asymptotic expressions for large l:

$$P_l(\cos\vartheta) \sim \left(\frac{2}{l \pi \sin\vartheta}\right)^{\frac{1}{2}} \sin\left\{\left(l + \frac{1}{2}\right)\vartheta + \frac{\pi}{4}\right\}. \tag{13.22}$$

This approximation must necessarily fail for sufficiently small values of ϑ.

---

[1] R. M. LANGER: Phys. Rev. **51**, 669 (1937).

Provided we eliminate the case $\vartheta=0$, the series
$$\sum_l (2l+1) P_l(\cos\vartheta)$$
sums to zero as the limit of a power series on its radius of convergence. This leaves us with
$$f(\vartheta) = \sum_l \alpha_l \{\exp(i\lambda_l^+) - \exp(i\lambda_l^-)\}, \tag{13.23}$$
where
$$\alpha_l = -\frac{1}{2k}\left(\frac{2l}{\pi\sin\vartheta}\right)^{\frac{1}{2}},$$
$$\lambda_l^{\pm} = 2\eta_l \pm (l+\tfrac{1}{2})\vartheta \pm \tfrac{1}{4}\pi.$$

A series of the form $\sum \alpha_l \exp i\lambda_l^{\pm}$ with a large number of oscillating terms may be summed approximately by the method of stationary phase. If there is a value l_0 of l for which $\partial\lambda_l/\partial l = 0$ the terms in the neighbourhood of l_0 will not be oscillating and will cohere to give the major contribution to the series. Thus by expanding λ_l about l_0,
$$\lambda_l \approx \lambda_{l_0} + \frac{1}{2}(l-l_0)^2 \left(\frac{\partial^2\lambda_l}{\partial l^2}\right)_{l_0},$$
we may replace the series by the integral
$$\alpha_{l_0} e^{i\lambda_{l_0}} \int_{-\infty}^{\infty} \exp\left\{\frac{i}{2}\left(\frac{\partial^2\lambda_l}{\partial l^2}\right)_{l_0}(l-l_0)^2\right\} dl,$$
$$= \alpha_{l_0} e^{i\lambda_{l_0}} \frac{\sqrt{2\pi}}{\left\{i\left(\frac{\partial^2\lambda}{\partial l^2}\right)_{l_0}\right\}^{\frac{1}{2}}}.$$

The condition $\partial\lambda_l^{\pm}/\partial l = 0$ requires that
$$2\frac{\partial}{\partial l}\int_{r_0}^{\infty} (H_1^{\frac{1}{2}} - k)\, dr + \pi \pm \vartheta = 0. \tag{13.24}$$

If we put $(l+\tfrac{1}{2})\hbar = J$ this reduces to
$$\int_{r_0}^{\infty} \frac{\partial}{\partial J}\left[2m(E-V) - \frac{J^2}{r^2}\right]^{\frac{1}{2}} dr + \frac{1}{2}(\pi \pm \vartheta) = 0.$$

The negative sign gives the classical relation (13.8) between the angular momentum J and the angle of scattering ϑ. With the positive sign there is no solution of (13.24) for a positive J so this possibility can be excluded.

We now have for $|f(\vartheta)|^2$
$$\left(\frac{l_0}{2\pi k^2 \sin\vartheta}\right) \frac{2\pi}{\left(\frac{\partial^2\lambda}{\partial l^2}\right)_{l_0}}.$$
Further,
$$\frac{1}{2}\frac{\partial^2\lambda}{\partial l^2} = \hbar \frac{\partial^2}{\partial J^2}\int_{r_0}^{\infty}\left[2m(E-V) - \frac{J^2}{r^2}\right]^{\frac{1}{2}} dr,$$
$$= \frac{\hbar}{2}\frac{\partial\vartheta}{\partial J}$$

from (13.8). Hence

$$|f(\vartheta)|^2 = \frac{J \frac{\partial J}{\partial \vartheta}}{m^2 v^2 \sin \vartheta},$$

in agreement with the classical formula (13.7).

The condition of validity of this formula for a given angle of scattering is that the value l_0 of l for which

$$\frac{\partial \eta_l}{\partial l} = \frac{1}{2} \vartheta \qquad (13.25)$$

must be large and η_{l_0} must also be large. This is to be contrasted with BORN's approximation which requires that the η_l must be small.

14. Variational methods—general remarks. The application of variational methods to bound state problems has proved to be very fruitful, especially for obtaining approximations to the lowest eigenvalue of the energy of a given system. Although still applicable in principle to the approximate determination of the energies of excited states the method becomes much less convenient because of the volume of analytical and computational work required.

It is possible to develop variational methods for dealing with collisions problems which, while similar to those used for bound state problems, differ in certain important respects. In both cases the aim is to obtain expressions involving wave functions describing the state of the system which remain correct to the first order when a variation is imposed on one or more of these functions. However, while for bound states the expressions found are true minima with respect to the variations contemplated this is not true for scattering problems. This has the consequence that greater flexibility in the choice of trial functions may even lead to less satisfactory results, a situation which can never arise in bound state problems. Much greater care has therefore to be taken in applying variational methods under these circumstances and it is usually hard to estimate how nearly correct the results obtained by a particular method using trial functions of a particular form are likely to be[1].

Variational methods for dealing with atomic collision problems were first proposed by HULTHÉN[2] and by SCHWINGER[3]. Since then many different though related methods have been proposed—so many that only very few have received sufficient application to judge their practical usefulness.

We shall discuss now the most important of these methods, confining ourselves at this stage to the problem of scattering by a centre of force. Extensions to many body problems will be described in Sect. 30.

Two kinds of application of variational methods may be made. We may attempt to set up approximate methods for determining the phase shifts η_l or for calculating the scattered amplitude $f(\vartheta)$. We shall first discuss methods of the former type.

15. Variational methods for determining the phase shifts. We shall follow our usual procedure of discussing in detail the case of η_0—generalisations for $l \neq 0$ are usually obvious.

---

[1] For an interesting discussion of the relation of variational to perturbation methods for scattering problems see R. E. B. MAKINSON and J. S. TURNER, Proc. Phys. Soc. Lond. A **66**, 857 (1953).

[2] L. HULTHÉN: Kgl. Fys. Sällskapets Lund Förhandl. **14**, 1 (1944).

[3] J. SCHWINGER: Unpublished Lectures (1947). See also I. G. TAMM: J. Exp. Theor. Phys. USSR, **14**, 21 (1944). Cf. also Sect. 68 of F. SCHLÖGL's article, in vol. I of this Encyclopedia.

The wave function φ, which described the scattering of the waves for which $b=0$, satisfies

$$\frac{d^2\varphi}{dr^2} + \{k^2 - U(r)\}\varphi = 0, \tag{15.1}$$

so that

$$I = \int_0^\infty \varphi\left\{\frac{d^2}{dr^2} + k^2 - U(r)\right\}\varphi\, dr, \tag{15.2}$$

vanishes if φ is an exact solution of (15.1).

If φ describes the scattering then

$$\varphi(0) = 0 \tag{15.3}$$

and it may be taken to have the asymptotic form

$$\varphi \sim \sin kr + \tan\eta_0 \cos kr \tag{15.4}$$

where η_0 is the zero order phase shift.

Let us now subject φ to a restricted functional variation so that it becomes $\varphi_t = \varphi + \delta\varphi$ where

$$\varphi_t(0) = 0, \quad \varphi_t \sim \sin kr + \lambda \cos kr. \tag{15.5}$$

It follows that the variation δI is given by

$$\begin{aligned}\delta I &= \int_0^\infty \left\{\varphi \frac{d^2}{dr^2}(\delta\varphi) - \delta\varphi \frac{d^2}{dr^2}\varphi\right\} dr, \\ &= \left[\varphi \frac{d}{dr}(\delta\varphi) - \delta\varphi \frac{d\varphi}{dr}\right]_0^\infty \\ &= -k\delta\lambda,\end{aligned} \tag{15.6}$$

where $\delta\lambda = \lambda - \tan\eta_0$, use being made of (15.3), (15.4) and (15.5).

$I + k\lambda$ is therefore a stationary expression with respect to variations of the type considered. Suppose now that we approximate to φ by a function φ_t which contains n adjustable parameters $c_1, \ldots, c_n$. We may calculate an expression I_t for I using the function φ_t in place of φ. An approximation to $\tan\eta_0$ may now be obtained as follows. Because of the stationary property we take

$$\frac{\partial I}{\partial c_r} = 0, \quad r = 1, \ldots, n; \quad \frac{\partial I}{\partial \lambda} = -k, \tag{15.7}$$

giving $n+1$ equations from which the c_r and λ may be determined. $\tan\eta_0$ is now obtained from the equation

$$I_t + k\lambda = k\tan\eta_0 \tag{15.8}$$

which is correct to the first order because of the stationary condition.

If trial functions linear in the c_r and λ are used this method[1] gives rise to simultaneous linear equations and hence to an unambiguous solution for $\tan\eta_0$.

A slightly different method was suggested by HULTHÉN[2]. He restricts the trial functions so that they satisfy the condition $I=0$. The equations to

---
[1] W. KOHN: Phys. Rev. **74**, 1763 (1948).
[2] L. HULTHÉN: Kgl. Fys. Sällskapets Lund Förhandl. **14**, 1 (1944).

determine the parameters c_r and η_0 are now

$$I_t(c_1, \ldots, c_n, \lambda) = 0, \quad \frac{\partial I_t}{\partial c_r} = 0, \quad r = 1, \ldots, n, \tag{15.9}$$

with

$$\lambda = \tan \eta_0 \tag{15.10}$$

since $I_t = 0$. Although it appears from practical experience that this method often gives slightly better results than the previous one, first published by KOHN, it suffers from the disadvantage that the first equation is of second instead of first degree even if the parameters appear linearly in the trial function. To remove the resulting ambiguity HULTHÉN chooses the solution for η_0 which most nearly satisfies the integral Eq. (7.8).

A somewhat more general formulation, which shows that a wide variety of variational methods may be employed, has been given by RUBINOW[1] who extended earlier work by HULTHÉN[2]. Once again the true scattering function must satisfy the Eq. (15.1) and the condition $\varphi(0) = 0$, but is now taken to have the asymptotic form

$$\varphi \sim \cot \eta_0 \sin k r + \cos k r = \varphi_\infty, \tag{15.11}$$

in place of (15.4). The stationary expressions are now obtained in terms of integrals involving the so-called *internal function* y which is the difference $\varphi_\infty - \varphi$. The exact internal function satisfies

$$\left(\frac{d^2}{dr^2} + k^2\right)(y - \cos k r) - U(r)(y - \varphi_\infty) = 0, \tag{15.12}$$

with $y(0) = 1$, $y(\infty) = 0$. This may be rewritten in the form

$$\left(\frac{d^2}{dr^2} + k^2 - U\right)(y - \cos k r) + \cos \eta_0\, U \sin k r = 0. \tag{15.13}$$

If we multiply this equation on the left by $y - \cos k r$ and integrate over r from 0 to ∞ we obtain

$$k \cot \eta_0 = C/B, \tag{15.14}$$

where

$$B = -\frac{1}{k} \int_0^\infty U(r) \sin k r\, (y - \varphi_\infty)\, dr, \tag{15.15}$$

$$C = \int_0^\infty \left\{-\left(\frac{dy}{dr}\right)^2 + k^2 y^2 - U(y - \cos k r)^2\right\} dr. \tag{15.16}$$

Also if we multiply (15.13) by $\sin k r$, subtract the result from the equation

$$(y - \cos k r)\left(\frac{d^2}{dr^2} + k^2\right)\sin k r = 0,$$

and integrate over r from 0 to ∞ we obtain

$$k \cot \eta_0 = k \cot \eta_{0B}(1 + B) \tag{15.17}$$

where η_{0B} is the phase shift given by the first BORN approximation [see (7.10)]:

$$\frac{1}{k \cot \eta_{0B}} = -\frac{1}{k^2}\int_0^\infty U \sin^2 k r\, dr.$$

---

[1] S. I. RUBINOW: Phys. Rev. **98**, 183 (1955).
[2] L. HULTHÉN: Ark. Mat. Astronom. Fysik, Ser. A **35**, 25—1 (1948).

We now consider the variations of B and C due to functional variations of y which are consistent with the continued satisfaction of the conditions $y(0)=1$, $y(\infty)=0$. From the definitions (15.15) and (15.16) of B and C we see that, from (15.16), using (15.13),

$$\delta C = 2 \cot \eta_0 \int_0^\infty U \sin kr \, dr \, \delta y,$$
$$= 2k \cot \eta_0 \, \delta B, \qquad (15.18)$$

so that the variations of B and C are proportional. Taken together with (15.14) and (15.17) this enables one to obtain many stationary expressions which could be used as the basis for a variational approximation. A simple example is

$$k \cot \eta_0 = k \cot \eta_{0B}(1+B)^2 - C. \qquad (15.19)$$

To use this it is only necessary to chose a trial function $y_t(c_1, \ldots c_n, r)$ which satisfies $y(0)=y(\infty)=0$ and calculate B_t and C_t by substitution in (15.15) and (15.16) respectively. The c_r are then determined from the conditions

$$2k \cot \eta_{0B} \frac{\partial B_t}{\partial c_r}(1+B_t) - \frac{\partial C_t}{\partial c_r} = 0, \quad r=1,\ldots n, \qquad (15.20)$$

and thence $\cot \eta_0$ by substitution in (15.17).

Up to the time of writing the most detailed applications have used either HULTHÉN's method (15.9) or KOHN's method (15.8). Table 5 illustrates some results which have been obtained for the scattering of slow electrons by the static fields of hydrogen[1] and helium[2] for which

$$V(r) = -N\varepsilon^2 \left(\frac{1}{r} + \frac{Z}{a_0}\right) e^{-2Zr/a_0}, \qquad (15.21)$$

where $N=Z=1$ for hydrogen and $N=2$, $Z=27/16$ for helium. In both cases the trial function was taken of the form

$$\varphi_t = \sin kr + (\lambda + b e^{-Zr/a_0})(1 - e^{-Zr/a_0}) \cos kr. \qquad (15.22)$$

Comparison is made in Table 5 between the values of η_0 calculated by direct numerical integration of the Eq. (15.1) and by HULTHÉN's method. For hydrogen, KOHN's method gives the same results to the accuracy of the calculations.

The accuracy with which the variational methods reproduce the phase when the phase shift is less than $\pi/2$ is surprisingly good, particularly when it is noted that the assumed trial function contains only one adjustable parameter b. A further example which has been studied[3] for which the phase shifts exceed $\pi/2$ is that of the scattering of electrons by the static field of a hydrogen atom in the 2s state. Here

$$V(r) = -\varepsilon^2 \left(\frac{1}{r} + \frac{3}{4 a_0} + \frac{1}{4}\frac{r}{a_0^2} + \frac{1}{8}\frac{r^2}{a_0^3}\right) e^{-r/2a_0} \qquad (15.23)$$

and is much larger at large r than the corresponding expression (15.21) for the normal atom. It was found that, in this case, over the electron energy range studied (see Table 6) for which η_0 was either greater than or close to $\pi/2$ the trial function (15.22) gave quite unsatisfactory results. An alternative form

$$\varphi_t = (1 + c_1 e^{-r}) \sin kr + \lambda (1 - e^{-r}) \cos kr \qquad (15.24)$$

---

[1] H. S. W. MASSEY and B. L. MOISEIWITSCH: Proc. Roy. Soc. Lond., Ser. A **205**, 483 (1950).
[2] B. L. MOISEIWITSCH: Proc. Roy. Soc. Lond., Ser. A **219**, 102 (1953).
[3] G. A. ERSKINE and H. S. W. MASSEY: Proc. Roy. Soc. Lond., Ser. A **212**, 521 (1952).

proved sufficiently satisfactory and Table 6 compares the results obtained using this form in conjunction with HULTHÉN's and KOHN's methods with the phases calculated by direct numerical integration. It was found that introduction of a further parameter b so that the second term of (15.24) became $(\lambda + b e^{-r})(1 - e^{-r}) \cos k r$ as in (15.22), did not lead to an improvement but to less satisfactory results.

This illustrates the difficulty of applying variational methods to collision problems. In the cases discussed, a good deal of information is available *ab initio* about the phase shift and the form of the trial function can be chosen to give reasonably good results. The situation is much more difficult if the variational method is to be applied to a problem in which there is no *a priori* knowledge about the answer. For problems of scattering by a static centre of force the accurate calculation of the phase shift by direct numerical integration of the appropriate differential equation is always available and is not very laborious. In more complicated situations, such as those discussed in Sects. 30, 31 and 35, use of a variational method may be obligatory and the above examples illustrate some of the pitfalls.

Table 5. *Comparison of phase shifts η_0 for scattering of electrons by the static fields of hydrogen and helium atoms, calculated by numerical integration and by the variational method of HULTHÉN.*

Electron wave number (units i/a_0)	Phase η_0 (radians)	
	calculated by numerical integration	calculated by HULTHÉN's variational method [φ_t as in (15.22)]
Hydrogen		
0.1	0.730	0.721
0.2	0.9731	0.972
0.3	1.0458	1.045
0.5	1.0448	1.044
1.0	0.9057	0.904
Helium		
0.136	2.57	2.34
0.272	2.11	1.96
0.608	1.66	1.58
0.859	1.48	1.43
1.053	1.36	1.34
1.359	1.26	1.22
1.922	1.09	1.07

Table 6. *Comparison of phase shifts η_0 for scattering of electrons by the static field of a hydrogen atoms in the 2s state, calculated by numerical integration and by the variational methods of HULTHÉN and of KOHN.*

Electron wave number (units $1 a_0$)	Phase η_0 (radians)		
	calculated by numerical integration	calculated by HULTHÉN's variational method [φ_t as in (15.24)]	calculated by KOHN's variational method [φ_t as in (15.24)]
0.500	2.76	2.745	2.717
0.831	2.23	2.219	2.218
1.225	1.83	1.812	1.812
1.803	1.41	1.437	1.438
2.345	1.21	1.208	1.223

16. Variational methods for determining the total scattered amplitude. A variational principle for the scattered amplitude similar to that which has been discussed in the preceding section as KOHN's method for determining the phase shift, may be obtained as follows[1].

The wave equation is now

$$[\nabla^2 + k^2 - U(r)] \psi(r) = 0. \tag{16.1}$$

---
[1] W. KOHN: Phys. Rev. **74**, 1763 (1948).

Sect. 16. Variational methods for determining the total scattered amplitude. 263

Because of spatial degeneracy we may define an infinite set of functions ψ_i which are proper functions throughout space and have the asymptotic form of a plane wave of unit amplitude together with an outgoing spherical wave. The suffix i may be taken to distinguish that function of this set for which the plane wave is propagating in the direction of the vector $\boldsymbol{k}_i$ where $|\boldsymbol{k}_i|=k$. ψ_i then has the asymptotic form

$$\psi_i \sim e^{i\boldsymbol{k}_i \cdot \boldsymbol{r}} + r^{-1} f(\boldsymbol{k}_i, \boldsymbol{k}) e^{ikr} \tag{16.2}$$

where $f(\boldsymbol{k}_i, \boldsymbol{k})$ is the amplitude for scattering in the direction $\boldsymbol{k}$ of a plane wave incident in the direction $\boldsymbol{k}_i$.

By an obvious extension of (15.2) we now consider

$$I(\boldsymbol{k}_1, -\boldsymbol{k}_2) = \int_0^\infty \psi_2 \{\nabla^2 + k^2 - U(r)\} \psi_1 d\boldsymbol{r}, \tag{16.3}$$

which vanishes when ψ_1 satisfies (16.1) exactly. As for (15.2) we now consider the variation of I which results when ψ_1 is varied to $\psi_1 + \delta\psi_1$. The variations of ψ_1 are restricted so that $\psi_1 + \delta\psi_1$ has the asymptotic form (16.2) though not necessarily with the correct form for $f(\boldsymbol{k}_1, \boldsymbol{k})$. Thus

$$\delta\psi_1 \sim r^{-1} e^{ikr} \delta f_1(\boldsymbol{k}_1, \boldsymbol{k}). \tag{16.4}$$

We now have, using (16.1),

$$\begin{aligned}\delta I(\boldsymbol{k}_1, -\boldsymbol{k}_2) &= \int \psi_2 \{\nabla^2 + k^2 - U(r)\} \delta\psi_1 d\boldsymbol{r}, \\ &= \int \{\psi_2 \nabla^2 (\delta\psi_1) - \delta\psi_1 \nabla^2 \psi_2\} d\boldsymbol{r},\end{aligned} \tag{16.5}$$

since ψ_2 also satisfies (16.1) exactly.

Application of GREEN's theorem now gives

$$\delta I(\boldsymbol{k}_1, -\boldsymbol{k}_2) = \int_S \left\{\psi_2 \frac{\partial}{\partial r}(\delta\psi_1) - \delta\psi_1 \frac{\partial}{\partial r}(\psi_2)\right\} dS, \tag{16.6}$$

where the integration is over the surface of the sphere with centre at the origin, of such large radius that ψ_2 and $\delta\psi_1$ may be replaced by their asymptotic forms. This gives

$$\delta I(\boldsymbol{k}_1, -\boldsymbol{k}_2) = \int_S \left\{e^{i\boldsymbol{k}_1 \cdot \boldsymbol{r}} \frac{\partial}{\partial r}\left(\frac{e^{ikr}}{r}\right) - \frac{e^{ikr}}{r} \frac{\partial}{\partial r} e^{i\boldsymbol{k}_2 \cdot \boldsymbol{r}}\right\} \delta f_1(\boldsymbol{k}_1, \boldsymbol{k}) dS. \tag{16.7}$$

We thus have

$$\delta\{I(\boldsymbol{k}_1, -\boldsymbol{k}_2) + 4\pi f_1(\boldsymbol{k}_1, -\boldsymbol{k}_2)\} = 0 \tag{16.8}$$

which is the analogue of (15.6) for the phase shifts. Thus if I_t and $f_{t,1}$ are calculated using some trial functions ψ_i, we have as an approximation to f_1, correct to the first order,

$$f_1(\boldsymbol{k}_1, -\boldsymbol{k}_2) = f_{t,1}(\boldsymbol{k}_1, -\boldsymbol{k}_2) + \frac{1}{4\pi} I_t(\boldsymbol{k}_1, -\boldsymbol{k}_2) \tag{16.9}$$

the arbitrary coefficients c_r in the trial functions being determined by the conditions

$$\frac{1}{4\pi} \frac{\partial I}{\partial c_r} + \frac{\partial f_1}{\partial c_r} = 0, \quad r = 1, \ldots, n. \tag{16.10}$$

BORN's first approximation results if the simplest possible trial functions, the plane waves $e^{i\boldsymbol{k}_i \cdot \boldsymbol{r}}$, are used.

An important variational principle due to Schwinger[1] may also be derived by substitution of suitable trial functions in (16.9).

The exact solution $\psi_1(\mathbf{r})$ of (16.1) satisfies the integral equation (6.2) i.e.

$$\psi_1(\mathbf{r}) = e^{i\mathbf{k}_1 \cdot \mathbf{r}} - \frac{1}{4\pi} \int \frac{e^{ik|\mathbf{r}-\mathbf{r}'|}}{|\mathbf{r}-\mathbf{r}'|} U(\mathbf{r}') \psi_1(\mathbf{r}') d\mathbf{r}'. \tag{16.11}$$

Since [see (6.6)]

$$f(\mathbf{k}_1, -\mathbf{k}_2) = -\frac{1}{4\pi} \int e^{i\mathbf{k}_2 \cdot \mathbf{r}'} U(\mathbf{r}') \psi_1(\mathbf{r}') d\mathbf{r}', \tag{16.12}$$

we may write (16.11) in the homogeneous form

$$\psi_1(\mathbf{r}) = -\int K(\mathbf{r}, \mathbf{r}') U(\mathbf{r}') \psi_1(\mathbf{r}') d\mathbf{r}' \tag{16.13}$$

where

$$K(\mathbf{r}, \mathbf{r}') = \frac{1}{4\pi} \left[\frac{e^{ik|\mathbf{r}-\mathbf{r}'|}}{|\mathbf{r}-\mathbf{r}'|} + \frac{e^{i(\mathbf{k}_1 \cdot \mathbf{r} + \mathbf{k}_2 \cdot \mathbf{r}')}}{f(\mathbf{k}_1, -\mathbf{k}_2)} \right]. \tag{16.14}$$

Because of the form of the kernel K it follows that

$$\int K(\mathbf{r}, \mathbf{r}') U(\mathbf{r}') \psi(\mathbf{r}') d\mathbf{r}' \tag{16.15}$$

represents a wave function whose scattering amplitude from $\mathbf{k}_1$ to $-\mathbf{k}_2$ is $f(\mathbf{k}_1, -\mathbf{k}_2)$ no matter what form is taken for ψ. It is therefore legitimate to use (16.13) as a trial function for ψ_1. Since in this case $f_t(\mathbf{k}_1, -\mathbf{k}_2) = f(\mathbf{k}_1, -\mathbf{k}_2)$, (16.9) is replaced by

$$I_t(\mathbf{k}_1, -\mathbf{k}_2) = 0, \tag{16.16}$$

which, when written out in full, gives Schwinger's variational expression

$$[f(\mathbf{k}_1, -\mathbf{k}_2)]^{-1} \int \psi_2(\mathbf{r}) U(\mathbf{r}) e^{i\mathbf{k}_1 \cdot \mathbf{r}} d\mathbf{r} \int \varphi_1(\mathbf{r}) U(\mathbf{r}) e^{i\mathbf{k}_2 \cdot \mathbf{r}} d\mathbf{r}$$
$$= -4\pi \int \psi_2(\mathbf{r}) U(\mathbf{r}) \varphi_1(\mathbf{r}) d\mathbf{r} - \iint \psi_2(\mathbf{r}) U(\mathbf{r}) \frac{e^{ik|\mathbf{r}-\mathbf{r}'|}}{|\mathbf{r}-\mathbf{r}'|} U(\mathbf{r}') \varphi_1(\mathbf{r}) d\mathbf{r} d\mathbf{r}', \tag{16.17}$$

ψ_2 being a trial function with asymptotic form (16.2).

In this case, if we substitute the simplest forms for ψ_2 and φ_1, the plane waves

$$\psi_2 = e^{i\mathbf{k}_2 \cdot \mathbf{r}}, \qquad \varphi_1 = e^{i\mathbf{k}_1 \cdot \mathbf{r}},$$

we obtain

$$f(\mathbf{k}_1, -\mathbf{k}_2) = \frac{\{f_{B1}((\mathbf{k}_1, -\mathbf{k}_2))\}^2}{f_{B1}(\mathbf{k}_1, -\mathbf{k}_2) - f_{B2}(\mathbf{k}_1, -\mathbf{k}_2)} \tag{16.18}$$

where

$$f_{B1} = -\frac{1}{4\pi} \int e^{i(\mathbf{k}_1 + \mathbf{k}_2) \cdot \mathbf{r}} U(\mathbf{r}) d\mathbf{r},$$

$$f_{B2} = \frac{1}{16\pi^2} \iint e^{i(\mathbf{k}_1 \cdot \mathbf{r}' + \mathbf{k}_2 \cdot \mathbf{r})} U(\mathbf{r}) U(\mathbf{r}') \frac{e^{ik|\mathbf{r}-\mathbf{r}'|}}{|\mathbf{r}-\mathbf{r}'|} d\mathbf{r} d\mathbf{r}'. \tag{16.19}$$

If f_{B2} is put equal to 0 we regain Born's first approximation while, if it is treated as small, so that terms of order $(f_{B2}/f_{B1})^2$ may be neglected,

$$f(\mathbf{k}_1, -\mathbf{k}_2) = f_{B1} + f_{B2}$$

which is the second Born approximation.

A detailed study of the application of Schwinger's variational principle to the calculation of particles by a potential of form $Ar^{-1}e^{-\gamma r}$ (the Yukawa potential in meson theory) has been made by Gerjuoy and Saxon[2]. The eva-

---
[1] J. Schwinger: Unpublished Lectures (1948).
[2] E. Gerjuoy and D. S. Saxon: Phys. Rev. **94**, 478 (1954).

Sect. 16. Variational methods for determining the total scattered amplitude. 265

Table 7. *Comparison of differential cross sections calculated for scattering by a* YUKAWA *potential, by accurate numerical integration, by* BORN'S *first approximation and by the* SCHWINGER *variational method using plane wave trial functions.*

Wave number k	Angle of scattering	Differential cross section per steradian			
		Num. integn. (a)	BORN (b)	SCHWINGER	
				(c)	(d)
0.663	0	3.99	5.60	8.61	(3.73)
	90°	2.28	1.58	1.51	(1.36)
	180°	2.27	0.74	0.41	(0.25)
1.048	0	4.58	5.60	6.81	(4.38)
	90°	0.752	0.546	0.345	(0.372)
	180°	0.531	0.192	0.071	(0.064)
1.406	0	5.07	5.60	6.27	(4.74)
	90°	0.309	0.227	0.121	(0.137)
	180°	0.151	0.071	0.023	(0.024)

luation of the integrals involved with plane wave trial functions is comparatively simple for this potential. Table 7 summarizes the results obtained for the case $\gamma = 1$ and $u_0 = (2m A/\hbar^2)\, 2.365$. Calculations were carried out using trial functions of plane wave form

$$\varphi_1 = e^{iK n_1 \cdot r}, \qquad \psi_2 = e^{iK n_2 \cdot r}. \tag{16.20}$$

The results obtained [column (c)] by choosing $K = k$, the incident wave number, are seen to be less satisfactory than given by BORN's first approximation [column (b)]—this is a further example of the difference between the variational principles for scattering and for the determination of the energy of a bound state. The bracketed results of column (d) are in much better agreement with the exact values of column (a). They were obtained by taking $K^2 = k^2 + \frac{1}{2} u_0$. On the whole these results do not show promise of using the SCHWINGER formula for practical purposes. The calculations are quite complicated even for this simple case and it is hard to see how one could choose *ab initio* the best wave number K to use.

Table 8. *Total cross sections for elastic scattering of electrons by the static field of the hydrogen atom, in units* πa_0^2.

Electron wave number in units $1/a_0$	Calculated by exact numerical integration	Calculated by SCHWINGER variational method		Calculated by BORN's first approximation
		Plane wave trial functions (16.20)	Trial functions (16.24).	
0.3	33.12	22.64 (20.68)	22.80 (22.40)	3.52
0.5	11.96	8.28 (8.76)	11.12 (9.20)	2.88
0.835	3.92	3.16 (3.32)	3.04 (3.28)	1.92

Expressions in brackets give the value of $\dfrac{4\pi}{k} \operatorname{Im} f(0)$ which for an exact solution would be equal to the total cross section (see Sect. 5).

A second application has been made by NEWSTEIN[1] to the calculation of the cross sections for elastic scattering of slow electrons by the static field (15.21) of a hydrogen atom. In this case much better agreement with the exact values is obtained as will be seen by reference to Table 8. Values in column (b) were

---
[1] M. C. NEWSTEIN: M.I.T. Technical Rep. No. 4 **1955**.

obtained using trial functions of the form (16.20) with $K=k$ and those in column (c) using somewhat more flexible functions

$$\left.\begin{array}{l}\psi_1 = \alpha\, e^{i\mathbf{k}_1\cdot\mathbf{r}} + \beta\, e^{-i\mathbf{k}_1\cdot\mathbf{r}}, \\ \psi_2 = \alpha\, e^{i\mathbf{k}_2\cdot\mathbf{r}} + \beta\, e^{-i\mathbf{k}_2\cdot\mathbf{r}},\end{array}\right\} \qquad (16.21)$$

the parameters α and β being chosen so that the expression (16.17) is stationary with respect to variations in them. The results obtained by the variational methods are much more satisfactory than those given by BORN's first approximation [column (d)]. MOWER[1] has used similar trial functions for the case of the YUKAWA potential with constants adjusted to compare with atomic rather than nuclear conditions. The results are moderately satisfactory.

17. The BLATT-JACKSON formula[1]. The SCHWINGER variational method described in the preceding section may be applied equally well to collisions in which the angular momentum is prescribed. Thus we find as a variational expression for $\cot\eta_0$, closely analogous to that (16.17) for $\dfrac{1}{f(\mathbf{k}_1,\mathbf{k}_2)}$,

$$-k\cot\eta_0 = \frac{\int_0^\infty \varphi_0^2(r)\,U(r)\,dr - \int_0^\infty \left[\int_0^\infty K_0(r,r')\,U(r')\,\varphi_0(r')\,dr'\right] U(r)\,\varphi_0(r)\,dr}{\left[\dfrac{1}{k}\int_0^\infty U(r)\,\varphi_0(r)\sin kr\,dr\right]^2}, \qquad (17.1)$$

where

$$\left.\begin{array}{ll}kK_0(r,r') = -\sin kr\cos kr', & r<r' \\ = -\cos kr\sin kr', & r>r'\end{array}\right\} \qquad (17.2)$$

By using this formula BLATT and JACKSON[2] derived a very useful expression for the phase shift η_0 at low impact energies. Alternative simpler derivations[3] of the formula have since been given but to illustrate the application of the variational expression (17.1) we shall follow BLATT and JACKSON's derivation here.

This is based on the choice, as trial function φ_t, of the solution φ_0^0, of the SCHRÖDINGER equation (15.1) for zero energy of relative motion, i.e.

$$\frac{d^2\varphi_0^0}{dr^2} - U(r)\,\varphi_0^0 = 0. \qquad (17.3)$$

The true solution φ_0, for finite k, will differ markedly from φ_0^0 at such values a of r for which $U(r)$ is small but this is unimportant because no appreciable contribution to the integrals in (17.1) will come from $r>a$. On the other hand for $r<a$ the difference between φ_0 and φ_0^0 will be of order k^2 so that, since (17.1) is a variational expression, the error in $k\cot\eta_0$ will be of order k^4. The use of φ_0^0 as trial function should therefore give $k\cot\eta_0$ correctly for such small values of k that $k^4 r_0^4$ is negligible compared to unity, r_0 being a typical range of the interaction $U(r)$ which will be made definite below.

For large r, φ_0^0 has the form $\varphi_0^0 \sim 1-\alpha r$ where $\alpha = \lim\limits_{k\to 0}\dfrac{\sin\eta_0}{k}$ and the zero energy limit of the zero order cross section is $4\pi\alpha^2$. We write for all r

$$\varphi_0^0 = 1 - \alpha r - g(r), \qquad (17.4)$$

where

$$\frac{d^2 g}{dr^2} = U(r)\,\varphi_0^0(r),$$

$$g(0) = 1, \quad g(\infty) = 0. \qquad (17.5)$$

---

[1] L. MOWER: Phys. Rev. **99**, 1065 (1955).
[2] J. M. BLATT and J. D. JACKSON: Phys. Rev. **76**, 16 (1949).
[3] H. A. BETHE: Phys. Rev. **76**, 38 (1949).

Since
$$J(r) = \int_0^\infty K(r,r')\,U(r')\,\varphi_0^0(r')\,dr' = \int_0^\infty K(r,r')\,\frac{d^2 g}{dr'^2}\,dr',$$
$$= \cos kr + \int_0^\infty \frac{\partial^2 K}{\partial r'^2}\,g(r')\,dr', \qquad (17.6)$$
$$= \cos kr - g(r) - k^2 \int_0^\infty K(r,r')\,g(r')\,dr',$$

we have, for the numerator of (17.1) when φ_0^0 is substituted for φ_0,

$$\int_0^\infty U(r)\,\varphi_0^2\,dr - \int_0^\infty U(r)\,\varphi_0(r)\,J(r)\,dr$$
$$= \int_0^\infty \frac{d^2 g}{dr^2}\,[\varphi_0(r) - J(r)]\,dr,$$
$$= -\alpha + k^2 \int_0^\infty [2g(r)\cos kr - g^2(r)]\,dr - k^4 \int_0^\infty\int_0^\infty g(r)\,K(r,r')\,g(r')\,dr\,dr', \qquad (17.7)$$
$$= -\alpha + k^2 \int_0^\infty [2g(r) - g^2(r)]\,dr + \text{terms of order } k^4.$$

Also
$$\frac{1}{k}\int_0^\infty \sin kr\,\frac{d^2 g}{dr^2}\,dr = 1 - k\int_0^\infty \sin kr\,g(r)\,dr,$$
$$= 1 - k^2 \int_0^\infty r\,g(r)\,dr + \text{terms of order } k^4, \qquad (17.8)$$

so that, on substitution for the denominator of (17.1),

$$k \cot \eta_0 = -\alpha + \tfrac{1}{2} k^2 r_0 + \text{terms of order } k^4 r_0^3, \qquad (17.9)$$

where
$$r_0 = 2\int_0^\infty [2g(r) - g^2(r) - 2\alpha r g(r)]\,dr,$$
$$= 2\int_0^\infty [(1 - \alpha r)^2 - \{\varphi_0(r)\}^2]\,dr. \qquad (17.10)$$

r_0, being independent of k^2, is determined by the interaction energy $U(r)$ alone and is usually referred to as the effective range of the interaction.

The BLATT-JACKSON formula (17.9) has been applied especially to the analysis of data on the low energy scattering of nucleons by nucleons but it is often useful in calculating phases by interpolation. There is no difficulty in extending the formula to higher order phase shifts. Thus

$$k^{2l+1}\cot \eta_l = -\alpha_l + \tfrac{1}{2} k^2 r_{0,l} + \cdots$$

where $r_{0,l}$ and α_l are independent of k.

18. Variational principle for classical scattering[1]. In the notation of Sect. 13 we have the equation

$$\left(\frac{du}{d\varphi}\right)^2 + u^2 + \frac{1}{E\,p^2}\,V(u) = \frac{1}{p^2}, \qquad (18.1)$$

---

[1] M. M. GORDON: private communication.

where

$$u = 0 \quad \text{and} \quad \left|\frac{du}{d\varphi}\right| = \frac{1}{p} \quad \text{for} \quad \varphi = \pm\alpha, \tag{18.2}$$

$$u = u_0 \quad \text{and} \quad \frac{du}{d\varphi} = 0 \quad \text{for} \quad \varphi = 0. \tag{18.3}$$

From this equation and the boundary conditions p is to be determined as a function of α and hence the differential scattering cross section from (13.2) and the relation $\vartheta = \pi - 2\alpha$.

If we obtain a variational principle from which to determine u approximately as a function of φ, p may be obtained as a function of α either through the condition $\dfrac{du}{d\varphi} = -\dfrac{1}{p}$ or through the relation

$$2E\, p \cos\alpha = \int_0^\infty \cos\varphi\, \frac{dV}{du}\, d\varphi,$$

which follows from (18.1) by use of the boundary conditions (18.2), (18.3).

A variational principle for u follows immediately when it is noted that (18.1) can be written in the Lagrangian form

$$\frac{d}{d\varphi}\left(\frac{\partial L}{\partial u'}\right) - \frac{\partial L}{\partial u} = 0,$$

where

$$L(u, u') = \frac{1}{2}\left[(u')^2 - u^2 - \frac{1}{p^2}\frac{V(u)}{E}\right], \quad u' = \frac{du}{d\varphi},$$

so that

$$\delta \int_{-\alpha}^{\alpha} L\, d\varphi = 0,$$

provided $\delta u = 0$, $\varphi = \pm \alpha$. It is only necessary to introduce a trial function u_t containing n adjustable parameters $c_1, \ldots, c_n$ which satisfies the conditions $u(\alpha) = 0$, $\left(\dfrac{du}{d\varphi}\right)_\alpha = 0$, calculate

$$I_t = \int_{-\alpha}^{\alpha} L(u_t, u'_t)\, d\varphi$$

and determine the parameters $c_1, \ldots, c_n$ from the conditions

$$\frac{\partial I_t}{\partial c_r} = 0, \quad r = 1, \ldots, n.$$

19. Illustrative examples of phase shift calculations. A number of calculations of phase shifts for scattering of electrons by mean atomic fields have been carried out by direct numerical integration of the appropriate differential equations. Fig. 6 illustrates the variation with electron energy of the phase shifts for scattering by mean central fields of hydrogen[1], helium[2], argon[3], and krypton[4] atoms. The decrease of η_l with l for sufficiently large l is clear. The behaviour of the phase shifts in the low energy limit is of special interest in relation to the considerations of Sect. 11. For hydrogen all phase shifts tend

---

[1] J. MACDOUGALL: Proc. Roy. Soc., Lond., Ser. A **136**, 549 (1932). — S. CHANDRASEKHAR and F. H. BREEN: Astrophys. J. **103**, 41 (1946).
[2] J. MACDOUGALL: loc. cit.
[3] J. HOLTSMARK: Z. Physik **55**, 437 (1929).
[4] J. HOLTSMARK: Z. Physik **66**, 49 (1930).

to zero in this limit so that the field is not strong enough to provide a bound state. It is true that a stable negative ion of hydrogen does exist but this arises because of polarization effects which are not allowed for in the mean central field scattering approximation (see Sect. 35). It will be seen that the helium field is strong enough to provide one bound s-state but no other bound states. This does not mean that a stable He$^-$ ion exists because the PAULI principle actually excludes this state — the central field approximation also ignores all effects of exchange and indistinguishability of particles (see Sect. 31).

The argon field is much stronger and, considered purely as a structureless central field, would give rise to three bound s-states and one bound p-state. Fig. 7 illustrates the total electron cross section calculated from these phase

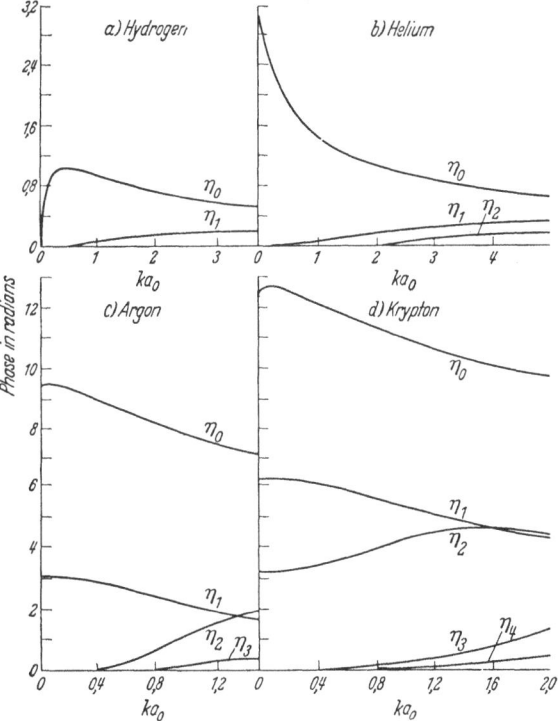

Fig. 6a—d. Phase shifts for scattering of electrons by the static fields of (a) hydrogen (b) helium (c) argon and (d) krypton atoms. The argon and krypton fields include an empirical allowance for polarization.

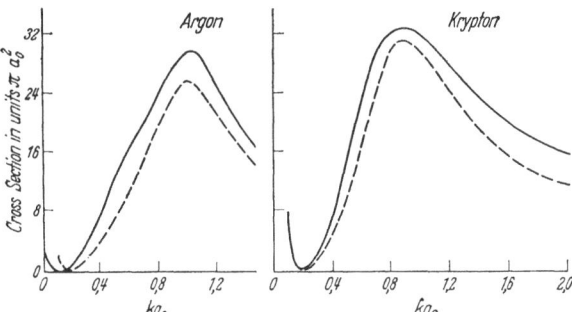

Fig. 7. Total elastic cross sections for electrons in argon and krypton. ——— calculated; – – – – observed (see Vol. XXXIV).

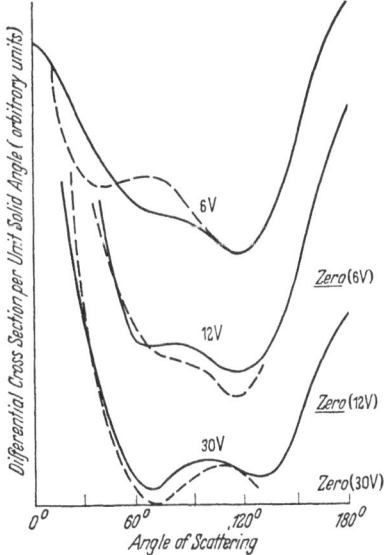

Fig. 8. Comparison of observed and calculated angular distributions for scattering of slow electrons to by argon atoms ——— calculated; – – – – observed.

shifts. This exhibits the RAMSAUER-TOWNSEND effect as the cross section reaches a very low minimum for electrons of about 3 ev energy. This minimum arises because the phase shift η_0 passes through zero at this energy so that the partial cross section Q_0 vanishes. The higher phase shifts and hence partial cross sections are all very small because the electron energy is so small.

Table 9. *Comparison of phase shifts η_l (radians) for scattering of 54 ev electrons by the static field of a krypton, calculated by different approximations.*

l	Calculated by accurate numerical integration	JEFFREYS' approximation	LANGER'S approximation	BORN'S first approximation
0	9.696	—	9.597	—
1	7.452	7.710	7.540	—
2	4.469	4.748	4.505	—
3	1.238	1.410	1.355	0.779
4	0.445	0.557	0.535	0.414
5	0.143	0.190	0.174	0.144

Table 10. *Comparison of phase shifts for the scattering of electrons by the mean central field of a helium atom, calculated by accurate numerical integration and by* BORN'S *first approximation.*

Wave number k (in units $1/a_0$)	η_0		η_1		η_2	
	numerical integration	BORN approximation	numerical integration	BORN approximation	numerical integration	BORN approximation
1	1.40	0.57	0.07	0.04	0.006	0.005
2	1.07	0.74	0.19	0.15	0.041	0.033
3	0.90	0.75	0.27	0.24	0.095	0.077
4	0.78	0.70	0.30	0.27	0.130	0.113
5	0.69	0.64	0.31	0.29	0.152	0.138

A similar behaviour of the total electron cross section is found for krypton (Fig. 7). Although the field is now so much stronger that it could give rise to 7 bound states (4 s, 2 p and 1 d) the η_0, η_1 and η_2 phases behave at very low energies very much like the corresponding phases for argon increased by π. The associated partial cross sections are therefore nearly the same as for argon.

Fig. 8 illustrates the comparison of observed angular distributions[1] for elastic scattering of slow electrons in argon with those calculated from (2.17) using the phase shifts illustrated in Fig. 6.

In Table 9 the phase shifts illustrated in Fig. 6 for 54 ev electrons in krypton are compared with approximate phases calculated using the LANGER approximation (13.21) and BORN'S approximation (6.13). Results obtained using the so called JEFFREYS' approximation, which differs from the more accurate LANGER approximation in that $(l+\frac{1}{2})^2$ is replaced by $l(l+1)$, are also given. It will be seen that, provided the phase shift is much greater than $\pi/2$, the LANGER formula gives very good results, even for η_0. BORN'S approximation in this

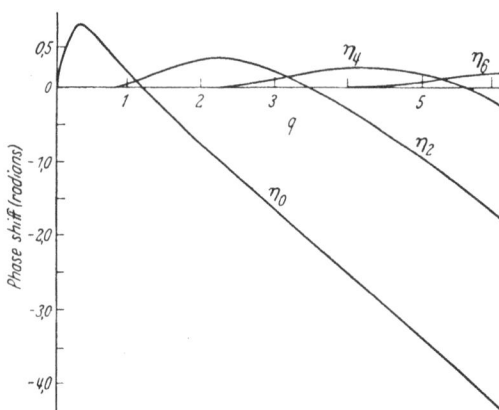

Fig. 9. Phase shifts for impacts between helium atoms assuming that the interaction is given by SLATER'S formula
$$V(r) = b e^{-ar} - c r^{-6}$$
where $b = 7.7 \times 10^{-10}$ erg, $a = 4.6 \times 10^8$ cm., $c = 1.48 \times 10^{-8}$ erg cm.^{6}
The abscissa $q = \dfrac{r_0}{\hbar}(ME)^{\frac{1}{2}}$ where M is the mass of a helium atom, E is the energy of relative motion and $r_0 = 2.947 \times 10^{-8}$ cm., is the distance at which $V(r)$ is a minimum.

---

[1] E. C. BULLARD and H. S. W. MASSEY: Proc. Roy. Soc. Lond., Ser. A **130**, 519 (1931).

example is surprisingly effective, even when the phase shift is as large as 0.4 radians. Reference to Table 10, which compares phases calculated accurately for electrons scattered by the mean field of a normal helium atom with those calculated by BORN's approximation, shows that the latter method is not so satisfactory in this case. This illustrates the fact pointed out by KOHN (Sect. 8β) that, even when the phase shift is much less than $\pi/2$, the BORN series of approximations to it may converge very slowly.

Fig. 9 illustrates phases calculated for a predominantly repulsive field, an assumed interaction between two helium atoms. Although many phase shifts which are now <0, reach very high magnitudes at finite energies of relative motion, they all tend to zero in the low energy limit and no bound states exist.

For references to other calculations of phase shifts see "The Theory of Atomic Collisions" and "Electronic and Ionic Impact Phenomena".

20. Scattering by a COULOMB field. The analysis of Sect. 2 is based on the assumption that the scattering potential falls off at large distances r at least as fast as r^{-2}. If this is not so the asymptotic form of the solution cannot be assumed to take the form (2.11) and the succeeding analysis in terms of phase shifts is no longer applicable. This means that the important case of scattering by a COULOMB field is excluded. We show now how this case may be dealt with.

Consider a particle of charge ε and mass m which moves under the influence of an infinitely massive centre of force of charge $Z\varepsilon$. If the particle moves in from infinity in the z-direction with a velocity v the orbit, on classical theory, will be a hyperbola with one asymptote parallel to Oz and with the centre of force at one focus. At large distances r from the scattering centre, which we take as the origin O, we would expect the wave front of a parallel beam of incident particles of velocity v to be the surface normal to all the classical hyperbolic orbits. It was pointed out by GORDON[1] that this surface does not tend to the form $z=$ constant for large r but to

$$z + \frac{Z\varepsilon^2}{mv^2} \log k(r-z) = \text{const}, \qquad (20.1)$$

where $k = mv/\hbar$. This suggests that the function representing the incident wave will not be proportional to e^{ikz} but to

$$\exp\left[ik\left\{z + \frac{Z\varepsilon^2}{mv^2}\log k(r-z)\right\}\right]. \qquad (20.2)$$

Detailed calculations show that this is indeed correct. A similar distortion of the asymptotic form of the scattered wave occurs so that, instead of being proportional to $r^{-1} e^{ikr}$, the appropriate radial wave function is found to be

$$r^{-1}\exp\left[ik\left\{r - \frac{Z\varepsilon^2}{mv^2}\log kr\right\}\right]. \qquad (20.3)$$

The wave function which describes the scattering therefore has the asymptotic form

$$\exp\left[ik\left\{z + \frac{Z\varepsilon^2}{mv^2}\log k(r-z)\right\}\right] + r^{-1}\exp\left[ik\left\{r - \frac{Z\varepsilon^2}{mv^2}\log kr\right\}\right] f(\vartheta), \qquad (20.4)$$

and the differential cross section is $|f(\vartheta)|^2 d\omega$ as before.

To put this on a definite basis and to calculate $f(\vartheta)$ the most concise procedure[2] is as follows in which the wave equation for the motion of the particle is solved in parabolic coordinates.

---
[1] W. GORDON: Z. Physik **48**, 180 (1928).
[2] G. TEMPLE: Proc. Roy. Soc. Lond., Ser. A **121**, 673 (1928).

The wave equation is

$$\left(\nabla^2 + k^2 - \frac{\gamma}{r}\right)\psi = 0, \tag{20.5}$$

where

$$\gamma = 2m\frac{Z\varepsilon^2}{\hbar^2}. \tag{20.6}$$

If we write $\psi = e^{ikz} F$ then F satisfies

$$\nabla^2 F + 2ik\frac{\partial F}{\partial z} - \frac{\gamma F}{r} = 0. \tag{20.7}$$

This equation has a solution of the form

$$F = F(r - z).$$

Assuming this to be so we must have

$$2\left(1 - \frac{z}{r}\right)F'' + \frac{2}{r}F' + 2ik\left(\frac{z}{r} - 1\right)F' - \frac{\gamma}{r}F = 0, \tag{20.8}$$

where F', F'' represent first and second derivatives of F with respect to $r - z$. Multiplication of (20.8) by r confirms our assumption and, putting $\zeta = r - z$, gives the ordinary differential equation

$$\zeta\frac{d^2 F}{d\zeta^2} + \frac{dF}{d\zeta} - ik\zeta\frac{dF}{d\zeta} - \frac{1}{2}\gamma F = 0. \tag{20.9}$$

Applying the FROBENIUS method to the solution of this equation we find, for the solution which is finite at the origin,

$$F = \sum_{n=0}^{\infty} a_n \zeta^n$$

with

$$(n+1)^2 a_{n+1} = (ikn + \tfrac{1}{2}\gamma) a_n,$$

giving

$$a_{n+1} = (ik)^n \prod_{s=0}^{n} \frac{iks + \tfrac{1}{2}\gamma}{(s+1)^2}.$$

Hence

$$F = {}_1F_1(-i\alpha, 1; ik\zeta), \tag{20.10}$$

where $\alpha = \gamma/2k = Z\varepsilon^2/\hbar v$ and ${}_1F_1$ is the hypergeometric function defined by

$${}_1F_1(a, b; z) = \sum \frac{a(a+1)\cdots(a+n-1)}{n!\,b(b+1)\cdots(b+n-1)} z^n. \tag{20.11}$$

In terms of the confluent hypergeometric function $M_{k,m}(z)$ of WHITTAKER[1]

$${}_1F_1(a, b; z) = z^{\frac{1}{2}(b-1)} e^{\frac{1}{2}z} M_{\frac{1}{2}b-a, \frac{1}{2}b-1}(z). \tag{20.12}$$

The asymptotic behaviour of $M_{k,m}(z)$ for large z is discussed by WHITTAKER and WATSON[1]. Using their analysis we find

$${}_1F_1(a, b; z) = W_1(z) + W_2(z), \tag{20.13}$$

where

$$W_1(z) \sim \frac{(-z)^{-a}}{\Gamma(1-a)}\left\{1 + \frac{a^2}{z} + \cdots\right\},$$

$$W_2(z) \sim \frac{z^{a-1} e^z}{\Gamma(a)}\left\{1 + \frac{(1-a)^2}{z} + \cdots\right\}. \tag{20.14}$$

---

[1] E. T. WHITTAKER and G. N. WATSON: Modern Analysis, 4th ed., p. 337—9. — See also the article on special functions by J. MEIXNER in vol. I of this Encyclopedia.

On substitution for a, b and z we find that

$$\Gamma(1+i\alpha)\, e^{-\frac{1}{2}\pi\alpha}\, {}_1F_1(-i\alpha, 1; ik\zeta) \sim$$
$$\sim \left(1 - \frac{\alpha^2}{ik\zeta}\right) \exp(i\alpha \log k\zeta) - \frac{i\Gamma(1+i\alpha)}{\Gamma(1-i\alpha)} \frac{e^{ik\zeta}}{k\zeta} \exp(-i\alpha \log k\zeta). \quad (20.15)$$

Since $\psi = e^{ikz} F$ we see that the first term corresponds to the incident wave of the form (20.2) and the second to the scattered wave of the form (20.3) with

$$f(\vartheta) = -i \frac{\Gamma(1+i\alpha)}{\Gamma(-i\alpha)} \frac{1}{k(1-\cos\vartheta)} \exp\{-i\alpha \log(1-\cos\vartheta)\},$$

$$= -\frac{\alpha}{2k} \frac{\Gamma(1+i\alpha)}{\Gamma(1-i\alpha)} \operatorname{cosec}^2 \tfrac{1}{2}\vartheta \exp\{-i\alpha \log(1-\cos\vartheta)\}, \quad (20.16)$$

$$= \frac{Z\varepsilon^2}{mv^2} \operatorname{cosec}^2 \tfrac{1}{2}\vartheta \exp\{-i\alpha \log(1-\cos\vartheta) + i\pi + 2i\eta_0\},$$

where

$$e^{2i\eta_0} = \frac{\Gamma(1+i\alpha)}{\Gamma(1-i\alpha)}. \quad (20.17)$$

The differential cross section is therefore

$$I(\vartheta)\, d\omega = \frac{Z^2 \varepsilon^4}{4 m^2 v^4} \operatorname{cosec}^4 \tfrac{1}{2}\vartheta\, d\omega \quad (20.18)$$

exactly as given by the classical formula of RUTHERFORD.

It is of interest and importance to obtain the function $\psi(r, \vartheta)$, which describes the scattering, in terms of an expansion in zonal harmonics in order to compare more directly with the method of partial cross sections. If we write

$$\psi(r, \vartheta) = \sum_{l=0}^{\infty} L_l(r) P_l(\cos\vartheta), \quad (20.19)$$

then we find that, if ψ satisfies (20.5),

$$\frac{1}{\varrho} \frac{d}{d\varrho}\left(\varrho^2 \frac{dL_l}{d\varrho}\right) + \left\{1 - \frac{2\alpha}{\varrho} - \frac{l(l+1)}{\varrho^2}\right\} L_l = 0, \quad (20.20)$$

where $\varrho = kr$.

The substitition $L_l = \varrho^l e^{i\varrho} K$ leads to

$$\varrho \frac{d^2 K}{d\varrho^2} + 2(l+1+i\varrho) \frac{dK}{d\varrho} + 2\{i(l+1) - \alpha\} K = 0,$$

or, writing $\varrho = \tfrac{1}{2} iz$,

$$z \frac{d^2 K}{dz^2} + (2l+2-z) \frac{dK}{dz} - (2\alpha + l + 1) K = 0. \quad (20.21)$$

Comparison with (20.9) and (20.10) shows that the solution which is finite at the origin is

$$ {}_1F_1(i\alpha + l + 1, 2l + 2; z). \quad (20.22)$$

If we normalize L_l so that it takes the form

$$L_l = e^{-\frac{1}{2}\pi\alpha} \frac{|\Gamma(l+1+i\alpha)|}{(2l+1)!} (2kr)^l e^{ikr} {}_1F_1(i\alpha + l + 1, 2l + 2; -2ikr), \quad (20.23)$$

we find, by using (20.14), that

$$L_l \sim (kr)^{-1} \sin(kr - \tfrac{1}{2} l\pi + \eta_l - \alpha \log 2kr), \quad (20.24)$$

where
$$\eta_l = \arg \Gamma(l+1+i\alpha). \tag{20.25}$$

There is no difficulty now in realizing that the wave function $\psi(r, \vartheta)$ which has the asymptotic form (20.4), is given by

$$\psi(r, \vartheta) = \sum_{l=0}^{\infty} (2l+1) \, i^l \, e^{i\eta_l} L_l(r) P_l(\cos \vartheta). \tag{20.26}$$

This is exactly similar in form to the corresponding function for scattering by potentials which fall off at least as fast as r^{-2} for large r. The only essential difference is in the asymptotic form (20.24) for L_l, which includes the special COULOMB distortion phase $-\alpha \log 2kr$.

It has already been noted that the exact quantum formula for $I(\vartheta)$ agrees exactly with the classical. BORN's first approximation gives for $f(\vartheta)$ in this case an improper integral if in (6.6), $V(r) = \frac{\hbar^2}{2m} U(r)$, is taken as $\frac{Z\varepsilon^2}{r}$. However, by substituting instead $V(r) = \frac{Z\varepsilon^2}{r} e^{-\lambda r}$ and making λ tend to zero after integration we have

$$\begin{aligned} f(\vartheta) &= -\frac{4\pi^2 \, m \, Z \, \varepsilon^2}{k \, h^2 \sin \frac{1}{2}\vartheta} \lim_{\lambda \to 0} \int_0^{\infty} \sin\left(2kr \sin \frac{1}{2}\vartheta\right) e^{-\lambda r} \, dr, \\ &= -\frac{2\pi^2 \, m \, Z \, \varepsilon^2}{k^2 \, h^2 \sin^2 \frac{1}{2}\vartheta}, \\ &= -\frac{Z\,\varepsilon^2}{2m\,v^2} \operatorname{cosec}^2 \frac{1}{2}\vartheta. \end{aligned} \tag{20.27}$$

This has the same modulus as the exact expression (20.16) and therefore gives the same differential cross section for all incident energies. This must be regarded as to some extent coincidental. Comparison of (20.27) with the exact expression (20.16) shows that they will only agree closely if α is small. This becomes important when dealing with cases in which the scattering potential departs to some extent from the exact COULOMB form. BORN's first approximation will only give good results for dealing with such cases when α is small, i. e. when $Z\varepsilon^2/\hbar v$ is small.

On the other hand the classical treatment, while giving $I(\vartheta)$ correctly at all energies for an exact COULOMB field, is only a good approximation for dealing with a modified COULOMB field when α is large. This may be seen from the argument of Sect. 1. In the notation of that section we have, from classical orbit theory,

$$y = \frac{Z\varepsilon^2}{mv^2} \cot \frac{1}{2}\vartheta$$

so that (1.5) becomes

$$\frac{Z\varepsilon^2}{mv^2} \vartheta \cot \frac{1}{2}\vartheta \gg \frac{h}{mv}$$

which means that the classical treatment is valid at all angles when

$$\frac{Z\varepsilon^2}{hv} \gg 1.$$

The COULOMB case is unique in that the condition for validity of either the classical or first BORN approximation is independent of scattering angle.

21. Scattering by a modified Coulomb field.

If the scattering potential behaves asymptotically like $Z\varepsilon^2/r$, but departs from it at smaller distances, the function corresponding to L_l of (20.24) will now have the asymptotic form

$$L_l \sim (kr)^{-1} \sin(kr - \tfrac{1}{2}l\pi + \eta_l - \alpha \log 2kr + \varkappa_l). \tag{21.1}$$

$\varkappa_l$ is an additional phase shift due to the modification of the field at small distances. There is no difficulty now in calculating the differential cross section in terms of the $\varkappa_l$ and we find, by an analysis similar to that of Sect. 2, that

$$f(\vartheta) = \frac{1}{2ik} \sum_l \{e^{2i(\eta_l + \varkappa_l)} - 1\}(2l+1) P_l(\cos\vartheta). \tag{21.2}$$

For the pure Coulomb field $Z\varepsilon^2/r$ the scattered amplitude is given by

$$f_c(\vartheta) = \frac{1}{2ik} \sum_l (e^{2i\eta_l} - 1)(2l+1) P_l(\cos\vartheta). \tag{21.3}$$

$$= -\frac{Z\varepsilon^2}{2mv^2} \operatorname{cosec}^2 \tfrac{1}{2}\vartheta \exp\{-i\alpha \log(1-\cos\vartheta) + 2i\eta_0\}, \tag{21.4}$$

so that we may write

$$f(\vartheta) = f_c(\vartheta)\{1 + D\},$$

where

$$D = \frac{i}{\alpha} \sin^2 \tfrac{1}{2}\vartheta \exp\left(i\alpha \log \sin^2 \tfrac{1}{2}\vartheta\right) \sum_l (2l+1) e^{2i(\eta_l - \eta_0)} (e^{2i\varkappa_l} - 1) P_l(\cos\vartheta). \tag{21.5}$$

The ratio R of the differential cross section to that due to the pure Coulomb field is given by

$$R = |1 + D|^2.$$

We may obtain an expression for the phase shift $\varkappa_l$ valid when it is small, which is quite analogous to (7.10). It is

$$\varkappa_l = -\frac{2mk}{\hbar^2} \int_0^\infty w(r') \{L_l(r')\}^2 r'^2 dr', \tag{21.6}$$

where we have written the scattering potential in the form

$$V(r) = \frac{Z\varepsilon^2}{r} + w(r),$$

$w(r)$ being such that $\lim_{r\to\infty} r^2 w(r) = 0$. $L_l(r)$ is the function (20.23) with asymptotic form (20.24) for motion in the unmodified Coulomb potential $\frac{Z\varepsilon^2}{r}$. If $\frac{Z\varepsilon^2}{\hbar v}$ is small the function may be replaced by a plane wave.

If the modifications of the field occur at large rather than small distances, as for example in scattering by a screened Coulomb field

$$V(r) = \frac{Z\varepsilon^2}{r} e^{-\lambda r}, \tag{21.7}$$

it is possible by simple arguments to determine at what scattering angles the departure from the Rutherford scattering law will be appreciable.

If $\frac{Ze^2}{\hbar v} \ll 1$ Born's first approximation is valid. In this case the scattering through an angle ϑ comes mainly from such distances r that

$$2kr \sin \tfrac{1}{2}\vartheta \simeq 1,$$

as may be seen from the form of $f_B(\vartheta)$ [see (6.8)]. Thus, taking $1/\lambda$ as the order of the distance beyond which the departure of $V(r)$ in (21.7) from the Coulomb form becomes important, we expect important deviations from Rutherford scattering at angles $\vartheta < \vartheta_c$ where

$$\frac{2k}{\lambda} \sin \tfrac{1}{2} \vartheta_c \simeq 1,$$

or if ϑ_c is small

$$\vartheta_c \simeq \frac{\lambda}{k}. \qquad (21.8)$$

On the other hand if $\frac{Ze^2}{\hbar v} \gg 1$ the scattering is nearly classical and in this case the main contribution to scattering through an angle ϑ comes from such distances that $mv^2 \vartheta \simeq \frac{Ze^2}{r}$. It follows that, instead of (21.8), we must have,

$$\vartheta_c \simeq \frac{Ze^2}{mv^2} \lambda. \qquad (21.9)$$

B. Generalized theory including inelastic collisions.

I. General considerations.

We have so far discussed the scattering of structureless particles by structureless scattering centres, that is to say we have made no allowance for changes of internal motion within the colliding systems as a result of their interaction. Without allowing for such changes it is not possible to deal with inelastic collisions, but even when such collisions are energetically impossible the mutual distortion of the two colliding systems on impact will have some influence on the elastic scattering. We now consider how the theory may be extended to allow for these effects.

22. Conservation theorem when inelastic collisions can occur[1]. In Sect. 4 we discussed the relation of the phase shifts in the elastic scattering formula (2.17) to the conservation of the incident particles. It was shown that, for particles of incident angular momentum $\sqrt{l(l+1)}\,\hbar$ the net inward radial flux of particles with the initial energy is given at large distances by

$$j_r = -\frac{\hbar}{mr^2}\left[-\tfrac{1}{2} i(2l+1)(c_l^* - c_l) + k|c_l|^2\right] \qquad (22.1)$$

where k is the wave number of the initial motion of the particles and c_l is the elastically scattered amplitude, i.e. the partial elastic cross section is given by

$$Q_{el}^l = \frac{4\pi}{2l+1} |c_l|^2. \qquad (22.2)$$

If inelastic collisions can occur the net inward flux must be equal to

$$-\frac{2l+1}{4\pi} Q_{in}^l \frac{v}{r^2} \qquad (22.3)$$

---
[1] N. F. Mott: Proc. Roy. Soc. Lond., Ser. A **133**, 228 (1931). — N. Bohr, R. Peierls and G. Placzek: Unpublished.

where Q_{in}^l is the cross section for all inelastic collisions which the incident particles of given angular momentum may undergo, v being their incident velocity.

Hence
$$Q_{total}^l = Q_{in}^l + Q_{el}^l = \frac{2\pi}{ik}(c_l - c_l^*) \tag{22.4}$$

where Q_{total}^l is the cross section for all collisions, inelastic + elastic.

We may now make use of the inequality
$$|c_l|^2 \geq \left|\frac{c_l^* - c_l}{2}\right|^2$$

to give
$$Q_{el}^l \leq (Q_{total}^l)^2 / Q_{max}^l \tag{22.5}$$
where
$$Q_{max}^l = \frac{4\pi}{k^2}(2l + 1). \tag{22.6}$$

Since $Q_{el}^l \leq Q_{total}^l$ it follows that
$$Q_{total}^l \leq \frac{4\pi}{k^2}(2l + 1) \tag{22.7}$$

the equality being only possible when there is no inelastic scattering.

Also
$$\left. \begin{array}{l} Q_{in}^l = Q_{total}^l - Q_{el}^l \\ \leq Q_{total}^l - (Q_{total}^l)^2 / Q_{max}^l. \end{array} \right\} \tag{22.8}$$

The right-hand side is a maximum when
$$Q_{total}^l = \tfrac{1}{2} Q_{max}^l$$
so that
$$Q_{in}^l \leq \frac{\pi}{k^2}(2l + 1) \tag{22.9}$$

and the equality only arises when Q_{el}^l is also equal to $\pi(2l+1)/k^2$.

The inequality (22.9) is often of use in checking approximate expressions for inelastic cross sections, but it must be remembered that it applies only to the partial cross section for a given incident angular momentum.

23. Collisions with a totally absorbing sphere. If the range of the scattering field is well defined as R, which is very great compared with the incident wavelength, then all particles with angular momentum $\sqrt{l(l+1)}\,\hbar$ for which $kR > l$ will be only slightly affected by the scatterer. Hence the cross sections can be obtained by summing those for angular momentum quantum numbers up to kR. This gives

$$Q_{in} \leq \frac{\pi}{k^2} \sum_0^{kR} (2l + 1)$$
$$\leq \pi R^2,$$

where the equality sign holds only if Q_{el} is also equal to πR^2.

This result appears paradoxical for suppose the scatterer is a totally absorbing sphere of radius R. The classical inelastic cross section is πR^2 but, according to the argument above, the elastic cross section will also be πR^2 in this limit, even though the sphere is totally absorbing. This elastic scattering is of the same origin as that which doubles the cross section for a rigid sphere of radius R

in the classical limit. It is due to edge diffraction and is confined to angles less than $1/kR$.

The origin of the effect can be ascribed to the need for a scattered wave, coherent with the incident, to annihilate by interference the incident wave behind the obstacle.

24. Relation between forward scattering amplitude and total cross section. We have from (22.4) that

$$\sum_l Q_{\text{total}}^l = \frac{2\pi}{ik} \sum_l (c_l - c_l^*). \tag{24.1}$$

Comparison of (24.1) and (5.1) shows that the only essential differences are that the total cross-section which appears on the left hand side now includes the inelastic as well as the elastic cross section while the right-hand side remains equal to $(4\pi/k)$ times the imaginary part $f_0^i(0)$ of the forward elastic scattering amplitude. We thus have the result that the total cross section is equal to $4\pi f_0^i(0)/k$.

25. Phase shift analysis when inelastic collisions occur. Because the net inward radial flux (22.1) of particles with the initial energy is no longer zero we may no longer write

$$c_l = \frac{2l+1}{2ik}(e^{2i\eta_l} - 1)$$

where η_l is a real phase angle. If, however, we allow η_l to have a positive imaginary component so that

$$\eta_l = \xi_l + i\zeta_l$$

both the elastic and inelastic cross sections may be written in terms of ξ_l and ζ_l. Thus

$$Q_{\text{el}} = \frac{2\pi}{k^2} \sum (2l+1) e^{-2\zeta_l} (\cos 2\zeta_l - \cos 2\xi_l),$$

$$Q_{\text{in}} = \frac{2\pi}{k^2} \sum (2l+1) e^{-2\zeta_l} \sin 2\zeta_l.$$

II. BORN'S approximation.

The generalization of the method when account is taken of the structure of the colliding systems is best illustrated by considering the simple case of the collisions of electrons with hydrogen atoms. In actual fact, as will be seen later, certain complications are introduced even in this case due to the indistinguishability of incident and atomic electrons, but we shall for present purposes regard the atomic and incident electrons as quite different particles though interacting in the same way as electrons.

26. Direct collisions. We must first consider the asymptotic conditions which are to be imposed on the wave function Ψ, for the system atom + electron, which describes the collision. The incident and atomic electrons are distinguished by suffixes 1 and 2 respectively.

If the atom is initially in its ground state with wave function ψ_0 the incidence and elastic scattering of the electron 1 will be described by the appearance of a term

$$\psi_0(r_2) \{e^{i k_0 n_0 \cdot r_1} + f_0(\vartheta_1, \varphi_1) e^{i k_0 r_1} r_1^{-1}\} \tag{26.1}$$

in the asymptotic expression of Ψ for large r_1. The first term in the bracket is the incident wave and the second the elastically scattered wave. As before, the differential cross section for the elastic scattering is given by

$$I_0(\vartheta, \varphi)\, d\omega = |f_0(\vartheta_1, \varphi_1)|^2\, d\omega. \tag{26.2}$$

There is no incident wave associated with the atom in any excited state. If E_n is the energy of an excited state, with wave function $\psi_n(\mathbf{r}_2)$ and

$$\frac{2m}{\hbar^2}(E_n - E_0) = k_0^2 - k_n^2 \tag{26.3}$$

where k_n is real, there will be an outgoing wave of wave number k_n associated with ψ_n. This term will be of the form

$$\psi_n(\mathbf{r}_2)\, f_n(\vartheta_1, \varphi_1)\, e^{i k_n r_1} r_1^{-1}.$$

The differential cross section $I_n(\vartheta, \varphi)\, d\omega$ for an inelastic collision in which the n-th state is excited will now be given by

$$I_n(\vartheta, \varphi)\, d\omega = \frac{v_n}{v} |f_n(\vartheta_1, \varphi_1)|^2\, d\omega, \tag{26.4}$$

where v is the initial velocity of the electrons and v_n the velocity after exciting the n-th state. The factor v_n/v arises because the flux of inelastically scattered electrons is v_n/v times as large as that for elastically scattered electrons with the same amplitude factor $f(\vartheta, \varphi)$ and the cross section is defined as a ratio of a scattered to an incident flux (see Sect. 22).

If k_n^2 as defined by (26.3) is negative the n-th state of the atom is not associated with an outgoing spherical wave but with an exponentially decaying wave which has a vanishing flux at large r, so the scattering cross section for excitation of such a state vanishes, as would be expected.

We must now seek a solution of the wave equation which has the asymptotic form for large r_1

$$\begin{aligned}\Psi \sim \psi_0(\mathbf{r}_2)\, e^{i k_0 \mathbf{n}_0 \cdot \mathbf{r}_1} + \sum_{n=0}^{s} \psi_n(\mathbf{r}_2)\, e^{i k_n r_1} r_1^{-1} f_n(\vartheta_1, \varphi_1) + \\ + \sum_{m>s}^{\infty} \psi_m(\mathbf{r}_2)\, e^{-\varkappa_m r_1} r_1^{-1} f_m(\vartheta_1, \varphi_1),\end{aligned} \tag{26.5}$$

where

$$k_n^2 = k_0^2 - \frac{2m}{\hbar^2}(E_n - E_0) \geq 0, \tag{26.6}$$

$$\varkappa_n^2 = -k_0^2 + \frac{2m}{\hbar^2}(E_m - E_0) \geq 0. \tag{26.7}$$

The wave equation for the system of atom + electron is

$$\left[\nabla_1^2 + \nabla_2^2 + \frac{2m}{\hbar^2}\left(E + \frac{\varepsilon^2}{r_1} + \frac{\varepsilon^2}{r_2} - \frac{\varepsilon^2}{r_{12}}\right)\right]\Psi = 0. \tag{26.8}$$

We may expand the solution in a series of the eigenfunctions $\psi_n(\mathbf{r}_2)$ for the atom in the form

$$\Psi = (\Sigma + \int)\, \psi_n(\mathbf{r}_2)\, F_n(\mathbf{r}_1) \tag{26.9}$$

where the integral sign reminds us that the states of the atom with positive energy form a continuum. On substitution in (26.8) and making use of the fact that

$$\left[\nabla_2^2 + \frac{2m}{\hbar^2}\left(E_n + \frac{\varepsilon^2}{r_2}\right)\right]\psi_n = 0, \tag{26.10}$$

we obtain
$$(\Sigma + \int) \psi_n(\mathbf{r}_2) [\nabla_1^2 + k_n^2] F_n(\mathbf{r}_1) = \frac{2m\varepsilon^2}{\hbar^2} \left(\frac{1}{r_{12}} - \frac{1}{r_1}\right) \Psi.$$

Multiplying both sides by $\psi_n^*(\mathbf{r}_2)$ and integrating over $d\mathbf{r}_2$ gives
$$(\nabla_1^2 + k_n^2) F_n(\mathbf{r}_1) = \frac{2m\varepsilon^2}{\hbar^2} \int \psi_n^* \left(\frac{1}{r_{12}} - \frac{1}{r_1}\right) \Psi d\mathbf{r}_2. \tag{26.11}$$

Substituting (26.9) for Ψ on the right-hand side gives now
$$(\nabla_1^2 + k_n^2) F_n(\mathbf{r}_1) = (\Sigma_m + \int) U_{nm} F_m, \tag{26.12}$$
where
$$U_{nm} = \frac{2m\varepsilon^2}{\hbar^2} \int \psi_n^* \left(\frac{1}{r_{12}} - \frac{1}{r_1}\right) \psi_m d\mathbf{r}_2. \tag{26.13}$$

This gives an infinite set of coupled differential equations for the functions F_n. According to (26.5) we require solutions which are proper functions throughout the space of electron 1 and satisfy the asymptotic condition
$$\left.\begin{array}{l} F_n \sim r^{-1} e^{i k_n r} f_n(\vartheta, \varphi), \quad k_n^2 > 0, \; n \neq 0, \\ F_n \sim r^{-1} e^{-\varkappa_n r} f_n(\vartheta, \varphi), \quad k_n^2 < 0 = -\varkappa_n^2, \end{array}\right\} \tag{26.14}$$
$$F_n \sim e^{i k_0 \mathbf{n}_0 \cdot \mathbf{r}} + r^{-1} e^{i k_0 r} f_0(\vartheta, \varphi), \quad n = 0. \tag{26.15}$$

It is clearly impossible to solve these equations exactly and the theory henceforth is concerned with obtaining approximate solutions valid under different circumstances.

Equations of the same form as (26.12) are obtained if one considers the collisions of two systems in general. If M_1 and M_2 are the masses of the two systems we replace the electron mass in the above analysis by the reduced mass $M = M_1 M_2/(M_1 + M_2)$ so that $k_0^2 = 2ME_0/\hbar^2$ where E_0 is the initial kinetic energy of relative motion. Instead of a single suffix denoting the excited state concerned there will be two suffices n_1, n_2 specifying the state of each system so that (26.12) becomes
$$(\nabla_1^2 + k_{n_1 n_2}^2) F_{n_1 n_2}(\mathbf{r}) = (\Sigma + \int) U_{n_1 n_2 m_1 m_2} F_{m_1 m_2}(\mathbf{r}), \tag{26.16}$$
where
$$U_{n_1 n_2 m_1 m_2} = \frac{2M}{\hbar^2} \iint \varphi_{n_1}^*(\mathbf{r}_1) \chi_{n_2}^*(\mathbf{r}_2) V(\mathbf{r}, \mathbf{r}_1, \mathbf{r}_2) \varphi_{m_1}(\mathbf{r}_1) \chi_{m_2}(\mathbf{r}_2) d\mathbf{r}_1 d\mathbf{r}_2, \tag{26.17}$$

$V(\mathbf{r}, \mathbf{r}_1, \mathbf{r}_2)$ being the interaction energy between the two systems. To avoid unnecessary symbols we shall discuss the equations henceforward in the form (26.12).

BORN's approximation is obtained by supposing that all terms on the right-hand side of (26.12) are negligible except that which is associated with the incident wave—in other words the perturbation by the interaction is treated as small. This gives
$$(\nabla_1^2 + k_n^2) F_n(\mathbf{r}_1) = U_{n0} e^{i k_0 \mathbf{n}_0 \cdot \mathbf{r}_1}. \tag{26.18}$$

Use of GREEN's theorem as in (6.2) now gives as a solution with the required asymptotic form
$$F_n(\mathbf{r}_1) = -\frac{1}{4\pi} \int U_{n0}(\mathbf{r}') e^{i k_0 \mathbf{n}_0 \cdot \mathbf{r}'} \frac{e^{i k_n |\mathbf{r} - \mathbf{r}'|}}{|\mathbf{r} - \mathbf{r}'|} d\mathbf{r}', \quad n \neq 0 \tag{26.19}$$
and
$$F_0(\mathbf{r}_1) = e^{i k_0 \mathbf{n}_0 \cdot \mathbf{r}} - \frac{1}{4\pi} \int U_{00}(\mathbf{r}') e^{i k_0 \mathbf{n}_0 \cdot \mathbf{r}'} \frac{e^{i k_0 |\mathbf{r} - \mathbf{r}'|}}{|\mathbf{r} - \mathbf{r}'|} d\mathbf{r}', \quad n = 0. \tag{26.20}$$

Sect. 27. Rearrangement collisions. 281

From these expressions

$$f_0(\vartheta, \varphi) = -\frac{1}{4\pi} \int U_{00}(\mathbf{r}') e^{i k_0 (\mathbf{n}_0 - \mathbf{n}) \cdot \mathbf{r}'} d\mathbf{r}', \qquad (26.21)$$

$$f_n(\vartheta, \varphi) = -\frac{1}{4\pi} \int U_{n0}(\mathbf{r}') e^{i (k_0 \mathbf{n}_0 - k_n \mathbf{n}) \cdot \mathbf{r}'} d\mathbf{r}', \qquad (26.22)$$

where $\mathbf{n}_0 \cdot \mathbf{n} = \cos\vartheta$.

Comparing f_0 with the corresponding expression for scattering of an electron of wave number k_0 by a centre of force of potential V we see that the expressions are identical if

$$V = \frac{\hbar^2}{2m} U_{00} = \varepsilon^2 \int |\psi_0|^2 \left(\frac{1}{r_{12}} - \frac{1}{r_1} \right) d\mathbf{r}_2. \qquad (26.23)$$

Thus according to Born's approximation the elastic scattering is the same as that by a structureless scatterer exerting a potential energy which is equal to the mean interaction between the electron and the atom supposed undisturbed in its ground state. We shall see that this mean interaction may be used as the effective scattering potential under conditions in which Born's approximation is no longer valid, provided the importance of inelastic collisions, either real or virtual, is small.

Before considering any further approximations it is necessary to consider how the cross section for a collision in which one or more particles are exchanged between the colliding systems—a rearrangement collision.

27. Rearrangement collisions. Once more we shall consider collisions of electrons with hydrogen atoms still assuming that the atomic and incident electron are distinguishable. Under these conditions we enquire what is the cross section for a collision in which the incident electron is captured into a bound state of the atom when the atomic electron is ejected. A collision of this kind, in which the incident electron is captured into the n-th state so that the atomic electron is ejected with a wave number k_n, should be represented in the wave function Ψ by a term which has the asymptotic form

$$r_2^{-1} e^{i k_n r_2} g_n(\vartheta_2, \varphi_2) \psi_n(\mathbf{r}_1). \qquad (27.1)$$

The required cross section would then be

$$I_{0n}^{\text{ex}}(\vartheta, \varphi) d\omega = \frac{v_n}{v} |g_n(\vartheta, \varphi)|^2 d\omega. \qquad (27.2)$$

The expansion (26.9) for Ψ is complete, so it must include terms representing exchange as well as direct scattering. There will be terms in (26.9) arising from states of the continuous spectrum of the electron 1 in the atomic field in which k_n^2 is negative. These correspond to free electrons 1 and bound electrons 2, so they are of the type required. Instead, however, of using (26.9) we may use an alternative expansion in terms of the set of atomic wave functions $\psi_n(\mathbf{r}_1)$ so that

$$\Psi = (\Sigma + \int) G_n(\mathbf{r}_2) \psi_n(\mathbf{r}_1). \qquad (27.3)$$

It may be shown that an expansion of this kind is compatible with (26.9), (26.14) and (26.15) if we impose boundary conditions on the $G_n(\mathbf{r}_2)$ so that they possess the required asymptotic forms (27.1). We find, by following the same procedure as that which leads to (26.12),

$$(\nabla_2^2 + k_n^2) G_n(\mathbf{r}_2) = \frac{2m\varepsilon^2}{\hbar^2} \int \psi_n^*(\mathbf{r}_1) \left(\frac{1}{r_{12}} - \frac{1}{r_2} \right) \Psi \, d\mathbf{r}_1.$$

Now, to obtain Born's approximation, we approximate to Ψ on the right-hand side, as before, by writing
$$\Psi \approx \psi_0(r_2)\, e^{i k_0 n_0 \cdot r_1}$$
to give
$$g_n(\vartheta, \varphi) = -\frac{m\,\varepsilon^2}{2\pi\hbar^2} \iint \psi_n^*(r_1)\, e^{-i k_n n \cdot r_2}\left(\frac{1}{r_{12}} - \frac{1}{r_2}\right) \psi_0(r_2)\, e^{i k_0 n_0 \cdot r_1}\, d r_1 d r_2. \quad (27.4)$$

It will be noted that this formula does not appear to satisfy the condition of detailed balancing. The amplitude for the inverse process in which the atom is initially in the n-th state should be the complex conjugate of (27.4) but, by following the same procedure as before, we would find instead
$$g_{n0}(\vartheta, \varphi) = -\frac{m\,\varepsilon^2}{2\pi\hbar^2} \iint \psi_n(r_1)\, e^{i k_n n \cdot r_2}\left(\frac{1}{r_{12}} - \frac{1}{r_1}\right) \psi_0^*(r_2)\, e^{-i k_0 n_0 \cdot r_1}\, d r_1 d r_2 \quad (27.5)$$
which is the complex conjugate of (27.4) except that $1/r_2$ is replaced by $1/r_1$. The method always gives as the interaction which appears in the matrix element the interaction in the final state after the rearrangement has taken place—the so-called post interaction as distinct from the prior interaction before the rearrangement. Actually, for the case concerned, both interactions give the same result. This may be proved[1] by using the fact that
$$\frac{2m\,\varepsilon^2}{\hbar^2} \frac{\psi_0(r_2)}{r_2} = -\nabla_2^2 \psi_0 - k_0^2 \psi_0. \quad (27.6)$$

Since
$$\left.\begin{array}{l}\int e^{-i k_n n \cdot r_2} \nabla_2^2 \psi_0\, d r_2 = \int \nabla_2^2 (e^{-i k_n n \cdot r_2})\, \psi_0\, d r_2 \\ \qquad = -k_n^2 \int e^{-i k_n n \cdot r_2} \psi_0\, d r_2,\end{array}\right\} \quad (27.7)$$
we have
$$g_n(\vartheta, \varphi) = \frac{-m\,\varepsilon^2}{2\pi\hbar^2} \iint \psi_n^*(r_1)\, e^{-i k_n n \cdot r_2}\left(\frac{1}{r_{12}} + k_n^2 - k_0^2\right) \psi_0(r_2)\, e^{i k_0 n_0 \cdot r_1}\, d r_1 d r_2, \quad (27.8)$$
which, because
$$-k_n^2 \psi_n^* = \nabla_1^2 \psi_n^* + \frac{2m\,\varepsilon^2}{\hbar^2} \frac{\psi_n^*(r_1)}{r_1},$$
may be transformed to $g_{n0}^*(\vartheta, \varphi)$.

The equivalence of the matrix elements of the post and prior interactions only applies when exact wave functions ψ_0 and ψ_n are used. With approximate functions the two matrix elements may differ considerably and it is difficult to decide in that case which, if either, is a good approximation.

As mentioned earlier the actual application of these formulae to electron collisions with hydrogen atoms must take into account the indistinguishability of the electrons and the Pauli Principle. Oppenheimer[2] showed that, for hydrogen, the cross section for a given inelastic collision involving excitation of the n-th state is given by
$$I_n(\vartheta, \varphi) = \tfrac{1}{4} I_n^+ + \tfrac{3}{4} I_n^-, \quad (27.9)$$
where
$$I_n^+ = |f_n + g_n|^2 \frac{v_n}{v}, \quad (27.10)$$
$$I_n^- = |f_n - g_n|^2 \frac{v_n}{v}, \quad (27.11)$$

---
[1] D. R. Bates, A. Fundaminsky and H. S. W. Massey: Phil. Trans. Roy. Soc. Lond., Ser. A **243**, 93 (1950).
[2] J. R. Oppenheimer: Phys. Rev. **32**, 361 (1928).

and this is often referred to as the BORN-OPPENHEIMER approximation. We shall not pursue this matter further at this stage as we are concerned rather more with rearrangement collisions in general than the special features involved in the exchange of electrons between the colliding beam and the struck atoms.

The generalization of the formula (27.4) to collisions between two general systems A and B is not difficult. Initially the states of internal motion of the two systems are specified by energies E_a, E_b and wave functions $\varphi(r_a)$, $\chi(r_b)$ respectively, the velocity of relative motion being v_{ab}. r_a and r_b are the respective internal co-ordinates of the systems A and B, while the relative co-ordinates of their centres of mass are specified by r. After the collision the particles within the two systems are rearranged into two different systems C and D in which the states of internal motion have energies E_c, E_d and wave functions $\xi(r_c)$, $\zeta(r_d)$ respectively, the velocity of relative motion being v_{cd}. r_c and r_d are the respective internal co-ordinates of the systems C and D and r' the relative co-ordinate of their centre of mass. v_{ab} and v_{cd} are related by

$$\tfrac{1}{2} M v_{ab}^2 + E_a + E_b = \tfrac{1}{2} M' v_{cd}^2 + E_c + E_d, \tag{27.12}$$

where $M = M_a M_b/(M_a + M_b)$, $M' = M_c M_d/(M_c + M_d)$, M_a, M_b, M_c, M_d being the respective masses of systems A, B, C and D.

The required cross section is then given by

$$\begin{aligned} I_{ab}^{cd}(\vartheta, \varphi) &= \frac{v_{cd}}{v_{ab}} |g_{cd}^{ab}(\vartheta, \varphi)|^2 \, d\omega \\ &= \frac{M'^2}{4\pi^2 \hbar^4} \frac{v_{cd}}{v_{ab}} \left| \iiint \varphi(r_a) \chi(r_b) e^{i(k_0 n_0 \cdot r - k' n \cdot r')} \times \right. \\ & \qquad \left. \times V(r_c, r_d, r') \xi^*(r_c) \zeta^*(r_d) \, dr_c \, dr_d \, dr' \right|^2, \end{aligned} \tag{27.13}$$

where $k' = M' v_{ca}/\hbar$ and $n \cdot n_0 = \cos\vartheta$.

As an important illustration of the application of this formula we may consider the capture of electrons from hydrogen atoms by protons, again ignoring any effects arising from indistinguishability of the two protons. We distinguish the proton to which the electron is initially bound by the suffix A and that which is incident by the suffix B. The process concerned is then

(proton A + electron) + proton B → proton A + (proton B + electron).

We denote the position vectors of the electron relative to the two protons by r_a, r_b respectively. If the atom is initially in the ground state and the proton B captures the electron into the n-th excited state we substitute in (27.13)

$$\xi\zeta = \psi_n(r_b), \quad \varphi\chi = \varphi_0(r_a)$$

$$V = \varepsilon^2 \left(\frac{1}{r_a} - \frac{1}{|r_a - r_b|} \right). \tag{27.14}$$

If M_p is the mass of a proton, m of an electron, the reduced mass for either the initial or final relative motion of the two systems is $M = M_p(M_p + m)/(2M_p + m)$ so the wave numbers k and k' are given by

$$k = \frac{Mv}{\hbar}, \quad k' = \frac{Mv'}{\hbar} \tag{27.15}$$

where v and v' are the initial and final relative velocities, related by

$$\tfrac{1}{2} M(v^2 - v'^2) = E_n - E_0. \tag{27.16}$$

The vector separation between proton B and the centre of mass of the atom A is given by

$$r = r_b - \frac{M_p}{M_p + m} r_a \tag{27.17}$$

and similarly that between proton A and the centre of mass of the atom B is

$$r' = r_a - \frac{M_p}{M_p + m} r_b. \tag{27.18}$$

Hence

$$k\,n_0 \cdot r - k'\,n \cdot r' = B \cdot r_b - A \cdot r_a \tag{27.19}$$

where

$$A = k'\,n - \frac{M_p}{M_p + m} k\,n_0,$$

$$B = k\,n_0 + \frac{M_p}{M_p + m} k'\,n.$$

The differential cross section is therefore given, according to the approximation (27.13), by

$$I_{0A}^{nB} = \frac{M^2 \varepsilon^4}{4\pi^2 \hbar^4} \frac{v'}{v} \left| \int \left(\frac{1}{r_a} - \frac{1}{|r_a - r_b|} \right) \exp\{i\,(B \cdot r_b - A \cdot r_a)\} \times \right.$$
$$\left. \times \psi_0(r_a) \psi_n^*(r_b) \, dr_a \, dr_b \right|^2. \tag{27.20}$$

This formula has been applied by BATES and DALGARNO[1] and by JACKSON and SCHIFF[2] to calculate cross sections for capture into various excited states. The exact resonance case when the electron is transferred from the ground state round one proton to the ground state round the other is also given by the formula (27.20) for sufficiently high energies of relative motion but in this case it is relatively easy to obtain an improved expansion valid for low energies of impact (see Sect. 29α).

In this problem also, the same result is obtained whether the post or prior interaction is used, that is to say whether $1/r_a$ or $1/r_b$ appears in the bracket within the integrand of (27.20).

It seems somewhat remarkable that the chance of capture is affected by the interaction between the two protons. This term does not vanish because neither is $\psi_0(r_a)$ orthogonal to $\exp(i\,A \cdot r_a)$ nor $\psi_n(r_b)$ to $\exp(i\,B \cdot r_b)$. This is not very satisfactory because it means that the addition of a constant to the interaction would lead to a finite modification in the cross section, a physically impossible result. In actual cases there is little doubt which interaction should be taken but that the theory is not entirely satisfactory cannot be denied. A warning must be issued, however, that the arbitrary removal of the term $\frac{1}{|r_a - r_b|}$ from (27.20) leads to results in disagreement with observation. There is quite a strong cancellation of the contribution from this term with that from $1/r_a$ which reduces the cross section to agree reasonably well with observed data.

The capture of electrons from hydrogen atoms by positrons to form positronium has also been considered by MASSEY and MOHR[3] in terms of the corresponding formula to (27.20).

---

[1] D. R. BATES and A. DALGARNO: Proc. Phys. Soc. Lond. A **65**, 919 (1952).
[2] J. D. JACKSON and H. SCHIFF: Phys Rev. **89**, 359 (1953).
[3] H. S. W. MASSEY and C. B. O. MOHR: Proc. Phys. Soc. Lond. A **67**, 695 (1954).

III. Improved approximations.

BORN's approximation gives satisfactory results provided the velocity of relative motion of the colliding systems is large compared with that of the internal motions concerned in energy transfer. In many important cases, however, cross sections are required for collisions in which this condition is not satisfied. No general procedure can be given for these cases, but more accurate methods are available for certain of them. We shall begin by considering those which, in dealing with inelastic collisions involving transitions between the n-th and m-th state of internal motion, do not take account contributions due to real or virtual transitions through intermediate states. In Chap. IV, Sect. 33 to 35 we shall consider the even more complicated problem of allowing for such contributions.

28. The distorted wave method. The most useful of these methods is the distorted wave method. We return to the infinite set of simultaneous Eq. (26.12) for the functions $F_n(\mathbf{r}_1)$ in (26.9), namely

$$(\nabla_1^2 + k_n^2) F_n(\mathbf{r}_1) = \left(\sum_m + \int\right) U_{nm} F_m ; \text{ all } n. \tag{28.1}$$

A distinction is first made between the diagonal and non-diagonal matrix elements of U which appear on the right-hand sides of these equations. We still regard the non-diagonal elements U_{nm}, $m \neq n$ as small but make no such assumption with regard to U_{nn}. Rewriting (28.1) in the form

$$(\nabla_1^2 + k_n^2 - U_{nn}) F_n = \left(\sum_{n \neq m} + \int\right) U_{nm} F_m, \text{ all } n, \tag{28.2}$$

we now make the further approximation of neglecting on the right-hand side all terms except those which are associated with the initial state $n=0$. This gives

$$(\nabla_1^2 + k_n^2 - U_{nn}) F_n = U_{n0} F_0, \tag{28.3}$$

$$(\nabla_1^2 + k_0^2 - U_{00}) F_0 = 0. \tag{28.4}$$

Solutions are required for which F_n and F_0 are proper functions having the asymptotic form (26.14) and (26.15) respectively. Before showing how to obtain these solutions it is of interest to examine the approximation from a different standpoint.

If we suppose that for the excitation of a particular state n from the state 0 we need not allow for two-stage processes in which the atom passes through an intermediate state m, we may reduce the infinite set of Eq. (28.1) to the two coupled equations

$$(\nabla^2 + k_n^2 - U_{nn}) F_n = U_{n0} F_0, \tag{28.5}$$

$$(\nabla^2 + k_0^2 - U_{00}) F_0 = U_{0n} F_n. \tag{28.6}$$

The distorted wave approximation (28.3), (28.4) is then obtained by assuming the transition matrix element to be so small that the equations may be solved with sufficient accuracy by working merely to the first stage of an iterative procedure—the stage for which the equations will be (28.3) and (28.4).

It is also of interest to note that, if the distorted wave approximation is valid, the elastic scattering is the same as that for a static centre of force of potential $\frac{\hbar^2}{2m} U_{00}$. On the other hand, if the transition matrix element U_{0n} is not small the elastic scattering will differ very much from that calculated for this potential.

Returning now to the determination of the asymptotic form of the solution of the distorted wave equations we may use the result that if

$$(\nabla^2 + k_n^2 - U_{nn}(r)) F_n = H(r) \tag{28.7}$$

where $H(r)$ is a known function and $\lim_{r \to \infty} r^2 U_{nn} = 0$, $\lim_{r \to \infty} H(r) = 0$ then the solution of (28.5) with the asymptotic form (26.14) is[1]

$$F_n \sim -\frac{1}{4\pi} r^{-1} e^{i k_n r} \int \mathfrak{F}_n(r', \pi - \Theta') H(r') \, dr' \tag{28.8}$$

where $\mathfrak{F}_n$ is the regular solution of

$$(\nabla^2 + k_n^2 - U_{nn}) \mathfrak{F}_n = 0 \tag{28.9}$$

which has the asymptotic form

$$\mathfrak{F}_n \sim e^{i k_n r \cos \vartheta} + r^{-1} e^{i k_n r} \mathfrak{f}_n(\vartheta, \varphi). \tag{28.10}$$

Also

$$\cos \Theta' = \cos \vartheta \cos \vartheta' + \sin \vartheta \sin \vartheta' \cos(\varphi - \varphi'). \tag{28.11}$$

Applying this result to (28.3) we see that the required scattered amplitude is given by

$$f_n(\vartheta, \varphi) = -\frac{1}{4\pi} \int \mathfrak{F}_n(r', \pi - \Theta') U_{n0} F_0(r', \vartheta') \, dr' \tag{28.12}$$

where F_0 is the regular solution of (28.4) which has the asymptotic form (26.15).

Comparing this solution with that (26.22) given by Born's approximation we see that the plane waves $e^{i k_0 n_0 \cdot r}$, $e^{-i k_n n \cdot r}$ are replaced by waves F_0, $\mathfrak{F}_n$ which are distorted by a scattering potential equal to the mean potential of the atom in the initial and final states respectively. For slow collisions the distortion is very great and represents a major modification of Born's approximation.

The generalization to collisions between two complex systems A and B presents no difficulty. There is also no difficulty, in principle, in dealing with rearrangement collisions. Thus in (27.13) the plane waves $e^{i k n_0 \cdot r}$, $e^{i k' n \cdot r'}$, which appear in the integrand, need only be replaced by appropriate distorted waves. However, when dealing with inelastic collisions of electrons with atoms in which interchange of an electron between the atom and the colliding beam can occur without transfer of energy, it is necessary to allow for distortion not only by the mean static potential of the atom in the particular state concerned but also by the exchange effect. This matter will be dealt with in more detail in Sect. 31.

Apart from its considerable success in dealing with inelastic electron collisions (see following article) the distorted wave method is also useful for dealing with certain kinds of collisions between heavy particles. Thus it may be used to calculate cross sections for vibrational excitation or de-activation of molecules on impact with the same or other molecules. It has been applied to these problems by Zener[2] and to the related problem of the calculation of accommodation coefficients of gas atoms on solid surfaces by Jackson and Mott[3].

There are also many cases of collisions between atoms and molecules involving transfer of excitation which may be treated by the distorted wave method. For this kind of collision, however, the coupling is sometimes strong and it is best to proceed first to a discussion of this approximation.

---

[1] N. F. Mott and H. S. W. Massey: The Theory of Atomic Collisions, 2nd ed., p. 113. 1949.
[2] C. Zener: Phys. Rev. **37**, 556 (1931).
[3] J. M. Jackson and N. F. Mott: Proc. Roy. Soc. Lond., Ser. A **137**, 793 (1932).

29. Close coupling.

29. Close coupling. If the transition matrix element U_{0n} is not small but the influence of states other than the initial and final state can be neglected, we must deal with the coupled Eqs. (28.5), (28.6) directly. The clearest example of collisions which may be dealt with in this way are those involving transfer of excitation between two colliding atoms or molecules in which only a small fraction of the internal energy is transferred to kinetic energy of relative motion. The initial and final states of internal motion are nearly in energy resonance so that the influence of other states differing substantially in energy can be presumed small.

α) Case of exact resonance[1]. To obtain an indication of the type of result to be expected the case of exact resonance may be considered in which $U_{nn} = U_{00}$, $k_n^2 = k_0^2$, $U_{n0} = U_{0n}$. The Eqs. (28.5) and (28.6) may then be uncoupled by writing

$$F^+ = F_0 + F_n, \quad F^- = F_0 - F_n \tag{29.1}$$

to give

$$(\nabla^2 + k_0^2 - U_{00} - U_{0n}) F^+ = 0, \tag{29.2}$$

$$(\nabla^2 + k_0^2 - U_{00} + U_{0n}) F^- = 0. \tag{29.3}$$

By following the method of Sect. 2 we may obtain solutions of asymptotic form

$$F^\pm = \frac{1}{2}\left[e^{ik_0 z} + \frac{e^{ik_0 r}}{2ik_0} \sum_l (2l+1)\left(e^{2i\eta_l^\pm} - 1\right) P_l(\cos\vartheta)\right], \tag{29.4}$$

where the phase angles $\eta_l^\pm$ are as defined in Sect. 2. F_0 and F_n are then obtained with the correct asymptotic forms (26.14) and (26.15), f_0 and f_n being given respectively by

$$f_n = \frac{1}{4ik_0} \sum_l (2l+1)\left(e^{2i\eta_l^+} - e^{2i\eta_l^-}\right) P_l(\cos\vartheta), \tag{29.5}$$

$$f_0 = \frac{1}{4ik_0} \sum_l (2l+1)\left(e^{2i\eta_l^+} + e^{2i\eta_l^-} - 2\right) P_l(\cos\vartheta). \tag{29.6}$$

The total cross sections Q_0, Q_n for elastic scattering and for the transfer process are then given respectively by

$$Q_0 = \frac{\pi}{k_0^2} \sum_l (2l+1) \{2\sin^2 \eta_l^+ + 2\sin^2 \eta_l^- - \sin^2(\eta_l^+ - \eta_l^-)\}, \tag{29.7}$$

$$Q_n = \frac{\pi}{k_0^2} \sum_l (2l+1) \sin^2(\eta_l^+ - \eta_l^-). \tag{29.8}$$

It will be noted that these formulae are consistent with the limit theorems of Sect. 22. The total cross section $Q_0 + Q_n$ is the mean of the elastic cross sections for scattering by the potentials $\frac{\hbar^2}{2m}(U_{00} \pm U_{nn})$.

An immediate application of (29.7) and (29.8) is to the slow collisions of ions with the corresponding neutral atoms. Q_n is then the cross section for charge transfer. Detailed calculations using (29.8) have been carried out for protons in atomic hydrogen by DALGARNO and YADAV[2] and for helium ions in helium by MASSEY and SMITH[3]. Another application is to resonance transfer

---

[1] F. LONDON: Z. Physik **74**, 143 (1932).
[2] A. DALGARNO and H. N. YADAV: Proc. Phys. Soc. Lond. A **66**, 173 (1953).
[3] H. S. W. MASSEY and R. A. SMITH: Proc. Roy. Soc. Lond., Ser. A **142**, 142 (1933).

of excitation. Thus BUCKINGHAM and DALGARNO[1] have used (29.7) and (29.8) in a calculation of the coefficient of diffusion of metastable helium atoms in helium and of the cross section for transfer of excitation between the metastable and normal atoms.

It might be objected that in principle it is not possible to distinguish between a scattered ion and one which is really a scattered atom which has lost an electron to the incident ion. Although this is so, in practice no difficulty arises because there is very little overlap in angle between the amplitude of elastic scattering and that for charge or excitation transfer so that the two processes may be regarded as distinct. Thus, when a beam of positive ions passes through a gas of the corresponding neutral atoms at low pressure the ions observed at small angles of scattering in the laboratory system may be regarded as elastically scattered while those observed at angles of scattering near 90° may be regarded as resulting from charge transfer. Very few ions will be observed at intermediate angles.

β) *Case of imperfect resonance.* When U_{00} and U_{nn} as well as k_0 and k_n are different it is not possible to obtain the cross sections Q_0 and Q_n in terms only of phase shifts which are defined in terms of the asymptotic forms of solutions of uncoupled differential equations. We may, however, proceed as follows to obtain expressions which reduce to (29.7) and (29.8) in the exact resonance case and which involve two sets of phase shifts.

If we expand F_0 and F_n in series of zonal harmonics

$$F_0 = r^{-1} \sum_l i^l (2l+1) P_l(\cos\vartheta) G_l(r), \tag{29.9}$$

$$F_n = r^{-1} \sum_l i^l (2l+1) P_l(\cos\vartheta) H_l(r), \tag{29.10}$$

we must have

$$\frac{d^2 G_l}{dr^2} + \left(k_0^2 - \frac{l(l+1)}{r^2} - U_{00}\right) G_l = U_{0n} H_l, \tag{29.11}$$

$$\frac{d^2 H_l}{dr^2} + \left(k_n^2 - \frac{l(l+1)}{r^2} - U_{nn}\right) H_l = U_{n0} G_l. \tag{29.12}$$

G_l and H_l must satisfy the boundary conditions

$$G_l \sim k_0^{-1} \sin k r + \alpha_l e^{i k_0 r}, \tag{29.13}$$

$$H_l \sim \beta_l e^{i k_n r}, \tag{29.14}$$

and
$$G_l(0) = 0 = H_l(0). \tag{29.15}$$

Two sets of solutions of the coupled Eqs. (29.11), (29.12) can always be found which vanish at the origin. If G_i, H_i and G_j, H_j are two such sets it follows that

$$H_i'' H_j - H_i H_j'' + G_i'' G_j - G_i G_j'' = 0 \tag{29.16}$$

so that, on integration and use of the condition that all four functions vanish at the origin, we have

$$H_i' H_j - H_i H_j' + G_i' G_j - G_i G_j' = 0. \tag{29.17}$$

The two sets may always be chosen so that the corresponding functions have the asymptotic forms

$$G_{i,j} \sim k_0^{-1} \sin(k_0 r - \tfrac{1}{2} l \pi + \zeta_{i,j}), \tag{29.18}$$

$$H_{i,j} \sim k_n^{-1} \varkappa_{i,j} \sin(k_n r - \tfrac{1}{2} l \pi + \zeta_{i,j}). \tag{29.19}$$

---
[1] R. A. BUCKINGHAM and A. DALGARNO: Proc. Roy. Soc. Lond., Ser. A **213**, 327 (1952).

The condition (29.17) requires that

$$\varkappa_i \varkappa_j = - k_n/k_0. \tag{29.20}$$

To obtain solutions with the required asymptotic forms (29.13), (29.14) we write

$$G_l = A_i G_i + A_j G_j,$$

$$H_l = A_i H_i + A_j H_j$$

and we must then have

$$A_i = \frac{\varkappa_j}{\varkappa_j - \varkappa_i} e^{i\zeta_i}, \qquad A_j = \frac{\varkappa_i}{\varkappa_i - \varkappa_j} e^{i\zeta_j},$$

giving

$$\alpha_l = \frac{1}{2ik_0} \frac{1}{k_n + k_0 \varkappa_i^2} [k_n(e^{2i\zeta_i} - 1) + k_0 \varkappa_i^2 (e^{2i\zeta_j} - 1)], \tag{29.21}$$

$$\beta_l = \frac{1}{2ik_0} \frac{k_n \varkappa_i}{k_n + k_0 \varkappa_i^2} [e^{2i\zeta_i} - e^{2i\zeta_j}]. \tag{29.22}$$

Thus in this case

$$Q_n = \sum_l Q_{n,l}$$

$$Q_{n,l} = 4\pi \frac{k_n}{k_0} (2l+1) \left(\frac{\varkappa_{i,l}}{k_n + k_0 \varkappa_{i,l}^2}\right)^2 \sin^2(\zeta_{l,i} - \zeta_{l,j}). \tag{29.23}$$

It is to be noted that, since the maximum values of $(\varkappa_i/k_n + k_0 \varkappa_i^2)^2$ is $\frac{1}{4}(k_n k_0)^{-1}$, the maximum value of the partial inelastic cross section for collisions in which the relative angular momentum quantum number is l, is $(2l+1) \pi/k_0^2$ as it must be (see Sect. 22). Furthermore, in the case of exact resonance $|\varkappa_{i,l}| = (k_n/k_0)^{\frac{1}{2}}$ and (29.23) reduces to (29.8).

The relation (29.20) shows that the two sets of solutions, for given l, correspond to conditions in which the ground state and n-th excited state modes are respectively predominant.

We shall refer henceforward to the $\varkappa$'s as the *mixing parameters*. The inelastic cross section is then given, for a fixed l, in terms of two proper phases and a mixing parameter.

30. Variational methods for close coupling problems. As in Sect. 14 we can distinguish between those methods which are directed towards the calculation of cross sections for collisions in which the relative angular momentum is specified and those which attempt to calculate directly the total cross section summed over all angular momenta. We shall begin by discussing the former methods first.

α) *Methods for calculating the proper phases and mixing parameters.* We start by considering the generalisations of the methods of KOHN (15.8) and of HULTHÉN (15.10). The starting point is the integral

$$I = \int_0^\infty \{G_l^* [L_0 G_l - U_{0n} H_l] + H_l^* [L_n H_l - U_{n0} G_l]\} dr, \tag{30.1}$$

where

$$L_0 = \frac{d^2}{dr^2} + k_0^2 - U_{00} - \frac{l(l+1)}{r^2}, \qquad L_n = \frac{d^2}{dr^2} + k_n^2 - U_{nn} - \frac{l(l+1)}{r^2}. \tag{30.2}$$

G_l and H_l satisfy the Eqs. (29.11), (29.12) and the initial conditions (29.15).

The variation δI of I due to independent functional variations of G_l and H_l which are restricted so that $\delta G_l(0) = 0$, $\delta H_l(0) = 0$ may now be calculated as in (15.6). We find

$$\delta I = \left[-\frac{dG_l^*}{dr} \delta G_l + G_l^* \frac{d}{dr} (\delta G_l) - \frac{dH_l^*}{dr} \delta H_l + H_l^* \frac{d}{dr} (\delta H_l) \right]_{r \to \infty}. \qquad (30.3)$$

If we take G_l and H_l to be functions with asymptotic form

$$G_l \sim \sin(k_0 r - \tfrac{1}{2} l \pi) + \lambda \cos(k_0 r - \tfrac{1}{2} l \pi), \qquad (30.4)$$

$$H_l \sim \frac{k_0}{k_n} [\varkappa \{\sin(k_n r - \tfrac{1}{2} l \pi) + \lambda \cos(k_n r - \tfrac{1}{2} l \pi)\}] \qquad (30.5)$$

we have

$$\delta I = -\left(k_0 + \frac{\varkappa^2 k_0^2}{k_n}\right) \delta \lambda. \qquad (30.6)$$

Hence we may proceed by approximating to the correct forms for G_l and H_l by trial functions G_l^t, H_l^t which satisfy $G_l^t(0) = 0$, $H_l^t(0) = 0$, have the asymptotic forms (30.4), (30.5) and include n adjustable parameters $c_1, \ldots, c_n$. With these assumed forms the value I_t of I may be calculated. The $n+2$ parameters $\lambda, \varkappa, c_1, \ldots c_n$, are then determined from the equations

$$\frac{\partial I_t}{\partial \lambda} = -\left(k_0 + \frac{\varkappa^2 k_0^2}{k_n}\right), \qquad \frac{\partial I}{\partial \varkappa} = 0, \qquad \frac{\partial I}{\partial c_r} = 0, \qquad r = 1, \ldots n. \qquad (30.7)$$

Having obtained a set of solutions an approximation to a proper phase ζ is given by

$$I_t + \left(k_0 + \varkappa^2 \frac{k_0^2}{k_n}\right) \lambda = \left(k_0 + \frac{\varkappa^2 k_0^2}{k_n}\right) \tan \zeta. \qquad (30.8)$$

The Eqs. (30.7) are of second degree in $\varkappa$ so that two sets of solutions are obtained which give the two proper phases ζ_i and ζ_j. These will be correct to the second order because of the variational principle (30.6). Unfortunately, however, the mixing parameters $\varkappa_i$, $\varkappa_j$ are only determined to the first order and will not necessarily satisfy the condition $\varkappa_i \varkappa_j = -k_n/k_0$. This means that the solution obtained for $Q_{n,l}$ will not in general satisfy the condition imposed by the conservation of particles.

An alternative procedure due to Moiseiwitsch[1] has the merit of always giving results consistent with the conservation of particles but at the cost of introducing complex parameters so that the solution of the extremal equations involves extensive computation with complex numbers. The trial functions, for $l = 0$, are taken to have the asymptotic forms

$$G_0 \sim \sin k_0 r + \lambda \cos k_0 r, \qquad (30.9)$$

$$H_0 \sim d e^{i k_n r}, \qquad (30.10)$$

in which λ and d are complex. The partial cross section Q_{n0} is now given by

$$Q_{n0} = 4\pi \frac{k_n}{k_0} \frac{|d|^2}{|1 - i\lambda|^2}. \qquad (30.11)$$

Insertion of (30.9), (30.10) in (30.3) gives

$$\delta I = -k_0 \delta \lambda + 2 i k_n d^* \delta d, \qquad (30.12)$$

---

[1] B. L. Moiseiwitsch: Phys. Rev. **82**, 753 (1951).

so that
$$\operatorname{Im}(\delta I) = -k_0 \delta \left(y - |d|^2 \frac{k_n}{k_0}\right) \tag{30.13}$$
where $\lambda = x + i y$.

Reference to (22.4) shows that the conservation of particles requires that
$$y = |d|^2 k_n/k_0, \tag{30.14}$$
with y and d referring to the exact solution. Hence if we restrict the variations of G_0 and H_0 so that $I = 0$ (30.14) remains satisfied. This suggests the use of the equations
$$I_t = 0, \quad \frac{\partial I_t}{\partial d} + 2i \frac{k_n}{k_0} d^* \frac{\partial I_t}{\partial \lambda} = 0, \quad \frac{\partial I_t}{\partial c_r} = 0, \quad r = 1, \ldots, n. \tag{30.15}$$

in connection with trial functions of asymptotic form (30.9), (30.10) including the n adjustable parameters $c_1, \ldots, c_n$. However, unlike the HULTHÉN Eq. (15.10) for elastic scattering $I_\varepsilon = 0$ does not imply that $\delta \lambda = 0$. The value of λ obtained from (30.15) may be improved by imposing a further condition on the trial function. One suggested by MOISEIWITSCH is based on

$$I' = \int_0^\infty \{G_0 [L_0 G_0 - U_{0n} H_0] + H_0 [L_n H_0 - U_{n0} G_0]\} dr. \tag{30.16}$$

We have
$$\delta I' = k_0 \delta \lambda,$$
so that an improved value of λ is
$$\lambda' = \lambda - I'_t/k_0. \tag{30.17}$$

This method involves the solution of equations of the second degree for unknown complex quantities and is therefore very tedious in practice. The need to discriminate between the wanted and unwanted solutions is also a disadvantage.

RUBINOW[1] has derived variational equations for the mixing parameter $\varkappa$ as well as the proper phases ζ which have the advantage of involving real parameters only. The method used is essentially a direct extension of that which has been proposed by the same author for central force scattering problems (15.20). For the case $l = 0$ the trial functions are taken to have the asymptotic forms
$$\left.\begin{array}{l} G_{it} \sim \cos \varepsilon [\cot \zeta_i \sin k_0 r + \cos k_0 r], \\ H_{it} \sim \sin \varepsilon [\cot \zeta_i \sin k_n r + \cos k_n r], \end{array}\right\} \tag{30.18}$$
and
$$\left.\begin{array}{l} G_{jt} \sim \sin \varepsilon [\cot \zeta_j \sin k_0 r + \cos k_0 r], \\ H_{jt} \sim -\frac{k_0}{k_n} \cos \varepsilon [\cot \zeta_j \sin k_n r + \cos k_n r]. \end{array}\right\} \tag{30.19}$$

The mixing parameters are given by $(k_n/k_0) \tan \varepsilon$ and $-\cot \varepsilon$ thus satisfying the condition (29.20). Three equations which are correct to the second order, from which the three parameters ε, ζ_i and ζ_j may be determined, are
$$k_{ii} \cot \zeta_i = k_{ii} \cot \zeta_{Bii} (1 + B_{ii})^2 - C_{ii}, \tag{30.20}$$
$$k_{jj} \cot \zeta_j = k_{jj} \cot \zeta_{Bjj} (1 + B_{jj})^2 - C_{jj}, \tag{30.21}$$
$$0 = k_{ij} \cot \zeta_{Bij} B_{ij} B_{ji} - C_{ij} \tag{30.22}$$

---
[1] S. I. RUBINOW: Phys. Rev. **98**, 183 (1955).

where
$$k_{ii} = k_0 \cos^2 \varepsilon + k_n \sin^2 \varepsilon,$$
$$k_{jj} = (k_0/k_n) k_{ii},$$
$$k_{ij} = k_0.$$

The first two equations are clearly generalisations of the corresponding Eq. (15.20) for the phase shift in the case of elastic scattering. As in that case, B and C are expressed in terms of internal functions $y_{i,j}$, $v_{i,j}$ which are defined by

$$\cos \varepsilon \cdot y_i = G_i^\infty - G_i, \qquad \sin \varepsilon \cdot y_j = G_j^\infty - G_j,$$
$$\sin \varepsilon \cdot v_i = H_i^\infty - H_i, \qquad -(k_0/k_n) \cos \varepsilon \cdot v_j = H_j^\infty - H_j.$$

Thus
$$B_{rs} = -\frac{\cos^2 \varepsilon}{k_{rs}} \int_0^\infty [\alpha_{rs} U_{00} \sin k_0 r \, (y_s - \cos k_0 r) + \beta_{rs} U_{0n} \sin k_n r \, (y_s - \cos k_0 r)$$
$$+ \gamma_{rs} U_{0n} \sin k_0 r \, (v_s - \cos k_n r) + \delta_{rs} U_{nn} \sin k_n r \, (v_s - \cos k_n r)] \, dr,$$

$$C_{rs} = \cos^2 \varepsilon \int_0^\infty \left[\mu_{rs} \left\{ -\frac{dy_s}{dr} \frac{dy_r}{dr} + k_0^2 \, y_r y_s - U_{00} (y_r - \cos k_0 r)(y_s - \cos k_0 r) \right\} \right.$$
$$+ \nu_{rs} \left\{ -\frac{dv_r}{dr} \frac{dv_s}{dr} + k_n^2 \, v_r v_s - U_{nn} (v_r - \cos k_n r)(v_s - \cos k_n r) \right\} +$$
$$\left. + U_{0n} \{\omega_{rs}(y_r - \cos k_0 r)(v_s - \cos k_n r) + \pi_{rs} (y_s - \cos k r)(v_r - \cos k_n r)\} \right] dr,$$

where
$$\alpha_{ii} = \mu_{ii} = 1, \quad \beta_{ii} = \gamma_{ii} = \alpha_{ij} = \alpha_{ji} = -\omega_{ii} = -\pi_{ii} = \mu_{ij} = \tan \varepsilon,$$
$$\delta_{ii} = \alpha_{jj} = \beta_{ij} = \gamma_{ji} = \nu_{ii} = \mu_{jj} = -\pi_{ij} = \tan^2 \varepsilon,$$
$$-\beta_{jj} = -\gamma_{jj} = -\delta_{ij} = -\delta_{ji} = \omega_{jj} = \pi_{jj} = -\nu_{ij} = (k_0/k_n) \tan \varepsilon,$$
$$-\gamma_{ij} = -\beta_{ji} = \omega_{ij} = k_0/k_n, \qquad \delta_{jj} = \nu_{jj} = (k_0/k_n)^2$$

and
$$\frac{1}{k_{rs} \cot \zeta_{Brs}} = -\frac{\cos^2 \varepsilon}{k_{rr} k_{ss}} \int_0^\infty (l_{rs} U_{00} \sin^2 k_0 r + m_{rs} U_{0n} \sin k_0 r \sin k_n r + n_{rs} U_{nn} \sin^2 k_n r) \, dr,$$

where
$$l_{ii} = 1, \quad l_{jj} = \tan^2 \varepsilon, \quad l_{ij} = \tan \varepsilon, \quad m_{ii} = 2 \tan \varepsilon, \quad m_{jj} = -2 \frac{k_0}{k_n} \tan \varepsilon,$$
$$m_{ij} = (\tan^2 \varepsilon - k_0/k_n), \quad n_{ii} = \tan^2 \varepsilon, \quad n_{ij} = -\frac{k_0}{k_n} \tan \varepsilon, \quad n_{jj} = \frac{k_0^2}{k_n^2}.$$

There has been very little detailed application of these variational methods to specific problems. Massey and Moiseiwitsch have applied the Eqs. (30.15) and (30.17) to the coupled equations representing the excitation of the 2s level of atomic hydrogen by electron impact. In this case $\frac{\hbar^2}{2m} U_{00} =$ the $V(r)$ of (15.21), $\frac{\hbar^2}{2m} U_{nn} =$ the $V(r)$ of (15.23) and

$$\frac{\hbar^2}{2m} U_{0n} = \frac{1}{27 \sqrt{2}} \left(\frac{2}{a_0} + \frac{3r}{a_0^2} \right) e^{-3r/2a_0}, \qquad (30.23)$$

where ε is the electronic charge and a_0 the radius of the first BOHR orbit of hydrogen. To reduce the labour involved the simplest possible forms

$$G_t = \sin k_0 r + (\lambda + b e^{-r/a_0})(1 - e^{-r/a_0}) \cos k_0 r,$$
$$H_t = (1 - e^{-r/a_0}) d e^{i k_n r},$$
(30.24)

were assumed as trial functions. In Table 11 the results obtained for the zero order cross section Q_{n0} are compared with those given by BORN's first approximation

$$Q_{n0} = \frac{8\pi k_n}{k_0^3} \left[\left\{ \frac{9}{4} + a_0^2 (k_0 - k_n)^2 \right\}^{-2} - \left\{ \frac{9}{4} + a_0^2 (k_0 + k_n)^2 \right\}^{-2} \right]^2.$$

Cross sections calculated by the distorted wave method (Sect. 28) are also included. These were obtained by ERSKINE and MASSEY using distorted wave functions obtained by use of HULTHÉN's variational method [see (15.10)]. The differences between the results given by BORN's approximation and those obtained by the other two methods are actually more marked than appear from the cross sections—the sign of the scattered amplitude given by these latter methods is opposite to that given by BORN's approximation. Until exact numerical solutions of the coupled equations for this case are available it is not possible to decide whether the full variational procedure using the very crude trial functions (30.24) does give good results.

Table 11. *Comparison of zero-order cross sections for excitation of the 2s level of hydrogen calculated by BORN's approximation and by MOISEIWITSCH's variational method.*

(in units $1/a_0$)		Calculated cross section in units πa_0^2			
k_0	k_n	BORN's first approximation	Distorted wave method	Variational method	Maximum possible cross section ($1/k_0^2$)
1.0	0.500	0.198	0.239	0.076	1.00
1.2	0.831	0.127	0.118	0.041	0.694
1.5	1.225	0.058	0.045	0.020	0.444
2.0	1.803	0.019	0.014	0.008	0.250

An examination of the usefulness of the different variational procedures is being carried out by HUCK[1] using such simple forms for the functions U_{00}, U_{nn} and U_{0n} that exact solutions of the coupled equations may be obtained easily. He has obtained evidence which suggests that quite good results might well be expected even when crude trial functions such as (30.24) are used.

β) *Methods for calculating the full scattered amplitude.* A variational principle for the calculation of the inelastic scattered amplitude summed over all incident angular momenta may be obtained by a straightforward generalisation of the SCHWINGER method discussed for elastic scattering in Sect. 16. Thus we find, using plane wave trial functions, that (16.18) may be generalised to give for the inelastic amplitude

$$f_i(\boldsymbol{k}_0, -\boldsymbol{k}_n) = \frac{f_{iB}^{(1)\,2}}{f_{iB}^{(1)} - f_{iB}^{(2)}}, \quad (30.25)$$

where

$$f_{iB}^{(1)} = -\frac{1}{4\pi} \int e^{i(\boldsymbol{k}_0 - \boldsymbol{k}_n)\cdot\boldsymbol{r}} U_{0n}(\boldsymbol{r}) d\boldsymbol{r}, \quad (30.26)$$

$$f_{iB}^{(2)} = \frac{1}{16\pi^2} \iint e^{-i\boldsymbol{k}_r \cdot \boldsymbol{r}} \left[U_{0n}(\boldsymbol{r}) U_{00}(\boldsymbol{r}') \frac{e^{i k_0 |\boldsymbol{r} - \boldsymbol{r}'|}}{|\boldsymbol{r} - \boldsymbol{r}'|} + U_{0n}(\boldsymbol{r}') U_{nn}(\boldsymbol{r}) \frac{e^{i k_n |\boldsymbol{r} - \boldsymbol{r}'|}}{|\boldsymbol{r} - \boldsymbol{r}'|} \right] d\boldsymbol{r} d\boldsymbol{r}'. \quad (30.27)$$

---

[1] R. HUCK: Proc. Phys. Soc. Lond. A [in course of publication (1956)].

$f_{iB}^{(1)}$ and $f_{iB}^{(2)}$ are respectively the first and second BORN approximation just as for the case of elastic scattering (16.18)

At the time of writing no application has yet been made of this formula.

31. Distorted wave and close coupling treatment for collisions involving identical particles. The close coupling approximation we have been discussing is equivalent to assuming that the wave function Ψ describing the scattering can be written to a good approximation in the form

$$\Psi(\mathbf{r}_1, \mathbf{r}_2) = F_0(\mathbf{r}_1)\,\psi_0(\mathbf{r}_2) + F_n(\mathbf{r}_1)\,\psi_n(\mathbf{r}_2). \tag{31.1}$$

This is clearly unsatisfactory if we are dealing with collisions in which there may be interchange of particles between the colliding systems without change of energy.

It is best to consider again the simplest case of the collisions of electrons with hydrogen atoms. If the incident and atomic electrons are distinguished by suffixes 1 and 2 respectively, then there is no justification for ignoring terms in Ψ of the form

$$F_0(\mathbf{r}_2)\,\psi_0(\mathbf{r}_1), \qquad F_n(\mathbf{r}_2)\,\psi_n(\mathbf{r}_1)$$

in which the incident and atomic electrons are interchanged. This applies even if the possibility of inelastic collisions is ignored and it is convenient to consider such purely elastic collisions first.

The space wave function of the two electron system will be either symmetrical or antisymmetrical in the space coordinates of the two electrons according as the electron spins are antiparallel respectively. We take then

$$\Psi^\pm = F_0^\pm(\mathbf{r}_1)\,\psi_0(\mathbf{r}_2) \pm F_0^\pm(\mathbf{r}_2)\,\psi_0(\mathbf{r}_1). \tag{31.2}$$

On substitution in the wave Eq. (26.8) we obtain

$$\psi_0(\mathbf{r}_2)\left[\nabla_1^2 + k_0^2 + \frac{2m\,\varepsilon^2}{\hbar^2}\left(\frac{1}{r_1} - \frac{1}{r_{12}}\right)\right] F_0^\pm(\mathbf{r}_1) \pm \psi_0(\mathbf{r}_1)\left[\nabla_2^2 + k_0^2 + \right.$$
$$\left. + \frac{2m\,\varepsilon^2}{\hbar^2}\left(\frac{1}{r_2} - \frac{1}{r_{12}}\right)\right] F_0^\pm(\mathbf{r}_2) = 0. \tag{31.3}$$

Multiplying by $\psi^*(\mathbf{r}_2)$ and integrating over $d\mathbf{r}_2$ gives

$$(\nabla_1^2 + k_0^2 - U_{00})\,F_0^\pm(\mathbf{r}_1) \pm \psi_0(\mathbf{r}_1) \int \psi_0^*(\mathbf{r}_2)\left[\nabla_2^2 + k_0^2 + \right.$$
$$\left. + \frac{2m\,\varepsilon^2}{\hbar^2}\left(\frac{1}{r_2} - \frac{1}{r_{12}}\right)\right] F_0^\pm(\mathbf{r}_2)\,d\mathbf{r}_2 = 0, \tag{31.4}$$

where

$$U_{00} = \frac{2m}{\hbar^2}\,\varepsilon^2 \int \left(-\frac{1}{r_1} + \frac{1}{r_{12}}\right) |\psi_0(\mathbf{r}_2)|^2\,d\mathbf{r}_2. \tag{31.5}$$

Since

$$\int \psi_0^* \nabla_2^2 F_0^\pm\,d\mathbf{r}_2 = \int F_0^\pm \nabla_2^2 \psi_0^*(\mathbf{r}_2)\,d\mathbf{r}_2$$
$$= -\int F_0^\pm \left(-\varkappa_0^2 + \frac{2m\,\varepsilon^2}{\hbar^2}\frac{1}{r_2}\right) \psi_0^*(\mathbf{r}_2)\,d\mathbf{r}_2,$$

where $\varkappa_0^2 = 1/a_0^2$, we have

$$(\nabla_1^2 + k_0^2 - U_{00})\,F_0^\pm(\mathbf{r}_1) \pm \int K_{00}(\mathbf{r}_1, \mathbf{r}_2)\,F_0^\pm(\mathbf{r}_2)\,d\mathbf{r}_2 = 0, \tag{31.6}$$

where

$$K_{00}(\mathbf{r}_1, \mathbf{r}_2) = \psi_0(\mathbf{r}_1)\,\psi_0^*(\mathbf{r}_2)\left(k_0^2 + \varkappa_0^2 - \frac{2m\,\varepsilon^2}{\hbar^2}\frac{1}{r_{12}}\right). \tag{31.7}$$

The possibility of electron exchange converts the differential equation for the elastic scattering into an integrodifferential equation. In addition to a mean central potential $\frac{\hbar^2}{2m} U_{00}$ there is an exchange interaction determined by the interaction kernel $K(\mathbf{r}_1, \mathbf{r}_2)$.

In principle there is no difficulty in dealing with equations of the type (31.6). If $F_0^{\pm}(\mathbf{r}_2)$ is expanded in spherical harmonics in the form

$$F_0^{\pm} = r^{-1} \sum \varphi_l^{\pm}(r_2) P_l(\cos \vartheta_2) \tag{31.8}$$

we find that

$$\frac{d^2 \varphi_l}{dr_1^2} + \left(k_0^2 - U_{00} - \frac{l(l+1)}{r_1^2} \right) \varphi_l \pm \int k_l(r_1, r_2) \varphi_l(r_2) dr_2 = 0 \tag{31.9}$$

where

$$-(2l+1) k_l(r_1, r_2) = \frac{8\pi m \varepsilon^2}{\hbar^2} r_1 r_2 \psi_0^*(r_2) \psi_0(r_1) \left[\gamma_l(r_1, r_2) - (k_0^2 + \chi_0^2) \frac{\hbar^2}{2m \varepsilon^2} \delta_{0l} \right]$$

$$\gamma_l = r_1^l / r_2^{l+1} \quad (r_2 > r_1).$$

For large r, $\varphi_l^{\pm} \sim \sin(k_0 r - \tfrac{1}{2} l \pi + \eta_l^{\pm})$ and the differential and total electron cross section are given in terms of $\eta_l^{\pm}$ by the formulae (2.17) and (2.18). $\eta_l^{\pm}$ is more difficult to determine by numerical integration because of the presence of the exchange interaction—an iterative procedure must be used based on an initial approximation to φ_l in the kernel term. On the other hand there is no difficulty in generalizing BORN's method of approximation or the variational methods of Sect. 15, 16 to apply to the integrodifferential equation.

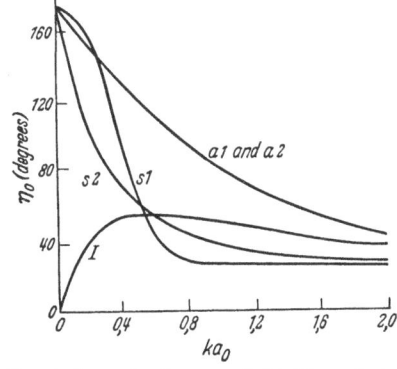

Fig. 10. Zero order phases η_0 calculated for scattering of electrons by hydrogen atoms. I. Neglecting exchange effects. II. Including exchange effects. a 1 Antisymmetric case—exact numerical solution. a 2 Antisymmetric case—variational method. s 1 Symmetric case—exact numerical solution. s 2 Symmetric case—variational method.

The Eq. (31.6) has been integrated numerically by MORSE and ALLIS for the case $l=0$ while MASSEY and MOISEIWITSCH have calculated $\eta_0^{\pm}$ using the HULTHÉN and KOHN variational methods with trial functions of the form (15.22). Fig. 10 illustrates the values obtained. For purposes of comparison values obtained for the phase shift η_0 when the exchange interaction is ignored (see Table 5) are also included in Fig. 10. The importance of including exchange at low energies is clear. The phases η_0^+ obtained by the variational method agree quite well with those from numerical integration but for η_l^- the agreement is rather unsatisfactory at low energies showing that the function (15.22) is not very suitable in such cases.

A similar study has been carried out for elastic scattering of electrons by helium atoms. A single integrodifferential equation is obtained in this case as only a doublet state of the three electron system is possible. Numerical solutions for the η_0 phases have been obtained by MORSE and ALLIS and variational solutions by MOISEIWITSCH. Agreement of derived elastic cross sections with observed data is good and is much better than would be obtained if exchange were neglected.

There is no difficulty in principle about extending this analysis to inelastic collisions in which close coupling is assumed. Thus for collisions with hydrogen atoms we take in place of (31.1)

$$\Psi^{\pm} = F_0^{\pm}(r_1)\psi_0(r_2) \pm F_0^{\pm}(r_2)\psi_0(r_1) + F_n^{\pm}(r_1)\psi_n(r_2) \pm F_n^{\pm}(r_2)\psi_n(r_1). \quad (31.10)$$

Following an exactly similar procedure to that used to obtain (31.4) we find

$$\begin{aligned}(\nabla^2 + k_0^2 - U_{00})\,F_0^{\pm}(r_1) \pm \int K_{00}(r_1, r_2)\,F_0^{\pm}(r_2)\,dr_2 \\ = U_{0n}(r_1)\,F_n^{\pm}(r_1) \pm \int K_{0n}(r_1, r_2)\,F_n^{\pm}(r_2)\,dr_2,\end{aligned} \quad (31.11)$$

$$\begin{aligned}(\nabla^2 + k_n^2 - U_{nn})\,F_n^{\pm}(r_1) \pm \int K_{nn}(r_1, r_2)\,F_n^{\pm}(r_2)\,dr_2 \\ = U_{n0}(r_1)\,F_0^{\pm}(r_1) \pm \int K_{n0}(r_1, r_2)\,F_0^{\pm}(r_2)\,dr_2,\end{aligned} \quad (31.12)$$

where U_{00} is as in (31.5), K_{00} as in (31.7),

$$U_{nn} = \frac{2m\,\varepsilon^2}{\hbar^2}\int\left(\frac{1}{r_{12}} - \frac{1}{r_1}\right)|\psi_n(r_2)|^2\,dr_2, \quad K_{nn} = \psi_n(r_1)\,\psi_n^*(r_2)\left(k_0^2 + \varkappa_0^2 - \frac{2m\,\varepsilon^2}{\hbar^2}\frac{1}{r_{12}}\right),$$

$$U_{0n} = \frac{2m\,\varepsilon^2}{\hbar^2}\int\frac{\psi_0^*(r_2)\,\psi_n(r_2)}{r_{12}}\,dr_2 = U_{n0}^*,$$

$$K_{0n} = -\psi_n(r_1)\,\psi_0^*(r_2)\left(\varkappa_0^2 + k_n^2 - \frac{2m\,\varepsilon^2}{\hbar^2}\frac{1}{r_{12}}\right) = K_{n0}^*.$$

The distorted wave approximation is obtained by solving these equation by iteration, treating the coupling as weak. A formula similar to (28.12) still applies but now the functions F_0, $\mathfrak{F}_n$ are distorted not only by the mean potential interactions U_{00}, U_{nn} respectively but also by the exchange interactions associated with the respective kernels K_{00} and K_{nn}. Also the coupling through the kernel K_{0n} must be included in addition to the potential coupling U_{0n}. Thus in place of (28.12) we find now

$$f_n(\vartheta, \varphi) = -\frac{1}{4\pi}\int \mathfrak{F}_n^{\pm}(r_1, \pi - \Theta)\left[U_{n0}(r_1)F_0^{\pm}(r_1) \pm \int K_{n0}(r_1, r_2)\,F_0^{\pm}(r_2)\,dr_2\right]dr_1 \quad (31.13)$$

where $F_0^{\pm}$ and $\mathfrak{F}_n^{\pm}$ have the asymptotic forms (26.15) and (28.10) respectively but satisfy

$$(\nabla^2 + k_0^2 - U_{00})\,F_0^{\pm}(r_1) \pm \int K_{00}(r_1, r_2)\,F_0^{\pm}(r_2)\,dr_2 = 0, \quad (31.14)$$

$$(\nabla^2 + k_n^2 - U_{nn})\,\mathfrak{F}_n^{\pm}(r_1) \pm \int K_{nn}(r_1, r_2)\,\mathfrak{F}_n^{\pm}(r_2)\,dr_2 = 0. \quad (31.15)$$

Application of (31.13) to the excitation of the 2s level of atomic hydrogen is discussed in Sect. 33 of the following article. The similar treatment of the excitation of the $2\,^1S$ and $2\,^3S$ levels of helium is also discussed in detail in that article.

If the coupling is not weak variational methods similar to those discussed in Sect. 30 may still be used and in the following article an account is given of the application of such methods to the excitation of the 2s level of hydrogen. Other methods of dealing with close coupling cases are discussed in Sect. 34 and 35 of the same article.

32. Semi-classical treatment of the coupled equations. α) *Transitions at a potential energy crossing point.* An important set of collision problems occur in which the relative motion of the colliding systems before and after impact is quite adequately described by classical dynamics. This is so, for example, in collisions between atoms and ions or excited atoms which lead to transfer of charge or of excitation. It is natural to attempt to solve the coupled Eqs. (29.11), (29.12) by an approximate procedure based on the assumption that PLANCK's constant h is small—in other words by a generalisation of JEFFREYS' (WKB) method discussed in Sect. 13 for elastic scattering.

A programme of this kind was carried through by STUECKELBERG[1]. The results obtained depend on whether or not there is a real value R of r for which

$$k_0^2 - U_{00}(r) = k_n^2 - U_{nn}(r). \tag{32.1}$$

If such a crossing point exists STUECKELBERG obtains

$$\varkappa_{i,l} = \frac{e^{-\delta_l}}{\sqrt{1 - e^{-2\delta_l}}} \left(\frac{k_n}{k_0}\right)^{\frac{1}{2}} \tag{32.2}$$

where

$$\delta_l = \frac{\lambda}{4M} \left[\frac{U_{0n}^2}{(U_{00}' - U_{nn}') v_l}\right]_{r=R}. \tag{32.3}$$

In this expression v_l is the radial velocity of relative motion at the crossing point, given by

$$v_l^2(R) = \frac{\hbar^2}{M^2}\left[k_0^2 - U_{00}(R) - \frac{l(l+1)}{R^2}\right], \tag{32.4}$$

where M is the reduced mass of the colliding systems before the impact.

The phase shift differences $\zeta_{l,i} - \zeta_{l,j}$ are given to the same approximation by

$$\zeta_{l,i} - \zeta_{l,j} = \int\limits^R g_0^{\frac{1}{2}} dr - \int\limits^R g_n^{\frac{1}{2}} dr = \tau_l \tag{32.5}$$

where

$$g_0, g_n = \tfrac{1}{2}(f_0 + f_n) \pm \tfrac{1}{2}\{(f_0 - f_n)^2 + 4U_{0n}^2\}^{\frac{1}{2}},$$

$$f_0, f_n = k_{0,n}^2 - U_{00,nn} - \frac{l(l+1)}{r^2},$$

and the lower limits of the integrals are the zeros of the respective integrands.

To obtain some insight into the physical significance of these formulae we note first that with the expressions (32.2), (32.5) the partial cross section $Q_{n,l}$ takes the form

$$Q_{n,l} = \frac{2\pi}{k_0^2}(2l+1)\, 2P_l(1 - P_l) \sin^2 \tau_l \tag{32.6}$$

where

$$P_l = e^{-2\delta_l}. \tag{32.7}$$

Consider the relative radial motion of the two systems initially separated at a great distance and moving towards each other with zero relative angular momentum and with relative velocity $v = k_0 \hbar/M$. The potential energies $\frac{\hbar^2}{2M} U_{00}$ and $\frac{\hbar^2}{2M} U_{nn}$ represent respectively the adiabatic interactions between the two systems in the initial and final states in the zero-order approximation only. Owing to the finiteness of U_{0n} there will be an interaction between the states which will have its most marked effect at the crossing point where the zero-order energies are equal. This effect leads to a "repulsion" between the states which eliminates the crossing and introduces an energy separation between them at $R \approx \frac{\hbar^2}{2M} U_{0n}$.

---

[1] E. C. G. STUECKELBERG: Helv. phys. Acta **5**, 370 (1932).

The situation is represented graphically in Fig. 11. Fig. 11 (a) shows the two zero-order adiabatic interaction curves with the crossing point while (b) shows the effect of the finite value of U_{0n}.

We may now trace the course of a collision in which the two systems are initially separated at a great distance and move towards each other with prescribed relative angular momentum and relative velocity v in terms of the motion of a representative point in Fig. 11 b. This point will move from A along curve I until the neighborhood of the "crossing point" is reached. Owing to the proximity of the curves in this region there will be a finite probability p_l that a jump will be made to curve II, with a corresponding probability $1 - p_l$ that this point will continue on curve I. Eventually the motion will be reversed and again a jump from one curve to the other may or may not take place near the "crossing point". The chance that the representative point, starting from A ends up at B, is then

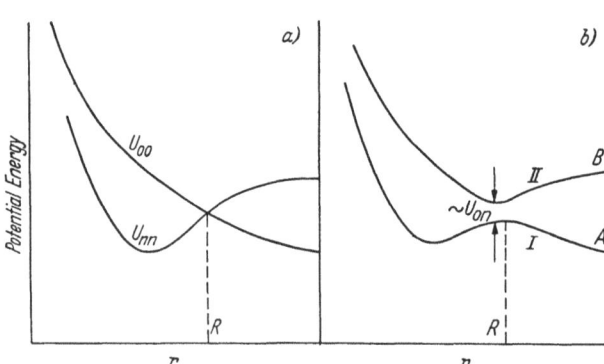

Fig. 11a and b. Illustrating the interaction of potential energy curves.

$$p_l(1 - p_l) + (1 - p_l) p_l = 2 p_l (1 - p_l).$$

Comparison with (32.6) strongly suggests that

$$p_l = P_l = e^{-2\delta_l}. \tag{32.8}$$

It is to be noted now that $2 P_l (1 - P_l)$ is small both when δ is small and when it is large. A small value of δ corresponds to a small U_{0n} and hence to the case of weak coupling for which the cross section would obviously be small. The other extreme requires a little more consideration.

The chance of a transition from curve I to curve II in Fig. 11 b will be small, according to classical theory, if the perturbing potential varies so slowly with time that the amplitude of its FOURIER component which has the same period as the oscillations to be excited, is small. In other words, if p_l is to be small τ/ϑ must be large where τ is the time of collision and ϑ is the period of the internal oscillations excited. Applying a correspondence principle argument we may write $\vartheta = \hbar/\Delta E$ where ΔE is the energy gap which is bridged in the transition. In our case ΔE and which may be taken as $\dfrac{\hbar^2}{2M} U_{0n}(R)$. The time τ of collision can be taken as the time required for the systems to separate from the crossing point by such a distance that the energy separation increases by a factor α of order unity. This distance ΔR will be given by

$$\alpha U_{0n}(R) = \{U'_{00}(R) - U'_{nn}(R)\} \Delta R \tag{32.9}$$

so that

$$\tau = \frac{\Delta R}{v_l(R)}$$
$$= \left[\frac{\alpha U_{0n}}{(U'_{00} - U'_{nn}) v_l}\right]_R \tag{32.10}$$

where $v_l(R)$ is the velocity of relative motion at the crossing point. For a small value of p_l we must therefore have

$$\frac{\hbar}{2M}\left[\frac{\alpha U_{n0}^2}{(U'_{00} - U'_{nn})v_l}\right]_R \gg 1. \tag{32.11}$$

This is the second extreme case where the coupling is not weak but the cross-section is small because the collision is too gradual, the conditions being nearly adiabatic.

The formula $p_l = e^{-2\delta_l}$ for the probability of a jump from a curve such as I of Fig. 11b to one such as II in Fig. 11b was first obtained independently by LANDAU[1] and by ZENER[2]. Its relation to STUECKELBERG's results is now clear.

The series of partial cross-sections Q_{nl} given by (32.6) will converge quite rapidly for values of $l > l_0$ where $v_{l_0}(R) = 0$. For collisions between atomic systems l_0 will be large so that the cross-section Q_n is given quite closely by

$$Q_n = \frac{2\pi}{k_0^2} \int_0^{l_0} l e^{-2\delta_l}(1 - e^{-2\delta_l}) \sin^2 \tau_l \, dl. \tag{32.12}$$

Also, since τ_l for $l < l_0$ is large, $\sin^2 \tau_l$ will fluctuate rapidly with l between 0 and 1 and it can be replaced without serious error by its mean value $\frac{1}{2}$ to give

$$Q_n \approx \frac{\pi}{k_0^2} \int_0^{l_0} l e^{-2\delta_l}(1 - e^{-2\delta_l}) \, dl. \tag{32.13}$$

It is of interest to notice also the relation of these formulae to those given by the distorted wave method. When U_{0n} is sufficiently small and the relative motion of the colliding systems before and after impact is described adequately by classical dynamics, the two methods give the same results. This may be verified by substituting JEFFREYS' approximation (13.17) for the distorted wave functions $\mathfrak{F}_n$ and F_0 in (28.12) and then applying the method of steepest descents to approximate to the value of the resulting integral.

The formula (32.13) has been applied to the discussion of a number of collision processes. STUECKELBERG[3] used it to discuss the dependence of the cross-sections for inelastic collisions between atoms on the magnitude of the internal energy transfer involved. BATES and MASSEY[4] and later MAGEE[5] estimated cross sections for the reaction

$$O^+ + O^- \rightarrow O' + O''.$$

BATES and LEWIS[6] have considered in detail the corresponding reactions between H^+ and H^- ions.

A general survey of the possible range of cross sections for excitation collisions of the type

$$A + B \rightarrow A + B',$$
$$A^+ + B \rightarrow A^+ + B',$$
$$A^+ + B \rightarrow A^{+\prime} + B,$$

---

[1] LANDAU: Z. Phys. Soc. Un. **2**, 46 (1932).
[2] C. ZENER: Proc. Roy. Soc. Lond., Ser. A **137**, 696 (1932).
[3] E. C. G. STUECKELBERG: Helv. phys. Acta **5**, 370 (1932).
[4] D. R. BATES and H. S. W. MASSEY: Phil. Trans Soc. Lond., Ser. A **239**, 269 (1943).
[5] J. L. MAGEE: Disc. Faraday Soc. **12**, 33 (1952).
[6] D. R. BATES and J. T. LEWIS: Proc. Phys. Soc. Lond. A **68**, 173 (1955).

and for charge transfer collisions of the type

$$A^+ + B \to A + B^+,$$
$$A^- + B \to A + B^-,$$

has been given by BATES and MASSEY[1], based on the estimated range of values of the appropriate quantities which appear in the expression (32.3) for δ_l. More detailed discussions of special cases have been given by BATES and MOISEIWITSCH[2] and by DALGARNO[3]. WEINMANN[4] has considered in particular the reactions of the type

$$\text{He}\,(^1P) + \text{He}\,(1\,{}^1S) \to \text{He}\,(^3P) + \text{He}\,(1\,{}^1S),$$
$$\text{He}\,(^1P) + \text{He}\,(1\,{}^1S) \to \text{He}\,(^3D) + \text{He}\,(1\,{}^1S),$$

in which U_{0n} is very small but the crossing point occurs for such large values of r that δ is not much larger than would otherwise be anticipated.

β) *The case of no crossing point.* If no real crossing point exists there will still be a critical separation R of the two colliding systems for which a transition from one state to another is most probable. This will be the distance at which

$$||U_{0n}| - |k_0^2 - k_n^2 + U_{00} - U_{nn}||$$

is a minimum.

Although it is not possible to obtain in general a formula such as (32.3) for these cases STUECKELBERG[5] has shown that, when $U_{0n} \sim C/r^s$ and U_{00}, U_{nn} are negligible at R, a formula of the same form as (32.3) may be obtained with

$$\delta_l = N_s \frac{\hbar}{2M} \left[\frac{U_{0n}^2}{U'_{0n} v_l} \right]_{r=R}, \qquad (32.14)$$

N_s being a constant of order unity which depends on s. The same arguments may then be applied as in the crossing point case to determine when the collisions are nearly adiabatic and when they are of weak coupling character.

γ) *Collisions involving transitions to unbound states of continuous motion.* Collisions such as

$$A + B^+ \to A^+ + B^+ + e, \qquad (32.15\,\text{a})$$
$$A + B \to A + B^+ + e, \qquad (32.15\,\text{b})$$
$$A + B^- \to A + B + e, \qquad (32.15\,\text{c})$$

involve transitions to unbound states of internal motion. In such cases a straight forward application of the semiclassical procedure of Sect. 32α and β is not possible unless the coupling is so weak that the partial cross sections $Q_{n,l}$ are proportional to $|U_{0n}(R)|^2$. It is possible to obtain information as to the magnitude of the cross sections and their variation with relative impact energy by arguments involving the concept of autoionization.

---

[1] D. R. BATES and H. S. W. MASSEY: Phil. Mag. **45**, 111 (1954).
[2] D. R. BATES and B. L. MOISEIWITSCH: Proc. Phys. Soc. Lond. A **67**, 805 (1954).
[3] A. DALGARNO: Proc. Phys. Soc. Lond. A **67**, 1010 (1954).
[4] A. WEINMANN: Proc. Phys. Soc. Lond. A [in course of publication (1956)].
[5] E. C. G. STUECKELBERG: Helv. phys. Acta **5**, 370 (1932).

Referring to Fig. 12, suppose that curve I represent a potential energy of interaction (in zero order) between atoms A and B in their normal states. Curve II similarly represents a potential energy curve for a complex comprised of an atom A an ion B^+ and an ejected electron of nearly zero energy. These two curves intersect at R_1. This means that when A and B approach to distances less than R_1 the complex $A + B$ is unstable towards auto ionization. Once this process takes place the ejected electron, because of its small mass, will leave the system so rapidly that there will be little chance of the reversal before the A and B^+ have separated again to a distance greater than R_1.

If t is the mean lifetime of the complex $A + B$ towards autoionization when $R < R_1$, the chance that this will not take place during the impact is given roughly by

$$1 - e^{-R_1/vt} \qquad (32.16)$$

where v is the velocity of relative motion. This does not allow for the variation of relative velocity with distance of approach but this neglect will only be serious if the incident relative energy is not great enough for the systems to approach to the critical distance R_1. If this is so the probability will be reduced by a factor which decreases rapidly with decreasing incident energy.

When (32.16) is applicable the contribution to the cross section for the process (32.15a), due to the particular curve crossing considered, will be approximately

$$\pi R_1^2 (1 - e^{-R_1/vt}) \qquad (32.17)$$

or, since R_1/vt is usually small,

$$\pi R_1^3/v t. \qquad (32.18)$$

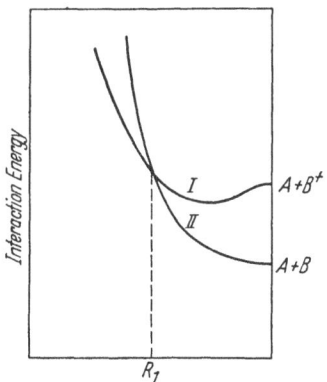

Fig. 12. Illustrating the process of ionization on impact between atoms.

The time t is not easy to calculate but may be of order 10^{-13} secs. It follows that when a crossing point occurs the cross section may be of order 10^{-16} cm.^{2} down to quite low energies which need only be sufficient to enable the colliding systems to penetrate (classically) to the crossing point.

The further consequences of these arguments for the estimation of cross sections for processes such as (32.15) have been discussed by BATES and MASSEY[1].

An important case in which arguments based on autoionization were used to estimate rates of collision processes was that of dissociative recombination

$$AB^+ + e \to A' + B'', \qquad (32.19)$$

discussed by BATES[2]. Suppose that, in such a case, a potential energy curve of $A' + B''$ intersects that for the ground state of AB^+ at some separation R, close to the equilibrium separation of A and B^+. There is now a finite chance that a slow electron will be captured by a molecular ion AB^+ by an inverse autoionization process. A cross section Q_c can be associated with this capture process. If $\bar{\tau}$ is the mean life time of the neutral but unstable molecule formed towards autoionization and $\bar{\vartheta}$ the time taken for the atoms A', B'' to separate to such a distance that the chance of autoionization is negligible, the cross section Q_d for the dissociative recombination process (32.19) will be approximately equal to $Q_c \dfrac{\bar{\tau}}{\bar{\tau} + \bar{\vartheta}}$.

The time $\bar{\vartheta}$ will be of order 10^{-13} sec. (the time taken for the atoms to separate

---

[1] D. R. BATES and H. S. W. MASSEY: Phil. Mag. **45**, 111 (1954).
[2] D. R. BATES: Phys. Rev. **77**, 718 (1950; **78**, 492 (1950).

IV. Further generalized theory and methods.

So far the discussion of more accurate methods of calculating cross sections than provided by BORN's first approximation has been limited to circumstances where it is only necessary to take into account the interaction of the initial and final states of internal motion concerned. It is naturally more difficult to introduce effectively the contribution from intermediate states and there has as yet been little progress in this direction for particular cases. We shall, however, discuss now some generalisations which may be made of the procedures discussed in III. and indicate the results obtained in the few cases where any attempt at quantitative discussion has been made. We begin by considering the generalisation of the S matrix (Sect. 10).

33. Generalization of the S matrix[1]. To illustrate the principles involved we shall consider a somewhat artificial example, that of the collision of a particle A of mass m with a system B, of infinite mass, composed of particles of a different kind, which possesses n bound states but no unbound states. We define r_1 as the position vector of A relative to the centre of mass of B and r_2 as specifying the aggregate of internal coordinates of B. The wave functions of the n bound states of B are $\psi_1(r_2), \ldots, \psi_n(r_2)$ corresponding to energies $E_1, \ldots, E_n$.

We consider states of the total system with prescribed total energy E, magnitude $\sqrt{J(J+1)}\,\hbar$ and z-component $J_z\hbar$ of total angular momentum. The function Ψ_j for such a state which describes the scattering of the particle A by the system B, when the latter is initially in the jth state, will have the asymptotic form for large r_1

$$\Psi_j \sim \sum_{i=1}^{n} \{v_i^{-\frac{1}{2}} r_1^{-1} (\delta_{ji} e^{-ik_i r_1} + a_{ij} e^{ik_i r_1})\, T_i(\vartheta_1, \varphi_1)\, \psi_i(r_2)\}. \qquad (33.1)$$

$T_i(\vartheta_1, \varphi_1)$ is a normalized angular function, $k_i^2 + \frac{2m}{\hbar^2} E_i = E$ and $v_i = k_i \hbar/m$. The partial cross section for excitation of the i-th from the j-th state, under the prescribed energy and angular momentum conditions, will be $w |a_{ij}|^2$ where w is a weighting factor depending on the angular dependence of ψ_i.

If the a_{ij} are given for all i and j as functions of E, J and J_z all possible information about cross sections for collisions between particles A and systems B is available. The a_{ij} may therefore be regarded as defining the scattering (S) matrix for the system. This matrix is symmetrical and unitary.

This may be proved by noting that, since

$$\left[-\frac{\hbar^2}{2m} \nabla_1^2 + T_b(r_2) + V(r_2) - V(r_1, r_2)\right] \Psi_{j,k} = E\, \Psi_{j,k} \qquad (33.2)$$

where T_b is the kinetic energy operator and $V(r_2)$ the potential energy for the internal motion of the particles within B, and $V(r_1, r_2)$ is the interaction energy between A and B,

$$-\frac{\hbar^2}{2m} \iint (\Psi_j \nabla_1^2 \Psi_k - \Psi_k \nabla_1^2 \Psi_j)\, dr_1\, dr_2 = \iint (\Psi_j T_b \Psi_k - \Psi_k T_b \Psi_j)\, dr_1\, dr_2, \qquad (33.3)$$

$$-\frac{\hbar^2}{2m} \iint (\Psi_j^* \nabla_1^2 \Psi_k - \Psi_k \nabla_1^2 \Psi_j^*)\, dr_1\, dr_2 = \iint (\Psi_j^* T_b \Psi_k - \Psi_k T_b \Psi_j^*)\, dr_1\, dr_2. \qquad (33.4)$$

---
[1] J. A. WHEELER: Phys. Rev. **52**, 1107 (1937). — G. BREIT: Phys. Rev. **58**, 1068 (1940).

The integrals on the right hand side vanish as may be seen by applying GREEN's theorem in r_2 space and remembering that the functions $\psi_i(r_2)$ all vanish over the surface of an infinite hypersphere in this space. Applying GREEN's theorem in r_1 space we then have from (33.3)

$$a_{jk} - a_{kj} = 0,$$

showing that the S matrix is symmetrical, and from (33.4) using the orthonormal properties of the functions $\psi_i(r_2)$

$$\sum_i a_{ik} a_{ij}^* = \delta_{jk}$$

showing that the S matrix is unitary.

Because the S matrix is unitary we may write its eigen-values in the form $e^{i\eta_m}$, $m = 1, \ldots, n$. The η_m are then referred to as the proper phases for the collision process concerned. They correspond exactly to the proper phases, ζ_i, ζ_j introduced in Sect. 29β in dealing with a two-state problem only.

34. Variational principles for determination of the S-matrix[1]. Any linear combination $\Psi^{(\mu)} = \sum_j A_j^{(\mu)} \Psi_j$ of scattering functions for prescribed E, J and J_z may be expressed in the form

$$\Psi^{(\mu)} = \sum_i r_1^{-1} \left(\alpha_i^{(\mu)} e^{-ik_i r_1} - \beta_i^{(\mu)} e^{ik_i r_1} \right) v_i^{-\frac{1}{2}} T_i(\vartheta_1, \varphi_1) \psi_i(r_2) \tag{34.1}$$

where

$$\alpha_i^{(\mu)} = \sum_j A_j^{(\mu)} \delta_{ij} = A_i^{(\mu)}, \tag{34.2}$$

$$\beta_i^{(\mu)} = \sum_j A_j^{(\mu)} a_{ij} = \sum a_{ij} \alpha_j^{(\mu)}. \tag{34.3}$$

KOHN has derived a variational principle for the a_{ij} by considering the variation of the integral

$$I_{12} = \int \Psi^{(1)*} \left(-\frac{\hbar^2}{2m} V_1^2 + H(r_2) - E \right) \Psi^{(2)} dr_1 dr_2 \tag{34.4}$$

when the variations of $\Psi^{(1)}$ and $\Psi^{(2)}$ are restricted so that $\delta\beta_i^{(1)} = 0$ and $\delta\alpha_i^{(2)} = 0$ for all i. With these restrictions

$$\delta I_{12} = -i\hbar \sum_i \beta_i^{(1)*} \delta\beta_i^{(2)} \tag{34.5}$$

so that if $\beta_{i,t}$ is an approximate value for β_i occurring in a trial function $\Psi_t^{(2)}$ the relation

$$I_{12} + i\hbar \sum_i \beta_i^{(1)*} \beta_{i,t}^{(2)} = i\hbar \sum \beta_i^{(1)*} \beta_t^{(2)} \tag{34.6}$$

is correct to the first order. Using (34.3) this may be rewritten in the form

$$I_{12} + i\hbar \sum_i \beta_i^{(1)*} \beta_{i,t}^{(2)} = i\hbar \sum_{i,j} \beta_i^{(1)*} a_{ij} \alpha_j^{(2)}. \tag{34.7}$$

To obtain a variational approximation to a particular component a_{rs}, $\beta_i^{(1)}$ may be taken as $c^{(1)} \delta_{ir}$ and $\alpha_i^{(2)}$ as $c^{(2)} \delta_{js}$ in the trial functions $\Psi_t^{(1)}$, $\Psi_t^{(2)}$.

A variational principle for the proper phases may be obtained which is a direct generalization of (30.6). For a function $\Psi^{(m)}$ which corresponds to the m-th proper mode

$$\beta_i^{(m)} = e^{2i\eta_m} \alpha_i^{(m)}, \quad i = 1, \ldots, n. \tag{34.8}$$

---
[1] W. KOHN: Phys. Rev. **74**, 1763 (1948).

The starting points is the integral

$$I^{(m)} = \int \Psi^{*(m)} \left(-\frac{\hbar^2}{2m} \nabla_1^2 + H(r_2) - E\right) \Psi^{(m)} dr_1 dr_2. \tag{34.9}$$

The asymptotic form of $\Psi^{(m)}$ for large r_1 can be written

$$\Psi^{(m)} \sim \sum r_1^{-1} \Psi_i(r_2) T_i(\vartheta_1, \varphi_1) \{A_i \sin(k_i r_1 - \tfrac{1}{2} l_i \pi) - B_i \cos(k_i r_1 - \tfrac{1}{2} l_i \pi)\} \tag{34.10}$$

where l_i is the total angular momentum quantum number for the motion of particle A relative to the centre of mass of B. As $\Psi^{(m)}$ is a proper function

$$-B_i/A_i = \tan \eta_m.$$

For variations of $\Psi^{(m)}$ which maintain the asymptotic form (34.10) but not necessarily with correct A_i, B_i we find

$$\begin{aligned}\delta I^{(m)} &= -\sum_i \frac{\hbar^2}{2m k_i} \{A_i \delta B_i - B_i \delta A_i\} \\ &= \sum_i \frac{\hbar^2}{2m k_i} \left\{\delta(A_i B_i) - \frac{B_i}{A_i} \delta(A_i^2)\right\}.\end{aligned} \tag{34.11}$$

Since $B_i/A_i = -\tan \eta_m$

$$\delta\left\{I^{(m)} + \sum_i \frac{\hbar^2}{2m k_i} (A_i B_i + \tan \eta_m A_i^2)\right\} = 0$$

which shows that, in terms of trial functions for which A_i, B_i have the values $A_{i,t}$, $B_{i,t}$

$$I^{(m)} + \sum_i \frac{\hbar^2}{2m k_i} A_{i,t} B_{i,t} = -\tan \eta_m \sum_i \frac{\hbar^2}{2m k_i} A_{i,t}^2 \tag{34.12}$$

is correct to the first order.

35. Other methods. Although the discussion of Sect. 34 refers to a somewhat artificial model it may be applied to a reasonable approximation to electron collisions with atoms in which ionization is unimportant (there is no difficulty in generalization to allow for exchange) and by obvious generalisation to collisions between two systems which result always in the production of two and only two systems, which may or may not be different from the initial ones. The use of the S matrix formation for the study of nuclear collisions has been developed considerably but will not be discussed here (see Vol. XLI of this Encyclopedia).

Some attention has been paid to the detailed investigation of the effect of polarization on elastic scattering of electrons by hydrogen atoms. In the treatment of elastic scattering given in Sect. 31, in which exchange was allowed for, the collision wave function Ψ took the form (31.2). The neglect of terms in Ψ associated with excited atomic states is equivalent to the neglect of polarization. Two methods of correcting for this neglect have been suggested.

The first method, suggested by HUANG[1] and applied in detail by MASSEY and MOISEIWITSCH[2], is to use the HULTHÉN or KOHN variational procedure but with a trial function depending explicitly on the interelectronic separation. The trial function employed for the discussion of s-wave scattering of electrons of wave number k_0 was of the form $\Psi(r_1, r_2) \pm \Psi(r_2, r_1)$ where

$$\Psi(r_1, r_2) = \left[\sin k_0 r_1 + \{a + (b + c r_{12}) e^{-r_1/a_0}\} (1 - e^{-r_1/a_0}) \cos k_0 r_1\right] \psi_0(r_2) \tag{35.1}$$

a, b and c being variable parameters and ψ_0 the wave function of the ground state of hydrogen. The phase shift η_0 is then given from the variational

---

[1] S. S. HUANG: Phys. Rev. **76**, 477, 1878 (1949).
[2] H. S. W. MASSEY and B. L. MOISEIWITSCH: Proc. Roy. Soc. Lond., Ser. A **205**, 483 (1950).

equations

$$\frac{\partial I}{\partial b}=0, \quad \frac{\partial I}{\partial c}=0, \quad I=0, \quad a=\tan\eta_0, \quad \text{(Hulthén's method)}$$

or

$$\frac{\partial I}{\partial a}=\frac{\partial I}{\partial b}=\frac{\partial I}{\partial c}=0, \quad \tan\eta_0 = a - \frac{I}{k_0} \quad \text{(Kohn's method)},$$

where

$$I = \iint \Psi(r_1, r_2)\left\{-\frac{\hbar^2}{2m}(\nabla_1^2 + \nabla_2^2) + \frac{\varepsilon^2}{r_{12}} - \frac{\varepsilon^2}{r_1} - \frac{\varepsilon^2}{r_2} - E\right\}\Psi(r_1, r_2)\, dr_1\, dr_2. \tag{35.2}$$

Table 12. *Comparison of phase shifts η_0 (in radians) for scattering of electrons by hydrogen atoms, calculated by* Hulthén's *variational method with and without allowance for polarization.*

Electron wave number (units $1/a_0$)	(Symmetrical case)		(Antisymmetrical case)	
	Without polarization	With polarization	Without polarization	With polarization
0.1	2.042	2.484	2.908	2.909
0.15	2.046	2.220	2.792	2.792
0.2	1.819	2.003	2.679	2.680
0.3	1.486	1.649	2.463	2.447
0.4	1.250	1.425	2.257	2.248
0.5	1.074	1.250	2.070	2.039
0.6	0.940	1.095	1.901	1.909
0.8	0.756	0.857	1.614	1.621
1.0	0.645	0.708	1.390	1.398
1.2	0.583	0.630	1.217	1.225
1.5	0.546	0.599	1.027	1.036
2.0	0.542	0.600	0.826	0.838

The results obtained in this way are given in Table 12 in which comparison is made with the results of similar calculations in which the term $c r_{12}$ is absent from the trial function (see Fig. 10). It will be seen that inclusion of this term is important for the symmetrical but not for the antisymmetrical case. No experimental data are yet available to check the accuracy of these calculations.

The second method is to use the Schwinger variational method. By an obvious extension of (30.25) the scattered amplitude is given, according to this method by

$$f \pm g \tag{35.3}$$

where, if plane wave trial functions are used,

$$\begin{aligned}
f &= \frac{f_{B1}^2}{f_{B1} - f_{B2}}, \qquad g = \frac{g_{B1}^2}{g_{B1} - g_{B2}}, \\
f_{B1} &= -\frac{2m\,\varepsilon^2}{\hbar^2} \iint |\psi_0(r_2)|^2 \left(\frac{1}{r_{12}} - \frac{1}{r_1}\right) e^{i k_0 (n_0 - n)\cdot r_1}\, dr_1\, dr_2, \\
g_{B1} &= -\frac{2m\,\varepsilon^2}{\hbar^2} \iint \psi_0(r_2)\,\psi_0(r_1)\left(\frac{1}{r_{12}} - \frac{1}{r_1}\right) e^{i k_0 (n_0\cdot r_1 - n\cdot r_2)}\, dr_1\, dr_2, \\
f_{B2} &= \frac{16 m^2 \varepsilon^4}{\hbar^4} \iiiint e^{-i k_0 n\cdot r_1}\psi_0(r_2)\left(\frac{1}{r_{12}} - \frac{1}{r_1}\right)\left(\sum_n + \int\right)\left\{\frac{e^{i k_n |r_1 - r_1'|}}{|r_1 - r_1'|}\times\right. \\
&\quad \left. \times \psi_n(r_2)\,\psi_n^*(r_2')\right\}\left(\frac{1}{r_{12}'} - \frac{1}{r_1'}\right) e^{i k_0 n_0\cdot r_1'}\psi_0(r_2')\, dr_1\, dr_2\, dr_1'\, dr_2', \\
g_{B2} &= \frac{16 m^2 \varepsilon^4}{\hbar^4} \iiiint e^{-i k_0 n\cdot r_2}\psi_0(r_1)\left(\frac{1}{r_{12}} - \frac{1}{r_2}\right)\left(\sum_n + \int\right)\left\{\frac{e^{i k_n |r_1 - r_1'|}}{|r_1 - r_1'|}\times\right. \\
&\quad \left. \times \psi_n(r_2)\,\psi_n^*(r_2')\right\}\left(\frac{1}{r_{12}'} - \frac{1}{r_2'}\right) e^{i k_0 n_0\cdot r_1'}\psi_0(r_2')\, dr_1\, dr_2\, dr_1'\, dr_2', \\
k_n^2 &= k_0^2 + \frac{2m}{\hbar^2}(E_n - E_0).
\end{aligned} \tag{35.4}$$

If g is neglected and f_{B2} treated as small compared with f_{B1} the formula reduces to the second BORN approximation without exchange. MASSEY and MOHR[1] have calculated this approximation for elastic scattering by hydrogen and helium using a method which is valid when the electron energy is not too small (>100 ev). They find that the differential cross section rises much more rapidly at small angles of scattering than when polarization is ignored. This is in agreement with the observed data for helium.

NEWSTEIN[2] has applied the full expressions (35.3) and (35.4) to calculate elastic differential cross sections for scattering of slow electrons (energies <10 ev) by hydrogen. His calculations suggest that, even for 3 ev electrons, the angular distribution is far from isotropic. On the other hand the total cross section is not very different from that calculated from the zero order phase shifts given by the first method described above, assuming that higher order phase shifts are negligible, i.e. that the scattering is nearly isotropic.

The only calculations which have so far been carried out for inelastic collisions which attempt to allow for interactions with intermediate states have been carried out by ROTHENSTEIN[3]. He calculated the second BORN approximation to the cross sections for the excitation of the $2p$ state of the hydrogen and the 2^1P state of helium by electrons of energy >100 ev. A method similar to that used by MASSEY and MOHR for elastic collisions was employed. The modifications introduced were of the correct sign and order of magnitude to lead to much improved agreement with observation (see following article, Sect. 36).

For collisions in which the relative motion of the colliding systems can be described classically there is no difficulty in principle in dealing with collisions in which intermediate states are important. Referring to Sect. 32α it is only necessary to consider the crossing points of the complete set of potential energy curves and follow the various possible ways in which the collisions can proceed, associating the appropriate transition probabilities P with each crossing point. Allowance for the interaction of more than two potential energy curves has been made by BATES and LEWIS[4] in their calculation of cross sections for the mutual neutralization reaction

$$H^+ + H^- \rightarrow H' + H''.$$

Acknowledgment.

I wish to express my indebtedness to Dr. S. ZIENAU who read through and checked much of the original manuscript and proofs of this article, and to Mr. R. HUCK for checking some of the proofs.

General references.

MASSEY, H. S. W., and E. H. S. BURHOP: Electronic and Ionic Impact Phenomena. Oxford: The Clarendon Press 1952.

MORSE, P. M., and H. FESHBACH: Methods of Mathematical Physics, Part II. New York: McGraw Hill 1953.

MOTT, N. F., and H. S. W. MASSEY: The Theory of Atomic Collisions, 2nd ed. Oxford: The Clarendon Press 1949.

—, and I. N. SNEDDON: Wave mechanics and its Applications. Oxford: The Clarendon Press 1948.

SCHIFF, L. I.: Quantum Mechanics. New York: Mc. Graw Hill 1949.

---

[1] H. S. W. MASSEY and C. B. O. MOHR: Proc. Roy. Soc. Lond., Ser. A **146**, 880 (1930).
[2] M. C. NEWSTEIN: M.I.T. Technical Report No. 4, 1955.
[3] M. ROTHENSTEIN: Proc. Phys. Soc. Lond. A **67**, 673 (1954).
[4] D. R. BATES and J. T. LEWIS: Proc. Phys. Soc. Lond. A **68**, 173 (1955).

Excitation and Ionization of Atoms by Electron Impact.

By

H. S. W. MASSEY.

With 77 Figures.

1. Introduction. Collisions between electrons of given energy and normal gas atoms at rest may be classified in terms of the deviation in direction suffered by the electron concerned and the amount of energy which it gives up to the atom. The specification of the probability that a collision will be of any particular kind is best carried out in terms of the concept of collision cross section.

Consider a beam of electrons of homogeneous energy E passing through a gas containing N atoms/cm^3. If an electron is regarded as being lost from the beam when it suffers a deviation or loss of energy or both through collision with a gas atom, the loss of intensity of the beam in travelling a further distance δx from the point where its intensity is I is given by

$$\delta I = N Q I \delta x. \tag{1.1}$$

The quantity Q, which has the dimensions of area, is then defined as the total collision cross section of the atom for electrons of energy E. It is just as if the atoms behaved towards the electrons as spheres of cross sectional area Q but this picture must not be carried too far. In general Q will be a function of E and arise from a number of different kinds of collision.

Having defined what is meant by Q there is no difficulty in specifying the contributions from these different kinds of collision—elastic collisions in which no energy transfer takes place between internal motion of the atom and the kinetic energy of the electron, inelastic collisions in which either discrete energy states of the atom are excited or states of the continuous spectrum so that the atom is ionized by the impact. We introduce the probability $p_n(E, \vartheta, \varphi)$ that, in a collision of an electron of energy E with a normal atom the atom is excited into the n-th state and the electron deviated to the direction (ϑ, φ) lying within the solid angle $d\Omega$. The quantity $p_n Q d\Omega$ is then called the *differential cross section* for the particular inelastic cross section concerned and usually written $I_n d\Omega$. Finally we have the total cross section for excitation of the atom to the n-th state, Q_n, given by

$$Q_n = \int_0^\pi \int_0^{2\pi} I_n \sin\vartheta \, d\vartheta \, d\varphi. \tag{1.2}$$

There is no difficulty in including elastic collisions in the same way, in terms of a differential elastic cross section $I_0 d\Omega$ and total elastic cross section Q_0.

For ionizing collisions we may start with $p_\varepsilon(E, \vartheta, \varphi, \lambda, \mu) d\varepsilon d\Omega d\omega$, the probability that the collision results in deviation of the incident electron into the solid angle $d\Omega$ about (ϑ, φ) and ejection of an electron from the atom with energy ε into the solid angle $d\omega$ about (λ, μ). This defines a differential cross section

$$I_\varepsilon(E, \vartheta, \varphi, \lambda, \mu) = p_\varepsilon(E, \vartheta, \varphi, \lambda, \mu) Q d\varepsilon d\Omega d\omega.$$

The total cross section for ionization is then given by

$$Q_i = \int_0^{\varepsilon_{\max}} Q_\varepsilon \, d\varepsilon, \tag{1.3}$$

where

$$Q_\varepsilon = \iint I_\varepsilon \, d\omega \, d\Omega, \tag{1.4}$$

and the upper limit $\varepsilon_{\max}$ is given by

$$\varepsilon_{\max} = E - E_i,$$

where E_i is the ionization energy of the atom. It may be objected that this definition distinguishes between scattered and ejected electrons, but this is immaterial. All that is meant is that, after the collision, one electron is moving with energy ε in the direction (λ, μ) within $d\omega$ and the other with energy $E - \varepsilon - E_i$ in the direction (ϑ, φ) within $d\Omega$. It is neither necessary nor possible to say which of these is the incident electron.

We may now write

$$Q = Q_0 + \Sigma_n Q_n + \int_0^{\varepsilon_{\max}} Q_\varepsilon \, d\varepsilon. \tag{1.5}$$

Our analysis is not completely general as we have not allowed for ionization of atoms in inner shells or multiple ionization of atoms, and have not considered superelastic collisions which can occur when electrons collide with excited atoms. The modifications necessary to allow for these possibilities are easily made and will not be given explicitly here.

We have defined collision cross sections and probabilities in terms of the collisions of a homogeneous beam of electrons with gas atoms at rest. There is no difficulty, however, in dealing with other circumstances once the cross sections are known as functions of electron energy. Thus the number of ions produced per cm³ per second in a gas containing N atoms per cm³ by a concentration of n electrons per cm³ whose energies are distributed so that $f(E) \, dE$ is the fraction with energy between E and $E + dE$, is given by

$$N n \sqrt{2m} \int_{E_i}^{\infty} Q_i(E) f(E) E^{\frac{1}{2}} dE. \tag{1.6}$$

$Q_i(E)$ is the total ionization cross section of the atoms towards electrons of energy E and m is the electron mass.

In this article we discuss the methods, both experimental and theoretical, which have been used to obtain information about the various cross sections for collisions of electrons with atoms and the results obtained by these methods. Some applications of these results are discussed in the concluding sections.

Although a great deal of work has been carried out, our knowledge of the cross sections is still rather fragmentary. Certain cross sections are difficult to measure and for low electron energies it is difficult to develop theoretical methods of sufficiently good approximation. We shall first describe the experimental work and results and then discuss the subject from the theoretical point of view.

A. Experimental study of cross sections.

2. General remarks. The measurement of the total collision cross section Q as a function of electron energy has already been discussed in Vol. 34. We shall confine our attention to the study of inelastic differential and total cross sections.

Perhaps the most extensive quantitative results are available for ionization processes. Total cross sections for single and multiple ionization have been measured as functions of electron energy for many atoms while for some atoms cross sections for inner shell ionization are also available. The absolute measurement of excitation cross sections is more difficult and the data available, often derived by indirect methods, are not always reliable. In many such cases the observed variation of the cross section with electron energy is more reliable. Much less information still has been obtained experimentally about differential cross sections for inelastic collisions. Some measurements have been made of the angular distribution of electrons scattered after exciting the lowest excited states of certain atoms and also after ionizing collisions. The energy distribution of electrons ejected in ionizing collisions has also been studied in a few cases.

I. Measurement of ionization cross sections.

3. Apparent and true ionization cross sections.
Consider a homogeneous beam of electrons moving a distance l through a gas at such a pressure that the chance of an electron making an ionizing collision in passing through the gas is small. If i is the beam current and i_+ the current of positive ions produced by impact ionization of the gas then

$$\frac{i_+}{i} = N l Q_i^{\text{app}}, \qquad (3.1)$$

where N is the number of gas atoms per cm^3 and Q_i^{app} is a quantity with the dimensions of a cross section. Provided only one electron is ejected in an ionizing collision, Q_i^{app} will be the actual total cross section Q_i for ionization. If, however, multiple ionization may occur in a single impact we have

$$Q_i^{\text{app}} = Q_i^{(1)} + 2 Q_i^{(2)} + 3 Q_i^{(3)} + \cdots, \qquad (3.2)$$

where $Q_i^{(s)}$ is the cross section for s-fold ionization.

Experimental study of ionization cross sections involves usually independent measurement of the apparent cross section Q_i^{app} in terms of (3.1) and of the relative probabilities of single, double, etc. ionization on impact, as functions of electron energy. Quite different equipment is normally employed for these separate purposes. For light atoms, even when the electron energy is high enough, double or multiple ionization is improbable and the difference between Q_i^{app} and Q_i is unimportant.

4. Measurement of apparent ionization cross section.
The measurement of Q_i^{app} requires, according to (3.1), the measurement of the path length of an electron beam in the gas, the electron beam current, the positive ion current produced and the gas pressure. This must be done under such conditions that i_+/i is small. It is always desirable in practice to verify that the ions are being formed in single collisions by checking that the observed ion current is proportional to i and to the gas pressure.

Although these measurements seem simple in principle certain difficulties arise in practice. The measurement of the beam current is not difficult if the usual precaution is taken of avoiding loss from the collector due to secondary emission. To measure the ion current, it is necessary to collect *all* the ions produced by the beam on suitable electrodes. Complications arise from two sources. Considerable scattering of electrons from the beam takes place and these electrons, which may have the full energy of the beam, must not be allowed to reach the collecting electrodes. The second is due to the possibility of electron ejection from the electrode by impact of photons or excited (including particularly, metastable) atoms produced by the electron beam.

In the apparatus used by COMPTON and VAN VOORHIS[1] the ion collecting electrode was a grid surrounding the beam and maintained at a negative potential with respect to it. However, in their apparatus, illustrated diagrammatically in Fig. 1, some difficulty was experienced due to the high negative potentials required in order to prevent electrons elastically scattered from the beam reaching the grids. The field between the grid G, consisting of 5 20-mil wires, and the beam was so high that the energy of electrons in the beam at the centre of the cylindrical collision chamber B was reduced to about 0.6 of that on entering and leaving B. In Fig. 1, the cathode C is the source of electrons which are accelerated through the tube T into B. The electron beam current was measured by the collector system S. This contained a central rod R insulated from a coaxial cylinder P. Electrons were collected by R and any positive ions produced in S by P which was maintained at a considerable negative potential with respect to R.

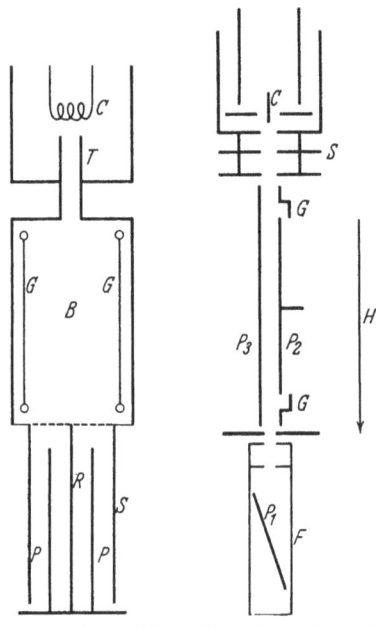

Fig. 1. Apparatus used by COMPTON and VAN VOORHIS for measuring apparent ionization cross sections.

Fig. 2. Apparatus used by SMITH for measuring apparent ionization cross sections.

It was suggested by JONES[2] that the difficulty of field penetration from the collector electrodes could be avoided if the electrons were confined to the neighbourhood of the main beam by a magnetic field parallel to the beam. This would eliminate the need for a high potential on the collecting electrodes relative to the beam. On the other hand, the presence of the field renders the path length of the beam electrons a little uncertain. Each electron describes a helix of radius determined by the angle the direction of motion of the electron, on leaving the cathode, makes with the magnetic field. In most experiments carried out the importance of this effect is probably not very great, but it may be more important for slow collisions than has been assumed.

TATE and his collaborators[3] have made extensive use of the confining magnetic field to study apparent ionization cross sections. The apparatus used by SMITH is illustrated diagrammatically in Fig. 2. Electrons from the cathode C were accelerated through the slit system S into the gas chamber and passed between the plates P_2 and P_3. P_2, which was surrounded by a guard ring, was maintained at a small negative potential (4 volts) with respect to P_3, sufficient to collect all the ions formed by the electron beam. The beam current was measured by allowing it to fall on the collector plate P maintained at a potential of 400 volts above the cage F. During the experiment a magnetic field of 250 gauss parallel to the beam was maintained. This proved adequate even when the beam elec-

---

[1] K. T. COMPTON and C. C. VAN VOORHIS: Phys. Rev. **26**, 438 (1925).
[2] F. T. JONES: Phys. Rev. **29**, 822 (1927).
[3] P. T. SMITH: Phys. Rev. **36**, 1293 (1930). — J. T. TATE and P. T. SMITH: Phys. Rev. **39**, 270 (1932). — W. BLEAKNEY: Phys. Rev. **34**, 157 (1929); **35**, 1180 (1930); **36**, 1303 (1930). W. BLEAKNEY and P. T. SMITH: Phys. Rev. **49**, 402 (1936).

trons had an energy of 4500 e-volts. Fig. 3 shows how effective was the collection of positive ions by the plate P_2 when maintained at only 4 volts negative to P_3. It will be seen that the voltage-current characteristics of the plate exhibit very satisfactory saturation.

Atomic beam method. The methods described above are not suitable for studying the ionization of the atoms of elements which are of very low vapour pressure ($<10^{-4}$ mm. Hg) at ordinary temperatures or which are normally not monatomic. For such cases the most suitable technique would seem to be one employing an atomic beam of the atoms in question. The electron beam would be fired transversely through the atomic beam. For absolute measurements of the apparent ionization cross section, it would be necessary to know the electron current which intersects the atomic beam, the length of path of the electrons in the beam, the atom concentration in the beam and the current of positive ions produced. Of these, the effective path length of the electrons for producing ionization is rather difficult to determine as it involves knowledge of the variation of atom concentration across the atomic beam. In most cases it is even difficult to measure the mean atom concentration. These difficult measurements are unnecessary if the variation of the apparent ionization cross section with electron energy is all that is required. It is then only necessary to verify that the effective path length does not depend on electron energy and this may be done by applying the atomic beam method to study the energy variation of the apparent ionization cross section of a gas for which this is already known from the results of experiments of the kind described above.

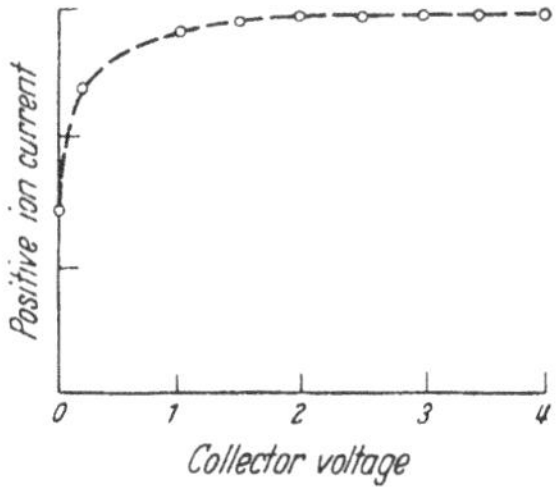

Fig. 3. Illustrating saturation in positive ion collection in SMITH's apparatus (magnetic field 200 gauss).

Very few experiments employing the atomic beam method have yet been carried out. Fig. 4 illustrates the apparatus used by FUNK[1] to study the apparent ionization cross sections of sodium and potassium. The atomic beam was produced in the oven O and defined by the slit H. It was collected on the back of a FARADAY cage F which was cooled by the liquid air trap T. The electron beam from the source K crossed the beam at right angles and was collected in C. Special care was taken to design the source K so as to produce an electron beam of uniform density. The positive ions produced passed into the cage F which was connected to an electrometer so that the ion current could be measured.

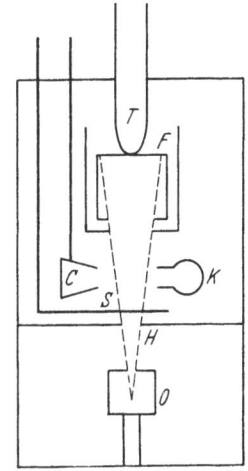

Fig. 4. Apparatus used by FUNK to study the apparent ionization cross sections of sodium and potassium.

The big difficulty in this and similar experiments arises from ionization of residual gas in the region outside the atomic beam. In FUNK's apparatus the magnitude of the ionization current due to this was examined by screening off the atomic beam by the screen S so that the observed positive ion current to F could only arise from residual effects. It was not possible to reduce this background effect to a value much less than that due to ionization of the atomic beam. Because of this the results obtained cannot be regarded as at all accurate.

---

[1] I. FUNK: Ann. Physik **4**, 149 (1930).

A method for greatly reducing the background effect in an atomic beam experiment has been developed by BOYD, FITE and GREEN[1]. The atomic beam is interrupted mechanically in a periodic fashion, so the "wanted" positive ion current will vary with the same period (about 30 cycles a second) and is measured by a suitable selective D.C. amplifier. This technique is being applied to the study of the ionization cross section of atomic hydrogen.

5. Ionization cross sections near the threshold. The behaviour of the ionization cross section for electron energies close to the threshold is of special interest for several reasons. Thus, accurate determination of the ionization potential by an impact method is only possible if the behaviour near the threshold can be determined with precision. The possibility of observing fine details in the cross section due to autoionization or other effects also depends on the availability of a specially accurate technique.

The main experimental problem is to eliminate most of the energy spread in the ionizing electron beam. This spread arises partly from thermal energy and partly from the effects of field penetration in the apparatus used. It is only very recently that a technique has been developed which removes almost completely errors arising from both sources. Care must also be taken to eliminate the effects of contact potentials which may vary during an experiment.

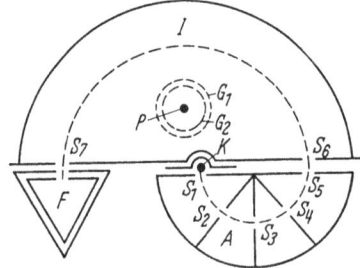

Fig. 5. Apparatus used by NOTTINGHAM to study the variation of the ionization cross section of mercury near the ionization threshold.

α) *The magnetic analysis of electron energies.* The first experiments in which special care was taken to work with electron beams homogeneous in energy were those of LAWRENCE[2]. The major step involved the use of a magnetic field to select electrons from the source with energies lying in a narrow range. In addition special precautions were taken to remove major sources of homogeneity in energy of the electrons on leaving the source. This was an indirectly heated oxide-coacted cathode instead of one of directly heated tungsten so that not only was the thermal energy spread reduced but the effect of the potential drop along the cathode when the heater current was flowing was eliminated.

Fig. 5 illustrates diagrammatically the apparatus employed by NOTTINGHAM[3] to investigate the variation of the ionization cross section of mercury. Electrons from the cathode K were accelerated through the slit S_1 into the analyser A. A uniform magnetic field perpendicular to the plane of the paper could be adjusted so that electrons of the desired velocity pursued a semi-circular path through the slits S_2, S_3, S_4 and S_5. Between the slits S_5 and S_6 the electrons were again accelerated so as to pass through the ionization chamber I containing the gas or vapour under investigation. They were then collected in the FARADAY collector F after passing out of the ionization chamber at S_7. Ions formed by the electron beam in I were collected by the wire P held at a negative potential with respect to II. To shield the electron beam from this potential, P was enclosed by two grids G_1 and G_2 the outer one of which was kept at a very small positive potential with respect to I.

Contact potentials were allowed for by applying known accelerating potentials to the electrons and then measuring their actual energies from the value of the

---

[1] R. L. F. BOYD, W. L. FITE and G. R. GREEN: In course of publication.
[2] E. O. LAWRENCE: Phys. Rev. **28**, 947 (1926).
[3] W. B. NOTTINGHAM: Phys. Rev. **55**, 203 (1939).

magnetic field required to produce the radius of curvature of their path defined by the experimental slit system.

β) *The space-charge detector.* A device which is a very sensitive detector of positive ions was developed by HERTZ[1] in 1923. Because of its high sensitivity it provides a convenient method of tracing the energy variation of the ionization cross section down very close to the threshold.

The principle of the detector is illustrated in Fig. 6. It depends on the fact that the space-charge limited electron emission from a hot filament is considerably increased if a small concentration of positive ions is introduced. In Fig. 6, F is the hot filament inside a box B, which contains the gas or vapour under investigation. Electrons from F are attracted to the walls of B by a potential V_1, below the ionization potential of the gas or vapour concerned. Electrons from a second

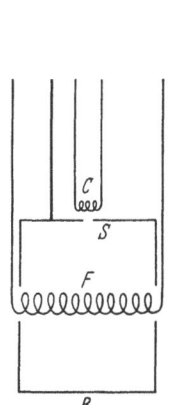

Fig. 6. Principle of the space-charge detector developed by HERTZ.

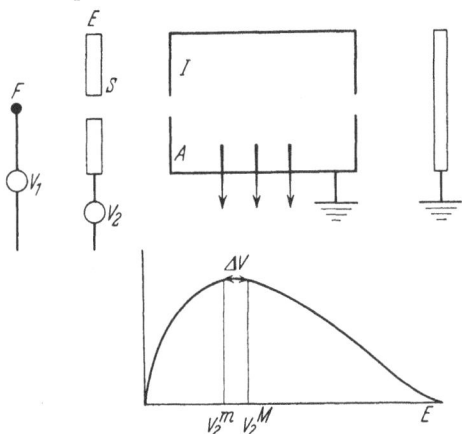

Fig. 7. Principle of the pulse method for studying ionization cross sections near the threshold.

filament C can be accelerated through the slit S into B by an adjustable potential V_2 applied between C and B. As soon as V_2 exceeds the ionization potential of the gas or vapour, positive ions are produced in B by the electrons from C and this is detected by an increase in current from F to B. As each ion which enters the box with negligible velocity will permit a number of order $(M/m)^{\frac{1}{2}}$ electrons to pass from F to B where M, m are the respective masses of ions and electrons, it is clear that the device is a sensitive ion detector.

γ) *Pulsed spectrograph method.* The effects of electron energy spread have been eliminated in a remarkably effective manner in the pulsed mass spectrograph method introduced by Fox, HICKHAM, KJELDAAS and GROVE[2].

The principles involved are illustrated in Fig. 7. Just as in the method of TATE and SMITH, electrons from the filament F with a defined energy range enter the ionization chamber I. Ionization current produced is extracted by a small positive potential between the centre and the wall A of the ionization chamber so as to pass into the mass spectrograph for measurement and analysis. The analysing magnetic field of the spectrograph collimates the electron beam just as in the experiment of TATE and SMITH. Two novel features are now introduced.

In addition to the potential V_1 between F and I which accelerates the electrons into I, a potential V_2 may be maintained at an auxiliary electrode E between F and I. This potential V_2 is kept negative with respect to F so that only

---
[1] G. HERTZ: Z. Physik **18**, 307 (1923). — K. H. KINGDON: Phys. Rev. **21**, 408 (1923).
[2] R. F. Fox, W. M. HICKHAM, T. KJELDAAS and D. J. GROVE: Phys. Rev. **84**, 859 (1951).

electrons emitted from F with energy greater than V_1-V_2 can pass through the slit S in the auxiliary electrode and hence into the ionization chamber. The following measurements are then made. Keeping V_1 constant, the increase of ion current when V_2 is decreased from V_2^M to $V_2^M-\Delta V=V_2^m$ is measured. This is the ion current produced by electrons whose energy spread is $\varepsilon \Delta V$. If now the ion difference current is measured as a function of V_2^M with V_1-V_2 and ΔV fixed, the variation of ionization probability with mean energy for electrons whose energy spread is $\varepsilon \Delta V$ is retained. In typical measurements ΔV is about 0.1 volt. This effects a considerable improvement in energy resolution. The corresponding effect on the form of the observed ionization probability curve near the threshold may be seen by reference to Fig. 8. Curve I was obtained for argon by the usual method equivalent to that of TATE and SMITH and curve II by the difference method.

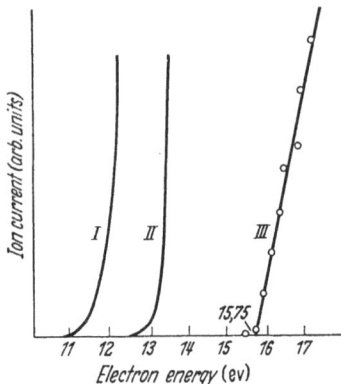

Fig. 8. Variation of ionization cross section of argon with electron energy near the threshold, measured by the pulse method. I. Obtained without use of difference method or of pulsing. II. Obtained using difference method but no pulsing. III. Obtained using difference method and pulsing.

There is nevertheless still room for improvement because penetration of the extracting field in the chamber introduces some energy inhomogeneity into the electron beam in the chamber. This is eliminated by a pulse method. The electron current and the ion extraction voltage are pulsed so that electrons only reach the ionization chamber when the interaction field is zero. This produces a remarkable improvement as may be seen by comparing curve III of Fig. 8, obtained in this way, with curve II. The variation of ionization cross section with electron energy near the threshold is seen to obey a nearly linear law, a result which may be utilised in analysing observed ionization cross section energy curves (see Fig. 11).

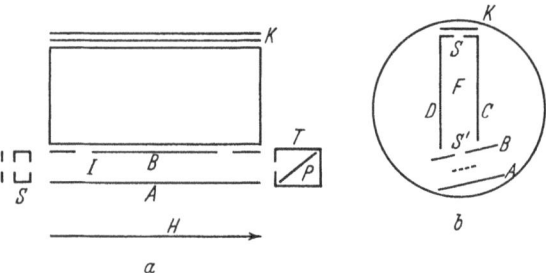

Fig. 9. Apparatus used by BLEAKNEY for measuring the charge to mass ratio of ions produced by electron impact.

6. Analysis of positive ion current.

The most complete study of the relative probabilities of single, double etc. ionization of different substances by electron impact has been carried out by BLEAKNEY[1]. His apparatus was designed for this specific purpose, but it is also possible to obtain information about relative cross sections from mass spectrograph studies and further data obtained in this way have been published from time to time.

The apparatus used by BLEAKNEY is illustrated diagrammatically in Fig. 9. Just as in the apparatus used by SMITH to measure apparent ionization cross sections, the ions were formed by a beam of electrons accelerated from a hot tungsten cathode through the slit S into the ionization chamber I. The cathode was in the form of a wire stretched parallel to the slit S and perpendicular to the plane of the paper in Fig. 9. A uniform magnetic field H collimated the

---

[1] W. BLEAKNEY: Phys. Rev. **34**, 157 (1929); **35**, 1180 (1930); **36**, 1303 (1930). — W. BLEAKNEY and P. T. SMITH: Phys. Rev. **49**, 402 (1936).

Sect. 7.   Experimental results for ionization cross sections.   315

beam so it passed as a fine ribbon through I to be collected on the plate P in the box T. Ions formed by the beam were attracted to the plane electrode B by a small negative potential between A and B. A sample of the ions was withdrawn into the analysing region L through a slit S', parallel to the electron beam, cut in B. Analysis of these ions was then carried out using crossed electric and magnetic fields. The latter field was just that used also to collimate the electron beam while the electric field was applied between two plates C and D (Fig. 9b). In order that ions should pass between these plates through the slit S'' and be collected at K their charge to mass ratio e/M must satisfy the relation

$$\frac{e}{M} = \frac{C^2 F^2}{2 V H^2} \qquad (6.1)$$

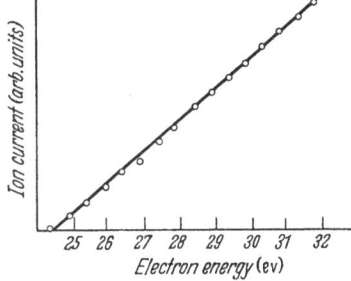

Fig. 10. Variation of ionization cross section of helium with electron energy near the threshold, measured by the probe method.

where F is the electric field applied between C and D, and V is the potential through which the ion has fallen in passing from the beam to the slit S'. To allow for the curvature of the ion path before reaching S' the plates B and A were inclined through a small angle as shown in Fig. 9b.

STEVENSON and HIPPLE[1] studied the relative cross sections for production of singly and doubly charged ions in argon and in neon using a 180° mass spectrometer of 16 cm radius in which the resolving power was 1 in 150. They obtained quite good agreement with BLEAKNEY's results.

7. Experimental results for ionization cross sections. By combining the results of BLEAKNEY's analysis of the relative probabilities of different ions produced with the measurements of apparent ionization cross sections made by SMITH, the cross sections for single, double, etc. ionization of helium, neon, argon and mercury given in Table 1 are obtained. Values of the threshold potentials for each ionization process are also given.

Table 1. *Cross sections for single, double etc. ionization.*

Electron energy	Cross sections in units 10^{-16} cm^2												
	He		Ne			A				Hg				
	He$^+$	He^{++}	Ne$^+$	Ne^{++}	Ne^{+++}	A$^+$	A^{++}	A^{+++}	A^{4+}	Hg$^+$	Hg^{++}	Hg^{+++}	Hg^{4+}	Hg^{5+}
						Threshold energy								
ev	(24.46)	(75)	(21.5)	(63.0)	(125.0)	(15.7)	(44.0)	(88)	(258)	(10.4)	(30)	(71)	(120)	(225)
2	0.236	0.0009	0.320	0.025	0.0020	2.53	0.282	0.010	0.0014	3.37	0.562	0.146	0.048	0.014
3	0.318	0.00135	0.551	0.043	0.0023	3.26	0.296	0.011	—	5.06	0.871	0.197	—	—
5	0.351	0.0014	0.733	0.029	0.0020	3.09	0.239	0.011	—	5.87	0.843	0.146	—	—
10	0.297	—	0.744	0.028	—	2.36	0.113	—	—	4.92	0.59	—	—	—
20	0.205	—	0.551	—	—	1.94	—	—	—	3.51	—	—	—	—
40	0.128	—	0.405	—	—	1.38	—	—	—	2.25	—	—	—	—
70	0.085	—	0.267	—	—	0.97	—	—	—	—	—	—	—	—
150	0.043	—	0.152	—	—	0.53	—	—	—	—	—	—	—	—
300	0.021	—	—	—	—	0.28	—	—	—	—	—	—	—	—
450	0.013	—	—	—	—	—	—	—	—	—	—	—	—	—

α) *Behaviour of cross sections near the ionization potential.* The pulse method has provided very interesting information about the variation of the ionization cross section with the energy excess above the threshold. Fig. 10 illustrates

---
[1] D. P. STEVENSON and J. A. HIPPLE: Phys. Rev. **62**, 237 (1942).

measurements made by Hickham, Fox and Kjeldaas[1] for helium. The ionization cross section is seen to rise linearly with energy excess at least up to energies of 8 ev above the threshold.

It would seem, however, by reference to corresponding results for single ionization of krypton[2] (Fig. 11) that the linear law is not valid for this atom. There is strong evidence (which is more apparent on a magnified energy scable) for an initial linear variation up to an energy excess of about 0.22 ev. Again, for an energy excess greater than about 1 ev, the curve becomes linear once more, but with a greater slope. In view of the fact that the ground state of a Kr⁺ ion is a doublet, it is reasonable to suppose that the observed curve for krypton is essentially a combination of two straight lines rising from two distinct thresholds.

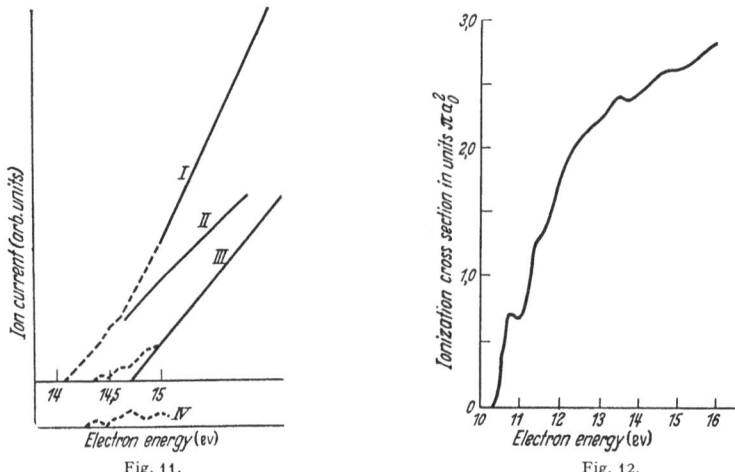

Fig. 11. Analysis of the variation of ionization cross section of krypton with electron energy near the threshold, measured by the pulse method. I. Typical observed curve. II. Curve resulting from extrapolation of initial linear portion of I. III. Curve obtained by subtraction of II from I. IV. Residual when linear portion of III is subtracted.

Fig. 12. Variation of ionization cross section of mercury with electron energy near the threshold, observed by Nottingham.

The lower threshold corresponds to production of Kr⁺ in the $^2P_{\frac{3}{2}}$ state and the upper to production in the $^2P_{\frac{1}{2}}$ state. Fig. 11 illustrates the analysis of the observed data in this way. The energy difference between the two thresholds is found to (0.66 ± 0.1) ev which is in very good agreement with the doublet separation 0.666 ev observed spectroscopically. A similar analysis applied to data obtained for xenon[2] also shows satisfactory agreement between the observed doublet separation $(1.27 \pm 0.03$ ev$)$ and the spectroscopic $(1.31$ ev$)$. For argon the doublet separation $(0.18$ ev$)$ is too small to be determined accurately from the ionization measurements.

Reference to Fig. 11 shows that some further source of ionization must be assumed in addition to that arising from the processes which vary linearly with energy excess. This surplus can be ascribed to autoionization as it is known[3] that there are discrete doubly excited states of krypton and xenon which lie above the limit for ionization to the $^2P_{\frac{3}{2}}$ state. It is probable also that autoionization is the explanation of the so called "ultraionization" potentials first observed by Lawrence[4] (see Sect. 5α) for ionization of mercury. His results were confirmed by Nottingham[5]. Fig. 12 illustrates the variation of the ionization cross section

---

[1] W. M. Hickham, R. E. Fox and T. Kjeldaas: Phys. Rev. **89**, 555 (1953).
[2] R. E. Fox, W. M. Hickham and T. Kjeldaas: Phys. Rev. **89**, 555 (1953).
[3] M. E. White: Phys. Rev. **38**, 2016 (1931).
[4] E. O. Lawrence: Phys. Rev. **28**, 947 (1926).
[5] W. B. Nottingham: Phys. Rev. **55**, 203 (1939).

with electron energy from the threshold to about twice this value observed by NOTTINGHAM. The variation is seen to be by no means smooth. The threshold energy is 0.4 ev and there is a distinct maximum at 10.8 ev followed by a minimum at 11.05 ev as well as other less definite structure.

HICKHAM[1] has also applied the pulse method to study the behaviour near the threshold of the ionization cross section of mercury, cadmium and zinc. For mercury his results agree with those of NOTTINGHAM, the cross section exhibiting a small maximum at about 0.4 ev above the threshold. Although for zinc and cadmium the cross section rises linearly with energy above the threshold up to 1 ev or more, a more complex variation similar to that for mercury is found at energies a few e-volts higher. Attempts to correlate the observed structure with the occurrence of doubly excited atomic states unstable towards autoionization have not been wholly successful.

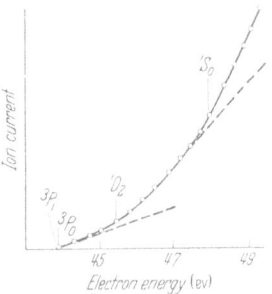

Fig. 13. Analysis of the variation of cross sections for double ionization of argon with electron energy near the threshold, measured by the pulse method.

With regard to double ionization, STEVENSON and HIPPLE[2] found evidence of a more gradual rise of the cross section from the threshold for production of A^{++} than for A^+. Application of the pulse method by HICKHAM, FOX and KJELDAAS[3] has shown that the apparent departure from a linear law may be due to the composite nature of the observed curve. An A^{++} ion can be left in either of the three levels of the ^3P ground state, or in the ^1D and $^1S_0$ states which arise from the ground configuration. Fig. 13 illustrates an analysis of an A^{++} ionization cross-section energy curve into three linear portions corresponding to thresholds for production of A^{++} ions in ^3P, ^1D and ^1S states respectively. For A^{++}, Kr^{++} and Xe^{++} the agreement between observed separations of these states and spectroscopic values is better than 0.2 ev, though a somewhat larger discrepancy (0.5 ev) was found for Ne^{++}. It was possible, for Xe^{++}, to study the form of the ionization cross section energy curve between the threshold for production of Xe^{++} $(^3P_2)$ and Xe^{++} $(^3P_0)$. The results obtained which are illustrated in Fig. 14 indicate that a linear relation between cross section and energy excess ΔE for electron energies near the threshold is also valid for individual double ionization processes. On the other hand it is to be expected theoretically that in these cases the rise from the threshold should be faster than linear, more like ΔE^2. This apparent contradiction is not yet completely resolved.

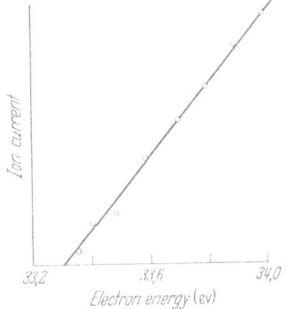

Fig. 14. Variation of the cross section for double ionization of xenon with electron energy between the thresholds for production of the $^3P_2$ and $^3P_0$ states of Xe^{++}.

8. Inner shell ionization by electron impact. The removal of an electron from an inner shell of an atom leaves a vacancy which may be filled either by an AUGER transition or by emission of X-radiation. Suppose, for example, that an electron is removed from the K shell of an atom. The chance that this will lead to emission of a quantum of $K\alpha_1$ X-radiation by the atom will be given by

$$p(K\alpha_1) = f \frac{A(K\alpha_1)}{A(K\alpha_1) + A(K\alpha_2) + A(K\beta_1) + \cdots} \tag{8.1}$$

---
[1] W. M. HICKHAM: Phys. Rev. **93**, 652 (1954).
[2] D. P. STEVENSON and J. A. HIPPLE: Phys. Rev. **62**, 237 (1942).
[3] W. M. HICKHAM, R. E. FOX and T. KJELDAAS: Phys. Rev. **96**, 63 (1954).

where f, the fluorescence yield, gives the chance that the vacancy will be filled by a radiative rather than an AUGER transition. $A(K\alpha_1)$ is the transition probability for emission of a $K\alpha_1$ quantum, $A(K\alpha_2)$ of a $K\alpha_2$ and so on. If a material containing N atoms/cm³ is bombarded by a homogeneous beam of current density i of electrons of velocity v, the number of $K\alpha_1$ quanta radiated per second due to K shell ionization of the atoms by electron impact is given, when certain conditions are satisfied, by

$$N p(K\alpha_1) Q_i^K i v/\varepsilon \tag{8.2}$$

where Q_i^K is the cross section for inner shell ionization of an atom by electrons with the velocity v and charge ε. This expression will be valid provided the electrons make single collisions only in the material. If this condition can be satisfied it follows that Q_i^K can be determined if f and the transition probabilities are known. These quantities have been measured for many atoms. Even without knowledge of f and the transition probabilities the variation of Q_i^K with electron energy could be obtained. Nevertheless even this measurement is difficult, that of the absolute value of Q_i^K at any particular energy being even more so. This is largely because of the difficulty of working with a sufficiently thin target material to ensure that the observed X-radiation arises from single collisions with electrons of the main beam and that all such radiation is observed.

As an illustration of the procedure which must be followed in order to obtain reasonably accurate results we shall discuss briefly the experiments of WEBSTER and his colleagues[1] for the K shell ionization of silver and nickel. The first essential is the use of thin targets (thickness of order 100 Å). These were either thin foils or thin films evaporated on to a backing material of low atomic number such as beryllium. It was necessary to take special care to obtain uniform films. Special arrangements had to be made to avoid the deposition of layers of carbon and tungsten on the target during the operation of the tube. To avoid errors due to change in dimensions of the focal spot on the target with electron energy, the geometry of the system had to be such that radiation from the whole focal spot was measured. Having made measurements of the intensity of $K\alpha_1$ radiation emitted per unit current as a function of the electron energy it was necessary to apply a number of corrections. These included allowance for increase in the mean length of electron path in the target due to diffusion (including 'back' diffusion from the beryllium backing material,) for retardation of the electrons in passing through the target and for excitation of the $K\alpha_1$ radiation by continuous X-radiation generated in the beryllium backing.

As an indication of the importance of these corrections, Table 2 gives a list of their magnitudes in an investigation of AgK ionization using a target 450 Å thick on a beryllium backing. As this work was concerned only with the variation of the cross section with electron energy the corrections are given relative to a standard case which is taken as that when the electron energy is twice the threshold value. It will be seen that the corrections are quite small, except for the effect of continuous X-ray radiation from the backing material, at the higher electron energies. Because of this, measurements at these energies were repeated using pure silver foils as targets. To possess the necessary mechanical strength these foils had to be as thick as 1800 Å, but this was not serious at the high energies.

The absolute intensity of the emitted X-radiation may be measured using an ionization chamber. An additional correction which must be applied is that which allows for absorption of the $K\alpha_1$ radiation in the target material. It is also necessary to know accurately the mean thickness of the target.

---

[1] D. L. WEBSTER, W. HANSEN and F. DUVENECK: Phys. Rev. **43**, 839 (1933). — L. T. POCKMAN, D. L. WEBSTER, P. KIRKPATRICK and K. HARWORTH: Phys. Rev. **71**, 330 (1947).

Table 2. *Relative magnitudes of corrections to $AgK\alpha_1$ intensity measurements to obtain the variation with energy of the cross section for K ionization of silver.*

Electron energy in multiples of the threshold energy (24 900 ev)	Corrections (%)			
	Due to electron diffusion in target material	Due to back diffusion of electrons from backing material	Due to retardation in the target	Due to excitation by continuous X-radiation from backing material
1.2	−4.7	+1.6	+1.6	+2.7
1.5	−2.3	+1.0	0.3	1.7
2.0	0	0	0	0
2.5	+1.0	−0.7	−0.1	−1.2
3.0	1.6	1.2	0.1	2.5
3.5	2.0	1.6	0.1	3.7
4.0	2.2	1.9	0.1	5.0
5.0	2.5	2.2	0.1	7
6.0	2.7	2.4	0.1	9
7.0	2.8	−2.6	−0.1	−11

Double inner-shell ionization may be investigated by studying the relative intensity of main and satellite X-ray lines for different energies of the exciting

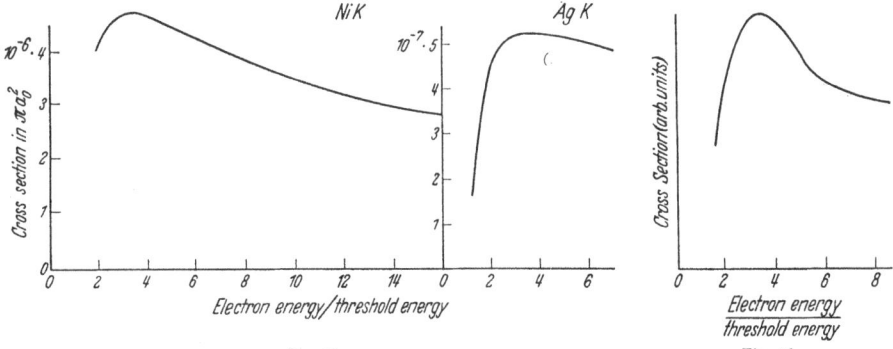

Fig. 15. Fig. 16.
Fig. 15. Observed cross sections for K shell ionization of silver and of nickel.
Fig. 16. Observed variation with electron energy of the cross section for L_{III} ionization of silver.

electrons. Thus if an atom is ionized in the K and L shells a transition $LL \to KL$ will give a line whose frequency is close to that of $K\alpha$.

Summary of experiments on inner shell ionization. The absolute values of the cross sections for inner K shell ionization of silver and nickel for electrons with energies up to 7 times the threshold value have been obtained by combining the measurements[1] on the variation of cross section with electron energy with those of absolute values[2] at selected energies. The results are illustrated in Fig. 15.

Although no measurements have been made of absolute cross sections for L shell ionization, the variation of the cross sections with electron energy have been studied for L_{II} and L_{III} ionization of gold[3], L_I, L_{II} and L_{III} ionization of tungsten[4] and L_{III} ionization of silver[5]. The observed results for the latter case are illustrated in Fig. 16.

---

[1] *Silver.* D. WEBSTER, W. HANSEN and F. DUVENECK: Phys. Rev. **43**, 839 (1933). — *Nickel.* L. POCKMAN, D. L. WEBSTER, P. KIRKPATRICK and K. HARWORTH: Phys. Rev. **71**, 330 (1947).
[2] *Silver.* J. CLARK: Phys. Rev. **48**, 30 (1935). — *Nickel.* A. SMICK and P. KIRKPATRICK: Phys. Rev. **67**, 153 (1945).
[3] D. WEBSTER, L. POCKMAN and P. KIRKPATRICK: Phys. Rev. **44**, 130 (1933).
[4] W. J. HUIZINGA: Physica, Haag **4**, 317 (1937).
[5] J. J. McCUE: Phys. Rev. **65**, 168 (1944).

The intensity of the $K\alpha$ satellites relative to the main $K\alpha$ lines have been observed by PARRATT[1] and by SHAW and PARRATT[2] for a number of elements, the electron energy being about twice the K ionization potential in each case. The targets used were not very thin so that corrections must be applied to these results for the effect of excitation by the general radiation produced in the target — an effect likely to overemphasise the relative intensity of the main lines. The uncorrected results for the variation of relative intensity with atomic number are illustrated in Fig. 17. A surprising feature is the sudden fall in relative intensity as the atomic number exceeds 38.

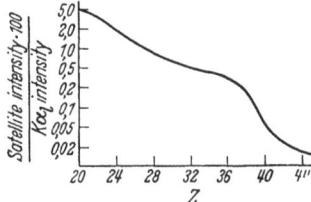

Fig. 17. Variation with atomic number of relative intensity of $K\alpha$ satellites relative to main $K\alpha$ lines.

II. Measurement of excitation cross sections.

9. The experimental study of cross sections for excitation of discrete levels. Information about the cross sections for excitation of discrete atomic states must be obtained by methods less direct than for ionization cross sections. The methods which have been used may be summarized as follows:

(a) Measurement of optical excitation functions. This is applicable in principle to excitation of levels which are not metastable. The intensity of radiation arising from a transition from a particular upper state, excited by impact of a homogeneous beam in a gas, is measured as a function of electron energy. This gives information about the cross section for excitation of the upper state concerned.

(b) Intensity of spectrum lines emitted from an electric discharge. In principle this is similar to (a) except that the exciting electrons are those of the discharge plasma which have a distribution of velocities. Apart from the difficulty of accurate determination of the concentration and velocity distribution of the electrons, the complications due to secondary effects are often of overwhelming importance.

(c) Methods for studying cross sections for excitation of metastable atoms. Although the concentration of metastable atoms produced by a homogeneous beam of electrons passing through a gas cannot be measured by observing spontaneous optical transitions from the metastable state, it is possible to measure the concentration by selective light absorption or by observing anomalous dispersion. Alternatively, the relative concentration of metastable atoms produced by electron beams of different energy may be measured by observing the electron current ejected by the metastable atoms from surrounding electrodes.

(d) Methods based on observation of the probability of different energy losses being suffered by electrons diffusing through the gas. These methods are equally applicable to excitation of metastable and other states.

We now consider these in turn and the results obtained from each.

10. Measurement and interpretation of data on optical excitation functions. In principle the determination of cross sections for excitation of discrete excited states by this method is very closely similar to that of measuring inner shell ionization cross sections by observation of the intensity of characteristic X-ray radiation.

Consider a beam of electrons of velocity v passing through a gas containing N atoms cm^3. Let N_i be the number of gas atoms in the excited state at any

---

[1] L. G. PARRATT: Phys. Rev. **50**, 1 (1936).
[2] C. SHAW and L. PARRATT: Phys. Rev. **50**, 1006 (1936).

instant. In equilibrium this number will be constant. The state is populated by the following processes:

(a) Direct impact excitation from the ground state. If Q_i is the cross section for this, the number of atoms excited to the i-th state per second is $N Q_i v I/\varepsilon$ where I is the current density in the electron beam.

(b) Radiative transitions from upper states. If there are N_k atoms in the k-th state the number of transitions from this state per second to the i-th state is $N_k A_{ki}$ where A_{ki} is the appropriate transition probability.

(c) Impact excitation from lower excited states. If Q_{ji} is the cross section for excitation from the j-th to the i-th state, the rate of population of the i-th state in this way is $N_j Q_{ji} v I/\varepsilon$.

(d) Excitation in collisions of the second kind with electrons. If $\mathcal{Q}_{ki}$ is the cross section for a collision of the second kind in which an atom in the k-th state loses energy in an electron collision and undergoes a transition to the i-th, the rate of population of the i-th state in this way is $N_k \mathcal{Q}_{ki} v I/\varepsilon$.

(e) Inelastic collisions between excited and normal atoms. If S_{ji} is the cross section for a collision between a normal atom and one in the j-th state which results in a transition of the latter to the i-th state, the rate of population from this cause is $N_j N S_{ji} \bar{V}$ where $\bar{V}$, the mean relative velocity of two gas atoms, is given by $(kT/M)^{\frac{1}{2}}$ where T is the temperature of the gas and M the mass of a gas atom.

(f) Absorption of trapped resonance radiation. If the i-th level combines optically with the ground state the quanta radiated in such transitions may be absorbed and reemitted several times before leaving the gas. If γ_i is the fraction of such resonance quanta which undergo absorption before passing out of the gas, the rate of population of the i-th state due to this absorption will be $N_i A_{i0} \gamma_i$ where A_{i0} is the transition probability from the i-th to the ground state.

We may list the processes leading to depopulation of the state in an exactly similar way. Equating the rates of population and of depopulation we have

$$\left. \begin{array}{l} \dfrac{v I}{\varepsilon} \left(N Q_i + \sum_j N_j Q_{ji} + \sum_k N_k \mathcal{Q}_{ki} \right) + \sum_j N_j N S_j \bar{V} + N_i A_{i0} \gamma_i + \sum_k N_k A_{ki} \\[6pt] = N_i \left\{ \dfrac{v I}{\varepsilon} \left(\sum_j \mathcal{Q}_{ij} + \sum_k Q_{ik} \right) + \sum_j A_{ij} + N \sum_i S_{ij} \bar{V} \right\}. \end{array} \right\} \quad (10.1)$$

A similar equation holds for all states i.

Despite the complexity of these relations considerable progress may be made by analysing the variation of intensity with electric current density I and gas pressure p. In the limit of vanishingly small I and p we have

$$Q_i = \frac{N_i \sum_j A_{ij} - \sum N_k A_{ki}}{(v\, I\, N/\varepsilon)}. \qquad (10.2)$$

We may now define an apparent cross section Q'_i for excitation of the i-th state by

$$Q'_i = \frac{N_i \sum_i A_{ij}}{(v\, I\, N/\varepsilon)}. \qquad (10.3)$$

This cross section is in principle directly measurable if the intensity of all radiation resulting from transitions from the i-th level is measured. Eq. (10.2) may now be rewritten in the form

$$Q_i = Q'_i - \sum_{k,l} \frac{Q'_k A_{ki}}{\sum_l A_{kl}}. \qquad (10.4)$$

Alternatively we may define an apparent cross section Q'_{ij} for excitation of the $i \to j$ transition where

$$Q'_{ij} = \frac{A_{ij}}{\sum_i A_{ij}} Q'_i = \frac{N_i A_{ij}}{(v\, I\, N/\varepsilon)} \tag{10.5}$$

so that

$$Q_i = Q'_{ij} \frac{\sum A_{ij}}{A_{ij}} - \sum_{k,m} \frac{A_{ki} Q'_{km}}{A_{km}} \tag{10.6}$$

This is a relation most immediately applicable to experimental results. These are usually confined to the measurement of a number of apparent cross sections such as Q'_{ij} which are by no means comprehensive. However, if the transition probabilities A_{ij} can all be calculated, (Eq. 10.6) enables the true cross section for excitation of the i-th state to be determined from measurements of apparent cross sections for excitation of a line for which the i-th state is an upper state, and a line for each upper state k which is capable of optical combination with the i-th state. Data even as complete as this are available in very few cases.

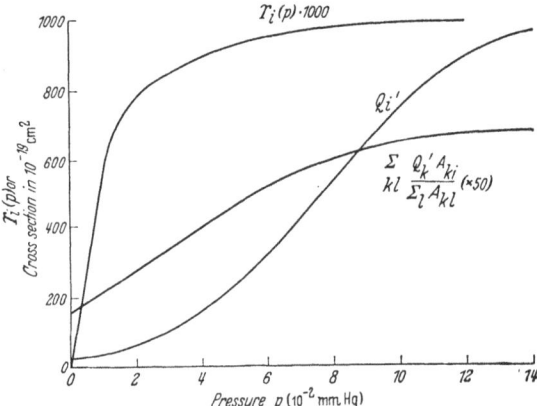

Fig. 18. Illustrating the application of (10.7) to derivation of resonance radiation trapping factor $\gamma_i(p)$ from observed data.

If the experimental conditions are such that the above considerations are valid the cross sections Q_{ij} should all be independent of beam current and gas pressure.

It often happens in practice that if gas pressures are used which are sufficiently small for the simple relation (10.2) to be valid, very long exposures have to be made to photograph many of the lines. Such exposures may be avoided to a large extent if the rates of the secondary processes can be determined once and for all by systematic studies of the variation of apparent cross sections with gas pressure for a fixed electron energy. As these rates are independent of electron energy the necessary corrections may be made to the apparent cross sections measured at conveniently high pressures at other electron energies.

To illustrate this consider the effect of trapping of resonance radiation. The trapping factor γ_i is a function of the pressure p and if it is the only secondary process we find

$$Q'_i = \left\{ Q_i + \sum_{k,l} \frac{Q'_k A_{ki}}{\sum_l A_{kl}} \right\} \Big/ \left\{ 1 - \frac{A_{i0}}{\sum A_{ij}} \gamma_i(p) \right\}. \tag{10.7}$$

If Q'_i and the Q'_k are measured as functions of the gas pressure relations of the form illustrated in Fig. 18 are obtained. From measurement at very low pressures Q_i is obtained and hence $\gamma_i(p)$ from (10.7) as in Fig. 18.

From studies of this kind it is possible to determine the most important transfer cross sections S_{ik}.

α) *Methods of experimental measurement.* In designing experiments to measure optical excitation functions attention must be given to the following aspects of the problem:

(a) The design of an electron source to produce an electron beam which is nearly homogeneous in energy down to quite low energies.

(b) The need for collecting and measuring the electron beam in such a way that secondary electrons are not introduced into the collision region.

(c) The distribution of electrons across a cross section of the beam may well vary with electron energy. To avoid errors due to this it is desirable to observe the radiation emitted from the whole cross section of the beam.

(d) Measurements must be made at such low intensities that secondary effects due to trapping of resonance radiation and to excitation transfer in atomic collisions are unimportant. If this is not done it is necessary to attempt to correct for these effects by detailed studies of pressure variations of impact line intensities at a suitably chosen electron energy.

(e) Absolute measurements of the intensity of emitted lines can only be made if reliable standard monochromatic intensity sources covering the wave length range studied, are available.

In the earliest measurements insufficient attention was paid to these requirements, but in 1930 HANLE and SCHAFFERNICHT[1] made a detailed study of the electron impact spectrum of mercury vapour for electron energies up to 60 ev. This work was the basis of several succeeding investigations including the important investigation by THIEME[2] in 1932 of the excitation of helium. The other important work on this especially interesting gas was carried out by LEES[3] in 1931 using slightly different experimental conditions. A lot of attention has been devoted to the study of excitation of mercury vapour, but much remains yet to be done before thoroughly reliable results are available.

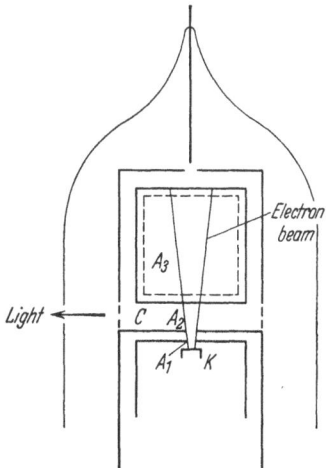

Fig. 19. Electrode arrangement used by HANLE and SCHAFFERNICHT in their study of electron impact excitation of mercury vapour ($\frac{1}{2}$ scale).

This has been clearly shown by the recent work of JONGERIUS and SMIT[4]. The need for further work in helium as well as other gases is quite apparent as will be realised from the discussion of Sections. 25 and 26.

Fig. 19 illustrates the electrode arrangement used by HANLE and SCHAFFERNICHT. Electrons were accelerated from an oxide coated cathode K by a potential of about 80 volts so as to pass through the slit A_1. They were then retarded to the working voltage by applying a suitable potential to A_2. The collision chamber C was the space between A_2 and a FARADAY cylinder A_3 in which the beam was collected. A_3 was maintained at the potential of A_2. It was screened internally by a fine wire net to prevent secondary or reflected electrons from reaching C. The whole electrode system was enclosed in a metal cylinder A_4 electrically connected to A_2. The scale was as indicated in the figure. Light emitted from C passed out through the glass enclosing envelope of the tube and its intensity was measured by a photocell and filter technique. Absolute measurements were made by comparison with a mercury lamp, the intensity of which could be compared with that of a standard HEFNER lamp by means of a thermoelement.

---

[1] W. HANLE and W. SCHAFFERNICHT: Ann. Physik **6**, 905 (1930).
[2] O. THIEME: Z. Physik **86**, 646 (1933).
[3] J. H. LEES: Proc. Roy. Soc. Lond., Ser. A **137**, 173 (1932).
[4] H. M. JONGERIUS and J. SMIT: Physica, Haag (in course of publication).

As the absolute measurements of HANLE and SCHAFFERNICHT have been used by several succeeding investigators as a basis for their measurements on other gases, it is satisfactory that their measurement of the absolute intensity of the $6\,^3P - 7\,^3S$, $\lambda\,4358$ mercury line agrees quite well with an independent measurement by FISCHER[1]. Although he used a similar electrode system the mercury line concerned was isolated by a spectrographic instead of filter technique. Its intensity was measured by a photometric comparison with that emitted in a narrow band of the continuum around the same wavelength from a tungsten filament at $1{,}700°$ C. The apparent excitation cross section by 60 ev electrons measured in this way by FISCHER is 8.04×10^{-18} cm², while that obtained by HANLE and SCHAFFERNICHT is 8.25×10^{-18} cm². It is fortunate that the intensity of the line chosen for the comparison is not likely to be influenced by secondary effects such as trapping of resonance radiation.

THIEME's extensive investigations on helium, mercury and nitrogen were carried out using a similar electrode system to HANLE and SCHAFFERNICHT, but the lines were isolated spectrographically and the relative intensities measured with a microphotometer. The helium pressure used was close to 5×10^{-3} mm Hg. Absolute values of cross sections for helium were found by comparison with the intensity of the $\lambda\,4358$ mercury line,

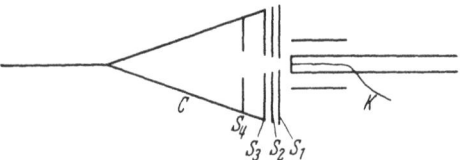

Fig. 20. Electrode arrangement used by LEES in his investigation of electron impact excitation of helium.

the absolute value of which was obtained from the measurements of HANLE and SCHAFFERNICHT. This was done by exciting both helium and mercury lines in a mixture the partial pressures in which were adjusted to bring to comparable intensity lines from each atom under comparison.

The electrode system used by LEES is illustrated in Fig. 20. The electron source was the oxide coated cathode K. Electrons were accelerated from this filament by a potential applied to the plate S_1 in which was cut a slit 5 mm by 1 mm. The beam passing through this slit entered a field free box through a slit of the same dimensions cut in the front plate S_2 of the box. Behind S_2 was a cone C which collected the electrons. Two discs S_3 and S_4 each pierced with a large slit were placed across the mouth of the cone to prevent scattered electrons from escaping. The light emitted from the region between these discs was studied. This had the advantage that the actual current in the region being studied must be equal to the measured current. On the other hand in LEES' electrode system there was no precaution taken to prevent secondary electrons emitted from the inner walls of C from entering the beam in the region under study.

LEES studied the energy spread of the beam electrons by retarding potential analysis and, for a nominally 60 volt beam, he found that 90% of the electrons had energies within a range of $3\frac{1}{2}$ volts about the nominal value.

The optical measurements were made using a Hilger quartz spectrograph and microphotometer, an image of the electron beam being thrown on to the spectrograph slit perpendicular to it so that a cross section of the beam was photographed [see (c) above]. Absolute intensities were determined by comparison with a calibrated lamp.

Measurements were made over a pressure range from 1.2 to 6×10^{-2} mm Hg.

---

[1] O. FISCHER: Z. Physik **86**, 646 (1933).

The most recent work on the subject is being carried out by JONGERIUS and SMIT[1] for mercury, and by GABRIEL and HEDDLE[2] for helium. Both investigations are concerned particularly with the behaviour of the excitation function close to the threshold for which purpose it is necessary to employ very homogeneous electron beams. Special care is also being taken to eliminate or allow adequately for secondary effects. Advantage is being taken of the development

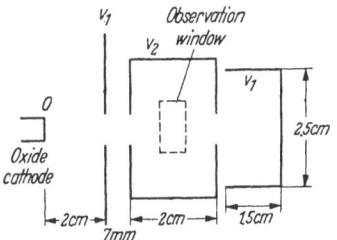

Fig. 21. Electrode arrangement used by GABRIEL and HEDDLE in their investigation of electron impact excitation of helium. $V_1/V_2 \sim 2$.

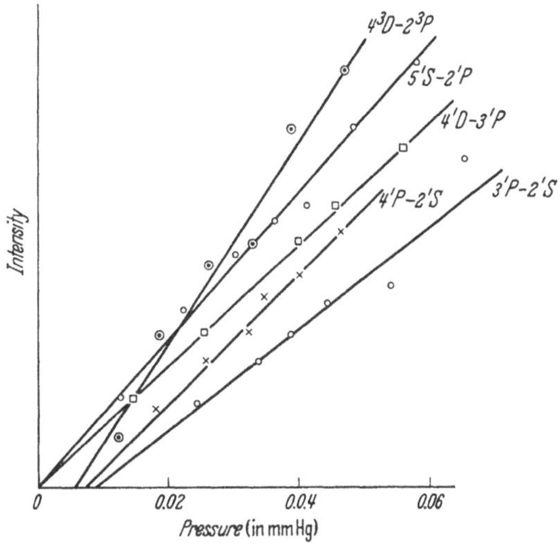

Fig. 22. Variation with helium pressure of the intensities of various helium lines excited by 60 volt electrons, as observed by LEES.

of photomultipliers to render the intensity measurements more effective as well as less tedious. The electrode system in use by GABRIEL and HEDDLE is illustrated in Fig. 21. The ratio V_1/V_2 was calculated to produce a parallel beam in the collision chamber. With $V_1 = 2V_2$ the energy spread in the beam as determined by retarding potential analysis is only between 0.4 and 0.5%. The electron beam strikes only the first electrode and collector. Secondary electrons are prevented from entering the collision chamber by the potential difference $V_1 - V_2$.

β) *Results of experiments on optical excitation. Helium.* Fig. 22 illustrates the variation with pressure of the intensities of various lines excited by 60 volt electrons in LEES' experiments[3]. It will be seen that for the lines originating on ^1S and ^1D levels the intensity pressure relation is linear, indicating that secondary effects are unimportant in the excitation of these levels. On the other hand, for lines originating on ^3D and ^1P, levels, the intensity-pressure relation is more complicated. This difference of behaviour correlates directly with the so called

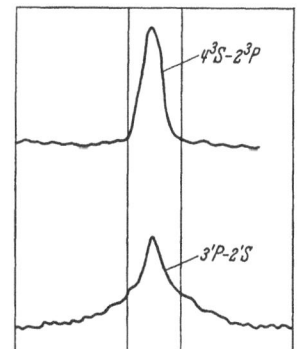

Fig. 23. Illustrations of microphotometer records, of the variation of intensity across the beam, of λ 4713 (4 ^3S − 3 ^3P) and λ 5016 (3 ^1P − 2 ^1P) lines of helium as observed by LEES and SKINNER.

spreading of the lines. The light emitted in transitions from ^1S and ^1D levels comes almost entirely from the region of the exciting beam. In contrast much of the light emitted in transitions from ^3D and ^1P levels comes from regions outside the beam. This contrast is illustrated in Fig. 23 which reproduces

---
[1] H. M. JONGERIUS and J. SMIT: Physica, Haag (in course of publication).
[2] A. H. GABRIEL and D. O. HEDDLE: Proc. Roy. Soc. Lond., Ser. A. (in course of publication).
[3] J. H. LEES: Proc. Roy. Soc. Lond., Ser. A **137**, 173 (1932).

microphotometric records of the variation of intensity across the beam of the $\lambda\,4713$ $(4\,{}^3S-3\,{}^3P)$ and $\lambda\,5016$ $(3\,{}^1P-2\,{}^1P)$ lines.

The interpretation of these results was given by LEES and SKINNER[1]. For lines originating on ${}^1P$ levels the effects are due to the trapping of resonance radiation, but for the ${}^3D$ levels another secondary process responsible is the reaction

$$\text{He}\,(1\,{}^1S) + \text{He}\,(n\,{}^1D) \rightarrow \text{He}\,(1\,{}^1S) + \text{He}\,(n\,{}^3D). \tag{10.8}$$

Further evidence in support of this has been obtained by MAURER and WOLF[2] who estimated cross sections for several examples of (10.8). A more extensive investigation is being carried out by GABRIEL and HEDDLE[3].

Table 3. *Observed cross sections Q_{ij} (in units of 10^{-20} cm.^{2}) for excitation of helium lines.*
L (LEES), T (THIEME.)

Line	Wavelength Å	Electron energy							
		60 ev		100 ev		200 ev		400 ev	
		L	T	L	T	L	T	L	T
$3\,{}^1P-2\,{}^1S$	5015	80.0	72.1	94.2	83.0	80.0	68.1	55.1	43.8
$4\,{}^1P-2\,{}^1S$	3964	26.4	24.5	29.4	28.8	24.1	22.9	17.0	12.2
$5\,{}^1P-2\,{}^1S$	3614	4.0	—	5.1	—	3.8	—	2.9	—
$4\,{}^1S-2\,{}^1P$	5047	—	11.4	—	8.15	—	5.3	—	3.31
$5\,{}^1S-2\,{}^1P$	4437	2.3	6.5	1.8	4.8	1.3	2.9	0.76	1.71
$6\,{}^1S-2\,{}^1P$	4168	1.1	2.6	0.87	1.6	0.45	0.83	—	0.58
$4\,{}^1D-2\,{}^1P$	4921	9.7	18.9	8.6	13.5	6.0	7.7	4.0	7.5
$5\,{}^1D-2\,{}^1P$	4387	5.2	10.1	5.3	7.8	3.8	4.1	2.5	2.4
$6\,{}^1D-2\,{}^1P$	4143	—	4.8	—	3.4	—	2.05	—	1.2
$3\,{}^3P-2\,{}^3S$	3888	27.0	503.0	11.4	167.0	4.6	46.2	2.9	20.3
$4\,{}^3S-2\,{}^3P$	4713	2.7	6.8	1.01	2.6	—	0.5	—	0.3
$5\,{}^3S-2\,{}^3P$	4121	0.9	3.9	0.29	1.4	—	0.36	—	0.17
$6\,{}^3S-2\,{}^3P$	3867	—	1.4	—	0.47	—	0.05	—	—
$3\,{}^3D-2\,{}^3P$	5875	—	18.5	—	9.5	—	4.9	—	3.6
$4\,{}^3D-2\,{}^3P$	4471	7.7	7.5	7.0	4.2	5.3	2.1	3.5	1.2

In view of the existence of secondary effects of this kind at pressures not far above the operative pressures in LEES' experiments, no true excitation functions for the ${}^3D$ levels were obtained and those found for ${}^1P$ levels must be treated as provisional only. In this connection it is important to make comparison with the observations of THIEME which were carried out at a considerably lower gas pressure. Table 3 gives absolute values of observed apparent cross sections Q'_{ij} for a number of helium lines obtained in both investigations. It is very remarkable that the agreement between them is so close for most lines. THIEME seems to have considerably overestimated the cross section for excitation of the $3\,{}^3P-2\,{}^3S$ line.

The situation is not quite as satisfactory as it seems. It is possible to derive the cross section $Q(3\,{}^1P)$ for excitation of the $3\,{}^1P$ line from the observed excitation function for the $3\,{}^1P-2\,{}^1S$ line by calculating the optical transition probabilities for the $3\,{}^1P-3\,{}^1S$, $3\,{}^1P-2\,{}^1S$ and $3\,{}^1P-1\,{}^1S$ transitions. It is found[4] that

$$\frac{A(3\,{}^1P-2\,{}^1S)}{A(3\,{}^1P-3\,{}^1S)+A(3\,{}^1P-2\,{}^1S)+A(3\,{}^1P-1\,{}^1S)} \simeq \frac{1}{40.2}. \tag{10.9}$$

[1] J. H. LEES and H. W. B. SKINNER: Proc. Roy. Soc. Lond., Ser. A **137**, 186 (1952).
[2] W. MAURER and R. WOLF: Z. Physik **92**, 100 (1934); **115**, 410 (1940).
[3] A. H. GABRIEL and D. O. HEDDLE: Proc. Roy. Soc. Lond., Ser. A. (in course of publication).
[4] E. HYLLERAAS: Z. Physik **106**, 395 (1937).

Sect. 10. Measurement and interpretation of data on optical excitation functions. 327

The cross section $Q(3\,^1P)$ for 100 volt electrons then comes out to be about $8.5 \times 10^{-19} \times 40.2 = 0.39\pi a_0^2$. This is much larger than would be expected. The total cross section of helium for 100 ev electrons as measured by the RAMSAUER method is $1.35\pi a_0^2$ and the ionization cross section is $0.35\pi a_0^2$. This leaves only πa_0^2 for the sum of the elastic and excitation cross sections. Of this the elastic cross section probably accounts for at least $0.2\pi a_0^2$. Since $Q(3\,^1P)$ is almost certainly at most $\frac{1}{3}$ of $Q(2\,^1P)$ it is clear that its value estimated from the optical excitation studies is very high. Furthermore, the calculated values (see Table 8) according to BORN's approximation, which would be expected to give an overestimate, is only $0.031\pi a_0^2$.

One obvious possibility is that insufficient allowance has been made for the trapping of $3\,^1P - 1\,^1S$ resonance radiation, but against this there is the agreement of the absolute values obtained by THIEME and by LEES who worked at quite different pressures. It is also possible that the calculated ratio [see Eq. (10.9)] of transition probabilities is a considerable underestimate. On the other hand, as judged by the likely errors in the wave functions involved, it would be expected to be an overestimate. The $3\,^1P$ levels will be populated by cascade transitions from above, but it does not seem very likely that this will be very important as direct excitation of $3\,^1P$ is much more probable than that of any higher level.

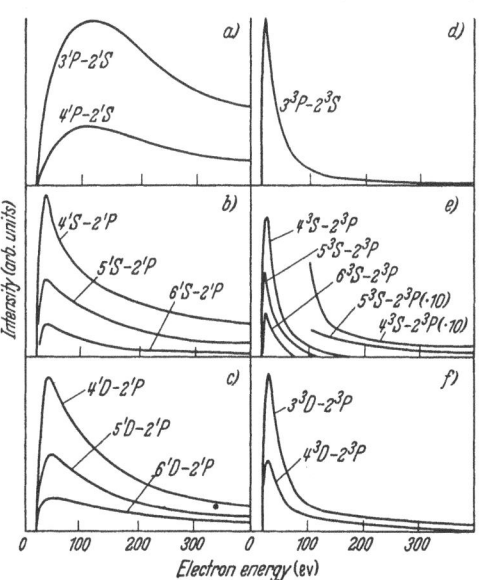

Fig. 24 a—f. Optical excitation functions for various helium lines, observed by THIEME.

"Observed" cross sections for excitations of other helium levels have been derived from the data of LEES and of THIEME, using calculated optically transition probabilities. In view of the serious discrepancy noted above for the $3\,^1P$ excitation it is rather surprising that for many states the "observed" cross sections relative to that for $3\,^1P$ at 200 ev agree quite well with relative cross sections calculated using BORN's approximation (Sect. 23α, Table 8). Some illustrations of this agreement are given in Table 13, p. 368. It seems from this also that the discrepancy for the $3\,^1P$ excitation cannot be wholly ascribed to trapping of resonance radiation.

In view of this unsatisfactory position further experimental work is clearly required. Meanwhile, although the observed absolute cross sections, as well as the relative cross sections, for different lines must be treated with reserve the observed variation of the cross sections with electron energy are, with certain exceptions, probably of the correct general form. Even in this direction it may well be that fine detail has been missed due to insufficiently homogeneous electron beams. Evidence for this is afforded both by the recent observations for mercury discussed below and by electrical methods of studying excitation cross sections near the threshold (see Sect. 12). With these reservations in mind, some typical excitation functions observed by THIEME are reproduced in Fig. 24. These exhibit the characteristic difference between the functions with broad maxima (Fig. 24a) at an electron energy several times the threshold value, for optically allowed transitions, and those characteristic of optically disallowed transitions, which have comparatively sharp maxima close to the excitation potential. This is particularly marked for excitation of intercombination transitions (see Fig. 24 d-f).

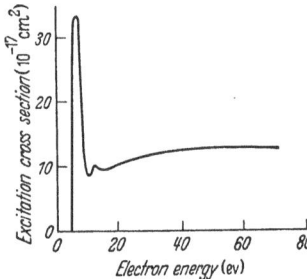

Fig. 25. Cross section for direct excitation of the $6\,^1S_0 - 6\,^3P_1$ mercury resonance line, observed by ORNSTEIN, LINDEMAN and OLDERMAN.

Mercury. Many observations[1] have been made of the excitation function near the threshold for the mercury resonance line $\lambda\,2537$ ($6\,^1S_0 - 6\,^3P_1$) but there is very poor agreement between the different results, probably because of secondary effects due to trapping of resonance radiation. It seems clear that, apart from fine details, the excitation function has a sharp peak within a volt or so of the threshold just as for an intercombination transition in helium. In contrast however to the latter, the excitation function rises again at higher electron energies to a flat maximum characteristic of allowed transitions. This is illustrated in Fig. 25. The observations are those of ORNSTEIN, LINDEMAN and OLDEMAN[2] who by measurement of the relative cross sections for excitation of the lines $\lambda\,3131$ ($6\,^3P_1 - 6\,^3D_1$), $\lambda\,3125$ ($6\,^3P - 6\,^3D_2$), $\lambda\,4078$ ($6\,^3P_1 - 7\,^1S_0$) and $\lambda\,4358$ ($6\,^3P_1 - 7\,^3S_1$) were able to allow for cascade effects in populating the $6\,^3P_1$ level.

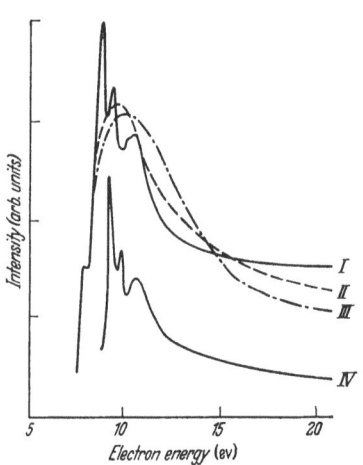

Fig. 26. Comparison of observed optical excitation functions for the 5461 ($7\,^3S_1 - 6\,^3P_2$) line of mercury. I. Observed by JONGERIUS and SMIT. II. Observed by THIEME. III. Observed by SCHAFFERNICHT. IV. Curve observed by SIEBERTZ for $\lambda\,4047$ ($7\,^3S_1 - 6\,^3P_0$) line.

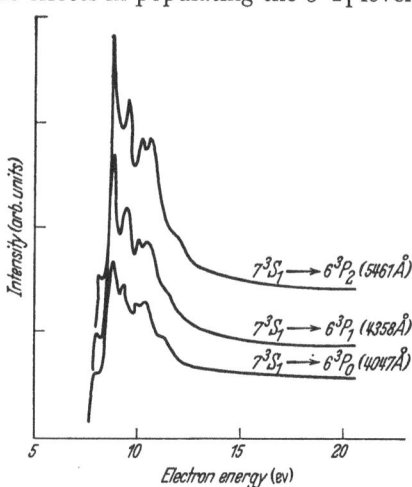

Fig. 27. Optical excitation functions for mercury lines originating on the $7\,^3S_1$ level of mercury, observed by JONGERIUS and SMIT.

The peculiar mixed character of the optical excitation function in this case is because LS coupling is only a rough approximation for a heavy atom such as mercury and the $6\,^3P_1$ level has a considerable admixture of singlet character which is responsible for the broad maximum in the excitation function.

Very interesting results have been obtained for the excitation of the line at $\lambda\,5461$ ($7\,^3S_1 - 6\,^3P_2$). This has been studied in the new work of JONGERIUS

---
[1] P. BRICOUT: J. Phys. Radium **9**, 88 (1928). — W. CROZIER: Phys. Rev. **31**, 800 (1928). — O. FISCHER: Z. Physik **86**, 646 (1933). — W. HANLE and W. SCHAFFERNICHT: Ann. Physik **6**, 905 (1930). — L. ORNSTEIN, H. LINDEMAN and J. OLDEMAN: Z. Physik **83**, 171 (1933). — OSTENSEN: Phys. Rev. **34**, 1352 (1929). — W. SCHAFFERNICHT: Z. Physik **62**, 106 (1930). — O. THIEME: Z. Physik **78**, 412 (1932). — D. R. WHITE: Phys. Rev. **28**, 1124 (1926).
[2] loc. cit.

and SMIT[1]. Their results are compared with earlier observations[2] in Fig. 26. It will be seen that the new measurements show much more detail, at least three maxima appearing near the threshold. Evidence strongly supporting the reality of this structure is provided by the similarity of the curves for different lines originating from the $7\,^3S_1$ level (Fig. 27), by the linearity of the dependence on beam current and vapour pressure and by comparison with an early observation for the $7\,^3S_1 - 6\,^3P_0$ line made by SIEBERTZ[3]. These results indicate the importance of a careful reexamination of excitation functions near the threshold for other atoms, including particularly helium.

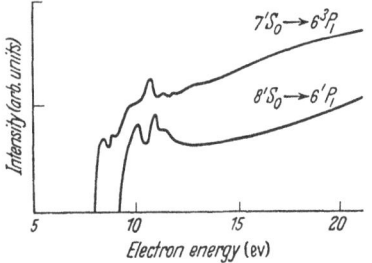
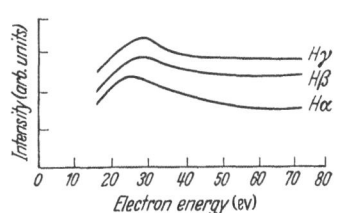

Fig. 28. Optical excitation functions for the mercury lines $\lambda\,4078$ ($7\,^1S_0 - 6\,^3P_1$) and $\lambda\,4916$ ($8\,^1S_0 - 6\,^1P_1$), observed by JONGERIUS and SMIT.

Fig. 29. Optical excitation functions for $H\alpha$, $H\beta$ and $H\gamma$ lines observed by ORNSTEIN and LINDEMAN.

JONGERIUS and SMIT have also measured excitation functions for $\lambda\,4078$ ($7\,^1S_0 - 6\,^3P_1$) and $\lambda\,4916$ ($8\,^1S_0 - 6\,^1P_1$) which again exhibit detailed structure (see Fig. 28).

Atomic hydrogen. ORNSTEIN and LINDEMAN[4] measured excitation functions for the $H\alpha$, $H\beta$ and $H\gamma$ lines by exciting hydrogen, rich in the atomic form, which diffused from a WOOD's discharge tube. No attempt was made to obtain absolute cross sections. The form of the observed excitation functions is illustrated in Fig. 29. Much more work is needed on the study of the excitation of atomic hydrogen, particularly as the experimental work is difficult and much care has to be taken to obtain valid results.

Other atoms. Work has also been carried out for neon, argon, sodium, zinc, cadmium, thallium, silver and lead. For details reference may be made to the individual papers[5].

11. Estimation of excitation cross sections using gas discharges. In the positive column of a gas discharge the excitation and ionization is due to electrons which have a velocity distribution which in some circumstances can be taken as MAX-WELLian about the "electron" temperature T_e. For a discharge in a gas at a pressure below atmospheric kT_e, while much greater than kT, where T is the gas temperature, will only be of the order of a few electron volts. By controlling

---
[1] loc. cit.
[2] O. THIEME: Z. Physik **78**, 412 (1932). — W. SCHAFFERNICHT: Z. Physik **62**, 106 (1930).
[3] K. SIEBERTZ: Z. Physik **68**, 505 (1931).
[4] L. ORNSTEIN and H. LINDEMAN: Z. Physik **63**, 8 (1930).
[5] *Neon.* W. HANLE: Z. Physik **65**, 512 (1930); O. HERRMANN: Ann. Physik **25**, 143 (1936); J. M. MILATZ and J. P. WOUDENBERG: Physica, Haag **7**, 697 (1940). — *Argon.* O. FISCHER: Z. Physik **86**, 646 (1933); O. HERRMANN: Ann. Physik **25**, 143 (1936). — *Sodium.* W. CHRISTOPH: Ann. Physik **23**, 51 (1935); G. HAFT: Z. Physik **82**, 73 (1933); A. MICHELS: Phys. Rev. **38**, 712 (1931); L. S. ORNSTEIN and BAARS: Proc. Amst. Acad. **34**, 1259 (1931). — *Zinc* and *Cadmium.* K. LARCHÉ: Z. Physik **67**, 440 (1931). — *Thallium.* G. STROHMEIER: Z. Physik **107**, 409 (1937); H. FUHRMANN: Ann. Physik **34**, 625 (1939). — *Silver* and *Lead.* H. FUHRMANN: loc. cit.

the discharge conditions it is possible to vary T_e and hence the most probable inelastic collisions.

The analysis of the situation may be carried through on exactly similar lines to that of Sect. 10 for excitation by an electron beam of homogeneous energy. The most essential difference arises from the much greater electron concentration in the discharge so that the most important secondary processes are due to electron, rather than atom, impact. We shall ignore inelastic collisions between excited and normal atoms although in many cases they may well be of importance.

Let $f(E)\,dE$ be the fraction of electrons with energies between E and $E+dE$ so that, with the usual assumptions, we would have

$$f(E) = 2(E/\pi k^3 T_e^3)\, e^{-E/kT_e}. \qquad (11.1)$$

Let n_e be the number of electrons/cm³ and otherwise use the same notation as in Sect. 10. The number of transitions per second due to electron impact which raise atoms from the ground state to the i-th excited state is now given by

$$\alpha_i N n_e$$

where

$$\alpha_i = \int_{E_i}^{\infty} f(E)\, Q_i(E)\, (2E/m)^{\frac{1}{2}}\, dE. \qquad (11.2)$$

Eq. (10.1) may now be written in the form

$$\left.\begin{aligned}\alpha_i n_e N + \sum_j \alpha_{ji} N_j n_e + \sum_k \beta_{ki} N_k n_e + \sum_k N_k A_{ki} + N_i A_{i0}\gamma_i + \delta_i N^+ n_e \\ = N_i \Big(\sum_j \beta_{ij} n_e + \sum_k \alpha_{ik} n_e + \sum_j A_{ij}\Big),\end{aligned}\right\} \qquad (11.3)$$

where we have used the coefficient α where inelastic and β where superelastic collisions are involved. The additional term $\delta_i N^+ n_e$ represents the contribution from radiative recombination in which an electron is captured by a positive ion into the i-th level of the normal atom. This term is quite unimportant for beam experiments owing to the small value of n_e and may usually be neglected in discharges at pressures below atmospheric. In a discharge afterglow, however, recombination radiation is important.

In certain circumstances a sufficiently large number of terms of (11.3) may be neglected so making possible the determination of one or more of the coefficients α from measurement of n_e, N_i and T_e and knowledge of the optical transition probabilities.

At low gas pressures the concentrations n_e, N_i and N^+ will be small compared with N. Also the population of the highly excited states by transitions from states above, either by collisions of the second kind or by radiation, can be neglected. This leaves simply, for such states,

$$\alpha_i = N_i \sum_j A_{ij}/(n_e N). \qquad (11.4)$$

The validity of these assumptions may be partly checked in any actual experiment by verifying that the derived value of $\bar{Q}_i$ given by

$$\bar{Q}_i = \frac{\alpha_i}{\int_{E_i}^{\infty} f(E)\sqrt{\frac{2E}{m}}\, dE} \qquad (11.5)$$

does not vary rapidly with increase of current density in the discharge.

On the other hand, the mean cross section for excitation of the first excited state may be obtained, in principle, as follows. For this state i, $\alpha_{\eta,i}=0$ and on the right hand side of (11.3) β_i will in general be much larger than $\sum_k \alpha_{ik}$. This is because superelastic collisions take place very readily with the relatively abundant slow electrons. If then we ignore the population of the i-th state from above we have

$$\alpha_i N n_e = N_i(\beta_i n_e + A_i). \tag{11.6}$$

α_i may then be determined from low and β_i from high current density measurements.

The electron concentration n_e may be measured either by the conventional LANGMUIR probe technique or by the more recent microwave method. T_e may also be obtained from the slope of the logarithmic negative-current voltage characteristic of a LANGMUIR probe. N_i may be determined by optical methods. Perhaps the most satisfactory method is that of optical absorption. If a beam of radiation with frequency given by

$$\nu = E_{ij}/h = \nu_{ij}$$

where E_{ij} is the energy required to produce a transition from the i-th to the j-th level, traverses a path of length l through a region containing N_i atoms per cm³ in the state i, it will suffer a fractional reduction of intensity $\Delta I/I$ given by

$$\frac{\Delta I}{I} = \frac{l}{\Delta \nu} \frac{n e^2 N_i f_{ij}}{m c} \tag{11.7}$$

where $\Delta \nu$ is the frequency width of the absorption line and f_{ij} is the oscillator strength associated with the transition. f_{ij} may either be calculated, if the atom is a simple one, or measured by the standard technique for determining transition probabilities.

An alternative method is to make use of anomalous dispersion instead of absorption. The refractive index μ of the region, for radiation with frequency ν in the neighbourhood of ν_{ij}, is given by

$$\mu = 1 + \frac{\varepsilon^2}{2 n m} \frac{F_{ij}}{\nu_{ij}^2 - \nu^2}$$

where

$$F_{ij} = N_i f_{ij}\left(1 - \frac{N_j g_i}{N_i g_j}\right). \tag{11.8}$$

g_i and g_j are the statistical weights of the i-th and j-th levels respectively. If the upper state is chosen so that N_j/N_i is small we have simply $F_{ij} = N_i f_{ij}$. If it is also possible to measure the intensity H_{ij} of the emission line corresponding to the transition we have

$$H_{ij} = N_j A_{ji} h \nu_{ij}$$

$$= N_j \frac{g_j}{g_i} \frac{8\pi^2 \varepsilon^2 \nu_{ij}^2}{m c^3} f_{ij}$$

so that

$$\frac{H_{ij}}{F_{ij}} = \frac{g_i N_j}{g_j N_i} \frac{8\pi^2 \varepsilon^2 \nu_{ij}^3 h}{m c^3}.$$

This enables the relative concentration N_j/N_i to be determined without knowledge of f_{ij}.

The main disadvantage of the anomalous dispersion method as used up to the present is that a long path length is required, so only the mean value of N_i over the whole length of the discharge is obtained. For details of the technique employed see ROSCHDESTWENSKY[1] and LADENBURG[2].

MOHLER[3] has used a further quite different method for estimating N_i for certain levels. The difference between the power supplied to the discharge tube and that carried to the walls by the ions and electrons must be ascribed largely to loss by radiation. This may be measured and, from a study of the intensity distribution in the spectrum of the discharge, is usually found to be concentrated in a few lines of neighbouring frequency. The energy radiated per second divided by the quantum energy of these lines gives the mean value of $N_i A_{ji}$ for the upper states involved.

Information derived from discharge studies. The chief interest of this work lies in the possibility of obtaining information about cross sections for collisions of electrons with excited atoms. Results obtained must usually be regarded with caution, since it is easy to oversimplify the interpretation of the measurements. For example, no allowance has been made for the presence of a relatively great concentration of metastable as distinct from other excited or ionized atoms.

MOHLER[4] used Eq. (11.6), in conjunction with his energy balance method of determining N_i, to obtain mean cross sections $\bar{Q}_{0i}$ and $\bar{Q}_{i0}$ for excitation and deactivation of the $6\,^3P$ levels of mercury. The discharge data used had been obtained by KILLIAN[5]. He found that in units of 10^{-16} cm², $\bar{Q}_{0i} = 6.8, 3.55, 1.2$ for $T_e = 3.27, 2.37$ and 11.71 ev respectively. These values are comparable with the maximum cross section for excitation of these levels measured by the electron beam technique (see Sect. 10β). The deactivation cross section $\bar{Q}_{i0}$ was found in the same units to be 5.2 and 6.6 for $T_e = 2.37$ and 1.71 ev respectively. FABRIKANT and CIRG[6] have also obtained estimates of the relative mean cross section for excitation of the $7\,^3S$ level from the $6\,^3P$ and $6\,^1S$ levels in a mercury discharge with an electron temperature of 3 ev. They found that the cross section for excitation from the excited atom was 13 times greater than from the normal atom.

KLARFELD[7] has also obtained evidence from a study of the ion and excited atom concentration in a mercury discharge that the cross section for ionization of an atom in the $6\,^3P$ state is an order of magnitude greater than for ionization of a normal atom.

FABRIKANT[8] has applied MOHLER's method to a discharge in potassium vapour, obtaining an estimate of the mean cross section for excitation of the $4\,^2P$ level of potassium.

12. Diffusion method for measuring excitation cross sections. This method is a purely electrical one for measuring excitation cross sections for electrons with energies near the threshold.

Suppose that electrons diffuse through the gas concerned in the space between two concentric cylinders A and B (Fig. 30), in the sense $A \to B$. If i_0 is the current of electrons which would reach the outer cylinder if a particular kind of inelastic collision did not occur, then i, the current actually received, is given by $i = i_0 e^{-\nu \eta}$

---

[1] D. ROSCHDESTWENSKY: Ann. Physik **39**, 307 (1912).
[2] R. LADENBURG: Rev. Mod. Phys. **5**, 433 (1933).
[3] F. MOHLER: Bur. Stand. J. Res. **9**, 493 (1932).
[4] F. MOHLER: Bur. Stand. J. Res. **9**, 493 (1932).
[5] T. J. KILLIAN: Phys. Rev. **35**, 1238 (1930).
[6] W. A. FABRIKANT and CIRG: C. R. (Doklady) Acad. Sci. URSS. **25**, 663 (1939).
[7] B. N. KLARFELD: Techn. Physics URSS. **5**, 913 (1938).
[8] W. A. FABRIKANT: C. R. (Doklady) Acad. Sci. URSS. **25**, 663 (1939).

where ν is the average number of collisions suffered by an electron in diffusing to B and η is the chance that a collision will be of the particular kind concerned It follows that, from observation of i/i_0 and knowledge of ν, η may be obtained

From the argument given below, ν may be shown[1] to be given by

$$\nu = \frac{3}{4}\overline{Q}\overline{Q}_d N^2 \left\{\varrho_1^2 + \varrho_0^2 - \frac{\varrho_1^2 - \varrho_0^2}{\log(\varrho_1/\varrho_0)}\right\}, \tag{12.1}$$

where ϱ_1, ϱ_0 are the radii of the cylinders B and A respectively, $\overline{Q}$ and $\overline{Q}_d$ are the mean total and diffusion cross sections for electrons in the gas and N is the number of gas atoms per cm³. $\overline{Q}$ may be obtained from the measurements of RAMSAUER and others (see Vol. XXXIV) and $\overline{Q}_d$ by combining these measurements with observation of the angular distribution of elastically scattered electrons in the gas concerned. The proof of Eq. (12.1) is as follows.

Le D be the diffusion coefficient of the electrons in the gas, $n_e(\varrho)$ their concentration at a distance ϱ from the axis of the cylinders. From continuity conditions it follows that the number J of electrons reaching the outer cylinder per second is given by

$$2\pi\varrho_1 J = -2\pi\varrho D \frac{dn_e}{d\varrho} \tag{12.2}$$

so that

$$n_e = \frac{J\varrho_1}{D}\log\frac{\varrho_1}{\varrho}. \tag{12.3}$$

Only a fraction α of the electrons at radius ϱ will ultimately be collected on the cylinder B, the remainder diffusing back to A. Each electron makes on the average $N\overline{Q}\bar{v}$ collisions per second, $\bar{v}$ being the mean velocity of the electrons. The number of collisions per second made by those electrons in the space between the cylinder which will ultimately be collected on B is therefore

$$N\overline{Q}\bar{v}\int_{\varrho_0}^{\varrho_1}\alpha n_e(\varrho/\varrho_1)\,d\varrho. \tag{12.4}$$

The average number ν of collisions per electron is then obtained by dividing this by J to give

$$\nu = \frac{N\overline{Q}\bar{v}}{D}\int_{\varrho_0}^{\varrho_1}\alpha\varrho\log(\varrho_1/\varrho)\,d\varrho. \tag{12.5}$$

To determine α suppose that at the radius ϱ there exists a cylindrically symmetrical source which emits electrons in all directions so that j_1 reach unit area of B and j_0 of A per second. It follows that the electron concentration at ϱ is given according to (12.3) by $(j_1\varrho_1/D)\log(\varrho_1/\varrho)$ if we take $n_e=0$ at $\varrho=\varrho_1$, and by $(j_0\varrho_0/D)\log(\varrho/\varrho_0)$ if we take $n_e=0$ at $\varrho=\varrho_0$. If the solution with the hypothetical source is to correspond to the actual situation these two concentrations must be equal so that

$$j_1\varrho_1\log\frac{\varrho_1}{\varrho} = j_0\varrho_0\log\frac{\varrho_0}{\varrho}. \tag{12.6}$$

Also, since $j_1\varrho_1$ and $j_0\varrho_0$ are proportional to the total number of electrons reaching B and A respectively per second we have

$$\alpha = \frac{j_1\varrho_1}{j_1\varrho_1 + j_0\varrho_0} = \frac{\log\dfrac{\varrho}{\varrho_0}}{\log\dfrac{\varrho}{\varrho_1}}. \tag{12.7}$$

---

[1] W. HARRIES and G. HERTZ: Z. Physik **46**, 177 (1927).

Substituting in (12.5), carrying out the integration and replacing the diffusion coefficient D by $\dfrac{\bar{v}}{3N\bar{Q}_a}$ we obtain (12.1).

The main application of this method to the study of electron excitation cross sections of atoms has been made by MAIER-LEIBNITZ[1]. His arrangement is illustrated diagrammatically in Fig. 30. The inner cylinder A was hollow, enclosing an axial tungsten filament K. Electrons emitted from this filament when hot could be accelerated through the slit S into the space between A and the outer cylinder B. Most of the area of the latter consisted of a wire gauze. A second collecting cylinder C enclosed the gauze. With this arrangement a retarding potential could be applied between B and C so that only those electrons which had lost less than a certain amount of energy could pass through the gauze and be collected at C.

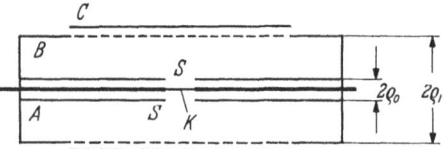

Fig. 30. Principle of the diffusion method for measuring excitation cross sections.

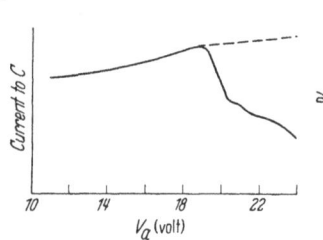

Fig. 31. Illustrating variation of current to collector C with voltage V, in MAIER-LEIBNITZ's experiments. $V_r/V_a \approx \tfrac{1}{3}$, pressure of He = 0.326 mm Hg.

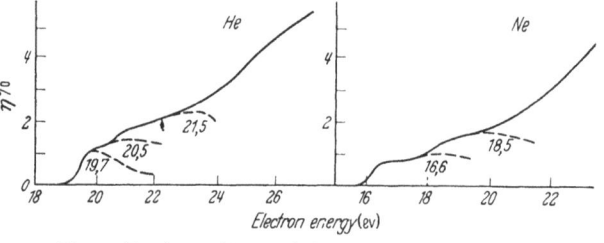

Fig. 32. Fraction η of impacts in helium and in neon which are inelastic, as a function of electron energy, as observed in the experiments of MAIER-LEIBNITZ.

The radii ϱ_0 and ϱ_1 were 1.5 and 25 mm respectively. Both cylinders were 150 mm long. The slit S was 0.2 mm wide; the wire gauze comprising B was of 0.25 mm mesh and the collecting cylinder C had a radius 1.5 mm greater than ϱ_1. The gas under investigation was maintained at a pressure of order 0.1 mm Hg between the cylinders.

The measurements were carried out keeping the retarding potential V_r between B and C a constant ratio ($\approx \tfrac{1}{3}$) of the accelerating potential V_a between K and A. Until V_a becomes large enough to produce excitation in the gas the current collected by C under these conditions should be practically independent of V_a. Some variation might be expected due to reflection or secondary electron emission from C. When V_a becomes large enough to produce excitation a sharp drop in the current to C should occur. A typical observed curve illustrating this is shown in Fig. 31. In this case the current i_0, which would have been collected at C but for the inelastic collisions, is obtained by extrapolation as the dotted curve.

A modified procedure was necessary when the incident electron energy exceeded the ionization energy so that positive ions would be collected at C. Let λ be the friction of all inelastic electron collisions which lead to ionization. The number of electrons which have undergone ionizing collisions after making ν collisions, is then $\lambda(1-e^{-\nu\eta})$ so that the current i_+ of ions collected at C, if its potential is made high enough to repel all electrons, will be $c\lambda(1-e^{-\nu\eta})$ where c is some constant independent of electron energy and gas pressure. By studying the variation of i_+ with pressure, η may be determined.

---

[1] H. MAIER-LEIBNITZ: Z. Physik **95**, 489 (1935).

Sect. 13. Methods for measurement of excitation cross sections of metastable states.

In this way the variation of η with electron energy could be measured, giving rise to the curve illustrated in Fig. 32. The contribution from ionizing collisions was taken from SMITH's measurements of ionization cross sections (Sect. 7) and subtracted off. The resulting curves could then be further analysed to give the separate contributions from different discrete excitations. Knowing the total cross section Q the cross-sections for these excitation collisions can be obtained. Fig. 33 illustrates such cross sections for the excitation of certain states of helium and neon.

It seems clear that the first two discrete losses in helium refer to the excitation of the $2\,^3S$ (19.7 ev) and $2\,^1S$ (20.5 ev) metastable states. The identification of the losses at 21.2 and 22.9 ev is not so clear though the first of these may correspond to excitation of the $2\,^1P$ level. The most remarkable feature of the results is the very sharp maximum near the threshold for the $2\,^3S$ excitation. It is somewhat surprising that a diffusion method of this kind can give such high energy resolution. Nevertheless, there does seem some possibility that such sharp maxima can occasionally occur—in fact, in Sect. 31β it will be shown how recent theoretical work on the excitation of the $2\,^3S$ level does actually give a cross section near the threshold very similar in shape and magnitude to that found by MAIER-LEIBNITZ. Further evidence for the existence of the sharp maximum is provided by the measurements of DORRESTEIN[1] using a different technique. Confirmation of the magnitude obtained for η, without regard to the analysis into separate inelastic processes, is provided from study of the TOWNSEND α-coefficient and microwave breakdown field in helium (Sect. 14).

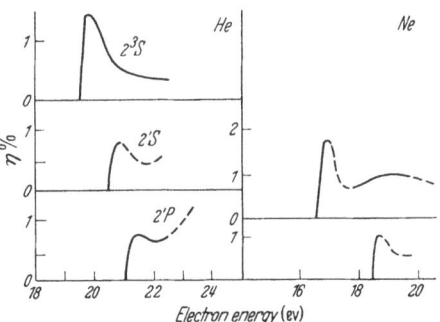

Fig. 33. Excitation cross sections near the threshold for helium and neon, as observed by MAIER-LEIBNITZ. (To obtain cross sections multiply η by $0.03\pi\,a_0^2$).

A sharp maximum near the threshold is found for the 16.6 volt loss in neon which arises from excitation of the $2p^5\,3s\,1°$ and $2°$ states. The 18.5 volt loss may be due to excitation of the $2p^5\,(^2P_{\frac{1}{2}})\,3p$ states.

It is unfortunate that further work has not been carried out using this method as it provides information which is not easy to obtain in other ways.

13. Methods suitable for measurement of cross sections for excitation of metastable states. α) *Optical absorption method.* The optical method described in Sect. 10α is not applicable for excitation of metastable states but it is possible to take advantage of the long life of these states at low pressures to devise special methods for these cases. Thus, if an electron beam of homogeneous energy is passed through a gas at a low pressure, an appreciable concentration of atoms in metastable states will be built up. If the pressure is low enough the metastable atoms can be regarded as moving radially to the walls with the mean velocity v of the gas atoms at the temperature concerned. The concentration $N(r)$ at a distance r from the axis is then simply given in terms of the rate of production n of metastable atoms per unit length of electron beam by

$$N(r) = \frac{n}{2\pi v r}. \tag{13.1}$$

---

[1] R. DORRESTEIN: Physica, Haag **9**, 433, 447 (1942).

$N(r)$ may be measured by the selective absorption method (see Sect. 11, p. 331), giving n and hence, from the electron beam current and energy and the gas pressure, the apparent cross section for excitation of the metastable state, defined as for excited states in general in Sect. 10. Corrections are still necessary for population of the state by radiative transitions from upper states.

Experiments on these lines have been carried out for neon by MILATZ and ORNSTEIN[1] and for helium by WOUDENBURG and MILATZ[2]. Fig. 34 illustrates the apparatus used by the former investigators.

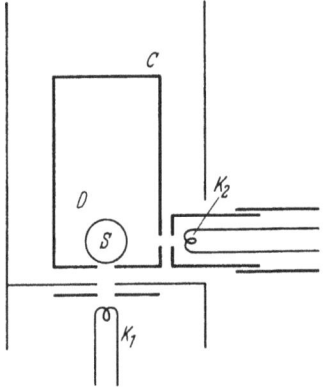

Fig. 34. Apparatus used by WOUDENBERG and MILATZ to study electron excitation of metastable states.

Electrons from an oxide coated cathode K_1 were accelerated by a slit system into a cylindrical cage C containing neon, in which they were collected. The absorption measurements were carried out by passing light from the positive column of a neon discharge through two holes D cut opposite each other in the sides of the cage, on to the slit of a spectrograph. The plate holder of the spectrograph was replaced by a curved slit in a position to receive light of wavelength 6402 Å arising from a transition from an upper state to the metastable state of neon. The intensity of the light passing through the slit was measured by a photocell. From this the intensity absorbed could be determined as a function of beam current, gas pressure and electron energy.

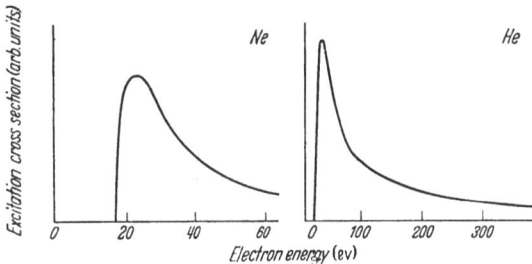

Fig. 35. Variation with electron energy of cross sections for excitation of the metastable $2p^5(^2P_{\frac{3}{2}})3s$ states of neon and the $2\,^3S$ metastable state of helium observed by MILATZ and ORNSTEIN and by WOUDENBERG and MILATZ respectively.

Because of space charge effects, the potential at the point where the electron beam passing through the region between the holes differed from that of the collector C. The correction for this effect was determined by use of a subsidiary beam from a cathode K_2. The potential of this cathode could be varied until this beam just became visible at S. Under these conditions the potential difference between K_2 and S must be close to the threshold for excitation of the first visible lines (18.4 volts).

In these experiments the concentration of metastable neon atoms was about $5 \times 10^8/\text{cm}^3$ and the fractional diminution of intensity of the neon radiation was about 0.015.

The results obtained by this method for the excitation of the metastable $(2p^5\,3s\,1°$ and $2°)$ states of neon and the $2\,^3S$ metastable state of helium are illustrated in Fig. 35. The excitation curves are very smooth, showing no evidence of the detailed structure near the threshold derived from the work of MAIER-LEIBNITZ. However no attempt was made to work at a high energy resolution. Corrections for population by radiation from higher states has not been made and these may be appreciable at the higher energies.

---

[1] J. M. MILATZ and L. S. ORNSTEIN: Physica, Haag **2**, 355 (1935).
[2] J. P. WOUDENBERG and J. M. MILATZ: Physica, Haag **8**, 871 (1941).

β) *The experiments of* Phelps *and* Molnar[1]. *Deactivation of* $2\,^1S$ *helium atoms by electron impact*. The technique for measurement of metastable atom concentrations by resonance absorption has been greatly refined recently by Phelps and Molnar in the course of certain investigations on processes of destruction of metastable atoms in discharge afterglows. As a result of this work the mean cross section for deactivation of $2\,^1S$ metastable helium atoms to $2\,^3S$ atoms by thermal electrons has been measured.

The metastable atoms were produced by applying a high voltage pulse to produce breakdown in the helium absorption cell. On cessation of the pulse the concentration of metastable atoms decayed with time and the experiments were designed to determine this rate of decay under different conditions of pressure and the peak electron concentration built up during the discharge. To do this the high voltage pulse was applied at regular intervals (15 to 60 c/sec) sufficiently separate for the afterglow to have completely faded out. Thus Figs. 36a and b illustrate diagrammatically the time variation of the applied voltage and the resultant metastable atom concentration.

Radiation of appropriate wavelength for resonance absorption by either $2\,^1S$ or $2\,^3S$ metastable atoms was collimated and passed through the absorption cell. The emerging radiation of the correct wavelength was first separated out by an interference filter and then focussed on the cathode of a photomultiplier. The

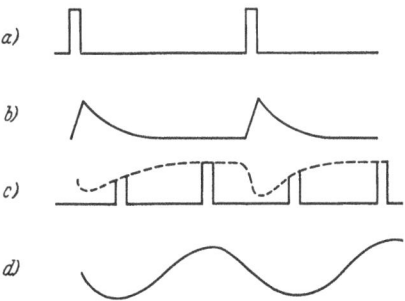

Fig. 36 a—d. Illustrating the principle of Phelps' method for measuring by optical absorption metastable atom concentrations in an afterglow.

time variation of the photomultiplier current is then represented by the dotted line of Fig. 36c. In the first work this current was amplified, displayed on an oscilloscope and the absorption measured as a function of time from cessation of the last pulse. The minimum absorption which is measurable is limited in this case by shot noise and the number of photoelectrons leaving the photomultiplier cathode. To extend the sensitivity by more than an order of magnitude, a further ingenious modification was introduced.

The photomultiplier was gated at twice the discharge frequency so that the current pulse from it immediately following the discharge was reduced by absorption in relatively much greater proportion than the pulse occurring late in the afterglow (see the full line in Fig. 36c). The fundamental component of the current wave form (Fig. 36d) therefore had an amplitude proportional to the difference between the pulse height and hence to the absorption. This component was selected by means of a narrow band amplifier and synchronous detector operating at a frequency equal to the discharge repetition rate. To study the variation of the metastable atom concentration with time after cessation of the voltage pulse, it was only necessary to measure the amplitude of the a.c. signal as a function of the time t between cessation of the voltage pulse and the next opening of the photomultiplier gate (see Fig. 36d).

The electron density in the afterglow was measured as a function of time by the usual method[2] of observing the change with time of the resonance frequency of a microwave cavity surrounding the absorption wall.

---

[1] A. V. Phelps and J. P. Molnar: Phys. Rev. **89**, 1203 (1953). — A. V. Phelps and J. L. Pack: Rev. Sci. Instrum. **26**, 45 (1955). — A. V. Phelps: Phys. Rev. **99**, 1307 (1955).

[2] M. Biondi and S. C. Brown: Phys. Rev. **75**, 1700 (1949).

Every effort was made to ensure very high purity in the helium. The absorption cell was evacuated to a pressure less than 10^{-9} mm Hg and the rate of rise of pressure when left was then less than 10^{-9} mm Hg/minute. In the final measurements the helium gas was obtained by evaporation of liquid helium and contained less than 2 parts in 10^7 of neon.

Fig. 37 shows the observed variation, with time t after cessation of the voltage pulse, of the concentration of $2\,^1S$ metastable atoms, measured from the absorption of the λ 5016 line. It will be seen that there is a very rapid decrease with t. If N_s is the concentration of $2\,^1S$ atoms we have

$$\frac{\partial N_s}{\partial t} = D_s \nabla^2 N_s - \alpha N_0 N_s - \beta N_e N_s \qquad (13.2)$$

where D_s is the diffusion coefficient of 2^1S atoms in normal helium, and α, β are the rate coefficients for destruction

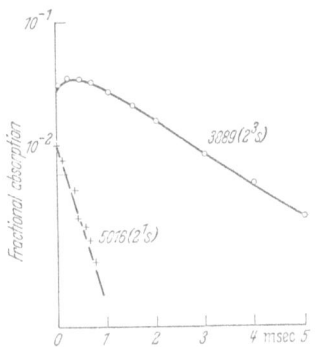

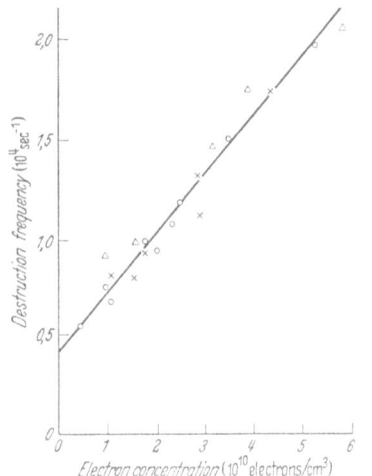

Fig. 37. Observed variation of the concentration of $2\,^1S$ and $2\,^3S$ metastable atoms with time after cessation of the exciting voltage, measured by the optical absorption method.

Fig. 38. Observed variation of the destruction frequency ν_s, for $2\,^1S$ metastable atoms in a helium afterglow, with helium pressure and peak electron concentration. △ observed at 17.2 mm Hg pressure; ○ observed at 8.2 mm Hg pressure; × observed at 2.7 mm Hg pressure.

of $2\,^1S$ metastable atoms by impact with neutral atoms (concentration N_0) and electrons (concentration N_e) respectively.

If the distribution is in the lowest diffusion mode with diffusion length[1] Λ we have from (13.2) that

$$N_s = N_s^0 e^{-\nu_s t} \qquad (13.3)$$

where

$$\nu_s = \frac{D_s}{\Lambda^2} + \alpha N_0 + \beta N_e. \qquad (13.4)$$

ν_s may be determined from the observed decrease of N_s with t (see Fig. 37). To separate out the different terms in ν_s observations were made at different

---

[1] The significance of the diffusion length is as follows. In order that the diffusion equation

$$D_s \nabla^2 N_s = \frac{\partial N_s}{\partial t}$$

should have a solution proportional to $e^{-t/\tau}$,

$$\nabla^2 N_s + \frac{N_s}{\tau D_s} = 0.$$

There will be in general only a discrete set of values τ_s ($s = 1, 2, \ldots$) of τ for which this equation will possess solutions satisfying the boundary conditions. $\sqrt{\tau_s D_s}$ is defined as the diffusion length for the s-th diffusion mode. Thus if the container is spherical of radius R the lowest mode has diffusion length R/π.

helium pressures and electron concentrations, D_s being proportional to $1/N_0$. Fig. 38 illustrates values of ν_s derived from observations at different electron concentrations (the variation of electron concentration is negligible during the period in which the concentration of 2^1S atoms is appreciable) and pressures. It will be seen that the dependence on pressures is slight, but there is a linear variation with N_e, from which β may be determined.

Evidence as to the nature of the destruction processes is afforded from the fact that the concentration of $2\,^3S$ metastable atoms, measured from the absorption of the $\lambda\,3889$ line, actually rises throughout the period in which the 2^1S concentration is appreciable (see Fig. 38). This provides strong evidence for identifying the main process of destruction as due to collisions of the second kind with slow electrons in the afterglow, leading to conversion of 2^1S to $2\,^2S$ metastable atoms. If $\bar{v}$ is the mean velocity of these electrons, β in Eq. (13.4) is given by $\bar{v}\bar{Q}$ where $\bar{Q}$ is the mean cross section for the deactivation collisions. Under the experimental conditions the electrons are at effectively room temperature and the value obtained for β gives 3.0×10^{-14} cm² for $\bar{Q}$, for these electrons.

γ) *Electrical method.* An alternative method for studying the variation with electron energy of the cross sections for excitation of metastable states is to measure the variation of the flux of metastable atoms reaching the confining walls of the collision chamber. This may be done by taking advantage of the fact that there is a probability ζ comparable with unity that a metastable atom of helium or of neon will eject an electron on impact with a metal surface. The

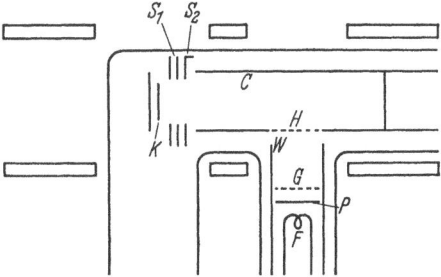

Fig. 39. Apparatus used by DORRESTEIN to study by an electrical method the excitation of metastable states.

variation with electron energy of the electron current ejected from a suitably placed electrode outside the beam should then give the required variation of the apparent excitation cross section. However, one serious complication which must be allowed for is the photoelectric effect which leads to electron ejection by the ultraviolet radiation excited by the electron beam. The method employed in the experiments of DORRESTEIN[1] (Fig. 39) was as follows.

The electron beam, produced from the cathode K and accelerated through the slits S_1, S_2 passed along the axis of the upper cylinder containing the gas at a pressure of about 10^{-3} mm Hg. An axial magnetic field was applied to collimate this beam. Metastable atoms formed by the beam passing out of C through the hole H, covered by a wire mesh, fell on a platinum plate P which could be outgassed by a heater F. The secondary electrons ejected from P were collected on the grid G. Positive ions were prevented from reaching the collector by the positively charged cylindrical electrode W surrounding P and G.

To separate the effect of the metastable atoms from that of the radiation the electron beam was pulsed by applying an alternating potential, whose frequency could be varied from 900 to 2×10^5 cycles per second, to the slit S_2. If the frequency is much greater than the time taken for metastable atoms to pass from H to P, the number of these atoms reaching P per second is practically independent of the time relative to the phase of the alternating potential. The difference between the maximum and minimum current to G under these conditions is the contribution from radiation.

---

[1] R. DORRESTEIN: Physica, Haag **9**, 433, 447 (1942).

At electron energies close to the threshold there is no contribution from radiation and a careful study of the variation of the cross sections near the threshold may be made.

Fig. 40 illustrates the results obtained for helium. It is not possible to distinguish between excitation of the $2\,^3S$ and $2\,^1S$ states except at energies below the threshold (20.56 ev) for the latter. Fig. 40 exhibits sharp maxima in the current ejected from P at electron energies of 20.0 and 20.9 ev respectively which agree well with the respective spectroscopic values (19.77 and 20.56 ev). The sharpness of the maxima is qualitatively in agreement with the results of MAIER-LEIBNITZ (Fig. 33) but the $2\,^1S$ cross section is relatively larger. These differences may well be due to differences in the energy resolution in the two experiments.

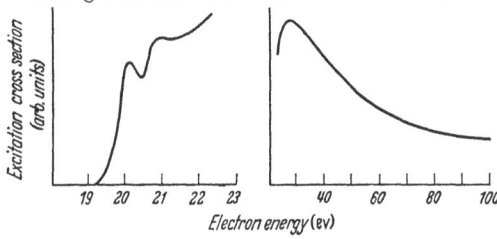

Fig. 40. Variation with electron energy of the cross section for production of metastable helium atoms by electron impact, as observed by DORRESTEIN.

The combined cross section for excitation of both states falls off somewhat more rapidly with electron energy than that obtained for the $2\,^3S$ cross section alone by WOUDENBURG and MILATZ (Fig. 35). This is a little surprising because the $2\,^1S$ cross section would be expected to fall off much more slowly at high electron energies than the $2\,^3S$ (see Sect. 31β).

Results for neon are illustrated in Fig. 41. Again the sharp peaks near the threshold are found. The agreement with the results of MILATZ and ORNSTEIN (Fig. 35) is quite good as far as the variation with electron energy up to 80 ev is concerned.

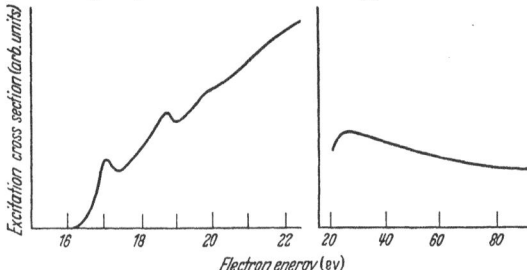

Fig. 41. Variation with electron energy of the cross section for production of metastable neon atoms by electron impact, as observed by DORRESTEIN.

The absolute value of the cross section can only be obtained from measurements of this kind if the probability ζ of electron ejection by a metastable atom from a clean surface is known. Experiments directed towards the determination of ζ for different surfaces are now in progress[1]. It is necessary to show first that ζ is not too sensitive to the state of the surface.

δ) *Atomic beam method.* A further method for studying cross sections for excitation of metastable states is that of molecular beams, similar in principle to the method for measuring ionization cross sections described in Sect. 4. No experiments of this kind specially designed for the study of excitation cross sections have yet been carried out but some information about the excitation of the $2s$ metastable state of atomic hydrogen has been obtained incidentally in the course of the experiments of LAMB and RETHERFORD[2] on the energy separation of the $2s_{\frac{1}{2}}$ and $2p_{\frac{1}{2}}$ states.

The principle of these experiments is illustrated in Fig. 42. Atomic hydrogen issues from the oven tube O which is maintained at a temperature of 2500° K

---

[1] R. STEBBINGS: Proc. Roy. Soc. Lond., Ser. A in course of publication.
[2] W. E. LAMB and R. C. RETHERFORD: Phys. Rev. **79**, 549 (1950).

and contains hydrogen at a pressure of 7.5×10^{-4} mm Hg. An atomic beam is selected by a hole in the plate S. It is excited by an electron beam from a cathode K. Atoms excited to the metastable state impinge on an electrode E so that the flux incident may be monitored by measuring the electron current ejected to the plate A.

This is only possible if allowance can be made for the current ejected by photons which arise mainly from electronic excitation of the molecular and atomic hydrogen background surrounding the atomic beam. For this purpose a plate P is inserted which may be raised to a potential of 100 volts or more relative to the hydrogen beam. The field due to this is sufficient to produce quenching of the metastable atoms and the reduction in current from E, when the quenching field is on, is taken as the contribution from metastable atoms. The variation of this contribution, in the presence of a uniform magnetic field, with frequency of a microwave field exhibits a resonance effect from which the required energy separation is determined.

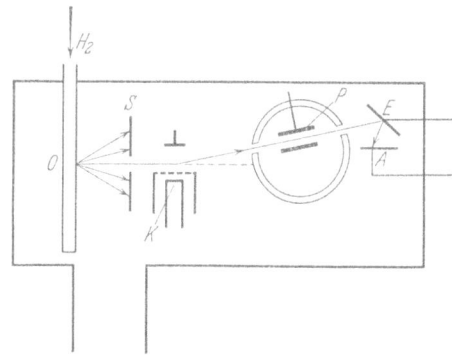

Fig. 42. Principle of the experiment of LAMB and RETHERFORD.

For our present purposes the variation of the current from E, due to metastable atoms, with energy of the exciting electron beam, in the absence of any microwave fields, is of interest. This is illustrated in Fig. 43, which also shows the relative magnitude of the background current due to photons. As pointed out by LAMB and RETHERFORD, the excitation function for the $2s_{\frac{1}{2}}$ level is only rough, as no effort was made to ensure that the electrons producing the observed effects were really homogeneous in energy. Furthermore, the quenching process operates by mixing the $2s_{\frac{1}{2}}$ and $2p_{\frac{1}{2}}$ states, so optical transitions to $1s_{\frac{1}{2}}$ can occur from either mixed state. Some of the photons emitted will reach E and eject electrons so that the true contribution from metastable atoms will be somewhat larger than that obtained in the manner indicated. The correction for this effect would not, however, be expected to vary with electron energy.

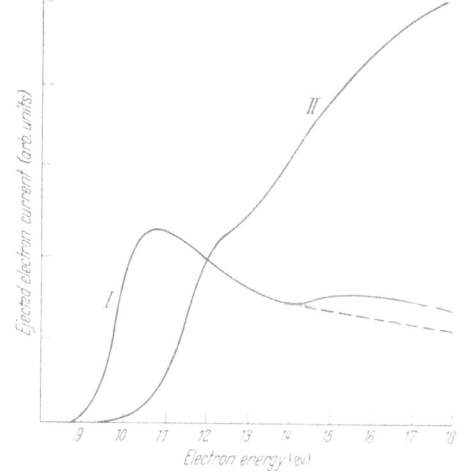

Fig. 43. Variation, with energy of the exciting electron beam, of the electron current ejected from the detector plate in the experiments of LAMB and RETHERFORD. I. Current due to metastable atoms. II. Current due to photons.

Although the experiment of LAMB and RETHERFORD was not designed to investigate the optical excitation function of H $2s_{\frac{1}{2}}$, it is clear that a method based on these principles could yield very useful results.

14. Indirect methods for checking excitation cross sections. The behaviour near the threshold of the cross section for excitation of metastable states is of considerable theoretical and practical importance. Particular interest attaches to the case of helium, as it is for this atom that the most elaborate theoretical predictions can be made. The direct observations (see Fig. 33) are difficult and somewhat surprising, and it is of value to employ even indirect methods of checking their validity. Two such methods have been employed and both suggest that the total excitation cross sections found by MAIER-LEIBNITZ near the excitation threshold in helium are not seriously in error.

Both methods depend on the possibility of calculating the velocity distribution function for electrons diffusing in helium at given pressure p under the action of a uniform electric field F for such values of F/p that inelastic collisions are important. If the fraction $f(v)$ of electrons with velocity between v and $v+\delta v$ is known the following quantities may be calculated as functions of F/p.

(a) The ratio α/p where α is the TOWNSEND ionization coefficient. α is such that, in diffusing a distance δx in the direction of the field, an electron makes $N\alpha\, \delta x$ ionizing collisions, N being the number of atoms per cm³.

If $Q_i(v)$ is the cross section for ionization of the gas atoms by electrons of velocity v and E_i is the ionization energy,

$$\alpha = \frac{\int N Q_i v f(v)\, dv}{\int \xi f(v)\, dv} \tag{14.1}$$

where ξ is the component of velocity in the direction of the field.

(b) The mean energy $\bar{\varepsilon}$ of the electrons as a function of F/p,

$$\bar{\varepsilon} = \tfrac{1}{2} m \int v^2 f(v)\, dv. \tag{14.2}$$

(c) The microwave breakdown field as a function of gas pressure. Breakdown of the gas enclosed in a vessel will occur when the rate at which electrons are lost by diffusion to the walls is equal to the rate at which they are produced by ionization. If Λ is the characteristic diffusion length of the vessel (see footnote, p. 338), D is the electron diffusion coefficient and ν_i the mean rate per second at which an electron produces further electrons by ionization, the condition for breakdown becomes

$$D = \Lambda^2 \nu_i.$$

In terms of the velocity distribution for the electrons (of charge e and mass m),

$$D = \frac{2e}{3m\, N} \int \frac{f(v)\, dv}{Q_0(v)},$$

$$\nu_i = N \int Q_i v f(v)\, dv,$$

where $Q_0(v)$ is the elastic cross section for electrons of velocity v.

The frequency of the existing field may be eliminated by replacing the peak a.c. field F_a by an effective field F_e where

$$F_e = F_a \frac{\nu_0}{\sqrt{\nu_0^2 + \omega^2}}.$$

ν_0 is the mean elastic collision frequency and ω the angular frequency of the a.c. F_e is the equivalent d.c. field which supplies an electron with the same power as the actual a.c. field.

Calculations for (a) were carried out by ABDELNABI and MASSEY[1] and for (b) and (c) by REDER and BROWN[2]. Both pairs of investigators used the inelastic cross sections observed by MAIER-LEIBNITZ (Fig. 33) and the ionization

---
[1] I. ABDELNABI and H. S. W. MASSEY: Proc. Phys. Soc. Lond. A **66**, 288 (1952).
[2] F. H. REDER and S. C. BROWN: Phys. Rev. **95**, 885 (1954).

cross sections observed by SMITH (Sect. 7) in the calculation of the velocity distribution functions by methods similar to those used first by SMIT[1]. REDER and BROWN covered F/p values ranging from 0 to 80 volt/cm/mm Hg. They measured the breakdown fields F_e for very pure helium contained within copper resonant cavities. Before admitting the helium the cavities were pumped to

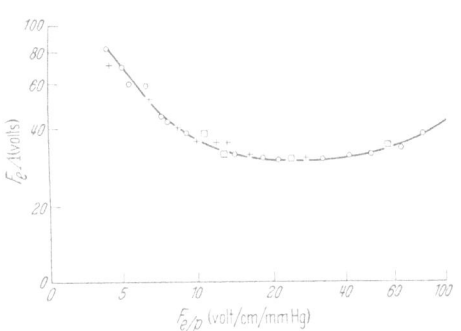
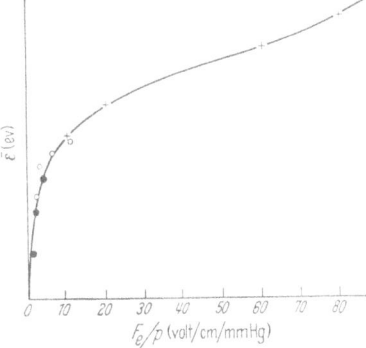

Fig. 44. High frequency breakdown conditions in helium. —— calculated variation of $F_e \Lambda$ with F_e/p. ○ observed for $\pi \Lambda = \frac{1}{4}''$, + observed for $n \Lambda = \frac{1}{8}''$, □ observed for $n \Lambda = \frac{1}{8}''$.

Fig. 45. Observed and calculated mean energies of electrons diffusing in helium, as functions of F/p. ● observed, ○ calculated by SMIT, + calculated by REDER and BROWN.

10^{-8} mm Hg and liquid-helium instead of liquid-air traps were used to prevent contamination during the experiments. According to the theory $F_e \Lambda$ should be a certain function of F_e/p. Fig. 44 shows that this is indeed so and that there is close agreement between the observed and calculated form of the function.

Fig. 45 shows the mean electron energy in helium as a function of F/p. For low F/p the values are those observed by TOWNSEND and BAILEY[2], but for higher F/p, values calculated by SMIT[1] (intermediate F/p) and by REDER and BROWN[3] are given. It will be seen that the three sets of values lie on a smooth curve.

ABDELNABI and MASSEY considered only the case $F/p = 20$ volt/cm/mm Hg, but they examined the effect of varying the assumed excitation cross sections. Their results are given in Table 4.

Table 4. *Observed and calculated values for* TOWNSEND'*s ionization coefficient* α *for helium at* $F/p = 20$ *volt/cm/mm Hg, assuming different excitation cross sections.* α *in ions/cm/mm Hg.*

Observed[4]	Calculated		
	A	B	C
0.19	0.17	0.081	0.31

A, B, C, refer respectively to assumed cross sections equal to those observed by MAIER-LEIBNITZ multiplied by 1, $\frac{1}{2}$ and 2 respectively.

Once again the MAIER-LEIBNITZ cross sections give quite good agreement with the observed α coefficient. Moreover, it is clear that the derived value of α is quite sensitive to the absolute magnitude assumed for the excitation cross sections.

Although it is clear that the indirect evidence cited above provides quite substantial support for the general correctness of the total excitation cross sections found by MAIER-LEIBNITZ near the excitation threshold in helium, it must be realised that such evidence is not capable of checking the detailed shape of the observed excitation function at high energy resolution near the threshold.

Similar investigations could be carried out for neon—in fact the first calculations of the velocity distribution function for electrons with allowance for inelastic

---

[1] J. SMIT: Physica, Haag **3**, 643 (1936).
[2] J. S. TOWNSEND and V. A. BAILEY: Phil. Mag. **46**, 657 (1923).
[3] F. H. REDER and S. C. BROWN: Phys. Rev. **95**, 885 (1954).
[4] M. DRUYVESTYN: Physica, Haag **3**, 65 (1936).

collisions was carried out by Druyvestyn[1] for neon with $F/p = 5$–30 volt/cm/mm Hg. Penning[2] has shown how a mean excitation coefficient for electrons diffusing under a uniform field in a gas may be obtained in terms of the ionization coefficient and elastic collision frequency by means of an energy balance relation. He has applied this method to neon, but no calculations based on assumed inelastic cross sections have so far been carried out for comparison with it.

15. Measurement of differential cross sections for inelastic collisions. The most extensive measurements of the angular distribution of electrons scattered after making inelastic collisions with gas atoms are those of Mohr and Nicoll[3].

Fig. 46 illustrates diagrammatically the apparatus employed. Electrons from a movable electron gun G were fired through the gas contained in a chamber

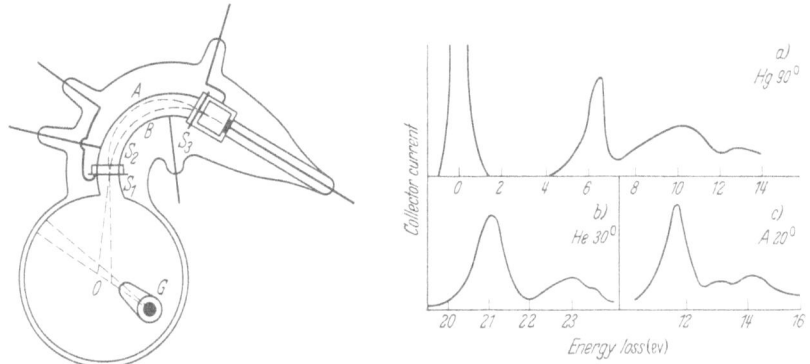

Fig. 46. Apparatus used by Mohr and Nicoll for studying the angular distributions of inelastically scattered electrons.

Fig. 47a—c. Velocity analysis of scattered electrons, observed by Mohr and Nicoll.

enclosed by a cylindrical metal shield P. Electrons scattered from the region O, in such a direction as to pass through the hole in the shield P and the slits S_1 and S_2, entered the space between the two duralumin plates A and B curved in concentric circular arcs between which an adjustable radial electrostatic field could be maintained. Those electrons whose energies bore a certain relation to the strength of the field were focussed at the point whose angular displacement from the centre of the slit S_2 was $\pi/\sqrt{2}$ radians as in the electrostatic analyser of Hughes and Rojansky[4]. The slit S_3 was placed at the focus so that electrons of the appropriate energy passed through into the Faraday cylinder F. The slits S_2 and S_3 were maintained at a potential midway between that of A and B. A retarding potential was applied between F and S_3 to reject electrons with velocities less than those focussed. Finally a potential difference could also be applied between S_1 and S_2 to accelerate electrons before analysis and thereby eliminate disturbance by the earth's magnetic field.

Using the electrostatic analyser the energy distribution of the scattered electron current could be measured for angles of scattering between 10 and 155° by rotating the gun G about the axis of the collision chamber.

The dimensions of the slits S_1, S_2 and S_3 were 0.27×8, 0.4×5 and 0.6×5 mm respectively. S_1 and S_2 were 7 mm apart. The plates A and B were of width 3 cm and had radii of curvature 2.5 and 3.8 cm. A large pressure difference between collision chamber and analyser could be maintained—with 10^{-2} mm Hg

---

[1] M. Druyvestyn: Physica, Haag **3**, 65 (1936).
[2] M. Druyvestyn and F. M. Penning: Rev. Mod. Phys. **12**, 87 (1940).
[3] C. B. O. Mohr and F. H. Nicoll: Proc. Roy. Soc. Lond., Ser. A **138**, 229, 469 (1932); **142**, 320, 647 (1933).
[4] A. L. Hughes and V. Rojansky: Phys. Rev. **34**, 284 (1929).

Sect. 15.   Measurement of differential cross sections for inelastic collisions.   345

in the former, the pressure in the latter could be kept down to 10^{-5} mm Hg. The whole apparatus was enclosed in a pyrex tube and, except for the ground joint which rotated the electron gun, could be thoroughly baked out at 450° C.

Fig. 47 illustrates typical velocity analyses obtained with this apparatus. In each case the incident electrons were of 42 ev energy. Fig. 47a was obtained at 90° in mercury vapour. The sharp peak at 6.7 ev is due to electrons which have excited the $6\,^3P_1$ level. Energy losses between this value and ionization (10.4 ev) are not resolved and above 10.4 ev extends the continuous spectrum due to ionizing collisions. Fig. 47b refers to 30° in helium. The first peak at 21.11 ev is due to the $2\,^1P$ excitation and in this case a second peak is discernible

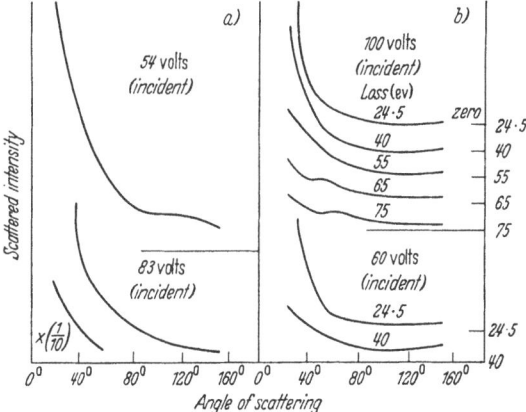 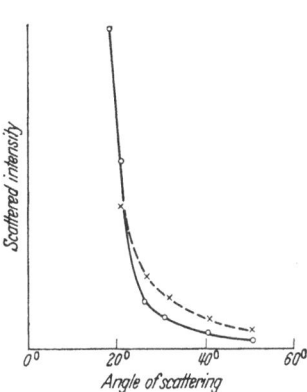

Fig. 48 a aud b. Observed angular distribution of electrons scattered in helium. (a) ——— electrons which have excited the $2\,^1P$ level. (b) ——— electrons scattered after losing different amounts of energy in ionizing collisions.

Fig. 49. Observed angular distributions of electrons with 83 ev incident energy. — scattered after exciting the $2\,^1P$ level in helium, - - - scattered after exciting the $3\,^1P$ level in helium.

which arises from $3\,^1P$ excitation (22.96 ev). In Fig. 47c, taken at 20° in argon, there is a strong peak due to excitation of the $^3P_1$ level, requiring 11.6 ev.

MOHR and NICOLL investigated the angular distribution of electrons scattered with a given energy loss by adjusting the voltage on the analyser plates to focus electrons with the appropriate energy and then taking measurements at different angles of scattering by rotating the electron gun. At angles of scattering investigated in these experiments the inelastic scattering is very much weaker than the elastic. The reverse is true at very small angles (see Sect. 24α). Because of this, it was very important to check that the observed current of electrons with a given energy loss did not arise from double collisions—an inelastic scattering through a very small angle either followed or anticipated by an elastic scattering through an angle of the order of that being studied. MOHR and NICOLL verified carefully, however, that the observed scattered current in each case was strictly proportional to the incident beam current and the gas pressure so that they did in fact observe distributions arising from single collisions. The importance of this test is enhanced because it was found that in many circumstances the angular distribution of electrons which had suffered a particular energy loss exhibited diffraction effects similar to those observed in the elastic scattering—an effect which would have been explicable in terms of double collisions, but for the careful checks carried out by MOHR and NICOLL.

Fig. 48 illustrates observed angular distributions for electrons scattered in helium. The steep rise of the intensity of the scattering associated with $2\,^1P$ excitation at small angles is already manifest. Fig. 49 illustrates this more clearly and compares the angular distribution of electrons which have respectively excited the 2^1P and 3^1P levels. Angular distributions of electrons which have lost various definite amounts of energy in producing ionization are shown in Fig. 48b. For relatively small energy losses the angular distribution of these electrons resembles those of electrons which have produced discrete excitation, but with increasing energy loss the distribution becomes much flatter, and for large fractional energy loss a maximum may appear at an angle which increases with the energy loss. Fig. 50 illustrates the appearance of this maximum rather more clearly for hydrogen (molecules) and helium.

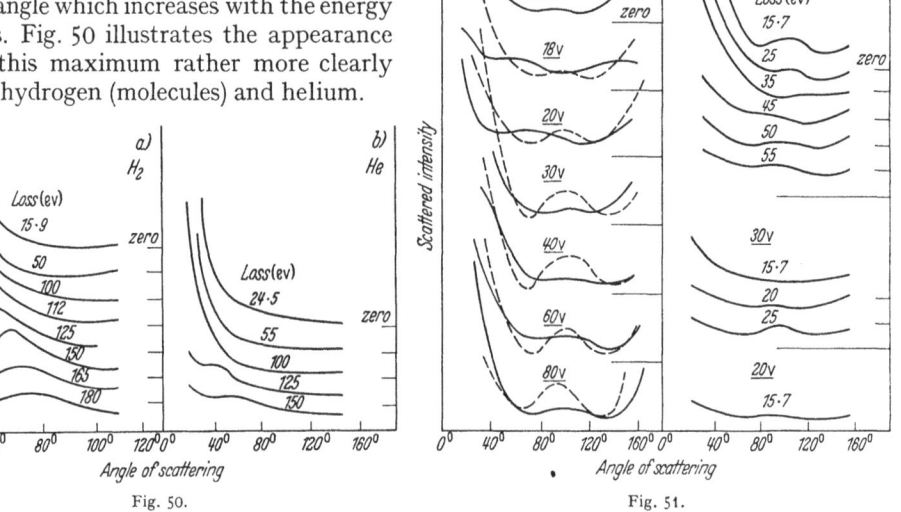

Fig. 50.   Fig. 51.

Fig. 50a and b. Observed angular distributions of electrons of 200 ev incident energy scattered in ionizing collisions, for different energy losses. (a) hydrogen. (b) helium.

Fig. 51a and b. Observed angular distributions of electrons scattered in argon. (a) —— electrons which have excited the $^3P_1$ level (11.6 ev); - - - electrons elastically scattered. (b) —— electrons scattered after losing different amounts of energy in ionizing collisions.

The remarkable diffraction effects are the main features of the results for argon which are illustrated in Fig. 51. It will be seen that at large angles the distribution of electrons which have excited the $^3P_1$ level is very similar in shape to that of the elastically scattered electrons, a resemblance which is more marked the higher the incident electron energy. It will be seen also, by reference to Fig. 51 b, that this similarity persists for electrons of 60 ev incident energy which have produced ionization with not too great energy loss. As this loss increases, the resemblance begins to disappear and, for great energy losses the angular distribution becomes rather flat, just as for helium.

Similar behaviour is exhibited by the results for mercury shown in Fig. 52. For 80 ev electrons GAGGE[1] obtained results agreeing very well with those of MOHR and NICOLL. He used a magnetic method for energy analysis.

Apart from the results illustrated, MOHR and NICOLL[2] investigated the scattering for other incident electron energies and also for other gases, namely: Neon (22, 26, 30, 40, 60 ev); Helium (24, 26, 30, 40, 60, 80 ev); Hydrogen (16, 18, 21, 25, 31, 41, 62, 125 ev); Nitrogen (18, 22, 30, 40, 50, 60 ev). It is of interest to note that the maximum observed for electrons of 200 ev incident energy which had suffered large energy losses in helium and in hydrogen was also observed in methane, nitrogen and neon at an angle which depended on the

---

[1] A. GAGGE: Phys. Rev. **44**, 808 (1933).
[2] C. B. O. MOHR and F. H. NICOLL: Proc. Roy. Soc. Lond., Ser. A **138**, 229, 469 (1932); **142**, 320, 647 (1933).

Measurement of differential cross sections for inelastic collisions.

magnitude of the energy loss, but was largely independent of the nature of the scattering gas.

TATE and PALMER[1] also carried out some investigations of the angular distribution of electrons scattered inelastically in mercury vapour. They used a collector with additional electrodes so that a retarding potential analysis of the scattered electrons could be made. Fig. 53 illustrates results they obtained for the relative magnitude of the differential cross sections for collisions with different ranges of energy loss as a function of angle of scattering for electrons of 80 ev incident energy. It will be seen that, at large angles of scattering, electrons which have been either elastically scattered or have lost most of their energy (including of course slow secondary electrons) predominate, but at small angles electrons inelastically scattered

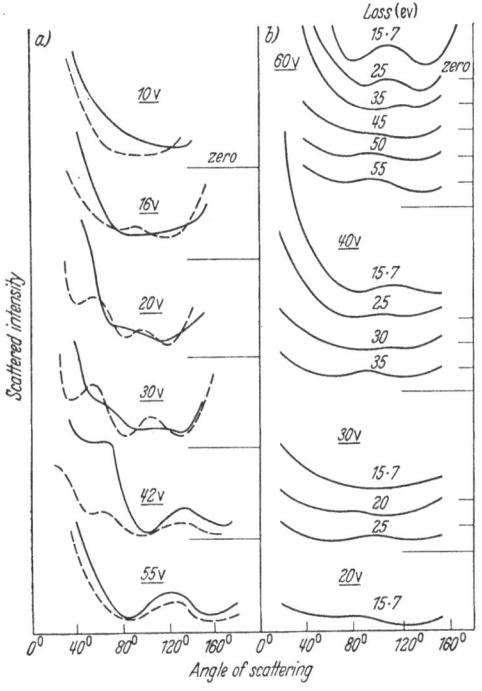
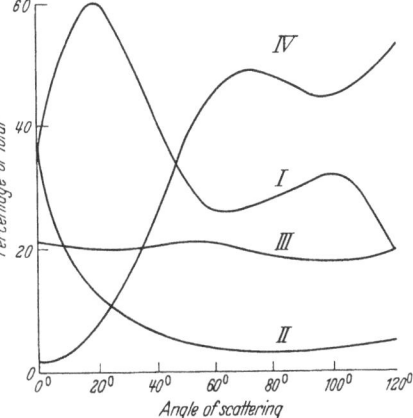

Fig. 52a and b. Observed angular distributions of electrons scattered in mercury. (a) —— electrons which have excited the $6\,^3P_1$ level; - - - electrons elastically scattered. (b) — electrons scattered after losing different amounts of energy in ionizing collisions.

Fig. 53. Relative magnitudes of differential cross sections for collisions of 80 ev electrons in mercury for different ranges of energy loss. I 0—4 ev, II 4—10 ev, III 10—45 ev, IV 45—80 ev.

with small energy loss become more important. This is in qualitative agreement with the much more extensive measurements of MOHR and NICOLL, but exact comparison is difficult.

GOODRICH[2] applied the method of TATE and PALMER to study inelastic collisions of 100 volt electrons in helium. He studied in particular the angular distributions of electrons resulting from ionizing collisions. His results agree at least qualitatively with those of MOHR and NICOLL. Thus, as the final energy of the scattered electrons decreases, the angular distribution becomes more and more nearly uniform, the very marked concentration at small angles at the higher energies having practically disappeared for electrons which have lost all but 3 ev of their incident energy (these include, of course, electrons which have been ejected with this energy).

GOODRICH also measured the energy distribution of the scattered and ejected electrons by integrating the observed angular distributions in each energy range.

---

[1] J. T. TATE and R. R. PALMER: Phys. Rev. **40**, 731 (1932).
[2] M. GOODRICH: Phys. Rev. **49**, 422 (1936); **52**, 259 (1937).

His results are illustrated in Fig. 54. Comparison is made with a theoretical distribution, calculated using BORN's approximation (see Sect. 23α).

16. Measurement of cross sections for inelastic scattering through a fixed range of angles. Much of the early work on inelastic collisions of electrons with atoms was concerned with the determination of critical potentials. In many such studies the relevant quantity investigated is

$$2\pi \int_{\vartheta_1}^{\vartheta_2} I_n(\vartheta) \sin \vartheta \, d\vartheta \tag{16.1}$$

where $I_n(\vartheta) \, d\omega$ is the differential cross section for a particular inelastic collision and the angles ϑ_1 and ϑ_2, which are usually small, depend on the instrumental conditions. It is not possible to make use of much of this work for providing

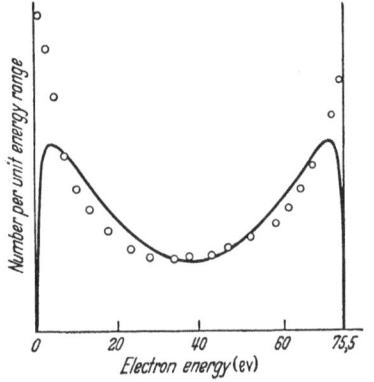

Fig. 54. Energy distribution of electrons produced in ionizing collisions of 100 volt electrons with helium as observed by GOODRICH. ○ observed points; — theoretical curve (see Sect. 20).

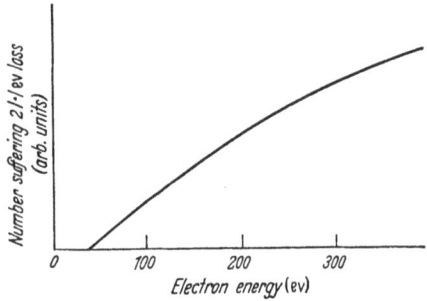

Fig. 55. Variation with electron energy of the probability of small angle collisions with helium atoms in which the 2^1P level (21.1 ev) is excited, as observed by WHIDDINGTON and TAYLOR.

information about inelastic collision cross sections, because the angles ϑ_1 and ϑ_2 are not clearly defined and depend on electron energy.

Most experiments on these lines consist in a study of the energy distribution of electrons which have entered a gas as a homogeneous beam and suffered no deviation within the angular resolving power of the apparatus. Electrostatic[1] and magnetic methods[2] of analysing the electron energies have both been used. The most extensive measurements using the magnetic method are those of WHIDDINGTON and his collaborators[2]. Photographic plate detection was employed so that the energy spectrum was obtained. Measurements were carried out in He, Ne and A. From the variation of the intensity of blackening of the line corresponding to a particular energy loss with electron energy the variation of (16.1) could be obtained. Fig. 55 illustrates such results for the 2^1P level of helium[3].

A remarkable line corresponding to an energy loss of 59.25 ev was found in helium[4]. This was too intense to be attributed to electrons which had suffered three inelastic collisions each involving excitation of the 2^1P state. It seems

---

[1] L. C. VAN ATTA: Phys. Rev. **38**, 876 (1931). — L. WOMER: Phys. Rev. **45**, 689 (1934).

[2] H. JONES and R. W. WHIDDINGTON: Phil. Mag. **6**, 889 (1928). — J. E. ROBERTS and R. W. WHIDDINGTON: Phil. Mag. **12**, 962 (1931). — R. W. WHIDDINGTON and J. E. TAYLOR: Proc. Roy. Soc. Lond., Ser. A **136**, 651 (1932); **145**, 465 (1934). — R. W. WHIDDINGTON and E. WOODROOFE: Phil. Mag. **20**, 1109 (1935). — A. H. LEES: Proc. Roy. Soc. Lond., Ser. A **173**, 569 (1939).

[3] R. W. WHIDDINGTON and J. E. TAYLOR: Proc. Roy. Soc. Lond., Ser. A **145**, 465 (1934).

[4] R. W. WHIDDINGTON and H. PRIESTLEY: Proc. Roy. Soc. Lond., Ser. A **145**, 462 (1934).

that the only likely interpretation is that the line is due to excitation of the doubly excited helium state in which both electrons are in $2p$ orbitals. The cross section for this process is of the right order of magnitude if the doubly-excited state were not above the continuum limit (see Table 9, p. 361). In fact, it lies so far above this limit that it would be expected to have a very short life before autoionization. This should blur the line so much that it would barely be distinguishable from the background continuum. No explanation of its appearance has yet been forthcoming.

17. Polarization of impact radiation. The radiation emitted from atoms excited by an electron beam may be polarized with the plane of polarization either parallel or perpendicular to the beam. Between 1925 and 1930 a number of experiments[1] were carried out to measure the degree of polarization of different electron excited lines as a function of electron energy, but since then there has been little further work. The accurate measurement of the polarization is difficult and the results obtained in different investigations are far from consistent. As the polarization near the threshold is likely to provide a severe test of any theory of the electron excitation functions at these energies there is clearly room for further measurements. These should be carried out under conditions of high energy homogeneity of the exciting beam and absence of secondary excitation effects.

As a typical experiment we may take that carried out by SKINNER and APPLEYARD for mercury. In principle the method was as follows. Light issuing at 90° from the electron beam passing through mercury vapour was split into

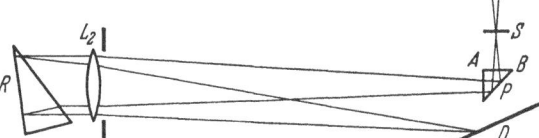

Fig. 56. Illustrating optical systems employed in the experiments of SKINNER and APPLEYARD.

components with polarization respectively parallel and perpendicular to the beam by double-image formation of some kind. These components, after passing through the spectrograph, gave two spots on the receiving photographic plate corresponding to each spectral line. If I_1/I_2 is the intensity ratio of the light producing the respective spots the percentage polarization is given by

$$\Pi = 100 \frac{I_1 - I_2}{I_1 + I_2}.$$

The convention was adopted of taking the electric vector parallel to the electron stream as positive.

Fig. 56 illustrates the optical arrangement used. Radiation emitted from the tube T was focussed on the slit S of the spectrograph by the quartz lens L_1. It then entered the quartz prism P which split it into two components, with an angular separation of about $\frac{1}{3}°$, by reflection at the oblique face. The issuing radiation then passed through the quartz lens L_2 and into the reflecting prism R from which issued the two components focussed at spots on the inclined photographic plate D.

To reduce spurious effects due to differential reflection of the two components in the prism R, the prism P was cut so that its optic axis was parallel to the

---

[1] R. QUARDER: Z. Physik **41**, 674 (1927) (Hg). — H. W. B. SKINNER and E. T. S. APPLEYARD: Proc. Roy. Soc. Lond., Ser. A **117**, 224 (1928) (Hg). — R. QUARDER and W. HANLE: Z. Physik **54**, 819 (1929) (Ne). — K. STEINER: Z. Physik **52**, 516 (1929) (He and Ne). — W. ELENBAAS: Z. Physik **59**, 289 (1929). — W. ELENBAAS and M. G. PETERI: Z. Physik **54**, 236 (1929). — W. ELENBAAS and L. S. ORNSTEIN: Z. Physik **59**, 306 (1929).

direction AB of the main body of the spectrograph. The rays separated by double reflections emerged from R along the optic axis and suffered large optical rotation which varied with different parts of the beam. The rays which finally emerged were thus effectively depolarized so that the differential reflection was greatly reduced. This arrangement reduced the spurious polarization from as high as 25% to about 5%. This remaining effect was allowed for by substituting an unpolarized source for the tube E.

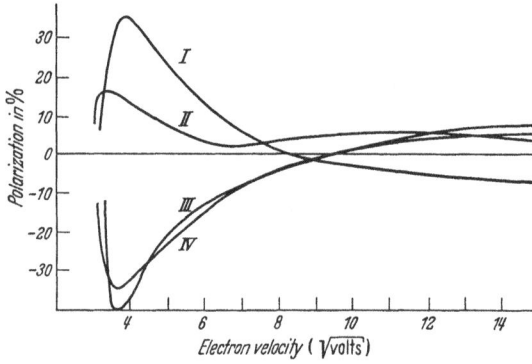

Fig. 57. Observed polarization of various mercury lines excited by electron impact. I $\lambda 4347$ ($6\,^1P_1 - 8\,^1D_2$). II $\lambda 3650$ ($6\,^3P_2 - 7\,^3D_3$). III $\lambda 3663$ ($6\,^3P_2 - 7\,^1D_2$). IV $\lambda 3655$ ($6\,^3P_2 - 7\,^3D_2$).

Fig. 57 illustrates the results obtained for a number of mercury lines. The mercury vapour pressure used corresponded to that at room temperature (about 10^{-3} mm Hg). The tube current was about $\tfrac{1}{3}$ ma and it was verified that under these conditions the polarization was independent of the current. It was checked for many lines that a magnetic field of the order of the earth's field did not affect the polarization, but the field over the existing region was reduced to less than 0.02 gauss by using compensating coils.

SMIT[1] has studied the polarization of the radiation emitted in directions making angles ranging from 30° and 150° to the direction of the incident beam. His results are consistent with the relation

$$\Pi_\vartheta = \frac{\Pi \sin^2 \vartheta}{1 - \Pi \cos^2 \vartheta/100}$$

where Π_0 is the polarization measured in the direction ϑ, Π that measured at 90°.

B. Theory of inelastic collisions of electrons with atoms.

There is no difficulty in obtaining formulae for the differential cross sections for inelastic collisions of electrons with atoms, in terms of atomic wave functions, provided the velocities of the colliding electrons are great compared with the orbital velocities of the atomic electrons involved. Under these conditions BORN's approximation (see preceding article) is valid. No further difficulty arises for hydrogen for which the wave functions are known exactly while for complex atoms the only uncertainties arise from incomplete knowledge of the atomic wave functions. For inelastic collisions with electrons whose velocities are not greatly in excess of those of the atomic electrons concerned in the transitions excited, BORN's approximation is invalid and no satisfactory general formula to replace it may be given. Improved approximations may nevertheless be obtained in certain cases although the numerical application of these approximations requires much more computation than with BORN's approximation.

We shall first describe the results obtained by BORN's approximation with particular reference to the simplest atoms, hydrogen and helium, and then examine their relation to observed data. A discussion of methods which may be applied for slow collisions when BORN's approximation is invalid will then be given.

---
[1] J. SMIT: Physica, Haag **2**, 104 (1935).

18. Born's approximation—general formulae.

Consider an inelastic collision of an electron with a normal atom in which the atom is raised from the ground state of energy E_0 to the n-th discrete excited state with energy E_n. According to Born's approximation the differential cross section I_{0n} for such a collision in which the momentum of the colliding electron of mass m and charge e is initially $k_0 \hbar n_0$ and finally $k_n \hbar n$, where the unit vector n lies within the solid angle element $d\omega$ about the direction (ϑ, φ) relative to the unit vector n_0, is given by

$$I_{0n}(\vartheta)\, d\omega = |f_n(\vartheta)|^2 \, d\omega = \frac{m^2 e^4}{4\pi^2 \hbar^4} \frac{k_n}{k_0} \left| \int \left(\sum_{i=1}^{s} \frac{1}{|\mathbf{r}-\mathbf{r}_i|} \right) e^{i(k_n \mathbf{n} - k_0 \mathbf{n}_0)\cdot\mathbf{r}} \times \right.$$
$$\left. \times \psi_0(\mathbf{r}_1,\ldots,\mathbf{r}_s)\, \psi_n^*(\mathbf{r}_1,\ldots,\mathbf{r}_s)\, d\mathbf{r}_1 \ldots d\mathbf{r}_s\, d\mathbf{r} \right|^2 d\omega. \tag{18.1}$$

$\mathbf{r}_1, \ldots, \mathbf{r}_s$ are the position vectors of the s atomic electrons relative to the atomic nucleus and $\mathbf{r}$ is that of the incident electron. ψ_0 and ψ_n are the wave functions of the ground and n-th excited atomic states, respectively.

The differential cross section $I_{0\varkappa}(\vartheta, \varphi; \lambda, \mu)\, d\varkappa\, d\omega\, d\Omega$ for an ionizing collision in which the ejected electron is moving with momentum of magnitude $\varkappa \hbar$ in the direction (λ, μ) within the solid angle $d\Omega$ is given by a similar formula to (18.1) but with the final atomic wave function $\psi_\varkappa$ appropriately normalised. If the j-th electron is ejected, then $\psi_\varkappa$ should have the asymptotic form for large r_j

$$\psi_\varkappa \sim u(\mathbf{r}_1, \mathbf{r}_2, \ldots, \mathbf{r}_{j-1}, \mathbf{r}_{j+1}, \ldots, \mathbf{r}_s)\, F(\mathbf{r}_j)\, \varkappa\, (8\pi^3)^{-\frac{1}{2}} \tag{18.2}$$

with

$$F(\mathbf{r}_j) \sim \exp\left[i\varkappa\left\{r_j \cos\Theta + \frac{e^2}{mv^2} \log \varkappa r (1-\cos\Theta)\right\}\right] +$$
$$+ f(\Theta)\, r_j^{-1} \exp\left[i\varkappa\left\{r_j - \frac{e^2}{mv^2} \log \varkappa r_j\right\}\right], \tag{18.3}$$
$$\cos\Theta = \cos\lambda \cos\vartheta_j + \sin\lambda \sin\vartheta_j \cos(\mu - \varphi_j), \quad v = k\hbar/m;$$

and $u(\mathbf{r}_i)_{i \neq j}$ the wave function for the discrete state in which the ionized atom is left after the collision, normalised to unity as usual.

The formulae may be simplified by making use of the formula

$$\int \frac{e^{i\mathbf{K}\cdot\mathbf{r}}}{|\mathbf{r}-\mathbf{r}_i|}\, d\mathbf{r} = \frac{4\pi}{K^2} e^{i\mathbf{K}\cdot\mathbf{r}_i}, \tag{18.4}$$

first used in this connection by Bethe[1]. If we write $k_n \mathbf{n} - k_0 \mathbf{n}_0 = \mathbf{K}$ and take the polar axis along $\mathbf{K}$ we have now

$$I_{0n}(\vartheta)\, d\omega = \frac{4 e^4 m^2}{\hbar^4 K^4} \frac{k_n}{k_0} |\varepsilon_{0n}(K)|^2 \, d\omega, \tag{18.5}$$

where

$$\varepsilon_{0n}(K) = \int \psi_0(\mathbf{r}_1,\ldots,\mathbf{r}_s) \left(\sum_{1}^{s} e^{iKz_i}\right) \psi_n^*(\mathbf{r}_1,\ldots,\mathbf{r}_s)\, \Pi_i\, d\mathbf{r}_i, \tag{18.6}$$

and similarly for $I_{0\varkappa}$.

For some purposes it is convenient to specify collisions in terms of the change of momentum $K\hbar$ suffered by the incident electron in the collison. We then have, since

$$K^2 = k_0^2 + k_n^2 - 2 k_0 k_n \cos\vartheta, \tag{18.7}$$

$$I_{0n}(K)\, dK = \frac{8\pi m^2 e^4}{k_0^2 \hbar^4} \frac{dK}{K^3} |\varepsilon_{0n}(K)|^2. \tag{18.8}$$

---
[1] H. Bethe: Ann. Physik 5, 325 (1930).

The conservation of energy requires that

$$\frac{\hbar^2}{2m}(k_0^2 - k_n^2) = E_n - E_0. \tag{18.9}$$

For fast collisions, for which BORN's approximation is valid, we have

$$k_n \approx k_0 - \frac{m}{k_0 \hbar^2}(E_n - E_0). \tag{18.10}$$

Also

$$K^2 = (2k_0^2 - \chi_{0n}^2)(1 - \cos\vartheta) + \frac{1}{4}\frac{\chi_{0n}^4}{k_0^2}\cos\vartheta + \cdots \tag{18.11}$$

where

$$\chi_{0n}^2 = \frac{2m}{\hbar^2}(E_n - E_0) \tag{18.12}$$

so that

$$K \approx 2k_0 \sin\tfrac{1}{2}\vartheta, \tag{18.13}$$

for all angles ϑ for which

$$\vartheta \gg \frac{\chi_{0n}^2}{k_0^2}. \tag{18.14}$$

The total cross section for excitation of the n-th state from the ground states is given by

$$Q_{0n} = \int_0^\pi \int_0^{2\pi} I_{0n}(\vartheta)\, d\omega, \tag{18.15}$$

$$= \int_{K_{\min}}^{K_{\max}} I_{0n}(K)\, dK, \tag{18.16}$$

where

$$K_{\min} = k_0 - k_n, \quad K_{\max} = k_0 + k_n. \tag{18.17}$$

For fast collisions we have, because of (18.10),

$$K_{\min} \approx \frac{m}{k_0 \hbar^2}(E_n - E_0), \tag{18.18}$$

$$K_{\max} \approx 2k_0. \tag{18.19}$$

Similarly for the total cross section for ionization Q_{0i} we have

$$Q_{0i} = \int_0^{\varkappa_{\max}} \int_{K_{\min}}^{K_{\max}} \int_0^\pi \int_0^{2\pi} I_{0\varkappa}(K)\, d\varkappa\, dK\, d\Omega,$$

where

$$K_{\min} = k_0 - k_\varkappa, \quad K_{\max} = k_0 + k_\varkappa$$

and

$$\frac{\hbar^2}{2m}(k_0^2 - k_\varkappa^2 - \varkappa^2) = -E_0. \tag{18.20}$$

I. Application to atomic hydrogen.

19. Excitation of discrete states. The matrix element $\varepsilon_{0n}(K)$ has been evaluated for any state of a hydrogen atom by MASSEY and MOHR[1]. They find that, for excitation of a state with quantum numbers n, l, m,

$$\begin{aligned}\varepsilon_{0,nlm}(K) = {} & 2^{2l+3} n^{l+1}(2l+1)^{\frac{1}{2}}(l+1)!\{(n-l-1)!\}^{\frac{1}{2}}\{(n+l)!\}^{-\frac{1}{2}} \times \\ & \times (K a_0)^l \big[(n+1)\{(n-1)^2 + K^2 n^2 a_0^2\} C_{n-l-2}^{l+2}(x) - {} \\ & - 2n\{(n-1)^2 + K^2 n^2 a_0^2\}^{\frac{1}{2}}\{(n+1)^2 + K^2 n^2 a_0^2\}^{\frac{1}{2}} C_{n-l-3}^{l+2}(x) + {} \\ & + (n-1)\{(n+1)^2 + K^2 n^2 a_0^2\} C_{n-l-3}^{l+2}(x)\big] \times \\ & \times \{(n-1)^2 + K^2 n^2 a_0^2\}^{\frac{1}{2}(n-l-3)}\{(n+1)^2 + K^2 n^2 a_0^2\}^{-\frac{1}{2}(n+l+3)} \delta_{0m},\end{aligned} \tag{19.1}$$

---
[1] H. S. W. MASSEY and C. B. O. MOHR: Proc. Roy. Soc. Lond., Ser. A **132**, 605 (1931).

where
$$x = (n^2 - 1 + K^2 n^2 a_0^2) \left[\{(n+1)^2 + K^2 n^2 a_0^2\} \{(n-1)^2 + K^2 n^2 a_0^2\}\right]^{-\frac{1}{2}}. \quad (19.2)$$

The coefficients C_s^ν are GEGENBAUER polynomials defined by the expansion

$$(1 - 2ut + u^2)^{-\nu} = \sum_{s=0}^{\infty} C_s^\nu(t) u^s,$$

so that
$$\begin{aligned} C_0^\nu &= 1, \quad C_1^\nu(x) = 2\nu x, \quad C_2^\nu(x) = \nu\{2(\nu+1)x^2 - 1\}, \\ C_3^\nu(x) &= 2\nu(\nu+1)\{-x + \tfrac{2}{3}(\nu+2)x^3\}. \end{aligned} \quad (19.3)$$

Table 5. *Differential cross sections for excitation of various levels of hydrogen by electron impact, calculated by* BORN'S *approximation.* $I_{0n}(\vartheta)$ *in units* a_0^2.

Level excited	Electron energy ev	0°	5°	10°	20°	30°	40°
2s	100	0.89	0.77	0.52	0.133	0.024	0.0042
	200	0.94	0.70$_5$	0.33	0.031	0.0024	0.00024
	400	0.96	0.55	0.013	0.0034	0.0$_3$12	0.0$_5$78
2p	100	99.8	23.7	5.01	0.35	0.028	0.0028
	200	215.0	13.3	1.63	0.039	0.0014	0.0$_4$79
	400	450.7	5.43	0.033	0.0022	0.0$_4$35	0.0$_5$13
3s	100	0.24	0.23	0.18	0.064	0.013	0.0025
	200	0.25	0.22	0.13	0.017	0.0014	0.0$_4$14$_5$
	400	0.26	0.19	0.06	0.002	0.0$_4$74	0.0$_5$48
3p	100	11.33	3.72	1.00	0.098	0.0095	0.0$_3$10
	200	24.6	2.40	0.39	0.013	0.0$_3$50	0.0$_5$29
	400	51.2	1.12	0.096	0.0$_3$77	0.0$_4$13	0.0$_6$47
3d	100	0.22	0.17$_5$	0.091	0.010$_5$	0.0$_3$77	0.0$_5$59
	200	0.24	0.15	0.043	0.0011	0.0$_4$26	0.0$_7$96
	400	0.25$_5$	0.10	0.010	0.0$_4$42$_5$	0.0$_6$37	0.0$_8$83

For small values of K, that is to say small angles of scattering, ε_{0n} behaves like K^l except for s states for which it behaves like K^2. It follows then that for p states the differential cross section $I_{0n}(\vartheta)$ behaves like K^{-2} at small angles whereas for s and d states it is independent of angle. The angular distribution of electrons scattered after exciting p states falls very rapidly from the smallest angles. In terms of a semiclassical picture this means that the excitation of optically allowed transitions takes place mainly in distant encounters, a result connected with the fact that these transitions are associated with an oscillating electric dipole moment. Transitions which are associated only with moments of higher polarity are not so readily excited in distant encounters.

Table 5 gives differential cross sections for excitation of a number of the lower excited states of atomic hydrogen by electrons with energies in the range 100 to 400 ev. The differences in behaviour at small angles are clear.

The total cross sections Q_{0n} may be calculated analytically from either (18.15) or (18.16) for particular excited states. It is found that

$$Q_{0,nl} = 4\pi \frac{|E_0|}{E} |z_{0n}|^2 \left[G_{nl}\left\{1 + \left(\frac{n}{n+1}\right)^2 (k_0 + k_n)^2 a_0^2\right\} - G_{nl}\left\{1 + \left(\frac{n}{n+1}\right)^2 (k_0 - k_n)^2 a_0^2\right\}\right] \quad (19.4)$$

where E is the energy of the incident electron and

$$|z_{0n}|^2 = \frac{2^8}{3} \frac{n^7 (n-1)^{2n-5}}{(n+1)^{2n+5}} a_0^2. \quad (19.5)$$

z_{0n} is the mean dipole moment for the transition from the ground state to the n-th state of total quantum number n for which $l=1$.

The functions G_{nl} for the first few excited states are as follows:

$$n=2,\; l=0,\; G_{20}(x) = -\frac{1}{5x^5},$$

$$n=2,\; l=1,\; G_{21}(x) = \log\frac{x-1}{x} + \frac{1}{x} + \frac{1}{2x^2} + \frac{1}{3x^3} + \frac{1}{4x^4} + \frac{1}{5x^5},$$

$$n=3,\; l=0,\; G_{30}(x) = -\frac{6}{5x^5} + \frac{4}{3x^6} - \frac{8}{21x^7}, \qquad (19.6)$$

$$n=3,\; l=1,\; G_{31}(x) = \log\frac{x-1}{x} + \frac{1}{x} + \frac{1}{2x^2} + \frac{1}{3x^3} + \frac{1}{4x^4} + \frac{1}{5x^5} - \frac{4}{3x^6} + \frac{4}{7x^7},$$

$$n=3,\; l=2,\; G_{32}(x) = -\frac{4}{21x^7}.$$

Table 6. *Total cross sections for excitation of various transitions in atomic hydrogen calculated by* BORN'S *approximation. Cross section in units of πa_0^2.*

Electron energy ev	Transition										
	$1s-1s$ (elastic)	$1s-2s$	$1s-2p$	$1s-3s$	$1s-3p$	$1s-3d$	$1s-4s$	$1s-4p$	$1s-4d$	$1s-4f$	$1s-$ continuum (ionization)
20	1.3	0.220	1.310	0.0377	0.295	0.0062	0.014	0.107	0.0035	0.0$_4$52	0.61
30		0.165	1.286	0.032	0.246	0.0053	0.010	0.091	0.0019$_5$	0.0$_4$38	1.05
40		0.131	1.182	0.026	0.221	0.0044	0.0098	0.082	0.0017	0.0$_4$41	1.19
50	0.54	0.109	1.080	0.021	0.195	0.0037	0.0075	0.070	0.0014	0.0$_4$32	1.15
75		0.075	0.886	0.015	0.153	0.0026	0.0055	0.055	0.0010	0.0$_4$16	
100	0.297	0.057	0.730	0.011	0.130	0.0020	0.0040	0.046	0.00074	0.0$_4$12	0.84
150	0.202	0.039	0.583	0.0075	0.092	0.0013	0.0028	0.035	0.00054	0.0$_5$85	0.64
200	0.153	0.029	0.472	0.0057	0.081	0.0011	0.0025	0.028	0.00042	0.0$_5$65	0.51
300	0.103	0.020	0.34								0.37
400	0.077	0.015	0.29								
700	0.045	0.008	0.20								
1000	0.031	0.005	0.14								0.133

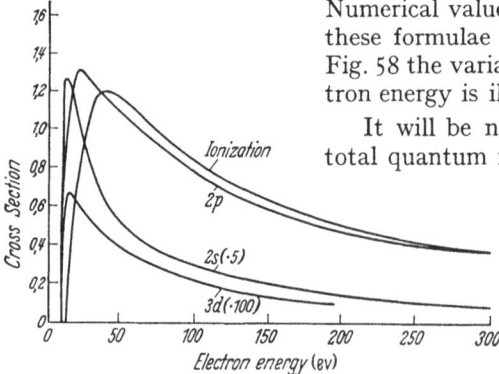

Fig. 58. Calculated cross sections in units πa_0^2 for excitation of various levels of atomic hydrogen by electron impact.

Numerical values of total cross sections given by these formulae are included in Table 6 while in Fig. 58 the variation of the cross sections with electron energy is illustrated.

It will be noted that, for a given value of the total quantum number n, the cross section for the optically allowed transitions is the largest. For these transitions the cross section reaches a maximum at an electron energy near the threshold and then falls at a somewhat slower rate than E^{-1} for higher energies. On the other hand, for optically disallowed transitions, the cross section reaches a maximum at an even lower energy and falls off as E^{-1} for high energies. The slower fall-off at high energies for the optically allowed transitions is due to the presence of logarithmic terms in

Sect. 19.   Excitation of discrete states.   355

the corresponding expression for $G(x)$. The reason for the occurrence of these terms for optically allowed transitions may be seen most clearly by following an approximate method due to Bethe[1] which is also of particular value in considering excitation of complex atoms.

For sufficiently small K we may expand the matrix element as follows

$$\varepsilon_{0,nl}(K) = \int \psi_0 \psi_{nl}^* \left\{ iKz + \frac{(iK)^2}{2} z^2 + \cdots \right\} d\boldsymbol{r}$$
$$= iK z_{0,nl} - \frac{K^2}{4} (z^2)_{0,nl} + \cdots \qquad (19.7)$$

where

$$(z^s)_{0,nl} = \int z^s \psi_0 \psi_{nl}^* d\boldsymbol{r}. \qquad (19.8)$$

This expansion will converge provided K is such that $K r_0 \ll 1$ where r_0 is the "range" of the product $\psi_0 \psi_n^*$ i.e. r_0 is of the order a_0. For greater values of K, $I_{0,nl}(K)$ is negligibly small as far as its contribution to $Q_{0,nl}$ is concerned. We may therefore write

$$I_{0,nl}(K) \approx \frac{8\pi m^2 e^4}{k_0^2 \hbar^4} \frac{dK}{K} \left| z_{0,nl} + \frac{iK}{4} (z^2)_{0,nl} + \cdots \right|^2 \qquad (19.9)$$

for $K \ll 1/a_0$.

For optically allowed transitions $z_{0,nl}$ does not vanish and hence

$$I_{0,n1}(K) \approx \frac{8\pi m^2 e^4}{k_0^2 \hbar^4} \frac{dK}{K} |z_{0,n1}|^2. \qquad (19.10)$$

If we use the approximation

$$K^2 = (2k_0^2 - \chi_{0n}^2)(1 - \cos\vartheta) + \frac{1}{4} \frac{\chi_{0n}^4}{k_0^2} \cos\vartheta \qquad (19.11)$$

which follows from (18.11) by taking the first two terms, we may calculate $Q_{0,n1}$ by integrating (19.10) over all K. It is true that for values of K comparable with or $>1/a_0$ (19.10) is not a good approximation but the expression (19.11) for K^2 ensures that the contribution from such K is negligible. We find then that

$$Q_{0,n1} \approx \frac{2 |E_0|}{E} |z_{0,n1}|^2 \log \frac{4E}{E_n - E_0}. \qquad (19.12)$$

To compare with the exact expressions (19.4) and (19.6) we note that, for high energy encounters, for which $(k_0 + k_n) a_0 \gg 1$ and $(k_0 - k_n) a_0 \ll 1$

$$G_{nl} \left\{ 1 + \left(\frac{n}{n+1} \right)^2 (k_0 - k_n)^2 a_0^2 \right\} \to \log \left\{ \left(\frac{n}{n+1} \right)^2 (k_0 - k_n)^2 a_0^2 \right\}$$

and

$$G_{nl} \left\{ 1 + \left(\frac{n}{n+1} \right)^2 (k_0 + k_n)^2 a_0^2 \right\} \to 0,$$

so that

$$Q_{0,n1} \approx \frac{2 |E_0|}{E} |z_{0,n1}|^2 \log \frac{n^2 - 1}{(n+1)^2} \frac{4E}{E_n - E_0}, \qquad (19.13)$$

which agrees with (19.12) if n is not too small.

For optically disallowed transitions $z_{0,nl}$ vanishes. If $l = 0$ or 2, $(z^2)_{0,nl}$ will be finite so that

$$I_{0,nl}(K) \approx \frac{\pi m e^4}{2 k_0^2 \hbar^4} |(z^2)_{0,nl}|^2 K \, dK, \qquad (19.14)$$

---
[1] H. Bethe: Ann. Physik 5, 325 (1930).

for $K\ll 1/a_0$. To evaluate $Q_{0,nl}$ approximately in these cases we may use (19.14) for values of K up to $1/a_0$ and neglect contributions from higher values of K. This gives

$$Q_{0,nl} \simeq \frac{|E_0|}{E} \frac{|(z^2)_{0,nl}|^2}{a_0^2}, \tag{19.15}$$

no logarithmic term now appearing.

20. Ionization. Using the wave functions for the motion of an electron with positive total energy $\varkappa^2 \hbar^2/2m$ in the field of a charge $+e$, the differential cross section $I_{0\varkappa}(\vartheta, \varphi; \lambda, \mu) \, d\varkappa \, d\omega \, d\Omega$ may be calculated to give

$$\begin{aligned}
I_{0\varkappa} \, d\varkappa \, d\omega \, d\Omega = \frac{2^8 \varkappa k_\varkappa a_0^3}{\pi k_0 K^2} \exp\left[-\frac{2}{\varkappa a_0} \arctan \frac{2\varkappa a_0}{K^2 - \varkappa^2 - \frac{1}{a_0^2}}\right] \times \\
\times \left\{(K - \varkappa \cos \delta)^2 + \frac{1}{a_0^2}\right\} \left\{\left(K^2 - \varkappa^2 + \frac{1}{a_0^2}\right)^2 + 4\varkappa^2 a_0^2\right\}^{-1} \times \\
\times \left(1 - e^{-\frac{2\pi}{\varkappa a_0}}\right)^{-1} \left(K^2 + \varkappa^2 - 2K\varkappa \cos \delta + \frac{1}{a_0^2}\right)^{-4} d\varkappa \, d\omega \, d\Omega.
\end{aligned} \tag{20.1}$$

The various angles and directions are indicated in Fig. 59. δ is the angle the direction of the outgoing electron makes with the vector $k_0 n_0 - k_\varkappa n$ which is in the direction of the change of momentum of the incident electron. The differential cross section is a maximum when $\delta = 0$, corresponding to conservation of momentum in the collision between the incident and atomic electron.

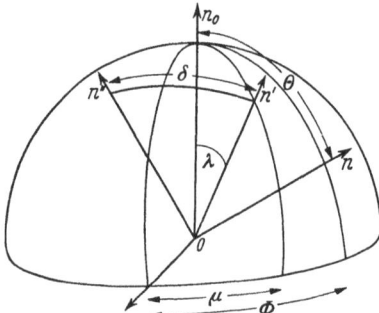

Fig. 59. Illustrating angles and directions appearing in the formula for the differential ionization cross sections. n_0, n, n' are unit vectors in the directions of incidence, scattering and ejection, respectively. n'' is the unit vector in the direction of the change of momentum $k_0 n_0 - k_n n$.

For comparison with observation it is of interest to calculate the angular distribution of the ejected electrons for a fixed energy loss (fixed $\varkappa$), integrated over all angles of scattering of the incident electron, as well as the corresponding angular distribution of the scattered electrons integrated over all angles of ejection of the atomic electron. Before considering them it is important to be clear about the distinction between scattered and ejected electrons. Because of the indistinguishability of two electrons it is not possible to distinguish between a collision in which the incident electron is scattered with momentum $k_\varkappa \hbar$ and the atomic electron ejected with momentum $\varkappa \hbar$ and one in which the incident electron is scattered with momentum $\varkappa \hbar$ and the atomic electron ejected with momentum $k_\varkappa \hbar$. However, for fast encounters, the differential cross section falls rapidly with increasing K and we may somewhat arbitrarily, but effectively, designate those electrons which have emerged from the collision with an energy greater than half the incident as scattered and regard the others as ejected. BORN's approximation will, in any case, not be valid for collisions in which a large fraction of the incident energy is lost.

The angular distribution of the ejected electrons (defined as above) is now obtained by integrating (20.1) over all angles of scattering. This can only be done numerically if the exact formula (20.1) is used. If the wave functions $\psi_\varkappa$ are taken as plane waves[1], which is a fair approximation if $\varkappa a_0$ is not too small,

---

[1] W. WETZEL: Phys. Rev. **44**, 25 (1933).

an analytical expression may be obtained. Fig. 60 illustrates some results for incident electrons of 200 ev energy. The maxima occur at angles of ejection λ where

$$k_0^2 + \varkappa^2 - 2k_0\varkappa \cos \lambda = k_\varkappa^2 \tag{20.2}$$

corresponding to the conservation of momentum in the encounter with the atomic electrons.

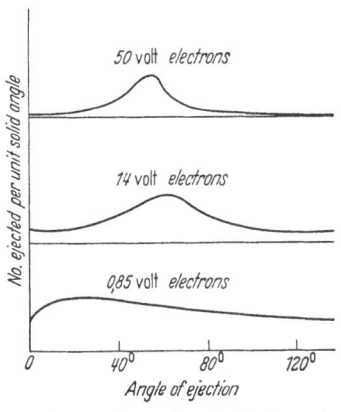

Fig. 60. Calculated angular distributions of electrons ejected in ionizing collisions of atomic hydrogen with electrons of 200 ev incident energy.

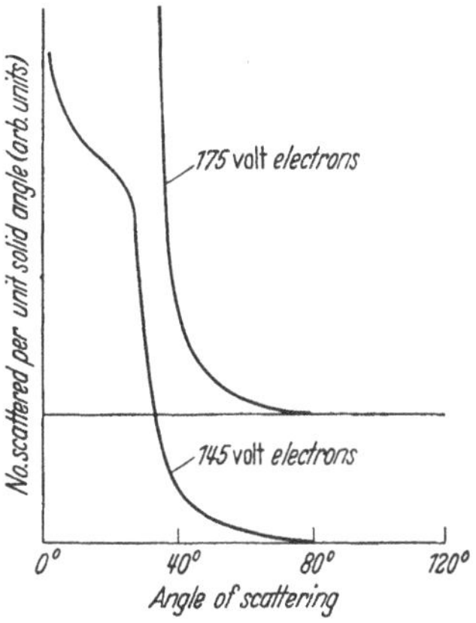

Fig. 61. Calculated angular distributions of electrons scattered after ionizing collisions with hydrogen atoms.

The angular distribution of the scattered electrons may be obtained from (20.1) by carrying out the integration over $d\Omega$ analytically. It is given by

$$\begin{aligned}
J_{0\varkappa}(\vartheta, \varphi)\, d\varkappa\, d\omega &= d\varkappa\, d\omega \int I_{0\varkappa}\, d\Omega \\
&= \frac{2^{10}\,\varkappa\, k_\varkappa\, a_0^3}{k_0\, K^2} \cdot \frac{K^2 + \frac{1}{3}\left(\varkappa^2 + \frac{1}{a_0^2}\right)}{\left\{(K^2 - \varkappa^2)^3 + \frac{2}{a_0^2}(K^2 + \varkappa^2) + \frac{1}{a_0^4}\right\}^3} \times \\
&\quad \times \exp\left[-\frac{2}{\varkappa a_0}\arctan\left\{\frac{2\varkappa a_0}{(K^2 - \varkappa^2)\, a_0^2 + 1}\right\}\right]\left(1 - e^{-\frac{2\pi}{\varkappa a_0}}\right)^{-1} d\varkappa\, d\omega.
\end{aligned} \tag{20.3}$$

For low values of K these angular distributions are very similar to those for excitation of optically allowed transitions to discrete levels, exhibiting a rapid monotonic decrease with increasing angle of scattering. At higher values of K, however, a maximum appears where $K^2 = \varkappa^2$ again corresponding to conservation of momentum in the collision with the atomic electron. These results are illustrated in Fig. 61.

The velocity distribution of the ejected electrons may be obtained by integrating (20.3) over all angles of scattering. This can only be carried out numerically unless the plane wave approximation is used for $\psi_\varkappa$. Fig. 62 illustrates some calculated velocity distributions.

Finally, by integrating over all velocities of the ejected electrons we obtain the total cross section for ionization. This is illustrated in Fig. 58. It is very similar in form to that for excitation of p states (see Fig. 58) as would be expected since an ionizing transition is always optically allowed.

BETHE's approximate method may be applied to ionizing collisions in an exactly similar way to discrete excitation. Thus the differential cross section

$Q_{0,\varkappa} d\varkappa$ for an ionizing collision in which the ejected electron has an energy $E_\varkappa$ is given approximately by the appropriate modification of (19.12):

$$Q_{0\varkappa} d\varkappa \approx \frac{2|E_0|}{E} |z_{0\varkappa}|^2 \log\left(\frac{4E}{E_\varkappa - E_0}\right) d\varkappa, \qquad (20.4)$$

the wave function $\psi_\varkappa$ used in the calculation of $z_{0\varkappa}$ being of course normalized as in (18.2). By integrating this expression over $\varkappa$ the total cross section for ionization takes the form

$$Q_i \approx \frac{2|E_0|}{E} f \log \frac{4E}{I}, \qquad (20.5)$$

where for hydrogen $f = 0.285$ and $I = 0.048 |E_0|$.

Swan[1] has used Born's approximation to calculate cross sections for the ionization of hydrogen atoms which are initially in 2s and 2p states respectively. His results are given in Table 7.

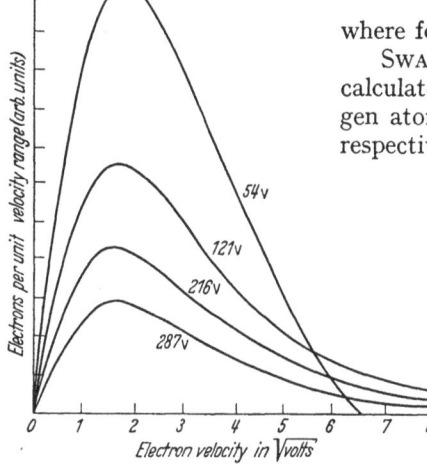

Fig. 62. Calculated velocity distributions of electrons ejected in ionizing collisions of electrons with hydrogen atoms. The number on each curve is the energy of the incident electron in ev.

Table 7. *Total cross sections for ionization of hydrogen atoms from 2s and 2p states, by electron impact.*

Electron energy ev	Cross sections in units πa_0^2	
	Ionization of $H(2s)$	Ionization of $H(2p)$
4.87	24.1	13.7
8.66	36.1	32.7
13.53	30.4	15.3
19.48	24.5	20.7
43.83	14.1	10.9
71.57	9.9	7.3
98.63	7.6	5.6_5

21. Angular distribution of the totality of inelastically scattered electrons. Summing the differential cross sections $I_{0n}(K) dK$, for a fixed magnitude of momentum change K of the incident electron, over all excited states we have, from (18.8),

$$\sum_{n\neq 0} I_{0n}(K) dK = \frac{8\pi m^2 e^4}{k_0^2 \hbar^4} \frac{dK}{K^3} \sum_{n\neq 0} \left|\int e^{iKz} \psi_0 \psi_n^* d\mathbf{r}\right|^2. \qquad (21.1)$$

Applying the sum rule

$$\sum_{n=0} |\int e^{iKz} \psi_0 \psi_n^* d\mathbf{r}|^2 = 1, \qquad (21.2)$$

we have

$$\sum_{n\neq 0} I_{0n}(K) dK = \frac{8\pi m^2 e^4}{k_0^2 \hbar^4} \frac{dK}{K^3} \{1 - F^2(K)\}, \qquad (21.3)$$

where

$$F(K) = \int e^{iKz} |\psi_0|^2 d\mathbf{r} = (1 + \tfrac{1}{4} K^2 a_0^2)^{-2} \qquad (21.4)$$

is the hydrogen atom form factor.

The formula (21.3) will only be valid if no important contribution comes from states whose excitation is energetically impossible. This requires that $K\hbar$ must be greater than the minimum momentum change for a transition to

---
[1] P. Swan: Proc. Phys. Soc. Lond. A **68**, 1157 (1955).

the highest state with appreciable excitation probability. If $E_{\max}$ is the energy of this state then, from (18.18),

$$K > m(E_{\max} - E_0)/k_0 \hbar^2. \qquad (21.5)$$

Since the excitation cross section falls off quite rapidly with increasing E_n we can assume it to be small when $E_n > 4|E_0|$ so that (21.3) will be valid provided

$$K > 5m|E_0|/k_0 \hbar^2. \qquad (21.6)$$

If the incident energy is great compared with the excitation energy, (18.11) shows that

$$K = 2k_0 \sin \tfrac{1}{2} \vartheta, \quad k_n \approx k_0, \qquad (21.7)$$

for all angles ϑ which satisfy

$$\left.\begin{aligned}\vartheta^2 \gg \frac{\chi_{0n}^2}{k_0^2} &= \frac{2m}{\hbar^2} \frac{(E_{\max} - E_0)}{k_0^2} \\ &= \frac{5|E_0|}{E}.\end{aligned}\right\} \qquad (21.8)$$

This will be valid for small angle collisions [though satisfying Eq. (21.8)] as it is in such collisions that the energy loss is small (see Fig. 61). For collisions involving relatively large energy loss the conservation of momentum is approximately satisfied so that the momentum of the ejected electron is nearly $K\hbar$. Hence

$$(k_0^2 - k_x^2) = K^2$$
$$= k_0^2 + k_x^2 - 2k_0 k_x \cos \vartheta,$$

so

$$K = k_0 \sin \vartheta, \quad k_x = k_0 \cos \vartheta. \qquad (21.9)$$

These formula agree with (21.7) when ϑ is small so that, provided (21.8) is satisfied, we may substitute $K = k_0 \sin \vartheta$ in (21.3) to give the angular distribution of the totality of inelastically scattered electrons, viz.

$$2\pi \sum_{n \neq 0} I_{0n}(\vartheta) \sin \vartheta\, d\vartheta = \frac{8\pi m^2 e^4}{\hbar^4} \frac{\cos \vartheta}{\sin^3 \vartheta} \left[1 - \frac{1}{(1 + \tfrac{1}{4} k_0^2 a_0^2 \sin^2 \vartheta)^4}\right] d\vartheta. \qquad (21.10)$$

For elastic collisions on the other hand[1]

$$2\pi I_{00} \sin \vartheta\, d\vartheta = \frac{8\pi m^2 e^4}{\hbar^4} a_0^4 \frac{(8 + 4k_0^2 a_0^2 \sin^2 \tfrac{1}{2}\vartheta)}{(4 + 4k_0^2 a_0^2 \sin^2 \tfrac{1}{2}\vartheta)^4} \sin \vartheta\, d\vartheta. \qquad (21.11)$$

At angles of scattering which, while satisfying (21.8) are nevertheless small, we have

$$\frac{\sum_{n \neq 0} I_{0n}(\vartheta)}{I_{00}(\vartheta)} = \cot \vartheta, \qquad (21.12)$$

so that the inelastic scattering at these angles considerably exceeds the elastic.

At large angles of scattering (21.10) gives the RUTHERFORD formula for the scattering of one electron by another free electron at rest. In deriving (21.10) no allowance has been made for the exclusion principle and this must be done before obtaining the correct formula for this case.

22. Relative importance of different kinds of collisions as a function of electron energy.
The cross section for elastic collisions falls off inversely as the energy for high electron energies whereas for optically allowed excitations, including

---

[1] See for example, N. F. MOTT and H. S. W. MASSEY: The Theory of Atomic Collisions, 2nd ed., p. 185. Oxford 1949.

ionization, the rate of fall is somewhat slower due to the logarithmic term in the cross section formula. Thus for electrons of 1000 volts energy 8% of the collisions are elastic but for 100 000 volt electrons only 5.1%. Over this energy range there is a slow decrease in the relative importance of ionizing collisions as distinct from those which lead to discrete excitation. Thus at 1000 volts energy 36.5% of the collisions lead to ionization as against 32.5% for 100 000 volt electrons.

II. Application of BORN'S approximation to complex atoms.

Up to the time of writing, there has been little experimental information available with which to check the predictions of BORN'S approximation for collisions with atomic hydrogen. Most emphasis on application of the approximation to other atoms has therefore been laid on helium for which experimental material is available and which is a sufficiently simple atom for reasonable reliance to be

Table 8. *Differential and total cross sections for excitation of various levels of helium by electron impact, calculated by* BORN'S *approximation.*

Level excited	Electron energy ev	$I_{on}(\theta)$ in units of a_0^2						Q_n in units πa_0^2
		0°	5°	10°	20°	30°	40°	
2^1S	100	0.126	0.120	0.103	0.049	0.020	0.0_263	0.0_287
	200	0.155	0.126	0.087	0.024	0.0_263	0.0_37	0.0_249
	400	0.166	0.120	0.087	0.005	0.0_34	0.0_43	0.0_285
2^1P	100	7.8	4.4	1.78	0.32	0.056	0.013	0.107
	200	17.7	4.5	0.99	0.068	0.0_288	0.0_37	0.069
	400	39	2.6	0.33	0.0_29	0.0_33	0.0_42	0.047
3^1S	100							0.0_217
	200							0.0_212
	400							0.0_37
3^1P	100	1.84	1.20	0.45	0.103	0.021	0.0_243	0.031
	200	4.5	1.33	0.24	0.027	0.0_225	0.0_328	0.021
	400	9.7	0.81	0.08_4	0.0_235	0.0_314	0.0_58	0.013
3^1D	100	0.0109	0.0_298	0.0_270	0.0_228	0.0_37	0.0_314	0.0_350
	200	0.0132	0.0106	0.0_252	0.0_386	0.0_48	0.0_57	0.0_328
	400	0.0142	0.0_294	0.0_323	0.0_311	0.0_53	0.0_61	0.0_315
4^1P	100	0.68	0.46	0.215	0.043	0.0_292	0.0_320	0.012
	200	1.71	0.52	0.131	0.011	0.0_212	0.0_313	0.0_286
	400	3.70	0.33	0.048	0.0_315	0.0_46	0.0_54	0.0_261
4^1D	100							0.0_329
	200							0.0_315
	400							0.0_479
4^1F	100							0.0_5388
	200							0.0_5102
	400							0.0_5102
5^1P	100	0.36	0.245	0.115	0.023_5	0.0_250	0.0_210	0.0_263
	200	0.91	0.278	0.070	0.0_259	0.0_357	0.0_462	0.0_246
	400	2.06	0.177	0.026	0.0_38	0.0_429	0.0_518	0.0_234
5^1D	100							0.0_3153
	200							0.0_485
	400							0.0_485
Elastic	100	0.99	0.98	0.92	0.79	0.61	0.45	0.375
	200	0.99	0.97	0.88	0.65	0.41	0.25	0.205
	400	0.99	0.95	0.77	0.45	0.22	0.10	0.107

placed on approximate atomic wave functions. We shall first describe the results of detailed calculations for complex atoms, particularly for helium, and then discuss the approximate general formula which may be applied when not too high an accuracy is required.

23. Detailed calculations of cross sections. α) *Helium*. MASSEY and MOHR[1] have carried out extensive calculations of the differential and total cross sections for excitation and ionization of helium. They used helium wave functions of hydrogen-like form. A more accurate approximation has been used by ERSKINE[2] to calculate the ionization cross section (see Fig. 63, p. 365). Their results for excitation are given in Table 8. For comparison the corresponding cross sections for elastic collisions are also given.

Table 9. *Differential and total cross sections for excitation of doubly excited states of helium by electron impact, using* BORN'S *approximation*.

Level	Threshold energy (ev)	Electron energy (ev)	$I_{0\,n}(\vartheta)$ in units a_0^2					Q_{0n} in units πa_0^2
			0°	5°	10°	20°	30°	
$(2s\,2p)^1P$	60.9	200	0.041	0.030	0.016	$0.0_2 39$	$0.0_3 9$	$0.0_3 96$
		400	0.087	0.038	0.011	$0.0_2 10$	$0.0_3 1$	$0.0_2 73$
$(2s\,3p)^1P$	63.4	200	$0.0_2 31$	$0.0_2 23$	$0.0_2 12$	$0.0_3 26$	$0.0_4 5$	$0.0_4 68$
		400	$0.0_2 65$	$0.0_2 30$	$0.0_3 8$	$0.0_4 8$	$0.0_5 5$	$0.0_4 53$
$(3s\,2p)^1P$		200	0.042	0.029	0.013	$0.0_2 18$	$0.0_3 2$	$0.0_3 53$
		400	0.105	0.039	$0.0_2 82$	$0.0_3 3$	$0.0_4 1$	$0.0_3 54$

Many features of the cross sections are similar to those for hydrogen. Thus the optically allowed transitions are the strongest and exhibit the most marked concentration of probability at small angles of scattering. On the other hand elastic and ionizing collisions are relatively much more important than for hydrogen. At 800 volts in helium the relative importance of elastic, discrete excitation and ionizing collisions is as 1:0.78:3.4 whereas for hydrogen at 1000 volts it is as 1:7.3:4.3. It is important to note that at the lower electron energies appearing in Table 8 BORN'S approximation does not give very accurate results as will be seen below (Sects. 25 and 26).

MASSEY and MOHR[3] have also calculated cross sections for double excitation of helium ignoring the instability of these states towards autoionization. These results are given in Table 9.

Despite the very short lifetime estimated for these doubly excited states, PRIESTLEY and WHIDDINGTON[4] have observed energy lines of 59.25 and 62.27 ev for electrons in helium which agree quite closely with the energies of the $(2s\,2p)^1P$ and $(3s\,2p)^1P$ levels. Moreover, the observed ratio of the scattered intensity at 10° for electrons which have suffered the 59.25 ev loss to that for electrons which have excited the $3\,^1P$ level agrees in order of magnitude with the calculated ratio 1:15 for 200 volt electrons. The variation of intensity with angle for electrons which have suffered the 59.25 volt loss is found to be less steep than for single excitation which is qualitatively in agreement with the theory. Nevertheless the strength of the doubly excited discrete transitions relative to the background continuum is very surprising, as their short life time should render the energy losses so diffuse as to be undetectable. Double excitation is probably a cause of

---

[1] H. S. W. MASSEY and C. B. O. MOHR: Proc. Roy. Soc. Lond., Ser. A **140**, 613 (1933).
[2] G. ERSKINE: Proc. Roy. Soc. Lond., Ser. A **224**, 362 (1954).
[3] H. S. W. MASSEY and C. B. O. MOHR: Proc. Cambridge Phil. Soc. **31**, 604 (1935).
[4] H. PRIESTLEY and R. WHIDDINGTON: Proc. Roy. Soc. Lond., Ser. A **145**, 462 (1934).

the irregularities observed in the ionization functions for complex atoms (see Sect. 7α) but in these cases the states concerned lie only a relatively small distance above the ionization threshold and have comparatively long lifetimes towards autoionization.

β) *Other atoms.* The ionization cross section of neon has been calculated by LEDSHAM[1] using a self-consistent field wave function for the ground state and determining the function $F_x(r)$ for the ejected electron by numerical integration of the SCHRÖDINGER equation for motion of the electron in the self-consistent field of the normal Ne^+ ion. His results for the total cross section are illustrated in Fig. 63, p. 365. YAVORSKY[2] has calculated the ionization cross section for mercury.

Cross sections for ionization of inner shells of heavy atoms have been calculated by BURHOP[3] using screened hydrogen-like wave functions for the K ionization of nickel and for the K, LI, LII and LIII ionization of silver. His results are illustrated in Fig. 63 p. 365. HILL[4] has calculated the cross section for ionization of Fe XIV by 900 volt electrons obtaining a value of 10^{-19} cm². FUNDAMINSKY[5] has calculated cross sections for excitation of the $3s-3p$, $3s-4s$ and $3s-4p$ transitions for sodium by electrons with energies up to 40 ev. His results for the first of these are illustrated in Fig. 73, p. 393.

24. General formulae concerning inelastic collisions with complex atoms. We now consider some formulae which, while giving results of less accuracy than the calculations discussed above, are of general application.

α) *Angular distribution of inelastically scattered electrons.* We may first generalize the formula (21.3) which applies to collisions with hydrogen atoms in which the angle of scattering is large compared with $(E_0/E)^{\frac{1}{2}}$ where E is the energy of the incident electron and E_0 the ionization energy of hydrogen. In place of (21.1) we have

$$\sum I_{0n}(K)\, dK = \frac{8\pi m^2 e^4}{k_0^2 \hbar^4} \frac{dK}{K^3} \sum_{n\neq 0} \left| \int \psi_0 \left(\sum_j e^{iKz_j} \right) \psi_n^* \Pi_j\, d\mathbf{r}_j \right|^2, \qquad (24.1)$$

and, if $\vartheta \gg (E_m/E)^{\frac{1}{2}}$ where E_m is the ionization energy of the most firmly bound electrons, $K \approx 2k_0 \sin \frac{1}{2}\vartheta$ so that

$$\sum I_{0n}(\vartheta) \approx \frac{m^2 e^4 Z}{k_0^4 \hbar^4 \sin^4 \frac{1}{2}\vartheta} P(k_0 \sin \frac{1}{2}\vartheta) \qquad (24.2)$$

where Z is the number of atomic electrons and

$$P(k_0 \sin \frac{1}{2}\vartheta) = \sum_n \left| \int \psi_0 \left(\sum_j e^{iKz_j} \right) \psi_n^* \Pi_j\, d\mathbf{r}_j \right|^2. \qquad (24.3)$$

HEISENBERG[6] has shown how P may be calculated in terms of the THOMAS-FERMI statistical atomic model. It is found that

$$\sum I_{0n}(\vartheta) = \frac{e^4 Z}{m^2 v^4} \operatorname{cosec}^4 \frac{1}{2}\vartheta\, S\left(vZ^{-\frac{1}{3}} \sin \frac{1}{2}\vartheta\right), \qquad (24.4)$$

v being the velocity of the incident electrons. The function S may be calculated numerically, a number of values being given in Table 10. In the limit of very

---

[1] F. LEDSHAM: Thesis, London 1949.
[2] B. M. YAVORSKY: J. Phys. U.S.S.R. **10**, 476 (1946).
[3] E. H. S. BURHOP: Proc. Cambridge Phil. Soc. **36**, 43 (1940).
[4] E. R. HILL: Austral. J. Sci. Res. A. **4**, 437 (1951).
[5] A. FUNDAMINSKY: loc. cit.
[6] W. HEISENBERG: Phys. Z. **32**, 737 (1931).

Sect. 24. General formulae concerning inelastic collisions with complex atoms.

high energies $S \to 1$ and I_{0n} takes the form $Ze^4/m^2v^4 \sin^4 \tfrac{1}{2}\vartheta$ which is the same as the RUTHERFORD formula for the elastic scattering of an electron of velocity v by Z free electrons at rest.

The formula (24.4) is useful for estimating the contribution from inelastic collisions in experiments on structure studies involving electron diffraction by gaseous molecules. It is of no value for estimating the total inelastic cross section, as the major contribution to this cross section comes from angles so small that the formula is invalid.

The angular distribution for these angles, i.e. when $\vartheta \ll (E_m/E)^{\frac{1}{2}}$, may be obtained by generalizing the formula (19.10) and using the approximation (19.11) for K^2. We have

$$I_{0n}(\vartheta) \approx \frac{4m^2 e^4}{\hbar^2 K^2} \left| \sum_j z^j_{0,n} \right|^2$$

$$\approx \frac{4 |\sum z^j_{0,n}|^2}{a_0^2 \{4k_0^2 \sin^2 \tfrac{1}{2}\vartheta + (\chi_{0n}^4/4k_0^2)\cos\vartheta\}},$$

$$= \frac{E_H}{E} \frac{|\sum z^j_{0,n}|^2}{\sin^2 \tfrac{1}{2}\vartheta + (\varDelta E_n/4E)^2 \cos\vartheta}, \quad (24.5)$$

E_H being the binding energy of the ground state of hydrogen and $\varDelta E_n = E_n - E_0$.

Table 10. *Values of inelastic scattering factor S.*

$vZ^{-\frac{2}{3}}\sin\tfrac{1}{2}\vartheta$ (v in $\sqrt{\text{volt}}$)	S
0.278	0.319
0.556	0.486
1.112	0.674
1.668	0.776
2.224	0.839
2.781	0.880
3.337	0.909
3.893	0.929
4.449	0.944
5.005	0.954
5.561	0.965

The angular distribution of all inelastically scattered electrons can now be written down, by introducing a mean excitation energy $\overline{\varDelta E}$ so that

$$\sum_n I_{0n}(\vartheta) = \frac{E_H}{E} \frac{\sum_n |\sum_j z^j_{0,n}|^2}{\sin^2 \tfrac{1}{2}\vartheta + (\overline{\varDelta E}/4E)^2 \cos\vartheta}, \quad (24.6)$$

this approximation being valid for $\vartheta \ll (\overline{\varDelta E}/E)^{\frac{1}{2}}$. If the wave function of the ground state of the atom is represented approximately as a properly antisymmetric linear combination of products of one electron wave functions

$$\sum_n \left|\sum_j z^j_{0,n}\right|^2 = \left|\left(\sum z_j\right)^2\right|_{00},$$

$$= \sum_j (z^2)_{jj} - \sum_{j \neq k} |z_{jk}|^2,$$

$$= B, \text{ say.}$$

In these formulae j and k refer to occupied one-electron states of the atom.

Table 11. *Values of constants, B and $\overline{\varDelta E}$, in formula for angular distribution of the aggregate of inelastically scattered electrons.*

Atom or ion	$B(10^{-18}$ cm$^2)$	$\overline{\varDelta E}$ (ev)	Atom or ion	$B(10^{-17}$ cm$^2)$	$\overline{\varDelta E}$ (ev)
H	29.7	13.5	K+	96.1	140
Li+	7.6	98	Ca++	73.7	180
C	78.2	44	Cu+	203	130
N	62.6	63	Br−	268	130
O	51.5	83	Rb+	197	170
F−	58.1	91	Ag+	446	170
Na+	29.1	180	Sb	492	180
P	179	63	I−	402	150
S	156	74	Cs+	268	230

MARTON and SCHIFF[1] have evaluated B for a number of atoms using one electron wave functions of the SLATER type. They have also estimated $\overline{\Delta E}$, which does not need to be known so accurately, by taking a mean of the binding energies of individual electrons weighted in proportion to their contribution to B. Table 11 gives the values of B and $\overline{\Delta E}$ obtained in this way.

β) *Total cross section for all inelastic collisions.* This may be calculated by integrating (24.6) over all values of ϑ. Although (24.6) is invalid for $\vartheta > (\overline{\Delta E}/E)^{\frac{1}{2}}$ the contributions to the total cross section from such angles are negligible and no serious error is made. We then find

$$\sum_n Q_{0n} = \frac{2 E_H}{E} \sum_n \left| \sum_j z^j_{0,n} \right|^2 \log \frac{4E}{\overline{\Delta E}}. \tag{24.7}$$

Table 12 gives some typical total inelastic cross sections for different atoms calculated using (24.7) and the values of B and ΔE given in Table 11.

Table 12. *Sum of the cross sections for all inelastic collisions of electrons with atoms calculated from (24.7).*

Electron energy (kev)	Cross section in 10^{-18} cm² for					
	N	F⁻	P	Ca⁺⁺	Ag⁺	I⁻
5	1.9	1.7	5.6	1.9	11.5	10.6
10	1.1	0.95	3.1	1.1	7.0	6.1
50	0.28	0.24	0.78	0.29	1.7	1.6
100[2]	0.15	0.13	0.42	0.16	0.96	0.85

III. Comparison with experiment.

25. Optically allowed transitions. Perhaps the best experimental evidence for the validity of BORN's approximation at high electron energies comes from observed data on the energy loss of fast particles in matter and in hydrogen in particular. Reference to such comparison may be made to Vol. XXXIV of this Encyclopedia. Attention will be drawn here to the observations of McCLURE[3] on the specific primary ionization of hydrogen by electrons with energies between 0.2 and 1.6 Mev.

The technique consisted in measuring the probability that a GEIGER-MÜLLER counter, filled with the gas concerned, is discharged by a β-ray of known energy. If x is the average number of ionizing collisions produced by the β-ray in traversing the counter, the probability that no ion pair is produced in a traversal is e^{-x}. The counting efficiency will then be $1 - e^{-x}$ if it is assumed that the counter is completely discharged when one free electron is produced in the gas filling and that no secondary electrons are ejected from the walls by the primary rays. β-rays of homogeneous energy were obtained by magnetic separation.

The results obtained were compared with BETHE's formula (20.5) assuming that, at the energies concerned, a hydrogen molecule behaves as two hydrogen atoms. A good fit was obtained with $f = 0.350 \pm 0.03$, $I = 0.39 |E_0|$ as compared with 0.285, 0.048 $|E_0|$ given by BORN's approximation. The discrepancy in the value of I is not serious as it only appears logarithmically in (20.5).

Another illustration of the applicability of BORN's approximation in helium for electrons with energies greater than a few hundred ev is provided by the work

---
[1] L. MARTON and L. I. SCHIFF: J. Appl. Phys. **12**, 759 (1949).
[2] Relativistic corrections have not been included.
[3] G. W. McCLURE: Phys. Rev. **90**, 796 (1953).

of Erskine[1]. He calculated the energy loss W per ion pair for α-particles in helium using Born's approximation throughout. He found that W is nearly constant and equal to 41.1 ev for α-particle energies between 1 and 6 MeV in good agreement with the value 42.7 ev observed by Jesse and Sadauskis[2] for 5.3 Mev α-particles in pure helium. When Born's approximation is valid, the cross section for many particular collisions may be written $Z^2 q(v)$ where Ze is the charge on the impinging particle and v is its velocity. Thus Erskine's calculations apply equally to electrons with energies between 100 and 900 ev, and the check with the observations of Jesse and Sadauskis indicates that Born's approximation is probably fairly satisfactory for 600 ev electrons in helium.

We now turn to a more detailed comparison with observation for individual inelastic collisions. It is convenient to consider first optically allowed transitions. Fig. 63 illustrates a comparison between the predictions of Born's approximation and observation for a number of cases of this kind—excitation of the $3^1 P$ and $4^1 P$ levels of helium, ionization of helium and of neon and inner shell ionization of silver and of nickel. For all the ionization processes, except that of the L III of silver, absolute values are compared and the same applies to the excitation

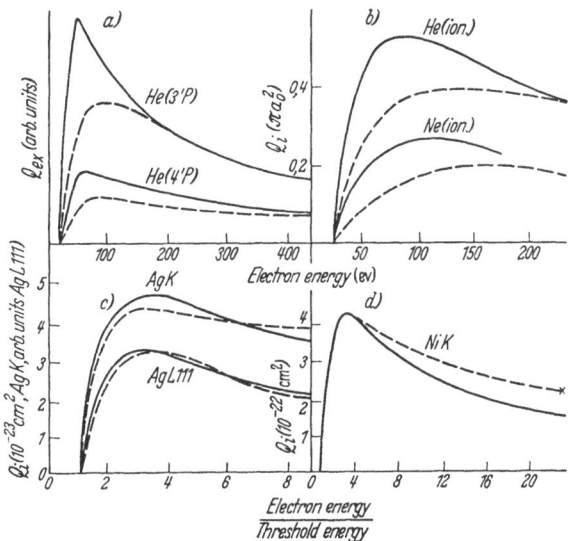

Fig. 63a—d. Comparison of observed and calculated cross sections for excitation of optically allowed transitions. —— calculated; --- observed. (a) Excitation of He (3^1P) and He (4^1P). Scales have been adjusted so that calculated and observed cross sections agree at the highest electron energy. Observations are those of Thieme (Sect. 10β). (b) First ionization of helium and of neon (see Table 1) (absolute units). (c) Inner shell ionization of Ag K and Ag L III (see Sect. 8). For the latter the scales have been adjusted to give good agreement at the higher energies. (d) Inner shell ionization of Ni K (see Sect. 8). The × at the highest energies indicates the calculated cross section when relativistic effects are allowed for.

of sodium. No reliable observed absolute values are yet available for the helium excitations concerned as in both cases the effects of trapping of resonance radiation are serious and are difficult to allow for properly (see Sect. 10). These effects do not influence the observed variation of the cross section with electron energy. Moreover a test of the accuracy of Born's approximation in predicting the relative probabilities of excitation of the 2^1P, 3^1P and 4^1P levels of helium by 100 volt electrons is provided from the measurements of Whiddington and Woodroofe[3]. These give the cross sections for small angle inelastic collisions involving these respective excitations as in the ratios 10:2.4:0.9 which agree quite well with the calculated ratio 10:2.35:0.87 for zero angle scattering.

For the inner shell ionization of nickel it is necessary to allow for relativistic modifications at the higher electron energies involved and this has been done approximately.

---

[1] G. A. Erskine: Proc. Roy. Soc. Lond., Ser. A **224**, 362 (1954).
[2] W. P. Jesse and J. Sadauskis: Phys. Rev. **88**, 417 (1952).
[3] R. Whiddington and E. Woodroofe: Phil. Mag. **20**, 1109 (1935).

The evidence for all but the inner shell cases points the same way. While BORN's approximation is not grossly in error at any electron energy, it begins to overestimate the cross section when the electron energy falls below about 7 to 10 E_0 where E_0 is the threshold energy for the process. On the other hand the form of the excitation functions for the $H\alpha$, $H\beta$ and $H\gamma$ lines of atomic hydrogen observed by ORNSTEIN and LINDEMAN (see Fig. 29) agree reasonably well with the predictions of BORN's approximation over the whole energy range studied (16 to 80 ev). This is a surprising result and illustrates the need for further experimental work in this direction.

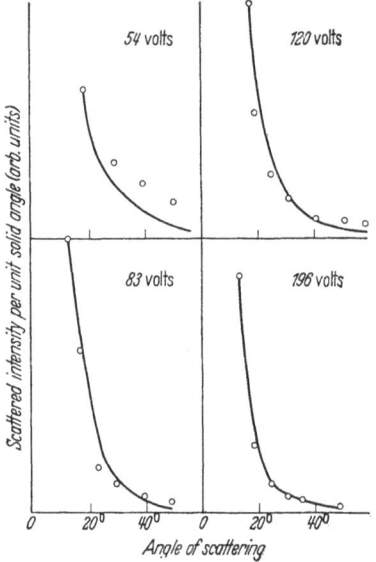

Fig. 64. Comparison of observed and calculated angular distributions of electrons scattered after exciting the $2\,^1P$ level of helium. ○ observed points; — calculated curves. Scales are adjusted, so observed and calculated cross sections agree at the smallest angle observed. Incident electron energy is indicated on the right-hand corner in each case. Observations are those of MOHR and NICOLL (Sect. 15).

Another case in which BORN's approximation appears to be satisfactory down to quite low energies is the ionization of mercury. The cross section calculated by YAVORSKY[1] agrees with that observed by NOTTINGHAM (see Fig. 12) within 20% for electrons with energies extending from the threshold to 10 times that value. Too much significance should not be placed on this, however, because the complexity of the atom makes it difficult to choose atomic wave functions which are sufficiently simple and at the same time sufficiently accurate.

For inner shell ionization BORN's approximation appears to give good results over the entire energy range. The reason for this is not clear.

When the total cross section is given satisfactorily by BORN's approximation, it appears that the associated differential cross sections are also given to a similar accuracy. Fig. 64 illustrates the comparison of the observed angular distributions of electrons scattered after exciting the $2\,^1P$ level of helium, with those calculated by BORN's approximation. In all cases the scales are adjusted so that agreement occurs at the smallest observed angle. It will be seen that at the highest incident energy, 196 ev, agreement persists out to the largest angle studied (50°), but as the electron energy decreases the observed values begin to exceed the calculated at smaller and smaller angles until for 54 ev electrons the observed curve is less steep than the calculated at all observed angles.

Fig. 65 illustrates a comparison of observed and calculated angular distribution for electrons resulting from ionizing collisions, the incident electron in all cases having an energy of 200 ev. On the whole the agreement is reasonably good when allowance is made for the difficulty of the measurements. The big difference predicted between the angular distribution of "scattered" and "ejected" electrons is clearly shown.

It is only when one turns to the angular distribution of electrons scattered after making inelastic collisions with heavier atoms that marked deviations from the predictions of BORN's approximation are noted. Referring to Fig. 51, in which the observed angular distributions of electrons scattered after exciting the $^3P_1$ level of argon are illustrated, it will be seen that these distributions exhibit pronounced

---

[1] B. M. YAVORSKY: J. Phys. U.S.S.R. **10**, 476 (1946).

maxima and minima at large angles whereas, according to BORN's approximation, the distributions should fall off monotonically and rapidly with increasing angle. The same effect is apparent also for ionizing collisions in which the energy loss is small and definite. We may summarize the conclusions from the comparison of the predictions of BORN's approximation with observed data for optically allowed excitations as follows.

(a) The approximation is reasonably valid for electrons with energy in excess of $7E_0$ where E_0 is the threshold energy for the particular excitation. This applies not only to the total cross section for the particular process but also to the associated differential cross sections.

(b) At lower energies the approximation overestimates the total cross section by an amount which increases as the energy decreases—but even very close to the threshold it is not in error by a factor much greater than 2. For inner shell ionization it appears to give quite good results right down to the threshold.

(c) At energies much below $7E_0$ the angular distribution given by the approximation becomes markedly in error at large angles of scattering. For complex atoms such as argon and mercury the observed distribution for a particular energy loss exhibits maxima and minima at large angles. If the energy loss is not too large a fraction of the incident energy, these maxima and minima occur at nearly the same angles as for elastic scattering. BORN's approximation predicts monotonic decrease of scattering at all angles.

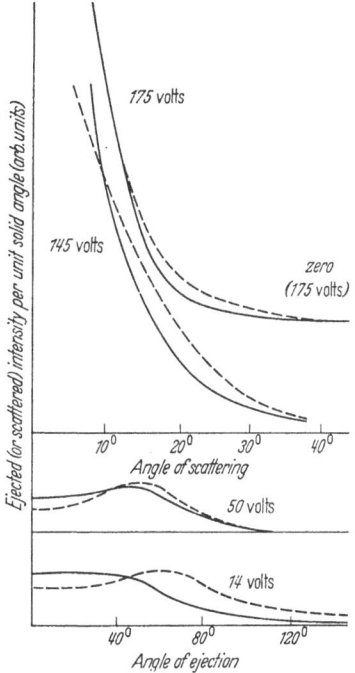

Fig. 65. Comparison of observed and calculated angular distributions for electrons resulting from ionizing collisions, the incident electrons having an energy of 200 ev. The energy of the electrons is indicated on the curves. —— observed; --- calculated. Scales have been adjusted, so calculated and observed curves intersect at some chosen point.

26. Optically disallowed transitions. For optically disallowed transitions which involve no change of multiplicity there is relatively little definite evidence with which to test the range of validity of BORN's approximation. The evidence, such as it is, suggests that for these transitions the approximation gives good results down to relatively smaller energies than for optically allowed transitions. Thus Fig. 66 illustrates a comparison of observed and calculated excitation functions for the excitation of the $4\,^1D$ and $5\,^1D$ levels of helium. The observations are those of LEES (see Sect. 10 β) which agree reasonably well, as far as variation with energy is concerned, with those of THIEME (see Sect. 10 β). The scale has been adjusted to give agreement at 400 volts between the observed and calculated cross sections for the $4\,^1D$ excitation. Agreement then persists down to energies as low as 75 ev. Moreover, the relative magnitudes of the $5\,^1D$ and $4\,^1D$ cross sections also agree down to these energies. At lower energies the theoretical value appears to overestimate the true cross section by a factor which does not exceed 2 at any energy.

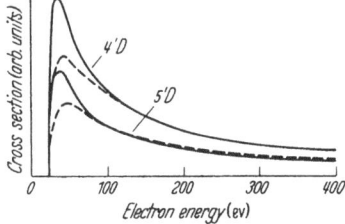

Fig. 66. Comparison of observed and calculated excitation functions for the $4\,^1D$ and $5\,^1D$ levels of helium. —— calculated; --- observed (see Sect. 10β). Scales have been adjusted, so calculated and observed values agree for $4\,^1D$ at the highest energies.

Further evidence which suggests that BORN's approximation gives good results for the absolute values of the cross sections for excitation of the ^1D levels of helium is obtained as follows. Table 13 gives the ratios of the cross sections for excitation of the $3\,^1P$, $4\,^1P$, $4\,^1D$ and $5\,^1D$ cross sections at different electron energies to the cross section for excitation of $4\,^1D$ by 200 volt electrons, as calculated and as observed by THIEME and by LEES respectively. The agreement between the former two sets of values is quite good and the fact that LEES' observations give relatively greater weight to the $3\,^1P$ and $4\,^1P$ excitations may be due to resonance absorption which would be more important at the higher pressures used in his work (see Sect. 10 β).

Table 13. *Comparison of calculated and observed relative cross sections for excitation of helium by electron impact.*

Electron energy (ev)		Observed		Calculated BORN's approximation
		THIEME	LEES	
60	$4\,^1D$	2.42	1.58	2.78
	$5\,^1D$	1.44	0.96	1.52
	$3\,^1P$	294	421	264
	$4\,^1P$	63	88	103
100	$4\,^1D$	1.72	1.42	1.80
	$5\,^1D$	1.11	1.00	1.01
	$3\,^1P$	339	505	206
	$4\,^1P$	75	94	79
200	$4\,^1D$	1.00	1.00	1.00
	$5\,^1D$	0.59	0.71	0.555
	$3\,^1P$	178	420	139
	$4\,^1P$	59	80	57.0
400	$4\,^1D$	0.97	0.67	0.51
	$5\,^1D$	0.34	0.46	0.29
	$3\,^1P$	178	283	86
	$4\,^1P$	32	57	40

The calculated and both sets of observed values have been scaled to agree for the $4\,^1D$ excitation by 200 volt electrons.

For the excitation of ^1S levels of helium only a more indirect comparison is possible, but it gives a similar indication. The experimental data indicate that the excitation functions for all ^1S levels are similar in form. Fig. 67 illustrates the comparison between the observed excitation functions for the $4\,^1S$ and $5\,^1S$ levels with that calculated for the $3\,^1S$ level by BORN's approximation. Scales are again adjusted to give agreement for 400 volt electrons. There is no evidence of any marked disagreement down to the lowest energies. However there is independent evidence from the experiments of MAIER-LEIBNITZ (Sect. 13) about the behaviour of the $2\,^1S$ cross section near the threshold which suggests that BORN's approximation is less satisfactory at these energies than would appear from Fig. 67. This point will be discussed further in Sect. 33β below.

27. Transitions involving change of multiplicity. The effect of electron exchange. Within the accuracy of the L-S coupling approximation, BORN's approximation (18.1) gives a vanishing cross section for an excitation in which there is a change of multiplicity. It is true that, for a light atom such as helium, the cross sections for such excitations are relatively small for high energy electrons, but they do not vanish, and at energies near the threshold the largest excitation cross sections may involve change of multiplicity (see Sect. 13). In these cases the finite magnitudes of these cross sections cannot be ascribed to breakdown of L-S coupling as this is a very good representation of the angular momentum relations for light atoms. Instead we must regard the excitation as arising from electron exchange in which an incident electron is captured and an atomic electron ejected. If these electrons have opposite spins, it is possible for the multiplicity of the atomic state to change by ± 2. Thus a singlet-triplet transition may be excited in this way but not a singlet-quintet.

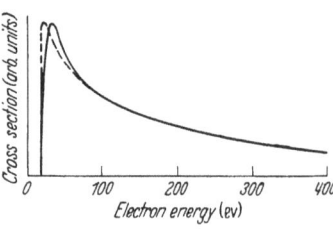

Fig. 67. Comparison of observed and calculated excitation functions for ^1S levels of helium. —— calculated for $3\,^1S$; --- observed for $4\,^1S$ and $5\,^1S$ (see Sect. 10β). Scales have been adjusted, so calculated and observed curves agree at the highest energies.

On the other hand for heavy atoms, such as mercury, for which L-S coupling is a poor approximation, transitions between states of different apparent multiplicity may occur without electron exchange, simply because the atomic states are actually of mixed multiplicity.

28. The BORN-OPPENHEIMER approximation. Although electron exchange is vital for the excitation of intercombination transitions for light atoms, there is no reason why it should not influence impact excitation in other cases. The importance of electron exchange in this connection was first pointed out by OPPENHEIMER[1]. He showed that the amplitude associated with a given type of collision should be taken as a linear combination of a direct term representing scattering without exchange, and exchange terms. The exchange terms corresponding to direct terms as given by BORN's approximation take the expected form. Thus, corresponding with the direct amplitude f_n of (18.1), the amplitude $g_{n,i}$ associated with exchange of the incident electron with the i-th atomic electron is given by

$$g_{n,i} = \frac{m e^2}{2\pi \hbar^2} \left(\frac{k_n}{k_0}\right)^{\frac{1}{2}} \int \left(-\frac{Z}{r} + \sum_{i=1}^{s} \frac{1}{|r - r_i|}\right) \exp\{i(k_n \mathbf{n} \cdot \mathbf{r}_i - k_0 \mathbf{n}_0 \cdot \mathbf{r})\} \times \\ \times \psi_0(\mathbf{r}_1, \ldots \mathbf{r}_i, \ldots \mathbf{r}_s) \psi_n^*(\mathbf{r}_1, \ldots \mathbf{r}, \ldots \mathbf{r}_s) d\mathbf{r}_1 \ldots d\mathbf{r}_s d\mathbf{r}. \tag{28.1}$$

We shall refer to this approximation as that of BORN-OPPENHEIMER. The coefficients in the linear combination of f_n and the $g_{n,i}$ are determined by the multiplicities of the initial and final atomic states.

For collisions with atomic hydrogen, the differential cross section now becomes

$$I_{0n}(\vartheta) d\omega = \{\tfrac{1}{4}|f_n + g_n|^2 + \tfrac{3}{4}|f_n - g_n|^2\} d\omega, \tag{28.2}$$

while for helium

$$I_{0n}(\vartheta) d\omega = |f_n - g_n|^2 \quad \text{if the final state is a singlet,} \tag{28.3}$$

$$= 3|g_n|^2 \quad \text{if the final state is a triplet.} \tag{28.4}$$

As pointed out in the preceding article, there is an apparent ambiguity in the choice of the interaction which appears in the $g_{n,i}$. In (28.1) we have taken it in the "prior" form, that between the incident electron and the atom, but there is no reason why this should be preferred over the "post" form, that between the outgoing electron and the atom. If the atomic wave functions are exact, it may be shown that both interactions give the same results. This does not hold for most other approximations, including those given by the HARTREE or HARTREE-FOCK method.

29. Application of the BORN-OPPENHEIMER approximation. It seems, unfortunately, that the approximation is only a good one when exchange effects are very small. This conclusion is derived partly from a comparison of its predictions with observation and partly by noting whether they are consistent with the conservation theorem[2]—the maximum cross section for any inelastic process is $\pi(2l+1)/k^2$ for incident electrons of wave number k and angular momentum $\{l(l+1)\}^{\frac{1}{2}} \hbar$. The approximation may be used, however, to estimate the electron energies for which exchange may be neglected.

The evaluation of the exchange amplitudes, even for the excitation of the lowest states of atomic hydrogen, is much more difficult than for the direct

---

[1] J. R. OPPENHEIMER: Phys. Rev. **32**, 361 (1928).
[2] See Sect. 22 of the preceding article.

amplitudes. It was not until 1952 that closed formulae were obtained for even the simplest cases. CORINALDESI and TREANOR[1] showed that the parametrization technique introduced by FEYNMAN[2] could be applied to obtain explicit expressions which for the excitation of the 2s and the 2p (m=0) levels take the form —

$$g(1s-2s) = 4\sqrt{2}\, a_0 \left(\frac{k_n}{k_0}\right)^{\frac{1}{2}} \left[-64\chi^{-4}(\chi-2) + \chi^{-3}\{3\chi^2 B_1 + 16\chi B_2 + 32 B_3\} - \chi^{-4}\left\{\frac{3}{8}\chi^3 C_1 + 3\chi^2 C_2 + 48\chi C_3 + 96 C_4\right\}\right],$$

$$g(1s-2p) = 8\sqrt{2}\, i\, a_0 \left(\frac{k_n}{k_0}\right)^{\frac{1}{2}} \chi^{-4} \left[-144 k_0 a_0 + (\chi^2 C_2 + 32\chi C_3 + 96 C_4) k_0 a_0 + (k_0 a_0 - k_n a_0 \cos\vartheta)\chi\left(\frac{15}{8}\chi^2 D_1 + 6\chi D_2 + 16 D_3\right)\right],$$

$$B_1 = 64(L^2+9)^{-2}, \quad B_2 = -48 L^{-2}(L^2+9)^{-1} + 8 L^{-3} X,$$
$$B_3 = 6 L^{-4}(L^2+3) + L^{-5}(L^4 - 10 L^2 - 27) X,$$
$$C_1 = \frac{512}{3}(L^2+27)(L^2+9)^{-3}, \quad C_2 = 128(L^2+9)^{-2},$$
$$C_3 = -8 L^{-4}(L^2-27)(L^2+9)^{-1} + 4 L^{-5}(L^2-9) X,$$
$$C_4 = \frac{1}{3} L^{-6}(9 L^4 - 58 L^2 - 135) + \frac{1}{2} L^{-7}(L^6 - 7 L^4 + 63 L^2 + 135) X,$$
$$D_1 = \frac{1024}{5}(L^2+9)^{-3}, \quad D_2 = -64 L^{-4}(L^2+9)^{-2}(5 L^2+27) + 32 L^{-5} X,$$
$$D_3 = 6 L^{-6}(L^2+9)^{-1}(L^4 + 40 L^2 + 135) + L^{-7}(L^4 - 30 L^2 - 135) X,$$
$$X = \arcsin\left(\frac{L^2+3}{\sqrt{(L^2+9)(L^2+1)}}\right) + \arcsin\left(\frac{L^2-3}{\sqrt{(L^2+1)(L^2+1)}}\right),$$
$$L = 2|k_0 - k_n| a_0 = 2 K a_0, \quad \chi = 1 + 4 k_0^2 a_0^2,$$

(29.1)

and the axis of space quantization is taken along k_0. Earlier methods depended on expansion of g in spherical harmonics of the angle of scattering ϑ, but this was inconvenient because the expression converged badly at the relatively high electron energies for which the BORN-OPPENHEIMER approximation is valid.

The corresponding expressions for the direct amplitude may be obtained from Eq. (18.1). They are

$$f(1s-2s) = 512\sqrt{2}\, a_0 \left(\frac{k_n}{k_0}\right)^{\frac{1}{2}} (L^2+9)^{-3},$$

$$f(1s-2p) = 3072\sqrt{2}\, i\, a_0 \left(\frac{k_n}{k_0}\right)^{\frac{1}{2}} \times \left\{k_0 a_0 \delta_{0m} - \sqrt{\frac{3}{16\pi}} k_n a_0 Y_{1m}(\vartheta, \varphi)\right\} L^{-2}(L^2+9)^{-3}.$$

(29.2)

Table 14 gives a comparison of the direct and exchange amplitudes for a number of angles and electron energies. It will be seen that exchange is certainly unimportant for electron energies greater than 50 ev.

The contribution to the cross section for the 2s excitation from electrons with zero angular momentum are also given in Table 16 (p. 375) and compared with the maximum possible contributions π/k_0^2 from such electrons. It will be seen that at electron energies below 20 ev the BORN-OPPENHEIMER approximation for the zero order antisymmetrical cross section is certainly incorrect as it exceeds the allowable maximum.

---

[1] E. CORINALDESI and L. TREANOR: Nuovo Cim. 9, 940 (1952).
[2] R. P. FEYNMAN: Phys. Rev. 76, 769 (1949).

Table 14. *Direct and exchange amplitudes, f and g respectively, for inelastic collisions of electrons with hydrogen atoms.*

$1s-2s$ electron wave number (in a_0^{-1})	Electron energy (ev)	f (in a_0^2)					g (in a_0^2)				
		0°	5°	10°	20°	30°	0°	5°	10°	20°	30°
1.0	13.5	0.51	0.51	0.50	0.47_5	0.44	-0.58	-0.58	-0.58	-0.57	-0.53
1.5	30.4	0.80	0.80	0.76	0.62	0.45_5	-0.093	-0.086	-0.069	-0.032	-0.00
2	54	0.92	0.87	0.81	0.53	0.20	-0.0_289	-0.0_236	$+0.012$	$+0.048$	$+0.061$
3	121.5	0.94_5	0.87	0.67_5	0.30_5	0.10	$+0.0_232$	$+0.0_295$	$+0.023$	$+0.036$	$+0.029$
4	216	0.97	0.83	0.55	0.16	0.042	$+0.0_214$	$+0.0_283$	$+0.018$	$+0.019$	$+0.010_5$
$1s-2p^1$		$-if$ (in a_0^2)					$-ig$ (in a_0^2)				
1.0	13.5	1.54	1.51	1.44	1.18	0.97	0.187	0.184	0.175	0.146	0.096
1.5	30.4	4.36	3.74	2.55	1.09	0.53	0.373	0.364	0.350	0.312	0.255
2	54	7.00	4.01	1.84	0.51	0.13	0.193	0.190	0.181	0.148	0.117
3	121.5	11.1	2.21	0.62	0.13	0.032	0.062	0.060	0.053	0.035	0.018
4	216	15.2	1.07	0.26	0.041	0.0094	0.027	0.025	0.020	0.010	0.0046

Similar calculations may be carried out for helium. Figs. 69 and 70 (p. 377—378) give results for the excitation of the $2\,^1S$ and $2\,^3S$ states obtained using approximate wave functions given by MORSE, YOUNG and HAURWITZ[2]. Comparison of the contribution from incident electrons of zero angular momentum with the limiting values again shows that the approximation certainly fails for the excitation of the $2\,^3S$, at least for electron energies less than 30 ev.

This gross failure of the BORN-OPPENHEIMER approximation at energies near the threshold seems to occur generally for $s-s$ transitions. For transitions involving a change of azimuthal quantum number of the active electron the approximation does not usually give results violating the conservation theorem (the excitation of the $6\,^3P$ level of mercury from the $6\,^1S$ state is an exception to this as the calculated value exceeds the limit by a factor of about 1.5 for electrons of 8.2 ev energy). There is no reason, however, to expect that it gives good results for these cases. In general, when discrete excitation is possible, allowance for exchange through the BORN-OPPENHEIMER approximation tends to destroy rather than improve the accuracy of the BORN approximation. We now consider improved methods of calculating cross sections for excitation by relatively slow electrons.

IV. Improved methods of calculation of cross sections for excitation by slow electrons.

30. Behaviour of the cross section just beyond the threshold. It has been shown by WIGNER[3] that, at energies close to the threshold, the BORN-OPPENHEIMER approximation will give the correct variation with energy of the cross section for a discrete excitation even though it may give wholly incorrect values for the absolute magnitudes. For excitation of a neutral atom the cross section near the threshold varies as $\Delta E^{\frac{1}{2}}$ where ΔE is the electron energy above the threshold. On the other hand, for excitation of a positive ion the cross section near the threshold is independent of electron energy. For superelastic collisions, for which the threshold is of course at zero energy, the corresponding variation is as $\Delta E^{-\frac{1}{2}}$ for a neutral atom and as ΔE^{-1} for a positive ion.

---

[1] This refers to the $2p$ state with $m=0$, taking the incident direction as axis.
[2] P. M. MORSE, L. A. YOUNG and E. E. HAURWITZ: Phys. Rev. **48** 1948 (1935).
[3] E. P. WIGNER: Phys. Rev. **73**, 1002 (1948).

It is not so easy to obtain corresponding results for ionizing collisions. Wannier[1] has attempted to derive the threshold law for single ionization of a neutral atom by an extension of Wigner's method. He predicts that for helium the variation should be as $\Delta E^{1.127}$, but the experimental results (see Fig. 10) favour a linear variation which is the one given by Born's approximation. For double ionization a variation more nearly like ΔE^2 is expected but not observed (see Sect. 7).

31. Use of a generalized form (E.D.W.)[2] of distorted wave approximation. Considerable success has been obtained in the calculation of exchange amplitudes for $s-s$ transitions at low electron energies, by use of a generalized form of the distorted wave approximation[3] in which allowance is made not only for distortion of incident and final free electron wave functions by a mean potential interaction with the atom but also by an exchange interaction as well.

α) *Application to the excitation of the 2s state of hydrogen.* The relevant theoretical background will be found in the preceding article, Sect. 31. We shall consider the application to the excitation of the 2s level of atomic hydrogen. In this case, if one ignores the possibility of contributions from transitions through intermediate states, the scattering is described by wave functions $F_0^{\pm}$, $F_1^{\pm}$ which satisfy the coupled integrodifferential equations

$$[\nabla_1^2 + k_1^2 - V_{00}] F_0^{\pm}(\mathbf{r}_1) \pm \int K_{00}(\mathbf{r}_1, \mathbf{r}') F_0^{\pm}(\mathbf{r}') d\mathbf{r}'$$
$$= V_{01} F_1^{\pm}(\mathbf{r}_1) \mp \int K_{01}(\mathbf{r}_1, \mathbf{r}') F_1^{\pm}(\mathbf{r}') d\mathbf{r}', \quad (31.1)$$

$$[\nabla_1^2 + k_1^2 - V_{11}] F_1^{\pm}(\mathbf{r}_1) \pm \int K_{11}(\mathbf{r}_1, \mathbf{r}') F_1^{\pm}(\mathbf{r}') d\mathbf{r}'$$
$$= V_{10} F_0^{\pm}(\mathbf{r}_1) \mp \int K_{10}(\mathbf{r}_1, \mathbf{r}') F_0^{\pm}(\mathbf{r}') d\mathbf{r}'. \quad (31.2)$$

Unlike the Eqs. (31.1), (31.2) of the preceding article, Sect. 31, these equations are expressed in atomic units. The various interaction potentials and kernels are defined as follows.

$$V_{00} = 2 \int |\psi_0(\mathbf{r}_2)|^2 \left(\frac{1}{r_{12}} - \frac{1}{r_1}\right) d\mathbf{r}_2, \quad (31.3)$$

$$V_{11} = 2 \int |\psi_1(\mathbf{r}_2)|^2 \left(\frac{1}{r_{12}} - \frac{1}{r_1}\right) d\mathbf{r}_2, \quad (31.4)$$

$$V_{01} = 2 \int \psi_0(\mathbf{r}_2) \psi_1(\mathbf{r}_2) \left(\frac{2}{r_{12}} - \frac{2}{r_1}\right) d\mathbf{r}_2 = V_{10}, \quad (31.5)$$

$$K_{00}(\mathbf{r}_1, \mathbf{r}_2) = \psi_0(\mathbf{r}_1) \psi_0(\mathbf{r}_2) \left(k_0^2 - \frac{2}{r_{12}} - 2E_s\right), \quad (31.6)$$

$$K_{11}(\mathbf{r}_1, \mathbf{r}_2) = \psi_1(\mathbf{r}_1) \psi_1(\mathbf{r}_2) \left(k_1^2 - \frac{2}{r_{12}} - 2E_1\right), \quad (31.7)$$

$$K_{01}(\mathbf{r}_1, \mathbf{r}_2) = \psi_1(\mathbf{r}_1) \psi_0(\mathbf{r}_2) \left(k_1^2 - \frac{2}{r_{12}} - 2E_0\right) = K_{10}(\mathbf{r}_2, \mathbf{r}_1). \quad (31.8)$$

k_0, k_1 are the initial and final wave numbers of the incident electron and ψ_0, ψ_1 are the respective wave functions of the 1s and 2s levels of hydrogen. Solutions of the equations may be obtained which have the asymptotic forms

$$F_0^{\pm}(r) \sim e^{ik_0 r \cos\vartheta} + f_0^{\pm}(\vartheta) r^{-1} e^{ik_0 r}, \quad (31.9)$$

$$F_1^{\pm}(r) \sim f_1^{\pm}(\vartheta) r^{-1} e^{ik_1 r}, \quad (31.10)$$

---
[1] G. H. Wannier: Phys. Rev. **90**, 817, (1953).
[2] E.D.W. = Exchange Distorted Waves.
[3] See preceding article.

Sect. 31. Use of a generalized form (E.D.W.) of distorted wave approximation.

and the differential cross section for the inelastic collisions is given by

$$\frac{k_1}{k_0}\left\{\frac{1}{4}|f_1^+(\vartheta)|^2 + \frac{3}{4}|f_1^-(\vartheta)|^2\right\}d\omega. \tag{31.11}$$

We thus have to solve two coupled integrodifferential equations. The coupling which gives rise to the possibility of the transition is determined by a direct interaction potential V_{01} and an exchange interaction kernel K_{01}. If these interactions can both be regarded as weak we can solve the coupled equations by an iteration procedure. $F_0^\pm$ is first determined by solving (31.1) with the coupling terms on the right hand side ignored. Then if $\mathfrak{F}_0^\pm$ is the solution of

$$(V_1^2 + k_1^2 - V_{00})\,\mathfrak{F}_0^\pm(\mathbf{r}) \pm \int K_{00}(\mathbf{r}_1,\mathbf{r}')\,\mathfrak{F}_0^\pm(\mathbf{r}')\,d\mathbf{r}' = 0 \tag{31.12}$$

which has the asymptotic form (31.9), $F_1^\pm$ is given to this approximation by the solution of

$$\left.\begin{array}{l}(V_1^2 + k_1^2 - V_{11})\,F_1^\pm(\mathbf{r}_1) \pm \int K_{11}(\mathbf{r}_1,\mathbf{r}')\,F_1^\pm(\mathbf{r}_1)\,d\mathbf{r}' \\ = V_{10}\,\mathfrak{F}_0^\pm(\mathbf{r}_1) \mp \int K_{10}(\mathbf{r}_1,\mathbf{r}')\,\mathfrak{F}_0(\mathbf{r}')\,d\mathbf{r}',\end{array}\right\} \tag{31.13}$$

which has the asymptotic form (31.10). If $\mathfrak{F}_1^\pm$ is the solution of this equation with the right hand side zero and which has the asymptotic form (31.10), then it may be shown that

$$-4\pi f_1^\pm(\vartheta) = \int \mathfrak{F}_1^\pm(\mathbf{r}_1, \pi - \Theta_1)\,V_{10}(r_1)\,\mathfrak{F}_0^\pm(\mathbf{r}_1)\,d\mathbf{r}_1$$
$$\mp \int \mathfrak{F}_1^\pm(\mathbf{r}_1, \pi - \Theta_1)\,K_{10}(r_1, r_2)\,\mathfrak{F}_0^\pm(\mathbf{r}_2)\,d\mathbf{r}_1\,d\mathbf{r}_2,$$

where

$$\cos\Theta_1 = \cos\vartheta_1\cos\vartheta + \sin\vartheta_1\sin\vartheta\cos(\varphi_1 - \varphi). \tag{31.14}$$

The first term is the contribution from direct excitation and the second term that from exchange. If $\mathfrak{F}_1$ and $\mathfrak{F}_0$ are approximated by plane waves we recover the BORN-OPPENHEIMER approximation except that, in the exchange term $2/r_1$ is replaced by $k_1^2 - 2E_0$. However, for slow electrons $\mathfrak{F}_0$ and $\mathfrak{F}_1$ are distorted very seriously from the plane wave form.

To proceed further it is convenient to perform a spherical harmonic analysis by writing

$$\mathfrak{F}_0^\pm(\mathbf{r}) = \sum \mathfrak{F}_{0,l}^\pm(r)\,P_l(\cos\vartheta), \tag{31.15}$$
$$\mathfrak{F}_1^\pm(\mathbf{r}) = \sum \mathfrak{F}_{1,l}^\pm(r)\,P_l(\cos\vartheta), \tag{31.16}$$

so that

$$\left[\frac{d^2}{dr^2} + k_0^2 - V_{00} - \frac{l(l+1)}{r^2}\right](r\,\mathfrak{F}_{0,l}^\pm) \pm \int \varkappa_{00}^l(r,r')\,r'\,\mathfrak{F}_{0,l}^\pm(r')\,dr' = 0, \tag{31.17}$$

where

$$\left.\begin{array}{l}(2l+1)\varkappa_{00}^l(r,r') = 4\pi\,r\,r'\,\psi_0(r)\,\psi_0(r')\,\{-2\gamma_l(r,r') + (k_0^2 - 2E_0)\,\delta_{l0}\},\\ \gamma_l(r,r') = r^l/r'^{l+1},\,r' > r, \quad = r'^l/r^{l+1},\,r' < r,\end{array}\right\} \tag{31.18}$$

with a similar equation for $\mathfrak{F}_{1,l}^\pm$. The solutions of these equations which vanish at the origin will have the asymptotic forms for large r

$$\mathfrak{F}_{0,l}^\pm \sim A_l^\pm \sin(k_0 r - \tfrac{1}{2}l\pi + \eta_l^\pm)\,r^{-1}, \tag{31.19}$$
$$\mathfrak{F}_{1,l}^\pm \sim B_l^\pm \sin(k_1 r - \tfrac{1}{2}l\pi + \zeta_l^\pm)\,r^{-1}. \tag{31.20}$$

In order that the asymptotic conditions for $\mathfrak{F}_0^\pm, \mathfrak{F}_1^\pm$ be satisfied we must have

$$A_l^\pm = i^l(2l+1)\,e^{i\eta_l^\pm}, \quad B_l = i^l(2l+1)\,e^{i\zeta_l^\pm}. \tag{31.21}$$

We then find
$$f_1^\pm(\vartheta) = -\sum(2l+1)\beta_l^\pm P_l(\cos\vartheta), \tag{31.22}$$
where
$$\beta_l^\pm = \beta_l^d \pm \beta_l^e, \tag{31.23}$$

$$\beta_l^d = \frac{1}{(2l+1)^2}\int_0^\infty r^2 \mathfrak{F}_{1,l}^\pm(r)\, V_{10}\, \mathfrak{F}_{0,l}^\pm(r)\, dr, \tag{31.24}$$

$$\beta_l^e = \frac{1}{(2l+1)^2}\int_0^\infty\int_0^\infty r\,\mathfrak{F}_{1,l}^\pm(r)\,\varkappa_{01}^l(r,r')\,\mathfrak{F}_{0,l}^\pm(r')\,r'\,dr'\,dr, \tag{31.25}$$

$$\varkappa_{01}^l = 4\pi r r'\,\psi_0(r)\,\psi_1(r')\{-2\gamma_l(r,r') + (k_1^2 - 2E_0)\,\delta_{l0}\}. \tag{31.26}$$

The total excitation cross sections $Q_1^\pm$ are now given by
$$Q_1^\pm = \frac{4\pi k_1}{k_0^3}\sum_l (2l+1)|\beta_l^\pm|^2 = \sum_l Q_{1,0}^\pm. \tag{31.27}$$

The phase shifts $\eta_l^\pm$ and $\zeta_l^\pm$ of (31.12) and (31.13) are eventually those which characterise the elastic scattering of electrons by normal hydrogen atoms and by hydrogen atoms in the 2s state respectively (see preceding article, Sect. 31), when inelastic scattering is ignored, but with allowance for exchange as well as potential interaction. The magnitudes of the phase shifts provide a measure of the importance of distortion, for the plane wave approximation is obtained if $\eta_l^\pm$ and $\zeta_l^\pm$ are taken as zero for all l.

For a light atom such as hydrogen the only phase shifts which are at all large at any energy are $\eta_0^\pm$, $\zeta_0^\pm$ and $\zeta_1^\pm$. This means that, in the formula (31.27) only the zero and first order partial cross sections are likely to be affected by the distortion. This simplifies the calculation, but by no means suggests that distortion is unimportant—on the contrary, by far the major contribution from the exchange term in (31.4) comes from the zero order component which is just the one likely to be strongly altered by the distortion.

ERSKINE and MASSEY[1] have carried out detailed calculations of the zero order cross section for this case using the formulae (31.16) to (31.19). The functions $\mathfrak{F}_{0,0}^\pm$ and $\mathfrak{F}_{1,0}^\pm$ were obtained by variational methods from the Eq. (31.17), using as trial functions

$$r\mathfrak{F}_{0,0}^\pm = \{\sin k_0 r + (a_0^\pm + b_0^\pm\, e^{-r})(1 - e^{-r})\cos k_0 r\}\, e^{i\eta_0^\pm}(1 + (a_0^\pm)^2)^{-\frac{1}{2}},$$

$$r\mathfrak{F}_{1,0}^\pm = \{(1 + c^\pm e^{-r})\sin k_1 r + a_1^\pm(1 - e^{-r})\cos k_1 r\}\times e^{i\zeta_0^\pm}(1 + (a_1^\pm)^2)^{-\frac{1}{2}},$$

$b_0^\pm$ and $b_1^\pm$ being variable parameters adjusted to optimum values by HULTHÉN's variational method[2]. The phase shifts $\eta_0^\pm$ and $\zeta_0^\pm$ are then given to this approximation by arctan $a_0^\pm$ and arctan $a_1^\pm$ respectively. Table 15 shows the values obtained for several electron energies.

Table 15. *Phase shifts* $\eta_0^\pm$, $\zeta_0^\pm$ *for motion of electrons in field of hydrogen atom in the 1s and 2s states respectively.*

Incident wave number k_0	Final wave number k_1	η_0 (exchange ignored)	η_0^+	η_0^-	ζ_0 (exchange ignored)	ζ_0^+	ζ_0^-
(atomic units)				(radians)			
1.00	0.500	0.90	0.65	1.39	2.74	2.45	3.11
1.20	0.831	0.85	0.58	1.22	2.22	2.06	2.35
1.50	1.225	0.78	0.55	1.03	1.81	1.75	1.87
2.00	1.803	0.69	0.54	0.83	1.44	1.41	1.46

[1] G. A. ERSKINE and H. S. W. MASSEY: Proc. Roy. Soc. Lond., Ser. A **212**, 521 (1952).
[2] See preceding article, Sect. 15.

Sect. 31. Use of a generalized form (E.D.W.) of distorted wave approximation. 375

To illustrate the importance of the exchange interaction kernels in modifying the phase shifts obtained by ignoring these kernels ($\varkappa_{00}^0$ and $\varkappa_{11}^0$ respectively) are also given. It will be seen that the effect of this interaction is quite important, particularly at low electron energies and for $\eta_0^\pm$.

Table 16 gives the results obtained for the zero order partial cross section. Values are given for $Q_{1,0}^\pm$ calculated with full allowance for exchange both in affecting the distortion and contributing to the transition integral (31.25) and

Table 16. *Comparison of cross sections $Q_{1,0}$ for excitation of the 2s state of hydrogen by electrons of zero angular momentum, calculated by the distorted wave (D.W.) and plane wave (BORN-OPPENHEIMER, B.O.) approximations.*

Wave numbers of incident electrons (k_0) (atomic units)	Energy of incident electrons (ev)	Theoretical maximum ($1/k_0^2$)	Cross sections in units πa_0^2							Mean $\frac{1}{4}(Q_{1,0}^+ + 3Q_{1,0}^-)$	
			Exchange neglected			Exchange included					
						Symm.	$Q_{1,0}^+$	Anti-symm.	$Q_{1,0}^-$		
			BORN	D.W.	E	B.O.	D.W.	B.O.	D.W.	B.O.	D.W.
0.866	10.2	—	0	0	0	0	0	0	0	0	0
1.0	13.5	1.00	0.198	0.239	0.204	0.287	0.714	2.02	0.0316	1.59	0.178
1.2	19.4	0.694	0.127	0.118	0.102	0.011	0.344	0.668	0.010	0.503	0.094
1.5	30.4	0.444	0.0585	0.045	0.045	0.014	0.127	0.134	0.010	0.104	0.035
2.0	54	0.250	0.0194	0.014	0.015$_5$	0.018	0.0255	0.0205	0.006	0.020	0.011

Column E refers to results obtained by an accurate numerical integration for the case when exchange is neglected.

for the cross section obtained if exchange is neglected throughout but potential distortion included. For comparison, the corresponding results obtained if distortion is completely neglected are also given, together with the theoretical maximum given by the conservation theorem.

The first most obvious result is the importance of distortion, particularly when allowance is made for exchange effects. Thus, whereas according to the plane wave approximation the antisymmetrical cross section is much greater than the symmetrical, the opposite is the case when distortion is included. This is because the effect of the distortion is to reverse the sign of β_0^d without changing its magnitude greatly.

Comparison of the calculated cross sections with the theoretical limits shows that whereas the plane wave approximation gives a result for $Q_{1,0}^-$ exceeding the limit for 15.5 ev electrons, the distorted wave method gives results always less than the limit. However, even it gives a value for $Q_{1,0}^+$ at 13.5 ev which is as high as 0.7 of the maximum. This suggests that, under these conditions, the coupling between the 1s and 2s states cannot be regarded as small so that the iterative method which we have used in the first approximation to solve the coupled Eqs. (31.1) and (31.2) may not be too satisfactory. However, it is found that, when exchange is neglected so that the kernels K_{00}, K_{01} and K_{11} are put equal to zero in (31.1) and (31.2), accurate numerical solution of the resulting coupled differential equations for the zero order terms in the harmonic expansions of F_0 and F_1 gives results which agree quite closely with the distorted wave approximation. The results of these calculations, which have been carried out by BRANSDEN and MCKEE[1] are included for comparison in Table 16. This question will be considered further in Sect. 34.

Unfortunately, there is very little experimental evidence with which to check the calculations in this case. The evidence of a maximum in the cross section

[1] B. H. BRANSDEN and J. S. MCKEE: Proc. Phys. Soc. Lond. Ser. A **69**, 422 (1956).

at energies close to the threshold is at least qualitatively confirmed from incidental observations made in the experiment of LAMB and RETHERFORD (see Sect. 13γ), but there is no evidence about the absolute magnitude. It is necessary to extend the investigation to the excitation of the $2\,^3S$ and $2\,^1S$ states of helium in order to check the usefulness of the method more effectively.

β) *Application to excitation of the $2\,^3S$ and $2\,^1S$ states of helium.* The extension of the analysis to these cases is not difficult and proceeds on very similar lines. The only additional complication, apart from the presence of a third electron, arises from the need to employ approximate atomic wave functions. MASSEY and MOISEIWITSCH[1] have carried out a detailed investigation using as atomic functions the following:

$$\text{ground } 1S \text{ state } \psi_0(r_1, r_2) = (Z^3/\pi)\, e^{-Z(r_1+r_2)}, \quad Z = 1.689$$

$$\left.\begin{array}{l} 2\,^3S \\ 2\,^1S \end{array}\right\} \text{ state } \left.\begin{array}{l} \psi_3 \\ \psi_1 \end{array}\right\} = 2^{-\frac{1}{2}} \{u_1(r_1)\, u_2(r_2) \mp u_2(r_1)\, u_1(r_2)\}$$

with

$$u_1(r) = (\mu^3 a^3/\pi)\, e^{-\mu a r}, \quad u_2(r) = (\mu^5/3\pi N)^{\frac{1}{2}} \{r\, e^{-\mu r} - (3A/\mu)\, e^{-\mu b r}\},$$

$$a\mu = 2.00, \quad b\mu = 1.57, \quad \mu = 0.61, \quad A = 0.60, \quad N = 0.89.$$

The wave functions for the excited states are as given by MORSE, YOUNG and HAURWITZ[2].

They find again coupled integrodifferential equations of the form (31.1), (31.2) for the functions which describe the elastic and inelastic scattering. Instead of two separate pairs of equations for the symmetric and antisymmetric cases, we now have one pair of equations for the triplet excitation and one for the singlet. In the distorted wave approximation as outlined above, the distorted function $\mathfrak{F}_0$, representing the motion of the incident electron in the mean potential and exchange interaction field of a helium atom in its ground state, is the same for both the triplet and singlet cases. As for hydrogen, the phase shifts η_l are not large except for $l = 0$. The distorted wave functions corresponding to $\mathfrak{F}_1$ differ slightly for the two final states, mainly because the exchange interaction is somewhat different.

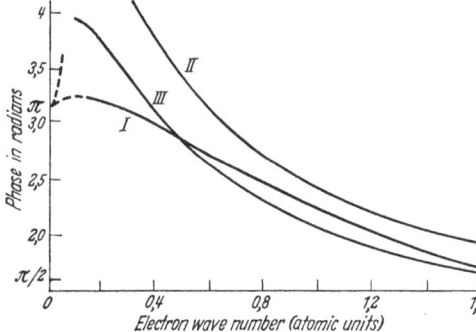

Fig. 68. Zero order phase shifts for motion of electrons in the field of a helium atom as calculated by MASSEY and MOISEIWITSCH using HULTHÉN's variational method. —— I atom in either the $2\,^1S$ or $2\,^3S$ state (exchange interaction neglected). —— II atom in $2\,^1S$ state (exchange interaction included). —— III atom in $2\,^3S$ state (exchange interaction included). --- estimated from variational calculations at the low energy limits.

Again the phase shifts ζ_0 are large for both and ζ_1 is quite considerable but the higher phases are sufficiently small for the distortion to be neglected for $l > 1$. As for hydrogen most attention was concentrated on the zero-order partial cross section which is relatively so large in the plane wave approximation and is very much more strongly affected by distortion than any other. The distorted wave functions were calculated as for hydrogen by a variational method. Fig. 68 illustrates the zero order phases calculated in this way. In this figure the phase obtained for the final distorted wave $\mathfrak{F}_1$ if the exchange interaction kernels are

---

[1] H. S. W. MASSEY and B. L. MOISEIWITSCH: Proc. Roy. Soc. Lond., Ser. A **227**, 38 (1954).
[2] P. M. MORSE, L. A. YOUNG and E. S. HAURWITZ: Phys. Rev. **48**, 1948 (1935).

neglected is also shown. It will be seen that, for electron energies greater than 15 ev the effect of these kernels is quite small, but at energies close to the threshold they have a very important influence. In particular, for the $2\,^3S$ case, the phase shift ζ_0 approaches $3\pi/2$ and only returns to π at a very low energy. Thus $\lim\limits_{k_1 \to 0} \zeta_0/k_1$ is large so that the cross section for elastic scattering of a slow electron by a helium atom in a $2\,^3S$ state would be very large. This near resonance behaviour has an important influence on the excitation cross section near the limit as will now be described.

Fig. 69 illustrates the calculated cross section for excitation of the $2\,^3S$ state carried out (a) using the distorted wave method with full allowance for exchange, (b) using the distorted wave method but neglecting the effect of exchange distortion on the final wave function $\mathfrak{F}_{1,0}$, (c) using the plane wave approximation. In all cases distortion has been ignored in calculating the first order cross section.

The most striking result is the great reduction in the zero-order cross section when distortion is included. The plane wave approximation gives values which approach the maximum possible value, but the distorted wave method gives results over 20 times smaller.

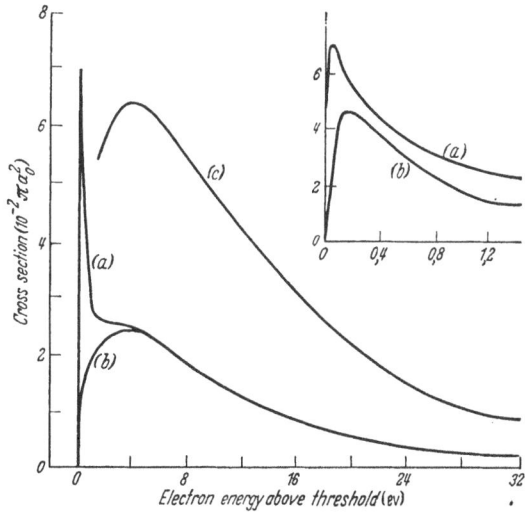

Fig. 69. Calculated cross sections for excitation of the $2\,^3S$ state of helium by electron impact. (a) With full inclusion of both potential and exchange distortion. (b) With full allowance for potential distortion, but neglect of exchange distortion, of the final electron wave. (c) $\frac{1}{2^5} \times$ that obtained using the BORN-OPPENHEIMER approximation. The inset figure illustrates, on an extended energy scale, the comparison between the curve (a) and the observations of MAIER-LEIBNITZ, curve (d) (co-ordinates are as in the main figure).

The chief effect which appears due to the inclusion of exchange interaction in distorting the final wave $\mathfrak{F}_{1,0}$ is the appearance of a very sharp peak in the cross section very close to the threshold. This is because of the near resonance effect in this case, ζ_0 being close to $3\pi/2$ at energies quite near the threshold. In the exact resonance limit, where ζ_0 would tend to $3\pi/2$, there would exist according to the integro-differential equation for $\mathfrak{F}_1$, an s energy level of exactly zero binding energy for an electron in the potential and exchange field of a $2\,^3S$ helium atom. The cross section would tend to a finite limit instead of a zero limit at the threshold—for excitation of a positive ion, in the field of which a state of zero binding energy certainly exists, the cross section also tends to a finite limit (see Sect. 32). The calculations for the excitation of the $2\,^3S$ state of helium indicate that this state of affairs, while not actually realised, is approached and leads to the sharp peak very close to the threshold.

The evidence from the experiments of MAIER-LEIBNITZ (Sect. 12) supports both the calculated magnitude and shape of the excitation function near the threshold. This is exhibited by the inset in Fig. 69. The variation with energy at higher energies is not so easily checked from observation but does not seem to conflict with the meagre experimental data available (Sect. 13).

Results of similar calculations for the $2\,^1S$ excitation are illustrated in Fig. 70. Many partial contributions β_l^d contribute to the direct amplitude, but it has only been necessary to include contributions from β_0^e and β_1^e. In this case there is no sharp peak near the threshold because there is no approach to resonance in the motion of an electron in the field of a $2\,^1S$ helium atom. Again it is clear how effectively the distortion reduces the zero-order cross section below the plane-wave value. Less definite evidence about the agreement with observation is available, but from a rough analysis of the data obtained by DORRESTEIN (Sect. 13β) for the combined excitation function for production of both $2\,^1S$ and $2\,^3S$ states it appears that the calculated magnitude is not far wrong and the shape at least qualitatively correct.

It seems that, judged by these cases, the full (E.D.W.) distorted wave method is a great improvement on the plane wave approximation. Even if further experimental studies should fail to confirm the existence of the sharp near-resonance peak close to the threshold for the $2\,^3S$ excitation, it seems clear that near-resonance effects must occur in some cases of atomic excitation and effort should be made, in experimental studies, to confirm or establish the existence of sharp peaks near the threshold in excitation functions for different levels. It would not be surprising if the theory failed to account in detail for any particular case as accuracy near the threshold is equivalent to accuracy in the prediction of the elastic scattering of very slow electrons by atoms, without allowance for polarization. On the other hand it certainly indicates what can occur near the threshold and, at least for helium, gives cross sections of the correct order of magnitude.

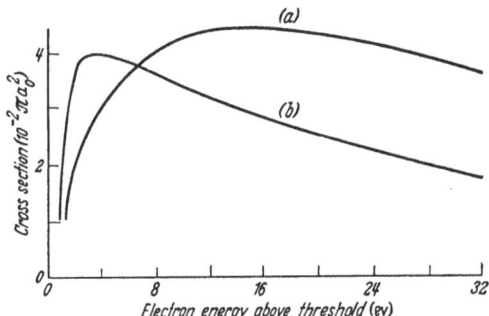

Fig. 70. Calculated cross sections for excitation of the $2\,^1S$ level of helium by electron impact. (a) Calculated, allowing fully for both potential and exchange distortion for the zero order cross section, but neglecting distortion in the higher order cross sections. (b) Calculated by BORN-OPPENHEIMER approximation ($\times \frac{1}{4}$).

Calculations on similar lines are being carried out for the excitation of the $2p$ state of hydrogen and the $2\,^3P$ and $2\,^1P$ states of helium. Some complication in these cases arises because the harmonic analysis analogous to Eqs. (31.15) and (31.16) does not give a pair of coupled equations but, in the general case, six such equations. Iterative methods of solution are practicable, however, at least in the low energy region where exchange and distortion are important.

Two further cases have been investigated in detail. BRANSDEN, DALGARNO and KING[1] have calculated the cross section for the excitation of the $2s$ state of He^+ by a method exactly similar to that described for the $2s$ state of H but with the complicating presence of the COULOMB potential in the Eqs. (31.15) and (31.16). Their results are given in Table 17. It will be seen that the effect of distortion is very important. In contrast to the hydrogen case, the maximum cross sections given by the distorted wave method are always well below the limit.

A different state of affairs is found in the other detailed calculations, those of BURHOP and MARRIOTT[2] for the deactivation of $2\,^1S$ helium atoms to the $2\,^3S$ state by impact of very slow electrons. The cross section for this process has been measured by PHELPS and MOLNAR (see Sect. 13β). The distorted waves used in the calculations of MASSEY and MOISEIWITSCH could be used in part of

---

[1] B. H. BRANSDEN. A. DALGARNO and H. M. KING: Proc. Phys. Soc. Lond. A **66**, 1097 (1953).

[2] E. H. S. BURHOP and R. MARRIOTT: In course of publication.

Table 17. *Comparison of cross sections $Q_{1,0}$ for excitation of the 2s state of He^+ by electrons of zero angular momentum, calculated by the distorted wave (D.W.) and plane wave (BORN-OPPENHEIMER, B.O.) approximations.*

Energy of incident electrons (ev)	Theoretical maximum π/k_0^2	Cross section in units a_0^2						Mean $\frac{1}{4}(Q^+_{1,0}+3Q^-_{1,0})$	
		Exchange neglected		Exchange included					
		BORN	D.W.	Symm. $(Q^+_{1,0})$ B.O.	$(Q^+_{1,0})$ D.W.	Antisymm. $(Q^-_{1,0})$ B.O.	$(Q^-_{1,0})$ D.W.	B.O.	D.W.
40.5 (threshold)	1.04	0.064	—	0.0032	—	0.317	—	0.238	—
41.8	1.01	0.062	—	0.0021	—	0.295	—	0.222	—
43.7	0.97	0.056	0.041	0.0001	0.120	0.236	0.0011	0.177	0.031
48.7	0.87	0.046	0.021	0.0014	0.064	0.156	0.0001	0.117	0.017
65.3	0.65	0.028	0.011	0.0108	0.023	0.053	0.0013	0.042	0.006

the calculations, but the energy range required had to be extended. It was found that, in this case, which is one in which the transition involves no change of electron configuration, even the distorted wave method gives cross sections for thermal electrons in excess of the maximum allowed. This shows that a condition of close coupling prevails between the coupled integrodifferential equations so that the iterative method of solution breaks down.

γ) *Other applications.* Certain other earlier calculations showed that, for transitions between states within the same configuration, the coupling is usually quite strong so that a more accurate solution of the coupled equations is necessary for these cases. Thus YAMANOUCHI, INOUI and AMEMIYA[1] calculated cross sections for excitation of the $2\,^1D$ and $2\,^1S$ terms of atomic oxygen from the ground $2\,^3P$ term. They used a distorted wave method but without allowance for exchange interaction in producing distortion (equivalent to neglect of the kernels K_{00} and K_{11} in (31.12) and (31.13)) and obtained cross sections exceeding the maximum possible value by more than 50 times! It is likely that, if they had included exchange distortion this overestimate would have been reduced, but it seems very probable that too large a cross section would still have been obtained. Evidence pointing in the same direction comes from the calculations of HEBB and MENZEL[2] for the excitation of transitions between levels of the ground configuration of O^{++} and of ALLER[3] for the $2\,^4S - 2\,^2D$ transition in O^+. In both sets of calculations the only distortion allowed for was that due to the COULOMB field, and in the exchange amplitude integrals the nuclear interaction term was ignored. In both cases cross sections exceeding the maximum were obtained, the excess being by a factor of about 8 for O^+ and between 1 and 3 for O^{++}. Here again a thoroughgoing use of the full E.D.W. method might well have led to considerable improvements but, particularly for O^+, it is likely that it would not have been good enough. On the other hand, HILL[4] calculated the cross section for excitation of the transition $^2P_{\frac{3}{2}} \to {}^2P_{\frac{1}{2}}$ in the ground configuration of Fe XIV, using the distorted wave method without allowance for exchange distortion. He finds that the cross section may be written as $3.0\,V^{-1}\pi a^2$ for electron energies V ev considerably above the threshold. In this case there is no violation of the conservation theorem, a result which might be due either to the rather higher relative electron energies than in the calculations for oxygen or to a steady decrease in the relative strength of the coupling as the charge on the ion increases.

---

[1] T. YAMANOUCHI, T. INOUI and A. AMEMIYA: Proc. Phys.-Math. Soc. Japan **22**, 847 (1940).
[2] M. HEBB and D. H. MENZEL: Astrophys. J. **92**, 408 (1940).
[3] L. ALLER: Private communication, 1949.
[4] E. R. HILL: Austral. J. Sci. Res. A **4**, 437 (1951).

For many applications in astrophysics and atmospheric geophysics as well as to gaseous discharges (see Chap. V of this article), an accurate knowledge of cross sections for transitions between terms belonging to the same, usually the ground, configuration is often required. It is therefore important to improve the technique of calculation for cases in which the coupling between the integro-differential equations of the form (31.1), (31.2) is not weak.

32. Schematic model for close coupling through exchange. An important question to answer is whether, when a full application of the E. D. W method gives a cross section in excess of the maximum, it can be presumed that the true cross section is indeed a large fraction of the maximum. MASSEY and MOHR[1], by studying a schematic model, have produced evidence which suggests that this

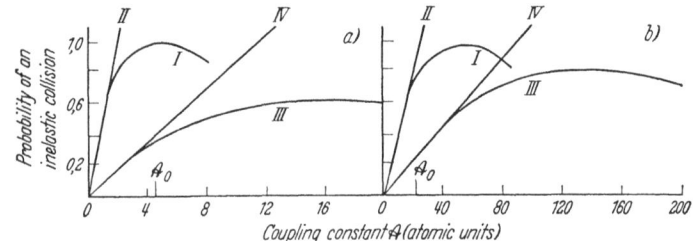

Fig. 71. Probability p of an inelastic collision as a function of the coupling constant $A = 9A^2/r_0^3 r_1^3$ according to the schematic model. In the notation of (31.27) $p = 4 k_1 |\beta_0|^2/k_0$. For each value of A it has been calculated for the value of k_0 for which it is a maximum according to the exact calculation. (a) Schematic distortion close to actual distortion in hydrogen ($1s-2s$). (b) Schematic distortion close to actual distortion in helium ($1S-2S$). A_0 is the estimated choice of A for best approximation to actual atomic cases. *I*. Exact calculation—no distortion present. *II*. BORN-OPPENHEIMER approximation. *III*. Exact calculation—distortion present. *IV*. Distorted wave calculation.

presumption is correct. At the same time they were able to show how the BORN-OPPENHEIMER approximation fails at low energies even if the coupling producing the transition is weak. In most of the cases of interest the transitions only occur through exchange. MASSEY and MOHR studied coupled equations of the form (31.1), (31.2) with the direct interaction V_{01} producing the transition taken as zero. The distortion is represented by taking K_{00} and K_{11} as zero and replacing V_{00} and V_{11} by the simple forms

$$V_{00} = -C, \quad r < r_0; \quad V_{11} = -D, r < r_1,$$
$$= 0, \ r > r_0; \qquad = 0, \ r > r_1.$$

The exchange interaction K_{01} is replaced by the form

$$K_{01} = -\frac{A}{r_{12}} \psi_1(r_2) \psi_0(r_1)$$

where

$$\psi_0(r) \begin{cases} = \left(\frac{4}{3} \pi r_0^3\right)^{-\frac{1}{2}}, & r < r_0; \\ = 0, & r > r_0; \end{cases} \qquad \psi_1(r) \begin{cases} = \left(\frac{4}{3} \pi r_1^3\right)^{-\frac{1}{2}}, & r < r_1; \\ = 0, & r > r_1. \end{cases}$$

With these simplifications the equations corresponding to (31.1), (31.2) may be solved exactly when $l=0$, no matter how large the coupling constant A may be. Fig. 71 illustrates results obtained for two representative choices of C and D, chosen to give distortion, as measured by the phase shifts η_0 and ζ_0 of (31.12), (31.13), close to that existing respectively in the actual cases of hydrogen and heliuma toms. In each case the zero order partial cross section is plotted as a function of a coupling constant $9A^2/r_0^3 r_1^3$, for a fixed incident electron energy.

---
[1] H. S. W. MASSEY and C. B. O. MOHR: Proc. Phys. Soc. Lond. A **65**, 845 (1952).

The cross section according to the distorted wave method is proportional to A^2 and is also shown. It will be seen that the true cross section reaches a very flat maximum close to the allowed maximum when the distorted wave cross section exceeds the latter by a factor of about 1 to 1.3. This means that, when the E. D.W. approximation gives a cross section in excess of the allowed maximum, the true cross section can be taken as comparable with this maximum.

Fig. 71 also illustrates the cross sections obtained by the BORN-OPPENHEIMER (plane wave) approximation in these cases. In neither case do these cross sections approximate to the true ones even for very small coupling constants A. On the other hand if C and D are taken to be zero so there is no distortion, the plane wave approximation is valid for small A and when it gives cross sections in excess of the allowed maximum the true cross section is close to this maximum.

The failure of the BORN-OPPENHEIMER approximation for actual collisions of electrons with atoms is thus to be expected because of the strong distortion effects. It can never be a good approximation while these effects are present.

33. Methods for dealing with collisions involving close coupling. Although it is likely that, at worst, the E. D. W. method can be relied upon to give a useful indication of the magnitude of the cross section at low energies—when it gives a cross section much less than the allowed maximum it is probably correct while when it gives a cross section exceeding the maximum the true value is probably close to the maximum—there are many cases when a more accurate estimate is required. One possibility is to solve the coupled equations without assuming weak coupling, by a direct numerical procedure. This would be extremely tedious and lengthy if done by hand computation but the availability of electronic computing machines should make this procedure practicable. However no such calculations have yet been made.

α) *Variational method.* It is possible to extend the variational method to coupled equations by some such method as that of MOISEIWITSCH outlined in the preceding article, Sect. 30 α. No detailed calculations on these lines have been carried out, except for the excitation of the 2s state of hydrogen[1] for which the E. D. W. method gives zero order cross sections which, while less than the allowed maximum, are so large as to indicate fairly strong coupling (see Table 16).

Owing to the length of the analysis and computation involved, very simple trial functions were assumed for the functions $F_{0,0}$ and $F_{1,0}$ namely

$$F_{0,0} = r^{-1}\{\sin k_0 r + (a + b e^{-r})(1 - e^{-r})\cos k_0 r\},$$
$$F_{1,0} = r^{-1}(1 - e^{-r}) d e^{i k_1 r}.$$

These trial wave functions are probably oversimplified as they do not allow for any mixing between the incident and scattered waves and this would certainly be present when the coupling is strong.

The resulting cross sections, which automatically satisfy the condition of conservation of charge, are given in Table 18 where they are compared with the corresponding cross sections calculated by ERSKINE and MASSEY (Sect. 31α) using the E. D. W. method. When exchange is neglected, comparison is also made with the results of the accurate numerical solution of the coupled equations given by BRANSDEN and MCKEE. It will be seen that, in all cases, the variational method gives somewhat smaller cross sections, particularly at energies near the threshold. This might be anticipated because of the strength of the coupling, particularly for the symmetric cases. However, doubt is thrown on all the varia-

---

[1] H. S. W. MASSEY and B. L. MOISEIWITSCH: Proc. Phys. Soc. Lond. A **66**, 406 (1953).

Table 18. *Comparison of cross sections for excitation of the 2s state of hydrogen by electrons of zero angular momentum, calculated by the distorted wave (D.W.) method and by the variational (V) method.*

Columne E gives results obtained for this case by accurate solution of the coupled equations.

Wave numbers of incident electrons (k_0) (atomic units)	Theoretical maximum $(1/k_0^2)$	Cross sections in units πa_0^2						
		exchange neglected			exchange included			
					symmetrical		antisymmetrical	
		D.W.	E	V	D.W.	V	D.W.	V
0.866	—	0	0	0	0	0	0	0
1.0	1.00	0.239	0.204	0.076	0.714	0.167	0.032	0.002
1.2	0.694	0.118	0.102	0.041	0.344	0.124	0.010	0.041
1.5	0.444	0.0455	0.045	0.020	0.127	0.057	0.010	0.007
2.0	0.250	0.014	0.015$_5$	0.008	0.025	0.016	0.006	0.005

tional results by the fact that, for the case where comparison with an exact solution may be made when exchange is neglected, they are certainly less satisfactory than those obtained from the distorted wave method.

Before applying variational methods to actual strong coupling situations it is important to have experience of the method in operation in cases where exact solutions are available, so as to determine the simplest effective choices which can be made for the trial functions. Such investigations are in progress but are as yet incomplete.

β) *Exact resonance approximation.* SEATON[1] has developed a method of solving the coupled equations for transitions between states of the same configuration which has proved very effective in dealing with a wide range of cases of astrophysical and geophysical interest. The method is based on the fact that, if the energy differences between the different states are ignored, the equations can be uncoupled and solved numerically without difficulty.

Allowance for energy differences and for the effect of other neglected terms can usually be made then by perturbation methods. Even if this is not very accurate it is still possible to use the exact resonance solutions to approximate to the values of the integrals over the exchange kernels which are analogous to K_{00}, K_{11} and K_{01} in (31.1) and (31.2). These kernels do not vary very rapidly with energy so that the solutions of the equations which result when the approximate kernel integrals are used, but full allowance is made for energy differences etc., will be good approximations to the correct solutions. The method will be clearer after actual applications are discussed in the next section.

34. Applications to transitions within p^2, p^3 and p^4 configuration. For all these configurations there are 3 terms. We shall distinguish these in order of increasing energy as terms 1, 2, 3. Thus for p^2 and p^4 these are respectively the ^3P, ^1D and ^1S terms and for p^3 ^4S, ^2D and ^2P. Numbers n (or n') will be taken to refer to the term designation while the particular configuration will be distinguished by a number q so that for say $p^4\,^1S$, $q=4$ and $n=3$.

In all configurations 1, 2 and 1, 3 transitions can only occur through electron exchange as they involve change of multiplicity, but 2, 3 transitions are possible without exchange.

---

[1] M. J. SEATON: Phil. Trans. Roy. Soc. Lond., Ser. A **245**, 469 (1953). — Proc. Roy. Soc. Lond., Ser. A **218**, 400 (1953); **231**, 37 (1955).

Sect. 34.   Applications to transitions within p^2, p^3 and p^4 configuration.

The cross section $Q(n, n')$ for excitation of the n'-th term from the n-th can be written conveniently in the form

$$Q(n, n') = \frac{\pi}{\omega_n k_n^2} \Omega(n, n'), \qquad (34.1)$$

where k_n is the wave number of the incident electron and ω_n is the statistical weight of the initial term. $\Omega(n, n')$ is a dimensionless quantity which has been called a *collision strength* by SEATON. Since $Q(n, n') = \frac{k_{n'}^2}{k_n^2} \frac{\omega_n'}{\omega_n} Q(n', n)$, $\Omega(n, n') = \Omega(n', n)$.

A collision strength may be analysed into components representing contributions from different states of initial and final angular momentum of the colliding electron. We take l and l' as the respective quantum numbers of these angular momentum states. Since the atomic transitions concerned involve no change of parity the difference $l \sim l'$ must be even. We may therefore write

$$\Omega(n, n') = \sum_l \sum_{l'} \Omega^{ll'}(n, n'). \qquad (34.2)$$

The conservation theorem[1] requires that

$$\sum_{l'} \Omega^{ll'}(n, n') \leq (2l+1) \omega_< \qquad (34.3)$$

where $\omega_<$ is the smaller of ω_n, ω_n'.

It is possible to analyse the collision strength still further in terms of the total orbital and spin angular momenta for the system atom + incident electron, it being assumed that LS coupling prevails. If the possible values $L^T S^T$, of L and S which can arise from a free electron with angular momentum quantum number l and the initial configurations, are distinguished by a suffix i we have

$$\Omega^{ll'}(n, n') = \sum_i \Omega_i^{ll'}(n, n'). \qquad (34.4)$$

Since the total orbital and spin angular momenta must be conserved, limitations are imposed on the $L^T S^T$ values for a particular transition, for given l and l'. The chance that the total angular momentum quantum numbers included in the collision will be L_i^T, S_i^T is

$$\frac{\omega_i}{2(2l+1)\omega_n} \qquad (34.5)$$

where $\omega_i = (2L_i^T + 1)(2S_i^T + 1)$. The conservation theorem therefore requires

$$\Omega_i^{ll'}(n, n') \leq \tfrac{1}{2} \omega_i \qquad (34.6)$$

which is frequently more stringent than (34.3).

The close coupling conditions arise only when $l = l'$. Furthermore, except for $\Omega(2, 3)$, which is relatively small, the major contributions are from transitions involving no change of l, even when the coupling is weak. We shall therefore consider these cases in more detail.

We consider a collision in which the angular momentum quantum number of the incident electron is l and neglect contributions from $l' \neq l$. We then have

$$Q(n, n') = \frac{\pi}{\omega_n k_n^2} \sum_{i, l} \Omega_i^l(n, n'). \qquad (34.7)$$

If contributions from higher atomic configurations are ignored, the calculation of Ω_i^{ll} depends on the determination of the asymptotic forms of three

---
[1] See Sect. 22 of the preceding article.

functions F_1^i, F_2^i, F_3^i, associated with the respective atomic terms, which satisfy coupled integrodifferential equations. If the initial term is distinguished by n, the other two by n', n'' respectively

$$F_n^i \sim \sin(k_n r - \tfrac{1}{2} l \pi) + c_l^i(n, n) \exp\{i(k_n r - \tfrac{1}{2} l \pi)\}, \tag{34.8}$$

$$F_{n'}^i \sim c_l^i(n, n') \exp\{i(k_{n'} r - \tfrac{1}{2} l \pi)\}, \tag{34.9}$$

$$F_{n''}^i \sim c_l^i(n, n'') \exp\{i(k_{n''} r - \tfrac{1}{2} l \pi)\}, \tag{34.10}$$

giving

$$\Omega_i^l(n, n') = 4 \frac{k_n'}{k_n} \omega_i |c_l^i(n, n')|^2 \tag{34.11}$$

α) *Excitation by incident p electrons.* For the cases we have been considering the one which leads to close coupling, and in any case usually makes a major

Table 19.

Atomic term	Possible terms of the total system atom + free electron							
$q=2$ or 4 ^3P ^1D ^1S	^2S	^2P ^2P ^2P	^2D ^2D	^2F	^4S	^4P	^4D	
$q=3$ ^4S ^2D ^2P	^1S	^1P ^1P	^1D ^1D	^1F	^3S	^3P ^3P ^3P	^3D ^3D	^3F	^5P

contribution to the cross section, is that for which $l = l' = 1$. The possible values of L_i^T, S_i^T which arise when a free p electron is associated with the various terms which arise from the q atomic configurations concerned are given in Table 19. It will be seen that for $q=2$ or 4, (1, 2) transitions (from ^3P to ^1D terms) can only occur if the overall term is ^2P or ^2D, while (1, 3) or (2, 3) transitions are only possible if the overall term is ^2P. Similarly for $q=3$, (1, 2) or (1, 3) transitions are only possible if the overall term is ^3P while (2, 3) transitions can occur for overall terms ^1P, ^1D, ^3P or ^3D.

The wave functions describing the collision for fixed angular momentum quantum numbers L^T, S^T, M_L^T, M_S^T may now be written in the form

$$\left.\begin{aligned}\Psi(L^T, S^T, M_L^T, M_S^T) &= \sum_{L^C, S^C}\sum_s \varepsilon_s r_s^{-1} F(L^T, S^T, L^C, S^C, r_s) \, B(L^T, S^T, m_l, m_s) \times \\ &\times \chi^i(m_l, m_s | \vartheta_s, \varphi_s, \sigma_s) \, \psi(L^C, S^C, M_L^C, M_S^C | \boldsymbol{r}_1, \ldots, \boldsymbol{r}_s, \boldsymbol{r}_{s+1}, \ldots, \boldsymbol{r}_t)\end{aligned}\right\} \tag{34.12}$$

$\chi^i(m_l, m_s | \vartheta_s, \varphi_s, \sigma_s)$ is an eigen-function of the angular and spin co-ordinates of the s-th electron corresponding to angular momentum quantum numbers l, s, m_l, m_s. $\psi(L^C, S^C, M_L^C, M_S^C | \boldsymbol{r}_1, \ldots, \boldsymbol{r}_s, \boldsymbol{r}_{s+1}, \ldots, \boldsymbol{r}_t |$ is a properly anti-symmetrical eigen-function for an atomic term belonging to the p^q-configuration with angular momentum quantum numbers L^C, S^C, M_L^C, M_S^C respectively, where $M_L^C + m_l = M_L^T$ and $M_S^C + m_s = M_S^T$. The coefficients $B(L^T, S^T, m_l, m_s)$ are such that the summation over m_l and m_s gives an eigen-function for an overall state with angular momentum quantum numbers L_T, S_T, M_L^T, M_S^T. They are given by usual vector coupling formulae. The ε_s are chosen so that the sum over s is antisymmetric in all pairs of electrons.

Sect. 34.   Applications to transitions within p^2, p^3 and p^4 configuration.   385

In the more compact notation we have been using in which different pairs of L^T, S^T values have been distinguished by the symbol i and different L^C S^C by n, (34.12) takes the form

$$\Psi^i(M_L^T, M_S^T) = \sum_{n=1}^{3}\left\{\sum_{s=1}^{t}\varepsilon_s F_n^i(r_s)\, r_s^{-1} \varphi_n^i(M_L^T, M_S^T | \mathbf{r}_1,\ldots, \mathbf{r}_s, \mathbf{r}_{s+1},\ldots, \mathbf{r}_t, \vartheta_s, \varphi_s)\right\} \quad (34.13)$$

where

$$\varphi_n^i = \sum B_i(m_l, m_s)\, \chi(m_l, m_s | \vartheta_S, \varphi_S, \sigma_S) \times \\ \times \psi_n(M_L^T - m_l, M_S^T - m_s | \mathbf{r}_1, \ldots, \mathbf{r}_s, \mathbf{r}_{s+1}, \ldots, \mathbf{r}_t). \quad (34.14)$$

The cross sections are independent of M_C^T, M_S^T so that only one function of the form (34.14) need be considered.

The equations for the functions F_n^i are obtained in the usual way from the integral

$$\int \{\varphi_n^i(\mathbf{r}_2, \ldots, \mathbf{r}_t)\}^* (H - E)\, \Psi^i\, d\mathbf{r}_2, \ldots, d\mathbf{r}_t\, d\Omega_1 = 0. \quad (34.15)$$

The best available approximation for the φ_n is to use properly antisymmetrized combinations of HARTREE-FOCK self-consistent wave functions $r^{-1}P_{nl}(r)$ for orbitals with quantum numbers n and l. These orbitals depend not only on n and l but also on the terms concerned, but we shall neglect this last dependence which is usually unimportant. Using this approximation the equations for the F_n, for an electron with $l=1$ incident on an atom in the $(1s)^2 (2s)^2 (2p)^q$ configuration are, in atomic units, for given L^T, S^T.

$$\left[\frac{d^2}{dr^2} + k_m^2 - \frac{2}{r^2} + \frac{2Z}{r}\right]F_m - \sum_{n=1}^{3}\left[V_{mn}F_n - \int\{K_{mn}^p(r,r') + K_{mn}^s(r,r')\} \times \right.$$
$$\left. \times F_n(r')\, dr' + \alpha_{mn}\lambda_{mn}^p P_{2p}(r) + \lambda_{mn}^s P_{2p}(r)\right] = 0$$

where

$$V_{mn} = 2\int_0^\infty P_{2p}^2(r')\{\varrho_{mn}\gamma_0(r,r') + \sigma_{mn}\gamma_2(r,r')\}\, dr' +$$
$$+ 4\int_0^\infty \{P_{2s}^2(r') + P_{1s}^2(r')\}\delta_{mn}\gamma_0(r,r')\, dr'.$$

$$K_{mn}^p(r,r') = 2\alpha_{mn}P_{2p}(r)P_{2p}(r')\{\beta_{mn}\gamma_0(r,r') + \gamma_{mn}\gamma_2(r,r')\},$$

$$K_{mn}^S(r,r') = \tfrac{2}{3}\delta_{mn}\{P_{1s}(r)P_{1s}(r') + P_{2s}(r)P_{2s}(r')\}\gamma_1(r,r'),$$

$$\lambda_{mn}^p = \beta_{mn}\left\{\int_0^\infty P_{2p}(r')\left[\frac{d^2}{dr'^2} + k_n^2 - \frac{2}{r'^2} + \frac{2Z}{r'}\right]F_n(r')\, dr'\right\} + \quad (34.16)$$

$$- \int_0^\infty\!\!\int_0^\infty P_{2p}^2(r)\{2\beta_{mn}(q-1)\gamma_0(r,r') + 2\xi_{mn}\gamma_2(r,r')\} \times$$
$$\times P_{2p}(r')F_n(r')\, dr\, dr',$$

$$\lambda_{mn}^S = -2\beta_{mn}\Big\{2\int_0^\infty\!\!\int_0^\infty [P_{2s}^2(r) + P_{1s}^2(r)]\gamma_0(r,r')P_{2p}(r')F_n(r')\, dr\, dr' -$$
$$- \tfrac{1}{3}\int_0^\infty\!\!\int_0^\infty P_{2p}(r)\{P_{1s}(r)P_{1s}(r') + P_{2s}(r)P_{2s}(r')\}\gamma_1(r,r') \times$$
$$\times F_n(r')\, dr\, dr'\Big\},$$

Ze being the nuclear charge on the atom.

Table 20.

q	L^T, S^T	m, n	ϱ	σ	α	β	γ	ξ
2	^2P	1.1	2	0.20	$-\frac{1}{2}$	1	0.40	-0.20
		1.2	0	0	$\frac{1}{2}\sqrt{5}$	1	0.16	-0.20
		1.3	0	0	1	1	-0.20	-0.20
		2.1	0	0	$\frac{1}{2}\sqrt{5}$	1	$+0.16$	0.04
		2.2	2	0.28	$\frac{1}{6}$	1	1.84	0.04
		2.3	0	$-0.16\sqrt{5}$	$-\frac{1}{3}\sqrt{5}$	1	0.04	0.04
		3.1	0	0	1	1	-0.20	0.40
		3.2	0	$-0.16\sqrt{5}$	$-\frac{1}{3}\sqrt{5}$	1	0.04	0.40
		3.3	2	0	$\frac{1}{3}$	1	0.40	0.40
2	^2D	1.1	2	-0.04	$-\frac{1}{2}$	1	$+0.16$	-0.20
		1.2	0	0	$-\frac{3}{2}$	1	-0.08	-0.20
		2.1	0	0	$-\frac{3}{2}$	1	-0.08	$+0.04$
		2.2	2	-0.28	$-\frac{1}{2}$	1	-0.32	$+0.04$
3	^3P	1.1	3	0	$-\frac{1}{3}$	1	0.40	
		1.2	0	0	$+\frac{2}{3}\sqrt{5}$	1	0.04	
		1.3	0	0	$-\frac{2}{3}\sqrt{3}$	1	-0.20	
		2.1	0	0	$\frac{2}{3}\sqrt{5}$	1	0.04	
		2.2	3	0	$-\frac{2}{3}$	1	-0.59	
		2.3	0	$0.36\sqrt{\frac{5}{3}}$	$\sqrt{\frac{5}{3}}$	1	-0.02	
		3.1	0	0	$-\frac{2}{3}\sqrt{3}$	1	-0.20	
		3.2	0	$0.36\sqrt{\frac{5}{3}}$	$\sqrt{\frac{5}{3}}$	1	-0.02	
		3.3	3	0	1	0	0.30	
	^1D	2.2	3	0	-2	1	0.01	
		2.3	0	$-0.12\sqrt{3}$	$-\sqrt{3}$	1	-0.14	
		3.2	0	$-0.12\sqrt{3}$	$-\sqrt{3}$	1	-0.14	
		3.3	3	0	1	0	-0.06	
	^1P	2.2	3	0	1	1	0.22	
		2.3	0	$0.12\sqrt{15}$	$\sqrt{15}$	0	0.06	
		3.2	0	$0.12\sqrt{15}$	$\sqrt{15}$	0	0.06	
		3.3	3	0	1	1	0.10	
	^3D	2.2	3	0	1	1	0.34	
		2.3	0	$-0.12\sqrt{3}$	$-\sqrt{3}$	0	0.06	
		3.2	0	$-0.12\sqrt{3}$	$-\sqrt{3}$	0	0.06	
		3.3	3	0	1	1	0.22	
4	^2P	1.1	4	-0.20	-2	1	-0.05	-0.15
		1.2	0	0	$-\sqrt{5}$	1	-0.02	-0.42
		1.3	0	0	1	1	-0.20	-0.60
		2.1	0	0	$-\sqrt{5}$	1	-0.02	-0.18
		2.2	4	-0.28	$-\frac{2}{3}$	1	-0.59	-0.09
		2.3	0	$0.16\sqrt{5}$	$\frac{1}{3}\sqrt{5}$	1	$+0.04$	-0.36
		3.1	0	0	1	1	-0.20	0
		3.2	0	$0.16\sqrt{5}$	$\frac{1}{3}\sqrt{5}$	1	0.04	0
		3.3	4	0	$\frac{2}{3}$	1	0.04	0
	^2D	1.1	4	0.04	1	1	-0.14	0.18
		1.2	0	0	1	0	0.18	-0.18
		2.1	0	0	1	0	0.18	-0.18
		2.2	4	0.28	1	1	0.34	-0.06

Sect. 34.   Applications to transitions within p^2, p^3 and p^4 configuration.   387

The coefficients ϱ_{mn}, σ_{mn}, α_{mn}, β_{mn}, γ_{mn} and ξ_{mn} are given in Table 20 for the various cases which arise.

It has been assumed throughout that the atom is neutral but there is no important modification if it is an ion so that $Z > q+4$. The asymptotic forms of the functions F_n will differ from (34.7) to (34.9) only in that $k_s r$ ($s = n, n', n''$) is replaced by

$$k_s r + \frac{Z'}{k_s} \log(2 k_s r) + \arg \Gamma\left(l + 1 - i \frac{Z'}{k_s}\right), \qquad (34.17)$$

where

$$Z' = Z - q - 4.$$

The most detailed application[1] of the Eqs. (34.16) has been to the transitions between the terms of the ground configurations of OI, OII and OIII respectively. As the coupling in all three cases is strong, the distorted wave approximation cannot be used. Instead, SEATON begins by making the following approximations:

(i) All terms involving $\gamma_2(r, r')$ are ignored. This is consistent with our initial assumptions that the HARTREE-FOCK orbitals are independent of the term concerned, so that the terms are all of the same energy.

(ii) $k_1^2 = k_2^2 = k_3^2 = k^2$. This is consistent with (i).

(iii) All exchange terms involving P_{2s} and P_{1s} orbitals are ignored, i.e. $K^s_{mn} = 0$ and $\lambda^s_{mn} = 0$.

The Eqs. (34.16) now reduce to

$$\left(\frac{d^2}{dr^2} + k^2 - \frac{2}{r^2} - 2V\right) F_m = \sum \alpha_{mn} \beta_{mn} \left\{ \int_0^\infty \left[L(r, r') + M(r') P_{2p}(r) + \right.\right.$$
$$\left.\left. + P_{2p}(r) \int_0^\infty N(r'', r') dr''\right] F_n(r') dr'\right\}, \qquad (34.18)$$

where

$$V = -\frac{2Z}{r} + 2 \int_0^\infty [q P_{2p}^2(r') + P_{2s}^2(r') + P_{1s}^2(r')] \gamma_0(r, r') dr',$$
$$L(r, r') = -2 P_{2p}(r) P_{2p}(r') \gamma_0(r, r'), \qquad (34.19)$$
$$M(r') = \left(\frac{d^2}{dr'^2} + k^2 - \frac{2}{r'^2} + \frac{2Z}{r'}\right) P_{2p}(r'),$$
$$N(r, r') = 2(1 - q) P_{2p}^2(r) \gamma_0(r, r') P_{2p}(r').$$

These equations can always be uncoupled by choosing suitable linear combinations and the solutions F_1, F_2, F_3 can always be expressed in terms of two functions $\mathfrak{F}$ and $\mathfrak{G}$ which satisfy the respective equations

$$\left(\frac{d^2}{dr^2} + k^2 - 2V - \frac{2}{r^2}\right) \begin{Bmatrix} \mathfrak{F} \\ \mathfrak{G} \end{Bmatrix} = \begin{Bmatrix} 1 \\ -q \end{Bmatrix} \int_0^\infty \left[L(r, r') + M(r') P_{2p}(r) + \right.$$
$$\left. + P_{2p}(r) \int_0^\infty N(r'', r') dr''\right] \begin{Bmatrix} \mathfrak{F}(r') \\ \mathfrak{G}(r') \end{Bmatrix} dr'. \qquad (34.20)$$

If we write

$$\lambda \begin{Bmatrix} \mathfrak{F} \\ \mathfrak{G} \end{Bmatrix} = \left(\int_0^\infty M(r') + \int_0^\infty N(r'', r') dr''\right) \begin{Bmatrix} \mathfrak{F} \\ \mathfrak{G} \end{Bmatrix} dr', \qquad (34.21)$$

---
[1] M. J. SEATON: Phil. Trans. Roy. Soc. Lond., Ser. A **245**, 469 (1953). — Proc. Roy. Soc. Lond., Ser. A **218**, 400 (1953).

it may be shown, by use of the self-consistent field equation for P_{2q}, that $\lambda(\mathfrak{F})$ is indeterminate and

$$\lambda(\mathfrak{F}) = (k^2 + \varepsilon) \int_0^\infty P_{2p} \mathfrak{F} \, dr, \tag{34.22}$$

where ε is the HARTREE-FOCK energy parameter of the $2p$ orbital. It is convenient to choose $\mathfrak{F}$ to be orthogonal to P_{2p} so that $\lambda(\mathfrak{F}) = 0$. On the other hand $\mathfrak{G}$ is uniquely defined and

$$\begin{aligned}\lambda(\mathfrak{G}) &= (k^2 + \varepsilon) \int_0^\infty P_{2p} \mathfrak{G} \, dr \\ &= 2 \int_0^\infty \int_0^\infty P_{2p}^2(r) \gamma_0(r, r') P_{2p}(r') \mathfrak{G}(r') \, dr'.\end{aligned} \tag{34.23}$$

Table 21 gives three linearly independent sets of solutions for the F's in terms of $\mathfrak{F}$ and $\mathfrak{G}$.

Having obtained these three sets of solutions, they may be combined so as to obtain solutions of the Eqs. (34.18) with the asymptotic forms (34.7) to (34.9). It is then found that, with the approximations (i) to (iv)

$$\Omega(n, n') = C_q \omega_n \omega_{n'} \sin^2(\xi - \zeta) \tag{34.24}$$

where ξ and ζ are such that the solutions $\mathfrak{F}$ and $\mathfrak{G}$ of (34.20), which vanish at the origin, have asymptotic forms

$$\begin{pmatrix}\mathfrak{F}\\ \mathfrak{G}\end{pmatrix} \sim \sin\left(kr - \frac{1}{2}\ln + \begin{matrix}\xi\\ \zeta\end{matrix}\right) \tag{34.25}$$

The C_q are as given in Table 22.

As will be seen by reference to Sect. 30, $\Omega(n, n')$ is finite at the threshold for excitation of positive ions and can be expected to vary quite slowly as the energy of the colliding electron increases. For this reason the exact resonance approximation (34.24) is likely to be already fairly adequate. Allowance for the approximations made in (i) to (iii) may be made by treating the omitted terms as perturbations. The only case where this is not satisfactory is for the effect of the potential coupling term

$$2\sigma_{mn} \int_0^\infty P_{2p}^2(r') \gamma_2(r, r') \, dr'.$$

This is not small relative to the main exchange kernels but fortunately $\Omega_p(2, 3)$ is in any case small compared with contributions from other electron angular momenta.

For neutral atoms $\Omega^l(n, n')$ vanishes at the threshold and the approximation (ii) is likely to be more serious than for positive ions. However, SEATON showed that the difference between k_1, k_2 and k_3 can be allowed for quite effectively by noting that the integrals on the righthand side of (34.16) are slowly varying

Table 21. *Exact resonance solutions for F_1, F_2 and F_3.*

q	L^T, S^T		Solution (1)	Solution (2)	Solution (3)
2	^2P	F_1	$2\mathfrak{F}$	0	$3\mathfrak{G}$
		F_2	0	$2\mathfrak{F}$	$-\sqrt{5}\mathfrak{G}$
		F_3	$3\mathfrak{F}$	$-\sqrt{5}\mathfrak{F}$	$-2\mathfrak{G}$
2	^2D	F_1	$-\mathfrak{F}$	$+\mathfrak{G}$	—
		F_2	$+\mathfrak{F}$	$+\mathfrak{G}$	—
3	^3P	F_1	$5\mathfrak{F}$	$-3\mathfrak{F}$	$2\mathfrak{G}$
		F_2	$2\sqrt{5}\mathfrak{F}$	0	$-\sqrt{5}\mathfrak{G}$
		F_3	0	$2\sqrt{3}\mathfrak{F}$	$+\sqrt{3}\mathfrak{G}$
3	^1D	F_2	$+\mathfrak{F}$	$\sqrt{3}\mathfrak{G}$	—
		F_3	$-3\mathfrak{F}$	$\mathfrak{G}$	—
4	^2P	F_1	$\mathfrak{F}$	0	$3\mathfrak{G}$
		F_2	0	$\mathfrak{F}$	$\sqrt{5}\mathfrak{G}$
		F_3	$\sqrt{3}\mathfrak{F}$	$\sqrt{5}\mathfrak{F}$	$-\mathfrak{G}$
4	^2D	F_1	$\mathfrak{F}$	0	—
		F_2	0	$\mathfrak{F}$	—

Sect. 34. Applications to transitions within p^2, p^3 and p^4 configuration. 389

functions of the k. It follows that, if $F_{1,2,3}(k)$ are the exact resonance solutions, $F_1(k_1), F_2(k_2), F_3(k_3)$ are good approximations when the k's are unequal. Further study of the contributions from terms omitted in approximations (i), (iii) and (iv) was carried out by considering in detail the calculation of $\Omega(1, 2)$ for OI, for $k_1^2 = 0.30$, which is below the threshold for excitation of term 3, in this case. The coupled equations for F_1 and F_2 were solved numerically starting from the

Table 22.
Values of C_q.

q	C_q
2	$\frac{4}{27}$
3	$\frac{1}{16}$
4	$\frac{4}{75}$

Table 23. *Approximations to $\Omega(1, 2)$ for OI.*

	$\Omega(1,2)$	$\Omega(2,1)$	$\bar{\Omega}(1,2)$
Approximation I ((i), (ii), (iii), (iv) all assumed)	0.48	0.48	0.48
Approximation II (allowance for (ii))	0.81	0.62	0.71
Approximation III (allowance for (ii) and (iv))	0.98	0.88	0.93
Accurate solution	1.06	0.90	0.98

exact resonance approximation. Table 23 gives a comparison of the results obtained in different approximations with that given by accurate numerical solution of the coupled equations.

It will be noticed that, except in approximation I, $\Omega(1, 2)$ and $\Omega(2, 1)$ are not equal, as they should be. This is because the HARTREE-FOCK atomic wave functions are not exact solutions of the SCHRÖDINGER equation for the atom or ion concerned. For most purposes the difference between $\Omega(1, 2)$ and $\Omega(2, 1)$ as given by the accurate solution of the coupled equations is unimportant. The most natural quantity to use is the geometric mean $\bar{\Omega}(1, 2)$.

Final approximations to $\Omega^p(1, 2)$ and $\Omega^p(1, 3)$ were obtained by assuming that the percentage correction to approximation II to obtain approximation III remains the same as at the check point considered. For $\Omega^p(2, 3)$ there is an additional correction due to the potential coupling term

$$2\sigma_{mn} \int_0^\infty P_{2p}^2(r') \gamma_2(r, r') dr'.$$

This may be estimated by perturbation of approximation I and is quite unimportant for OI.

β) *Contributions from incident electrons with other angular momenta.* The partial collision strengths for incident electrons with angular momentum quantum numbers $l \neq 1$ may be calculated by the distorted wave method.

They contribute only a very small amount to $\Omega(1, 2)$ and $\Omega(1, 3)$, both to the excitation of neutral atoms and of positive ions, provided $k_1^2 < 1.0$, but for $\Omega(2, 3)$ they are more important. For OI $\Omega^{dd}(2, 3)$ makes an appreciable contribution, while Table 24 gives the separate contributions from different collision strengths for OII and OIII.

For all but Ω^{pp} the values given in Table 24 were calculated neglecting exchange distortion, the potential distortion being much more important.

Table 24.

ll'	$\Omega^{ll'}(2,3)$	
	OII	OIII
$sd+ds$	0.290	0.073
pp	0.595	0.034
dd	0.827	0.434
$pf+fp$	0.017	—
ff	0.146	0.079
gg	0.043	0.022
Total	1.92	0.61

γ) *Final values of collision strengths.* Fig. 72a illustrates $\Omega(1, 2)$ as a function of k_1^2 and Fig. 72b illustrates $\Omega(1, 3)$ and $\Omega(2, 3)$ as functions of k_3^2, for excitation of OI. The discontinuity noted in $\Omega(1, 2)$ appears at the threshold for excitation of term 3. It arises because of the fact that, above this threshold, three coupled equations must be considered whereas below it, only two remain, if the polarization effect due to the exponentially decreasing function F_3 is ignored. The corresponding collision strengths $\Omega(1, 2)$, $\Omega(1, 3)$ and $\Omega(2, 3)$ for NI may be obtained approximately by multiplying the respective OI values by 25/24, 25/8 and 225/16.

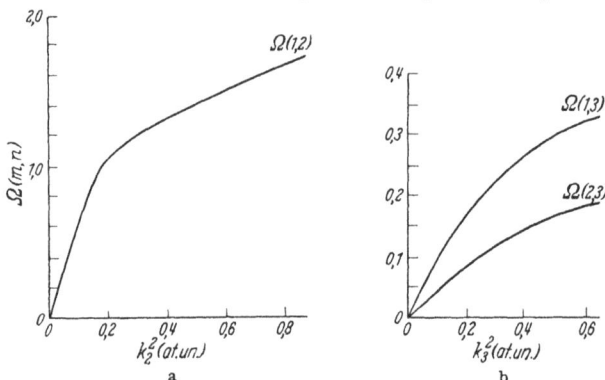

Fig. 72 a and b. Calculated collision strengths for excitation of transitions between terms of the ground configuration of OI. (a) Ω (1.2). (b) Ω (1.3) and Ω (2.3).

Table 25 gives the values of $\Omega(1, 2)$, $\Omega(1, 3)$ and $\Omega(2, 3)$ for a number of positive ions. Values in brackets have been interpolated.

Table 25. *Collision strengths for excitation of positive ions with p^q-configuration.*

Ion	$\Omega(1.2)$	$\Omega(1.3)$	$\Omega(2.3)$	Ion	$\Omega(1.2)$	$\Omega(1.3)$	$\Omega(2.3)$
NII	2.39	0.223	0.46	NeIV	(0.68)	(0.234)	(3.51)
OIII	1.73	0.195	0.61	NaV	(0.43)	(0.255)	(3.49)
FIV	(1.21)	(0.172)	(0.58)	FII	(0.95)	(0.057)	(0.17)
NeV	(0.84)	(0.157)	(0.53)	NeIII	0.76	0.077	0.27
OII	1.44	0.218	1.92	NaIV	(0.61)	(0.092)	(0.30)
FII	(1.00)	(0.221)	(3.11)	MgV	(0.54)	(0.112)	(0.30)
				SII	2.02	0.383	12.7

δ) *Transitions between the ^3P_J levels of OIII.* It is important in certain astrophysical applications (see Sect. 40 γ) to know the collision strengths $\Omega(^3P_{J'}, {}^3P_J)$ for electron excitation of transitions between the sublevels of different J belonging to the ground ^3P terms of OIII. The calculation proceeds on very much the same lines as that outlined above. Close coupling again accurs in the partial cross sections but for others the distorted wave method is applicable. Table 26 gives the collision strengths obtained.

Similar calculations have been carried out for the $^2P_{\frac{1}{2}} - {}^2P_{\frac{3}{2}}$ transition in CII giving $\Omega = 1.16$.

Table 26. *Collision strengths $\Omega(^3P_{J'}, {}^3P_J)$ for OIII.*

$l'l$	$J', J = 0,1$	$J', J = 0,2$	$J', J = 1,2$
ss	0.040	0.000	0.050
pp	0.274	0.099	0.566
$dd + ff + gg$	0.000	0.152	0.342
Total	0.31	0.25	0.96

ε) *Relation of collision wave functions to quantum defects.* A check on the accuracy of the collision strengths for OIII has been carried out by SEATON[1] which is based on the following.

---

[1] M. J. SEATON: The Airglow and the Aurora (ed. E. B. ARMSTRONG and A. DALGARNO), p. 289, Pergamon Press (1956).

Sect. 34.   Applications to transitions within p^2, p^3 and p^4 configuration.   391

The term values $\sigma(n, L^T, S^T)$ in a RYDBERG series arising from a configuration $2p^{q-1}np$ for given L^T, S^T, are given by

$$\sigma(n, L^T, S^T) = RZ^2/\{n - \mu(n, L^T, S^T)\}^2 \qquad (34.26)$$

where R is the RYDBERG constant, Z is the residual nuclear charge acting on the outer electron and μ is the quantum defect. The value of μ is determined essentially by the wave function for the motion of the outer electron relative to the core. The RYDBERG series can be regarded as merging into a continuum in which the corresponding wave functions are those for the motion of a colliding p electron of wave number k in the field of the core. The quantum defect μ measures the departure of the bound state function from the hydrogenic form.

Table 27. *Quantum defects for RYDBERG series for* OII $2p^2\,np\,L^T, S^T$.

L^T, S^T	$\mu(n, L^T, S^T)$ observed			$\mu(\infty, L^T, S^T)$ calc.	$\Delta\mu(3)$ obs.	$\Delta\mu(\infty)$ calc.
	$n=3$	$n=4$	$n=5$			
^4S	0.524	—	—	0.406	0.000	0.000
^2F	0.585	—	—	0.484	0.061	0.078
^4P	0.586	0.579	—	0.493	0.062	0.087
^4D	0.595	0.594	0.600	0.509	0.071	0.103
^2S	0.655	—	—	0.533	0.131	0.127

For the p functions of the continuum this departure is measured by the phase shift $\eta(k^2, L^T, S^T)$ between the asymptotic form of the function and the corresponding function for the motion of an electron is a purely COULOMB field of charge Ze. We therefore expect a relation between η and μ at the continuum limit of the series and this has been shown by SEATON[1] to be

$$\lim_{k \to 0} \eta(k^2, L^T, S^T) = \pi \lim_{n \to \infty} \mu(n, L^T, S^T). \qquad (34.27)$$

In Table 27 observed quantum defects for $n=3$, 4 and 5 for certain RYDBERG series of OII $2p^2np$ are given. These are compared with values for the limit $n \to \infty$ calculated from (34.27) using phase shifts obtained by the same methods as outlined for OIII above. Since the formulae for the collision strengths depend rather on phase shift differences for different $L^T\,S^T$ the most appropriate comparison is between observed values of $\Delta\mu(3)$, the difference between $\mu(3, L^T, S^T)$ and $\mu(3, {}^4S)$, and the corresponding values of $\Delta\mu(\infty)$. This comparison is made in the last two columns of Table 27. In view of the fact that the rather meagre experimental data for $n>3$ indicates that the true values of $\Delta\mu(\infty)$ are somewhat higher than for $\Delta\mu(3)$, the comparison is not unsatisfactory.

ζ) *Excitation of allowed transitions in neutral oxygen.* PERCIVAL[2] has calculated collision strengths for the excitation of the $(2p)^3\,3p\,{}^5P$ and $(2p)^3\,3p\,{}^3P$ states of atomic oxygen from the ground state. For this purpose he used the distorted wave method, but allowance had to be made for the close coupling between the terms of the ground configuration in determining the function to describe the motion of the incident electron in the field of the normal oxygen atom. Since the threshold energies for excitation of the ^5P and ^3P states are respectively 10.74 and 10.99 ev, the incident electron must have energy sufficient to produce excitation of the ^1D and ^1S terms of the ground configuration. It has been seen

---
[1] M. J. SEATON: C. R. Acad. Sci., Paris **240**, 1317 (1955).
[2] I. PERCIVAL: Proc. Phys. Soc. Lond. A (in course of publication).

from the preceding considerations that this must lead to considerable modification of the wave function for an incident p electron. PERCIVAL used the wave functions given by the exact resonance approximation. The wave function for the final motion of the electron relative to the excited atom. It was calculated allowing for distortion by the potential and exchange interactions with the atom in the appropriate state. Atomic wave functions calculated by the HARTREE-FOCK method were used for the ground state, but for the excited state the $3p$ orbital was determined as that of a $3p$ electron in the potential field, calculated by the HARTREE-FOCK method, of a normal O^+ ion.

Although the calculation is very elaborate, the results obtained are very sensitive to the atomic wave functions assumed and the final accuracy obtained is probably not very high. For excitation by p electrons with energies 2.33 ev above the appropriate threshold the collision strengths obtained were

$$\Omega^p(^5P) = 0.03, \quad \Omega^p(^3P) \approx 0.05.$$

For the ^5P state almost all the contribution comes from incident p waves, but for ^3P other partial waves will be important.

The application of these results to the interpretation of auroral excitation will be discussed in Sect. 41β.

35. Strong coupling in optically allowed transitions. So far we have considered strong coupling situations only when the atomic transition involves no change in the azimuthal quantum number of the active electron. In such cases the strong coupling is usually confined to collisions in which the incident electron possesses either zero or very low angular momentum. For transitions which are optically allowed and for which the optical transition probability is very large, strong coupling may occur even for values of the angular momentum quantum number l of the incident electron which are considerably greater than unity. If l/k, where k is the wave number of the incident electron, is much larger than atomic dimensions the wave function for the relative motion of the electron with angular momentum $\{l(l+1)\}^{\frac{1}{2}}\hbar$ will be very little distorted by the atomic field. Failure of BORN's approximation for the partial cross section, or collision strength Ω^l, will not then be due to distortion but simply to strong coupling. Under these circumstances the occurrence of strong coupling for given l will become manifest by the BORN partial cross section exceeding the maximum allowed value $(2l+1)\pi/k^2$.

Perhaps the clearest example is that of the excitation of the D lines of sodium by electron impact. The f-value of the $3s-3p$ transition in this atom is as high as 0.98. SEATON[1] has calculated the partial collision strengths Ω^l_{Be} for this case using the BETHE approximation (19.12) which gives

$$\Omega^l_{Be} = \tfrac{4}{3}\pi^2 S\, a_0^{-2} \left\{ l \left| \int_0^\infty J_{l+\frac{1}{2}}(k_0 r)\, r^{-1} J_{l-\frac{1}{2}}(k_1 r)\, dr^2 \right|^2 + \right.$$
$$\left. + (l+1) \left| \int_0^\infty J_{l+\frac{1}{2}}(k_0 r)\, r^{-1} J_{l+\frac{3}{2}}(k_1 r)\, dr^2 \right|^2 \right\} \quad (35.1)$$

where S is the line strength for the transition, i.e.

$$S = \left| \int \psi_1^*(r_1, \ldots r_t) \left(\sum_{s=1}^t r_s \right) \psi_0(r_1, \ldots r_t)\, dr_1 \ldots dr_t \right|^2$$

---

[1] M. J. SEATON: Proc. Phys. Soc. Lond. A **68**, 457 (1955).

ψ_0 and ψ_1 being the initial and final wave functions, the $\boldsymbol{r}_s$ the position vectors of the atomic electrons relative to the nucleus. He finds the values l_0 of l given in Table 28 which are such that, for $l < l_0$, Ω_l is $\frac{1}{2}$ the maximum allowed value. The corresponding value of $r_0 = l_0/k$ is also included. SEATON then calculates a total collision strength

$$\Omega = \Omega_{Be} - \sum_{l=0}^{l_0} \Omega_{Be}^l + \tfrac{1}{2}(l_0+1)^2 \qquad (35.2)$$

Table 28. *Data relating to the excitation of the D lines of sodium.*

Electron energy (eV)	l_0	r_0 (at. u.)
3.16	3	7
4.21	3	6
10.52	5	6
33.66	6	4

which differs from that given by the BETHE approximation only for $l < l_0$. For such values of l the partial BETHE collision strengths are replaced by a mean value equal to half the maximum value. Some justification for this is provided by consideration of a schematic model in which the matrix element V_{01} which for large r has the asymptotic form $A \cos \vartheta/r^2$, is replaced simply by B/r^2.

Fig. 73 illustrates the comparison of the cross section as a function of electron energy calculated from (35.2) with the experimental results of HAFT and CHRISTOPH (see Sect. 10, p. 322). It will be seen that much better agreement is obtained than with BORN's approximation (see Sect. 23, p. 364).

Another case which has been considered by SEATON is that of the excitation of the $2s - 2p_{\frac{1}{2}}$ and $2s - 2p_{\frac{3}{2}}$ transitions in atomic hydrogen. The departure from BORN's approximation in these cases is not very marked for electron impact, although it is much more serious for proton impact.

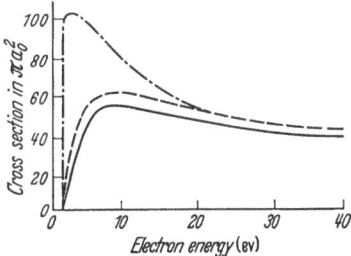

Fig. 73. Comparison of observed and calculated cross sections for electron excitation of the D lines of sodium. --- calculated by SEATON using (35.2). ····· calculated by BORN's approximation (FUNDAMINSKY, see Sect. 25). ⎯⎯ observed (HAFT and CHRISTOPH, see Sect. 10β.).

It is certainly not true that for all optically allowed transitions the failure of BORN's approximation at relative low electron energies is due to strong coupling of the kind we have been considering— it is only so when the line strength of the transition is large. This is not the case for the examples illustrated in Fig. 63. It seems that in theses cases account must be taken of contributions from intermediate states for which BORN's second approximation, if it can be calculated, might be expected to give useful results.

36. BORN's second approximation for optically allowed transitions. The improved theoretical approximations which we have been discussing have all been concerned with cross sections quite close to the threshold where exchange effects are important. These methods are not suitable for dealing with the rather less serious but definite failures of the plane wave approximation for optically allowed transitions. Such failures discussed in Sect. 25 become noticeable at energies several times the threshold energy where exchange effects are unimportant. As we shall see in Sect. 37 the distorted wave method provides an interpretation of the maxima and minima observed in the angular distribution of electrons scattered through large angles after exciting an optically allowed transition, but it does not give the correct behaviour of the total cross section for the process. Most of the contribution to the cross section comes from very small angle deviations and the plane wave approximation overestimates these in the manner discussed in Sect. 25. It seems that this effect is not a consequence of distortion, which is confined to collisions with small angular momentum, but rather arises as a correction to the weak coupling approximation to which relatively small contributions come from a large number of angular momenta. To take this into account it is necessary to estimate[1] the magnitude of the second BORN approximation for cases of this kind.

ROTHEENSTEIN[1] has carried out such estimates for the excitation of the $2p$ state of hydrogen and the $2\,^1P$ level of helium. The calculation is extremely tedious and lengthy and follows similar lines to that used by MASSEY and MOHR[2] in estimating the second BORN approximation to the elastic scattering. It is necessary to make certain approximations which render the results unreliable when the energy is too close to the threshold. Nevertheless it is clear by reference to Fig. 74 that inclusion of the second BORN approximation reduces the theoretical cross section by an amount which becomes appreciable at about the correct

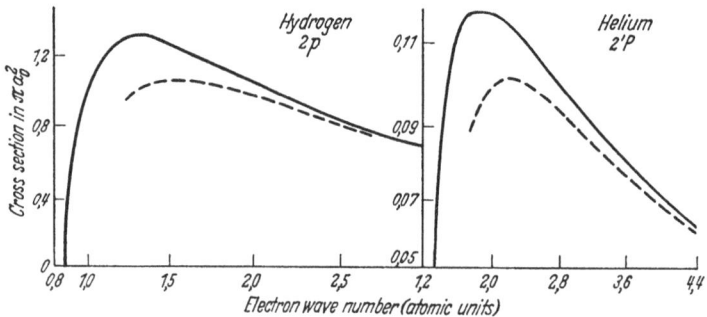

Fig. 74. Calculated cross sections for excitation of hydrogen $2p$ and helium $2\,^1P$ levels by electron impact. —— BORN's first approximation. --- Including BORN's second approximation.

electron energy in each case (compare with Fig. 63). Although this provides a valuable check on the interpretation of the observed data, the calculation is so tedious as to be impracticable as a general method for improving the accuracy of theoretical prediction of cross sections for optically allowed transitions.

37. Angular distributions at large angles of inelastically scattered electrons. Although the distorted wave method does not provide an explanation of the failure of the plane wave approximation for prediction of total inelastic cross sections for optically allowed transitions, it has provided a satisfactory interpretation of the rather remarkable angular distributions of electrons scattered through large angles by heavy atoms after exciting a particular transition (cf. Figs. 51, 52).

At the energies involved, which may be quite high for the heavier atoms, we may ignore exchange effects and write for the differential cross sections for the particular collision, in place of (18.1) the distorted wave approximation

$$I_{0n}(\vartheta)\,d\omega = \frac{m^2}{4\pi^2\hbar^4}\frac{k_n}{k}\left|\int V_{on}(\mathbf{r}')\,F_0(\mathbf{r}',\vartheta')\,\mathfrak{F}_n(\mathbf{r}',\pi-\Theta)\,d\mathbf{r}'\right|^2 d\omega \quad (37.1)$$

where

$$V_{0n} = e^2\int\sum_{i=1}^{s}\frac{1}{|\mathbf{r}'-\mathbf{r}_n|}\,\psi_0(\mathbf{r}_i)\,\psi_n^*(\mathbf{r}_i)\,d\mathbf{r}_1\ldots d\mathbf{r}_s, \quad (37.2)$$

and Θ is given by

$$\cos\Theta = \cos\vartheta'\cos\vartheta + \sin\vartheta'\sin\vartheta\cos(\varphi'-\varphi), \quad (37.3)$$

---

[1] W. ROTHENSTEIN: Proc. Phys. Soc. Lond. A **67**, 673 (1954).
[2] H. S. W. MASSEY and C. B. O. MOHR: Proc. Roy. Soc. Lond., Ser. A **140**, 613 (1933).

Sect. 37. Angular distributions at large angles of inelastically scattered electrons. 395

the notation otherwise being as in (18.1). The plane waves $e^{ik_0\mathbf{n}_0\cdot\mathbf{r}'}$, $e^{-ik_n\mathbf{n}\cdot\mathbf{r}'}$ have been replaced by the distorted waves $F_0(r', \vartheta')$, $\mathfrak{F}_n(r', \pi-\Theta)$ respectively, the properly normalized wave functions for motion of the incident (scattered) electron is the field of the normal (excited) atom.

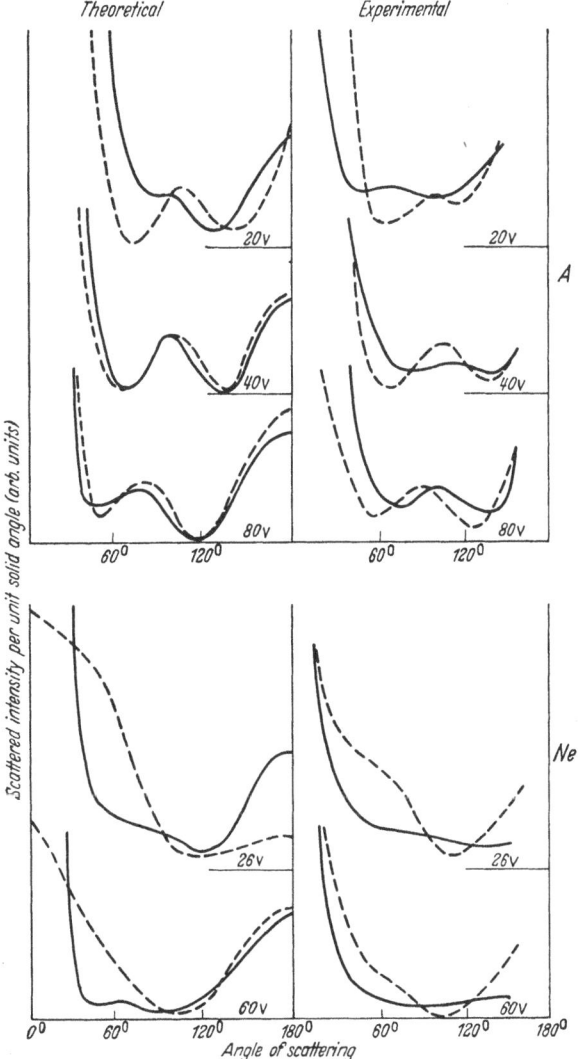

Fig. 75. Comparison of calculated and observed angular distribution for scattering of electrons in argon and in neon. —— inelastic scattering (after exciting the resonance level in each case). ——— elastic scattering.

These functions can be written in the forms

$$F_0(r', \vartheta') = e^{ik_0 r \cos\vartheta} + \sum_l [F_0^l - j_l(k_0 r)] (2l+1) i^l P_l(\cos\vartheta),$$

$$\mathfrak{F}_n(r', \pi-\Theta) = e^{-ik_n r \cos\theta} + \sum_l [\mathfrak{F}_n^l - j_l(k_n r)] (2l+1) i^l P_l(\overline{\cos\pi-\Theta}),$$

(37.4)

where the second series in each case represents the distortion of the plane wave by the respective fields of the normal and excited atoms. On substitution in

(37.1) we obtain

$$I_{on}(\vartheta) = \left| f_B + \sum_l P_l(\cos\vartheta) \int V'_{on} H_l \, d\mathbf{r}' \right|^2 \qquad (37.5)$$

where f_B is the expression given by Born's approximation and the series vanishes with the distortion, H_l being a certain function of r', ϑ', φ'. As described in Sect. 24, f_B becomes negligible for ϑ greater than about 30°, so that the angular distribution at larger angles is almost completely determined by the distortion terms.

At energies considerably in excess of the threshold, the incident and final electron energies are not very different and the effect of the field of the excited atom on the latter will not be very different from that of the normal atom on the former. The most important terms in the harmonic expression in (37.5) will then be the same as for the elastic scattering so that it is not surprising that, at the energies concerned, the angular distributions of the elastic scattering and inelastic scattering (for a fixed energy loss) should be similar at large angles. This similarity should become less marked as the electron energy decreases, for the distortion of the final wave function will become substantially different from that of the initial function which alone is similar to that which occurs in elastic scattering.

These conclusions are in agreement with observation (see Fig. 75). They have been put on a more quantitative basis by Massey and Mohr[1] who calculated angular distributions of electrons scattered after exciting the resonance levels of neon and of argon using the formula (37.1). The distorted wave functions were calculated using Jeffreys' approximation[2] to solve the Schrödinger equation for the motion of electrons in the Hartree self-consistent fields of the atoms concerned. It will be seen by reference to Fig. 75 that their results confirm the qualitative conclusions discussed above.

The maximum which occurs in the angular distributions of electrons which have suffered a large fractional energy loss in collisions with light atoms (see Fig. 50) arises from a quite different cause. It appears at an angle ϑ which corresponds to the conservation of momentum in a free collision between the incident and atomic electrons. Thus, if E_i, E_f and E_0 are the incident, final and ionization energies respectively,

$$\cos\vartheta = \frac{E_f + \tfrac{1}{2}E_0}{\sqrt{E_i E_f}}.$$

V. Some applications of excitation and ionization cross-sections.

Knowledge of the cross sections for excitation and ionization of atoms by electron impact is important in the interpretation of many phenomena. These include particularly electric discharges in gases[3], the properties of the solar corona[4], the physical conditions in gaseous nebulae[5] and the airglow and auroral phenomena in the upper atmosphere of the earth[6]. We shall now describe some of the results obtained in these various directions, using the information on inelastic cross sections described earlier.

---

[1] H. S. W. Massey and C. B. O. Mohr: Proc. Roy. Soc. Lond., Ser. A **140**, 613 (1933).
[2] See Sect. 13 of the preceding article.
[3] Cf. vols. XXI and XXII of this Encyclopedia.
[4] Cf. vol. LII.
[5] Cf. vols. L and LIII.
[6] Cf. vol. XLIX.

38. Electric discharges in gases. This is a very big subject and we shall make no attempt to discuss all the wide variety of circumstances which can arise. In all cases the effects observed depend very largely on the magnitudes and velocity variations of inelastic cross sections. In Sect. 11 we have described how it is possible to obtain estimate of certain of these cross sections by studying gas discharges. We are concerned here with the inverse procedure, that of predicting or interpreting discharge behaviour in terms of known or estimated cross sections.

We shall illustrate the possibilities by choosing two examples which will be discussed in general terms only. The first concerns the equilibrium conditions in the positive column of a glow discharge, while the second refers to the conditions in an arc discharge at atmospheric or higher pressure.

α) *The positive column of a glow discharge.* The positive column of a glow discharge is a region in which the longitudinal electric field is just sufficient for the electrons to produce enough ionization to balance the loss of ions and electrons to the walls. Longitudinal flow of electrons out of the column to the anode is balanced by inflow from the cathode dark space.

In a region of this kind in a discharge through a gas whose molecules or atoms form no negative ions, plasma conditions will be set up in which the electron and ion concentrations, N_e and N^+ respectively, can be taken as effectively the same at each point of the column, though both may vary together from point to point. This will be true except for the sheath between the plasma and the walls.

During the initiation of the discharge, before plasma conditions have been set up, electrons will reach the walls more rapidly than positive ions. The negative charge they set up on the walls gives rise to a radial potential gradient which is in such a sense as to attract positive ions to the walls. When equilibrium is reached, this radial field is just sufficient for electrons, diffusing against the gradient, and positive ions, assisted out by it, to reach the walls at the same rate.

The electrons in the column have a MAXWELLian velocity distribution about a temperature T_e which is much higher than the gas temperature.

The problem, for a discharge in a cylindrical tube of radius R containing a given gas at a given pressure, is to determine (a) the radial distribution of electron, and hence ion, concentration, (b) the electron temperature, (c) the longitudinal electric field and (d) the radial electric field.

The radial distribution may be obtained by equating the rate of production of electron-ion pairs in the column to the rate of loss to the walls. Under pressure conditions in which the mean free paths of electrons and ions are much smaller than the tube radius R, diffusion conditions apply and the process of loss may be regarded as one of ambipolar diffusion. This arises as follows. If D_e, D^+ are the respective diffusion coefficients and k_e, k^+ the corresponding mobilities of electrons and positive ions in the gas, the electron and ion current densities $\boldsymbol{j}_e, \boldsymbol{j}^+$ respectively are given by

$$\boldsymbol{j}_e = -D_e \operatorname{grad} N_e - k_e \boldsymbol{E} N_e, \tag{38.1}$$

$$\boldsymbol{j}^+ = -D^+ \operatorname{grad} N^+ + k_e^+ \boldsymbol{E} N^+, \tag{38.2}$$

$\boldsymbol{E}$ being the electric field strength. Under plasma conditions, $|N^+ - N_e| \ll N_e$ so that $\boldsymbol{j}_e = \boldsymbol{j}^+ = \boldsymbol{j}$, and we may write

$$\boldsymbol{j} = -D_a \operatorname{grad} N, \tag{38.3}$$

where N refers to either positive ions or electrons and the ambipolar diffusion coefficient D_a is given by

$$D_a = \frac{D^+ k_e + D_e k^+}{k_e + k^+}. \tag{38.4}$$

Under steady conditions, if ν is the rate of production of ion pairs per electron,

$$\operatorname{div} \boldsymbol{j} = \nu N \tag{38.5}$$

which gives the equation

$$D_a \nabla^2 N + \nu N = 0. \tag{38.6}$$

Ignoring the relatively small longitudinal gradients we may write this in the form

$$\frac{d^2 N}{dr^2} + \frac{1}{r}\frac{dN}{dr} + \frac{\nu}{D_a} N = 0, \tag{38.7}$$

where r is the distance from the axis. The solution of this equation which is finite at $r=0$ is

$$N = N_0 J_0\{r(\nu/D_a)^{\frac{1}{2}}\}. \tag{38.8}$$

As neutralization occurs at the walls we may write approximately $N=0$, $r=R$, sheath effects being neglected. This requires that

$$J_0\{R(\nu/D_a)^{\frac{1}{2}}\} = 0. \tag{38.9}$$

Since N can never be negative, the only solution of this equation which is acceptable is

$$R(\nu/D_a)^{\frac{1}{2}} = 2.405. \tag{38.10}$$

This gives the radial distribution. To determine the electron temperature it is only necessary to calculate ν in terms of the ionization cross section of the gas by the formula

$$\nu = \int_{E_i}^{\infty} f(E)\, Q_i(E)\, (2E/m)^{\frac{1}{2}}\, dE$$

where

$$f(E) = 2(E/\pi \varkappa^3 T_e^3)\, e^{-E/\varkappa T_e}$$

and $Q_i(E)$ is the ionization cross section for electrons of energy E. Substitution in (38.10) gives a relation between T_e, R and the gas pressure which enters through D_a.

The longitudinal electric field may be obtained by equating the rate at which energy is gained by an electron from the field to the rate of loss of energy by an electron due to elastic and inelastic collisions with the gas atoms and molecules. If E_l is the longitudinal field gradient and k_e is the electron mobility, the rate of gain of energy from the field is $e\, k_e\, E_l^2$, e being the electronic charge. The rate of loss by collisions is given by

$$N \int_0^{\infty} f(E) \left[\sum_k Q_k(E)\varepsilon_k\right] (2E/m)^{\frac{1}{2}} dE, \tag{38.11}$$

where Q_k is the cross section for a collision in which energy ε_k is lost and N is the number of gas atoms/cm^3. A detailed discussion on these lines has been carried out for neon by DRUYVESTYN and PENNING and this has already been referred to in Sect. 14.

Finally, the radial gradient E_r may be obtained from the Eqs. (38.1) and (38.2) for

$$\begin{aligned} E_r &= \frac{1}{N}\frac{dN}{dr}\frac{D^+ - D_e}{k^+ + k_e}, \\ &\approx \frac{1}{N}\frac{dN}{dr}\frac{D_e}{k_e}, \quad \text{as} \quad D_e \gg D_+, k_e \gg k_+, \\ &= \frac{1}{N}\frac{dN}{dr}\frac{\varkappa T_e}{e}. \end{aligned} \qquad (38.12)$$

A more accurate treatment of the radial variation is necessary than is given above when $r \approx R$ for, according to (38.12), $E_r \to \infty$ as $r \to R$. This need not concern us here as it involves no further reference to inelastic cross sections.

When the pressure is too low for diffusion conditions to apply so that positive ions "fall" freely to the walls along the potential gradient, it is still possible to proceed on similar lines to the above, but with modified expressions for the current flow to the walls.

For applications of these formulae to actual gases the reader is referred to works on electrical discharges in gases, especially to vols. XXI and XXII, this Encyclopedia.

β) *High pressure arc discharge.* In an arc discharge in a gas or vapour at atmospheric pressure or higher, the situation is different from that which exists in the positive column of a glow discharge in that the gas and electron temperatures are functions of the distance from the axis and over a large part of the tube section the difference between these two temperatures is relatively small.

In such a discharge, it is to be expected that the conditions will be nearly those of thermal equilibrium, so that the proportion of atoms in excited states is given by the BOLTZMANN distribution, the degree of ionization can be calculated by the SAHA equation and the difference between the temperatures of the gas and of the electrons is small compared with either.

The problem of deciding whether a BOLTZMANN distribution exists among excited levels is one which arises in many connections (see also Sect. 40). If true thermodynamical equilibrium exists each process of formation of a particular state is exactly balanced by the inverse process. This can never be exactly true in a discharge because of the energy leaving the system in the form of radiation. It will be approximately correct when the rate of radiation is small compared with that of excitation. Hence the assumption of a BOLTZMANN distribution will be valid when the rate of population of a level by collision excitation is great compared with the rate of depopulation by spontaneous transitions.

A similar criterion can be established for ionization. In this case the irreversible loss comes from recombination radiation and diffusion to the walls of ions and electrons. Hence, if the SAHA equation is approximately applicable, the rates of these loss processes must be small compared with the rate of ionization.

Finally, the difference $T_e - T_g$ between electron and gas temperatures must be such as to balance the loss by thermal conduction. From this, the relation of $T_e - T_g$ to T_e may be estimated.

If the various excitation and ionization cross sections are known, as well as the spontaneous radiation transition probabilities from different states, it is possible, for an arc discharge in a given gas, to estimate whether or not thermal equilibrium is approached at points at any particular distance from the axis. It may often be the case that, while thermal equilibrium effectively prevails near the axis of the tube, deviations become rapidly important as the distance from the axis increases.

If it is known that thermodynamic equilibrium is a good approximation there is no difficulty in calculating the rate of emission of radiation once the electron temperature and radiation transition probabilities are known. Knowledge of the inelastic cross sections is only necessary to check that equilibrium is closely approached.

39. The physics of the solar corona[1]. Since the identification by EDLÉN[2] of the so-called "coronium" lines emitted from the solar corona as arising from transitions between low-lying states of highly ionised metallic atoms such as Fe, there has been a great increase in understanding of the physical conditions of these extreme outer layers of the solar atmosphere. The remarkable properties of these layers derive from the existence of a very high kinetic temperature, of order 10^6 °K, whereas the radiation temperature is somewhat lower (about 4000° K) than that (5750° K) of the solar photosphere.

The radiation temperature is determined from the spectral distribution of the continuous radiation from the corona. This is due to light scattering by the coronal electrons and the fact that the colour is quite similar to that from the main disc of the sun shows that there is no great difference in radiation temperature.

The evidence for the high kinetic temperature is derived from the DOPPLER breadths of the "coronium" lines, the absence of the usual emission lines of hydrogen and of metallic atoms, the scale height of the corona, the intensity of emission of radio noise from the corona under quiet conditions and the high degree of ionization of metallic atoms in the corona. The application of the last of these lines of evidence, which is one of the most reliable, depends on the application of available information about cross sections for ionization by electron impact, as well as of cross sections for radiative recombination, and we shall discuss it in some detail.

This is not the only application which may be made of electron inelastic collision data. The variation of the intensity of a coronium line with height in the corona may be obtained in terms of the variation with height of electron concentration and the relevant optical transition probabilities and excitation cross sections.

Finally, from a comparison of the intensity of a coronal line with the surrounding continuum, due to light scattering, it is possible to determine the concentration of the emitting atoms at different levels if the relevant excitation cross sections and optical transition probabilities are known.

We now proceed to discuss these applications in more detail.

α) *The degree of ionization and the kinetic temperature.* Since thermodynamic equilibrium clearly does not prevail it is necessary to consider the ionization equilibrium in terms of the balance between the rates of ionization and recombination processes.

Let N_n be the concentration of atoms of a particular kind which are in a state of n-fold ionization and N_e the electron concentration. The kinetic equilibrium equations from which to determine the equilibrium ratio N_n/N_{n+1} is now

$$q N_n \bar{P}_n + N_e N_n \bar{S}_n = N_{n+1} N_e \bar{\alpha}_{n+1} + N_{n+1} N_e^2 \bar{\beta}_{n+1} \tag{39.1}$$

$\bar{P}_n$, $\bar{S}_n$ are respectively mean coefficients for removal of a further electron from an n-fold ionized atom by photoionization and by electron impact. In terms

---
[1] For further details see C. W. ALLEN: Rep. Progr. Phys. **17**, 135 (1954).
[2] B. EDLÉN: Ark. Mat. Astronom. Fys. **28**, 1 (1942).

of cross sections for photoionization $Q_{p,n}$ and for ionization $Q_{i,n}(v_e)$ by electrons of velocity v_e

$$\overline{P}_n = c\, Q_{p,n}, \quad \overline{S}_n = \overline{v_e\, Q_{i,n}(v_e)}. \tag{39.2}$$

α_{n+1} is the mean coefficient for radiative recombination and β_{n+1} for three-body recombination. The electron concentration can be determined as a function of height in the corona from the intensity of the coronal continuum which is due to light scattering by the coronal electrons, and the radiation density is known from the radiation temperature. Use of these data with only roughly estimated values for the collision coefficients suffices to establish that, except for the extreme outer corona, photoionization and three-body recombination may be ignored. We have then that

$$\frac{N_n}{N_{n+1}} = \frac{\overline{\alpha}_{n+1}}{\overline{S}_n} \tag{39.3}$$

The coefficients α_{n+1}, $\overline{S}_n$ have been estimated, particularly for Fe X to Fe XVI by BIERMANN[1], WOOLLEY and ALLEN[2], MIYAMOTO[3], ELWERT[4] and SHKLOVSKY[5]. We are concerned here particularly with $\overline{S}_n$. Fig. 76 represents a number of observed inner and outer shell ionization cross sections (see Sects. 7, 8) as functions of electron energy plotted on a reduced scale. The cross sections are given in units

$$\pi a_0^2 (\chi_H/\chi_n)^2 \zeta_n$$

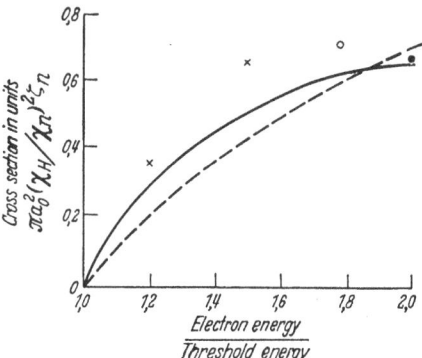

Fig. 76. Ionization cross sections plotted on reduced scales. × Observed points AgK (see Sect. 8). ○ Observed point NiK (see Sect. 8). --- Observed for H_2 (see Table 1). ● Calculated for Fe XIV. ——— Empirical curve, corresponding to (39.4), used by ELWERT.

where χ_H, χ_n are the ionization potentials of the hydrogen atom and of the atom or ion concerned respectively and ζ_n is the number of electrons in the shell from which ionization occurs. The electron energy is plotted as the ratio U to the ionization energy. It will be seen that in this diagram the spread of the results for different atoms is not too great. Realizing this, ELWERT[6] introduced the empirical formula

$$Q_{i,n} = c_2 \frac{U-1}{U^2}\left[1 + c_3(U-1)\right]\left(\frac{\chi_H}{\chi_n}\right)^2 \zeta_n \pi a_0^2 \tag{39.4}$$

with $c_2 = 2$, $c_3 = 0.3$. This gives the curve illustrated in Fig. 76.

There are naturally no measurements of cross sections for further ionization of highly ionized atoms, and the only calculations are those of HILL (Sect. 22b) for Fe XIV. His calculated point is indicated on the figure. As it is somewhat uncertain how much reliance can be placed on theoretical calculations for these cases (see Sect. 25), it seems that ELWERT's empirical formula is as satisfactory as any available at present. Allowance for imperfections in this formula may be made, as was done by ELWERT, by multiplying (39.4) by a further uncertainty factor f which, judging by Fig. 76, probably lies between 0.5 and 1.3.

---

[1] L. BIERMANN: Naturwiss. **34**, 87 (1947).
[2] R. v. D. R. WOOLLEY and C. W. ALLEN: Monthly Nat. Roy. Astr. Soc. **108**, 292 (1948).
[3] S. MIYAMOTO: Publ. Astr. Soc. Japan **1**, 10 (1949).
[4] G. ELWERT: Z. Naturforsch. **7a**, 202 (1953).
[5] I. S. SHKLOVSKY: The Solar Corona (Moscow). 1951.
[6] loc. cit.

If it is assumed that the electrons have a MAXWELLian distribution about a temperature T_e, the mean ionization coefficient $\bar{S}_n$ comes out to be

$$2c_2\sqrt{\pi}\,\alpha f\,\zeta_n \left(\frac{kT_e}{\chi_n}\right)^{\frac{1}{2}} \left(\frac{\chi_n}{\chi_H}\right)^{-\frac{3}{2}} e^{-\chi_n/kT_e} G\,a_0^2 \qquad (39.5)$$

where

$$G = (1-c_3)\left[\frac{\chi_n}{kT_e} - \left(\frac{\chi_n}{kT_e}\right)^2 e^{\chi_n/kT_e}\,\mathrm{Ei}\left(\frac{\chi_n}{kT_e}\right)\right] + c_3 \qquad (39.6)$$

and $\alpha = e^2/\hbar c$.

The radiative recombination coefficient may be estimated using the GAUNT-KRAMERS formula[1] or the calculations of BATES, BUCKINGHAM, MASSEY and UNWIN[2]. ELWERT obtains

$$\bar{\alpha}_{m+1} \approx \frac{8}{\sqrt{3\pi}}\,\frac{e^2}{mc}\left(\frac{\chi_H}{kT_e}\right)^{\frac{1}{2}} \frac{\chi_n}{\chi_H}\,n\,G'\,g\,f', \qquad (39.7)$$

where n is the total quantum number of the highest unoccupied shell, g is a GAUNT correction factor,

$$G' = \frac{\chi_n}{kT_e}\,e^{\chi_n/kT_e}\,\mathrm{Ei}\left(\frac{\chi_n}{kT_e}\right) \qquad (39.8)$$

and f' is an uncertainty factor similar to f in (39.5). The formula (39.7) gives results which agree within a factor of two, if $f'=1$, with more detailed calculations carried out by HILL[3] for Fe XIV and Mg X.

The most interesting application of (39.3), (39.5) and (39.7) is to the relative intensity of the green and red coronal lines at $\lambda\,5303$ and $\lambda\,6374$ which arise from the respective transitions $(^2P_{\frac{1}{2}} - {}^2P_{\frac{3}{2}})$ between terms of the ground states of Fe XIV and Fe X. EDLÉN has shown that the intensity ratio is 2.4 times the ratio of the concentrations of Fe XIV and Fe X. The relation between the line intensity ratio and the kinetic temperature is found to be as given in Table 29.

It will be seen that the temperature is not very sensitive to the line intensity ratio. The mean temperature for the low corona is found to be about $0.8 \times 10^6\,°\mathrm{K}$ and does not appear to fall even out to distances of 2.2 solar radii from the centre of the sun. This is in quite good agreement with values obtained by the other methods listed earlier.

Table 29. *Relation of kinetic temperature and coronal line intensities.*

Intensity ratio 5303/6374	0.1	1	10
Kinetic temperature ($10^6\,°\mathrm{K}$)	0.65	0.75	0.90

β) *Excitation of coronal lines—chemical composition of the corona.* Let N_0 and N_1 be the respective concentrations of an ion in its ground state and in a particular excited state respectively. The kinetic equilibrium between the two states is determined in an analogous manner to (39.1) by

$$N_1(A_{10} + N_e\overline{Q_{10}v_e}) = N_0\left(A_{10}\,\frac{\omega_1}{\omega_0}\,D\,e^{-\chi_1/kT} + N_e\overline{Q_{01}v_e}\right). \qquad (39.9)$$

A_{10} is the optical probability between the two levels, Q_{10} a mean cross section for excitation of the upper level from the ground state, Q_{01} the corresponding cross section for deactivation of the upper level by electron impact, $\bar{v}_e$ the mean electron velocity, ω_1 and ω_0 the respective statistical weights of the upper and lower states, χ_1 the excitation energy, T the effective solar radiation temperature and D the dilution factor given by

$$D = \frac{1}{2} - \frac{1}{2}\left(1 - \frac{1}{r^2}\right)^{\frac{1}{2}}$$

---

[1] J. A. GAUNT: Phil. Trans. Roy. Soc. A **229**, 163 (1930).
[2] D. R. BATES, R. A. BUCKINGHAM, H. S. W. MASSEY and J. J. UNWIN: Proc. Roy. Soc. Lond., Ser. A **170**, 322 (1939).
[3] E. R. HILL: Austral. J. Sci. Res. A **4**, 437 (1951).

where r is the distance from the solar centre, measured in solar radii. For electron energies considerably in excess of the excitation threshold $\omega_0 Q_{01} = \omega_1 P_{10}$. From the variation of N_1 with r, which produces a known variation in N_e and D, it is then possible to determine Q_{10}.

This argument was applied by WOOLLEY and ALLEN[1] to the excitation of the green coronal line. They obtained a mean cross section $Q_{01} \approx 0.26\,\pi\,a_0^2$ for excitation of the $^2P_{\frac{1}{2}}$ level of FeXIV from the ground $^2P_{\frac{3}{2}}$ level. This is to be compared with the value $0.11\,\pi\,a_0^2$ calculated by HILL[2] using a distorted wave method (see Sect. 31γ).

The number N_1 may be determined from the intensity of the coronal line measured in terms of an equivalent width $\Delta\lambda$ of the neighbouring continuum which is due to light scattering. Thus

$$N_1 A_{10} h c / \lambda = 4\pi D I_\lambda Q_{sc} N_e \Delta\lambda$$

where λ is the wavelength of the line, I_λ is the mean intensity of solar radiation per unit area, solid angle and wavelength range, D is the dilution factor and Q_{sc} is the THOMSON cross section $\frac{8\pi}{3}\left(\frac{e^2}{mc^2}\right)^2$ for scattering of light by electrons. Once N_1 is obtained, (39.9) may be used to obtain N_0 if Q_{01} is known. Having obtained N_0 for an atom in a particular stage of ionization, the corresponding values for atoms in other stages of ionization may be determined using (39.3), and hence the total concentration of particular chemical species at any level in the corona.

If Q_{01} is assumed to be $0.26\pi\,a^2$ the abundance of metal atoms comes out to be about six times greater relative to hydrogen than in cosmic material generally. A larger cross section would reduce this discrepancy.

It is clear that much important information about the corona has already been obtained by use of estimated cross sections for ionization and excitation of highly excited atoms by electrons. Effective use could still be made of more accurate data on these cross-sections.

40. The electron concentrations and temperatures of planetary nebulae. α) *Principle of the method.* The spectra of many planetary nebulae include forbidden lines arising from transitions between the terms of the ground configurations of the atoms and ions OI, OII, OIII, NI, NII and SII. In all these cases there are three terms involved which will be distinguished as in Sect. 34, in order of increasing energy, as 1, 2 and 3 respectively. It is possible from observation of the relative intensities of the multiplets arising from these transitions for a particular atom or ion to obtain a relation between the electron temperature T_e and electron concentration N_e in the emitting region, provided the appropriate optical transition probabilities and collision strengths are known. If this can be done for several atoms or ions N_e and T_e can both be determined in more than one way so that the consistency is checked.

The first work on these lines was carried out by MENZEL, ALLER and HEBB[3] for the OIII intensity ratios, but they used the collision strengths calculated by HEBB and MENZEL using a distorted wave method which gives unreliable results (see Sect. 31γ). Because of this SEATON[4] has re-examined the matter and extended it to many other cases, using the method for calculating collision strengths discussed in Sect. 34. Very interesting results have been obtained which are remark-

---

[1] R. v. DE R. WOOLLEY and C. W. ALLEN: Monthly Not. Roy. Astr. Soc. **108**, 293 (1949).
[2] E. R. HILL: Austral. J. Sci. Res. A **4**, 437 (1951).
[3] D. H. MENZEL, L. ALLER and M. H. HEBB: Astrophys. J. **93**, 195 (1941).
[4] M. J. SEATON: Monthly Not. Roy. Astr. Soc. **114**, 154 (1954).

ably consistent for several nebulae, indicating not only that the assumptions made concerning the physical state of the nebulae are not far from the truth, but also that the collision strengths are substantially correct.

The principles involved in the determination of the relation between N_e and T_e for a particular atom or ion are quite simple.

Let N_1, N_2 and N_3 be the numbers of atoms (ions) in the corresponding states. We take A_{nm} to be the usual optical transition probability from terms $n \to m$ and q_{nm} as the corresponding collision transition probability, i.e. the chance per second that an atom (ion) in the n-th state is excited to the m-th due to electron impact. q_{mn} will then be the collision deactivation probability. In terms of collision strengths and electron temperature, we have

where
$$q_{mn} = N_e \alpha_{nm} \tag{40.1}$$

$$\alpha_{nm} = \frac{\omega_n}{\omega_m} \alpha_{mn} e^{-E_{mn}/kT_e}, \qquad E_m > E_n \tag{40.2}$$

ω_m, ω_n being the statistical weights of terms m and n respectively.

For positive ions, for which the collision strengths are effectively independent of electron energy

$$\alpha_{mn} = \frac{8.54 \times 10^{-6}}{\omega_n T_e^{\frac{1}{2}}} \Omega(n, m), \tag{40.3}$$

while for neutral atoms $\Omega(n, m)$ is replaced by

$$\gamma(T_e, m, n) = \int_0^\infty \Omega(n, m) \exp(-m v_m^2 / 2kT_e) \, d\left(\frac{m v_m^2}{2kT_e}\right). \tag{40.4}$$

The equations of equilibrium can now be written

$$\left. \begin{array}{l} N_2(A_{21} + q_{21} + q_{23}) = N_1 q_{12} + N_3(A_{32} + q_{32}), \\ N_3(A_{31} + A_{32} + q_{31} + q_{32}) = N_1 q_{13} + N_2 q_{23}, \end{array} \right\} \tag{40.5}$$

so that

$$\frac{N_2}{N_3} = \frac{q_{12}}{q_{13}} \left\{ \frac{(A_{31} + q_{31}) + (A_{32} + q_{32})\left(1 + \frac{q_{13}}{q_{12}}\right)}{(A_{21} + q_{21}) + (q_{12} q_{23}/q_{13})\left(1 + \frac{q_{13}}{q_{12}}\right)} \right\}.$$

Two approximations may now be made:

(i) Since $\Omega(1, 3) \ll \Omega(1, 2)$ (see Table 25 and Fig. 72)

$$\frac{q_{13}}{q_{12}} = \frac{\Omega(1, 3)}{\Omega(1, 2)} e^{-E_{31}/kT_e} \ll 1. \tag{40.6}$$

(ii) $A_{31} \gg q_{31}$ and $A_{32} \gg q_{32}$. This is valid provided

$$\frac{N_e}{T_e^{\frac{1}{2}}} \ll 10^6 \frac{A_{3m} \omega_3}{8.54 \Omega(m, 3)} \tag{40.7}$$

a condition which is well satisfied for the cases investigated.

We then have

$$\frac{N_2}{N_3} = \frac{q_{12}}{q_{13}} \frac{A_{31} + A_{32}}{A_{21} + q_{21}(q_{31} + q_{32})/q_{31}}. \tag{40.8}$$

The ratio $r_{(m)}$ of the intensities of the lines resulting from $2 \to 1$ and $3 \to m$ ($m = 1$ or 2) transitions is then given by

$$\left. \begin{array}{l} r_{(m)} = \dfrac{A_{21} N_2}{A_{3m} N_3}, \\[6pt] \phantom{r_{(m)}} = \dfrac{K_{(m)} e^{E_{32}/kT_e}}{1 + N_e d_2 T_e^{-\frac{1}{2}}}, \end{array} \right\} \tag{40.9}$$

where, for ions,

$$K_{(m)} = \frac{E_{21}}{E_{3m}} \frac{\Omega(1,2)}{\Omega(1,3)} \frac{A_{31}+A_{32}}{A_{3m}}, \tag{40.10}$$

$$d_2 = 8.54 \times 10^{-6} \frac{\Omega(1,2)}{A_{21}\omega_2} \frac{\Omega(1,3)+\Omega(2,3)}{\Omega(1,3)}. \tag{40.11}$$

For neutral atoms the Ω's are replaced by the appropriate γ's [see Eq. (40.4)]. Actually there are no reliable observed values of intensities of $3-m$ transitions for neutral atoms, but a further relation between N_e and T_e may be obtained if it is assumed that

$$\frac{N_1(\text{OI})}{N_1(\text{NI})} = \frac{N_1(\text{OII})}{N_1(\text{NII})}. \tag{40.12}$$

It is then possible to use the observed relative intensities of the $2 \to 1$ transitions in OI, NI, OII and NII. We have from (40.5) with the simplifications (i) and (ii),

$$\frac{N_2}{N_1} = \frac{q_{12}}{A_{21}+q_{21}+q_{23}A_{31}/(A_{31}+A_{32})}. \tag{40.13}$$

For the cases of interest

$$\frac{\Omega(2,3)}{\Omega(1,2)} \frac{A_{31}}{A_{31}+A_{32}} e^{-E_{32}/kT_e} \ll 1, \tag{40.14}$$

so that

$$q_{21} \gg q_{23} A_{31}/(A_{31}+A_{32}), \tag{40.15}$$

and

$$\frac{N_2}{N_1} = \frac{q_{12}}{A_{21}+q_{21}}. \tag{40.16}$$

The intensity of the (2.1) transition is then

$$\begin{aligned} I(2,1) &= E_{21} N_2, \\ &= E_{21} \frac{q_{12}}{A_{21}+q_{21}} N_1, \\ &= G_{21} N_1, \text{ say.} \end{aligned} \tag{40.17}$$

We now have, using Eq. (40.12)

$$\frac{[I(2,1)]_{\text{OI}}\,[I(2,1)]_{\text{NII}}}{[I(2,1)]_{\text{NI}}\,[I(2,1)]_{\text{OII}}} = \frac{[G_{21}]_{\text{OI}}\,[G_{21}]_{\text{NII}}}{[G_{21}]_{\text{NI}}\,[G_{21}]_{\text{OII}}} \tag{40.18}$$

where the right-hand side is a function of N_e and T_e given in terms of the coefficients α_{12}, α_{21}, A_{21} and A_{12} for OI, OII, NI and NII.

β) *Application to actual nebulae.* Fig. 77 illustrates the application of (40.9) and (40.18) to the determination of electron concentrations and temperatures for several nebulae. The procedure is to apply Eq. (40.9) to the observed intensity ratios of the forbidden lines of as many ions as are available. Corrections must be applied to the observed intensities to allow for differential space absorption. In this way a relation between T_e and N_e consistent with (40.9) is obtained for each ion. On a $T_e - N_e$ diagram the corresponding curves should all intersect at one point giving the values of T_e and N_e for the nebula concerned. In Fig. 77 each of these curves is labelled according to the ion whose forbidden lines are used. In addition the relation (40.18) may be used to give a further curve, indicated as O/N in Fig. 77.

It will be seen that for the nebulae NGC 7027, NGC 2440 and IC 418 there is very good consistency showing not only that the method is reliable but also the observations on which the analysis is based. In certain other cases less satisfactory results are obtained. Here it is probable that the inconsistencies arise either from inaccurate observational data or from patchiness in the light emission due to large local irregularities in T_e and N_e.

γ) *Relative populations of the fine structure levels—the* BOWEN *mechanism.* In certain nebulae there appear quite strongly OIII lines which arise from transitions between the $2p\,3d\,^3P_2^0$ level and levels belonging to the $2p\,3p$ and $2p\,3s$ configurations. An explanation of strong selective excitation of the upper level of the lines was given by BOWEN[1], who noted that the frequency of the ultimate line $\lambda\,303$ of HeII arising from the transition $2p\,^2P^0 \to 1s\,^2S$ coincides very nearly with the frequency associated with the transition $(2p)^2\,^3P_2 \to 2p\,3d\,^3P_2^0$. If the proportion of OIII in the ground term with $J=2$ is sufficiently large, selec-

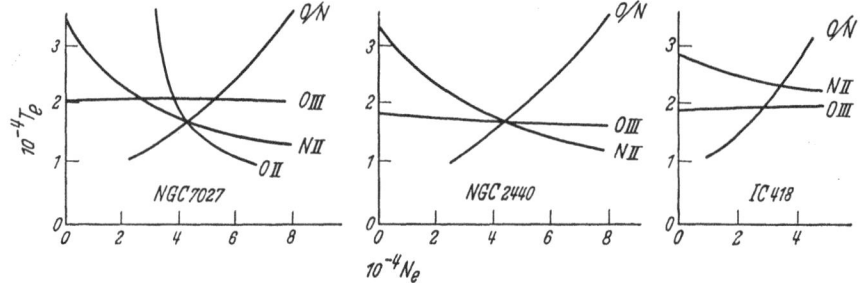

Fig. 77. Illustrating the method of determining the electron concentrations (N_e) and temperatures (T_e) of planetary nebulae from the relative intensities of forbidden lines. The ion from whose lines the N_e, T_e curve is obtained is indicated. The curve labelled O/N has been obtained from the formula (40.18). The nebula concerned is indicated in each diagram.

tive excitation of the $2p\,3d\,^3P_2^0$ level would occur by resonance absorption of the $\lambda\,303$ line. The intensity of this line would be expected to be very great since the $\lambda\,4686$ line of HeII arising from the $2p\,^2P^0 \to 2s\,^2S$ transition, which must be relatively much weaker, is itself observed to be quite strong in the nebulae concerned. There remains the question of the relative population of the ground $^3P_2^0$ level. There will be a BOLTZMANN distribution of OIII ions between the three ground term levels with different J values if the rate of deactivation by superelastic impact with electrons is much greater than for spontaneous transitions. The mean life time of the $J=2$ state towards radiation is about 2.9 hours. Using the collision strengths calculated by SEATON (Sect. 34δ) it is found that the deactivation rate is at least as fast as that due to radiation so that an appreciable proportion of the ions will be in the state with $J=3$ as required for BOWEN's explanation.

It is of interest to note that resonance excitation may be carried a stage further. The $2p^2\,^3P_2 \to 2p\,3s\,^3P_1$ line of OIII, which is one of those excited by the BOWEN mechanism, is in close resonance with the $2p\,^2P_{\frac{3}{2}} - 3d\,^2D_{\frac{5}{2}}$ transition from the ground term of NIII. Selective excitation of the $3p\,^2D_{\frac{5}{2}}$ level of NIII can therefore be expected provided a sufficient proportion of NIII ions are in the ground term with $J=\frac{3}{2}$. Evidence from the calculated radiative lifetimes (5.3 hours) and collision strengths suggest that the resonance excitation should be quite strong.

41. Excitation mechanisms in the aurora. It now seems definite that the primary excitation in the aurora is due to energetic protons[2] entering the atmosphere. Many secondary processes of excitation must occur. Thus, many of the secondary electrons produced by ionization of atmospheric molecules by the incoming protons will be sufficiently energetic to excite molecules in their turn. Recombination processes will also contribute to the light emission. The intensity

---

[1] I. BOWEN: Publ. Astr. Soc. Pacif. **46**, 146 (1934).
[2] A. B. MEINEL: Mém. Soc. Roy. Liège **12**, 203 (1952).

of the light emitted as a particular spectrum line is determined by the equilibrium between the many processes which tend to populate and depopulate the upper level of the line concerned. Of these processes the only ones whose ratio can be estimated theoretically with any approach to accuracy are those which involve optical emission or excitation and deactivation by electron impact. Under these circumstances, it is worthwhile examining how far the observed intensity relations for certain lines can be interpreted in terms of optical and electron impact processes only. This has been done by SEATON[1] for the forbidden lines of O I and N I using the electron excitation and deactivation coefficients given in Sect. 34γ. PERCIVAL and SEATON[2] have also examined the excitation of the allowed O I lines arising from terms belonging to the excited $(2p)^3 3p$ configuration.

Table 30.

$\dfrac{S_2}{S_3}$	Lower border		Upper border	
	d_2 sec⁻¹	N_e cm⁻³	d_2 sec⁻¹	N_e cm⁻³
0	0.011	6.8×10^6	—	—
1	0.032	2.0×10^7	0.0047	2.9×10^6
5	0.12	7.2×10^7	0.033	2.0×10^7
12.5	0.28	1.7×10^8	0.086	5.3×10^7

α) *Forbidden lines of* O I *and* N I. We use the same notation as in Sect. 34, distinguishing the terms arising from the ground configuration of either atom in ascending order of energy as 1, 2, 3. If S_n denotes the number of atoms entering the n-th term/cm³/sec by all processes other than by cascade or deactivation from upper terms, and d_n the total probability/sec of an atom in the term n suffering deactivation by collision, the equations of equilibrium are

$$(A_{32} + A_{31} + d_3) N(X_3) = S_3 \atop (A_{21} + d_2) N(X_2) = S_2 + (A_{32} + d_{32}) N(X_3).} \quad (41.1)$$

The A_{nm} are the usual optical transition probabilities, $N(X_n)$ is the number of atoms X excited to the n-th term and d_{32} is the total probability/sec of an atom in term 3 being deactivated by collision to state 2.

If it is assumed that S_3 does not involve $N(X_2)$, which is reasonable provided $N(X_2)$ is not large, we have

$$\frac{N(X_2)}{N(X_3)} = \frac{A_{31} + A_{32} + d_3}{A_{21} + d_2} \left[\frac{S_2}{S_3} + \frac{A_{32} + d_{32}}{A_{31} + A_{32} + d_3} \right] \quad (41.2)$$

A_{31} and A_{32} are both $\gg A_{21}$ so that it is reasonable to make the further approximation of neglecting d_3 and d_{32} but not d_2. This gives, on substitution for the optical coefficients, the following expressions for the intensity ratios for the forbidden lines of O I and of N I,

$$\text{O I } \frac{I(6300 + 6364)}{I(5577)} = \frac{0.94}{1 + 110 d_2} \left[\frac{S_2}{S_3} + 0.94 \right]. \quad (41.3)$$

$$\text{N I } \frac{I(5199)}{I(3467)} = \frac{10}{1 + 9.6 \times 10^4 d_2} \left[\frac{S_2}{S_3} + 0.94 \right]. \quad (41.4)$$

The red (λ 6300 + 6364) and green (λ 5577) oxygen forbidden lines are prominent features of the auroral spectrum. In high latitude aurorae the red:green line intensity ratio has been observed by PETRIE[3] as 0.40 for the region between the base and level of maximum luminosity (100 to 110 km) of steady homogeneous arcs. At the upper border the ratio is about 1·2. Table 30 gives the relation between S_2/S_3 and d_2 according to (41.3) for these two observed ratios.

---

[1] M. J. SEATON: J. Atmos. a. Terres. Phys. **4**, 295 (1954).
[2] I. PERCIVAL and M. J. SEATON: The Airglow and the Aurora (ed. E. B. ARMSTRONG and A. DALGARNO), p. 244, Pergamon Press (1956).
[3] W. PETRIE: Private communication.

In each case is included the value of N_e required to give the deactivation coefficient d_2 on the assumption that this is entirely due to electron impact. Electron concentrations between 10^7 and $10^8/\text{cm}^3$ are quite normal in bright high latitude aurorae so that, since the actual value of S_2/S_3 is likely to lie between 1 and 12.5 the observed intensity ratios are consistent with the assumption that electron deactivation is alone important. The values of d_2 are consistent with the neglect of d_3.

It is more difficult to decide whether excitation also mainly occurs by electron impact. Although the concentration of the electrons is known, their velocity distribution is unknown. However, it appears from indirect arguments given by SEATON[1] that electron excitation may be adequate in general to produce the observed emission of the red and green lines except near the lower border of an auroral arc.

The forbidden lines of N I are much less prominent features of the auroral spectrum than the red and green lines of oxygen. They vary much more markedly in intensity and, in addition, the observed intensity of the $\lambda\,3467$ line must be corrected very drastically for absorption in the intervening atmosphere. For these reasons it is much more difficult to interpret the observed data on the relative intensities of the N I lines. However, SEATON[1] has shown by a discussion similar to that for O I that the data are not inconsistent with the assumption that deactivation occurs mainly by electron impact. If it is assumed that excitation of the N I lines is mainly by electron impact, the relative intensities of the $\lambda\,3467$ line of N I and the green ($\lambda\,5577$) line of O I may be calculated in terms of the ratio of the concentrations of atomic nitrogen and atomic oxygen. SEATON finds that the observed relative intensities require that the atomic nitrogen concentrations should exceed that of atomic oxygen at heights of 100 to 120 km, a result which is in conflict with evidence from other sources.

β) *Allowed lines of* O I. The allowed lines of O I at $\lambda\,7774$ ($3p\,^5P \rightarrow 3s\,^5S$) and $\lambda\,8446$ ($3p\,^3P \rightarrow 3s\,^3S$) have been observed in the spectrum of high latitude aurorae. The observed intensity ratio $I(7774)/I(8446)$ varies between 0.3 and 3.0 while that $I(7774)/I(5577)$ of the quintet line to the green line (see Sect. 41 α) is ≈ 0.3.

In the preceding section it was shown that there is evidence that the upper level of the green line is excited in aurorae mainly by electron impact. SEATON and PERCIVAL[2] have used the calculated collision strengths for the upper levels of the allowed lines to examine whether the same is true for them. They conclude that some other mechanism must be responsible for, even allowing fully for the considerable uncertainties in the collision strengths, it appears that, with electron excitation alone $I(7774)/I(8446)$ should be < 0.3 and $I(7774)/I(5577) \ll 0.1$ which disagrees with the observed data summarized above.

Acknowledgements

I am grateful to Drs. M. J. SEATON and D. W. O. HEDDLE for checking certain of the calculations and proofs and for providing me with material in advance of publication.

General References

Electronic and Ionic Impact Phenomena by H. S. W. MASSEY and E. H. S. BURHOP, Clarendon Press, 1952.
The Theory of Atomic Collisions by N. F. MOTT and H. S. W. MASSEY, Clarendon Press, 2nd edition 1949.
Ionized Gases by A. VON ENGEL, Clarendon Press, 1955.
Basic Processes in Gaseous Electronics by L. B. LOEB, University of California Press 1955.

---

[1] M. J. SEATON: J. Atmos. a. Terres. Phys. **4**, 295 (1954).
[2] I. PERCIVAL and M. J. SEATON: The Airglow and the Aurora (ed. E. B. ARMSTRONG and A. DALGARNO), p. 244. Pergamon Press 1956.

Sachverzeichnis.
(Deutsch-Englisch.)

Bei gleicher Schreibweise in beiden Sprachen sind die Stichwörter nur einmal aufgeführt.

Abstoßungspotential, nicht-klassisches, *non classical repulsive potential* 168.
Abzählschema 68, 70, 81, 91.
Achsensymmetrie, *axial symmetry* 90, 104.
Akkommodierungskoeffizient, *accommodation coefficient* 286.
Alkaliatome, *alkali atoms* 28, 29.
Anregung bei Stößen zweiter Art, *excitation in collisions of the second kind* 321.
— diskreter Zustände, *excitation of discrete states* 292, 320, 352.
— eines positiven Ions, *excitation of a positive ion* 371.
— in Nähe der Schwellenenergie, *excitation near energy threshold* 327, 328, 329, 371.
— metastabiler Zustände, *excitation of metastable states* 320, 335.
Anregungsenergie, mittlere, *mean excitation energy* 183.
Anregungspotential, mittleres, *mean excitation potential* 183.
Anregungsfunktion, optische, *optical excitation function* 320.
Anregungsquerschnitt, *excitation cross section* 309, 352.
Anregungsstöße, *excitation collisions* 299.
Anregungsübertragung, *excitation transfer* 287, 288, 323.
Atom im äußeren Feld, *atom in an external field* 53.
— mit mehreren Elektronen, *atom with several electrons* 80.
atomare Einheiten, *atomic units* 10.
Atomformfaktor, *atomic form factor* 193.
Atommodell, *atom model* 11, 13.
Atomradien, *atomic radii* 187.
Atomspektren, *atomic spectra* 184.
Atomstrahlmethode, *atomic beam method* 311, 340.
AUGER-Übergänge, AUGER *transitions* 317.
Austausch, *exchange* 304.
Austauschamplituden, *exchange amplitudes* 369.
Austauschenergie, *exchange energy* 115, 116, 117, 118, 143.
Austauschintegral, *exchange integral* 66.
Austauschkorrektion, *exchange correction* 139.
Austauschpotential, *exchange potential* 175, 176.
Austausch-Wechselwirkung, *exchange interaction* 295.
Auswahlregel, *selection rule* 38, 40, 42, 43, 68, 76, 90, 99.

Autoionisation, *autoionization* 300, 301, 312, 317, 349, 361.
—, inverse, *inverse autoionization* 301.
α-Teilchen in Helium, Energieverlust pro Ionenpaar für, *energy loss per ion pair for α-particles in helium* 365.

Bahndrehimpulsquadrat, mittleres, *mean square of the orbital angular momentum* 180.
Bedingungen, nahezu adiabatische, *nearly adiabatic conditions* 299, 300.
Besetzungsverbot der vollbesetzten Quantenzustände, *exclusion principle of occupied electron states* 170.
Besetzungsvorschrift von Elektronenzuständen, *occupation rule of electronic states* 168.
BETHEsche Formel, BETHE'S *formula* 364.
— Näherungsmethode, BETHE'S *approximation method* 355, 357, 392.
Beugung an einer Kante, *diffraction at an edge* 237, 278.
BLATT-JACKSON-Formel, BLATT-JACKSON *formula* 266.
BOLTZMANN-Verteilung, BOLTZMANN *distribution* 399.
BORN-OPPENHEIMER-Näherung, BORN-OPPENHEIMER *approximation* 283, 369, 380.
BORNsche Näherung, BORN *approximation* 232, 238, 246, 258, 270, 274, 278, 281, 282, 286, 293, 294, 295, 302, 306, 350, 351, 356, 361, 364.
—, erste, BORN'S *first approximation* 239, 263, 264, 274, 294, 302.
— —, Anwendung auf komplexe Atome, BORN'S *approximation, application to complex atoms* 360.
— — für den partiellen Wirkungsquerschnitt, BORN'S *approximation for the partial cross section* 392.
— — und beobachtete Ergebnisse für optisch erlaubte Anregungen, BORN'S *approximation and observed data for optically allowed excitations* 367.
—, zweite, BORN'S *second approximation* 264, 294, 306, 393.
BOWENscher Mechanismus, BOWEN *mechanism* 406.
Bremsvermögen von Atomen, *stopping power of atoms* 196.

Cadmium, Ionisierungsquerschnitt, *cadmium, ionization cross section* 317.
COMPTON-Linie, Halbwertsbreite der, *half width of the* COMPTON *line*, 196.
— —, Intensitätsverteilung, *intensity distribution of the* COMPTON *line*, 195, 196.
Coronium-Linien, *coronium lines* 400.
COULOMB-Feld, COULOMB *field* 22, 23, 27, 271.
—, modifiziertes, *modified* COULOMB *field* 275.
COULOMBsche logarithmische Störphase, COULOMB *distortion phase* 274.

Darstellung, *representation* 43.
Dichte der elektrischen Ladung, *density of electrical charge* 6.
— des elektrischen Stromes, *density of electrical current* 6.
Dichtematrix, *density-matrix* 172, 193.
Dieder-Symmetrie, *dihedral symmetry* 105.
differentieller Ionisierungsquerschnitt, *differential ionization cross section* 351.
— Wirkungsquerschnitt für unelastische Stöße, *differential cross section for inelastic collisions* 344.
Diffusion, ambipolare, *ambipolar diffusion* 397.
— von Elektronen in Helium, *diffusion of electrons in helium* 342, 343.
Diffusionskoeffizient, *coefficient of diffusion* 288, 333.
Diffusionslänge, *diffusion length* 342.
Diffusionsmethode für die Messung von Anregungsquerschnitten, *diffusion method for measuring excitation cross sections* 332.
Direktes Produkt von Gruppen, *direct product of groups* 45.
Dispersion, anomale, *anomalous dispersion* 331.
Doppelionisierung, *double ionization* 319, 372.
Drehimpuls, *angular momentum* 8, 75.
Drehimpuls-Quantenzahl, *angular momentum quantum number* 26, 75.
Drehimpulsverteilung, *angular momentum distribution* 180.
Drehsymmetrie, *rotational symmetry* 46, 47.
Dreikörperrekombination, *three-body recombination* 401.
Druck-Dichte-Beziehung, *pressure density relation* 210, 222.
— für Eisen, *pressure-density relation for iron* 226.
Druck-Kompressibilitäts-Beziehung der Elemente bei hohen Drucken, *pressure-compressibility relation of the elements at high pressures* 228.
Dublettaufspaltung, *doublet splitting* 35, 55, 57.
Dublettintervalle, *doublet intervals* 186.

Eigenfunktionen, *proper functions* 7, 14.
Eigenphasen, *proper phases* 289, 303.
Eigenwerte, *proper values* 7, 14.

Einfang von Elektronen aus Wasserstoffatomen durch Positronen, *capture of electrons from hydrogen atoms by positrons* 284.
— der Elektronen aus Wasserstoffatomen durch Protonen, *capture of electrons from hydrogen atoms by protons* 283.
Eisen: Fe XIV und Fe X, *Iron: Fe XIV and Fe X* 379, 402, 403.
elastische Streuung von Elektronen, *elastic scattering of electrons* 295.
Elektronenaffinität, *electron-affinity* 183, 185, 186.
Elektronenaustausch, *electron exchange* 294, 368.
Elektronenbeugung durch gasförmige Moleküle, *electron diffraction by gaseous molecules* 363.
Elektronendichte am Atomrand, *electron density at the atom surface* 123, 140, 145.
Elektronenenergien, elektrostatische und magnetische Methoden für ihre Analyse, *electron energies, electrostatic and magnetic methods of analysing them* 344, 348.
Elektronengas, *electron gas* 110.
—, Bewegungsgleichung, *electron gas, equation of motion of* 178.
—, Dichteverteilung des, *density distribution of the electron gas* 132, 142.
—, Druck des, *pressure of the electron gas* 111, 113.
—, nicht-statische Behandlung des, *non static treatment of the electron gas* 177.
—, Nullpunktsenergie, *zero-point energy of the electron gas* 111.
—, Schwingungen des, *vibrations of the electron gas*, 179.
—, Strömungsgleichungen eines, *flow equations of the electron gas*, 177.
Elektronenstöße an Atomen, *electron collisions with atoms* 304.
Elektronenstoßspektrum, *electron impact spectrum* 323.
Elektronentemperatur, *electron temperature* 329, 397.
Elektrostatische COULOMBsche und Austauschwechselwirkung, *electrostatic* COULOMB *and exchange interaction* 115.
Energiebeziehungen, *energy relations* 135, 143, 201.
Energiebilanzmethode, *energy balance method* 332.
Entaktivierung durch Elektronenstoß, *deactivation by electron impact* 407.
— durch superelastischen Stoß, *deactivation by superelastic impact* 406.
Entladungsnachglimmen, *discharge afterglow* 330.
Erdalkaliatome, *alkaline earth atoms* 29.
Erhaltung der Ladung, *conservation of charge* 381.
— der Teilchenzahl, *conservation of particles* 237, 290.
Erwartungswerts, *expectation value* 7.
Erzeugungsoperator, *creation operator* 79.
exakte Resonanz, *exact resonance* 287, 289.

Feldbild der Materie, *field aspect of matter* 5.
Feinstrukturkonstante, *fine structure constant* 9, 57.
FERMI-DIRACsche Statistik, FERMI-DIRAC *statistics* 110.
FERMIsche Energie, FERMI *energy* 112.
Fluoreszenzausbeute, *fluorescence yield* 318.
FOCKsches Gleichungssystem, FOCK's *system of equations* 108, 385, 389, 392.
freie Energie, *free energy* 160.

gebundene Zustände, Anzahl der, *number of bound states* 250.
Gesamtenergie des Atoms, *total energy of the atom* 183.
Gesamtwirkungsquerschnitt für alle unelastischen Stöße, *total inelastic cross section* 364.
Geschwindigkeitsverteilung von Elektronen, *velocity distribution of electrons* 357.
GEIGER-MÜLLER-Zähler, GEIGER-MÜLLER *counter* 364.
g-Faktor, *g-factor* 57, 100.
GIBBsches chemisches Potential, GIBB's *chemical potential* 135.
Gitterenergie, *lattice energy* 207, 208, 209, 210.
Gitterkonstanten, *lattice constants* 207, 210.
gleiche Teilchen, *equal particles* 63, 80, 81, 84.
Gold, L_{II}- und L_{III}-Ionisierung von, L_{II} *and* L_{III} *ionization of gold* 319.
GREENsche Funktion, GREEN's *function* 238.
GREENscher Satz, GREEN's *theorem* 263, 280, 303.
Grenzradius, *boundary radius* 123, 124, 126, 140, 148.
GRÜNEISENsche Beziehung, GRÜNEISEN *relation* 211.
— Konstante, GRÜNEISEN *constant* 210.
Grundzustand, *ground state* 95.
Gruppentheorie, *group theory* 42, 43.

halbklassische Behandlung, *semi-classical treatment* 296.
HARTREEsches Verfahren, HARTREE *method* 36, 107.
Häufigkeit elastischer Stöße, *frequency of elastic collisions* 344.
Helium, Anregung von, *excitation of helium* 323, 361.
—, — der $4\,^1D$- und $5\,^1D$-Niveaus, *excitation of the* $4\,^1D$ *and* $5\,^1D$ *levels of helium* 367.
—, — des $2\,^1P$-Niveaus, *excitation of the* $2\,^1P$ *level of helium* 378, 394.
—, — der $3\,^1P$- und $4\,^1P$-Niveaus, *excitation of the* $3\,^1P$ *and* $4\,^1P$ *levels of helium* 365.
—, — der $2\,^3P$- und $2\,^1P$-Niveaus, *excitation of the* $2\,^3P$ *and* $2\,^1P$ *levels of helium* 306, 378.
—, — der ^1S-Niveaus, *excitation of* ^1S *levels of helium* 368.

Helium, Anregung der $2\,^3S$- und $2\,^1S$-Niveaus von, *excitation of the* $2\,^3S$ *and* $2\,^1S$ *levels of helium* 296, 376.
—, — des doppelt angeregten Zustandes, *excitation of the double excited helium state* 349, 361.
—, — des 2s-Zustandes von He$^+$, *excitation of the 2s state of* He$^+$ 378.
—, Entaktivierung des $2\,^1S$-Zustandes von, *deactivation of the* $2\,^1S$ *helium state* 378.
—, Gesamtquerschnitt von, *total cross section of helium* 327.
—, Ionisierung von, *ionization of helium* 365.
—, metastabiler Zustand des, *metastable state of helium* 336, 337, 340.
—, optische Anregung, *optical excitation of helium* 325.
—, optische Übergangswahrscheinlichkeiten für, *optical transition probabilities for helium* 326.
—, Streuung von Elektronen, *scattering of electrons by helium* 261, 265, 366.
—, Winkelverteilung von gestreuten Elektronen nach Anregung des $2\,^1P$-Niveaus von, *angular distribution of electrons scattered after exciting the* $2\,^1P$ *level of helium* 366.
—, unelastische Stöße von Elektronen in, *inelastic collisions of electrons in helium* 347.
Heliumatome, metastabile, Diffusion in Helium, *metastable helium atoms, diffusion in helium* 288.
Heliumionenstöße im Helium, *helium ion collisions in helium* 287, 365.
Hochdruck-Bogen-Entladung, *high pressure arc discharge* 399.
Hyperbelbahnen, klassische, *classical hyperbolic orbits* 271.
Hyperfeinstruktur, *hyperfine structure* 186.
hypergeometrische Funktionen, *hypergeometric function* 272.

Impuls, *linear momentum* 8.
Impulsverteilung im statistischen Atom, *momentum distribution in the statistical atom* 195.
Inhomogenitätskorrektion, kinetische, *kinetic inhomogeneity correction* 151.
—, WEIZSÄCKERsche, *inhomogeneity correction of* WEIZSÄCKER 151.
Ionenkristalle, *ion crystals* 206.
Ionenradien, *ionic radii* 187.
Ionisation, mehrfache, *multiple ionization* 308.
Ionisationsgrad, *ionization degree* 399.
ionisierende Stöße, *ionizing collisions* 307, 309, 372.
Ionisierung einer inneren Schale, *inner shell ionization* 308, 317, 318, 362, 365, 366.
Ionisierungsenergie, *ionization energy* 182.
Ionisierungskoeffizient, *ionization coefficient* 344.

Ionisierungsquerschnitt, *ionization cross section* 327, 332, 356, 357, 398.
—, experimentelle Ergebnisse, *experimental results for ionization cross section* 315.
—, in der Nähe der Schwellenenergie, *ionization cross section near the energy threshold* 312, 315, 317.
—, scheinbarer, *apparent ionization cross section* 309.
—, wahrer, *true ionization cross section* 309.
Interkombination, *intercombination* 328, 369.

jj-Kopplung, jj-*coupling* 102.

Kalium, Anregung des 4 ^2P-Niveaus, *excitation of the 4 ^2P level of potassium* 332.
—, scheinbarer Ionisierungsquerschnitt, *apparent ionization cross section of potassium* 311.
Kathodendunkelraum, *cathode dark space* 397.
Kausalitätsbedingungen, *causality conditions* 247.
Kausalitätsforderungen, *causality requirements* 249.
KEPLER-Ellipse, KEPLER *ellipse* 23.
Kernladungszahl, effektive, *effective nuclear charge* 175.
Kern-Quadrupolkopplung, *nuclear quadrupole coupling* 206.
Knotensatz, *zero rule* 14.
Kombinationsprinzip von RYDBERG und RITZ *combination principle of* RYDBERG *and* RITZ 2.
Kompressibilität, *compressibility* 208, 210.
—, Druckabhängigkeit der, *dependence on pressure of the compressibility*, 211.
Konfiguration, *configuration* 91.
Konfigurationswechselwirkung, *configuration interaction* 101.
konfluente hypergeometrische Funktion, *confluent hypergeometric function* 272.
Kontinuitätsgleichung, *continuity equation* 178.
Konvergenz BORNscher Entwicklungen, *convergence of* BORN *expansions* 242.
— von Reihen nach Partialquerschnitten, *convergence of series of partial cross sections* 246.
Kopplung, enge, *close coupling* 287, 381.
—, —, durch Austausch, *close coupling by exchange* 380.
—, starke, bei optisch erlaubten Übergängen, *strong coupling in optically allowed transitions* 392.
Korona, chemische Zusammensetzung der, *chemical composition of the corona* 402.
Koronalinien, *coronal lines* 402.
Korrektion von FERMI und AMALDI, *correction of* FERMI *and* AMALDI 137.
Korrelation, *correlation* 119, 145.
Korrelationsenergie, *correlation energy* 119, 145, 146.
Korrelationskorrektion, *correlation correction* 145.

Korrelationspotential, *correlation potential* 176.
Korrespondenzprinzip, *correspondence principle* 3, 11, 298.
Kreuzungspunkt (von Kurven der potentiellen Energie, *crossing point (of potential energy curves)* 296, 298, 300, 306.
Kristallsystem, reguläres, *regular crystal system* 105.
Krypton, einfache Ionisierung, *single ionization of krypton* 316.
Kugel-BESSEL-Funktionen, *spherical* BESSEL *functions* 235.
Kugelfunktionen, *spherical harmonics* 25.
—, zonale, *zonal harmonics* 256.
Kugelsymmetrie, *spherical symmetry* 52, 90, 104.

Ladungsübertragung, *charge transfer* 287, 300.
LANDÉsche g-Formel, LANDÉ's *g-formula* 100.
— Intervallregel, LANDÉ's *interval rule* 98.
LANDÉsches Vektormodell, LANDÉ's *vector model* 56.
LANGERsche Näherung, LANGER *approximation* 270.
LANGMUIRsche Sondentechnik, LANGMUIR *probe technique* 331.
LEGENDREsche Polynome, LEGENDRE *polynomials* 235, 240.
Lenz-JENSENsche Störungsrechnung, LENZ-JENSEN *perturbation calculation* 165.
Linienspektren, *line spectra* 2, 17, 28.
LS-Kopplung, LS *coupling* 91, 96, 368, 383.

magnetische Analyse der Elektronenenergie, *magnetic analysis of electron energies* 312.
— Eigenschaften der Atome, *magnetic properties of atoms* 103.
magnetisches Moment des Spins, *magnetic moment of the spin* 56.
Massenspektrograph, *mass spectrograph* 314.
Massenspektrometer, *mass spektrometer* 315.
Materie unter hohem Druck, *matter under high pressure* 214, 222.
Materiefeld, Eigenschwingungen des, *proper states of the field of matter* 14.
Matrizenform der Quantenmechanik, *matrix formulation of quantum mechanics* 4.
Metallatome in hochionisiertem Zustande, *metallic atoms highly ionized* 400.
Metalle, *metals* 208.
metallische Bindung, *metallic bond* 210.
Metalloberfläche, Potential- und Elektronenverteilung, *potential and electron distribution at metalsurface* 213.
metastabile Atome, Stoß auf Metalloberfläche, *metastable atoms, impact on a metal surface* 339, 340.
metastabiler Zustand, Löschen des, *quenching of the metastable state* 341.
Mikrophotometer, *microphotometer* 324.
Mikrowellendurchschlag, *microwave break down* 335, 342.
Mikrowellenhohlraum, *microwave cavity* 337.
Mikrowellenmethode, *microwave method* 331.

Mischparameter, *mixing parameters* 289.
mittlere Anregungsenergie, *mean excitation energy* 363.
mittlerer Ionisierungskoeffizient, *mean ionization coefficient* 402.
Moleküle, heteropolare, *heteropolar molecules* 202.
—, homöopolare, *homopolar molecules* 204.
—, Potential- und Elektronenverteilung in, *potential- and electrondistribution in molecules* 198.
Multiplett, *multiplet* 86, 89, 91, 93, 97, 186.

Näherung, *approximation* 18, 105.
Natrium, Anregung der D-Linien von, *excitation of the D lines of sodium* 392.
—, Anregungsquerschnitte, *excitation cross sections of sodium*, 362.
—, scheinbarer Ionisierungsquerschnitt, *apparent ionization cross section of sodium* 311.
Nebel, gasförmige, *gaseous nebulae* 396.
Neon, Ionisierung, *ionization of neon* 362, 365.
—, metastabiler Zustand des, *metastable state of neon* 336, 340.
Neutralisierung, gegenseitige, *mutual neutralization* 306.
Nickel, Ionisierung der K-Schale, *K shell ionization of nickel* 318, 365.
Nordlicht, *aurora* 400, 406.
—— in hohen Breiten, *aurorae in high latitudes* 408.
Nordlichtspektrum, *auroral spectrum* 407.
Nukleon-Nukleon-Streuung bei niedriger Energie, *low energy scattering of nucleons* 267.
Nullpunktsdruck, *zero point pressure* 120.

Oberflächenenergie, *surface energy* 213.
Oktaeder-Symmetrie, *octohedral symmetry* 51.
Operator, *operator* 6, 7, 59.
optische Absorption, *optical absorption* 331, 335.
— Terme, *optical levels* 184.
Oszillator, harmonischer, *harmonic oscillator* 3.
Oszillatorstärke, *oscillator strength* 331.

Parametrisierungstechnik, *parametrization technique* 370.
Parität, *parity* 72, 79, 92.
Partialquerschnitt, *partial cross section* 237, 273.
PAULI-Prinzip, *exclusion principle* 56, 68, 84, 92, 110, 167.
periodisches System der Elemente, *periodic table of elements* 31, 179.
Phase, stationäre, Methode der, *method of stationary phase* 257.
Phasenintegral, *phase integral* 4, 15.
phasenäquivalent, *phase equivalent* 252.
Phasenverschiebungen zur Bestimmung des Potentials, *phase shifts for determination of the scattering potential* 251.

Photomultiplier, *photomultiplier* 325, 337.
planetarische Nebel, *planetary nebulae* 403.
Plasmabedingungen, *plasma conditions* 397.
Polarisation, *polarization* 306.
—, Einfluß auf die elastische Streuung von Elektronen, *polarization effect on the elastic scattering of electrons* 304.
— von Stoßstrahlung, *polarization of impact radiation* 349.
Polarisationsenergie, *polarization energy* 203, 208.
Polarisierbarkeit, *polarizability* 103, 191.
positive Säule, *positive column* 329, 336, 397.
positiver Ionenstrom, Analyse, *positive ion current analysis* 314.
Positronium, *positronium* 284.
Potential, modifiziertes, *modified potential* 170, 176, 205, 209.

Quadrupolmoment, induziertes, *induced quadripole moment* 192.
Quantenzahl, *quantum number* 14.
Quecksilber im 6^3P-Zustand, *mercury in 6^3P state* 332.
—, Ionisierung, *ionization of mercury* 312, 316, 317, 362.

RAMSAUER-Methode, RAMSAUER *method* 327.
RAMSAUER-TOWNSEND-Effekt, RAMSAUER-TOWNSEND *effect* 269.
Randdichte, *boundary density*, 123, 140.
Raumladungsdetektor, *space-charge detector* 313.
Rekombination, *recombination* 406.
—, dissoziative, *dissociative recombination* 301.
Rekombinationsstrahlung, *recombination radiation* 330.
relativistische Korrektion, *relativistic correction* 161, 365.
Resonanzstrahlung, *resonance radiation* 321, 322, 323, 326, 327, 328.
Resonanzübertragung von Anregung, *resonance transfer of excitation* 287, 288.
RITZsches Verfahren, RITZ *method* 138.
Röntgenspektrum, *X-ray spectrum* 30, 34.
Röntgenstrahlemission, *X-ray emission* 317.
Röntgenterme, *X-ray levels* 184.
Rotationssymmetrie, *rotational symmetry* 38.
Rückdiffusion, *back diffusion* 318.
RUSSELL-SAUNDERSsche Kopplung, RUSSELL-SAUNDERS *coupling* 91.
RUTHERFORDsches Atommodell, RUTHERFORD's *atom model* 1, 10.
RUTHERFORD-Streuung, RUTHERFORD *scattering* 273, 276, 359, 363.
RYDBERG-Formel, RYDBERG *formula* 17, 28.
RYDBERG-Serie, RYDBERG *series* 391.
RYDBERG-Korrektion, RYDBERG *correction* 185.
RYDBERG-RITZsche Formel, RYDBERG-RITZ *formula* 17.

SAHAsche Gleichung, SAHA *equation* 399.
Säkulargleichung, *secular equation* 20.
Satelliten bei Röntgenlinien, *satellite X-ray lines* 319.
Sauerstoff, Anregung von erlaubten Übergängen in, *excitation of allowed transitions in oxygen* 391.
—, — von OI, *oxygen, excitation of OI* 389, 407.
—, BOLTZMANN-Verteilung von OIII, *oxygen*, BOLTZMANN *distribution of OIII* 406.
—, erlaubte Linien von OI, *oxygen, allowed lines of OI* 407.
—, rote und grüne verbotene Linien des, *red and green forbidden lines of oxygen* 407, 408.
—, Stoßstärken für OII und OIII, *oxygen, collision strengths for OII and OIII* 389, 390.
—, Übergänge zwischen Niveaus von OIII, *oxygen, transitions between levels of OIII* 390.
Schallwellen, Streuung von, *scattering of sound waves* 236.
Schalenabschluß, *closure of a shell* 30, 33, 56.
SCHRÖDINGER-Gleichung, SCHRÖDINGER *equation* 5, 6, 13, 25, 61.
Schwelle für die Erzeugung von A^{++}, *threshold for production of* A^{++} 317.
— für die Erzeugung von Xe^{++}, *threshold for production of* Xe^{++} 317.
Schwellengesetz für Einfachionisation, *threshold law for single ionization* 372.
Selbstaustausch, *self-exchange* 115.
Selbstenergie, elektrostatische, *electrostatic self-energy* 115.
Selbstionisierung s. Autoionisation.
Self-consistent field 172, 396.
—, Wellenfunktionen nach HARTREE und FOCK, *self-consistent wave functions of* HARTREE *and* FOCK 385, 389, 392.
seltene Erden, *rare earths* 186.
Serienformeln *series formulae* 17.
Serienspektren, *series spectra* 28.
Silber, Ionisierung der K- und L-Schale, *K and L shell ionization of silver* 318, 319, 365.
Singulettsystem, *singlet system* 66.
S-Matrix, *S-matrix* 249, 302.
—, Beziehung zu den gebundenen Zuständen, *S-matrix, relation to the bound states* 249.
SOMMERFELDsche Näherungslösung, SOMMERFELD *approximation* 128.
Sonnenkorona, *solar corona* 396, 400.
Sonnenphotosphäre, *solar photosphere* 400.
Spektrograph mit pulsierendem Elektronenstrahl, *spectrograph with pulsed electron beam* 313.
Spiegelungssymmetrie, *symmetry of reflection* 44, 47.
Spin, *spin* 54.
Spin-Bahn-Wechselwirkung, *spin-orbit interaction* 91, 96, 98, 101, 162.
Spin-Spin-Wechselwirkung, *spin-spin interaction* 97.

Spinoperatoren, *spin operators* 59.
Spinorkomponenten, *spinor components* 59.
STARK-Effekt, STARK *effect* 37.
statistisches Atom, Thermodynamik des, *thermodynamics of the statistical atom* 221.
Stickstoff, Stoßstärken von NI, *nitrogen, collision strengths for NI* 390, 407.
—, verbotene Linien von NI, *nitrogen, forbidden lines of NI* 408.
Störungsenergie, *perturbation energy* 165.
Störungsrechnung, *perturbation calculation* 20, 164, 165, 191.
Störwellenmethode, *distorted wave method* 285, 296, 372, 379, 381, 387, 393, 396, 403.
Stöße identischer Teilchen, *identical particle collisions* 294.
Stoßentaktivierungswahrscheinlichkeit, *collision deactivation probability* 404.
Stoßparameter, *impact parameter* 236, 253.
Stoßstärke, *collision strength* 383, 389, 403, 404, 406.
Stoßübergangswahrscheinlichkeit, *collision transition probability* 404.
Strahlungsrekombination, *radiative recombination* 400, 401, 402.
Streuintensität, *scattering intensity* 192.
Streuquerschnitt, differentieller, *differential cross section*, 233.
—, totaler, *total cross section* 233.
Streumatrix, S-Matrix, *scattering (S) matrix* 249, 302.
Streuung, elastische, *elastic scattering* 270, 306.
— durch gemittelte Zentralfelder, *scattering by mean central fields* 268.
—, klassische Theorie der, *classical theory of scattering* 236, 253.
— von Röntgenstrahlen und Elektronen, *scattering of X-rays and electrons* 192.
Strömungspotential, *current potential* 177.
Sublimationswärme, *sublimation heat* 210.
superelastische Stöße, *superelastic collisions* 317.
Suszeptibilität, diamagnetische, *diamagnetic susceptibility* 189, 200.
Symmetriecharakter, *symmetry character* 25, 42, 44 bis 47, 64, 75, 81, 84.
Symmetrie-Quantenzahl, *symmetry quantum number* 25, 38.
Systeme, nichtseparierbare, *non separable systems* 52.

Teilchenbild der Materie, *particle aspect of matter* 3.
Temperaturkorrektion des THOMAS-FERMIschen Modells, *temperature correction of the* THOMAS-FERMI *model* 156.
— — des THOMAS-FERMI-DIRACschen Modells, *temperature correction of the* THOMAS-FERMI-DIRAC *model* 159.
Tetraeder-Symmetrie, *tetrahedral symmetry* 50.
THOMAS-FERMIsches Atom, Energie des, *energy of the* THOMAS FERMI *atom* 135.

THOMAS-FERMIsches Atommodell, THOMAS-FERMI *atom model* 120, 121, 123, 362.
THOMAS-FERMI-Gleichung, THOMAS-FERMI *equation* 121, 122, 124, 125.
— —, relativistische, *relativistic* THOMAS-FERMI *equation* 161.
THOMAS-FERMI-DIRACsches Atom, THOMAS-FERMI-DIRAC *atom* 139.
THOMAS-FERMI-DIRACsche Gleichung, THOMAS-FERMI-DIRAC *equation* 140, 141.
THOMSONscher Querschnitt, THOMSON *cross section* 403.
TOWNSENDscher Ionisierungskoeffizient, TOWNSEND *ionization coefficient* 335, 342.
Trägheitsmoment, *moment of inertia* 206.
Triplettsystem, *triplet system* 66.

Übergänge innerhalb der p^2, p^3 und p^4 Konfiguration, *transitions within* p^2, p^3 *and* p^4 *configuration* 382.
— zu ungebundenen Zuständen, s. Ionisierung, *transitions to unbound states cf. ionization* 300.
Übergangswahrscheinlichkeit, *transition probability* 327.
Übergangswahrscheinlichkeiten, optische, *optical transition probabilities* 407.
Ultraionisierung, *ultraionization* 316.
Umordnungsstöße, *rearrangement collisions* 281, 286.
Unbestimmtheitsprinzip, *uncertainty principle* 233.
unelastische Stöße zwischen Atomen, *inelastic collisions between atoms* 299.
— Streuquerschnitte, *cross sections for inelastic scattering* 348.
— Streuung, Erhaltungssatz bei, *conservation theorem as for inelastic scattering* 276.
unvollständige Resonanz, *imperfect resonance* 288.

VAN DER WAALSsche Energie, VAN DER WAALS *energy* 203, 208.
— Kristalle, VAN DER WAALS *crystals* 206.
Variationsgleichungen für den Mischparameter, *variational equations for the mixing parameter* 291.
Variationslösungen, *variational solutions* 295.
Variationsmethoden, *variational methods* 19, 20, 36, 107, 258, 295, 303, 304, 381.
— für Probleme mit enger Kopplung, *variational methods for close coupling problems* 289.
— von HULTHÉN, *variational method of* HULTHÉN 293, 374.
— von SCHWINGER, *variational method of* SCHWINGER 264, 266, 293, 305.
— zur Bestimmung der Gesamtstreuamplitude, *variational methods for determining the total scattered amplitude* 262.
— — der Phasenänderungen, *variational methods for determining the phase shifts* 258.

Variationsprinzip für klassische Streuung, *variational principle for classical scattering* 267.
Vektormodell, *vector model* 56, 67, 68, 77, 81, 91.
Vernichtungsoperator, *annihilation operator* 79.
Vertauschungsregeln, *commutation rules* 8.
Verteilungsfunktion, *distribution function* 112.
Virialsatz, *virial law* 136, 144, 146, 156, 218, 219.
vollkommen absorbierende Kugel, *totally absorbing sphere* 277.
Vorwärtsstreuung, Amplitude für, *forward scattering amplitude* 238, 249, 278.

Wasserstoff, atomarer, Anregung der $2s-2p_{\frac{1}{2}}$ und $2s-2p_{\frac{3}{2}}$ Übergänge in, *atomic hydrogen, exitation of the* $2s-2p_{\frac{1}{2}}$ *and* $2s-2p_{\frac{3}{2}}$ *transitions in* 393.
—, —, — des $2p$-Zustandes, *atomic hydrogen, excitation of the* $2p$ *state of* 306, 378, 394.
—, —, — des $2s$-Zustandes, *atomic hydrogen, excitation of the* $2s$ *state of* 372, 381.
—, —, Anregungsfunktionen für die $H\alpha$, $H\beta$, und $H\gamma$ Linien von, *atomic hydrogen, excitation functions for the* $H\alpha$, $H\beta$ *and* $H\gamma$ *lines of* 329, 366.
—, —, differentieller Wirkungsquerschnitt für Anregung der unteren Niveaus, *atomic hydrogen, differential cross section for excitation of lower states of* 353.
—, —, Ionisierung aus dem $2s$ und $2p$ Zustande, *atomic hydrogen, ionization from* $2s$ *and* $2p$ *states* 358.
—, —, Ionisierungsquerschnitt, *atomic hydrogen, ionization cross section of* 312.
—, —, metastabiler Zustand von, *atomic hydrogen, in metastable state* 340.
—, —, Protonenstöße, *atomic hydrogen, proton collisions* 287.
—, —, unelastischer Elektronenquerschnitt, *atomic hydrogen, inelastic electron cross section* 282.
—, —, Stöße mit Elektronen an, *hydrogen, atoms, collisions with electrons* 261, 265, 278, 282, 294.
—, spezifische Primärionisation durch Elektronen, *hydrogen, specific primary ionization by electrons* 364.
Wasserstoffatom, *hydrogen atom* 23, 28.
Wasserstoffion, negatives, *negative ion of hydrogen* 269.
Wechselwirkung, *interaction* 63.
— von Atomen und Ionen, *interaction of atoms and ions* 165, 166.
— freier Elektronen, *interaction of free electrons* 114.
— nach Umordnung, *post interaction* 282.
— vor Umordnung, *prior interaction* 282.
Wechselwirkungsaufspaltung, *interaction splitting* 72.

Wechselwirkungsenergie, *interaction energy* 202.
—, elektrostatische, *electrostatic interaction energy* 115.
Wellengleichung, *wave equation* 5.
Wellennatur der Materie, *wave nature of matter* 2.
Winkelverteilung unelastisch gestreuter Elektronen, *angular distribution of inelastically scattered electrons* 358, 362, 363.
— — — — bei großen Winkeln, *angular distributions at large angles for inelastically scattered electrons* 394.
Winkelverteilungen von Elektronen, *angular distributions of electrons* 345, 346, 347, 356, 357.
— — nach ionisierenden Stößen, *angular distribution for electrons resulting from ionizing collisions* 366.
Wirkungsquantum, Planck's *constant* 1.
Wirkungsquerschnitte für Schwingungsanregung oder Inaktivierung, *cross sections for vibrational excitation or de-activation* 286.
— für unelastische Kleinwinkelstreuung, *cross sections for small angle inelastic collisions* 365.
Wirkungsquerschnitte in Nähe des Ionisierungspotentials, *cross sections near the ionization potential* 315.
Wirkungsvariable, *action variable* 4.
WKB-Näherung (Näherung von Jeffreys), *WKB method (Jeffreys' approximation)* 15, 255, 270, 297, 299, 396.
Wolfram, L_I, L_{II} und L_{III}-Ionisierung von, L_I, L_{II} *and* L_{III} *ionization of tungsten* 319.
Woodsches Entladungsrohr, Wood's *discharge tube* 329.
Würfel-Symmetrie, *cubic symmetry* 51.

Xenon, einfache Ionisierung, *xenon, single ionization* 316.

Zeeman-Effekt, Zeeman *effect* 40, 99.
—, anomaler, *anomalous* Zeeman *effect* 40, 56.
—, normaler, *normal* Zeeman *effect* 40, 58.
Zentralfeld, *central field* 21, 23.
Zink, Ionisierungsquerschnitt, *zinc, ionization cross section* 317.
Zusatzpotential (abstoßendes), *repulsive potential* 168, 169.
Zustandsgleichung, *equation of state* 210, 220.
Zwischenschale, *subshell* 32.
Zwischenzustände, *intermediate states* 306.

Subject Index.
(English-German.)

Where English and German spelling of a word is identical the German version is omitted.

Abzählschema 68, 70, 81, 91.
Accommodation coefficient, *Akkommodierungskoeffizient* 286.
Action variable, *Wirkungsvariable* 4.
Alkali atoms, *Alkaliatome* 28, 29.
Alkaline earth atoms, *Erdalkaliatome* 29.
Angular distribution for electrons resulting from ionizing collisions, *Winkelverteilung von Elektronen nach ionisierenden Stößen* 366.
— — of inelastically scattered electrons, *Winkelverteilung unelastisch gestreuter Elektronen* 358, 362, 363
— — of electrons, *Winkelverteilungen von Elektronen* 345, 346, 347, 356, 357.
— — .at large angles of inelastically scattered electrons, *Winkelverteilung unelastisch gestreuter Elektronen bei großen Winkeln* 394.
— momentum, *Drehimpuls* 8, 75.
— — distribution, *Drehimpulsverteilung* 180.
— — quantum number, *Drehimpuls-Quantenzahl* 26, 75.
Annihilation operator, *Vernichtungsoperator* 79.
Approximation, *Näherung* 18, 105.
Atom in an external field, *Atom im äußeren Feld* 53.
— model, *Atommodell* 11, 13.
— with several electrons, *Atom mit mehreren Elektronen* 80.
Atomic beam method, *Atomstrahlmethode* 311, 340.
— form factor, *Atomformfaktor* 193.
— radii, *Atomradien* 187.
— spectra, *Atomspektren* 184.
— units, *atomare Einheiten* 10.
Aurora, *Nordlicht* 400, 406.
Aurorae in high latitudes, *Nordlicht in hohen Breiten* 408.
Auroral spectrum, *Nordlichtspektrum* 407.
AUGER transitions, AUGER-*Übergänge* 317.
Autoionization, *Autoionisation* 300, 301, 312, 317, 349, 361.
—, inverse, *inverse Autoionisation* 301.
α-particles in helium, energy loss per ion pair, *Energieverlust pro Ionenpaar für α-Teilchen in Helium* 365.

Back diffusion, *Rückdiffusion* 318.
BETHE's approximation method, *Näherungsmethode von* BETHE 355, 357, 392.
— formula, BETHEsche *Formel* 364.
BLATT-JACKSON formula, BLATT-JACKSON-*Formel* 266.
BOLTZMANN distribution, BOLTZMANN-*Verteilung* 399.
BORN approximation, BORNsche *Näherung* 232, 238, 246, 258, 270, 274, 278, 281, 282, 286, 293, 294, 295, 302, 306, 350, 351, 356, 361, 364.
BORN's approximation, application to complex atoms, BORNsche *Näherung, Anwendung auf komplexe Atome* 360.
— — and observed data for optically allowed excitations, BORNsche *Näherung und beobachtete Ergebnisse für optisch erlaubte Anregungen* 367.
— — für the partial cross section, BORNsche *Näherung für den partiellen Wirkungsquerschnitt* 392.
— first approximation, *erste* BORNsche *Näherung* 239, 263, 264, 274, 294, 302.
— second approximation, *zweite* BORNsche *Näherung* 264, 294, 306, 393.
BORN-OPPENHEIMER approximation, BORN-OPPENHEIMER-*Näherung* 283, 369, 380.
Bound states, number, *Anzahl der gebundenen Zustände* 250.
Boundary density, *Randdichte* 123, 140.
— radius, *Grenzradius* 123, 124, 126, 140, 148.
BOWEN mechanism, BOWENscher *Mechanismus* 406.

Cadmium, ionization cross section, *Cadmium Ionisierungsquerschnitt* 317.
Capture of electrons from hydrogen atoms by positrons, *Einfang von Elektronen aus Wasserstoffatomen durch Positronen* 284.
— — — — by protons, *Einfang der Elektronen aus Wasserstoffatomen durch Protonen* 283.
Cathode dark space, *Kathodendunkelraum* 397.
Causality conditions, *Kausalitätsbedingungen* 247.
— requirements, *Kausalitätsforderungen* 249.

Central field, *Zentralfeld* 21, 23.
Charge transfer, *Ladungsübertragung* 287, 300.
Close coupling through exchange, *enge Kopplung durch Austausch* 380.
Closure of a shell, *Schalenabschluß* 30, 33, 56.
Collision deactivation probability, *Stoßentaktivierungswahrscheinlichkeit* 404.
— strength, *Stoßstärke* 383, 389, 403, 404, 406.
— transition probability, *Stoßübergangswahrscheinlichkeit* 404
Combination principle of RYDBERG and RITZ, *Kombinationsprinzip von* RYDBERG *und* RITZ 2.
Commutation rules, *Vertauschungsregeln* 8.
Compressibility, *Kompressibilität* 208, 210.
—, dependence on pressure, *Druckabhängigkeit der Kompressibilität* 211.
COMPTON line, half-width, *Halbwertsbreite der* COMPTON-*Linie* 196.
— —, intensity distribution of the, *Intensitätsverteilung der* COMPTON-*Linie* 195, 196.
Conditions, nearly adiabatic, *nahezu adiabatische Bedingungen* 299, 300.
Configuration *Konfiguration* 91.
— interaction, *Konfigurationswechselwirkung* 101.
Confluent hypergeometric function, *konfluente hypergeometrische Funktion* 272.
Conservation of charge, *Erhaltung der Ladung* 381.
— of particles, *Erhaltung der Teilchenzahl* 237, 290.
Continuity equation, *Kontinuitätsgleichung* 178.
Convergence of BORN expansions, *Konvergenz der* BORN*schen Entwicklungen* 242.
— of series of partial cross sections, *Konvergenz von Reihen nach Partialquerschnitten* 246.
Corona, chemical composition, *chemische Zusammensetzung der Korona* 402.
Coronal lines, *Koronalinien* 402.
Coronium lines, *Coronium-Linien* 400.
Correction of FERMI and AMALDI, *Korrektion von* FERMI *und* AMALDI 137.
Correlation, *Korrelation* 119, 145.
— correction, *Korrelationskorrektion* 145.
— energy, *Korrelationsenergie* 119, 145, 146.
— potential, *Korrelationspotential* 176.
Correspondence principle, *Korrespondenzprinzip* 3, 11, 298.
COULOMB distortion phase, COULOMB*sche logarithmische Störphase* 274.
COULOMB field, COULOMB-*Feld* 22, 23, 27, 271.
—, modified, *modifiziertes* COULOMB-*Feld* 275.
Coupling, close, *enge Kopplung* 287, 381.
—, strong, in optically allowed transitions, *starke Kopplung bei optisch erlaubten Übergängen* 392.
Creation operator, *Erzeugungsoperator* 79.

Cross section, differential, *differentieller Streuquerschnitt* 233.
— —, total, *totaler Streuquerschnitt* 233.
— —, near ionization potential, *Wirkungsquerschnitt in Nähe des Ionisierungspotentials* 315.
— — for small angle inelastic collisions, *Wirkungsquerschnitte für unelastische Kleinwinkelstreuung* 365.
— — for vibrational excitation or de-activation, *Wirkungsquerschnitte für Schwingungsanregung oder Inaktivierung* 286.
Crossing point (of potential energy curves) *Kreuzungspunkt (von Kurven der potentiellen Energie)* 296, 298, 300, 306.
Crystal system, regular, *reguläres Kristallsystem* 105.
Current potential, *Strömungspotential* 177.
Deactivation by electron impact, *Entaktivierung durch Elektronenstoß* 407.
— by superelastic impact *Entaktivierung durch superelastischen Stoß* 406.
Density of electrical charge, *Dichte der elektrischen Ladung* 6.
— of electrical current, *Dichte des elektrischen Stromes* 6.
— matrix, *Dichtematrix* 172, 193.
Differential cross section for inelastic collisions, *differentieller Wirkungsquerschnitt für unelastische Stöße* 344.
— ionization cross section, *differentieller Ionisierungsquerschnitt* 351.
Diffraction at an edge, *Beugung an einer Kante* 237, 278.
Diffusion, ambipolar, *ambipolare Diffusion* 397.
—, coefficient of, *Diffusionskoeffizient* 288, 333.
— of electrons in helium, *Diffusion von Elektronen in Helium* 342, 343.
— length, *Diffusionslänge* 342.
— method for measuring excitation cross sections, *Diffusionsmethode für die Messung von Anregungsquerschnitten* 332.
Direct product of groups, *direktes Produkt von Gruppen* 45.
Discharge afterglow, *Entladungsnachglimmen* 330.
Dispersion, anomalous, *anomale Dispersion* 331.
Distorted wave method, *Störwellenmethode* 285, 296, 372, 379, 381, 387, 393, 396, 403.
Distribution function, *Verteilungsfunktion* 112.
Double ionization, *Doppelionisierung* 319, 372.
Doublet intervals, *Dublettintervalle* 186.
— splitting, *Dublettaufspaltung* 35, 55, 57.

Elastic scattering of electrons, *elastische Streuung von Elektronen* 295.
Electron affinity, *Elektronenaffinität* 183, 185, 186.

Electron collisions with atoms, *Elektronenstöße an Atomen* 304.
— density at the atom surface, *Elektronendichte am Atomrand* 123, 140, 145.
— diffraction by gaseous molecules, *Elektronenbewegung durch gasförmige Moleküle* 363.
— energies, electrostatic and magnetic methods of analysing them, *elektrostatische und magnetische Methoden für ihre Analyse der Elektronenenergie* 344, 348.
— exchange, *Elektronenaustausch* 294, 368.
— gas, *Elektronengas* 110.
— —, density distribution of the, *Dichteverteilung des Elektronengases* 132, 142.
— —, equation of motion of the, *Bewegungsgleichung des Elektronengases* 178.
— —, flow equations, *Strömungsgleichungen eines Elektronengases* 177.
— —, non static treatment of the, *nichtstatische Behandlung des Elektronengases* 177.
— —, pressure of the, *Druck des Elektronengases* 111, 113.
— —, vibrations, *Schwingungen des Elektronengases* 179.
— —, zero-point energy of the, *Nullpunktsenergie des Elektronengases* 111.
— impact spectrum, *Elektronenstoßspektrum* 323.
— temperature, *Elektronentemperatur* 329, 397.
Electrostatic COULOMB and exchange interaction, *elektrostatische COULOMBsche und Austauschwechselwirkung* 115.
Energy balance method, *Energiebilanzmethode* 332.
— relations, *Energiebeziehungen* 135, 143, 201.
Equal particles, *gleiche Teilchen* 63, 80, 81, 84.
Equation of state, *Zustandsgleichung* 210, 220.
Exact resonance, *exakte Resonanz* 287, 289.
Exchange, *Austausch* 304.
— amplitudes, *Austauschamplituden* 369.
— correction, *Austauschkorrektion* 139.
— energy, *Austauschenergie* 115, 116, 117, 118, 143.
— integral, *Austauschintegral* 66.
— interaction, *Austausch-Wechselwirkung* 295.
— potential, *Austauschpotential* 175, 176.
Excitation collisions, *Anregungsstöße* 299.
— in collisions of the second kind, *Anregung bei Stößen zweiter Art* 321.
— cross section, *Anregungsquerschnitt* 309, 352.
— of discrete states, *Anregung diskreter Zustände* 292, 320, 352.
— energy, mean, *mittlere Anregungsenergie* 183.
— function, optical, *optische Anregungsfunktion* 320.
— of metastable states, *Anregung metastabiler Zustände* 320, 335.

Excitation near energy threshold, *Anregung in Nähe der Schwellenenergie* 327, 328, 329, 371.
— of a positive ion, *Anregung eines positiven Ions* 371.
— potential, mean, *mittleres Anregungspotential* 183.
— transfer, *Anregungsübertragung* 287, 288, 323.
Exclusion principle, PAULI-*Prinzip* 56, 68, 84, 92, 110, 167.
— — of occupied electron states, *Besetzungsverbot der vollbesetzten Quantenzustände* 170.
Expectation value, *Erwartungswert* 7.

FERMI-DIRAC statistics, FERMI-DIRAC*sche Statistik* 110.
FERMI energy, FERMI*sche Energie* 112.
Field aspect of matter, *Feldbild der Materie* 5.
— of matter, proper states, *Eigenschwingungen des Materiefeldes* 14.
Fine structure constant, *Feinstrukturkonstante* 9, 57.
Fluorescence yield, *Fluoreszenzausbeute* 318.
FOCK's system of equations, FOCK*sches Gleichungssystem* 108, 385, 389, 392.
Forward scattering amplitude, *Amplitude für Vorwärtsstreuung* 238, 249, 278.
Free energy, *freie Energie* 160.
Frequency of elastic collisions, *Häufigkeit elastischer Stöße* 344.
GEIGER-MÜLLER counter, GEIGER-MÜLLER-*Zähler* 364.
g factor, g-*Faktor* 57, 100.
GIBB's chemical potential, GIBB*sches chemisches Potential* 135.
Gold, L_{II} and L_{III} ionization of, L_{II}- *und* L_{III}-*Ionisierung von Gold* 319.
GREEN's function, GREEN*sche Funktion* 238.
— theorem, GREEN*scher Satz* 263, 280, 303.
Ground state, *Grundzustand* 95.
Group theory, *Gruppentheorie* 42, 43.
GRÜNEISEN constant, GRÜNEISEN*sche Konstante* 210.
— relation, GRÜNEISEN*sche Beziehung* 211.

Harmonics, zonal, *zonale Kugelfunktionen* 256.
HARTREE method, HARTREE*sches Verfahren* 36, 107.
Helium, angular distribution of electrons scattered after exciting the $2\,^1P$ level of, *Winkelverteilung gestreuter Elektronen nach Anregung des* $2\,^1P$-*Niveaus von Helium* 366.
— atoms, metastable, diffusion in helium, *metastabile Heliumatome, Diffusion in Helium* 288.
—, deactivation of the $2\,^1S$ state, *Entaktivierung des* $2\,^1S$-*Heliumzustandes* 378.
— excitation of, *Anregung von Helium* 323, 361.

27*

Helium, excitation of the double excited state, Anregung des doppelt angeregten Heliumzustandes 349, 361.
—, — of the $2\,^1P$ level, Anregung des $2\,^1P$-Niveaus von Helium 378, 394.
—, — of the $2\,^3P$ and $2\,^1P$-levels, Anregung der $2\,^3P$- und $2\,^1P$-Niveaus des Heliums 306, 378.
—, — of the $2\,^3S$ and $2\,^1S$ levels of, Anregung der $2\,^3S$- und $2\,^1S$-Niveaus von Helium 296, 376.
—, — of the $3\,^1P$ and $4\,^1P$ levels, Anregung der $3\,^1P$- und $4\,^1P$-Niveaus von Helium 365.
—, — of the $4\,^1D$ and $5\,^1D$ levels of, Anregung der $4\,^1D$- und $5\,^1D$-Niveaus von Helium 367.
—, — of ^1S levels of, Anregung der ^1S-Niveaus von Helium 368.
—, — of the $2s$ state of He^+, Anregung des $2s$-Zustandes von He^+ 378.
—, inelastic collisions of electrons in, unelastische Stöße von Elektronen in Helium 347.
— ion collisions in helium, Heliumionenstöße im Helium 287, 365.
—, ionisation of, Ionisierung von Helium 365.
—, metastable state of, metastabiler Zustand des Heliums 336, 337, 340.
—, optical excitation, Helium, optische Anregung 325.
—, — transition probabilities for, optische Übergangswahrscheinlichkeiten für Helium 326.
—, scattering of electrons, Helium, Streuung von Elektronen 261, 265, 366.
—, total cross section of, Gesamtquerschnitt von Helium 327.
High pressure arc discharge, Hochdruck-Bogen-Entladung 399.
Hydrogen atom, Wasserstoffatom 23, 28.
—, atomic, differential cross section for excitation of lower states of, differentieller Wirkungsquerschnitt für Anregung der unteren Niveaus von atomarem Wasserstoff 353.
—, —, excitation of the $2p$ state of, Anregung des $2p$-Zustandes von atomarem Wasserstoff 306, 378, 394.
—, —, — of the $2s$ state of, Anregung des $2s$-Zustandes von atomarem Wasserstoff 372, 381.
—, —, — of the $2s$-$2p_{1/2}$ and $2s$-$2p_{3/2}$ transitions in, Anregung der $2s$-$2p_{1/2}$ und $2s$-$2p_{3/2}$ Übergänge in atomarem Wasserstoff 393.
—, —, — functions for the $H\alpha$, $H\beta$ and $H\gamma$ lines of, Anregungsfunktionen für die $H\alpha$-, $H\beta$- und $H\gamma$-Linien von atomarem Wasserstoff 329, 366.
—, —, inelastic electron cross section for, unelastischer Elektronenquerschnitt für atomaren Wasserstoff 282.
—, —, ionization cross section, Ionisierungsquerschnitt atomaren Wasserstoffs 312.

Hydrogen, atomic, ionization from $2s$ and $2p$ states, Ionisierung aus dem $2s$- und $2p$-Zustande atomaren Wasserstoffs 358.
—, —, metastable state of, metastabiler Zustand von atomarem Wasserstoff 340.
—, —, proton collisions, Protonenstöße im atomaren Wasserstoff 287.
— atoms, collisions with, Stöße mit Elektronen an Wasserstoffatomen 261, 265, 278, 282, 294.
— ion, negative, negatives Wasserstoffion 269.
—, specific primary ionization by electrons, spezifische Primärionisation von Wasserstoff durch Elektronen 364.
Hyperbolic orbits, classical, klassische Hyperbelbahnen 271.
Hyperfine structure, Hyperfeinstruktur 186.
Hypergeometric function, hypergeometrische Funktion 272.

Identical particle collisions, Stöße identischer Teilchen 294.
Impact parameter, Stoßparameter 236, 253.
Imperfect resonance, unvollständige Resonanz 288.
Inelastic collisions between atoms, unelastische Stöße zwischen Atomen 299.
— scattering, conservation theorem, Erhaltungssatz bei unelastischer Streuung 276.
— —, cross sections, unelastische Streuquerschnitte 348.
Inhomogeneity correction, kinetic, kinetische Inhomogenitätskorrektion 151.
— — of WEIZSÄCKER, WEIZSÄCKERsche Inhomogenitätskorrektion 151.
Inner shell ionization, Ionisierung einer inneren Schale 308, 317, 318, 362, 365, 366.
Interaction, Wechselwirkung 63.
— of atoms and ions, Wechselwirkung von Atomen und Ionen 165, 166.
— energy, Wechselwirkungsenergie 202.
—, electrostatic, elektrostatische Wechselwirkungsenergie 115.
— of free electrons, Wechselwirkung freier Elektronen 114.
— splitting, Wechselwirkungsaufspaltung 72.
Intercombination, Interkombination 328, 369.
Intermediate states, Zwischenzustände 306.
Ion crystals, Ionenkristalle 206.
Ionic radii, Ionenradien 187.
Ionization coefficient, Ionisierungskoeffizient 344.
— cross section, Ionisierungsquerschnitt 327, 332, 356, 357, 398.
— —, apparent, scheinbarer Ionisierungsquerschnitt 309.
— — —, experimental results for, experimentelle Ergebnisse für Ionisierungsquerschnitt 315.
— — —, near energy threshold, Ionisierungsquerschnitt in Nähe der Schwellenenergie 312, 315, 317.
— — —, true, wahrer Ionisierungsquerschnitt 309.
— degree, Ionisationsgrad 399.

Subject Index.

Ionization energy, *Ionisierungsenergie* 182.
—, multiple, *mehrfache Ionisation* 308.
Ionizing collisions, *ionisierende Stöße* 307, 309, 372.
Iron: Fe XIV and Fe X, *Eisen: Fe XIV und Fe X* 379, 402, 403.

jj-Coupling, jj-*Kopplung* 102.

KEPLER ellipse, KEPLER-*Ellipse* 23.
Krypton, single ionization, *einfache Ionisierung von Krypton* 316.

LANDÉ's g-formula, LANDÉsche *g-Formel* 100.
— interval rule, LANDÉsche *Intervallregel* 98.
— vector model, LANDÉsches *Vektormodell* 56.
LANGER approximation, LANGERsche *Näherung* 270.
LANGMUIR probe technique, LANGMUIRsche *Sondentechnik* 331.
Lattice constants, *Gitterkonstanten* 207, 210.
— energy, *Gitterenergie* 207, 208, 209, 210.
LEGENDRE polynomials, LEGENDREsche *Polynome* 235, 240.
LENZ-JENSEN perturbation calculation, LENZ-JENSENsche *Störungsrechnung* 165.
Line spectra, *Linienspektren* 2, 17, 28.
LS coupling, *LS-Kopplung* 91, 96, 368, 383.

Magnetic analysis of electron energies, *magnetische Analyse der Elektronenenergie* 312.
— moment of the spin, *magnetisches Moment des Spins* 56.
— properties of atoms, *magnetische Eigenschaften der Atome* 103.
Mass spectrograph, *Massenspektrograph* 314.
— spectrometer, *Massenspektrometer* 315.
Matrix formulation of quantum mechanics, *Matrizenform der Quantenmechanik* 4.
Matter under high pressure, *Materie unter hohem Druck* 214, 222.
Mean excitation energy, *mittlere Anregungsenergie* 363.
— ionization coefficient, *mittlerer Ionisierungskoeffizient* 402.
Mercury in 6^3P state, *Quecksilber im 6^3P Zustand* 332.
—, ionization, *Quecksilberionisierung* 312, 316, 317, 362.
Metallic atoms highly ionized, *Metallatome in hochionisiertem Zustande* 400.
— bond, *metallische Bindung* 210.
Metals, *Metalle* 208.
Metal surface, potential and electron distribution, *Metalloberfläche, Potential- und Elektronenverteilung* 213.
Metastable atoms, impact on a metal surface, *metastabile Atome, Stoß auf Metalloberfläche* 339, 340.
— state, quenching, *Löschen des metastabilen Zustands* 341.
Microphotometer, *Mikrophotometer* 324.

Microwave break down, *Mikrowellendurchschlag* 335, 342.
— cavity, *Mikrowellenhohlraum* 337.
— method, *Mikrowellenmethode* 331.
Mixing parameters, *Mischparameter* 289.
Molecules, heteropolar, *heteropolare Moleküle* 202.
—, homopolar, *homöopolare Moleküle* 204.
—, potential- and electron distribution, *Potential- und Elektronenverteilung in Molekülen* 198.
Moment of inertia, *Trägheitsmoment* 206.
Momentum distribution in the statistical atom, *Impulsverteilung im statistischen Atom* 195.
—, linear, *Impuls* 8.
Multiplet, *Multiplett* 86, 89, 91, 93, 97, 186.

Nebulae, gaseous, *gasförmige Nebel* 396.
Neon, ionization, *Neon, Ionisierung* 362, 365.
—, metastable state, *metastabiler Zustand des Neon* 336, 340.
Neutralization, mutual, *gegenseitige Neutralisierung* 306.
Nickel, K shell ionization, *Nickel, Ionisierung der K-Schale* 318, 365.
Nitrogen, collision strengths for NI, *Stickstoff, Stoßstärken von NI* 390, 407.
—, forbidden lines of NI, *Stickstoff, verbotene Linien von NI* 408.
Nuclear charge, effective, *effektive Kernladungszahl* 175.
— quadripole coupling, *Kern-Quadrupolkopplung* 206.
Nucleons by nucleons, low energy scattering, *Nukleon-Nukleon-Streuung bei niedriger Energie* 267.
Number, symmetry quantum, *Symmetrie-Quantenzahl* 25, 38.

Occupation rule of electronic states, *Besetzungsvorschrift von Elektronenzuständen* 168.
Operator, *Operator* 6, 7, 59.
Optical absorption, *optische Absorption* 331, 335.
— levels, *optische Terme* 184.
Orbital angular momentum, mean square, *mittleres Bahndrehimpulsquadrat* 180.
Oscillator, harmonic, *harmonischer Oszillator* 3.
— strength, *Oszillatorstärke* 331.
Oxygen, allowed lines of OI, *Sauerstoff, erlaubte Linien von OI* 407.
—, BOLTZMANN distribution of OIII, *Sauerstoff, BOLTZMANN-Verteilung von OIII* 406.
—, collision strengths for OII and OIII, *Sauerstoff, Stoßstärken für OII und OIII* 389, 390.
—, excitation of allowed transitions, *Sauerstoff, Anregung von erlaubten Übergängen* 391.
—, — of OI, *Sauerstoff, Anregung von OI* 389, 407.

Oxygen, red and green forbidden lines, *Sauerstoff, rote und grüne verbotene Linien* 407, 408.
—, transitions between levels of OIII, *Sauerstoff, Übergänge zwischen Niveaus von OIII* 390.

Parametrization technique, *Parametrisierungstechnik* 370.
Parity, *Parität* 72, 79, 92.
Partial cross section, *Partialquerschnitt* 237, 273.
Particle aspect of matter, *Teilchenbild der Materie* 3.
Periodic table of elements, *Periodisches System der Elemente* 31, 179.
Perturbation calculation, *Störungsrechnung* 20, 164, 165, 191.
— energy, *Störungsenergie* 165.
Phase equivalent, *phasenäquivalent* 252.
— integral, *Phasenintegral* 4, 15.
— shifts for determination of the scattering potential, *Phasenverschiebungen zur Bestimmung des Potentials* 251.
— stationary, method of, *stationäre Methode der Phase* 257.
Photomultiplier 325, 337.
PLANCK's constant, *Wirkungsquantum* 1.
Planetary nebulae, *planetarische Nebel* 403.
Plasma conditions, *Plasmabedingungen* 397.
Polarizability, *Polarisierbarkeit* 103, 191.
Polarization, *Polarisation* 306.
— effect on the elastic scattering of electrons *Einfluß der Polarisation auf die elastische Streuung von Elektronen* 304.
— energy, *Polarisationsenergie* 203, 208.
— of impact radiation, *Polarisation von Stoßstrahlung* 349.
Positive column, *positive Säule* 329, 336, 397.
— ion current analysis, *Analyse des positiven Ionenstromes* 314.
Positronium 284.
Post interaction, *Wechselwirkung nach Umordnung* 282.
Potassium, apparent ionization cross section, *Kalium, scheinbarer Ionisierungsquerschnitt* 311.
—, excitation of the 4^2P level of, *Anregung des 4^2P-Niveaus von Kalium* 332.
Potential, modified, *modifiziertes Potential* 170, 176, 205, 209.
—, repulsive, *Zusatzpotential (abstoßendes)* 168, 169.
Pressure-compressibility relation of the elements at high pressures, *Druck-Kompressibilitäts-Beziehung der Elemente bei hohen Drucken* 228.
— density relation, *Druck-Dichte-Beziehung* 210, 222.
— — relation for iron, *Druck-Dichte-Beziehung für Eisen* 226.
Prior interaction, *Wechselwirkung vor Umordnung* 282.

Proper functions, *Eigenfunktionen* 7, 14.
— phases, *Eigenphasen* 289, 303.
Proper values, *Eigenwerte* 7, 14.

Quadripole moment, induced, *induziertes Quadrupolmoment* 192.
Quantum number, *Quantenzahl* 14.

Radiative recombination, *Strahlungsrekombination* 400, 401, 402.
RAMSAUER-method, RAMSAUER-*Methode* 327.
RAMSAUER-TOWNSEND effect, RAMSAUER-TOWNSEND-*Effekt* 269.
Rare earths, *seltene Erden* 186.
Rearrangement collisions, *Umordnungsstöße* 281, 286.
Recombination, *Rekombination* 406.
—, dissociative, *dissoziative Rekombination* 301.
— radiation, *Rekombinationsstrahlung* 330.
Relativistic correction, *relativistische Korrektion* 161, 365.
Resonance radiation, *Resonanzstrahlung* 321, 322, 323, 326, 327, 328.
— transfer of excitation, *Resonanzübertragung von Anregung* 287, 288.
Representation, *Darstellung* 43.
Repulsive potential, non classical, *nichtklassisches Abstoßungspotential* 168.
RITZ method, RITZ*sches Verfahren* 138.
Rotational symmetry, *Rotationssymmetrie* 38.
RUSSELL-SAUNDERS coupling, RUSSELL-SAUNDERS*sche Kopplung* 91.
RUTHERFORD scattering, RUTHERFORD-*Streuung* 273, 276, 359, 363.
RUTHERFORD's atom model, RUTHERFORD*sches Atommodell* 1, 10.
RYDBERG correction, RYDBERG-*Korrektion* 185.
— formula, RYDBERG-*Formel* 17, 28.
— series, RYDBERG-*Serie* 391.
RYDBERG-RITZ formula, RYDBERG-RITZ*sche Formel* 17.

SAHA equation, SAHA*sche Gleichung* 399.
Satellite X-ray lines, *Satelliten bei Röntgenlinien* 319.
Scattering, classical theory, *klassische Theorie der Streuung* 236, 253.
—, elastic, *elastische Streuung* 270, 306.
— intensity, *Streuintensität* 192.
— by mean central fields, *Streuung durch gemittelte Zentralfelder* 268.
— (S) matrix, *Streumatrix, S-Matrix* 249, 302.
— of X-rays and electrons, *Streuung von Röntgenstrahlen und Elektronen* 192.
SCHRÖDINGER equation, SCHRÖDINGER-*Gleichung* 5, 6, 13, 25, 61.
Secular equation, *Säkulargleichung* 20.
Selection rule, *Auswahlregel* 38, 40, 42, 43, 68, 76, 90, 99.
Self-consistent field 172, 396.

self-consistent wave functions of HARTREE and FOCK, *Wellenfunktionen nach HARTREE und FOCK* 385, 389, 392.
Self-energy, electrostatic, *elektrostatische Selbstenergie* 115.
Self-exchange, *Selbstaustausch* 115.
Semi-classical treatment, *halbklassische Behandlung* 296.
Series formulae, *Serienformeln* 17.
— spectra, *Serienspektren* 28.
Silver, K and L shell ionization of, *Ionisierung der K- und L-Schale von Silber* 318, 319, 365.
Singlet system, *Singulettsystem* 66.
S-matrix, *S-Matrix* 249, 302.
—, relation to the bound states, *Beziehung der S-Matrix zu den gebundenen Zuständen* 249.
Sodium, apparent ionization cross section, *Natrium, scheinbarer Ionisierungsquerschnitt* 311.
—, excitation cross sections, *Anregungsquerschnitte von Natrium* 362.
—, — of the D lines of, *Anregung der D-Linien von Natrium* 392.
Solar corona, *Sonnenkorona* 396, 400.
— photosphere, *Sonnenphotosphäre* 400.
SOMMERFELD approximation, *SOMMERFELDsche Näherungslösung* 128.
Sound waves, scattering of, *Streuung von Schallwellen* 236.
Space-charge detector, *Raumladungsdetektor* 313.
Spherical BESSEL functions, *Kugel-BESSEL-Funktionen* 235.
— harmonics, *Kugelfunktionen* 25.
Spectrograph with pulsed electron beam, *Spektrograph mit pulsierendem Elektronenstrahl* 313.
Spin, *Spin* 54.
— operators, *Spinoperatoren* 59.
Spin-orbit interaction, *Spin-Bahn-Wechselwirkung* 91, 96, 98, 101, 162.
Spin-spin-interaction, *Spin-Spin-Wechselwirkung* 97.
Spinor components, *Spinorkomponenten* 59.
STARK effect, *STARK-Effekt* 37.
Statistical atom, thermodynamics of, *Thermodynamik des statistischen Atoms* 221.
Stopping-power of atoms, *Bremsvermögen von Atomen* 196.
Sublimation heat, *Sublimationswärme* 210.
Subshell, *Zwischenschale* 32.
Superelastic collisions, *superelastische Stöße* 371.
Surface energy, *Oberflächenenergie* 213.
Susceptibility, diamagnetic, *diamagnetische Suszeptibilität* 189, 200.
Symmetry, axial, *Achsensymmetrie* 90, 104.
— character, *Symmetriecharakter* 25, 42, 44—47, 64, 75, 81, 84.
—, cubic, *Würfel-Symmetrie* 51.
—, dihedral, *Dieder-Symmetrie* 105.

Symmetry, octahedral, *Oktaeder-Symmetrie* 51.
—, spherical, *Kugelsymmetrie* 52, 90, 104.
— of reflection, *Spiegelungssymmetrie* 44, 47.
—, rotational, *Drehsymmetrie* 46, 47.
—, tetrahedral, *Tetraeder-Symmetrie* 50.
Systems, non separable, *nichtseparierbare Systeme* 52.

Temperature correction of the THOMAS-FERMI-DIRAC model, *Temperaturkorrektion des THOMAS-FERMI-DIRACschen Modells* 159.
— — of the THOMAS-FERMI model, *Temperaturkorrektion des THOMAS-FERMIschen Modells* 156.
Three-body recombination, *Dreikörperrekombination* 401.
Threshold law for single ionization, *Schwellengesetz für Einfachionisation* 372.
— for production of A^{++}, *Schwelle für die Erzeugung von A^{++}* 317.
— — of Xe^{++}, *Schwelle für die Erzeugung von Xe^{++}* 317.
THOMAS-FERMI atom, energy of the, *Energie des THOMAS-FERMIschen Atoms* 135.
— — model, *THOMAS-FERMIsches Atommodell* 120, 121, 123, 362.
— equation, *THOMAS-FERMIsche Gleichung* 121, 122, 124, 125.
— equation, relativistic, *relativistische THOMAS-FERMIsche Gleichung* 161.
THOMAS-FERMI-DIRAC atom, *THOMAS-FERMI-DIRACsches Atom* 139.
— equation, *THOMAS-FERMI-DIRACsche Gleichung* 140, 141.
THOMSON cross section, *THOMSONscher Querschnitt* 403.
Total energy of the atom, *Gesamtenergie des Atoms* 183.
— inelastic cross section, *Gesamtwirkungsquerschnitt für alle unelastischen Stöße* 364.
Totally absorbing sphere, *vollkommen absorbierende Kugel* 277.
TOWNSEND ionization coefficient, *TOWNSENDscher Ionisierungskoeffizient* 335, 342.
Transition probabilities, optical, *optische Übergangswahrscheinlichkeiten* 407.
— probability, *Übergangswahrscheinlichkeit* 327.
Transitions within p^2, p^3 and p^4 configuration, *Übergänge innerhalb der p^2-, p^3- und p^4-Konfiguration* 382.
— to unbound states cf. ionization, *Übergänge zu ungebundenen Zuständen, s. Ionisierung* 300.
Triplet system, *Triplettsystem* 66.
Tungsten, L_I, L_{II} and L_{III} ionization, *L_I-, L_{II}- und L_{III}-Ionisierung von Wolfram* 319.

Ultraionization, *Ultraionisierung* 316.
Uncertainty principle, *Unbestimmtheitsprinzip* 233.

VAN DER WAALS crystals, VAN DER WAALSsche Kristalle 206.
— energy, VAN DER WAALSsche Energie 203, 208.
Variational equations for the mixing parameter, Variationsgleichungen für den Mischparameter 291.
— method of HULTHÉN, Variationsmethode von HULTHÉN 293, 374.
— — of SCHWINGER, Variationsmethode von SCHWINGER 264, 266, 293, 305.
— methods, Variationsmethoden 19, 20, 36, 107, 258, 295, 303, 304, 381.
— — for close coupling problems, Variationsmethoden für Probleme mit enger Kopplung 289.
— — for determining the phase shifts, Variationsmethoden zur Bestimmung der Phasenänderungen 258.
— — — the total scattered amplitude, Variationsmethode zur Bestimmung der Gesamtstreuamplitude 262.
— principle for classical scattering, Variationsprinzip für klassische Streuung 267.
— solutions, Variationslösungen 295.
Vector model, Vektormodell 56, 67, 68, 77, 81, 91.

Velocity distribution of electrons, Geschwindigkeitsverteilung von Elektronen 357.
Virial law, Virialsatz 136, 144, 146, 156, 218, 219.

Wave character of matter, Wellennatur der Materie 2.
— equation, Wellengleichung 5.
WKB method (JEFFREYS' approximation), WKB-Näherung (Näherung von JEFFREYS) 15, 255, 270, 297, 299, 396.
WOOD's discharge tube, WOODscher Entladungsrohr 329.

Xenon, single ionization, Xenon, einfache Ionisierung 316.
X-ray emission, Röntgenstrahlenemission 317.
— levels, Röntgenterme 184.
— spectrum, Röntgenspektrum 30, 34.

ZEEMAN effect, ZEEMAN-Effekt 40, 99.
—, anomalous, anomaler ZEEMAN-Effekt 40, 56.
—, normal, normaler ZEEMAN-Effekt 40, 58.
Zero point pressure, Nullpunktsdruck 120.
— rule, Knotensatz 14.
Zinc, ionization cross section, Zink, Ionisierungsquerschnitt 317.

HANDBUCH DER PHYSIK

HERAUSGEGEBEN VON

S. FLÜGGE

BAND XXXVI

ATOME II

MIT 152 FIGUREN

SPRINGER-VERLAG BERLIN HEIDELBERG GMBH
1956

The manufacturer's authorised representative in the EU is Springer Nature Customer Service Centre GmbH, Europaplatz 3, 69115 Heidelberg, Germany. If you have any concerns regarding our products, please contact ProductSafety@springernature.com

Printed and bound by CPI Group (UK) Ltd, Croydon, CR0 4YY

23/03/2026

02076680-0012